# CAMBRIDGE LIBRARY COLLECTION

*Books of enduring scholarly value*

## Mathematics

From its pre-historic roots in simple counting to the algorithms powering modern desktop computers, from the genius of Archimedes to the genius of Einstein, advances in mathematical understanding and numerical techniques have been directly responsible for creating the modern world as we know it. This series will provide a library of the most influential publications and writers on mathematics in its broadest sense. As such, it will show not only the deep roots from which modern science and technology have grown, but also the astonishing breadth of application of mathematical techniques in the humanities and social sciences, and in everyday life.

## Werke

The genius of Carl Friedrich Gauss (1777–1855) and the novelty of his work (published in Latin, German, and occasionally French) in areas as diverse as number theory, probability and astronomy were already widely acknowledged during his lifetime. But it took another three generations of mathematicians to reveal the true extent of his output as they studied Gauss' extensive unpublished papers and his voluminous correspondence. This posthumous twelve-volume collection of Gauss' complete works, published between 1863 and 1933, marks the culmination of their efforts and provides a fascinating account of one of the great scientific minds of the nineteenth century. Volume 4, published in 1873, contains Gauss' theoretical work on differential geometry and probability, reviews of work by contemporaries including Herschel, and notes relating to geodesic surveys of the Kingdom of Hanover from the 1820s to the 1840s, together with a description of the heliotrope Gauss invented for the surveys.

Cambridge University Press has long been a pioneer in the reissuing of out-of-print titles from its own backlist, producing digital reprints of books that are still sought after by scholars and students but could not be reprinted economically using traditional technology. The Cambridge Library Collection extends this activity to a wider range of books which are still of importance to researchers and professionals, either for the source material they contain, or as landmarks in the history of their academic discipline.

Drawing from the world-renowned collections in the Cambridge University Library, and guided by the advice of experts in each subject area, Cambridge University Press is using state-of-the-art scanning machines in its own Printing House to capture the content of each book selected for inclusion. The files are processed to give a consistently clear, crisp image, and the books finished to the high quality standard for which the Press is recognised around the world. The latest print-on-demand technology ensures that the books will remain available indefinitely, and that orders for single or multiple copies can quickly be supplied.

The Cambridge Library Collection will bring back to life books of enduring scholarly value (including out-of-copyright works originally issued by other publishers) across a wide range of disciplines in the humanities and social sciences and in science and technology.

# Werke

VOLUME 4

CARL FRIEDRICH GAUSS

CAMBRIDGE UNIVERSITY PRESS

Cambridge, New York, Melbourne, Madrid, Cape Town,
Singapore, São Paolo, Delhi, Tokyo, Mexico City

Published in the United States of America by Cambridge University Press, New York

www.cambridge.org
Information on this title: www.cambridge.org/9781108032261



This edition first published 1873
This digitally printed version 2011

ISBN 978-1-108-03226-1 Paperback

# CARL FRIEDRICH GAUSS WERKE

BAND IV.

# CARL FRIEDRICH GAUSS

# WERKE

VIERTER BAND.

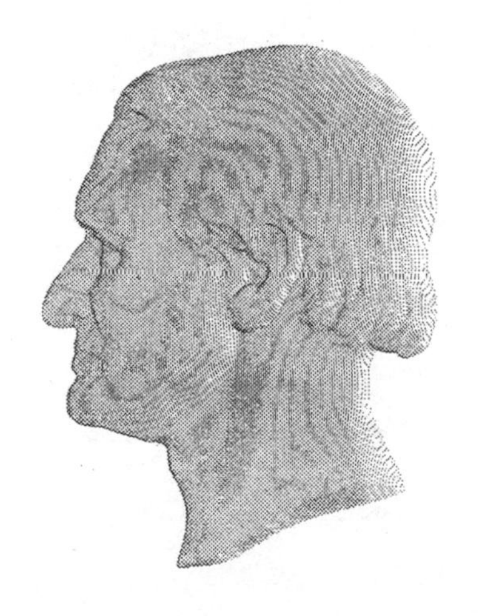

HERAUSGEGEBEN

VON DER

KÖNIGLICHEN GESELLSCHAFT DER WISSENSCHAFTEN

ZU

GÖTTINGEN

1873.

# THEORIA

# COMBINATIONIS OBSERVATIONUM

## ERRORIBUS MINIMIS OBNOXIAE

## PARS PRIOR

AUCTORE

CAROLO FRIDERICO GAUSS

SOCIETATI REGIAE SCIENTIARUM EXHIBITA 1821. FEBR. 15.

---

Commentationes societatis regiae scientiarum Gottingensis recentiores. Vol. v.
Gottingae MDCCCXXIII.

---

# THEORIA
# COMBINATIONIS OBSERVATIONUM
## ERRORIBUS MINIMIS OBNOXIAE.

### PARS PRIOR.

---

#### 1.

Quantacunque cura instituantur observationes, rerum naturalium magnitudinem spectantes, semper tamen erroribus maioribus minoribusve obnoxiae manent. Errores observationum plerumque non sunt simplices, sed e pluribus fontibus simul originem trahunt: horum fontium duas species probe distinguere oportet. Quaedam errorum caussae ita sunt comparatae, ut ipsarum effectus in qualibet observatione a circumstantiis variabilibus pendeat, inter quas et ipsam observationem nullus nexus essentialis concipitur: errores hinc oriundi irregulares seu fortuiti vocantur, quatenusque illae circumstantiae calculo subiici nequeunt, idem etiam de erroribus ipsis valet. Tales sunt errores ab imperfectione sensuum provenientes, nec non a caussis extraneis irregularibus, e. g. a motu tremulo aeris visum tantillum turbante: plura quoque vitia instrumentorum vel optimorum huc trahenda sunt, e. g. asperitas partis interioris libellularum, defectus firmitatis absolutae etc. Contra aliae errorum caussae in omnibus observationibus ad idem genus relatis natura sua effectum vel absolute constantem exserunt, vel saltem talem, cuius magnitudo secundum legem determinatam unice a circumstantiis, quae tamquam essentialiter cum observatione nexae spectantur, pendet. Huiusmodi errores constantes seu regulares appellantur.

Ceterum perspicuum est, hanc distinctionem quodammodo relativam esse, et a sensu latiore vel arctiore, quo notio observationum ad idem genus pertinentium accipitur, pendere. E. g. vitia irregularia in divisione instrumentorum ad angulos mensurandos errorem constantem producunt, quoties tantummodo de observatione anguli determinati indefinite repetenda sermo est, siquidem hic semper eaedem divisiones vitiosae adhibentur: contra error ex illo fonte oriundus tamquam fortuitus spectari potest, quoties indefinite de angulis cuiusvis magnitudinis mensurandis agitur, siquidem tabula quantitatem erroris in singulis divisionibus exhibens non adest.

2.

Errorum regularium consideratio proprie ab instituto nostro excluditur.. Scilicet observatoris est, omnes caussas, quae errores constantes producere valent, sedulo investigare, et vel amovere, vel saltem earum rationem et magnitudinem summo studio perscrutari, ut effectus in quavis observatione determinata assignari, adeoque haec ab illo liberari possit, quo pacto res eodem redit, ac si error omnino non affuisset. Longe vero diversa est ratio errorum irregularium, qui natura sua calculo subiici nequeunt. Hos itaque in observationibus quidem tolerare, sed eorum effectum in quantitates ex observationibus derivandas per scitam harum combinationem quantum fieri potest extenuare oportet. Cui argumento gravissimo sequentes disquisitiones dicatae sunt.

3.

Errores observationum ad idem genus pertinentium, qui a caussa simplici determinata oriuntur, per rei naturam certis *limitibus* sunt circumscripti, quos sine dubio exacte assignare liceret, si indoles ipsius caussae *penitus* esset perspecta. Pleraeque errorum fortuitorum caussae ita sunt comparatae, ut secundum legem continuitatis omnes errores intra istos limites comprehensi pro possibilibus haberi debeant, perfectaque caussae cognitio etiam doceret, utrum omnes hi errores aequali facilitate gaudeant an inaequali. et quanta probabilitas relativa, in casu posteriore, cuivis errori tribuenda sit. Eadem etiam respectu erroris totalis, e pluribus erroribus simplicibus conflati, valebunt, puta inclusus erit certis limitibus, (quorum alter aequalis erit aggregato omnium limitum superiorum partialium, alter aggregato omnium limitum inferiorum); omnes errores intra hos limites possibiles quidem erunt, sed prout quisque infinitis modis diversis ex erroribus partialibus componi potest, qui ipsi magis minusve probabiles sunt, alii maiorem, alii minorem facilitatem tribuere debebimus, eruique poterit lex probabilitatis relativae, si leges errorum simplicium cognitae supponuntur, salvis difficultatibus analyticis in colligendis omnibus combinationibus.

Exstant utique quaedam errorum caussae, quae errores non secundum legem continuitatis progredientes, sed discretos tantum, producere possunt, quales sunt errores divisionis instrumentorum, (siquidem illos erroribus fortuitis annumerare placet): divisionum enim multitudo in quovis instrumento determinato est finita. Manifesto autem, hoc non obstante, si modo non omnes errorum caussae errores discretos producant, complexus omnium errorum totalium possibilium constituet seriem secundum legem continuitatis progredientem, sive plures eiusmodi series interruptas, si forte, omnibus erroribus discretis possibilibus secundum magnitudinem ordinatis, una alterave differentia inter binos terminos proximos maior evadat, quam differentia inter limites errorum totalium, quatenus e solis erroribus continuis demanant. Sed in praxi casus posterior vix umquam locum habebit, nisi divisio vitiis crassioribus laboret.

4.

Designando facilitatem relativam erroris totalis $x$, in determinato observationum genere, per characteristicam $\varphi x$, hoc, propter errorum continuitatem, ita intelligendum erit, probabilitatem erroris inter limites infinite proximos $x$ et $x + \mathrm{d}x$ esse $= \varphi x . \mathrm{d}x$. Vix, ac ne vix quidem, umquam in praxi possibile erit, hanc functionem a priori assignare: nihilominus plura generalia eam spectantia stabilire possunt, quae deinceps proferemus. Obvium est, functionem $\varphi x$ eatenus ad functiones discontinuas referendam esse, quod pro omnibus valoribus ipsius $x$ extra limites errorum possibilium iacentibus esse debet $= 0$; intra hos limites vero ubique valorem positivum nanciscetur (omittendo casum, de quo in fine art. praec. locuti sumus). In plerisque casibus errores positivos et negativos eiusdem magnitudinis aeque faciles supponere licebit, quo pacto erit $\varphi(-x) = \varphi x$. Porro quum errores leviores facilius committantur quam graviores, plerumque valor ipsius $\varphi x$ erit maximus pro $x = 0$ continuoque decrescet, dum $x$ augetur.

Generaliter autem valor integralis $\int \varphi x . \mathrm{d}x$, ab $x = a$ usque ad $x = b$ extensi exprimet probabilitatem, quod error aliquis nondum cognitus iaceat inter limites $a$ et $b$. Valor itaque istius integralis a limite inferiore omnium errorum possibilium usque ad limitem superiorem semper erit $= 1$. Et quum $\varphi x$

pro omnibus valoribus ipsius $x$ extra hos limites iacentibus semper sit $= 0$, manifesto etiam

*valor integralis* $\int \varphi x . \mathrm{d}x$ *ab* $x = -\infty$ *usque ad* $x = +\infty$ *extensi semper fit* $= 1$.

5.

Consideremus porro integrale $\int x\varphi x . \mathrm{d}x$ inter eosdem limites, cuius valorem statuemus $= k$. Si omnes errorum caussae simplices ita sunt comparatae, ut nulla adsit ratio, cur errorum aequalium sed signis oppositis affectorum alter facilius producatur quam alter, hoc etiam respectu erroris totalis valebit, sive erit $\varphi(-x) = \varphi x$, et proin necessario $k = 0$. Hinc colligimus, quoties $k$ non evanescat, sed e. g. sit quantitas positiva, necessario adesse debere unam alteramve errorum caussam, quae vel errores positivos tantum producere possit, vel certe positivos facilius quam negativos. Haecce quantitas $k$, quae revera est medium omnium errorum possibilium, seu valor medius ipsius $x$, commode dici potest erroris pars constans. Ceterum facile probari potest, partem constantem erroris totalis aequalem esse aggregato partium constantium, quas continent errores e singulis caussis simplicibus prodeuntes. Quodsi quantitas $k$ nota supponitur, a quavis observatione resecatur, errorque observationis ita correctae designatur per $x'$, ipsiusque probabilitas per $\varphi' x'$, erit $x' = x - k$, $\varphi' x' = \varphi x$ ac proin $\int x' \varphi' x' . \mathrm{d}x' = \int x\varphi x . \mathrm{d}x - \int k\varphi x . \mathrm{d}x = k - k = 0$, i. e. errores observationum correctarum partem constantem non habebunt, quod et per se clarum est.

6.

Perinde ut integrale $\int x\varphi x . \mathrm{d}x$, seu valor medius ipsius $x$, erroris constantis vel absentiam vel praesentiam et magnitudinem docet, integrale

$$\int xx\varphi x . \mathrm{d}x$$

ab $x = -\infty$ usque ad $x = +\infty$ extensum (seu valor medius quadrati $xx$) aptissimum videtur ad incertitudinem observationum in genere definiendam et dimetiendam, ita ut e duobus observationum systematibus, quae quoad errorum facilitatem inter se differunt, eae praecisione praestare censeantur, in quibus integrale $\int xx\varphi x . \mathrm{d}x$ valorem minorem obtinet. Quodsi quis hanc rationem pro arbitrio nulla cogente necessitate, electam esse obiiciat, lubenter assentiemur.

Quippe quaestio haec per rei naturam aliquid vagi implicat, quod limitibus circumscribi nisi per principium aliquatenus arbitrarium nequit. Determinatio alicuius quantitatis per observationem errori maiori minorive obnoxiam, haud inepte comparatur ludo, in quo solae iacturae, lucra nulla, dum quilibet error metuendus iacturae affinis est. Talis ludi dispendium aestimatur e iactura probabili, puta ex aggregato productorum singularum iacturarum possibilium in probabilitates respectivas. Quantae vero iacturae quemlibet observationis errorem aequiparare conveniat, neutiquam per se clarum est; quin potius haec determinatio aliqua ex parte ab arbitrio nostro pendet. Iacturam ipsi errori aequalem statuere manifesto non licet; si enim errores positivi pro iacturis acciperentur, negativi lucra repraesentare deberent. Magnitudo iacturae potius per talem erroris functionem exprimi debet, quae natura sua semper fit positiva. Qualium functionum quum varietas sit infinita, simplicissima, quae hac proprietate gaudet, prae ceteris eligenda videtur, quae absque lite est quadratum: hoc pacto principium supra prolatum prodit.

Ill. LAPLACE simili quidem modo rem consideravit, sed errorem ipsum semper positive acceptum tamquam iacturae mensuram adoptavit. At ni fallimur haecce ratio saltem non minus arbitraria est quam nostra: utrum enim error duplex aeque tolerabilis putetur quam simplex bis repetitus, an aegrius, et proin utrum magis conveniat, errori duplici momentum duplex tantum, an maius, tribuere, quaestio est neque per se clara, neque demonstrationibus mathematicis decidenda, sed libero tantum arbitrio remittenda. Praeterea negari non potest, ista ratione continuitatem laedi: et propter hanc ipsam caussam modus ille tractationi analyticae magis refragatur, dum ea, ad quae principium nostrum perducit, mira tum simplicitate tum generalitate commendantur.

7.

Statuendo valorem integralis $\int xx\varphi x . dx$ ab $x = -\infty$ usque ad $x = +\infty$ extensi $= mm$, quantitatem $m$ vocabimus *errorem medium metuendum*, sive simpliciter *errorem medium* observationum, quarum errores indefiniti $x$ habent probabilitatem relativam $\varphi x$. Denominationem illam non ad observationes immediatas limitabimus, sed etiam ad determinationes qualescunque ex observationibus derivatas extendemus. Probe autem cavendum est, ne error medius confundatur cum medio arithmetico omnium errorum, de quo in art. 5 locuti sumus.

Ubi plura observationum genera, seu plures determinationes ex observationibus petitae, quibus haud eadem praecisio concedenda est, comparantur, *pondus* earum relativum nobis erit quantitas ipsi $mm$ reciproce proportionalis, dum *praecisio* simpliciter ipsi $m$ reciproce proportionalis habetur. Quo igitur pondus per numerum exprimi possit, pondus certi observationum generis pro unitate acceptum esse debet.

8.

Si observationum errores partem constantem implicant, hanc auferendo error medius minuitur, pondus et praecisio augentur. Retinendo signa art. 5, designandoque per $m'$ errorem medium observationum correctarum, erit

$$m'm' = \int x'x'\varphi'x'.\mathrm{d}x' = \int (x-k)^2\varphi x.\mathrm{d}x = \int xx\varphi x.\mathrm{d}x - 2k\int x\varphi x.\mathrm{d}x + kk\int\varphi x.\mathrm{d}x$$
$$= mm - 2kk + kk = mm - kk.$$

Si autem loco partis constantis veri $k$ quantitas alia $l$ ab observationibus ablata esset, quadratum erroris medii novi evaderet $= mm - 2kl + ll = m'm' + (l-k)^2$.

9.

Denotante $\lambda$ coëfficientem determinatum, atque $\mu$ valorem integralis $\int\varphi x.\mathrm{d}x$ ab $x = -\lambda m$ usque ad $x = +\lambda m$, erit $\mu$ probabilitas, quod error alicuius observationis sit minor quam $\lambda m$ (sine respectu signi), nec non $1-\mu$ probabilitas erroris maioris quam $\lambda m$. Si itaque valor $\mu = \frac{1}{2}$ respondet valori $\lambda m = \rho$, error aeque facile infra $\rho$ quam supra $\rho$ cadere potest, quocirca $\rho$ commode dici potest error *probabilis*. Relatio quantitatum $\lambda$, $\mu$ manifesto pendet ab indole functionis $\varphi x$, quae plerumque incognita est. Operae itaque pretium erit, istam relationem pro quibusdam casibus specialibus propius considerare.

I. Si limites omnium errorum possibilium sunt $-a$ et $+a$, omnesque errores intra hos limites aeque probabiles, erit $\varphi x$ inter limites $x = -a$ et $x = +a$ constans, et proin $= \frac{1}{2a}$. Hinc $m = a\sqrt{\frac{1}{3}}$, nec non $\mu = \lambda\sqrt{\frac{1}{3}}$, quamdiu $\lambda$ non maior quam $\sqrt{3}$; denique $\rho = m\sqrt{\frac{3}{4}} = 0{,}8660254m$, probabilitasque, quod error prodeat errore medio non maior, erit $= \sqrt{\frac{1}{3}} = 0{,}5773503$.

II. Si ut antea $-a$ et $+a$ sunt errorum possibilium limites, errorumque ipsorum probabilitas inde ab errrore 0 utrimque in progressione arithmetica decrescere supponitur, erit

$$\varphi x = \frac{a-x}{aa}, \text{ pro valoribus ipsius } x \text{ inter } 0 \text{ et } +a$$

$$\varphi x = \frac{a+x}{aa}, \text{ pro valoribus ipsius } x \text{ inter } 0 \text{ et } -a$$

Hinc deducitur $m = a\sqrt{\frac{1}{6}}$, $\mu = \lambda\sqrt{\frac{2}{3}} - \frac{1}{6}\lambda\lambda$, quamdiu $\lambda$ est inter $0$ et $\sqrt{6}$, denique $\lambda = \sqrt{6} - \sqrt{(6-6\mu)}$, quamdiu $\mu$ inter $0$ et $1$, et proin

$$\rho = m(\sqrt{6} - \sqrt{3}) = 0{,}7174389\,m$$

Probabilitas erroris medium non superantis erit in hoc casu

$$= \sqrt{\tfrac{2}{3}} - \tfrac{1}{6} = 0{,}6498299$$

III. Si functionem $\varphi x$ proportionalem statuimus huic $e^{-\frac{xx}{hh}}$ (quod quidem in rerum natura proxime tantum verum esse potest), esse debebit

$$\varphi x = \frac{e^{-\frac{xx}{hh}}}{h\sqrt{\pi}}$$

denotante $\pi$ semiperipheriam circuli pro radio $1$, unde porro deducimus

$$m = h\sqrt{\tfrac{1}{2}}$$

(V. *Disquis. generales circa seriem infinitam* etc. art. 28). Porro si valor integralis

$$\frac{2}{\sqrt{\pi}}\int e^{-zz}\,\mathrm{d}z$$

a $z = 0$ inchoati denotatur per $\Theta z$, erit

$$\mu = \Theta(\lambda\sqrt{\tfrac{1}{2}})$$

Tabula sequens exhibet aliquot valores huius quantitatis:

| $\lambda$ | $\mu$ |
|---|---|
| 0,6744897 | 0,5 |
| 0,8416213 | 0,6 |
| 1,0000000 | 0,6826895 |
| 1,0364334 | 0,7 |
| 1,2815517 | 0,8 |
| 1,6448537 | 0,9 |
| 2,5758293 | 0,99 |
| 3,2018301 | 0,999 |
| 3,8905940 | 0,9999 |
| $\infty$ | 1 |

## 10.

Quamquam relatio inter $\lambda$ et $\mu$ ab indole functionis $\varphi x$ pendet, tamen quaedam generalia stabilire licet. Scilicet qualiscunque sit haec functio, si modo ita est comparata, ut ipsius valor, crescente valore absoluto ipsius $x$, semper decrescat, vel saltem non crescat, certo erit

$\lambda$ minor vel saltem non maior quam $\mu\sqrt{3}$, quoties $\mu$ est minor quam $\frac{2}{3}$;

$\lambda$ non maior quam $\frac{2}{3\sqrt{(1-\mu)}}$, quoties $\mu$ est maior quam $\frac{2}{3}$.

Pro $\mu = \frac{2}{3}$ uterque limes coincidit, puta $\lambda$ nequit esse maior quam $\sqrt{\frac{4}{3}}$.

Ut hoc insigne theorema demonstremus, denotemus per $y$ valorem integralis $\int \varphi z . dz$ a $z = -x$ usque ad $z = +x$ extensi, quo pacto $y$ erit probabilitas, quod error aliquis contentus sit intra limites $-x$ et $+x$. Porro statuamus

$$x = \psi y, \quad d\psi y = \psi' y . dy, \quad d\psi' y = \psi'' y . dy$$

Erit itaque $\psi 0 = 0$, nec non

$$\psi' y = \frac{1}{\varphi x + \varphi(-x)}$$

quare per hyp. $\psi' y$ ab $y = 0$ usque ad $y = 1$ semper crescet, saltem nullibi decrescet, sive, quod idem est, valor ipsius $\psi'' y$ semper erit positivus, vel saltem non negativus. Porro habemus $d . y\psi' y = \psi' y . dy + y\psi'' y . dy$, adeoque

$$y\psi' y - \psi y = \int y \psi'' y . dy$$

integratione ab $y = 0$ inchoata. Valor expressionis $y\psi' y - \psi y$ itaque semper erit quantitas positiva, saltem non negativa, adeoque

$$1 - \frac{\psi y}{y\psi' y}$$

quantitas positiva unitate minor. Sit $f$ eius valor pro $y = \mu$, i. e. quum habeatur $\psi\mu = \lambda m$, sit

$$f = 1 - \frac{\lambda m}{\mu\psi'\mu} \quad \text{sive} \quad \psi'\mu = \frac{\lambda m}{(1-f)\mu}$$

His ita praeparatis, consideremus functionem ipsius $y$ hanc

$$\frac{\lambda m}{(1-f)\mu}(y - \mu f)$$

quam statuemus $= Fy$, nec non $dFy = F'y . dy$. Perspicuum est, fieri

$$F\mu = \lambda m = \psi\mu$$
$$F'\mu = \frac{\lambda m}{(1-f)\mu} = \psi'\mu$$

Quare quum $\psi'y$, aucta ipsa $y$, continuo crescat (saltem non decrescat, quod semper subintelligendum), $F'y$ vero constans sit, differentia $\psi'y - F'y = \frac{\mathrm{d}(\psi y - Fy)}{\mathrm{d}y}$ erit positiva pro valoribus ipsius $y$ maioribus quam $\mu$, negativa pro minoribus. Hinc facile colligitur, $\psi y - Fy$ semper esse quantitatem positivam, adeoque $\psi y$ semper erit absolute maior, saltem non minor, quam $Fy$, certe quamdiu valor ipsius $Fy$ est positivus, i. e. ab $y = \mu f$ usque ad $y = 1$. Hinc valor integralis $\int(Fy)^2\mathrm{d}y$ ab $y = \mu f$ usque ad $y = 1$ erit minor valore integralis $\int(\psi y)^2\mathrm{d}y$ inter eosdem limites, adeoque a potiori minor valore huius integralis ab $y = 0$ usque ad $y = 1$, qui fit $= mm$. At valor integralis prioris invenitur

$$= \frac{\lambda\lambda mm(1-\mu f)^3}{3\mu\mu(1-f)^2}$$

unde colligimus, $\lambda\lambda$ esse minorem quam $\frac{3\mu\mu(1-f)^2}{(1-\mu f)^3}$, ubi $f$ est quantitas inter $0$ et $1$ iacens. Iam valor fractionis $\frac{3\mu\mu(1-f)^2}{(1-\mu f)^3}$, cuius differentiale, si $f$ tamquam quantitas variabilis consideratur, fit $=$

$$-\frac{3\mu\mu(1-f)}{(1-\mu f)^4}.(2-3\mu+\mu f)\mathrm{d}f$$

continuo decrescit, dum $f$ a valore $0$ usque ad valorem $1$ transit, quoties $\mu$ minor est quam $\frac{2}{3}$, adeoque valor maximus possibilis erit is, qui valori $f = 0$ respondet, puta $= 3\mu\mu$, ita ut in hoc casu $\lambda$ certo fiat minor vel non maior quam $\mu\sqrt{3}$. Q. E. P. Contra quoties $\mu$ maior est quam $\frac{2}{3}$, valor istius fractionis erit maximus pro $2-3\mu+\mu f = 0$, i. e. pro $f = 3 - \frac{2}{\mu}$, unde ille fit $= \frac{4}{9(1-\mu)}$, adeoque in hoc casu $\lambda$ non maior quam $\frac{2}{3\sqrt{(1-\mu)}}$. Q. E. S.

Ita e. g. pro $\mu = \frac{1}{2}$ certo $\lambda$ nequit esse maior quam $\sqrt{\frac{3}{4}}$, i. e. error probabilis superare nequit limitem $0{,}8660254m$, cui in exemplo primo art. 9 aequalis inventus est. Porro facile e theoremate nostro concluditur, $\mu$ non esse minorem quam $\lambda\sqrt{\frac{1}{3}}$, quamdiu $\lambda$ minor sit quam $\sqrt{\frac{4}{3}}$, contra $\mu$ non esse minorem quam $1 - \frac{4}{9\lambda\lambda}$, pro valore ipsius $\lambda$ maiore quam $\sqrt{\frac{4}{3}}$.

## 11.

Quum plura problemata infra tractanda etiam cum valore integralis $\int x^4\varphi x.\mathrm{d}x$ nexa sint, operae pretium erit, eum pro quibusdam casibus specialibus evolvere. Denotabimus valorem huius integralis ab $x = -\infty$ usque ad $x = +\infty$ extensi per $n^4$.

I. Pro $\varphi x = \frac{1}{2a}$, quatenus $x$ inter $-a$ et $+a$ continetur, habemus $n^4 = \frac{1}{5}a^4 = \frac{9}{5}m^4$.

II. In casu secundo art. 6, ubi $\varphi x = \frac{a \mp x}{aa}$, pro valoribus ipsius $x$ inter $0$ et $\pm a$, fit $n^4 = \frac{1}{15}a^4 = \frac{12}{5}m^4$.

III. In casu tertio, ubi

$$\varphi x = \frac{e^{-\frac{xx}{hh}}}{a\sqrt{\pi}}$$

invenitur per ea, quae in commentatione supra citata exponuntur, $n^4 = \frac{3}{4}h^4 = 3m^4$.

Ceterum demonstrari potest, valorem ipsius $\frac{n^4}{m^4}$ certo non esse minorem quam $\frac{9}{5}$, si modo suppositio art. praec. locum habeat.

12.

Denotantibus $x$, $x'$, $x''$ etc. indefinite errores observationum eiusdem generis ab invicem independentes, quorum probabilitates relativas exprimit praefixa characteristica $\varphi$; nec non $y$ functionem datam rationalem indeterminatarum $x$, $x'$, $x''$ etc.: integrale multiplex (I)

$$\int \varphi x . \varphi x' . \varphi x'' \ldots\ldots \mathrm{d}x . \mathrm{d}x' . \mathrm{d}x'' \ldots$$

extensum per omnes valores indeterminatarum $x$, $x'$, $x''$, pro quibus valor ipsius $y$ cadit intra limites datos $0$ et $\eta$, exprimet probabilitatem valoris ipsius $y$ indefinite intra $0$ et $\eta$ siti. Manifesto hoc integrale erit functio ipsius $\eta$, cuius differentiale statuemus $= \psi\eta . \mathrm{d}\eta$, ita ut integrale ipsum fiat aequale integrali $\int \psi\eta . \mathrm{d}\eta$ ab $\eta = 0$ incepto. Hoc pacto simul characteristica $\psi\eta$ probabilitatem relativam cuiusvis valoris ipsius $y$ exprimere censenda est. Quum $x$ considerari possit tamquam functio indeterminatarum $y$, $x'$, $x''$ etc., quam statuemus

$$= f(y, x', x'' \ldots)$$

integrale (I) fiet

$$= \int \varphi . f(y, x', x'' \ldots) . \frac{\mathrm{d}f(y, x', x'' \ldots)}{\mathrm{d}y} . \varphi x' . \varphi x'' \ldots \mathrm{d}y . \mathrm{d}x' . \mathrm{d}x'' \ldots$$

ubi $y$ extendi debet ab $y = 0$ usque ad $y = \eta$, indeterminatae reliquae vero per omnes valores, quibus respondet valor realis ipsius $f(y, x', x'' \ldots)$. Hinc colligitur

$$\psi y = \int \varphi . f(y, x', x'' \ldots) . \frac{\mathrm{d}f(y, x', x'' \ldots)}{\mathrm{d}y} . \varphi x' . \varphi x'' \ldots \mathrm{d}x' . \mathrm{d}x'' \ldots$$

integratione, in qua $y$ tamquam constans considerari debet, extensa per omnes valores indeterminatarum $x'$, $x''$ etc., qui ipsi $f(y, x', x'' \ldots)$ valorem realem conciliant.

13.

Ad hanc integrationem reipsa exsequendam cognitio functionis $\varphi$ requireretur, quae plerumque incognita est: quin adeo, etiamsi haec functio cognita esset, in plerisque casibus integratio vires analyseos superaret. Quae quum ita sint, probabilitatem quidem singulorum valorum ipsius $y$ assignare non poterimus: at secus res se habebit, si tantummodo desideratur valor medius ipsius $y$, qui oritur ex integratione $\int y \psi y . \mathrm{d}y$ per omnes valores ipsius $y$, quos quidem assequi potest, extensa. Et quum manifesto pro omnibus valoribus, quos $y$ assequi nequit, vel per naturam functionis, quam exprimit (e. g. pro negativis, si esset $y = xx + x'x' + x''x'' +$ etc.), vel ideo, quod erroribus ipsis $x$, $x'$, $x''$ etc. certi limites sunt positi, statuere oporteat $\psi y = 0$, manifesto res perinde se habebit, si integratio illa extendatur per omnes valores reales ipsius $y$, puta ab $y = -\infty$ usque ad $y = +\infty$. Iam integrale $\int y \psi y . \mathrm{d}y$ inter limites determinatos, puta ab $y = \eta$ usque ad $y = \eta'$ sumtum aequale est integrali

$$\int y \varphi . f(y, x', x'' \ldots) \frac{\mathrm{d}f(y, x', x'' \ldots)}{\mathrm{d}y} . \varphi x' . \varphi x'' \ldots \mathrm{d}y . \mathrm{d}x' . \mathrm{d}x'' \ldots$$

integratione extensa ab $y = \eta$ usque ad $y = \eta'$, atque per omnes valores indeterminatarum $x'$, $x''$ etc., quibus respondet valor realis ipsius $f(y, x', x'' \ldots)$, sive quod idem est, valori integralis

$$\int y \varphi x . \varphi x' . \varphi x'' \ldots \mathrm{d}x . \mathrm{d}x' . \mathrm{d}x'' \ldots$$

adhibendo in hac integratione pro $y$ eius valorem per $x$, $x'$, $x''$ etc. expressum, extendendoque eam per omnes harum indeterminatarum valores, quibus respondet valor ipsius $y$ inter $\eta$ et $\eta'$ situs. Hinc colligimus, integrale $\int y \psi y . \mathrm{d}y$ per omnes valores ipsius $y$, ab $y = -\infty$ usque ad $y = +\infty$ extensum obtineri ex integratione

$$\int y \varphi x . \varphi x' . \varphi x'' \ldots \mathrm{d}x . \mathrm{d}x' . \mathrm{d}x'' \ldots$$

per omnes valores reales ipsarum $x$, $x'$, $x''$ etc. extensa, puta ab $x = -\infty$ usque ad $x = +\infty$, ab $x' = -\infty$ usque ad $x' = +\infty$ etc.

14.

Reducta itaque functione $y$ ad formam aggregati talium partium

$$Ax^\alpha x'^\beta x''^\gamma \ldots$$

valor integralis $\int y\psi y.\mathrm{d}y$ per omnes valores ipsius $y$ extensi, seu valor medius ipsius $y$, aequalis erit aggregato partium

$$A\times\int x^\alpha\varphi x.\mathrm{d}x\times\int x'^\beta\varphi x'.\mathrm{d}x'\times\int x''^\gamma\varphi x''.\mathrm{d}x''\ldots$$

ubi integrationes extendendae sunt ab $x = -\infty$ usque ad $x = +\infty$, ab $x' = -\infty$ usque ad $x' = +\infty$ etc.; sive quod eodem redit, aggregato partium quae oriuntur, dum pro singulis potestatibus $x^\alpha$, $x'^\beta$, $x''^\gamma$ etc. ipsarum valores medii substituuntur, cuius theorematis gravissimi veritas etiam ex aliis considerationibus facile derivari potuisset.

15.

Applicemus ea, quae in art. praec. exposuimus, ad casum specialem, ubi

$$y = \frac{xx + x'x' + x''x'' + \text{etc.}}{\sigma}$$

denotante $\sigma$ multitudinem partium in numeratore. Valor medius ipsius $y$ hic illico invenitur $= mm$, accipiendo characterem $m$ in eadem significatione ac supra. Valor verus quidem ipsius $y$ in casu determinato maior minorve evadere potest medio, perinde ac valor verus termini simplicis $xx$: sed probabilitas quod valor fortuitus ipsius $y$ a medio $mm$ haud sensibiliter aberret, continuo magis ad certitudinem appropinquabit crescente multitudine $\sigma$. Quod quo clarius eluceat, quum probabilitatem ipsam exacte determinare non sit in potestate, investigemus errorem medium metuendum, dum supponimus $y = mm$. Manifesto per principia art. 6 hic error erit radix quadrata valoris medii functionis

$$\left(\frac{xx + x'x' + x''x'' + \text{etc.}}{\sigma} - mm\right)^2$$

ad quem eruendum sufficit observare, valorem medium termini talis $\frac{x^4}{\sigma\sigma}$ esse $= \frac{n^4}{\sigma\sigma}$ (utendo charactere $n$ in significatione art. 11), valorem medium autem termini talis $\frac{2xxx'x'}{\sigma\sigma}$ fieri $= \frac{2m^4}{\sigma\sigma}$, unde facillime deducitur valor medius istius functionis

$$= \frac{n^4 - m^4}{\sigma}$$

Hinc discimus, si copia satis magna errorum fortuitorum ab invicem independentium $x$, $x'$, $x''$ etc. in promtu sit, magna certitudine inde peti posse valorem approximatum ipsius $m$ per formulam

$$m = \sqrt{\frac{(xx + x'x' + x''x'' + \text{etc.})}{\sigma}}$$

erroremque medium in hac determinatione metuendum, respectu quadrati $mm$, esse

$$= \sqrt{\frac{n^4 - m^4}{\sigma}}$$

Ceterum, quum posterior formula implicet quantitatem $n$, si id tantum agitur, ut idea qualiscunque de gradu praecisionis istius determinationis formari possit, sufficiet, aliquam hypothesin respectu functionis $\varphi$ amplecti. E. g. in hypothesi tertia art. 9, 11 iste error fit $= mm\sqrt{\frac{2}{\sigma}}$. Quod si minus arridet, valor approximatus ipsius $n^4$ ex ipsis erroribus adiumento formulae

$$\frac{x^4 + x'^4 + x''^4 + \text{etc.}}{\sigma}$$

peti poterit. Generaliter autem affirmare possumus, praecisionem duplicatam in ista determinatione requirere errorum copiam quadruplicatam, sive pondus determinationis ipsi multitudini $\sigma$ esse proportionale.

Prorsus simili modo, si observationum errores partem constantem involvunt, huius valor approximatus eo tutius e medio arithmetico multorum errorum colligi poterit, quo maior horum multitudo fuerit. Et quidem error medius in hac determinatione metuendus exprimetur per

$$\sqrt{\frac{mm - kk}{\sigma}}$$

si $k$ designat partem constantem ipsam atque $m$ errorem medium observationum parte constante nondum purgatarum, sive simpliciter per $\frac{m}{\sqrt{\sigma}}$, si $m$ denotat errorem medium observationum a parte constante liberatarum (v. art. 8).

16.

In artt. 12—15 supposuimus, errores $x$, $x'$, $x''$ etc. ad idem observationum genus pertinere, ita ut singulorum probabilitates per eandem functionem exprimantur. Sed sponte patet, disquisitionem generalem artt. 12—14 aeque facile ad casum generaliorem extendi, ubi probabilitates errorum $x$, $x'$, $x''$ etc. per functiones diversas $\varphi x$, $\varphi' x'$, $\varphi'' x''$ etc. exprimantur, i. e. ubi errores illi pertineant ad observationes praecisionis seu incertitudinis diversae. Supponamus, $x$ esse errorem observationis talis, cuius error medius metuendus sit $= m$; nec non $x'$, $x''$ etc. esse errores aliarum observationum, quarum errores medii metuendi resp. sint $m'$, $m''$ etc. Tunc valor medius aggregati $xx + x'x' + x''x'' +$ etc. erit $mm + m'm' + m''m'' +$ etc. Iam si aliunde constat, quantitates $m$, $m'$, $m''$ etc. esse in ratione data, puta numeris $1$, $\mu'$, $\mu''$ etc. resp. proportionales, valor medius expressionis

$$\frac{xx + x'x' + x''x'' + \text{etc.}}{1 + \mu'\mu' + \mu''\mu'' + \text{etc.}}$$

erit $= mm$. Si vero valorem eiusdem expressionis determinatum, prout fors errores $x$, $x'$, $x''$ etc. offert, ipsi $mm$ aequalem ponimus, error medius, cui haec determinatio obnoxia manet, simili ratione ut in art. praec. invenitur

$$= \frac{\sqrt{(n^4 + n'^4 + n''^4 + \text{etc.} - m^4 - m'^4 - m''^4 - \text{etc.})}}{1 + \mu'\mu' + \mu''\mu'' + \text{etc.}}$$

ubi $n'$, $n''$ etc. respectu observationum, ad quas pertinent errores $x'$, $x''$ etc., idem denotare supponuntur, atque $n$ respectu observationis primae. Quodsi itaque numeros $n$, $n'$, $n''$ etc. ipsis $m$, $m'$, $m''$ etc. proportionales supponere licet, error ille metuendus medius fit

$$= \frac{\sqrt{(n^4 - m^4)} \cdot \sqrt{(1 + \mu'^4 + \mu''^4 + \text{etc.})}}{1 + \mu'\mu' + \mu''\mu'' + \text{etc.}}$$

At haecce ratio, valorem approximatum ipsius $m$ determinandi non est ea, quae maxime ad rem facit. Quod quo clarius ostendamus, consideremus expressionem generaliorem

$$y = \frac{xx + \alpha'x'x' + \alpha''x''x'' + \text{etc.}}{1 + \alpha'\mu'\mu' + \alpha''\mu''\mu'' + \text{etc.}}$$

cuius valor medius quoque erit $= mm$, quomodocunque eligantur coëfficientes $\alpha'$, $\alpha''$ etc. Error autem medius metuendus, dum valorem determinatum ipsius $y$, prout fors errores $x$, $x'$, $x''$ etc. offert, ipsi $mm$ aequalem supponimus, invenitur per principia supra tradita

$$= \frac{\sqrt{(n^4 - m^4 + \alpha'\alpha'(n'^4 - m'^4) + \alpha''\alpha''(n''^4 - m''^4) + \text{etc.})}}{1 + \alpha'\mu'\mu' + \alpha''\mu''\mu'' + \text{etc.}}$$

Ut hic error medius fiat quam minimus, statuere oportebit

$$\alpha' = \frac{n^4 - m^4}{n'^4 - m'^4} \cdot \mu'\mu'$$

$$\alpha'' = \frac{n^4 - m^4}{n''^4 - m''^4} \cdot \mu''\mu'' \text{ etc.}$$

Manifesto hi valores evolvi nequeunt, nisi insuper ratio quantitatum $n$, $n'$, $n''$ etc. ad $m$, $m'$, $m''$ etc. aliunde nota fuerit; qua cognitione exacta deficiente, saltem tutissimum videtur *), illas his proportionales supponere (v. art. 11), unde prodeunt valores

$$\alpha' = \frac{1}{\mu'\mu'}, \quad \alpha'' = \frac{1}{\mu''\mu''} \text{ etc.}$$

i. e. coëfficientes $\alpha'$, $\alpha''$ etc. aequales statui debent ponderibus relativis observationum, ad quas pertinent errores $x'$, $x''$ etc., assumto pondere observationis, ad quam pertinet error $x$, pro unitate. Hoc pacto, designante ut supra $\sigma$ multitudinem errorum propositorum, habebimus valorem medium expressionis

$$\frac{xx + \alpha'x'x' + \alpha''x''x'' + \text{etc.}}{\sigma}$$

$= mm$, atque errorem medium metuendum, dum valorem fortuito determinatum huius expressionis pro valore vero ipsius $mm$ adoptamus

$$\frac{\sqrt{(n^4 + \alpha'\alpha'n'^4 + \alpha''\alpha''n''^4 + \text{etc.} - \sigma m^4)}}{\sigma}$$

et proin, siquidem licet, ipsas $n$, $n'$, $n''$ etc. ipsis $m$, $m'$, $m''$ proportionales supponere,

$$= \sqrt{\frac{n^4 - m^4}{\sigma}}$$

quae formula identica est cum ea, quam supra pro casu observationum eiusdem generis inveneramus.

### 17.

Si valor quantitatis, quae ab alia quantitate incognita pendet, per observa-

---

*) Scilicet cognitionem quantitatum $\mu'$, $\mu''$ etc. in eo solo casu in potestate esse concipimus, ubi per rei naturam errores $x$, $x'$, $x''$ etc. ipsis $1$, $\mu'$, $\mu''$ etc. proportionales, aeque probabiles censendi sunt, aut potius ubi

$$\varphi x = \mu'\varphi'(\mu'x) = \mu''\varphi''(\mu''x) \text{ etc.}$$

tionem praecisione absoluta non gaudentem determinata est, valor incognitae hinc calculatus etiam errori obnoxius erit, sed nihil in hac determinatione arbitrio relinquitur. At si *plures* quantitates ab eadem incognita pendentes per observationes haud absolute exactas innotuerunt, valorem incognitae vel per quamlibet harum observationum eruere possumus, vel per aliquam plurium observationum combinationem, quod infinitis modis diversis fieri potest. Quamquam vero valor incognitae tali modo prodiens errori semper obnoxius manet, tamen in alia combinatione maior, in alia minor error metuendus erit. Similiter res se habebit, si plures quantitates a pluribus incognitis simul pendentes sunt observatae: prout observationum multitudo multitudini incognitarum vel aequalis, vel hac minor vel maior fuerit, problema vel determinatum, vel indeterminatum, vel plus quam determinatum erit (generaliter saltem loquendo), et in casu tertio ad incognitarum determinationem observationes infinitis modis diversis combinari poterunt. E tali combinationum varietate eas eligere, quae maxime ad rem faciant, i. e. quae incognitarum valores erroribus minimis obnoxios suppeditent, problema sane est in applicatione matheseos ad philosophiam naturalem longe gravissimum.

In Theoria motus corporum coelestium ostendimus, quomodo valores incognitarum *maxime probabiles* eruendi sint, si lex probabilitatis errorum observationum cognita sit; et quum haec lex natura sua in omnibus fere casibus hypothetica maneat, theoriam illam ad legem maxime plausibilem applicavimus, ubi probabilitas erroris $x$ quantitati exponentiali $e^{-hhxx}$ proportionalis supponitur, unde methodus a nobis dudum in calculis praesertim astronomicis, et nunc quidem a plerisque calculatoribus sub nomine methodi quadratorum minimorum usitata demanavit.

Postea ill. Laplace, rem alio modo aggressus, idem principium omnibus aliis etiamnum praeferendum esse docuit, quaecunque fuerit lex probabilitatis errorum, si modo observationum multitudo sit permagna. At pro multitudine observationum modica, res intacta mansit, ita ut si lex nostra hypothetica respuatur, methodus quadratorum minimorum eo tantum nomine prae aliis commendabilis habenda sit, quod calculorum concinnitati maxime est adaptata.

Geometris itaque gratum fore speramus, si in hac nova argumenti tractatione docuerimus, methodum quadratorum minimorum exhibere combinationem ex omnibus optimam, non quidem proxime, sed absolute, quaecunque fuerit lex probabilitatis errorum, quaecunque observationum multitudo, si modo notionem erroris medii non ad mentem ill. LAPLACE, sed ita, ut in artt. 5 et 6 a nobis factum est, stabiliamus.

Ceterum expressis verbis hic praemonere convenit, in omnibus disquisitionibus sequentibus tantummodo de erroribus irregularibus atque a parte constante liberis sermonem esse, quum proprie ad perfectam artem observandi pertineat, omnes errorum constantium caussas summo studio amovere. Quaenam vero subsidia calculator tales observationes tractare suscipiens, quas ab erroribus constantibus non liberas esse iusta suspicio adest, ex ipso calculo probabilium petere possit, disquisitioni peculiari alia occasione promulgandae reservamus.

18.

PROBLEMA. *Designante $U$ functionem datam quantitatum incognitarum $V, V', V''$ etc., quaeritur error medius $M$ in determinatione valoris ipsius $U$ metuendus, si pro $V$, $V'$, $V''$ etc. adoptentur non valores veri, sed ii, qui ex observationibus ab invicem independentibus, erroribus mediis $m$, $m'$, $m''$ etc. resp. obnoxiis prodeunt.*

*Sol.* Denotatis erroribus in valoribus observatis ipsarum $V$, $V'$, $V''$ etc. per $e$, $e'$, $e''$ etc., error inde redundans in valorem ipsius $U$ exprimi poterit per functionem linearem

$$\lambda e + \lambda' e' + \lambda'' e'' + \text{etc.} = E$$

ubi $\lambda$, $\lambda'$, $\lambda''$ etc. sunt valores quotientium differentialium $\frac{dU}{dV}$, $\frac{dU}{dV'}$, $\frac{dU}{dV''}$ etc. pro valoribus veris ipsarum $V$, $V'$, $V''$ etc., siquidem observationes satis exactae sunt, ut errorum quadrata productaque negligere liceat. Hinc primo sequitur, quoniam observationum errores a partibus constantibus liberi supponuntur, valorem medium ipsius $E$ esse $= 0$. Porro error medius in valore ipsius $U$ metuendus erit radix quadrata e valore medio ipsius $EE$, sive $MM$ erit valor medius aggregati

$$\lambda\lambda ee + \lambda'\lambda' e'e' + \lambda''\lambda'' e''e'' + \text{etc.} + 2\lambda\lambda' ee' + 2\lambda\lambda'' ee'' + 2\lambda'\lambda'' e'e'' + \text{etc.}$$

At valor medius ipsius $\lambda\lambda ee$ fit $\lambda\lambda mm$, valor medius ipsius $\lambda'\lambda' e'e'$ fit $= \lambda'\lambda' m'm'$ etc.; denique valores medii productorum $2\lambda\lambda' ee'$ etc. omnes fiunt $= 0$. Hinc itaque colligimus

$$M = \sqrt{(\lambda\lambda mm + \lambda'\lambda' m'm' + \lambda''\lambda'' m''m'' + \text{etc.})}$$

Huic solutioni quasdam annotationes adiicere conveniet.

I. Quatenus spectando observationum errores tanquam quantitates primi ordinis, quantitates ordinum altiorum negliguntur, in formula nostra pro $\lambda, \lambda', \lambda''$ etc. etiam valores eos quotientium $\frac{\mathrm{d}U}{\mathrm{d}V}$ etc. adoptare licebit, qui prodeunt e valoribus observatis quantitatum $V$, $V'$, $V''$ etc. Quoties $U$ est functio linearis, manifesto nulla prorsus erit differentia.

II. Si loco errorum mediorum observationum, harum pondera introducere malumus, sint haec, secundum unitatem arbitrariam, resp. $p, p', p''$ etc., atque $P$ pondus determinationis valoris ipsius $U$ e valoribus observatis quantitatum $V$, $V'$, $V''$ etc. prodeuntis. Ita habebimus

$$P = \frac{1}{\frac{\lambda\lambda}{p}+\frac{\lambda'\lambda'}{p'}+\frac{\lambda''\lambda''}{p''}+\text{etc.}}$$

III. Si $T$ est functio alia data quantitatum $V$, $V'$, $V''$ etc. atque, pro harum valoribus veris,

$$\frac{\mathrm{d}T}{\mathrm{d}V} = \varkappa, \quad \frac{\mathrm{d}T}{\mathrm{d}V'} = \varkappa', \quad \frac{\mathrm{d}T}{\mathrm{d}V''} = \varkappa'' \text{ etc.}$$

error in determinatione valoris ipsius $T$, e valoribus observatis ipsarum $V$, $V'$, $V''$ etc. petita, erit $= \varkappa e + \varkappa' e' + \varkappa'' e'' + \text{etc.}, = E'$, atque error medius in ista determinatione metuendus $= \sqrt{(\varkappa\varkappa mm + \varkappa'\varkappa' m'm' + \varkappa''\varkappa'' m''m'' + \text{etc.})}$. Errores $E$, $E'$ vero manifesto ab invicem iam non erunt independentes, valorque medius producti $EE'$, secus ac valor medius producti $ee'$, non erit $= 0$, sed $= \varkappa\lambda mm + \varkappa'\lambda' m'm' + \varkappa''\lambda'' m''m'' + \text{etc.}$

IV. Problema nostrum etiam ad casum eum extendere licet, ubi valores quantitatum $V$, $V'$, $V''$ etc. non immediate per observationes inveniuntur, sed quomodocunque ex observationum combinationibus derivantur, si modo singularum determinationes ab invicem sunt independentes, i. e. observationibus diversis superstructae: quoties autem haec conditio locum non habet, formula pro $M$ erronea evaderet. E. g. si una alterave observatio, quae ad determinationem valoris ipsius $V$ inserviit, etiam ad valorem ipsius $V'$ determinandum adhibita esset, errores $e$ et $e'$ haud amplius ab invicem independentes forent, neque adeo producti $ee'$ valor medius $= 0$. Si vero in tali casu nexus quantitatum $V$, $V'$ cum observationibus simplicibus, e quibus deductae sunt, rite perpenditur, valor medius producti $ee'$ adiumento annotationis III. assignari, atque sic formula pro $M$ completa reddi poterit.

19.

Sint $V, V', V''$ etc. functiones incognitarum $x, y, z$ etc., multitudo illarum $=\pi$, multitudo incognitarum $=\rho$, supponamusque, per observationes vel immediate vel mediate valores functionum inventos esse $V=L$, $V'=L'$, $V''=L''$ etc., ita tamen ut hae determinationes ab invicem fuerint independentes. Si $\rho$ maior est quam $\pi$, incognitarum evolutio manifesto fit problema indeterminatum; si $\rho$ ipsi $\pi$ aequalis est. singulae $x, y, z$ etc. in formam functionum ipsarum $V, V', V''$ etc. redigi vel redactae concipi possunt, ita ut ex harum valoribus observatis valores istarum inveniri possint, simulque adiumento art. praec. praecisionem relativam singulis his determinationibus tribuendam assignare liceat; denique si $\rho$ minor est quam $\pi$, singulae $x, y, z$ etc. infinitis modis diversis in formam functionum ipsarum $V, V', V''$ etc. redigi, adeoque illarum valores infinitis modis diversis erui poterunt. Quae determinationes exacte quidem quadrare deberent, si observationes praecisione absoluta gauderent; quod quum secus se habeat, alii modi alios valores suppeditabunt, nec minus determinationes e combinationibus diversis petitae inaequali praecisione instructae erunt.

Ceterum si in casu secundo vel tertio functiones $V, V', V''$ etc. ita comparatae essent, ut $\pi-\rho+1$ ex ipsis, vel plures, tamquam functiones reliquarum spectare liceret, problema respectu posteriorum functionum etiamnum plus quam determinatum esset, respectu incognitarum $x, y, z$ etc. autem indeterminatum; harum scilicet valores ne tunc quidem determinare liceret, quando valores functionum $V, V', V''$ etc. absolute exacti dati essent: sed hunc casum a disquisitione nostra excludemus.

Quoties $V, V', V''$ etc. per se non sunt functiones *lineares* indeterminatarum suarum, hoc efficietur, si loco incognitarum primitivarum introducuntur ipsarum differentiae a valoribus approximatis, quos aliunde cognitos esse supponere licet. Errores medios in determinationibus $V=L$, $V'=L'$, $V''=L''$ etc. metuendos resp. denotabimus per $m, m', m''$ etc., determinationumque pondera per $p, p', p''$ etc., ita ut sit $pmm=p'm'm'=p''m''m''$ etc. Rationem, quam inter se tenent errores medii, cognitam supponemus, ita ut pondera, quorum unum ad lubitum accipi potest, sint nota. Denique statuemus

$$(V-L)\sqrt{p} = v,\quad (V'-L')\sqrt{p'} = v',\quad (V''-L'')\sqrt{p''} = v'' \text{ etc.}$$

Manifesto itaque res perinde se habebit, ac si observationes immediatae, aequali praecisione gaudentes, puta quarum error medius $= m\sqrt{p} = m'\sqrt{p'} = m''\sqrt{p''}$ etc., sive quibus pondus $= 1$ tribuitur, suppeditavissent

$$v = 0,\quad v' = 0,\quad v'' = 0 \text{ etc.}$$

## 20.

PROBLEMA. *Designantibus* $v$, $v'$, $v''$ *etc. functiones lineares indeterminatarum* $x$, $y$, $z$ *etc. sequentes*

$$\left.\begin{aligned} v &= ax + by + cz + \text{etc.} + l \\ v' &= a'x + b'y + c'z + \text{etc.} + l' \\ v'' &= a''x + b''y + c''z + \text{etc.} + l'' \text{ etc.} \end{aligned}\right\} \text{(I)}$$

*ex omnibus systematibus coëfficientium* $\varkappa$, $\varkappa'$, $\varkappa''$ *etc., qui indefinite dant*

$$\varkappa v + \varkappa' v' + \varkappa'' v'' + \text{etc.} = x - k$$

*ita ut* $k$ *sit quantitas determinata i. e. ab* $x$, $y$, $z$ *etc. independens, eruere id, pro quo* $\varkappa\varkappa + \varkappa'\varkappa' + \varkappa''\varkappa'' +$ *etc. nanciscatur valorem minimum.*

*Solutio.* Statuamus

$$\left.\begin{aligned} av + a'v' + a''v'' + \text{etc.} &= \xi \\ bv + b'v' + b''v'' + \text{etc.} &= \eta \\ cv + c'v' + c''v'' + \text{etc.} &= \zeta \end{aligned}\right\} \text{(II)}$$

etc.: eruntque etiam $\xi$, $\eta$, $\zeta$ etc. functiones lineares ipsarum $x$, $y$, $z$ etc., puta

$$\left.\begin{aligned} \xi &= x\Sigma aa + y\Sigma ab + z\Sigma ac + \text{etc.} + \Sigma al \\ \eta &= x\Sigma ab + y\Sigma bb + z\Sigma bc + \text{etc.} + \Sigma bl \\ \zeta &= x\Sigma ac + y\Sigma bc + z\Sigma cc + \text{etc.} + \Sigma cl \text{ etc.} \end{aligned}\right\} \text{(III)}$$

(ubi $\Sigma aa$ denotat aggregatum $aa + a'a' + a''a'' +$ etc., ac perinde de reliquis) multitudoque ipsarum $\xi$, $\eta$, $\zeta$ etc. multitudini indeterminatarum $x$, $y$, $z$ etc. aequalis, puta $= \rho$. Per eliminationem itaque elici poterit aequatio talis*)

*) Ratio, cur ad denotandos coëfficientes e tali eliminatione prodeuntes, hos potissimum characteres elegerimus, infra elucebit.

$$x = A + [\alpha\alpha]\xi + [\alpha\beta]\eta + [\alpha\gamma]\zeta + \text{etc.}$$

in qua substituendo pro $\xi$, $\eta$, $\zeta$ etc. valores earum ex III, aequatio identica prodire debet. Quare statuendo

$$\left.\begin{array}{l} a[\alpha\alpha] + b[\alpha\beta] + c[\alpha\gamma] + \text{etc.} = \alpha \\ a'[\alpha\alpha] + b'[\alpha\beta] + c'[\alpha\gamma] + \text{etc.} = \alpha' \\ a''[\alpha\alpha] + b''[\alpha\beta] + c''[\alpha\gamma] + \text{etc.} = \alpha'' \text{ etc.} \end{array}\right\} \quad \text{(IV)}$$

necessario erit indefinite

$$\alpha v + \alpha' v' + \alpha'' v'' + \text{etc.} = x - A \quad \text{(V)}$$

Haec aequatio docet, inter systemata valorum coëfficientium $\varkappa$, $\varkappa'$, $\varkappa''$ etc. certo etiam referendos esse hos $\varkappa = \alpha$, $\varkappa' = \alpha'$, $\varkappa'' = \alpha''$ etc., nec non, pro systemate quocunque, fieri debere indefinite

$$(\varkappa - \alpha)v + (\varkappa' - \alpha')v' + (\varkappa'' - \alpha'')v'' + \text{etc.} = A - k$$

quae aequatio implicat sequentes

$$\begin{array}{l} (\varkappa - \alpha)a + (\varkappa' - \alpha')a' + (\varkappa'' - \alpha'')a'' + \text{etc.} = 0 \\ (\varkappa - \alpha)b + (\varkappa' - \alpha')b' + (\varkappa'' - \alpha'')b'' + \text{etc.} = 0 \\ (\varkappa - \alpha)c + (\varkappa' - \alpha')c' + (\varkappa'' - \alpha'')c'' + \text{etc.} = 0 \text{ etc.} \end{array}$$

Multiplicando has aequationes resp. per $[\alpha\alpha]$, $[\alpha\beta]$, $[\alpha\gamma]$ etc., et addendo, obtinemus propter (IV)

$$(\varkappa - \alpha)\alpha + (\varkappa' - \alpha')\alpha' + (\varkappa'' - \alpha'')\alpha'' + \text{etc.} = 0$$

sive quod idem est

$$\begin{array}{l} \varkappa\varkappa + \varkappa'\varkappa' + \varkappa''\varkappa'' + \text{etc.} \\ = \alpha\alpha + \alpha'\alpha' + \alpha''\alpha'' + \text{etc.} + (\varkappa - \alpha)^2 + (\varkappa' - \alpha')^2 + (\varkappa'' - \alpha'')^2 + \text{etc.} \end{array}$$

unde patet, aggregatum $\varkappa\varkappa + \varkappa'\varkappa' + \varkappa''\varkappa'' +$ etc. valorem minimum obtinere, si statuatur $\varkappa = \alpha$, $\varkappa' = \alpha'$, $\varkappa'' = \alpha''$ etc. Q. E. I.

Ceterum hic valor minimus ipse sequenti modo eruitur. Aequatio (V) docet, esse

$$\alpha a + \alpha' a' + \alpha'' a'' + \text{etc.} = 1$$
$$\alpha b + \alpha' b' + \alpha'' b'' + \text{etc.} = 0$$
$$\alpha c + \alpha' c' + \alpha'' c'' + \text{etc.} = 0 \text{ etc.}$$

Multiplicando has aequationes resp. per $[\alpha\alpha]$, $[\alpha\beta]$, $[\alpha\gamma]$ etc. et addendo, protinus habemus adiumento aequationum (IV)

$$\alpha\alpha + \alpha'\alpha' + \alpha''\alpha'' + \text{etc.} = [\alpha\alpha]$$

21.

Quum observationes suppeditaverint aequationes (proxime veras) $v = 0$, $v' = 0$, $v'' = 0$ etc., ad valorem incognitae $x$ inde eliciendum combinatio illarum aequationum talis

$$\varkappa v + \varkappa' v' + \varkappa'' v'' + \text{etc.} = 0$$

adhibenda est, quae ipsi $x$ coëfficientem 1 conciliet, incognitasque reliquas $y$, $z$ etc. eliminet; cui determinationi per art. 18 pondus

$$= \frac{1}{\varkappa\varkappa + \varkappa'\varkappa' + \varkappa''\varkappa'' + \text{etc.}}$$

tribuendum erit. Ex art. praec. itaque sequitur, determinationem maxime idoneam eam fore, ubi statuatur $\varkappa = \alpha$, $\varkappa' = \alpha'$, $\varkappa'' = \alpha''$ etc. Hoc pacto $x$ obtinet valorem $A$, manifestoque idem valor etiam (absque cognitione multiplicatorum $\alpha$, $\alpha'$, $\alpha''$ etc.) protinus per eliminationem ex aequationibus $\xi = 0$, $\eta = 0$, $\zeta = 0$ etc. elici potest. Pondus huic determinationi tribuendum erit $= \frac{1}{[\alpha\alpha]}$, sive error medius in ipsa metuendus

$$= m\sqrt{p[\alpha\alpha]} = m'\sqrt{p'[\alpha\alpha]} = m''\sqrt{p''[\alpha\alpha]} \text{ etc.}$$

Prorsus simili modo determinatio maxime idonea incognitarum reliquarum $y$, $z$ etc. eosdem valores ipsis conciliabit, qui per eliminationem ex iisdem aequationibus $\xi = 0$, $\eta = 0$, $\zeta = 0$ etc. prodeunt.

Denotando aggregatum indefinitum $vv + v'v' + v''v''$ etc., sive quod idem est hoc

$$p(V-L)^2 + p'(V'-L')^2 + p''(V''-L'')^2 + \text{etc.}$$

per $\Omega$, patet, $2\xi$, $2\eta$, $2\zeta$ etc. esse quotientes differentiales partiales functionis $\Omega$, puta

$$2\xi = \frac{d\Omega}{dx}, \quad 2\eta = \frac{d\Omega}{dy}, \quad 2\zeta = \frac{d\Omega}{dz} \text{ etc.}$$

Quapropter valores incognitarum ex observationum combinatione maxime idonea prodeuntes, quos *valores maxime plausibiles* commode vocare possumus, identici erunt cum iis, per quos $\Omega$ valorem minimum obtinet. Iam $V-L$ indefinite exprimit differentiam inter valorem computatum et observatum. Valores itaque incognitarum maxime plausibiles iidem erunt, qui summam quadratorum differentiarum inter quantitatum $V$, $V'$, $V''$ etc. valores observatos et computatos, per observationum pondera multiplicatorum, minimam efficiunt, quod principium in *Theoria Motus Corporum Coelestium* longe alia via stabiliveramus. Et si insuper praecisio relativa singularum determinationum assignanda est, per eliminationem indefinitam ex aequationibus (III) ipsas $x, y$ $z$ etc. in tali forma exhibere oportet:

$$\left.\begin{aligned} x &= A+[\alpha\alpha]\xi+[\alpha\beta]\eta+[\alpha\gamma]\zeta+\text{ etc.} \\ y &= B+[\beta\alpha]\xi+[\beta\beta]\eta+[\beta\gamma]\zeta+\text{ etc.} \\ z &= C+[\gamma\alpha]\xi+[\gamma\beta]\eta+[\gamma\gamma]\zeta+\text{ etc.} \end{aligned}\right\} \text{(VII)}$$
$$\text{etc.}$$

quo pacto valores maxime plausibiles incognitarum $x, y, z$ etc. erunt resp. $A, B, C$ etc., atque pondera his determinationibus tribuenda $\frac{1}{[\alpha\alpha]}, \frac{1}{[\beta\beta]}, \frac{1}{[\gamma\gamma]}$ etc., sive errores medii in ipsis metuendi

$$\begin{aligned} &\text{pro } x \ldots\ldots m\sqrt{p[\alpha\alpha]} = m'\sqrt{p'[\alpha\alpha]} = m''\sqrt{p''[\alpha\alpha]} \text{ etc.} \\ &\text{pro } y \ldots\ldots m\sqrt{p[\beta\beta]} = m'\sqrt{p'[\beta\beta]} = m''\sqrt{p''[\beta\beta]} \text{ etc.} \\ &\text{pro } z \ldots\ldots m\sqrt{p[\gamma\gamma]} = m'\sqrt{p'[\gamma\gamma]} = m''\sqrt{p''[\gamma\gamma]} \text{ etc.} \\ &\text{etc.} \end{aligned}$$

quod convenit cum iis, quae in *Theoria Motus Corporum Coelestium* docuimus.

22.

De casu omnium simplicissimo, simul vero frequentissimo, ubi unica incognita adest, atque $V = x$, $V' = x$, $V'' = x$ etc., paucis seorsim agere conveniet. Erit scilicet $a = \sqrt{p}$, $a' = \sqrt{p'}$, $a'' = \sqrt{p''}$ etc., $l = -L\sqrt{p}$, $l' = -L'\sqrt{p'}$, $l'' = -L''\sqrt{p''}$ etc., et proin

$$\xi = (p+p'+p''+ \text{etc.})x - (pL+p'L'+p''L''+ \text{etc.})$$

Hinc porro

$$[\alpha\alpha] = \frac{1}{p+p'+p''+ \text{etc.}}$$

$$A = \frac{pL+p'L'+p''L''+ \text{etc.}}{p+p'+p''+ \text{etc.}}$$

Si itaque e pluribus observationibus inaequali praecisione gaudentibus, et quarum pondera resp. sunt $p$, $p'$, $p''$ etc., valor eiusdem quantitatis inventus est e prima $= L$, e secunda $= L'$, e tertia $= L''$ etc., huius valor maxime plausibilis erit

$$= \frac{pL+p'L'+p''L''+ \text{etc.}}{p+p'+p''+ \text{etc.}}$$

pondusque huius determinationis $= p+p'+p''$ etc. Si omnes observationes aequali praecisione gaudent, valor maxime plausibilis erit

$$= \frac{L+L'+L''+ \text{etc.}}{\pi}$$

i. e. aequalis medio arithmetico valorum observatorum, huiusque determinationis pondus $= \pi$, accepto pondere observationum pro unitate.

# THEORIA

# COMBINATIONIS OBSERVATIONUM

## ERRORIBUS MINIMIS OBNOXIAE

## PARS POSTERIOR

AUCTORE

CAROLO FRIDERICO GAUSS

SOCIETATI REGIAE SCIENTIARUM EXHIBITA 1823. FEBR. 2.

---

Commentationes societatis regiae scientiarum Gottingensis recentiores. Vol. v.
Gottingae MDCCCXXIII.

---

THEORIA

# COMBINATIONIS OBSERVATIONUM

## ERRORIBUS MINIMIS OBNOXIAE.

### PARS POSTERIOR.

---

### 23.

Plures adhuc supersunt disquisitiones, per quas theoria praecedens tum illustrabitur tum ampliabitur.

Ante omnia investigare oportet, num negotium eliminationis, cuius adiumento indeterminatae $x, y, z$ etc. per $\xi, \eta, \zeta$ etc. exprimendae sunt, semper sit possibile. Quum multitudo illarum multitudini harum aequalis sit, e theoria eliminationis in aequationibus linearibus constat, illam eliminationem, si $\xi, \eta, \zeta$ etc. ab invicem independentes sint, certo possibilem fore; sin minus, impossibilem. Supponamus aliquantisper, $\xi, \eta, \zeta$ etc. non esse ab invicem independentes, sed exstare inter ipsas aequationem identicam

$$0 = F\xi + G\eta + H\zeta + \text{etc.} + K$$

Habebimus itaque

$$F\Sigma aa + G\Sigma ab + H\Sigma ac + \text{etc.} = 0$$
$$F\Sigma ab + G\Sigma bb + H\Sigma bc + \text{etc.} = 0$$
$$F\Sigma ac + G\Sigma bc + H\Sigma cc + \text{etc.} = 0$$

etc., nec non

$$F\Sigma al + G\Sigma bl + H\Sigma cl + \text{etc.} = -K$$

Statuendo porro

$$\left.\begin{array}{l} aF+bG+cH+\text{ etc.} = \theta \\ a'F+b'G+c'H+\text{ etc.} = \theta' \\ a''F+b''G+c''H+\text{ etc.} = \theta'' \end{array}\right\} \quad (\text{I})$$

etc., eruitur

$$a\theta+a'\theta'+a''\theta''+\text{ etc.} = 0$$
$$b\theta+b'\theta'+b''\theta''+\text{ etc.} = 0$$
$$c\theta+c'\theta'+c''\theta''+\text{ etc.} = 0$$

etc., nec non

$$l\theta+l'\theta'+l''\theta''+\text{ etc.} = -K$$

Multiplicando itaque aequationes (I) resp. per $\theta, \theta', \theta''$ etc., et addendo, obtinemus:

$$0 = \theta\theta+\theta'\theta'+\theta''\theta''+\text{ etc.}$$

quae aequatio manifesto consistere nequit, nisi simul fuerit $\theta = 0$, $\theta' = 0$, $\theta'' = 0$ etc. Hinc primo colligimus, necessario esse debere $K = 0$. Dein aequationes (I) docent, functiones $v, v', v''$ etc. ita comparatas esse, ut ipsarum valores non mutentur, si valores quantitatum $x, y, z$ etc. capiant incrementa vel decrementa ipsis $F, G, H$ etc. resp. proportionalia, idemque manifesto de functionibus $V, V', V''$ etc. valebit. Suppositio itaque consistere nequit, nisi in casu tali, ubi vel e valoribus exactis quantitatum $V, V', V''$ etc. valores incognitarum $x. y, z$ etc. determinare impossibile fuisset, i. e. ubi problema natura sua fuisset indeterminatum, quem casum a disquisitione nostra exclusimus.

24.

Denotemus per $\beta, \beta', \beta''$ etc. multiplicatores, qui eandem relationem habent ad indeterminatam $y$, quam habent $\alpha, \alpha', \alpha''$ etc. ad $x$, puta sit

$$a[\beta\alpha]+b[\beta\beta]+c[\beta\gamma]+\text{ etc.} = \beta$$
$$a'[\beta\alpha]+b'[\beta\beta]+c'[\beta\gamma]+\text{ etc.} = \beta'$$
$$a''[\beta\alpha]+b''[\beta\beta]+c''[\beta\gamma]+\text{ etc.} = \beta''$$

etc., ita ut fiat indefinite

$$\beta v+\beta'v'+\beta''v''+\text{ etc.} = y-B$$

Perinde sint $\gamma$, $\gamma'$, $\gamma''$ etc. multiplicatores similes respectu indeterminatae $z$, puta

$$a[\gamma\alpha]+b[\gamma\beta]+c[\gamma\gamma]+\text{etc.}=\gamma$$
$$a'[\gamma\alpha]+b'[\gamma\beta]+c'[\gamma\gamma]+\text{etc.}=\gamma'$$
$$a''[\gamma\alpha]+b''[\gamma\beta]+c''[\gamma\gamma]+\text{etc.}=\gamma''$$

etc., ita ut fiat indefinite

$$\gamma v+\gamma'v'+\gamma''v''+\text{etc.}=z-C$$

et sic porro. Hoc pacto, perinde ut iam in art. 20 inveneramus

$$\Sigma\alpha a=1,\quad \Sigma\alpha b=0,\quad \Sigma\alpha c=0,\ \text{etc.},\quad \text{nec non}\ \Sigma\alpha l=-A$$

etiam habebimus

$$\Sigma\beta a=0,\quad \Sigma\beta b=1,\quad \Sigma\beta c=0,\ \text{etc.},\quad \text{atque}\ \Sigma\beta l=-B$$
$$\Sigma\gamma a=0,\quad \Sigma\gamma b=0,\quad \Sigma\gamma c=1,\ \text{etc.},\quad \text{atque}\ \Sigma\gamma l=-C$$

et sic porro. Nec minus, quemadmodum in art. 20 prodiit $\Sigma\alpha\alpha=[\alpha\alpha]$, etiam erit

$$\Sigma\beta\beta=[\beta\beta],\quad \Sigma\gamma\gamma=[\gamma\gamma]\ \text{etc.}$$

Multiplicando porro valores ipsorum $\alpha$, $\alpha'$, $\alpha''$ etc. (art. 20. IV) resp. per $\beta$, $\beta'$, $\beta''$ etc., et addendo, obtinemus

$$\alpha\beta+\alpha'\beta'+\alpha''\beta''\text{etc.}=[\alpha\beta],\quad \text{sive}\ \Sigma\alpha\beta=[\alpha\beta]$$

Multiplicando autem valores ipsorum $\beta$, $\beta'$, $\beta''$ etc. resp. per $\alpha$, $\alpha'$, $\alpha''$ etc., et addendo, perinde prodit

$$\alpha\beta+\alpha'\beta'+\alpha''\beta''+\text{etc.}=[\beta\alpha],\quad \text{adeoque}\ [\alpha\beta]=[\beta\alpha]$$

Prorsus simili modo eruitur

$$[\alpha\gamma]=[\gamma\alpha]=\Sigma\alpha\gamma,\quad [\beta\gamma]=[\gamma\beta]=\Sigma\beta\gamma\ \text{etc.}$$

25.

Denotemus porro per $\lambda$, $\lambda'$, $\lambda''$ etc. valores functionum $v$, $v'$, $v''$ etc., qui prodeunt, dum pro $x$, $y$, $z$ etc. ipsarum valores maxime plausibiles $A$, $B$, $C$ etc. substituuntur, puta

$$aA + bB + cC + \text{etc.} + l = \lambda$$
$$a'A + b'B + c'C + \text{etc.} + l' = \lambda'$$
$$a''A + b''B + c''C + \text{etc.} + l'' = \lambda''$$

etc.; statuamus praeterea

$$\lambda\lambda + \lambda'\lambda' + \lambda''\lambda'' + \text{etc.} = M$$

ita ut sit $M$ valor functionis $\Omega$ valoribus maxime plausibilibus indeterminatarum respondens, adeoque per ea, quae in art. 20 demonstravimus, valor minimus huius functionis. Hinc erit $a\lambda + a'\lambda' + a''\lambda'' +$ etc. valor ipsius $\xi$, valoribus $x = A$, $y = B$, $z = C$ etc. respondens, adeoque $= 0$, i. e. habebimus

$$\Sigma a\lambda = 0$$

et perinde fiet

$$\Sigma b\lambda = 0, \quad \Sigma c\lambda = 0 \text{ etc.}; \quad \text{nec non } \Sigma \alpha\lambda = 0, \quad \Sigma \beta\lambda = 0, \quad \Sigma \gamma\lambda = 0 \text{ etc.}$$

Denique multiplicando expressiones ipsarum $\lambda$, $\lambda'$, $\lambda''$ etc. per $\lambda$, $\lambda'$, $\lambda''$ etc. resp., et addendo, obtinemus $l\lambda + l'\lambda' + l''\lambda'' +$ etc. $= \lambda\lambda + \lambda'\lambda' + \lambda''\lambda'' +$ etc., sive

$$\Sigma l\lambda = M$$

26.

Substituendo in aequatione $v = ax + by + cz +$ etc. $+ l$, pro $x$, $y$, $z$ etc. expressiones VII. art. 21, prodibit, adhibitis reductionibus ex praecedentibus obviis,

$$v = \alpha\xi + \beta\eta + \gamma\zeta + \text{etc.} + \lambda$$

et perinde erit indefinite

$$v' = \alpha'\xi + \beta'\eta + \gamma'\zeta + \text{etc.} + \lambda'$$
$$v'' = \alpha''\xi + \beta''\eta + \gamma''\zeta + \text{etc.} + \lambda''$$

etc. Multiplicando vel has aequationes, vel aequationes I art. 20 resp. per $\lambda$, $\lambda'$, $\lambda''$ etc., et addendo, discimus esse indefinite

$$\lambda v + \lambda'v' + \lambda''v'' + \text{etc.} = M$$

27.

Functio $\Omega$ indefinite in pluribus formis exhiberi potest, quas evolvere operae pretium erit. Ac primo quidem quadrando aequationes I art. 20 et addendo, statim fit

$$\Omega = xx\Sigma aa + yy\Sigma bb + zz\Sigma cc + \text{etc.} + 2xy\Sigma ab + 2xz\Sigma ac + 2yz\Sigma bc + \text{etc.}$$
$$+ 2x\Sigma al + 2y\Sigma bl + 2z\Sigma cl + \text{etc.} + \Sigma ll$$

quae est forma *prima.*

Multiplicando easdem aequationes resp. per $v$, $v'$, $v''$ etc., et addendo, obtinemus:

$$\Omega = \xi x + \eta y + \zeta z + \text{etc.} + lv + l'v' + l''v'' + \text{etc.}$$

atque hinc, substituendo pro $v$, $v'$, $v''$ etc. expressiones in art. praec. traditas,

$$\Omega = \xi x + \eta y + \zeta z + \text{etc.} - A\xi - B\eta - C\zeta - \text{etc.} + M$$

sive

$$\Omega = \xi(x-A) + \eta(y-B) + \zeta(z-C) + \text{etc.} + M$$

quae est forma *secunda.*

Substituendo in forma secunda pro $x-A$, $y-B$, $z-C$ etc. expressiones VII. art. 21, obtinemus formam *tertiam:*

$$\Omega = [\alpha\alpha]\xi\xi + [\beta\beta]\eta\eta + [\gamma\gamma]\zeta\zeta + \text{etc.} + 2[\alpha\beta]\xi\eta + 2[\alpha\gamma]\xi\zeta + 2[\beta\gamma]\eta\zeta + \text{etc.} + M$$

His adiungi potest forma *quarta*, ex forma tertia atque formulis art. praec. sponte demanans:

$$\Omega = (v-\lambda)^2 + (v'-\lambda')^2 + (v''-\lambda'')^2 + \text{etc.} + M, \text{ sive}$$
$$\Omega = M + \Sigma(v-\lambda)^2$$

quae forma conditionem minimi directe ob oculos sistit.

28.

Sint $e$, $e'$, $e''$ etc. errores in observationibus, quae dederunt $V = L$, $V' = L'$ $V'' = L''$ etc., commissi, i. e. sint valores veri functionum $V$, $V'$, $V''$ etc. resp. $L-e$, $L'-e'$, $L''-e''$ etc. adeoque valores veri ipsarum $v$, $v'$, $v''$ etc. resp. $-e\sqrt{p}$, $-e'\sqrt{p'}$, $-e''\sqrt{p''}$ etc. Hinc valor verus ipsius $x$ erit

$$= A - \alpha e\sqrt{p} - \alpha' e'\sqrt{p'} - \alpha'' e''\sqrt{p''} - \text{ etc.}$$

sive error valoris ipsius $x$, in determinatione maxime idonea commissus, quem per $Ex$ denotare convenit,

$$= \alpha e\sqrt{p} + \alpha' e'\sqrt{p'} + \alpha'' e''\sqrt{p''} + \text{ etc.}$$

Perindeerror valoris ipsius $y$ in determinatione maxime idonea commissus, quem per $Ey$ denotabimus, erit

$$= \beta e\sqrt{p} + \beta' e'\sqrt{p'} + \beta'' e''\sqrt{p''} + \text{ etc.}$$

Valor medius quadrati $(Ex)^2$ invenitur

$$= mmp(\alpha\alpha + \alpha'\alpha' + \alpha''\alpha'' + \text{ etc.}) = mmp[\alpha\alpha]$$

valor medius quadrati $(Ey)^2$ perinde $= mmp[\beta\beta]$ etc., ut iam supra docuimus. Iam vero etiam valorem medium *producti* $Ex.Ey$ assignare licet, quippe qui invenitur

$$= mmp(\alpha\beta + \alpha'\beta' + \alpha''\beta'' + \text{ etc.}) = mmp[\alpha\beta]$$

Concinne haec ita quoque exprimi possunt. Valores medii quadratorum $(Ex)^2$, $(Ey)^2$ etc. resp. aequales sunt productis ex $\frac{1}{2}mmp$ in quotientes differentialium partialium secundi ordinis

$$\frac{\mathrm{dd}\Omega}{\mathrm{d}\xi^2}, \quad \frac{\mathrm{dd}\Omega}{\mathrm{d}\eta^2} \text{ etc.}$$

valorque medius producti talis, ut $Ex.Ey$, aequalis est producto ex $\frac{1}{2}mmp$ in quotientem differentialem $\frac{\mathrm{dd}\Omega}{\mathrm{d}\xi.\mathrm{d}\eta}$, quatenus quidem $\Omega$ tamquam functio indeterminatarum $\xi$, $\eta$, $\zeta$ etc. consideratur.

## 29.

Designet $t$ functionem datam linearem quantitatum $x$, $y$, $z$ etc. puta sit

$$t = fx + gy + hz + \text{ etc. } + k$$

Valor ipsius $t$, e valoribus maxime plausibilibus ipsarum $x$, $y$, $z$ etc. prodiens hinc erit $= fA + gB + hC + \text{ etc. } + k$, quem per $K$ denotabimus. Qui si tamquam valor verus ipsius $t$ adoptatur, error committitur, qui erit

$$= fEx + gEy + hEz + \text{etc.}$$

atque per $Et$ denotabitur. Manifesto valor medius huius erroris fit $= 0$, sive error a parte constante liber erit. At valor medius quadrati $(Et)^2$, sive valor medius aggregati

$$\begin{array}{l} ff(Ex)^2 + 2fgEx.Ey + 2fhEx.E + \text{etc.} \\ \quad + gg(Ey)^2 \quad + 2ghEy.Ez + \text{etc.} \\ \qquad\qquad + hh(Ez)^2 \quad + \text{etc. etc.} \end{array}$$

per ea, quae in art. praec. exposuimus, aequalis fit producto ex $mmp$ in aggregatum

$$\begin{array}{l} ff[\alpha\alpha] + 2fg[\alpha\beta] + 2fh[\alpha\gamma] + \text{etc.} \\ \quad + gg[\beta\beta] + 2gh[\beta\gamma] + \text{etc.} \\ \qquad\qquad + hh[\gamma\gamma] + \text{etc. etc.} \end{array}$$

sive producto ex $mmp$ in valorem functionis $\Omega - M$, qui prodit per substitutiones

$$\xi = f, \quad \eta = g, \quad \zeta = h \text{ etc.}$$

Denotando igitur hunc valorem determinatum functionis $\Omega - M$ per $\omega$, error medius metuendus, dum determinationi $t = K$ adhaeremus, erit $= m\sqrt{p\omega}$, sive pondus huius determinationis $= \frac{1}{\omega}$

Quum indefinite habeatur

$$\Omega - M = (x - A)\xi + (y - B)\eta + (z - C)\zeta + \text{etc.}$$

patet, $\omega$ quoque aequalem esse valori determinato expressionis

$$(x - A)f + (y - B)g + (z - C)h + \text{etc.}$$

sive valori determinato ipsius $t - K$, qui prodit, si indeterminatis $x, y, z$ etc. tribuuntur valores ii, qui respondent valoribus ipsarum $\xi, \eta, \zeta$ etc. his $f, g, h$ etc.

Denique observamus, si $t$ indefinite in formam functionis ipsarum $\xi, \eta, \zeta$ etc. redigatur, ipsius partem constantem necessario fieri $= K$. Quodsi igitur indefinite fit

$$t = F\xi + G\eta + H\zeta + \text{etc.} + K, \quad \text{erit} \quad \omega = fF + gG + hH + \text{etc.}$$

30.

Functio $\Omega$ valorem suum *absolute minimum* $M$, ut supra vidimus, nanciscitur, faciendo $x = A$, $y = B$, $z = C$ etc., sive $\xi = 0$, $\eta = 0$, $\zeta = 0$ etc. Si vero alicui illarum quantitatum valor *alius* iam tributus est, e. g. $x = A + \Delta$, variantibus reliquis $\Omega$ assequi potest valorem relative minimum, qui manifesto obtinetur adiumento aequationum

$$x = A + \Delta, \quad \frac{\mathrm{d}\Omega}{\mathrm{d}y} = 0, \quad \frac{\mathrm{d}\Omega}{\mathrm{d}z} = 0 \text{ etc.}$$

Fieri debet itaque $\eta = 0$, $\zeta = 0$ etc., adeoque, quoniam

$$x = A + [\alpha\alpha]\xi + [\alpha\beta]\eta + [\alpha\gamma]\zeta + \text{etc.}, \quad \xi = \frac{\Delta}{[\alpha\alpha]}$$

Simul habebitur

$$y = B + \frac{[\alpha\beta]\Delta}{[\alpha\alpha]}, \quad z = C + \frac{[\alpha\gamma]\Delta}{[\alpha\alpha]} \text{ etc.}$$

Valor relative minimus ipsius $\Omega$ autem fit $= [\alpha\alpha]\xi\xi + M = M + \frac{\Delta\Delta}{[\alpha\alpha]}$. Vice versa hinc colligimus, si valor ipsius $\Omega$ limitem praescriptum $M + \mu\mu$ non superare debet, valorem ipsius $x$ necessario inter limites $A - \mu\sqrt{[\alpha\alpha]}$ et $A + \mu\sqrt{[\alpha\alpha]}$ contentum esse debere. Notari meretur, $\mu\sqrt{[\alpha\alpha]}$ aequalem fieri errori medio in valore maxime plausibili ipsius $x$ metuendo, si statuatur $\mu = m\sqrt{p}$, i. e. si $\mu$ aequalis sit errori medio observationum talium, quibus pondus $= 1$ tribuitur.

Generalius investigemus valorem minimum ipsius $\Omega$, qui pro valore dato ipsius $t$ locum habere potest, denotante $t$ ut in art. praec. functionem linearem $fx + gy + hz +$ etc. $+ k$, et cuius valor maxime plausibilis $= K$: valor praescriptus ipsius $t$ denotetur per $K + \varkappa$. E theoria maximorum et minimorum constat, problematis solutionem petendam esse ex aequationibus

$$\frac{\mathrm{d}\Omega}{\mathrm{d}x} = \theta\frac{\mathrm{d}t}{\mathrm{d}x}$$
$$\frac{\mathrm{d}\Omega}{\mathrm{d}y} = \theta\frac{\mathrm{d}t}{\mathrm{d}y}$$
$$\frac{\mathrm{d}\Omega}{\mathrm{d}z} = \theta\frac{\mathrm{d}t}{\mathrm{d}z} \text{ etc.}$$

sive $\xi = \theta f$, $\eta = \theta g$, $\zeta = \theta h$ etc., designante $\theta$ multiplicatorem adhuc indeterminatum. Quare si, ut in art. praec., statuimus, esse *indefinite*

$$t = F\xi + G\eta + H\zeta + \text{etc.} + K$$

habebimus

$$K + \varkappa = \theta(fF + gG + hH + \text{etc.}) + K, \text{ sive}$$
$$\theta = \frac{\varkappa}{\omega}$$

accipiendo $\omega$ in eadem significatione ut in art. praec. Et quum $\Omega - M$, indefinite, sit functio homogenea secundi ordinis indeterminatarum $\xi$, $\eta$, $\zeta$ etc., sponte patet, eius valorem pro $\xi = \theta f$, $\eta = \theta g$, $\zeta = \theta h$ etc. fieri $= \theta\theta\omega$, et proin valorem minimum, quem $\Omega$ pro $t = K + \varkappa$ obtinere potest, fieri $= M + \theta\theta\omega = M + \frac{\varkappa\varkappa}{\omega}$. Vice versa, si $\Omega$ debet valorem aliquem praescriptum $M + \mu\mu$ non superare, valor ipsius $t$ necessario inter limites $K - \mu\sqrt{\omega}$ et $K + \mu\sqrt{\omega}$ contentus esse debet, ubi $\mu\sqrt{\omega}$ aequalis fit errori medio in determinatione maxime plausibili ipsius $t$ metuendo, si pro $\mu$ accipitur error medius observationum, quibus pondus $= 1$ tribuitur.

31.

Quoties multitudo quantitatum $x$, $y$, $z$ etc. paullo maior est, determinatio numerica valorum $A$, $B$, $C$ etc. ex aequationibus $\xi = 0$, $\eta = 0$, $\zeta = 0$ etc. per eliminationem vulgarem satis molesta evadit. Propterea in Theoria Motus Corporum Coelestium art. 182 algorithmum peculiarem addigitavimus, atque in *Disquisitione de elementis ellipticis Palladis* (Comm. recent. Soc. Gotting Vol. I) copiose explicavimus, per quem labor ille ad tantam quantam quidem res fert simplicitatem evehitur. Reducenda scilicet est functio $\Omega$ sub formam talem:

$$\frac{u^0 u^0}{\mathfrak{A}^0} + \frac{u'u'}{\mathfrak{B}'} + \frac{u''u''}{\mathfrak{C}''} + \frac{u'''u'''}{\mathfrak{D}'''} + \text{etc.} + M$$

ubi divisores $\mathfrak{A}^0$, $\mathfrak{B}'$, $\mathfrak{C}''$, $\mathfrak{D}'''$ etc. sunt quantitates determinatae; $u^0$, $u'$, $u''$, $u'''$ etc. autem functiones lineares ipsarum $x$, $y$, $z$ etc., quarum tamen secunda $u'$ libera est ab $x$, tertia $u''$ libera ab $x$ et $y$, quarta $u'''$ libera ab $x$, $y$ et $z$, et sic porro, ita ut ultima $u^{(\pi-1)}$ solam ultimam indeterminatarum $x$, $y$, $z$ etc. implicet; denique coëfficientes, per quos $x$, $y$, $z$ etc. resp. multiplicatae sunt in $u^0$, $u'$, $u''$ etc., resp. aequales sunt ipsis $\mathfrak{A}^0$, $\mathfrak{B}'$, $\mathfrak{C}''$ etc. Quibus ita factis statuendum est $u^0 = 0$, $u' = 0$, $u'' = 0$, $u''' = 0$ etc., unde valores incognitarum $x$, $y$, $z$ etc. inverso ordine commodissime elicientur. Haud opus videtur, algorithmum ipsum, per quem haec transformatio functionis $\Omega$ absolvitur, hic denuo repetere.

Sed multo adhuc magis prolixum calculum requirit eliminatio indefinita, cuius adiumento illarum determinationum pondera invenire oportet. Pondus quidem determinationis incognitae ultimae (quae sola ultimam $u^{(\pi-1)}$ ingreditur) per ea, quae in Theoria Motus Corporum Coelestium demonstrata sunt, facile invenitur aequale termino ultimo in serie divisorum $\mathfrak{A}^0$, $\mathfrak{B}'$, $\mathfrak{C}''$ etc.; quapropter plures calculatores, ut eliminationem illam molestam evitarent, deficientibus aliis subsidiis, ita sibi consuluerunt, ut algorithmum, de quo diximus pluries, mutato quantitatum $x, y, z$ etc., ordine, repeterent, singulis deinceps ultimum locum occupantibus. Gratum itaque geometris fore speramus, si modum novum pondera determinationum calculandi, e penitiori argumenti perscrutatione haustum hic exponamus, qui nihil amplius desiderandum relinquere videtur.

## 32.

Statuamus itaque esse (I)

$$\begin{aligned} u^0 &= \mathfrak{A}^0 x + \mathfrak{B}^0 y + \mathfrak{C}^0 z + \text{ etc. } + \mathfrak{L}^0 \\ u' &= \qquad\quad \mathfrak{B}' y + \mathfrak{C}' z + \text{ etc. } + \mathfrak{L}' \\ u'' &= \qquad\qquad\quad \mathfrak{C}'' z + \text{ etc. } + \mathfrak{L}'' \\ &\text{etc.} \end{aligned}$$

Hinc erit indefinite

$$\begin{aligned} \tfrac{1}{2}\mathrm{d}\Omega &= \xi \mathrm{d}x + \eta \mathrm{d}y + \zeta \mathrm{d}z + \text{ etc.} \\ &= \frac{u^0 \mathrm{d}u^0}{\mathfrak{A}^0} + \frac{u' \mathrm{d}u'}{\mathfrak{B}'} + \frac{u'' \mathrm{d}u''}{\mathfrak{C}''} + \text{ etc.} \\ &= u^0\left(\mathrm{d}x + \frac{\mathfrak{B}^0}{\mathfrak{A}^0}\mathrm{d}y + \frac{\mathfrak{C}^0}{\mathfrak{A}^0}\mathrm{d}z + \text{ etc.}\right) \\ &\quad + u'\left(\mathrm{d}y + \frac{\mathfrak{C}'}{\mathfrak{B}'}\mathrm{d}z + \text{ etc.}\right) + u''(\mathrm{d}z + \text{ etc.}) + \text{ etc.} \end{aligned}$$

unde colligimus (II)

$$\begin{aligned} \xi &= u^0 \\ \eta &= \frac{\mathfrak{B}^0}{\mathfrak{A}^0} u^0 + u' \\ \zeta &= \frac{\mathfrak{C}^0}{\mathfrak{A}^0} u^0 + \frac{\mathfrak{C}'}{\mathfrak{B}'} u' + u'' \\ &\text{etc.} \end{aligned}$$

Supponamus, hinc derivari formulas sequentes (III)

$$u^0 = \xi$$
$$u' = A'\xi + \eta$$
$$u'' = A''\xi + B''\eta + \zeta$$
etc.

Iam e differentiali completo aequationis

$$\Omega = \xi(x-A) + \eta(y-B) + \zeta(z-C) + \text{etc.} + M$$

subtracta aequatione

$$\tfrac{1}{2}\mathrm{d}\Omega = \xi\,\mathrm{d}x + \eta\,\mathrm{d}y + \zeta\,\mathrm{d}z + \text{etc.}$$

sequitur

$$\tfrac{1}{2}\mathrm{d}\Omega = (x-A)\,\mathrm{d}\xi + (y-B)\,\mathrm{d}\eta + (z-C)\,\mathrm{d}\zeta + \text{etc.}$$

quae expressio identica esse debet cum hac ex III demanante:

$$\frac{u^0}{\mathfrak{A}^0}.\,\mathrm{d}\xi + \frac{u'}{\mathfrak{B}'}(A'\mathrm{d}\xi + \mathrm{d}\eta) + \frac{u''}{\mathfrak{C}''}(A''\mathrm{d}\xi + B''\mathrm{d}\eta + \mathrm{d}\zeta) + \text{etc.}$$

Hinc colligimus (IV)

$$x = \frac{u^0}{\mathfrak{A}^0} + A'.\frac{u'}{\mathfrak{B}'} + A''.\frac{u''}{\mathfrak{C}''} + \text{etc.} + A$$
$$y = \frac{u'}{\mathfrak{B}'} + B''.\frac{u''}{\mathfrak{C}''} + \text{etc.} + B$$
$$z = \frac{u''}{\mathfrak{C}''} + \text{etc.} + C$$
etc.

Substituendo in his expressionibus pro $u^0$, $u'$, $u''$ etc. valores earum ex III depromtos eliminatio indefinita absoluta erit. Et quidem ad pondera determinanda habebimus (V)

$$[\alpha\alpha] = \frac{1}{\mathfrak{A}^0} + \frac{A'A'}{\mathfrak{B}'} + \frac{A''A''}{\mathfrak{C}''} + \frac{A'''A'''}{\mathfrak{D}'''} + \text{etc.}$$
$$[\beta\beta] = \frac{1}{\mathfrak{B}'} + \frac{B''B''}{\mathfrak{C}''} + \frac{B'''B'''}{\mathfrak{D}'''} + \text{etc.}$$
$$[\gamma\gamma] = \frac{1}{\mathfrak{C}''} + \frac{C'''C'''}{\mathfrak{D}'''} + \text{etc.}$$
etc.

quarum formularum simplicitas nihil desiderandum relinquit. Ceterum etiam pro coëfficientibus reliquis $[\alpha\beta]$, $[\alpha\gamma]$, $[\beta\gamma]$ etc. formulae aeque simplices prodeunt, quas tamen, quum illorum usus sit rarior, hic apponere supersedemus.

33.

Propter rei gravitatem, et ut omnia ad calculum parata sint, etiam formulas explicitas ad determinationem coëfficientium $A'$, $A''$, $A'''$ etc. $B''$, $B'''$ etc. etc. hic adscribere visum est. Duplici modo hic calculus adornari potest, quum aequationes identicae prodire debeant, tum si valores ipsarum $u^0$, $u'$, $u''$ etc. ex III depromti in II substituuntur, tum ex substitutione valorum ipsarum $\xi$, $\eta$, $\zeta$ etc. ex II in III. Prior modus haec formularum systemata subministrat:

$$\frac{\mathfrak{B}^0}{\mathfrak{A}^0}+A'=0$$

$$\frac{\mathfrak{C}^0}{\mathfrak{A}^0}+\frac{\mathfrak{C}'}{\mathfrak{B}'}.A'+A''=0$$

$$\frac{\mathfrak{D}^0}{\mathfrak{A}^0}+\frac{\mathfrak{D}'}{\mathfrak{B}'}.A'+\frac{\mathfrak{D}''}{\mathfrak{C}''}.A''+A'''=0$$

etc. unde inveniuntur $A'$, $A''$, $A'''$ etc.

$$\frac{\mathfrak{C}'}{\mathfrak{B}'}+B''=0$$

$$\frac{\mathfrak{D}'}{\mathfrak{B}'}+\frac{\mathfrak{D}''}{\mathfrak{C}''}.B''+B'''=0$$

etc. unde inveniuntur $B''$, $B'''$ etc.

$$\frac{\mathfrak{D}''}{\mathfrak{C}''}+C'''=0$$

etc. unde inveniuntur $C'''$ etc. Et sic porro.

Alter modus has formulas suggerit:

$$\mathfrak{A}^0 A'+\mathfrak{B}^0=0$$

unde habetur $A'$.

$$\mathfrak{A}^0 A''+\mathfrak{B}^0.B''+\mathfrak{C}^0=0$$

$$\mathfrak{B}' B''+\mathfrak{C}'=0$$

unde inveniuntur $B''$ et $A''$.

$$\mathfrak{A}^0 A''' + \mathfrak{B}^0 B''' + \mathfrak{C}^0 C''' + \mathfrak{D}^0 = 0$$
$$\mathfrak{B}' B''' + \mathfrak{C}' C''' + \mathfrak{D}' = 0$$
$$\mathfrak{C}'' C''' + \mathfrak{D}'' = 0$$

unde inveniuntur $C'''$, $B'''$, $A'''$. Et sic porro.

Uterque modus aeque fere commodus est, si pondera determinationum cunctarum $x, y, z$ etc. desiderantur; quoties vero e quantitatibus $[\alpha\alpha]$, $[\beta\beta]$, $[\gamma\gamma]$ etc. una tantum vel altera requiritur, manifesto systema prius longe praeferendum erit.

Ceterum combinatio aequationum I cum IV ad easdem formulas perducit, insuperque calculum duplicem ad eruendos valores maxime plausibiles $A$, $B$, $C$ etc. ipsos suppeditat, puta *primo*

$$A = -\frac{\mathfrak{L}^0}{\mathfrak{A}^0} - A'\frac{\mathfrak{L}'}{\mathfrak{B}'} - A''\frac{\mathfrak{L}''}{\mathfrak{C}''} - A'''\frac{\mathfrak{L}'''}{\mathfrak{D}'''} - \text{etc.}$$
$$B = -\frac{\mathfrak{L}'}{\mathfrak{B}'} - B''\frac{\mathfrak{L}''}{\mathfrak{C}''} - B'''\frac{\mathfrak{L}'''}{\mathfrak{D}'''} - \text{etc.}$$
$$C = -\frac{\mathfrak{L}''}{\mathfrak{C}''} - C'''\frac{\mathfrak{L}'''}{\mathfrak{D}'''} - \text{etc.}$$

etc.

Calculus alter identicus est cum vulgari, ubi statuitur $u^0 = 0$, $u' = 0$, $u'' = 0$ etc.

34.

Quae in art. 32 exposuimus, sunt tantummodo casus speciales theorematis generalioris, quod ita se habet:

THEOREMA. *Designet $t$ functionem linearem indeterminatarum $x, y, z$ etc. hanc*

$$t = fx + gy + hz + \text{etc.} + k$$

*quae transmutata in functionem indeterminatarum $u^0$, $u'$, $u''$ etc. fiat*

$$t = k^0 u^0 + k' u' + k'' u'' + \text{etc.} + K$$

*Quibus ita se habentibus erit $K$ valor maxime plausibilis ipsius $t$, atque pondus huius determinationis*

$$= \frac{1}{\mathfrak{A}^0 k^0 k^0 + \mathfrak{B}' k' k' + \mathfrak{C}'' k'' k'' + \text{etc.}}$$

*Dem.* Pars prior theorematis inde patet, quod valor maxime plausibilis ipsius $t$ valoribus $u^0 = 0$, $u' = 0$, $u'' = 0$ etc. respondere debet. Ad posteriorem demonstrandam observamus, quoniam $\frac{1}{2}\mathrm{d}\Omega = \xi\mathrm{d}x + \eta\mathrm{d}y + \zeta\mathrm{d}z +$ etc., atque $\mathrm{d}t = f\mathrm{d}x + g\mathrm{d}y + h\mathrm{d}z +$ etc., esse, pro $\xi = f$, $\eta = g$, $\zeta = h$ etc., independenter a valoribus differentialium $\mathrm{d}x$, $\mathrm{d}y$, $\mathrm{d}z$ etc.

$$\mathrm{d}\Omega = 2\mathrm{d}t$$

Hinc vero sequitur, pro iisdem valoribus $\xi = f$, $\eta = g$, $\zeta = h$ etc., fieri

$$\frac{u^0}{\mathfrak{A}^0}\mathrm{d}u^0 + \frac{u'}{\mathfrak{B}'}\mathrm{d}u' + \frac{u''}{\mathfrak{C}''}.\mathrm{d}u'' + \text{etc.} = k^0\mathrm{d}u^0 + k'\mathrm{d}u' + k''\mathrm{d}u'' + \text{etc.}$$

Iam facile perspicitur, si $\mathrm{d}x$, $\mathrm{d}y$, $\mathrm{d}z$ etc. sint ab invicem independentes, etiam $\mathrm{d}u^0$, $\mathrm{d}u'$, $\mathrm{d}u''$ etc., ab invicem independentes esse; unde colligimus, pro $\xi = f$, $\eta = g$, $\zeta = h$ etc. esse

$$u^0 = \mathfrak{A}^0 k^0, \quad u' = \mathfrak{B}'k', \quad u'' = \mathfrak{C}''k'' \quad \text{etc.}$$

Quamobrem valor ipsius $\Omega$, iisdem valoribus respondens erit

$$= \mathfrak{A}^0 k^0 k^0 + \mathfrak{B}'k'k' + \mathfrak{C}''k''k'' + \text{etc.} + M$$

unde per art. 29 theorematis nostri veritas protinus demanat.

Ceterum si transformationem functionis $t$ immediate, i. e. absque cognitione substitutionum IV. art. 32, perficere cupimus, praesto sunt formulae:

$$\begin{aligned} f &= \mathfrak{A}^0 k^0 \\ g &= \mathfrak{B}^0 k^0 + \mathfrak{B}'k' \\ h &= \mathfrak{C}^0 k^0 + \mathfrak{C}'k' + \mathfrak{C}''k'' \quad \text{etc.,} \end{aligned}$$

unde coëfficientes $k^0$, $k'$, $k''$ etc. deinceps determinabuntur, tandemque habebitur

$$K = k - \mathfrak{L}^0 k^0 - \mathfrak{L}'k' - \mathfrak{L}''k'' - \text{etc.}$$

35.

Tractatione peculiari dignum est problema sequens, tum propter utilitatem practicam, tum propter solutionis concinnitatem.

*Invenire mutationes valorum maxime plausibilium incognitarum ab accessione aequationis novae productas, nec non pondera novarum determinationum.*

Retinebimus designationes in praecedentibus adhibitas, ita ut aequationes primitivae, ad pondus $= 1$ reductae, sint hae $v = 0$, $v' = 0$, $v'' = 0$ etc.; aggregatum indefinitum $vv+v'v'+v''v''$ etc. $=\Omega$; porro ut $\xi$, $\eta$, $\zeta$ etc. sint quotientes differentiales partiales

$$\frac{d\Omega}{2\,dx},\quad \frac{d\Omega}{2\,dy},\quad \frac{d\Omega}{2\,dz}\quad \text{etc.}$$

denique ut ex eliminatione indefinita sequatur

$$\left.\begin{aligned} x &= A+[\alpha\alpha]\xi+[\alpha\beta]\eta+[\alpha\gamma]\zeta+\text{ etc.}\\ y &= B+[\alpha\beta]\xi+[\beta\beta]\eta+[\beta\gamma]\zeta+\text{ etc.}\\ z &= C+[\alpha\gamma]\xi+[\beta\gamma]\eta+[\gamma\gamma]\zeta+\text{ etc.}\end{aligned}\right\}\quad \text{(I)}$$

Iam supponamus, accedere aequationem novam $v^* = 0$ (proxime veram, et cuius pondus $=1$), et inquiramus, quantas mutationes hinc nacturi sint tum valores incognitarum maxime plausibiles $A$, $B$, $C$ etc., tum coëfficientes $[\alpha\alpha]$, $[\alpha\beta]$ etc.

Statuamus $\Omega+v^*v^* = \Omega^*$, $\quad \frac{d\Omega^*}{2\,dx} = \xi^*$, $\quad \frac{d\Omega^*}{2\,dy} = \eta^*$, $\quad \frac{d\Omega^*}{2\,dz} = \zeta^*$ etc.

supponamusque, hinc per eliminationem sequi

$$x = A^*+[\alpha\alpha^*]\xi^*+[\alpha\beta^*]\eta^*+[\alpha\gamma^*]\zeta^*\text{ etc.}$$

Denique sit

$$v^* = fx+gy+hz+\text{ etc. }+k$$

prodeat inde, substitutis pro $x$, $y$, $z$ etc. valoribus ex (I),

$$v^* = F\xi+G\eta+H\zeta+\text{ etc. }+K$$

statuaturque

$$Ff+Gg+Hh+\text{ etc.} = \omega$$

Manifesto $K$ erit valor maxime plausibilis functionis $v^*$, quatenus ex aequationibus primitivis sequitur, sine respectu valoris 0, quem observatio accessoria praebuit, atque $\frac{1}{\omega}$ pondus istius determinationis.

Iam habemus

$$\xi^* = \xi+fv^*,\quad \eta^* = \eta+gv^*,\quad \zeta^* = \zeta+hv^*\quad \text{etc.}$$

adeoque

$$F\xi^*+G\eta^*+H\zeta^*+\text{ etc. }+K = v^*(1+Ff+Gg+Hh+\text{ etc.})$$

sive

$$v^* = \frac{F\xi^*+G\eta^*+H\zeta^*+\text{ etc. }+K}{1+\omega}$$

Perinde fit

$$\begin{aligned} x &= A + [\alpha\alpha]\xi^* + [\alpha\beta]\eta^* + [\alpha\gamma]\zeta^* + \text{etc.} - v^*(f[\alpha\alpha] + g[\alpha\beta] + h[\alpha\gamma] + \text{etc.}) \\ &= A + [\alpha\alpha]\xi^* + [\alpha\beta]\eta^* + [\alpha\gamma]\zeta^* + \text{etc.} - Fv^* \\ &= A + [\alpha\alpha]\xi^* + [\alpha\beta]\eta^* + [\alpha\gamma]\zeta^* + \text{etc.} - \frac{F}{1+\omega}(F\xi^* + G\eta^* + H\zeta^* + \text{etc.} + K) \end{aligned}$$

Hinc itaque colligimus

$$A^* = A - \frac{FK}{1+\omega}$$

qui erit valor maxime plausibilis ipsius $x$ ex *omnibus* observationibus;

$$[\alpha\alpha^*] = [\alpha\alpha] - \frac{FF}{1+\omega}$$

adeoque pondus istius determinationis

$$= \frac{1}{[\alpha\alpha] - \frac{FF}{1+\omega}}$$

Prorsus eodem modo invenitur valor maxime plausibilis ipsius $y$, *omnibus* observationibus superstructus

$$B^* = B - \frac{GK}{1+\omega}$$

atque pondus huius determinationis

$$= \frac{1}{[\beta\beta] - \frac{GG}{1+\omega}}$$

et sic porro. Q. E. I.

Liceat huic solutioni quasdam annotationes adiicere.

I. Substitutis his novis valoribus $A^*$, $B^*$, $C^*$ etc., functio $v^*$ obtinet valorem maxime plausibilem

$$K - \frac{K}{1+\omega}(Ff + Gg + Hh + \text{etc.}) = \frac{K}{1+\omega}$$

Et quum indefinite sit

$$v^* = \frac{F}{1+\omega}\cdot\xi^* + \frac{G}{1+\omega}\cdot\eta^* + \frac{H}{1+\omega}\cdot\zeta^* + \text{etc.} + \frac{K}{1+\omega}$$

pondus istius determinationis per principia art. 29 eruitur

$$= \frac{1+\omega}{Ff+Gg+Hh+\text{etc.}} = \frac{1}{\omega}+1$$

Eadem immediate resultant ex applicatione regulae in fine art. 21 traditae; scilicet complexus aequationum primitivarum praebuerat determinationem $v^* = K$ cum pondere $= \frac{1}{\omega}$, dein observatio nova dedit determinationem aliam, ab illa independentem, $v^* = 0$, cum pondere $= 1$, quibus combinatis prodit determinatio $v^* = \frac{K}{1+\omega}$ cum pondere $= \frac{1}{\omega}+1$.

II. Hinc porro sequitur, quum pro $x = A^*$, $y = B^*$, $z = C^*$ etc. esse debeat $\xi^* = 0$, $\eta^* = 0$, $\zeta^* = 0$ etc., pro iisdem valoribus fieri

$$\xi = -\frac{fK}{1+\omega},\quad \eta = -\frac{gK}{1+\omega},\quad \zeta = -\frac{hK}{1+\omega}\quad \text{etc.}$$

nec non, quoniam indefinite $\Omega = \xi(x-A)+\eta(y-B)+\zeta(z-C)+\text{etc.}+M$,

$$\Omega = \frac{KK}{(1+\omega)^2}(Ff+Gg+Hh+\text{etc.})+M = M+\frac{\omega KK}{(1+\omega)^2}$$

denique, quoniam indefinite $\Omega^* = \Omega+v^*v^*$,

$$\Omega^* = M+\frac{\omega KK}{(1+\omega)^2}+\frac{KK}{(1+\omega)^2} = M+\frac{KK}{1+\omega}$$

III. Comparando haec cum iis, quae in art. 30 docuimus, animadvertimus, functionem $\Omega$ hic valorem minimum obtinere, quem pro valore determinato functionis $v^* = \frac{K}{1+\omega}$ accipere potest.

## 36.

Problematis alius, praecedenti affinis, puta

*Investigare mutationes valorum maxime plausibilium incognitarum, a mutato pondere unius ex observationibus primitivis oriundas, nec non pondera novarum determinationum*

solutionem tantummodo hic adscribemus, demonstrationem, quae ad instar art. praec. facile absolvitur, brevitatis caussa supprimentes.

Supponamus, peracto demum calculo animadverti, alicui observationum pondus seu nimis parvum, seu nimis magnum tributum esse, e. g. observationi primae, quae dedit $V = L$, loco ponderis $p$ in calculo adhibiti rectius tribui pondus $= p^*$. Tunc haud opus erit calculum integrum repetere, sed commodius correctiones per formulas sequentes computare licebit.

Valores incognitarum maxime plausibiles correcti erunt hi:

$$x = A - \frac{(p^* - p)a\lambda}{p + (p^* - p)(a\alpha + b\beta + c\gamma + \text{etc.})}$$

$$y = B - \frac{(p^* - p)\beta\lambda}{p + (p^* - p)(a\alpha + b\beta + c\gamma + \text{etc.})}$$

$$z = C - \frac{(p^* - p)\gamma\lambda}{p + (p^* - p)(a\alpha + b\beta + c\gamma + \text{etc.})}$$

etc. ponderaque harum determinationum invenientur, dividendo unitatem resp. per

$$[\alpha\alpha] - \frac{(p^* - p)\alpha\alpha}{p + (p^* - p)(a\alpha + b\beta + c\gamma + \text{etc.})}$$

$$[\beta\beta] - \frac{(p^* - p)\beta\beta}{p + (p^* - p)(a\alpha + b\beta + c\gamma + \text{etc.})}$$

$$[\gamma\gamma] - \frac{(p^* - p)\gamma\gamma}{p + (p^* - p)(a\alpha + b\beta + c\gamma + \text{etc.})} \quad \text{etc.}$$

Haec solutio simul complectitur casum, ubi peracto calculo percipitur, unam ex observationibus omnino reiici debuisse, quum hoc idem sit ac si facias $p^* = 0$; et perinde valor $p^* = \infty$ refertur ad casum eum, ubi aequatio $V = L$, quae in calculo tamquam approximata tractata erat, revera praecisione absoluta gaudet.

Ceterum quoties vel aequationibus, quibus calculus superstructus erat, *plures* novae accedunt, vel *pluribus* ex illis pondera erronea tributa esse percipitur, computus correctionum nimis complicatus evaderet; quocirca in tali casu calculum ab integro reficere praestabit.

37.

In artt. 15. 16 methodum explicavimus, observationum praecisionem proxime determinandi *). Sed haec methodus supponit, errores, qui revera occurrerint, satis multos exacte cognitos esse, quae conditio, stricte loquendo, rarissime, ne dicam numquam, locum habebit. Quodsi quidem quantitates, quarum valores approximati per observationes innotuerunt, secundum legem cognitam, ab una pluribusve quantitatibus incognitis pendent, harum valores maxime plausibiles per methodum quadratorum minimorum eruere licebit, ac dein valores quantitatum, quae observationum obiecta fuerant, illinc computati perparum a valoribus

---

*) Disquisitio de eodem argumento, quam in commentatione anteriore (*Bestimmung der Genauigkeit der Beobachtungen. Zeitschrift für Astronomie und verwandte Wissenschaften* Vol. I, p. 185) tradideramus, eidem hypothesi circa indolem functionis probabilitatem errorum exprimentis innixa erat, cui in Theoria motus corporum coelestium methodum quadratorum minimorum superstruxeramus (vid. art. 9, III).

veris discrepare censebuntur, ita ut ipsorum differentias a valoribus observatis eo maiore iure tamquam observationum errores veros adoptare liceat, quo maior fuerit harum multitudo. Hanc praxin sequuti sunt omnes calculatores, qui observationum praecisionem in casibus concretis a posteriori aestimare susceperunt: sed manifesto illa theoretice erronea est, et quamquam in casibus multis ad usus practicos sufficere possit, tamen in aliis enormiter peccare potest. Summopere itaque hoc argumentum dignum est, quod accuratius enodetur.

Retinebimus in hac disquisitione designationes inde ab art. 19 adhibitas. Praxis ea, de qua diximus, quantitates $A$, $B$, $C$ etc. tamquam valores veros ipsarum $x, y, z$ considerat, et proin ipsas $\lambda, \lambda', \lambda''$ etc. tamquam valores veros functionum $v, v', v''$ etc. Si omnes observationes aequali praecisione gaudent, ipsarumque pondus $p = p' = p''$ etc. pro unitate acceptum est, eaedem quantitates, signis mutatis, in illa suppositione observationum errores exhibent, unde praecepta art. 15 praebent observationum errorem medium $m$

$$= \sqrt{\frac{\lambda\lambda + \lambda'\lambda' + \lambda''\lambda'' + \text{etc.}}{\pi}} = \sqrt{\frac{M}{\pi}}$$

Si observationum praecisio non est eadem, quantitates $-\lambda$, $-\lambda'$, $-\lambda''$ etc. exhiberent observationum errores per radices quadratas e ponderibus multiplicatos, praeceptaque art. 16 ad eandem formulam $\sqrt{\frac{M}{\pi}}$ perducerent, iam errorem medium talium observationum, quibus pondus $= 1$ tribuitur, denotantem. Sed manifesto calculus exactus requireret, ut loco quantitatum $\lambda, \lambda', \lambda''$ etc. valores functionum $v, v', v''$ etc. e valoribus veris ipsarum $x, y, z$ etc. prodeuntes adhiberentur, i. e. loco ipsius $M$, valor functionis $\Omega$ valoribus veris ipsarum $x, y, z$ etc. respondens. Qui quamquam assignari nequeat, tamen certi sumus, eum esse maiorem quam $M$ (quippe qui est minimus possibilis), excipiendo casum infinite parum probabilem, ubi incognitarum valores maxime plausibiles exacte cum veris quadrant. In genere itaque affirmare possumus, praxin vulgarem errorem medium iusto minorem producere, sive observationibus praecisionem nimis magnam tribuere. Videamus iam, quid doceat theoria rigorosa.

38.

Ante omnia investigare oportet, quonam modo $M$ ab observationum erroribus veris pendeat. Denotemus hos, ut in art. 28, per $e, e', e''$ etc., statuamusque ad maiorem simplicitatem

$$e\sqrt{p} = \varepsilon, \quad e'\sqrt{p'} = \varepsilon', \quad e''\sqrt{p''} = \varepsilon'' \text{ etc., nec non}$$
$$m\sqrt{p} = m'\sqrt{p'} = m''\sqrt{p''} \text{ etc.} = \mu$$

Porro sint valores veri ipsarum $x, y, z$ etc., resp. $A - x^0$, $B - y^0$, $C - z^0$ etc., quibus respondeant valores ipsarum $\xi, \eta, \zeta$ etc. hi $-\xi^0$, $-\eta^0$, $-\zeta^0$ etc. Manifesto iisdem respondebunt valores ipsarum $v, v', v''$ etc. hi $-\varepsilon$, $-\varepsilon'$, $-\varepsilon''$ etc., ita ut habeatur

$$\xi^0 = a\varepsilon + a'\varepsilon' + a''\varepsilon'' + \text{etc.}$$
$$\eta^0 = b\varepsilon + b'\varepsilon' + b''\varepsilon'' + \text{etc.}$$
$$\zeta^0 = c\varepsilon + c'\varepsilon' + c''\varepsilon'' + \text{etc.}$$

etc. nec non

$$x^0 = \alpha\varepsilon + \alpha'\varepsilon' + \alpha''\varepsilon'' + \text{etc.}$$
$$y^0 = \beta\varepsilon + \beta'\varepsilon' + \beta''\varepsilon'' + \text{etc.}$$
$$z^0 = \gamma\varepsilon + \gamma'\varepsilon' + \gamma''\varepsilon'' + \text{etc.}$$

Denique statuemus

$$\Omega^0 = \varepsilon\varepsilon + \varepsilon'\varepsilon' + \varepsilon''\varepsilon'' + \text{etc.}$$

ita ut sit $\Omega^0$ aequalis valori functionis $\Omega$, valoribus veris ipsarum $x, y, z$ etc. respondenti. Hinc quum habeatur indefinite

$$\Omega = M + (x - A)\xi + (y - B)\eta + (z - C)\zeta + \text{etc.}$$

erit etiam

$$M = \Omega^0 - x^0\xi^0 - y^0\eta^0 - z^0\zeta^0 - \text{etc.}$$

Hinc manifestum est, $M$, evolutione facta esse functionem homogeneam secundi ordinis errorum $e, e', e''$ etc., quae, pro diversis errorum valoribus maior minorve evadere poterit. Sed quatenus errorum magnitudo nobis incognita manet, functionem hanc indefinite considerare, imprimisque secundum principia calculi probabilitatis eius valorem medium assignare conveniet. Quem inveniemus, si loco quadratorum $ee$, $e'e'$, $e''e''$ etc. resp. scribimus $mm$, $m'm'$, $m''m''$ etc., producta vero $ee'$, $ee''$, $e'e''$ etc omnino omittimus, vel quod idem est, si loco cuiusvis quadrati $\varepsilon\varepsilon$, $\varepsilon'\varepsilon'$, $\varepsilon''\varepsilon''$ etc. scribimus $\mu\mu$, productis $\varepsilon\varepsilon'$, $\varepsilon\varepsilon''$, $\varepsilon'\varepsilon''$ etc. prorsus neglectis. Hoc modo e termino $\Omega^0$ manifesto provenit $\pi\mu\mu$; terminus $-x^0\xi^0$ producet

$$-(a\alpha + a'\alpha' + a''\alpha'' + \text{etc.})\mu\mu = -\mu\mu$$

et similiter singulae partes reliquae praebebunt $-\mu\mu$, ita ut valor medius totalis fiat $=(\pi-\rho)\mu\mu$, denotante $\pi$ multitudinem observationum, $\rho$ multitudinem incognitarum. Valor verus quidem ipsius $M$, prout fors errores obtulit, maior minorve medio fieri potest, sed discrepantia eo minoris momenti erit, quo maior fuerit observationum multitudo, ita ut pro valore approximato ipsius $\mu$ accipere liceat

$$\sqrt{\frac{M}{\pi-\rho}}$$

Valor itaque ipsius $\mu$, ex praxi erronea, de qua in art. praec. loquuti sumus, prodiens, augeri debet in ratione quantitatis $\sqrt{(\pi-\rho)}$ ad $\sqrt{\pi}$.

39.

Quo clarius eluceat, quanto iure valorem fortuitum ipsius $M$ medio aequiparare liceat, adhuc investigare oportet errorem medium metuendum, dum statuimus $\frac{M}{\pi-\rho}=\mu\mu$. Iste error medius aequalis est radici quadratae e valore medio quantitatis

$$\left(\frac{\Omega^0-x^0\xi^0-y^0\eta^0-z^0\zeta^0-\text{etc.}-(\pi-\rho)\mu\mu}{\pi-\rho}\right)^2$$

quam ita exhibebimus

$$\left(\frac{\Omega^0-x^0\xi^0-y^0\eta^0-z^0\zeta^0-\text{etc.}}{\pi-\rho}\right)^2-\frac{2\mu\mu}{\pi-\rho}(\Omega^0-x^0\xi^0-y^0\eta^0-z^0\zeta^0-\text{etc.}-(\pi-\rho)\mu\mu)-\mu^4$$

et quum manifesto valor medius termini secundi fiat $=0$, res in eo vertitur, ut indagemus valorem medium functionis

$$\Psi=(\Omega^0-x^0\xi^0-y^0\eta^0-z^0\zeta^0-\text{etc.})^2$$

quo invento et per $N$ designato, error medius quaesitus erit

$$=\sqrt{\left(\frac{N}{(\pi-\rho)^2}-\mu^4\right)}$$

Expressio $\Psi$ evoluta manifesto est functio homogenea sive errorum $e, e', e''$ etc., sive quantitatum $\varepsilon, \varepsilon', \varepsilon''$ etc., eiusque valor medius invenietur, si

1° pro biquadratis $e^4, e'^4, e''^4$ etc. substituuntur eorum valores medii

2° pro singulis productis e binis quadratis ut $eee'e', eee''e'', e'e'e''e''$ etc. producta ex ipsorum valoribus mediis, puta $mmm'm', mmm''m'', m'm'm''m''$ etc.

3° partes vero reliquae, quae implicabunt vel factorem talem $e^3e'$, vel talem $eee'e''$, omnino omittuntur. Valores medios biquadratorum $e^4$, $e'^4$, $e''^4$ etc. ipsis biquadratis $m^4$, $m'^4$, $m''^4$ etc. proportionales supponemus (vid. art. 16), ita ut illi sint ad haec ut $\nu^4$ ad $\mu^4$, adeoque $\nu^4$ denotet valorem medium biquadratorum observationum talium quarum pondus $=1$. Hinc praecepta praecedentia ita quoque exprimi poterunt: Loco singulorum biquadratorum $\varepsilon^4$, $\varepsilon'^4$, $\varepsilon''^4$ etc. scribendum erit $\nu^4$, loco singulorum productorum e binis quadratis ut $\varepsilon\varepsilon\varepsilon'\varepsilon'$, $\varepsilon\varepsilon\varepsilon''\varepsilon''$, $\varepsilon'\varepsilon'\varepsilon''\varepsilon''$ etc., scribendum erit $\mu^4$, omnesque reliqui termini, qui implicabunt factores tales ut $\varepsilon^3\varepsilon'$, vel $\varepsilon\varepsilon\varepsilon'\varepsilon''$, vel $\varepsilon\varepsilon'\varepsilon''\varepsilon'''$ erunt supprimendi.

His probe intellectis facile patebit

I. Valorem medium quadrati $\Omega^0\Omega^0$ esse $\pi\nu^4+(\pi\pi-\pi)\mu^4$

II. Valor medius producti $\varepsilon\varepsilon x^0\xi^0$ fit $=a\alpha\nu^4+(a'\alpha'+a''\alpha''+\text{etc.})\mu^4$, sive quoniam $a\alpha+a'\alpha'+a''\alpha''+$ etc. $=1$,

$$=a\alpha(\nu^4-\mu^4)+\mu^4$$

Et quum perinde valor medius producti $\varepsilon'\varepsilon'x^0\xi^0$ fiat $=a'\alpha'(\nu^4-\mu^4)+\mu^4$, valor medius producti $\varepsilon''\varepsilon''x^0\xi^0$ autem $=a''\alpha''(\nu^4-\mu^4)+\mu^4$ et sic porro, patet, valorem medium producti $(\varepsilon\varepsilon+\varepsilon'\varepsilon'+\varepsilon''\varepsilon''+\text{etc.})x^0\xi^0$ sive $\Omega^0x^0\xi^0$ esse

$$=\nu^4-\mu^4+\pi\mu^4$$

Eundem valorem medium habebunt producta $\Omega^0y^0\eta^0$, $\Omega^0z^0\zeta^0$ etc. Quapropter valor medius producti $\Omega^0(x^0\xi^0+y^0\eta^0+z^0\zeta^0+\text{etc.})$ fit

$$=\rho\nu^4+\rho(\pi-1)\mu^4$$

III. Ne evolutiones reliquae nimis prolixae evadant, idonea denotatio introducenda erit. Utemur itaque characteristica $\Sigma$ sensu aliquantum latiore quam supra passim factum est, ita ut denotet aggregatum termini, cui praefixa est, cum omnibus similibus sed non identicis inde per omnes observationum permutationes oriundis. Hoc pacto e.g. habemus $x^0=\Sigma\alpha\varepsilon$, $x^0x^0=\Sigma\alpha\alpha\varepsilon\varepsilon+2\Sigma\alpha\alpha'\varepsilon\varepsilon'$. Colligendo itaque valorem medium producti $x^0x^0\xi^0\xi^0$ per partes, habemus primo valorem medium producti $\alpha\alpha\varepsilon\varepsilon\xi^0\xi^0$

$$=a\alpha\alpha\alpha\nu^4+\alpha\alpha(a'\alpha'+a''\alpha''+\text{etc.})\mu^4$$
$$=a\alpha\alpha\alpha(\nu^4-\mu^4)+\alpha\alpha\mu^4\Sigma a\alpha$$

Perinde valor medius producti $\alpha'\alpha'\varepsilon'\varepsilon'\xi^0\xi^0$ fit $= \alpha'\alpha'\alpha'\alpha'(\nu^4-\mu^4)+\alpha'\alpha'\mu^4\Sigma aa$ et sic porro, adeoque valor medius producti $\xi^0\xi^0\Sigma\alpha\alpha\varepsilon\varepsilon$

$$= (\nu^4-\mu^4)\Sigma\alpha\alpha\alpha\alpha+\mu^4\Sigma aa.\Sigma\alpha\alpha$$

Porro valor medius producti $\alpha\alpha'\varepsilon\varepsilon'\xi^0\xi^0$ fit $= 2\alpha\alpha'\alpha\alpha'\mu^4$, valor medius producti $\alpha\alpha''\varepsilon\varepsilon''\xi^0\xi^0$ perinde $= 2\alpha\alpha''\alpha\alpha''\mu^4$ etc., unde facile concluditur, valorem medium producti $\xi^0\xi^0\Sigma\alpha\alpha'\varepsilon\varepsilon'$ fieri

$$= 2\mu^4\Sigma\alpha\alpha\alpha'\alpha' = \mu^4((\Sigma\alpha\alpha)^2-\Sigma\alpha\alpha\alpha\alpha) = \mu^4(1-\Sigma\alpha\alpha\alpha\alpha)$$

His collectis habemus valorem medium producti $x^0x^0\xi^0\xi^0$

$$= (\nu^4-3\mu^4)\Sigma a a\alpha\alpha+2\mu^4+\mu^4\Sigma aa.\Sigma\alpha\alpha$$

IV. Haud absimili modo invenitur valor medius producti $x^0y^0\xi^0\eta^0$

$$= \nu^4\Sigma ab\alpha\beta+\mu^4\Sigma a\alpha b'\beta'+\mu^4\Sigma ab\alpha'\beta'+\mu^4\Sigma a\beta b'\alpha'$$

Sed habetur

$$\begin{aligned}\Sigma a\alpha b'\beta' &= \Sigma a\alpha.\Sigma b\beta-\Sigma a\alpha b\beta\\ \Sigma ab\alpha'\beta' &= \Sigma ab.\Sigma\alpha\beta-\Sigma ab\alpha\beta\\ \Sigma a\beta b'\alpha' &= \Sigma a\beta.\Sigma b\alpha-\Sigma a\beta b\alpha\end{aligned}$$

unde valor ille medius fit, propter $\Sigma a\alpha = 1$, $\Sigma b\beta = 1$, $\Sigma a\beta = 0$, $\Sigma b\alpha = 0$,

$$= (\nu^4-3\mu^4)\Sigma ab\alpha\beta+\mu^4(1+\Sigma ab.\Sigma\alpha\beta)$$

V. Quum prorsus eodem modo valor medius producti $x^0z^0\xi^0\zeta^0$ fiat

$$= (\nu^4-3\mu^4)\Sigma ac\alpha\gamma+\mu^4(1+\Sigma ac.\Sigma\alpha\gamma)$$

et sic porro, additio valorem medium producti $x^0\xi^0(x^0\xi^0+y^0\eta^0+z^0\zeta^0+\text{etc.})$ suppeditat

$$\begin{aligned}&= (\nu^4-3\mu^4)\Sigma(a\alpha(a\alpha+b\beta+c\gamma+\text{ etc.}))+(\rho+1)\mu^4\\ &\quad+\mu^4(\Sigma aa.\Sigma\alpha\alpha+\Sigma ab.\Sigma\alpha\beta+\Sigma ac.\Sigma\alpha\gamma+\text{ etc.})\\ &= (\nu^4-3\mu^4)\Sigma(a\alpha(a\alpha+b\beta+c\gamma+\text{ etc.}))+(\rho+2)\mu^4\end{aligned}$$

VI. Prorsus eodem modo valor medius producti $y^0\eta^0(x^0\xi^0+y^0\eta^0+z^0\zeta^0+$ etc.) eruitur

$$= (\nu^4 - 3\mu^4)\Sigma(b\beta(a\alpha + b\beta + c\gamma + \text{etc.})) + (\rho + 2)\mu^4$$

dein valor medius producti $z^0\zeta^0(x^0\xi^0 + y^0\eta^0 + z^0\zeta^0 + \text{etc.})$

$$= (\nu^4 - 3\mu^4)\Sigma(c\gamma(a\alpha + b\beta + c\gamma + \text{etc.})) + (\rho + 2)\mu^4$$

et sic porro. Hinc per additionem prodit valor medius quadrati $(x^0\xi^0 + y^0\eta^0 + z^0\zeta^0 + \text{etc.})^2$

$$= (\nu^4 - 3\mu^4)\Sigma((a\alpha + b\beta + c\gamma + \text{etc.})^2) + (\rho\rho + 2\rho)\mu^4$$

VII. Omnibus tandem rite collectis eruitur

$$N = (\pi - 2\rho)\nu^4 + (\pi\pi - \pi - 2\pi\rho + 4\rho + \rho\rho)\mu^4$$
$$+ (\nu^4 - 3\mu^4)\Sigma((a\alpha + b\beta + c\gamma + \text{etc.})^2)$$
$$= (\pi - \rho)(\nu^4 - \mu^4) + (\pi - \rho)^2\mu^4 - (\nu^4 - 3\mu^4)[\rho - \Sigma((a\alpha + b\beta + c\gamma + \text{etc.})^2)]$$

Error itaque medius in determinatione ipsius $\mu\mu$ per formulam

$$\mu\mu = \frac{M}{\pi - \rho}$$

metuendus erit

$$= \sqrt{\left\{\frac{\nu^4 - \mu^4}{\pi - \rho} - \frac{\nu^4 - 3\mu^4}{(\pi - \rho)^2} \cdot [\rho - \Sigma((a\alpha + b\beta + c\gamma + \text{etc.})^2)]\right\}}$$

## 40.

Quantitas $\Sigma((a\alpha + b\beta + c\gamma + \text{etc.})^2)$, quae in expressionem modo inventam ingreditur, generaliter quidem ad formam simpliciorem reduci nequit: nihilominus duo limites assignari possunt, inter quos ipsius valor necessario iacere debet. *Primo* scilicet e relationibus supra evolutis facile demonstratur, esse

$$(a\alpha + b\beta + c\gamma + \text{etc.})^2 + (a\alpha' + b\beta' + c\gamma' + \text{etc.})^2 + (a\alpha'' + b\beta'' + c\gamma'' + \text{etc.})^2 + \text{etc.}$$
$$= a\alpha + b\beta + c\gamma + \text{etc.}$$

unde concludimus, $a\alpha + b\beta + c\gamma +$ etc. esse quantitatem positivam unitate minorem (saltem non maiorem). Idem valet de quantitate $a'\alpha' + b'\beta' + c'\gamma' +$ etc., quippe cui aggregatum

$$(a'\alpha + b'\beta + c'\gamma + \text{etc.})^2 + (a'\alpha' + b'\beta' + c'\gamma' + \text{etc.})^2 + (a'\alpha'' + b'\beta'' + c'\gamma''\,\text{etc.})^2 + \text{etc.}$$

aequale invenitur; ac perinde $a''\alpha'' + b''\beta'' + c''\gamma'' +$ etc. unitate minor erit, et sic porro. Hinc $\Sigma((a\alpha + b\mathfrak{b} + c\gamma + \text{etc.})^2)$ necessario est minor quam $\pi$. *Secundo* habetur $\Sigma(a\alpha + b\mathfrak{b} + c\gamma + \text{etc.}) = \rho$, quoniam fit $\Sigma a\alpha = 1$, $\Sigma b\mathfrak{b} = 1$, $\Sigma c\gamma = 1$ etc.; unde facile deducitur, summam quadratorum $\Sigma((a\alpha + b\mathfrak{b} + c\gamma + \text{etc.})^2)$ esse maiorem quam $\frac{\rho\rho}{\pi}$, vel saltem non minorem. Hinc terminus

$$\frac{\nu^4 - 3\mu^4}{(\pi-\rho)^2} \cdot [\rho - \Sigma((a\alpha + b\mathfrak{b} + c\gamma + \text{etc.})^2)]$$

necessario iacet inter limites $-\frac{\nu^4 - 3\mu^4}{\pi - \rho}$ et $\frac{\nu^4 - 3\mu^4}{\pi - \rho} \cdot \frac{\rho}{\pi}$ vel, si latiores praeferimus, inter hos $-\frac{\nu^4 - 3\mu^4}{\pi - \rho}$ et $+\frac{\nu^4 - 3\mu^4}{\pi - \rho}$, et proin erroris medii in valore ipsius $\mu\mu = \frac{M}{\pi - \rho}$ metuendi quadratum inter limites $\frac{2\nu^4 - 4\mu^4}{\pi - \rho}$ et $\frac{2\mu^4}{\pi - \rho}$, ita ut praecisionem quantamvis assequi liceat, si modo observationum multitudo fuerit satis magna.

Valde memorabile est, in hypothesi ea (art. 9, III), cui theoria quadratorum minimorum olim superstructa fuerat, illum terminum omnino excidere, et sicuti, ad eruendum valorem approximatum erroris medii observationum $\mu$, in omnibus casibus aggregatum $\lambda\lambda + \lambda'\lambda' + \lambda''\lambda'' + \text{etc.} = M$ ita tractare oportet, ac si esset aggregatum $\pi - \rho$ errorum fortuitorum, ita in illa hypothesi etiam praecisionem ipsam huius determinationis aequalem fieri ei, quam determinationi ex $\pi - \rho$ erroribus veris tribuendam esse in art. 15 invenimus.

# SUPPLEMENTUM

## THEORIAE

# COMBINATIONIS OBSERVATIONUM

## ERRORIBUS MINIMIS OBNOXIAE

AUCTORE

CAROLO FRIDERICO GAUSS

SOCIETATI REGIAE SCIENTIARUM EXHIBITUM 1826. SEPT. 16.

---

Commentationes societatis regiae scientiarum Gottingensis recentiores. Vol. VI.
Gottingae MDCCCXXVIII.

---

# SUPPLEMENTUM

## THEORIAE

# COMBINATIONIS OBSERVATIONUM

## ERRORIBUS MINIMIS OBNOXIAE.

---

1.

In tractatione theoriae combinationis observationum Volumini V Commentationum Recentiorum inserta supposuimus, quantitates eas, quarum valores per observationes praecisione absoluta non gaudentes propositi sunt, a certis elementis incognitis ita pendere, ut in forma functionum datarum horum elementorum exhibitae sint, reique cardinem in eo verti, ut haec elementa quam exactissime ex observationibus deriventur.

In plerisque quidem casibus suppositio ista immediate locum habet. In aliis vero casibus problematis conditio paullo aliter se offert, ita ut primo aspectu dubium videatur, quonam pacto ad formam requisitam reduci possit. Haud raro scilicet accidit, ut quantitates eae, ad quas referuntur observationes, nondum exhibitae sint in forma functionum certorum elementorum, neque etiam ad talem formam reducibiles videantur, saltem non commode vel sine ambagibus: dum, ex altera parte, rei indoles quasdam conditiones suppeditat, quibus valores veri quantitatum observatarum exacte et necessario satisfacere debent.

Attamen, re propius considerata, facile perspicitur, hunc casum ab altero revera essentialiter haud differre, sed ad eundem reduci posse. Designando scilicet multitudinem quantitatum observatarum per $\pi$, multitudinem aequationum conditionalium autem per $\sigma$, eligendoque e prioribus $\pi-\sigma$ ad lubitum, nihil impedit, quominus has ipsas pro elementis accipiamus, reliquasque, quarum mul titudo erit $\sigma$, adiumento aequationum conditionalium tamquam functiones illarum consideremus, quo pacto res ad suppositionem nostram reducta erit.

Verum enim vero etiamsi haec via in permultis casibus satis commode ad finem propositum perducat, tamen negari non potest, eam minus genuinam, operaeque adeo pretium esse, problema in ista altera forma seorsim tractare, tantoque magis, quod solutionem perelegantem admittit. Quin adeo, quum haec solutio nova ad calculos expeditiores perducat, quam solutio problematis in statu priore, quoties $\sigma$ est minor quam $\frac{1}{2}\pi$, sive quod idem est, quoties multitudo elementorum in commentatione priore per $\rho$ denotata maior est quam $\frac{1}{2}\pi$, solutionem novam, quam in commentatione praesenti explicabimus, in tali casu praeferre conveniet priori, siquidem aequationes conditionales e problematis indole absque ambagibus depromere licet.

2.

Designemus per $v, v', v''$ etc. quantitates, multitudine $\pi$, quarum valores per observationem innotescunt, pendeatque quantitas incognita ab illis tali modo, ut per functionem datam illarum, puta $u$, exhibeatur: sint porro $l, l', l''$ etc. valores quotientium differentialium

$$\frac{du}{dv}, \quad \frac{du}{dv'}, \quad \frac{du}{dv''} \text{ etc.}$$

valoribus veris quantitatum $v, v', v''$ etc. respondentes. Quemadmodum igitur per substitutionem horum valorum verorum in functione $u$ huius valor verus prodit, ita, si pro $v, v', v''$ etc. valores erroribus $e, e', e''$ etc resp. a veris discrepantes substituuntur, obtinebitur valor erroneus incognitae, cuius error statui potest

$$= le + l'e' + l''e'' + \text{ etc.}$$

siquidem, quod semper supponemus, errores $e, e', e''$ etc. tam exigui sunt, ut (pro functione $u$ non lineari) quadrata et producta negligere liceat. Et quamquam magnitudo errorum $e, e', e''$ etc. incerta maneat, tamen incertitudinem tali incognitae determinationi inhaerentem generaliter aestimare licet, et quidem per errorem medium in tali determinatione metuendum, qui per principia commentationis prioris fit

$$= \sqrt{(llmm + l'l'm'm' + l''l''m''m'' + \text{ etc.})}$$

denotantibus $m, m', m''$ etc. errores medios observationum, aut si singulae observationes aequali incertitudini obnoxiae sunt,

$$= m\sqrt{(ll + l'l' + l''l'' + \text{etc.})}$$

Manifesto in hoc calculo pro $l, l', l''$ etc. aequali iure etiam eos valores quotientium differentialium adoptare licebit, qui valoribus observatis quantitatum $v, v', v''$ etc. respondent.

3.

Quoties quantitates $v, v', v''$ etc. penitus inter se sunt independentes, incognita unico tantum modo per illas determinari poterit: quamobrem tunc illam incertitudinem nullo modo nec evitare neque diminuere licet, et circa valorem incognitae ex observationibus deducendum nihil arbitrio relinquitur.

At longe secus se habet res, quoties inter quantitates $v, v', v''$ etc. mutua dependentia intercedit, quam per $\sigma$ aequationes conditionales

$$X = 0, \quad Y = 0, \quad Z = 0 \text{ etc.}$$

exprimi supponemus, denotantibus $X, Y, Z$ etc. functiones datas indeterminatarum $v, v', v''$ etc. In hoc casu incognitam nostram infinitis modis diversis per combinationes quantitatum $v, v', v''$ etc. determinare licet, quum manifesto loco functionis $u$ adoptari possit quaecunque alia $U$ ita comparata, ut $U - u$ indefinite evanescat, statuendo $X = 0$, $Y = 0$, $Z = 0$ etc.

In applicatione ad casum determinatum nulla quidem hinc prodiret differentia respectu valoris incognitae, si observationes absoluta praecisione gauderent: sed quatenus hae erroribus obnoxiae manent, manifesto in genere alia combinatio alium valorem incognitae afferet. Puta, loco erroris

$$le + l'e' + l''e'' + \text{etc.}$$

quem functio $u$ commiserat, iam habebimus

$$Le + L'e' + L''e'' + \text{etc.}$$

si functionem $U$ adoptamus, atque valores quotientium differentialium $\frac{dU}{dv}, \frac{dU}{dv'}, \frac{dU}{dv''}$ etc. resp. per $L, L', L''$ etc. denotamus. Et quamquam errores ipsos assignare nequeamus, tamen errores medios in diversis observationum combinationibus metuendos inter se comparare licebit: optimaque combinatio ea erit, in qua hic error medius quam minimus evadit. Qui quum fiat

$$= \sqrt{(LLmm + L'L'm'm' + L''L''m''m'' + \text{etc.})}$$

in id erit incumbendum, ut aggregatum $LLmm + L'L'm'm' + L''L''m''m'' +$ etc. nanciscatur valorem minimum.

4.

Quum varietas infinita functionum $U$, quae secundum conditionem in art. praec. enunciatam ipsius $u$ vice fungi possunt, eatenus tantum hic consideranda veniat, quatenus diversa systemata valorum coëfficientium $L, L', L''$ etc. inde sequuntur, indagare oportebit ante omnia nexum, qui inter cuncta systemata admissibilia locum habere debet. Designemus valores determinatos quotientium differentialium partialium

$$\begin{array}{llll} \frac{dX}{dv}, & \frac{dX}{dv'}, & \frac{dX}{dv''} & \text{etc.} \\ \frac{dY}{dv}, & \frac{dY}{dv'}, & \frac{dY}{dv''} & \text{etc.} \\ \frac{dZ}{dv}, & \frac{dZ}{dv'}, & \frac{dZ}{dv''} & \text{etc. etc.} \end{array}$$

quos obtinent, si ipsis $v, v', v''$ etc. valores veri tribuuntur, resp. per

$$\begin{array}{llll} a, & a', & a'' & \text{etc.} \\ b, & b', & b'' & \text{etc.} \\ c, & c', & c'' & \text{etc. etc.} \end{array}$$

patetque, si ipsis $v, v', v''$ etc. accedere concipiantur talia incrementa $dv, dv', dv''$ etc., per quae $X, Y, Z$ etc. non mutentur, adeoque singulae maneant $= 0$, i.e. satisfacientia aequationibus

$$\begin{aligned} 0 &= a\,dv + a'dv' + a''dv'' + \text{etc.} \\ 0 &= b\,dv + b'dv' + b''dv'' + \text{etc.} \\ 0 &= c\,dv + c'dv' + c''dv'' + \text{etc. etc.} \end{aligned}$$

etiam $u - U$ non mutari debere, adeoque fieri

$$0 = (l - L)dv + (l' - L')dv' + (l'' - L'')dv'' + \text{etc.}$$

Hinc facile concluditur, coëfficientes $L, L', L''$ etc. contentos esse debere sub formulis talibus

$$L = l + ax + by + cz + \text{ etc.}$$
$$L' = l' + a'x + b'y + c'z + \text{ etc.}$$
$$L'' = l'' + a''x + b''y + c''z + \text{ etc.}$$

etc., denotantibus $x, y, z$ etc. multiplicatores determinatos. Vice versa patet, si systema multiplicatorum determinatorum $x, y, z$ etc. ad lubitum assumatur, semper assignari posse functionem $U$ talem, cui valores ipsorum $L, L', L''$ etc. his aequationibus conformes respondeant, et quae pro conditione in art. praec. enunciata ipsius $u$ vice fungi possit: quin adeo hoc infinitis modis diversis effici posse. Modus simplicissimus erit statuere $U = u + xX + yY + zZ + \text{ etc.}$; generalius statuere licet $U = u + xX + yY + zZ + \text{ etc. } + u'$, denotante $u'$ talem functionem indeterminatarum $v, v', v''$ etc., quae semper evanescit pro $X = 0$, $Y = 0$, $Z = 0$ etc., et cuius valor in casu determinato de quo agitur fit maximus vel minimus. Sed ad institutum nostrum nulla hinc oritur differentia.

5.

Facile iam erit, multiplicatoribus $x, y, z$ etc. valores tales tribuere, ut aggregatum

$$LLmm + L'L'm'm' + L''L''m''m'' + \text{ etc.}$$

assequatur valorem minimum. Manifesto ad hunc finem haud opus est cognitione errorum mediorum $m, m', m''$ etc. absoluta, sed sufficit ratio, quam inter se tenent. Introducemus itaque ipsorum loco pondera observationum $p, p', p''$ etc., i. e. numeros quadratis $mm, m'm', m''m''$ etc. reciproce proportionales, pondere alicuius observationis ad lubitum pro unitate accepto. Quantitates $x, y, z$ etc. itaque sic determinari debebunt, ut polynomium indefinitum

$$\frac{(ax + by + cz + \text{ etc. } + l)^2}{p} + \frac{(a'x + b'y + c'z + \text{ etc. } + l')^2}{p'} + \frac{(a''x + b''y + c''z + \text{ etc. } + l'')^2}{p''} + \text{ etc.}$$

nanciscatur valorem minimum, quod fieri supponemus per valores *determinatos* $x^0, y^0, z^0$ etc.

Introducendo denotationes sequentes

$$\frac{aa}{p}+\frac{a'a'}{p'}+\frac{a''a''}{p''}+\text{etc.}=[aa]$$
$$\frac{ab}{p}+\frac{a'b'}{p'}+\frac{a''b''}{p''}+\text{etc.}=[ab]$$
$$\frac{ac}{p}+\frac{a'c'}{p'}+\frac{a''c''}{p''}+\text{etc.}=[ac]$$
$$\frac{bb}{p}+\frac{b'b'}{p'}+\frac{b''b''}{p''}+\text{etc.}=[bb]$$
$$\frac{bc}{p}+\frac{b'c'}{p'}+\frac{b''c''}{p''}+\text{etc.}=[bc]$$
$$\frac{cc}{p}+\frac{c'c'}{p'}+\frac{c''c''}{p''}+\text{etc.}=[cc]$$

etc. nec non

$$\frac{al}{p}+\frac{a'l'}{p'}+\frac{a''l''}{p''}+\text{etc.}=[al]$$
$$\frac{bl}{p}+\frac{b'l'}{p'}+\frac{b''l''}{p''}+\text{etc.}=[bl]$$
$$\frac{cl}{p}+\frac{c'l'}{p'}+\frac{c''l''}{p''}+\text{etc.}=[cl]$$

etc.

manifesto conditio minimi requirit, ut fiat

$$\left.\begin{array}{l} 0=[aa]x^0+[ab]y^0+[ac]z^0+\text{etc.}+[al] \\ 0=[ab]x^0+[bb]y^0+[bc]z^0+\text{etc.}+[bl] \\ 0=[ac]x^0+[bc]y^0+[cc]z^0+\text{etc.}+[cl] \\ \text{etc.} \end{array}\right\} \quad (1)$$

Postquam quantitates $x^0$, $y^0$, $z^0$ etc. per eliminationem hinc derivatae sunt, statuetur

$$\left.\begin{array}{l} ax^0+by^0+cz^0+\text{etc.}+l=L \\ a'x^0+b'y^0+c'z^0+\text{etc.}+l'=L' \\ a''x^0+b''y^0+c''z^0+\text{etc.}+l''=L'' \\ \text{etc.} \end{array}\right\} \quad (2)$$

His ita factis, functio quantitatum $v$, $v'$, $v''$ etc. ea ad determinationem incognitae nostrae maxime idonea minimaeque incertitudini obnoxia erit, cuius quotientes differentiales partiales in casu determinato de quo agitur habent valores $L$, $L'$, $L''$ etc. resp., pondusque huius determinationis, quod per $P$ denotabimus, erit

$$= \frac{1}{\frac{LL}{p}+\frac{L'L'}{p'}+\frac{L''L''}{p''}+\text{ etc.}} \qquad (3)$$

sive $\frac{1}{P}$ erit valor polynomii supra allati pro eo systemate valorum quantitatum $x$, $y$, $z$ etc., per quod aequationibus (1) satisfit.

6.

In art. praec. eam functionem $U$ dignoscere docuimus, quae determinationi maxime idoneae incognitae nostrae inservit: videamus iam, quemnam *valorem* incognita hoc modo assequatur. Designetur hic valor per $K$, qui itaque oritur, si in $U$ valores observati quantitatum $v$, $v'$, $v''$ etc. substituuntur; per eandem substitutionem obtineat functio $u$ valorem $k$; denique sit $\varkappa$ valor verus incognitae, qui proin e valoribus veris quantitatum $v$, $v'$, $v''$ etc. proditurus esset, si hos vel in $U$ vel in $u$ substituere possemus. Hinc itaque erit

$$k = \varkappa + le + l'e' + l''e'' + \text{ etc.}$$
$$K = \varkappa + Le + L'e' + L''l'' + \text{ etc.}$$

adeoque

$$K = k(L-l)e + (L'-l')e' + (L''-l'')e'' + \text{ etc.}$$

Substituendo in hac aequatione pro $L-l$, $L'-l'$, $L''-l''$ etc. valores ex (2), statuendoque

$$\left.\begin{array}{l} ae+a'e'+a''e''+\text{ etc.} = \mathfrak{A} \\ be+b'e'+b''e''+\text{ etc.} = \mathfrak{B} \\ ce+c'e'+c''e''+\text{ etc.} = \mathfrak{C} \end{array}\right\} \quad (4)$$

etc., habebimus

$$K = k + \mathfrak{A}x^0 + \mathfrak{B}y^0 + \mathfrak{C}z^0 \text{ etc.} \qquad (5)$$

Valores quantitatum $\mathfrak{A}$, $\mathfrak{B}$, $\mathfrak{C}$ etc. per formulas (4) quidem calculare non possumus, quum errores $e$, $e'$, $e''$ etc. maneant incogniti; at sponte manifestum est, illos nihil aliud esse, nisi valores functionum $X$, $Y$, $Z$ etc., qui prodeunt, si pro $v$, $v'$, $v''$ etc. valores observati substituuntur. Hoc modo systema aequationum (1), (3), (5) completam problematis nostri solutionem exhibet, quum ea, quae in fine art. 2. de computo quantitatum $l$, $l'$, $l''$ etc , valoribus observatis quantitatum $v, v', v''$ etc. superstruendo monuimus, manifesto aequali iure ad computum quantitatum $a, a', a''$ etc. $b, b', b''$ etc. etc. extendere liceat.

7.

Loco formulae (3), pondus determinationis maxime plausibilis exprimentis, plures aliae exhiberi possunt, quas evolvere operae pretium erit.

Primo observamus, si aequationes (2) resp. per $\frac{a}{p}, \frac{a'}{p'}, \frac{a''}{p''}$ etc. multiplicentur et addantur, prodire

$$[aa]x^0 + [ab]y^0 + [ac]z^0 + \text{etc.} = \frac{aL}{p} + \frac{a'L'}{p'} + \frac{a''L''}{p''} + \text{etc.}$$

Pars ad laevam fit $= 0$, partem ad dextram iuxta analogiam per $[aL]$ denotamus: habemus itaque

$$[aL] = 0, \text{ et prorsus simili modo } [bL] = 0, \ [cL] = 0 \text{ etc.}$$

Multiplicando porro aequationes (2) deinceps per $\frac{L}{p}, \frac{L'}{p'}, \frac{L''}{p''}$ etc., et addendo, invenimus

$$\frac{lL}{p} + \frac{l'L'}{p'} + \frac{l''L''}{p''} + \text{etc.} = \frac{LL}{p} + \frac{L'L'}{p'} + \frac{L''L''}{p''} + \text{etc.}$$

unde obtinemus expressionem *secundam* pro pondere,

$$P = \frac{1}{\frac{lL}{p} + \frac{l'L'}{p'} + \frac{l''L''}{p''} + \text{etc.}}$$

Denique multiplicando aequationes (2) deinceps per $\frac{l}{p}, \frac{l'}{p'}, \frac{l''}{p''}$ etc., et addendo, pervenimus ad expressionem *tertiam* ponderis

$$P = \frac{1}{[al]x^0 + [bl]y^0 + [cl]z^0 + \text{etc.} + [ll]}$$

si ad instar reliquarum denotationum statuimus

$$\frac{ll}{p} + \frac{l'l'}{p'} + \frac{l''l''}{p''} + \text{etc.} = [ll]$$

Hinc adiumento aequationum (1) facile fit transitus ad *expressionem quartam*, quam ita exhibemus:

$$\begin{aligned}\frac{1}{P} = [ll] - [aa]x^0x^0 - [bb]y^0y^0 - [cc]z^0z^0 - \text{etc.}\\ - 2[ab]x^0y^0 - 2[ac]x^0z^0 - 2[bc]y^0z^0 - \text{etc.}\end{aligned}$$

8.

Solutio generalis, quam hactenus explicavimus, ei potissimum casui adaptata est, ubi *una* incognita a quantitatibus observatis pendens determinanda est. Quoties vero plures incognitae ab iisdem observationibus pendentes valores maxime plausibiles exspectant, vel quoties adhuc incertum est, quasnam potissimum incognitas ex observationibus derivare oporteat, has alia ratione praeparare conveniet, cuius evolutionem iam aggredimur.

Considerabimus quantitates $x, y, z$ etc. tamquam indeterminatas, statuemus

$$\left.\begin{array}{l}[aa]x+[ab]y+[ac]z+\text{ etc.} = \xi \\ [ab]x+[bb]y+[bc]z+\text{ etc.} = \eta \\ [ac]x+[bc]y+[cc]z+\text{ etc.} = \zeta\end{array}\right\} \quad (6)$$

etc., supponemusque, per eliminationem hinc sequi

$$\left.\begin{array}{l}[\alpha\alpha]\xi+[\alpha\beta]\eta+[\alpha\gamma]\zeta+\text{ etc.} = x \\ [\beta\alpha]\xi+[\beta\beta]\eta+[\beta\gamma]\zeta+\text{ etc.} = y \\ [\gamma\alpha]\xi+[\gamma\beta]\eta+[\gamma\gamma]\zeta+\text{ etc.} = z\end{array}\right\} \quad (7)$$

etc.

Ante omnia hic observare oportet, coëfficientes symmetrice positos necessario aequales fieri, puta

$$\begin{array}{l}[\beta\alpha] = [\alpha\beta] \\ [\gamma\alpha] = [\alpha\gamma] \\ [\gamma\beta] = [\beta\gamma] \\ \text{etc.}\end{array}$$

quod quidem e theoria generali eliminationis in aequationibus linearibus sponte sequitur, sed etiam infra, absque illa, directe demonstrabitur.

Habebimus itaque

$$\left.\begin{array}{l}x^0 = -[\alpha\alpha].[al]-[\alpha\beta].[bl]-[\alpha\gamma].[cl]-\text{ etc.} \\ y^0 = -[\alpha\beta].[al]-[\beta\beta].[bl]-[\beta\gamma].[cl]-\text{ etc.} \\ z^0 = -[\alpha\gamma].[al]-[\beta\gamma].[bl]-[\gamma\gamma].[cl]-\text{ etc.} \\ \text{etc.}\end{array}\right\} \quad (8)$$

unde, si statuimus

$$\left.\begin{aligned}[][\alpha\alpha]\mathfrak{A}+[\alpha\beta]\mathfrak{B}+[\alpha\gamma]\mathfrak{C}+\text{ etc.} &= A\\ [\alpha\beta]\mathfrak{A}+[\beta\beta]\mathfrak{B}+[\beta\gamma]\mathfrak{C}+\text{ etc.} &= B\\ [\alpha\gamma]\mathfrak{A}+[\beta\gamma]\mathfrak{B}+[\gamma\gamma]\mathfrak{C}+\text{ etc.} &= C\end{aligned}\right\}\quad(9)$$

etc., obtinemus

$$K = k - A[al] - B[bl] - C[cl] - \text{ etc.}$$

vel si insuper statuimus

$$\left.\begin{aligned} aA+bB+cC+\text{ etc.} &= p\varepsilon\\ a'A+b'B+c'C+\text{ etc.} &= p'\varepsilon'\\ a''A+b''B+c''C+\text{ etc.} &= p''\varepsilon''\end{aligned}\right\}\quad(10)$$

etc., erit

$$K = k - l\varepsilon - l'\varepsilon' - l''\varepsilon'' - \text{ etc.}\quad(11)$$

9.

Comparatio aequationum (7), (9) docet, quantitates auxiliares $A$, $B$, $C$ etc. esse valores indeterminatarum $x$, $y$, $z$ etc. respondentes valoribus indeterminatarum $\xi$, $\eta$, $\zeta$ etc. his $\xi=\mathfrak{A}$, $\eta=\mathfrak{B}$, $\zeta=\mathfrak{C}$ etc. unde patet haberi

$$\left.\begin{aligned}[][aa]A+[ab]B+[ac]C+\text{ etc.} &= \mathfrak{A}\\ [ab]A+[bb]B+[bc]C+\text{ etc.} &= \mathfrak{B}\\ [ac]A+[bc]B+[cc]C+\text{ etc.} &= \mathfrak{C}\end{aligned}\right\}\quad(12)$$

etc. Multiplicando itaque aequationes (10) resp. per $\frac{a}{p}$, $\frac{a'}{p'}$, $\frac{a''}{p''}$ etc. et addendo, obtinemus

$$\mathfrak{A} = a\varepsilon + a'\varepsilon' + a''\varepsilon'' + \text{ etc.}$$

et prorsus simili modo

$$\left.\begin{aligned}\mathfrak{B} &= b\varepsilon + b'\varepsilon' + b''\varepsilon'' + \text{ etc.}\\ \mathfrak{C} &= c\varepsilon + c'\varepsilon' + c''\varepsilon'' + \text{ etc.}\end{aligned}\right\}\quad(13)$$

etc. Iam quum $\mathfrak{A}$ sit valor functionis $X$, si pro $v$, $v'$, $v''$ etc. valores observati substituuntur, facile perspicietur, si his applicentur correctiones $-\varepsilon$, $-\varepsilon'$, $-\varepsilon''$ etc. resp , functionem $X$ hinc adepturam esse valorem 0, et perinde functiones

$Y$, $Z$ etc. hinc ad valorem evanescentem reductum iri. Simili ratione ex aequatione (11) colligitur, $K$ esse valorem functionis $u$ ex eadem substitutione emergentem.

Applicationem correctionum $-\varepsilon$, $-\varepsilon'$, $-\varepsilon''$ etc. ad observationes, vocabimus *observationum compensationem*, manifestoque deducti sumus ad conclusionem gravissimam, puta, observationes eo quem docuimus modo compensatas omnibus aequationibus conditionalibus exacte satisfacere, atque cuilibet quantitati ab observationibus quomodocunque pendenti eum ipsum valorem conciliare, qui ex observationum non mutatarum combinatione maxime idonea emergeret. Quum itaque impossibile sit, errores ipsos $e$, $e'$, $e''$ etc. ex aequationibus conditionalibus eruere, quippe quarum multitudo haud sufficit, saltem *errores maxime plausibiles* nacti sumus, qua denominatione quantitates $\varepsilon$, $\varepsilon'$, $\varepsilon''$ etc. designare licebit.

10.

Quum multitudo observationum maior esse supponatur multitudine aequationum conditionalium, praeter systema correctionum maxime plausibilium $-\varepsilon$, $-\varepsilon'$, $-\varepsilon''$ etc. infinite multa alia inveniri possunt, quae aequationibus conditionalibus satisfaciant, operaeque pretium est indagare, quomodo haec ad illud se habeant. Constituant itaque $-E$, $-E'$, $-E''$ etc. tale systema a maxime plausibili diversum, habebimusque

$$aE+a'E'+a''E''+\text{ etc.} = \mathfrak{A}$$
$$bE+b'E'+b''E''+\text{ etc.} = \mathfrak{B}$$
$$cE+c'E'+c''E''+\text{ etc.} = \mathfrak{C}$$

etc. Multiplicando has aequationes resp. per $A$, $B$, $C$ etc. et addendo, obtinemus adiumento aequationum (10)

$$p\varepsilon E+p'\varepsilon'E'+p''\varepsilon''E''+\text{ etc.} = A\mathfrak{A}+B\mathfrak{B}+C\mathfrak{C}+\text{ etc.}$$

Prorsus vero simili modo aequationes (13) suppeditant

$$p\varepsilon\varepsilon+p'\varepsilon'\varepsilon'+p''\varepsilon''\varepsilon''+\text{ etc.} = A\mathfrak{A}+B\mathfrak{B}+C\mathfrak{C}+\text{ etc.} \quad (14)$$

E combinatione harum duarum aequationum facile deducitur

$$pEE+p'E'E'+p''E''E''+\text{ etc.}$$
$$= p\varepsilon\varepsilon+p'\varepsilon'\varepsilon'+p''\varepsilon''\varepsilon''+\text{ etc. } +p(E-\varepsilon)^2+p'(E'-\varepsilon')^2+p''(E''-\varepsilon'')^2+\text{ etc.}$$

Aggregatum $pEE+p'E'E'+p''E''E''+$ etc. itaque necessario *maius* erit aggregato $p\varepsilon\varepsilon+p'\varepsilon'\varepsilon'+p''\varepsilon''\varepsilon''+$ etc., quod enuntiari potest tamquam

THEOREMA. *Aggregatum quadratorum correctionum, per quas observationes cum aequationibus conditionalibus conciliare licet, per pondera observationum resp. multiplicatorum, fit minimum, si correctiones maxime plausibiles adoptantur.*

Hoc est ipsum principium quadratorum minimorum, ex quo etiam aequationes (12), (10) facile immediate derivari possunt. Ceterum pro hoc aggregato minimo, quod in sequentibus per $S$ denotabimus, aequatio (14) nobis suppeditat expressionem $\mathfrak{A}A+B\mathfrak{B}+C\mathfrak{C}+$ etc.

## 11.

Determinatio errorum maxime plausibilium, quum a coëfficientibus $l$, $l'$, $l''$ etc. independens sit, manifesto praeparationem commodissimam sistit, ad quemvis usum, in quem observationes vertere placuerit. Praeterea perspicuum est, ad illud negotium haud opus esse eliminatione *indefinita* seu cognitione coëfficientium $[\alpha\alpha]$, $[\alpha\beta]$ etc., nihilque aliud requiri, nisi ut quantitates auxiliares $A$, $B$, $C$ etc., quas in sequentibus *correlata* aequationum conditionalium $X=0$, $Y=0$, $Z=0$ etc. vocabimus, ex aequationibus (12) per eliminationem definitam eliciantur atque in formulis (10) substituantur.

Quamquam vero haec methodus nihil desiderandum linquat, quoties quantitatum ab observationibus pendentium valores maxime plausibiles tantummodo requiruntur, tamen res secus se habere videtur, quoties insuper pondus alicuius determinationis in votis est, quum ad hunc finem, prout hac vel illa quatuor expressionum supra traditarum uti placuerit, cognitio quantitatum $L$, $L'$, $L''$ etc., vel saltem cognitio harum $x^0$, $y^0$, $z^0$ etc. necessaria videatur. Hac ratione utile erit, negotium eliminationis accuratius perscrutari, unde via facilior ad pondera quoque invenienda se nobis aperiet.

## 12.

Nexus quantitatum in hac disquisitione occurrentium haud parum illustratur per introductionem functionis indefinitae secundi ordinis

$$[aa]xx+2[ab]xy+2[ac]xz+\text{ etc. }+[bb]yy+2[bc]yz+\text{ etc. }+[cc]zz+\text{ etc.}$$

quam per $T$ denotabimus. Primo statim obvium est, hanc functionem fieri

$$\frac{(ax+by+cz+\text{etc.})^2}{p}+\frac{(a'x+b'y+c'z+\text{etc.})^2}{p'}+\frac{(a''x+b''y+c''z+\text{etc.})^2}{p''}+\text{etc.} \quad (15)$$

Porro patet, esse

$$T = x\xi+y\eta+z\zeta+\text{etc.} \quad (16)$$

et si hic denuo $x, y, z$ etc. adiumento aequationum (7) per $\xi, \eta, \zeta$ etc. exprimuntur,

$$T = [\alpha\alpha]\xi\xi+2[\alpha\beta]\xi\eta+2[\alpha\gamma]\xi\zeta+\text{etc.}+[\beta\beta]\eta\eta+2[\beta\gamma]\eta\zeta+\text{etc.}$$
$$+[\gamma\gamma]\zeta\zeta+\text{etc.}$$

Theoria supra evoluta bina systemata valorum determinatorum quantitatum $x, y, z$ etc., atque $\xi, \eta, \zeta$ etc. continet; priori, in quo $x = x^0$, $y = y^0$, $z = z^0$ etc. $\xi = -[al]$, $\eta = -[bl]$, $\zeta = -[cl]$ etc., respondebit valor ipsius $T$ hic

$$T = [ll] - \frac{1}{P}$$

quod vel per expressionem tertiam ponderis $P$ cum aequatione (16) comparatam, vel per quartam sponte elucet; posteriori, in quo $x = A$, $y = B$, $z = C$ etc., atque $\xi = \mathfrak{A}$, $\eta = \mathfrak{B}$, $\zeta = \mathfrak{C}$ etc., respondet valor $T = S$, uti vel e formulis (10) et (15), vel ex his (14) et (16) manifestum est.

13.

Iam negotium principale consistit in transformatione functionis $T$ ei simili, quam in Theoria Motus Corporum Coelestium art. 182 atque fusius in Disquisitione de elementis ellipticis Palladis exposuimus. Scilicet statuemus (17)

$$[bb, 1] = [bb] - \frac{[ab]^2}{[aa]}$$
$$[bc, 1] = [bc] - \frac{[ab][ac]}{[aa]}$$
$$[bd, 1] = [bd] - \frac{[ab][ad]}{[aa]}$$
etc.
$$[cc, 2] = [cc] - \frac{[ac]^2}{[aa]} - \frac{[bc, 1]^2}{[bb, 1]}$$
$$[cd, 2] = [cd] - \frac{[ac][ad]}{[aa]} - \frac{[bc, 1][bd, 1]}{[bb, 1]}$$
etc.
$$[dd, 3] = [dd] - \frac{[ad]^2}{[aa]} - \frac{[bd, 1]^2}{[bb, 1]} - \frac{[cd, 2]^2}{[cc, 2]}$$

etc. etc. Dein statuendo *)

$$\begin{aligned}
[bb,1]y+[bc,1]z+[bd,1]w+\text{ etc.} &= \eta' \\
[cc,2]z+[cd,2]w+\text{ etc.} &= \zeta'' \\
[dd,3]w+\text{ etc.} &= \varphi''' \\
\text{etc., erit}
\end{aligned}$$

$$T=\frac{\xi\xi}{[aa]}+\frac{\eta'\eta'}{[bb,1]}+\frac{\zeta''\zeta''}{[cc,2]}+\frac{\varphi'''\varphi'''}{[dd,3]}+\text{ etc.}$$

quantitatesque $\eta', \zeta'', \varphi'''$ etc. a $\xi, \eta, \zeta, \varphi$ etc. pendebunt per aequationes sequentes:

$$\begin{aligned}
\eta' &= \eta-\frac{[ab]}{[aa]}\xi \\
\zeta'' &= \zeta-\frac{[ac]}{[aa]}\xi-\frac{[bc,1]}{[bb,1]}\eta' \\
\varphi''' &= \varphi-\frac{[ad]}{[aa]}\xi-\frac{[bd,1]}{[bb,1]}\eta'-\frac{[cd,2]}{[cc,2]}\zeta''
\end{aligned}$$

etc.

Facile iam omnes formulae ad propositum nostrum necessariae hinc desumuntur. Scilicet ad determinationem correlatorum $A$, $B$, $C$ etc. statuemus (18)

$$\begin{aligned}
\mathfrak{B}' &= \mathfrak{B}-\frac{[ab]}{[aa]}\mathfrak{A} \\
\mathfrak{C}'' &= \mathfrak{C}-\frac{[ac]}{[aa]}\mathfrak{A}-\frac{[bc,1]}{[bb,1]}\mathfrak{B}' \\
\mathfrak{D}''' &= \mathfrak{D}-\frac{[ad]}{[aa]}\mathfrak{A}-\frac{[bd,1]}{[bb,1]}\mathfrak{B}'-\frac{[cd,2]}{[cc,2]}\mathfrak{C}''
\end{aligned}$$

etc., ac dein $A$, $B$, $C$, $D$ etc. eruentur per formulas sequentes, et quidem ordine inverso, incipiendo ab ultima,

$$\left.\begin{aligned}
[aa]A+[ab]B+[ac]C+[ad]D+\text{ etc.} &= \mathfrak{A} \\
[bb,1]B+[bc,1]C+[bd,1]D+\text{ etc.} &= \mathfrak{B}' \\
[cc,2]C+[cd,2]D+\text{ etc.} &= \mathfrak{C}'' \\
[dd,3]D+\text{ etc.} &= \mathfrak{D}'''
\end{aligned}\right\} \quad (19)$$

etc.

---

*) In praecedentibus sufficere poterant ternae literae pro variis systematibus quantitatum ad tres primas aequationes conditionales referendae: hoc vero loco, ut algorithmi lex clarius eluceat, quartam adiungere visum est; et quum in serie naturali literas $a, b, c$; $A, B, C$; $\mathfrak{A}, \mathfrak{B}, \mathfrak{C}$ sponte sequantur $d, D, \mathfrak{D}$ in serie $x, y, z$, deficiente alphabeto, apposuimus $w$, nec non in hac $\xi, \eta, \zeta$ hanc $\varphi$.

Pro aggregato $S$ autem habemus formulam novam (20)

$$S = \frac{\mathfrak{A}\mathfrak{A}}{[aa]} + \frac{\mathfrak{B}'\mathfrak{B}'}{[bb,1]} + \frac{\mathfrak{C}''\mathfrak{C}''}{[cc,2]} + \frac{\mathfrak{D}'''\mathfrak{D}'''}{[dd,3]} \text{ etc.}$$

Denique si pondus $P$, quod determinationi maxime plausibili quantitatis per functionem $u$ expressae tribuendum est, desideratur, faciemus (21)

$$[bl,1] = [bl] - \frac{[ab][al]}{[aa]}$$
$$[cl,2] = [cl] - \frac{[ac][al]}{[aa]} - \frac{[bc,1][bl,1]}{[bb,1]}$$
$$[dl,3] = [dl] - \frac{[ad][al]}{[aa]} - \frac{[bd,1][bl,1]}{[bb,1]} - \frac{[cd,2][cl,2]}{[cc,2]}$$

etc., quo facto erit (22)

$$\frac{1}{P} = [ll] - \frac{[al]^2}{[aa]} - \frac{[bl,1]^2}{[bb,1]} - \frac{[cl,2]^2}{[cc,2]} - \frac{[dl,3]^2}{[dd,3]} - \text{ etc.}$$

Formulae (17) .... (22), quarum simplicitas nihil desiderandum relinquere videtur, solutionem problematis nostri ab omni parte completam exhibent.

## 14.

Postquam problemata primaria absolvimus, adhuc quasdam quaestiones secundarias attingemus, quae huic argumento maiorem lucem affundent.

Primo inquirendum est, num eliminatio, per quam $x, y, z$ etc. ex $\xi, \eta, \zeta$ etc. derivare oportet, umquam impossibilis fieri possit. Manifesto hoc eveniret, si functiones $\xi, \eta, \zeta$ etc. inter se haud independentes essent. Supponamus itaque aliquantisper, unam earum per reliquas iam determinari, ita ut habeatur aequatio identica

$$\alpha\xi + \beta\eta + \gamma\zeta + \text{ etc.} = 0$$

denotantibus $\alpha, \beta, \gamma$ etc. numeros determinatos. Erit itaque

$$\alpha[aa] + \beta[ab] + \gamma[ac] + \text{ etc.} = 0$$
$$\alpha[ab] + \beta[bb] + \gamma[bc] + \text{ etc.} = 0$$
$$\alpha[ac] + \beta[bc] + \gamma[cc] + \text{ etc.} = 0$$

etc., unde, si statuimus

$$\alpha a + \beta b + \gamma c + \text{etc.} = p\theta$$
$$\alpha a' + \beta b' + \gamma c' + \text{etc.} = p'\theta'$$
$$\alpha a'' + \beta b'' + \gamma c'' + \text{etc.} = p''\theta''$$

etc., sponte sequitur

$$a\theta + a'\theta' + a''\theta'' + \text{etc.} = 0$$
$$b\theta + b'\theta' + b''\theta'' + \text{etc.} = 0$$
$$c\theta + c'\theta' + c''\theta'' + \text{etc.} = 0$$

etc., nec non

$$p\theta\theta + p'\theta'\theta' + p''\theta''\theta'' + \text{etc.} = 0$$

quae aequatio, quum omnes $p, p', p''$ etc. natura sua sint quantitates positivae, manifesto consistere nequit, nisi fuerit $\theta = 0$, $\theta' = 0$, $\theta'' = 0$ etc.

Iam consideremus valores differentialium completorum $\mathrm{d}X$, $\mathrm{d}Y$, $\mathrm{d}Z$ etc., respondentes valoribus iis quantitatum $v, v', v''$ etc., ad quos referuntur observationes. Haec differentialia, puta

$$a\,\mathrm{d}v + a'\mathrm{d}v' + a''\mathrm{d}v'' + \text{etc.}$$
$$b\,\mathrm{d}v + b'\mathrm{d}v' + b''\mathrm{d}v'' + \text{etc.}$$
$$c\,\mathrm{d}v + c'\mathrm{d}v' + c''\mathrm{d}v'' + \text{etc.}$$

etc., per conclusionem, ad quam modo delati sumus, inter se ita dependentia erunt, ut per $\alpha, \beta, \gamma$ etc. resp. multiplicata aggregatum identice evanescens producant, sive quod idem est, quodvis ex ipsis (cui quidem respondet multiplicator $\alpha, \beta, \gamma$ etc. non evanescens) sponte evanescet, simulac omnia reliqua evanescere supponuntur. Quamobrem ex aequationibus conditionalibus $X = 0$, $Y = 0$, $Z = 0$ etc., una (ad minimum) pro *superflua* habenda est, quippe cui sponte satisfit, simulac reliquis satisfactum est.

Ceterum si res profundius inspicitur, apparet, hanc conclusionem per se tantum pro ambitu infinite parvo variabilitatis indeterminatarum valere. Scilicet proprie duo casus distinguendi erunt, alter, ubi una aequationum conditionalium $X = 0$, $Y = 0$, $Z = 0$ etc. absolute et generaliter iamiam in reliquis contenta est, quod facile in quovis casu averti poterit; alter, ubi, quasi fortuito, pro iis valoribus concretis quantitatum $v, v', v''$ etc., ad quos observationes referuntur, una functionum $X$, $Y$, $Z$ etc. e. g. prima $X$, valorem maximum vel minimum (vel generalius, stationarium) nanciscitur respectu mutationum omnium, quas quantitatibus $v$, $v'$, $v''$ etc., salvis aequationibus $Y = 0$, $Z = 0$ etc., applicare possemus. Attamen quum in disquisitione nostra variabilitas quantitatum tantummodo intra limites tam arctos consideretur, ut ad instar infinite parvae tractari possit, hic casus secundus (qui in praxi vix umquam occurret) eundem effectum habebit, quem primus, puta una aequationum conditionalium tamquam superflua reiicienda erit, certique esse possumus, si omnes aequationes conditionales retentae eo sensu, quem hic intelligimus, ab invicem independentes sint, eliminationem necessario fore possibilem. Ceterum disquisitionem uberiorem, qua hoc argumentum, propter theoreticam subtilitatem potius quam practicam utilitatem haud indignum est, ad aliam occasionem nobis reservare debemus.

15.

In commentatione priore art. 37 sqq. methodum docuimus, observationum praecisionem a posteriori quam proxime eruendi. Scilicet si valores approximati $\pi$ quantitatum per observationes aequali praecisione gaudentes innotuerunt, et cum valoribus iis comparantur, qui e valoribus maxime plausibilibus $\rho$ elementorum, a quibus illae pendent, per calculum prodeunt: differentiarum quadrata addere, aggregatumque per $\pi - \rho$ dividere oportet, quo facto quotiens considerari poterit tamquam valor approximatus quadrati erroris medii tali observationum generi inhaerentis. Quoties observationes inaequali praecisione gaudent, haec praecepta eatenus tantum mutanda sunt, ut quadrata ante additionem per observationum pondera multiplicari debeant, errorque medius hoc modo prodiens ad observationes referatur, quarum pondus pro unitate acceptum est.

Iam in tractatione praesenti illud aggregatum manifesto quadrat cum aggregato $S$, differentiaque $\pi - \rho$ cum multitudine aequationum conditionalium $\sigma$, quamobrem pro errore medio observationum, quarum pondus $= 1$, habebimus expressionem $\sqrt{\frac{S}{\sigma}}$, quae determinatio eo maiore fide digna erit, quo maior fuerit numerus $\sigma$.

Sed operae pretium erit, hoc etiam independenter a disquisitione priore stabilire. Ad hunc finem quasdam novas denotationes introducere conveniet. Scilicet respondeant valoribus indeterminatarum $\xi$, $\eta$, $\zeta$ etc. his

$$\xi = a, \quad \eta = b, \quad \zeta = c \text{ etc.}$$

valores ipsarum $x, y, z$ etc. hi

$$x = \alpha, \quad y = \beta, \quad z = \gamma \text{ etc.}$$

ita ut habeatur

$$\alpha = a[\alpha\alpha] + b[\alpha\beta] + c[\alpha\gamma] + \text{ etc.}$$
$$\beta = a[\alpha\beta] + b[\beta\beta] + c[\beta\gamma] + \text{ etc.}$$
$$\gamma = a[\alpha\gamma] + b[\beta\gamma] + c[\gamma\gamma] + \text{ etc.}$$

etc. Perinde valoribus

$$\xi = a', \quad \eta = b', \quad \zeta = c' \text{ etc.}$$

respondere supponemus hos

$$x = \alpha', \quad y = \beta', \quad z = \gamma' \text{ etc.}$$

nec non his

$$\xi = a'', \quad \eta = b'', \quad \zeta = c'' \text{ etc.}$$

sequentes

$$x = \alpha'', \quad y = \beta'', \quad z = \gamma'' \text{ etc.}$$

et sic porro.

His positis combinatio aequationum (4), (9) suppeditat

$$A = \alpha e + \alpha' e' + \alpha'' e'' + \text{ etc.}$$
$$B = \beta e + \beta' e' + \beta'' e'' + \text{ etc.}$$
$$C = \gamma e + \gamma' e' + \gamma'' e'' + \text{ etc.}$$

etc. Quare quum habeatur $S = \mathfrak{A}A + \mathfrak{B}B + \mathfrak{C}C + \text{ etc.}$, patet fieri

$$\begin{aligned} S = \; & (ae + a'e' + a''e'' + \text{ etc.})\,(\alpha e + \alpha' e' + \alpha'' e'' + \text{ etc.}) \\ & + (be + b'e' + b''e'' + \text{ etc.})\,(\beta e + \beta' e' + \beta'' e'' + \text{ etc.}) \\ & + (ce + c'e' + c''e'' + \text{ etc.})\,(\gamma e + \gamma' e' + \gamma'' e'' + \text{ etc.}) + \text{ etc.} \end{aligned}$$

## 16.

Institutionem observationum, per quas valores quantitatum $v, v', v''$ etc. erroribus fortuitis $e, e', e''$ etc. affectos obtinemus, considerare possumus tamquam experimentum, quod quidem singulorum errorum commissorum magnitudinem docere non valet, attamen, praeceptis quae supra explicavimus adhibitis, valorem quantitatis $S$ subministrat, qui per formulam modo inventam est functio data illorum errorum. In tali experimento errores fortuiti utique alii maiores alii minores prodire possunt, sed quo plures errores concurrunt, eo maior spes aderit, valorem quantitatis $S$ in experimento singulari a valore suo medio parum deviaturum esse. Rei cardo itaque in eo vertitur, ut valorem medium quantitatis $S$ stabiliamus. Per principia in commentatione priore exposita, quae hic repetere superfluum esset, invenimus hunc valorem medium

$$= (a\alpha + b\beta + c\gamma + \text{etc.})mm + (a'\alpha' + b'\beta' + c'\gamma' + \text{etc.})m'm'$$
$$+ (a''\alpha'' + b''\beta'' + c''\gamma'' + \text{etc.})m''m'' + \text{etc.}$$

Denotando errorem medium observationum talium, quarum pondus $= 1$, per $\mu$, ita ut sit $\mu\mu = pmm = p'm'm' = p''m''m''$ etc., expressio modo inventa ita exhiberi potest:

$$(\frac{a\alpha}{p} + \frac{a'\alpha'}{p'} + \frac{a''\alpha''}{p''} \text{ etc.})\mu\mu + (\frac{b\beta}{p} + \frac{b'\beta'}{p'} + \frac{b''\beta''}{p''} + \text{etc.})\mu\mu$$
$$+ (\frac{c\gamma}{p} + \frac{c'\gamma'}{p'} + \frac{c''\gamma''}{p''} + \text{etc.})\mu\mu + \text{etc.}$$

Sed aggregatum $\frac{a\alpha}{p} + \frac{a'\alpha'}{p'} + \frac{a''\alpha''}{p''} + \text{etc.}$ invenitur

$$= [aa].[\alpha\alpha] + [ab].[\alpha\beta] + [ac].[\alpha\gamma] + \text{etc.}$$

adeoque $= 1$, uti e nexu aequationum (6), (7) facile intelligitur. Perinde fit

$$\frac{b\beta}{p} + \frac{b'\beta'}{p'} + \frac{b''\beta''}{p''} + \text{etc.} = 1$$
$$\frac{c\gamma}{p} + \frac{c'\gamma'}{p'} + \frac{c''\gamma''}{p''} + \text{etc.} = 1$$

et sic porro.

Hinc tandem valor medius ipsius $S$ fit $= \sigma\mu\mu$, quatenusque igitur valorem fortuitum ipsius $S$ pro medio adoptare licet, erit $\mu = \sqrt{\frac{S}{\sigma}}$

## 17.

Quanta fides huic determinationi habenda sit, diiudicare oportet per errorem medium vel in ipsa vel in ipsius quadrato metuendum: posterior erit radix quadrata valoris medii expressionis

$$\left(\frac{S}{\sigma} - \mu\mu\right)^2$$

cuius evolutio absolvetur per ratiocinia similia iis, quae in commentatione priore artt. 39 sqq. exposita sunt. Quibus brevitatis caussa hic suppressis, formulam ipsam tantum hic apponimus. Scilicet error medius in determinatione quadrati $\mu\mu$ metuendus exprimitur per

$$\sqrt{\left(\frac{2\mu^4}{\sigma} + \frac{\nu^4 - 3\mu^4}{\sigma\sigma} \cdot N\right)}$$

denotante $\nu^4$ valorem medium biquadratorum errorum, quorum pondus $= 1$, atque $N$ aggregatum

$$(a\alpha + b\beta + c\gamma + \text{etc.})^2 + (a'\alpha' + b'\beta' + c'\gamma' + \text{etc.})^2 + (a''\alpha'' + b''\beta'' + c''\gamma'' + \text{etc.})^2 \text{etc.}$$

Hoc aggregatum in genere ad formam simpliciorem reduci nequit, sed simili modo ut in art. 40 prioris commentationis ostendi potest, eius valorem semper contineri intra limites $\pi$ et $\frac{\sigma\sigma}{\pi}$. In hypothesi ea, cui theoria quadratorum minimorum ab initio superstructa erat, terminus hoc aggregatum continens, propter $\nu^4 = 3\mu^4$, omnino excidit, praecisioque, quae errori medio, per formulam $\sqrt{\frac{S}{\sigma}}$ determinato, tribuenda est, eadem erit, ac si ex $\sigma$ erroribus exacte cognitis secundum artt. 15, 16 prioris commentationis erutus fuisset.

## 18.

Ad compensationem observationum duo, ut supra vidimus, requiruntur: primum, ut aequationum conditionalium correlata, i. e. numeri $A$, $B$, $C$ etc. aequationibus (12) satisfacientes eruantur, secundum, ut hi numeri in aequationibus (10) substituantur. Compensatio hoc modo prodiens dici poterit *perfecta* seu *completa*, ut distinguatur a compensatione *imperfecta* seu *manca:* hac scilicet denominatione designabimus, quae resultant ex iisdem quidem aequationibus (10), sed substratis valoribus quantitatum $A$, $B$, $C$ etc., qui non satisfaciunt aequationibus (12), i. e. qui vel parti tantum satisfaciunt vel nullis. Quod vero attinet ad tales observationum mutationes, quae sub formulis (10) comprehendi nequeunt, a disquisitione praesenti, nec non a denominatione compensationum exclusae sunto. Quum, quatenus aequationes (10) locum habent, aequationes (13) ipsis (12) omnino sint aequivalentes, illud discrimen ita quoque enunciari potest: Observationes complete compensatae omnibus aequationibus conditionalibus $X=0$, $Y=0$, $Z=0$ etc. satisfaciunt, incomplete compensatae vero vel nullis vel saltem non omnibus; compensatio itaque, per quam omnibus aequationibus conditionalibus satisfit, necessario est ipsa completa.

19.

Iam quum ex ipsa notione compensationis sponte sequatur, aggregata duarum compensationum iterum constituere compensationem, facile perspicitur, nihil interesse, utrum praecepta, per quae compensatio perfecta eruenda est, immediate ad observationes primitivas applicentur, an ad observationes incomplete iam compensatas.

Revera constituant $-\theta$, $-\theta'$, $-\theta''$ etc. systema compensationis incompletae, quod prodierit e formulis (I)

$$\begin{aligned}
\theta p &= A^0 a + B^0 b + C^0 c + \text{etc.}\\
\theta' p' &= A^0 a' + B^0 b' + C^0 c' + \text{etc.}\\
\theta'' p'' &= A^0 a'' + B^0 b'' + C^0 c'' + \text{etc.}\\
&\text{etc.}
\end{aligned}$$

Quum observationes his compensationibus mutatae omnibus aequationibus conditionalibus non satisfacere supponantur, sint $\mathfrak{A}^*$, $\mathfrak{B}^*$, $\mathfrak{C}^*$ etc. valores, quos $X$, $Y$, $Z$ etc. ex illarum substitutione nanciscuntur. Quaerendi sunt numeri $A^*$, $B^*$, $C^*$ etc. aequationibus (II) satisfacientes

$$\begin{aligned}
\mathfrak{A}^* &= A^*[aa] + B^*[ab] + C^*[ac] + \text{etc.}\\
\mathfrak{B}^* &= A^*[ab] + B^*[bb] + C^*[bc] + \text{etc.}\\
\mathfrak{C}^* &= A^*[ac] + B^*[bc] + C^*[cc] + \text{etc.}
\end{aligned}$$

etc., quo facto compensatio completa observationum isto modo mutatarum efficitur per mutationes novas $-\varkappa$, $-\varkappa'$, $-\varkappa''$ etc., ubi $\varkappa$, $\varkappa'$, $\varkappa''$ etc. computandae sunt per formulas (III)

$$\begin{aligned}
\varkappa p &= A^* a + B^* b + C^* c + \text{etc.}\\
\varkappa' p' &= A^* a' + B^* b' + C^* c' + \text{etc.}\\
\varkappa'' p'' &= A^* a'' + B^* b'' + C^* c'' + \text{etc.}
\end{aligned}$$

etc. Iam inquiramus, quomodo hae correctiones cum compensatione completa observationum primitivarum cohaereant. Primo manifestum est, haberi

$$\mathfrak{A}^* = \mathfrak{A} - a\theta - a'\theta' - a''\theta'' - \text{etc.}$$
$$\mathfrak{B}^* = \mathfrak{B} - b\theta - b'\theta' - b''\theta'' - \text{etc.}$$
$$\mathfrak{C}^* = \mathfrak{C} - c\theta - c'\theta' - c''\theta'' - \text{etc.}$$

etc. Substituendo in his aequationibus pro $\theta$, $\theta'$, $\theta''$ etc. valores ex (I), nec non pro $\mathfrak{A}^*$, $\mathfrak{B}^*$, $\mathfrak{C}^*$ etc. valores ex II, invenimus

$$\mathfrak{A} = (A^0 + A^*)[aa] + (B^0 + B^*)[ab] + (C^0 + C^*)[ac] + \text{etc.}$$
$$\mathfrak{B} = (A^0 + A^*)[ab] + (B^0 + B^*)[bb] + (C^0 + C^*)[bc] + \text{etc.}$$
$$\mathfrak{C} = (A^0 + A^*)[ac] + (B^0 + B^*)[bc] + (C^0 + C^*)[cc] + \text{etc.}$$

etc., unde patet, correlata aequationum conditionalium aequationibus (12) satisfacientia esse

$$A = A^0 + A^*, \quad B = B^0 + B^*, \quad C = C^0 + C^* \text{ etc.}$$

Hinc vero aequationes (10), I et III docent, esse

$$\varepsilon = \theta + \varkappa, \quad \varepsilon' = \theta' + \varkappa' \quad \varepsilon'' = \theta'' + \varkappa'' \text{ etc.}$$

i. e. compensatio observationum perfecta eadem prodit, sive immediate computetur, sive mediate proficiscendo a compensatione manca.

20.

Quoties multitudo aequationum conditionalium permagna est, determinatio correlatorum $A$. $B$, $C$ etc. per eliminationem directam tam prolixa evadere potest, ut calculatoris patientia ei impar sit: tunc saepenumero commodum esse poterit, compensationem completam per approximationes successivas adiumento theorematis art. praec. eruere. Distribuantur aequationes conditionales in duas pluresve classes, investigeturque primo compensatio, per quam aequationibus primae classis satisfit, neglectis reliquis. Dein tractentur observationes per hanc compensationem mutatae ita, ut solarum aequationum secundae classis ratio habeatur. Generaliter loquendo applicatio secundi compensationum systematis consensum cum aequationibus primae classis turbabit; quare, si duae tantummodo classes factae sunt, ad aequationes primae classis revertemur, tertiumque systema, quod huic satisfaciat, eruemus; dein observationes ter correctas compensationi quartae subiiciemus, ubi solae aequationes secundae classis respiciuntur. Ita alternis vicibus, modo priorem classem modo posteriorem respicientes, compensationes continuo decrescentes obtinebimus, et si distributio scite adornata fuerat, post paucas iterationes ad numeros stabiles perveniemus. Si plures quam duae classes factae sunt, res simili modo se habebit: classes singulae deinceps in computum venient, post ultimam iterum prima et sic porro. Sed sufficiat hoc loco, hunc modum addigitavisse, cuius efficacia multum utique a scita applicatione pendebit.

21.

Restat, ut suppleamus demonstrationem lemmatis in art. 8 suppositi, ubi tamen perspicuitatis caussa alias denotationes huic negotio magis adaptatas adhibebimus.

Sint itaque $x^0$, $x'$, $x''$, $x'''$ etc. indeterminatae, supponamusque, ex aequationibus

$$\begin{array}{l} n^{00}x^0+n^{01}x'+n^{02}x''+n^{03}x'''+\text{ etc.} = X^0 \\ n^{10}x^0+n^{11}x'+n^{12}x''+n^{13}x'''+\text{ etc.} = X' \\ n^{20}x^0+n^{21}x'+n^{22}x''+n^{23}x'''+\text{ etc.} = X'' \\ n^{30}x^0+n^{31}x'+n^{32}x''+n^{33}x'''+\text{ etc.} = X''' \\ \text{etc.} \end{array}$$

sequi per eliminationem has

$$\begin{array}{l} N^{00}X^0+N^{01}X'+N^{02}X''+N^{03}X'''+\text{ etc.} = x^0 \\ N^{10}X^0+N^{11}X'+N^{12}X''+N^{13}X'''+\text{ etc.} = x' \\ N^{20}X^0+N^{21}X'+N^{22}X''+N^{23}X'''+\text{ etc.} = x'' \\ N^{30}X^0+N^{31}X'+N^{32}X''+N^{33}X'''+\text{ etc.} = x''' \\ \text{etc.} \end{array}$$

Substitutis itaque in aequatione prima et secunda secundi systematis valoribus quantitatum $X$, $X'$, $X''$, $X'''$ etc. e primo systemate, obtinemus

$$\begin{array}{rl} x^0 = & N^{00}(n^{00}x^0+n^{01}x'+n^{02}x''+n^{03}x'''+\text{ etc.}) \\ & +N^{01}(n^{10}x^0+n^{11}x'+n^{12}x''+n^{13}x'''+\text{ etc.}) \\ & +N^{02}(n^{20}x^0+n^{21}x'+n^{22}x''+n^{23}x'''+\text{ etc.}) \\ & +N^{03}(n^{30}x^0+n^{31}x'+n^{32}x''+n^{33}x'''+\text{ etc.})\text{ etc.} \end{array}$$

nec non

$$\begin{aligned} x' = & N^{10}(n^{00}x^0+n^{01}x'+n^{02}x''+n^{03}x'''+\text{ etc.}) \\ & +N^{11}(n^{10}x^0+n^{11}x'+n^{12}x''+n^{13}x'''+\text{ etc.}) \\ & +N^{12}(n^{20}x^0+n^{21}x'+n^{22}x''+n^{23}x'''+\text{ etc.}) \\ & +N^{13}(n^{30}x^0+n^{31}x'+n^{32}x''+n^{33}x'''+\text{ etc.}) \text{ etc.} \end{aligned}$$

Quum utraque aequatio manifesto esse debeat aequatio identica, tum in priore tum in posteriore pro $x^0$, $x'$, $x''$, $x'''$ etc. valores quoslibet determinatos substituere licebit. Substituamus in priore

$$x^0 = N^{10}, \quad x' = N^{11}, \quad x'' = N^{12}, \quad x''' = N^{13} \text{ etc.}$$

in posteriore vero

$$x^0 = N^{00}, \quad x' = N^{01}, \quad x'' = N^{02}, \quad x''' = N^{03} \text{ etc.}$$

His ita factis subtractio producit

$$\begin{aligned} N^{10}-N^{01} = & (N^{00}N^{11}-N^{10}N^{01})(n^{01}-n^{10}) \\ & +(N^{00}N^{12}-N^{10}N^{02})(n^{02}-n^{20}) \\ & +(N^{00}N^{13}-N^{10}N^{03})(n^{03}-n^{30}) \\ & +\text{ etc.} \\ & +(N^{01}N^{12}-N^{11}N^{02})(n^{12}-n^{21}) \\ & +(N^{01}N^{13}-N^{11}N^{03})(n^{13}-n^{31}) \\ & +\text{ etc.} \\ & +(N^{02}N^{13}-N^{12}N^{03})(n^{23}-n^{32}) \\ & +\text{ etc. etc.} \end{aligned}$$

quae aequatio ita quoque exhiberi potest

$$N^{10}-N^{01} = \Sigma(N^{0\alpha}N^{1\beta}-N^{1\alpha}N^{0\beta})(n^{\alpha\beta}-n^{\beta\alpha})$$

denotantibus $\alpha\beta$ omnes combinationes indicum inaequalium.

Hinc colligitur, si fuerit

$$n^{01} = n^{10}, \quad n^{02} = n^{20}, \quad n^{03} = n^{30}, \quad n^{12} = n^{21}, \quad n^{13} = n^{31}, \quad n^{23} = n^{32}, \text{ etc.}$$

sive generaliter $n^{\alpha\beta} = n^{\beta\alpha}$, fore etiam

$$N^{10} = N^{01}$$

Et quum ordo indeterminatarum in aequationibus propositis sit arbitrarius, manifesto in illa suppositione erit generaliter

$$N^{\alpha\beta} = N^{\beta\alpha}$$

22.

Quum methodus in hac commentatione exposita applicationem imprimis frequentem et commodam inveniat in calculis ad geodaesiam sublimiorem pertinentibus, lectoribus gratam fore speramus illustrationem praeceptorum per nonnulla exempla hinc desumta.

Aequationes conditionales inter angulos systematis triangulorum e triplici potissimum fonte sunt petendae.

I. Aggregatum angulorum horizontalium, qui circa eundem verticem gyrum integrum horizontis complent, aequare debet quatuor rectos.

II. Summa trium angulorum in quovis triangulo quantitati datae aequalis est, quum, quoties triangulum est in superficie curva, excessum illius summae supra duos rectos tam accurate computare liceat, ut pro absolute exacto haberi possit.

III. Fons tertius est ratio laterum in triangulis catenam clausam formantibus. Scilicet si series triangulorum ita nexa est, ut secundum triangulum habeat latus unum $a$ commune cum triangulo primo, aliud $b$ cum tertio; perinde quartum triangulum cum tertio habeat latus commune $c$, cum quinto latus commune $d$, et sic porro usque ad ultimum triangulum, cui cum praecedenti latus commune sit $k$, et cum triangulo primo rursus latus $l$, valores quotientium $\frac{a}{l}, \frac{b}{a}, \frac{c}{b}, \frac{d}{c} \dots \frac{l}{k}$, innotescent resp. e binis angulis triangulorum successivorum, lateribus communibus oppositis, per methodos notas, unde quum productum illarum fractionum fieri debeat $= 1$, prodibit aequatio conditionalis inter sinus illorum angulorum, (parte tertia excessus sphaerici vel sphaeroidici, si triangula sunt in superficie curva, resp. diminutorum).

Ceterum in systematibus triangulorum complicatioribus saepissime accidit, ut aequationes conditionales tum secundi tum tertii generis plures se offerant, quam retinere fas est, quoniam pars earum in reliquis iam contenta est. Contra rarior erit casus, ubi aequationibus conditionalibus secundi generis adiungere oportet aequationes similes ad figuras plurium laterum spectantes, puta tunc tantum, ubi polygona formantur, in triangula per mensurationes non divisa. Sed de his rebus, ab instituto praesenti nimis alienis, alia occasione fusius agemus. Silentio tamen praeterire non possumus monitum, quod theoria nostra, si applicatio pura atque rigorosa in votis est, supponit, quantitates per $v$, $v'$, $v''$ etc. designatas revera vel immediate observatas esse, vel ex observationibus ita derivatas, ut inter se independentes maneant, vel saltem tales censeri possint. In praxi vulgari observantur anguli triangulorum ipsi, qui proin pro $v$, $v'$, $v''$ etc. accipi possunt; sed memores esse debemus, si forte systema insuper contineat triangula talia, quorum anguli non sint immediate observati, sed prodeant tamquam summae vel differentiae angulorum revera observatorum, illos non inter observatorum numerum referendos, sed in forma compositionis suae in calculis retinendos esse. Aliter vero res se habebit in modo observandi ei simili, quem sequutus est clar. STRUVE (Astronomische Nachrichten II, p. 431), ubi directiones singulorum laterum ab eodem vertice proficiscentium obtinentur per comparationem cum una eademque directione arbitraria. Tunc scilicet hi ipsi anguli pro $v$, $v'$, $v''$ etc. accipiendi sunt, quo pacto omnes anguli triangulorum in forma differentiarum se offerent, aequationesque conditionales primi generis, quibus per rei naturam sponte satisfit, tamquam superfluae cessabunt. Modus observationis, quem ipse sequutus sum in dimensione triangulorum annis praecedentibus perfecta, differt quidem tum a priore tum a posteriore modo, attamen respectu effectus posteriori aequiparari potest, ita ut in singulis stationibus directiones laterum inde proficiscentium ab initio quasi arbitrario numeratas pro quantitatibus $v$, $v'$, $v''$ etc. accipere oporteat. Duo iam exempla elaborabimus, alterum ad modum priorem, alterum ad posteriorem pertinens.

## 23.

Exemplum primum nobis suppeditabit opus clar. DE KRAYENHOF, *Précis historique des opérations trigonométriques faites en Hollande*, et quidem compensationi subiiciemus partem eam systematis triangulorum, quae inter novem puncta Harlingen, Sneek, Oldeholtpade, Ballum, Leeuwarden, Dockum, Drachten, Oosterwolde, Gröningen continentur. Formantur inter haec puncta novem triangula in opere illo per numeros 121, 122, 123, 124, 125, 127, 128, 131, 132 denotata, quorum anguli (a nobis indicibus praescriptis distincti) secundum tabulam p. 77—81 ita sunt observati:

Triangulum 121.

| | | | | |
|---|---|---|---|---|
| 0. | Harlingen . . . . . | $50^0$ | 58′ | 15″238 |
| 1. | Leeuwarden . . . | 82 | 47 | 15,351 |
| 2. | Ballum . . . . . . . | 46 | 14 | 27,202 |

Triangulum 122.

| | | | | |
|---|---|---|---|---|
| 3. | Harlingen . . . . . | 51 | 5 | 39,717 |
| 4. | Sneek . . . . . . . . | 70 | 48 | 33,445 |
| 5. | Leeuwarden . . . | 58 | 5 | 48,707 |

Triangulum 123.

| | | | | |
|---|---|---|---|---|
| 6. | Sneek . . . . . . . . | 49 | 30 | 40,051 |
| 7. | Drachten . . . . . . | 42 | 52 | 59,382 |
| 8. | Leeuwarden . . . | 87 | 36 | 21,057 |

Triangulum 124.

| | | | | |
|---|---|---|---|---|
| 9. | Sneek . . . . . . . . | 45 | 36 | 7,492 |
| 10. | Oldeholtpade . . . | 67 | 52 | 0,048 |
| 11. | Drachten . . . . . | 66 | 31 | 56,513 |

Triangulum 125.

| | | | | |
|---|---|---|---|---|
| 12. | Drachten . . . . . . | 53 | 55 | 24,745 |
| 13. | Oldeholtpade . . . | 47 | 48 | 52,580 |
| 14. | Oosterwolde . . . | 78 | 15 | 42,347 |

Triangulum 127.

| | | | | |
|---|---|---|---|---|
| 15. | Leeuwarden . . . | 59 | 24 | 0,645 |
| 16. | Dockum . . . . . . | 76 | 34 | 9,021 |
| 17. | Ballum . . . . . . . | 44 | 1 | 51,040 |

Triangulum 128.

| | | | | |
|---|---|---|---|---|
| 18. | Leeuwarden . . . | 72 | 6 | 32,043 |
| 19. | Drachten . . . . . . | 46 | 53 | 27,163 |
| 20. | Dockum . . . . . . | 61 | 0 | 4,494 |

Triangulum 131.

| | | | | |
|---|---|---|---|---|
| 21. | Dockum . . . . . . | 57 | 1 | 55,292 |
| 22. | Drachten . . . . . . | 83 | 33 | 14,515 |
| 23. | Gröningen . . . . . | 39 | 24 | 52,397 |

Triangulum 132.

| | | | |
|---|---|---|---|
| 24. Oosterwolde . . . | 81° | 54′ | 17″447 |
| 25. Gröningen. . . . . | 31 | 52 | 46,094 |
| 26. Drachten . . . . . | 66 | 12 | 57,246 |

Consideratio nexus inter haec triangula monstrat, inter 27 angulos, quorum valores approximati per observationem innotuerunt, 13 aequationes conditionales haberi, puta duas primi generis, novem secundi, duas tertii. Sed haud opus erit, has aequationes omnes in forma sua finita hic adscribere, quum ad calculos tantummodo requirantur quantitates in theoria generali per $\mathfrak{A}$, $a$, $a'$, $a''$ etc., $\mathfrak{B}$, $b$, $b'$, $b''$ etc. etc. denotatae: quare illarum loco statim adscribimus aequationes supra per (13) denotatas, quae illas quantitates ob oculos ponunt: loco signorum $\varepsilon$, $\varepsilon'$, $\varepsilon''$ etc. simpliciter hic scribemus (0), (1), (2) etc.

Hoc modo duabus aequationibus conditionalibus primi generis respondent sequentes:

$$(1)+(5)+(8)+(15)+(18) = -2''197$$
$$(7)+(11)+(12)+(19)+(22)+(26) = -0''436$$

Excessus sphaeroidicos novem triangulorum invenimus deinceps: 1″749; 1″147; 1″243; 1″698; 0″873; 1″167; 1″104; 2″161; 1″403. Oritur itaque aequatio conditionalis secundi generis prima haec*): $v^{(0)}+v^{(1)}+v^{(2)}-180^0\,0'\,1''749=0$, et perinde reliquae: hinc habemus novem aequationes sequentes:

$$(0)+(1)+(2) = -3''958$$
$$(3)+(4)+(5) = +0,722$$
$$(6)+(7)+(8) = -0,753$$
$$(9)+(10)+(11) = +2,355$$
$$(12)+(13)+(14) = -1,201$$
$$(15)+(16)+(17) = -0,461$$
$$(18)+(19)+(20) = +2,596$$
$$(21)+(22)+(23) = +0,043$$
$$(24)+(25)+(26) = -0,616$$

Aequationes conditionales tertii generis commodius in forma logarithmica exhibentur: ita prior est

*) Indices in hoc exemplo per figuras arabicas exprimere praeferimus.

$$\log\sin(v^{(0)}-0''583)-\log\sin(v^{(2)}-0''583)-\log\sin(v^{(3)}-0''382)$$
$$+\log\sin(v^{(4)}-0''382)-\log\sin(v^{(6)}-0''414)+\log\sin(v^{(7)}-0''414)$$
$$-\log\sin(v^{(16)}-0''389)+\log\sin(v^{(17)}-0''389)-\log\sin(v^{(19)}-0''368)$$
$$+\log\sin(v^{(20)}-0''368)=0$$

Superfluum videtur, alteram in forma finita adscribere. His duabus aequationibus respondent sequentes, ubi singuli coëfficientes referuntur ad figuram septimam logarithmorum briggicorum:

$$17{,}068(0)-20{,}174\,(2)-16{,}993\,(3)+7{,}328\,(4)-17{,}976\,(6)+22{,}672(7)$$
$$-\;5{,}028(16)+21{,}780(17)-19{,}710(19)+11{,}671(20)=-371$$
$$17{,}976(6)-0{,}880\,(8)-20{,}617\,(9)+8{,}564(10)-19{,}082(13)+4{,}375(14)$$
$$+\;6{,}798(18)-11{,}671(20)+13{,}657(21)-25{,}620(23)-2{,}995(24)$$
$$+33{,}854(25)=+370$$

Quum nulla ratio indicata sit, cur observationibus pondera inaequalia tribuamus, statuemus $p^{(0)}=p^{(1)}=p^{(2)}$ etc. $=1$. Denotatis itaque correlatis aequationum conditionalium eo ordine, quo aequationes ipsis respondentes exhibuimus, per $A, B, C, D, E, F, G, H, I, K, L, M, N$, prodeunt ad illorum determinationem aequationes sequentes:

$$-2''197=5A+C+D+E+H+I+5{,}917N$$
$$-0{,}436=6B+E+F+G+I+K+L+2{,}962M$$
$$-3{,}958=A+3C-3{,}106M$$
$$+0{,}722=A+3D-9{,}665M$$
$$-0{,}753=A+B+3E+4{,}696M+17{,}096N$$
$$+2{,}355=B+3F-12{,}053N$$
$$-1{,}201=B+3G-14{,}707N$$
$$-0{,}461=A+3H+16{,}752M$$
$$+2{,}596=A+B+3I-8{,}039M-4{,}874N$$
$$+0{,}043=B+3K-11{,}963N$$
$$-0{,}616=B+3L+30{,}859N$$
$$-371=+2{,}962B-3{,}106C-9{,}665D+4{,}696E+16{,}752H-8{,}039I$$
$$+2902{,}27M-459{,}33N$$
$$+370=+5{,}917A+17{,}096E-12{,}053F-14{,}707G-4{,}874I$$
$$-11{,}963K+30{,}859L-459{,}33M+3385{,}96N$$

Hinc eruimus per eliminationem:

| | |
|---|---|
| $A = -0{,}598$ | $H = +0{,}659$ |
| $B = -0{,}255$ | $I = +1{,}050$ |
| $C = -1{,}234$ | $K = +0{,}577$ |
| $D = +0{,}086$ | $L = -1{,}351$ |
| $E = -0{,}477$ | $M = -0{,}109792$ |
| $F = +1{,}351$ | $N = +0{,}119681$ |
| $G = +0{,}271$ | |

Denique errores maxime plausibiles prodeunt per formulas

$$(0) = C + 17{,}068\,M$$
$$(1) = A + C$$
$$(2) = C - 20{,}174\,M$$
$$(3) = D - 16{,}993\,M$$

etc., unde obtinemus valores numericos sequentes; in gratiam comparationis apponimus (mutatis signis) correctiones a clar. DE KRAYENHOF observationibus applicatas:

| | DE KR. | | DE KR. |
|---|---|---|---|
| (0) = —3″108 | —2″090 | (14) = +0″795 | +2″400 |
| (1) = —1,832 | +0,116 | (15) = +0,061 | +1,273 |
| (2) = +0,981 | —1,982 | (16) = +1,211 | +5,945 |
| (3) = +1,952 | +1,722 | (17) = —1,732 | —7,674 |
| (4) = —0,719 | +2,848 | (18) = +1,265 | +1,876 |
| (5) = —0,512 | —3,848 | (19) = +2,959 | +6,251 |
| (6) = +3,648 | —0,137 | (20) = —1,628 | —5,530 |
| (7) = —3,221 | +1,000 | (21) = +2,211 | +3,486 |
| (8) = —1,180 | —1,614 | (22) = +0,322 | —3,454 |
| (9) = —1,116 | 0 | (23) = —2,489 | 0 |
| (10) = +2,376 | +5,928 | (24) = —1,709 | +0,400 |
| (11) = +1,096 | —3,570 | (25) = +2,701 | +2.054 |
| (12) = +0,016 | +2,414 | (26) = —1,606 | —3,077 |
| (13) = —2,013 | —6,014 | | |

Aggregatum quadratorum nostrarum compensationum invenitur = 97,8845. Hinc error medius, quatenus ex 27 angulis observatis colligi potest,

$$= \sqrt{\frac{97,8845}{13}} = 2''7440$$

Aggregatum quadratorum mutationum, quas clar. DE KRAYENHOF ipse angulis observatis applicavit, invenitur = 341,4201.

## 24.

Exemplum alterum suppeditabunt triangula inter quinque puncta triangulationis Hannoveranae, Falkenberg, Breithorn, Hauselberg, Wulfsode, Wilsede. Observatae sunt directiones*):

In statione *Falkenberg*

| | | ° | ′ | ″ |
|---|---|---|---|---|
| 0. | Wilsede | 187° | 47′ | 30″311 |
| 1. | Wulfsode | 225 | 9 | 39,676 |
| 2. | Hauselberg | 266 | 13 | 56,239 |
| 3. | Breithorn | 274 | 14 | 43,634 |

In statione *Breithorn*

| | | ° | ′ | ″ |
|---|---|---|---|---|
| 4. | Falkenberg | 94 | 33 | 40,755 |
| 5. | Hauselberg | 122 | 51 | 23,054 |
| 6. | Wilsede | 150 | 18 | 35,100 |

In statione *Hauselberg*

| | | ° | ′ | ″ |
|---|---|---|---|---|
| 7. | Falkenberg | 86 | 29 | 6,872 |
| 8. | Wilsede | 154 | 37 | 9,624 |
| 9. | Wulfsode | 189 | 2 | 56,376 |
| 10. | Breithorn | 302 | 47 | 37,732 |

In statione *Wulfsode*

| | | ° | ′ | ″ |
|---|---|---|---|---|
| 11. | Hauselberg | 9 | 5 | 36,593 |
| 12. | Falkenberg | 45 | 27 | 33,556 |
| 13. | Wilsede | 118 | 44 | 13,159 |

*) Initia, ad quae singulae directiones referuntur, hic tamquam arbitraria considerantur, quamquam revera cum lineis meridianis stationum coincidunt. Observationes in posterum complete publici iuris fient; interim figura invenitur in *Astronomische Nachrichten* Vol. I. p. 441.

In statione *Wilsede*

| | | | | |
|---|---|---|---|---|
| 14. | Falkenberg . . . | 7° | 51′ | 1″027 |
| 15. | Wulfsode . . . . | 298 | 29 | 49,519 |
| 16. | Breithorn . . . . | 330 | 3 | 7,392 |
| 17. | Hauselberg . . . | 334 | 25 | 26,746 |

Ex his observationibus septem triangula formare licet.

Triangulum I.

| | | | |
|---|---|---|---|
| Falkenberg . . . . . . | 8° | 0′ | 47″395 |
| Breithorn . . . . . . . | 28 | 17 | 42,299 |
| Hauselberg . . . . . . | 143 | 41 | 29,140 |

Triangulum II.

| | | | |
|---|---|---|---|
| Falkenberg . . . . . . | 86 | 27 | 13,323 |
| Breithorn . . . . . . . | 55 | 44 | 54,345 |
| Wilsede . . . . . . . . | 37 | 47 | 53.635 |

Triangulum III.

| | | | |
|---|---|---|---|
| Falkenberg . . . . . . | 41 | 4 | 16,563 |
| Hauselberg . . . . . . | 102 | 33 | 49,504 |
| Wulfsode . . . . . . . | 36 | 21 | 56,963 |

Triangulum IV.

| | | | |
|---|---|---|---|
| Falkenberg . . . . . . | 78 | 26 | 25,928 |
| Hauselberg . . . . . . | 68 | 8 | 2,752 |
| Wilsede . . . . . . . . | 35 | 25 | 34,281 |

Triangulum V.

| | | | |
|---|---|---|---|
| Falkenberg . . . . . . | 37 | 22 | 9,365 |
| Wulfsode . . . . . . . | 73 | 16 | 39,603 |
| Wilsede . . . . . . . . | 69 | 21 | 11,508 |

Triangulum VI.

| | | | |
|---|---|---|---|
| Breithorn . . . . . . . | 27 | 27 | 12,046 |
| Hauselberg . . . . . . | 148 | 10 | 28,108 |
| Wilsede . . . . . . . . | 4 | 22 | 19,354 |

Triangulum VII.

| | | | |
|---|---|---|---|
| Hauselberg...... | $34^0$ | $25'$ | $46''752$ |
| Wulfsode....... | 109 | 38 | 36,566 |
| Wilsede........ | 35 | 55 | 37,227 |

Aderunt itaque septem aequationes conditionales secundi generis (aequationes primi generis manifesto cessant), quas ut eruamus, computandi sunt ante omnia excessus sphaeroidici septem triangulorum. Ad hunc finem requiritur cognitio magnitudinis absolutae saltem unius lateris: latus inter puncta Wilsede et Wulfsode est 22877,94 metrorum. Hinc prodeunt excessus sphaeroidici triangulorum I... 0″202; II... 2″442; III... 1″257; IV... 1″919; V... 1″957; VI... 0″321; VII... 1″295.

Iam si directiones eo ordine, quo supra allatae indicibusque distinctae sunt, per $v^{(0)}$, $v^{(1)}$, $v^{(2)}$, $v^{(3)}$ etc. designantur, trianguli I anguli fiunt

$$v^{(3)}-v^{(2)},\quad v^{(5)}-v^{(4)},\quad 360^0+v^{(7)}-v^{(10)}$$

adeoque aequatio conditionalis prima

$$-v^{(2)}+v^{(3)}-v^{(4)}+v^{(5)}+v^{(7)}-v^{(10)}+179^0 59' 59''798 = 0$$

Perinde triangula reliqua sex alias suppeditant; sed levis attentio docebit, has septem aequationes non esse independentes, sed secundam identicam cum summa primae, quartae et sextae; nec non summam tertiae et quintae identicam cum summa quartae et septimae: quapropter secundam et quintam negligemus. Loco remanentium aequationum conditionalium in forma finita, adscribimus aequationes correspondentes e complexu (13), dum pro characteribus $\varepsilon$, $\varepsilon'$ etc. his (0), (1), (2) etc. utimur:

$$\begin{aligned}
-1''368 &= -(2)+(3)-(4)+(5)+(7)-(10)\\
+1,773 &= -(1)+(2)-(7)+(9)-(11)+(12)\\
+1,042 &= -(0)+(2)-(7)+(8)+(14)-(17)\\
-0,813 &= -(5)+(6)-(8)+(10)-(16)+(17)\\
-0,750 &= -(8)+(9)-(11)+(13)-(15)+(17)
\end{aligned}$$

Aequationes conditionales tertii generis *octo* e triangulorum systemate peti possent, quum tum terna quatuor triangulorum I, II, IV, VI, tum terna ex his

III, IV, V, VII ad hunc finem combinare liceat; attamem levis attentio docet, *duas* sufficere, alteram ex illis, alteram ex his, quum reliquae in his atque prioribus aequationibus conditionalibus iam contentae esse debeant. Aequatio itaque conditionalis sexta nobis erit

$$\begin{aligned}&\log\sin(v^{(3)}-v^{(2)}-0''067)-\log\sin(v^{(5)}-v^{(4)}-0''067)\\+&\log\sin(v^{(14)}-v^{(17)}-0''640)-\log\sin(v^{(2)}-v^{(0)}-0''640)\\+&\log\sin(v^{(6)}-v^{(5)}-0''107)-\log\sin(v^{(17)}-v^{(16)}-0''107)=0\end{aligned}$$

atque septima

$$\begin{aligned}&\log\sin(v^{(2)}-v^{(1)}-0''419)-\log\sin(v^{(12)}-v^{(11)}-0''419)\\+&\log\sin(v^{(14)}-v^{(17)}-0''640)-\log\sin(v^{(2)}-v^{(0)}-0''640)\\+&\log\sin(v^{(13)}-v^{(11)}-0''432)-\log\sin(v^{(17)}-v^{(15)}-0''432)=0\end{aligned}$$

quibus respondent aequationes complexus (13)

$$\begin{aligned}+25=&+4,31(0)-153,88(2)+149,57(3)+39,11(4)-79,64(5)\\&+40,53(6)+31,90(14)+275,39(16)-307,29(17)\\-3=&+4,31(0)-24,16(1)+19,85(2)+36,11(11)-28,59(12)\\&-7,52(13)+31,90(14)+29,06(15)-60,96(17)\end{aligned}$$

Quodsi iam singulis directionibus eandem certitudinem tribuimus, statuendo $p^{(0)}=p^{(1)}=p^{(2)}$ etc. $=1$, correlataque septem aequationum conditionalium, eo ordine, quem hic sequuti sumus, per $A$, $B$, $C$, $D$, $E$, $F$, $G$ denotamus, horum determinatio petenda erit ex aequationibus sequentibus:

$$\begin{aligned}-1,368&=+6A-2B-2C-2D+184,72F-19,85G\\+1,773&=-2A+6B+2C+2E-153,88F-20,69G\\+1,042&=-2A+2B+6C-2D-2E+181,00F+108,40G\\-0,813&=-2A-2C+6D+2E-462,51F-60,96G\\-0,750&=+2B-2C+2D+6E-307,29F-133,65G\\+25&=+184,72A-153,88B+181,00C-462,51D-307,29E\\&\qquad+224868F+16694,1G\\-3&=-19,85A-20,69B+108,40C-60,96D-133,65E\\&\qquad+16694,1F+8752,39G\end{aligned}$$

Hinc deducimus per eliminationem

$$
\begin{aligned}
A &= -0{,}225\\
B &= +0{,}344\\
C &= -0{,}088\\
D &= -0{,}171\\
E &= -0{,}323\\
F &= +0{,}000215915\\
G &= -0{,}00547462
\end{aligned}
$$

Iam errores maxime plausibiles habentur per formulas:

$$
\begin{aligned}
(0) &= -C+4{,}31\,F+4{,}31\,G\\
(1) &= -B-24{,}16\,G\\
(2) &= -A+B+C-153{,}88\,F+19{,}85\,G
\end{aligned}
$$

etc., unde prodeunt valores numerici

| | |
|---|---|
| $(0) = +0''065$ | $(9) = +0''021$ |
| $(1) = -0{,}212$ | $(10) = +0{,}054$ |
| $(2) = +0{,}339$ | $(11) = -0{,}219$ |
| $(3) = -0{,}193$ | $(12) = +0{,}501$ |
| $(4) = +0{,}233$ | $(13) = -0{,}282$ |
| $(5) = -0{,}071$ | $(14) = -0{,}256$ |
| $(6) = -0{,}162$ | $(15) = +0{,}164$ |
| $(7) = -0{,}481$ | $(16) = +0{,}230$ |
| $(8) = +0{,}406$ | $(17) = -0{,}139$ |

Summa quadratorum horum errorum invenitur $= 1{,}2288$; hinc error medius unius directionis, quatenus e 18 directionibus observatis erui potest,

$$= \sqrt{\tfrac{1{,}2288}{7}} = 0''4190$$

25.

Ut etiam pars altera theoriae nostrae exemplo illustretur, indagamus praecisionem, qua latus Falkenberg-Breithorn e latere Wilsede-Wulfsode adiumento observationum compensatarum determinatur. Functio $u$, per quam illud in hoc casu exprimitur, est

$$u = 22877^{\mathrm{m}}94 \times \frac{\sin(v^{(13)} - v^{(12)} - 0''652) . \sin(v^{(14)} - v^{(16)} - 0''814)}{\sin(v^{(1)} - v^{(0)} - 0''652) . \sin(v^{(6)} - v^{(4)} - 0''814)}$$

Huius valor e valoribus correctis directionum $v^{(0)}$, $v^{(1)}$ etc. invenitur

$$= 26766^{\mathrm{m}}68$$

Differentiatio autem illius expressionis suppeditat, si differentialia $\mathrm{d}v^{(0)}$, $\mathrm{d}v^{(1)}$ etc. minutis secundis expressá concipiuntur,

$$\begin{aligned} \mathrm{d}u = \; & 0^{\mathrm{m}}16991\,(\mathrm{d}v^{(0)} - \mathrm{d}v^{(1)}) + 0^{\mathrm{m}}08836\,(\mathrm{d}v^{(4)} - \mathrm{d}v^{(6)}) \\ & - 0^{\mathrm{m}}03899\,(\mathrm{d}v^{(12)} - \mathrm{d}v^{(13)}) + 0^{\mathrm{m}}16731\,(\mathrm{d}v^{(14)} - \mathrm{d}v^{(16)}) \end{aligned}$$

Hinc porro invenitur

$$\begin{aligned} [al] &= - \;\; 0{,}08836 \\ [bl] &= + \;\; 0{,}13092 \\ [cl] &= - \;\; 0{,}00260 \\ [dl] &= + \;\; 0{,}07895 \\ [el] &= + \;\; 0{,}03899 \\ [fl] &= -40{,}1315 \\ [gl] &= +10{,}9957 \\ [ll] &= + \;\; 0{,}13238 \end{aligned}$$

Hinc denique per methodos supra traditas invenitur, quatenus metrum pro unitate dimensionum linearium accipimus,

$$\frac{1}{P} = 0{,}08329, \qquad \text{sive } P = 12{,}006$$

unde error medius in valore lateris Falkenberg-Breithorn metuendus $= 0{,}2886\,m$ metris, (ubi $m$ error medius in directionibus observatis metuendus, et quidem in minutis secundis expressus), adeoque, si valorem ipsius $m$ supra erutum adoptamus,

$$= 0^{\mathrm{m}}1209$$

Ceterum inspectio systematis triangulorum sponte docet, punctum Hauselberg omnino ex illo elidi potuisse, incolumi manente nexu inter latera Wilsede-Wulfsode atque Falkenberg-Breithorn. Sed a bona methodo abhorreret, *supprimere* idcirco observationes, quae ad punctum Hauselberg referuntur*), quum certe ad praecisionem augendam conferre valeant. Ut clarius appareret, quantum praecisionis augmentum inde redundet, calculum denuo fecimus excludendo omnia, quae ad punctum Hauselberg referuntur, quo pacto e 18 directionibus supra traditis octo excidunt, atque reliquarum errores maxime plausibiles ita inveniuntur:

| | |
|---|---|
| $(0) = +0''327$ | $(12) = +0''206$ |
| $(1) = -0,206$ | $(13) = -0,206$ |
| $(3) = -0,121$ | $(14) = +0,327$ |
| $(4) = +0,121$ | $(15) = +0,206$ |
| $(6) = -0,121$ | $(16) = +0,121$ |

Valor lateris Falkenberg-Breithorn tunc prodit $= 26766^m63$, parum quidem a valore supra eruto discrepans, sed calculus ponderis producit

$$\frac{1}{P} = 0,13082 \text{ sive } P = 7,644$$

adeoque error medius metuendus $= 0,36169\,m$ metris $= 0^m1515$. Patet itaque, per accessionem observationum, quae ad punctum Hauselberg referuntur, pondus determinationis lateris Falkenberg-Breithorn auctum esse in ratione numeri 7,644 ad 12,006, sive unitatis ad 1,571.

*) Maior pars harum observationum iam facta erat, antequam punctum Breithorn repertum, atque in systema receptum esset.

# ANZEIGEN.

Göttingische gelehrte Anzeigen. 1821 Februar 26.

Am 15. Februar wurde der Königl. Societät vom Hrn Hofr. GAUSS eine Vorlesung übergeben, überschrieben

*Theoria Combinationis observationum erroribus minimis obnoxiae*, *pars prior*,

die eine der wichtigsten Anwendungen der Wahrscheinlichkeitsrechnung zum Gegenstande hat. Alle Beobachtungen, die sich auf Grössenbestimmungen aus der Sinnenwelt beziehen, können, mit welcher Genauigkeit und mit wie vortrefflichen Werkzeugen sie auch angestellt werden, nie *absolute* Genauigkeit haben; sie bleiben immer nur Näherungen, grössern oder kleinern Fehlern ausgesetzt. Nicht von solchen Fehlern ist hier die Rede, deren Quellen genau bekannt sind, und deren Grösse bei bestimmten Beobachtungen jedesmal berechnet werden kann; denn da dergleichen Fehler bei den beobachteten Grössen in Abzug gebracht werden können und sollen, so ist es dasselbe, als ob sie gar nicht da wären. Ganz anders verhält es sich dagegen mit den als zufällig zu betrachtenden Fehlern, die aus der beschränkten Schärfe der Sinne, aus mancherlei unvermeidlichen und keiner Regel folgenden Unvollkommenheiten der Instrumente, und aus mancherlei regellos (wenigstens für uns) wirkenden Störungen durch äussere Umstände (z. B. das Wallen der Atmosphäre beim Sehen, Mangel absoluter Festigkeit beim Aufstellen der Instrumente) herrühren. Diese zufälligen Fehler, die dem Calcül nicht unterworfen werden können, lassen sich nicht *wegschaffen*, und der Beobachter kann sie durch sorgfältige Aufmerksamkeit und durch Vervielfältigung der Beobachtungen nur *vermindern*: allein nachdem der Beobachter das seinige gethan hat, ist es an dem Geometer, die Unsicherheit der Beobachtungen und der durch Rechnung daraus abgeleiteten Grössen nach streng mathematischen Principien zu würdigen, und was das wichtigste ist, da, wo die mit den Beobachtungen zusammenhängenden Grössen aus denselben durch verschiedene Combinationen abgeleitet werden können, diejenige Art vorzuschreiben, wobei so wenig Unsicherheit als möglich zu befürchten bleibt.

Obgleich die zufälligen Fehler als solche keinem Gesetze folgen, sondern ohne Ordnung in einer Beobachtung grösser, in einer andern kleiner ausfallen, so ist doch gewiss, dass bei einer bestimmten Beobachtungsart, auch die Individualität des Beobachters und seiner Werkzeuge als bestimmt betrachtet, die aus jeder einfachen Fehlerquelle fliessenden Fehler nicht bloss in gewissen Grenzen eingeschlossen sind, sondern dass auch alle möglichen Fehler zwischen diesen Grenzen ihre bestimmte relative Wahrscheinlichkeit haben, der zu Folge sie nach Maassgabe ihrer Grösse häufiger oder seltener zu erwarten sind, und derjenige, der eine genaue und vollständige Einsicht in die Beschaffenheit einer solchen Fehlerquelle hätte, würde diese Grenzen und den Zusammenhang zwischen der Wahrscheinlichkeit der einzelnen Fehler und ihrer Grösse zu bestimmen im Stande sein, auf eine ähnliche Weise. wie sich bei Glücksspielen, so bald man ihre Regeln kennt. die Grenzen der möglichen Gewinne und Verluste, und deren relative Wahrscheinlichkeiten berechnen lassen. Dasselbe gilt auch von dem aus dem Zusammenwirken der einfachen Fehlerquellen entspringenden Totalfehler. Auch sind diese Begriffe nicht auf unmittelbare Beobachtungen beschränkt, sondern auch auf mittelbare aus Beobachtungen abgeleitete Grössenbestimmungen anwendbar. In der Wirklichkeit werden uns freilich fast allemal die Mittel fehlen, das Gesetz der Wahrscheinlichkeiten der Fehler *a priori* anzugeben.

Wie wir die Unzulässigkeit einer bestimmten Art von Beobachtungen im Allgemeinen abschätzen wollen. hängt zum Theil von unserer Willkür ab. Man kann dabei entweder bloss die Grösse der äussersten möglichen Fehler zum Maassstabe wählen, oder zugleich auf die grössere oder geringere Wahrscheinlichkeit der einzelnen möglichen Fehler mit Rücksicht nehmen. Das letztere scheint angemessener zu sein. Allein diese Berücksichtigung kann auf vielfache Weise geschehen. Man kann, wie es die Berechner bisher gemacht haben, den sogenannten wahrscheinlichen (nicht wahrschein*lichsten*) Fehler zum Maassstabe wählen, welches derjenige ist, über welchen hinaus alle möglichen Fehler zusammen noch eben so viele Wahrscheinlichkeit haben, wie alle diesseits liegenden zusammen: allein es wird *weit vortheilhafter* sein, zu diesem Zweck statt des wahrscheinlichen Fehlers den *mittlern* zu gebrauchen, vorausgesetzt, dass man diesen an sich noch schwankenden Begriff auf die rechte Art bestimmt. Man lege jedem Fehler ein von seiner Grösse abhängendes Moment bei, multiplicire das Moment jedes möglichen Fehlers in dessen Wahrscheinlichkeit und addire die Producte: der Fehler, dessen Moment diesem Aggregat gleich ist, wird als mittlerer betrachtet werden müssen. Allein welche Function der Grösse des Fehlers wir für dessen Moment wählen wollen, bleibt wieder unsrer *Willkür* überlassen, wenn nur der Werth derselben immer positiv ist, und für grössere Fehler grösser als für kleinere. Der Verf. hat die einfachste Function dieser Art gewählt, nemlich das Quadrat; diese Wahl ist aber noch mit manchen andern höchst wesentlichen Vortheilen verknüpft, die bei keiner andern statt finden. Denn sonst könnte auch jede andere Potenz mit geraden Exponenten gebraucht werden, und je grösser dieser Exponent gewählt würde, desto näher würde man dem Princip kommen, wo bloss die äussersten Fehler zum Maassstabe der Genauigkeit dienen. Gegen die Art, wie ein grosser Geometer den Begriff des mittlern Fehlers genommen hat, indem er die Momente der Fehler diesen gleich setzt, wenn sie positiv sind, und die ihnen entgegengesetzten Grössen dafür gebraucht, wenn sie negativ sind, lässt sich bemerken, dass dabei gegen die mathematische Continuität angestossen wird, dass sie so gut wie jede andere auch willkürlich gewählt ist, dass die Resultate viel weniger einfach und genugthuend ausfallen, und dass es auch an sich schon natürlicher scheint, das Moment der Fehler in einem stärkern Verhältniss, wie diese selbst, wachsen zu lassen, indem man sich gewiss lieber den einfachen Fehler zweimal, als den doppelten einmal gefallen lässt.

Diese Erläuterungen mussten vorangeschickt werden, wenn auch nur etwas von dem Inhalt der Untersuchung hier angeführt werden sollte, wovon die gegenwärtige Abhandlung die erste Abtheilung ausmacht.

Wenn die Grössen, deren Werthe durch Beobachtungen gefunden sind, mit einer gleichen Anzahl unbekannter Grössen auf eine bekannte Art zusammenhangen, so lassen sich, allgemein zu reden, die Werthe der unbekannten Grössen aus den Beobachtungen durch Rechnung ableiten. Freilich werden jene Werthe auch nur näherungsweise richtig sein, in so fern die Beobachtungen es waren: allein die Wahrscheinlichkeitsrechnung hat nichts dabei zu thun, als die Uusicherheit jener Bestimmungen zu würdigen, indem sie die der Beobachtungen voraussetzt. Ist die Anzahl der unbekannten Grössen grösser als die der Beobachtungen, so lassen sich jene aus diesen noch gar nicht bestimmen. Allein wenn die Anzahl der unbekannten Grössen kleiner ist, als die der Beobachtungen, so ist die Aufgabe mehr als bestimmt: es sind dann unendlich viele Combinationen möglich, um aus den Beobachtungen die unbekannten Grössen abzuleiten, die freilich alle zu einerlei Resultaten führen müssten, wenn die Beobachtungen absolute Genauigkeit hätten, aber unter den obwaltenden Umständen mehr oder weniger von einander abweichende Resultate hervorbringen. Aus dieser ins Unendliche gehenden Mannichfaltigkeit von Combinationen die zweckmässigste auszuwählen, d. i. diejenige, wobei die Unsicherheit der Resultate die möglich kleinste wird, ist unstreitig eine der wichtigsten Aufgaben bei der Anwendung der Mathematik auf die Naturwissenschaften.

Der Verfasser gegenwärtiger Abhandlung, welcher im Jahr 1797 diese Aufgabe nach den Grundsätzen der Wahrscheinlichkeitsrechnung zuerst untersuchte, fand bald, dass die Ausmittelung der *wahrscheinlichsten* Werthe der unbekannten Grösse unmöglich sei, wenn nicht die Function, die die Wahrscheinlichkeit der Fehler darstellt, bekannt ist. In so fern sie dies aber nicht ist, bleibt nichts übrig, als hypothetisch eine solche Function anzunehmen. Es schien ihm das natürlichste, zuerst den umgekehrten Weg einzuschlagen und die Function zu suchen, die zum Grunde gelegt werden muss, wenn eine allgemein als gut anerkannte Regel für den einfachsten aller Fälle daraus hervorgehen soll, die nemlich, dass das arithmetische Mittel aus mehreren für eine und dieselbe unbekannte Grösse durch Beobachtungen von gleicher Zuverlässigkeit gefundenen Werthen als der wahrscheinlichste betrachtet werden müsse. Es ergab sich daraus, dass die Wahrscheinlichkeit eines Fehlers $x$, einer Exponentialgrösse von der Form $e^{-hhxx}$ proportional angenommen werden müsse, und dass dann gerade diejenige Methode, auf die er schon einige Jahre zuvor durch andere Betrachtungen gekommen war, allgemein nothwendig werde. Diese Methode, welche er nachher besonders seit 1801 bei allerlei astronomischen Rechnungen fast täglich anzuwenden Gelegenheit hatte, und auf welche auch Legendre inzwischen gekommen war, ist jetzt unter dem Namen Methode der kleinsten Quadrate im allgemeinen Gebrauch, und ihre Begründung durch die Wahrscheinlichkeitsrechnung, so wie die Bestimmung der Genauigkeit der Resultate selbst, nebst andern damit zusammenhängenden Untersuchungen sind in der *Theoria Motus Corporum Coelestium* ausführlich entwickelt.

Der Marquis Delaplace, welcher nachher diesen Gegenstand aus einem neuen Gesichtspunkte betrachtete, indem er nicht die wahrscheinlichsten Werthe der unbekannten Grössen suchte, sondern die zweckmässigste Combination der Beobachtungen, fand das merkwürdige Resultat, dass, wenn die Anzahl der Beobachtungen als unendlich gross betrachtet wird, die Methode der kleinsten Quadrate allemal und unabhängig von der Function, die die Wahrscheinlichkeit der Fehler ausdrückt, die zweckmässigste Combination sei.

Man sieht hieraus, dass beide Begründungsarten noch etwas zu wünschen übrig lassen. Die erstere ist ganz von der hypothetischen Form für die Wahrscheinlichkeit der Fehler abhängig, und sobald man diese verwirft, sind wirklich die durch die Methode der kleinsten Quadrate gefundenen Werthe der unbekannten Grössen nicht mehr die wahrscheinlichsten, eben so wenig wie die arithmetischen Mittel in dem vorhin angeführten einfachsten aller Fälle. Die zweite Begründungsart lässt uns ganz im Dunkeln, was bei einer mässigen Anzahl von Beobachtungen zu thun sei. Die Methode der kleinsten Quadrate hat dann nicht mehr den Rang eines von der Wahrscheinlichkeitsrechnung gebotenen Gesetzes, sondern empfiehlt sich nur durch die Einfachheit der damit verknüpften Operationen.

Der Verfasser, welcher in gegenwärtiger Abhandlung diese Untersuchung aufs neue vorgenommen hat, indem er von einem ähnlichen Gesichtspunkt ausging, wie Delaplace, aber den Begriff des mittlern zu befürchtenden Fehlers auf eine andere, und wie ihm scheint, schon an und für sich natürlichere Art, feststellt, hofft, dass die Freunde der Mathematik mit Vergnügen sehen werden, wie die Methode der kleinsten Quadrate in ihrer neuen hier gegebenen Begründung allgemein als die zweckmässigste Combination der Beobachtungen erscheint, nicht näherungsweise sondern nach mathematischer Schärfe, die Function für die Wahrscheinlichkeit der Fehler sei, welche sie wolle, und die Anzahl der Beobachtungen möge gross oder klein sein.

Mit dem Hauptgegenstande ist eine Menge anderer merkwürdiger Untersuchungen enge verbunden, deren Umfang aber den Verfasser nöthigte, die Entwickelung des grössten Theils derselben einer künftigen zweiten Vorlesung vorzubehalten. Von denjenigen, die schon in der gegenwärtigen ersten Abtheilung vorkommen, sei es uns erlaubt, hier nur ein Resultat anzuführen. Wenn die Function, welche die relative Wahrscheinlichkeit jedes einzelnen Fehlers ausdrückt, unbekannt ist, so bleibt natürlich auch die Bestimmung der Wahrscheinlichkeit, dass der Fehler zwischen gegebene Grenzen falle, unmöglich: dessenungeachtet muss, wenn nur allemal grössere Fehler geringere (wenigstens nicht grössere) Wahrscheinlichkeit haben als kleinere, die Wahrscheinlichkeit, dass der Fehler zwischen die Grenzen $-x$ und $+x$ falle nothwendig grösser (wenigstens nicht kleiner) sein, als $\frac{x}{m}\sqrt{\frac{1}{3}}$, wenn $x$ kleiner ist als $m\sqrt{\frac{4}{3}}$, und nicht kleiner als $1-\frac{4mm}{9xx}$, wenn $x$ grösser ist als $m\sqrt{\frac{4}{3}}$, wobei $m$ den bei den Beobachtungen zu befürchtenden mittlern Fehler bedeutet. Für $x = m\sqrt{\frac{4}{3}}$ fallen wie man sieht beide Ausdrücke zusammen.

---

Göttingische gelehrte Anzeigen. 1823 Februar 24.

---

Eine am 2. Febr. der Königl. Societät von Hrn. Hofr. Gauss überreichte Vorlesung, überschrieben

*Theoria combinationis observationum erroribus minimis obnoxiae, pars posterior,*

steht im unmittelbaren Zusammenhange mit einer frühern, wovon in diesen Blättern [1821 Februar 26] eine Anzeige gegeben ist. Wir bringen darüber nur kurz in Erinnerung, dass ihr Zweck war, die sogenannte Methode der kleinsten Quadrate auf eine neue Art zu begründen, wobei diese Methode nicht näherungsweise, sondern in mathematischer Schärfe, nicht mit der Beschränkung auf den Fall einer sehr grossen Anzahl von Beobachtungen, und nicht abhängig von einem hypothetischen Gesetze für die Wahrscheinlichkeit der Beobachtungsfehler, sondern in vollkommener Allgemeinheit, als die zweckmässigste Combinationsart der Beobachtungen erscheint. Der gegenwärtige zweite Theil der Untersuchung enthält nun eine weitere Ausführung dieser Lehre in einer Reihe von Lehrsätzen und Problemen, die damit in genauester Verbindung stehen. Es würde der Einrichtung dieser Blätter nicht angemessen sein, diesen Untersuchungen hier Schritt vor Schritt zu folgen, auch unnöthig, da die Abhandlung selbst bereits unter der Presse ist. Wir begnügen uns daher, nur die Gegenstände von einigen dieser Untersuchungen, die sich leichter isolirt herausheben lassen, hier anzuführen.

Die Werthe der unbekannten Grössen, welche der Methode der kleinsten Quadrate gemäss sind und die man die *sichersten Werthe* nennen kann, werden vermittelst einer bestimmten Elimination gefunden, und die diesen Bestimmungen beizulegenden Gewichte vermittelst einer unbestimmten Elimination, wie dies schon aus der *Theoria motus Corporum Coelestium* bekannt ist: auf eine neue Art wird hier *a priori* bewiesen, dass unter den obwaltenden Voraussetzungen diese Elimination allemal möglich ist. Zugleich wird eine merkwürdige Symmetrie unter den bei der unbestimmten Elimination hervorgehenden Coëfficienten nachgewiesen.

So leicht und klar sich diese Eliminationsgeschäfte im Allgemeinen übersehen lassen, so ist doch nicht zu läugnen, dass die wirkliche numerische Ausführung, bei einer beträchtlichen Anzahl von unbekannten Grössen, beschwerlich wird. Was die *bestimmte* Elimination, die zur Ausmittelung der sichersten Werthe für die unbekannten Grössen zureicht, betrifft, so hat der Verfasser ein Verfahren, wodurch die wirkliche Rechnung, so viel es nur die Natur der Sache verträgt, abgekürzt wird, bereits in der *Theoria Motus Corporum Coelestium* angedeutet, und in einer im ersten Bande der *Commentt. Rec. Soc. R. Gott.* befindlichen Abhandlung, *Disquisitio de elementis ellipticis Palladis*, ausführlich entwickelt. Dieses Verfahren gewährt zugleich den Vortheil, dass das Gewicht der Bestimmung der einen unbekannten Grösse, welche man bei dem Geschäft als die letzte betrachtet hat, sich von selbst mit ergibt. Da nun die Ordnung unter den unbekannten Grössen gänzlich willkürlich ist, und man also welche man will, als die letzte behandeln kann, so ist dies Verfahren in allen Fällen zureichend, wo nur für Eine der unbekannten Grössen das Gewicht mit verlangt wird, und die beschwerliche unbestimmte Elimination wird dann umgangen.

Die seitdem bei den rechnenden Astronomen so allgemein gewordene Gewohnheit, die Methode der kleinsten Quadrate auf schwierige astronomische Rechnungen anzuwenden, wie auf die vollständige Bestimmung von Cometenbahnen, wobei die Anzahl der unbekannten Grössen bis auf sechs steigt, hat indess das Bedürfniss, das Gewicht der sichersten Werthe *aller* unbekannten Grössen auf eine bequemere Art als durch die unbestimmte Elimination, zu finden, fühlbar gemacht, und da die Bemühungen einiger Geometer*) keinen Erfolg gehabt hatten, so hat man sich nur so geholfen, dass man den oben erwähnten Algorithmus so viele male mit veränderter Ordnung der unbekannten Grössen durchführte, als unbekannte Grössen waren, indem man jeder einmal den letzten Platz anwies. Es scheint uns jedoch, dass durch dieses kunstlose Verfahren in Vergleichung mit der unbestimmten Elimination in Rücksicht auf Kürze der Rechnung nichts gewonnen wird. Der Verfasser hat daher diesen wichtigen Gegenstand einer besondern Untersuchung unterworfen, und einen neuen Algorithmus zur Bestimmung der Gewichte der Werthe *sämmtlicher* unbekannten Grössen mitgetheilt, der alle Geschmeidigkeit und Kürze zu haben scheint, welcher die Sache ihrer Natur nach fähig ist.

Der sicherste Werth einer Grösse, welche eine gegebene Function der unbekannten Grössen der Aufgabe ist, wird gefunden, indem man für letztere ihre durch die Methode der kleinsten Quadrate erhaltenen sichersten Werthe substituirt. Allein eine bisher noch nicht behandelte Aufgabe ist es, wie das jener Bestimmung beizulegende Gewicht zu finden sei. Die hier gegebene Auflösung dieser Aufgabe verdient um so mehr von den rechnenden Astronomen beherzigt zu werden, da sich findet, dass mehrere derselben dabei früher auf eine nicht richtige Art zu Werke gegangen sind.

Die Summe der Quadrate der Unterschiede zwischen den unmittelbar beobachteten Grössen, und denjenigen Werthen, welchen ihre Ausdrücke, als Functionen der unbekannten Grössen, durch Substitution der sichersten Werthe für letztere erhalten (welche Quadrate, im Fall die Beobachtungen ungleiche Zuverlässigkeit haben, vor der Addition erst noch durch die respectiven Gewichte multiplicirt werden müssen) bildet bekanntlich ein absolutes Minimum. Sobald man daher einer der unbekannten Grössen einen Werth beilegt, der von dem sichersten verschieden ist, wird ein ähnliches Aggregat, wie man auch die übrigen unbekannten Grössen bestimmen mag, allezeit grösser ausfallen, als das erwähnte Minimum. Allein die übrigen unbekannten Grössen werden sich nur auf Eine Art so bestimmen lassen, dass die Vergrösserung des Aggregats so klein wie möglich, oder dass das Aggregat selbst ein relatives Minimum werde. Diese von dem Ver-

*) z. B. PLANA's. Siehe Zeitschrift für Astronomie und verwandte Wissenschaften Band 6, S. 258.

fasser hier ausgeführte Untersuchung führt zu einigen interessanten Wahrheiten, die über die ganze Lehre noch ein vielseitigeres Licht verbreiten.

Es fügt sich zuweilen, dass man erst, nachdem man schon eine ausgedehnte Rechnung über eine Reihe von Beobachtungen in allen Theilen durchgeführt hat, Kenntniss von einer neuen Beobachtung erhält, die man gern noch mit zugezogen hätte. Es kann in vielen Fällen erwünscht sein, wenn man nicht nöthig hat, deshalb die ganze Eliminationsarbeit von vorne wieder anzufangen, sondern im Stande ist, die durch das Hinzukommen der neuen Beobachtung entstehende Modification in den sichersten Werthen und deren Gewichten zu finden. Der Verfasser hat daher diese Aufgabe hier besonders abgehandelt, eben so wie die verwandte, wo man einer schon angewandten Beobachtung hintennach ein anderes Gewicht, als ihr beigelegt war, zu ertheilen sich veranlasst sieht, und, ohne die Rechnung von vorne zu wiederholen, die Veränderungen der Endresultate zu erhalten wünscht.

Wie der *wahrscheinliche* Fehler einer Beobachtungsgattung (als bisher üblicher Maassstab ihrer Unsicherheit) aus einer hinlänglichen Anzahl wirklicher Beobachtungsfehler näherungsweise zu finden sei, hatte der Verfasser in einer besondern Abhandlung in der Zeitschrift für Astronomie und verwandte Wissenschaften [1816. März u. April] gezeigt: dieses Verfahren, so wie der Gebrauch des wahrscheinlichen Fehlers überhaupt, ist aber von der hypothetischen Form der Grösse der Wahrscheinlichkeit der einzelnen Fehler abhängig, und musste es sein. Im ersten Theile der gegenwärtigen Abhandlung ist nun zwar gezeigt, wie aus denselben Datis der mittlere Fehler der Beobachtungen (als zweckmässiger Maassstab ihrer Ungenauigkeit) näherungsweise gefunden wird. Allein immer bleibt hiebei die Bedenklichkeit übrig, dass man nach aller Schärfe selten oder fast nie im Besitz der Kenntniss der wahren Grösse von einer Anzahl wirklicher Beobachtungsfehler sein kann. Bei der Ausübung hat man dafür bisher immer die Unterschiede zwischen dem, was die Beobachtungen ergeben haben und den Resultaten der Rechnung nach den durch die Methode der kleinsten Quadrate gefundenen sichersten Werthen der unbekannten Grössen, wovon die Beobachtungen abhangen, zum Grunde gelegt. Allein da man nicht berechtigt ist, die sichersten Werthe für die wahren Werthe selbst zu halten, so überzeugt man sich leicht, dass man durch dieses Verfahren allemal den wahrscheinlichen und mittlern Fehler *zu klein* finden muss, und daher den Beobachtungen und den daraus gezogenen Resultaten eine grössere Genauigkeit beilegt, als sie wirklich besitzen. Freilich hat in dem Falle, wo die Anzahl der Beobachtungen vielemale grösser ist als die der unbekannten Grössen, diese Unrichtigkeit wenig zu bedeuten; allein theils erfordert die Würde der Wissenschaft, dass man vollständig und bestimmt übersehe, wieviel man hierdurch zu fehlen Gefahr läuft, theils sind auch wirklich öfters nach jenem fehlerhaften Verfahren Rechnungsresultate in wichtigen Fällen aufgestellt, wo jene Voraussetzung nicht Statt fand. Der Verfasser hat daher diesen Gegenstand einer besondern Untersuchung unterworfen, die zu einem sehr merkwürdigen höchst einfachen Resultate geführt hat. Man braucht nemlich den nach dem angezeigten fehlerhaften Verfahren gefundenen mittlern Fehler, um ihn in den richtigen zu verwandeln, nur mit

$$\sqrt{\frac{\pi-\rho}{\pi}}$$

zu multipliciren, wo $\pi$ die Anzahl der Beobachtungen und $\rho$ die Anzahl der unbekannten Grössen bedeutet.

Die letzte Untersuchung betrifft noch die Ausmittelung des Grades von Genauigkeit, welcher dieser Bestimmung des mittlern Fehlers selbst beigelegt werden muss: die Resultate derselben müssen aber in der Abhandlung selbst nachgelesen werden.

---

Göttingische gelehrte Anzeigen. 1826 September 25.

---

Am 16. September überreichte der Herr Hofr. GAUSS der königl. Societät eine Vorlesung:

*Supplementum Theoriae combinationis observationum erroribus minimis obnoxiae.*

Bei allen frühern Arbeiten über die Anwendung der Wahrscheinlichkeitsrechnung auf die zweckmässigste Benutzung der Beobachtungen, und namentlich auch in der Behandlung dieses Gegenstandes im fünften Bande der *Commentationes recentiores*, liegt in Beziehung auf die Form der Hauptaufgabe eine bestimmte Voraussetzung zum Grunde, die allerdings den meisten in der Ausübung vorkommenden Fällen angemessen ist. Diese Voraussetzung besteht darin, dass die beobachteten Grössen auf eine bekannte Art von gewissen unbekannten Grössen (Elementen) abhängen, d. i. bekannte Functionen dieser Elemente sind. Die Anzahl dieser Elemente muss, damit die Aufgabe überhaupt hierher gehöre, kleiner sein, als die Anzahl der beobachteten Grössen, also diese selbst abhängig von einander.

Inzwischen sind doch auch die Fälle nicht selten, wo die gedachte Voraussetzung nicht unmittelbar Statt findet, d. i. wo die beobachteten Grössen noch nicht in der Form von bekannten Functionen gewisser unbekannter Elemente gegeben sind, und wo man auch nicht sogleich sieht, wie jene sich in eine solche Form bringen lassen; wo hingegen zum Ersatz die gegenseitige Abhängigkeit der beobachteten Grössen (die natürlich auf irgend eine Weise gegeben sein muss) durch gewisse Bedingungsgleichungen gegeben ist, welchen die wahren Werthe von jenen, der Natur der Sache nach. nothwendig genau Genüge leisten müssen. Zwar sieht man bei näherer Betrachtung bald ein, dass dieser Fall von dem andern nicht wesentlich, sondern bloss in der Form verschieden ist, und sich wirklich, der Theorie nach leicht, auf denselben zurückführen lässt: allein häufig bleibt dies doch ein unnatürlicher Umweg, der in der Anwendung viel beschwerlichere Rechnungen herbeiführt, als eine eigne der ursprünglichen Gestalt der Aufgabe besonders angemessene Auflösung. Diese ist daher der Gegenstand der gegenwärtigen Abhandlung, und die Auflösung der Aufgabe, welche sie als ein selbstständiges von der frühern Abhandlung unabhängiges Ganze gibt, hat ihrerseits eine solche Geschmeidigkeit, dass es sogar in manchen Fällen vortheilhaft sein kann, sie selbst da anzuwenden, wo die bei der ältern Methode zum Grunde liegende Voraussetzung schon von selbst erfüllt war.

Die Hauptaufgabe stellt sich hier nun unter folgender Gestalt dar. Wenn von den Grössen $v$, $v'$, $v''$ u. s. w., zwischen welchen ein durch eine oder mehrere Bedingungsgleichungen gegebener Zusammenhang Statt findet, eine andere auf irgend eine Art abhängig ist, z. B. durch die Function $u$ ausgedrückt werden kann, so wird eben dieselbe auch auf unendlich viele andere Arten aus jener bestimmt, oder durch unendlich viele andere Functionen, statt $u$, ausgedrückt werden können, die aber natürlich alle einerlei Resultate geben, in so fern die wahren Werthe von $v$, $v'$, $v''$ u. s. w. welche allen Bedingungsgleichungen Genüge leisten, substituirt werden. Hat man aber nur genäherte Werthe von $v$, $v'$, $v''$ u. s. w., wie sie Beobachtungen von beschränkter Genauigkeit immer nur liefern können, so können auch die daraus abgeleiteten Grössen auf keine absolute Richtigkeit Anspruch machen: die verschiedenen für $u$ angewandten Functionen werden, allgemein zu reden, ungleiche, aber was die Hauptsache ist, ungleich zuverlässige Resultate geben. Die Aufgabe ist nun, aus der unendlichen Mannigfaltigkeit von Functionen, durch welche die unbekannte Grösse ausgedrückt werden kann, diejenige auszuwählen, bei deren Resultat die möglich kleinste Unzuverlässigkeit zu befürchten bleibt.

Die Abhandlung gibt eigentlich *zwei* Auflösungen dieser Aufgabe. Die erste Auflösung erreicht das Ziel auf dem kürzesten Wege, wenn wirklich nur Eine unbekannte von den Beobachtungen auf eine vorgeschriebene Art abhängige Grösse abzuleiten ist. Allein die nähere Betrachtung dieser Auflösung führt zugleich auf das merkwürdige Theorem, dass man für die unbekannte Grösse genau denselben Werth, welcher aus der zweckmässigsten Combination der Beobachtungen folgt, erhält, wenn man an die Beobachtungen gewisse nach bestimmten Regeln berechnete Veränderungen anbringt, und sie dann in irgend einer beliebigen Function, welche die unbekannte Grösse ausdrückt, substituirt. Diese Veränderungen haben neben der Eigenschaft, dass sie allen Bedingungsgleichungen Genüge leisten, noch die, dass unter allen denkbaren Systemen, welche dasselbe thun, die Summe ihrer Quadrate (in so fern die Beobachtungen als gleich zuverlässig vorausgesetzt wurden) die möglich kleinste ist. Man sieht also, dass hierdurch zugleich eine neue Begründung der Methode der kleinsten Quadrate gewonnen wird, und dass diese von der Function $u$ ganz unabhängige *Ausgleichung* der Beobachtungen eine zweite Auflösungsart abgibt, die vor der ersten einen grossen Vorzug hat, wenn mehr als Eine unbekannte Grösse aus den Beobachtungen auf die zweckmässigste Art abzuleiten ist: in der That werden die Beobachtungen dadurch zu *jeder* von ihnen zu machenden Anwendung fertig vorbereitet. Nur musste bei dieser zweiten Auflösung noch eine besondere Anleitung hinzukommen den Grad der Genauigkeit, der bei jeder einzelnen Anwendung erreicht wird, zu bestimmen. Für dies alles enthält die Abhandlung vollständige und nach Möglichkeit einfache Vorschriften, die natürlich hier keines Auszuges fähig sind. Eben so wenig können wir hier in Beziehung auf die, nach der Entwicklung der Hauptaufgaben, noch ausgeführten anderweitigen Untersuchungen, welche mit dem Gegenstande in innigem Zusammenhange stehen, uns in das Einzelne einlassen. Nur das Eine merkwürdige Theorem führen wir hier an, dass die Vorschriften zur vollständigen Ausgleichung der Beobachtungen immer einerlei Resultat geben, sie mögen auf die ursprünglichen Beobachtungen selbst, oder auf die bereits einstweilen *unvollständig* ausgeglichenen Beobachtungen angewandt werden, in so fern dieser Begriff in der in der Abhandlung näher bestimmten Bedeutung genommen wird, unter welcher, als specieller Fall, derjenige begriffen ist, wo mit den Beobachtungen schon eine zwar vorschriftsmässig ausgeführte, aber nur einen Theil der Bedingungsgleichungen berücksichtigende Ausgleichung vorgenommen war.

Den letzten Theil der Abhandlung machen ein paar mit Sorgfalt ausgearbeitete Beispiele der Anwendung der Methode aus, die theils von den geodätischen Messungen des Generals von Krayenhoff, theils von der vom Verfasser selbst im Königreich Hannover ausgeführten Triangulirung entlehnt sind, und die dazu dienen können, sowohl die Anwendung dieser Theorie mehr zu erläutern, als auch manche, dergleichen Messungen betreffende, Umstände überhaupt in ein helleres Licht zu stellen.

Die trigonometrischen Messungen gehören ganz besonders in das Feld, wo die Wahrscheinlichkeitsrechnung Anwendung findet, und namentlich in derjenigen Form Anwendung findet, die in der gegenwärtigen Abhandlung entwickelt ist. Gerade hier ist es Regel, dass mehr beobachtet wird, als unumgänglich nöthig ist, und dass so die Messungen einander vielfältig controlliren. Nur durch die Benutzung der strengen Grundsätze der Wahrscheinlichkeitsrechnung kann man von diesem Umstande den Vortheil ganz ziehen, der sich davon ziehen lässt, und den Resultaten die grösste Genauigkeit geben, deren sie fähig sind. Ausserdem aber geben jene Grundsätze zugleich das Mittel, die Genauigkeit der Messungen selbst, und die Zulässigkeit der darauf gegründeten Resultate zu bestimmen. Endlich dienen sie dazu, bei der Anordnung des Dreieckssystems, aus mehreren, unter denen man vielleicht die Wahl hat, das zweckmässigste auszuwählen. Und alles dieses nach festen sichern Regeln, mit Ausschliessung aller Willkürlichkeiten. Allein sowohl die sichere Würdigung, als die vollkommenste Benutzung der Messungen ist nur dann möglich, wenn sie in reiner Autenthicität und Vollständigkeit vorliegen, und es wäre daher sehr zu wünschen, dass alle grösseren auf besondere Genauigkeit Anspruch machenden Messungen dieser Art immer mit aller nöthigen Ausführlichkeit bekannt gemacht werden möchten. Nur zu gewöhnlich ist das Gegentheil, wo nur Endresultate für die einzelnen gemessenen Winkel mitgetheilt werden. Wenn solche Endresultate nach richtigen Grundsätzen gebildet werden, indem man durchaus alle einzelnen Beobachtungsreihen, die nicht einen durchaus unstatthaften Fehler gewiss enthalten, dazu concurriren lässt, so ist der Nachtheil freilich lange nicht so gross, als wenn man etwa nur diejenigen Reihen beibehält, die am besten zu den nahe liegenden Prüfungsmitteln passen, welche die Summen der Winkel jedes Dreiecks und die Summen der Horizontalwinkel um jeden Punkt herum darbieten. Wo dies durchaus verwerfliche Verfahren angewandt ist, sei es aus Unbekanntschaft mit den wahren Grundsätzen einer richtigen Theorie, oder aus dem geheimen Wunsche, den Messungen das Ansehen grösserer Genauigkeit zu geben, geht der Maassstab zu einer gerechten Würdigung der Beobachtungen und der aus ihnen abzuleitenden Resultate verloren; die gewöhnliche Prüfung nach den Winkelsummen in den einzelnen Dreiecken, und bei den Punkten, wo die gemessenen Winkel den ganzen Horizont umfassen, scheint dann eine Genauigkeit der Messungen zu beweisen, von der sie vielleicht sehr weit entfernt sind, und wenn andere Prüfungsmittel, durch die Seitenverhältnisse in geschlossenen Polygonen oder durch Diagonalrichtungen, vorhanden sind, werden diese die Gewissheit des Daseins von viel grössern Fehlern verrathen. Umgekehrt aber, wenn die zuletzt erwähnte Voraussetzung Statt findet, und das Ausgleichen der Beobachtungen in Beziehung auf die Prüfungsmittel ohne die sichern Vorschriften der Wahrscheinlichkeitsrechnung versucht ist, wo es immer ein Herumtappen im Dunkeln bleiben muss, und grössere, oft viel grössere, Correctionen herbeiführt, als nöthig sind, kann leicht dadurch ein *zu* ungünstiges Urtheil über die Messungen veranlasst werden. Diese Bemerkungen zeigen die Wichtigkeit sowohl einer hinlänglich ausführlichen Bekanntmachung, als einer auf strenge Principien gegründeten mathematischen Combination der geodätischen Messungen: sie gelten aber offenbar mehr oder weniger bei Beobachtungen jeder Art, astronomischen, physikalischen u. s. w., die sich auf das Quantitative beziehen, insofern die Mannigfaltigkeit der dabei Statt findenden Umstände zu wechselseitigen Controllen Mittel darbietet.

---

Zeitschrift für Astronomie herausgegeben von B. von Lindenau und J. G. F. Bohnenberger.
Erster Band. Heft für März und April 1816.

## *Bestimmung der Genauigkeit der Beobachtungen.*

1.

Bei der Begründung der sogenannten Methode der kleinsten Quadrate wird angenommen, dass die Wahrscheinlichkeit eines Beobachtungsfehlers $\Delta$ durch die Formel

$$\frac{h}{\sqrt{\pi}}\cdot e^{-hh\Delta\Delta}$$

ausgedrückt wird, wo $\pi$ den halben Kreisumfang, $e$ die Basis der hyperbolischen Logarithmen, auch $h$ eine Constante bedeutet, die man nach Art. 178 der *Theoria Motus Corporum Coelestium* als das Maass der Genauigkeit der Beobachtungen ansehen kann. Bei Anwendung der Methode der kleinsten Quadrate auf die Ausmittelung der wahrscheinlichsten Werthe derjenigen Grössen, von welchen die Beobachtungen abhängen, braucht man den Werth der Grösse $h$ gar nicht zu kennen; auch das *Verhältniss* der Genauigkeit der Resultate zu der Genauigkeit der Beobachtungen ist von $h$ unabhängig. Inzwischen ist immer eine Kenntniss dieser Grösse selbst interessant und lehrreich, und ich will daher zeigen, wie man durch die Beobachtungen selbst zu einer solchen Kenntniss gelangen mag.

2.

Ich lasse zuerst einige den Gegenstand erläuternde Bemerkungen vorausgehen. Der Kürze wegen bezeichne ich den Werth des Integrals

$$\int \frac{2e^{-tt}dt}{\sqrt{\pi}}$$

von $t = 0$ an gerechnet, durch $\Theta t$. Einige einzelne Werthe werden von dem Gange dieser Function eine Vorstellung geben. Man hat

$$\begin{array}{lll}
0{,}5000000 & = \Theta\, 0{,}4769363 & = \Theta \rho \\
0{,}6000000 & = \Theta\, 0{,}5951161 & = \Theta\, 1{,}247790\rho \\
0{,}7000000 & = \Theta\, 0{,}7328691 & = \Theta\, 1{,}536618\rho \\
0{,}8000000 & = \Theta\, 0{,}9061939 & = \Theta\, 1{,}900032\rho \\
0{,}8427008 & = \Theta\, 1 & = \Theta\, 2{,}096716\rho \\
0{,}9000000 & = \Theta\, 1{,}1630872 & = \Theta\, 2{,}438664\rho \\
0{,}9900000 & = \Theta\, 1{,}8213864 & = \Theta\, 3{,}818930\rho \\
0{,}9990000 & = \Theta\, 2{,}3276754 & = \Theta\, 4{,}880475\rho \\
0{,}9999000 & = \Theta\, 2{,}7510654 & = \Theta\, 5{,}768204\rho \\
1 & = \Theta \infty &
\end{array}$$

Die Wahrscheinlichkeit, dass der Fehler einer Beobachtung zwischen den Grenzen $-\Delta$ und $+\Delta$ liege, oder, ohne Rücksicht auf das Zeichen, nicht grösser als $\Delta$ sei, ist

$$= \int \frac{h e^{-hhxx} dx}{\sqrt{\pi}}$$

wenn man das Integral von $x = -\Delta$ bis $x = +\Delta$ ausdehnt, oder doppelt so gross, wie dasselbe Integral von $x = 0$ bis $x = \Delta$ genommen, mithin

$$= \Theta h \Delta$$

Die Wahrscheinlichkeit, dass der Fehler nicht unter $\frac{\rho}{h}$ sei, ist also $= \frac{1}{2}$, oder der Wahrscheinlichkeit des Gegentheils gleich: wir wollen diese Grösse $\frac{\rho}{h}$ den *wahrscheinlichen Fehler* nennen, und mit $r$ bezeichnen. Hingegen ist die Wahrscheinlichkeit, dass der Fehler über $2{,}438664r$ hinausgehe, nur $\frac{1}{10}$; die Wahrscheinlichkeit, dass der Fehler über $3{,}818930r$ steige, nur $\frac{1}{100}$ u. s. w.

3.

Wir wollen nun annehmen, dass bei $m$ wirklich angestellten Beobachtungen die Fehler $\alpha$, $\beta$, $\gamma$, $\delta$ u. s. w. begangen sind, und untersuchen, was sich daraus in Beziehung auf den Werh von $h$ und $r$ schliessen lasse. Macht man zwei

Voraussetzungen, indem man den wahren Werth von $h$ entweder $= H$ oder $= H'$ setzt, so verhalten sich die Wahrscheinlichkeiten, mit welchen sich in denselben die Fehler $\alpha$, $\beta$, $\gamma$, $\delta$ u. s. w. erwarten liessen, resp. wie

$$He^{-HH\alpha\alpha} . He^{-HH\beta\beta} . He^{-HH\gamma\gamma} . \text{ u. s. w.}$$

$$\text{zu } H'e^{-H'H'\alpha\alpha} . H'e^{-H'H'\beta\beta} H'e^{-H'H'\gamma\gamma} . \text{ u. s. w.}$$

d. i. wie

$$H^m e^{-HH(\alpha\alpha+\beta\beta+\gamma\gamma+\text{ u. s. w.})} \quad \text{zu} \quad H'^m e^{-H'H'(\alpha\alpha+\beta\beta+\gamma\gamma+\text{ u. s. w.})}$$

In demselben Verhältnisse stehen folglich die Wahrscheinlichkeiten, dass $H$ oder $H'$ der wahre Werth von $h$ war, *nach* dem Erfolge jener Fehler (*T. M. C. C.* Art. 176): oder die Wahrscheinlichkeit jedes Werthes von $h$ ist der Grösse

$$h^m e^{-hh(\alpha\alpha+\beta\beta+\gamma\gamma+\text{ u. s. w.})}$$

proportional. Der *wahrscheinlichste* Werth von $h$ ist folglich derjenige, für welchen diese Grösse ein Maximum wird, welchen man nach bekannten Regeln

$$= \sqrt{\frac{m}{2(\alpha\alpha+\beta\beta+\gamma\gamma+\text{ u. s. w.})}}$$

findet. Der wahrscheinlichste Werth von $r$ wird folglich

$$= \rho\sqrt{\frac{2(\alpha\alpha+\beta\beta+\gamma\gamma+\text{ u. s. w.})}{m}}$$

$$= 0{,}6744897\sqrt{\frac{\alpha\alpha+\beta\beta+\gamma\gamma+\text{ u.s.w.}}{m}}$$

Dies Resultat ist allgemein, $m$ mag gross oder klein sein.

4.

Man begreift leicht, dass man von dieser Bestimmung von $h$ und $r$ desto weniger berechtigt ist, viele Genauigkeit zu erwarten, je kleiner $m$ ist. Entwickeln wir daher den Grad von Genauigkeit, welchen man dieser Bestimmung beizulegen hat, für den Fall, wo $m$ eine grosse Zahl ist. Wir bezeichnen den gefundenen wahrscheinlichen Werth von $h$

$$\sqrt{\frac{m}{2(\alpha\alpha+\beta\beta+\gamma\gamma+\text{ u.s.w.})}}$$

Kürze halber mit $H$, und bemerken, dass die Wahrscheinlichkeit, $H$ sei der wahre Werth von $h$, zu der Wahrscheinlichkeit, dass der wahre Werth $= H+\lambda$ sei, sich verhält, wie

$$H^m e^{-\frac{m}{2}} \cdot (H+\lambda)^m e^{-\frac{m(H+\lambda)^2}{2HH}}$$

oder wie

$$1 : e^{-\frac{\lambda\lambda m}{HH}(1-\frac{1}{3}\cdot\frac{\lambda}{H}+\frac{1}{4}\frac{\lambda\lambda}{HH}-\frac{1}{5}\cdot\frac{\lambda^3}{H^3}\ldots)}$$

Das zweite Glied wird gegen das erste nur dann noch merklich sein, wenn $\frac{\lambda}{H}$ ein kleiner Bruch ist, daher wir uns erlauben dürfen, anstatt des angegebenen Verhältnisses dieses zu gebrauchen

$$1 : e^{-\frac{\lambda\lambda m}{HH}}$$

Dies heisst nun eigentlich so viel: die Wahrscheinlichkeit, dass der wahre Werth von $h$ zwischen $H+\lambda$ und $H+\lambda+d\lambda$ liege, ist sehr nahe

$$= Ke^{-\frac{\lambda\lambda m}{HH}}d\lambda$$

wo $K$ eine Constante ist, die so bestimmt werden muss, dass das Integral

$$\int Ke^{-\frac{\lambda\lambda m}{HH}}d\lambda$$

zwischen den zulässigen Grenzen von $\lambda$ genommen, $= 1$ werde. Statt solcher Grenzen ist es hier, wo wegen der Grösse von $m$ offenbar

$$e^{-\frac{\lambda\lambda m}{HH}}$$

unmerklich wird, sobald $\frac{\lambda}{H}$ aufhört ein kleiner Bruch zu sein, erlaubt, die Grenzen $-\infty$ und $+\infty$ zu nehmen, wodurch

$$K = \frac{1}{H}\sqrt{\frac{m}{\pi}}$$

wird. Mithin ist die Wahrscheinlichkeit, dass der wahre Werth von $h$ zwischen $H-\lambda$ und $H+\lambda$ liege,

$$= \Theta(\frac{\lambda}{H}\sqrt{m})$$

also jene Wahrscheinlichkeit $= \frac{1}{2}$, wenn

$$\frac{\lambda}{H}\sqrt{m} = \rho \text{ ist.}$$

Es ist also eins gegen eins zu wetten, dass der wahre Werth von $h$

$$\text{zwischen}\quad H\left(1-\frac{\rho}{\sqrt{m}}\right)\quad\text{und}\quad H\left(1+\frac{\rho}{\sqrt{m}}\right)$$

liegt, oder dass der wahre Werth von $r$

$$\text{zwischen}\quad \frac{R}{1-\frac{\rho}{\sqrt{m}}}\quad\text{und}\quad \frac{R}{1+\frac{\rho}{\sqrt{m}}}$$

falle, wenn wir durch $R$ den im vorhergehenden Art. gefundenen wahrscheinlichsten Werth von $r$ bezeichnen. Man kann diese Grenzen die *wahrscheinlichen Grenzen der wahren Werthe von h und r* nennen; offenbar dürfen wir für die wahrscheinlichen Grenzen des wahren Werthes von $r$ hier auch setzen

$$R\left(1-\frac{\rho}{\sqrt{m}}\right)\quad\text{und}\quad R\left(1+\frac{\rho}{\sqrt{m}}\right)$$

5.

Wir sind bei der vorhergehenden Untersuchung von dem Gesichtspunkte ausgegangen, dass wir $\alpha$, $\beta$, $\gamma$, $\delta$ u.s.w. als bestimmte und gegebene Grössen betrachteten, und die Grösse der Wahrscheinlichkeit suchten, dass der wahre Werth von $h$ oder $r$ zwischen gewissen Grenzen liege. Man kann die Sache auch von einer andern Seite betrachten, und unter der Voraussetzung, dass die Beobachtungsfehler irgend einem bestimmten Wahrscheinlichkeitsgesetze unterworfen sind, die Wahrscheinlichkeit bestimmen, mit welcher erwartet werden kann, dass die Summe der Quadrate von $m$ Beobachtungsfehlern zwischen gewisse Grenzen falle. Diese Aufgabe, unter der Bedingung, dass $m$ eine grosse Zahl sei, ist bereits von Laplace aufgelöset, eben so wie diejenige, wo die Wahrscheinlichkeit gesucht wird, dass die Summe von $m$ Beobachtungsfehlern selbst zwischen gewisse Grenzen falle. Man kann leicht diese Untersuchung noch mehr generalisiren; ich begnüge mich, hier das Resultat anzuzeigen.

Es bezeichne $\varphi x$ die Wahrscheinlichkeit des Beobachtungsfehlers $x$, so dass $\int\varphi x.\mathrm{d}x = 1$ wird, wenn man das Integral von $x = -\infty$ bis $x = +\infty$ ausdehnt. Zwischen denselben Grenzen wollen wir allgemein den Werth des Integrals

$$\int\varphi x.x^n\mathrm{d}x$$

durch $K^n$ bezeichnen*). Es sei ferner $S^n$ die Summe

$$\alpha^n + \beta^n + \gamma^n + \delta^n + \text{u. s. w.}$$

wo $\alpha, \beta, \gamma, \delta$ u. s. w. unbestimmt $m$ Beobachtungsfehler bedeuten; die Theile jener Summe sollen, auch für ein ungerades $n$, alle positiv genommen werden.

Sodann ist $mK^n$ der wahrscheinlichste Werth von $S^n$ und die Wahrscheinlichkeit, dass der wahre Werth von $S^n$ zwischen die Grenzen $mK^n - \lambda$ und $mK^n + \lambda$ falle,

$$= \Theta \frac{\lambda}{\sqrt{[2m(K^{2n} - K^n K^n)]}}$$

Folglich sind die wahrscheinlichen Grenzen von $S^n$

$$mK^n - \rho\sqrt{[2m(K^{2n} - K^n K^n)]} \quad \text{und} \quad mK^n + \rho\sqrt{[2m(K^{2n} - K^n K^n)]}$$

Dieses Resultat gilt allgemein für jedes Gesetz der Beobachtungsfehler. Wenden wir es auf den Fall an, wo

$$\varphi x = \frac{h}{\sqrt{\pi}} e^{-hhxx}$$

gesetzt wird, so finden wir

$$K^n = \frac{\Pi \frac{1}{2}(n-1)}{h^n \sqrt{\pi}}$$

die Charakteristik $\Pi$ in der Bedeutung der *Disquisitiones generales circa seriem infinitam* (Comm. nov. soc. Gotting. T. II.) genommen (M. 5. Art. 28. der angef. Abh.) Also

$$K = 1, \quad K' = \frac{1}{h\sqrt{\pi}}, \quad K'' = \frac{1}{2hh}, \quad K''' = \frac{1}{h^3\sqrt{\pi}}$$

$$K^{\text{IV}} = \frac{1.3}{4h^4}, \quad K^{\text{V}} = \frac{1.2}{h^5\sqrt{\pi}}, \quad K^{\text{VI}} = \frac{1.3.5}{8h^6}, \quad K^{\text{VII}} = \frac{1.2.3}{h^7\sqrt{\pi}} \text{ u. s. w.}$$

Es ist folglich der wahrscheinlichste Werth von $S^n$

$$\frac{m\Pi \frac{1}{2}(n-1)}{h^n \sqrt{\pi}}$$

und die wahrscheinlichen Grenzen des wahren Werthes von $S^n$

---

*) Oder vielmehr, das Integral $\int \varphi x . x^n dx$ zwischen den Grenzen $x = 0$ bis $x = \infty$ soll durch

$$\tfrac{1}{2}K^n$$

bezeichnet werden. [Handschriftliche Bemerkung]

$$\frac{m\Pi\frac{1}{2}(n-1)}{h^n\sqrt{\pi}}\{1-\rho\sqrt{(\frac{2}{m}.(\frac{\Pi(n-\frac{1}{2}).\sqrt{\pi}}{(\Pi\frac{1}{2}(n-1))^2}-1))}\}$$

und

$$\frac{m\Pi\frac{1}{2}(n-1)}{h^n\sqrt{\pi}}\{1+\rho\sqrt{(\frac{2}{m}.(\frac{\Pi(n-\frac{1}{2}).\sqrt{\pi}}{(\Pi\frac{1}{2}(n-1))^2}-1))}\}$$

Setzt man also, wie oben,

$$\frac{\rho}{h}=r$$

so dass $r$ den wahrscheinlichen Beobachtungsfehler vorstellt, so ist der wahrscheinlichste Werth von

$$\rho\sqrt[n]{\frac{S^n\sqrt{\pi}}{m\Pi\frac{1}{2}(n-1)}}$$

offenbar $=r$; und die wahrscheinlichen Grenzen des Werthes jener Grösse

$$r\{1-\frac{\rho}{n}\sqrt{(\frac{2}{m}.(\frac{\Pi(n-\frac{1}{2}).\sqrt{\pi}}{(\Pi\frac{1}{2}(n-1))^2}-1))}\}$$

und

$$r\{1+\frac{\rho}{n}\sqrt{(\frac{2}{m}.(\frac{\Pi(n-\frac{1}{2}).\sqrt{\pi}}{(\Pi\frac{1}{2}(n-1))^2}-1))}\}$$

Es ist also auch eins gegen eins zu wetten, dass $r$ zwischen den Grenzen

$$\rho\sqrt[n]{\frac{S^n\sqrt{\pi}}{m\Pi\frac{1}{2}(n-1)}}\{1-\frac{\rho}{n}\sqrt{(\frac{2}{m}.(\frac{\Pi(n-\frac{1}{2}).\sqrt{\pi}}{(\Pi\frac{1}{2}(n-1))^2}-1))}\}$$

und

$$\rho\sqrt[n]{\frac{S^n\sqrt{\pi}}{m\Pi\frac{1}{2}(n-1)}}\{1+\frac{\rho}{n}\sqrt{(\frac{2}{m}.(\frac{\Pi(n-\frac{1}{2}).\sqrt{\pi}}{(\Pi\frac{1}{2}(n-1))^2}-1))}\}$$

liege. Für $n=2$ sind diese Grenzen

$$\rho\sqrt{\frac{2S''}{m}}\{1-\frac{\rho}{\sqrt{m}}\}\quad\text{und}\quad\rho\sqrt{\frac{2S''}{m}}\{1+\frac{\rho}{\sqrt{m}}\}$$

ganz mit den oben (Art. 4) gefundenen übereinstimmend. Allgemein hat man für ein gerades $n$ die Grenzen

$$\rho\sqrt{2}.\sqrt[n]{\frac{S^n}{m.1.3.5.7....(n-1)}}\{1-\frac{\rho}{n}\sqrt{(\frac{2}{m}(\frac{(n+1).(n+3)...(2n-1)}{1.3.5...(n-1)}-1))}\}$$

und

$$\rho\sqrt{2}.\sqrt[n]{\frac{S^n}{m.1.3.5.7....(n-1)}}\{1+\frac{\rho}{n}\sqrt{(\frac{2}{m}.(\frac{(n+1).(n+3)...(2n-1)}{1.3.5...(n-1)}-1))}\}$$

und für ein ungerades $n$ folgende

$$\rho\sqrt[n]{\frac{S^n\sqrt{\pi}}{m.1.2.3...\frac{1}{2}(n-1)}}\{1-\frac{\rho}{n}\sqrt{(\frac{1}{m}.(\frac{1.3.5.7...(2n-1)\pi}{(2.4.6...(n-1))^2}-2))}\}$$

und

$$\rho\sqrt[n]{\frac{S^n\sqrt{\pi}}{m.1.2.3...\frac{1}{2}(n-1)}}\{1+\frac{\rho}{n}\sqrt{(\frac{1}{m}.(\frac{1.3.5.7...(2n-1)\pi}{(2.4.6...(n-1))^2}-2))}\}$$

6.

Ich füge noch die numerischen Werthe für die einfachsten Fälle bei:

Wahrscheinliche Grenzen von $r$

$$\text{I.}\quad 0{,}8453473\ \frac{S'}{m}.(1\mp\frac{0{,}5095841}{\sqrt{m}})$$

$$\text{II.}\quad 0{,}6744897\sqrt[2]{\frac{S''}{m}}.(1\mp\frac{0{,}4769363}{\sqrt{m}})$$

$$\text{III.}\quad 0{,}5771897\sqrt[3]{\frac{S'''}{m}}.(1\mp\frac{0{,}4971987}{\sqrt{m}})$$

$$\text{IV.}\quad 0{,}5125017\sqrt[4]{\frac{S''''}{m}}.(1\mp\frac{0{,}5507186}{\sqrt{m}})$$

$$\text{V.}\quad 0{,}4655532\sqrt[5]{\frac{S^{\text{v}}}{m}}.(1\mp\frac{0{,}6355080}{\sqrt{m}})$$

$$\text{VI.}\quad 0{,}4294972\sqrt[6]{\frac{S^{\text{vi}}}{m}}.(1\mp\frac{0{,}7557764}{\sqrt{m}})$$

Man sieht also auch hieraus, dass die Bestimmungsart II von allen die vortheilhafteste ist. Hundert Beobachtungsfehler, nach dieser Formel behandelt, geben nemlich ein eben so zuverlässiges Resultat, wie

114 nach I, 109 nach III, 133 nach IV, 178 nach V, 251 nach VI.

Inzwischen hat die Formel I den Vorzug der allerbequemsten Rechnung, und man mag sich daher derselben, da sie doch nicht viel weniger genau ist als II, immerhin bedienen, wenn man nicht die Summe der Quadrate der Fehler sonst schon kennt, oder zu kennen wünscht.

7.

Noch bequemer, obwohl beträchtlich weniger genau ist folgendes Verfahren: Man ordne die sämmtlichen $m$ Beobachtungsfehler (absolut genommen) nach ihrer Grösse, und nenne den mittelsten, wenn ihre Zahl ungerade ist, oder das arithmetische Mittel der zwei mittelsten bei gerader Anzahl, $M$. Es lässt sich zeigen, was aber an diesem Orte nicht weiter ausgeführt werden kann, dass bei einer grossen Anzahl von Beobachtungen $r$ der wahrscheinlichste Werth von $M$ ist, und dass die wahrscheinlichen Grenzen von $M$

$$r(1-e^{\rho\rho}\sqrt{\frac{\pi}{8m}})\quad\text{und}\quad r(1+e^{\rho\rho}\sqrt{\frac{\pi}{8m}})$$

sind, oder die wahrscheinlichen Grenzen des Werthes von $r$

$$M(1 - e\rho\rho \sqrt{\tfrac{\pi}{8m}}) \quad \text{und} \quad M(1 + e\rho\rho \sqrt{\tfrac{\pi}{8m}}), \quad \text{oder in Zahlen} \quad M(1 \mp \tfrac{0,7520974}{\sqrt{m}})$$

Dies Verfahren ist also nur wenig genauer, als die Anwendung der Formel VI, und man müsste 249 Beobachtungsfehler zu Rathe ziehen, um eben so weit zu reichen, wie mit 100 Beobachtungsfehlern nach Formel II.

8.

Die Anwendung einiger von diesen Methoden auf die in BODE's astronomischem Jahrbuche für 1818 S. 234 vorkommenden Fehler bei 48 Beobachtungen der geraden Aufsteigungen des Polarsterns von BESSEL gab

$$S' = 60''46, \quad S'' = 110''600, \quad S''' = 250''341118$$

Hieraus folgten die wahrscheinlichsten Werthe von $r$

| | | | |
|---|---|---|---|
| nach Formel I | .... 1″065, | wahrscheinl. Unsicherheit = | ±0″078 |
| II | .... 1,024 | | ±0,070 |
| III | .... 1,001 | | ±0,072 |
| nach Art. 7 | ..... 1,045 | | ±0,113 |

eine Uebereinstimmung, wie sie kaum zu erwarten war. BESSEL giebt selbst 1″067, und scheint daher der Formel I gemäss gerechnet zu haben.

# NACHLASS.

## [ANWENDUNG DER WAHRSCHEINLICHKEITSRECHNUNG AUF DIE BESTIMMUNG DER BILANZ FÜR WITWENKASSEN]

### [I.]

[*Allgemeine Uebersicht der Methode.*]

[*Auszug aus einem Votum bei der schriftlichen Abstimmung im Universitäts-Senat.*]

Das vorstehende [hier eingeklammerte] Votum des Herrn Prof. D.: [Das Königl. Univ. Curatorium scheint zu befürchten, dass bei der grossen Anzahl der jetzt vorhandenen Witwen die Kasse über lang oder kurz nicht im Stande sein werde, die jetzt auf 250 Thl. angewachsenen Pensionen zu bestreiten. Es verlangt daher einen Bericht darüber, ob gegründete Ursache zu einer solchen Besorgniss vorhanden sei, und durch welche Mittel die etwa drohende Gefahr abgewendet werden könne. ...] spricht den eigentlichen *Fragepunkt* so treffend aus, dass ich der ersten Hälfte dieses Votum nur wörtlich beitreten kann. Wenn in Zweifel gezogen ist, ob die Kasse im Stande sein werde, der ihr obliegenden Verpflichtung nachhaltig zu genügen, so ist dies doch wahrlich der ungeeignetste Zeitpunkt, *grössere* Anforderungen an die Kasse zu stellen.

Ich kann mich der öffentlichen Meinung über diese Anstalt noch bis 40 Jahr rückwärts erinnern. Damals schon galt sie für ein herrliches Kleinod der Universität, einzig in seiner Art, und zwar gerade wegen ihrer Eigenthümlichkeiten. *Vollkommene* Freiheit, ob man beitreten wolle oder nicht, ja, mit einer vergleichungsweise geringen Aufopferung, wieder einzutreten, wenn man ausgetreten war; ein sehr geringer Beitrag. Und damals betrug die Pension nur 150 oder 160 Thl. Nicht die Grösse der Pension war das Anziehende, sondern die *liberale Art, wie* dem, der Göttingischer Professor werden konnte, eine sichere Unterstützung einer nachbleibenden Witwe, mit der Aussicht, unter der weisen Verwaltung sie nach und nach noch erhöhet zu erhalten, dargeboten wurde. Wer mehr wünschte, betheiligte sich noch nebenbei in einer andern Witwenkasse. Jetzt ist nun die Pension auf 250 Thl. gestiegen, und die liberale Art ist bis heute dieselbe geblieben. Gebe Gott, dass niemals nöthig werde, an dieser Art *irgend etwas* zu ändern! Zwangsprocente auf das Gehalt, um durch Drehung am Stundenzeiger das zu erhalten, was nur der allmählige Fortschritt des Minutenzeigers gewähren kann, würde nicht blos viel zu unwirksam sein um den Zweck zu erreichen, sondern den noblen Charakter der Anstalt ganz zerstören.

Ich bin demnach der Meinung, die sämmtlichen Veränderungsvorschläge des Herrn Universitätsraths O. für den Augenblick ganz auf sich beruhen zu lassen; es ist in dem uns zu lebhaften Danke verpflichtenden P. M. gezeigt, dass eine nahe Gefahr nicht vorhanden ist. Ja selbst wenn in den nächsten Jahren durch noch neu hinzukommende Witwen anstatt des letzten noch immer erfreulichen Ueberschusses einiges Deficit eintreten sollte, so darf man nicht vergessen, dass ja die gesammelten Ueberschüsse zum Theil die Bestimmung haben, solche durch vorübergehende Conjuncturen entstandenen Fluctuationen zu decken.

Aber eine *gründliche* Untersuchung halte ich, in Uebereinstimmung mit dem Rescript und mit den von Sr. Magnificenz geäusserten Ansichten, allerdings für nothwendig. Selbst bei der heitersten Ansicht, die man von dem Zustande der Gesellschaft haben mag, wird eine solche jedenfalls wenigstens späterhin nothwendig werden müssen schon aus folgendem Grunde.

Wenn ich, *ehe* eine gründliche auf strengen Calcül gegründete Untersuchung statt gefunden hat, meine *Meinung* aussprechen darf, so glaube ich, dass die jetzige grosse Anzahl der Witwen als anomal betrachtet werden muss. Es ist wahr, dass die Anzahl der theilnehmenden Professoren mit der Anzahl der Witwen in einem gewissen Verhältnisse stehen muss; und dass jetzt die erstere Zahl viel grösser ist als ehedem. Allein der *jetzige* hohe Bestand der Witwen steht damit in gar keinem Zusammenhange. Bleibt die Anzahl der theilnehmenden Professoren fortan immer so gross, so ist dies *ein sehr ernsthaft zu erwägender Punkt*, aber nicht für jetzt, sondern wegen der fernen Zukunft; erst nach 20 oder 30 und mehreren Jahren können die Folgen *davon* sehr sichtbar werden.

Dies vorausgesetzt, ist mit Wahrscheinlichkeit anzunehmen, dass, vielleicht schon nach wenigen Jahren, die Anzahl der Witwen wieder abnehmen, vielleicht bedeutend abnehmen, und also der Bestand der Ueberschüsse von 8149 Thl. wieder anwachsen, vielleicht bedeutend anwachsen wird. *Ob aber die Anzahl der Witwen z. B. binnen 10 Jahren bis auf oder unter 15 abnehmen wird, ist viel ungewisser.* Gesetzt nun die Ueberschüsse wären auf 15000 Thl. oder höher angewachsen, die Anzahl der Witwen aber bliebe hartnäckig auf 16 stehen, was soll dann geschehen? Von der einen Seite will man die Ueberschüsse nicht ins Unendliche anwachsen lassen, von der andern steht das *Statut* einer Vergrösserung der Pension entgegen. Dann *muss* ja eine gründliche Prüfung angestellt werden, ob und *in welchem Maasse* man das *Statut verändern* darf, ohne die Gesellschaft zu gefährden.

Dem Vertrauen womit Se. Magnificenz und einige der Herren Collegen mich beehren, indem sie wünschen, dass ich eine solche Prüfung auf mich nehme, durch welche nemlich eine auf Mortalitätsgesetze und die Wahrscheinlichkeitsrechnung basirte Bilanz zwischen dem Vermögen der Anstalt und ihren Obliegenheiten gezogen werden soll, will ich mich nicht entziehen, muss jedoch folgendes bevorworten.

Erstlich haben von der Langwierigkeit solcher Rechnungen diejenigen Herren eine sehr falsche Vorstellung, welche glauben, dass sie binnen vier Wochen vollendet werden können. Zu einer bestimmten Frist kann ich mich also um so weniger anheischig machen, je kleiner der Theil meiner Zeit sein wird, den ich darauf werde verwenden können.

Zweitens lassen sich die Rechnungen mit Gründlichkeit gar nicht führen, ohne die nöthigen *Data*, wovon zur Zeit *gar Nichts* vorliegt. Worin die erforderlichen Data bestehen, werde ich weiterhin angeben; ohne sie kann ich mich auf gar nichts einlassen; ob, auf welche Weise und wie bald sie aber zusammen zu bringen sind, muss ich ganz der Kirchen-Deputation überlassen.

Drittens, die eigenthümliche Einrichtung unsrer Witwenkasse enthält mehrere Elemente die von dem Mortalitätsgesetze unabhängig sind, und sich einem Calcül nicht unterwerfen lassen. Wegen dieses Umstandes wird das Endresultat nothwendig mit einiger Unvollkommenheit behaftet bleiben; ich hoffe jedoch, dass sich Surrogate finden lassen, durch deren Benutzung diese Unvollkommenheit unerheblich sein wird.

Ich will nun suchen, in der Kürze anzudeuten, worauf es bei dieser Arbeit ankommt.

Die Verpflichtungen der W. K. zerfallen in drei Hauptrubriken.

I. Verpflichtungen gegen die jetzt vorhandenen Witwen, eventuell deren Kinder,

II. Verpflichtungen gegen diejenigen Professoren, welche jetzt Theilnehmer der W. K. Gesellschaft sind.

III. Verpflichtungen gegen die künftig beitretenden Professoren.

Ad I. Die Verpflichtung gegen jede einzelne Witwe, ohne minorenne Kinder, hat genau den Werth einer Leibrente für dieselbe und lässt sich daher, wenn man ihr jetziges Alter kennt, (und für Mortalitätstabelle und Zinsfuss eine bestimmte Wahl trifft) genau berechnen. Dass in jedem einzelnen Fall ein Entrepreneur, der für diesen Preis die Verpflichtung auf sich nähme, eine Art Glücksspiel spielt, versteht sich von selbst (und werde ich daher im Folgenden, wo immer wieder dieselbe Erinnerung gemacht werden müsste, dies unterlassen, da dies jedem von einiger mathematischer Bildung bekannt ist), aber der Entrepreneur, der mit einer *sehr grossen Zahl* von Personen denselben Contract schlösse, würde, wenn richtig gerechnet ist, mit moralischer Gewissheit nur ein in Proportion zum Ganzen unerhebliches Schwanken zu erwarten haben.

Wo Kinder vorhanden sind, erleidet die Rechnung eine Modification, behält aber dieselbe Gültigkeit wie im vorigen Falle. Natürlich muss aber das Alter der Kinder auch bekannt sein.

Endlich würde streng genommen bei unsrer Witwenkasse, welche sich wiederverheirathende Witwen ausschliesst, noch eine Modification nöthig sein, die scheinbar*) zum Vortheil der Witwenkasse ist, aber sich natürlich nicht im Voraus berechnen lässt, jedenfalls praktisch $= 0$ zu setzen ist.

Es lässt sich demnach auch der Gesammtbetrag von I. zu Gelde anschlagen, und einen dem Betrage gleichen Theil des Capital-Vermögens der Kasse muss man als dadurch absorbirt betrachten.

Ad II. Auf ähnliche Weise würde sich auch die Verpflichtung gegen jeden einzelnen Professor, der jetzt verheirathetes Mitglied der Gesellschaft ist, nach Gelde anschlagen, wenn es in unserer Gesellschaft ganz ebenso wäre, wie in denjenigen freiwilligen Gesellschaften, wo der jährliche Beitrag oder das Eintrittsgeld nach dem Alter des eintretenden Ehepaars regulirt wird. Das Unterscheidende einer solchen Gesellschaft von der Unsrigen besteht aber in folgendem.

A. In jener erlischt der Contract, wenn die Frau vor dem Manne stirbt; soll er bei einer Wiederverheirathung erneuert werden, so ist es ein ganz neuer nach dem Alter der zweiten Frau zu regulirender Contract. Bei uns sind auch unverheirathete Mitglieder, die eine Braut in beliebigem Alter wählen können, ebenso Witwer, die möglicher Weise sich wieder verheirathen können. Dies alles kann aber jetzt einer Vorausberechnung gar nicht unterworfen werden. Ich würde aber glauben, dass wenn man diejenigen Mitglieder, die jetzt verheirathet sind, nach ihrem und nach dem Alter ihrer jetzigen Frauen einem Calcül unterzöge, und dann für die übrigen jetzt nicht verheiratheten den Mittelwerth jener ersteren Resultate zum Grunde legte, es sich so ziemlich compensiren würde. Möglicherweise werden von einigen jetzt verheiratheten Mitgliedern nicht ihre jetzigen Frauen sondern zweite oder dritte dereinst die Witwenpension geniessen, dagegen wird aber ohne Zweifel ein Theil der jetzt nicht verheiratheten in diesem Stande bleiben. Ich sehe wenigstens nicht ab, was man hier mehr thun könne, als die zweierlei Eventualitäten, die einen zum Nachtheil, die andern zum Vortheil der Kasse gereichend, sich gegenseitig aufheben zu lassen.

B. Ausserdem findet aber auch noch der Unterschied statt, dass Kinder, vielleicht jetzt noch gar nicht geboren, demnächst möglicherweise, an den Vortheilen Theil nehmen. Auch das lässt sich daher so nicht veranschlagen; ich glaube jedoch, dass für diese Unvollkommenheit sich ein völlig ausreichendes Surrogat finden lässt, welches ich aber um nicht gar zu weitläufig zu werden, hier nicht näher entwickeln will.

---

*) Es gehört nicht hierher, zu rechtfertigen, warum ich diese Einrichtung nur für *scheinbar* vortheilhaft halte, ich bin aber gern bereit, jedem der sich dafür interessirt, die Gründe anzuzeigen.

Es erhellet hieraus, dass auch die Verbindlichkeit II. sich mit ziemlicher Zuverlässigkeit wird zu Gelde anschlagen lassen, und dass um diese Rechnungen für I. und II. zu führen, herbeigeschafft werden müssen die Bestimmungen von Geburtsjahr und Tag, für

die einzelnen jetzt lebenden Witwen,

für deren Kinder unter 20 Jahren, wo solche vorhanden sind, wie bei der Frau Hofr. M., der Frau G. J. R. M. und der Frau Prof. H.

für die jetzt verheiratheten Mitglieder,

für deren Ehefrauen.

Ad III. Am bedenklichsten muss aber das Unterfangen erscheinen, den jetzigen Geldwerth der Verbindlichkeit der Kasse gegen die künftigen Theilnehmer *in saecula saeculorum* in Zahlen auszudrücken, versteht sich, nach den jetzigen Statuten, und nach der jetzigen Grösse der Pensionen und Beiträge. Und doch ist es *nothwendig*, dass man in den Stand gesetzt werde, sich hiervon einen wenigstens angenäherten Begriff zu machen, denn es handelt sich ja gerade davon, *dass die Stabilität*, nicht von einer demnächst nach Umständen in ihren Einrichtungen abzuändernden Witwenkasse, sondern *von unsrer Witwenkasse nach ihren jetzigen Einrichtungen begutachtet werden soll.* Man wird hierbei natürlich nicht vergessen, dass die Rechnung von gewissen Elementen abhängig bleibt, die theils schon jetzt nur näherungsweise abzuschätzen sind, theils im Laufe der Zeit sehr bedeutende Abänderungen erleiden können. Von solchen Elementen nenne ich zwei, die Höhe des Zinsfusses und die Anzahl der durchschnittlich jährlich hinzutretenden neuen Mitglieder.

Die Höhe des Zinsfusses steht bei einer Anstalt, die nur zu einem sehr kleinen Theile auf fortgehende Beiträge, der Hauptsache nach auf Capitalrente basirt ist und bleiben soll, offenbar mit der Grösse des erforderlichen Capitals in genauem (verkehrtem) Verhältnisse dergestalt, dass wenn z. B. in einem Zeitpunkte die Schenkung eines Capitals von 70000 Thl. gerade zureichten, eine durchschnittlich immer jährlich gleich viel neue Mitglieder annehmende Gesellschaft zu sustentiren bei einem Zinsfuss von 4 p.c., das Herabsinken des Zinsfusses auf $3\frac{1}{2}$ p.c. die Erhöhung des Capitals auf 80000 Thl. erfordern würde. Ich halte diesen Umstand in Beziehung *auf die Schwierigkeit der Begutachtung*, gerade für den unerheblichsten. Die Begutachtung kann mehr nicht thun, als die Grösse des Einflusses in ein klares Licht zu stellen, woraus sich die Folge von selbst ergibt, dass nothwendig schon dafür gesorgt werden muss, dass das Capital durchschnittlich jährlich eine angemessene Erhöhung erhalte, um dem im Laufe der Zeit allmählig aber unfehlbar eintretenden Sinken des Zinsfusses zu begegnen.

Ebenso einleuchtend ist es, dass die Grösse des erforderlichen Capitals genau der Anzahl der durchschnittlich jährlich beitretenden neuen Mitglieder (*ceteris paribus*) proportional sein wird. Wir können zunächst nur unsre eignen Erfahrungen zum Grunde legen, die seit 100 Jahren vorliegen, und wo natürlich die neuern und neuesten Zeiten unser Urtheil vorzugsweise leiten müssen. Se. Magnificenz bemerkt mit Recht, dass die aus den gesteigerten wissenschaftlichen Bedürfnissen und Anforderungen hervorgegangene Vergrösserung der Zahl der Professoren einen wesentlichen Einfluss auf das Bestehen solcher Professorenwitwenkassen haben muss, die hauptsächlich auf Capital fundirt sind. Es ist also sehr wohl möglich, dass die Göttingischen Ergebnisse z. B. seit den letzten 30 oder 40 Jahren keinen ganz richtigen Maassstab für die Zukunft, zumal für die Zukunft späterer Jahrhunderte bilden können; aber diese Ungewissheit liegt in der Natur der Veränderlichkeit aller menschlichen Dinge, die Folgen davon treten *allmählig* hervor, und man begegnet ihnen nur durch eine niemals einschlummernde Vigilanz. In unserm Falle also macht man seine Rechnung für das zur nachhaltigen Erfüllung der Verbindlichkeit III. erforderliche Capital nach unsern besten jetzigen Kenntnissen, vergisst nicht, dass eben wegen jener Ungewissheit ein etwas grösseres Capital vorhanden sein müsse, *wiederholt* die Rechnung fortwährend in bestimmten nicht gar zu grossen

Fristen z. B. aller 5 oder 10 Jahre, indem man immer die neu hinzugekommenen Erfahrungen mit benutzt, und sieht nur dann den Ueberschuss als theilweis disponibel an, wenn er sich wirklich *vergrössert* hat.

Aber auch abgesehen von diesen beiden Umständen, oder mit andern Worten, auch wenn man einen bestimmten Zinsfuss und eine bestimmte Zahl alljährlich im Durchschnitt beitretender neuer Mitglieder zum Grunde legt, scheint doch die Schwierigkeit der Abschätzung fast unüberwindlich, da die verschiedensten Verhältnisse vom Alter der Ehegatten eintreten, der Wiederverheirathung verwitwet gewordener nicht einmal zu gedenken. In jener Beziehung scheint also der Begutachter nur ungefähr auf Einer Linie zu stehen mit demjenigen, der den Plan von einer der vielen Witwenkassen hätte im Voraus prüfen sollen, die ohne strenge Berücksichtigung des Lebensalters der eintretenden Ehepaare errichtet, fast alle zu Grunde gegangen sind. (Wenn Herr Universitätsrath K. glaubt, dass es auch bei allen diesen Kassen an *Calcül* nicht gefehlt haben werde, so hat er ohne Zweifel Recht; wenn er aber daraus auf die Bodenlosigkeit der *Wahrscheinlichkeitsrechnung* schliessen will, so hat er Unrecht. Allerdings gibt es viele Wörter, mit denen verschiedene Personen verschiedene Bedeutungen verbinden, imgleichen solche, die wissenschaftlich eine sehr bestimmte Bedeutung haben, unter denen man aber im gemeinen Leben oft sehr disparate Dinge zusammenwirft. So ist es mit dem Ausdruck Wahrscheinlichkeitsrechnung bewandt. Im strengen Sinne verstanden kann von Anwendung derselben in allen den Fällen gar nicht die Rede sein, wo die nöthigen Grundlagen fehlen. Bei allen den gescheiterten Witwenkassen ist bei der Anordnung der Einrichtung von der strengen Wahrscheinlichkeitsrechnung *gar kein* Gebrauch gemacht, sondern nur von vagen Apercüs. Dies spreche ich hier nur als Thatsache aus, aber nicht als Vorwurf, da in der That eine Basirung auf Wahrscheinlichkeitsrechnung schon darum unmöglich war, weil alle nothwendigen Bedingungen dazu fehlten). Allein in dem vorliegenden Fall ist es zwar unmöglich, ein Endresultat nach der Wahrscheinlichkeitsrechnung aus den einzelnen Elementen zu ermitteln, eben weil diese Elemente fehlen, wohl aber bietet die hundertjährige Erfahrung bei der Kasse selbst, wenn sie auf die rechte Art ausgebeutet wird, einen reichen Schatz zur Grundlage dar. Diese Erfahrungen werden daher erst gesammelt und geordnet werden müssen. Ich setze die Anlegung eines Buches voraus, in welchem von der ersten Stiftung der Gesellschaft an die sämmtlichen Mitglieder, ohne Ausnahme, nach der chronologischen Ordnung des Eintritts verzeichnet werden, nebst allen den Angaben, die für den in Rede stehenden Zweck relevant sind. Allerdings würden diese Erfahrungen ein noch viel fruchtbareres Material darbieten, wenn von sammtlichen betheiligten Personen auch Geburtsjahr und Tag aufgezeichnet wäre, nemlich von dem eintretenden Professor, von seiner Frau, wenn er schon verheirathet ist, oder, wenn und so oft er sich nach dem Eintritt verehelicht, endlich von den minorennen Kindern, die beim Absterben des Mitgliedes vorhanden sind. Alle diese Dinge aber fehlen, und würden nur eben in Beziehung auf das Mitglied selbst sich noch jetzt in den meisten Fällen ergänzen lassen, aus welchen einzelnen Bestimmungen sich aber wenig oder gar kein Nutzen ziehen liesse. Gleichwohl bleibt das, was sich noch jetzt ohne Zweifel wird zusammenbringen lassen, höchst schätzbar, ich meine nemlich für jedes einzelne Mitglied

1. *Terminus a quo* und *ad quem* der geleisteten Beiträge.
2. *Terminus a quo* und *ad quem* der genossenen Witwenpension in den Fällen wo ein solcher eintrat.
3. *Terminus a quo* und *ad quem* der genossenen Waisenpension, wo nach dem Tode des Vaters oder der Mutter noch minorenne Kinder vorhanden waren.

Die *Grösse* der Geldsumme, die von den Mitgliedern beigetragen, von den Witwen und Waisen erhoben sind, braucht aber gar nicht mit extrahirt werden.

Dies wäre denn das *dritte Requisit* dessen Herbeischaffung, vor Anfang aller Berechnungen, unerlässlich ist. Ich bin mit der Einrichtung des Archivs der Witwenkasse ganz unbekannt, weiss also nicht, ob vielleicht nicht besonders angelegte Bücher, aus denen dieses Material mit Sicherheit, Vollständigkeit und Leichtigkeit entnommen werden könne, schon vorhanden sind. Jedenfalls aber würden doch die ohne Zweifel aufbewahrten 105 Jahresrechnungen dazu dienen können. Erst nach eigner näherer Einsicht in die vorhandenen Papiere würde ich aber mich erklären können, ob und in welchem Maasse ich meine eigne Beihülfe zu dieser Extraction zusagen kann.

Für jeden einzelnen in diesem Buche aufzuführenden Theilnehmer lässt sich aus den rubricirten Daten berechnen, wie viel er der Gesellschaft und wie viel seinen Relicten diese bei den gegenwärtigen Sätzen geleistet haben, und was bei bestimmtem Zinsfusse der Geldwerth davon auf die Zeit seines Eintritts reducirt gewesen sein würde. Natürlich ist dies bei den einzelnen sehr verschieden, bei einigen positiv, bei andern negativ; aber nach den ewigen Gesetzen ist der *Mittelwerth* aus einer grossen Menge ein Element das als Mittelwerth wieder für die Zukunft zum Grunde gelegt werden kann, wo keine Ursache ist, wesentliche Aenderungen der allgemeinen Verhältnisse vorauszusetzen. Diese Tabelle selbst wird hierüber schon eine lehrreiche Indication geben können, wenn man das Ganze gruppirt, und z. B. den Mittelwerth der ersten Hälfte mit dem für die zweite, oder das erste, zweite und dritte Drittel mit einander vergleicht. Es wird sich so herausstellen, wie gross der Geldwerth der Verbindlichkeit der Gesellschaft ist, der ihr durch den Eintritt eines neuen Mitgliedes *durchschnittlich* zuwächst, und wenn man, nach dem was schon oben bemerkt ist, zugleich eine plausible Annahme für die Durchschnittszahl der jährlich zutretenden genommen hat, so lässt sich, für bestimmten Zinsfuss, berechnen, wie gross das Capital sein muss, dessen Zinserträgniss, diese auf immer fortlaufende Verbindlichkeit III. decken kann. Alle drei Capitale für I. II. und III. zusammengerechnet und mit dem wirklichen Vermögen der Gesellschaft verglichen, werden dann so genau wie es nach der Natur des Gegenstandes möglich ist zeigen, ob bei der jetzigen Einrichtung ihre Stabilität *mehr* als gesichert ist, oder nur eben zureichend, oder aber ob ihre Instabilität daraus hervorgeht, und also mit Entschiedenheit früh oder spät ihr Untergang erwartet werden müsse, und demgemäss würden dann die geeigneten Maassregeln in den verschiedenen Fällen zu erwägen und einzuleiten sein.

Dies sind die Hauptzüge des Planes, nach welchem meiner Meinung nach eine gründliche Prüfung und Aufstellung einer Bilanz ausgeführt werden könnte und müsste. Es ist eine bedeutende Arbeit, der ich mich aber, wenn es gewünscht wird, gern unterziehen werde. Dass diese Skizze nur ungefeilt und flüchtig niedergeschrieben hier vorgelegt ist, wird man mit der Kürze der Zeit entschuldigen. Wird eine solche Arbeit jetzt ausgeführt, so bleibt es jedenfalls wie schon oben bemerkt ist, dringend wünschenswerth, dass in Zukunft nach gewissen Zeitfristen immer wieder eine neue Bilanz gezogen werde, und dies würde dann viel leichter als das erstemal werden, wenn ein solches Buch wie ich oben erwähnt habe mit allen *Zeitpunktsrubriken* wenigstens von jetzt an angelegt und regelmässig vervollständigt und fortgesetzt würde.

Ich will nun auch noch mein Votum über ein paar andere Punkte, die in den andern Abstimmungen berührt sind, beifügen.

Ich bin nicht dafür, dass die Bestimmung der Statuten, welche die nicht besoldeten Professoren ausschliesst, aufgehoben werde. Die Universität als Corporation müsste in Beziehung auf die Witwenkasse immer dringend wünschen, dass solche Fälle, wo einem bei Schule oder Kirche Angestellten der Professortitel beigelegt wird, sehr selten blieben. Von einem solchen Fall aber abgesehen, wird einer, der gar keine Besoldung und kein Vermögen hat, nicht leicht so unbesonnen sein, eine Verheirathung einzugehen, und also überhaupt die ganze Bestimmung selten vielleicht nie von Wirkung sein. Möglicherweise könnte aber ein unbesoldeter Professor, der sich selbst dem Tode nahe fühlend eine Braut hätte, welche er sonst vor Erlangung einer Besoldung gewiss noch nicht geheirathet hätte, falls ihm der Eintritt in die Witwenkasse offen stände, dadurch versucht werden, durch eine schnelle Copulation der Witwenkasse eine Last aufzubürden.

So lange *bona fide* gehandelt wird, müssen vielmehr die unbesoldeten Professoren jene Clausel als eine billige zu ihrem Vortheil gereichende Bestimmung betrachten, die ihnen die Alternative erspart, entweder schon während der Zeit, wo sie nichts von der Universität empfangen, zur Witwenkasse beitragen, oder später, wenn sie Besoldung erhalten, noch für die ganze Zeit ihres unbesoldeten Professorstandes doppelt nachzahlen zu müssen.

Meine zweite Bemerkung betrifft den Zinsfuss, in Beziehung auf welchen ich dem, was in dem P. M. des U. R. O. gesagt ist, nicht ganz beitreten kann. Mir erscheint vielmehr die Rechnung, nach welcher der jetzige Zinsfuss zu $4\frac{1}{10}$ proc. ermittelt ist, zum Theil als illusorisch. Ich erkläre mich durch ein Beispiel. Die Oesterreichischen $4\frac{1}{2}$ proc. Papiere stehen nach dem heutigen Courszettel auf $103\frac{5}{8}$. Beim Ankauf von einem Banquier wird man, alles eingerechnet, gewiss *über* 104 wirklich zahlen müssen, ich will aber nur bei 104 stehen bleiben. Man erhält also für sein eingezahltes Geld in der Wirklichkeit nur $4\frac{17}{52}$, oder nicht ganz $4\frac{1}{3}$ proc. Zinsen. Es dauert also wenigstens 12 Jahre, bis man nur sagen kann, dass man wirklich 4 proc. Zinsen genossen hat. Nun werden aber von diesen Papieren alle Jahre *sehr grosse* Summen ausgeloost und zu pari zurückgezahlt. Geschieht die Ausloosung schon nach 2 Jahren, so hat man in der Wirklichkeit nur zusammen $4\frac{2}{3}$ proc. oder für ein Jahr $2\frac{1}{3}$ proc. Zinsen genossen, ungerechnet die Kosten, mit welchen jede Einziehung verbunden ist. Für den Besitzer eines solchen Papiers ist es auch immer ein gefährlicher Umstand, dass er, wenn die ihn treffende Ausloosung nicht zu seiner Kenntniss gelangt, er also das Einziehen zu rechter Zeit versäumt, einen sehr bedeutenden Verlust erleiden kann. Für die Witwenkasse wird wohl der Banquier, von dem die Papiere erkauft sind, immer die nöthige Vigilanz ausüben, weil ihm selbst durch jede vorfallende Versur ein Gewinn zuwächst, aber eigentliche Verantwortlichkeit für jeden durch mögliches Uebersehen entstehenden Verlust wird er doch schwerlich auf sich nehmen. In dieser Rücksicht will ich also nicht unterlassen, hiermit die Anzeige zu machen, dass in der heute vor acht Tagen in Wien geschehenen Verloosung von *anderthalb Millionen Gulden* der in Rede stehenden Papiere auch eine der Obligationen der Witwenkasse getroffen ist, nemlich die pag. IX. der Rechnung unter Nr. 52 aufgeführte Litr. P Nr. 15472. Dass ich im Stande bin, diese Anzeige zu machen, verdanke ich nur dem zufälligen Umstande, dass ich heute, wo eben diese Rechnung in meinen Händen ist, die Notiz von der geschehenen Verloosung in einem Zeitungsblatt fand, und mir daher die Designation der ausgeloosten Nummer notirte, um sie zu Hause mit der Capitalliste der Witwenkasse vergleichen zu können, und mit dieser Anzeige will ich denn diese lange Exposition beschliessen.

9. Januar 1845. GAUSS.

## [II.]

### *Untersuchung des gegenwärtigen Zustandes der Professorenwitwenkasse zu Göttingen.*

#### *Vorwort.*

In dem von mir in der Witwenkassen-Angelegenheit am 8. Januar d. J. abgegebenen Votum habe ich die Methode nach ihren wesentlichen Elementen angedeutet, welche ich für die allein geeignete halte, um zu einem so gründlichen Urtheile, wie die Natur des Gegenstandes verstattet, zu gelangen. Ich habe die dort bezeichneten allerdings sehr langwierigen Rechnungen jetzt beendigt, und ihre Resultate sind in der zweiten Abtheilung dieser Denkschrift enthalten.

Da ich jedoch eine nähere Bekanntschaft mit den Grundsätzen derartiger Rechnungen bei den meisten Mitgliedern des Collegiums, welchem diese Schrift vorgelegt wird, nicht voraussetzen darf, so habe ich geglaubt, dass es denselben lieb sein würde, den Gegenstand auch noch von andern Seiten und aus mehr populären Gesichtspunkten erwogen zu sehen. Ist es auch nicht möglich, auf diese Art eigentlich *präcise*

Resultate zu gewinnen, sondern nur allgemeine Ueberschläge und Anhaltspunkte, so ist es doch wichtig, diese mit den Resultaten einer strengern Methode in Einklang zu finden, und jedenfalls wird dadurch alles in ein helleres Licht gesetzt. Zudem sind diese Auseinandersetzungen enge verknüpft mit der prüfenden Revision eines Cardinalpunkts des jetzt bestehenden Regulativs, welche Prüfung ich für unumgänglich nothwendig halte, und in Beziehung auf welche keine Dunkelheiten zurückbleiben dürfen. Ich habe daher diese Entwicklungen in dem ersten Theile dieses Aufsatzes so ausführlich und, wie ich hoffe, so klar dargestellt, dass man denselben leicht wird folgen können.

*Erste Abtheilung.*

Dass der Zustand der Witwenkasse bei dem Senate zur Sprache gebracht ist, und Verhandlungen darüber Statt gefunden haben, in deren Folge eine gründliche Untersuchung jenes Zustandes von dem Universitäts-Curatorium verfügt ist, war zunächst durch die im Herbst des vorigen Jahrs hervorgetretenen Besorgnisse veranlasst, welche besonders durch das rasche und alle frühern Erfahrungen weit überschreitende Steigen der Witwenzahl (seit dem Tode des Geheimen Justizraths M. auf zwei und zwanzig) erregt, und durch eine augenblickliche Insufficienz des baaren Kassenvorraths zur vollständigen Zahlung der Pensionen am gewohnten Tage noch vergrössert waren.

Dass diese und andere Umstände eine gewisse Beunruhigung hervorbrachten, ist um so weniger zu verwundern, da man sich gewöhnt hatte, den Zustand wie einen höchst blühenden zu betrachten. Bis Ostern 1829 war der Betrag der jährlichen Pension 210 Thl. gewesen, und durch viermalige Erhöhung von je 10 Thl. während des kurzen Zeitraums von $6\frac{1}{2}$ Jahren war sie Michaelis 1835 auf 250 Thl. gestiegen. Man glaubte daher damals den Zeitpunkt, wo die Pensionen auf 300 Thl. angewachsen sein würden, so nahe, dass man sich schon mit Plänen beschäftigte, wie nachher der Ueberfluss am besten zu verwenden sein würde*). Allein gerade von jener Zeit an begannen die Verhältnisse sich ungünstiger zu gestalten; zu den bis Ende 1835 vorhandenen zwölf Pensionirten kamen binnen 9 Jahren zwölf neue Witwen hinzu, während nur zwei Pensionen erloschen.

Die vorhin erwähnte augenblickliche Unzulänglichkeit des baaren Kassenbestandes ist übrigens ein Umstand von geringer Bedeutung, selbst wenn dadurch eine kurzfristige verzinsliche Anleihe nöthig geworden wäre, was jedoch, der Jahresrechnung 1844—1845 zufolge, dasmal nicht der Fall gewesen zu sein scheint. Dergleichen Eventualitäten können bei der solidesten Kasse, wie bei dem solidesten in vielfachem Geldverkehr begriffenen Particulier vorkommen, und desto öfter, je mehr dahin gestrebt wird, grössere Geldsummen nicht lange ungenutzt liegen zu lassen.

Auch die 1844 so sehr vergrösserte Anzahl der Witwen war, an sich betrachtet, noch kein Beweis einer nahen Gefahr. Man durfte mit Wahrscheinlichkeit erwarten, dass diese Zahl bald wieder eine Verminderung erleiden würde, wie denn auch wirklich von März bis Juni d. J. drei Witwen mit Tode abgegangen sind. Auch ist nicht unwahrscheinlich, dass in nicht langer Zeit noch einige weitere Abnahme eintreten könne: indessen gewährt eine Rechnung von heute auf morgen nur eine sehr ungenügende Beruhigung, und ein beträchtliches dauerndes Sinken der Witwenzahl hat man allerdings keinen Grund zu erwarten.

Nicht die zeitweilige Grösse der Witwenzahl ist es, was dem Institute Gefahr drohet, sondern etwas ganz anderes, nemlich

*) Zwei wohlmeinende, seitdem bereits verstorbene Mitglieder der Kirchen-Deputation brachten in Anregung, der eine die Abschaffung der jährlichen Beiträge, der andere die Erweiterung der Waisenpensionen, bis zur Stiftung lebenslänglicher Pensionen für die unverheiratheten Professorentöchter.

*die unklare Fassung desjenigen Theils des Regulativs, wodurch die Progression der Pensionssätze bestimmt werden soll*

in Verbindung mit

*der gegenwärtig so sehr vergrösserten Anzahl der an der Witwenkasse Theil nehmenden Professoren.*

Die grosse Wichtigkeit des letztern Umstandes ist schon in meinem oben erwähnten Votum angedeutet. Die Bedeutsamkeit einer grossen Anzahl von Interessenten ist nach der Beschaffenheit einer Witwenkasse eine sehr verschiedene. Für eine Witwenkasse, welche sich durch die Beiträge der Mitglieder (oder durch die Antrittsgelder, oder durch beides verbunden) ganz selbst erhält, wird eine recht grosse Anzahl der Theilnehmer nur vortheilhaft sein, vorausgesetzt, dass die Kasse auf eine richtige Rechnung basirt ist. Eine doppelt starke Gesellschaft *dieser* Art, hat unter übrigens gleichen Umständen eine doppelt so grosse Anzahl von Witwen zu erwarten, wie eine einfache: sie hat aber auch gerade doppelt so viele Einnahme, und kann daher den einzelnen Witwen gerade eben so viel gewähren, aber mit mehr Sicherheit gegen die wechselnden Fluctuationen, welche bei der grössern Gesellschaft im Verhältniss zum Ganzen geringer sind, als bei der kleinern.

Ganz anders aber verhält es sich mit einer Witwenverpflegungsanstalt, die ein reines Beneficium ist, und deren Mittel einmal eine gegebene Grösse haben (durch bestimmten Kapital- oder Grundbesitz). Auch hier wird jede Erweiterung des Umfanges eine in gleichem Verhältnisse vermehrte Anzahl der Witwen zur Folge haben, deren jede einzelne demnach auch nicht mehr so viel aus den gegebenen Mitteln wird erhalten können, wie vorher bei beschränkterem Umfange. Allerdings wird die der vergrösserten Interessentenzahl entsprechende Vergrösserung der Witwenzahl in ihrer *vollen* Stärke erst nach mehrern Decennien eintreten, und dem natürlichen Gange der Dinge gemäss bis dahin sich nach und nach entwickeln. Setzen wir, um die Vorstellung zu fixiren, der Umfang einer solchen Gesellschaft (die ein reines Beneficium ist) habe sich binnen einer gewissen Zeit verdoppelt. Man wird dann bald auf eine vergrösserte Witwenzahl, also, wenn das Vermögen nicht selbst angegriffen werden soll, auf eine Verminderung der jeder einzelnen Witwe zu gewährenden Pension gefasst sein müssen, und diese Herabsetzung wird nach und nach bis auf die Hälfte fortschreiten. Hätte aber eine solche Gesellschaft ein Statut, wonach den Witwen, trotz ihrer steigenden Zahl, fortwährend gleichbleibende Pensionen gezahlt werden *müssen*, so würde sie nothwendig zu Grunde gehen. Zwei Fälle gibt es jedoch, wo dieser Hergang eine Modification erleiden wird oder erleiden kann. *Erstlich* wenn die Mittel der Kasse, vor der Erweiterung des Umfanges der Theilnahme, mehr als hinreichend waren, um die bestehenden Pensionen zu bestreiten, so dass eine fortwährende Vermögensvergrösserung, und etwa auch bis dahin von Zeit zu Zeit eine Erhöhung des Pensionssatzes hatte Statt finden können. Hier wird offenbar der Erfolg des erweiterten Umfanges von dem *Wieviel?* abhängen. Hatte die Kasse vorher einen grossen jährlichen Ueberschuss, und ist die Vergrösserung der Interessentenzahl nicht sehr bedeutend, so kann jene die Gefahr vielleicht überstehen; die Vermögenszunahme wird nur immer langsamer und langsamer werden, und möglicherweise kann, wenn die Folge jener Ursache sich erst ganz entwickelt hat, die Kraft der Kasse noch hinreichend sein, auch der grössern Witwenzahl die volle Pension zu gewähren. Umgekehrt aber, war anfänglich der jährliche Ueberschuss nicht gross, die Vermehrung der Interessentenzahl aber sehr erheblich, so wird der jährliche Ueberschuss bald in ein Deficit übergehen, und der Ruin der Kasse zwar etwas später, als wenn ursprünglich Mittel und Ansprüche im Gleichgewicht waren, aber doch eben so unfehlbar eintreten. *Zweitens* bei einer Kasse von überhaupt geringem Umfange in Beziehung auf die Zahl der Theilnehmer, und wo diese Zahl also auch nach der Vergrösserung noch wie eine kleine zu betrachten ist, wird man keinen so regelmässigen Hergang erwarten dürfen wie bei grössern, die in der Natur der Sache liegenden, aber, bei kleinen Zahlen *verhältnissmässig* viel grössern Schwankungen werden die Regelmässigkeit in der Folge der Erscheinungen schwächen, ja ganz verdunkeln können, ohne darum der Richtigkeit des Satzes den geringsten Eintrag zu thun, dass nach Mittelzahlen aus hinreichend langen Perioden der doppelten Interessentenzahl auch die doppelte Witwenzahl folgen muss. Aber, aus jener Ursache, kann es geschehen, dass bei einer kleinen Gesellschaft die verhältnissmässig vergrösserte Witwenzahl länger ausbleibt, als bei einer grossen; sie kann aber eben so gut auch viel früher eintreten. Es kann, bei einer kleinen Gesellschaft, sich treffen, dass während einer beträchtlichen Zahl von Jahren nach der Vergrösserung der Interessentenzahl die Witwenzahl nur eine ganz unbedeutende Zunahme zeigt, fast stationär bleibt, ja selbst einmal wieder etwas zurückgeht, was aber im Grunde nichts weniger als wünschenswerth sein würde, falls sich dadurch die Administration in eine trügerische Sicherheit einwiegen liesse, und im Vertrauen auf den augenblicklich noch im Steigen begriffenen Vermögenszustand noch *Erhöhung* der Pension verfügte, zu einer Zeit, wo eine gründliche weiter als auf den nächsten Tag sehende Erwägung vielleicht schon die Nothwendigkeit einer *Beschränkung* erkannt haben würde. Denn das bedarf keines Beweises, dass nothwendig werdende Beschränkungen desto grösser ausfallen müssen, je länger man sie verschoben hatte.

Von dem, was über reine Beneficienkassen gesagt ist, lässt sich nun leicht die Anwendung auf solche machen, die zwischen jenen und den sich durch die Beiträge ganz selbst erhaltenden stehen. Eine solche gemischte Kasse ist die Professorenwitwenkasse, obwohl sie wegen der Geringfügigkeit der Beiträge jenen viel näher steht als diesen. Auf den Grund jährlicher Beiträge von 10 Thl. würde, wie aus den in der zweiten Abtheilung zu erörternden Rechnungen folgt, den Hinterbliebenen der Interessenten höchstens eine Pension von 44 Thl. oder von 48 Thl. gewährt werden können, je nachdem der Zinsfuss von $3\frac{1}{2}$ oder von 4 Procent vorausgesetzt wird, und hiebei ist noch nichts wegen möglicher Verluste, und wegen Administrations- und anderer Kosten in Abzug gebracht. Was darüber gewährt wird, also nach dem seit 1835 bestehenden Pensionssatze jährlich 202 bis 206 Thl., ist wie der Ausfluss eines reinen Beneficiums zu betrachten, und es gilt davon, rücksichtlich der Wirkungen der steigenden Interessentenzahl ganz dasselbe, was oben in Betreff solcher Kassen entwickelt ist.

Hiedurch erscheint nun allerdings der Umstand, dass die Anzahl der Theilnehmer an unsrer Witwenkasse jetzt um die Hälfte grösser ist, als sie durchschnittlich vor 20 bis 30 Jahren war, in schwerer Wichtigkeit. Um jedoch diese gehörig würdigen zu können, muss zugleich wohl erwogen werden, dass die in der letzten Zeit so gross gewordene Witwenzahl oder richtiger Pensionenzahl (nach dem *Durchschnitt* der letzten *acht* Jahre = 20) ganz und gar nicht Folge der jetzigen grossen Zahl der Theilnehmer ist, sondern eben so gross sein würde, wenn auch die Zahl der Theilnehmer nicht so sehr vermehrt wäre: es erhellet dies aus dem Umstande, dass die Ehemänner derjenigen Witwen, welche in den letzten acht Jahren den Bestand gebildet haben (resp. Väter der Pension genossen habenden Waisen) fast sämmtlich schon vor dem Steigen der Interessentenzahl, ja meistens schon sehr lange vor diesem Steigen, der Gesellschaft angehört haben. Es muss vielmehr die jedesmalige Witwenzahl, in einer Gesellschaft, deren Umfang im Steigen ist, nicht mit der gleichzeitigen Zahl der Theilnehmer, sondern mit derjenigen zusammengestellt werden, welche mehrere Decennien früher Statt gefunden hat. Hiernach liegt nun aber folgende Schlussfolge sehr nahe: Eben so gut, wie aus dem frühern Zustande der Gesellschaft, deren Interessentenzahl vor 20 bis 30 Jahren zwischen 31 und 38 auf und ab schwankte, jetzt eine durchschnittliche Witwenzahl von 20 hervorgegangen ist, wird ganz füglich, wiederum nach einigen Decennien, aus dem jetzigen Umfange der Gesellschaft — von 51 Interessenten — eine Witwenzahl von 30 erwachsen können, und zwar ohne alle Gewähr, dass diese Zahl ein unübersteigliches Maximum sei. Es wird damit nicht gesagt, dass dies gewiss wirklich geschehen *werde*, sondern nur, dass nach den bisherigen Präcedentien es geschehen könne, ohne dass man es gerade wie etwas Ausserordentliches betrachten dürfte; jedenfalls zeigt schon ein solcher roher Ueberschlag, dass die Witwenkasse in den möglichen Wechselfällen ein viel höheres Spiel spielt, als bisher geglaubt sein mag.

Gerade hiedurch erhält nun aber die Unklarheit*) des Regulativs bei derjenigen Stipulation, wodurch die Grösse und das Fortschreiten des Pensionssatzes normirt werden soll, einen sehr bedenklichen Charakter. Die eignen Worte des Rescripts des Universitätscuratoriums vom 20. November 1794, durch welche diese Normirung sanctionirt ist, sind folgende:

— — — — Zweitens genehmigen wir, dass so oft sich der Fundus um 5000 Thl. vermehrt haben wird, und die andern Revenüen des Witwenfonds keine Verminderung gelitten haben, auch die Anzahl der Pensionen nicht über 15 gestiegen ist, eine jede Pension mit 10 Thl. erhöhet werden solle.

Mangelhaft ist diese Bestimmung darin, dass sich nicht auf eine ganz unzweideutige Art erkennen lässt, *was* denn eigentlich an einer Pensionserhöhung von den vorangehenden Bedingungen abhängig sein soll, ob das Bestehen, oder ob bloss der Anfang; mit andern Worten (indem ich bloss die letzte Bedingung in Betracht ziehe)

> ob eine Erhöhung, die dem Statut gemäss zu einer Zeit eingetreten ist, wo die Zahl der Witwen höchstens 15 betragen hatte, wieder aufhören oder wenigstens zweckmässig modificirt werden soll, sobald später die Anzahl der Pensionen jene Normalzahl überschreitet,

oder aber

> ob eine einmal eingetretene Erhöhung unabhängig von der späterhin erfolgenden Ueberschreitung der Normalzahl dennoch unabänderlich fortdauern solle.

Dass die obige Formulirung der Vorschrift, wenn man ohne alle Rücksicht auf die bei Erwägung des Inhalts sich ergebenden Folgerungen, bloss den Wortlaut in Betracht zieht, natürlicher auf die zweite Auslegung hinführt als auf die erste, will ich um so weniger bestreiten, da bei meiner gegenwärtigen hauptsächlich auf den innern Gehalt der Anordnung selbst gerichteten Untersuchung der sprachliche Standpunkt nur ein ganz untergeordneter ist. Ich kann jedoch nicht umhin, zur Vergleichung auch die Einkleidung hieher zu setzen, in welcher Brandes, in seinem bekannten Werke über die Universität Göttingen, die Verfügung anführt; da Brandes 1794 als Referent im Ministerium für die Universitätssachen fungirte, so ist seine Auffassung jedenfalls zur Sache gehörig, wenn sie auch vom juristischen (meiner Untersuchung gleichfalls fremden) Standpunkt aus, der einmal im officiellen Rescript gebrauchten Wortfassung nicht derogiren kann. Es heisst a. a. O. S. 254:

> Ferner wurde zu der Zeit beliebt, dass jedesmal, wenn der Capital-Fonds der Kasse mit 5000 Thl. angewachsen sei, eine jede Pension mit 10 Thl. vermehrt werden solle, *so lange* die Zahl der Pensionirten nicht über 15 hinausgeht, was noch nie der Fall war.

Hiernach scheint Brandes den Vorbehalt wegen der 15 Pensionen eher in dem Sinn der *ersten* Interpretation verstanden, aber, wegen des zuletzt vom ihm angeführten Umstandes für praktisch ganz unerheblich gehalten zu haben, wodurch sich denn vielleicht auch erklären lässt, dass in der Wortfassung des Rescripts nicht für die vollkommenste Schärfe Sorge getragen ist.

Brandes würde jedoch wahrscheinlich ganz anders geurtheilt haben, wenn er vorher das Factische genau geprüft hätte. Brandes kann bei der Angabe 'was noch nie der Fall war' nicht den siebenjährigen Zeitraum von Einführung der Bestimmung bis zur Abfassung seines Buchs verstanden haben, da der Erfahrung aus einem so kurzen Zeitraume gar kein Gewicht beigelegt werden könnte, sondern muss die ganze seit Stiftung der Kasse verflossene Zeit gemeint haben. Dann ist aber seine Behauptung factisch unrichtig. Die Zahl der aus der Kasse bezahlten Pensionen war wirklich schon einmal über 15 gestiegen, nemlich während der ersten sechs Monate des Jahrs 1778, wo 16 Pensionen bestanden; ja derselbe Fall würde

---

*) Wer an dieser Bezeichnung einer seit einem halben Jahrhundert in Kraft gewesenen Anordnung Anstoss nimmt, wolle sein Urtheil suspendiren, bis er die erste Abtheilung ganz gelesen hat.

auch bereits zwei Jahre früher eingetreten sein, wenn die erst 1794 eingeführte Verlängerung der Dauer der Waisenpensionen bis zu dem Alter von 20 Jahren schon damals gegolten hätte. Dieser Umstand erscheint aber in so schwererer Bedeutung, wenn man (gemäss der schon oben gemachten Bemerkung) erwägt, dass 20—30 Jahre rückwärts von jener Epoche, nemlich von 1747—1757, der Durchschnittswerth der Interessentenzahl nur 21—22 betrug, 1794—1802 hingegen 35—36.

Ueber 15 ist nun, nachher, die Zahl der Pensionen nicht eher wieder gestiegen, als Ostern 1837, und hat sich seitdem immer darüber gehalten. Die Kasse hat den vollen, alle seit 1794 eingetretenen successiven Erhöhungen mit einschliessenden Pensionsbetrag fortgezahlt, und so wenigstens *implicite* — denn ob darüber vorher Verhandlungen der Kirchendeputation Statt gefunden haben, ist mir nicht bekannt — die zweite Interpretation des zweifelhaften Punkts angenommen.

Wollen wir nun aber, mit Beiseitesetzung sprachlicher und formell juristischer Rücksichten, zwischen den beiden Interpretationen nur nach innern Gründen entscheiden, so drängt sich zuvörderst sogleich die Frage auf: Wenn es wirklich unbedenklich ist, eine erhöhte Pension auch für 16 Percipienten ungeschmälert *fortbestehen* zu lassen, warum soll es denn verboten sein, sie auch bei 16 Percipienten *anfangen* zu lassen? Die Gefahr, wenn eine da ist, ist ja doch in dem einen Fall gerade eben so gross wie in dem andern. Dies Argument wird noch schlagender, wenn man zu grössern Zahlen fortschreitet. Denn eine erhöhete Pension bei 17 (und wie viel mehr bei 18, 19 u. s. f.) Percipienten fortbestehen zu lassen, ist doch ganz offenbar der Kasse gefährlicher, als die Erhöhung bei 16 anfangen zu lassen, und jenes ist, wenn man die zweite Interpretation annimmt, erlaubt, dieses verboten.

Zu welchen Folgerungen eine streng consequente Durchführung der zweiten Interpretation führt, ist leicht zu übersehen.

In dem gedruckten Regulativ von 1838 wird die in Rede stehende Anordnung im §. 10 mit den Worten eingeleitet: Die Witwenpension *wird* theils nach dem Bestande des Fonds der Kasse, theils nach der Zahl der Witwen *bestimmt*. Zufolge der der ersten Publication des Regulativs (1833) vorgesetzten Einleitung soll dasselbe die Verpflichtungen und die Rechte der Theilnehmer feststellen, und der Beitritt eines neuen Mitgliedes geschieht durch Unterschreiben eines ihm zur Kenntnissnahme von den Pflichten und Rechten vorgelegten Exemplars. Man muss also annehmen, dass das Regulativ dieselbeu *vollständig* enthält, und dass die Kasse, gegenüber den Mitgliedern oder deren Hinterbliebenen, keine Rechte geltend machen kann, die nicht in diesem Regulativ enthalten sind.

Nun findet sich aber in demselben auch nicht ein einziges Wort als Vorbehalt, den Pensionssatz eventuell wieder zurückgehen lassen zu dürfen, es sei denn, dass man die erste Interpretation von jener Normirung des Pensionssatzes nach der Witwenzahl, annimmt. Im entgegengesetzten Fall muss man, bei strenger Consequenz, einräumen, dass die Kasse verpflichtet sei, sämmtliche, während Stattfindens von Pensionszahlen unter 16, eingetretenen Pensionserhöhungen ungeschmälert fortzuzahlen, die Zahl der Witwen (und Waisen) möge in späterer Zeit (z. B. in Folge der überhaupt erweiterten Theilnehmerzahl) *so hoch anwachsen, wie sie wolle.*

Dies ist aber geradezu ungereimt, insofern man nicht annimmt, dass das Gouvernement die Gewähr zu leisten habe, was zu beurtheilen ausser meiner Competenz liegt.

Bei jedem bestimmten Zinsfusse kann der Kapitalanwachs von 5000 Thl. die Pensionserhöhung um 10 Thl. nur für eine bestimmte Anzahl von Pensionirten decken; bei dem Zinsfuss von 3 p. C *) für höchstens

*) Bei Einbringung des Vorschlages zu der in Rede stehenden Regulirung, im Julius 1794, wurde mit unzweideutigen Worten, nur auf diese Verzinsung und nicht auf 4 p. C. Rechnung gemacht. Hienach ist also die Stelle in dem Aufsatz des Herrn Universitätsraths O. vom 15. December 1844, S. 5:

'Bei der im J. 1794 getroffenen Bestimmung..... ist wahrscheinlich eine Berechnung dahin zum

15, bei dem Zinsfuss von 3½ proc. für höchstens 17, bei dem Zinsfuss von 4 proc. für höchstens 20 Pensionirte, und der Zinsertrag jener Kapitalvermehrung wird, wenn diese Zahlen erreicht sind, dadurch gänzlich absorbirt. Steigt also die Anzahl der zu pensionirenden resp. über diese Grenzzahlen, so wird zur Bestreitung aller übrigen Pensionen nichts vorhanden sein, als 1) der Ueberschuss, den die jährlichen Einnahmen der Kasse, vor den Erhöhungen von Kapitalien und Pensionssätzen gewährt hatten, oder vielmehr gewährt haben würden, wenn die resp. Normalzahl der Pensionen (15; 17; 20) damals Statt gefunden hätte *). 2) Die etwaige seit jener Zeit bewirkte Steigerung der Apothekenpacht. 3) Der vergrösserte Ertrag der Beiträge der Mitglieder, wegen ihrer gewachsenen Anzahl. Diese precären und schwachen Hülfsquellen würden aber bei weiterm Ueberschreiten jener Normalzahlen bald erschöpft sein, und desto schneller, je höher der Pensionssatz selbst schon angewachsen ist. Diese letztere Bemerkung ist in so fern von grosser Wichtigkeit, weil daraus auf das klarste hervorgeht, dass die aus consequenter Befolgung der zweiten Interpretation entspringende Gefahr desto grösser wird, je mehr Pensionserhöhungen bis zum Ueberschreiten der Normalzahl schon Statt gefunden haben.

Wenn übrigens oben bemerkt ist, dass in dem gedruckten Regulativ gar kein Vorbehalt zu finden ist, wodurch einem früh oder spät aus dieser Quelle entspringenden Verbluten der Kasse Einhalt gethan werden könnte, so darf ich nicht verschweigen, dass in die Quittungsformulare, auf welche die Witwen ihre Pensionen erheben, die Bevorwortung aufgenommen ist, dass die Pension auf ..... Rthl. für jetzt, und *so lange der Kasse Umstände solches gestatten werden*, festgesetzt sei. Wahrscheinlich werden wenige Mitglieder der Witwenkasse diese Clausel kennen: mir selbst wenigstens ist sie, obgleich ich 38 Jahre Theilnehmer gewesen bin, erst ganz vor kurzem bekannt geworden. Sie ist jedoch nicht bestimmt, wie ich anfangs vermuthete, möglichen aus der Progressionsnormirung zu besorgenden Gefahren vorzubeugen; denn sie steht, und zwar genau mit denselben Worten, auch schon in den gedruckten Quittungsformularen vor 1794. Solche in ganz allgemeinen Ausdrücken abgefasste Vorbehalte mögen in einigen Beziehungen ihr Gutes haben: im gewöhnlichen Laufe der Dinge aber bleiben sie, wenn nicht ausserordentliche Veranlassungen eintreten, so lange ohne Anwendung, bis die höchste Noth zwingt. Es ist kein Entscheidungsmerkmal, kein Maassstab angegeben, woran man erkennen kann, ob der Kasse Umstände Zahlung gestatten oder nicht gestatten. Wartet man so lange, bis man schon wiederholt genöthigt ist, zur Bezahlung der Pensionen die Kapitale mit zu verwenden, so hat man sehr wahrscheinlich schon viel zu lange gewartet, und es wird sich dann bewähren, was [S. 128, Z. 12] bemerkt ist. Jedenfalls ist, rücksichtlich der Behauptung des Rufs der Solidität der Kasse, ein grosser Unterschied zwischen einem Zurückgehen des Pensionssatzes in Folge einer ganz bestimmten feststehenden Regel (wie bei der ersten Interpretation); und einer Reduction der Pensionen, wozu die Kasse sich endlich gezwungen sieht, weil sie eben ihre nach dem

---

'Grunde gelegt, dass die Zinsen des auf 5000 Thl. erhöheten Fonds zu 4 proc. 200 Thl. betra-
'gen, dass davon ¼ wieder zum Capital zu schlagen, ¾ aber unter die Witwen zu vertheilen
'seien, was dann bei 15 Witwen für jede 10 Thl. betragen würde'

zu berichtigen. Von einer solchen Berechnung, von 4 proc. Zinsen und von der Zurücklegung eines Viertels derselben kommt in den bald näher zu betrachtenden Verhandlungen von 1794 *gar nichts* vor.

*) In der Wirklichkeit hätten die Einnahmen damals (1794) schon für 18 Pensionirungen nicht ganz ausgereicht, obgleich zu jener Zeit noch ein jährlicher Zuschuss von 150 Thl. aus der Kirchenkasse geleistet wurde, der später aufgehört hat. Der obige Ueberschlag erleidet aber eine Modification, weil, vorzüglich in Folge von Irregularitäten während der westphälischen Regierung, die Progressionsnorm nicht genau befolgt ist. Hätte man sich ganz strenge daran gehalten, so würden die Pensionssätze seit 1815 immer schon bei geringerer Kapitalhöhe, als geschehen ist, haben erhöhet werden müssen, — und das jetzige Kapitalvermögen würde um vielleicht 5000 Thl. ärmer sein.

Statut (in der zweiten Interpretation) eigentlich *unbedingt* übernommenen Verpflichtungen nicht mehr erfüllen kann.

Die vorstehenden Entwickelungen sollten die vitale Wichtigkeit der Progressionsnormirung bei einer Gesellschaft, deren Theilnehmerzahl sich bedeutend vergrössert, und damit die Wahrheit der S. [127] von mir aufgestellten Behauptung darthun. Um aber diesen Gegenstand von allen Seiten zu beleuchten, wird es nothwendig sein, dem Hergange der Entstehung jenes Statutsartikels Schritt vor Schritt zu folgen. Ich habe zu dem Zweck die betreffenden Acten sorgfältig gelesen, und wiederholt gelesen, und gebe daraus, soweit sie jenen Statutsartikel betreffen, einen Auszug. Ich werde dabei hin und wieder auch einige an sich untergeordnete Nebenumstände hervorzuheben haben, wenn sie etwas beitragen können, den Hergang bei diesen Verhandlungen begreiflicher zu machen. Im voraus will ich bemerken, dass 1794 der jährliche Beitrag 5 Thl. Gold betrug, die Witwenpension 110 Thl. Kassenmünze, und dass die vater- und mutterlosen Waisen die Pension bis zum vollendeten 12ten Jahre zu geniessen hatten.

In einem vom 30. Junius 1794 datirten an die Universität gerichteten Ministerial-Rescript, wurde unter Bezugnahme auf ein schon vor einiger Zeit von dem Könige der Witwenkasse gemachtes Geschenk von 1000 Thl.*), die Anzeige von der Bewilligung eines zweiten Geschenks von 500 Thl. Gold gemacht, mit dem Beifügen, dass, wie bei diesen Geschenken die Absicht dahin gehe, zu einer baldigen Erhöhung der Pensionen hinzuwirken, gewärtigt werde, dass die Theilnehmer auch ihrerseits zur Erreichung dieses Zwecks beizutragen, und zu einer Erhöhung der jährlichen Beiträge von 5 Thl. Gold auf 10 Thl. Kassenmünze bereit sein würden. Nach den Berechnungen in einem anliegenden P. M. sei es nicht zweifelhaft, dass es füglich thunlich sei, schon jetzt eine Erhöhung der Pensionen in dem Maasse eintreten zu lassen, dass die sechs ältesten, anstatt der bisherigen 110 Thl., künftig 150 Thl. und alle übrigen jede 130 Thl. erhielten. Am Schlusse erbot man sich, falls die Kapitalien der Witwenkasse nicht alle vollkommen sicher placirt seien, die sichere Unterbringung zu 3 Procent bei öffentlichen oder städtischen Kassen zu veranlassen. Ein ähnliches Anerbieten war schon einmal, bei den Monitis zu der Jahresrechnung für 1792 gemacht worden.

Die beigefügte Anlage, deren Verfasser nicht genannt ist, im Detail durchzugehen, ist für meinen Zweck nicht nöthig. Aber ein paar Nebenumstände will ich herausheben.

I. Die Kapitalien der Witwenkssse, heisst es, seien zu ungleichem Zinsfuss ausgeliehen, einige **) zu 3 proc., andere höher. Weil aber der Zinsfuss leicht von allen Kapitalien auf 3 proc. heruntergehen könnte, und man bei zu machenden Ueberschlägen auf möglich sichere Summen rechnen müsse, so wolle man bei den Rechnungen auch nicht mehr als 3 proc. voraussetzen.

Hieraus und aus dem eben angeführten Schlusse des Rescripts erklärt es sich, warum auch in den Verhandlungen bei der Universität für allen künftigen Kapitalzuwachs (ohne weitere Bemerkung) nur auf 3 proc. gerechnet ist; bloss für die schon vorhandenen und schon belegten Kapitale sind die Zinsen zu $3\frac{1}{2}$ proc. ausgeworfen. Vergl. hiemit die Anmerkung zn S. [131.]

II. Um einen Ueberschlag zu machen, auf welche Zahl von Witwen die Rechnung gestellt werden müsse, fährt der Verf. fort:

'Will man nun nach den gemachten Erfahrungen annehmen, dass 3 stehende Ehen eine Witwe zu ernähren haben, so würden die 26 verehelichten Professoren (unter der Gesammtzahl von 36) etwan 9 Witwen 'zu erhalten haben. Da es aber mehrere Gewisheit gewährt, wenn man den äussersten Fall zu Basis nimmt, 'so setze man lieber, dass gegen $2\frac{1}{2}$ Ehen *eine* Witwe in Anschlag zu bringen, so dass also die bestehenden '26 Professor-Ehen zu erhalten haben würden — 10 Witwen.'

*) Kassenmünze. Es war nach Ausweis der Rechnung für 1793 unter dem 18. April 1793 eingezahlt.

**) zu damaliger Zeit beinahe der dritte Theil des Kapitalvermögens.

Bei den Universitätsseitig gemachten Ueberschlägen hat man jene 3 oder 2½ Ehen gegen Eine Witwe für zu viel gehalten, und das Verhältniss von 2 Ehen gegen Eine Witwe zum Grunde gelegt.

Ich habe die Stelle des P. M. hier bloss deswegen angeführt, weil dadurch erklärlich wird, dass man sich bei dem Verhältniss von Zwei Ehen gegen Eine Witwe so leicht beruhigt hat, obgleich, sehr wahrscheinlich, auch dieses den Verhältnissen der Professoren-Witwenkasse noch nicht angemessen ist, sondern noch weniger Ehen gegen Eine Witwe gerechnet werden sollten. Ueber die Sache selbst wird das Nähere weiter unten vorkommen; aber der Geschäftsverlauf erinnert (wenn es erlaubt ist, ein Gleichniss aus einer niedern Sphäre hieher zu ziehen) unwillkürlich an Käufer, die bei unvollkommener eigner Waarenkenntniss einen guten Handel gemacht zu haben glauben, wenn sie weit unter dem zuerst geforderten Preise eingekauft haben, obgleich sie, bei Lichte besehen, noch immer zu theuer bezahlten. Ich brauche nicht zu erinnern, dass ich diess Gleichniss nicht über die Gebühr ausgedehnt wissen will, denn der unbekannte Proponent hat die Verhältnisse 3 : 1 und 2½ : 1 ohne Zweifel in gutem Glauben an ihre Zulässigkeit vorgebracht.

Indem der damalige Prorector F.', unter dem 6. Julius, das Rescript bei dem Senate in Umlauf setzt, fügt er den beiden darin enthaltenen Deliberationsgegenständen (Erhöhung der Beiträge und Erhöhung der Pensionen) noch einen dritten bei, durch den Vorschlag, die Dauer der Waisenpensionen bis zum vollendeten $20^{sten}$ Lebensjahre zu erweitern. Er überlässt den Senatsmitgliedern, sich über diese Gegenstände gleich schriftlich, oder in der auf den 12. Julius angesetzten Senatsversammlung zu äussern.

Diese Missive ist von 17 Senatsmitgliedern unterzeichnet; von den dabei gefallenen Aeusserungen sind hier nur ein paar zu erwähnen.

Der damalige Curator der Witwenkasse, P., stellt vor allem den Grundsatz auf: die Kasse sei den gegenwärtigen Witwen eben so viel schuldig als den künftigen, sie sei aber auch den künftigen Witwen genau so viel schuldig wie den gegenwärtigen. Diese (an sich in der That sehr vage) Phrase erläutert er dahin, dass jede künftige Witwe, welche weniger erhalte, als eine andere früher erhalten habe, (seiner Meinung nach) wahrhaft lädirt werde, und das erste Princip müsse demnach sein, die Pensionshöhe so zu bestimmen, dass, nach höchster Wahrscheinlichkeit, sie niemals wieder vermindert zu werden brauche. In dieser Beziehung hält aber P. den Calcül in der Beilage des Rescripts nicht für sicher genug; man dürfe nicht 2½ Ehen auf 1 Witwe, sondern nur 2 rechnen, und müsse also das Maximum der Witwen nicht auf 10—12 sondern auf 14—15 setzen, mithin auch geringere Pensionshöhen annehmen.

Kaestner hält die Frage für zu verwickelt und schwierig, als dass sich ohne eine *umständliche* und *genaue* Untersuchung etwas festsetzen lasse; auch er sei der Meinung, dass mehr nicht als *höchstens* 2 Ehen auf 1 Witwe, gerechnet werden dürfen. Da er längst aus der Witwenkasse ausgeschieden sei (er war Theilnehmer gewesen von 1755—1773), so habe er in der Sache keine Stimme (als Senior der philosophischen Facultät war er doch Mitglied der Kirchendeputation), rathe aber, keinen Beschluss zu fassen, ohne vorher einen Sachverständigen, etwa den p. Kritter zu befragen.

G. wünscht auch, dass durch genaue Rechnungen die Kräfte der Kasse ermittelt werden möchten, und weiset auf die *schrecklichen* Folgen übereilter Beschliessung zu grosser Pensionen, an den Beispielen der Hannoverschen, Bremischen u. a. Witwengesellschaften hin.

Die übrigen Vota stimmen theils den vorigen bei, theils entwickeln sie Bedenklichkeiten, wegen Erhöhung der Beiträge oder Verlängerung der Waisenpensionen, was hier nicht extrahirt zu werden braucht.

In der Senatssitzung vom 12. Julius, in welcher, den Prorector mitgezählt, 12 Professoren anwesend waren, erklärten sich *für* die Erhöhung der Beiträge 9 unbedingt, 2 mit dem Zusatz, dass sie die Erhöhung für zu gross hielten; einer (der bei der schriftlichen Votirung sich nachdrücklich dagegen erklärt hatte) wollte den mehrsten Stimmen beitreten. — Der F.'sche Vorschlag, wegen Verlängerung der Waisenpensionen wurde bis zu genauerer Erwägung der Umstände der Kasse noch beanstandet. — Wegen

Erhöhung der Witwenpensionen wurde beschlossen, ein Gutachten von KRITTER einzuholen *). Doch erklärte man sich schon *gegen* die im Rescripte beantragte grössere Pension für die sechs ältesten Witwen, als welche schon durch das V.'sche Legat bevorzugt seien.

Die Consultation des p. KRITTER, welche durch ein im Concept bei den Acten befindliches Schreiben P.'s geschah, war in der That nur eine sehr beschränkte. Nach einer bloss in ganz allgemeinen Umrissen gehaltenen Uebersicht der Haupteinrichtungen der Witwenkasse werden KRITTER nur zwei Fragen vorgelegt: I) Nach welchem Grundsatz und Verhältniss in einer derartigen Gesellschaft das Maximum der Witwen bestimmt werden müsse und II) um wieviel dies Maximum der zu verabreichenden Witwenpensionen noch vergrössert werden müsse, wenn im Falle des Nichtvorhandenseins einer Witwe, oder nach dem frühern Ableben derselben die Pensionsberechtigung auf etwa vorhandene Waisen übergehe, und fortdaure, bis das jüngste Kind das Alter von 20 Jahren erreicht habe. Die dermalige Anzahl aller Interessenten der Kasse, und der darunter befindlichen Verehelichten, wird gerade eben so wie in der oben angeführten Anlage des Rescripts, zu 36 und 26 angegeben, und zugleich bemerkt, dass diese Zahlen und ihr Verhältniss veränderlich und schwerlich einer Wahrscheinlichkeitsregel zu unterwerfen seien; zum Schluss folgt das Anerbieten, dass wenn der Befragte noch einige weitere Data aus den bisherigen Erfahrungen über das Verhältniss der Participanten und der Witwen nöthig haben sollte, solche sogleich mitgetheilt werden würden.

KRITTER's Antwort, oder sein 'Gutachten', vom 19. Julius, lege ich in einer vollständigen Abschrift bei **).

---

*) Es scheint nicht, dass etwas darüber festgesetzt wäre, *in welchem Maasse* KRITTER's Rath in Anspruch genommen werden solle. KAESTNER war in der Versammlung nicht gegenwärtig.

**) Gutachten über einige mir vorgelegte Fragen, die Göttingische Universitäts-Witwenkasse betreffend.

Ad I. Das Collegium der Herrn Professoren in Göttingen hat schon seit der Errichtung der Universität über 50 Jahre lang existirt, so dass man schon vor 10 Jahren die höchste Zahl der Witwen haben konnte, welche nach den Gesetzen der Sterblichkeit auf etwa 22 oder 24 verehelichte Professoren vorhanden sein mussten, nemlich 12 Witwen. Dieses hat sich auch laut der mir mitgetheilten Liste von dem Anwachs der jährlich vermehrten Zahl der Witwen gezeigt und würde sich noch besser gezeigt haben, wenn das Collegium der Herrn Professoren aus 100 Personen hätte bestehen können. Da aber nach der Natur der Sache diese Anzahl nur um den 4ten Theil von 100 stark gewesen, so war es auch natürlich, dass die Zahl der Witwen vom Jahre 1775 bis 1780 mehr als 12 und vom Jahre 1781 bis 1792 weniger als 12 betragen, weil bei kleinen Zahlen die Ordnung der Sterblichkeit nicht so wie bei grossen Zahlen eintreten kann. Indessen muss man dennoch annehmen, dass die höchste Zahl der Witwen in einem Durchschnitt von etwa 10 Jahren beständig etwa halb so gross sein werde, als die Zahl der verehelichten Herrn Professoren.

Ad II. Da es nunmehr gewünscht wird, dass die hinterlassenen Waisen-Familien einer gestorbenen Witwe oder auch eines gestorbenen Witwers bis zum vollendeten 20sten Jahre eine gleiche Pension wie eine Witwe bekommen möchten, so kann ich nur aus der Erfahrung bei der Bremischen Witwenkasse etwas davon bestimmen. Die Bremische Gesellschaft hatte etwa den 6ten Theil der Witwenpensionen mehr zu erwarten, da sie die Waisen-Familien gleich einer Witwe zu pensioniren und bis zum vollendeten 18ten Jahre des jüngsten Kindes damit fortzufahren beschloss. Da aber die Waisen-Familien der Herrn Professoren bis zum vollendeten 20sten Jahre des jüngsten Kindes dieses geniessen sollen, so müssen doch wohl gegen 12 Witwenpensionen über 2 Waisenpensionen gerechnet werden.

Ich halte es also für rathsam, dass man zu 12 als dem Maximo der Witwenzahl noch wenigstens 2 addire, so dass der Divisor worin die jährlichen Einkünfte von den Fonds der Casse und sonst dividirt werden, auf 14 gesetzt werde. Da nun jetzt nur 10 Witwen vorhanden sind, so darf man die sämtlichen jährlichen Revenüen der Casse nicht unter diese 10 vertheilen, weil sonst die in der Folge hinzukommenden Witwen würden verkürzt werden, sondern man muss in 14 dividiren, so wird innerhalb 10 Jahren der Fonds auf etwa 25 Witwenportionen verstärkt sein, wovon die Zinsen noch auf eine Pension mehr als vorhin zureichen werden, so dass man alsdann, wenn das wahre Maximum der Witwen- und Waisenpensionen eintreten wird, 15

Da dieses Gutachten und die ihm gegebene Auslegung die eigentliche Grundlage von derjenigen Einrichtung bilden, die den Hauptgegenstand der 1. Abtheilung meiner Denkschrift ausmacht, nemlich von der Progressionsnormirung, so werde ich solches, weiter unten, einer ausführlichen und genauen Prüfung unterwerfen, und beschränke mich daher hier, einstweilen, auf folgende Bemerkungen.

Aus den Acten ist nicht zu ersehen, weshalb Kritter im Anfange seines Gutachtens von 22—24 verehelichten Professoren spricht, da P. in seinem Schreiben ausdrücklich 26, und nur diese Zahl, genannt hatte. Ich vermuthe aber, dass Kripter jene Zahlen 22—24 wie die für eine *frühere* Zeit gültigen angenommen hat. Meines Wissens sind aber keine vollständige Register über die persönlichen Verhältnisse der Witwenkassen-Mitglieder in der Art geführt, dass für jeden beliebigen Zeitpunkt die Anzahl der *Verehelichten* daraus entnommen werden könnte. Entweder also hat Kritter jene Zahlen nur aus der Zahl aller Participanten in früherer Zeit nach einer ungefähren Schätzung *geschlossen*, oder sie beruhen auf besondern Mittheilungen, welche dann, der Natur der Sache nach, sich nur auf Zeitpunkte beziehen können, die nicht viele Jahre rückwärts lagen, und im Gedächtnisse noch fortlebten.

Kritter's Antwort auf die erste Frage besteht dann kurz darin, dass man für die Zeit, wo das Maximum eingetreten sei, Eine Witwe gegen etwa zwei stehende Ehen rechnen könne, also für jene 22—24 Ehen 12 Witwen, was sich wie er angibt nach dem Durchschnitt der letzten 17 Jahre in so fern bestätigt habe, als bald mehr bald weniger als 12 Witwen vorhanden gewesen seien. Dass dann die der dermaligen Zahl von 26 Ehen entsprechende Witwenzahl um Eine grösser sein würde, ist nicht ausdrücklich gesagt, aber implicite darin enthalten. Auf die zweite Frage gibt er an, dass nach den Erfahrungen der Bremischen Witwenkasse, wo die Waisenpensionirung nur bis zum 18ten Jahre daure, man auf eine Vergrösserung der Pensionenzahl um den sechsten Theil rechne; bei der hiesigen also, wo die Dauer 2 Jahre länger sein solle, doch wohl etwas mehr annehmen müsse. — Bei den 24 Ehen kommen wir demnach auf etwas mehr als 14, bei den 26 Ehen, nachdem ihre Wirkung ganz eingetreten, auf 15 nach Kritter's Worten, oder auf etwas mehr als 15½, d. i. auf nahe 16 nach den von ihm ausgesprochenen Grundsätzen.

Ob, *ganz abgesehen von der nähern Prüfung des Inhalts des Gutachtens*, eine derartige Behandlung des Gegenstandes eine *umständliche* und *genaue* Untersuchung, wie Kaestner für nothwendig gehalten hatte, genannt werden könne, lasse ich hier auf sich beruhen. P. entwarf nun aber, auf den Grund dieses Gutachtens, ein P. M., worin er zeigt, dass wenn die von dem Curatorium vorgeschlagene Erhöhung der Pensionen, ohne weitere besondere Vergrösserung für die sechs ältesten Witwen, für alle gleichmässig auf 130 Rth. festgesetzt werde, dies ohne alle Gefahr für die Kasse auch dann geschehen könne, wenn die jährlichen Beiträge nicht erhöhet würden; dass aber, im Fall die Erhöhung der Beiträge auf die vom Curatorium angegebene Art, angenommen werde, auch die Verlängerung der Waisenpensionen um so sicherer eingeführt werden könne, weil nach den obwaltenden Umständen ein baldiges Wirksamwerden dieser Abänderung nicht zu erwarten sei. P schliesst endlich seinen Vortrag, dem ich, *bis hieher*, meinen vollen Beifall zu geben keinen Anstand nehme, mit folgendem kurzen Zusatz, den ich, da hier *zum erstenmale* der Gegenstand meiner eignen Untersuchung, nemlich die Progressionsnormirung, auf den Schauplatz tritt, vollständig und treu mit P.'s eignen Worten hier abschreibe:

'Bei der allgemeinen Erhöhung der Pensionen auf 130 Rth. scheint mir nicht die mindeste Gefahr zu sein:

---

Pensionen wird bezahlen können; und sollte auch etwas übrig bleiben, so könnte vorzüglich armen Witwen etwas zugelegt werden.

Auf mögliche Unglücksfälle bei den belegten Capitalien, Verlust an Zinsen und andern Ausgaben müsste doch auch wohl etwas gerechnet werden.

Göttingen den 19. Juli 1794. J. A. Kritter.

Vielmehr scheint mir noch

3) möglich und dienlich, dass es jetzt zur beständigen Norm gemacht werden dürfte, die Witwenpensionen jedesmal um 10 Thl. zu erhöhen, so oft sich der Fundus um 5000 Thl. vermehr hat und die Zahl der Witwen noch nicht über das maximum von 15 gestiegen ist. Es ist klar, dass man dies thun kann, denn eine Erhöhung von 10 Thl. für 15 Witwen beträgt 150 Thl. und 5000 Thl. zu 3 proc. geben eben so viel Interesse. Dass aber der nächste Erhöhungs-Termin bald eintreten kann, wenn auch unsere Kasse keine ausserordentliche Zuflüsse erhält, dies lässt sich wenigstens sehr wahrscheinlich berechnen. Da wir gegenwärtig nur 10 Witwen zu pensioniren haben, so müssen, wenn der neue Zuschuss zu den Beiträgen bewilligt wird, alle Jahr über 1000 Thl. der Kasse bleiben, folglich 5000 Thl. schon in 5 Jahren zum fundus hinzugekommen sein, wenn sich die Zahl der Witwen indessen nicht vermehrt; setzt man aber auch den höchst unwahrscheinlichen Fall, dass die Zahl jedes Jahr um Eine Witwe vermehrt würde, bis sie das maximum von 15 erreicht hätte, so würde es doch kaum 10 Jahre anstehen können.

Gut möchte es wenigstens sein, wenn in dem Bericht an Kön Regierung dieser Umstand erwähnt würde.'

Da über den wesentlichen Inhalt dieses Artikels weiter unten bei der Prüfung des Kritter'schen Gutachtens und der daran geknüpften Folgerungen, und an andern Stellen das Nöthige vorkommen wird, so sollen hier nur ein paar Nebenumstände berührt werden.

I. Auffallend ist, aus der Feder des Curators der Witwenkasse, die *unrichtige* Angabe der Witwen-, oder vielmehr Pensionenzahl. Es waren damals nicht 10 Witwen, und auch nicht 10 Pensionen, sondern 8 Witwen, und, unter Hinzuzählung der Kinder des am 8. Junius 1794 verstorbenen Professors B., zusammen 9 Pensionen. Auch lässt sich diese Unrichtigkeit nicht etwa dadurch erklären, dass der Abgang der zuletzt an fremdem Orte (Halle) verstorbenen Witwe (M.) dem Curator damals noch unbekannt gewesen sei; denn es findet sich, dass der Betrag der Pension für das letzte halbe Jahr (Michaelis 1793 bis Ostern 1794) auf eine von P. mitunterzeichnete und vom 3. Mai 1794 datirte Quittung der Erbin erhoben ist.

II. Die Schlusszeile ('Gut möchte es wenigstens u. s. w.') lässt uns etwas im Dunkeln rücksichtlich der Frage, für was der abgeschriebene Artikel eigentlich genommen werden soll, ob für einen förmlichen zur Beschlussnahme verstellten Antrag, oder nur für eine hingeworfene Idee. Von einer für alle künftigen Zeiten geltenden bestimmten Normirung der veränderlichen Pensionshöhe war weder in dem Rescript, noch in den vorhergehenden Verhandlungen die Rede gewesen. Es war dies also ein *vierter* zu den bereits in Deliberation begriffenen neu hinzukommender Gegenstand, und zwar ein solcher, der den drei andern an Wichtigkeit keineswegs nachstehend die sorgfältigste allseitige Prüfung erforderte. Wer einen auf ein solches Ziel eigens gerichteten Antrag einbringt, ist sich doch der Wichtigkeit der Sache bewusst, welche durch die Bezeichnung einer solchen Lebensfrage mit dieser Umstand' schwerlich genug hervortritt. Bei einer Äusserung hingegen, die nur den Charakter eines gelegentlich hingeworfenen Gedankens hat, ist man schon nachsichtiger gegen eine durch Unachtsamkeit entschlüpfte Unrichtigkeit, und gegen eine noch mangelhafte Wortfassung. Durch die Numerirung mit (3) lasse man sich hiebei nicht irre machen. P. *zählt* in seinem Aufsatze nicht die Vorschläge, sondern die aus den vorausgeschickten Rechnungsüberschlägen von ihm abgeleiteten Folgerungen. Sein Nr. 1 enthält *die* Folgerung, dass alle gegen die Verlängerung der Waisenpensionen vorgebrachten oder vorzubringenden Einwürfe sich erledigen, wenn man die proponirte Erhöhung der Beiträge annehme; und sein Nr. 2 die, dass zwar die allgemeine Erhöhung der Pensionen auf 130 Rth. füglich sofort geschehen könne, die exceptionelle Erhöhung auf 150 Rth. für die sechs ältesten Witwen hingegen weder gerecht noch rathsam sei.

Unter solchen Umständen tritt die Wichtigkeit der Function des Vorsitzenden einer berathenden Körperschaft hervor, der die einzelnen Fragepunkte scharf zu sondern, jeden an seinen rechten Platz zu stellen, und in lichtvoller alle Zweideutigkeit ausschliessender Wortfassung zur Berathung und Abstimmung zu bringen hat.

Im vorliegenden Falle war es F., dem als zeitigem Prorector dieses Geschäft oblag. Er setzte unter dem 22. Julius das Rescript, das Kritter'sche Gutachten und das P.'sche P. M. bei sämmtlichen Professoren in Umlauf, mit einer Aufforderung, welche ich in F.'s eignen Worten vollständig hieher setze:

> Sie möchten sich schriftlich darüber erklären, ob Sie dem ganzen Vorschlage P.'s beitreten, oder über die einzelnen Fragepunkte, nemlich 1) in welchem Maasse die Erhöhung der Pensionen gerecht und rathsam scheine? 2) Ob die Verlängerung der Dauer der Pension nach der Eltern Tode bis zum 20sten Jahre des jüngsten Kindes gewünscht werde? 3) Die von Königlicher Regierung in Vorschlag gebrachte Erhöhung der jährlichen Beiträge auf 10 Thl. C. M. genehmigt werde, ohne Bedingung; oder unter der Bedingung von Nr. 2.

Man sieht, dass der letzte Artikel von P.'s P. M. (oben S. [136]) mit keinem Worte erwähnt ist. Ich selbst habe nun zwar keinen Zweifel, dass F. denselben (vielleicht die schwere Wichtigkeit 'dieses Umstandes' nicht genug würdigend) als ein schon in seinem Nr. 1 mitenthaltenes Anhängsel betrachtet haben mag: aber eben so wenig zweifle ich, dass diese Nichterwähnung, zumal im Contraste zu der präcis logischen Form, in welcher F. seinen dritten Fragepunkt auftreten lässt, sehr dazu beigetragen hat, jene Hauptfrage für viele, vielleicht für die meisten Votanten in den Hintergrund zu rücken. Ich habe daher geglaubt, diese an sich gerigfügigen Nebenumstände hier mitberühren zu müssen, weil dadurch die sonst so auffallende Erscheinung erklärlicher wird, dass von 41 Votanten auch nicht ein einziger sich in eine Discussion über jenen Hauptfragepunkt eingelassen hat (wenn man nicht E.'s Votum S. [139] dafür gelten lassen will); ja dass er von den meisten Votanten gar nicht, und eigentlich nur von zwei Votanten auf ganz unzweideutige Art überhaupt erwähnt ist.

Diese schriftlichen Verhandlungen (vom 22. Julius bis 6. August) sind sehr voluminös, und manche einzelne Abstimmungen sehr ausführlich; allein sie drehen sich fast ausschliesslich um die F.'schen Fragepunkte 2 und 3, welche, besonders der letzte, vielfachen Widerspruch fanden; imgleichen um einige neue im Laufe der Verhandlung eingebrachte Vorschläge, namentlich den einer Aufhebung der bisherigen Freiheit, erst später unter doppelter Nachzahlung der Beiträge in die Witwenkasse eintreten zu können, welcher Vorschlag von einigen Votanten unterstützt, von andern nachdrücklich zurückgewiesen wurde. Ich werde von diesen Abstimmungen nur einige wenige anführen, die mit meinem Gegenstande in näherer Verbindung stehen.

R. erklärt sich überhaupt allen Veränderungen abgeneigt, will aber den Beschlüssen der Mehrheit beitreten. Den P.'schen Art. 3 erwähnt er zwar gar nicht, wohl aber die Principfrage, welche demselben zum Grunde liegt, und in Beziehung auf welche er der von P. bei der frühern Abstimmung aufgestellten Behauptung (oben S. [133] Z. [21]) sehr entschieden entgegentritt.

Er könne, sagt er, sich nicht von der Richtigkeit des Grundsatzes überzeugen, dass bei Erhöhung der jetzigen Witwenpension darauf gesehen werden müsse, dass in der Folge nicht etwa die Nothwendigkeit entstehe, sie zu vermindern, und den künftigen Witwen weniger zu geben, als die jetzigen erhalten. Dieser Grundsatz würde allerdings richtig sein, wenn (wie bei andern Witwenkassen) die Existenz der Kasse bloss auf die Beiträge basirt wäre. Allein, da die Professoren-Witwenkasse ein Beneficium sei, die Beiträge fast für Nichts zu rechnen, und die Theilnahme an dem Beneficium für jeden Professor eine Bedingung seiner Vocation: so gelte, weil natürlicher, der Grundsatz

Jede Witwe erhält die möglichst hohe Pension, die der Fonds bei ihrem Lebzeiten verstattet.

Bei diesem Grundsatze habe niemand Ursache sich zu beklagen, der Fonds steige, oder falle. Sage man, es könne sein, dass die künftigen Witwen weniger erhalten, wenn der Fonds sinkt, so antworte er (R.), es könne sein, dass die jetzigen Witwen weniger erhalten, als die künftigen, wenn der Fonds steige, welcher letztere Fall wahrscheinlicher sei als der erstere.

R. stellt demnach, wie man sieht, der P.'schen Behauptung, die künftige Witwe werde lädirt, wenn sie weniger erhalte als eine frühere erhalten hat, implicite die Erwiderung entgegen, dass man dann, genau mit demselben Recht, behaupten könne, die jetzige Witwe werde lädirt, wenn sie weniger erhalte als eine künftige.

Sch. wiederholt den eben angeführten Grundsatz ('Jede Witwe erhält die möglichst u.s.w.') mit dem Zusatz: 'H. H. R., deucht mich, hat diesen Satz zur Evidenz gebracht, darauf ich mich beziehe. *Auch liegt derselbe in Nr. 3 des P.'schen Vorschlags zum Grunde*'. Nachdem Sch. auch noch den Umstand hervorgehoben hat, dass die Kasse ein Beneficium, eine pars salarii, und die Theilnahme daran mit einer Art von, wiewohl gelindem und gerechtem, Zwange verbunden sei, fährt er fort:

> Aus diesem Unterschied ergibt sich unter andern, dass der Satz 'wir sind den gegenwärtigen Witwen *so viel* schuldig, wie den künftigen und umgekehrt' wenn das *so viel* das numeräre ausdrücken soll, hier nicht anwendbar sei. Die Kasse hat etwas actienmässiges, das, unter der Gewalt der Conjuncturen stehend, steigt und fällt.
>
> Erhöhung der Witwenpensionen: die Maasse derselben (*so wie auch der Verminderung*) hat Hr. C. R. P. durch eine unwandelbare Regel bestimmt.

Ich habe diese zwei Stellen wörtlich abgeschrieben, weil daraus, und namentlich aus den beiden von mir doppelt unterstrichenen, ganz unwidersprechlich hervorgeht, dass Sch. den P.'schen Art. Nro. 3 in dem Sinn der ersten Interpretation (oben S. [129]) aufgefasst hat. Mehrere andere Nachvotirende, wie B., H., O., R., T., haben, obwohl ohne Specification der Fragepunkte, dem Sch.'schen Votum beigestimmt. Andererseits erkennt man hingegen in dem [auf folgender S.] anzuführenden E.'schen Votum die zweite Interpretation, welche auch seit 1837 in der Praxis befolgt ist, und ich meine daher, dass die Wortfassung der Progressionsnormirung, die wie die Vergleichung zeigt ohne Veränderung in das Rescript vom 20. November 1794 übergegangen ist, sehr füglich eine *unklare* genannt werden kann.

Ausser Sch. hat nur noch M. unsers Fragepunkts (P.'s 3) ausdrücklich und unzweideutig erwähnt: er sagt aber nichts weiter darüber, als dass das von P. angerathene *Festsetzen* einer Norm für das künftige Steigen der Pension vorzüglich wichtig scheine. Man könnte sagen, dass genau genommen hierin nur eine Billigung des Zwecks aber noch nicht bestimmt die Billigung des von P. proponirten Mittels liege, eben so wenig wie eine Erklärung, in welchem Sinn M. letzteres aufgefasst habe. Ohne indess darauf ein Gewicht zu legen, will ich nicht unbemerkt lassen, dass Meiners in seinem bekannten Werke über die Verfassung und Verwaltung deutscher Universitäten S. 95 die bestehende Progressionsnormirung auch eben so wie Brandes (S. oben S. [129]) mit den Worten anführt: *so lange* die Zahl der Witwen nicht über 15 hinausgehe.

Von P. selbst liegt über unsern Fragepunkt nichts weiter vor, als der oben S. [136] mitgetheilte Art. 3. Darf ich noch einen Augenblick bei der Frage verweilen, in welchem Sinn denn P. selbst ihn verstanden hat, so mache ich darauf aufmerksam, dass die Worte 'Es ist klar dass man diess thun kann' nur auf zwei Arten ausgelegt werden können; nemlich entweder ist P.'s Meinung gewesen, eine solche Erhöhung

> solle nur so lange gültig sein, als die Zahl 15 noch nicht überschritten sei, nach dem Ueberschreiten aber entweder wieder cessiren oder auf angemessene Weise modificirt werden

oder P. hat die Ueberschreitung der Zahl 15 für unmöglich, wenigstens für so sehr unwahrscheinlich gehalten, dass die Berücksichtigung eines solchen Falles ganz unnöthig sei.

Eine subtile Wortkritik könnte vielleicht Gründe auffinden, die für die erste Hypothese sprechen würden, wobei ich mich aber um so weniger aufhalten will, da ich selbst diese Hypothese für zulässig nicht halten kann, und zwar hauptsächlich aus dem Grunde, weil sonst P. mit seinen eignen Grundsätzen (oben S. [133]) in Widerspruch stehen würde. Ich glaube vielmehr, dass er, verleitet durch das Kritter'sche Gutachten, — oder, wie man auch sagen kann, und wie ich bald umständlich zeigen werde, durch seine unrichtige Auffassung dieses Gutachtens — die Zahl von 15 Pensionen wie eine unübersteigliche oder fast unübersteigliche Schranke betrachtet habe, unter deren Schutz er seinen Plan mit voller Sicherheit machen könne.

Einen Abglanz ähnlichen Vertrauens finde ich in dem Votum E.'s wieder, welches sich dadurch auszeichnet, dass es das einzige ist, welches der fatalistischen Zahl 15 erwähnt, und dessen wesentlicher Inhalt, so weit er hieher gehört, in folgendem besteht.

Die beiden F.'schen Fragepunkte 1 und 2. sagt E., müssten ihre Entscheidung allein durch den wirklichen Fonds und dessen Ertrag verglichen mit *den erprobten* von H. P. sehr einleuchtend vorgelegten Grundsätzen erhalten. Es könne sein, dass die verlängerte Dauer der Waisenpensionen verursache, dass die höchste Zahl der Witwen von 15 überstiegen werden müsse, was doch als mit der Sicherheit der Kasse unverträglich schlechterdings nie geschehen dürfe. Er halte daher für rathsam, die Verlängerung der Waisenpensionen nur mit der ausdrücklichen Beschränkung zu bewilligen, *so lange die Anzahl der Pensionen dadurch nicht über* 15 *gesteigert werde.* Diese Einschränkung scheine desto nothwendiger, weil die Berechnung der Verhältnisse der Kinder keine *so gewisse* Erfahrung für sich habe, wie die beobachtete Proportion der Witwen. Ich verstehe dies so: E., dessen Auffassung des P.'schen Plans offenbar der Sch.'schen gerade entgegengesetzt ist, halte zwar nach der Kritter-P.'schen Theorie für gewiss, dass die Anzahl der Witwen nie über die berechnete Zahl (also 13) gehen könne; es sei aber nicht eben so gewiss, dass nicht mehr als 2 Waisenpensionen dazu kommen könnten, und für den Fall, dass diess doch geschehe, und die Gesammtzahl der Pensionen dadurch über 15 getrieben werden würde, müsste die Beschränkung der Waisenpensionen vorbehalten werden.

Aehnliche Besorgnisse, dass die Anzahl der Waisenpensionen zu geringe angeschlagen sein möchte. waren auch von einigen andern Votanten geäussert; indessen ist weder denselben in dem Finalbeschlusse Folge gegeben, noch haben sie sich durch die Erfahrung bisher bestätigt. In der That haben von Errichtung der Witwenkasse bis jetzt noch niemals mehr als zwei Waisenpensionen gleichzeitig bestanden, wobei ich jedoch nicht unbemerkt lassen will, dass während eines kurzen Theils des Jahrs 1776 die Anzahl auf 3 gestiegen sein würde, wenn die Erstreckung der Waisenpensionen bis zum vollendeten 20sten Jahre schon damals Statt gefunden hätte.

Ganz anders aber verhält es sich mit der *Witwenzahl.* Die vermeinte Gewissheit, dass diese nicht über 13 steigen könne, ist durch die neuern Erfahrungen zerstört, indem sie schon einmal auf 22 gestiegen ist, und sogar der Durchschnittswerth während der letzten 8 Jahre etwas über 19 betragen hat. Schon lange vor 1794 war die Anzahl der Witwen (nemlich gleichfalls, ohne die Waisenpensionen mitzuzählen), einmal auf 14 gestiegen, und hatte während eines fünfjährigen Zeitraums (1774—1779) den Durchschnittswerth 13 behauptet. Diese Thatsache, die wohl dem Curator aber freilich nicht den votirenden Professoren bekannt sein konnte, hätte, aus dem allein zulässigen oben S. [130] Z. [4] angedeuteten Gesichtspunkte betrachtet, schon damals zum Beweise der Unrichtigkeit der P.-E.'schen Voraussetzung dienen können.

Da nun aber die Annahme der Zahl 13 für die höchste Witwenzahl auf dem Kritter'schen Gutachten beruhet, in welchem die Hälfte der Zahl der stehenden Ehen als maassgebend für das Maximum der Witwenzahl aufgestellt ist, so scheint [illegible] natürlich, dass Fehler in demselben sein möchten, und ich bin demnach an dem Punkt angelangt, wo ich dieses Gutachten selbst der Kritik unterwerfen muss.

Um diese vollkommen verständlich zu machen, bin ich genöthigt, einige Entwicklungen vorauszuschicken, in welchen mir zu folgen mancher vielleicht beschwerlich finden könnte, wenn von vorneherein noch nicht abzusehen ist, auf was sie hinauslaufen werden. Es wird deshalb, deucht mir, angemessen sein, wenn ich die vornehmsten Ausstellungen, welche das Kritter'sche Gutachten und die daraus gezogenen Folgerungen treffen, gleich hier an die Spitze stelle.

1) Die Anwendbarkeit des Verhältnisses von 1 Witwe gegen 2 stehende Ehen, auf die hiesige Professoren-Witwenkasse, ist nicht sicher; es ist vielmehr, wie schon oben S. [133] Z. [5] bemerkt ist, wahrscheinlich, dass nach den Verhältnissen dieser Kasse etwas mehr an Witwen gerechnet werden müsse.

2) Kritter's Behauptung [Z. 10 des Abdrucks] ist, auch wenn sie unabhängig von diesem vorausgesetzten Verhältnisse 2 : 1 vorgetragen wird, nemlich man könne annehmen, dass ein Durchschnitt von 10 Jahren immer schon hinreiche, das wahre für die Umstände der Kasse gültige Verhältniss sehr nahe anzugeben, ist durchaus falsch, und die Unrichtigkeit dieses Satzes ist auch ohne Berufung auf Erfahrungen, schon aus theoretischen Gründen nachzuweisen.

3) Weit wichtiger als diese beiden Ausstellungen ist der Umstand, dass P. das Kripter'sche Gutachten falsch ausgelegt hat, indem das, was P. unter Maximum der Witwenzahl verstand, und das, was man mit diesem Worte bezeichnet, wenn ein bestimmtes Normalverhältniss zwischen stehenden Ehen und Witwen aufgestellt wird, und was auch in Kritter's Gutachten eigentlich gemeint ist,

*zwei sehr verschiedene Dinge sind.*

Hierzu kommt noch der eben so wichtige Umstand

4) dass die numerischen Resultate, die für eine Gesellschaft von einem gewissen sich immer nahe gleich bleibenden Umfange zulässig waren, wesentlich abgeändert werden müssen, wenn dieser Umfang sich bedeutend erweitert, wie diess schon oben ausführlich abgehandelt ist.

---

Ich fange an mit der (fingirten) Aunahme, dass durch das Zusammentreten einer sehr grossen Anzahl von Ehepaaren aus den verschiedensten Altersstufen eine Gesellschaft gebildet worden sei. Alljährlich wird eine Anzahl von Ehen durch den Tod des einen oder des andern Theils getrennt werden: dieser Abgang werde dadurch ersetzt, dass jährlich eine bestimmte Zahl neuer Ehepaare hinzutritt, so viele, dass im Ganzen der Bestand der Gesellschaft ungeändert bleibe. Von den im Laufe eines Jahres durch den Tod des Ehemannes entstehenden Witwen wird, da die Gesellschaft als sehr gross vorausgesetzt wird, ein verhältnissmässiger sehr kleiner Theil schon während desselben Jahres wieder absterben, wodurch mithin die Anzahl der am Ende des Jahres wirklich vorhandenen Witwen etwas modificirt wird. Ungefähr eben so viele neue Witwen werden am Ende des zweiten Jahres hinzugekommen, dagegen aber von den aus dem ersten Jahre herrührenden Witwen ein Theil schon wieder verstorben sein, so dass am Ende des zweiten Jahres die Anzahl der Witwen nicht ganz doppelt so gross sein wird, als am Ende des ersten. Am Ende des dritten Jahres sind wieder ungefähr eben so viele neue Witwen hinzugekommen, dagegen wird der Bestand, welcher zu Anfang des dritten Jahres vorhanden war, einen fast doppelt so grossen Abgang erlitten haben, als die Bilanz des zweiten Jahres ergeben hatte. Man sieht, dass auf diese Weise die Zahl der Witwen zwar fortwährend wächst, aber immer langsamer, bis sie zuletzt so gross geworden ist, dass der einjährige Abgang durch den Tod der Witwen, dem Zugang durch Absterben von Ehemännern aus der Gesellschaft, das Gleichgewicht hält: dann wird also der Beharrungszustand eintreten, indem die Witwenzahl ihr Maximum erreicht hat, und von da an ungeändert bleibt.

Fügen wir den obigen Voraussetzungen noch die bei, dass sowohl die Anzahl der in jedem Jahre neuhinzukommenden Ehepaare, als das Verhältniss, nach welchem in einer solchen Gruppe die verschiedenen Altersstufen gemischt sind, Jahr für Jahr sich gleich bleibt, imgleichen, dass das Absterben genau mit den Mortalitätstafeln gleichen Schritt hält, so wird jener Beharrungszustand seinen Namen nach aller Strenge verdienen; sowohl die Anzahl der Ehepaare in der Gesellschaft wird ganz ungeändert bleiben, als die Anzahl der Witwen, nachdem diese ihren höchsten Werth einmal erreicht hat. Es ist ferner klar, dass, wenn man sich eine zweite ähnliche Gesellschaft vorstellt, in welcher die neubeitretenden genau in demselben Verhältnisse gemischt sind, wie in der ersten, welche aber doppelt so viele Ehepaare umfasst, die höchste Witwenzahl auch doppelt so gross sein werde; oder, um es allgemein auszudrücken, das Verhältniss der stehenden Ehen zu der Zahl der Witwen, nach eingetretenem Beharrungszustande, wird nicht von dem Umfange der Association (insofern er nur als constant bleibend betrachtet wird), sondern bloss von dem Verhältnisse abhängen, nach welchem die verschiedenen Altersstufen der neu beitretenden gemischt sind, und, wenn letzteres Verhältniss vollkommen bekannt wäre, würde ersteres sich a priori durch Rechnung bestimmen lassen. Eintreten wird übrigens der Beharrungszustand, wo nicht früher, doch jedenfalls dann, wenn die Stammtheilnehmer alle ausgestorben sind, was, wenn die extremsten Fälle berücksichtigt werden sollen, möglicherweise sich bis 80 Jahre nach dem ersten Zusammentreten verzögern könnte. Indessen kann man annehmen, dass schon nach 45—50 Jahren der wirkliche Zustand dem Beharrungszustande sehr nahe gekommen sein wird*). Um die Vorstellungen mehr zu fixiren, will ich beispielshalber bestimmte Zahlen nennen, welche jedoch, da sie nur zur Erläuterung des sonst abstracten Vortrags dienen sollen, auf vollkommen scharfe Angemessenheit keinen Anspruch machen. Die Gesellschaft bestehe aus 2600 Ehepaaren, zu denen jährlich 130 neue hinzutreten, während durchschnittlich eben so viele abgehen, und zwar 70 durch den Tod des Mannes, 60 durch den Tod der Frau. Von den während eines Jahres entstehenden 70 Witwen stirbt eine schon in demselben Jahre, so dass am Schluss des ersten Jahres 69 Witwen vorhanden sind. Von diesen sind am Ende des zweiten Jahres weitere 2 verstorben, dagegen wieder 69 neue Witwen hinzugekommen, folglich zusamen 136 vorhanden. Von diesen sterben während des dritten Jahrs 4, und indem die neu hinzugekommenen wieder 69 betragen, ist die Gesammtzahl am Schluss des dritten Jahres 201. Auf diese Weise immer langsamer fortschreitend mag die Zahl der Witwen nach 10 Jahren 600, nach 20 Jahren 1000, nach 30 Jahren 1200, nach 40 Jahren 1280, nach 45 Jahren 1294, nach 50 Jahren 1298 betragen, zu welchen später noch ein paar hinzukommen, und das wirkliche Maximum 1300 hervorbringen. Hier hätten wir demnach das Verhältniss der stehenden Ehen zu der höchsten Witwenzahl wie zwei zu eins.

In einer wirklichen Gesellschaft, wo die geforderten Bedingungen nicht in ihrer scharfen Strenge, sondern nur durchschnittlich gelten, wird es natürlich nicht so regelmässig hergehen können, wie in der fingirten. In jener werden jährlich nicht genau 130 neue Ehepaare beitreten, sondern in einem Jahre etwas mehr, in einem andern etwas weniger. Eben so werden die verschiedenen Altersstufen der neu beitretenden in einem Jahre etwas anders gemischt sein, als in einem andern, oder als in der idealen Gesellschaft angenommen war, zum Beispiel, das Durchschnittsalter der Männer, oder das der Frauen, oder der durchschnittliche Unterschied beider wird einmal etwas grösser, ein andermal etwas kleiner sein. Endlich wird auch von einer gegebenen Personenmenge das Absterben nicht *genau* nach den Mortalitätstafeln erfolgen, sondern in einem Jahre werden diese etwas zu wenig, in einem andern etwas zu viel angeben. Der Erfolg von allem dem wird sein, dass in der wirklichen Gesellschaft zu einer Zeit die Zahl der Witwen etwas grösser sein wird, als in der idealen, zu einer andern etwas kleiner. Ein eigentlicher Beharrungszustand *im strengsten Sinn* wird in jener niemals eintreten, sondern ein Fluctuiren um einen Mittel-

*) Kritter begnügt sich, in seinem Gutachten, schon mit 40 Jahren.

zustand her. Zu der Zeit also, wo die Witwenzahl in der idealen Gesellschaft das Maximum 1300 ganz oder fast ganz erreicht haben würde, wird in der wirklichen ein Auf- und Abschwanken über und unter diese Zahl hinaus, Statt finden. Es werden zu einer Zeit 1350, auch wohl 1360, da sein können, zu einer andern 1250, auch wohl nur 1240. Allein ganz unmöglich ist es, hier scharfe Grenzen zu setzen, und von irgend einer Zahl, man wähle welche man wolle. mit Bestimmtheit zu behaupten, dass diese zwar noch erreicht, die nächst höhere aber nicht mehr erreicht werden könne. Die Wahrscheinlichkeitsrechnung, in ihrem heutigen Zustande, lehrt solche Schwankungen auf ein bestimmtes Maass zurückführen, welches aber nicht von dem Extrem hergenommen wird, sondern von der Berücksichtigung aller Zwischenstufen und ihrer relativen Wahrscheinlichkeit. Natürlich ist hier durchaus nicht der Ort, diese Theorie weiter zu verfolgen; auch hängt ihre Anwendbarkeit auf concrete Fälle davon ab, dass man entweder eine mathematisch präcise Kenntniss von den bedingenden Elementen habe (wie bei Glücksspielen z. B. gewöhnlich der Fall ist), oder dass ein zureichender Reichthum von Erfahrungen zu Gebote stehe. Beides trifft aber in Beziehung auf solche Gegenstände, wie Witwenkassen sind, nicht zu, so dass a priori für eine solche Bemessung nichts geschehen kann. Aber *das* lehrt doch die Theorie: aus den Schwankungen, die in einem Falle vorgekommen sind, auf diejenigen zu schliessen, die mit gleichem Recht in einem andern qualitativ gleichen aber quantitativ verschiedenen Falle erwartet werden müssen. Nach ihrer absoluten Grösse werden in einer grossen Gesellschaft die Schwankungen grösser sein, als in einer kleinen; nach der relativen aber wird es sich umgekehrt verhalten. Wenn also z. B. eine Gesellschaft von obigem Zuschnitt zu einer Zeit bis 60 Witwen mehr, zu einer andern bis 60 weniger Witwen gezählt hätte, als die Durchschnittsgrösse 1300, so jedoch, dass die Zahl 1360, oder eine ihr nahe kommende, mit einiger Andauer vorgekommen wäre, und eben so die Zahl 1240 oder eine ihr nahe liegende, so würde man schliessen dürfen dass in einer andern Gesellschaft, die bei sonst ähnlichen Verhältnissen durchschnittlich nur 26 Ehepaare zählt, die Normalwitwenzahl eben so leicht um 6 vermehrt oder vermindert erscheinen könne. Oder etwas anders ausgedrückt: Eben so gut, wie in der grossen Gesellschaft zwischen 1360 unn 1240, wird die Witwenzahl in der kleinen zwischen 7 und 19 auf und abschwanken können; das *absolute* Schwanken ist, wenn der Umfang der grossen Gesellschaft 100 mal grösser ist wie der Umfang der kleinen, in der grossen zehnmal so gross wie in der kleinen; mit dem *relativen* Schwanken, welches in der grossen Gesellschaft (nach obigen Zahlen) $4\frac{8}{13}$ Procent betragen würde und bei der kleinen $46\frac{2}{13}$ Procent, verhält es sich gerade umgekehrt.

So viel von der Sache. Was den Namen betrifft, so habe ich, eben, für die Zahlen der Beispiele 1300 und 13, anstatt der weitschweifigen Umschreibung 'Durchschnittszahl der Witwen nach eingetretenem Beharrungszustande' die Benennung 'Normalwitwenzahl' gebraucht, welche man leicht als nicht unpassend gelten lassen wird: aber *üblich* ist sie meines Wissens nicht. Es ist vielmehr ganz gewöhnlich, jenen Begriff kurzweg mit *höchster Witwenzahl* zu bezeichnen, wobei von den regellosen Fluctuationen ganz abstrahirt, und nur der Beharrungszustand im Allgemeinen im Gegensatz zu der vorhergegangenen Zeit berücksichtigt wird. Für einen einigermaassen Sachverständigen wird hiebei ein Misverständniss nicht leicht möglich sein; jedenfalls aber ist so viel gewiss, und aus dem Gutachten, wenn man es nur mit einiger Aufmerksamkeit lieset, sogleich zu erkennen, dass Kritter in demselben die höchste Witwenzahl in *diesem* Sinn und nur in diesem Sinn verstanden hat. P. hingegen dachte sich dabei etwas ganz anderes, nemlich die Zahl, über welche die Anzahl der Witwen nach höchster Wahrscheinlichkeit niemals sollte hinausgehen können. Beide Zahlen vermengen, ist ungefähr dasselbe, als wenn man den Durchschnittspreis eines Handelsartikels mit dem höchsten Preise verwechselte. Es ist hiedurch die oben S. [140] unter 3 gemachte Ausstellung hinreichend bewiesen. Was aber eine Frage nach der höchsten Witwenzahl im P.'schen Sinne des Worts betrifft, so ist sie eine solche, auf welche eine bestimmte Antwort sich gar nicht geben lässt.

Aus den frühern Erfahrungen jedoch [S. 139 unten] hätte man, unter Berücksichtigung des Umstandes, dass in den ersten Decennien die Gesellschaft einen viel kleinern Umfang hatte als 1794, und dass jene Erfahrungen einer Zeit angehörten, wo der entsprechende Beharrungszustand als noch nicht ganz erreicht angesehen werden muss, schliessen können, dass man fortan eine die Durchschnittszahl 13 weit überschreitende Witwenzahl für sehr wohl möglich halten müsse. (Dass bei allem, was ich hier gesagt habe, die nach Kritter's Gutachten noch erforderliche Vergrösserung um $\frac{1}{8}$, wegen der Waisenpensionen, noch nicht mit einbegriffen ist, wird man nicht übersehen dürfen).

Die Kritter'sche S. [140] Nr. 2 gerügte Behauptung ist zwar durch die Erfahrung genugsam widerlegt: es ist jedoch nicht überflüssig, zu der eigentlichen etwas versteckt liegenden Quelle des Irrthums hinaufzusteigen. Bei aller Anwendung des Calcüls sowohl auf Gegenstände der Natur als auf sociale Verhältnisse, pflegen die Erfahrungsdata selten in der reinen Gestalt, wie man sie eigentlich braucht, aufzutreten, sondern fast immer mehr oder weniger behaftet mit Störungen oder Schwankungen, die in ihrem Wechsel keiner Regel gehorchen, und man sucht dann, wie jedermann weiss, den daraus entstehenden Nachtheil wenn auch nicht aufzuheben, doch so viel thunlich zu vermindern, dass man aus vielen einzelnen Resultaten das Mittel nimmt. Man rechnet darauf, dass bei einer solchen Benutzung einer grossen Zahl von Fällen die zufälligen Schwankungen einander grösstentheils compensiren, und legt dann dem Mittelwerthe eine desto grössere Zuverlässigkeit bei, je mehr partielle Resultate zugezogen sind. Dieses ist auch im allgemeinen vollkommen richtig, und durch consequente weitere Entwicklung und umsichtige Ausbeutung dieses Princips sind besonders in den Naturwissenschaften nicht selten die belohnendsten Früchte, selbst glänzende Resultate, gewonnen. Allein die Sicherheit des Grundprincips beruhet auf einer wesentlichen Bedingung, die, häufig genug, auch von Gelehrten vom Fach ausser Acht gelassen wird, und die darin besteht, dass die an den einzelnen Beobachtungen oder Erfahrungen haftenden regellosen Störungen oder Schwankungen von einander ganz unabhängig sein müssen. Das Urtheil, ob eine solche Unabhängigkeit vorhanden sei oder nicht, kann zuweilen sehr schwierig und ohne tiefes Eindringen in das Sachverhältniss unmöglich sein, und wenn darüber Zweifel zurückbleiben, so wird auch das den Endresultaten beizulegende Gewicht ein precäres sein.

Wäre z. B. die Rede von einem meteorologischen Elemente etwa von der Menge des an einem bestimmten Orte jährlich fallenden Regens, so ist diese bekanntlich in verschiedenen Jahren sehr ungleich; der durch die allgemeinen örtlichen Verhältnisse des Platzes bedingte Normalwerthwird aber an einem Durchschnitt von zehn Jahren mit viel grösserer Sicherheit erkannt, als wenn man sich bloss an ein einzelnes Jahr halten wollte. Der Grund ist aber der, weil zwischen den in den einzelnen Jahren vorkommenden Abweichungen von dem Normalwerthe kein besonderer Zusammenhang ist, vielmehr, wie auch die Erfahrung bestätigt, eine grosse Minus-Abweichung eben so leicht in einem Jahre vorkommen kann, welches unmittelbar auf ein Jahr mit grosser Plus-Abweichung folgt, wie in jedem andern.

Allein jene wesentliche Bedingung fehlt bei den gezählten Witwen aus auf einander folgenden Jahren, eben weil der Uebergang von einer Zahl zu einer bedeutend verschiedenen nur allmählich geschehen kann. Wenn z. B. in der oben zur Erläuterung angeführten grössern Gesellschaft, wo der *durchschnittliche* jährliche Zugang zu 69 angenommen ist, und eben so gross, nach erreichtem Beharrungszustande, der jährliche Abgang, der Bestand einmal auf 1240 heruntergekommen ist, oder dermalen die negative Abweichung — 60 Statt findet, so ist die grösste an Unmöglichkeit grenzende Unwahrscheinlichkeit da, dass im Jahre darauf eine positive Abweichung vom Normalwerthe Statt haben werde. Bei einer kleinen Gesellschaft wie die unsrige sind sehr oft die gezählten Witwen des folgenden Jahres noch ganz die nämlichen wie im vorangegangenen, und selbst nach 10 Jahren wird in der Regel nur der kleinere Theil erneuert sein. Eine Durchschnittszahl aus 10 auf einander folgenden Jahren ist daher noch kein Mittel aus 10 von einander ganz unabhängigen Erfahrungen, und kann über die eigentliche Normalzahl noch keinen viel sicherern Aufschluss geben, als die Erfahrung von einem einzelnen Jahre. Um das vergrösserte einem Durchschnittswerthe beizulegende Gewicht schätzen zu können, kommt es wesentlich darauf an, von wie vielen von einander ganz unabhängigen Gruppen die Erfahrungen hergenommen sind. Da nun die durchschnittliche Dauer eines Witwenthums gegen 20 Jahre beträgt, so würde bei empirischer Bestimmung der Normalzahl selbst ein vierzigjähriger Durchschnitt noch gar keine sehr sichere Bürgschaft für Elimination der Schwankungen gewähren. Dass vierzig Jahre nach einander die Witwenzahl beständig unter dem den allgemeinen Verhältnissen der Gesellschaft entsprechenden Normalwerthe bleibe, ist im Grunde eben so wenig für eine ganz ausserordentliche Erscheinung anzusehen, als wenn ein Pharaospieler zweimal nach einander gewinnt, und die Lehre, welche man hieraus ziehen muss, ist, dass von der andern Seite in jener Beziehung auch 40 ununterbrochen magere Jahre eben so leicht möglich sind, wie 40 ununterbrochen fette.

Das Zahlenverhältniss zwischen stehenden Ehen und Witwen, welches für die Professsoren-Witwenkasse in Kritter's Gutachten wie 2 : 1 vorausgesetzt ist, wird für Gesellschaften, welche verschiedenen Lebenskreisen angehören, ein sehr verschiedenes sein können. Vergleichen wir z. B. eine Witwenkassengesellschaft wie die unsrige mit der Gesammtheit aller stehenden Ehen und Witwen in einem ganzen Lande zunächst nur in Beziehung auf den allgemeinen [S. 140 oben] angegebenen Bestimmungsgrund, so sieht man leicht, dass in jener verhältnissmässig mehr Witwen gegen eine bestimmte Zahl von Ehen gerechnet werden müssen als in dieser. Bei der grossen Masse der Landeseinwohner fallen durchschnittlich die Verheirathungen in ein früheres Alter, und der Unterschied des Alters von Mann und Frau ist nach dem Durchschnittswerthe geringer, als bei Universitätsprofessoren *). Dazu kommt, dass in unsere Witwenkasse manche Mitglieder schon verheirathet eintreten, während in die Listen von einem ganzen Staate die sämmtlichen Ehepaare gleich von ihrer Verheirathung an eingerechnet werden. Allein die Wirkung dieser beiden Ursachen ist nur eine geringe im Vergleich zu dem Einfluss eines andern Umstandes, welcher oben S. [140 ff.] bei der abstracten Behandlung der Sache noch bei Seite gesetzt wurde, nemlich, dass Abgang der Witwen nicht allein durch den Tod, sondern auch durch eine Wiederverheirathung erfolgen kann. In einer Witwenkasse, wo eine sich wieder verheirathende Witwe allen weitern Anspruch auf die Pension verliert, pflegen Wiederverheirathungen der Witwen selten vorzukommen, und namentlich zählt unsre Witwenkasse in dem ganzen Zeitraume ihres Bestehens nur einen einzigen Fall der Art; für ein ganzes Land hingegen nimmt man der Erfahrung zufolge an, dass aus dem ganzen Bestand der Witwen etwa der dreissigste Theil alljährlich durch Wiederverheirathung ausscheidet, und hiedurch wird das Verhältniss der stehenden Ehen zu den Witwen wesentlich abgeändert. Endlich hat auch in einem Lande, dessen Bevölkerung schon seit längerer Zeit im Zunehmen begriffen gewesen ist, diese Zunahme einen wesentlichen Einfluss auf das Verhältniss der *coexistirenden* Ehen und Witwen, indem sich dann mehr stehende Ehen gegen Eine Witwe vorfinden werden, als ohne jenen Umstand da sein würden.

Als Erfahrungssatz wird gewöhnlich aufgestellt, dass für ein ganzes Land vier stehende Ehen gegen eine Witwe zu rechnen seien. Die von Quetelet für Belgien angegebenen Zahlen stimmen mit diesem Verhältniss fast genau überein. Für das ganze Königreich Hannover ergeben die Zählungen von 1833—1842 eine etwas kleinere Zahl, nemlich 3,74 stehende Ehen gegen eine Witwe; unterscheidet man aber die einzelnen Landestheile, so zeigen sich sehr grosse Ungleichheiten, es sind z. B.

---

*) Aus unsrer Witwenkasse liegen mir die Data für das Alter nur von 62 Ehepaaren vor, wonach der durchschnittliche Unterschied 9 Jahre beträgt. Bei der Gesammtheit der Einwohner eines ganzen Landes wird man schwerlich auch nur einen halbsogrossen durchschnittlichen Unterschied annehmen können.

in der Landdrostei Stade . . . . . . . . . . . . 4,21
in der Landdrostei Aurich . . . . . . . . . . . 3,28
in der Berghauptmannschaft Clausthal . . . . 2,56

stehende Ehen gegen eine Witwe.

In der zweiten Hälfte des vorigen Jahrhunderts hat man manche Witwenkassen zu Grunde gehen sehen, weil sie auf die (obigen Bemerkungen zufolge ganz falsche) Voraussetzungen gegründet waren*), dass das Verhältniss der stehenden Ehen zu den Witwen, welches sich aus Zählungen für ein ganzes Land ergibt, auch für Witwenkassen als maassgebend betrachtet werden dürfe. Kritter war einer von denen, welche nicht ermüdeten, solche falsche Grundsätze zu bekämpfen. So oft er aber in seinen Schriften mit positiven eignen Angaben auftritt, heisst es *entweder* nur, dass man *zum allerwenigsten* Eine Witwe auf zwei Ehen rechnen müsse (z. B. Kritter's Vorstellung des bisherigen Erfolgs u.s.w. S. 22); *oder* er verwahrt sich ausdrücklich (Prüfung eines Aufsatzes in der Berliner Monatsschrift S. 28), dass das Verhältniss 2 : 1 nur alsdann angenommen werden dürfe, wenn der sechste Theil aller Witwen sich wieder verheirathe, und ihre Pensionen damit erlöschen; *oder* er gibt Zahlen an, die eben bedeutend *mehr* Witwen als die halbe Zahl der stehenden Ehen erbringen; z. B.

in der eben angeführten Schrift S. 27 ist eine Rechnung geführt, wonach gegen 3293 Ehepaare 1831 Witwen kommen,

Prüfung einer kleinen Schrift u. s. w. S. 17, wo auf 100 Ehemänner 60 Witwen gerechnet werden.

Eben dieses Verhältniss ist aufgestellt in

Sammlung dreier Aufsätze über die Calenbergische, Preussische und Dänische Witwenversorgungsanstalten S. 30—35.

Sammmlung wichtiger Erfahrungen u.s.w. S. 35, wo Kritter auf 450 Ehemänner 280 Witwen rechnet.

Uebrigens hat Kritter seine Angaben nirgends auf wirkliche directe Erfahrungen gestützt (dergleichen von genügender Art auch schwerlich aus Deutschland damals zu beschaffen waren), sondern auf die Mortalitätstafeln und auf gewisse Voraussetzungen rücksichtlich der durchschnittlichen Altersverhältnisse der in die Gesellschaft eintretenden, Voraussetzungen, die jedenfalls nicht ungünstiger gewählt sind, als sie sich bei unserer Professoren-Witwenkasse wirklich finden.

Wirkliche Erfahrungen aus einem ausgedehnten und mit unsrer Witwenkasse wohl ungefähr auf gleiche Linie zu stellenden Kreise finde ich in Price Observations on reversionary payments, S. 79. 269. 276 (nach der dritten Ausgabe dieses Werks von 1773), wo für die Gesammtheit der Pfarrer und Professoren in Schottland nach 17jährigem Durchschnitt die Zahl der stehenden Ehen zu 667, und die der Witwen zu 380 angegeben wird, also sehr nahe in dem Verhältniss von 7 zu 4. Es wird zugleich bemerkt, dass jene Standesklassen dort durchschnittlich mit dem Alter von 27 Jahren in den Genuss des Einkommens von ihren Stellen kamen, also gewiss früher, als durchschnittlich bei den Professoren deutscher Universitäten angenommen werden darf; auch waren bei jenen Witwen die Wiederverheirathungen nicht so selten, wie bei den Witwen Göttingischer Professoren.

Aus den eignen directen Erfahrungen bei unsrer Gesellschaft lässt sich, auch abgesehen von der Kleinheit ihres Umfanges, schon deswegen das für sie gültige Normalverhältniss nicht ableiten, weil die Bewegung der Anzahl der stehenden Ehen in derselben eine unbekannte Grösse ist; diese Anzahl ist nemlich nur für zwei Zeitpunkte, aus der ganzen hundertjährigen Dauer der Anstalt, bekannt, für den gegenwärtigen Augenblick, und nach der P.'schen Angabe (oben S. 132) für den Zeitpunkt der Verhandlungen

*) Manche allerdings auch in Folge von *noch* gröbern Fehlern.

von 1794. Hätte man, in Beziehung auf sämmtliche 204 der Witwenkasse bis jetzt beigetretene Professoren regelmässig aufgezeichnet, ob und während welches Theils ihrer Genossenschaft sie verehelicht gewesen sind, zugleich mit der genauen Altersangabe für sie selbst und ihre Frauen, so würde dieses vermittelst der Mortalitätstafeln zu einer sehr genauen indirecten Bestimmung des fraglichen Verhältnisses benutzt werden können. Von allem dem ist aber, meines Wissens, Nichts geschehen. Je mehr diess jetzt beklagt werden muss, desto zuversichtlicher darf wohl gehofft werden, dass durch zweckmässige wenigstens von jetzt an zu treffende Maassregeln, demjenigen, welcher, wieder nach 100 Jahren, begutachten wird, eine gleiche Klage erspart sein wird.

Soviel über das Kritter'sahe Gutachten, oder vielmehr über denjenigen Theil desselben, der mit dem Gegenstande meiner gegenwärtigen Kritik in unmittelbarer Verbindung steht; auf den zweiten Theil des Gutachtens, der die aus den Waisenpensionen entspringende Vergrösserung der Ausgaben betrifft, werde ich in der zweiten Abtheilung dieser Denkschrift zurückkommen. Dass in jenem ersten Theile des Kritter'schen Gutachtens eben nur die Oberfläche des Gegenstandes berührt ist, wird, meine ich, durch die vorstehenden Entwicklungen zur Genüge dargethan sein. Betrachtungen oder Vermuthungen darüber, wie es zugegangen, dass Kritter nur ein so oberflächliches, nicht einmal mit seinen sonstigen öffentlichen Äusserungen übereinstimmendes Gutachten ausgestellt hat, würden mich hier zu weit führen. Indess möchte ich glauben, dass, wenn man, anstatt sich auf die Verlegung von zwei Specialfragen zu beschränken,

> wovon zudem die eine, in dem Sinn wie der Fragesteller meinte, eine bestimme Antwort gar nicht zuliess, den p. Kritter, gleichviel in welcher Form, an den weitern Deliberationen hätte Theil nehmen lassen, oder ihn wenigstens über die Angemessenheit des Plans, den man auf sein Gutachten gründen zu können vermeinte, unter vollständiger Mittheilung aller Sachverhältnisse zu Rathe gezogen hätte,

die Frage über die Normirung aller künftigen Pensionserhöhungen nicht so, wie geschehen, über das Knie gebrochen sein würde*). Das ist aber unterblieben. Kritter erhielt aus der Witwenkasse ein Honorarium von 4 Thl. 24 mgr. für sein Gutachten, so wie P., in dem Ministerialrescript vom 20. November 1794, eine Belobung seiner wohlausgearbeiteten Denkschrift.

In diesem Rescript wurden die gemachten Vorschläge genehmigt, wegen der Erhöhung der Pensionen jedoch bevorwortet, dass, wenn wider Verhoffen *unglückliche Umstände* demnächst eine Verminderung der Pensionen nothwendig machen sollten, die alsdann vorhandenen Witwen sich solches gefallen lassen müssen; auch wurde für die künftig der Progressionsnormirung gemäss vorzunehmenden Pensionserhöhungen die jedesmalige Ratification vorbehalten. Es scheint bemerkenswerth, dass hier nur einer solchen Nothwendigkeit gedacht ist, die aus unglücklichen Umständen, nicht aber derjenigen, die möglicherweise aus einer zu grossen Witwenzahl hervorgehen könnte. Hat man einen solchen Fall für unmöglich gehalten, oder hat man das Regulativ in demselben Sinn wie Sch. aufgefasst, und, dass in einem solchen Fall die Pension wieder herabgehen müsse, als sich von selbst verstehend betrachtet? Übrigens wurde bei Ratification der ersten Erhöhung (1799 Mai 23) derselbe Vorbehalt wiederholt, aber nur im Allgemeinen von Umständen, die die Wiederverminderung nothwendig machen könnten, gesprochen, ohne die Qualification von unglücklichen. In den spätern Ratificationsfällen ist, so viel ich habe finden können, die Reservation nicht wiederholt.

---

*) Die Zahl der im Laufe meines obigen Berichts angeführten oder angedeuteten Züge von laxer Geschäftsbehandlung hätte leicht noch vergrössert werden können, was ich jedoch für so unnöthig wie unerfreulich gehalten habe.

Es bleibt mir jetzt noch übrig, einige zum Theil schon oben berührte Punkte noch etwas näher zu betrachten.

Man hat oben gesehen, wie über ein Grundprincip P. und R. ganz entgegengesetzte Ansichten gehabt haben (S. [133] und [137]. Wenn der letztere S. [138, oben] von einem Steigen oder *Sinken* des *Fonds* spricht, so vermuthe ich, dass er eigentlich nur den *Ertrag* des Fonds gemeint hat. Denn das scheint mir, insofern die Anstalt ein Beneficium ist, die strenge Pflicht der Verwaltung zu sein, dafür zu sorgen, dass die Substanz, aus welcher das Beneficium fliesst, in ihrer Integrität erhalten werde. Dies kann aber schon wegen der bei Kapitalausleihungen von Zeit zu Zeit bei aller Vorsicht nicht abzuwendenden Verluste mit Sicherheit anders nicht geschehen, als wenn man neben der Erhaltung auch einige allmählige Vermehrung sich zum Ziele setzt, wobei man denn immer lieber etwas zu viel als zu wenig thun möge. Auf diese Weise wird die *Gesammtheit* der Percipienten in der spätern Zeit gegen die Gesammtheit der frühern nicht zu kurz kommen, sondern vielmehr eher besser daran sein, was aber die dermaligen Percipienten jenen um so eher gönnen können, da sie selbst die Früchte einer ähnlichen Enthaltsamkeit *ihrer* Vorgänger geniessen. Ausserdem erfordert die Billigkeit, dass man sich bestrebe, das unvermeidliche und bei einer kleinen Gesellschaft verhältnissmässig sehr grosse Schwanken der Zahl der Percipienten durch zweckmässige Maassregeln vo viel thunlich auszugleichen. Dagegen aber scheint mir P.'s Forderung, dass niemals ein künftiger *einzelner* Percipient weniger erhalten solle, als irgend ein früherer erhalten hat, bei einer Gesellschaft, die wie Sch. sehr richtig bemerkt hat, immer etwas Actienmässiges behalten wird, im Rechte nicht begründet; jedenfalls aber, und diess ist der Hauptpunkt auf den es ankommt, lässt sich einer solchen Forderung, wenn sie wie eine unbedingte gelten soll, gar nicht genügen ohne die offenbarste Unbilligkeit gegen die dermaligen Percipienten. Es liegt auf der Hand: je grössere Sicherheit man verlangt, dass jener Fall niemals eintreten müsse, desto weniger darf man den jetzigen Percipienten verabreichen. Man müsste die extremsten Fälle für die mögliche Zahl der Percipienten berücksichtigen, wovon, wie oben gezeigt ist, P.'s Ansätze weit entfernt waren. Noch viel schlagender tritt dies hervor durch die weiter unten S. [150] aufgestellten Überschläge auf den Grund der erweiterten Interessentenzahl, einer Eventualität, die doch auch schon 1794 unter die Zahl der künftighin nicht bloss möglichen, sondern sogar wahrscheinlichen Fälle hätte aufgenommen werden können. Denn damals war die Zahl aller Universitätsprofessoren 45 *), funfzig Jahre früher nur 25, und welche Grenzen die fortwährend gesteigerten Zeitbedürfnisse finden werden, ist unmöglich im Voraus festzusetzen.

Der zweite Punkt betrifft die Auslegung der Progressionsnormirung in Sch.'s Sinn. Wenn Sch. sagt, [S. 138. Z. 19] P. habe das Maass der Erhöhung und eben so der Verminderung durch eine unwandelbare Regel bestimmt, so setzt diess zwar nothwendig die erste Interpretation S. [129] voraus, aber doch räumt Sch. damit zu viel ein. Eine unwandelbare Regel für die Verminderung fand sich darin nur in so weit, als bestimmt wurde, *wann* Verminderung eintreten müsse (nemlich, nach jener Auslegung, sofort nachdem die Zahl von 15 Pensionen überschritten), aber noch nicht für die *Grösse* der Verminderung. Diese Unvollständigkeit hätte, deucht mir, nach damaliger Lage der Sache, am füglichsten durch eine Bestimmung in folgender Fassung ergänzt werden können:

> So oft das Kapitalvermögen um 5000 Rthl. gestiegen ist, tritt eine Erhöhung der Pensionen ein, welche für jede einzelne Pension 10 Rthl. beträgt, wenn und so lange nicht mehr als 15 Pen-

*) Einer davon, K., starb noch vor Beendigung der Verhandlungen 1794 August 21. Jetzt (im Herbst 1845) sind 57. Aber die Anzahl der verheiratheten Mitglieder der Witwenkasse ist in viel stärkerm Verhältniss gestiegen von 26 im Jahr 1794 auf 42 im Jahr 1845.

sionen bestehen, sonst aber die auf die einzelnen Pensionen gleichmässig zu vertheilende Gesammtsumme von 150 Rthl. Dasselbe gilt von jeder folgenden Erhöhung.

Auf diese Weise hätte man gar nicht einmal nöthig gehabt, den *Anfang* einer Erhöhung von der Bedingung einer nicht über 15 hinausgehenden Pensionenzahl abhängig zu machen. Und in dieser Beziehung hätte diese Bestimmungsart sich sogar als vortheilhafter für die Witwen gezeigt, weil bei einer andauernd bestehenden kleinen Überzahl der Verlust, welcher aus der Verpflichtung entsteht, die bisherige Erhöhungssumme mit mehrern theilen zu müssen, bald durch eine neue Erhöhung compensirt oder mehr als compensirt würde, während in einem solchen Fall eine neue Erhöhung nach der P.'schen Normirung und in der zweiten Interpretation gar nicht zulässig ist.

Ich möchte übrigens glauben, dass die obige abgeänderte Fassung, wenn damals jemand daran gedacht hätte, sie in Vorschlag zu bringen, auch P. hätte zufrieden stellen müssen. Denn entweder war seine Voraussetzung, 15 sei die höchste Pensionenzahl, die vorkommen könne, richtig, oder sie war unrichtig: im ersten Fall war die Abänderung ganz wirkungslos, mithin gleichgültig, im zweiten aber nothwendig.

Die Folge einer solchen Normirung wäre gewesen, dass man sich gewöhnt haben würde, die Pension wie aus zwei Theilen zusammengesetzt zu betrachten, einem unveränderlichen Theile und einer Zulage, die von Zeit zu Zeit mit dem Kapitalvermögen wachsen, möglicherweise aber auch dabei wieder etwas zurückgehen könne, letzteres aber dann nach einer wirklich unwandelbaren einfachen Regel, wonach jede Witwe leicht selbst die Controle führen konnte. Auf den Unterschied zwischen einem solchen gesetzlichen Zurückgehen, und dem, nach der Quittungs-Clausel in Folge des Unvermögens der Kasse eintretenden habe ich schon oben S. [131] aufmerksam gemacht.

Drittens scheint es wohl der Mühe werth zu sein, die Ursachen anzugeben, welchen man das rasche und ununterbrochene Steigen der Prosperität der Witwenkasse während eines Zeitraums von mehr als vierzig Jahren zuzuschreiben hat. Ich finde, dass diess Steigen ganz vorzüglich begünstigt ist durch das Zusammenwirken von zwei Umständen, auf deren einen 1794 gar nicht gerechnet war, auf den andern aber wenigstens nicht gerechnet werden durfte.

Die erste Ursache ist das Steigen des Zinsfusses, welches schon wenige Jahre nach jener Epoche anhob. Man hatte, wie ich nachgewiesen habe, damals mit Sicherheit nur auf 3 Proc. rechnen zu dürfen geglaubt. Aber schon 1799 bemerkte das Curatorium in dem schon oben angeführten Rescript vom 23. Mai, dass Gelegenheit zu sicherer Unterbringung zu 4 Proc. gar nicht selten sei, und bot sogar die eigne Mitwirkung dazu an. Etwas später aber erhob sich der Zinsfuss allgemein auf 5 Proc., und beharrte für den grössten Theil der Kapitalien der Witwenkasse während einer langen Reihe von Jahren auf dieser Höhe.

Die zweite Ursache ist der Umstand, dass die Zahl der Pensionen während jenes langen Zeitraums *unter* dem zu erwartenden Mittelwerthe (15) geblieben ist, ja man muss sagen *beträchtlich* unter dem zu erwartenden Mittelwerthe, wenn man dafür nach dem plausiblern Anschlage S. [145] die Zahl 17 annimmt (nemlich $\frac{4}{7} \times 26$ Witwen mit Zusatz von $\frac{1}{6}$ wegen der Waisen). Dass man diese Erscheinung gar nicht wie etwas sehr ausserordentliches zu betrachten habe, ist schon oben S. [144 Z. 7] erwähnt: allein eben so wenig wäre es etwas ausserordentliches gewesen, wenn gerade das Gegentheil eingetreten, und z. B. schon 20—25 Jahre nach jener Epoche von 1794 die Mittelzahl auf der andern Seite bedeutend und andauernd überschritten wäre. In einem solchen Falle würde an die Stelle des raschen Steigens des Vermögens der Kasse ein sehr langsames getreten sein, ja vielleicht ein Stillstand oder sogar die Nothwendigkeit zu der Quittungsklausel die Zuflucht zu nehmen, falls sich zugleich ein tiefes Herabgehen des Zinsfusses dazu gesellt hätte.

Höhere Witwenzahl ist nun bereits seit einer Anzahl von Jahren eingetreten S. [126 Z. 23] und

S. [128 Z. 29]; der Zinsfuss aber, obwohl von seiner frühern Höhe sehr herabgegangen, noch immer hoch genug, dass die Kasse jener höhern Pensionenzahl noch gewachsen bleibt. Überhaupt ist diese hohe Zahl, selbst wenn sie noch um eine oder ein paar Pensionen mehr gestiegen wäre, an sich, und in so weit man darin nur das Vorkommen eines ungewöhnlich hohen Schwankens über den Mittelwerth 15 oder 17 zu erkennen hat, lange nicht von einer so schweren Bedeutung, wie *der* Umstand, zu welchem ich jetzt übergehe

dass der Mittelwerth der Pensionenzahl, möge man 15 oder 17 wie den plausibelsten betrachten, nur so lange gültig ist, als die Genossenschaft keine grössere Ausdehnung erhält, als sie 1794 hatte, und dass diese Gültigkeit jetzt, wo die Ausdehnung, mit dem Maassstabe der Zahl der verheiratheten Mitglieder gemessen, um mehr als 60 Procent grösser ist, als zur Zeit jener Epoche, ganz aufgehört hat.

Für die Zwischenzeit zwischen 1794 und 1845 lässt sich dieser Maassstab nicht anwenden, weil die Kenntniss der Zahl der verheiratheten Mitglieder fehlt. So viel sich aber aus der Bewegung der Gesammtzahl aller Mitglieder schliessen lässt, ist die Ausdehnung der Genossenschaft im Ganzen und abgesehen von einigem hin und her Schwanken bis etwa 1831 nicht grösser, sondern eher etwas geringer gewesen als 1794, und *sehr bedeutend* ist die Vergrösserung erst seit wenigen Jahren geworden. Mit der hohen Witwenzahl in der letzten Zeit steht daher die erweiterte Ausdehnung der Genossenschaft durchaus nicht in ursachlichem Zusammenhange, wie bereits oben [S. 128] bemerkt ist.

Der vierte hier noch zu betrachtende Punkt und gleichsam der Schlussstein der ersten Abtheilung, ist, einen Überschlag der künftigen Bewegung der Witwenzahl im Allgemeinen zu machen, so weit nemlich ein solcher auf dem bisher eingeschlagenen Wege erreicht werden kann. Die Anzahl aller Professoren ist jetzt 57; davon nehmen an der Witwenkasse Theil 51, und unter diesen sind 42 verehelicht. Macht man, zuerst, den Überschlag nach der Hypothese, die den Verhältnissen der hiesigen Professorenwitwenkasse am meisten angemessen scheint, dass auf 7 stehende Ehen 4 Witwen zu rechnen sind, so gibt die Rechnung 24 Witwen, und die Bedeutung davon ist, dass nachdem die Gesellschaft von jenem Umfange den Beharrungszustand erreicht hat, die durchschnittliche Witwenzahl 24 sein wird. Wegen der Waisenpensionen müsste nach Kritter's Gutachten noch ein Sechstel zugesetzt werden; ich will jedoch nur ein Achtel in Rechnung bringen, also die durchschnittliche Pensionenzahl im Beharrungszustande = 27 setzen. Allerdings soll man den Beharrungszustand erst nach 45—50 Jahren erwarten; man würde sich aber sehr täuschen, wenn man diese weite Entfernung für einen starken Beruhigungsgrund hielte. Denn schon lange vorher ist man dem Grenzzustande so nahe gekommen, dass der Unterschied nicht viel mehr bedeutet. Man vergleiche die oben S. [141] für allmähliges Steigen der Witwenzahl mitgetheilten Ansätze, die ohne Anspruch auf strenge Genauigkeit zu machen, doch einigermaassen eine Idee von dem Hergange geben können. Wenn man dann dabei überlegt, dass der frühere Umfang der Gesellschaft schon 17 Pensionen als Normalzahl (bei dem Verhältniss 7 : 4) für die Pensionen gegeben hatte, und es also hier sich nur um die allmählige Entwicklung der auf 10 angeschlagenen Vergrösserung handelt, so wird man mich leicht verstehen, wenn ich behaupten muss, dass schon nach etwa 25 Jahren man auf 25 Pensionen als *Mittelzahl* gefasst sein müsse. Hierzu kommt nun noch die Erweiterung des Spielraumes wegen der Schwankungen, denen scharfe Grenzen zu setzen unmöglich ist. Soviel ist aber gewiss, dass ein Schwanken von 7 Pensionen, auf und ab vom Mittelwerthe, wie etwas gar nicht ausserordentliches in den Überschlag mit aufgenommen werden muss, da ein verhältnissmässig wenigstens eben so grosses Schwanken nach frühern Präcedentien factisch ist. Das Resultat dieser Erwägungen ist also, dass man erwarten muss, um das Jahr 1870 die Pensionenzahl zwischen 18 und 32 zu finden, ohne dass man im Stande ist, im voraus zu bestimmen, *wo* innerhalb dieses weiten Spielraumes; dass das Erreichen des einen oder des andern Extrems nicht wie etwas sehr ausserordentliches betrachtet werden darf; endlich, dass späterhin diese Zahlen noch ein wenig vergrössert werden müssen, so dass nach längerer Zeit der Spielraum durch 20—34 bezeichnet werden muss. Das ist alles, was die Wahrscheinlichkeitsrechnung lehren kann, *so lange man die Gesellschaft gleichsam nur massenweise betrachtet.* Vielleicht meint mancher, das sei wenig! Ich dächte doch nicht. Es ist sehr wichtig, dass man das Maass der Erwartungen, die man zu haben befugt ist, kennt, und sich nicht einer unbegründeten Sicherheit überlässt. Erwägen wir die beiden Extreme. Es ist *möglich*, dass nach 25 Jahren die Pensionenzahl noch nicht die Zahl 18 überschritten hat, und sich auch noch eine geraume Zeit länger auf dieser oder einer sehr wenig grössern Höhe erhält. Die Pensionenzahl kann auch vorher von ihrer jetzigen Höhe (19) erst noch herabsteigen, und so von jetzt bis 1870 durchschnittlich nicht unbeträchtlich unter 18 sein. Auf diese Weise kann die Kasse Kräfte sammeln, mit denen sie, wenn erst nach langer Zeit das Blatt sich wendet, auch den extremen Fällen der andern Seite die Spitze bieten kann. Das schlimmste wäre eigentlich, wenn diese günstigen Voraussetzungen gar sich noch weiter realisirten; ich meine, wenn in dieser Zwischenzeit die Pensionenzahl erst noch einmal unter 16 herabginge, und so die Kasse in Folge der bestehenden Satzung noch mit neuer Pensionserhöhung von 10, 20, vielleicht gar von 30 Rthl. belastet würde. — Würde, umgekehrt, was aber eben so wohl möglich ist, die Pensionenzahl schon nach 25 Jahren auf oder nahe auf die Höhe von 32 gestiegen sein, so bedarf es nur eines rohen Überschlages, um sich zu überzeugen, dass abgesehen von ganz ausserordentlichen Zuflüssen, die Kasse solchen Anforderungen nicht gewachsen sein, sondern, vermuthlich schon früher, zur Erklärung ihres Unvermögens genöthigt sein wird.

Dass die Überschläge sich etwas günstiger gestalten, wenn man anstatt des Verhältnisses 7 : 4 das von 2 : 1 annimmt, versteht sich von selbst. Man würde dann nach 25 Jahren den Spielraum von 16—28 Pensionen und nach noch längerer Zeit den von 18—30 zu erwarten haben.

Endlich muss ich noch bemerken, dass hiebei stillschweigend vorausgesetzt ist, dass der Umfang der Genossenschaft auf seiner gegenwärtigen Höhe fortan bleibt. Nimmt er noch weiter zu, so muss man sich auf verhältnissmässig noch grössere Zahlen gefasst machen; vermindert er sich hingegen wieder, so wird auch von obigen Resultaten einiger Abzug gemacht werden dürfen. Nach der Natur der Sache aber ist es wohl wenig wahrscheinlich, dass eine *bedeutende* Verminderung anders als nach Verlauf längerer Zeit eintreten könne.

## *Zweite Abtheilung.*

Da ich die zu der Aufstellung der Bilanz der Witwenkasse einzuschlagenden Wege bereits in meinem Votum vom 8. Januar d. J. umständlich beschrieben, und bei der Ausführung der Arbeit zu Abänderungen keine Veranlassung gefunden habe, so kann ich mich nur auf jenes beziehen, und will hier nur bemerken, dass das Wesen der Methode in der Ermittelung des gegenwärtigen Geldwerths der Obliegenheiten der Kasse besteht, nach den drei Rubriken

Obliegenheiten gegen die jetzigen 19 Witwen,

Obliegenheiten gegen die Witwen (und Waisen) der jetzigen 51 Theilnehmer,

Obliegenheiten gegen die Witwen und Waisen der künftig beitretenden,

wobei für die zweite und dritte Rubrik der gegenwärtige Geldwerth der Gegenleistungen durch die Beiträge, in Abzug zu bringen ist. Ich schicke hier zuvörderst einige allgemeine Erläuterungen voraus.

Als Epoche, auf welche alle künftigen Leistungen durch Discontirung bezogen werden, ist der 1. October 1845 gewählt, und vorausgesetzt, dass die Witwen und Interessenten ihre bis dahin fällig gewordenen Pensionen und Beiträge schon resp. empfangen und geleistet haben.

Zu der Rechnung habe ich die höchst schätzbaren Mortalitätstafeln angewandt, welche Brune aus den bei der preussischen Witwenkasse an 31500 Ehepaaren gemachten Erfahrungen abgeleitet hat. Nur für das Absterben der Männer im höchsten Lebensalter sind diese Tafeln mangelhaft, da die Registratur der Witwenkasse dazu keine hinreichende Daten enthielt, und ich habe daher vorgezogen, das Absterben der Männer über 80 Jahr nach denselben Verhältnissen zu rechnen, welche die Tafeln für das weibliche Geschlecht angeben. Zur Berechnung der Modificationen, welche der Werth der Witwenpensionen durch Berücksichtigung der minderjährigen Kinder, wo solche vorhanden sind, erleidet, habe ich für letztere die Mortalitätstafeln von Deparcieux angewandt. Übrigens hat die Wahl der Tafeln, sowohl für die Mortalität der Kinder, als für die der Männer im höchsten Lebensalter auf die Rechnungsresultate nur sehr geringen Einfluss.

Alle Resultate sind wesentlich abhängig von dem dabei zum Grunde gelegten Zinsfuss; und ich habe daher, um hier nichts zu wünschen übrig zu lassen, sämmtliche Rechnungen sowohl nach dem Zinsfuss von 4 Procent, als nach dem von $3\frac{1}{2}$ Procent durchgeführt, obgleich dadurch die Arbeit gerade verdoppelt wurde. Die Münzen sind immer als Gold zu verstehen. Die Rechnung ist durchgehends auf Brüche des Thalers genau geführt, diese Brüche aber sind in gegenwärtiger Abschrift weggelassen. Daraus wird hin und wieder ein Unterschied von einer oder ein paar Einheiten in den Summationen erscheinen können, welchen geringfügigen Umstand ich hier bloss deswegen bemerke, damit nicht jemand, der etwa die eine oder die andere der Summationen nachrechnet, solche Unterschiede für Zeichen von ungenauer Rechnung halte, da sie vielmehr gerade umgekehrt die Folge der in der Rechnung beobachteten grössern Scharfe sind.

I. Berechnung des auf den 1. October 1845 reducirten Geldwerths der Witwenpensionen.

Die Zahl aller seit Errichtung der Witwenkasse bis jetzt eingetretenen Pensionirungen ist 68, und ich habe dieselben, um in meiner Arbeit die leichteste Übersichtlichkeit zu gewinnen, mit fortlaufender Numerirung bezeichnet. Die Ansätze in dem folgenden tabellarischen Abrisse drücken die Summen aus, welche den einzelnen Witwen ausgezahlt werden müssten, wenn sie für ihre Ansprüche abgefunden werden sollten, oder umgekehrt, die Summen, welche die Witwen einzahlen müssten, wenn sie eine solche Berechtigung, wie ihnen jetzt zusteht, sich erst erkaufen wollten. Der Rechnung liegt der jetzige Pensionssatz von 250 Rthl. zum Grunde, mit Ausnahme der Nr. 58, wo er 200 Rthl. beträgt. Die Witwen 50. 53. 58. 64. 68 haben Kinder unter 20 Jahren, die bei der Rechnung genau berücksichtigt sind, eben so wie der Umstand, dass die Pensionen immer noch für den vollen Monat, in welchem ein Abgang statt findet, ausgezahlt werden.

| Nro. | | Jetziger Werth der Pension. $3\frac{1}{2}$ Proc. | Jetziger Werth der Pension. 4 Proc. | Nro. | | Jetziger Werth der Pensionen. $3\frac{1}{2}$ Proc. | Jetziger Werth der Pensionen. 4 Proc. |
|---|---|---|---|---|---|---|---|
| 29 | L. | 957 Thl. | 941 Thl. | 58 | G. | 3172 Thl. | 3000 Thl. |
| 31 | S. | 1756 ,, | 1708 ,, | 59 | W. | 2850 ,, | 2732 ,, |
| 41 | W. | 1122 ,, | 1101 ,, | 60 | S. | 2606 ,, | 2507 ,, |
| 44 | F. | 2543 ,, | 2448 ,, | 62 | B. | 1648 ,, | 1605 ,, |
| 50 | H. | 3987 ,, | 3759 ,, | 63 | G. | 2113 ,, | 2045 ,, |
| 51 | S. | 735 ,, | 725 ,, | 64 | M. | 4170 ,, | 3932 ,, |
| 52 | P. | 2352 ,, | 2270 ,, | 65 | H. | 3026 ,, | 2894 ,, |
| 53 | M. | 2789 ,, | 2676 ,, | 66 | H. | 1916 ,, | 1859 ,, |
| 55 | H. | 2813 ,, | 2698 ,, | 68 | M. | 4175 ,, | 3936 ,, |
| 57 | S. | 1798 ,, | 1748 ,, | Summa | | 46529 Thl. | 44582 Thl. |

II. Evaluirung des jetzigen Geldwerths der Verbindlichkeiten der Witwenkasse gegen ihre gegenwärtigen Theilnehmer.

Wie die Witwen, so habe ich auch alle Interessenten der Witwenkasse nach der Reihefolge ihres Beitritts mit fortlaufender Numerirung bezeichnet. Indem ich ganz den a. a. O. vorgezeichneten Weg verfolge, habe ich zuvörderst die 42 verheiratheten Theilnehmer in Betracht zu ziehen, und zunächst (was gleichsam den Kern der Untersuchung bildet) den gegenwärtigen Geldwerth theils von den Beiträgen, zu welchen sie verpflichtet sind, theils der Pensionen welche ihre dermaligen Ehefrauen im Fall des Überlebens zu geniessen haben werden, nach den Principien der Wahrscheinlichkeitsrechnung und den Mortalitätstafeln zu ermitteln. Ich concentrire hier auf Einer Seite die Resultate einer langen Arbeit in einem tabellarischen Abrisse.

| Nro. | Jetzige verheirathete Theilnehm. | Zinsfuss $3\frac{1}{2}$ Proc. Jetziger Geldwerth der Pensionen | Zinsfuss $3\frac{1}{2}$ Proc. Jetziger Geldwerth der Beiträge | Zinsfuss 4 Proc. Jetziger Geldwerth der Pensionen | Zinsfuss 4 Proc. Jetziger Geldwerth der Beiträge | Nro. | Jetzige verheirathete Theilnehm. | Zinsfuss $3\frac{1}{2}$ Proc. Jetziger Geldwerth der Pensionen | Zinsfuss $3\frac{1}{2}$ Proc. Jetziger Geldwerth der Beiträge | Zinsfuss 4 Proc. Jetziger Geldwerth der Pensionen | Zinsfuss 4 Proc. Jetziger Geldwerth der Beiträge |
|---|---|---|---|---|---|---|---|---|---|---|---|
| | | Thl. | Thl. | Thl. | Thl. | | | Thl. | Thl. | Thl. | Thl. |
| 109 | L. | 1752 | 59 | 1634 | 58 | 174 | H. | 1175 | 120 | 1053 | 114 |
| 135 | O. | 1509 | 85 | 1386 | 83 | 175 | R. | 1154 | 142 | 1007 | 134 |
| 138 | C. | 1846 | 70 | 1706 | 68 | 177 | W. | 1117 | 131 | 991 | 124 |
| 139 | U. | 937 | 109 | 854 | 104 | 180 | T. | 1064 | 132 | 944 | 125 |
| 140 | H. | 1451 | 106 | 1310 | 101 | 183 | V. | 943 | 148 | 824 | 139 |
| 141 | L. | 1091 | 93 | 1004 | 90 | 184 | B. | 1023 | 146 | 893 | 137 |
| 147 | R. | 1441 | 105 | 1301 | 101 | 187 | W. | 917 | 134 | 817 | 127 |
| 149 | G. | 1717 | 101 | 1545 | 97 | 188 | S. | 867 | 134 | 774 | 127 |
| 151 | O. | 1051 | 130 | 933 | 123 | 189 | H. | 1138 | 129 | 1011 | 122 |
| 153 | B. | 865 | 109 | 790 | 104 | 190 | H. | 936 | 142 | 825 | 134 |
| 155 | K. | 925 | 114 | 840 | 109 | 191 | D. | 892 | 123 | 804 | 117 |
| 156 | S. | 853 | 114 | 776 | 109 | 192 | R. | 943 | 139 | 848 | 131 |
| 160 | H. | 1376 | 123 | 1221 | 117 | 193 | G. | 1047 | 148 | 907 | 140 |
| 161 | B. | 876 | 120 | 795 | 114 | 195 | D. | 981 | 140 | 866 | 132 |
| 164 | W. | 1359 | 122 | 1209 | 117 | 197 | R. | 916 | 154 | 791 | 145 |
| 167 | S. | 995 | 140 | 878 | 132 | 198 | W. | 1072 | 144 | 936 | 136 |
| 168 | K. | 1345 | 135 | 1173 | 128 | 199 | F. | 1127 | 127 | 1005 | 120 |
| 169 | Z. | 1118 | 134 | 988 | 127 | 200 | L. | 861 | 153 | 749 | 144 |
| 170 | R. | 1541 | 99 | 1397 | 96 | 201 | W. | 1073 | 145 | 935 | 137 |
| 171 | C. | 1193 | 105 | 1084 | 101 | 203 | B. | 932 | 127 | 835 | 121 |
| 173 | F. | 1120 | 127 | 998 | 121 | 204 | E. | 787 | 146 | 729 | 138 |
| | | | | | | Summa | Thaler | 47324 | 5203 | 42366 | 4945 |

Den Totalwerth der Witwenpensionen vergrössere ich um seinen sechsten Theil wegen der Waisenpensionen, nicht sowohl deswegen, weil KRITTER in seinem Gutachten dieses Verhältniss angenommen hat, als weil dasselbe sehr nahe aus meiner eignen Discussion der Erfahrungen bei unsrer Witwenkasse hervorgeht [S. 154]. Sodann wird der Totalwerth der Beiträge abgezogen, wodurch sich der reine Werth der Verbindlichkeit der Kasse gegen die 42 verheiratheten Mitglieder ergibt. Für die 9 jetzt unverheiratheten wird endlich schlechthin pro rata zugesetzt. Diese Rechnungen stehen dann folgendermaassen:

| | Zinsfuss $3\frac{1}{2}$ Proc. | Zinsfuss 4 Proc. |
|---|---|---|
| Witwenpensionen der 42 verheiratheten Mitglieder | 47324 Thl. | 42366 Thl. |
| Waisenpensionen . . . . . . . . . . . . . . . . . . . . . | 7887 ,, | 7061 ,, |
| Pensionen . . . . . . . . . . . . . . . . . . . . . . . . . | 55211 ,, | 49427 ,, |
| Beiträge . . . . . . . . . . . . . . . . . . . . . . . . . . | 5203 ,, | 4945 ,, |

| | Zinsfuss $3\frac{1}{2}$ Proc. | Zinsfuss 4 Proc. |
|---|---|---|
| Reine Verbindlichkeit der Kasse gegen 42 verheirathete Mitglieder | 50008 Thl. | 44482 Thl. |
| Danach verhältnissmässig gegen 9 unverheirathete Mitglieder .... | 10716 ,, | 9532 ,, |
| Totalwerth der zweiten Rubrik ........................ | 60724 ,, | 54014 ,, |

Dass einer solchen Evaluirung nicht ganz dieselbe Zuverlässigkeit beigelegt werden kann, wie der Berechnung der Verbindlichkeiten der ersten Rubrik, habe ich schon in meinem mehrerwähnten Gutachten bevorwortet. Es finden nemlich bei unsrer Witwenkasse mehrere Umstände Statt, deren Wirkung einer Vorausberechnung gar nicht fähig ist, von welcher aber auch, in Ermangelung einer solchen Buchführung für die frühere Zeit, wie S. [145 unten] erwähnt ist, nicht einmal eine Schätzung gemacht werden kann. Als den einflussreichsten dieser Umstände bezeichne ich die Wiederverheirathung von Mitgliedern nach dem Tode ihrer Ehefrauen. Das Ableben der Frauen vor den Männern ist nemlich schon ein Theil der in der Rechnung berücksichtigten Chancen, und so ist jede Wiederverheirathung eine ausserhalb der Rechnung liegende neu hinzukommende Belastung des Kassen-Conto. Von der andern Seite kommt diesem Kassen-Conto wie eine nicht veranschlagte Entlastung zu Gute jeder anderweitige Abgang eines verheiratheten Mitgliedes, z. B. durch eine auswärtige Vocation. Auch der Umstand, dass solche verwitwete Mitglieder, die sich nicht wieder verheirathen, doch nach dem Tode der Frauen wenigstens eine Zeitlang die Beiträge fortzuzahlen pflegen, gehört in dieselbe Kategorie, obwohl er von geringer Erheblichkeit ist. Endlich ist vielleicht die Rechnung für die dermalen unverheiratheten Theilnehmer nach dem Durchschnittsresultate für die Verheiratheten, etwas zu hoch. Der jedesmalige Bestand der unverheiratheten Mitglieder wird gewöhnlich so zusammengesetzt sein, dass mit Wahrscheinlichkeit angenommen werden kann, ein oder der andere davon werde sich überall nicht verheirathen: diess wird jedoch, wenigstens zum Theil, wieder dadurch aufgewogen, dass, je später Verheirathung erfolgt, desto mehr mit Wahrscheinlichkeit das künftige Überleben der Frau und ein langer Witwenstand präsumirt werden muss.

Bei der Unmöglichkeit, die Wirkung dieser verschiedenen Umstände im Voraus in Zahlen zu veranschlagen, darf man doch für wahrscheinlich halten, dass sie einander grossentheils compensiren.

III. Evaluirung des jetzigen Geldwerths der Verbindlichkeiten der Kasse gegen alle künftig beitretenden Mitglieder.

Für diese dritte Rubrik bieten die bisherigen Erfahrungen der Kasse ein sehr schätzbares Hülfsmittel dar; ja ohne diese Erfahrungen würde eine Veranschlagung ganz unmöglich sein. Mein Verfahren ist folgendes.

Ich habe für jeden der bis Michaelis 1804 beigetretenen Theilnehmer, bis einschliesslich Nro. 108*), sowohl den Werth der Beiträge, als den Werth der von ihren Hinterbliebenen bezogenen Pensionen auf den Zeitpunkt ihres Beitritts reducirt, und nach zweierlei Zinsfuss discontirt, jedoch mit folgenden, für den Gebrauch, der von diesen Rechnungen gemacht werden sollte, nothwendigen Modificationen:

1) Die jährlichen Beiträge und die Pensionen sind in Rechnung gebracht, nicht wie sie wirklich gezahlt sind, sondern nach ihrer jetzigen Höhe, nemlich 10 Rthl. für jene, 250 Rthl. für diese.

2) Die Waisenpensionen, welche bis 1794 nur bis zum vollendeten 12ten Jahre des jüngsten Kindes verabreicht wurden, sind so gerechnet, als ob sie noch 8 Jahre länger gedauert hätten. Durch Nachfor-

*) Dass ich gerade soweit und nicht weiter gegangen bin, ist mit Vorbedacht geschehen, es würde mich aber zu weit führen, wenn ich die Gründe hier ausführlich entwickeln wollte.

schung im Gerichtsarchiv ist ermittelt, dass die betreffenden jüngsten Kinder das Alter von 20 Jahren alle wirklich erreicht haben. Es kann indess sein, dass auf diese Weise immer noch etwas zu wenig gerechnet ist, da möglicherweise bei dem Tode eines oder des andern verwitweten Professors oder einer Professorwitwe noch Kinder zwischen 12 und 20 Jahren vorhanden gewesen sein können, die mithin nach jetziger Einrichtung pensionsberechtigt und also in meine Rechnung mit aufzunehmen gewesen sein würden: wenigstens haben die Gerichtsakten nicht in allen Fällen das Gegentheil zur Gewissheit gebracht. Indessen würde doch jedenfalls keine erhebliche Vergrösserung der Totalsumme dadurch hervorgebracht werden können.

3) Unter jenen 108 Theilnehmern befinden sich 7, deren Witwen noch jetzt am Leben sind. Für diese habe ich zu den Pensionszahlungen, welche sie bisher genossen haben, auch noch den schon oben nach der Wahrscheinlichkeitsrechnung evaluirten künftigen Betrag beigefügt, nachdem derselbe von der Epoche 1845 October 1 auf das Moment des Beitritts der resp. Ehemänner zurückdiscontirt war. Ohne dieses Verfahren hätte ich nicht bloss diese Interessenten ausschliessen, sondern consequenterweise anstatt der Theilnehmer 1—108 mich auf die 1—60 beschränken müssen, was ich jedoch hier nicht weiter entwickeln kann.

Zur Ersparung des Raumes setze ich die Resultate der 108 Rechnungen nicht einzeln hieher, sondern nur den Totalbetrag von allen. Es findet sich

| | nach dem Zinsfuss | |
|---|---|---|
| | $3\frac{1}{2}$ Proc. | 4 Proc. |
| Summe der discontirten Beiträge . . . . . | 13909,00 Thl. | 13115,94 Thl. |
| — — — Witwenpensionen | 67915,80 „ | 59019,67 „ |
| — — — Waisenpensionen | 10945,04 „ | 9878,34 „ |
| Summe aller discontirten Pensionen . . . | 78860,84 „ | 68898,01 „ |

Es folgt hieraus zuvörderst, dass der (reducirte) Betrag der Waisenpensionen sehr nahe dem sechsten Theile des (reducirten) Betrages der Witwenpensionen gleich zu setzen ist: in der That ist jener bei dem Zinsfuss $3\frac{1}{2}$ Proc. etwas kleiner, bei dem Zinsfuss 4 Proc. hingegen etwas grösser als dieses $\frac{1}{6}$. Es liesse sich leicht nachweisen, dass diese kleine Verschiedenheit des Resultats nach Maassgabe des Zinsfusses vollkommen in der Natur der Sache begründet ist; da jedoch der Umfang der Erfahrungen zu klein ist, als dass dem Resultate überhaupt eine minutiöse Schärfe beigelegt werden könnte, so habe ich in der obigen Rechnung S. [152] mich schlechthin an das einfache Verhältniss 1:6 gehalten.

Man kann ferner sagen, dass die Gesammtrechte aller jener 108 Interessenten, nach jetziger Höhe der Pensionen und Beiträge taxirt und auf die Zeiten ihrer respectiven Eintritte reducirt, den Geldwerth hatten von 64951,84 Thalern bei dem Zinsfuss von $3\frac{1}{2}$ Proc.
55782,07 Thalern bei dem Zinsfuss von 4 Proc.
oder, so weit eine so ausgedehnte Erfahrung maassgebend sein kann, dass nach dem Durchschnittswerth, der Eintritt in die Kasse für jeden einzelnen den Geldwerth von 601,40 Thalern, oder von 516,50 Thalern hat, jenachdem man $3\frac{1}{2}$ oder 4 Proc. Zinsen rechnet.

Mancher, der mit Gegenständen dieser Art wenig bekannt ist, wird sich vielleicht über die Kleinheit dieses Resultats wundern. Allein das Auffallende verschwindet grösstentheils, wenn man erwägt, dass dabei die Reduction auf den Zeitpunkt des Eintritts jedes einzelnen zum Grunde liegt, und dass jede Geldsumme, durch Discontirung für eine beträchtliche Anzahl von Jahren, enorm vermindert erscheint. Ich will diess durch das Beispiel von Heyne erläutern, welcher 48 Jahr Beitrag geleistet, und dessen Witwe 21 Jahr 11 Monat Pension genossen hat. Nach meinen Rechnungsgrundlagen stellt sich also die Summe der Beiträge zu 480 Rthl. und die Summe der Pensionsbezüge zu 5479 Rthl. 4 Ggr. heraus, mithin der *reine* Gewinn der Familie durch die Aufnahme in die Kasse (nicht wie er wirklich gewesen ist, sondern wie er bei jetziger Höhe der Beiträge und Pensionen gewesen sein würde) zu 4999 Rthl. 4 Ggr. Werden aber jene Summen durch Discontirung à 4 Proc. auf den Zeitpunkt des Beitritts, Michaelis 1763, zurückgeführt, so reduciren sich

| | | | |
|---|---|---|---|
| die Beiträge | auf | 211 Rthl. | 23 Ggr. |
| die Pensionsbezüge | auf | 527 ,, | 10 ,, |

und mithin jener grosse Gewinn, nach seinem Geldwerth für diese Epoche, auf die geringe Summe von 315 Rthl. 11 Ggr. Eine Rechnungsprobe würde haarscharf ergeben, dass dieses kleine Kapital, jährlich durch die Zulegung von 10 Rthl. und durch die Zinsen zu 4 Proc. vermehrt, und so fortwährend sich vergrössernd, am Schluss des Jahres 1812 eine solche Grösse erlangt haben würde, dass von da an durch die fernern Zinsen und theilweise durch Einziehen des Kapitals die Pension genau bis Ende November 1834 gedeckt war.

Aus diesem Grunde, so wie noch aus andern, deren Entwicklung mich hier zu weit führen würde, ist der mittlere Geldwerth der Aufnahme in die Gesellschaft, in dem Sinn wie er hier verstanden wird, gar nicht vergleichbar mit dem durchschnittlichen Geldwerth der Ansprüche aller in einem bestimmten Zeitpunkte coexistirenden Mitglieder, von denen immer ein grosser Theil schon sehr lange in der Gesellschaft gewesen ist.

Träte nun jedes Jahr *Ein* neues Mitglied ein, dessen Berechtigung durchschnittlich zu obigem Geldwerth angeschlagen werden müsste, so ist klar, dass zur Deckung dieser sich immer neu gebärenden Ansprüche die Zinsen eines eisernen Kapitals erforderlich und zureichend sein würden, dessen Höhe

bei dem Zinsfusse von $3\frac{1}{2}$ Proc. zu 17182,86 Thalern
bei dem Zinsfusse von 4 Proc. zu 12912,50 Thalern

angenommen werden müsste.

Bis hieher ruhet die Rechnung auf einer sichern Grundlage. Es fehlt nun aber zur Vollendung derselben noch ein wesentliches Element, für welches jede im Voraus gewagte Schätzung nach der Natur der Sache nur eine sehr precäre Geltung haben kann, ich meine die Durchschnittszahl der künftig jährlich neu beitretenden Theilnehmer. Befragt man die Erfahrung, so zeigt sich in der neuern Zeit eine sehr starke Vergrösserung dieses Elements. Für die ersten achtzig Jahre des Bestehens der Anstalt kann man die Durchschnittszahl der jährlich beitretenden nahe zu $1\frac{1}{2}$ annehmen; allein seit den letzten 20 Jahren sind überhaupt 64 Beitritte *) erfolgt, wovon 23 auf das Decennium 1825—1835, und 41 auf das Decennium 1835—1845 kommen. Das Mittel aus den letzten 20 Jahren wäre demnach $3\frac{1}{5}$, oder, wenn man G. nicht mitzählen will, $3\frac{3}{20}$. Für die letzten 10 Jahre allein ist dies Mittel $4\frac{1}{10}$, und für die letzten 5 Jahre allein, während welcher 27 neue Mitglieder eingetreten sind, sogar $5\frac{2}{5}$. Man erkennt hieraus, ein wie missliches Unternehmen es ist, hienach ein Prognosticon für die Zukunft zu stellen. Aber geringer als $2\frac{1}{2}$ würde ich doch nicht wagen, die künftige jährliche Durchschnittszahl anzunehmen, und dieses Verhältniss würde auch wie ganz harmonisch zu der jetzigen Interessentenzahl 51 betrachtet werden können, insofern die bisherigen Erfahrungen 20 Jahre oder etwas weniges mehr als durchschnittliche Dauer der Theilnahme herausgestellt haben. In dieser Hypothese stellt sich also der gegenwärtige Geldwerth

---

*) Unter denselben ist G. mitgezählt, dessen Witwe Pension geniesst, der aber selbst eigentlich nicht recipirt gewesen war. Wenn man aber voraussetzen muss, dass in einem ähnlichen künftigen Falle auch wieder abseiten der Verwaltung ein ähnlicher Beschluss gefasst werden wird, so dürfen solche, wenn auch seltene, Fälle nicht unberücksichtigt bleiben, sondern müssen in einer längern Reihe von Erfahrungen als [illegible] mögliche Chancen mitgezählt werden.

der Verpflichtungen der Kasse gegen alle künftigen Interessenten, oder der Verpflichtungen der dritten Rubrik dar:

zu 42957 Thalern bei $3\frac{1}{2}$ Proc. Zinsfuss
zu 32281 Thalern bei 4 Proc. Zinsfuss.

Wollte man aber die jährlichen Beitritte durchschnittlich zu 3 veranschlagen, so würde man für diese Rubrik, je nach dem Zinsfuss, 8591 oder 6456 Thaler *mehr* ansetzen müssen.

Fassen wir endlich die Resultate der bisherigen Anschläge zusammen, so ergibt sich aus den drei Rubriken

| | $3\frac{1}{2}$ Proc. | 4 Proc. |
|---|---|---|
| Verpflichtungen gegen die jetzigen Witwen . . . . . . . . . . . . . . . . . . | 46529 Thl. | 44582 Thl. |
| Verpflichtungen gegen die Hinterbliebenen der jetzigen Interessenten | 60724 ,, | 54014 ,, |
| Verpflichtungen gegen die künftigen Interessenten . . . . . . . . . . . . . | 42957 ,, | 32281 ,, |
| Totalsumme aller Verpflichtungen . . . . . . . . . . . . . . . . . . . . . . . . | 150210 Thl. | 130877 Thl. |

Von Nebenkosten will ich hier nur folgende Rubriken nach dem Durchschnitt der letzten 15 Jahre in Rechnung bringen (alles auf Gold reducirt):

| | |
|---|---|
| Bau- und Reparaturkosten, jährlich . . . . . | 43 Rthl. |
| Processkosten nach Abzug der Erstattungen | 39 ,, |
| Kosten der Rechnungsführung . . . . . . . . . | 124 ,, |
| Zusammen . . . . . . | 206 Rthl. |

Die Bau- und Reparaturkosten sind vielleicht nach diesem Durchschnitt zu niedrig angeschlagen. In dem oben S. [132] angeführten P. M. werden sie für einen Zeitraum von 24 Jahren (1768—1792) zu 1844 Thaler Cassenmünze (1975 Thl. 17 Ggr. Gold) angesetzt, was also einen jährlichen Durchschnittsbetrag von 82 Thalern ergeben würde: ich will jedoch bei obigem Mittel stehen bleiben. Diese 206 Thaler jährlicher Ausgabe repräsentiren ein Kapitalbedürfniss von 5886 oder von 5150 Thalern je nach dem Zinsfuss.

Es darf nicht übersehen werden, dass das bei allen Rechnungen zum Grunde liegende Interusurienprincip nur in soweit gültig ist, als alle Zinsen zu rechter Zeit eingehen und sofort wieder benutzt werden. In der Praxis ist diess aber nicht auszuführen, sondern es ist immer ein gewisser bald kleinerer bald grösserer Theil des Vermögens müssig. Man könnte den mittlern Betrag dieser Geldsumme zur Abkürzung Betriebsfonds nennen, obwohl diese Benennung genau zu reden nur auf denjenigen Theil des baaren Geldwerths passt, der bereit gehalten werden muss, damit die Kasse ihren eignen Zahlungsverpflichtungen pünktlich genügen könne. Es muss aber dazu auch eingerechnet werden das zeitweilig müssig liegende Geld, wenn sich nicht gleich Gelegenheit zu sicherer und vortheilhafter Belegung darbietet, und die ausstehenden Rückstände. Wie viel nun diess zusammen nach wirklichem mittlern Durchschnitte beträgt, lässt sich aus den Jahresrechnungen nur unvollkommen entnehmen, da dieselben nur angeben, *was* im Laufe des Jahres eingenommen und verausgabt ist, nicht aber, an welchem Datum (dass diess *zum Theil* aus den *Belegen*, und auch aus diesen nicht ohne Ungewissheit, ergänzt werden *könnte*, kommt hier nicht in Betracht). Ich habe indessen diesen Betrag aus den Rechnungsabschlüssen der letzten 11 Jahre *) so gut es geschehen kann abzuleiten gesucht, und danach gefunden: 2636 Thaler als mittlern Betrag des nicht zinstragenden Vermögenstheils.

Ich lasse nun die Vereinigung dieser verschiedenen Artikel hier folgen:

---

*) Früher stellten die Rechnungen den Vermögensstatus gar nicht auf.

| | $3\frac{1}{2}$ Proc. | 4 Proc. |
|---|---|---|
| Verpflichtungen gegen Witwen, jetzige und künftige Interessenten | 150210 Thl. | 130877 Thl. |
| Fonds zur Bestreitung der Bau-, Process- und Rechnungskosten . . | 5886 ,, | 5150 ,, |
| Unverzinslicher Fonds . . . . . . . . . . . . . . . . . . . . . . . . . . . . | 2636 ,, | 2636 ,, |
| Totalsumme . . . . . | 158732 Thl. | 138663 Thl. |

Gegenüber zu stellen ist nun der Kapitalbetrag der Einnahmequellen der Witwenkasse. Da der Betrag der Beiträge der Mitglieder bei obigem ersten Ansatze bereits in Abzug gebracht war, so bleibt hier nur das Geldvermögen und die Apothekenpacht zu veranschlagen.

Das Vermögen ist in dem letzten Rechnungsabschlusse, also für 1845 Juli 1, zu 116369 Thl. 17 Ggr. 4 Pf. ausgeworfen. Um es aber auf den 1. Oct. der oben S. [149] angeführten Rechnungsgrundlage gemäss zu reduciren, muss abgezogen werden der halbjährige auf Michaelis 1845 fällig gewordene Betrag der Witwenpensionen mit 2350 Thl.; hinzugefügt hingegen die Beiträge der Mitglieder für das Jahr 1844—1845, nemlich an vollen Beiträgen 480 Thl. und an Stückzahlungen 18 Thl. 17 Ggr. 4 Pf., ferner die halbjährige Michaelis 1845 fällig gewordene Apothekenpacht mit 500 Thl. Um nichts zu übergehen, müssten auch noch die während der drei Monate 1. Juli bis 1. Oct. eingegangenen Zinsen hinzugerechnet werden, deren Betrag mir unbekannt ist; es wird aber wohl nicht viel gefehlt sein, wenn ich dafür den vierten Theil der Zinseinnahme des letzten Jahres unter Abzug der Einziehungskosten, mit 1153 Thalern in Rechnung bringe. Hienach setze ich mit Weglassung der Bruchtheile das Vermögen der Kasse am 1. Oct. 1845 zu 116171 Thalern an.

Die Apothekenpacht bei ihrer jetzigen Höhe von 1000 Thl. repräsentirt ein Kapitalvermögen von 28571 Thl. oder von 25000 Thl. je nach der Höhe des vorausgesetzten Zinsfusses. Es ist folglich das effective Vermögen der Kasse:

144742 Thl. oder 141171 Thl., jenachdem man $3\frac{1}{2}$ oder 4 Proc. annimmt.

Es ergibt sich hieraus schliesslich die *Bilanz* der Kasse

als ein *Deficit* von 13990 Thl. für Zinsfuss $3\frac{1}{2}$ Proc.
als ein *Überschuss* von 2508 Thl. für Zinsfuss 4 Proc.

Dass der in der zweiten Voraussetzung sich ergebende Überschuss bei weitem kleiner ist, als die bei den einzelnen Bestandtheilen der Rechnung übrig bleibenden Unsicherheiten, braucht wohl kaum bemerkt zu werden: ein einziger Todesfall kann leicht auf einmal die ganze Bilanz um 3000—3500 Rthl. zum Nachtheil der Kasse abändern. Ausserdem darf man aber auch nicht übersehen, dass ich gar nichts für mögliche Verluste, durch Insolvenz der Schuldner, angesetzt habe: ich habe dies unterlassen, weil jede präsumtive Veranschlagung höchst precär bleiben muss. Es würde interessant, aber bei der Form der Rechnungsführung der Jahresrechnungen, zumal in den frühern Zeiten, nicht ohne einen sehr grossen Zeitaufwand ausführbar sein, alle seit der Stiftung eingetretenen Verluste zusammenzustellen: ich selbst habe, um doch einigermassen eine Idee davon zu erhalten, mich mit einer Zusammenstellung der letzten 14 Jahre begnügen müssen, die (falls ich nichts übersehen habe) den Totalverlust 1729 Thl. 14 Ggr. 1 Pf., also den durchschnittlichen jährlichen Verlust = 123 Thl. 13 Ggr. ergeben hat. Kapitalisirt beträgt diess je nach dem Zinsfuss 3530 Thl. oder 3088 Thl., und dürfte man diesen Durchschnitt als maassgebend betrachten, so würde die *Bilanz* sich für *beide* Zinsfüsse wie ein *Deficit* herausstellen, nemlich

von 17520 Thl. bei dem Zinsfuss von $3\frac{1}{2}$ Procent
von 580 Thl. bei dem Zinsfuss von 4 Procent.

Göttingen 1845 November 2. C. F. Gauss.

## [III.]

### [*Commissionsbericht.*]

Die für die Witwenkassen-Angelegenheit ernannte Commission beehrt sich, das Resultat ihrer Berathung hiemit vorzulegen.

Es kam zuerst in Frage, welcher Zinsfuss als Grundlage für die zu treffenden Maassregeln anzunehmen sei.

Die Capitale der Witwenkasse sind zwar gegenwärtig dem grössten Theile nach noch zu höherm Zinsfuss als $3\frac{1}{2}$ Procent belegt, jedoch so, dass bei richtiger Würdigung der Verhältnisse der mittlere Zinsfuss jedenfalls wie niedriger als 4 Procent stehend betrachtet werden muss. In Erwägung aber von folgenden Gründen:

1) dass ganz unverkennbar der Zinsfuss in allen Ländern Europas, einzelner Fluctuationen ungeachtet, die Tendenz zu weiterm Herabsinken zeigt *);

2) dass jede vom Zinsfusse wesentlich abhängige Anstalt, wenn sie nicht für eine durchaus unsichere gelten soll, nicht auf dem augenblicklich bestehenden, sondern auf einem etwas niedrigern Zinsfuss basirt werden muss;

3) dass auch die Regulirungen von 1794 uns in so fern mit einem guten Beispiele vorangegangen sind, als man damals wenigstens die Intention hatte, die Casse für den Zinsfuss von 3 Procent sicher zu stellen;

hält die Commission die Zugrundelegung eines höhern Zinsfusses als $3\frac{1}{2}$ Proc. nicht für zulässig, und daher für unumgänglich nothwendig, dass man sich die Deckung des bei diesem Zinsfusse resultirenden Deficits von 17520 Thalern zum Ziele setze.

Wenn man vermeinte, dass die auch bei den bisherigen Einrichtungen zur Zeit noch Statt findenden jährlichen Überschüsse **) schon an sich Schritte zur Deckung des Deficits seien, und dass dieses getilgt sein werde, sobald nur das jetzige Vermögen sich um 17520 Thaler vergrössert haben würde, so würde eine solche Meinung nur auf einer Begriffsverwirrung und auf einer gänzlichen Verkennung der Bedeutung des Deficits beruhen. Im Geiste des Calcüls, durch welchen die Grösse des Deficits eruirt ist, liegt in dem Resultate implicite schon die volle Berücksichtigung der jetzt noch Statt findenden jährlichen Ersparnisse mit, und diese wie Schritte zur Deckung betrachten, würde dasselbe sein, als wenn man sie zweimal in Rechnung brächte ***). Die Genossenschaft möge sich also keine Illusion über die Wahrheit

---

*) Einer der erleuchtetsten Staatsmänner, namentlich im Fache der Finanzverhältnisse, der Grossherz. Badensche Minister Nebenius sagt in seinem bekannten Werke Über die Herabsetzung der Zinsen der öffentlichen Schulden, S. 129: 'Das allmählige weitere Sinken des Zinsfusses, welches bei längerer Fortdauer des Friedens nicht ausbleiben kann, wird zuletzt überall, hier etwas früher, dort etwas später, die Reduction auf drei Procent herbeiführen, oder sie wenigstens als eine nur von dem Entschlusse der Regierung abhängige Maassregel erscheinen lassen'; und an einer andern Stelle S. 21: 'Einer Periode grösserer Regsamkeit in productiven Unternehmungen, die das Sinken des Zinsfusses eine Zeitlang aufhält, folgt um so gewisser ein rasches Sinken des Zinsfusses nach.'

**) Die Jahresrechnung 1844—1845 ergibt keinen Überschuss; denn

für 1844 Juli 1 war das Geldvermögen ausgeworfen zu 116375 Thl. 14 Ggr. 6 Pf.

für 1845 Juli 1 aber, nur zu .................... 116369 ,, 17 ,, 4 ,,

Da jedoch im laufenden Jahre drei Witwen weniger sind, so wird in demselben wieder auf Überschuss zu rechnen sein, der auch wahrscheinlich noch eine Zeitlang fortdauern wird.

***) Da ähnliche Ansichten dem Vernehmen nach hie und da geäussert sind, in diesem Bericht aber zur Beseitigung derselben nicht der Ort sein würde, so ist in der Anlage noch eine nähere Beleuchtung des machen: Deckung des Deficits kann und muss ganz allein durch zweckmässige Abänderungen in den bisherigen Einrichtungen bewirkt werden.

Es ist von selbst klar, dass schwache Mittel auch nur schwache Wirkungen hervorbringen können. Zu solchen wäre zu rechnen: die Verwandlung der bisher freiwilligen Theilnahme in eine gezwungene für alle künftig ernannte Professoren, und die Aufhebung der Freiheit, zu jeder Zeit wieder auszutreten. Dass die Wirksamkeit einer solchen Maassregel nur eine sehr geringe sein könne, erhellet aus dem Umstande, dass, nach einem 50jährigen Durchschnitt, die mittlere Anzahl der nicht beitragenden obwohl zur Theilnahme berechtigten Professoren nur = 4,4 gewesen ist, also der Betrag der dadurch der Kasse jährlich entgehenden Einnahme, nach bisheriger Beitragshöhe = 44 Thaler, was mithin nach Verschiedenheit des Zinsfusses einem eisernen Kapital von 1100 oder von 1257 Rthl. gleichkommt. Allein diess wird, wenn auch nicht ganz, doch grossentheils durch die Strafgelder aufgewogen, welche nach der bestehenden sehr zweckmässigen Einrichtung bei verspäteten Beitritten zu erlegen und zum Theil sehr beträchtlich gewesen sind, wie aus folgenden Proben zu ersehen ist: Es haben doppelt nachgetragen

L. für 12 Jahre, R. für 13 Jahre, L. für 19 Jahre, S. für 25 Jahre, C. für 30 Jahre.

Die Commission ist daher der Meinung, dass ein so geringer und zweifelhafter Vortheil, wie aus der Verwandlung des Instituts in eine Zwangsanstalt für die Kasse hervorgehen könnte, gegen die Zerstörung des bisherigen liberalen Charakters dieser Stiftung nicht in Betracht kommen dürfe.

Ein paar andere Mittel von gleichfalls nur schwacher oder unsicherer Wirksamkeit werden am Schluss dieses Berichts erwähnt werden.

Als wirklich kräftige Mittel können demnach nur betrachtet werden:

1) Erhöhung der Beiträge.

2) Herabsetzung der Pensionen.

3) Verbindung beider Mittel.

Die in der Denkschrift aufgestellte Bilanzrechnung gewährt die Möglichkeit, genau anzugeben, in welchem Maasse diese Mittel in Anwendung gebracht werden müssen, wenn der Zweck erreicht werden, d. i. die Bilanz um 17520 Rthl. gebessert erscheinen soll. Details darüber würden hier nicht an ihrem Platze sein; das Endresultat aber ist:

1) Wenn das Deficit bloss durch Erhöhung der Beiträge gedeckt werden soll, so müssen diese allgemein, d. i. für *alle* jetzigen und künftigen Mitglieder, auf $4\frac{1}{4}$ Louisd'or erhöhet werden.

2) Soll die Herabsetzung der Pensionen allein die Deckung bewirken, so müssen dieselben auf 223 Rthl. reducirt werden (wobei die der Professorin G. auf 200 Rthl. bestehen bliebe).

3) Bei einer Vertheilung der Last auf Beitragende und Pensionirte käme es darauf an, welches Verhältniss der Theilung man wählte: sollen z. B. erstere $\frac{2}{3}$, letztere $\frac{1}{3}$ übernehmen, so würden die Beiträge $3\frac{1}{2}$ Louisd'or, die Pensionen 241 Rthl. betragen müssen. Sollen die Beiträge nur auf 3 Louisd'or erhöhet werden, so können, wenn das Deficit wirklich gedeckt sein soll, nur 235 Rthl. Pension verabreicht werden.

Bei allen diesen Rechnungen ist vorausgesetzt, dass die gewählten Änderungen von Michaelis 1845 an in Wirksamkeit treten, und dass im zweiten oder dritten Falle die Pensionsherabsetzungen sämmtliche Witwen, die gegenwärtigen wie die künftigen treffen. Sollten, ohne alle Beitragserhöhung und ohne Herabsetzung der Pension für die gegenwärtigen Witwen, die künftigen Witwen die Last allein tragen, so könnte für diese nur die Pension zu $213\frac{1}{4}$ Rthl. gewährt werden.

---

Gegenstandes beigefügt, obwohl dieselbe für alle, welche die Denkschrift schon mit der nöthigen Aufmerksamkeit gelesen und erwogen haben, ganz überflüssig sein wird.

Sollen nun aber die Abänderungen für jetzt auf das äusserste Minimum des Zulässigen gestellt werden, so ist die Commission der Meinung, dass diess auf die möglich schonendste Weise durch folgenden Plan geschehen kann, welchen sie daher, bedingungsweise, zur Annahme empfiehlt.

I. Die jährlichen Beiträge werden auf 3 Louisd'or erhöhet.

II. Die Pensionen bleiben für jetzt auf der Höhe von 250 Rthl. bestehen, so lange die Zahl der Witwen*), ohne die Professorin G. mitzuzählen, nicht über 18 hinausgeht, welches die gegenwärtige Anzahl ist. Im entgegengesetzten Falle wird die Pension so bestimmt, dass zu 200 Rthl., als festem Theile, noch die Dividende hinzukommt, welche auf jede einzelne Witwe fällt, indem man 900 Rthl. (als 18 mal 50 Rthl.) unter die vorhandenen gleichmässig vertheilt. Bei der höchsten Witwenzahl, welche bisher vorgekommen ist, nemlich 21 (ohne die Prof. G.) würde also die Pension noch 242 Rthl. 20 Ggr. 7 Pf. Gold betragen.

Man erachtet leicht, dass bei dieser Einrichtung das Deficit noch nicht völlig gedeckt ist: in der That ergibt die Rechnung, dass, den Anfang der Wirksamkeit vom 1. Oct. 1845 an vorausgesetzt, noch 2963 Rthl. ungedeckt bleiben, bei späterm Anfang des erhöheten Beitrags also nach Verhältniss mehr. Wenn jedoch der zur Zeit noch bestehende höhere Zinsgenuss vorerst noch ohne erhebliche Schmälerung fortdauern wird, und sonst keine bedeutenden Verluste eintreten, so könnte man hoffen, dass jener Deficitsrest nach einer mässigen Anzahl von Jahren von selbst zur Deckung gelangen werde. Die Gesellschaft darf jedoch, wenn sie jenen Plan annimmt, sich nicht verhehlen, dass die Witwenkasse unter so sehr knapper Anmessung der Mittel zu den Obliegenheiten einem Schiffe gleicht, welches schwerbelastet in seichtem Fahrwasser geht, und seine Sicherheit nur in fortwährendem wachsamen Sondiren findet.

Die Commission hält daher für unumgänglich nothwendig, dass mit obiger Regulirung noch verbunden werde

III. eine in angemessenen Zeitintervallen (etwa aller 10 oder 5 Jahr) zu wiederholende sorgfältige neue Bilanzrechnung, und dass je nach deren Ergebnissen eventuell weitere Nachhülfe vorbehalten bleibe. Als eine nothwendige vorbereitende Maassregel dazu würde von jetzt an eine solche pünktliche Buchführung über die für die Witwenkasse relevanten persönlichen Verhältnisse aller Interessenten, wie bereits an mehrern Stellen der Denkschrift angedeutet ist, einzuführen sein.

Die Commission hält es nicht für nöthig, die Vortheile, welche diese Regulirung darbietet, hier weitläuftig zu entwickeln, und macht nur auf Folgendes aufmerksam. Findet sich nach der ersten oder zweiten Revision, dass die Bilanz sich nicht nur gebessert, sondern viel mehr gebessert habe, als man hatte hoffen können, so wird man die Pensionen weiter erhöhen dürfen von 250 Rthl. auf 260 Rthl. für den Fall einer Witwenzahl unter 18, oder für den Fall der höhern Witwenzahl die ganze Zusatzdividende von 900 Rthl. auf 1080 Rthl. (d. i. 18 mal 60 Rthl.). Findet sich hingegen bei der Revision eine Verschlechterung der Bilanz, so wird man sich einige weitere Anstrengung gefallen lassen aber zugleich um so mehr Glück wünschen müssen, 1846 nicht die Hände in den Schooss gelegt zu haben. In beiden Fällen aber wird man die weitern Maassregeln mit Bewusstsein der Sicherheit oder der Nothwendigkeit treffen können.

Dass mit Annahme dieser Regulirung der Anfang des §. 10 des Regulativs, der in seiner unklaren Fassung als eine Hauptquelle des jetzigen Übels betrachtet werden muss, von selbst wegfällt, braucht nicht erinnert zu werden.

Bei der Anwendung der in diesem Plane enthaltenen Normirung darf abseiten der Witwenkasse kein

---

*) Es werden hier der Kürze wegen immer nur Witwen genannt, es versteht sich aber von selbst, dass immer eine Waisenpension wie eine Witwenpension gezählt werden muss.

Unterschied zwischen den jetzigen Witwen und den künftig hinzukommenden gemacht werden, denn nur unter Voraussetzung einer ganz gleichen Behandlung ist es möglich geworden, das Deficit auf den mässigen Rest von 2963 Rthl. herabzubringen. Zudem würden die neuen Witwen, wenn den frühern eine exceptionelle Bevorzugung *aus der Kasse* gewährt würde, sich für lädirt halten, da die Möglichkeit, bei so sehr gelinden Modificationen der Pensionen stehen zu bleiben, bloss durch die Erhöhung der Beiträge bewirkt wird, an welcher die Ehemänner der neuen Witwen Theil genommen haben werden, die der frühern aber nicht. Da jedoch, von der andern Seite, als wünschenswerth erscheint, dass jeder wenn auch im Rechte nicht begründeten Unzufriedenheit der gegenwärtigen Witwen vorgebeugt werde, so schlägt die Commission vor

> dass von Seiten der Universität an das h. Curatorium die Bitte gerichtet werde, für die Zeit, wo in Folge obiger Regulirung der Pensionsbetrag unter 250 Rthl. herabgehen wird, den gegenwärtigen Witwen, so viele dann noch am Leben sein werden, das an 250 Rthl. fehlende aus der Universitätskasse ergänzen zu lassen.

Eine solche Bitte würde sich mit nahe liegenden Gründen unterstützen lassen. Auch ist leicht zu übersehen, dass eine solche Beihülfe der Universitätskasse keine grosse Last auflegen könne. Unmöglich wäre es sogar nicht, dass der Fall der Beihülfe *niemals* einträte. Aber sollte sie auch, wenn früher eine neue Witwe hinzukommt, ehe eine der bisherigen abgegangen ist, bald schon erforderlich werden, so wird doch voraussichtlich für geraume Zeit der Zuschuss für jede einzelne Witwe nur wenige Thaler betragen können. In späterer Zukunft, z. B. nach 30 Jahren, könnte wenn wir Beispielshalber einen der extremsten Fälle annehmen, dass nemlich bis dahin gar keine Erhöhung der Pension zulässig geworden und die Zahl der Witwen auf 30 gestiegen wäre, die Grösse des Zuschusses für eine Witwe 20 Rthl. betragen: allein dann werden wahrscheinlich von den jetzigen Witwen nur noch wenige am Leben sein.

Die Commission glaubt hier noch ein paar andere Einrichtungen, die als Mittel zur Verbesserung der Bilanz zur Sprache gebracht sind, erwähnen zu müssen, ohne jedoch einen Antrag darauf richten zu wollen.

Es ist zuvörderst in Frage gekommen, ob nicht einige Verbesserung der Bilanz dadurch erreicht werden könne, dass den künftig eintretenden ausserordentlichen Professoren nur der Anspruch auf eine geringere Witwenpension beigelegt würde. Diese würden sonach eine zweite Klasse von Interessenten bilden, aus der sie bei ihrer Beförderung zur ordentlichen Professur von selbst in die erste hinaufrückten: die Beiträge der Mitglieder zweiter Klasse sollten dagegen ihre bisherige Grösse von 2 Louisd'or behalten. Den jetzigen ausserordentlichen Professoren sollte die Wahl gelassen werden, ob sie in der ersten Klasse bleiben oder in die zweite übertreten wollten, so jedoch, dass im letztern Fall ein Rücktritt in die erste Klasse nicht zulässig wäre, so lange sie ausserordentliche Professoren blieben.

Zu richtiger Würdigung dieses Gedankens ist zuvörderst wohl zu bedenken, dass in dem oben S. [160] aufgestellten Hauptplan die Reduction des Deficits von 17520 Rthl. auf 2963 Rthl. wesentlich von der Voraussetzung abhängt, dass die Beiträge *aller* Mitglieder, der jetzigen wie der künftigen von 2 auf 3 Louisd'or erhöhet werden, und dass mithin jener Hauptplan gar nicht bestehen kann, wenn diese Voraussetzung einen wesentlichen Abgang erleidet, ohne dass dafür anderweit ein vollständiger und sicherer Ersatz eintritt. Durch diese Betrachtung wird eine sonst durch ihre Einfachheit sick empfehlende Art, die Pension der zweiten Klasse niedriger zu normiren, von selbst als unzulässig ausgeschlossen, die nemlich, dass man den Witwen zweiter Klasse nur den fixen Theil der Pension, nemlich 200 Rthl. einräumen, oder sie völlig der Professorin G. gleichstellen sollte. Denn in der That ist leicht zu übersehen, dass dadurch sehr wahrscheinlich *die Kasse* gar keinen Ersatz für jene Einbusse an Beiträgen erhalten, und nur die Witwen erster Klasse etwas besser gestellt werden, indem die Zusatzdividende unter eine geringere Zahl von Participanten vertheilt würde.

Eher könnte als zulässig erscheinen die Einrichtung, dass für die Witwen zweiter Klasse, neben gleichmässiger Theilnahme an der Zusatzdividende, der fixe Theil der Pension niedriger als 200 Rthl. z. B. zu 150 Rthl. festgesetzt würde. Erwägt man jedoch,

dass die Einbusse an Beiträgen sogleich anfängt, sobald die zweite Klasse constituirt ist, und dann fortwährend zunimmt, je mehr neue ausserordentliche Professoren ernannt werden;

dass jetzt unter den 51 Mitgliedern der Witwenkasse 20 ausserordentliche Professoren sich befinden, und folglich, wenn auch in Zukunft ein ähnliches Verhältniss bleibt, von der im Hauptplane vorausgesetzten Beitragserhöhung ein nach und nach bis zu $\frac{2}{5}$ anwachsender Theil ausbleibt; indess dagegen

der Ersatz aus eintretenden geringern Pensionirungen aller Wahrscheinlichkeit nach erst nach langer Zeit anfangen, und bei der sehr geringen Mortalität, die demjenigen Alter zukommt, in dem die Mehrzahl der ausserordentlichen Professoren zu stehen pflegt, auch, durchschnittlich, selten sein wird

so bleibt es sehr problematisch, ob die Bestimmung des festen Theils der Pension zu 150 Rthl. für die zweite Klasse zureichen würde, der Kasse auch nur den vollen Ersatz für den Verlust durch die geringern Beiträge zu gewähren. Noch viel weniger aber dürfte man eine solche Maassregel als entschieden zum *Vortheil* der Kasse gereichend annehmen. [Dazu wäre man nur berechtigt, wenn man entweder die Beiträge in der zweiten Klasse eben so hoch wie in der ersten beibehielte, oder die Pension noch erheblich unter 150 Rthl. herabsetzte; allein das eine wie das andere würde so sehr wie eine Härte erscheinen, dass die Commission sich nicht dafür erklären kann.]

Eine andere Maassregel, durch welche zuweilen der Kasse einiger Vortheil zuwachsen könnte, wäre die Aufhebung der im 10. Artikel des Regulativs enthaltenen Bestimmung, nach welcher die Witwenpension durch eine Wiederverheirathung der Witwe ganz erlischt. Der Zweck dieser Verordnung kann nur gewesen sein, dass man in der Voraussetzung, solche Fälle würden öfters vorkommen, der Kasse einen Gewinn hat zuwenden wollen. Allein dieser Zweck wird so gut wie ganz verfehlt, da der Erfahrung zufolge Wiederverheirathungen der Witwen unter diesen Umständen etwas fast Unerhörtes sind. (Es ist schon in der Denkschrift bemerkt, dass in mehr als 100 Jahren nur Ein solcher Fall vorgekommen ist.) Zweckmässiger ist ohne Zweifel die bei andern Witwenkassen bestehende Einrichtung, dass die Witwenpension während eines zweiten Ehestandes nur ruhet, aber wieder auflebt, wenn die Wiederverheirathete zum zweiten Male Witwe wird. Man vergleiche die Statuten der Hof- und Civil-Diener Witwenkasse §. 25, der Prediger-Witwenkasse §. 24, der Schullehrer-Witwenkasse §. 22. Der Fall, wo der zweite Ehemann wieder ein hiesiger Professor ist, würde wohl ausgenommen werden müssen, da es unzulässig scheint, aus unsrer Witwenkasse Einer Witwe (oder Einer Familie) zwei Pensionen zu gewähren. Dagegen aber dürfte es rathsam sein, von weitern Beschränkungen der Reviviscenz Umgang zu nehmen, und namentlich die volle Professorenwitwenpension auch für den Fall wieder zuzuführen, wo die Witwe durch ihre zweite Verheirathung z. B. mit einem Prediger oder andern Staatsdiener eine Pension aus einer *andern* öffentlichen Kasse erhielte. Man muss nemlich erwägen, dass von einer Abänderung des bisherigen Statuts nur in so weit eine Wirkung erwartet werden kann, als die Abänderung nicht wieder durch Ausnahme-Verfügungen aufgehoben ist. Dass übrigens in dem Falle, wo aus der ersten Ehe Kinder unter 20 Jahren vorhanden sind, die Waisenpension auch während der zweiten Ehe in demselben Maasse wie bisher fortdauern müsste, versteht sich von selbst.

### *Note zum Commissionsberichte.*

Wenn die Ausdrücke Bilanz und Deficit in Beziehung auf das Finanzbudget eines Staats gebraucht werden, so versteht man unter ersterer die Vergleichung der Ausgaben und Einnahmen, wie sie für Ein Jahr, oder für eine kleine Anzahl von Jahren, die eine Finanzperiode bilden, nach präsumtiver Veranschlagung erwartet werden, und unter Deficit den Unterschied, wenn für die Ausgabe eine grössere Summe sich ergibt, als für die Einnahme. In einem solchen Zusammenhange sind Überschüsse und Deficit einander gerade entgegengesetzt, und das eine schliesst das andere von selbst aus.

Von einer solchen Rechnung unterscheidet sich diejenige, welche in der zweiten Abtheilung der Denkschrift für die Witwenkasse geführt ist, in zwei wesentlichen Stücken.

1) Die letztere vergleicht nicht die Ausgaben und Einnahmen für Ein Jahr, oder für einige Jahre, sondern umfasst beide für die ganze unbegrenzte Zukunft, so weit und so genau, als es möglich ist, dieselbe im Voraus zu veranschlagen.

2) Sie summirt nicht die Gelder selbst, in der Grösse wie sie werden verausgabt oder vereinnahmt werden (was auch wegen der Unbegrenztheit ohne Sinn sein würde), sondern deren nach bestimmtem Zinsfuss auf den Anfangszeitpunkt discontirte oder reducirte Werthe. In diesem Sinne lässt sich auch eine ohne Begrenzung fortlaufende Reihe von Ausgaben oder Einnahmen doch zu einem bestimmten endlichen Resultate summiren, und diese Möglichkeit leuchtet leicht ein, wenn man bedenkt, dass eine Geldsumme durch Discontirung für einen sehr langen Zeitraum ganz enorm zusammenschmilzt, wie z. B. eine nach 422 Jahren zu leistende Zahlung von 7000 Rthl. nach dem Zinsfusse von $3\frac{1}{2}$ Procent jetzt nur den Werth von *einem Pfennig* hat. Noch leichter kommt man zu demselben Resultate durch die Erwägung, dass der jetzige Geldwerth einer ohne Aufhören jährlich in gleicher Grösse zu leistenden Zahlung nichts anderes ist, als die Kapitalsumme, welche nach dem gewählten Zinsfusse jährlich einen eben so grossen Zins abwirft.

Es ist nun zwar schon von selbst klar, dass wenn nach den factischen Grundlagen einer solchen Rechnung die Ausgaben in späterer Zeit grösser sein werden als jetzt, die ausser den Kapitalzinsen aber noch Statt findenden Einnahmen hingegen in der Rechnung nicht als steigend angenommen werden dürfen, das Resultat der Rechnung ein Deficit sein wird, falls jetzt Einnahme gegen Ausgabe keinen Überschuss gibt. Allein es lässt sich nicht ohne Weiteres umgekehrt behaupten, dass wenn jetzt Überschüsse von der Einnahme gegen die Ausgabe Statt finden, *kein* Deficit in der Totalrechnung sein werde, denn dazu wird nicht nur das Dasein von Überschüssen sondern eine hinlängliche Grösse derselben erfordert. Hat eine richtige Total-Bilanz-Rechnung als Endresultat ein Deficit ergeben, so steht dadurch fest, dass die jetzigen jährlichen Überschüsse zu klein sind, um die in späterer Zeit bevorstehenden Ausfälle zu decken. Die richtige Rechnung hat die gegenwärtigen zeitweiligen Überschüsse schon als Bestandtheile der Bilanz mit berücksichtigt, und dieselben dürfen der Anstalt nicht *zweimal* in Einnahme gestellt werden.

Eben so falsch, wie die Einbildung, dass jetzige zeitweilige Überschüsse ein jetzt vorhandenes Deficit vermindern werden, ist die Vorstellung, dass dies Deficit dann getilgt sein werde, sobald das Vermögen eine dem Betrage des Deficits gleichkommende Vergrösserung erhalten habe. Ein solcher Schluss ist nur in dem einzigen Falle zulässig, wenn die Vergrösserung des Vermögens *sogleich* und zwar durch *fremde* in der Bilanz nicht schon enthaltene Zuflüsse bewirkt wird. Gesetzt z. B. das Vermögen der Witwenkasse habe sich nach 20 Jahren (etwa theilweise unter Mitwirkung von neuen Zuflüssen die aber nicht fortdauernder Art wären) um 17520 Rthl. vergrössert, so wird darum alsdann doch das Deficit nicht gehoben sein, sondern es kann dann möglicherweise grösser sein als jetzt. Die Bilanz am 1. Oct. 1865 wird nemlich hervorgehen aus Vergleichung des dann vorhandenen Kassenvermögens mit dem auf *diesen* Zeitpunkt discontirten Betrage aller von da an bevorstehenden Ausgaben, welcher Betrag viel grösser sein wird, als der ähnliche Betrag für den 1. Oct. 1845, und zwar aus dem einfachen Grunde, weil 1865 der Zeitpunkt der viel grössern jährlichen Ausgaben so viel näher gerückt sein wird, ja höchst wahrscheinlich diese alsdann schon in bedeutendem Maasse eingetreten sein werden.

## [IV.]

### *Bilanz zwischen den Verpflichtungen und den Mitteln der Professoren-Witwenkasse zu Göttingen.*

In Folge des von der Universitäts-Kirchendeputation vor einigen Monaten mir eröffneten Wunsches habe ich mich der neuen Berechnung der Bilanz der Professoren-Witwenkasse unterzogen und diese Arbeit jetzt vollendet. Ich werde meinen Bericht darüber so anordnen, dass ich zuerst die nöthigen allgemeinen Erläuterungen vorausschicke; hiernächst die Bilanzrechnung selbst in einer concisen leicht übersichtlichen Form aufstelle; sodann die einzelnen Posten der Rechnung näher erörtere, und endlich die Vorschläge für die nächst bevorstehende Periode daran knüpfe.

---

Die Bilanzaufstellung für ein solches Institut wie unsre Witwenkasse muss sich offenbar auf einen bestimmten *Zeitpunkt* beziehen. Dass ich dafür diesmal den 1. October 1851 gewählt habe, wird keiner weitläuftigen Rechtfertigung bedürfen. Die erste Bilanzrechnung war für den 1. October 1845 gestellt gewesen: aus nahe liegenden Gründen muss die Zwischenzeit zwischen zwei auf einander folgenden Prüfungen eine volle Anzahl von Jahren umfassen, um das Resultat reiner hervortreten zu lassen; endlich, wenn in Folge der neuen Prüfung eine Modification der bisherigen Punktationen als angemessen erscheinen sollte, so wird man bei dem Beschluss offenbar viel lieber sich auf den neuesten Zustand stützen wollen, als auf denjenigen, welcher vor einem Jahre Statt gefunden hat. Die jetzigen Statuten schreiben zwar aller fünf Jahre eine neue Revision vor: allein der Zeitpunkt, wo die Aufforderung an mich gelangte, liess eine andere Wahl nicht mehr zu; auch ist durch diese Erstreckung des fünfjährigen Zeitraumes auf einen sechsjährigen nicht nur nichts verloren, sondern vielmehr eine noch etwas entschiednere Ausprägung der Zustandsänderung gewonnen.

Das Wesen der ganzen Bilanzrechnung der jetzigen wie der von 1845, besteht darin, dass nicht für das nächste Jahr und nicht für einige Jahre, sondern für alle Zukunft, einerseits die Obliegenheiten des Instituts, andererseits seine Hülfsmittel auf den äquivalirenden Capitalwerth zurückgeführt werden. Nur auf diesem Wege ist es möglich, einer Anstalt, die nur zum kleinsten Theile auf Beiträge, und dem grössten Theile nach auf ihren Vermögensbesitz basirt, und in den letzten Decennien an Theilnehmerzahl so sehr vergrössert ist, die Haltbarkeit für alle Zukunft zu sichern.

Obgleich diesmal eben so wie 1845 alle Rechnungen doppelt geführt sind, nemlich nach dem Zinsfuss von $3\frac{1}{2}$ und nach dem von 4 Procent, so habe ich es doch für hinreichend gehalten, hier nur die Resultate nach ersteren aufzuführen. Ein Theil des Vermögens trägt wirklich nur $3\frac{1}{2}$ Procent; von einem andern jetzt höher verzinsbaren Theile ist eine Zinsherabsetzung in nicht zu grosser Ferne nicht unwahrscheinlich: jedenfalls aber ist eine Forderung der Vorsicht, bei derartigen Rechnungen immer einen etwas niedrigern Zinsfuss zum Grunde zu legen, als dermalen gangbar ist.

Als Mortalitätstafeln, so weit die Rechnungen davon abhängig sind, habe ich auch diesmal die von Brune benutzt, die zuverlässigsten, die überhaupt vorhanden sind.

Diejenigen Rechnungselemente, welche nur aus den bei der Witwenkasse selbst gemachten Erfahrungen abgeleitet werden können, und also an Zuverlässigkeit gewinnen, wenn diese Erfahrungen einen grössern Zeitraum umfassen, habe ich für die jetzige Bilanzrechnung sämmtlich neu bestimmt, indem ich die frühern Erfahrungen mit den neu hinzugekommenen verknüpfte. Bei den einzelnen Positionen wird dies näher angegeben werden.

Endlich bemerke ich noch, dass bei allen Geldangaben Goldwährung zu verstehen ist, und dass die Originalrechnungen zwar durchgehends auf Bruchtheile des Thalers genau geführt, diese Bruchtheile aber in gegenwärtigem Auszuge weggelassen sind. Aus diesem Umstande hat man einige scheinbare kleine Discordanzen bei den angesetzten Summationen zu erklären, die hin und wieder eine oder ein Paar Einheiten betragen können.

*Bilanzrechnung der Witwenkasse für 1. October 1851.*

| Schuld. | Thaler |
|---|---|
| Capitalwerth des festen Theils der Pensionen | |
| 1. für die jetzt vorhandenen Witwen . . | 28786 |
| 2. für Witwen und Waisen der jetzigen Genossen . . . . . . . . . . . . . . . . . . . | 58463 |
| 3. für Witwen und Waisen der künftig beitretenden Genossen . . . . . . . . . . . . | 40712 |
| 4. Capitalwerth des beweglichen Theils der Pensionen nach jetziger Normirung . . | 25715 |
| 5. Capitalwerth der sonstigen Ausgaben . . . | 12907 |
| Summa Thaler | 166581 |

| Gut. | Thaler |
|---|---|
| Capitalwerth | |
| 6. des Ertrags der Apotheke . . . . . . . . . | 28571 |
| 7. der Beiträge der jetzigen Genossen . . . | 8961 |
| 8. der Beiträge aller künftig eintretenden Genossen . . . . . . . . . . . . . . . . . . . | 13596 |
| 9. Geldvermögen der Witwenkasse . . . . . . | 122290 |
| Summa Thaler | 173419 |

Das Resultat der Bilanzrechnung ist also ein *Überschuss* von 6837 Thalern.

Die einzelnen Positionen der vorstehenden Bilanzrechnung begleite ich mit folgenden nähern Erörterungen.

Zu (1). Der Capitalwerth der Witwenpensionen für sämmtliche 15 jetzt vorhandene Witwen nach dem festen Bestandtheile (zu 200 Thaler für jede) ist die Summe der jetzigen Capitalwerthe dieser Pensionen für jede einzelne Witwe nach ihrem Lebensalter berechnet, mit Berücksichtigung eventueller Waisenpensionen, wo minorenne Kinder jetzt vorhanden sind. Ich setze diese Werthe einzeln hieher: die Witwen sind numerirt nach der vollständigen Reihenfolge seit Stiftung der Anstalt.

| | | | | | | | | |
|---|---|---|---|---|---|---|---|---|
| 31 | Sch. | 1066 Thaler | 55 | H. | 1834 Thaler | 65 | H. | 2003 Thaler |
| 44 | F. | 1622 | 58 | G. | 2730 | 66 | H. | 1172 |
| 50 | H. | 2849 | 59 | W. | 1862 | 68 | M. | 2923 |
| 52 | P. | 1479 | 62 | B. | 1003 | 69 | D. | 2897 |
| 53 | M. | 1812 | 63 | G. | 1309 | 70 | L. | 2224 |

Die Zahlen (2) und (7) sind durch folgendes Verfahren ermittelt, dessen Rechtfertigung in der Denkschrift von 1845 zu finden ist. Unter den 53 Mitgliedern, welche gegenwärtig die Genossenschaft ausmachen, sind zur Zeit 47 verheirathet. Für jedes derselben ist, nach Maassgabe des Alters des Mannes und der Frau, der jetzige Capitalwerth sowohl der von ersterm zu leistenden Beiträge (zu 15 Thaler jährlich), als der der letztern im Fall des Überlebens zu Theil werdenden Witwenpension nach ihrem festen Theile (zu 200 Thaler) berechnet. So verstanden, ergibt sich die Summe der Beiträge zu 7947 Thaler, die Summe der Pensionen zu 45364 Thaler. Um die 6 jetzt unverheiratheten Mitglieder mit zu berücksichtigen, werden diese Zahlen mit $\frac{53}{47}$ multiplicirt, woraus die Beiträge $= 8961$ Thaler, und die Pensionen $= 51155$ Thaler hervorgehen: erstere Zahl ist obige Position (7). Letztere, der Waisenpension wegen um $\frac{1}{7}$ vergrössert, ergibt 58463 Thaler, die Position (2).

Die Rechtfertigung der Annahme des Bruches $\frac{1}{7}$ für die Waisenpensionen, anstatt des 1845 angewandten Bruches $\frac{1}{8}$, wird bei der Nachweisung der Positionen (3) und (8) gegeben werden.

Ich setze noch die Resultate obiger Rechnung für die einzelnen 47 verheiratheten Mitglieder hieher. Die Numerirung ist die Reihefolge des Eintritts in die Anstalt; die Zahlen der dritten Columne sind die Beiträge, die der vierten die Pensionen.

| 135 | O. | 102 Thl. | 1179 Thl. | 170 | R. | 124 Thl. | 1261 Thl. | 199 | F. | 167 Thl. | 937 Thl. |
|---|---|---|---|---|---|---|---|---|---|---|---|
| 138 | C. | 82 | 1402 | 171 | C. | 132 | 955 | 200 | L. | 211 | 748 |
| 139 | U. | 137 | 730 | 173 | F. | 168 | 931 | 201 | W. | 194 | 749 |
| 140 | H. | 134 | 1199 | 174 | H. | 163 | 1354 | 202 | M. | 201 | 991 |
| 141 | L. | 113 | 833 | 175 | R. | 195 | 996 | 203 | B. | 167 | 751 |
| 147 | R. | 133 | 1188 | 176 | L. | 190 | 1122 | 204 | E. | 201 | 697 |
| 149 | G. | 127 | 1439 | 177 | W. | 176 | 936 | 205 | H. | 195 | 790 |
| 151 | O. | 173 | 870 | 180 | T. | 177 | 887 | 206 | H. | 188 | 854 |
| 153 | B. | 154 | 1271 | 185 | W. | 198 | 919 | 207 | W. | 200 | 783 |
| 155 | K. | 145 | 727 | 186 | H. | 169 | 1134 | 208 | E. | 175 | 1278 |
| 156 | v. S. | 146 | 662 | 187 | W. | 180 | 748 | 209 | B. | 154 | 1051 |
| 160 | H. | 161 | 1173 | 189 | H. | 172 | 953 | 211 | S. | 195 | 1164 |
| 161 | B. | 156 | 682 | 192 | R. | 188 | 782 | 212 | T. | 181 | 895 |
| 164 | W. | 159 | 1155 | 193 | G. | 206 | 896 | 213 | W. | 200 | 811 |
| 167 | S. | 190 | 835 | 195 | D. | 191 | 822 | 214 | B. | 188 | 915 |
| 169 | Z. | 180 | 943 | 196 | B. | 207 | 968 | | | | |

Zum Verständniss der Positionen (3) und (8) dient Folgendes. Das älteste der jetzigen Mitglieder hat die Numerirung 135: die ersten 134 sind sämmtlich verstorben oder auf andere Weise ausgeschieden. Für jedes dieser 134 ausgeschiedenen Mitglieder ist berechnet: der Betrag der von demselben geleisteten Beiträge, und, wo Hinterbliebene Pensionen erhalten haben, der Betrag der Witwenpensionen und der Waisenpensionen. Alle diese Zahlungen sind aber nicht nach ihrer wirklichen Grösse in Ansatz gebracht, sondern nach den gegenwärtig bestehenden Sätzen, nemlich 15 Thaler für jährlichen Beitrag, und 200 Thaler als jetziger Betrag der festen Pension: ausserdem aber sind sämmtliche gezahlten oder empfangenen Gelder durch Discontirung auf das Zeitmoment des Eintritts des betreffenden Mitgliedes reducirt. Rücksichtlich der Modificationen, welche an diese Rechnungen noch angebracht werden mussten bei denjenigen aus diesen 134 Mitgliedern, von welchen die Witwen noch am Leben sind, beziehe ich mich auf meine Denkschrift von 1845.

So verstanden, beträgt für alle diese 134 Mitglieder

die Summe aller Beiträge . . . . . . 25506 Thaler
die Summe aller Witwenpensionen 66771 ,,
die Summe aller Waisenpensionen 9604 ,,

woraus sich die Durchschnittswerthe ergeben: für die Beiträge 190,35 Thaler, für die Witwenpensionen 498,29 Thaler, für die Waisenpensionen 71,67 Thaler. Im Jahr 1845, wo die bis dahin ausgeschiedenen Mitglieder sich in ununterbrochener Folge nur bis zu Nr. 108 erstreckten, hatte ich für diese eine ganz ähnliche Rechnung ausgeführt, welche für die Durchschnittswerthe, wenn sie in dieselbe Form gebracht werden, ergeben hatte: 193,18 Thaler; 503,08 Thaler; 81,07 Thaler. Man erkennt hieraus mit Befriedigung, dass die bisherigen Erfahrungen sich schon sehr wohl zur Feststellung von Durchschnittswerthen eignen, und darin der Abschätzung der künftigen Bedürfnisse eine werthvolle Grundlage geben. Nach dem neuen Resultate ist das Verhältniss der Waisenpension zur Witwenpension durchschnittlich sehr nahe $\frac{1}{7}$, welches zur Feststellung der Position (2) benutzt ist (man vergl. S. [165] am Schluss).

Da nun ferner den allmähligen Leistungen jedes neu eintretenden Mitgliedes einerseits, und den Pensionsbezügen durch seine Relicten andererseits, die Summen 190,35 und 569,96 Thaler, im Zeitpunkte des Eintritts einmal in die Kasse eingezahlt und resp. aus derselben ausgezahlt, nach den Durchschnittswerthen äquivaliren: so brauchte man, wenn jedes Jahr Ein neues Mitglied einträte, nur diese beiden Zahlungen jedes Jahr wiederholt zu denken, und sie nun zu capitalisiren, d. i. ein für allemal der Kasse theils die Capitalsumme 5439 Thaler als Einnahme zuzuweisen, theils die andern 16285 Thaler als Ausgabe anzurechnen, um den Verpflichtungen und Berechtigungen aller künftig beitretenden Mitglieder Rechnung zu tragen. Diese Summen müssen nun aber noch mit derjenigen Ziffer multiplicirt werden, welche die Durchschnittszahl der jährlich neu beitretenden Mitglieder ausdrückt. In der Denkschrift von 1845 habe ich dafür $2\frac{1}{2}$ angenommen, ohne zu verschweigen, dass dieses Element ein sehr ungewisses ist: alles wohl erwogen, habe ich dieselbe Ziffer auch diesmal beibehalten zu müssen geglaubt, und so haben sich die in der Bilanzrechnung angesetzten Positionen (8) und (3) ergeben.

Die Position (4) ist die capitalisirte jährliche Ausgabe von 900 Thalern, wovon der bewegliche Theil der Witwenpension zu bestreiten ist. Diese Summe wird unter alle berechtigten Witwen zu gleichen Theilen vertheilt, wenn deren Anzahl 18 oder mehr beträgt; ist die Anzahl kleiner, so erhält jede 50 Thaler. Es erhellet hieraus, dass im letztern Falle (der auch in diesem Augenblick Statt findet) die Kasse eine Ersparniss macht, welche in der Bilanz nicht mit berechnet ist, und für etwas längere Zeit auch gar nicht im Voraus berechnet werden kann: jedenfalls aber ist diess nur ein vorübergehender Vortheil, welcher in späterer Zeit, wenn die Folgen der jetzigen grossen Ausdehnung der Genossenschaft sich erst entwickelt haben werden, selten oder vielleicht niemals wieder vorkommen wird.

Als Durchschnittswerthe der Nebenausgaben habe ich angenommen

| | | | | |
|---|---|---|---|---|
| | 28 Thl. | 4 Ggr | — Pf. | für Processkosten, soweit sie nicht erstattet, |
| | 61 ,, | 8 ,, | 9 ,, | für Baukosten |
| | 133 ,, | 9 ,, | 5 ,, | für Rechnungsführung und Copialien |
| | 136 ,, | 6 ,, | 3 ,, | für Verluste |
| Zusammen | 359 Thl. | 4 Ggr. | 5 Pf. | |

Diese Ansätze gründen sich auf die Erfahrungen der letzten 21 oder 20 Jahre. Bei der Rechnung von 1845 hatten nur Erfahrungen von 15 oder 14 Jahren zum Grunde gelegt werden können, welche die Totalsumme 323 Thl. 13 Ggr. ergeben hatten. Die erstere Zahl, capitalisirt, erbringt 10262 Thl. 10 Ggr. Dieser Betrag unter Zufügung von 2644 Thl. 4 Ggr. (als mittlerm Werthe des unproductiven Vermögenstheils nach 17jährigem Durchschnitt) bildet die Position (5). Für die letztere Zahl war übrigens in der Rechnung von 1845 nach 11jährigem Durchschnitt der nahe gleiche Werth 2635 Thl. 18 Ggr. 4 Pf. angenommen worden.

Die Position (6) entsteht aus der Capitalisirung der jährlichen Einnahme aus dem Pachtzins der Universitäts-Apotheke (1000 Thaler).

Die Position (9) bedarf auch noch einiger Erläuterungen. In der Jahresrechnung für 1850—1851 ist das Geldvermögen der Kasse für den 1. Julius 1851 zu 125076 Thl. 1 Ggr. 11 Pf. angesetzt, wovon die verzinslichen Capitale 123372 Thl. 2 Ggr. 7 Pf. ausmachen; das übrige besteht in dem baaren Geldvorrath, den Rückständen, und einem dem Universitätsapotheker bewilligten unverzinslichen Vorschuss. Die Capitale sind etwa zur Hälfte bei Privatschuldnern hypothekarisch, die übrigen in unkündbaren Staatspapieren angelegt, und diese letztern sind in der neuesten Jahresrechnung (eben so wie schon in mehrern vorhergehenden) schlechthin nach dem Nominalwerthe in Ansatz gebracht. Im Jahre 1845 waren hingegen diese Ansätze nach den Ankaufpreisen gemacht, und ich habe in meiner damaligen Rechnung dieselben ungeändert beibehalten, weil damals die Schwankungen in dem Werthe der Staatspapiere viel geringer waren, als seit den letzten 3 bis 4 Jahren. Jetzt, wo ein beträchtlicher Theil der zum Vermögen der Witwenkasse gehörenden Staatspapiere so sehr tief unter dem Nennwerthe steht, halte ich für nothwendig, in der Bilanzrechnung die Papiere nach dem zeitigen wirklichen Werthe, wie sie sich realisiren lassen, zu evaluiren. Ich habe dazu die Börsencourse in Frankfurt und Hannover vom 1. October angewandt, weil doch ein bestimmtes Datum gewählt werden musste. Es sind die folgenden

| | | | | | |
|---|---|---|---|---|---|
| Oesterreichische | $4\frac{1}{2}$ Metalliques . . | $67\frac{1}{8}$ | Hannoversche | 5 Proc. . . . | $104\frac{1}{2}$ |
| — | $4\frac{1}{2}$ bei Goll . . . . | $69\frac{3}{4}$ | — | 4 Proc. . . . | 102 |
| [illegible] | $4\frac{1}{2}$ bei Bethmann [illegible] | [illegible] | [illegible] | [illegible] | [illegible] |
| Badensche | $3\frac{1}{2}$ . . . . . . . . . . . . . . | $87\frac{3}{4}$ | — | $3\frac{1}{2}$ Gold . . | $97\frac{3}{4}$ |

Den Goldcours habe ich angenommen 1 Louisd'or = 9 fl. 38 kr. und = 5½ Thaler Courant. Theilweise sind übrigens die Course seitdem noch etwas, obwohl nur wenig, gewichen.

Das Resultat dieser Reductionen ist, dass dieselben verzinslichen Capitale, welche nach dem Nennwerthe zu 123372 Thaler angesetzt sind, nach dem zeitigen Börsencourswerthe nur 119044 Thl. 23 Ggr. erbringen, welcher Summe ich noch diejenigen 800 Thaler zusetze, für welche das vormals Müllersche Haus verkauft ist. So stellt sich unter Beifügung der andern Posten (baarer Geldvorrath u. s. w.) das Geldvermögen der Witwenkasse für den 1. Julius 1851 auf

121548 Thaler 22 Ggr.

Um, so weit ich dazu im Stande bin, die Reduction auf den 1. October 1851 abzuschätzen, ziehe ich von dieser Summe ab die auf Michaelis fällig gewordenen Witwenpensionen mit . 1787 Thl. 12 Ggr.
und setze hinzu
den Betrag der Beiträge für das Jahr 1850 bis 1851 . . . . . . . . . . . . . . . . . . . . 780 „
den halbjährigen Pachtzins für die Apotheke . . . . . . . . . . . . . . . . . . . . . . . . . . 500 „
und einen vierteljährigen Betrag der Zinseinnahme, unter Zugrundelegung der letztjährigen mit Abzug der Einziehungskosten . . . . . . . . . . . . . . . . . . . . . . 1248 „ 10 „
woraus dann obige Position (9) hervorgeht.

---

In Erwägung des bedeutenden Plus, mit welchem die Bilanzrechnung abschliesst, erscheint eine Erhöhung der Pension für die nächst bevorstehende Periode als zulässig, und über die Grösse der Erhöhung habe ich Folgendes zu bemerken.

Wenn die Frage aufgestellt wird, um wie viel unter Beibehaltung aller übrigen Einrichtungen der bewegliche Theil der Witwenpension erhöhet werden muss, damit in der Bilanz Debet und Credit zur vollkommenen Gleichheit gebracht werden, so findet sich durch eine leichte Rechnung diese Erhöhung = 13 Thl. 7 Ggr. Wählt man eine kleinere Erhöhung, so schliesst die veränderte Bilanz noch immer mit einem Plus ab, mit einem Minus hingegen, wenn eine grössere Erhöhung angenommen wird. Würde also der bewegliche Theil der Pension von jetzt an auf 60 Thaler normirt, so dass jede der daran berechtigten Witwen zusammen 260 Thaler erhielte, so lange deren Anzahl nicht 18 überschreitet, im entgegengesetzten Falle hingegen neben dem festen Theil zu 200 Thaler noch den betreffenden Antheil an der Totalsumme 1080 Thaler, so würde die auf gleiche Art wie oben geführte Bilanzrechnung noch mit einem Plus von 1695 Thalern abschliessen. Man hat also zu dieser Maassregel nicht nur vollkommene Berechtigung, sondern auch die Aussicht, dass nach wenigen Jahren eine abermalige Erhöhung wird Statt finden können, insofern keine *grosse* Verluste eintreten, der Genuss höhern Zinsfusses noch fortdauert, und bei der jetzt nicht erreichten Anzahl der Witwen 18 von der in Rechnung gebrachten jährlichen Summe vorerst jährlich etwas erübrigt wird.

Mit einem Minus von 877 Thalern hingegen würde die Bilanz abschliessen, wenn die Erhöhung auf 15 Thaler, und mit einem Minus von 3448 Thalern, wenn dieselbe auf 20 Thaler festgesetzt würde. Ein so geringes Minus, wie das im erstern Falle sich ergebende, würde aus den eben angeführten Gründen schon nach kurzer Zeit sich ausgleichen, und daher die Normirung des beweglichen Theils der Pension auf 65 Thaler (folglich bei mehr als 18 Witwen Vertheilung der Summe von 1170 Thalern) an sich gar kein Bedenken haben: vielleicht aber würde man nicht gern von dem bisher immer beobachteten Gebrauch abweichen wollen, wonach die halbjährige Pensionssumme stets eine ganze Anzahl Pistolen betragen hat (welche kleine Bequemlichkeit allerdings von selbst wegfallen wird, sobald die Anzahl der Witwen über 18 gestiegen ist). Schon jetzt aber den beweglichen Theil auf 70 Thaler zu setzen, würde ich schon des

Princips wegen nicht für gerathen halten, wenn ich auch unter den jetzigen günstigen Umständen gern die Hoffnung theile, dass das Minus von 3448 Thalern schon in den nächsten Jahren sich bedeutend vermindern würde.

Ich glaube im Vorstehenden der Universitäts-Kirchendeputation das hinlängliche Material zusammengebracht zu haben, wonach mit bewusster Sicherheit ein Beschluss gefasst werden kann, bin aber gern zu weitern Erläuterungen bereit, wenn solche für nöthig gehalten werden sollten.

Göttingen den 19. October 1851. C. F. Gauss.

---

[*Berechnung der Mittelwerthe der Beiträge und Pensionen.*

Die Anzahl der in ununterbrochener Reihenfolge nach der Numerirung ihrer Beitrittszeit bis zum 1. October 1851 verstorbenen oder auf andere Weise aus der Professoren-Witwenkasse ausgeschiedenen Mitglieder beträgt 134. Für jedes dieser 134 ausgeschiedenen Mitglieder ist in folgender Tabelle zusammengestellt: das Jahr an dessen 1. Oct. (und nur ausnahmsweise an dessen 1. Apr. bei Nr. 134) der Beitritt erfolgte, die Anzahl der Jahre und Monate, während welcher die Beiträge oder die Witwen und Waisenpensionen ein- oder ausgezahlt wurden, ebenso diejenigen welche vergingen bis zu dem Zeitpunkte von wo an die Pension gerechnet wird. Aus diesen Daten sind die in den daneben stehenden Spalten enthaltenen Werthe bestimmt, welche im Zeitpunkte des Eintritts für den Zinsfuss von $3\frac{1}{2}$ Proc. und 4 Proc. den jährlich mit 10 Thl. eingezahlten Beiträgen und den mit 250 Thl. ausgezahlten Witwen- und Waisenpensionen gleichkommen. Die Ansätze zu 10 Thl. und 250 Thl. sind von Gauss wohl deshalb gewählt, weil hierfür schon der grösste Theil der Tafel im Jahre 1845 berechnet war. Für die am 1. Oct. 1851 noch lebenden Witwen der Mitglieder Nr. 86. 103. 104. 109. 112. 114. 122 und 134 ist der Capitalwerth derjenigen Pensionsbezüge die nach jenem Zeitpunkte noch erfolgen mussten, mit Zuhülfenahme der Brune'schen Sterblichkeitstafeln bestimmt und unter der Voraussetzung dass die Zahlung am Ende jedes Jahres aber nur bis zum Schluss des Sterbemonats erfolgt. Die aus dieser Zusammenstellung sich unmittelbar ergebenden mittleren Capitalwerthe der Beiträge und Pensionen sind in der Bilanzrechnung von 1851 benutzt und zwar nachdem durch Multiplication mit einem Correctionsfactor der Umstand berücksichtigt ist, dass die Pensionen nicht jährlich sondern halbjährlich gezahlt werden. Für die Waisenpensionen ist hier angenommen, dass sie bis zum Schlusse des Monats galten, in welchem das 20$^{ste}$ Lebensjahr des Kindes vollendet wurde.

Die handschriftliche Tafel enthält keine Überschrift der einzelnen Spalten wie hier der Abdruck.]

| Nr. des Mitgl. | Nr. der Witwe | Name | Jahr des Eintr. | Beitrag gez. J. M. | Witwe J. M. | Waise J. M. | Anf. der Pens. nach Eintr. J. M. | Auf die Zeit des Eintritts nach dem Zinsfuss von 3½ Proc. Beiträge | Witw.P | Wais.P | von 4 Proc. discontirte Beiträge | Witw.P | Wais.P |
|---|---|---|---|---|---|---|---|---|---|---|---|---|---|
| 1 | 16 | Gebauer | 1742 | 30 | 5. 9 | | 30. 9 | 183.92 | 391.82 | | 172.92 | 333.20 | |
| 2 | 1 | Treuer | 1742 | 0 | 18. 7 | | 0. 5 | 0 | 3325.27 | | 0 | 3181.63 | |
| 3 | | Gesner | 1742 | 18 | | | | 131.90 | | | 126.59 | | |
| 4 | | Hollmann | 1742 | 39 | | | | 211.02 | | | 195.84 | | |
| 5 | | Heumann | 1742 | 18 | | | | 131.90 | | | 126.59 | | |
| 6 | | Crusius | 1742 | 4 | | | | 36.73 | | | 36.30 | | |
| 7 | | Oporin | 1742 | 10 | | | | 83.17 | | | 81.11 | | |
| 8 | 2 | Reinharth | 1742 | 0 | 1. 6 | | 1 | 0 | 346.14 | | 0 | 342.26 | |
| 9 | 5 | Köhler | 1742 | 12 | 23. 8 | | 12. 9 | 96.63 | 2565.58 | | 93.85 | 2292.07 | |
| 10 | 18 | Richter | 1742 | 30 | 7 | | 31 | 183.92 | 526.20 | | 172.92 | 444.85 | |
| 11 | | v. Haller | 1742 | 2 | | | | 19.00 | | | 18.86 | | |
| 12 | | v. Segner | 1742 | 12 | | | | 96.63 | | | 93.85 | | |
| 13 | 11 | Feuerlein | 1742 | 23 | 6. 8 | | 24 | 156.20 | 640.78 | | 148.57 | 560.68 | |
| 14 | 20 | Ayrer | 1742 | 31 | 24 | | 32 | 187.36 | 1335.21 | | 175.88 | 1086.57 | |
| 15 | 3 | Penther | 1742 | 7 | 52 | | 7. 3 | 61.14 | 4631.51 | | 60.02 | 4091.28 | |
| 16 | | Kahle | 1742 | 5 | | | | 45.15 | | | 44.52 | | |
| 17 | 8 | Brendel | 1742 | 15 | 24. 7 | | 15. 9 | 115.17 | 2371.13 | | 111.18 | 2084.67 | |
| 18 | | Wähner | 1742 | 17 | | | | 126.51 | | | 121.66 | | |
| 19 | | Ribov | 1742 | 16 | | | | 120.94 | | | 116.52 | | |
| 20 | | Böhmer | 1742 | 54 | | | | 241.13 | | | 219.93 | | |
| 21 | | Claproth | 1742 | 5 | | | | 45.15 | | | 44.52 | | |
| 22 | 4 | Kortholt | 1742 | 9 | | 15. 3 | 9 | 76.08 | | 2139.12 | 74.35 | | 1976.36 |
| 23 | 6 | Wahl | 1743 | 11 | 14. 2 | | 12. 3 | 90.02 | 1807.60 | | 87.60 | 1647.63 | |
| 24 | 7 | v. Mosheim | 1747 | 7 | 25.11 | | 8. 9 | 61.14 | 3118.70 | | 60.02 | 2829.65 | |
| 25 | | Pütter | 1747 | 60 | | | | 249.45 | | | 226.23 | | |
| 26 | 27 | Michaelis | 1751 | 39 | 16. 2 | | 40. 3 | 211.02 | 762.94 | | 195.84 | 605.26 | |
| 27 | 14 | Achenwall | 1751 | 20 | | 18. 5 | 21. 0 | 142.12 | | 1627.44 | 135.90 | | 1410.52 |
| 28 | | Weber, A. | 1751 | 11 | | | | 90.02 | | | 87.60 | | |
| 29 | | Förtsch | 1751 | 21 | | | | 146.98 | | | 140.29 | | |
| 30 | 9 | Mayer, Tob. | 1751 | 10 | 18. 2 | | 10. 9 | 83.17 | 2293.04 | | 81.11 | 2089.04 | |
| 31 | 10 | Röderer | 1751 | 11 | | 13. 0 | 12 | 90.02 | | 1704.54 | 87.60 | | 1559.24 |
| 32 | 19 | Vogel | 1754 | 19 | 33.10 | | 20 | 137.10 | 2468.73 | | 131.34 | 2095.65 | |
| 33 | 24 | Walch | 1755 | 29 | 3. 9 | | 29. 9 | 180.36 | 310.41 | | 169.84 | 265.91 | |
| 34 | | Büsching | 1754 | 6 | | | | 53.29 | | | 52.42 | | |
| 35 | 23 | Meister | 1755 | 26 | 24. 4 | | 27 | 168.90 | 1599.74 | | 159.83 | 1332.82 | |
| 36 | 17 | Matthiae | 1755 | 17 | 27. 8 | | 18 | 126.51 | 2360.69 | | 121.66 | 2042.62 | |
| 37 | 21 | Murray | 1755 | 20 | | 15.10 | 20. 9 | 142.12 | | 1469.05 | 135.90 | | 1281.09 |
| 38 | | Kuhlenkamp | 1755 | 20 | | | | 142.12 | | | 135.90 | | |
| 39 | 15 | Hamberger | 1755 | 17 | 8.10 | | 17. 9 | 126.51 | 1016.16 | | 121.66 | 912.02 | |
| 40 | | Kästner | 1755 | 18 | | | | 131.90 | | | 126.59 | | |
| 41 | | Heilmann | 1758 | 5 | | | | 45.15 | | | 44.52 | | |
| 42 | | Büttner | 1759 | 10 | | | | 83.17 | | | 81.11 | | |
| 43 | 34 | Claproth, J. | 1759 | 45 | 16. 1 | | 45. 9 | 224.95 | 629.01 | | 207.20 | 486.04 | |
| 44 | 30 | Gatterer | 1759 | 39 | 7. 0 | | 40. 0 | 211.02 | 386.09 | | 195.84 | 312.54 | |
| 45 | | Klotz | 1762 | 2 | | | | 19.00 | | | 18.86 | | |

| Nr. des Mitgl. | Nr. der Witwe | Name | Jahr des Eintr. | Beitrag gez. J. M. | Witwe J. M. | Waise J. M. | Anf. der Pens. nach Eintr. J. M. | Auf die Zeit des Eintritts nach dem Zinsfuss von 3½ Proc. Beiträge | Witw.P | Wais.P | von 4 Proc. discontirte Beiträge | Witw.P | Wais.P |
|---|---|---|---|---|---|---|---|---|---|---|---|---|---|
| 46 | 12 | Köhler, J.T. | 1763 | 5 | 19. 0 | | 5. 6 | 45.15 | 2835.95 | | 44.52 | 2646.37 | |
| 47 | 39 | Heyne | 1763 | 48 | 21.11 | | 49. 3 | 230.91 | 694.88 | | 211.95 | 522.26 | |
| 48 | | Less | 1763 | 27 | | | | 172.85 | | | 163.30 | | |
| 49 | 13 | Schröder | 1764 | 7 | 21. 0 | | 7. 9 | 61.14 | 2814.56 | | 60.02 | 2588.00 | |
| 50 | 26 | Murray, J.A. | 1764 | 26 | 14.11 | | 27. 0 | 168.90 | 1132.47 | | 159.83 | 960.00 | |
| 51 | | Dieze | 1764 | 19 | | | | 137.10 | | | 131.34 | | |
| 52 | | Gatzert | 1764 | 1 | | | | 9.66 | | | 9.62 | | |
| 53 | 37 | Wrisberg | 1764 | 43 | 25.10 | | 43. 9 | 220.63 | 933.65 | | 203.71 | 715.73 | |
| 54 | | Zachariae | 1765 | 9 | | | | 76.08 | | | 74.35 | | |
| 55 | 25 | Miller | 1766 | 22 | 4. 6 | | 23. 0 | 151.67 | 463.95 | | 144.51 | 409.87 | |
| 56 | | Beckmann, J. | 1766 | 44 | | | | 222.83 | | | 205.49 | | |
| 57 | 40 | Richter | 1767 | 44 | 18. 7 | | 45. 3 | 222.83 | 711.21 | | 205.49 | 548.26 | |
| 58 | | Feder | 1768 | 28 | | | | 176.67 | | | 166.63 | | |
| 59 | | Pepin | 1769 | 5 | | | | 45.15 | | | 44.52 | | |
| 60 | | Schlözer | 1769 | 39 | | | | 211.02 | | | 195.84 | | |
| 61 | 29 | Lichtenberg | 1770 | 28 | 49. 3 | | 28. 9 | 176.67 | 2168.49 | | 166.63 | 1730.50 | |
| 62 | 22 | Erxleben | 1770 | 6 | 37. 2 | | 7. 3 | 53.29 | 4016.23 | | 52.42 | 3608.27 | |
| 63 | 35 | Spangenberg | 1771 | 33 | 1. 9 | 11. 6 | 33. 9 | 193.90 | 130.46 | 688.23 | 181.48 | 110.12 | 563.90 |
| 64 | | Baldinger | 1772 | 9 | | | | 76.08 | | | 74.35 | | |
| 65 | 38 | Meiners | 1772 | 37 | 15. 6 | | 38 | 205.70 | 798.55 | | 191.43 | 641.24 | |
| 66 | 32 | Eyring | 1773 | 29 | 23. 0 | | 30 | 180.36 | 1391.30 | | 169.84 | 1145.15 | |
| 67 | 33 | Gmelin | 1775 | 29 | 23. 2 | | 29. 6 | 180.36 | 1422.06 | | 169.84 | 1172.95 | |
| 68 | | Koppe | 1776 | 7 | | | | 61.14 | | | 60.02 | | |
| 69 | | Blumenbach | 1776 | 63 | | | | 253.00 | | | 228.87 | | |
| 70 | 51 | Stromeyer | 1776 | 54 | 17. 4 | | 54. 0 | 241.13 | 500.51 | | 219.93 | 370.77 | |
| 71 | | Spittler | 1779 | 17 | | | | 126.51 | | | 121.66 | | |
| 72 | 41 | Waldeck | 1782 | 32 | 32. 4 | | 33. 3 | 190.69 | 1527.32 | | 178.74 | 1219.01 | |
| 73 | | Reuss | 1783 | 54 | | | | 241.13 | | | 219.93 | | |
| 74 | | Böhmer, J.F. | 1784 | 35 | | | | 200.01 | | | 186.65 | | |
| 75 | | Meister | 1784 | 44 | | | | 222.83 | | | 205.49 | | |
| 76 | | v. Martens | 1784 | 23 | | | | 156.20 | | | 148.57 | | |
| 77 | | Planck | 1784 | 49 | | | | 232.77 | | | 213.41 | | |
| 78 | | Möckert | 1784 | 7 | | | | 61.14 | | | 60.02 | | |
| 79 | 36 | Runde | 1784 | 22 | 14. 8 | | 22. 9 | 151.67 | 1293.70 | | 144.51 | 1119.91 | |
| 80 | 56 | Tychsen | 1784 | 50 | 10. 2 | | 50. 6 | 234.56 | 370.95 | | 214.82 | 283.52 | |
| 81 | | Sextro | 1784 | 2 | | | | 19.00 | | | 18.86 | | |
| 82 | | Volborth | 1784 | 7 | | | | 61.14 | | | 60.02 | | |
| 83 | | Brandis | 1787 | 2 | | | | 19.00 | | | 18.86 | | |
| 84 | | Grellmann | 1787 | 14 | | | | 109.20 | | | 105.63 | | |
| 85 | | Buhle | 1787 | 8 | | | | 68.74 | | | 67.33 | | |
| 86 | 66 | Heeren | 1787 | 54 | ? | | 54. 9 | 241.13 | 456.65 | | 219.93 | 337.14 | |
| 87 | | Hugo | 1788 | 56 | | | | 244.10 | | | 222.20 | | |
| 88 | 47 | Eichhorn | 1788 | 39 | 7.10 | | 39. 0 | 211.02 | 440.96 | | 195.84 | 358.01 | |
| 89 | | Arnemann | 1789 | 12 | | | | 96.63 | | | 93.85 | | |
| 90 | | Seyffer | 1789 | 14 | | | | 109.20 | | | 105.63 | | |

| Nr. des Mitgl. | Nr. der Witwe | Name | Jahr des Eintr. | Beitrag gez. J. M. | Witwe J. M. | Waise J. M. | Anf. der Pens. nach Eintr. J. M. | Auf die Zeit des Eintritts nach dem Zinsfuss von $3\frac{1}{2}$ Proc. Beiträge | Witw.P | Wais.P | von 4 Proc. discontirte Beiträge | Witw.P | Wais.P |
|---|---|---|---|---|---|---|---|---|---|---|---|---|---|
| 91 | 28 | Bürger | 1789 | 4 | | 17. 1 | 4. 9 | 36.73 | | 2695.53 | 36.30 | | 2532.99 |
| 92 | | Schrage | 1790 | 1 | | | | 9.66 | | | 9.62 | | |
| 93 | 46 | Stäudlin | 1790 | 36 | 4. 0 | | 36. 3 | 202.90 | 263.87 | | 189.08 | 218.97 | |
| 94 | | Marezoll | 1790 | 2 | | | | 19.00 | | | 18.86 | | |
| 95 | 45 | Osiander | 1792 | 29 | 5. 2 | | 29. 9 | 180.36 | 417.84 | | 169.84 | 356.78 | |
| 96 | | Berg | 1794 | 6 | | | | 53.29 | | | 52.42 | | |
| 97 | | Althof | 1794 | 3 | | | | 28.02 | | | 27.75 | | |
| 98 | | v. Ammon | 1794 | 10 | | | | 83.17 | | | 81.11 | | |
| 99 | | Leist | 1795 | 12 | | | | 96.63 | | | 93.85 | | |
| 100 | 49 | Sartorius | 1797 | 31 | 1.11 | 2. 7 | 31. 3 | 187.36 | 155.45 | 193.87 | 175.88 | 132.77 | 163.80 |
| 101 | | Mayer | 1799 | 29 | | | | 180.36 | | | 169.84 | | |
| 102 | 48 | Bouterweck | 1799 | 29 | | 4. 1 | 29. 3 | 180.36 | | 342.13 | 169.84 | | 293.58 |
| 103 | 44 | Fiorillo | 1799 | 22 | ? | | 22. 3 | 151.67 | 2465.51 | | 144.51 | 2051.41 | |
| 104 | 31 | Schönemann | 1799 | 2 | ? | | 3. 0 | 19.00 | 5469.38 | | 18.86 | 4911.00 | |
| 105 | | Martin | 1803 | 1 | | | | 9.66 | | | 9.62 | | |
| 106 | 61 | Himly | 1803 | 33 | 8. 0 | | 33. 9 | 193.90 | 538.16 | | 181.48 | 447.97 | |
| 107 | | Thibaut | 1804 | 1 | | | | 9.66 | | | 9.62 | | |
| 108 | 60 | Schrader | 1804 | 32 | 13. 5 | | 32. 6 | 190.69 | 867.28 | | 178.74 | 717.98 | |
| 109 | 70 | Langenbeck | 1804 | 46 | ? | | 46. 9 | 227.01 | 559.31 | | 208.85 | 427.74 | |
| 110 | | Pätz | 1805 | 1 | | | | 9.66 | | | 9.62 | | |
| 111 | | Herbart | 1805 | 3 | | | | 28.02 | | | 27.75 | | |
| 112 | 55 | Harding | 1805 | 29 | ? | | 29. 3 | 180.36 | 1610.43 | | 169.84 | 1316.31 | |
| 113 | | Benecke | 1805 | 16 | | | | 120.94 | | | 116.52 | | |
| 114 | 62 | Bunsen | 1805 | 31 | ? | | 31. 9 | 187.36 | 1183.66 | | 175.88 | 969.77 | |
| 115 | 57 | Stromeyer | 1806 | 29 | 14. 9 | | 29. 3 | 180.36 | 1039.03 | | 169.84 | 871.57 | |
| 116 | | Artaud | 1806 | 28 | | | | 176.67 | | | 166.63 | | |
| 117 | | Gauss | 1807 | 38 | | | | 208.41 | | | 193.68 | | |
| 118 | 54 | Hempel | 1807 | 26 | | 8. 8 | 26. 9 | 168.90 | | 733.41 | 159.83 | | 630.52 |
| 119 | | Lüder | 1809 | 3 | | | | 28.02 | | | 27.75 | | |
| 120 | | Bergmann | 1810 | 34 | | | | 197.01 | | | 184.11 | | |
| 121 | 42 | Wunderlich | 1810 | 5 | 25. 2 | | 5. 9 | 45.15 | 3394.86 | | 44.52 | 3129.00 | |
| 122 | 52 | Planck | 1810 | 21 | ? | | 21. 6 | 146.98 | 2113.17 | | 140.29 | 1793.60 | |
| 123 | | Salfeld | 1810 | 3 | | | | 28.02 | | | 27.75 | | |
| 124 | | Hausmann | 1811 | 37 | | | | 205.70 | | | 191.43 | | |
| 125 | | Pott | 1814 | 15 | | | | 115.17 | | | 111.18 | | |
| 126 | 67 | Bauer | 1814 | 29 | 1. 6 | | 29. 0 | 180.36 | 132.10 | | 169.84 | 114.14 | |
| 127 | | Heise | 1814 | 3 | | | | 28.02 | | | 27.75 | | |
| 128 | 43 | v. Crell | 1814 | 2 | 14. 5 | | 2. 0 | 19.00 | 2606.64 | | 18.86 | 2495.03 | |
| 129 | | Schulze | 1814 | 18 | | | | 131.90 | | | 126.59 | | |
| 130 | | Dissen | 1814 | 15 | | | | 115.17 | | | 111.18 | | |
| 131 | | Eichhorn | 1817 | 11 | | | | 90.02 | | | 87.60 | | |
| 132 | | Schweppe | 1818 | 3 | | | | 28.02 | | | 27.75 | | |
| 133 | 64 | Müller | 1819 | 21 | 6. 2 | 3. 3 | 21. 3 | 146.98 | 657.08 | 294.08 | 140.29 | 583.26 | 255.08 |
| 134 | 63 | Göschen | 1822 | 15.6 | ? | | 15. 9 | 118.06 | 2153.55 | | 113.85 | 1859.85 | |

# TAFELN

ZUR BESTIMMUNG DES ZEITWERTHES

## VON EINFACHEN LEIBRENTEN

UND

## VON VERBINDUNGSRENTEN.

| Frauen | | | | | | Alter | Männer | | | | | |
|---|---|---|---|---|---|---|---|---|---|---|---|---|
| Anzahl der Lebenden | | Leibrentenwerth beim Zinsfuss | | | | | Anzahl der Lebenden | | Leibrentenwerth beim Zinsfuss | | | |
| | | von 3½ proc. | | von 4 proc. | | | | | von 3½ proc. | | von 4 proc. | |
| log. | decr. | log. | num. | log. | num. | | log. | decr. | log. | num. | log. | num. |
| 4,00620 92 | 620 92 | | | | | 19 | | | | | | |
| 4,00000 00 | 599 10 | 1,27772 | 18,9548 | 1,24326 | 17,5088 | 20 | 4,00000 00 | 270 10 | 1,29473 | 19,7118 | 1,26069 | 18,2258 |
| 3,99400 90 | 580 69 | 1,27625 | 18,8909 | 1,24210 | 17,4624 | 21 | 3,99729 90 | 271 79 | 1,29068 | 19,5291 | 1,25704 | 18,0733 |
| 3,98820 21 | 561 43 | 1,27451 | 18,8152 | 1,24068 | 17,4052 | 22 | 3,99458 11 | 277 93 | 1,28644 | 19,3391 | 1,25319 | 17,9137 |
| 3,98258 78 | 541 31 | 1,27246 | 18,7265 | 1,23898 | 17,3372 | 23 | 3,99180 18 | 279 72 | 1,28205 | 19,1448 | 1,24920 | 17,7500 |
| 3,97717 47 | 524 98 | 1,27009 | 18,6248 | 1,23697 | 17,2572 | 24 | 3,98900 46 | 281 53 | 1,27745 | 18,9430 | 1,24500 | 17,5792 |
| 3,97192 49 | 512 64 | 1,26743 | 18,5109 | 1,23466 | 17,1656 | 25 | 3,98618 93 | 287 88 | 1,27262 | 18,7335 | 1,24059 | 17,4016 |
| 3,96679 85 | 499 79 | 1,26450 | 18,3865 | 1,23209 | 17,0644 | 26 | 3,98331 05 | 289 80 | 1,26760 | 18,5183 | 1,23598 | 17,2180 |
| 3,96180 06 | 491 21 | 1,26127 | 18,2504 | 1,22923 | 16,9523 | 27 | 3,98041 25 | 296 33 | 1,26233 | 18,2950 | 1,23113 | 17,0268 |
| 3,95688 85 | 487 14 | 1,25777 | 18,1037 | 1,22612 | 16,8315 | 28 | 3,97744 92 | 302 96 | 1,25683 | 18,0646 | 1,22606 | 16,8292 |
| 3,95201 71 | 487 76 | 1,25403 | 17,9487 | 1,22277 | 16,7019 | 29 | 3,97441 96 | 309 74 | 1,25110 | 17,8271 | 1,22075 | 16,6246 |
| 3,94713 95 | 493 30 | 1,25009 | 17,7864 | 1,21922 | 16,5662 | 30 | 3,97132 22 | 321 30 | 1,24512 | 17,5840 | 1,21519 | 16,4131 |
| 3,94220 65 | 498 96 | 1,24599 | 17,6192 | 1,21552 | 16,4256 | 31 | 3,96810 92 | 342 54 | 1,23891 | 17,3344 | 1,20942 | 16,1963 |
| 3,93721 69 | 504 77 | 1,24172 | 17,4468 | 1,21165 | 16,2800 | 32 | 3,96468 38 | 369 01 | 1,23257 | 17,0832 | 1,20351 | 15,9775 |
| 3,93216 92 | 510 70 | 1,23726 | 17,2688 | 1,20761 | 16,1292 | 33 | 3,96099 37 | 400 93 | 1,22614 | 16,8323 | 1,19751 | 15,7582 |
| 3,92706 22 | 511 57 | 1,23261 | 17,0848 | 1.20338 | 15,9729 | 34 | 3,95698 44 | 428 88 | 1,21966 | 16,5830 | 1,19147 | 15,5407 |
| 3,92194 65 | 517 68 | 1,22769 | 16,8923 | 1,19889 | 15,8085 | 35 | 3,95269 56 | 457 62 | 1,21309 | 16,3338 | 1,18533 | 15,3225 |
| 3,91676 97 | 518 60 | 1,22254 | 16,6931 | 1,19418 | 15,6379 | 36 | 3,94811 94 | 482 28 | 1.20641 | 16,0844 | 1,17910 | 15,1043 |
| 3,91158 37 | 524 87 | 1,21710 | 16,4854 | 1,18918 | 15,4589 | 37 | 3,94329 66 | 502 71 | 1,19957 | 15,8332 | 1,17272 | 14,8841 |
| 3,90633 50 | 531 28 | 1,21138 | 16,2696 | 1,18391 | 15,2725 | 38 | 3,93826 95 | 523 80 | 1,19252 | 15,5782 | 1,16612 | 14,6597 |
| 3,90102 22 | 532 35 | 1,20537 | 16,0461 | 1,17837 | 15,0790 | 39 | 3,93303 15 | 540 45 | 1,18523 | 15,3189 | 1,15929 | 14,4307 |
| 3,89569 87 | 538 95 | 1,19900 | 15,8125 | 1,17247 | 14,8755 | 40 | 3,92762 70 | 562 86 | 1,17764 | 15,0536 | 1,15217 | 14,1961 |
| 3,89030 92 | 545 72 | 1,19230 | 15,5704 | 1,16624 | 14,6637 | 41 | 3,92199 84 | 586 04 | 1,16978 | 14,7837 | 1,14477 | 13,9562 |
| 3,88485 20 | 558 40 | 1,18523 | 15,3189 | 1,15965 | 14,4427 | 42 | 3,91613 80 | 610 09 | 1,16163 | 14,5087 | 1,13709 | 13,7116 |
| 3,87926 80 | 565 68 | 1,17783 | 15,0603 | 1,15274 | 14,2148 | 43 | 3,91003 71 | 640 46 | 1,15317 | 14,2290 | 1,12910 | 13,4616 |
| 3,87361 12 | 573 14 | 1,17002 | 14,7917 | 1,14542 | 13,9771 | 44 | 3,90363 25 | 666 56 | 1,14443 | 13,9455 | 1,12085 | 13,2085 |
| 3,86787 98 | 586 78 | 1,16175 | 14,5127 | 1,13764 | 13,7291 | 45 | 3,89696 69 | 693 73 | 1,13535 | 13,6569 | 1,11225 | 12,9494 |
| 3,86201 20 | 600 85 | 1,15306 | 14,2253 | 1,12944 | 13,4722 | 46 | 3,89002 96 | 727 74 | 1,12589 | 13,3625 | 1,10326 | 12,6841 |
| 3,85600 35 | 615 43 | 1,14390 | 13,9284 | 1,12079 | 13,2067 | 47 | 3,88275 22 | 763 30 | 1,11608 | 13,0641 | 1,09392 | 12,4143 |
| 3,84984 92 | 636 73 | 1,13423 | 13,6216 | 1,11163 | 12,9309 | 48 | 3,87511 92 | 800 54 | 1,10588 | 12,7609 | 1,08422 | 12,1400 |
| 3,84348 19 | 658 84 | 1,12407 | 13,3067 | 1,10198 | 12,6468 | 49 | 3,86711 38 | 839 82 | 1,09528 | 12,4531 | 1,07411 | 11,8608 |
| 3,83689 35 | 681 83 | 1,11338 | 12,9832 | 1,09180 | 12,3537 | 50 | 3,85871 56 | 886 64 | 1,08425 | 12,1408 | 1,06355 | 11,5758 |
| 3,83007 52 | 712 30 | 1,10210 | 12,6503 | 1,08103 | 12,0511 | 51 | 3,84984 92 | 936 67 | 1,07280 | 11,8250 | 1,05259 | 11,2874 |
| 3,82295 22 | 757 37 | 1,09024 | 12,3094 | 1,06969 | 11,7405 | 52 | 3,84048 25 | 989 38 | 1,06091 | 11,5055 | 1,04119 | 10,9949 |
| 3,81537 85 | 811 41 | 1,07789 | 11,9644 | 1,05786 | 11,4250 | 53 | 3,83058 87 | 1051 87 | 1,04854 | 11,1826 | 1,02932 | 10,6985 |
| 3,80726 44 | 868 28 | 1,06508 | 11,6161 | 1,04556 | 11,1062 | 54 | 3,82007 00 | 1125 16 | 1,03574 | 10,8577 | 1,01700 | 10,3993 |
| 3,79858 16 | 935 35 | 1,05177 | 11,2634 | 1,03277 | 10,7837 | 55 | 3,80881 84 | 1203 60 | 1,02254 | 10,5327 | 1,00427 | 10,0988 |
| 3,78922 81 | 1006 47 | 1,03799 | 10,9142 | 1,01951 | 10,4595 | 56 | 3,79678 24 | 1287 88 | 1,00893 | 10,2077 | 0,99113 | 9,7978 |
| 3,77916 34 | 1089 54 | 1,02371 | 10,5612 | 1,00574 | 10,1330 | 57 | 3,78390 36 | 1378 83 | 0,99489 | 9,8830 | 0,97756 | 9,4964 |
| 3,76826 80 | 1178 40 | 1,00897 | 10,2086 | 0,99150 | 9,8062 | 58 | 3,77011 53 | 1477 41 | 0,98041 | 9,5590 | 0,96355 | 9,1950 |
| 3,75648 40 | 1273 91 | 0,99373 | 9,8567 | 0,97677 | 9,4792 | 59 | 3,75534 12 | 1584 80 | 0,96547 | 9,2357 | 0,94909 | 8,8938 |

| Frauen: Anzahl der Lebenden log. | Frauen: Anzahl der Lebenden decr. | Frauen: Leibrentenwerth beim Zinsfuss von 3½ proc. log. | Frauen: von 3½ proc. num. | Frauen: von 4 proc. log. | Frauen: von 4 proc. num. | Alter | Männer: Anzahl der Lebenden log. | Männer: Anzahl der Lebenden decr. | Männer: Leibrentenwerth beim Zinsfuss von 3½ proc. log. | Männer: von 3½ proc. num. | Männer: von 4 proc. log. | Männer: von 4 proc. num. |
|---|---|---|---|---|---|---|---|---|---|---|---|---|
| 3,75648 40 | 1273 91 | 0,99373 | 9,8567 | 0,97677 | 9,4792 | 59 | 3,75534 12 | 1584 80 | 0,96547 | 9,2357 | 0,94909 | 8,8938 |
| 3,74374 49 | 1377 06 | 0,97797 | 9,5052 | 0,96150 | 9,1516 | 60 | 3,73949 32 | 1694 15 | 0,95009 | 8,9144 | 0,93417 | 8,5935 |
| 3,72997 43 | 1489 06 | 0,96166 | 9,1550 | 0,94568 | 8,8242 | 61 | 3,72255 17 | 1814 48 | 0,93416 | 8,5933 | 0,91869 | 8,2925 |
| 3,71508 37 | 1611 37 | 0,94478 | 8,8060 | 0,92928 | 8,4972 | 62 | 3,70440 69 | 1947 18 | 0,91770 | 8,2737 | 0,90267 | 7,9922 |
| 3,69897 00 | 1745 74 | 0,92730 | 8,4586 | 0,91229 | 8,1712 | 63 | 3,68493 51 | 2095 16 | 0,90069 | 7,9559 | 0,88611 | 7,6932 |
| 3,68151 26 | 1894 36 | 0,90922 | 8,1137 | 0,89468 | 7,8466 | 64 | 3,66398 35 | 2260 86 | 0,88317 | 7,6414 | 0,86901 | 7,3962 |
| 3,66256 90 | 2059 94 | 0,89053 | 7,7720 | 0,87647 | 7,5243 | 65 | 3,64137 49 | 2447 95 | 0,86519 | 7,3315 | 0,85144 | 7,1030 |
| 3,64196 96 | 2256 32 | 0,87126 | 7,4347 | 0,85766 | 7,2055 | 66 | 3,61689 54 | 2661 10 | 0,84683 | 7,0280 | 0,83349 | 6,8153 |
| 3,61940 64 | 2479 29 | 0,85157 | 7,1051 | 0,83842 | 6,8932 | 67 | 3,59028 44 | 2894 45 | 0,82824 | 6,7335 | 0,81530 | 6,5358 |
| 3,59461 35 | 2711 66 | 0,83160 | 6,7858 | 0,81889 | 6,5901 | 68 | 3,56133 99 | 3139 65 | 0,80952 | 6,4494 | 0,79697 | 6,2657 |
| 3,56749 69 | 2942 61 | 0,81130 | 6,4759 | 0,79901 | 6,2952 | 69 | 3,52994 34 | 3398 30 | 0,79067 | 6,1755 | 0,77850 | 6,0049 |
| 3,53807 08 | 3183 64 | 0,79047 | 6,1726 | 0,77858 | 6,0059 | 70 | 3,49596 04 | 3686 96 | 0,77172 | 5,9118 | 0,75992 | 5,7534 |
| 3,50623 44 | 3450 27 | 0,76898 | 5,8746 | 0,75749 | 5,7212 | 71 | 3,45909 08 | 4012 70 | 0,75288 | 5,6608 | 0,74144 | 5,5136 |
| 3,47173 17 | 3764 21 | 0,74686 | 5,5829 | 0,73576 | 5,4420 | 72 | 3,41896 38 | 4348 31 | 0,73449 | 5,4261 | 0,72339 | 5,2892 |
| 3,43408 96 | 4121 69 | 0,72439 | 5,3014 | 0,71367 | 5,1721 | 73 | 3,37548 07 | 4669 35 | 0,71663 | 5,2075 | 0,70587 | 5,0801 |
| 3,39287 27 | 4534 75 | 0,70185 | 5,0332 | 0,69148 | 4,9145 | 74 | 3,32878 72 | 4957 67 | 0,69911 | 5,0016 | 0,68869 | 4,8830 |
| 3,34752 52 | 4998 35 | 0,67969 | 4,7829 | 0,66965 | 4,6736 | 75 | 3,27921 05 | 5209 54 | 0,68148 | 4,8026 | 0,67140 | 4,6924 |
| 3,29754 17 | 5500 03 | 0,65840 | 4,5541 | 0,64869 | 4,4534 | 76 | 3,22711 51 | 5451 22 | 0,66316 | 4,6043 | 0,65342 | 4,5021 |
| 3,24254 14 | 5955 64 | 0,63847 | 4,3498 | 0,62908 | 4,2568 | 77 | 3,17260 29 | 5699 24 | 0,64372 | 4,4027 | 0,63432 | 4,3084 |
| 3,18298 50 | 6306 96 | 0,61949 | 4,1638 | 0,61042 | 4,0777 | 78 | 3,11561 05 | 5985 00 | 0,62282 | 4,1958 | 0,61376 | 4,1092 |
| 3,11991 54 | 6530 24 | 0,60023 | 3,9832 | 0,59147 | 3,9036 | 79 | 3,05576 05 | 6364 50 | 0,60036 | 3,9844 | 0,59162 | 3,9050 |
| 3,05461 30 | 6694 67 | 0,57881 | 3,7915 | 0,57038 | 3,7186 | 80 | 2,99211 15 | 6886 75 | 0,57689 | 3,7747 | 0,56846 | 3,7022 |
| 2,98766 63 | 7016 08 | 0,55367 | 3,5783 | 0,54554 | 3,5119 | 81 | 2,92324 40 | 7016 08 | 0,55367 | 3,5783 | 0,54554 | 3,5119 |
| 2,91750 55 | 7677 23 | 0,52541 | 3,3528 | 0,51755 | 3,2927 | 82 | 2,85308 32 | 7677 23 | 0,52541 | 3,3528 | 0,51755 | 3,2927 |
| 2,84073 32 | 8715 01 | 0,49709 | 3,1411 | 0,48948 | 3,0866 | 83 | 2,77631 09 | 8715 01 | 0,49709 | 3,1411 | 0,48948 | 3,0866 |
| 2,75358 31 | 9748 49 | 0,47327 | 2,9735 | 0,46588 | 2,9233 | 84 | 2,68916 08 | 9748 49 | 0,47327 | 2,9735 | 0,46588 | 2,9233 |
| 2,65609 82 | 10464 82 | 0,45516 | 2,8520 | 0,44800 | 2,8054 | 85 | 2,59167 59 | 10464 82 | 0,45516 | 2,8520 | 0,44800 | 2,8054 |
| 2,55145 00 | 10897 02 | 0,44032 | 2,7562 | 0,43339 | 2,7126 | 86 | 2,48702 77 | 10897 02 | 0,44032 | 2,7562 | 0,43339 | 2,7126 |
| 2,44247 98 | 11004 13 | 0,42591 | 2,6663 | 0,41925 | 2,6257 | 87 | 2,37805 75 | 11004 13 | 0,42591 | 2,6663 | 0,41925 | 2,6257 |
| 2,33243 85 | 11233 04 | 0,40746 | 2,5554 | 0,40109 | 2,5182 | 88 | 2,26801 62 | 11233 04 | 0,40746 | 2,5554 | 0,40109 | 2,5182 |
| 2,22010 81 | 11630 44 | 0,38481 | 2,4256 | 0,37875 | 2,3919 | 89 | 2,15568 58 | 11630 44 | 0,38481 | 2,4256 | 0,37875 | 2,3919 |
| 2,10380 37 | 12153 25 | 0,35819 | 2,2813 | 0,35247 | 2,2515 | 90 | 2,03938 14 | 12153 25 | 0,35819 | 2,2813 | 0,35247 | 2,2515 |
| 1,98227 12 | 12493 87 | 0,32708 | 2,1236 | 0,32174 | 2,0977 | 91 | 1,91784 89 | 12493 87 | 0,32708 | 2,1236 | 0,32174 | 2,0977 |
| 1,85733 25 | 13305 66 | 0,28570 | 1,9306 | 0,28075 | 1,9087 | 92 | 1,79291 02 | 13305 66 | 0,28570 | 1,9306 | 0,28075 | 1,9087 |
| 1,72427 59 | 14449 23 | 0,23416 | 1,7146 | 0,22962 | 1,6968 | 93 | 1,65985 36 | 14449 23 | 0,23416 | 1,7146 | 0,22962 | 1,6968 |
| 1,57978 36 | 16481 03 | 0,16881 | 1,4751 | 0,16471 | 1,4612 | 94 | 1,51536 13 | 16481 03 | 0,16881 | 1,4751 | 0,16471 | 1,4612 |
| 1,41497 33 | 18452 44 | 0,09036 | 1,2313 | 0,08672 | 1,2210 | 95 | 1,35055 10 | 18452 44 | 0,09036 | 1,2313 | 0,08672 | 1,2210 |
| 1,23044 89 | 23044 89 | 9,97728 | 0,9490 | 9,97412 | 0,9421 | 96 | 1,16602 66 | 23044 89 | 9,97728 | 0,9490 | 9,97412 | 0,9421 |
| 1,00000 00 | 30103 00 | 9,82594 | 0,6698 | 9,82327 | 0,6657 | 97 | 0,93557 77 | 30103 00 | 9,82594 | 0,6698 | 9,82327 | 0,6657 |
| 0,69897 00 | 39794 00 | 9,58712 | 0,3865 | 9,58503 | 0,3846 | 98 | 0,63454 77 | 39794 00 | 9,58712 | 0,3865 | 9,58503 | 0,3846 |
| 0,30103 00 | | | 0 | | 0 | 99 | 0,23660 77 | | | 0 | | 0 |

## Verbindungsrenten.

Alter des Mannes zur Seite. Altersunterschied der Frau oben.

Zinsfuss $3\frac{1}{2}$ Procent

| | +1 | 0 | −1 | −2 | −3 | −4 | −5 | −6 | −7 | −8 | −9 |
|---|---|---|---|---|---|---|---|---|---|---|---|
| 20 | 1.20442 | 1.20460 | | | | | | | | | |
| 21 | 1.20138 | 1.20177 | 1.20191 | | | | | | | | |
| 22 | 1.19796 | 1.19858 | 1.19893 | 1.19910 | | | | | | | |
| 23 | 1.19417 | 1.19504 | 1.19563 | 1.19600 | 1.19605 | | | | | | |
| 24 | 1.18999 | 1.19109 | 1.19193 | 1.19252 | 1.19278 | 1.19280 | | | | | |
| 25 | 1.18541 | 1.18672 | 1.18780 | 1.18864 | 1.18912 | 1.18934 | 1.18935 | | | | |
| 26 | 1.18047 | 1.18201 | 1.18329 | 1.18435 | 1.18507 | 1.18552 | 1.18572 | 1.18569 | | | |
| 27 | 1.17513 | 1.17687 | 1.17837 | 1.17963 | 1.18057 | 1.18127 | 1.18169 | 1.18185 | 1.18171 | | |
| 28 | 1.16946 | 1.17136 | 1.17305 | 1.17453 | 1.17566 | 1.17660 | 1.17725 | 1.17763 | 1.17768 | 1.17757 | |
| 29 | 1.16349 | 1.16550 | 1.16735 | 1.16902 | 1.17037 | 1.17150 | 1.17237 | 1.17299 | 1.17325 | 1.17333 | 1.17317 |
| 30 | 1.15723 | 1.15932 | 1.16129 | 1.16312 | 1.16466 | 1.16599 | 1.16706 | 1.16789 | 1.16838 | 1.16867 | 1.16870 |
| 31 | 1.15071 | 1.15290 | 1.15494 | 1.15689 | 1.15859 | 1.16009 | 1.16138 | 1.16239 | 1.16310 | 1.16362 | 1.16386 |
| 32 | 1.14402 | 1.14630 | 1.14843 | 1.15045 | 1.15228 | 1.15392 | 1.15539 | 1.15661 | 1.15751 | 1.15823 | 1.15870 |
| 33 | 1.13719 | 1.13958 | 1.14180 | 1.14390 | 1.14581 | 1.14755 | 1.14917 | 1.15057 | 1.15168 | 1.15258 | 1.15325 |
| 34 | 1.13021 | 1.13277 | 1.13509 | 1.13728 | 1.13927 | 1.14108 | 1.14280 | 1.14434 | 1.14563 | 1.14673 | 1.14758 |
| 35 | 1.12308 | 1.12577 | 1.12826 | 1.13054 | 1.13261 | 1.13449 | 1.13628 | 1.13792 | 1.13936 | 1.14063 | 1.14168 |
| 36 | 1.11572 | 1.11860 | 1.12122 | 1.12367 | 1.12583 | 1.12779 | 1.12964 | 1.13134 | 1.13289 | 1.13430 | 1.13551 |
| 37 | 1.10813 | 1.11116 | 1.11398 | 1.11655 | 1.11886 | 1.12091 | 1.12284 | 1.12461 | 1.12621 | 1.12771 | 1.12905 |
| 38 | 1.10023 | 1.10344 | 1.10641 | 1.10916 | 1.11159 | 1.11379 | 1.11581 | 1.11764 | 1.11931 | 1.12087 | 1.12230 |
| 39 | 1.09194 | 1.09539 | 1.09853 | 1.10143 | 1.10405 | 1.10635 | 1.10850 | 1.11043 | 1.11217 | 1.11378 | 1.11527 |
| 40 | 1.08322 | 1.08688 | 1.09027 | 1.09333 | 1.09610 | 1.09857 | 1.10082 | 1.10289 | 1.10471 | 1.10638 | 1.10794 |
| 41 | 1.07408 | 1.07799 | 1.08159 | 1.08488 | 1.08779 | 1.09042 | 1.09285 | 1.09501 | 1.09697 | 1.09871 | 1.10033 |
| 42 | 1.06455 | 1.06867 | 1.07250 | 1.07599 | 1.07913 | 1.08192 | 1.08449 | 1.08681 | 1.08887 | 1.09074 | 1.09243 |
| 43 | 1.05455 | 1.05894 | 1.06296 | 1.06668 | 1.07002 | 1.07303 | 1.07575 | 1.07820 | 1.08042 | 1.08238 | 1.08420 |
| 44 | 1.04406 | 1.04876 | 1.05307 | 1.05697 | 1.06052 | 1.06373 | 1.06667 | 1.06925 | 1.07160 | 1.07372 | 1.07562 |
| 45 | 1.03304 | 1.03803 | 1.04264 | 1.04682 | 1.05054 | 1.05398 | 1.05710 | 1.05989 | 1.06237 | 1.06461 | 1.06666 |
| 46 | 1.02144 | 1.02676 | 1.03164 | 1.03612 | 1.04011 | 1.04372 | 1.04705 | 1.05001 | 1.05271 | 1.05508 | 1.05723 |
| 47 | 1.00925 | 1.01493 | 1.02013 | 1.02488 | 1.02916 | 1.03303 | 1.03652 | 1.03969 | 1.04256 | 1.04513 | 1.04741 |
| 48 | 0.99647 | 1.00250 | 1.00805 | 1.01310 | 1.01765 | 1.02180 | 1.02555 | 1.02888 | 1.03194 | 1.03468 | 1.03716 |
| 49 | 0.98302 | 0.98945 | 0.99534 | 1.00073 | 1.00557 | 1.00999 | 1.01401 | 1.01759 | 1.02080 | 1.02373 | 1.02637 |
| 50 | 0.96887 | 0.97572 | 0.98198 | 0.98768 | 0.99288 | 0.99759 | 1.00186 | 1.00571 | 1.00915 | 1.01224 | 1.01506 |
| 51 | 0.95402 | 0.96129 | 0.96797 | 0.97403 | 0.97955 | 0.98459 | 0.98914 | 0.99324 | 0.99694 | 1.00026 | 1.00322 |
| 52 | 0.93855 | 0.94614 | 0.95324 | 0.95971 | 0.96558 | 0.97093 | 0.97581 | 0.98018 | 0.98412 | 0.98770 | 0.99088 |
| 53 | 0.92246 | 0.93035 | 0.93776 | 0.94463 | 0.95091 | 0.95661 | 0.96179 | 0.96647 | 0.97068 | 0.97449 | 0.97792 |
| 54 | 0.90574 | 0.91397 | 0.92167 | 0.92885 | 0.93552 | 0.94162 | 0.94714 | 0.95211 | 0.95663 | 0.96071 | 0.96435 |
| 55 | 0.88849 | 0.89702 | 0.90504 | 0.91250 | 0.91947 | 0.92596 | 0.93187 | 0.93718 | 0.94198 | 0.94635 | 0.95026 |
| 56 | 0.87065 | 0.87951 | 0.88782 | 0.89560 | 0.90284 | 0.90963 | 0.91591 | 0.92161 | 0.92673 | 0.93139 | 0.93559 |
| 57 | 0.85225 | 0.86139 | 0.87004 | 0.87810 | 0.88565 | 0.89270 | 0.89927 | 0.90535 | 0.91084 | 0.91582 | 0.92028 |
| 58 | 0.83327 | 0.84273 | 0.85165 | 0.86002 | 0.86785 | 0.87520 | 0.88202 | 0.88839 | 0.89425 | 0.89959 | 0.90437 |
| 59 | 0.81368 | 0.82347 | 0.83270 | 0.84133 | 0.84947 | 0.85709 | 0.86420 | 0.87082 | 0.87696 | 0.88266 | 0.88779 |

## Verbindungsrenten.

Alter des Mannes zur Seite. Altersunterschied der Frau oben.

Zinsfuss $3\frac{1}{2}$ Procent.

| — 10 | — 11 | — 12 | — 13 | — 14 | — 15 | — 16 | — 17 | — 18 | — 19 | — 20 | |
|---|---|---|---|---|---|---|---|---|---|---|---|
| | | | | | | | | | | | 20 |
| | | | | | | | | | | | 21 |
| | | | | | | | | | | | 22 |
| | | | | | | | | | | | 23 |
| | | | | | | | | | | | 24 |
| | | | | | | | | | | | 25 |
| | | | | | | | | | | | 26 |
| | | | | | | | | | | | 27 |
| | | | | | | | | | | | 28 |
| | | | | | | | | | | | 29 |
| 1.16850 | | | | | | | | | | | 30 |
| 1.16384 | 1.16362 | | | | | | | | | | 31 |
| 1.15889 | 1.15885 | 1.15855 | | | | | | | | | 32 |
| 1.15367 | 1.15384 | 1.15371 | 1.15338 | | | | | | | | 33 |
| 1.14820 | 1.14860 | 1.14868 | 1.14852 | 1.14819 | | | | | | | 34 |
| 1.14247 | 1.14307 | 1.14337 | 1.14341 | 1.14325 | 1.14288 | | | | | | 35 |
| 1.13650 | 1.13728 | 1.13777 | 1.13803 | 1.13806 | 1.13787 | 1.13744 | | | | | 36 |
| 1.13021 | 1.13119 | 1.13185 | 1.13231 | 1.13256 | 1.13256 | 1.13229 | 1.13184 | | | | 37 |
| 1.12359 | 1.12474 | 1.12558 | 1.12621 | 1.12666 | 1.12687 | 1.12679 | 1.12650 | 1.12606 | | | 38 |
| 1.11665 | 1.11792 | 1.11892 | 1.11974 | 1.12036 | 1.12076 | 1.12089 | 1.12080 | 1.12052 | 1.12003 | | 39 |
| 1.10936 | 1.11072 | 1.11185 | 1.11282 | 1.11363 | 1.11418 | 1.11451 | 1.11462 | 1.11453 | 1.11420 | 1.11368 | 40 |
| 1.10180 | 1.10321 | 1.10442 | 1.10551 | 1.10648 | 1.10721 | 1.10770 | 1.10799 | 1.10811 | 1.10797 | 1.10759 | 41 |
| 1.09395 | 1.09540 | 1.09666 | 1.09783 | 1.09891 | 1.09980 | 1.10047 | 1.10091 | 1.10122 | 1.10128 | 1.10109 | 42 |
| 1.08578 | 1.08728 | 1.08859 | 1.08980 | 1.09096 | 1.09196 | 1.09278 | 1.09340 | 1.09386 | 1.09410 | 1.09411 | 43 |
| 1.07733 | 1.07888 | 1.08024 | 1.08149 | 1.08268 | 1.08377 | 1.08470 | 1.08546 | 1.08609 | 1.08648 | 1.08668 | 44 |
| 1.06846 | 1.07012 | 1.07153 | 1.07284 | 1.07406 | 1.07517 | 1.07618 | 1.07705 | 1.07782 | 1.07839 | 1.07874 | 45 |
| 1.05918 | 1.06091 | 1.06244 | 1.06380 | 1.06506 | 1.06621 | 1.06725 | 1.06819 | 1.06906 | 1.06978 | 1.07029 | 46 |
| 1.04946 | 1.05133 | 1.05295 | 1.05440 | 1.05571 | 1.05690 | 1.05797 | 1.05894 | 1.05987 | 1.06070 | 1.06134 | 47 |
| 1.03932 | 1.04129 | 1.04305 | 1.04457 | 1.04598 | 1.04722 | 1.04831 | 1.04931 | 1.05026 | 1.05115 | 1.05191 | 48 |
| 1.02872 | 1.03080 | 1.03266 | 1.03431 | 1.03578 | 1.03712 | 1.03825 | 1.03929 | 1.04026 | 1.04116 | 1.04198 | 49 |
| 1.01756 | 1.01982 | 1.02179 | 1.02353 | 1.02513 | 1.02652 | 1.02776 | 1.02884 | 1.02983 | 1.03075 | 1.03158 | 50 |
| 1.00590 | 1.00831 | 1.01046 | 1.01230 | 1.01398 | 1.01549 | 1 01679 | 1.01796 | 1.01898 | 1.01993 | 1.02077 | 51 |
| 0.99369 | 0.99627 | 0.99857 | 1.00058 | 1.00236 | 1.00394 | 1.00536 | 1.00658 | 1.00769 | 1.00867 | 1.00954 | 52 |
| 0.98095 | 0.98365 | 0.98612 | 0.98827 | 0.99022 | 0.99188 | 0.99338 | 0.99471 | 0.99587 | 0.99693 | 0.99783 | 53 |
| 0.96763 | 0.97053 | 0.97313 | 0.97543 | 0.97751 | 0.97934 | 0.98093 | 0.98233 | 0.98360 | 0.98469 | 0.98569 | 54 |
| 0.95375 | 0.95689 | 0.95969 | 0.96210 | 0.96433 | 0.96629 | 0.96803 | 0.96952 | 0.97086 | 0.97205 | 0.97309 | 55 |
| 0.93932 | 0.94267 | 0.94570 | 0.94831 | 0.95064 | 0.95276 | 0.95461 | 0.95626 | 0.95768 | 0.95892 | 0.96006 | 56 |
| 0.92431 | 0.92790 | 0.93112 | 0.93397 | 0.93647 | 0.93870 | 0.94069 | 0.94245 | 0.94402 | 0.94533 | 0.94653 | 57 |
| 0.90865 | 0.91253 | 0.91598 | 0.91902 | 0.92174 | 0.92415 | 0.92624 | 0.92813 | 0.92981 | 0.93126 | 0.93253 | 58 |
| 0.89237 | 0.89651 | 0.90022 | 0.90349 | 0.90640 | 0.90902 | 0.91129 | 0.91327 | 0.91507 | 0.91663 | 0.91805 | 59 |

## Verbindungsrenten.

Alter des Mannes zur Seite. Altersunterschied der Frau oben.

Zinsfuss $3\frac{1}{2}$ Procent.

| | +1 | 0 | −1 | −2 | −3 | −4 | −5 | −6 | −7 | −8 | −9 |
|---|---|---|---|---|---|---|---|---|---|---|---|
| 59 | 0.81368 | 0.82347 | 0.83270 | 0.84133 | 0.84947 | 0.85709 | 0.86420 | 0.87082 | 0.87696 | 0.88266 | 0.88779 |
| 60 | 0.79344 | 0.80359 | 0.81315 | 0.82207 | 0.83047 | 0.83839 | 0.84576 | 0.85266 | 0.85905 | 0.86501 | 0.87050 |
| 61 | 0.77244 | 0.78298 | 0.79285 | 0.80214 | 0.81082 | 0.81900 | 0.82665 | 0.83380 | 0.84048 | 0.84668 | 0.85242 |
| 62 | 0.75065 | 0.76160 | 0.77186 | 0.78149 | 0.79049 | 0.79894 | 0.80684 | 0.81428 | 0.82120 | 0.82767 | 0.83364 |
| 63 | 0.72805 | 0.73943 | 0.75009 | 0.76009 | 0.76944 | 0.77820 | 0.78637 | 0.79405 | 0.80125 | 0.80796 | 0.81419 |
| 64 | 0.70464 | 0.71647 | 0.72755 | 0.73795 | 0.74766 | 0.75676 | 0.76524 | 0.77318 | 0.78062 | 0.78758 | 0.79405 |
| 65 | 0.68047 | 0.69273 | 0.70426 | 0.71507 | 0.72518 | 0.73464 | 0.74345 | 0.75168 | 0.75937 | 0.76657 | 0.77331 |
| 66 | 0.65576 | 0.66830 | 0.68026 | 0.69152 | 0.70204 | 0.71189 | 0.72106 | 0.72962 | 0.73761 | 0.74505 | 0.75201 |
| 67 | 0.63079 | 0.64348 | 0.65571 | 0.66740 | 0.67837 | 0.68863 | 0.69819 | 0.70711 | 0.71542 | 0.72315 | 0.73036 |
| 68 | 0.60559 | 0.61848 | 0.63086 | 0.64283 | 0.65423 | 0.66493 | 0.67491 | 0.68420 | 0.69287 | 0.70092 | 0.70841 |
| 69 | 0.57992 | 0.59324 | 0.60584 | 0.61795 | 0.62964 | 0.64077 | 0.65118 | 0.66089 | 0.66994 | 0.67834 | 0.68614 |
| 70 | 0.55364 | 0.56755 | 0.58059 | 0.59292 | 0.60476 | 0.61617 | 0.62702 | 0.63716 | 0.64662 | 0.65540 | 0.66354 |
| 71 | 0.52694 | 0.54148 | 0.55513 | 0.56788 | 0.57994 | 0.59150 | 0.60264 | 0.61321 | 0.62311 | 0.63229 | 0.64081 |
| 72 | 0.50042 | 0.51536 | 0.52963 | 0.54299 | 0.55549 | 0.56726 | 0.57856 | 0.58941 | 0.59975 | 0.60935 | 0.61828 |
| 73 | 0.47446 | 0.48957 | 0.50424 | 0.51823 | 0.53133 | 0.54354 | 0.55505 | 0.56604 | 0.57666 | 0.58669 | 0.59604 |
| 74 | 0.44941 | 0.46422 | 0.47907 | 0.49346 | 0.50718 | 0.51999 | 0.53192 | 0.54312 | 0.55387 | 0.56417 | 0.57394 |
| 75 | 0.42548 | 0.43941 | 0.45395 | 0.46852 | 0.48263 | 0.49605 | 0.50857 | 0.52018 | 0.53112 | 0.54154 | 0.55158 |
| 76 | 0.40276 | 0.41515 | 0.42880 | 0.44306 | 0.45734 | 0.47115 | 0.48428 | 0.49646 | 0.50780 | 0.51839 | 0.52853 |
| 77 | 0.38062 | 0.39167 | 0.40376 | 0.41712 | 0.43109 | 0.44507 | 0.45858 | 0.47137 | 0.48327 | 0.49424 | 0.50453 |
| 78 | 0.35757 | 0.36838 | 0.37910 | 0.39089 | 0.40395 | 0.41762 | 0.43130 | 0.44448 | 0.45697 | 0.46849 | 0.47915 |
| 79 | 0.33149 | 0.34401 | 0.35444 | 0.36483 | 0.37630 | 0.38909 | 0.40247 | 0.41582 | 0.42870 | 0.44082 | 0.45202 |
| 80 | 0.30088 | 0.31710 | 0.32919 | 0.33924 | 0.34931 | 0.36050 | 0.37300 | 0.38607 | 0.39915 | 0.41165 | 0.42345 |
| 81 | 0.26718 | 0.28704 | 0.30280 | 0.31447 | 0.32415 | 0.33390 | 0.34480 | 0.35702 | 0.36981 | 0.38251 | 0.39470 |
| 82 | 0.22677 | 0.24769 | 0.26718 | 0.28252 | 0.29381 | 0.30318 | 0.31264 | 0.32331 | 0.33527 | 0.34777 | 0.36018 |
| 83 | 0.18883 | 0.20607 | 0.22677 | 0.24594 | 0.26095 | 0.27196 | 0.28106 | 0.29033 | 0.30080 | 0.31254 | 0.32479 |
| 84 | 0.16007 | 0.17170 | 0.18883 | 0.20933 | 0.22827 | 0.24306 | 0.25382 | 0.26276 | 0.27185 | 0.28212 | 0.29368 |
| 85 | 0.14085 | 0.14853 | 0.16007 | 0.17706 | 0.19741 | 0.21618 | 0.23078 | 0.24135 | 0.25008 | 0.25899 | 0.26909 |
| 86 | 0.12744 | 0.13329 | 0.14085 | 0.15226 | 0.16912 | 0.18933 | 0.20792 | 0.22228 | 0.23263 | 0.24116 | 0.24984 |
| 87 | 0.11331 | 0.12178 | 0.12744 | 0.13482 | 0.14607 | 0.16279 | 0.18280 | 0.20114 | 0.21523 | 0.22531 | 0.23354 |
| 88 | 0.09415 | 0.10520 | 0.11331 | 0.11874 | 0.12592 | 0.13701 | 0.15353 | 0.17331 | 0.19134 | 0.20511 | 0.21482 |
| 89 | 0.07052 | 0.08353 | 0.09415 | 0.10193 | 0.10704 | 0.11401 | 0.12490 | 0.14121 | 0.16070 | 0.17838 | 0.19173 |
| 90 | 0.04346 | 0.05816 | 0.07052 | 0.08064 | 0.08800 | 0.09279 | 0.09951 | 0.11017 | 0.12624 | 0.14540 | 0.16265 |
| 91 | 0.00766 | 0.02977 | 0.04346 | 0.05507 | 0.06457 | 0.07146 | 0.07588 | 0.08230 | 0.09272 | 0.10848 | 0.12721 |
| 92 | 9.95813 | 9.98701 | 0.00766 | 0.02021 | 0.03095 | 0.03978 | 0.04616 | 0.05016 | 0.05629 | 0.06643 | 0.08182 |
| 93 | 9.89254 | 9.93136 | 9.95813 | 9.97712 | 9.98836 | 9.99816 | 0.00631 | 0.01211 | 0.01568 | 0.02150 | 0.03132 |
| 94 | 9.81113 | 9.85675 | 9.89254 | 9.91696 | 9.93410 | 9.94394 | 9.95279 | 9.96019 | 9.96542 | 9.96854 | 9.97405 |
| 95 | 9.69690 | 9.77061 | 9.81113 | 9.84345 | 9.86510 | 9.88015 | 9.88848 | 9.89630 | 9.90295 | 9.90755 | 9.91019 |
| 96 | 9.53030 | 9.63100 | 9.69690 | 9.73209 | 9.76059 | 9.77929 | 9.79228 | 9.79903 | 9.80593 | 9.81183 | 9.81579 |
| 97 | 9.28609 | 9.44543 | 9.53030 | 9.58848 | 9.61707 | 9.64143 | 9.95719 | 9.66782 | 9.67304 | 9.67904 | 9.68420 |
| 98 | | 9.18918 | 9.28609 | 9.35668 | 9.40260 | 9.42231 | 9.44263 | 9.45406 | 9.46218 | 9.46559 | 9.47082 |
| 99 | | | | | | | | | | | |

## Verbindungsrenten.

Alter des Mannes zur Seite. Altersunterschied der Frau oben.

Zinsfuss $3\frac{1}{2}$ Procent.

| — 10 | — 11 | — 12 | — 13 | — 14 | — 15 | — 16 | — 17 | — 18 | — 19 | — 20 | |
|---|---|---|---|---|---|---|---|---|---|---|---|
| 0.89237 | 0.89651 | 0.90022 | 0.90349 | 0.90640 | 0.90902 | 0.91129 | 0.91327 | 0.91507 | 0.91663 | 0.91805 | 59 |
| 0.87544 | 0.87987 | 0.88382 | 0.88736 | 0.89049 | 0.89328 | 0.89576 | 0.89791 | 0.89980 | 0.90148 | 0.90300 | 60 |
| 0.85770 | 0.86248 | 0.86673 | 0.87050 | 0.87389 | 0.87689 | 0.87953 | 0.88189 | 0.88394 | 0.88570 | 0.88734 | 61 |
| 0.83917 | 0.84429 | 0.84888 | 0.85293 | 0.85656 | 0.85980 | 0.86265 | 0.86518 | 0.86742 | 0.86935 | 0.87104 | 62 |
| 0.81994 | 0.82531 | 0.83023 | 0.83462 | 0.83852 | 0.84199 | 0.84508 | 0.84781 | 0.85020 | 0.85232 | 0.85417 | 63 |
| 0.80007 | 0.80566 | 0.81082 | 0.81553 | 0.81976 | 0.82349 | 0.82681 | 0.82977 | 0.83236 | 0.83463 | 0.83666 | 64 |
| 0.77955 | 0.78539 | 0.79076 | 0.79572 | 0.80028 | 0.80433 | 0.80791 | 0.81108 | 0.81391 | 0.81636 | 0.81854 | 65 |
| 0.75852 | 0.76458 | 0.77020 | 0.77536 | 0.78016 | 0.78453 | 0.78843 | 0.79185 | 0.79488 | 0.79757 | 0.79993 | 66 |
| 0.73710 | 0.74340 | 0.74924 | 0.75465 | 0.75964 | 0.76424 | 0.76845 | 0.77219 | 0.77547 | 0.77836 | 0.78094 | 67 |
| 0.71539 | 0.72190 | 0.72800 | 0.73362 | 0.73886 | 0.74365 | 0.74809 | 0.75213 | 0.75572 | 0.75886 | 0.76163 | 68 |
| 0.69340 | 0.70015 | 0.70646 | 0.71233 | 0.71777 | 0.72280 | 0.72743 | 0.73169 | 0.73559 | 0.73903 | 0.74204 | 69 |
| 0.67111 | 0.67813 | 0.68469 | 0.69076 | 0.69644 | 0.70168 | 0.70654 | 0.71099 | 0.71511 | 0.71883 | 0.72214 | 70 |
| 0.64873 | 0.65605 | 0.66286 | 0.66918 | 0.67505 | 0.68053 | 0.68559 | 0.69027 | 0.69457 | 0.69850 | 0.70211 | 71 |
| 0.62656 | 0.63422 | 0.64133 | 0.64791 | 0.65400 | 0.65968 | 0.66498 | 0.66985 | 0.67437 | 0.67848 | 0.68229 | 72 |
| 0.60472 | 0.61274 | 0.62017 | 0.62704 | 0.63339 | 0.63928 | 0.64478 | 0.64987 | 0.65457 | 0.65890 | 0.66288 | 73 |
| 0.58303 | 0.59144 | 0.59921 | 0.60639 | 0.61302 | 0.61916 | 0.62486 | 0.63013 | 0.63505 | 0.63956 | 0.64375 | 74 |
| 0.56107 | 0.56987 | 0.57801 | 0.58553 | 0.59246 | 0.59887 | 0.60480 | 0.61026 | 0.61534 | 0.62006 | 0.62442 | 75 |
| 0.53826 | 0.54746 | 0.55598 | 0.56386 | 0.57111 | 0.57781 | 0.58398 | 0.58966 | 0.59492 | 0.59980 | 0.60436 | 76 |
| 0.51435 | 0.52377 | 0.53268 | 0.54092 | 0.54853 | 0.55552 | 0.56197 | 0.56788 | 0.57335 | 0.57841 | 0.58311 | 77 |
| 0.48911 | 0.49861 | 0.50773 | 0.51634 | 0.52431 | 0.53163 | 0.53837 | 0.54454 | 0.55024 | 0.55550 | 0.56036 | 78 |
| 0.46234 | 0.47196 | 0.48115 | 0.48997 | 0.49830 | 0.50597 | 0.51304 | 0.51950 | 0.52545 | 0.53093 | 0.53597 | 79 |
| 0.43430 | 0.44427 | 0.45358 | 0.46247 | 0.47100 | 0.47904 | 0.48645 | 0.49327 | 0.49948 | 0.50520 | 0.51045 | 80 |
| 0.40614 | 0.41663 | 0.42629 | 0.43529 | 0.44388 | 0.45212 | 0.45989 | 0.46703 | 0.47358 | 0.47958 | 0.48506 | 81 |
| 0.37206 | 0.38317 | 0.39338 | 0.40275 | 0.41146 | 0.41978 | 0.42778 | 0.43529 | 0.44220 | 0.44853 | 0.45428 | 82 |
| 0.33697 | 0.34858 | 0.35945 | 0.36941 | 0.37853 | 0.38701 | 0.39513 | 0.40288 | 0.41019 | 0.41690 | 0.42300 | 83 |
| 0.30576 | 0.31771 | 0.32911 | 0.33978 | 0.34953 | 0.35844 | 0.36673 | 0.37461 | 0.38219 | 0.38932 | 0.39582 | 84 |
| 0.28047 | 0.29235 | 0.30412 | 0.31534 | 0.32579 | 0.33534 | 0.34404 | 0.35210 | 0.35982 | 0.36720 | 0.37412 | 85 |
| 0.25975 | 0.27094 | 0.28262 | 0.29419 | 0.30516 | 0.31541 | 0.32470 | 0.33317 | 0.34104 | 0.34852 | 0.35569 | 86 |
| 0.24198 | 0.25164 | 0.26259 | 0.27404 | 0.28532 | 0.29607 | 0.30602 | 0.31505 | 0.32326 | 0.33084 | 0.33807 | 87 |
| 0.22273 | 0.23086 | 0.24025 | 0.25092 | 0.26205 | 0.27307 | 0.28349 | 0.29314 | 0.30185 | 0.30974 | 0.31702 | 88 |
| 0.20102 | 0.20853 | 0.21632 | 0.22536 | 0.23570 | 0.24653 | 0.25720 | 0.26727 | 0.27656 | 0.28491 | 0.29241 | 89 |
| 0.17547 | 0.18424 | 0.19128 | 0.19863 | 0.20729 | 0.21728 | 0.22774 | 0.23804 | 0.24771 | 0.25656 | 0.26448 | 90 |
| 0.14387 | 0.15603 | 0.16416 | 0.17060 | 0.17746 | 0.18571 | 0.19530 | 0.20535 | 0.21519 | 0.22437 | 0.23272 | 91 |
| 0.10002 | 0.11594 | 0.12731 | 0.13464 | 0.14043 | 0.14678 | 0.15458 | 0.16375 | 0.17334 | 0.18265 | 0.19125 | 92 |
| 0.04629 | 0.06380 | 0.07887 | 0.08924 | 0.09568 | 0.10077 | 0.10657 | 0.11394 | 0.12266 | 0.13170 | 0.14041 | 93 |
| 9.98353 | 9.99799 | 0.01474 | 0.02871 | 0.03793 | 0.04339 | 0.04775 | 0.05306 | 0.06001 | 0.06823 | 0.07668 | 94 |
| 9.91535 | 9.92444 | 9.93826 | 9.95395 | 9.96656 | 9.97444 | 9.97882 | 9.98251 | 9.98736 | 9.99384 | 0.00149 | 95 |
| 9.81791 | 9.82275 | 9.83143 | 9.84447 | 9.85891 | 9.86994 | 9.87635 | 9.87971 | 9.88281 | 9.88726 | 9.89328 | 96 |
| 9.68740 | 9.68900 | 9.69356 | 9.70172 | 9.71374 | 9.72658 | 9.73571 | 9.74055 | 9.74299 | 9.74563 | 9.74970 | 97 |
| 9.47479 | 9.47708 | 9.47815 | 9.48247 | 9.48963 | 9.49997 | 9.51035 | 9.51696 | 9.52017 | 9.52182 | 9.52405 | 98 |
| | | | | | | | | | | | 99 |

## Verbindungsrenten.

Alter des Mannes zur Seite. Altersunterschied der Frau oben.

Zinsfuss 4 Procent.

| | +1 | 0 | −1 | −2 | −3 | −4 | −5 | −6 | −7 | −8 | −9 |
|---|---|---|---|---|---|---|---|---|---|---|---|
| 20 | 1.17536 | 1.17543 | | | | | | | | | |
| 21 | 1.17265 | 1.17293 | 1.17297 | | | | | | | | |
| 22 | 1.16958 | 1.17009 | 1.17032 | 1.17033 | | | | | | | |
| 23 | 1.16615 | 1.16691 | 1.16736 | 1.16756 | 1.16755 | | | | | | |
| 24 | 1.16233 | 1.16331 | 1 16401 | 1.16446 | 1.16462 | 1.16455 | | | | | |
| 25 | 1.15813 | 1.15931 | 1.16025 | 1.16093 | 1.16131 | 1.16143 | 1.16135 | | | | |
| 26 | 1.15357 | 1.15497 | 1.15611 | 1.15700 | 1.15763 | 1.15797 | 1.15807 | 1.15794 | | | |
| 27 | 1.14860 | 1.15021 | 1.15157 | 1.15265 | 1.15350 | 1.15408 | 1.15439 | 1.15444 | 1.15427 | | |
| 28 | 1.14332 | 1.14509 | 1.14663 | 1.14793 | 1.14897 | 1.14977 | 1.15031 | 1.15057 | 1.15059 | 1.15041 | |
| 29 | 1.13773 | 1.13962 | 1.14132 | 1.14280 | 1.14405 | 1.14504 | 1.14580 | 1.14630 | 1.14652 | 1.14652 | 1.14628 |
| 30 | 1.13186 | 1.13384 | 1.13565 | 1.13728 | 1.13872 | 1.13993 | 1.14086 | 1.14157 | 1.14204 | 1.14224 | 1.14217 |
| 31 | 1.12575 | 1.12781 | 1.12969 | 1.13144 | 1.13303 | 1.13442 | 1.13556 | 1.13645 | 1.13713 | 1.13756 | 1.13769 |
| 32 | 1.11947 | 1.12162 | 1.12358 | 1.12541 | 1.12711 | 1.12863 | 1.12996 | 1.13105 | 1.13191 | 1.13255 | 1.13290 |
| 33 | 1.11305 | 1.11530 | 1.11734 | 1.11926 | 1.12103 | 1.12266 | 1.12414 | 1.12540 | 1.12646 | 1.12724 | 1.12783 |
| 34 | 1.10649 | 1.10890 | 1.11103 | 1.11304 | 1.11489 | 1.11658 | 1.11816 | 1.11957 | 1.12081 | 1.12179 | 1.12255 |
| 35 | 1.09978 | 1.10231 | 1.10460 | 1.10671 | 1.10863 | 1.11039 | 1.11204 | 1.11355 | 1.11492 | 1.11607 | 1.11703 |
| 36 | 1.09286 | 1.09558 | 1.09799 | 1.10025 | 1.10226 | 1.10410 | 1.10581 | 1.10738 | 1.10885 | 1.11013 | 1.11126 |
| 37 | 1.08570 | 1.08858 | 1.09117 | 1.09355 | 1.09571 | 1.09763 | 1.09942 | 1.10105 | 1.10257 | 1.10396 | 1.10521 |
| 38 | 1.07823 | 1.08129 | 1.08403 | 1.08659 | 1.08887 | 1.09093 | 1.09280 | 1.09450 | 1.09607 | 1.09752 | 1.09886 |
| 39 | 1.07038 | 1.07368 | 1.07659 | 1.07929 | 1.08176 | 1.08392 | 1.08593 | 1.08771 | 1.08934 | 1.09085 | 1.09224 |
| 40 | 1.06211 | 1.06562 | 1.06877 | 1.07163 | 1.07423 | 1.07657 | 1.07868 | 1.08060 | 1.08231 | 1.08388 | 1.08532 |
| 41 | 1.05344 | 1.05717 | 1.06053 | 1.06362 | 1.06638 | 1.06886 | 1.07113 | 1.07315 | 1.07499 | 1.07663 | 1.07813 |
| 42 | 1.04438 | 1.04830 | 1.05189 | 1.05519 | 1.05817 | 1.06079 | 1.06320 | 1.06538 | 1.06732 | 1.06908 | 1.07064 |
| 43 | 1.03483 | 1.03903 | 1.04281 | 1.04633 | 1.04951 | 1.05236 | 1.05490 | 1.05721 | 1.05931 | 1.06115 | 1.06284 |
| 44 | 1.02481 | 1.02932 | 1.03337 | 1.03707 | 1.04047 | 1.04351 | 1.04627 | 1.04872 | 1.05092 | 1.05292 | 1.05470 |
| 45 | 1.01426 | 1.01905 | 1.02342 | 1.02737 | 1.03097 | 1.03421 | 1.03714 | 1.03981 | 1.04214 | 1.04426 | 1.04619 |
| 46 | 1.00313 | 1.00824 | 1.01288 | 1.01714 | 1.02097 | 1.02441 | 1.02754 | 1.03039 | 1.03292 | 1.03517 | 1.03721 |
| 47 | 0.99141 | 0.99688 | 1.00183 | 1.00636 | 1.01049 | 1.01418 | 1.01748 | 1.02052 | 1.02322 | 1.02567 | 1.02783 |
| 48 | 0.97911 | 0.98491 | 0.99021 | 0.99504 | 0.99945 | 1.00342 | 1.00697 | 1.01016 | 1.01306 | 1.01567 | 1.01802 |
| 49 | 0.96616 | 0.97234 | 0.97797 | 0.98314 | 0.98784 | 0.99207 | 0.99590 | 0.99933 | 1.00238 | 1.00518 | 1.00768 |
| 50 | 0.95248 | 0.95909 | 0.96509 | 0.97058 | 0.97561 | 0.98013 | 0.98421 | 0.98791 | 0.99120 | 0.99414 | 0.99682 |
| 51 | 0.93810 | 0.94513 | 0.95156 | 0.95741 | 0.96274 | 0.96760 | 0.97196 | 0.97590 | 0.97946 | 0.98262 | 0.98545 |
| 52 | 0.92310 | 0.93046 | 0.93730 | 0.94357 | 0.94925 | 0.95441 | 0.95910 | 0.96331 | 0.96710 | 0.97052 | 0.97356 |
| 53 | 0.90747 | 0.91513 | 0.92229 | 0.92897 | 0.93505 | 0.94055 | 0.94554 | 0.95007 | 0.95413 | 0.95778 | 0.96106 |
| 54 | 0.89121 | 0.89921 | 0.90666 | 0.91365 | 0.92013 | 0.92603 | 0.93136 | 0.93617 | 0.94054 | 0.94445 | 0.94795 |
| 55 | 0.87442 | 0.88271 | 0.89049 | 0.89776 | 0.90455 | 0.91083 | 0.91655 | 0.92170 | 0.92635 | 0.93056 | 0.93431 |
| 56 | 0.85703 | 0.86566 | 0.87373 | 0.88131 | 0.88838 | 0.89496 | 0.90106 | 0.90660 | 0.91157 | 0.91605 | 0.92009 |
| 57 | 0.83909 | 0.84801 | 0.85641 | 0.86427 | 0.87165 | 0.87850 | 0.88488 | 0.89079 | 0.89614 | 0.90093 | 0.90525 |
| 58 | 0.82056 | 0.82979 | 0.83847 | 0.84664 | 0.85430 | 0.86146 | 0.86809 | 0.87429 | 0.88000 | 0.88516 | 0.88979 |
| 59 | 0.80141 | 0.81097 | 0.81995 | 0.82839 | 0.83637 | 0.84380 | 0.85072 | 0.85717 | 0.86316 | 0.86868 | 0.87367 |

## Verbindungsrenten.

Alter des Mannes zur Seite. Altersunterschied der Frau oben.

Zinsfuss 4 Procent.

| — 10 | — 11 | — 12 | — 13 | — 14 | — 15 | — 16 | — 17 | — 18 | — 19 | — 20 | |
|---|---|---|---|---|---|---|---|---|---|---|---|
| | | | | | | | | | | | 20 |
| | | | | | | | | | | | 21 |
| | | | | | | | | | | | 22 |
| | | | | | | | | | | | 23 |
| | | | | | | | | | | | 24 |
| | | | | | | | | | | | 25 |
| | | | | | | | | | | | 26 |
| | | | | | | | | | | | 27 |
| | | | | | | | | | | | 28 |
| | | | | | | | | | | | 29 |
| 1.14188 | | | | | | | | | | | 30 |
| 1.13758 | 1.13727 | | | | | | | | | | 31 |
| 1.13300 | 1.13286 | 1.13254 | | | | | | | | | 32 |
| 1.12815 | 1.12821 | 1.12806 | 1.12771 | | | | | | | | 33 |
| 1.12308 | 1.12335 | 1.12340 | 1.12321 | 1.12283 | | | | | | | 34 |
| 1.11773 | 1.11821 | 1.11847 | 1.11847 | 1.11826 | 1.11784 | | | | | | 35 |
| 1.11216 | 1.11281 | 1.11326 | 1.11347 | 1.11346 | 1.11320 | 1.11273 | | | | | 36 |
| 1.10627 | 1.10712 | 1.10774 | 1.10814 | 1.10834 | 1.10827 | 1.10797 | 1.10750 | | | | 37 |
| 1.10005 | 1.10106 | 1.10187 | 1.10243 | 1.10282 | 1.10296 | 1.10285 | 1.10254 | 1.10206 | | | 38 |
| 1.09352 | 1.09467 | 1.09562 | 1.09636 | 1.09692 | 1.09724 | 1.09735 | 1.09722 | 1.09689 | 1.09635 | | 39 |
| 1.08664 | 1.08786 | 1.08895 | 1.08985 | 1.09059 | 1.09107 | 1.09136 | 1.09144 | 1.09129 | 1.09091 | 1.09038 | 40 |
| 1.07949 | 1.08076 | 1.08193 | 1.08295 | 1.08385 | 1.08450 | 1.08495 | 1.08521 | 1.08527 | 1.08507 | 1.08469 | 41 |
| 1.07206 | 1.07338 | 1.07458 | 1.07568 | 1.07670 | 1.07750 | 1.07813 | 1.07854 | 1.07879 | 1.07879 | 1.07858 | 42 |
| 1.06431 | 1.06568 | 1.06693 | 1.06807 | 1.06917 | 1.07008 | 1.07085 | 1.07144 | 1.07184 | 1.07202 | 1.07201 | 43 |
| 1.05629 | 1.05772 | 1.05901 | 1.06019 | 1.06132 | 1.06230 | 1.06319 | 1.06392 | 1.06449 | 1.06483 | 1.06499 | 44 |
| 1.04785 | 1.04940 | 1.05074 | 1.05196 | 1.05313 | 1.05414 | 1.05510 | 1.05594 | 1.05665 | 1.05716 | 1.05747 | 45 |
| 1.03901 | 1.04064 | 1.04209 | 1.04336 | 1.04456 | 1.04560 | 1.04659 | 1.04750 | 1.04832 | 1.04897 | 1.04945 | 46 |
| 1.02974 | 1.03151 | 1.03303 | 1.03441 | 1.03565 | 1.03672 | 1.03774 | 1.03868 | 1.03956 | 1.04031 | 1.04094 | 47 |
| 1.02005 | 1.02191 | 1.02357 | 1.02501 | 1.02636 | 1.02746 | 1.02853 | 1.02949 | 1.03039 | 1.03121 | 1.03194 | 48 |
| 1.00990 | 1.01187 | 1.01362 | 1.01520 | 1.01660 | 1.01781 | 1.01891 | 1.01990 | 1.02082 | 1.02166 | 1.02245 | 49 |
| 0.99919 | 1.00134 | 1.00320 | 1.00487 | 1.00639 | 1.00766 | 1.00886 | 1.00988 | 1.01082 | 1.01168 | 1.01249 | 50 |
| 0.98798 | 0.99028 | 0.99231 | 0.99409 | 0.99569 | 0.99708 | 0.99833 | 0.99945 | 1.00042 | 1.00130 | 1.00212 | 51 |
| 0.97623 | 0.97870 | 0.98087 | 0.98281 | 0.98451 | 0.98599 | 0.98735 | 0.98852 | 0.98958 | 0.99048 | 0.99132 | 52 |
| 0.96395 | 0.96654 | 0.96888 | 0.97094 | 0.97281 | 0.97438 | 0.97581 | 0.97710 | 0.97820 | 0.97919 | 0.98005 | 53 |
| 0.95109 | 0.95389 | 0.95634 | 0.95855 | 0.96055 | 0.96229 | 0.96380 | 0.96516 | 0.96637 | 0.96740 | 0.96834 | 54 |
| 0.93767 | 0.94070 | 0.94335 | 0.94567 | 0.94781 | 0.94969 | 0.95135 | 0.95279 | 0.95407 | 0.95520 | 0.95618 | 55 |
| 0.92370 | 0.92693 | 0.92982 | 0.93232 | 0.93458 | 0.93660 | 0.93837 | 0.93996 | 0.94132 | 0.94251 | 0.94360 | 56 |
| 0.90914 | 0.91261 | 0.91569 | 0.91841 | 0.92087 | 0.92299 | 0.92489 | 0.92659 | 0.92810 | 0.92936 | 0.93051 | 57 |
| 0.89394 | 0.89768 | 0.90099 | 0.90391 | 0.90658 | 0.90889 | 0.91088 | 0.91271 | 0.91433 | 0.91572 | 0.91694 | 58 |
| 0.878[illegible] | 0.88210 | 0.88569 | 0.88882 | 0.89169 | 0.89420 | 0.89637 | 0.89829 | 0.90003 | 0.90153 | 0.90289 | 59 |

## Verbindungsrenten.

Alter des Mannes zur Seite. Altersunterschied der Frau oben.

Zinsfuss 4 Procent.

| | +1 | 0 | −1 | −2 | −3 | −4 | −5 | −6 | −7 | −8 | −9 |
|---|---|---|---|---|---|---|---|---|---|---|---|
| 59 | 0.80141 | 0.81097 | 0.81995 | 0.82839 | 0.83637 | 0.84380 | 0.85072 | 0.85717 | 0.86316 | 0.86868 | 0.87367 |
| 60 | 0.78160 | 0.79153 | 0.80084 | 0.80958 | 0.81780 | 0.82554 | 0.83272 | 0.83947 | 0.84570 | 0.85148 | 0.85683 |
| 61 | 0.76103 | 0.77135 | 0.78101 | 0.79008 | 0.79858 | 0.80658 | 0.81406 | 0.82106 | 0.82756 | 0.83358 | 0.83919 |
| 62 | 0.73966 | 0.75040 | 0.76044 | 0.76986 | 0.77867 | 0.78695 | 0.79468 | 0.80196 | 0.80870 | 0.81500 | 0.82084 |
| 63 | 0.71746 | 0.72864 | 0.73910 | 0.74889 | 0.75804 | 0.76663 | 0.77463 | 0.78215 | 0.78918 | 0.79571 | 0.80181 |
| 64 | 0.69445 | 0.70607 | 0.71696 | 0.72716 | 0.73668 | 0.74560 | 0.75391 | 0.76169 | 0.76896 | 0.77576 | 0.78209 |
| 65 | 0.67066 | 0.68273 | 0.69406 | 0.70468 | 0.71460 | 0.72388 | 0.73253 | 0.74060 | 0.74814 | 0.75516 | 0.76176 |
| 66 | 0.64633 | 0.65868 | 0.67046 | 0.68151 | 0.69186 | 0.70152 | 0.71053 | 0.71893 | 0.72674 | 0.73404 | 0.74087 |
| 67 | 0.62173 | 0.63422 | 0.64628 | 0.65778 | 0.66856 | 0.67864 | 0.68804 | 0.69680 | 0.70493 | 0.71251 | 0.71960 |
| 68 | 0.59686 | 0.60957 | 0.62178 | 0.63357 | 0.64479 | 0.65531 | 0.66512 | 0.67427 | 0.68276 | 0.69065 | 0.69802 |
| 69 | 0.57153 | 0.58468 | 0.59709 | 0.60904 | 0.62054 | 0.63150 | 0.64175 | 0.65131 | 0.66019 | 0.66843 | 0.67612 |
| 70 | 0.54557 | 0.55931 | 0.57216 | 0.58433 | 0.59599 | 0.60724 | 0.61793 | 0.62792 | 0.63722 | 0.64584 | 0.65388 |
| 71 | 0.51918 | 0.53354 | 0.54700 | 0.55961 | 0.57149 | 0.58290 | 0.59387 | 0.60431 | 0.61404 | 0.62308 | 0.63149 |
| 72 | 0.49294 | 0.50771 | 0.52181 | 0.53503 | 0.54736 | 0.55897 | 0.57010 | 0.58083 | 0.59100 | 0.60048 | 0.60929 |
| 73 | 0.46723 | 0.48219 | 0.49670 | 0.51057 | 0.52350 | 0.53555 | 0.54690 | 0.55777 | 0.56823 | 0.57814 | 0.58737 |
| 74 | 0.44243 | 0.45710 | 0.47180 | 0.48608 | 0.49964 | 0.51229 | 0.52408 | 0.53514 | 0.54575 | 0.55594 | 0.56558 |
| 75 | 0.41873 | 0.43254 | 0.44695 | 0.46140 | 0.47537 | 0.48866 | 0.50103 | 0.51252 | 0.52331 | 0.53362 | 0.54352 |
| 76 | 0.39625 | 0.40852 | 0.42206 | 0.43621 | 0.45035 | 0.46404 | 0.47704 | 0.48910 | 0.50029 | 0.51078 | 0.52078 |
| 77 | 0.37435 | 0.38529 | 0.39727 | 0.41053 | 0.42437 | 0.43824 | 0.45163 | 0.46430 | 0.47605 | 0.48693 | 0.49708 |
| 78 | 0.35155 | 0.36224 | 0.37285 | 0.38454 | 0.39749 | 0.41106 | 0.42463 | 0.43770 | 0.45004 | 0.46147 | 0.47200 |
| 79 | 0.32572 | 0.33812 | 0.34843 | 0.35872 | 0.37009 | 0.38278 | 0.39606 | 0.40931 | 0.42206 | 0.43408 | 0.44516 |
| 80 | 0.29535 | 0.31145 | 0.32342 | 0.33337 | 0.34332 | 0.35443 | 0.36684 | 0.37982 | 0.39277 | 0.40519 | 0.41687 |
| 81 | 0.26188 | 0.28165 | 0.29728 | 0.30883 | 0.31841 | 0.32806 | 0.33889 | 0.35100 | 0.36370 | 0.37632 | 0.38839 |
| 82 | 0.22166 | 0.24252 | 0.26188 | 0.27713 | 0.28829 | 0.29755 | 0.30696 | 0.31751 | 0.32939 | 0.34181 | 0.35413 |
| 83 | 0.18387 | 0.20107 | 0.22166 | 0.24075 | 0.25565 | 0.26653 | 0.27557 | 0.28473 | 0.29511 | 0.30677 | 0.31896 |
| 84 | 0.15522 | 0.16682 | 0.18387 | 0.20430 | 0.22315 | 0.23782 | 0.24850 | 0.25732 | 0.26632 | 0.27652 | 0.28801 |
| 85 | 0.13611 | 0.14375 | 0.15522 | 0.17216 | 0.19245 | 0.21111 | 0.22560 | 0.23606 | 0.24471 | 0.25353 | 0.26357 |
| 86 | 0.12281 | 0.12861 | 0.13611 | 0.14747 | 0.16429 | 0.18441 | 0.20291 | 0.21717 | 0.22742 | 0.23585 | 0.24448 |
| 87 | 0.10885 | 0.11721 | 0.12281 | 0.13015 | 0.14136 | 0.15802 | 0.17796 | 0.19620 | 0.21021 | 0.22018 | 0.22835 |
| 88 | 0.08980 | 0.10077 | 0.10885 | 0.11419 | 0.12134 | 0.13238 | 0.14887 | 0.16857 | 0.18652 | 0.20019 | 0.20982 |
| 89 | 0.06635 | 0.07926 | 0.08980 | 0.09752 | 0.10259 | 0.10952 | 0.12038 | 0.13665 | 0.15608 | 0.17369 | 0.18695 |
| 90 | 0.03948 | 0.05406 | 0.06635 | 0.07639 | 0.08371 | 0.08845 | 0.09514 | 0.10578 | 0.12181 | 0.14093 | 0.15809 |
| 91 | 0.00389 | 0.02587 | 0.03948 | 0.05102 | 0.06047 | 0.06731 | 0.07169 | 0.07810 | 0.08850 | 0.10423 | 0.12291 |
| 92 | 9.95460 | 9.98335 | 0.00389 | 0.01637 | 0.02706 | 0.03585 | 0.04218 | 0.04616 | 0.05228 | 0.06240 | 0.07777 |
| 93 | 9.88927 | 9.92795 | 9.95460 | 9.97352 | 9.98470 | 9.99446 | 0.00256 | 0.00835 | 0.01190 | 0.01771 | 0.02752 |
| 94 | 9.80813 | 9.85359 | 9.88927 | 9.91362 | 9.93070 | 9.94048 | 9.94930 | 9.95669 | 9.96189 | 9.96500 | 9.97050 |
| 95 | 9.69418 | 9.76773 | 9.80813 | 9.84039 | 9.86197 | 9.87698 | 9.88528 | 9.89309 | 9.89972 | 9.90431 | 9.90694 |
| 96 | 9.52788 | 9.62838 | 9.69418 | 9.72931 | 9.75776 | 9.77644 | 9.78939 | 9.79613 | 9.80301 | 9.80891 | 9.81287 |
| 97 | 9.28400 | 9.44306 | 9.52788 | 9.58599 | 9.61455 | 9.63890 | 9.65465 | 9.66526 | 9.67047 | 9.67647 | 9.68163 |
| 98 | | 9.18709 | 9.28400 | 9.35458 | 9.40050 | 9.42022 | 9.44053 | 9.45197 | 9.46009 | 9.46349 | 9.46872 |

## Verbindungsrenten.

Alter des Mannes zur Seite. Altersunterschied der Frau oben.

Zinsfuss 4 Procent.

| —10 | —11 | —12 | —13 | —14 | —15 | —16 | —17 | —18 | —19 | —20 | |
|---|---|---|---|---|---|---|---|---|---|---|---|
| 0.87812 | 0.88210 | 0.88569 | 0.88882 | 0.89169 | 0.89420 | 0.89637 | 0.89829 | 0.90003 | 0.90153 | 0.90289 | 59 |
| 0.86163 | 0.86591 | 0.86974 | 0.87318 | 0.87622 | 0.87890 | 0.88128 | 0.88337 | 0.88519 | 0.88683 | 0.88827 | 60 |
| 0.84434 | 0.84896 | 0.85308 | 0.85676 | 0.86005 | 0.86294 | 0.86550 | 0.86778 | 0.86976 | 0.87148 | 0.87303 | 61 |
| 0.82624 | 0.83121 | 0.83567 | 0.83963 | 0.84314 | 0.84629 | 0.84905 | 0.85149 | 0.85366 | 0.85554 | 0.85716 | 62 |
| 0.80743 | 0.81266 | 0.81744 | 0.82174 | 0.82552 | 0.82890 | 0.83190 | 0.83453 | 0.83687 | 0.83893 | 0.84070 | 63 |
| c.78798 | 0.79342 | 0.79844 | 0.80307 | 0.80717 | 0.81082 | 0.81405 | 0.81690 | 0.81944 | 0.82165 | 0.82360 | 64 |
| 0.76788 | 0.77358 | 0.77880 | 0.78367 | 0.78809 | 0.79206 | 0.79556 | 0.79862 | 0.80138 | 0.80378 | 0.80588 | 65 |
| 0.74725 | 0.75318 | 0.75865 | 0.76372 | 0.76837 | 9.77265 | 0.77648 | 0.77979 | 0.78275 | 0.78538 | 0.78766 | 66 |
| 0.72620 | 0.73239 | 0.73808 | 0.74339 | 0.74825 | 0.75276 | 0.75689 | 0.76053 | 0.76372 | 0.76656 | 0.76905 | 67 |
| 0.70487 | 0.71127 | 0.71721 | 0.72274 | 0.72784 | 0.73255 | 0.73691 | 0.74086 | 0.74435 | 0.74743 | 0.75012 | 68 |
| 0.68324 | 0.68988 | 0.69603 | 0.70181 | 0.70712 | 0.71206 | 0.71662 | 0.72078 | 0.72458 | 0.72796 | 0.73090 | 69 |
| 0.66131 | 0.66821 | 0.67460 | 0.68059 | 0.68614 | 0.69129 | 0.69606 | 0.70043 | 0.70445 | 0.70812 | 0.71136 | 70 |
| 0.63926 | 0.64646 | 0.65312 | 0.65935 | 0.66510 | 0.67049 | 0.67547 | 0.68006 | 0.68427 | 0.68814 | 0.69167 | 71 |
| 0.61743 | 0.62496 | 0.63193 | 0.63841 | 0.64440 | 0.64997 | 0.65518 | 0.65997 | 0.66440 | 0.66845 | 0.67219 | 72 |
| 0.59591 | 0.60380 | 0.61110 | 0.61788 | 0.62411 | 0.62990 | 0.63530 | 0.64031 | 0.64494 | 0.64920 | 0.65311 | 73 |
| 0.57453 | 0.58281 | 0.59047 | 0.59756 | 0.60407 | 0.61010 | 0.61571 | 0.62089 | 0.62574 | 0.63019 | 0.63430 | 74 |
| 0.55288 | 0.56156 | 0.56959 | 0.57702 | 0.58384 | 0.59013 | 0.59596 | 0.60135 | 0.60636 | 0.61101 | 0.61529 | 75 |
| 0.53039 | 0.53946 | 0.54788 | 0.55567 | 0.56281 | 0.56938 | 0.57547 | 0.58108 | 0.58627 | 0.59107 | 0.59555 | 76 |
| 0.50679 | 0.51609 | 0.52489 | 0.53305 | 0.54054 | 0.54743 | 0.55378 | 0.55963 | 0.56503 | 0.57000 | 0.57462 | 77 |
| 0.48185 | 0.49123 | 0.50025 | 0.50878 | 0.51663 | 0.52386 | 0.53050 | 0.53662 | 0.54225 | 0.54741 | 0.55219 | 78 |
| 0.45536 | 0.46488 | 0.47397 | 0.48271 | 0.49093 | 0.49851 | 0.50548 | 0.51188 | 0.51777 | 0.52315 | 0.52812 | 79 |
| 0.42760 | 0.43748 | 0.44669 | 0.45550 | 0.46393 | 0.47188 | 0.47920 | 0.48591 | 0.49209 | 0.49772 | 0.50291 | 80 |
| 0.39972 | 0.41013 | 0.41969 | 0.42860 | 0.43710 | 9.44525 | 0.45292 | 0.45999 | 0.46647 | 0.47239 | 0.47781 | 81 |
| 0.36589 | 0.37693 | 0.38704 | 0.39632 | 0.40495 | 0.41318 | 0.42107 | 0.42852 | 0.43536 | 0.44161 | 0.44731 | 82 |
| 0.33102 | 0.34256 | 0.35334 | 0.36321 | 0.37224 | 0.38c63 | 0.38864 | 0.39634 | 0.40358 | 0.41021 | 0.41626 | 83 |
| 0.29999 | 0.31188 | 0.32320 | 0.33378 | 0.34343 | 0.35225 | 0.36045 | 0.36828 | 0.37579 | 0.38284 | 0.38928 | 84 |
| 0.27488 | 0.28669 | 0.29838 | 0.30952 | 0.31989 | 0.32933 | 0.33796 | 0.34597 | 0.35361 | 0.36093 | 0.36778 | 85 |
| 0.25432 | 0.26544 | 0.27705 | 0.28854 | 0.29946 | 0.30960 | 0.31883 | 0.32724 | 0.33503 | 0.34245 | 0.34955 | 86 |
| 0.23672 | 0.24633 | 0.25721 | 0.26858 | 0.27983 | 0.29047 | 0.30036 | 0.30933 | 0.31747 | 0.32500 | 0.33216 | 87 |
| 0.21766 | 0.22573 | 0.23506 | 0.24566 | 0.25676 | 0.26771 | 0.27806 | 0.28764 | 0.29630 | 0.30414 | 0.31135 | 88 |
| 0.19616 | 0.20360 | 0.21133 | 0.22032 | 0.23062 | 0.24140 | 0.25202 | 0.26203 | 0.27126 | 0.27956 | 0.28702 | 89 |
| 0.17085 | 0.17954 | 0.18651 | 0.19382 | 0.20244 | 0.21239 | 0.22282 | 0.23306 | 0.24267 | 0.25148 | 0.25935 | 90 |
| 0.13950 | 0.15159 | 0.15964 | 0.16605 | 0.17286 | 0.18109 | 0.19064 | 0.20065 | 0.21045 | 0.21958 | 0.22789 | 91 |
| 0.09591 | 0.11179 | 0.12307 | 0.13037 | 0.13611 | 0.14243 | 0.15022 | 0.15934 | 0.16890 | 0.17817 | 0.18674 | 92 |
| 0.04245 | 0.05995 | 0.07493 | 0.08527 | 0.09165 | 0.09672 | 0.10252 | 0.10985 | 0.11855 | 0.12757 | 0.13625 | 93 |
| 9.97997 | 9.99441 | 0.01111 | 0.02506 | 0.03424 | 0.03966 | 0.04402 | 0.04931 | 0.05624 | 0.06444 | 0.07287 | 94 |
| 9.91209 | 9.92118 | 9.93497 | 9.95065 | 9.96322 | 9.97108 | 9.97544 | 9.97911 | 9.98396 | 9.99044 | 9.99807 | 95 |
| 9.81498 | 9.81982 | 9.82848 | 9.84152 | 9.85594 | 9.86695 | 9.87334 | 9.87669 | 9.87978 | 9.88424 | 9.89025 | 96 |
| 9.68483 | 9.68644 | 9.69099 | 9.69915 | 9.71116 | 9.72398 | 9.73311 | 9.73794 | 9.74037 | 9.74302 | 9.74709 | 97 |
| 9.47270 | 9.47499 | 9.47606 | 9.48038 | 9.48754 | 9.49788 | 9.50825 | 9.51487 | 9.51802 | 9.51972 | 9.52196 | 98 |

## EINRICHTUNG UND GEBRAUCH DER TAFELN.

[Den Zahlenangaben dieser Tafeln liegen die von BRUNE im 16. Bande des CRELLEschen Journals für Mathematik zusammengestellten Erfahrungen über die in der k. Preussischen allgemeinen Witwen-Verpflegungs-Anstalt während der Zeit von 1776 bis 1834 successive aufgenommenen 31500 Ehepaare zu Grunde. Es sind hier angegeben die Logarithmen der Anzahl der Frauen ($\log fm$) und der Männer ($\log FM$), welche unter 10000, die das vollendete 20ste Lebensjahr erreichten, bis zu dem Ende des in der Mitte bemerkten Altersjahres ($m$ oder $M$) gelangten, jedoch mit der Abweichung von BRUNE, dass das Absterben der Männer über 80 Jahren nach demselben Verhältnisse gerechnet ist, welches jenen Erfahrungen gemäss bei dem weiblichen Geschlechte gilt; weil wie in der Bilanzrechnung von 1845 erwähnt wird, die Registratur der Preussischen Witwenkasse zur directen Bestimmung des Absterbens der Männer im hohen Alter keine hinreichenden Daten enthält. Neben den Logarithmen der Lebenden stehen unter der Überschrift decr. die absoluten Werthe der Unterschiede jener Logarithmen ($\log gm = \log \frac{f(m-1)}{fm}$ und $\log Gm = \log \frac{F(M-1)}{FM}$) in Einheiten der siebenten Decimale ausgedrückt. Mit Hülfe der so erhaltenen Tafel für die Sterblichkeit hat GAUSS die einfachen und die Verbindungsrenten bei dem Zinsfuss von $3\frac{1}{2}$ Proc. und von 4 Proc. berechnet.

Die sowohl in Logarithmen als in Zahlen ($\varphi m, \Phi M$) dargestellten einfachen Leibrentenwerthe gelten für das Ende des in der Mitte angegebenen Lebensjahres der Frau ($m$) oder des Mannes ($M$) als jetzigen Zeitmoment und unter der Voraussetzung, dass für den Fall des Erlebens des Endes jedes der nachfolgenden Jahre dann die Münzeinheit gezahlt wird, so dass also

$$\varphi m . fm = \rho f(m+1) + \rho\rho f(m+2) + \rho^3 f(m+3) + \ldots$$
$$\Phi M . FM = \rho F(M+1) + \rho\rho F(M+2) + \rho^3 F(M+3) + \ldots$$

ist, wenn $\rho$ den Discontofactor ($= \frac{200}{207}$ bei $3\frac{1}{2}$ Proc. und $= \frac{25}{26}$ bei 4 Proc.) bezeichnet.

Die Tafel der Verbindungsrenten enthält die Logarithmen der Werthe $\psi(m, M)$, welche für den Zeitpunkt des zur Seite stehenden Alters ($M$) des Mannes solchen Renten, die am Schlusse jedes der folgenden Jahre im Falle des gleichzeitigen Lebens des Mannes (vom jetzigen Alter $= M$) und der Frau (vom Altersunterschiede $= m - M$) mit der Münzeinheit gezahlt werden, gleich kommen und also durch die Formel bestimmt sind:

$$\psi(m, M) . fm . Fm = \rho f(m+1) . F(M+1) + \rho\rho f(m+2) . F(M+2) + \rho^3 f(m+3) . F(M+3) + \ldots$$

*Werthe von Leibrenten und Lebensversicherungen für Männer.*

Die Tafel für die Leibrenten der Männer hat GAUSS zu einer genauen Berechnung des Einflusses benutzt, den diejenige Bestimmung der Statuten, dass ein Wiederaustritt des lebenden Mitgliedes nicht gestattet sein solle, haben würde. Er findet, dass für die 42 verheiratheten Mitglieder der Bilanzrechnung vom 1. Oct. 1845 der Zeitwerth der Beiträge sich dadurch um 898 Thl. bei $3\frac{1}{2}$ Proc. und um 665 Thl. bei 4 Proc. vermehren würde. Ausserdem hat er mit Hülfe dieser Tafel einige Rechnungen über die Werthe von Lebensversicherungen ausgeführt und dabei für ein jetziges Mannesalter von $M$ Jahren $\rho - (1-\rho)\Phi M$ als Zeitwerth der am Ende des Todesjahres auszuzahlenden Münzeinheit genommen.]

*Werth der bestehenden Witwenpension $Pm$.*

$m$ jetziges Alter der Witwe.

$\varphi m$ Werth der Pension wenn jährlich und nur an noch Lebende gezahlt wird.

$\rho$ Discontofactor ($= \frac{25}{26}$ für 4 Proc., $= \frac{200}{207}$ für $3\frac{1}{2}$ Proc.) oder der Zinsfuss so verstanden, dass $\rho$ nach einem Jahre auf 1 anwächst.

$fx$ Lebende des Alters $x$ nach Angabe der Mortalitätstafel.

[Die Bilanz wird für den 1. October eines bestimmten Jahres berechnet und dieser Zeitpunkt hier überall nur kurz der jetzige genannt. Nach dem Regulative vom 11. October 1833 und den später ergangenen Verfügungen die Professoren Witwenkasse betreffend wird die Pension in halbjährigen am 1. April und am 1. October jeden Jahres fälligen Raten ausbezahlt und erlischt bei Witwen mit dem Sterbemonate, welcher zu voll bezahlt wird. Mit Rücksicht hierauf ist für den wahrscheinlichen Jetztwerth $Pm$ einer mit der Münzeinheit jährlich auszuzahlenden Witwenpension:]

$$\begin{aligned} fm.Pm = {} & \tfrac{1}{12}\rho^{\frac{1}{2}}\left\{fm + f(m+\tfrac{1}{12}) + f(m+\tfrac{2}{12}) + \ldots + f(m+\tfrac{5}{12})\right\} \\ & + \tfrac{1}{12}\rho\left\{f(m+\tfrac{6}{12}) + f(m+\tfrac{7}{12}) + \ldots\ldots + f(m+\tfrac{11}{12})\right\} \\ & + \text{u.s.w.} \end{aligned}$$

oder

$$fm.Pm = \tfrac{1}{2}\rho^{\frac{1}{2}}f(m+\tfrac{5}{24}) + \tfrac{1}{2}\rho f(m+\tfrac{17}{24}) + \tfrac{1}{2}\rho^{\frac{3}{2}}f(m+\tfrac{29}{24}) + \text{u.s.w.}$$

wofür genommen werden kann

$$= \rho^{\frac{3}{4}}f(m+\tfrac{11}{24}) + \rho^{\frac{7}{4}}f(m+\tfrac{35}{24}) + \text{u.s.w.}$$

Die Tafel gibt

$$fm.\varphi m = \rho f(m+1) + \rho\rho f(m+2) + \ldots$$

also

$$Pm = \rho^{-\frac{1}{4}}.\frac{f(m-\frac{13}{24})}{fm}.\varphi(m-\tfrac{13}{24}) = \rho^{-\frac{1}{4}}.g(m+\tfrac{11}{48})^{\frac{13}{24}}.\varphi(m-\tfrac{13}{24})$$

[wenn man die in obiger Tafel unter decr. in Einheiten der siebenten Decimale enthaltenen Werthe von $\log f(m-1) - \log fm$ mit $\log\ gm$ bezeichnet. Eine zur Berechnung von Hülfstafeln etwas bequemere Formel entsteht, wenn man bei jeder ganzen Zahl $n$ und jedem echten Bruche $k$ für $f(n+k)$ die Grösse $(k-1)fn + kf(n+1)$ setzt, nemlich:]

$$Pm = A + B.\varphi m$$

wo $\quad 48A = 19\rho^{\frac{1}{2}} + 7\rho, \quad 48B = 5\rho^{-\frac{1}{2}} + 17 + 19\rho^{\frac{1}{2}} + 7\rho$

und nahe genug $\quad A = \frac{13}{24}\rho^{\frac{33}{52}}, \quad B = \rho^{\frac{7}{24}}$

für $3\frac{1}{2}$ Proc. $\log\frac{1}{\rho} = 0.0149403$ Genau $A = 0.52998474, \quad \log B = 9.9956901$

die Näherungsformel gibt $\quad A = 0.5299694, \quad \log B = 9.9956424$

Gerechnet war nach $\frac{13}{24} + \varphi m = P^0$

man kann also setzen $P = \rho^{\frac{7}{24}}P^0 - \frac{13}{24}(\rho^{\frac{7}{24}} - \rho^{\frac{3}{4}}) = P^0 - \frac{7}{24}(1-\rho)P^0 - \frac{143}{576}(1-\rho)$

also für $3\frac{1}{2}$ Proc. $\quad P = P^0 - \frac{49}{4968}P^0 - \frac{1091}{119282} \quad$ für 4 Proc. $\quad P = P^0 - \frac{7}{624}P^0 - \frac{11}{1152}$

Beispiel: Nr. 65. H.. 4 Proc. $\quad m = 53.784$

| | | |
|---|---|---|
| $\log\varphi(m - \frac{13}{24})$ ..... 1.05488 | $\log\varphi m$ .... 1.04830 | Verbesserung des frühern Werthes $P^0$ |
| comp. $\log\rho^{\frac{1}{4}}$ ...... 0.00426 | $\log\rho^{\frac{7}{24}}$ .. $-0.00497$ | $P^0 - \frac{1}{99}\frac{105}{104}P^0 - \frac{11}{1152}$ |
| | $B\varphi m$.... 11.0492 | $\frac{13}{24} + \varphi m = 11.7179$ |
| $\log g(m + \frac{11}{49})^{\frac{13}{28}}$ .... 0.00440 | $\frac{13}{24}\rho^{\frac{3}{4}}$ ..... 0.5260 | $-0.1314\ 5$ |
| 1.06354 | | $-0.0095\ 5$ |
| $P = 11.5755$ | 11.5752 | 11.5769 |

*Stehende Ehe.*

Alter des Mannes $M$, der Frau $m$ zur Zeit von Oct. 1. Sterblichkeitstafel lebende Männer vom Alter $x = Fx$, Werth der Witwenpension $= R - Q$.

[Nach den Statuten nimmt die Pension mit dem Ablaufe des Gnadenquartals ihren Anfang, wird in halbjährigen am 1. April und am 1. October jeden Jahres fälligen Raten ausgezahlt und erlischt mit dem Schlusse des Sterbemonats. Für den Zeitwerth $R - Q$ einer etwa eintretenden Witwenpension welche jährlich die Münzeinheit beträgt ist demnach

$$\begin{aligned}(R-Q).fm.Fm = \; & \tfrac{1}{12}\rho\;\{Fm - F(m+\tfrac{1}{4})\}\{f(m+\tfrac{6}{12}) + f(m+\tfrac{7}{12}) + f(m+\tfrac{8}{12})\} \\ & + \tfrac{1}{12}\rho\;\{Fm - F(m+\tfrac{2}{4})\}\{f(m+\tfrac{9}{12}) + f(m+\tfrac{10}{12}) + f(m+\tfrac{11}{12})\} \\ & + \tfrac{1}{12}\rho^{\frac{3}{2}}\{Fm - F(m+\tfrac{3}{4})\}\{f(m+\tfrac{12}{12}) + f(m+\tfrac{13}{12}) + f(m+\tfrac{14}{12})\} \\ & + \tfrac{1}{12}\rho^{\frac{3}{2}}\{Fm - F(m+\tfrac{4}{4})\}\{f(m+\tfrac{15}{12}) + f(m+\tfrac{16}{12}) + f(m+\tfrac{17}{12})\} \\ & + \text{u. s. w.}\end{aligned}$$

oder:]

$$\begin{aligned}R.fm &= \tfrac{1}{2}\rho f(m+\tfrac{17}{24}) + \tfrac{1}{2}\rho^{\frac{3}{2}}f(m+\tfrac{29}{24}) + \tfrac{1}{2}\rho\rho f(m+\tfrac{41}{24}) + \,..\\ &= \rho^{\frac{5}{4}}f(m+\tfrac{23}{24}) + \rho^{\frac{9}{4}}f(m+\tfrac{47}{24}) + \,..\\ R &= \tfrac{1}{24}\rho^{\frac{5}{4}} \;+ \rho^{\frac{7}{24}}\varphi m\\ Q.fm.Fm &= \rho^{\frac{5}{4}}f(m+\tfrac{23}{24}).F(M+\tfrac{5}{8}) + \rho^{\frac{9}{4}}f(m+\tfrac{47}{24})\,F(M+\tfrac{13}{8}) + \,..\end{aligned}$$

*Werth der noch zu zahlenden Beiträge $S$.*

[Regulativ vom 11. October 1833 und 24. November 1846. Jeder Theilnehmer an der Witwenkasse hat postnumerando jährlich am 17. September den Beitrag an den Rechnungsführer zu entrichten, und werden diese Beiträge von Michaelis zu Michaelis gerechnet. — Wenn ein Mitglied der Witwenkasse in der ersten Hälfte des Beitragsjahres, mithin in den Monaten vom October bis incl. März stirbt, so haben die Erben für das betreffende Jahr den Beitrag nicht mehr einzuzahlen; stirbt dagegen ein Mitglied in der zweiten Hälfte des Jahres, so muss von den Erben am 17. September des Sterbejahres noch der volle Beitrag entrichtet werden. — Die Aufkündigung von Seiten der Theilnehmer muss mittelst schriftlicher Erklärung vor dem 17. September des von Michaelis zu Michaelis laufenden Beitrittsjahres geschehen, der an diesem Tage fällig werdende jährliche Beitrag jedoch noch einmal zu voll bezahlt werden; wer diese Frist nicht einhält, muss für das ganze folgende Beitrittsjahr noch Zahlung leisten, bleibt dann aber bis dahin auch noch Mitglied.

Für den Zeitwerth $S$ der jährlich als Beitrag zu zahlenden Münzeinheit erhält man daher:]

$$S.fm.Fm = \rho.fm.F(M+\tfrac{1}{2}) + \rho\rho.f(m+1).F(M+\tfrac{3}{2}) + \ldots$$

Bezeichnet man also

$$\psi(m, M).fm.Fm = \rho f(m+1)F(m+1) + \rho\rho f(m+2)F(m+2) + \ldots$$

so ist

$$Q = \frac{f(m-\frac{1}{24})}{fm} \cdot \frac{F(M-\frac{3}{8})}{FM} \cdot \rho^{\frac{1}{4}}\psi(m-\tfrac{1}{24}, M-\tfrac{3}{8})$$

$$S = \frac{f(m-1)}{fm} \cdot \frac{F(M-\frac{1}{2})}{FM} \cdot \psi(m-1, M-\tfrac{1}{2})$$

Schreibt man noch

$$\frac{f(m-1)}{fm} = gm$$

$$\frac{F(M-1)}{FM} = GM$$

so wird

$$R = \tfrac{1}{24}\rho^{\frac{5}{4}} + \rho^{\frac{7}{24}}\varphi m$$

$$Q = g(m+\tfrac{23}{48})^{\frac{1}{24}}.\, G(M+\tfrac{5}{16})^{\frac{3}{8}}.\, \rho^{\frac{1}{4}}.\, \psi(m-\tfrac{1}{24}, M-\tfrac{3}{8})$$

$$S = gm.\, G(M+\tfrac{1}{4})^{\frac{1}{2}}.\, \psi(m-1, M-\tfrac{1}{2})$$

Beispiel: Nr. 138 Conradi. $M = 65.02$, $m = 46.08$

$\log\rho = -0.0170333393$ für 4 Proc.

$\log\rho = -0.0149403498$ für $3\frac{1}{2}$ Proc.

| | 4 Proc. | $3\frac{1}{2}$ Proc. |
|---|---|---|
| $\log\varphi m$ .... | 1.12875 | 1.15233 |
| $\frac{7}{24}\log\rho$ .... | $-497$ | $-436$ |
| | 13.2979 | 14.0594 |
| $\frac{1}{24}\rho^{\frac{5}{4}}$ .... | 0.0397 | 399 |
| $R =$ | 13.3376 | 14.0993 |
| für $Q$, $\log\psi$ ... | 0.80912 | 0.82183 |
| $\log g\,G$ .. | $+897$ | $+897$ |
| $\frac{1}{4}\log\rho$ ... | $-426$ | $-374$ |
| $Q =$ | 6.5137 | 6.7150 |
| $R - Q =$ | 6.8239 | 7.3843 |
| für $S$, $\log\psi$ ... | 0.81325 | 0.82606 |
| $\log g\,G$ .. | $+1744$ | $+1744$ |
| $S =$ | 6.7716 | 6.9743 |

| für $Q$ | | | für $S$ | |
|---|---|---|---|---|
| $\psi(46.04;\ 64\ 65)$ .. 18.61 | | | $\psi(45.08;\ 64.52)$ .. 19.44 | |
| 18.61 | | | 19.44 | |
| 64 | 0.82079 | 0.83374 | 0.82251 | 0.83552 |
| 65 | 0.80284 | 0.81540 | 0.80470 | 0.81732 |
| $g(46.56)$ ... 25 | | | $g(46.08)$ ... 588 | |
| $G(65.33)$ ... 872 | | | $G(65.27)$ ... 1156 | |

Bei der Aufstellung dieser Tafeln hat Gauss sich seiner fünfstelligen Tafel zur Berechnung des Logarithmus der Summe von Grössen, die nicht selbst, sondern nur durch ihre Logarithmen gegeben sind, bedient, und deshalb bei jedem Zinsfuss und jedem Altersunterschiede mit der Bestimmung der Rentenwerthe für die höchsten Lebensjahre den Anfang gemacht. Die einzelnen Zahlenangaben können aus diesem Grunde auch abgesehen von der Verbesserung, welche die Sterblichkeitstafel durch erweiterte Erfahrungen der Preussischen Witwenkasse schon seither erlitten hat, um einzelne Einheiten in der fünften Decimale der Logarithmen ungenau sein.

Einige Rechenfehler, auf die ich durch Bildung der Quotienten zwischen den $3\frac{1}{2}$ und 4 procentigen Rentenwerthen und der Differenzen der auf einander folgenden Quotienten aufmerksam geworden bin, habe ich beim Abdruck berichtigt. In Einheiten der fünften Decimale des Logarithmus betragen diese Fehler an den Orten ihres Entstehens: $+20$ für das 77. Jahr der Frau in deren Leibrentenwerthen bei 4 Proc. ferner für das 71. und 93. Jahr des Mannes und die resp. Altersunterschiede der Frau von $+1$ und 0 Jahr bei $3\frac{1}{2}$ Proc.; $+10$ für das 76. Jahr des Mannes in dessen Leibrentenwerth bei $3\frac{1}{2}$ Proc. und ebenso viel für das 79. Jahr des Mannes und den Altersunterschied der Frau von $-9$ Jahr bei 4 Proc.; $-10$ für das 28. 68. 91. 94. und 94. Jahr des Mannes und die resp. Altersunterschiede von $-8$, $-13$, $-11$, $-2$, und $-14$ Jahr bei den resp. Procenten $4.4.3\frac{1}{2}.4$ und $3\frac{1}{2}$. Diese und einige andere Rechenfehler von geringerem Betrage haben auf die Bestimmung der Rentenwerthe für die zunächst jüngeren Altersjahre einigen Einfluss gehabt, der allmälig und im äussersten Falle erst für das Ende des zweiten Jahrzehnt verschwindet. Die Angaben der einfachen Leibrenten in Zahlen sind aus den Logarithmen abgeleitet und haben nach der angegebenen Berichtigung derselben hier auch eine entsprechende Abänderung erfahren müssen.

Die bei den Anwendungen der Tafeln zu gebrauchenden Formeln und die Rechnungsbeispiele zu denselben sind den zerstreuten Notizen auf einzelnen Handblättchen entlehnt und hier durch einige Einschaltungen erläutert

Schering.

# ALLGEMEINE AUFLÖSUNG DER AUFGABE

# DIE THEILE EINER GEGEBNEN FLÄCHE

# AUF EINER ANDERN GEGEBNEN FLÄCHE SO ABZUBILDEN

# DASS DIE ABBILDUNG DEM ABGEBILDETEN

# IN DEN KLEINSTEN THEILEN ÄHNLICH WIRD

VON

CARL FRIEDRICH GAUSS

ALS BEANTWORTUNG DER VON DER KÖNIGLICHEN SOCIETÄT DER WISSENSCHAFTEN
IN COPENHAGEN FÜR MDCCCXXII AUFGEGEBNEN PRISFRAGE.

'Ab his via sternitur ad maiora.'

Astronomische Abhandlungen herausgegeben von H. C. SCHUMACHER.
Drittes Heft. Altona 1825.

Der Verfasser dieser Abhandlung hat die zweimalige Wahl der Aufgabe, die ihren Gegenstand ausmacht, als einen Beweis von der Wichtigkeit betrachten zu müssen geglaubt, welche die königliche Societät derselben beilegt, und ist dadurch aufgemuntert worden, dieser seine schon vor längerer Zeit gefundene Auflösung vorzulegen, wovon ihn sonst die späte von der Preisfrage erhaltene Kenntniss abgehalten haben würde. Er bedauert, dass der letztere Umstand ihn genöthigt hat, sich fast nur auf das Wesentliche und auf die Andeutung einiger näher liegenden Benutzungen für Kartenprojectionen und für die höhere Geodäsie zu beschränken, da er ohne die Nähe des Schlusstermins gern die Entwicklung einiger Nebenumstände noch weiter verfolgt, und die vielseitigen Anwendungen in der höheren Geodäsie ausführlich bearbeitet haben würde, welches er sich nun für eine andere Zeit und für einen andern Ort vorbehalten muss.

Im December 1822.

---

ALLGEMEINE AUFLÖSUNG DER AUFGABE

# DIE THEILE EINER GEGEBENEN FLÄCHE

## AUF EINER ANDERN GEGEBENEN FLÄCHE SO ABZUBILDEN DASS DIE ABBILDUNG DEM ABGEBILDETEN IN DEN KLEINSTEN THEILEN ÄHNLICH WIRD.

---

1.

Die Natur einer krummen Fläche wird durch eine Gleichung zwischen den sich auf jeden Punkt derselben beziehenden Coordinaten $x, y, z$ bestimmt. Vermöge dieser Gleichung kann jede dieser drei veränderlichen Grössen wie eine Function der beiden andern betrachtet werden. Noch allgemeiner ist es, noch zwei neue veränderliche Grössen $t, u$ einzuführen, und jede der $x, y, z$ als eine Function von $t$ und $u$ darzustellen, wodurch, wenigstens allgemein zu reden, bestimmte Werthe von $t$ und $u$ allemal einem bestimmten Punkte der Oberfläche angehören, und umgekehrt.

2.

In Beziehung auf eine zweite krumme Fläche sollen $X, Y, Z, T, U$ ähnliche Bedeutungen haben, wie resp. $x, y, z, t, u$ in Beziehung auf die erstere.

3.

Die erste Fläche auf der zweiten *abbilden* heisst. ein Gesetz festsetzen, nach welchem einem jeden Punkte der ersten Fläche ein bestimmter Punkt der zweiten entsprechen soll. Dieses wird dadurch geschehen, dass $T$ und $U$ bestimmten Functionen der zwei veränderlichen Grössen $t$ und $u$ gleich gesetzt werden.

Insofern die Abbildung gewissen Bedingungen Genüge leisten soll, werden diese Functionen nicht mehr willkürlich sein dürfen. Indem dadurch auch $X$, $Y$, $Z$ zu Functionen von $t$ und $u$ werden, müssen diese Functionen, neben der Bedingung, welche die Natur der zweiten Fläche vorschreibt, auch noch derjenigen Genüge leisten, welche in der Abbildung erfüllt werden soll.

4.

Die Aufgabe der königlichen Gesellschaft der Wissenschaften schreibt vor, dass die Abbildung dem Abgebildeten in den kleinsten Theilen ähnlich sein soll. Es kommt zuvörderst darauf an, diese Bedingung analytisch auszudrücken.

Aus der Differentiation der Functionen von $t, u$, durch welche $x, y, z, X, Y, Z$ ausgedrückt werden, mögen folgende Gleichungen hervorgehen:

$$\begin{aligned} \mathrm{d}x &= a\,\mathrm{d}t + a'\mathrm{d}u \\ \mathrm{d}y &= b\,\mathrm{d}t + b'\mathrm{d}u \\ \mathrm{d}z &= c\,\mathrm{d}t + c'\mathrm{d}u \\ \mathrm{d}X &= A\,\mathrm{d}t + A'\mathrm{d}u \\ \mathrm{d}Y &= B\,\mathrm{d}t + B'\mathrm{d}u \\ \mathrm{d}Z &= C\,\mathrm{d}t + C'\mathrm{d}u \end{aligned}$$

Die vorgeschriebene Bedingung erfordert, erstlich, dass alle von Einem Punkte der ersten Fläche ausgehende und in ihr liegende unendlich kleine Linien den ihnen entsprechenden Linien der zweiten Fläche proportional sind, und zweitens, dass jene unter sich dieselben Winkel machen, wie diese.

Ein solches Linear-Element auf der ersten Fläche wird

$$= \sqrt{((aa+bb+cc)\mathrm{d}t^2 + 2(aa'+bb'+cc')\mathrm{d}t.\mathrm{d}u + (a'a'+b'b'+c'c')\mathrm{d}u^2)}$$

und das entsprechende auf der zweiten Fläche

$$= \sqrt{((AA+BB+CC)\mathrm{d}t^2 + 2(AA'+BB'+CC')\mathrm{d}t.\mathrm{d}u + (A'A'+B'B'+C'C')\mathrm{d}u^2)}$$

Sollen beide, unabhängig von $\mathrm{d}t$ und $\mathrm{d}u$, in einem bestimmten Verhältniss zu einander stehen, so müssen offenbar die drei Grössen

$$aa+bb+cc, \quad aa'+bb'+cc', \quad a'a'+b'b'+c'c'$$

respective den drei folgenden proportional sein:

$$AA+BB+CC, \quad AA'+BB'+CC', \quad A'A'+B'B'+C'C'$$

Wenn den Endpunkten eines zweiten Elements auf der ersten Fläche die Werthe

$$t, u \quad \text{und} \quad t+\delta t, u+\delta u$$

entsprechen, so ist der Cosinus des Winkels, welchen dasselbe mit dem ersten Elemente macht,

$$= \frac{(a\,\mathrm{d}t+a'\mathrm{d}u)(a\delta t+a'\delta u)+(b\,\mathrm{d}t+b'\mathrm{d}u)(b\delta t+b'\delta u)+(c\,\mathrm{d}t+c'\mathrm{d}u)(c\delta t+c'\delta u)}{\sqrt{((a\,\mathrm{d}t+a'\mathrm{d}u)^2+(b\,\mathrm{d}t+b'\mathrm{d}u)^2+(c\,\mathrm{d}t+c'\mathrm{d}u)^2).((a\delta t+a'\delta u)^2+(b\delta t+b'\delta u)^2+(c\delta t+c'\delta u)^2)}}$$

und für den Cosinus des Winkels zwischen den correspondirenden Elementen auf der zweiten Fläche ergibt sich ein ganz ähnlicher Ausdruck, wenn nur $a, b, c, a', b', c'$ in $A, B, C, A', B', C'$ verwandelt werden. Offenbar werden beide Ausdrücke einander gleich, wenn die obige Proportionalität Statt findet, und die zweite Bedingung wird daher schon mit in der ersten begriffen, welches auch bei einigem Nachdenken von selbst klar ist.

Der analytische Ausdruck der Bedingung unserer Aufgabe ist demnach, dass

$$\frac{AA+BB+CC}{aa+bb+cc} = \frac{AA'+BB'+CC'}{aa'+bb'+cc'} = \frac{A'A'+B'B'+C'C'}{a'a'+b'b'+c'c'}$$

werden muss, welches eine endliche Function von $t$ und $u$ sein wird, die wir $= mm$ setzen wollen. Es drückt dann $m$ das Verhältniss aus, in welchem die Lineargrössen auf der ersten Fläche in ihrer Abbildung auf der zweiten vergrössert oder verkleinert werden (je nachdem $m$ grösser oder kleiner ist als 1). Dieses Verhältniss wird, allgemein zu reden, nach den Stellen verschieden sein: in dem speciellen Falle, wo $m$ constant ist, wird eine vollkommene Aehnlichkeit auch in den endlichen Theilen, und wenn überdiess $m = 1$ ist, wird eine vollkommene Gleichheit Statt finden, und die eine Fläche sich auf die andere abwickeln lassen.

### 5.

Indem wir Kürze halber

$$(aa+bb+cc)\,\mathrm{d}t^2+2(aa'+bb'+cc')\,\mathrm{d}t\,.\,\mathrm{d}u+(a'a'+b'b'+c'c')\,\mathrm{d}u^2 = \omega$$

setzen, bemerken wir, dass die Differentialgleichung $\omega = 0$ *zwei* Integrationen zulassen wird. Indem man nemlich das Trinomium $\omega$ in zwei, in Beziehung auf

$\mathrm{d}t$ und $\mathrm{d}u$ lineare, Factoren zerlegt, muss entweder der eine oder der andere Factor $= 0$ werden, welches zwei verschiedene Integrationen geben wird. Die eine Integration wird der Gleichung

$$0 = (aa+bb+cc)\mathrm{d}t$$
$$+\{aa'+bb'+cc'+i\sqrt{((aa+bb+cc)(a'a'+b'b'+c'c')-(aa'+bb'+cc')^2)}\}\mathrm{d}u$$

entsprechen (wo $i$ Kürze halber für $\sqrt{-1}$ geschrieben ist, indem man sich leicht überzeugt, dass der irrationale Theil des Ausdrucks imaginär werden muss); die andere einer ganz ähnlichen Gleichung, wenn nur $i$ mit $-i$ vertauscht wird. Ist also das Integral der erstern Gleichung dieses:

$$p+iq = \text{Const.}$$

wo $p$ und $q$ reelle Functionen von $t$ und $u$ bedeuten, so wird das andere Integral

$$p-iq = \text{Const.}$$

und die Natur der Sache wird es mit sich bringen, dass

$$(\mathrm{d}p+i\mathrm{d}q).(\mathrm{d}p-i\mathrm{d}q) \quad \text{oder} \quad \mathrm{d}p^2+\mathrm{d}q^2$$

ein Factor von $\omega$, oder

$$\omega = n(\mathrm{d}p^2+\mathrm{d}q^2)$$

werden muss, wo $n$ eine endliche Function von $t$ und $u$ sein wird.

Wir wollen nun das Trinomium, in welches

$$\mathrm{d}X^2+\mathrm{d}Y^2+\mathrm{d}Z^2$$

übergeht, wenn für $\mathrm{d}X$, $\mathrm{d}Y$, $\mathrm{d}Z$ ihre Werthe durch $T$, $U$, $\mathrm{d}T$, $\mathrm{d}U$ substituirt werden, durch $\Omega$ bezeichnen, und annehmen, dass auf ähnliche Weise, wie vorher, die beiden Integrale der Gleichung $\Omega = 0$ diese seien:

$$P+iQ = \text{Const.}$$
$$P-iQ = \text{Const.}$$

und

$$\Omega = N(\mathrm{d}P^2+\mathrm{d}Q^2)$$

wo $P$, $Q$, $N$ reelle Functionen von $T$ und $U$ bedeuten werden.

Diese Integrationen lassen sich (die allgemeinen Schwierigkeiten des Integrirens bei Seite gesetzt) offenbar vor der Auflösung unserer Hauptaufgabe ausführen.

Wenn nun für $T$, $U$ solche Functionen von $t$, $u$ substituirt werden, wobei die Bedingung unsrer Hauptaufgabe erfüllt wird, so geht $\Omega$ in $mm\omega$ über, und es wird

$$\frac{(\mathrm{d}P+i\mathrm{d}Q).(\mathrm{d}P-i\mathrm{d}Q)}{(\mathrm{d}p+i\mathrm{d}q).(\mathrm{d}p-i\mathrm{d}q)}=\frac{mmn}{N}$$

Man sieht aber leicht, dass der Zähler im ersten Theile dieser Gleichung durch den Nenner nur dann theilbar sein kann, wenn

entweder $\mathrm{d}P+i\mathrm{d}Q$ durch $\mathrm{d}p+i\mathrm{d}q$, und $\mathrm{d}P-i\mathrm{d}Q$ durch $\mathrm{d}p-i\mathrm{d}q$,
oder $\mathrm{d}P+i\mathrm{d}Q$ durch $\mathrm{d}p-i\mathrm{d}q$, und $\mathrm{d}P-i\mathrm{d}Q$ durch $\mathrm{d}p+i\mathrm{d}q$

theilbar ist. Im ersteren Falle wird demnach $\mathrm{d}P+i\mathrm{d}Q$ verschwinden, wenn $\mathrm{d}p+i\mathrm{d}q=0$, oder $P+iQ$ wird constant werden, wenn $p+iq$ constant angenommen wird, d. i. $P+iQ$ wird bloss Function von $p+iq$ sein, und eben so $P-iQ$ Function von $p-iq$. Im andern Falle wird $P+iQ$ Function von $p-iq$, und $P-iQ$ Function von $p+iq$ sein. Es ist leicht einzusehen, dass diese Folgerungen auch umgekehrt gelten, nemlich dass, wenn für $P+iQ$, $P-iQ$ Functionen von $p+iq$, $p-iq$ (entweder respective, oder verkehrt) angenommen werden, die endliche Theilbarkeit des $\Omega$ durch $\omega$, und sonach die oben erforderlich gefundene Proportionalität Statt haben wird.

Man überzeugt sich übrigens leicht, dass wenn z. B.

$$P+iQ=f(p+iq)$$
$$P-iQ=f'(p-iq)$$

gesetzt werden, die Beschaffenheit der Function $f'$ schon durch die von $f$ bedingt wird. Wenn nemlich unter den constanten Grössen, welche letztere etwa involviren mag, keine andere als reelle befindlich sind, so wird die andere $f'$ mit der $f$ ganz identisch sein müssen, damit jedesmal reellen Werthen von $p$, $q$ reelle Werthe von $P$, $Q$ entsprechen; im entgegengesetzten Falle wird sich $f'$ von $f$ nur dadurch unterscheiden, dass in den imaginären Elementen von $f$ statt $i$ überall das entgegengesetzte $-i$ gesetzt werden muss.

Man hat hiernächst

$$P = \tfrac{1}{2}f(p+iq) + \tfrac{1}{2}f'(p-iq)$$
$$iQ = \tfrac{1}{2}f(p+iq) - \tfrac{1}{2}f'(p-iq)$$

oder, was dasselbe ist, indem die Function $f$ ganz willkürlich angenommen wird (nach Gefallen mit Inbegriff constanter imaginärer Elemente), wird $P$ dem reellen und $iQ$ (bei der zweiten Auflösung $-iQ$) dem imaginären Theile von $f(p+iq)$ gleich gesetzt, und hieraus sodann vermittelst der Elimination $T$ und $U$ in der Gestalt von Functionen von $t$ und $u$ dargestellt werden. Hiedurch ist die vorgegebene Aufgabe ganz allgemein und vollständig aufgelöst.

6.

Wenn $p'+iq'$ eine beliebige bestimmte Function von $p+iq$ vorstellt (indem $p'$, $q'$ reelle Functionen von $p$, $q$ sind), so sieht man leicht, dass auch

$$p'+iq' = \text{Const.} \quad \text{und} \quad p'-iq' = \text{Const.}$$

die Integrale der Differentialgleichung $\omega = 0$ darstellen; in der That werden jene mit den obigen

$$p+iq = \text{Const.} \quad \text{und} \quad p-iq = \text{Const.}$$

resp. ganz gleichbedeutend sein. Eben so werden die Integrale der Differentialgleichung $\Omega = 0$

$$P'+iQ' = \text{Const.} \quad \text{und} \quad P'-iQ' = \text{Const.}$$

mit den obigen

$$P+iQ = \text{Const.} \quad \text{und} \quad P-iQ = \text{Const.}$$

ganz gleichbedeutend sein, wenn $P'+iQ'$ eine beliebige bestimmte Function von $P+iQ$ vorstellt (indem $P'$, $Q'$ reelle Functionen von $P$, $Q$ sind). Es erhellet hieraus, dass in der allgemeinen Auflösung unsrer Aufgabe, welche wir im vorhergehenden Artikel gegeben haben, auch $p'$, $q'$ die Stelle von $p$, $q$; und $P'$, $Q'$ die Stelle von $P$, $Q$ resp. vertreten können. Wenn gleich die Allgemeinheit der Auflösung durch eine solche Abänderung nichts gewinnt, so kann doch zuweilen für die Anwendung eine Form zu diesem, die andere zu jenem Zweck bequemer sein.

7.

Wenn die Functionen, welche aus der Differentiation der willkürlichen Functionen $f, f'$ entspringen, durch $\varphi$ und $\varphi'$ resp. bezeichnet werden, so dass $d.f\upsilon = \varphi\upsilon . d\upsilon$, $d.f'\upsilon = \varphi'\upsilon . d\upsilon$, so wird in Folge unsrer allgemeinen Auflösung

$$\frac{dP+idQ}{dp+idq} = \varphi(p+iq), \quad \frac{dP-idQ}{dp-idq} = \varphi'(p-iq)$$

also

$$\frac{mmn}{N} = \varphi(p+iq) . \varphi'(p-iq)$$

Das Vergrösserungsverhältniss bestimmt sich daher durch die Formel

$$m = \sqrt{\left\{\frac{dp^2+dq^2}{\omega} \cdot \frac{\Omega}{dP^2+dQ^2} \cdot \varphi(p+iq) \cdot \varphi'(p-iq)\right\}}$$

8.

Wir wollen nun noch unsre allgemeine Auflösung mit einigen Beispielen erläutern, wodurch sowohl die Art der Anwendung, als die Beschaffenheit einiger dabei noch in Betracht kommenden Umstände am besten ins Licht gesetzt werden wird.

Es seien zuvörderst beide Flächen Ebnen, wo wir

$$x = t, \quad y = u, \quad z = 0$$
$$X = T, \quad Y = U, \quad Z = 0$$

werden setzen können. Die Differentialgleichung

$$\omega = dt^2 + du^2 = 0$$

gibt hier die beiden Integrale

$$t+iu = \text{Const.}, \quad t-iu = \text{Const.}$$

und eben so sind die beiden Integrale der Gleichung $\Omega = dT^2 + dU^2 = 0$, folgende:

$$T+iU = \text{Const.}, \quad T-iU = \text{Const.}$$

Die beiden allgemeinen Auflösungen der Aufgabe sind demnach:

$$\text{I.} \quad T+iU = f(t+iu), \quad T-iU = f'(t-iu)$$
$$\text{II.} \quad T+iU = f(t-iu), \quad T-iU = f'(t+iu)$$

Dieses Resultat lässt sich auch so ausdrücken: Indem die Charakteristik $f$ eine beliebige Function bedeutet, hat man den reellen Theil von $f(x+iy)$ für $X$, und den imaginären Theil, mit Weglassung des Factors $i$, entweder für $Y$ oder für $-Y$ anzunehmen.

Gebraucht man die Charakteristiken $\varphi$, $\varphi'$ in der Bedeutung des Art. 7 und setzt

$$\varphi(x+iy) = \xi + i\eta, \quad \varphi'(x-iy) = \xi - i\eta$$

wo offenbar $\xi$ und $\eta$ reelle Functionen von $x$ und $y$ sein werden, so hat man, in der *ersten* Auflösung,

$$\begin{aligned} dX+idY &= (\xi+i\eta)(dx+idy) \\ dX-idY &= (\xi-i\eta)(dx-idy) \end{aligned}$$

und folglich

$$\begin{aligned} dX &= \xi dx - \eta dy \\ dY &= \eta dx + \xi dy \end{aligned}$$

Macht man nun

$$\begin{aligned} \xi &= \sigma.\cos\gamma, & \eta &= \sigma.\sin\gamma \\ dx &= ds.\cos g, & dy &= ds.\sin g \\ dX &= dS.\cos G, & dY &= dS.\sin G \end{aligned}$$

so dass $ds$ ein Linearelement in der ersten Ebne, $g$ dessen Neigung gegen die Abscissenlinie, $dS$ das correspondirende Linearelement in der zweiten Ebne und $G$ dessen Neigung gegen die Abscissenlinie bedeutet, so geben die obigen Gleichungen

$$\begin{aligned} dS.\cos G &= \sigma.ds.\cos(g+\gamma) \\ dS.\sin G &= \sigma.ds.\sin(g+\gamma) \end{aligned}$$

und folglich, wenn man, was erlaubt ist, $\sigma$ als positiv betrachtet,

$$dS = \sigma.ds, \quad G = g+\gamma$$

Man sieht also (in Uebereinstimmung mit Art. 7), dass $\sigma$ das Verhältniss der Vergrösserung des Elements $ds$ in der Darstellung $dS$ vorstellt, und, wie gehörig, von $g$ unabhängig ist; und eben so zeigt die Unabhängigkeit des Winkels $\gamma$ von $g$, dass alle von einem Punkte ausgehende Linearelemente in der ersten Ebne durch Elemente in der zweiten Ebne dargestellt werden, die unter sich und, wie wir hinzufügen können, *in demselben Sinn*, dieselben Winkel bilden, wie jene.

Wählt man für $f$ eine linearische Function, so dass $f\upsilon = A+B\upsilon$, wo die constanten Coëfficienten von der Form sind

$$A = a+bi, \quad B = c+ei$$

so wird
$$\varphi\upsilon = B = c+ei$$
also
$$\sigma = \sqrt{(cc+ee)}, \quad \gamma = \text{Arc.tang}\frac{e}{c}$$

Das Vergrösserungsverhältniss ist folglich in allen Punkten constant, und die Darstellung dem Dargestellten durchaus ähnlich.

Für jede andere Function $f$ wird (wie man leicht beweisen kann) das Vergrösserungsverhältniss nicht constant sein, und die Aehnlichkeit also nur in den kleinsten Theilen Statt finden können.

Sind die Plätze, welche einer bestimmten Anzahl von gegebnen Punkten der ersten Ebne in der Darstellung entsprechen sollen, vorgeschrieben, so kann man leicht nach der gemeinen Interpolationsmethode die einfachste algebraische Function $f$ finden, wodurch diese Bedingung erfüllt wird. Bezeichnet man nemlich die Werthe von $x+iy$ für die gegebnen Punkte durch $a, b, c$ u. s. w., und die correspondirenden Werthe von $X+iY$ durch $A, B, C$ u. s. w., so wird man

$$f\upsilon = \frac{(\upsilon-b)(\upsilon-c)\ldots}{(a-b)(a-c)\ldots}.A+\frac{(\upsilon-a)(\upsilon-c)\ldots}{(b-a)(b-a)\ldots}.B+\frac{(\upsilon-a)(\upsilon-b)\ldots}{(c-a)(c-b)\ldots}.C+\text{etc.}$$

setzen müssen, welches eine algebraische Function von $\upsilon$ ist, deren Ordnung um eine Einheit kleiner ist, als die Anzahl der vorgegebnen Punkte. Für zwei Punkte, wo die Function linearisch wird, findet folglich vollkommene Aehnlichkeit Statt.

Man kann von diesem Verfahren in der Geodäsie eine nützliche Anwendung machen, um eine auf mittelmässige Messungen gegründete Karte, die im kleinen Detail gut, aber im Ganzen etwas verzerrt ist, in eine bessere zu verwandeln, wenn man die richtige Lage einer Anzahl von Punkten kennt. Es versteht sich jedoch, dass man bei einer solchen Umformung nicht viel über die Gegend hinausgehen darf, welche letztere Punkte umfassen.

Wenn man die *zweite* Auflösung auf dieselbe Art durchführt, so findet man, dass der ganze Unterschied nur darin besteht, dass die Aehnlichkeit eine verkehrte ist, indem alle Elemente in der Darstellung zwar eben so grosse Winkel mit einander machen, wie im Dargestellten, aber in verkehrtem Sinn, so dass dort rechts liegt, was hier links ist. Dieser Unterschied ist aber kein wesentlicher, und verschwindet, wenn man in der einen Ebne diejenige Seite, welche man vorher als obere betrachtete, zur untern macht. Diese letztre Bemerkung lässt sich übrigens allemal in Anwendung bringen, wenn die eine der beiden Flächen eine Ebne ist, daher wir in den folgenden Beispielen dieser Art uns bloss auf die erste Auflösung beschränken können.

9.

Wir wollen nun (als zweites Beispiel) die Darstellung der Fläche eines geraden Kegels in der Ebne betrachten. Als Gleichung der erstern nehmen wir an

$$xx+yy-kkzz=0$$

wo wir ferner

$$x=kt\cos u$$
$$y=kt\sin u$$
$$z=t$$

und wie vorhin $Y=T$, $Y=U$, $Z=0$ setzen.

Die Differentialgleichung

$$\omega=(kk+1)\mathrm{d}t^2+kktt\mathrm{d}u^2=0$$

gibt hier die beiden Integrale

$$\log t\pm i\sqrt{\frac{kk}{kk+1}}\cdot u=\text{Const.}$$

Wir haben demnach die Auflösung

$$X+iY=f(\log t+i\sqrt{\frac{kk}{kk+1}}\cdot u)$$
$$X-iY=f'(\log t-i\sqrt{\frac{kk}{kk+1}}\cdot u)$$

d. i. es wird, indem $f$ eine willkürliche Function bedeutet, für $X$ der reelle Theil von

$$f(\log t+i\sqrt{\frac{kk}{kk+1}}\cdot u)$$

und für $Y$ der imaginäre, nach Weglassung des Factors $i$, angenommen.

Setzt man für $f$ z.B. eine Exponentialgrösse, nemlich

$$f\upsilon = he^{\upsilon}$$

wo $h$ constant ist und $e$ die Basis der hyperbolischen Logarithmen bedeutet, so hat man die einfachste Darstellung

$$X = ht\cos\sqrt{\frac{kk}{kk+1}}.u, \qquad Y = ht\sin\sqrt{\frac{kk}{kk+1}}.u$$

Die Anwendung der Formeln des 7. Art. gibt hier

$$n = (kk+1)tt, \qquad N = 1$$

und, da $\varphi\upsilon = \varphi'\upsilon = he^{\upsilon}$,

$$\varphi(\log t + i\sqrt{\frac{kk}{kk+1}}.u).\varphi'(\log t - i\sqrt{\frac{kk'}{kk+1}}.u) = hhtt$$

folglich

$$m = \frac{h}{\sqrt{(kk+1)}}$$

also constant. Macht man also noch

$$h = \sqrt{(kk+1)}$$

so wird die Darstellung eine vollkommne Abwicklung.

## 10.

Es sei drittens die Kugelfläche, deren Halbmesser $= a$, in der Ebne darzustellen. Wir setzen hier

$$x = a\cos t.\sin u$$
$$y = a\sin t.\sin u$$
$$z = a\cos u$$

wodurch wir erhalten

$$\omega = aa\sin u^2 dt^2 + aadu^2$$

Die Differentialformel $\omega = 0$ gibt folglich

$$dt \mp i.\frac{du}{\sin u} = 0$$

und deren Integration

$$t \pm i\log\operatorname{cotang}\tfrac{1}{2}u = \text{Const.}$$

Es wird daher, wenn wir wiederum durch die Charakteristik $f$ eine willkürliche Funktion andeuten, $X$ dem reellen und $iY$ dem imaginären Theile von

$$f(t + i \log \operatorname{cotang} \tfrac{1}{2} u)$$

gleich gesetzt werden müssen. Wir wollen ein Paar specielle Fälle dieser allgemeinen Auflösung anführen.

Wählt man für $f$ eine lineäre Function, indem man $f\upsilon = k\upsilon$ setzt, so wird

$$X = kt, \quad Y = k \log \operatorname{cotang} \tfrac{1}{2} u$$

Auf die Erde angewandt, ist dies, wenn man $t$ die geographische Länge, $90^0 - u$ die Breite bedeuten lässt, offenbar mit Mercators Projection einerlei. Für das Vergrösserungsverhältniss geben hier die Formeln des 7. Artikels

$$m = \frac{k}{a \sin u}$$

Nimmt man für $f$ eine imaginäre Exponentialfunction, und zwar zuerst die einfachste $f\upsilon = ke^{i\upsilon}$, so wird

$$f(t + i \log \operatorname{cotang} \tfrac{1}{2} u) = ke^{\log \operatorname{tang} \frac{1}{2} u + it} = k \operatorname{tang} \tfrac{1}{2} u (\cos t + i \sin t)$$

und

$$X = k \operatorname{tang} \tfrac{1}{2} u \,.\, \cos t, \quad Y = k \operatorname{tang} \tfrac{1}{2} u \,.\, \sin t$$

welches, wie man leicht sieht, die stereographische Polarprojection ist.

Setzt man allgemeiner $f\upsilon = ke^{i\lambda\upsilon}$, so wird

$$X = k \operatorname{tang} \tfrac{1}{2} u^\lambda \,.\, \cos \lambda t, \quad Y = k \operatorname{tang} \tfrac{1}{2} u^\lambda \,.\, \sin \lambda t$$

Für das Vergrösserungsverhältniss erhalten wir hier

$$n = aa \sin u^2, \quad N = 1, \quad \varphi\upsilon = i\lambda k e^{i\lambda\upsilon}$$

und hieraus

$$m = \frac{\lambda k \operatorname{tang} \frac{1}{2} u^\lambda}{a \sin u}$$

Man sieht, dass hier die Darstellung aller Punkte, für welche $u$ constant ist, in Einen Kreis, und die Darstellung aller Punkte, für welche $t$ constant ist, in Eine gerade Linie fällt, wie auch, dass die allen verschiedenen Werthen von $u$ angehörigen Kreise concentrisch sind. Dies gibt eine sehr zweckmässige Kartenprojection, wenn nur ein Theil der Kugelfläche darzustellen ist, und man thut dann am besten, $\lambda$ so zu wählen, dass das Vergrösserungsverhältniss für die äussersten Werthe von $u$ gleich gross wird, wodurch es gegen die Mitte zu seinen kleinsten Werth erhält. Sind diese äussersten Werthe von $u$ diese $u^0$ und $u'$, so wird man demnach setzen müssen:

$$\lambda = \frac{\log \sin u' - \log \sin u^0}{\log \operatorname{tang} \frac{1}{2} u' - \log \operatorname{tang} \frac{1}{2} u^0}$$

Die Blätter von Herrn Professor HARDING's Sternkarten Nr. 19—26 sind nach dieser Projection gezeichnet.

11.

Man kann die allgemeine Auflösung für das im vorhergehenden Artikel behandelte Beispiel noch in einer andern Form aufstellen, die wir ihrer Eleganz wegen hier noch beifügen zu müssen glauben.

In Folge des im 6. Art. Vorgetragenen wird, da

$$\operatorname{tang} \tfrac{1}{2} u (\cos t + i \sin t)$$

eine Function von

$$t + i \log \operatorname{cotang} \tfrac{1}{2} u$$

ist, und

$$\operatorname{tang} \tfrac{1}{2} u (\cos t + i \sin t) = \frac{\sin u \cos t + i \sin u \sin t}{1 + \cos u} = \frac{x + iy}{a + z}$$

die allgemeine Auflösung auch durch

$$X + iY = f \frac{x+iy}{a+z}, \quad X - iY = f' \frac{x-iy}{a+z}$$

dargestellt werden können, d. i. $X$ muss dem reellen und $iY$ dem imaginären Theil von $f \frac{x+iy}{a+z}$ gleich gesetzt werden, indem $f$ eine willkürliche Function bezeichnet. Anstatt $f \frac{x+iy}{a+z}$ kann man, wie man leicht sieht, auch eine willkürliche Function von $\frac{y+iz}{a+x}$, oder von $\frac{z+ix}{a+y}$ nehmen.

12.

Wir wollen viertens die Darstellung der Oberfläche des Revolutions-Ellipsoids in der Ebne betrachten. Es seien $a$ und $b$ die beiden halben Hauptaxen des Ellipsoids, so dass

$$x = a \cos t \sin u$$
$$y = a \sin t \sin u$$
$$z = b \cos u$$

gesetzt werden kann. Hier wird also

$$\omega = aa \sin u^2 \, dt^2 + (aa \cos u^2 + bb \sin u^2) \, du^2$$

und die Differentialformel $\omega = 0$ gibt, wenn wir Kürze halber $\sqrt{(1 - \frac{bb}{aa})} = \varepsilon$ setzen (insofern die Revolutionshalbaxe $b < a$),

$$0 = dt \mp i\,du . \sqrt{(\text{cotang}\, u^2 + 1 - \varepsilon\varepsilon)}$$

Setzt man hier

$$\sqrt{(1 - \varepsilon\varepsilon)} . \text{tang}\, u = \text{tang}\, w$$

wo, bei der Anwendung auf das Erdsphäroid, $90^0 - w$ die geographische Breite und $t$ die Länge vorstellen wird, so verwandelt sich diese Gleichung in

$$0 = dt \mp i\,dw . \frac{1 - \varepsilon\varepsilon}{(1 - \varepsilon\varepsilon \cos w^2) \sin w}$$

deren Integration

$$\text{Const.} = t \pm i \log . \left\{ \text{cotang}\, \tfrac{1}{2} w . \left(\frac{1 - \varepsilon \cos w}{1 + \varepsilon \cos w}\right)^{\frac{1}{2}\varepsilon} \right\}$$

gibt. Man hat daher, indem $f$ eine willkürliche Function bedeutet, für $X$ den reellen und für $iY$ den imaginären Theil von

$$f\left(t + i \log \left\{ \text{cotang}\, \tfrac{1}{2} w . \left(\frac{1 - \varepsilon \cos w}{1 + \varepsilon \cos w}\right)^{\frac{1}{2}\varepsilon} \right\}\right)$$

zu nehmen. — Wählt man für $f$ eine lineäre Function, d. i. $fv = kv$, so wird

$$X = kt, \quad Y = k \log \text{cotang}\, \tfrac{1}{2} w - \tfrac{1}{2} k \varepsilon \log \frac{1 + \varepsilon \cos w}{1 - \varepsilon \cos w}$$

welches eine der Mercatorschen analoge Projection gibt.

Nimmt man hingegen für $f$ eine imaginäre Exponentialfunction $fv = k e^{i\lambda v}$, so wird

$$X = k . \text{tang}\, \tfrac{1}{2} w^\lambda . \left(\frac{1 + \varepsilon \cos w}{1 - \varepsilon \cos w}\right)^{\frac{1}{2}\varepsilon\lambda} . \cos \lambda t, \quad Y = k \,\text{tang}\, \tfrac{1}{2} w^\lambda . \left(\frac{1 + \varepsilon \cos w}{1 - \varepsilon \cos w}\right)^{\frac{1}{2}\varepsilon\lambda} . \sin \lambda t$$

welches, wenn man $\lambda = 1$ setzt, eine der stereographischen Polarprojection analoge, und allgemein, eine zur Darstellung eines Theils der Erdoberfläche, insofern man auf die Abplattung Rücksicht nehmen soll, sehr zweckmässige Projection gibt.

Was über den andern Fall, wo $b > a$ ist, zu sagen ist, lässt sich zwar leicht aus dem vorhergehenden unmittelbar ableiten, wo, wenn man dieselben

Bezeichnungen beibehält, $\varepsilon$ imaginär, aber $(\frac{1+\varepsilon\cos w}{1-\varepsilon\cos w})^{\frac{1}{2}\varepsilon}$ doch wieder reell wird. Der Vollständigkeit wegen wollen wir jedoch die Formeln für diesen Fall noch besonders beifügen, und gleich Anfangs $\sqrt{(\frac{bb}{aa}-1)} = \eta$ setzen. Man hat dann $w$ durch die Gleichung

$$\sqrt{(1+\eta\eta)}.\operatorname{tang} u = \operatorname{tang} w$$

zu bestimmen, und die Differentialgleichung

$$0 = \mathrm{d}t \mp i\mathrm{d}w.\frac{1+\eta\eta}{(1+\eta\eta\cos w^2)\sin w}$$

wird das Integral

$$\text{Const.} = t \pm i(\log\operatorname{cotang}\tfrac{1}{2}w + \eta\operatorname{Arc\,tang.}\eta\cos w)$$

geben, so dass $X$ für den reellen und $iY$ für den imaginären Theil von

$$f(t+i(\log\operatorname{cotang}\tfrac{1}{2}w + \eta\operatorname{Arc\,tang.}\eta\cos w))$$

wird genommen werden müssen. Die Gegenstücke der beiden obigen speciellen Anwendungen ergeben sich hieraus von selbst. Nach der erstern wird

$$X = kt, \quad Y = k\log\operatorname{cotang}\tfrac{1}{2}w + \eta k\operatorname{Arc\,tang.}\eta\cos w$$

nach der andern

$$X = k\operatorname{tang}\tfrac{1}{2}w^\lambda.e^{-\eta\lambda\operatorname{Arc\,tang.}\eta\cos w}.\cos\lambda t$$
$$Y = k\operatorname{tang}\tfrac{1}{2}w^\lambda.e^{-\eta\lambda\operatorname{Arc\,tang.}\eta\cos w}.\sin\lambda t$$

gesetzt werden müssen.

## 13.

Als letztes Beispiel wollen wir die allgemeine Darstellung der Oberfläche des Umdrehungs-Ellipsoids auf der Kugelfläche betrachten. Für jenes wollen wir die Bezeichnungen des vorhergehenden Artikels beibehalten den Halbmesser der Kugelfläche $= A$, und

$$X = A\cos T\sin U$$
$$Y = A\sin T\sin U$$
$$Z = A\cos U$$

setzen. Wenn man hier die allgemeine Auflösung des 5. Artikels zur Anwendung bringt, so findet man, dass, indem $f$ eine willkürliche Function bedeutet, $T$ dem reellen und $i \log \operatorname{cotang} \frac{1}{2} U$ dem imaginären Theile von

$$f(t + i \log\{\operatorname{cotang} \tfrac{1}{2} w . (\tfrac{1-\varepsilon \cos w}{1+\varepsilon \cos w})^{\frac{1}{2}\varepsilon}\})$$

gleich gesetzt werden muss *).

Die einfachste Auflösung wird sein, $f\upsilon = \upsilon$ zu setzen, wodurch

$$T = t, \quad \operatorname{tang} \tfrac{1}{2} U = \operatorname{tang} \tfrac{1}{2} w . (\tfrac{1+\varepsilon \cos w}{1-\varepsilon \cos w})^{\frac{1}{2}\varepsilon}$$

wird. Dies bietet eine für die höhere Geodäsie überaus brauchbare Transformation dar, von welcher Benutzung wir jedoch hier nur einiges und nur kurz andeuten können. Wenn nemlich auf der Oberfläche des Ellipsoids und der Kugel diejenigen Punkte als einander correspondirend angesehen werden, die einerlei Länge haben, und deren Breiten resp. $90^0 - w$, $90^0 - U$, vermöge der angeführten Gleichung zusammenhangen, so entspricht einem System von, verhältnissmässig, kleinen Dreiecken (und das werden diejenigen immer sein, die zur wirklichen Messung dienen können), die auf der Oberfläche des Sphäroids durch kürzeste Linien gebildet werden, auf der Kugelfläche ein System von Dreiecken, deren Winkel den correspondirenden auf dem Sphäroid *genau* gleich sind, und deren Seiten von grössten Kreisbogen so wenig abweichen, dass sie in den meisten Fällen, wo nicht die alleräusserste Schärfe verlangt wird, als damit zusammenfallend betrachtet werden können, so wie auch da, wo die grösste Genauigkeit gefordert wird, die Abweichung vom grössten Kreise leicht mit aller nöthigen Schärfe durch einfache Formeln sich berechnen lässt. Man kann daher das ganze System, nachdem man zuerst eine Dreiecksseite auf die Kugelfläche gehörig übertragen hat, ganz so, als wenn es auf dieser selbst läge, vermittelst der Winkel berechnen, nöthigenfalls mit der eben angedeuteten Modification, für alle Punkte des Systems die Werthe von $T$ und $U$ bestimmen, und von letztern auf die correspondirenden Werthe von $w$ (am einfachsten vermittelst einer äusserst leicht zu construirenden Hülfstafel) zurückgehen.

---

*) Wir übergehen hier theils die zweite Auflösung des 5. Artikels, die sich von der obigen nur durch Vertauschung von $-T$ gegen $+T$ unterscheiden und einer verkehrten Darstellung entsprechen würde, theils den Fall eines länglichen Ellipsoids, dessen Behandlung nach dem, was im vorigen Art. vorgekommen, sich aus der des abgeplatteten von selbst ergibt.

Insofern ein Dreiecksnetz sich doch immer nur über einen sehr mässigen Theil der Erdoberfläche erstreckt, lässt sich der erwähnte Zweck noch vollkommner erreichen, wenn man die allgemeine Auflösung noch etwas generalisirt, und nicht $f\upsilon = \upsilon$, sondern $f\upsilon = \upsilon + Const.$ annimmt. Offenbar würde hiedurch gar nichts gewonnen, wenn man dieser Constante einen reellen Werth beilegte, weil dadurch lediglich $T$ und $t$ um diese Constante verschieden, also nur die Anfangspunkte der Längen ungleich werden würden. Allein ganz anders verhält es sich, wenn man der Constante einen imaginären Werth beilegt. Setzt man dieselbe $= -i \log k$, so wird

$$T = t, \quad \operatorname{tang} \tfrac{1}{2} U = k \operatorname{tang} \tfrac{1}{2} w . \left(\frac{1+\varepsilon \cos w}{1-\varepsilon \cos w}\right)^{\frac{1}{2}\varepsilon}$$

Um hier über den zweckmässigsten Werth von $k$ entscheiden zu können, müssen wir vor allen Dingen das Vergrösserungsverhältniss bestimmen.

Es wird hier, in den Zeichen des 5. und 7. Artikels

$$\begin{aligned} n &= aa \sin u^2 \\ N &= AA \sin U^2 \\ \varphi\upsilon &= 1 \end{aligned}$$

Also

$$m = \frac{A \sin U}{a \sin u} = \frac{A \sin U}{a \sin w} . \sqrt{(1 - \varepsilon\varepsilon \cos w^2)} = \frac{A}{a} . \frac{k (1 - \varepsilon\varepsilon \cos w^2)^{\frac{1}{2} + \frac{1}{2}\varepsilon}}{\cos \frac{1}{2} w^2 (1 - \varepsilon \cos w)^{\varepsilon} + kk \sin \frac{1}{2} w^2 (1 + \varepsilon \cos w)^{\varepsilon}}$$

welches Verhältniss also bloss von der Breite abhängt. Die möglich geringste Abweichung von vollkommner Aehnlichkeit erhält man, wenn man $k$ so bestimmt, dass $m$ für die äussersten Breiten gleich grosse Werthe erhält, wodurch von selbst $m$ bei der mittlern Breite seinem grössten oder kleinsten Werthe sehr nahe sein wird. Bezeichnet man die äussersten Werthe von $w$ durch $w^0$ und $w'$, so erhält man auf diese Weise

$$k = \sqrt{\frac{\dfrac{\cos \frac{1}{2} \omega^{0\,2} (1 - \varepsilon \cos w^0)^{\varepsilon}}{(1 - \varepsilon\varepsilon \cos w^{0\,2})^{\frac{1}{2} + \frac{1}{2}\varepsilon}} - \dfrac{\cos \frac{1}{2} w'^2 (1 - \varepsilon \cos w')^{\varepsilon}}{(1 - \varepsilon\varepsilon \cos w'^2)^{\frac{1}{2} + \frac{1}{2}\varepsilon}}}{\dfrac{\sin \frac{1}{2} w'^2 (1 + \varepsilon \cos w')^{\varepsilon}}{(1 - \varepsilon\varepsilon \cos w'^2)^{\frac{1}{2} + \frac{1}{2}\varepsilon}} - \dfrac{\sin \frac{1}{2} w^{0\,2} (1 + \varepsilon \cos w^0)^{\varepsilon}}{(1 - \varepsilon\varepsilon \cos w^{0\,2})^{\frac{1}{2} + \frac{1}{2}\varepsilon}}}}$$

Um zu erfahren, bei welcher Breite $m$ seinen grössten oder kleinsten Werth erhält, haben wir

$$\frac{\mathrm{d}m}{m} = \operatorname{cotang} U.\mathrm{d}u - \operatorname{cotang} w.\mathrm{d}w + \frac{\varepsilon\varepsilon\cos w.\sin w.\mathrm{d}w}{1-\varepsilon\varepsilon\cos w^2}$$

$$\frac{\mathrm{d}U}{\sin U} = \frac{\mathrm{d}w}{\sin w} - \frac{\varepsilon\varepsilon\sin w.\mathrm{d}w}{1-\varepsilon\varepsilon\cos w^2} = \frac{(1-\varepsilon\varepsilon)\mathrm{d}w}{(1-\varepsilon\varepsilon\cos w^2)\sin w}$$

und hieraus

$$\frac{\mathrm{d}m}{m} = \frac{(1-\varepsilon\varepsilon)\mathrm{d}w}{\sin w(1-\varepsilon\varepsilon\cos w^2)}.(\cos U - \cos w)$$

Hieraus erhellt, dass $m$ da seinen grössten oder kleinsten Werth erhält, wo $U = w$ wird; bezeichnet man den Werth von $w$ an dieser Stelle durch $W$, so wird

$$k = \left(\frac{1-\varepsilon\cos W}{1+\varepsilon\cos W}\right)^{\frac{1}{2}\varepsilon} \quad \text{oder} \quad \cos W = \frac{1-k^{\frac{2}{\varepsilon}}}{\varepsilon(1+k^{\frac{2}{\varepsilon}})}$$

woraus man $W$ bestimmen kann, wenn $k$ nach der obigen Formel berechnet ist. Für die Ausübung wird inzwischen auf die ganz genaue Gleichheit der Werthe von $m$ an den äussersten Breiten wenig ankommen, und man kann sich begnügen, für $90^0 - W$ ungefähr die mittlere Breite zu wählen, und daraus $k$ abzuleiten. Den allgemeinen Zusammenhang zwischen $U$ und $w$ gibt dann die Formel

$$\operatorname{tang}\tfrac{1}{2}U = \operatorname{tang}\tfrac{1}{2}w\left\{\frac{(1-\varepsilon\cos W)(1+\varepsilon\cos w)}{(1+\varepsilon\cos W)(1-\varepsilon\cos w)}\right\}^{\frac{1}{2}\varepsilon}$$

Zur wirklichen numerischen Berechnung ist es jedoch vortheilhafter, Reihen anzuwenden, denen man verschiedene Formen geben kann, bei deren Entwicklung wir uns aber hier nicht aufhalten.

Da man übrigens leicht sieht, dass für $w < W$, $U > w$, also $\cos U - \cos w$ und mithin auch $\frac{\mathrm{d}m}{\mathrm{d}w}$ negativ; und für $w > W$, $U < w$, mithin $\frac{\mathrm{d}m}{\mathrm{d}w}$ positiv wird, so ist klar, dass für $w = U = W$ der Werth von $m$ allemal ein Minimum wird, und zwar

$$= \frac{A}{a}\sqrt{(1-\varepsilon\varepsilon\cos W^2)}$$

Wählt man also den Halbmesser der Kugel $A = \frac{a}{\sqrt{(1-\varepsilon\varepsilon\cos W^2)}}$, so ist die Darstellung unendlich kleiner Theile des Ellipsoids bei der Breite $90^0 - W$ dem Urbilde nicht bloss ähnlich, sondern gleich, bei andern Breiten aber grösser.

Man kann den Logarithmen von $m$ mit Vortheil in eine nach den Potenzen von $\cos U - \cos W$ fortlaufende Reihe entwickeln, deren erste für die Ausübung zureichende Glieder diese sind

$$\log\text{hyp}.\,m = \log\{\tfrac{A}{a}\sqrt{(1-\varepsilon\varepsilon\cos W^2)}\} + \frac{\varepsilon\varepsilon}{2(1-\varepsilon\varepsilon)}.(\cos U - \cos W)^2$$
$$- \frac{2\varepsilon^4\cos W}{3(1-\varepsilon\varepsilon)^2}.(\cos U - \cos W)^3 \ldots.$$

Wenn also z. B. die Dänische Monarchie innerhalb der Grenzen der Breite $53^0$ und $58^0$ auf diese Weise auf die Kugelfläche übertragen und $W = 34^0 30'$ gesetzt wird, so wird bei der Abplattung $\frac{1}{303}$ die Darstellung an den Grenzen, linearisch gerechnet, nur um $\frac{1}{530000}$ vergrössert.

Wir müssen uns hier damit begnügen, nur eine kurze Andeutung von *einer* Benutzungsart des Uebertragens der Figuren in der höhern Geodäsie gegeben zu haben, und eine angemessenere Ausführung für einen andern Ort versparen.

14.

Es bleibt uns noch übrig, einen in unsrer allgemeinen Auflösung vorkommenden Umstand hier etwas ausführlicher zu betrachten. Wir haben im 5. Artikel gezeigt, dass allemal zwei Auflösungen statt finden, indem entweder $P+iQ$ einer Function von $p+iq$, und $P-iQ$ einer Function von $p-iq$ gleich werden muss; oder $P+iQ$ einer Function von $p-iq$, und $P-iQ$ einer Function von $p+iq$. Wir wollen nun noch zeigen, dass allemal bei der einen Auflösung die Theile in der Darstellung zugleich eine ähnliche Lage haben, wie im Dargestellten; bei der andern Auflösung hingegen verkehrt liegen; zugleich wollen wir das Criterium angeben, nach welchem dieses a priori unterschieden werden kann.

Zuvörderst bemerken wir, dass von vollkommner oder verkehrter Aehnlichkeit nur insofern die Rede sein kann, als an jeder der beiden Flächen zwei Seiten unterschieden werden, wovon die eine als die obere, die andere als die untere betrachtet wird. Da dieses an sich etwas willkürliches ist, so sind beide Auflösungen gar nicht wesentlich verschieden, und eine verkehrte Aehnlichkeit wird zur vollkommnen, sobald man bei der einen Fläche die vorher als obere betrachtete Seite zur untern macht. Bei unsrer Auflösung konnte daher diese Unterscheidung gar nicht vorkommen, da die Flächen bloss durch die Coordinaten ihrer Punkte bestimmt wurden. Will man auf diesen Unterschied eingehen, so muss zuvor die Natur der Flächen auf eine andere Art festgelegt werden, welche ihn mit in sich fasst. Zu diesem Zweck wollen wir annehmen, dass die Natur der ersten Fläche durch die Gleichung $\psi = 0$ bestimmt werde, wo $\psi$ eine gegebne einförmige Function von $x, y, z$ ist. In allen Punkten der Fläche wird also der

Werth von $\psi$ verschwinden, und in allen Punkten des Raumes, welche der Fläche nicht angehören, wird er nicht verschwinden. Bei einem Durchgange durch die Fläche wird also, wenigstens allgemein zu reden, der Werth von $\psi$ aus dem Positiven ins Negative, bei dem entgegengesetzten aus dem Negativen ins Positive übergehen, oder auf der einen Seite der Fläche wird der Werth von $\psi$ positiv, auf der andern negativ sein: die erstere wollen wir als die obere, die andere als die untere betrachten. Ganz eben so soll es bei der zweiten Fläche gehalten werden, indem ihre Natur durch die Gleichung $\Psi = 0$ bestimmt wird, wo $\Psi$ eine gegebne einförmige Function der Coordinaten $X, Y, Z$ ist. Es gebe ferner die Differentiation

$$d\psi = e\,dx + g\,dy + h\,dz$$
$$d\Psi = E\,dX + G\,dY + H\,dZ$$

wo $e, g, h$ Functionen von $x, y, z$ und $E, G, H$ Functionen von $X, Y, Z$ sein werden.

Da die Betrachtungen, durch welche wir zu dem vorgesetzten Ziele gelangen müssen, obwohl an sich nicht schwierig, doch etwas ungewöhnlicher Art sind, so wollen wir uns bemühen, ihnen die grösste Klarheit zu geben. Wir wollen zwischen den beiden einander entsprechenden Darstellungen auf den Flächen, deren Gleichungen $\psi = 0$ und $\Psi = 0$ sind, sechs Zwischen-Darstellungen in der Ebne annehmen, so dass acht verschiedene Darstellungen in Betracht kommen, nemlich

| | indem als correspondirend betrachtet werden die Punkte, deren Coordinaten resp. = |
|---|---|
| 1ˢ das Urbild in der Fläche, deren Gleichung $\psi = 0$ . . | $x, y, z$ |
| 2ˢ Darstellung in der Ebne . . . . . . . . . . . . . . . . . . . . . | $x, y, 0$ |
| 3ˢ „ „ „ „ . . . . . . . . . . . . . . . . . . . . . | $t, u, 0$ |
| 4ˢ „ „ „ „ . . . . . . . . . . . . . . . . . . . . . | $p, q, 0$ |
| 5ˢ „ „ „ „ . . . . . . . . . . . . . . . . . . . . . | $P, Q, 0$ |
| 6ˢ „ „ „ „ . . . . . . . . . . . . . . . . . . . . . | $T, U, 0$ |
| 7ˢ „ „ „ „ . . . . . . . . . . . . . . . . . . . . . | $X, Y, 0$ |
| 8ˢ Abbildung in der Fläche, deren Gleichung $\Psi = 0$ . . | $X, Y, Z$ |

Wir wollen nun diese verschiednen Darstellungen unter einander lediglich in Beziehung auf die gegenseitige *Lage* der unendlich kleinen Linearelemente vergleichen, indem wir das Grössenverhältniss ganz bei Seite setzen; als ähnlichliegend werden also zwei Darstellungen betrachtet, wenn von zwei aus Einem Punkte ausgehenden Linearelementen dem in der einen Darstellung rechts liegenden auch in der andern das rechts liegende entspricht; im entgegengesetzten Falle werden sie verkehrtliegende heissen. Bei der Ebne, von Nro. 2—7 wird immer die Seite, wo die positiven Werthe der dritten Coordinate liegen, als die obere betrachtet; bei der ersten und letzten Fläche hingegen ist die Unterscheidung der obern und untern Seite bloss von dem positiven oder negativen Werthe von $\psi$ und $\Psi$ abhängig, wie schon oben festgesetzt ist.

Hier ist nun zuvörderst klar, dass für jede Stelle der ersten Fläche, wo man bei ungeändertem $x$ und $y$ durch ein positives Increment von $z$ auf deren obere Seite kommt, die Darstellung in 2 mit der in 1 ähnlichliegend sein wird; dies wird also offenbar überall zutreffen, wo $h$ positiv ist; und das Gegentheil wird bei einem negativen $h$ eintreten, wo die Darstellungen verkehrt liegend sein werden.

Auf dieselbe Weise werden die Darstellungen in 7 und 8 ähnlich liegend oder verkehrt liegend sein, jenachdem $H$ positiv oder negativ ist.

Um die Darstellungen in 2 und 3 unter sich zu vergleichen, sei in der erstern $\mathrm{d}s$ die Länge einer unendlich kleinen Linie von dem Punkte, dessen Coordinaten $x, y$, zu einem andern, dessen Coordinaten $x+\mathrm{d}x$, $y+\mathrm{d}y$ sind, und $l$ dessen Neigung gegen die Abscissenlinie wachsend in dem Sinn, in welchem man von der Axe der $x$ zu der Axe der $y$ übergeht, also

$$\mathrm{d}x = \mathrm{d}s.\cos l, \quad \mathrm{d}y = \mathrm{d}s.\sin l$$

In der Darstellung 3 sei $\mathrm{d}\sigma$ die Grösse der Linie, welche der $\mathrm{d}s$ entspricht, und ihre Neigung zur Abscissenlinie, wie vorhin verstanden, $\lambda$, so dass

$$\mathrm{d}t = \mathrm{d}\sigma.\cos\lambda, \quad \mathrm{d}u = \mathrm{d}\sigma.\sin\lambda$$

Man hat also, in den Bezeichnungen des 4. Artikels

$$\mathrm{d}s.\cos l = \mathrm{d}\sigma(a\cos\lambda + a'\sin\lambda)$$
$$\mathrm{d}s.\sin l = \mathrm{d}\sigma(b\cos\lambda + b'\sin\lambda)$$

folglich

$$\operatorname{tang} l = \frac{b\cos\lambda + b'\sin\lambda}{a\cos\lambda + a'\sin\lambda}$$

Betrachtet man nun $x$ und $y$ als constant, und $l$, $\lambda$ als veränderlich, so gibt die Differentiation

$$\frac{\mathrm{d}l}{\mathrm{d}\lambda} = \frac{ab'-ba'}{(a\cos\lambda+a'\sin\lambda)^2+(b\cos\lambda+b'\sin\lambda)^2} = (ab'-ba')\cdot\frac{\mathrm{d}\sigma^2}{\mathrm{d}s^2}$$

Man sieht also, dass jenachdem $ab'-ba'$ positiv *oder* negativ ist, $l$ und $\lambda$ immer zugleich wachsen, *oder* sich entgegengesetzt ändern, und also im erstern Fall die Darstellungen 2 und 3 ähnlich liegend, im andern verkehrt liegend sind.

Aus der Verbindung dieses Resultats mit dem vorhingefundenen ergibt sich, dass die Darstellungen in 1 und 3 ähnlich liegend oder verkehrt liegend sind, je nachdem $\frac{ab'-ba'}{h}$ positiv oder negativ ist.

Da auf der Fläche, deren Gleichung $\psi=0$ ist,

$$e\mathrm{d}x+g\mathrm{d}y+h\mathrm{d}z=0$$

also auch

$$(ea+gb+hc)\mathrm{d}t+(ea'+gb'+hc')\mathrm{d}u=0$$

wird, wie auch immer das Verhältniss von $\mathrm{d}t$ und $\mathrm{d}u$ gewählt wird, so muss offenbar identisch

$$ea+gb+hc=0, \quad ea'+gb'+hc'=0$$

werden, woraus folgt, dass $e$, $g$, $h$ resp. den Grössen $bc'-cb'$, $ca'-ac'$, $ab'-ba'$ proportional sind, also

$$\frac{bc'-cb'}{e}=\frac{ca'-ac'}{g}=\frac{ab'-ba'}{h}$$

Man kann also, welchen dieser drei Ausdrücke man will, oder wenn man mit der ihrer Natur nach positiven Grösse $ee+gg+hh$ multiplicirt, die sich ergebende symmetrische Grösse

$$ebc'+gca'+hab'-ecb'-gac'-hba'$$

als Criterium der ähnlichen oder verkehrten Lage der Theile in den Darstellungen 1 und 3 anwenden.

Ganz eben so wird ähnliche oder verkehrte Lage der Theile in den Darstellungen 6 und 8 von dem positiven oder negativen Werthe der Grösse

$$\frac{BC'-CB'}{E}=\frac{CA'-AC'}{G}=\frac{AB'-BA'}{H}$$

oder wenn man lieber will, der symmetrischen

$$EBC'+GCA'+HAB'-ECB'-GAC'-HBA'$$

abhangen.

Die Vergleichung der Darstellungen in 3 und 4 beruhet auf ganz ähnlichen Gründen, wie die von 2 und 3, und die ähnliche oder verkehrte Lage der Theile hängt von dem positiven oder negativen Zeichen der Grösse

$$\left(\frac{dp}{dt}\right).\left(\frac{dq}{du}\right)-\left(\frac{dp}{du}\right).\left(\frac{dq}{dt}\right)$$

ab; und eben so bestimmt das positive oder negative Zeichen von

$$\left(\frac{dP}{dT}\right).\left(\frac{dQ}{dU}\right)-\left(\frac{dP}{dU}\right).\left(\frac{dQ}{dT}\right)$$

die ähnliche oder verkehrte Lage der Theile in den Darstellungen 5 und 6.

Was endlich die Vergleichung der Darstellungen 4 und 5 unter sich betrifft, so können wir uns auf die Analyse des 8. Artikels beziehen, aus welcher erhellet, dass jene in den kleinsten Theilen ähnlich, oder verkehrt liegend sind, je nachdem man die erste oder zweite Auflösung gewählt, d. i. entweder

$$P+iQ=f(p+iq) \quad \text{und} \quad P-iQ=f'(p-iq)$$

oder

$$P+iQ=f(p-iq) \quad \text{und} \quad P-iQ=f'(p+iq)$$

gesetzt hat.

Aus diesem allen ziehen wir nunmehro den Schluss, dass man, wenn die Darstellung auf der Fläche, deren Gleichung $\Psi=0$ ist, dem Urbilde auf der Fläche, deren Gleichung $\psi=0$ ist, in den kleinsten Theilen nicht bloss ähnlich, sondern auch ähnlich liegend sein soll, auf die Anzahl der negativen Grössen, welche unter diesen vier Grössen vorkommen,

$$\frac{ab'-ba'}{h}, \quad \left(\frac{dp}{dt}\right).\left(\frac{dq}{du}\right)-\left(\frac{dp}{du}\right).\left(\frac{dq}{dt}\right), \quad \left(\frac{dP}{dT}\right).\left(\frac{dQ}{dU}\right)-\left(\frac{dP}{dU}\right).\left(\frac{dQ}{dT}\right), \quad \frac{AB'-BA'}{H}$$

Rücksicht nehmen muss; ist gar keine oder eine gerade Anzahl darunter, so wird die erste; ist eine oder drei negative unter ihnen, so wird die zweite Auflösung gewählt werden müssen. Bei entgegengesetzter Wahl findet allemal eine verkehrte Aehnlichkeit Statt.

Uebrigens lässt sich noch zeigen, dass, wenn obige vier Grössen resp. mit $r$, $s$, $S$, $R$ bezeichnet werden, allemal

$$\frac{r\sqrt{(ee+gg+hh)}}{s} = \pm n, \quad \frac{R\sqrt{(EE+GG+HH)}}{S} = \pm N$$

wird, $n$ und $N$ in der Bedeutung des 5. Art. genommen; wir übergehen jedoch hier den nicht schwer zu findenden Beweis dieses Theorems, da dieses für unsern Zweck nicht weiter nöthig ist.

[*Randbemerkungen in* GAUSS *Handexemplar:*]

[Art. 10 neben der letzten Gleichung zur Bestimmung von $\lambda$] oder $\lambda = \cos u^*$, wenn für $u = u^*$ der Minimalwerth [des Vergrösserungsverhältnisses] Statt finden soll.

[Art. 12 neben der Gleichung, durch welche hier im Abdruck die Grösse $w$ eingeführt wird] Das Zeichen $\omega$ ist gegen meine Absicht im Druck gebraucht: es sollte $w$ sein.

[Art. 13 neben den Gleichungen, die sich auf die durch die Function $f\mathfrak{v} = \mathfrak{v} - i\log k$ bestimmte Abbildung beziehen, sind die entsprechenden Gleichungen für die Function $f\mathfrak{v} = \alpha\mathfrak{v} - i\log k$ verzeichnet, welche später in der ersten Abhandlung der Untersuchungen über Gegenstände der höhern Geodäsie aufgenommen wurden.]

# DISQUISITIONES GENERALES

# CIRCA SUPERFICIES CURVAS

AUCTORE

CAROLO FRIDERICO GAUSS

SOCIETATI REGIAE OBLATAE D. VIII. OCTOBR. MDCCCXXVII.

---

Commentationes societatis regiae scientiarum Gottingensis recentiores. Vol. VI.
Gottingae MDCCCXXVIII.

---

DISQUISITIONES GENERALES

# CIRCA SUPERFICIES CURVAS.

---

1.

Disquisitiones, in quibus de directionibus variarum rectarum in spatio agitur, plerumque ad maius perspicuitatis et simplicitatis fastigium evehuntur, in auxilium vocando superficiem sphaericam radio $= 1$ circa centrum arbitrarium descriptam, cuius singula puncta repraesentare censebuntur directiones rectarum radiis ad illa terminatis parallelarum. Dum situs omnium punctorum in spatio per tres coordinatas determinatur, puta per distantias a tribus planis fixis inter se normalibus, ante omnia considerandae veniunt directiones axium his planis normalium: puncta superficiei sphaericae, quae has directiones repraesentant, per (1), (2), (3) denotabimus; mutua igitur horum distantia erit quadrans. Ceterum axium directiones versus eas partes acceptas supponemus, versus quas coordinatae respondentes crescunt.

2.

Haud inutile erit, quasdam propositiones, quae in huiusmodi quaestionibus usum frequentem offerunt, hic in conspectum producere.

I. Angulus inter duas rectas se secantes mensuratur per arcum inter puncta, quae in superficie sphaerica illarum directionibus respondent.

II. Situs cuiuslibet plani repraesentari potest per circulum maximum in superficie sphaerica, cuius planum illi est parallelum.

III. Angulus inter duo plana aequalis est angulo sphaerico inter circulos maximos illa repraesentantes, et proin etiam per arcum inter horum circulorum maximorum polos interceptum mensuratur. Et perinde inclinatio rectae ad planum mensuratur per arcum, a puncto, quod respondet directioni rectae, ad circulum maximum, qui plani situm repraesentat, normaliter ductum.

IV. Denotantibus $x, y, z$; $x', y', z'$ coordinatas duorum punctorum, $r$ eorundem distantiam, atque $L$ punctum, quod in superficie sphaerica repraesentat directionem rectae a puncto priore ad posterius ductae, erit

$$x' = x + r\cos(1)L, \quad y' = y + r\cos(2)L, \quad z' = z + r\cos(3)L$$

V. Hinc facile sequitur, haberi generaliter

$$\cos(1)L^2 + \cos(2)L^2 + \cos(3)L^2 = 1$$

nec non, denotante $L'$ quodcunque aliud punctum superficiei sphaericae, esse

$$\cos(1)L.\cos(1)L' + \cos(2)L.\cos(2)L' + \cos(3)L.\cos(3)L' = \cos LL'$$

VI. Theorema. *Denotantibus $L, L', L'', L'''$ quatuor puncta in superficie sphaerae, atque $A$ angulum, quem arcus $LL'$, $L''L'''$ in puncto concursus sui formant, erit*

$$\cos LL''.\cos L'L''' - \cos LL'''.\cos L'L'' = \sin LL'.\sin L''L'''.\cos A$$

*Dem.* Denotet litera $A$ insuper punctum concursus ipsum, statuaturque

$$AL = t, \quad AL' = t', \quad AL'' = t'', \quad AL''' = t'''$$

Habemus itaque:

$$\begin{aligned}
\cos LL'' &= \cos t\cos t'' + \sin t\sin t''\cos A\\
\cos L'L''' &= \cos t'\cos t''' + \sin t\sin t'''\cos A\\
\cos LL''' &= \cos t\cos t''' + \sin t\sin t'''\cos A\\
\cos L'L'' &= \cos t'\cos t'' + \sin t\sin t''\cos A
\end{aligned}$$

et proin

$$\begin{aligned}
&\cos LL''\ \cos L'L''' - \cos LL'''.\cos L'L''\\
&\quad = \cos A(\cos t\cos t''\sin t'\sin t''' + \cos t'\cos t'''\sin t\sin t''\\
&\qquad - \cos t\cos t'''\sin t'\sin t'' - \cos t'\cos t''\sin t\sin t''')\\
&\quad = \cos A(\cos t\sin t' - \sin t\cos t')(\cos t''\sin t''' - \sin t''\cos t''')\\
&\quad = \cos A.\sin(t'-t).\sin(t'''-t'')\\
&\quad = \cos A.\sin LL'.\sin L''L'''
\end{aligned}$$

Ceterum quum inde a puncto $A$ bini rami utriusque circuli maximi proficiscantur, duo quidem ibi anguli formantur, quorum alter alterius complementum ad $180^0$: sed analysis nostra monstrat, eos ramos adoptandos esse, quorum directiones cum sensu progressionis a puncto $L$ ad $L'$, et a puncto $L''$ ad $L'''$ consentiunt: quibus intellectis simul patet, quum circuli maximi duobus punctis concurrant, arbitrarium esse, utrum eligatur. Loco anguli $A$ etiam arcus inter polos circulorum maximorum, quorum partes sunt arcus $LL'$, $L''L'''$, adhiberi potest: manifesto autem polos tales accipere oportet, qui respectu horum arcuum similiter iacent, puta vel uterque polus ad dextram iacens, dum a $L$ versus $L'$ atque ab $L''$ versus $L'''$ procedimus, vel uterque ad laevam.

VII. Sint $L, L', L''$ tria puncta in superficie sphaerica, statuamusque brevitatis caussa

$$\cos(1)L = x,\quad \cos(2)L = y,\quad \cos(3)L = z$$
$$\cos(1)L' = x',\quad \cos(2)L' = y',\quad \cos(3)L' = z'$$
$$\cos(1)L'' = x'',\quad \cos(2)L'' = y'',\quad \cos(3)L'' = z''$$

nec non

$$xy'z''+x'y''z+x''yz'-xy''z'-x'yz''-x''y'z = \Delta$$

Designet $\lambda$ polum circuli maximi, cuius pars est arcus $LL'$, et quidem eum, qui respectu huius arcus similiter iacet, ac punctum (1) respectu arcus (2)(3). Tunc erit, ex theoremate praecedente, $yz'-y'z = \cos(1)\lambda . \sin(2)(3) . \sin LL'$, sive, propter $(2)(3) = 90^0$,

$$yz'-y'z = \cos(1)\lambda . \sin LL', \text{ et perinde}$$
$$zx'-z'x = \cos(2)\lambda . \sin LL'$$
$$xy'-x'y = \cos(3)\lambda . \sin LL'$$

Multiplicando has aequationes resp. per $x'', y'', z''$ et addendo, obtinemus adiumento theorematis secundi in $Y$ prolati

$$\Delta = \cos\lambda L'' . \sin LL'$$

Iam tres casus sunt distinguendi. *Primo*, quoties $L''$ iacet in eodem circulo maximo, cuius pars est arcus $LL'$, erit $\lambda L'' = 90^0$, adeoque $\Delta = 0$. Quoties vero $L''$ iacet extra circulum illum maximum, aderit casus *secundus*, si est ab eadem parte, a qua est $\lambda$, *tertius*, si ab opposita: in his casibus puncta $L, L', L''$

formabunt triangulum sphaericum, et quidem iacebunt in casu secundo eodem ordine quo puncta (1), (2), (3), in casu tertio vero ordine opposito. Denotando angulos illius trianguli simpliciter per $L$, $L'$, $L''$, atque perpendiculum in superficie sphaerica a puncto $L''$ ad latus $LL'$ ductum per $p$, erit

$$\sin p = \sin L . \sin LL'' = \sin L' . \sin L'L'', \quad \text{atque} \quad \lambda L'' = 90^0 \mp p$$

valente signo superiori pro casu secundo, inferiori pro tertio. Hinc itaque colligimus

$$\pm \Delta = \sin L . \sin LL' . \sin LL'' = \sin L' . \sin LL' . \sin L'L'' = \sin L'' . \sin LL'' . \sin L'L''$$

Ceterum manifesto casus primus in secundo vel tertio comprehendi censeri potest, nulloque negotio perspicitur, $\pm \Delta$ exhibere sextuplum soliditatis pyramidis inter puncta $L$, $L'$, $L''$ atque centrum sphaerae formatae. Denique hinc facillime colligitur, eandem expressionem $\pm \frac{1}{6}\Delta$ generaliter exprimere soliditatem cuiusvis pyramidis inter initium coordinatarum atque puncta quorum coordinatae sunt $x, y, z$; $x', y', z'$; $x'', y'', z''$, contentae.

3.

Superficies curva apud punctum $A$ in ipsa situm curvatura continua gaudere dicitur, si directiones omnium rectarum ab $A$ ad omnia puncta superficiei ab $A$ infinite parum distantia ductarum infinite parum ab uno eodemque plano per $A$ transiente deflectuntur: hoc planum superficiem curvam in puncto $A$ *tangere* dicitur. Quodsi huic conditioni in aliquo puncto satisfieri nequit, continuitas curvaturae hic interrumpitur, uti e. g. evenit in cuspide coni. Disquisitiones praesentes ad tales superficies curvas, vel ad tales superficiei partes, restringentur, in quibus continuitas curvaturae nullibi interrumpitur. Hic tantummodo observamus, methodos, quae positioni plani tangentis determinandae inserviunt, pro punctis singularibus, in quibus continuitas curvaturae interrumpitur, vim suam perdere, et ad indeterminata perducere debere.

4.

Situs plani tangentis commodissime e situ rectae ipsi in puncto $A$ normalis cognoscitur, quae etiam ipsi superficiei curvae normalis dicitur. Directionem huius normalis per punctum $L$ in superficie sphaerae auxiliaris repraesentabimus, atque statuemus

$$\cos(1)L = X, \quad \cos(2)L = Y, \quad \cos(3)L = Z$$

coordinatas puncti $A$ per $x, y, z$ denotamus. Sint porro $x+\mathrm{d}x$, $y+\mathrm{d}y$, $z+\mathrm{d}z$ coordinatae alius puncti in superficie curva $A'$; $\mathrm{d}s$ ipsius distantia infinite parva ab $A$; denique $\lambda$ punctum superficiei sphaericae repraesentans directionem elementi $AA'$. Erit itaque

$$\mathrm{d}x = \mathrm{d}s.\cos(1)\lambda, \quad \mathrm{d}y = \mathrm{d}s.\cos(2)\lambda, \quad \mathrm{d}z = \mathrm{d}s.\cos(3)\lambda$$

et, quum esse debeat $\lambda L = 90^0$,

$$X\cos(1)\lambda + Y\cos(2)\lambda + Z\cos(3)\lambda = 0$$

E combinatione harum aequationum derivamus

$$X\mathrm{d}x + Y\mathrm{d}y + Z\mathrm{d}z = 0$$

Duae habentur methodi generales ad exhibendam indolem superficiei curvae. Methodus *prima* utitur aequatione inter coordinatas $x, y, z$, quam reductam esse supponemus ad formam $W = 0$, ubi $W$ erit functio indeterminatarum $x, y, z$. Sit differentiale completum functionis $W$

$$\mathrm{d}W = P\mathrm{d}x + Q\mathrm{d}y + R\mathrm{d}z$$

eritque in superficie curva

$$P\mathrm{d}x + Q\mathrm{d}y + R\mathrm{d}z = 0$$

et proin

$$P\cos(1)\lambda + Q\cos(2)\lambda + R\cos(3)\lambda = 0$$

Quum haec aequatio, perinde ut ea quam supra stabilivimus, valere debeat pro directionibus omnium elementorum $\mathrm{d}s$ in superficie curva, facile perspiciemus, $X, Y, Z$ proportionales esse debere ipsis $P, Q, R$ et proin, quum fiat

$$XX + YY + ZZ = 1$$

erit vel

$$X = \frac{P}{\sqrt{(PP+QQ+RR)}}, \quad Y = \frac{Q}{\sqrt{(PP+QQ+RR)}}, \quad Z = \frac{R}{\sqrt{(PP+QQ+RR)}}$$

vel

$$X = \frac{-P}{\sqrt{(PP+QQ+RR)}}, \quad Y = \frac{-Q}{\sqrt{(PP+QQ+RR)}}, \quad Z = \frac{-R}{\sqrt{(PP+QQ+RR)}}$$

Methodus *secunda* sistit coordinatas in forma functionum duarum variabilium $p, q$. Supponamus per differentiationem harum functionum prodire

$$\mathrm{d}x = a\,\mathrm{d}p + a'\mathrm{d}q$$
$$\mathrm{d}y = b\,\mathrm{d}p + b'\mathrm{d}q$$
$$\mathrm{d}z = c\,\mathrm{d}p + c'\mathrm{d}q$$

quibus valoribus in formula supra data substitutis, obtinemus

$$(aX + bY + cZ)\mathrm{d}p + (a'X + b'Y + c'Z)\mathrm{d}q = 0$$

Quum haec aequatio locum habere debeat independenter a valoribus differentialium $\mathrm{d}p$, $\mathrm{d}q$, manifesto esse debebit

$$aX + bY + cZ = 0, \quad a'X + b'Y + c'Z = 0$$

unde colligimus, $X$, $Y$, $Z$ proportionales esse debere quantitatibus

$$bc' - cb', \quad ca' - ac', \quad ab' - ba'$$

Statuendo itaque brevitatis caussa

$$\sqrt{((bc' - cb')^2 + (ca' - ac')^2 + (ab' - ba')^2)} = \Delta$$

erit vel

$$X = \frac{bc' - cb'}{\Delta}, \quad Y = \frac{ca' - ac'}{\Delta}, \quad Z = \frac{ab' - ba'}{\Delta}$$

vel

$$X = \frac{cb' - bc'}{\Delta}, \quad Y = \frac{ac' - ca'}{\Delta}, \quad Z = \frac{ba' - ab'}{\Delta}$$

His duabus methodis generalibus accedit *tertia*, ubi una coordinatarum, e. g. $z$ exhibetur in forma functionis reliquarum $x, y$: haec methodus manifesto nihil aliud est, nisi casus specialis vel methodi primae, vel secundae. Quodsi hic statuitur

$$\mathrm{d}z = t\,\mathrm{d}x + u\,\mathrm{d}y$$

erit vel

$$X = \frac{-t}{\sqrt{(1 + tt + uu)}}, \quad Y = \frac{-u}{\sqrt{(1 + tt + uu)}}, \quad Z = \frac{1}{\sqrt{(1 + tt + uu)}}$$

vel

$$X = \frac{t}{\sqrt{(1 + tt + uu)}}, \quad Y = \frac{u}{\sqrt{(1 + tt + uu)}}, \quad Z = \frac{-1}{\sqrt{(1 + tt + uu)}}$$

5.

Duae solutiones in art. praec. inventae manifesto ad puncta superficiei sphaericae opposita, sive ad directiones oppositas referuntur, quod cum rei natura quadrat, quum normalem ad utramvis plagam superficiei curvae ducere liceat. Quodsi duas plagas, superficiei contiguas, inter se distinguere, alteramque exteriorem alteram interiorem vocare placet, etiam utrique normali suam solutionem rite tribuere licebit adiumento theorematis in art. 2 (VII) evoluti, simulatque criterium stabilitum est ad plagam alteram ab altera distinguendam.

In methodo prima tale criterium petendum erit a signo valoris quantitatis $W$. Scilicet generaliter loquendo superficies curva eas spatii partes, in quibus $W$ valorem positivum obtinet, ab iis dirimet, in quibus valor ipsius $W$ fit negativus. E theoremate illo vero facile colligitur, si $W$ valorem positivum obtineat versus plagam exteriorem, normalisque extrorsum ducta concipiatur, solutionem priorem adoptandam esse. Ceterum in quovis casu facile diiudicabitur, utrum per superficiem integram eadem regula respectu signi ipsius $W$ valeat, an pro diversis partibus diversae: quamdiu coëfficientes $P$, $Q$, $R$ valores finitos habent, nec simul omnes tres evanescunt, lex continuitatis vicissitudinem vetabit.

Si methodum secundam sequimur, in superficie curva duo systemata linearum curvarum concipere possumus, alterum, pro quo $p$ est variabilis, $q$ constans; alterum, pro quo $q$ variabilis, $p$ constans: situs mutuus harum linearum respectu plagae exterioris decidere debet, utram solutionem adoptare oporteat. Scilicet quoties tres lineae, puta ramus lineae prioris systematis a puncto $A$ proficiscens crescente $p$, ramus posterioris systematis a puncto $A$ egrediens crescente $q$, atque normalis versus plagam exteriorem ducta *similiter* iacent, ut, inde ab origine abscissarum, axes ipsarum $x, y, z$ resp. (e. g. si tum e tribus lineis illis, tum e tribus his, prima sinistrorsum, secunda dextrorsum, tertia sursum directa concipi potest), solutio prima adoptari debet; quoties autem situs mutuus trium linearum oppositus est situi mutuo axium ipsarum $x, y, z$, solutio secunda valebit.

In methodo tertia dispiciendum est, utrum, dum $z$ incrementum positivum accipit, manentibus $x$ et $y$ invariatis, transitus fiat versus plagam exteriorem an interiorem. In casu priore, pro normali extrorsum directa, solutio prima valet, in posteriore secunda.

6.

Sicuti, per translatam directionem normalis in superficiem curvam ad superficiem sphaerae, cuius puncto determinato prioris superficiei respondet punctum determinatum in posteriore, ita etiam quaevis linea, vel quaevis figura in illa repraesentabitur per lineam vel figuram correspondentem in hac. In comparatione duarum figurarum hoc modo sibi mutuo correspondentium, quarum altera quasi imago alterius erit, duo momenta sunt respicienda, alterum, quatenus sola quantitas consideratur, alterum, quatenus abstrahendo a relationibus quantitativis solum situm contemplamur.

Momentum primum basis erit quarundam notionum, quas in doctrinam de superficiebus curvis recipere utile videtur. Scilicet cuilibet parti superficiei curvae limitibus determinatis cinctae *curvaturam totalem* seu *integram* adscribemus, quae per aream figurae illi in superficie sphaerica respondentem exprimetur Ab hac curvatura integra probe distinguenda est curvatura quasi specifica, quam nos *mensuram curvaturae* vocabimus: haec posterior ad *punctum* superficiei refertur, et denotabit quotientem qui oritur, dum curvatura integra elementi superficialis puncto adiacentis per aream ipsius elementi dividitur, et proin indicat rationem arearum infinite parvarum in superficie curva et in superficie sphaerica sibi mutuo respondentium. Utilitas harum innovationum per ea, quae in posterum a nobis explicabuntur, abunde, ut speramus, sancietur. Quod vero attinet ad terminologiam, imprimis prospiciendum esse duximus, ut omnis ambiguitas arceatur, quapropter haud congruum putavimus, analogiam terminologiae in doctrina de lineis curvis planis vulgo receptam (etsi non omnibus probatam) stricte sequi, secundum quam mensura curvaturae simpliciter audire debuisset curvatura, curvatura integra autem amplitudo. Sed quidni in verbis faciles esse liceret, dummodo res non sint inanes, neque dictio interpretationi erroneae obnoxia?

Situs figurae in superficie sphaerica vel similis esse potest situi figurae respondentis in superficie curva, vel oppositus (inversus); casus prior locum habet, ubi binae lineae in superficie curva ab eodem puncto directionibus inaequalibus sed non oppositis proficiscentes repraesentantur in superficie sphaerica per lineas similiter iacentes, puta ubi imago lineae ad dextram iacentis ipsa est ad dextram; casus posterior, ubi contrarium valet. Hos duos casus per *signum* mensurae curvaturae vel positivum vel negativum distinguemus. Sed manifesto haec distinctio eatenus tantum locum habere potest, quatenus in utraque superficie plagam determinatam eligimus, in qua figura concipi debet. In sphaera auxiliari semper plagam exteriorem, a centro aversam, adhibebimus: in superficie curva etiam plaga exterior sive quae tamquam exterior consideratur, adoptari potest, vel potius plaga eadem, a qua normalis erecta concipitur; manifesto enim respectu similitudinis figurarum nihil mutatur, si in superficie curva tum figura ad plagam oppositam transfertur, tum normalis, dummodo ipsius imago semper in eadem plaga superficiei sphaericae depingatur.

Signum positivum vel negativum, quod pro situ figurae infinite parvae *mensurae* curvaturae adscribimus, etiam ad curvaturam integram figurae finitae in superficie curva extendimus. Attamen si argumentum omni generalitate amplecti suscipimus, quaedam dilucidationes requiruntur, quas hic breviter tantum attingemus. Quamdiu figura in superficie curva ita comparata est, ut singulis punctis intra ipsam puncta *diversa* in superficie sphaerica respondeant, definitio ulteriore explicatione non indiget. Quoties autem conditio ista locum non habet, necesse erit, quasdam partes figurae in superficie sphaerica bis vel pluries in computum ducere, unde, pro situ simili vel opposito, vel accumulatio vel destructio oriri poterit. Simplicissimum erit in tali casu, figuram in superficie curva in partes tales divisam concipere, quae singulae per se spectatae conditioni illi satisfaciant, singulis tribuere curvaturam suam integram, quantitate per aream figurae in superficie sphaerica respondentis, signo per situm determinatis, ac denique figurae toti adscribere curvaturam integram ortam per additionem curvaturarum integrarum, quae singulis partibus respondent. Generaliter itaque curvatura integra figurae est $=\int k\,\mathrm{d}\sigma$, denotante $\mathrm{d}\sigma$ elementum areae figurae, $k$ mensuram curvaturae in quovis puncto. Quod vero attinet ad repraesentationem geometricam huius integralis, praecipua huius rei momenta ad sequentia redeunt. Peripheriae figurae in superficie curva (sub restrictione art. 3) semper respondebit in superficie sphaerica linea in se ipsam rediens. Quae si se ipsam nullibi intersecat, totam superficiem sphaericam in duas partes dirimet, quarum altera respondebit figurae in superficie curva, et cuius area, positive vel negative accipienda, prout respectu peripheriae suae similiter iacet ut figura in superficie curva respectu suae, vel inverse, exhibebit posterioris curvaturam integram. Quoties vero linea ista se ipsam semel vel pluries secat, exhibebit figuram complicatam, cui tamen area certa aeque legitime tribui potest, ac figuris absque nodis, haecque area, rite intellecta, semper valorem iustum curvaturae integrae exhibebit. Attamen uberiorem huius argumenti de figuris generalissime conceptis expositionem ad aliam occasionem nobis reservare debemus.

7.

Investigemus iam formulam ad exprimendam mensuram curvaturae pro quovis puncto superficiei curvae. Denotante $d\sigma$ aream elementi huius superficiei, $Zd\sigma$ erit area proiectionis huius elementi in planum coordinatarum $x, y$; et perinde, si $d\Sigma$ est area elementi respondentis in superficie sphaerica, erit $Zd\Sigma$ area proiectionis ad idem planum: signum positivum vel negativum ipsius $Z$ vero indicabit situm proiectionis similem vel oppositum situi elementi proiecti: manifesto itaque illae proiectiones eandem rationem quoad quantitatem, simulque eandem relationem quoad situm, inter se tenent, ut elementa ipsa. Consideremus iam elementum triangulare in superficie curva, supponamusque coordinatas trium punctorum, quae formant ipsius proiectionem, esse

$$\begin{array}{ll} x, & y \\ x+dx, & y+dy \\ x+\delta x, & y+\delta y \end{array}$$

Duplex area huius trianguli exprimetur per formulam

$$dx.\delta y - dy.\delta x$$

et quidem in forma positiva vel negativa, prout situs lateris a puncto primo ad tertium respectu lateris a puncto primo ad secundum similis vel oppositus est situi axis coordinatarum $y$ respectu axis coordinatarum $x$.

Perinde si coordinatae trium punctorum, quae formant proiectionem elementi respondentis in superficie sphaerica, a centro sphaerae inchoatae, sunt

$$\begin{array}{ll} X, & Y \\ X+dX, & Y+dY \\ X+\delta X, & Y+\delta Y \end{array}$$

duplex area huius proiectionis exprimetur per

$$dX.\delta Y - dY.\delta X$$

de cuius expressionis signo eadem valent quae supra. Quocirca mensura curvaturae in hoc loco superficiei curvae erit

$$k = \frac{dX.\delta Y - dY.\delta X}{dx.\delta y - dy.\delta x}$$

Quodsi iam supponimus, indolem superficiei curvae datam esse secundum modum tertium in art. 4 consideratum, habebuntur $X$ et $Y$ in forma functionum quantitatum $x, y$, unde erit

$$dX = (\tfrac{dX}{dx})dx + (\tfrac{dX}{dy})dy$$
$$\delta X = (\tfrac{dX}{dx})\delta x + (\tfrac{dX}{dy})\delta y$$
$$dY = (\tfrac{dY}{dx})dx + (\tfrac{dY}{dy})dy$$
$$\delta Y = (\tfrac{dY}{dx})\delta x + (\tfrac{dY}{dy})\delta y$$

Substitutis his valoribus, expressio praecedens transit in hanc:

$$k = (\tfrac{dX}{dx})(\tfrac{dY}{dy}) - (\tfrac{dX}{dy})(\tfrac{dY}{dx})$$

Statuendo ut supra

$$\frac{dz}{dx} = t, \quad \frac{dz}{dy} = u$$

atque insuper

$$\frac{ddz}{dx^2} = T, \quad \frac{ddz}{dx.dy} = U, \quad \frac{ddz}{dy^2} = V$$

sive

$$dt = Tdx + Udy, \quad du = Udx + Vdy$$

habemus ex formulis supra datis

$$X = -tZ, \quad Y = -uZ, \quad (1+tt+uu)ZZ = 1$$

atque hinc

$$dX = -Zdt - tdZ$$
$$dY = -Zdu - udZ$$
$$(1+tt+uu)dZ + Z(tdt+udu) = 0$$

sive

$$dZ = -Z^3(tdt+udu)$$
$$dX = -Z^3(1+uu)dt + Z^3tudu$$
$$dY = +Z^3tudt - Z^3(1+tt)du$$

adeoque

$$\frac{\mathrm{d}X}{\mathrm{d}x} = Z^3(-(1+uu)T+tuU)$$
$$\frac{\mathrm{d}X}{\mathrm{d}y} = Z^3(-(1+uu)U+tuV)$$
$$\frac{\mathrm{d}Y}{\mathrm{d}x} = Z^3(tuT-(1+tt)U)$$
$$\frac{\mathrm{d}Y}{\mathrm{d}y} = Z^3(tuU-(1+tt)V)$$

quibus valoribus in expressione praecedente substitutis, prodit

$$k = Z^6(TV-UU)(1+tt+uu) = Z^4(TV-UU) = \frac{TV-UU}{(1+tt+uu)^2}$$

8.

Per idoneam electionem initii et axium coordinatarum facile effici potest, ut pro puncto determinato $A$ valores quantitatum $t, u, U$ evanescant. Scilicet duae priores conditiones iam adimplentur, si planum tangens in hoc puncto pro plano coordinatarum $x, y$ adoptatur. Quarum initium si insuper in puncto $A$ ipso collocatur, manifesto expressio coordinatarum $z$ adipiscitur formam talem

$$z = \tfrac{1}{2}T^0xx + U^0xy + \tfrac{1}{2}V^0yy + \Omega$$

ubi $\Omega$ erit ordinis altioris quam secundi. Mutando dein situm axium ipsarum $x, y$ angulo $M$ tali ut habeatur

$$\operatorname{tang} 2M = \frac{2U^0}{T^0-V^0}$$

facile perspicitur, prodituram esse aequationem huius formae

$$z = \tfrac{1}{2}Txx + \tfrac{1}{2}Vyy + \Omega$$

quo pacto etiam tertiae conditioni satisfactum est. Quibus ita factis, patet

I. Si superficies curva secetur plano ipsi normali et per axem coordinatarum $x$ transeunte, oriri curvam planam, cuius radius curvaturae in puncto $A$ fiat $= \frac{1}{T}$, signo positivo vel negativo indicante concavitatem vel convexitatem versus plagam eam, versus quam coordinatae $z$ sunt positivae.

II. Simili modo $\frac{1}{V}$ erit in puncto $A$ radius curvaturae curvae planae, quae oritur per sectionem superficiei curvae cum plano per axes ipsarum $y, z$ transeunte.

III. Statuendo $x = r\cos\varphi$, $y = r\sin\varphi$, fit

$$z = \tfrac{1}{2}(T\cos\varphi^2 + V\sin\varphi^2)rr + \Omega$$

unde colligitur, si sectio fiat per planum superficiei in $A$ normale et cum axe ipsarum $x$ angulum $\varphi$ efficiens, oriri curvam planam, cuius radius curvaturae in puncto $A$ sit

$$= \frac{1}{T\cos\varphi^2 + V\sin\varphi^2}$$

IV. Quoties itaque habetur $T = V$, radii curvaturae in *cunctis* planis normalibus aequales erunt. Si vero $T$ et $V$ sunt inaequales, manifestum est, quum $T\cos\varphi^2 + V\sin\varphi^2$ pro quovis valore anguli $\varphi$ cadat intra $T$ et $V$, radios curvaturae in sectionibus principalibus, in I et II consideratis, referri ad curvaturas extremas, puta alterum ad curvaturam maximam, alterum ad minimam, si $T$ et $V$ eodem signo affectae sint, contra alterum ad maximam convexitatem, alterum ad maximam concavitatem, si $T$ et $V$ signis oppositis gaudeant. Hae conclusiones omnia fere continent, quae ill. Euler de curvatura superficierum curvarum primus docuit.

V. Mensura curvaturae superficiei curvae in puncto $A$ autem nanciscitur expressionem simplicissimam $k = TV$, unde habemus

Theorema. *Mensura curvaturae in quovis superficiei puncto aequalis est fractioni, cuius numerator unitas, denominator autem productum duorum radiorum curvaturae extremorum in sectionibus per plana normalia.*

Simul patet, mensuram curvaturae fieri positivam pro superficiebus concavo-concavis vel convexo-convexis (quod discrimen non est essentiale), negativam vero pro concavo-convexis. Si superficies constat e partibus utriusque generis, in earum confiniis mensura curvaturae evanescens esse debebit. De indole superficierum curvarum talium, in quibus mensura curvaturae ubique evanescit, infra pluribus agetur.

## 9.

Formula generalis pro mensura curvaturae in fine art. 7 proposita, omnium simplicissima est, quippe quae quinque tantum elementa implicat; ad magis complicatam, scilicet novem elementa involventem, deferimur, si adhibere volumus modum primum indolem superficiei curvae exprimendi. Retinendo notationes art. 4 insuper statuemus:

$$\frac{\mathrm{dd}W}{\mathrm{d}x^2} = P', \quad \frac{\mathrm{dd}W}{\mathrm{d}y^2} = Q, \quad \frac{\mathrm{dd}W}{\mathrm{d}z^2} = R'$$
$$\frac{\mathrm{dd}W}{\mathrm{d}y.\mathrm{d}z} = P'', \quad \frac{\mathrm{dd}W}{\mathrm{d}x.\mathrm{d}z} = Q'', \quad \frac{\mathrm{dd}W}{\mathrm{d}x.\mathrm{d}y} = R''$$

ita ut fiat

$$\mathrm{d}P = P'\mathrm{d}x + R''\mathrm{d}y + Q''\mathrm{d}z$$
$$\mathrm{d}Q = R''\mathrm{d}x + Q'\mathrm{d}y + P''\mathrm{d}z$$
$$\mathrm{d}R = Q''\mathrm{d}x + P''\mathrm{d}y + R'\mathrm{d}z$$

Iam quum habeatur $t = -\frac{P}{R}$, invenimus per differentiationem

$$RR\mathrm{d}t = -R\mathrm{d}P + P\mathrm{d}R = (PQ'' - RP')\mathrm{d}x + (PP'' - RR'')\mathrm{d}y + (PR' - RQ'')\mathrm{d}z$$

sive, eliminata $\mathrm{d}z$ adiumento aequationis $P\mathrm{d}x + Q\mathrm{d}y + \mathrm{R}\mathrm{d}z = 0$

$$R^3\mathrm{d}t = (-RRP' + 2PRQ'' - PPR')\mathrm{d}x + (PRP'' + QRQ'' - PQR' - RRR'')\mathrm{d}y$$

Prorsus simili modo obtinemus

$$R^3\mathrm{d}u = (PRP'' + QRQ'' - PQR' - RRR'')\mathrm{d}x + (-RRQ' + 2QRP'' - QQR')\mathrm{d}y$$

Hinc itaque colligimus

$$R^3 T = -RRP' + 2PRQ'' - PPR'$$
$$R^3 U = PRP'' + QRQ'' - PQR' - RRR''$$
$$R^3 V = -RRQ' + 2QRP'' - QQR'$$

Substituendo hos valores in formula art. 7, obtinemus pro mensura curvaturae $k$ expressionem symmetricam sequentem:

$$(PP + QQ + RR)^2 k$$
$$= PP(Q'R' - P''P'') + QQ(P'R' - Q''Q'') + RR(P'Q' - R''R'')$$
$$+ 2QR(Q''R'' - P'P'') + 2PR(P''R'' - Q'Q'') + 2PQ(P''Q'' - R'R'')$$

10.

Formulam adhuc magis complicatam, puta e quindecim elementis conflatam, obtinemus, si methodum generalem secundam, indolem superficierum curvarum exprimendi, sequimur. Magni tamen momenti est, hanc quoque elaborare. Retinendo signa art. 4, insuper statuemus

$$\frac{\mathrm{dd}x}{\mathrm{d}p^2} = \alpha, \quad \frac{\mathrm{dd}x}{\mathrm{d}p.\mathrm{d}q} = \alpha', \quad \frac{\mathrm{dd}x}{\mathrm{d}q^2} = \alpha''$$
$$\frac{\mathrm{dd}y}{\mathrm{d}p^2} = \beta, \quad \frac{\mathrm{dd}y}{\mathrm{d}p.\mathrm{d}q} = \beta', \quad \frac{\mathrm{dd}y}{\mathrm{d}q^2} = \beta''$$
$$\frac{\mathrm{dd}z}{\mathrm{d}p^2} = \gamma, \quad \frac{\mathrm{dd}z}{\mathrm{d}p.\mathrm{d}q} = \gamma', \quad \frac{\mathrm{dd}z}{\mathrm{d}q^2} = \gamma''$$

Praeterea brevitatis caussa faciemus

$$bc' - cb' = A$$
$$ca' - ac' = B$$
$$ab' - ba' = C$$

Primo observamus, haberi $A\mathrm{d}x + B\mathrm{d}y + C\mathrm{d}z = 0$, sive $\mathrm{d}z = -\frac{A}{C}\mathrm{d}x - \frac{B}{C}\mathrm{d}y$; quatenus itaque $z$ spectatur tamquam functio ipsarum $x, y$, fit

$$\frac{\mathrm{d}z}{\mathrm{d}x} = t = -\frac{A}{C}$$
$$\frac{\mathrm{d}z}{\mathrm{d}y} = u = -\frac{B}{C}$$

Porro deducimus, ex $\mathrm{d}x = a\mathrm{d}p + a'\mathrm{d}q$, $\mathrm{d}y = b\mathrm{d}p + b'\mathrm{d}q$,

$$C\mathrm{d}p = b'\mathrm{d}x - a'\mathrm{d}y$$
$$C\mathrm{d}q = -b\mathrm{d}x + a\mathrm{d}y$$

Hinc obtinemus differentialia completa ipsarum $t, u$

$$C^3\mathrm{d}t = \left(A\frac{\mathrm{d}C}{\mathrm{d}p} - C\frac{\mathrm{d}A}{\mathrm{d}p}\right)(b'\mathrm{d}x - a'\mathrm{d}y) + \left(C\frac{\mathrm{d}A}{\mathrm{d}q} - A\frac{\mathrm{d}C}{\mathrm{d}q}\right)(b\mathrm{d}x - a\mathrm{d}y)$$
$$C^3\mathrm{d}u = \left(B\frac{\mathrm{d}C}{\mathrm{d}p} - C\frac{\mathrm{d}B}{\mathrm{d}p}\right)(b'\mathrm{d}x - a'\mathrm{d}y) + \left(C\frac{\mathrm{d}B}{\mathrm{d}q} - B\frac{\mathrm{d}C}{\mathrm{d}q}\right)(b\mathrm{d}x - a\mathrm{d}y)$$

Iam si in his formulis substituimus

$$\frac{\mathrm{d}A}{\mathrm{d}p} = c'\beta + b\gamma' - c\beta' - b'\gamma$$
$$\frac{\mathrm{d}A}{\mathrm{d}q} = c'\beta' + b\gamma'' - c\beta'' - b'\gamma'$$
$$\frac{\mathrm{d}B}{\mathrm{d}p} = a'\gamma + c\alpha' - a\gamma' - c'\alpha$$
$$\frac{\mathrm{d}B}{\mathrm{d}q} = a'\gamma' + c\alpha'' - a\gamma'' - c'\alpha'$$
$$\frac{\mathrm{d}C}{\mathrm{d}p} = b'\alpha + a\beta' - b\alpha' - a'\beta$$
$$\frac{\mathrm{d}C}{\mathrm{d}q} = b'\alpha' + a\beta'' - b\alpha'' - a'\beta'$$

atque perpendimus, valores differentialium $\mathrm{d}t$, $\mathrm{d}u$ sic prodeuntium, aequales esse debere, independenter a differentialibus $\mathrm{d}x$, $\mathrm{d}y$, quantitatibus $T\mathrm{d}x + U\mathrm{d}y$, $U\mathrm{d}x + V\mathrm{d}y$ resp. inveniemus, post quasdam transformationes satis obvias:

$$\begin{aligned}
C^3 T = {} & \alpha A b'b' + \beta B b'b' + \gamma C b'b' \\
& - 2\alpha' A b b' - 2\beta' B b b' - 2\gamma' C b b' \\
& + \alpha'' A b b + \beta'' B b b + \gamma'' C b b \\
C^3 U = {} & -\alpha A a'b' - \beta B a'b' - \gamma C a'b' \\
& + \alpha' A(ab' + ba') + \beta' B(ab' + ba') + \gamma' C(ab' + ba') \\
& - \alpha'' A ab - \beta'' B ab - \gamma'' C ab \\
C^3 V = {} & \alpha A a'a' + \beta B a'a' + \gamma C a'a' \\
& - 2\alpha' A a a' - 2\beta' B a a' - 2\gamma' C a a' \\
& + \alpha'' A a a + \beta'' B a a + \gamma'' C a a
\end{aligned}$$

Si itaque brevitatis caussa statuimus

$$A\alpha + B\beta + C\gamma = D \quad \ldots\ldots\ldots\ldots \quad (1)$$
$$A\alpha' + B\beta' + C\gamma' = D' \quad \ldots\ldots\ldots\ldots \quad (2)$$
$$A\alpha'' + B\beta'' + C\gamma'' = D'' \quad \ldots\ldots\ldots\ldots \quad (3)$$

fit

$$\begin{aligned}
C^3 T &= D b'b' - 2D' b b' + D'' b b \\
C^3 U &= -D a'b' + D'(ab' + ba') - D'' ab \\
C^3 V &= D a'a' - 2D' a a' + D'' a a
\end{aligned}$$

Hinc invenimus, evolutione facta,

$$C^6(TV - UU) = (DD'' - D'D')(ab' - ba')^2 = (DD'' - D'D')CC$$

et proin formulam pro mensura curvaturae

$$k = \frac{DD'' - D'D'}{(AA + BB + CC)^2}$$

11.

Formulae modo inventae iam aliam superstruemus, quae inter fertilissima theoremata in doctrina de superficiebus curvis referenda est. Introducamus sequentes notationes:

$$aa+bb+cc=E$$
$$aa'+bb'+cc'=F$$
$$a'a'+b'b'+c'c'=G$$
$$a\alpha+b\beta+c\gamma=m \quad \ldots\ldots\ldots\ldots (4)$$
$$a\alpha'+b\beta'+c\gamma'=m' \quad \ldots\ldots\ldots\ldots (5)$$
$$a\alpha''+b\beta''+c\gamma''=m'' \quad \ldots\ldots\ldots\ldots (6)$$
$$a'\alpha+b'\beta+c'\gamma=n \quad \ldots\ldots\ldots\ldots (7)$$
$$a'\alpha'+b'\beta'+c'\gamma'=n' \quad \ldots\ldots\ldots\ldots (8)$$
$$a'\alpha''+b'\beta''+c'\gamma''=n'' \quad \ldots\ldots\ldots\ldots (9)$$
$$AA+BB+CC=EG-FF=\Delta$$

Eliminemus ex aequationibus 1, 4, 7, quantitates $\beta$, $\gamma$, quod fit multiplicando illas per $bc'-cb'$, $b'C-c'B$, $cB-bC$, et addendo: ita oritur

$$(A(bc'-cb')+a(b'C-c'B)+a'(cB-bC))\alpha$$
$$=D(bc'-cb')+m(b'C-c'B)+n(cB-bC)$$

quam aequationem facile transformamus in hanc:

$$AD=\alpha\Delta+a(nF-mG)+a'(mF-nE)$$

Simili modo eliminatio quantitatum $\alpha$, $\gamma$ vel $\alpha$, $\beta$ ex iisdem aequationibus suppeditat

$$BD=\beta\Delta+b(nF-mG)+b'(mF-nE)$$
$$CD=\gamma\Delta+c(nF-mG)+c'(mF-nE)$$

Multiplicando has tres aequationes per $\alpha''$, $\beta''$, $\gamma''$ et addendo obtinemus

$$DD''=(\alpha\beta''+\beta\beta''+\gamma\gamma'')\Delta+m''(nF-mG)+n''(mF-nE) \quad \ldots\ldots (10)$$

Si perinde tractamus aequationes 2, 5, 8, prodit

$$AD'=\alpha'\Delta+a(n'F-m'G)+a'(m'F-n'E)$$
$$BD'=\beta'\Delta+b(n'F-m'G)+b'(m'F-n'E)$$
$$CD'=\gamma'\Delta+c(n'F-m'G)+c'(m'F-n'E)$$

quibus aequationibus per $\alpha'$, $\beta'$, $\gamma'$ multiplicatis, additio suppeditat.

$$D'D'=(\alpha'\alpha'+\beta'\beta'+\gamma'\gamma')\Delta+m'(n'F-m'G)+n'(m'F-n'E)$$

Combinatio huius aequationis cum aequatione (10) producit

$$DD''-D'D' = (\alpha\alpha''+\beta\beta''+\gamma\gamma''-\alpha'\alpha'-\beta'\beta'-\gamma'\gamma')\Delta$$
$$+E(n'n'-nn'')+F(nm''-2m'n'+mn'')+G(m'm'-mm'')$$

Iam patet esse

$$\frac{dE}{dp}=2m,\quad \frac{dE}{dq}=2m',\quad \frac{dF}{dp}=m'+n,\quad \frac{dF}{dq}=m''+n',\quad \frac{dG}{dp}=2n',\quad \frac{dG}{dq}=2n''$$

sive

$$m=\tfrac{1}{2}\frac{dE}{dp},\qquad m'=\tfrac{1}{2}\frac{dE}{dq},\qquad m''=\frac{dF}{dq}-\tfrac{1}{2}\frac{dG}{dp}$$
$$n=\frac{dF}{dp}-\tfrac{1}{2}\frac{dE}{dq},\qquad n'=\tfrac{1}{2}\frac{dG}{dp},\qquad n''=\tfrac{1}{2}\frac{dG}{dq}$$

Porro facile confirmatur, haberi

$$\alpha\alpha''+\beta\beta''+\gamma\gamma''-\alpha'\alpha'-\beta'\beta'-\gamma'\gamma' = \frac{dn}{dq}-\frac{dn'}{dp}=\frac{dm''}{dp}-\frac{dm'}{dq}$$
$$=-\tfrac{1}{2}\cdot\frac{ddE}{dq^2}+\frac{ddF}{dp.dq}-\tfrac{1}{2}\cdot\frac{ddG}{dp^2}$$

Quodsi iam has expressiones diversas in formula pro mensura curvaturae in fine art. praec. eruta substituimus, pervenimus ad formulam sequentem, e solis quantitatibus $F$, $F$, $G$ atque earum quotientibus differentialibus primi et secundi ordinis concinnatam:

$$4(EG-FF)^2k = E\left(\frac{dE}{dq}\cdot\frac{dG}{dq}-2\frac{dF}{dp}\cdot\frac{dG}{dq}+\left(\frac{dG}{dp}\right)^2\right)$$
$$+F\left(\frac{dE}{dp}\cdot\frac{dG}{dq}-\frac{dE}{dq}\cdot\frac{dG}{dp}-2\frac{dE}{dq}\cdot\frac{dF}{dq}+4\frac{dF}{dp}\cdot\frac{dF}{dq}-2\frac{dF}{dp}\cdot\frac{dG}{dp}\right)$$
$$+G\left(\frac{dE}{dp}\cdot\frac{dG}{dp}-2\cdot\frac{dE}{dp}\cdot\frac{dF}{dq}+\left(\frac{dE}{dq}\right)^2\right)$$
$$-2(EG-FF)\left(\frac{ddE}{dq^2}-2\frac{ddF}{dp.dq}+\frac{ddG}{dp^2}\right)$$

12.

Quum indefinite habeatur

$$dx^2+dy^2+dz^2 = Edp^2+2Fdp.dq+Gdq^2$$

patet, $\sqrt{(Edp^2+2Fdp.dq+Gdq^2)}$ esse expressionem generalem elementi linearis in superficie curva. Docet itaque analysis in art. praec. explicata, ad inveniendam mensuram curvaturae haud opus esse formulis finitis, quae coordinatas $x, y, z$ tamquam functiones indeterminatarum $p, q$ exhibeant, sed sufficere expressionem generalem pro magnitudine cuiusvis elementi linearis. Progrediamur ad aliquot applicationes huius gravissimi theorematis.

Supponamus, superficiem nostram curvam explicari posse in aliam superficiem, curvam seu planam, ita ut cuivis puncto prioris superficiei per coordinatas $x, y, z$ determinato respondeat punctum determinatum superficiei posterioris, cuius coordinatae sint $x', y', z'$. Manifesto itaque $x', y', z'$ quoque considerari possunt tamquam functiones indeterminatarum $p, q$, unde pro elemento $\sqrt{(dx'^2 + dy'^2 + dz'^2)}$ prodibit expressio talis

$$\sqrt{(E'dp^2 + 2F'dp.dq + G'dq^2)}$$

denotantibus etiam $E', F', G'$ functiones ipsarum $p, q$. At per ipsam notionem *explicationis* superficiei in superficiem patet, elementa in utraque superficie correspondentia necessario aequalia esse, adeoque identice fieri

$$E = E', \quad F = F', \quad G = G'$$

Formula itaque art. praec. sponte perducit ad egregium

Theorema. *Si superficies curva in quamcunque aliam superficiem explicatur, mensura curvaturae in singulis punctis invariata manet.*

Manifesto quoque *quaevis pars finita superficiei curvae post explicationem in aliam superficiem eandem curvaturam integram retinebit.*

Casum specialem, ad quem geometrae hactenus investigationes suas restrinxerunt, sistunt superficies in planum explicabiles. Theoria nostra sponte docet, talium superficierum mensuram curvaturae in quovis puncto fieri $= 0$, quocirca, si earum indoles secundum modum tertium exprimitur, ubique erit

$$\frac{ddz}{dx^2} \cdot \frac{ddz}{dy^2} - \left(\frac{ddz}{dx.dy}\right)^2 = 0$$

quod criterium, dudum quidem notum, plerumque nostro saltem iudicio haud eo rigore qui desiderari posset demonstratur.

13.

Quae in art. praec. exposuimus, cohaerent cum modo peculiari superficies considerandi, summopere digno, qui a geometris diligenter excolatur. Scilicet quatenus superficies consideratur non tamquam limes solidi, sed tamquam solidum, cuius dimensio una pro evanescente habetur, flexile quidem, sed non extensibile, qualitates superficiei partim a forma pendent, in quam illa reducta concipitur, partim absolutae sunt, atque invariatae manent, in quamcunque formam illa flectatur. Ad has posteriores, quarum investigatio campum geometriae novum fertilemque aperit, referendae sunt mensura curvaturae atque curvatura integra eo sensu, quo hae expressiones a nobis accipiuntur; porro huc pertinet doctrina de lineis brevissimis, pluraque alia, de quibus in posterum agere nobis reservamus. In hoc considerationis modo superficies plana atque superficies in planum explicabilis, e. g. cylindrica, conica etc. tamquam essentialiter identicae spectantur, modusque genuinus indolem superficiei ita consideratae generaliter exprimendi semper innititur formulae $\sqrt{(E\mathrm{d}p^2+2F\mathrm{d}p.\mathrm{d}q+G\mathrm{d}q^2)}$, quae nexum elementi cum duabus indeterminatis $p, q$ sistit. Sed antequam hoc argumentum ulterius prosequamur, principia theoriae linearum brevissimarum in superficie curva data praemittere oportet.

## 14.

Indoles lineae curvae in spatio generaliter ita datur, ut coordinatae $x, y, z$ singulis illius punctis respondentes exhibeantur in forma functionum unius variabilis, quam per $w$ denotabimus. Longitudo talis lineae a puncto initiali arbitrario usque ad punctum, cuius coordinatae sunt $x, y, z$, exprimitur per integrale

$$\int \mathrm{d}w.\sqrt{\left(\left(\frac{\mathrm{d}x}{\mathrm{d}w}\right)^2+\left(\frac{\mathrm{d}y}{\mathrm{d}w}\right)^2+\left(\frac{\mathrm{d}z}{\mathrm{d}w}\right)^2\right)}$$

Si supponimus, situm lineae curvae variationem infinite parvam pati, ita ut coordinatae singulorum punctorum accipiant variationes $\delta x, \delta y, \delta z$, variatio totius longitudinis invenitur

$$=\int\frac{\mathrm{d}x.\mathrm{d}\delta x+\mathrm{d}y.\mathrm{d}\delta y+\mathrm{d}z.\mathrm{d}\delta z}{\sqrt{(\mathrm{d}x^2+\mathrm{d}y^2+\mathrm{d}z^2)}}$$

quam expressionem in hanc formam transmutamus:

$$\frac{\mathrm{d}x.\delta x+\mathrm{d}y.\delta y+\mathrm{d}z.\delta z}{\sqrt{(\mathrm{d}x^2+\mathrm{d}y^2+\mathrm{d}z^2)}}$$
$$-\int\left(\delta x.\mathrm{d}\frac{\mathrm{d}x}{\sqrt{(\mathrm{d}x^2+\mathrm{d}y^2+\mathrm{d}z^2)}}+\delta y.\mathrm{d}\frac{\mathrm{d}y}{\sqrt{(\mathrm{d}x^2+\mathrm{d}y^2+\mathrm{d}z^2)}}+\delta z.\mathrm{d}\frac{\mathrm{d}z}{\sqrt{(\mathrm{d}x^2+\mathrm{d}y^2+\mathrm{d}z^2)}}\right)$$

In casu eo, ubi linea est brevissima inter puncta sua extrema, constat, ea, quae hic sub signo integrali sunt, evanescere debere. Quatenus linea esse debet in superficie data, cuius indoles exprimitur per aequationem $P\mathrm{d}x + Q\mathrm{d}y + R\mathrm{d}z = 0$, etiam variationes $\delta x, \delta y, \delta z$ satisfacere debent aequationi $P\delta x + Q\delta y + R\delta z = 0$, unde per principia nota facile colligitur, differentialia

$$\mathrm{d}\frac{\mathrm{d}x}{\sqrt{(\mathrm{d}x^2+\mathrm{d}y^2+\mathrm{d}z^2)}}, \quad \mathrm{d}\frac{\mathrm{d}y}{\sqrt{(\mathrm{d}x^2+\mathrm{d}y^2+\mathrm{d}z^2)}}, \quad \mathrm{d}\frac{\mathrm{d}z}{\sqrt{(\mathrm{d}x^2+\mathrm{d}y^2+\mathrm{d}z^2)}}$$

resp. quantitatibus $P$, $Q$, $R$ proportionalia esse debere. Iam sit $\mathrm{d}r$ elementum lineae curvae, $\lambda$ punctum in superficie sphaerica repraesentans directionem huius elementi, $L$ punctum in superficie sphaerica repraesentans directionem normalis in superficiem curvam; denique sint $\xi, \eta, \zeta$ coordinatae puncti $\lambda$, atque $X, Y, Z$ coordinatae puncti $L$ respectu centri sphaerae. Ita erit

$$\mathrm{d}x = \xi\mathrm{d}r, \quad \mathrm{d}y = \eta\mathrm{d}r, \quad \mathrm{d}z = \zeta\mathrm{d}r$$

unde colligimus, differentialia illa fieri $\mathrm{d}\xi$, $\mathrm{d}\eta$, $\mathrm{d}\zeta$. Et quum quantitates $P, Q, R$ proportionales sint ipsis $X, Y, Z$, character lineae brevissimae consistit in aequationibus

$$\frac{\mathrm{d}\xi}{X} = \frac{\mathrm{d}\eta}{Y} = \frac{\mathrm{d}\zeta}{Z}$$

Ceterum facile perspicitur, $\sqrt{(\mathrm{d}\xi^2+\mathrm{d}\eta^2+\mathrm{d}\zeta^2)}$ aequari arculo in superficie sphaerica, qui mensurat angulum inter directiones tangentium in initio et fine elementi $\mathrm{d}r$, adeoque esse $= \frac{\mathrm{d}r}{\rho}$, si $\rho$ denotet radium curvaturae in hoc loco curvae brevissimae; ita fiet

$$\rho\mathrm{d}\xi = X\mathrm{d}r, \quad \rho\mathrm{d}\eta = Y\mathrm{d}r, \quad \rho\mathrm{d}\zeta = Z\mathrm{d}r$$

## 15.

Supponamus, in superficie curva a puncto dato $A$ proficisci innumeras curvas brevissimas, quas inter se distinguemus per angulum, quem constituit singularum elementum primum cum elemento primo unius ex his lineis pro prima assumtae: sit $\varphi$ ille angulus, vel generalius functio illius anguli, nec non $r$ longitudo talis lineae brevissimae a puncto $A$ usque ad punctum, cuius coordinatae sunt $x, y, z$. Quum itaque valoribus determinatis variabilium $r, \varphi$ respondeant puncta determinata superficiei, coordinatae $x, y, z$ considerari possunt tamquam functiones ipsarum $r, \varphi$. Notationes $\lambda, L, \xi, \eta, \zeta, X, Y, Z$ in eadem significatione retinebimus, in qua in art. praec. acceptae fuerunt, modo indefinite ad punctum indefinitum cuiuslibet linearum brevissimarum referantur.

Lineae brevissimae omnes, quae sunt aequalis longitudinis $r$, terminabuntur ad aliam lineam, cuius longitudinem ab initio arbitrario numeratam denotamus per $v$. Considerari poterit itaque $v$ tamquam functio indeterminatarum $r, \varphi$, et si per $\lambda'$ designamus punctum in superficie sphaerica respondens directioni elementi $dv$, nec non per $\xi', \eta', \zeta'$ coordinatas huius puncti respectu centri sphaerae, habebimus:

$$\frac{dx}{d\varphi} = \xi'.\frac{dv}{d\varphi}, \quad \frac{dy}{d\varphi} = \eta'\frac{dv}{d\varphi}, \quad \frac{dz}{d\varphi} = \zeta'.\frac{dv}{d\varphi}$$

Hinc et ex

$$\frac{dx}{dr} = \xi, \quad \frac{dy}{dr} = \eta, \quad \frac{dz}{dr} = \zeta$$

sequitur

$$\frac{dx}{dr}\cdot\frac{dx}{d\varphi} + \frac{dy}{dr}\cdot\frac{dy}{d\varphi} + \frac{dz}{dr}\cdot\frac{dz}{d\varphi} = (\xi\xi' + \eta\eta' + \zeta\zeta').\frac{dv}{d\varphi} = \cos\lambda\lambda'.\frac{dv}{d\varphi}$$

Membrum primum huius aequationis, quod etiam erit functio ipsarum $r, \varphi$, per $S$ denotamus; cuius differentiatio secundum $r$ suppeditat:

$$\frac{dS}{dr} = \frac{ddx}{dr^2}\cdot\frac{dx}{d\varphi} + \frac{ddy}{dr^2}\cdot\frac{dy}{d\varphi} + \frac{ddz}{dr^2}\cdot\frac{dz}{d\varphi} + \frac{1}{2}.\frac{d\left(\left(\frac{dx}{dr}\right)^2 + \left(\frac{dy}{dr}\right)^2 + \left(\frac{dz}{dr}\right)^2\right)}{d\varphi}$$

$$= \frac{d\xi}{dr}\cdot\frac{dx}{d\varphi} + \frac{d\eta}{dr}\cdot\frac{dy}{d\varphi} + \frac{d\zeta}{dr}\cdot\frac{dz}{d\varphi} + \frac{1}{2}.\frac{d(\xi\xi + \eta\eta + \zeta\zeta)}{d\varphi}$$

Sed $\xi\xi + \eta\eta + \zeta\zeta = 1$, adeoque ipsius differentiale $= 0$; et per art. praec. habemus, si etiam hic $\rho$ denotat radium curvaturae in linea $r$,

$$\frac{d\xi}{dr} = \frac{X}{\rho}, \quad \frac{d\eta}{dr} = \frac{Y}{\rho}, \quad \frac{d\zeta}{dr} = \frac{Z}{\rho}$$

Ita obtinemus

$$\frac{dS}{dr} = \frac{1}{\rho}.(X\xi' + Y\eta' + Z\zeta').\frac{dv}{d\varphi} = \frac{1}{\rho}.\cos L\lambda'.\frac{dv}{d\varphi} = 0$$

quoniam manifesto $\lambda'$ iacet in circulo maximo, cuius polus $L$. Hinc itaque concludimus, $S$ independentem esse ab $r$ et proin functionem solius $\varphi$. At pro $r = 0$ manifesto fit $v = 0$, et proin etiam $\frac{dv}{d\varphi} = 0$, nec non $S = 0$, independenter a $\varphi$. Necessario itaque generaliter esse debebit $S = 0$, adeoque $\cos\lambda\lambda' = 0$, i. e. $\lambda\lambda' = 90^0$. Hinc colligimus

THEOREMA. *Ductis in superficie curva ab eodem puncto initiali innumeris lineis brevissimis aequalis longitudinis, linea earum extremitates iungens ad illas singulas erit normalis.*

Operae pretium esse duximus, hoc theorema e proprietate fundamentali linearum brevissimarum deducere: ceterum eius veritas etiam absque calculo per sequens ratiocinium intelligi potest. Sint $AB$, $AB'$ duae lineae brevissimae eiusdem longitudinis, angulum infinite parvum ad $A$ includentes, supponamusque, alterutrum angulorum elementi $BB'$ cum lineis $BA$, $B'A$ differre quantitate finita ab angulo recto, unde per legem continuitatis alter maior alter minor erit angulo recto. Supponamus, angulum ad $B$ esse $= 90^0 - \omega$, capiamusque in linea $BA$ punctum $C$, ita ut sit $BC = BB'.\operatorname{cosec}\omega$: hinc quum triangulum infinite parvum $BB'C$ tamquam planum tractare liceat, erit $CB' = BC.\cos\omega$, et proin

$$AC + CB' = AC + BC.\cos\omega = AB - BC.(1-\cos\omega) = AB' - BC(1-\cos\omega)$$

i. e. transitus a puncto $A$ ad $B'$ per punctum $C$ brevior linea brevissima. Q. E. A.

16.

Theorematì art. praec. associamus aliud, quod ita enunciamus. *Si in superficie curva concipitur linea qualiscunque, a cuius punctis singulis proficiscantur sub angulis rectis et versus eandem plagam innumerae lineae brevissimae aequalis longitudinis, curva, quae earum extremitates alteras iungit, illas singulas sub angulis rectis secabit.* Ad demonstrationem nihil in analysi praecedente mutandum est, nisi quod $\varphi$ designare debet longitudinem curvae *datae* inde a puncto arbitrario numeratam, aut si mavis functionem huius longitudinis; ita omnia ratiocinia etiamnum valebunt, ea modificatione, quod veritas aequationis $S = 0$ pro $r = 0$ nunc iam in ipsa hypothesi implicatur. Ceterum hoc alterum theorema generalius est praecedente, quod adeo in illo comprehendi censeri potest, dum pro linea data adoptamus circulum infinite parvum circa centrum $A$ descriptum. Denique monemus, hic quoque considerationes geometricas analyseos vice fungi posse, quibus tamen, quum satis obviae sint, hic non immoramur.

17.

Revertimur ad formulam $\sqrt{(E\mathrm{d}p^2 + 2F\mathrm{d}p.\mathrm{d}q + G\mathrm{d}q^2)}$, quae indefinite magnitudinem elementi linearis in superficie curva exprimit, atque ante omnia significationem geometricam coëfficientium $E, F, G$ examinamus. Iam in art. 5 monuimus, in superficie curva concipi posse duo systemata linearum, alterum, in quibus singulis sola $p$ sit variabilis, $q$ constans; alterum, in quibus sola $q$ variabilis, $p$ constans. Quodlibet punctum superficiei considerari potest tamquam intersectio lineae primi systematis cum linea secundi: tuncque elementum lineae primae huic puncto adiacens et variationi $\mathrm{d}p$ respondens erit $= \sqrt{E}.\mathrm{d}p$, nec non elementum lineae secundae respondens variationi $\mathrm{d}q$ erit $= \sqrt{G}.\mathrm{d}q$; denique denotando per $\omega$ angulum inter haec elementa, facile perspicitur, fieri $\cos\omega = \frac{F}{\sqrt{EG}}$. Area autem elementi parallelogrammatici in superficie curva inter duas lineas primi systematis, quibus respondent $q$, $q+\mathrm{d}q$, atque duas lineas systematis secundi, quibus respondent $p, p+\mathrm{d}p$, erit $\sqrt{(EG-FF)}\mathrm{d}p.\mathrm{d}q$.

Linea quaecunque in superficie curva ad neutrum illorum systematum pertinens, oritur, dum $p$ et $q$ concipiuntur esse functiones unius variabilis novae, vel altera illarum functio alterius. Sit $s$ longitudo talis curvae ab initio arbitrario numerata et versus directionem utramvis pro positiva habita. Denotemus per $\theta$ angulum, quem efficit elementum $\mathrm{d}s = \sqrt{(E\mathrm{d}p^2+2F\mathrm{d}p.\mathrm{d}q+G\mathrm{d}q^2)}$ cum linea primi systematis per initium elementi ducta, et quidem ne ulla ambiguitas remaneat, hunc angulum semper ab eo ramo illius lineae, in quo valores ipsius $p$ crescunt, inchoari, et versus eam plagam positive accipi supponemus, versus quam valores ipsius $q$ crescunt. His ita intellectis facile perspicitur haberi

$$\cos\theta.\mathrm{d}s = \sqrt{E}.\mathrm{d}p+\sqrt{G}.\cos\omega.\mathrm{d}q = \frac{E\mathrm{d}p+F\mathrm{d}q}{\sqrt{E}}$$

$$\sin\theta.\mathrm{d}s = \sqrt{G}.\sin\omega.\mathrm{d}q = \frac{\sqrt{(EG-FF)}.\mathrm{d}q}{\sqrt{E}}$$

18.

Investigabimus nunc, quaenam sit conditio, ut haec linea sit brevissima. Quum ipsius longitudo $s$ expressa sit per integrale

$$s = \int\sqrt{(E\mathrm{d}p^2+2F\mathrm{d}p.\mathrm{d}q+G\mathrm{d}q^2)}$$

conditio minimi requirit, ut variatio huius integralis a mutatione infinite parva tractus lineae oriunda fiat $= 0$. Calculus ad propositum nostrum in hoc casu commodius absolvitur, si $p$ tamquam functionem ipsius $q$ consideramus. Quo pacto, si variatio per characteristicam $\delta$ denotatur, habemus

$$\delta s = \int \frac{(\frac{dE}{dp}.dp^2 + \frac{2dF}{dp}.dp.dq + \frac{dG}{dp}dq^2)\delta p + (2Edp + 2Fdq)d\delta p}{2ds}$$

$$= \frac{Edp+Fdq}{ds}.\delta p + \int \delta p . \{ \frac{\frac{dE}{dp}.dp^2 + \frac{2dF}{dp}.dp.dq + \frac{dG}{dp}.dq^2}{2ds} - d.\frac{Edp+Fdq}{ds} \}$$

constatque, quae hic sunt sub signo integrali, independenter a $\delta p$ evanescere debere. Fit itaque

$$\frac{dE}{dp}.dp^2 + \frac{2dF}{dp}.dp.dq + \frac{dG}{dp}.dq^2 = 2ds.d.\frac{Edp+Fdq}{ds}$$

$$= 2ds.d.\sqrt{E}.\cos\theta = \frac{ds.dE.\cos\theta}{\sqrt{E}} - 2ds.d\theta.\sqrt{E}.\sin\theta$$

$$= \frac{(Edp+Fdq)dE}{E} - \sqrt{(EG-FF)}.dq.d\theta$$

$$= (\frac{Edp+Fdq}{E}).(\frac{dE}{dp}\, dp + \frac{dE}{dq}.dq) - 2\sqrt{(EG-FF)}.dq.d\theta$$

Hinc itaque nanciscimur aequationem conditionalem pro linea brevissima sequentem:

$$\sqrt{(EG-FF)}.d\theta = \tfrac{1}{2}\frac{F}{E}.\frac{dE}{dp}.dp + \tfrac{1}{2}.\frac{F}{E}.\frac{dE}{dq}.dq + \tfrac{1}{2}.\frac{dE}{dq}.dp - \frac{dF}{dp}.dp - \tfrac{1}{2}.\frac{dG}{dp}.dq$$

quam etiam ita scribere licet

$$\sqrt{(EG-FF)}.d\theta = \tfrac{1}{2}\frac{F}{E}.dE + \tfrac{1}{2}.\frac{dE}{dq}.dp - \frac{dF}{dp}.dp - \tfrac{1}{2}.\frac{dG}{dp}.dq$$

Ceterum adiumento aequationis

$$\operatorname{cotg}\theta = \frac{E}{\sqrt{(EG-FF)}}.\frac{dp}{dq} + \frac{F}{\sqrt{(EG-FF)}}$$

ex illa aequatione angulus $\theta$ eliminari, atque sic aequatio differentio-differentialis inter $p$ et $q$ evolvi potest, quae tamen magis complicata et ad applicationes minus utilis evaderet, quam praecedens.

## 19.

Formulae generales, quas pro mensura curvaturae et pro variatione directionis lineae brevissimae in artt. 11, 18 eruimus, multo simpliciores fiunt, si quantitates $p$, $q$ ita sunt electae, ut lineae primi systematis lineas secundi systematis ubique orthogonaliter secent, i. e. ut generaliter habeatur $\omega = 90^0$, sive $F = 0$. Tunc scilicet fit, pro mensura curvaturae,

$$4EEGGk = E.\frac{dE}{dq}.\frac{dG}{dq} + E(\frac{dG}{dp})^2 + G.\frac{dE}{dp}.\frac{dG}{dp} + G(\frac{dE}{dq})^2 - 2EG(\frac{ddE}{dq^2} + \frac{ddG}{dp^2})$$

et pro variatione anguli $\theta$

$$\sqrt{EG}.d\theta = \tfrac{1}{2}.\frac{dE}{dq}.dp - \tfrac{1}{2}.\frac{dG}{dp}.dq$$

Inter varios casus, in quibus haec conditio orthogonalitatis valet, primarium locum tenet is, ubi lineae omnes alterutrius systematis, e. g. primi, sunt lineae brevissimae. Hic itaque pro valore constante ipsius $q$, angulus $\theta$ fit $= 0$, unde aequatio pro variatione anguli $\theta$ modo tradita docet, fieri debere $\frac{dE}{dq} = 0$, sive coëfficientem $E$ a $q$ independentem, i. e. $E$ esse debet vel constans vel functio solius $p$. Simplicissimum erit, pro $p$ adoptare longitudinem ipsam cuiusque lineae primi systematis, et quidem, quoties omnes lineae primi systematis in uno puncto concurrunt, ab hoc puncto numeratam, vel, si communis intersectio non adest, a qualibet linea secundi systematis. Quibus ita intellectis patet, $p$ et $q$ iam eadem denotare, quae in artt. 15, 16 per $r$ et $\varphi$ expresseramus, atque fieri $E = 1$. Ita duae formulae praecedentes iam transeunt in has:

$$4GGk = (\frac{dG}{dp})^2 - 2G\frac{ddG}{dp^2}$$

$$\sqrt{G}.d\theta = -\tfrac{1}{2}.\frac{dG}{dp}.dq$$

vel statuendo $\sqrt{G} = m$,

$$k = -\frac{1}{m}.\frac{ddm}{dp^2}, \qquad d\theta = -\frac{dm}{dp}.dq$$

Generaliter loquendo $m$ erit functio ipsarum $p$, $q$ atque $m\,dq$ expressio elementi cuiusvis lineae secundi systematis. In casu speciali autem, ubi omnes lineae $p$ ab eodem puncto proficiscuntur, manifesto pro $p = 0$ esse debet $m = 0$; porro si in hoc casu pro $q$ adoptamus angulum ipsum, quem elementum primum cuiusvis lineae primi systematis facit cum elemento alicuius ex ipsis ad arbitrium electae, quum pro valore infinite parvo ipsius $p$, elementum lineae secundi systematis (quae considerari potest tamquam circulus radio $p$ descriptus), sit $= p\,dq$, erit pro valore infinite parvo ipsius $p$, $m = p$, adeoque, pro $p = 0$ simul $m = 0$ et $\frac{dm}{dp} = 1$.

20.

Immoremur adhuc eidem suppositioni, puta $p$ designare indefinite longitudinem lineae brevissimae a puncto determinato $A$ ad punctum quodlibet superficiei ductum, atque $q$ angulum, quem primum elementum huius lineae efficit cum elemento primo alicuius lineae brevissimae ex $A$ proficiscentis datae. Sit $B$ punctum determinatum in hac linea pro qua $q = 0$, atque $C$ aliud punctum determinatum superficiei. pro quo valorem ipsius $q$ simpliciter per $A$ designabimus. Supponamus, puncta $B$, $C$ per lineam brevissimam iuncta, cuius partes, inde a puncto $B$ numeratas, indefinite ut in art. 18 per $s$ denotabimus, nec non perinde ut illic, per $\theta$ angulum, quem quodvis elementum $\mathrm{d}s$ facit cum elemento $\mathrm{d}p$: denique sint $\theta^0$, $\theta'$ valores anguli $\theta$ in punctis $B$, $C$. Habemus itaque in superficie curva triangulum lineis brevissimis inclusum, eiusque anguli ad $B$ et $C$, per has ipsas literas simpliciter designandi aequales erunt ille complemento anguli $\theta^0$ ad $180^0$, hic ipsi angulo $\theta'$. Sed quum analysin nostram inspicienti facile pateat, omnes angulos non per gradus sed per numeros expressos concipi, ita ut angulus $57^0 17' 45''$, cui respondet arcus radio aequalis, pro unitate habeatur, statuere oportet, denotando per $2\pi$ peripheriam circuli

$$\theta^0 = \pi - B, \qquad \theta' = C$$

Inquiramus nunc in curvaturam integram huius trianguli, quae fit $= \int k \,\mathrm{d}\sigma$, denotante $\mathrm{d}\sigma$ elementum superficiale trianguli; quare quum hoc elementum exprimatur per $m\,\mathrm{d}p \,.\, \mathrm{d}q$, eruere oportet integrale $\iint km\,\mathrm{d}p\,.\,\mathrm{d}q$ supra totam trianguli superficiem. Incipiamus ab integratione secundum $p$, quae propter $k = -\frac{1}{m}\cdot\frac{\mathrm{dd}\,m}{\mathrm{d}p^2}$, suppeditat $\mathrm{d}q.(\mathrm{Const.} - \frac{\mathrm{d}m}{\mathrm{d}p})$ pro curvatura integra areae iacentis inter lineas primi systematis, quibus respondent valores indeterminatae secundae $q$, $q + \mathrm{d}q$: quum haec curvatura pro $p = 0$ evanescere debeat, quantitas constans per integrationem introducta aequalis esse debet valori ipsius $\frac{\mathrm{d}m}{\mathrm{d}p}$ pro $p = 0$, i. e. unitati. Habemus itaque $\mathrm{d}q(1 - \frac{\mathrm{d}m}{\mathrm{d}p})$, ubi pro $\frac{\mathrm{d}m}{\mathrm{d}p}$ accipere oportet valorem respondentem fini illius areae in linea $CB$. In hac linea vero fit per art. praec. $\frac{\mathrm{d}m}{\mathrm{d}p}.\mathrm{d}q = -\mathrm{d}\theta$, unde expressio nostra mutatur in $\mathrm{d}q + \mathrm{d}\theta$. Accedente iam integratione altera a $q = 0$ usque ad $q = A$ extendenda, obtinemus curvaturam integram trianguli $= A + \theta' - \theta^0 = A + B + C - \pi$.

Curvatura integra aequalis est areae eius partis superficiei sphaericae, quae respondet triangulo, signo positivo vel negativo affectae, prout superficies curva, in qua triangulum iacet, est concavo-concava vel concavo-convexa: pro unitate areae accipiendum est quadratum, cuius latus est unitas (radius sphaerae), quo pacto superficies tota sphaerae fit $= 4\pi$. Est itaque pars superficiei sphaericae triangulo respondens ad sphaerae superficiem integram ut $\pm(A+B+C-\pi)$ ad $4\pi$. Hoc theorema, quod ni fallimur ad elegantissima in theoria superficierum curvarum referendum esse videtur, etiam sequenti modo enuntiari potest:

*Excessus summae angulorum trianguli a lineis brevissimis in superficie curva concavo-concava formati ultra* $180^0$, *vel defectus summae angulorum trianguli a lineis brevissimis in superficie curva concavo-convexa formati a* $180^0$ *mensuratur per aream partis superficiei sphaericae, quae illi triangulo per directiones normalium respondet, si superficies integra* 720 *gradibus aequiparatur.*

Generalius in quovis polygono $n$ laterum, quae singula formantur per lineas brevissimas, excessus summae angulorum supra $2n-4$ rectos, vel defectus a $2n-4$ rectis (pro indole curvaturae superficiei), aequatur areae polygoni respondentis in superficie sphaerica, dum tota superficies sphaerae 720 gradibus aequiparatur, uti per discerptionem polygoni in triangula e theoremate praecedenti sponte demanat.

21.

Restituamus characteribus $p, q, E, F, G, \omega$ significationes generales, quibus supra accepti fuerant, supponamusque, indolem superficiei curvae praeterea alio simili modo per duas alias variabiles $p', q'$ determinari, ubi elementum lineare indefinitum exprimatur per

$$\sqrt{(E'\mathrm{d}p'^2+2F'\mathrm{d}p'.\mathrm{d}q'+G'\mathrm{d}q'^2)}$$

Ita cuivis puncto superficiei per valores determinatos variabilium $p, q$ definito respondebunt valores determinati variabilium $p', q'$, quocirca hae erunt functiones ipsarum $p, q$, e quarum differentiatione prodire supponemus

$$\mathrm{d}p' = \alpha\mathrm{d}p+\beta\mathrm{d}q$$
$$\mathrm{d}q' = \gamma\mathrm{d}p+\delta\mathrm{d}q$$

Iam proponimus nobis investigare significationem geometricam horum coëfficientium $\alpha, \beta, \gamma, \delta$.

*Quatuor* itaque nunc systemata linearum in superficie curva concipi possunt, pro quibus resp. $q, p, q', p'$ sint constantes. Si per punctum determinatum, cui respondent variabilium valores $p, q, p', q'$, quatuor lineas ad singula illa systemata pertinentes ductas supponimus, harum elementa, variationibus positivis

$\mathrm{d}p$, $\mathrm{d}q$, $\mathrm{d}p'$, $\mathrm{d}q'$, respondentes erunt

$$\sqrt{E}.\mathrm{d}p, \quad \sqrt{G}.\mathrm{d}q, \quad \sqrt{E'}.\mathrm{d}q', \quad \sqrt{G'}.\mathrm{d}q'$$

Angulos, quos horum elementorum directiones faciunt cum directione fixa arbitraria, denotabimus per $M$, $N$, $M'$, $N'$, numerando eo sensu, quo iacet secunda respectu primae, ita ut $\sin(N-M)$ fiat quantitas positiva: eodem sensu iacere supponemus (quod licet) quartam respectu tertiae, ita ut etiam $\sin(N'-M')$ sit quantitas positiva. His ita intellectis, si consideramus punctum aliud, a priore infinite parum distans, cui respondeant valores variabilium

$$p+\mathrm{d}p, \quad q+\mathrm{d}q, \quad p'+\mathrm{d}p', \quad q'+\mathrm{d}q'$$

levi attentione adhibita cognoscemus, fieri generaliter, i. e. independenter a valoribus variationum $\mathrm{d}p$, $\mathrm{d}q$, $\mathrm{d}p'$, $\mathrm{d}q'$,

$$\sqrt{E}.\mathrm{d}p.\sin M+\sqrt{G}.\mathrm{d}q.\sin N = \sqrt{E'}.\mathrm{d}p'.\sin M'+\sqrt{G'}.\mathrm{d}q'.\sin N'$$

quum utraque expressio nihil aliud sit, nisi distantia puncti novi a linea, a qua anguli directionum incipiunt. Sed habemus, per notationem iam supra introductam $N-M=\omega$, et per analogiam statuemus $N'-M'=\omega'$, nec non insuper $N-M'=\psi$. Ita aequatio modo inventa exhiberi potest in forma sequenti

$$\begin{aligned}\sqrt{E}.\mathrm{d}p.\sin(M'-\omega+\psi)+\sqrt{G}.\mathrm{d}q.\sin(M'+\psi)\\ = \sqrt{E'}.\mathrm{d}p'.\sin M'+\sqrt{G'}.\mathrm{d}q'.\sin(M'+\omega')\end{aligned}$$

vel ita

$$\begin{aligned}\sqrt{E}.\mathrm{d}p.\sin(N'-\omega-\omega'+\psi)+\sqrt{G}.\mathrm{d}q.\sin(N'-\omega'+\psi)\\ = \sqrt{E'}.\mathrm{d}p'.\sin(N'-\omega')+\sqrt{G'}.\mathrm{d}q'.\sin N'\end{aligned}$$

Et quum aequatio manifesto independens esse debeat a directione initiali, hanc ad lubitum accipere licet. Statuendo itaque in forma secunda $N'=0$, vel in prima $M'=0$, obtinemus aequationes sequentes:

$$\begin{aligned}\sqrt{E'}.\sin\omega'.\mathrm{d}p' &= \sqrt{E}.\sin(\omega+\omega'-\psi).\mathrm{d}p+\sqrt{G}.\sin(\omega'-\psi).\mathrm{d}q\\ \sqrt{G'}.\sin\omega'.\mathrm{d}q' &= \sqrt{E}.\sin(\psi-\omega).\mathrm{d}p+\sqrt{G}.\sin\psi.\mathrm{d}q\end{aligned}$$

quae aequationes quum identicae esse debeant cum his

$$\begin{aligned}\mathrm{d}p' &= \alpha\mathrm{d}p+\beta\mathrm{d}q\\ \mathrm{d}q' &= \gamma\mathrm{d}p+\delta\mathrm{d}q\end{aligned}$$

suppeditabunt determinationem coëfficientium $\alpha, \beta, \gamma, \delta$. Erit scilicet

$$\alpha = \sqrt{\frac{E}{E'}} \cdot \frac{\sin(\omega+\omega'-\psi)}{\sin\omega'}, \qquad \beta = \sqrt{\frac{G}{E'}} \cdot \frac{\sin(\omega'-\psi)}{\sin\omega'}$$
$$\gamma = \sqrt{\frac{E}{G'}} \cdot \frac{\sin(\psi-\omega)}{\sin\omega'}, \qquad \delta = \sqrt{\frac{G}{G'}} \cdot \frac{\sin\psi}{\sin\omega'}$$

Adiungi debent aequationes

$$\cos\omega = \frac{F}{\sqrt{EG}}, \quad \cos\omega' = \frac{F'}{\sqrt{E'G'}}, \quad \sin\omega = \sqrt{\frac{EG-FF}{EG}}, \quad \sin\omega' = \sqrt{\frac{E'G'-F'F'}{E'G'}}$$

unde quatuor aequationes ita quoque exhiberi possunt

$$\alpha\sqrt{(E'G'-F'F')} = \sqrt{EG'}.\sin(\omega+\omega'-\psi)$$
$$\beta\sqrt{(E'G'-F'F')} = \sqrt{GG'}.\sin(\omega'-\psi)$$
$$\gamma\sqrt{(E'G'-F'F')} = \sqrt{EE'}.\sin(\psi-\omega)$$
$$\delta\sqrt{(E'G'-F'F')} = \sqrt{GE'}.\sin\psi$$

Quum per substitutiones $dp' = \alpha dp + \beta dq$, $dq' = \gamma dp + \delta dq$ trinomium $E'dp'^2 + 2F'dp'.dq' + G'dq'^2$ transire debeat in $Edp^2 + 2Fdp.dq + Gdq^2$, facile obtinemus

$$EG-FF = (E'G'-F'F')(\alpha\delta-\beta\gamma)^2$$

et quum vice versa trinomium posterius rursus transire debeat in prius per substitutionem

$$(\alpha\delta-\beta\gamma)dp = \delta dp' - \beta dq', \qquad (\alpha\delta-\beta\gamma)dq = -\gamma dp' + \alpha dq'$$

invenimus

$$E\delta\delta - 2F\gamma\delta + G\gamma\gamma = \frac{EG-FF}{E'G'-F'F'}.E'$$
$$E\beta\delta - F(\alpha\delta+\beta\gamma) + G\alpha\gamma = -\frac{EG-FF}{E'G'-F'F'}.F'$$
$$E\beta\beta - 2F\alpha\beta + G\alpha\alpha = \frac{EG-FF}{E'G'-F'F'}.G'$$

## 22.

A disquisitione generali art. praec. descendimus ad applicationem latissime patentem, ubi, dum $p$ et $q$ etiam significatione generalissima accipiuntur, pro $p'$, $q'$, adoptamus quantitates in art. 15 per $r$, $\varphi$ denotatas, quibus characteribus etiam hic utemur, scilicet ut pro quovis puncto superficiei $r$ sit distantia minima a puncto determinato, atque $\varphi$ angulus in hoc puncto inter elementum primum ipsius $r$ atque directionem fixam. Ita habemus $E' = 1$, $F' = 0$, $\omega' = 90^0$: statuemus insuper $\sqrt{G'} = m$, ita ut elementum lineare quodcunque fiat $= \sqrt{(\mathrm{d}r^2 + mm\,\mathrm{d}\varphi^2)}$. Hinc quatuor aequationes in art. praec. pro $\alpha$, $\beta$, $\gamma$, $\delta$, erutae, suppeditant:

$$\sqrt{E}.\cos(\omega - \psi) = \frac{\mathrm{d}r}{\mathrm{d}p} \quad \ldots\ldots\ldots\ldots \quad (1)$$

$$\sqrt{G}.\cos\psi = \frac{\mathrm{d}r}{\mathrm{d}q} \quad \ldots\ldots\ldots\ldots \quad (2)$$

$$\sqrt{E}.\sin(\psi - \omega) = m.\frac{\mathrm{d}\varphi}{\mathrm{d}p} \quad \ldots\ldots\ldots\ldots \quad (3)$$

$$\sqrt{G}.\sin\psi = m.\frac{\mathrm{d}\varphi}{\mathrm{d}q} \quad \ldots\ldots\ldots\ldots \quad (4)$$

Ultima et penultima vero has

$$EG - FF = E\left(\frac{\mathrm{d}r}{\mathrm{d}q}\right)^2 - 2F.\frac{\mathrm{d}r}{\mathrm{d}p}.\frac{\mathrm{d}r}{\mathrm{d}q} + G\left(\frac{\mathrm{d}r}{\mathrm{d}p}\right)^2 \quad \ldots\ldots \quad (5)$$

$$\left(E.\frac{\mathrm{d}r}{\mathrm{d}q} - F.\frac{\mathrm{d}r}{\mathrm{d}p}\right).\frac{\mathrm{d}\varphi}{\mathrm{d}q} = \left(F.\frac{\mathrm{d}r}{\mathrm{d}q} - G.\frac{\mathrm{d}r}{\mathrm{d}p}\right).\frac{\mathrm{d}\varphi}{\mathrm{d}p} \quad \ldots\ldots\ldots \quad (6)$$

Ex his aequationibus petenda est determinatio quantitatum $r$, $\varphi$, $\psi$ et (si opus videatur) $m$, per $p$ et $q$: scilicet integratio aequationis (5) dabit $r$, qua inventa integratio aequationis (6) dabit $\varphi$, atque alterutra aequationum (1), (2) ipsam $\psi$: denique $m$ habebitur per alterutram aequationum (3), (4).

Integratio generalis aequationum (5), (6) necessario duas functiones arbitrarias introducere debet, quae quid sibi velint facile intelligemus, si perpendimus, illas aequationes ad casum eum quem hic consideramus non limitari, sed perinde valere, si $r$ et $\varphi$ accipiantur in significatione generaliore art. 16, ita ut sit $r$ longitudo lineae brevissimae ad lineam arbitrariam determinatam normaliter ductae, atque $\varphi$ functio arbitraria longitudinis eius partis lineae, quae inter lineam brevissimam indefinitam et punctum arbitrarium determinatum intercipitur. Solutio itaque generalis haec omnia indefinite amplecti debet, functionesque arbitrariae tunc demum in definitas abibunt, quando linea illa arbitraria atque functio partium, quam $\varphi$ exhibere debet, praescriptae sunt. In casu nostro circulus infinite parvus adoptari potest, centrum in eo puncto habens, a quo distantiae $r$ numerantur, et $\varphi$ denotabit partes huius circuli ipsas per radium divisas, unde facile colligitur, aequationes (5), (6) pro casu nostro complete sufficere, dummodo ea, quae indefinita relinquunt, ei conditioni accommodentur. ut $r$ et $\varphi$ pro puncto illo initiali atque punctis ab eo infinite parum distantibus quadrent.

Ceterum quod attinet ad integrationem ipsam aequationum (5), (6), constat, eam reduci posse ad integrationem aequationum differentialium vulgarium, quae tamen plerumque tam intricatae evadunt, ut parum lucri inde redundet. Contra evolutio in series, quae ad usus practicos, quoties de partibus superficiei modicis agitur, abunde sufficiunt, nullis difficultatibus obnoxia est, atque sic formulae allatae fontem uberem aperiunt, ad multa problemata gravissima solvenda. Hoc vero loco exemplum unicum ad methodi indolem monstrandam evolvemus.

23.

Considerabimus casum eum, ubi omnes lineae, pro quibus $p$ constans est, sunt lineae brevissimae orthogonaliter secantes lineam, pro qua $\varphi = 0$, et quam tamquam lineam abscissarum contemplari possumus. Sit $A$ punctum, pro quo $r = 0$, $D$ punctum indefinitum in linea abscissarum, $AD = p$, $B$ punctum indefinitum in linea brevissima ipsi $AD$ in $D$ normali, atque $BD = q$, ita ut $p$ considerari possit tamquam abscissa, $q$ tamquam ordinata puncti $B$; abscissas positivas assumimus in eo ramo lineae abscissarum, cui respondet $\varphi = 0$, dum $r$ semper tamquam quantitatem positivam spectamus; ordinatas positivas statuimus in plaga ea, ubi $\varphi$ numeratur inter 0 et $180^0$

Per theorema art. 16 habebimus $\omega = 90^0$, $F = 0$, nec non $G = 1$; statuemus insuper $\sqrt{E} = n$. Erit itaque $n$ functio ipsarum $p$, $q$, et quidem talis, quae pro $q = 0$ fieri debet $= 1$. Applicatio formulae in art. 18 allatae ad casum nostrum docet, in *quavis* linea brevissima esse debere $\mathrm{d}\theta = -\frac{\mathrm{d}n}{\mathrm{d}q}.\mathrm{d}p$, denotante $\theta$ angulum inter elementum huius lineae atque elementum lineae, pro qua $q$ constans: iam quum linea abscissarum ipsa sit brevissima, atque pro ea ubique $\theta = 0$, patet, pro $q = 0$ ubique fieri debere $\frac{\mathrm{d}n}{\mathrm{d}q} = 0$. Hinc igitur colligimus, si $n$ in seriem secundum potestates ipsius $q$ progredientem evolvatur, hanc habere debere formam sequentem

$$n = 1 + fqq + gq^3 + hq^4 + \text{ etc.}$$

ubi $f$, $g$, $h$ etc. erunt functiones ipsius $p$, et quidem statuemus

$$\begin{aligned} f &= f^0 + f'p + f''pp + \text{ etc.} \\ g &= g^0 + g'p + g''pp + \text{ etc.} \\ h &= h^0 + h'p + h''pp + \text{ etc.} \end{aligned}$$

etc. sive

$$\begin{aligned} n = 1 &+ f^0 qq + f'pqq + f''ppqq + \text{ etc.} \\ &+ g^0 q^3 + g'pq^3 + \text{ etc.} \\ &+ h^0 q^4 + \text{ etc. etc.} \end{aligned}$$

## 24.

Aequationes art. 22 in casu nostro suppeditant

$$n \sin\psi = \frac{\mathrm{d}r}{\mathrm{d}p}, \quad \cos\psi = \frac{\mathrm{d}r}{\mathrm{d}q}, \quad -n\cos\psi = m.\frac{\mathrm{d}\varphi}{\mathrm{d}p}, \quad \sin\psi = m.\frac{\mathrm{d}\varphi}{\mathrm{d}q}$$

$$nn = nn\left(\frac{\mathrm{d}r}{\mathrm{d}q}\right)^2 + \left(\frac{\mathrm{d}r}{\mathrm{d}p}\right)^2, \quad nn.\frac{\mathrm{d}r}{\mathrm{d}q}.\frac{\mathrm{d}\varphi}{\mathrm{d}q} + \frac{\mathrm{d}r}{\mathrm{d}p}.\frac{\mathrm{d}\varphi}{\mathrm{d}p} = 0$$

Adiumento harum aequationum, quarum quinta et sexta iam in reliquis continentur, series evolvi poterunt pro $r$, $\varphi$, $\psi$, $m$, vel pro quibuslibet functionibus harum quantitatum, e quibus eas, quae imprimis attentione sunt dignae, hic sistemus.

Quum pro valoribus infinite parvis ipsarum $p$, $q$ fieri debeat $rr = pp + qq$, series pro $rr$ incipiet a terminis $pp + qq$: terminos altiorum ordinum obtinemus per methodum coëfficientium indeterminatorum*) adiumento aequationis

$$\left(\frac{1}{n}.\frac{\mathrm{d}rr}{\mathrm{d}p}\right)^2 + \left(\frac{\mathrm{d}rr}{\mathrm{d}q}\right)^2 = 4rr$$

scilicet

$$[1] \qquad \begin{aligned} rr = pp &+ \tfrac{2}{3}f^0 ppqq + \tfrac{1}{2}f'p^3qq + (\tfrac{2}{5}f'' - \tfrac{4}{45}f^0f^0)p^4qq \quad \text{etc.} \\ + qq &\qquad\qquad + \tfrac{1}{2}g^0ppq^3 + \tfrac{2}{5}g'p^3q^3 \\ &\qquad\qquad\qquad + (\tfrac{2}{5}h^0 - \tfrac{7}{45}f^0f^0)ppq^4 \end{aligned}$$

Dein habemus, ducente formula $r\sin\psi = \frac{1}{2n}.\frac{\mathrm{d}rr}{\mathrm{d}p}$,

$$[2] \qquad \begin{aligned} r\sin\psi = p &- \tfrac{1}{3}f^0pqq - \tfrac{1}{4}f'ppqq - (\tfrac{1}{5}f'' + \tfrac{8}{45}f^0f^0)p^3qq \quad \text{etc.} \\ &- \tfrac{1}{2}g^0pq^3 \quad - \tfrac{2}{5}g'ppq^3 \\ &\qquad\qquad - (\tfrac{3}{5}h^0 - \tfrac{8}{45}f^0f^0)pq^4 \end{aligned}$$

*) Calculum, qui per nonnulla artificia paullulum contrahi potest, hic adscribere superfluum duximus.

nec non per formulam $r\cos\psi = \frac{1}{2}\cdot\frac{\mathrm{d}rr}{\mathrm{d}q}$

$$[3] \qquad r\cos\psi = q+\tfrac{2}{3}f^0ppq+\tfrac{1}{2}f'p^3q\;+(\tfrac{2}{5}f''-\tfrac{4}{45}f^0f^0)p^4q \quad \text{etc.}$$
$$+\tfrac{3}{4}g^0ppqq+\tfrac{3}{5}g'p^3qq$$
$$+(\tfrac{4}{5}h^0-\tfrac{14}{45}f^0f^0)ppq^3$$

Hinc simul innotescit angulus $\psi$. Perinde ad computum anguli $\varphi$ concinnius evolvuntur series pro $r\cos\varphi$ atque $r\sin\varphi$, quibus inserviunt aequationes differentiales partiales

$$\frac{\mathrm{d}.r\cos\varphi}{\mathrm{d}p} = n\cos\varphi.\sin\psi - r\sin\varphi : \frac{\mathrm{d}\varphi}{\mathrm{d}p}$$
$$\frac{\mathrm{d}.r\cos\varphi}{\mathrm{d}q} = \cos\varphi.\cos\psi - r\sin\varphi.\frac{\mathrm{d}\varphi}{\mathrm{d}q}$$
$$\frac{\mathrm{d}.r\sin\varphi}{\mathrm{d}p} = n\sin\varphi.\sin\psi + r\cos\varphi.\frac{\mathrm{d}\varphi}{\mathrm{d}p}$$
$$\frac{\mathrm{d}.r\sin\varphi}{\mathrm{d}q} = \sin\varphi.\cos\psi + r\cos\varphi.\frac{\mathrm{d}\varphi}{\mathrm{d}q}$$
$$n\cos\psi.\frac{\mathrm{d}\varphi}{\mathrm{d}q} + \sin\psi.\frac{\mathrm{d}\varphi}{\mathrm{d}p} = 0$$

quarum combinatio suppeditat

$$\frac{r\sin\psi}{n}.\frac{\mathrm{d}.r\cos\varphi}{\mathrm{d}p} + r\cos\psi.\frac{\mathrm{d}.r\cos\varphi}{\mathrm{d}q} = r\cos\varphi$$
$$\frac{r\sin\psi}{n}.\frac{\mathrm{d}.r\sin\varphi}{\mathrm{d}p} + r\cos\psi.\frac{\mathrm{d}.r\sin\varphi}{\mathrm{d}q} = r\sin\varphi$$

Hinc facile evolvuntur series pro $r\cos\varphi$, $r\sin\varphi$, quarum termini primi manifesto esse debent $p$ et $q$, puta

$$[4] \qquad r\cos\varphi = p+\tfrac{2}{3}f^0pqq+\tfrac{5}{12}f'ppqq+(\tfrac{3}{10}f''-\tfrac{8}{45}f^0f^0)p^3qq \quad \text{etc.}$$
$$+\tfrac{1}{2}g^0pq^3\;+\tfrac{7}{20}g'ppq^3$$
$$+(\tfrac{2}{5}h^0-\tfrac{7}{45}f^0f^0)pq^4$$

$$[5] \qquad r\sin\varphi = q-\tfrac{1}{3}f^0ppq-\tfrac{1}{6}f'p^3q\;-(\tfrac{1}{10}f''-\tfrac{7}{90}f^0f^0)p^4q \quad \text{etc.}$$
$$-\tfrac{1}{4}g^0ppqq-\tfrac{3}{20}g'p^3qq$$
$$-(\tfrac{1}{5}h^0+\tfrac{13}{90}f^0f^0)ppq^3$$

E combinatione aequationum [2], [3], [4], [5] derivari posset series pro $rr\cos(\psi+\varphi)$, atque hinc, dividendo per seriem [1], series pro $\cos(\psi+\varphi)$, a qua ad seriem pro ipso angulo $\psi+\varphi$ descendere liceret. Elegantius tamen eadem obtinetur sequenti modo. Differentiando aequationem primam et secundam ex iis, quae initio huius art. allatae sunt, obtinemus

$$\sin\psi \cdot \frac{\mathrm{d}n}{\mathrm{d}q} + n\cos\psi \cdot \frac{\mathrm{d}\psi}{\mathrm{d}q} + \sin\psi \cdot \frac{\mathrm{d}\psi}{\mathrm{d}p} = 0$$

qua combinata cum hac

$$n\cos\psi \cdot \frac{\mathrm{d}\varphi}{\mathrm{d}q} + \sin\psi \cdot \frac{\mathrm{d}\varphi}{\mathrm{d}p} = 0$$

prodit

$$\frac{r\sin\psi}{n} \cdot \frac{\mathrm{d}n}{\mathrm{d}q} + \frac{r\sin\psi}{n} \cdot \frac{\mathrm{d}(\psi+\varphi)}{\mathrm{d}p} + r\cos\psi \cdot \frac{\mathrm{d}(\psi+\varphi)}{\mathrm{d}q} = 0$$

Ex hac aequatione adiumento methodi coëfficientium indeterminatorum facile eliciemus seriem pro $\psi+\varphi$, si perpendimus, ipsius terminum primum esse debere $\frac{1}{2}\pi$, radio pro unitate accepto, atque denotante $2\pi$ peripheriam circuli,

$$[6] \qquad \begin{aligned} \psi+\varphi = \tfrac{1}{2}\pi - f^0pq - \tfrac{2}{3}f'ppq - (\tfrac{1}{2}f'' - \tfrac{1}{6}f^0f^0)p^3q & \quad \text{etc.} \\ - g^0pqq \quad - \tfrac{3}{4}g'ppqq & \\ - (h^0 - \tfrac{1}{3}f^0f^0)pq^3 & \end{aligned}$$

Operae pretium videtur, etiam aream trianguli $ABD$ in seriem evolvere. Huic evolutioni inservit aequatio conditionalis sequens, quae e considerationibus geometricis satis obviis facile derivatur, et in qua $S$ aream quaesitam denotat:

$$\frac{r\sin\psi}{n} \cdot \frac{\mathrm{d}S}{\mathrm{d}p} + r\cos\psi \cdot \frac{\mathrm{d}S}{\mathrm{d}q} = \frac{r\sin\psi}{n} \cdot \int n\,\mathrm{d}q$$

integratione a $q=0$ incepta. Hinc scilicet obtinemus per methodum coëfficientium indeterminatorum

$$[7] \qquad \begin{aligned} S = \tfrac{1}{2}pq - \tfrac{1}{12}f^0p^3q - \tfrac{1}{20}f'p^4q \quad - (\tfrac{1}{30}f'' - \tfrac{1}{60}f^0f^0)p^5q & \quad \text{etc.} \\ - \tfrac{1}{12}f^0pq^3 - \tfrac{3}{40}g^0p^3qq \quad - \tfrac{1}{20}g'p^4qq & \\ - \tfrac{7}{120}f'ppq^3 - (\tfrac{1}{15}h^0 + \tfrac{2}{45}f'' + \tfrac{1}{60}f^0f^0)p^3q^3 & \\ - \tfrac{1}{10}g^0pq^4 \quad - \tfrac{3}{40}g'ppq^4 & \\ - (\tfrac{1}{10}h^0 - \tfrac{1}{30}f^0f^0)pq^5 & \end{aligned}$$

## 25.

A formulis art. praec., quae referuntur ad triangulum a lineis brevissimis formatum rectangulum, progredimur ad generalia. Sit $C$ aliud punctum in eadem linea brevissima $DB$, pro quo, manente $p$, characteres $q'$, $r'$, $\varphi'$, $\psi'$, $S'$ eadem designent, quae $q$, $r$, $\varphi$, $\psi$, $S$ pro puncto $B$. Ita oritur triangulum inter puncta $A$, $B$, $C$, cuius angulos per $A$, $B$, $C$, latera opposita per $a$, $b$, $c$, aream per $\sigma$ denotamus; mensuram curvaturae in punctis $A$, $B$, $C$ resp. per $\alpha$, $\beta$, $\gamma$ exprimemus. Supponendo itaque (quod licet), quantitates $p$, $q$, $q-q'$ esse positivas, habemus

$$A = \varphi - \varphi', \quad B = \psi, \quad C = \pi - \psi', \quad a = q - q', \quad b = r', \quad c = r, \quad \sigma = S - S'$$

Ante omnia aream $\sigma$ per seriem exprimemus. Mutando in [7] singulas quantitates ad $B$ relatas in eas, quae ad $C$ referuntur, prodit formula pro $S'$, unde, usque ad quantitates sexti ordinis obtinemus

$$\begin{aligned}\sigma = \tfrac{1}{2}p(q-q')\{1 &- \tfrac{1}{6}f^0(pp+qq+qq'+q'q') \\ &- \tfrac{1}{60}f'p(6pp+7qq+7qq'+7q'q') \\ &- \tfrac{1}{20}g^0(q+q')(3pp+4qq+4qq'+4q'q')\}\end{aligned}$$

Haec formula, adiumento seriei [2] puta

$$c\sin B = p(1 - \tfrac{1}{3}f^0qq - \tfrac{1}{4}f'pqq - \tfrac{1}{2}g^0q^3 - \text{ etc.})$$

transit in sequentem

$$\begin{aligned}\sigma = \tfrac{1}{2}ac\sin B\{1 &- \tfrac{1}{6}f^0(pp-qq+qq'+q'q') \\ &- \tfrac{1}{60}f'p(6pp-8qq+7qq'+7q'q') \\ &- \tfrac{1}{20}g^0(3ppq+3ppq'-6q^3+4qqq'+4qq'q'+4q'^3)\}\end{aligned}$$

Mensura curvaturae pro quovis superficiei puncto fit (per art. 19, ubi $m, p, q$ erant quae hic sunt $n$, $q$, $p$)

$$= -\frac{1}{n}\frac{\mathrm{d}\mathrm{d}n}{\mathrm{d}q^2} = -\frac{2f+6gq+12hqq+\text{ etc.}}{1+fqq+\text{ etc.}} = -2f - 6gq - (12h - 2ff)qq - \text{ etc.}$$

Hinc fit, quatenus $p$, $q$ ad punctum $B$ referuntur,

$$\beta = -2f^0 - 2f'p - 6g^0q - 2f''pp - 6g'pq - (12h^0 - 2f^0f^0)qq - \text{ etc.}$$

nec non

$$\gamma = -2f^0 - 2f'p - 6g^0q' - 2f''pp - 6g'pq' - (12h^0 - 2f^0f^0)q'q' - \text{ etc.}$$
$$\alpha = -2f^0$$

Introducendo has mensuras curvaturae in serie pro $\sigma$, obtinemus expressionem sequentem, usque ad quantitates sexti ordinis (excl.) exactam:

$$\sigma = \tfrac{1}{2}ac\sin B\{1+\tfrac{1}{120}\alpha(4pp-2qq+3qq'+3q'q') \\ +\tfrac{1}{120}\beta(3pp-6qq+6qq'+3q'q') \\ +\tfrac{1}{120}\gamma(3pp-2qq+qq'+4q'q')\}$$

Praecisio eadem manebit, si pro $p, q, q'$ substituimus $c\sin B$, $c\cos B$, $c\cos B - a$, quo pacto prodit

$$[8] \quad \sigma = \tfrac{1}{2}ac\sin B\{1+\tfrac{1}{120}\alpha(3aa+4cc-9ac\cos B) \\ +\tfrac{1}{120}\beta(3aa+3cc-12ac\cos B) \\ +\tfrac{1}{120}\gamma(4aa+3cc-9ac\cos B)\}$$

Quum ex hac aequatione omnia, quae ad lineam $AD$ normaliter ad $BC$ ductam referuntur, evanuerint, etiam puncta $A, B, C$ cum correlatis inter se permutare licebit, quapropter erit eadem praecisione

$$[9] \quad \sigma = \tfrac{1}{2}bc\sin A\{1+\tfrac{1}{120}\alpha(3bb+3cc-12bc\cos A) \\ +\tfrac{1}{120}\beta(3bb+4cc-9bc\cos A) \\ +\tfrac{1}{120}\gamma(4bb+3cc-9bc\cos A)\}$$

$$[10] \quad \sigma = \tfrac{1}{2}ab\sin C\{1+\tfrac{1}{120}\alpha(3aa+4bb-9ab\cos C) \\ +\tfrac{1}{120}\beta(4aa+3bb-9ab\cos C) \\ +\tfrac{1}{120}\gamma(3aa+3bb-12ab\cos C)\}$$

## 26.

Magnam utilitatem affert consideratio trianguli plani rectilinei, cuius latera aequalia sunt ipsis $a, b, c$; anguli illius trianguli, quos per $A^*$, $B^*$, $C^*$ designabimus, different ab angulis trianguli in superficie curva, puta ab $A, B, C$, quantitatibus secundi ordinis, operaeque pretium erit, has differentias accurate evolvere. Calculorum autem prolixiorum quam difficiliorum, primaria momenta apposuisse sufficiet.

Mutando in formulis [1], [4], [5], quantitates, quae referuntur ad $B$, in eas, quae referuntur ad $C$, nanciscemur formulas pro $r'r'$, $r'\cos\varphi'$, $r'\sin\varphi'$. Tunc evolutio expressionis $rr+r'r'-(q-q')^2-2r\cos\varphi.r'\cos\varphi'-2r\sin\varphi.r'\sin\varphi'$, quae fit $= bb+cc-aa-2bc\cos A = 2bc(\cos A^*-\cos A)$, combinata cum evolutione expressionis $r\sin\varphi . r'\cos\varphi' - r\cos\varphi . r'\sin\varphi'$, quae fit $= bc\sin A$, suppeditat formulam sequentem

$$\begin{aligned}\cos A^* - \cos A = -(q-q')p\sin A\{&\tfrac{1}{3}f^0 + \tfrac{1}{6}f'p + \tfrac{1}{4}g^0(q+q') \\ &+ (\tfrac{1}{10}f'' - \tfrac{1}{45}f^0f^0)pp + \tfrac{3}{20}g'p(q+q') \\ &+ (\tfrac{1}{5}h^0 - \tfrac{7}{90}f^0f^0)(qq+qq'+q'q') + \text{etc.}\}\end{aligned}$$

Hinc fit porro, usque ad quantitates quinti ordinis

$$\begin{aligned}A^* - A = -(q-q')p\{&\tfrac{1}{3}f^0 + \tfrac{1}{6}f'p + \tfrac{1}{4}g^0(q+q') + \tfrac{1}{10}f''pp \\ &+ \tfrac{3}{20}g'p(q+q') + \tfrac{1}{5}h^0(qq+qq'+q'q') \\ &- \tfrac{1}{90}f^0f^0(7pp + 7qq + 12qq' + 7q'q')\}\end{aligned}$$

Combinando hanc formulam cum hac

$$2\sigma = ap(1 - \tfrac{1}{6}f^0(pp+qq+qq'+q'q' - \text{etc.}))$$

atque cum valoribus quantitatum $\alpha$, $\beta$, $\gamma$ in art. praec. allatis, obtinemus usque ad quantitates quinti ordinis

$$\begin{aligned}[11] \quad A^* = A - \sigma\{&\tfrac{1}{6}\alpha + \tfrac{1}{12}\beta + \tfrac{1}{12}\gamma + \tfrac{2}{15}f''pp + \tfrac{1}{5}g'p(q+q') \\ &+ \tfrac{1}{5}h^0(3qq - 2qq' + 3q'q') \\ &+ \tfrac{1}{90}f^0f^0(4pp - 11qq + 14qq' - 11q'q')\}\end{aligned}$$

Per operationes prorsus similes evolvimus

$$\begin{aligned}[12] \quad B^* = B - \sigma\{&\tfrac{1}{12}\alpha + \tfrac{1}{6}\beta + \tfrac{1}{12}\gamma + \tfrac{1}{10}f''pp + \tfrac{1}{10}g'p(2q+q') \\ &+ \tfrac{1}{5}h^0(4qq - 4qq' + 3q'q') \\ &- \tfrac{1}{90}f^0f^0(2pp + 8qq - 8qq' + 11q'q')\}\end{aligned}$$

$$\begin{aligned}[13] \quad C^* = C - \sigma\{&\tfrac{1}{12}\alpha + \tfrac{1}{12}\beta + \tfrac{1}{6}\gamma + \tfrac{1}{10}f''pp + \tfrac{1}{10}g'p(q+2q') \\ &+ \tfrac{1}{5}h^0(3qq - 4qq' + 4q'q') \\ &- \tfrac{1}{90}f^0f^0(2pp + 11qq - 8qq' + 8q'q')\}\end{aligned}$$

Hinc simul deducimus, quum summa $A^* + B^* + C^*$ duobus rectis aequalis sit, excessum summae $A + B + C$ supra duos angulos rectos, puta

$$\begin{aligned}[14] \quad A + B + C = \pi + \sigma\{&\tfrac{1}{3}\alpha + \tfrac{1}{3}\beta + \tfrac{1}{3}\gamma + \tfrac{1}{3}f''pp + \tfrac{1}{2}g'p(q+q') \\ &+ (2h^0 - \tfrac{1}{3}f^0f^0)(qq - qq' + q'q')\}\end{aligned}$$

Haec ultima aequatio etiam formulae [6] superstrui potuisset.

27.

Si superficies curva est sphaera, cuius radius $= R$, erit

$$\alpha = \mathfrak{b} = \gamma = -2f^0 = \frac{1}{RR}; \ f'' = 0, \ g' = 0, \ 6h^0 - f^0 f^0 = 0 \ \text{sive} \ k^0 = \frac{1}{24R^4}$$

Hinc formula [14] fit

$$A + B + C = \pi + \frac{\sigma}{RR}$$

quae praecisione absoluta gaudet; formulae 11—13 autem suppeditant

$$A^* = A - \frac{\sigma}{3RR} - \frac{\sigma}{180R^4}(2pp - qq + 4qq' - q'q')$$
$$B^* = B - \frac{\sigma}{3RR} + \frac{\sigma}{180R^4}(pp - 2qq + 2qq' + q'q')$$
$$C^* = C - \frac{\sigma}{3RR} + \frac{\sigma}{180R^4}(pp + qq + 2qq' - 2q'q')$$

sive aeque exacte

$$A^* = A - \frac{\sigma}{3RR} - \frac{\sigma}{180R^4}(bb + cc - 2aa)$$
$$B^* = B - \frac{\sigma}{3RR} - \frac{\sigma}{180R^4}(aa + cc - 2bb)$$
$$C^* = C - \frac{\sigma}{3RR} - \frac{\sigma}{180R^4}(aa + bb - 2cc)$$

Neglectis quantitatibus quarti ordinis, prodit hinc theorema notum a clar. LEGENDRE primo propositum.

28.

Formulae nostrae generales, reiectis terminis quarti ordinis, persimplices evadunt, scilicet

$$A^* = A - \tfrac{1}{12}\sigma(2\alpha + \mathfrak{b} + \gamma)$$
$$B^* = B - \tfrac{1}{12}\sigma(\alpha + 2\mathfrak{b} + \gamma)$$
$$C^* = C - \tfrac{1}{12}\sigma(\alpha + \mathfrak{b} + 2\gamma)$$

Angulis itaque $A$, $B$, $C$ in superficie non sphaerica reductiones inaequales applicandae sunt, ut mutatorum sinus lateribus oppositis fiant proportionales. Inaequalitas generaliter loquendo erit tertii ordinis, at si superficies parum a sphaera discrepat, illa ad ordinem altiorem referenda erit: in triangulis vel maximis in superficie telluris, quorum quidem angulos dimetiri licet, differentia semper pro insensibili haberi potest. Ita e.g. in triangulo maximo inter ea, quae annis praecedentibus dimensi sumus, puta inter puncta Hohehagen, Brocken, Inselsberg, ubi excessus summae angulorum fuit $= 14''85348$, calculus sequentes reductiones angulis applicandas prodidit:

| | |
|---|---|
| Hohehagen . . . . . | $-4''95113$ |
| Brocken . . . . . . | $-4,95104$ |
| Inselsberg . . . . . . | $-4,95131$ |

29.

Coronidis caussa adhuc comparationem areae trianguli in superficie curva cum area trianguli rectilinei, cuius latera sunt $a, b, c$, adiiciemus. Aream posteriorem denotabimus per $\sigma^*$, quae fit $= \frac{1}{2}bc\sin A^* = \frac{1}{2}ac\sin B^* = \frac{1}{2}ab\sin C^*$

Habemus, usque ad quantitates ordinis quarti

$$\sin A^* = \sin A - \tfrac{1}{12}\sigma\cos A.(2\alpha + \beta + \gamma)$$

sive aeque exacte

$$\sin A = \sin A^*.(1 + \tfrac{1}{24}bc\cos A.(2\alpha + \beta + \gamma))$$

Substituto hoc valore in formula [9], erit usque ad quantitates sexti ordinis

$$\sigma = \tfrac{1}{2}bc\sin A^*.\{1 + \tfrac{1}{120}\alpha(3bb + 3cc - 2bc\cos A) + \tfrac{1}{120}\beta(3bb + 4cc - 4bc\cos A) \\ + \tfrac{1}{120}\gamma(4bb + 3cc - 4bc\cos A)\}$$

sive aeque exacte

$$\sigma = \sigma^*\{1 + \tfrac{1}{120}\alpha(aa + 2bb + 2cc) + \tfrac{1}{120}\beta(2aa + bb + 2cc) \\ + \tfrac{1}{120}\gamma(2aa + 2bb + cc)\}$$

Pro superficie sphaerica haec formula sequentem induit formam

$$\sigma = \sigma^*(1 + \tfrac{1}{24}\alpha(aa + bb + cc))$$

cuius loco etiam sequentem salva eadem praecisione adoptari posse facile confirmatur

$$\sigma = \sigma^*\sqrt{\frac{\sin A\,.\,\sin B\,.\,\sin C}{\sin A^*.\sin B^*.\sin C^*}}$$

Si eadem formula triangulis in superficie curva non sphaerica applicatur, error generaliter loquendo erit quinti ordinis, sed insensibilis in omnibus triangulis, qualia in superficie telluris dimetiri licet.

# UNTERSUCHUNGEN

ÜBER

# GEGENSTÄNDE DER HÖHERN GEODAESIE

ERSTE ABHANDLUNG

VON

CARL FRIEDRICH GAUSS

DER KÖNIGL. SOCIETÄT ÜBERREICHT MDCCCXLIII OCT. XXIII.

---

Abhandlungen der Königl. Gesellschaft der Wissenschaften zu Göttingen. Band II.
Göttingen 1844.

---

UNTERSUCHUNGEN

ÜBER

# GEGENSTÄNDE DER HÖHERN GEODAESIE.

---

Bei den, zum Theil von mir selbst, zum Theil unter meiner Leitung, ausgeführten über das ganze Königreich Hannover sich erstreckenden trigonometrischen Vermessungen sind, sowohl in Beziehung auf die Art, wie die Messungen angestellt wurden, als noch mehr in Beziehung auf ihre nachherige mathematische Behandlung und ihre Verarbeitung zu Resultaten, Wege eingeschlagen, die von den sonst gewöhnlichen abweichen. Mein früher gehegter Vorsatz, nach völliger Beendigung der Messungen diese nebst allen von mir angewandten Verfahrungsarten in einem besondern Werke darzulegen, hat, aus Ursachen, deren Auseinandersetzung nicht hieher gehört. bisher nicht zur Ausführung kommen können, und ich wähle daher das Auskunftsmittel, das im theoretischen Theile mir eigenthümliche in einer Reihe von Abhandlungen bekannt zu machen, um so lieber, weil ich auf diese Weise die Freiheit behalte, mit Ausführlichkeit manche Untersuchungen zu entwickeln, welche ein selbstständiges Interesse darbieten und mit den übrigen in enger Verwandtschaft stehen. auch wenn von denselben bei meinen Messungen keine unmittelbare Anwendung gemacht ist. Dies gilt namentlich von dem grössten Theile des Inhalts der gegenwärtigen ersten Abhandlung.

1.

Von der Aufgabe:

die Theile einer gegebenen Fläche auf einer andern gegebenen Fläche so abzubilden, dass die Abbildung dem abgebildeten in den kleinsten Theilen ähnlich wird

habe ich im Jahre 1822 eine allgemeine Auflösung gegeben, welche Herr Conferenzrath SCHUMACHER im 3 Heft der Astronomischen Abhandlungen hat abdrucken lassen. Bei der Anwendung dieser Aufgabe auf die höhere Geodäsie, für welche sie eine vorzüglich ergiebige Hülfsquelle wird, macht sich das Bedürfniss fühlbar Abbildungen, welche unter der angegebenen Bedingung stehen, durch eine besondere Benennung auszuzeichnen, und ich werde daher dieselben *conforme* Abbildungen oder Übertragungen nennen, indem ich diesem sonst vagen Beiworte eine mathematisch scharf bestimmte Bedeutung beilege.

In der angeführten Schrift ist die allgemeine Auflösung, welche eine willkürliche Function einschliesst, auch auf mehrere *bestimmte* Flächen angewandt; das letzte dort behandelte Beispiel betrifft die conforme Übertragung der Oberfläche des Umdrehungsellipsoids auf die Kugelfläche, und es ist [Art. 13] zugleich eine solche Bestimmung der arbiträren Function angegeben, die zu einer sehr brauchbaren Anwendung auf die höhere Geodäsie benutzt werden kann. Diese Benutzung war a. a. O. nur kurz angedeutet, und eine ausführlichere Entwickelung vorbehalten. Ich werde jedoch anstatt *dieser* speciellen Auflösung eine etwas abgeänderte und für die geodätischen Anwendungen noch viel mehr geeignete Methode zur conformen Übertragung der ellipsoidischen Fläche auf die Kugelfläche in der gegenwärtigen Abhandlung entwickeln, und damit zugleich alles zu einer solchen Benutzung erforderliche verbinden.

2.

Die allgemeine Auflösung der Aufgabe, angewandt auf die ellipsoidische und sphärische Fläche, gibt folgende alle conformen Übertragungen der einen auf die andere umfassende Formel (1):

$$T+i\log\operatorname{cotg}\tfrac{1}{2}U = f\left(t+i\log\left\{\operatorname{cotg}\tfrac{1}{2}w.\left(\tfrac{1-e\cos w}{1+e\cos w}\right)^{\frac{1}{2}e}\right\}\right)$$

Es bezeichnen hier

$e$ die Excentricität der Ellipse, durch deren Umdrehung um ihre kleine Achse die ellipsoidische Fläche erzeugt wird;

$t$ und $90^0 - w$ die Länge und Breite eines unbestimmten Punkts auf dieser Fläche, mithin $w$ den Winkel einer in diesem Punkte gegen die Fläche gezogenen Normale mit der kleinen Achse;

$T$ und $90^0 - U$ die Länge und Breite des entsprechenden Punkts auf der Kugelfläche;

$i$ die imaginäre Einheit $\sqrt{-1}$:

$f$ die Charakteristik für eine willkürlich zu wählende Function.

Die Logarithmen sind immer die hyperbolischen.

Durch $m$ wird das Vergrösserungsverhältniss bezeichnet werden, so verstanden, dass jedes Linearelement auf der ellipsoidischen Fläche sich zu dem entsprechenden Linearelement auf der Kugelfläche verhält wie 1 zu $m$: dieses Verhältniss ist an jeder Stelle der einen und der andern Fläche ein bestimmtes, für verschiedene Stellen veränderlich.

Die einfachste Auflösung erhält man, indem man die willkürliche Function schlechthin ihrem Argumente gleich, oder

$$f\upsilon = \upsilon$$

setzt, und diese Übergangsart ist in der That auch die geeignetste, wenn die *ganze* Oberfläche des Ellipsoids auf die Kugelfläche übertragen werden soll. Für die Anwendung auf geodätische Rechnungen, wo immer nur ein vergleichungsweise sehr kleiner Theil der Erdfläche in Betracht kommt, ist es aber, wie schon a. a. O. bemerkt ist, viel vortheilhafter, der Function noch einen constanten und zwar imaginären Theil beizufügen, oder

$$f\upsilon = \upsilon - i \log k$$

zu setzen. Es lassen sich dann der Halbmesser der Kugel und die Constante $k$ so bestimmen, dass die das Vergrösserungsverhältniss ausdrückende Grösse $m$, von deren geringer Ungleichheit innerhalb der Grenzen der dargestellten Fläche die Bequemlichkeit der Anwendung auf geodätische Rechnungen vornehmlich abhängt, für den mittlern Parallelkreis $= 1$, und bis zu einigen Graden Entfernung nach Norden und Süden kaum merklich von 1 verschieden wird; die Abweichung von dem Werthe 1 ist nemlich von der zweiten Ordnung in Beziehung auf den Abstand vom mittlern Parallelkreise, und enthält ausserdem noch die Abplattung oder das Quadrat von $e$ als Factor.

Allein dieser Vortheil lässt sich noch sehr vergrössern, wenn man anstatt jener Bestimmung der willkürlichen Function eine etwas abgeänderte, für die Rechnung fast eben so bequeme wählt, indem man nemlich unter Zuziehung einer zweiten Constante $\alpha$,

$$f\mathfrak{v} = \alpha\mathfrak{v} - i\log k$$

setzt. Man hat dann in seiner Gewalt, durch zweckmässige Bestimmung der beiden Constanten zu bewirken, dass die Abweichung des Vergrösserungsverhältnisses $m$ von dem Werthe 1, in Beziehung auf den Abstand vom mittlern Parallelkreise eine Grösse der dritten Ordnung wird, ungerechnet den auch hier bleibenden Factor $ee$.

3.

Die Formel 1 gibt, bei dieser Bestimmung der Function $f$,

$$T = \alpha t \; . \; . \; . \; . \; . \; . \; . \; . \; . \; . \; . \; . \; . \; . \; . \; . \; . \; . \; . \quad (2)$$

$$\operatorname{tang}\tfrac{1}{2}U = k\operatorname{tang}\tfrac{1}{2}w^{\alpha}\left(\frac{1+e\cos w}{1-e\cos w}\right)^{\frac{1}{2}\alpha e} \; . \; . \; . \; . \; . \; . \; . \; . \; . \quad (3)$$

und für $m$ findet man leicht, aus den in der mehrerwähnten Schrift entwickelten Grundsätzen, den Ausdruck

$$m = \frac{\alpha A\sin U\sqrt{(1-ee\cos w^2)}}{a\sin w} \; . \; . \; . \; . \; . \; . \; . \; . \; . \; . \; . \quad (4)$$

wenn durch $a$ die halbe grosse Achse des Ellipsoids und durch $A$ der Halbmesser der Kugel bezeichnet wird.

Die Differentiation der logarithmisch ausgedrückten Gleichung 3 ergibt

$$\frac{\mathrm{d}U}{\sin U} = \frac{\alpha\,\mathrm{d}w}{\sin w} - \frac{\alpha ee\sin w\,\mathrm{d}w}{1-ee\cos w^2}$$

oder

$$\frac{\mathrm{d}U}{\mathrm{d}w} = \frac{\alpha(1-ee)\sin U}{(1-ee\cos w^2)\sin w} \; . \; . \; . \; . \; . \; . \; . \; . \; . \; . \; . \; . \; . \quad (5)$$

Ebenso ergibt die Differentiation der Gleichung 4

$$\begin{aligned}\mathrm{d}\log m &= \operatorname{cotg} U\,\mathrm{d}U - \operatorname{cotg} w\,\mathrm{d}w + \frac{ee\cos w\,.\sin w\,\mathrm{d}w}{1-ee\cos w^2}\\ &= \operatorname{cotg} U\mathrm{d}U - \frac{(1-ee)\cos w\,\mathrm{d}w}{(1-ee\cos w^2)\sin w}\end{aligned}$$

folglich, wenn man mit Hülfe von 5 entweder $\mathrm{d}U$ oder $\mathrm{d}w$ eliminirt,

$$\frac{\mathrm{d}\log m}{\mathrm{d}w} = \frac{(1-ee)(\alpha\cos U - \cos w)}{(1-ee\cos w^2)\sin w} \quad \ldots \ldots \ldots \ldots \quad (6)$$

$$\frac{\mathrm{d}\log m}{\mathrm{d}U} = \operatorname{cotg} U - \frac{\cos w}{\alpha \sin U} = \frac{\alpha\cos U - \cos w}{\alpha\sin U} \quad \ldots \ldots \quad (7)$$

Durch eine nochmalige Differentiation der Gleichung 7 erhält man

$$\frac{\mathrm{d}\mathrm{d}\log m}{\mathrm{d}U^2} = -\frac{1}{\sin U^2} + \frac{\cos U\cos w}{\alpha\sin U^2} + \frac{\sin w}{\alpha\sin U}\cdot\frac{\mathrm{d}w}{\mathrm{d}U}$$

$$= -\frac{1}{\sin U^2} + \frac{\cos U\cos w}{\alpha\sin U^2} + \frac{(1-ee\cos w^2)\sin w^2}{\alpha\alpha(1-ee)\sin U^2} \quad \ldots \ldots \quad (8)$$

Soll nun für eine bestimmte Breite (Normalbreite) der Werth von $m$ der Einheit gleich werden, für andere Breiten hingegen nur um Grössen der dritten Ordnung von 1 abweichen, die Breitenunterschiede als Grössen erster Ordnung betrachtet, so muss, wenn die Normalbreite auf dem Ellipsoid mit $P$, die entsprechende auf der Kugel mit $Q$ bezeichnet wird, für $w = 90^0 - P$, $U = 90^0 - Q$ in Gemässheit der Gleichungen 4, 7, 8 sein:

$$A = \frac{a\cos P}{\alpha\cos Q\sqrt{(1-ee\sin P^2)}} \quad \ldots \ldots \ldots \ldots \quad (9)$$

$$\alpha\sin Q = \sin P \quad \ldots \ldots \ldots \ldots \ldots \quad (10)$$

$$0 = 1 - \frac{\sin P\sin Q}{\alpha} - \frac{(1-ee\sin P^2)\cos P^2}{\alpha\alpha(1-ee)}$$

oder, wenn man in letzterer Gleichung für $\sin Q$ seinen Werth aus 10 substituirt,

$$\alpha\alpha = 1 + \frac{ee\cos P^4}{1-ee} \quad \ldots \ldots \ldots \ldots \quad (11)$$

Durch diese Gleichung ist demnach $\alpha$ gegeben, sobald für $P$ ein bestimmter Werth gewählt ist; $Q$ kann sodann durch Gleichung 10, und $A$ durch Gleichung 9 bestimmt werden; endlich ergibt sich $k$ durch die Substitution von $w = 90^0 - P$, $U = 90^0 - Q$ in der allgemeinen Gleichung 3, nemlich

$$k = \frac{\operatorname{tang}(45^0 + \frac{1}{2}P)^\alpha}{\operatorname{tang}(45^0 + \frac{1}{2}Q)}\cdot\left(\frac{1-e\sin P}{1+e\sin P}\right)^{\frac{1}{2}\alpha e} \quad \ldots \ldots \ldots \quad (12)$$

## 4.

Die Berechnung der Constanten $A$, $\alpha$, $k$ und der Normalbreite auf der Kugel $Q$ aus $P$ und $e$ wird man, da alle diese Grössen wie Grundlagen für die

Anwendung auf eine gewisse Zone zu betrachten sind, gern mit besonderer Sorgfalt und Schärfe auszuführen wünschen, und es verdienen daher einige dazu dienliche Umformungen hier einen Platz: eine Umformung wird ohnehin *nothwendig*, wenn man von einer bestimmten Normalbreite nicht auf dem Ellipsoid sondern auf der Kugel, also von einem gegebenen Werthe von $Q$ ausgehen, und daraus die übrigen Grössen berechnen will.

Führt man drei Hülfswinkel $\varphi, \zeta, \eta$ ein, so dass

$$\sin\varphi = e \quad \ldots \quad (13)$$

$$\operatorname{tang}\zeta = \operatorname{tang}\varphi \cos P^2 \quad \ldots \quad (14)$$

$$\operatorname{tang}\eta = \sin\zeta \operatorname{tang} P \quad \ldots \quad (15)$$

so wird

$$\alpha = \frac{1}{\cos\zeta} \quad \ldots \quad (16)$$

$$\sin Q = \cos\zeta \sin P \quad \ldots \quad (17)$$

$$\cos\eta \cos Q = \cos P \quad \ldots \quad (18)$$

$$\sin\eta = \operatorname{tang}\zeta \operatorname{tang} Q \quad \ldots \quad (19)$$

$$\operatorname{tang}\tfrac{1}{2}(P - Q) = \operatorname{tang}\tfrac{1}{2}\zeta \,.\, \operatorname{tang}\tfrac{1}{2}\eta \quad \ldots \quad (20)$$

$$\sin(2\zeta - \varphi) = e\cos 2Q \quad \ldots \quad (21)$$

Die Gleichung 18 folgt leicht aus der Verbindung von 15 und 17; sodann 19 aus der Verbindung von 15, 17, 18; ferner 20 aus 17, 18, 19, endlich 21 aus 14 und 17.

Am schärfsten wird man rechnen, wenn man, in dem Falle wo $P$ gegeben ist, sich der Formeln 14, 15, 20 bedient, um der Reihe nach $\zeta, \eta, Q$ zu bestimmen; für den Fall hingegen, wo $Q$ gegeben ist, vermittelst der Gleichungen 21, 19, 20 die Werthe von $\zeta, \eta, P$ ableitet: zur Controlle mag man dann noch eine oder einige der übrigen Gleichungen benutzen. Führt man noch einen vierten Hülfswinkel $\theta$ ein, nach der Formel

$$\sin\theta = e\sin P \quad \ldots \quad (22)$$

so wird

$$\cos\varphi = \cos\zeta \cos\eta \cos\theta \quad \ldots \quad (23)$$

und die Formeln 9 und 12 erhalten folgende Gestalt:

$$A = \frac{a\cos P}{\alpha\cos\theta\cos Q} = \frac{a\cos\eta}{\alpha\cos\theta} = \frac{a\cos\varphi}{\cos\theta^2} = \frac{a\cos\varphi}{1 - ee\sin P^2}$$

$$k = \frac{\operatorname{tang}(45^\circ + \tfrac{1}{2}P)^\alpha}{\operatorname{tang}(45^\circ + \tfrac{1}{2}Q)\operatorname{tang}(45^\circ + \tfrac{1}{2}\theta)^{\alpha e}}$$

5.

Ich begleite die Vorschriften dieser ganzen Abhandlung mit einer auf das schärfste durchgeführten numerischen Anwendung, welche andern, die zur Verarbeitung ihrer Messungen die hier vorgetragene Methode benutzen wollen, entweder als Rechnungsmuster zur Construction der erforderlichen Hülfstafeln, oder auch schon unmittelbar als Hülfsapparat für einen grossen Theil der gemässigten Zone dienen kann. In den meisten Fällen wird man übrigens sich mit einer *viel* geringern Schärfe begnügen können.

Als Normalbreite wähle ich $52^0 40'$, welche ungefähr dem mittlern Parallelkreise des Königreichs Hannover entspricht; da es jedoch in einigen Beziehungen vortheilhafter ist, wenn für die Normalbreite auf der Kugel, als wenn für die auf dem Ellipsoid eine runde Zahl gewählt wird, so setze ich

$$Q = 52^0\ 40'\ 0''$$

Die Rechnung führe ich nach den neuesten von Bessel aus den Gradmessungen abgeleiteten Erddimensionen (Astronomische Nachrichten 19. Band S. 116), wonach, die Toise zur Einheit angenommen,

$$\log a = 6{,}5148235337$$
$$\log\cos\varphi = 9{,}9985458202$$

Es folgt hieraus, mit Hülfe der zehnzifrigen Logarithmen,

$$\varphi = 4^0\ 41'\ 9''\ 98262$$
$$\log e = 8{,}9122052079$$
$$\zeta = 1^0\ 43'\ 26''\ 80402$$
$$\eta = 2\ \ 15\ \ 42\ \ 34083$$
$$P = 52\ \ 42\ \ 2{,}5\dot{3}251$$
$$\log\alpha = 0{,}0001966553$$
$$\theta = 3^0\ 43'\ 34''\ 24669$$
$$\log\frac{1}{k} = 0{,}0016708804$$
$$\log A = 6{,}5152074703$$

Nimmt man das französische gesetzliche Meter als Einheit an, so wird

$$\log A = 6{,}8050274003$$

Wählte man hingegen den zehnmillionsten Theil des Erdquadranten selbst, nach obigen Dimensionen, zur Einheit, so würde sein

$$\log A = 6{,}8049902365$$

6.

Die Berechnung der Breite auf der Kugel aus der Breite auf dem Ellipsoid kann füglich nach der Formel 3 geführt werden, wenn sie nur für wenige Fälle gefordert wird; für ausgedehntere Anwendungen hingegen wird der Gebrauch einer Reihe vortheilhaft sein, zu deren Entwicklung hier die nöthigen Formeln gegeben werden sollen.

Ich bezeichne eine unbestimmte Breite auf dem Ellipsoid, oder einen unbestimmten Werth von $90^0 - w$, durch $P+p$, und die entsprechende Breite auf der Kugel, oder den Werth von $90^0 - U$ durch $Q+q$. Nach dem TAYLORschen Lehrsatze wird

$$q = \frac{dU}{dw}\cdot p - \tfrac{1}{2}\cdot\frac{ddU}{dw^2}\cdot pp + \tfrac{1}{6}\cdot\frac{d^3U}{dw^3}\cdot p^3 - \tfrac{1}{24}\cdot\frac{d^4U}{dw^4}\cdot p^4 + \text{u. s. w.}$$

wo für die Differentialquotienten diejenigen bestimmten Werthe zu substituiren sind, welche zu $p = 0$, oder zu $w = 90^0 - P$, $U = 90^0 - Q$ gehören. Die successive Entwicklung der unbestimmten Differentialquotienten ergibt

$$\frac{dU}{dw} = \frac{\alpha(1-ee)\sin U}{(1-ee\cos w^2)\sin w}$$

$$\frac{ddU}{dw^2} = \frac{\alpha(1-ee)\sin U}{(1-ee\cos w^2)^2\sin w^2}\{\alpha(1-ee)\cos U - \cos w + ee(\cos w^3 - 2\cos w\sin w^2)\}$$

$$\begin{aligned}\frac{d^3U}{dw^3} = \frac{\alpha(1-ee)\sin U}{(1-ee\cos w^2)^3\sin w^3}\{&\alpha\alpha(1-ee)^2(\cos U^2 - \sin U^2)\\ &- 3\alpha(1-ee)\cos U(\cos w - ee(\cos w^3 - 2\cos w\sin w^2))\\ &+ 2\cos w^2 + \sin w^2 - ee(4\cos w^4 - 2\sin w^4)\\ &+ e^4(2\cos w^6 - \cos w^4\sin w^2 + 6\cos w^2\sin w^4)\}\end{aligned}$$

Die beiden folgenden, welche ich gleichfalls entwickelt habe, setze ich um den Raum zu schonen in ihrer unbestimmten Form nicht hieher.

Die Substitution von $w = 90^0 - P$, $U = 90^0 - Q$ ergibt dann, wenn zugleich

anstatt $\alpha\sin Q$ der Werth $\sin P$ (nach Gleichung 10), und

anstatt $\alpha\cos Q$ der Werth $\frac{\cos P}{\cos\zeta\cos\eta} = \frac{\cos\theta\cos P}{\cos\varphi}$ (nach Gleichung 18, 16, 23)

substituirt, und zur Abkürzung $\cos P = c$ $\sin P = s$ geschrieben wird,

$$\frac{dU}{dw} = \frac{\cos\varphi}{\cos\theta}$$

$$\frac{ddU}{dw^2} = -\frac{3ee\cos\varphi}{\cos\theta^3}.cs$$

$$\frac{d^3U}{dw^3} = \frac{ee\cos\varphi}{\cos\theta^5}(3cc-3ss+ee(12ccss+3s^4))$$

$$\frac{d^4U}{dw^4} = \frac{ee\cos\varphi}{\cos\theta^7}.cs(16-ee(49cc-13ss)-e^4(56ccss+29s^4))$$

$$\frac{d^5U}{dw^5} = \frac{ee\cos\varphi}{\cos\theta^9}(-16cc+12ss+ee(49c^4-378ccss+9s^4)$$
$$+e^4(628c^4ss+174ccs^4-54s^6)+e^6(268c^4s^4+220ccs^6+33s^8))$$

Bei dieser Entwicklung von $q$ in eine Reihe nach $p$ ist stillschweigend vorausgesetzt, dass beide Grössen in Theilen des dem Halbmesser gleichen Bogens ausgedrückt sind: soll dagegen $q$ Secunden und $p$ Grade bedeuten, so muss dem ersten Gliede der Reihe der Factor 3600, dem zweiten der Factor $\frac{3600\pi}{180} = 20\pi$, dem dritten der Factor $3600(\frac{\pi}{180})^2 = \frac{1}{9}\pi\pi$ u.s.f. beigefügt werden. Unter dieser Voraussetzung gibt die Anwendung der Formeln auf unser Beispiel folgende Zahlenwerthe, welche ich in eine solche Form setze, dass weitgestreckte Decimalbrüche vermieden werden:

$$\begin{aligned} q = & \ 359556''69447 \ .\frac{p}{100} \\ & +3041,386524.(\frac{p}{100})^2 \\ & -\ 946,260563.(\frac{p}{100})^3 \\ & -4135,396057.(\frac{p}{100})^4 \\ & +\ 227,04342 \ .(\frac{p}{100})^5 \end{aligned}$$

welche Reihe, da $p$ in der Anwendung nur wenige Einheiten betragen soll, immer sehr schnell convergirt. Um für die Richtigkeit dieser Zahlen eine Bestätigung zu erhalten, habe ich die Rechnung für $p = -6$ und für $p = +6$, d. i. für

$$P+p = 46^0 \ 42' \ 2''53251 \text{ und für}$$
$$P+p = 58 \quad 42 \quad 2,53251$$

sowohl nach der Reihe, als nach der endlichen Formel 3 ausgeführt. Die Reihe gibt

$$Q+q = 46^0\ 40'\ 37''69794$$
$$Q+q = 58\ \ 39\ \ 44{,}09285$$

die endliche Formel hingegen

$$Q+q = 46^0\ 40'\ 37''69794$$
$$Q+q = 58\ \ 39\ \ 44{,}09283$$

also so genau übereinstimmend, wie zehnzifrige Logarithmen nur verstatten.

7.

Auf ähnliche Weise lässt sich der Logarithm von $m$ in eine Reihe entwickeln, deren erste Glieder folgende sind:

$$\log m = -\frac{\sin 2\varphi^2}{6\cos\theta^4}.csp^3 - \frac{\sin 2\varphi^2}{24\cos\theta^6}(cc+11\,eess)p^4$$
$$+\frac{\sin 2\varphi^2}{120\cos\theta^8}.\frac{s}{c}(2cc-3ss-ee(40c^4-20ccss-6s^4)$$
$$-e^4ss(104c^4+22ccss+3s^4))p^5$$

Auch das folgende Glied habe ich (auf einem andern Wege) entwickelt, jedoch nur nach dem Hauptbestandtheile des Coëfficienten, welcher von der Ordnung $ee$ ist, und dafür gefunden:

$$+\frac{\sin 2\varphi^2}{720\cos\theta^{10}}.\frac{1}{cc}(2c^4-18ccss-15s^4)p^6$$

Der durch diese Reihe ausgedrückte Logarithm ist der hyperbolische, und $p$ wird, wie oben, in Theilen des Halbmessers ausgedrückt verstanden: verlangt man den briggischen Logarithmen, indem man $p$ Grade bedeuten lässt, so muss noch der Modulus als Factor hinzukommen und $\frac{\pi p}{180}$ für $p$ geschrieben werden. In dieser Gestalt wird für unser Beispiel

$$\log m = -0{,}0049612433\left(\frac{p}{100}\right)^3$$
$$-0{,}0017329876\left(\frac{p}{100}\right)^4$$
$$-0{,}002393772\ \left(\frac{p}{100}\right)^5$$
$$-0{,}0124746\ \ \ \left(\frac{p}{100}\right)^6$$

Die Anwendung dieser Reihe auf die oben betrachteten einzelnen Fälle gibt

$$\text{für}\quad p = -6,\quad \log m = +0{,}000001050448$$
$$\text{für}\quad p = +6,\quad \log m = -0{,}000001096531$$

Die endliche Formel 4, welche man auch so schreiben kann

$$m = \frac{\alpha A \cos(Q+q)\sqrt{(1-ee\sin(P+p)^2)}}{a\cos(P+p)}$$
$$= \frac{\cos\eta\cos(Q+q)\sqrt{(1-ee\sin(P+p)^2)}}{\cos\theta\cos(P+p)}$$

gibt, mit zehnzifrigen Logarithmen berechnet, bis auf die zehnte Zifer genau dasselbe.

## 8.

Für die umgekehrte Aufgabe, wo $q$ gegeben und $p$ gesucht wird, ist die Entwicklung in eine Reihe noch wesentlicher, da die endliche Formel 3 in diesem Falle nur auf indirectem Wege zum Ziele führen könnte. Der Taylorsche Lehrsatz gibt

$$p = \frac{\mathrm{d}w}{\mathrm{d}U}\cdot q - \frac{\mathrm{dd}w}{2\,\mathrm{d}U^2}\cdot qq + \frac{\mathrm{d}^3w}{6\,\mathrm{d}U^3}\cdot q^3 - \text{u.s.f.}$$

wo für die Differentialquotienten diejenigen bestimmten Werthe zu setzen sind, welche zu $q = 0$ oder $U = 90^0 - Q$, $w = 90^0 - P$ gehören. Für die unbestimmten Werthe der drei ersten Differentialquotienten ergeben sich folgende Ausdrücke

$$\frac{\mathrm{d}w}{\mathrm{d}U} = \frac{(1-ee\cos w^2)\sin w}{\alpha(1-ee)\sin U}$$
$$\frac{\mathrm{dd}w}{\mathrm{d}U^2} = \frac{(1-ee\cos w^2)\sin w}{\alpha\alpha(1-ee)^2\sin U^2}(\alpha(1-ee)\cos U - \cos w + ee\cos w(\cos w^2 - 2\sin w^2))$$
$$\begin{aligned}\frac{\mathrm{d}^3w}{\mathrm{d}U^3} = \frac{(1-ee\cos w^2)\sin w}{\alpha^3(1-ee)^3\sin U^3}\{&\alpha\alpha(1-ee)^2(\cos U^2 + 2\sin U^2)\\ &-3\alpha(1-ee)\cos U\cos w(1-ee(\cos w^2 - 2\sin w^2))\\ &+\cos w^2 - \sin w^2 - ee(2\cos w^4 - 12\cos w^2\sin w^2 + 2\sin w^4)\\ &+e^4(\cos w^6 - 11\cos w^4\sin w^2 + 6\cos w^2\sin w^4)\}\end{aligned}$$

Die beiden folgenden gleichfalls vollständig entwickelten Coëfficienten setze ich um den Raum zu schonen, nicht hieher, da sie doch nur Zwischengrossen sind, um zu den Endresultaten zu gelangen. Diese finden sich nach der Substitution von $90^0-P$, $90^0-Q$ anstatt $w$, $U$, und nach Anwendung der im 6. Art. angegebenen Umformung von $\alpha\cos U$ und $\alpha\sin U$, indem zugleich zur Abkürzung $c$, $s$ anstatt $\cos P$, $\sin P$ geschrieben wird, wie folgt:

$$\begin{aligned}
p = {} & \frac{\cos\theta}{\cos\varphi}.q \\
& -\frac{3ee}{2\cos\varphi^2}.csqq \\
& +\frac{ee}{2\cos\varphi^3\cos\theta}\{-cc+ss+ee(5ccss-s^4)\}q^3 \\
& +\frac{ee}{24\cos\varphi^4\cos\theta^2}cs\{16+ee(41cc-77ss)-e^4(101ccss-61s^4)\}q^4 \\
& +\frac{ee}{120\cos\varphi^5\cos\theta^3}\{16cc-12ss+ee(41c^4-522ccss+81s^4) \\
& \qquad -e^4(538c^4ss-1536ccs^4+126s^6)+e^6(857c^4s^4-1030ccs^6+57s^8)\}q^5 \\
& +\text{u.s.f.}
\end{aligned}$$

Die numerischen Werthe für unser Beispiel finden sich daraus in ähnlicher Form wie oben, d. i. wenn $p$ in Secunden, $q$ in Graden ausgedrückt wird,

$$\begin{aligned}
p = {} & 360443''852122\left(\tfrac{q}{100}\right) \\
& -3052,649780\left(\tfrac{q}{100}\right)^2 \\
& +1002,642506\left(\tfrac{q}{100}\right)^3 \\
& +4119,589282\left(\tfrac{q}{100}\right)^4 \\
& -\ \ 431,181623\left(\tfrac{q}{100}\right)^5 \ \text{u. s. f.}
\end{aligned}$$

9.

Auf ähnliche Weise ist der hyperbolische Logarithm von $m$ in folgende nach Potenzen von $q$ fortschreitende Reihe entwickelt, wobei der Coëfficient von $q^6$ nur nach seinem Hauptheile auf anderm Wege abgeleitet ist:

$$\begin{aligned}
\log m = {} & -\frac{2ee}{3\cos\varphi\cos\theta}.csq^3 \\
& -\frac{ee}{6\cos\varphi^2\cos\theta^2}.cc(1-7eess)q^4 \\
& +\frac{ee}{30\cos\varphi^3\cos\theta^3}.\frac{s}{c}\{2cc-3ss+ee(20c^4-10ccss+6s^4) \\
& \qquad -e^4(59c^4ss-8ccs^4+3s^6)\}q^5 \\
& +\frac{ee}{180\cos\varphi^4\cos\theta^4}.\frac{1}{cc}(2c^4-18ccss-15s^4)q^6
\end{aligned}$$

Die Zahlenwerthe in unserm Beispiele (für den briggischen Logarithmen, und $q$ in Graden ausgedrückt) sind

$$\begin{aligned}\log m = &-0{,}0049796163\,94\left(\tfrac{q}{100}\right)^3\\ &-0{,}0016150307\,6\left(\tfrac{q}{100}\right)^4\\ &-0{,}0023973954\left(\tfrac{q}{100}\right)^5\\ &-0{,}0125671\left(\tfrac{q}{100}\right)^6\end{aligned}$$

10.

Bei einer weitumfassenden Vermessung, wo die Übertragung vom Sphäroid auf die Kugel oder umgekehrt für sehr viele Punkte vorkommt, wird man, anstatt jedesmal auf die Formeln zurückzukommen, lieber ein für allemal eine ausgedehnte Tafel berechnen. Der Gebrauch einer solchen Tafel wird aber bequemer sein, wenn man ihr die Breite auf der Kugel $Q+q$ zum Argument gibt, als wenn man die Breite auf dem Sphäroid dazu wählen wollte, indem der Übergang von ersterer auf die andere viel häufiger erfordert wird, als der umgekehrte. Für jeden Rechnungserfahrnen wird übrigens die Bemerkung überflüssig sein, dass man behuf Construction einer solchen Tafel nur eine mässige Anzahl von Gliedern direct berechnet, aus denen die übrigen mit eben so grosser Schärfe und sehr geringer Mühe durch ein angemessenes Interpolationsverfahren bestimmt werden. Es werden also dafür die im 8. und 9. Artikel mitgetheilten Reihen zur Anwendung kommen, und gerade deswegen ist es vortheilhaft, dass nicht $P$, sondern $Q$ eine runde Zahl sei.

Ich füge am Schluss dieser Abhandlung eine solche Tafel bei, welcher der Normalwerth $Q = 52^0 40'$ (wie dem bisher betrachteten Beispiele) zum Grunde liegt, und die durch zwölf Grade, von $46^0 40'$ bis $58^0 40'$, für alle Werthe des Arguments $Q+q$ von Minute zu Minute fortschreitet. Sie gibt den zugehörigen Werth von $P+p$ auf fünf Decimalen der Secunde genau; ferner den briggischen Logarithmen von $m$ auf zehn Stellen, nemlich in Einheiten der zehnten Decimale; endlich auch noch, in Secunden ausgedrückt, den Werth von $-\frac{dm}{2m\,dq}$; der Gebrauch dieser letzten Columne wird weiter unten erklärt werden. Ich habe die Tafel deshalb mit so vielen Decimalen gegeben, damit sie auch für die allerschärfste Berechnung einer trigonometrischen Vermessung, nemlich für eine

Durchführung derselben mit zehnzifrigen Logarithmen, vollkommen zureiche. Jeder, der diese Tafel zur Berechnung von Messungen innerhalb dieser Zone benutzen will, wird, wenn eine geringere Schärfe ihm genügt (und diess ist allerdings der gewöhnlichste Fall) nach Gefallen einige der letzten Decimalen weglassen. In welcher Form man übrigens auch die *Resultate* einer Messung darstellen mag, so sollte diess, consequenter Weise, immer in einer Schärfe geschehen, die der Schärfe der Messungen selbst entsprechend ist, so dass man aus den Zahlen der Resultate immer rückwärts die beobachteten Grössen eben so scharf wieder finden kann, wie sie gemessen waren. Wählt man also dazu ausschliesslich die Längen und Breiten, so würde trigonometrischen Messungen selbst von nur mässiger Schärfe, durchaus nicht ihr Recht widerfahren, wenn man die Resultate nur in solcher Schärfe ansetzen wollte, wie Längen und Breiten sich auf astronomischem Wege bestimmen lassen: man würde dadurch nur einen falschen Maassstab für die Güte der Arbeit erhalten, und sich oft gerade der durchgreifendsten Prüfungen dieser Güte entäussern.

11.

Die Benutzung der hier betrachteten conformen Übertragung der Ellipsoidfläche auf die Kugelfläche zur Berechnung trigonometricher Messungen kann auf mehr als Eine Art geschehen: in der gegenwärtigen Abhandlung wird nur von der unmittelbaren Benutzung die Rede sein; andere abgeleitete Arten, sie zu jenem Zwecke zu benutzen, sollen einer zweiten Abhandlung vorbehalten bleiben.

Die unmittelbare Benutzung ist im Wesentlichen schon in der oben angeführten Schrift kurz angedeutet. Ein auf der Oberfläche des Ellipsoids durch kürzeste oder sogenannte geodaetische Linien gebildetes System von Dreiecken wird auf der Oberfläche der Kugel durch ein Dreieckssystem dargestellt, worin die Winkel den entsprechenden auf dem Sphaeroid genau gleich sind, die Seiten hingegen, wenn sie nicht Meridianbögen sind, zwar nicht in aller Strenge Bögen Grösster Kreise werden, aber doch von solchen so wenig abweichen, dass sie in den meisten Fällen als damit ganz zusammenfallend betrachtet werden dürfen, oder dass wenigstens die Abweichung da, wo die grösste Genauigkeit gefordert wird, mit aller nöthigen Schärfe leicht berechnet werden kann, immer vorausgesetzt, dass erstens die Dreiecke sich nicht gar zu weit von dem Normal-Parallelkreise entfernen, und

zweitens, dass sie vergleichungsweise, nemlich nach dem Verhältnisse der Seiten zu einem ganzen Erdquadranten, klein sind, wie bei wirklich messbaren Dreiecken immer der Fall ist.

Dieses genaue Anschmiegen der auf die Kugelfläche übertragenen Dreiecksseiten an Grösste Kreisbögen findet nun bei der in Obigem betrachteten conformen Darstellung in noch viel höherm Grade Statt, als bei der a. a. O. vorgeschlagenen. Wo diese [nach Art. 13] bei einem Abstande von $2\frac{1}{2}$ Grad von dem Normal-Parallelkreise eine linearische Vergrösserung von $\frac{1}{530000}$ ergab, würde die neue Methode nur eine Aenderung von $\frac{1}{5800000}$ geben.

Man kann daher das ganze System, nachdem man zuvörderst eine Dreiecksseite auf die Kugelfläche gehörig übertrageu hat, ganz so, als wenn es auf dieser selbst läge, vermittelst der Winkel berechnen, nöthigenfalls mit der eben angedeuteten Modification, sodann für alle Punkte die Werthe der Breiten und Längen bestimmen, und von diesen vermittelst der oben gegebenen Formeln, oder vielmehr was die Breiten betrifft, vermittelst einer solchen Hülfstafel, wie hier beigefügt ist, auf die Breiten und Längen auf der Ellipsoidfläche übergehen.

## 12.

Es bleibt demnach hier noch übrig, die Bestimmung der Abweichung einer auf die Kugelfläche übertragenen geodaetischen Linie von dem zwischen denselben Endpunkten enthaltenen Grössten Kreisbogen zu entwickeln, wonach sich zugleich in jedem Falle beurtheilen lässt, ob die Berücksichtigung dieser Abweichung nöthig werde. Man kann diese Aufgabe auf mehr als eine Art behandeln: für den gegenwärtigen Zweck, wo die Reduction immer nur eine sehr kleine Grösse betragen kann, scheint folgende Methode die angemessenste zu sein.

Es sei $L$ die in Rede stehende geodaetische Linie auf dem Ellipsoid in unbestimmter Ausdehnung betrachtet, $M$ ihre conforme Darstellung auf der Kugelfläche, $F$ und $G$ die Endpunkte eines bestimmten Stückes von $M$, endlich $N$ ein durch diese beiden Punkte geführter Grösster Kreis. Jeder Punkt in $N$ werde bestimmt durch seinen Abstand $x$ von einem zunächst willkürlich auf $N$ gewählten Anfangspunkte; jeder Punkt von $M$ durch seinen senkrechten Abstand $y$ von $N$ und durch das dem Fusspunkte dieses Perpendikels zukommende

$x$. Diese Coordinaten sind als in Theilen des Halbmessers ausgedrückt verstanden, und müssen demnach noch multiplicirt werden mit $A$, wenn man sie nach ihrer Lineargrösse, oder mit 206265″, wenn man sie in Bogentheilen ausgedrückt verlangt.

Ein Element von $M$ wird durch

$$\sqrt{(\cos y^2 \,\mathrm{d}x^2 + \mathrm{d}y^2)}$$

oder durch $\frac{\cos y}{\cos \psi}.\mathrm{d}x$ ausgedrückt, wenn man

$$\frac{\mathrm{d}y}{\cos y\,\mathrm{d}x} = \operatorname{tang}\psi$$

setzt, wo mithin $\psi$ die Neigung des Elements gegen die Parallele mit $N$ bedeutet. Um die Vorstellung zu fixiren, mag man sich die $x$ von der Rechten nach der Linken, die $y$ von unten nach oben wachsend denken, wodurch also der Sinn positiver $\psi$ von selbst bestimmt ist.

Das wie oben mit $m$ bezeichnete Vergrösserungsverhältniss beim Uebertragen der ellipsoidischen Fläche auf die Kugelfläche kann hier wie eine Function von $x$ und $y$ betrachtet werden: die Grösse des Elements von $L$, dem jenes Element von $M$ entspricht, wird

$$= \frac{A\cos y}{m\cos\psi}.\mathrm{d}x$$

sein, und wenn zur Abkürzung

$$\log\operatorname{tang}(45^0 + \tfrac{1}{2}y) = u$$
$$\frac{\cos y}{m} = n$$

gesetzt wird, wo mithin $n$ gleichfalls Function von $x$ und $y$, oder was auf Eines hinausläuft, von $x$ und $u$ sein wird, so hat man

$$\operatorname{tang}\psi = \frac{\mathrm{d}u}{\mathrm{d}x}$$

und das Element von $L$

$$= \frac{An}{\cos\psi}.\mathrm{d}x$$

Die Natur der Linie $M$ wird also durch die Bedingung bestimmt, dass zwischen irgendwelchen bestimmten Grenzen das Integral $\int\frac{n}{\cos\psi}\mathrm{d}x$ oder

$$\int n\sqrt{(1+\frac{\mathrm{d}u^2}{\mathrm{d}x^2})}\,\mathrm{d}x$$

ein Minimum werden soll, wofür nach den Regeln der Variationsrechnung sich die Gleichung ergibt

$$\frac{\mathrm{d}n}{\mathrm{d}u}\cdot\sqrt{\left(1+\frac{\mathrm{d}u^2}{\mathrm{d}x^2}\right)}\mathrm{d}x = \mathrm{d}\frac{\frac{n\,\mathrm{d}u}{\mathrm{d}x}}{\sqrt{\left(1+\frac{\mathrm{d}u^2}{\mathrm{d}x^2}\right)}}$$

oder

$$\frac{\mathrm{d}n}{\mathrm{d}u}\cdot\frac{\mathrm{d}x}{\cos\psi} = \mathrm{d}.n\sin\psi$$

Unter $\frac{\mathrm{d}n}{\mathrm{d}u}$ ist der partielle Differentialquotient verstanden. Diese Formel ist strenge und allgemeingültig. Für unsern Zweck aber, wo bloss das zwischen $F$ und $G$ liegende Stück der Curve $M$ in Betracht kommt, in deren sämmtlichen Punkten $u$ und $\psi$ nur sehr kleine Werthe haben können, dürfen wir 1 anstatt $\cos\psi$ und $\operatorname{tang}\psi$ anstatt $\sin\psi$ schreiben, mithin

$$\frac{\mathrm{d}n}{\mathrm{d}u}.\mathrm{d}x = \mathrm{d}.n\operatorname{tang}\psi$$

oder

$$n\operatorname{tang}\psi = \int\frac{\mathrm{d}n}{\mathrm{d}u}\mathrm{d}x + \text{Const.}$$

setzen, zugleich aber auch in dieser Formel anstatt der Werthe, welche $n$ und $\frac{\mathrm{d}n}{\mathrm{d}u}$ in der Linie $M$ haben, diejenigen anwenden, welche in den correspondirenden Punkten der Linie $N$ (für $u=0$ oder $y=0$) Statt finden, und folglich mit den Werthen von $\frac{1}{m}$ und $-\frac{\mathrm{d}m}{mm\,\mathrm{d}u} = -\frac{\mathrm{d}m}{mm\,\mathrm{d}y}$ übereinstimmen.

Zur bequemern Ausführung der weitern Entwicklungen sollen jetzt die Abscissen von dem Punkte $F$ an gezählt, oder in diesem Punkte $x=0$, in $G$ hingegen $x=h$ gesetzt werden; ich setze ferner $\frac{\mathrm{d}m}{m\,\mathrm{d}y} = l$, welches im Allgemeinen zwar Function von $x$ und $y$ ist, hier aber bloss nach seinem in der Linie $N$ oder für $y=0$ geltenden Werthe, also als Function von $x$ allein betrachtet wird; endlich seien $\psi^0$, $m^0$, $l^0$, die bestimmten Werthe von $\psi$, $m$, $l$ in dem Punkte $F$, und $\psi'$, $m'$, $l'$ die in dem Punkte $G$. Die obige Formel wird hienach

$$\operatorname{tang}\psi = \frac{m\operatorname{tang}\psi^0}{m^0} - m\int\frac{l}{m}\mathrm{d}x$$

wo die Integration von $x=0$ anfängt. Nehmen wir nun an, dass $l$ und $m$ in folgende nach Potenzen von $x$ fortschreitende Reihen

$$l = l^0 + \lambda x + \lambda' xx + \text{ u. s. w.}$$
$$m = m^0(1 + \mu x + \mu' xx + \text{ u. s. w.})$$

entwickelt sind, so ergibt die Rechnung

$$\begin{aligned}\operatorname{tang}\psi = (1+\mu x+\mu' xx + \text{ u. s. w.}) \operatorname{tang}\psi^0 \\ -l^0 x - \tfrac{1}{2}(\lambda + l^0\mu)xx - (\tfrac{1}{3}\lambda' + \tfrac{1}{6}\lambda\mu - \tfrac{1}{6}l^0\mu\mu + \tfrac{2}{3}l^0\mu')x^3 - \text{ u. s. w.}\end{aligned}$$

und hieraus, weil $u = \int \operatorname{tang}\psi . \mathrm{d}x$

$$\begin{aligned}u = (x + \tfrac{1}{2}\mu xx + \tfrac{1}{3}\mu' x^3 + \text{ u. s. w.}) \operatorname{tang}\psi^0 \\ -\tfrac{1}{2}l^0 xx - \tfrac{1}{6}(\lambda + l^0\mu)x^3 - (\tfrac{1}{12}\lambda' + \tfrac{1}{24}\lambda\mu - \tfrac{1}{24}l^0\mu\mu + \tfrac{1}{6}l^0\mu')x^4 - \text{ u. s. w.}\end{aligned}$$

wo keine Constante hinzuzufügen ist, weil für $x = 0$ auch $u = 0$ wird. Da nun auch für $x = h$, $u = 0$ wird, so folgt aus dieser Gleichung

$$\operatorname{tang}\psi^0 = \tfrac{1}{2}l^0 h + (\tfrac{1}{6}\lambda - \tfrac{1}{12}l^0\mu)hh + (\tfrac{1}{12}\lambda' - \tfrac{1}{24}\lambda\mu)h^3 + \text{ u. s. w.}$$

Wird in der Gleichung für $\psi$ auch anstatt $x$ der Werth $h$, und statt $\operatorname{tang}\psi^0$ der eben gefundene substituirt, so ergibt sich

$$\operatorname{tang}\psi' = -\tfrac{1}{2}l^0 h - (\tfrac{1}{3}\lambda + \tfrac{1}{12}l^0\mu)hh - (\tfrac{1}{4}\lambda' + \tfrac{1}{24}\lambda\mu - \tfrac{1}{12}l^0\mu\mu + \tfrac{1}{6}l^0\mu')h^3 \text{ u. s. w.}$$

Da

$$l' = l^0 + \lambda h + \lambda' hh + \text{ u. s. w}$$
$$m' = m^0(1 + \mu h + \mu' hh + \text{ u. s. w.})$$

so wird

$$\begin{aligned}(\tfrac{1}{3}l^0 + \tfrac{1}{6}l')h\sqrt[6]{\tfrac{m^0}{m'}} &= \tfrac{1}{2}l^0 h + (\tfrac{1}{6}\lambda - \tfrac{1}{12}l^0\mu)hh \\ &\quad + (\tfrac{1}{6}\lambda' - \tfrac{1}{36}\lambda\mu + \tfrac{7}{144}l^0\mu\mu - \tfrac{1}{12}l^0\mu')h^3 \text{ u. s. w.} \\ -(\tfrac{1}{6}l^0 + \tfrac{1}{3}l')h\sqrt[6]{\tfrac{m'}{m^0}} &= -\tfrac{1}{2}l^0 h - (\tfrac{1}{3}\lambda + \tfrac{1}{12}l^0\mu)hh \\ &\quad - (\tfrac{1}{3}\lambda' + \tfrac{1}{18}\lambda\mu - \tfrac{5}{144}l^0\mu\mu + \tfrac{1}{12}l^0\mu')h^3 \text{ u. s. w.}\end{aligned}$$

also in den beiden ersten Gliedern oder bis auf die Ordnung $hh$ mit obigen Werthen von $\operatorname{tang}\psi^0$, $\operatorname{tang}\psi'$ übereinstimmend: diese bequemen Ausdrücke können daher als hinreichend scharfe Werthe dieser Tangenten, oder unter Hinzufügung des Factors 206265″ als die Werthe der Winkel $\psi^0, \psi'$ selbst angenommen werden.

Die Länge der Linie $L$ selbst, zwischen den Punkten auf dem Ellipsoid, denen auf der Kugel die Punkte $F$, $G$ entsprechen, ist das Integral

$$A\int\frac{\cos y}{m\cos\psi}\,\mathrm{d}x$$

von $x=0$ bis $x=h$ ausgedehnt; es wird aber immer erlaubt sein, darin sowohl $\cos y$ als $\cos\psi=1$ zu setzen, und für $m$ denjenigen Werth, welcher in der Linie $M$ oder für $y=0$ gilt, wodurch also das Integral

$$=A\int\frac{\mathrm{d}x}{m^0(1+\mu x+\mu' xx+\text{ u.s.w.})}$$
$$=\frac{A}{m^0}(h-\tfrac{1}{2}\mu hh+(\tfrac{1}{3}\mu\mu-\tfrac{1}{3}\mu')h^3-\text{ u.s.w.})$$

wird. Es ist immer zureichend, den bis auf die Ordnung $hh$ damit übereinstimmenden Werth

$$\frac{Ah}{\sqrt{m^0 m'}}$$

dafür anzunehmen.

13.

Die Bestimmung der Grössen $l^0$, $l'$ geschieht auf folgende Weise. Es sei $\chi$ der Winkel, welchen an irgend einer Stelle des Grössten Kreisbogens $N$ dieser in dem Sinne wachsender $x$ mit dem Meridian in dem Sinne von Norden nach Süden genommen macht, den Winkel von diesem zu jenem in dem Sinne von der Linken nach der Rechten gezählt; es sei ferner $S$ die Breite an jener Stelle, $T$ die Länge von einem beliebigen Meridian an ostwärts gerechnet. Man hat dann daselbst

$$\mathrm{d}S=-\cos\chi.\mathrm{d}x+\sin\chi.\mathrm{d}y$$
$$\mathrm{d}T=-\frac{\sin\chi}{\cos S}\mathrm{d}x-\frac{\cos\chi}{\cos S}\mathrm{d}y$$

und folglich den partiellen Differentialquotienten

$$\frac{\mathrm{d}m}{m\mathrm{d}y}=\sin\chi.\frac{\mathrm{d}m}{m\mathrm{d}S}-\frac{\cos\chi}{\cos S}.\frac{\mathrm{d}m}{m\mathrm{d}T}$$

Da nun bei unserer conformen Uebertragung $m$ von der Länge unabhängig oder $\frac{\mathrm{d}m}{m\mathrm{d}T}=0$ ist, so wird

$$l=\sin\chi.\frac{\mathrm{d}m}{m\mathrm{d}S}$$

Bezeichnet man die Werthe von $\chi$ in den Punkten $F$ und $G$ mit $V^0$ und $180^0+V'$ (so dass nach gewöhnlichem Sprachgebrauche $V^0$ das Azimuth des Grössten Kreisbogens $FG$ in $F$, und $V'$ das Azimuth des Grössten Kreisbogens

$GF$ in $G$ bedeutet); imgleichen die (immer negativen) Werthe von $\frac{206265'' dm}{2 m dS}$ in denselben Punkten mit $-k^0$, $-k'$, so wird

$$206265'' l^0 = -2 k^0 \sin V^0$$
$$206265'' l' = +2 k' \sin V'$$

Die im vorhergehenden Artikel gegebenen Ausdrücke für $\psi^0$, $\psi'$, in Secunden verwandelt, werden daher, wenn man die von der Einheit hier nur unmerklich abweichenden Factoren $\sqrt[6]{\frac{m^0}{m'}}$, $\sqrt[6]{\frac{m'}{m^0}}$ weglässt,

$$\psi^0 = -\tfrac{1}{3} h (2 k^0 \sin V^0 - k' \sin V')$$
$$\psi' = -\tfrac{1}{3} h (2 k' \sin V' - k^0 \sin V^0)$$

Die dieser Abhandlung beigefügte Tafel gibt in der letzten Columne unter der Ueberschrift $k$ die Werthe von $k^0$, $k'$ für die entsprechenden Werthe von $S$, die in der ersten Columne unter der Ueberschrift $Q+q$ aufzusuchen sind; da $k$ immer positiv ist, und $\sin V^0$, $\sin V'$ immer entgegengesetzte Zeichen haben, so wird $\psi^0$ negativ, $\psi'$ positiv, wenn $G$ westlich von $F$ liegt und umgekehrt: bei der Berechnung erinnere man sich, dass in diesen Formeln $h$ als in Theilen des Halbmessers ausgedrückt verstanden wird, also der in irgend einem Längenmaasse gegebene Abstand der Punkte $F$, $G$ zuvor mit dem in gleichem Maasse ausgedrücktem Werthe von $A$ zu dividiren ist.

Da in unserer conformen Übertragung der Ellipsoidfläche auf die Kugelfläche ein Meridian auf jener wiederum durch einen Meridian auf dieser dargestellt wird, so ist klar, dass jedes Element von $L$ dieselbe Neigung gegen den Meridian hat wie das entsprechende Element von $M$, und dass folglich die Azimuthe der geodaetischen Linie in ihren beiden Endpunkten resp. $V^0 + \psi^0$ und $V' + \psi'$ sein werden: sind aber umgekehrt diese gegeben, so werden sie auf die Kugelfläche reducirt durch Anbringung von $-\psi^0$, $-\psi'$. und für die Berechnung dieser stets fast ganz verschwindenden Reductionen ist es offenbar ganz gleichgültig. wenn man in den obigen Formeln anstatt $V^0$, $V'$ die Azimuthe auf dem Ellipsoid anwendet.

14.

Um nach den gegebenen Vorschriften die Reductionen der Richtungen, behuf der Übertragung vom Ellipsoid auf die Kugel oder umgekehrt, berechnen zu können, ist zwar eine genäherte Kenntniss der Grösse der Linien, der orientirten Azimuthe, und der Breiten der Endpunkte erforderlich, was nur durch eine vorläufige Berechnung der Dreiecke zu erhalten ist: allein dieser Umstand ist durchaus unerheblich, da eine vorläufige schon die Ausführung der Messungen Schritt für Schritt begleitende Berechnung ohnehin in vielen Beziehungen räthlich, und zur Centrirung der excentrisch gemessenen Winkel, so wie zur Bestimmung des sphärischen oder sphäroidischen Excesses der Winkelsumme jedes Dreiecks sogar nothwendig ist: ja für den ersten Zweck wird, bei der Geringfügigkeit jener Reductionen, schon eine ganz rohe Annäherung immer zureichen, während das scharfe Centriren zuweilen, bei etwas beträchtlicher Excentricität der Standpunkte eine viel weiter getriebene Annäherung erfordern kann. Ich habe die Vorschriften deshalb entwickelt, damit man, *wenn* man jene Reductionen berücksichtigen will, alles zu ihrer schärfsten Berechnung nöthige bereit finde, oder wenn man sie *nicht* berücksichtigen will, leicht und bestimmt übersehen könne, wie wenig man dadurch aufopfert. Bei dem ganzen Hannoverschen Dreieckssystem sind die Reductionen durchgehends so äusserst gering, dass ihre Berücksichtigung als gänzlich überflüssig erscheint, und in der ganzen Ausdehnung der Zone von zwölf Breitengraden, für welche ich den Hülfsapparat beifüge, bleiben sie noch unterhalb derjenigen Bogensecundentheile, auf welche man sich bei den meisten Messungen in der Rechnung zu beschränken pflegt. Um diess recht evident hervortreten zu lassen, füge ich hier noch die numerische Rechnung für ein Paar Beispiele bei.

In dem Hannoverschen Dreieckssystem kommen die grössten Reductionen vor bei den Richtungen der Seiten des Dreiecks Brocken-Hohehagen-Inselsberg, welches Dreieck zugleich das grösste und das von dem Normal-Parallelkreise am entferntesten liegende ist; bei allen übrigen Dreiecksseiten überschreiten die Reductionen nirgends zwei Tausendtheile der Secunde, und die meisten erreichen nicht einmal den Werth 0″001.

Es ist für diese Punkte

| | Breite | | |
|---|---|---|---|
| | auf dem Ellipsoid | auf der Kugel | $k$ |
| Brocken | 51° 48′ 2″ | 51° 46′ 3″ | 0″164 |
| Hohehagen | 51 28 31 | 51 26 35 | 0,303 |
| Inselsberg | 50 51 9 | 50 49 16 | 0,687 |

Die Logarithmen der Seiten des Dreiecks in Toisen sind

| | |
|---|---|
| Hohehagen-Inselsberg | 4,6393865 |
| Inselsberg-Brocken | 4,7353929 |
| Brocken-Hohehagen | 4,5502669 |

Die Azimuthe sind

| | | | |
|---|---|---|---|
| | Standpunkt Brocken | | |
| Inselsberg | 5° | 42′ | 22″ |
| Hohehagen | 58 | 49 | 8 |
| | Standpunkt Hohehagen | | |
| Brocken | 238 | 9 | 2 |
| Inselsberg | 324 | 23 | 1 |
| | Standpunkt Inselsberg | | |
| Hohehagen | 144 | 55 | 51 |
| Brocken | 185 | 35 | 21 |

Man braucht hiebei zwischen Werthen auf dem Sphaeroid und denen auf der Kugel nicht zu unterscheiden, da für die Logarithmen der Abstände erst in der achten oder neunten Decimale, für die Azimuthe erst in den Tausendtheilen der Secunde Ungleichheit eintritt, und für unsern Zweck Logarithmen mit vier Decimalen und Azimuthe in Minuten schon überflüssig genau sind. Die Rechnung nach obigen Formeln gibt hiermit folgende Reductionen, wie sie mit ihren Zeichen zu den Azimuthen auf dem Sphaeroid addirt werden müssen, um die Azimuthe auf der Kugel zu erhalten:

| | |
|---|---|
| Brocken-Inselsberg | +0″00055 |
| Brocken-Hohehagen | +0,00196 |
| Hohehagen-Brocken | −0,00238 |
| Hohehagen-Inselsberg | −0,00332 |
| Inselsberg-Hohehagen | +0,00428 |
| Inselsberg-Brocken | −0,00083 |

Die Winkel des Dreiecks auf dem Sphaeroid (zwischen den geodätischen Linien) empfangen also zur Reduction auf die Winkel des Kugeldreiecks (zwischen Grössten Kreisbögen) die Aenderungen

| | |
|---|---|
| Brocken | $+0''00141$ |
| Hohehagen | $-0,00094$ |
| Inselsberg | $-0,00511$ |

Ein zweites Beispiel entlehne ich aus der trigonometrischen Vermessung der Schweiz*), wo das grösste Hauptdreieck zwischen den Punkten Chasseral, Suchet, Berra eben an die Grenze der Ausdehnung unserer Hülfstafel fällt. Wir haben für diese Punkte

| | Breite. | | | | | | |
|---|---|---|---|---|---|---|---|
| | auf dem Ellipsoid | | | auf der Kugel | | | $k$ |
| Chasseral | $47^0$ | $8'$ | $1''$ | $47^0$ | $6'$ | $33''$ | $6''137$ |
| Suchet | 46 | 46 | 23 | 46 | 44 | 57 | 6,948 |
| Berra | 46 | 40 | 36 | 46 | 39 | 11 | 7,173 |

Die Logarithmen der Dreiecksseiten in Metern sind

| | |
|---|---|
| Suchet-Berra | 4,7474503 |
| Berra-Chasseral | 4,7133766 |
| Chassseral-Suchet | 4,7808768 |

Die Azimuthe

| | | | |
|---|---|---|---|
| | Standpunkt Chasseral | | |
| Suchet | $48^0$ | $36'$ | $41''$ |
| Berra | 349 | 21 | 54 |
| | Standpunkt Suchet | | |
| Chasseral | 228 | 10 | 40 |
| Berra | 280 | 47 | 19 |
| | Standpunkt Berra | | |
| Suchet | 101 | 18 | 40 |
| Chasseral | 169 | 27 | 22 |

Hieraus ergeben sich die Reductionen der Sphaeroid-Azimuthe auf die Kugel-Azimuthe

*) Ergebnisse der trigonometrischen Vermessungen in der Schweiz, herausgegeben von J. Eschmann. Zürich 1840. S. 79. 99. 189. 190. 196.

| | |
|---|---|
| Chasseral-Suchet | $+0''04536$ |
| Chasseral-Berra | $-0,00966$ |
| Suchet-Chasseral | $+0,06221$ |
| Suchet-Berra | $+0,01014$ |
| Berra-Suchet | $-0,04717$ |
| Berra-Chasseral | $-0,06039$ |

also auch hier ohne Einfluss auf die Rechnung, die in dem angeführten Werke auf Zehntel der Secunde geführt ist.

15.

Die in den Artt. 12 und 13 behandelte Aufgabe ist zwar durch die gegebenen Vorschriften mit einer für die Anwendung überflüssig ausreichenden Genauigkeit aufgelöset; indessen ist es doch der Mühe werth, und zur gleichmässigen Vollendung einer in der Folge mitzutheilenden Untersuchung sogar nothwendig, für einen speciellen Fall die Genauigkeit noch um eine Ordnung weiter zu treiben: dieser specielle Fall steht unter der Bedingung, dass die Linie $N$ in einem zwischen $F$ und $G$ liegenden Punkte $H$ den Normalparallelkreis treffe. Es ist in diesem Falle vortheilhafter den Anfangspunkt der $x$, nicht wie oben in $F$, sondern in $H$ zu setzen, wodurch bewirkt wird, dass bei der Entwicklung von $l$ und $m$ in nach Potenzen von $x$ fortschreitende Reihen in der erstern das erste und zweite Glied, in der andern das zweite und dritte ausfallen, oder dass sie folgende Form haben:

$$l = \lambda xx + \lambda' x^3 + \text{ u. s. w.}$$
$$m = 1 + \mu x^3 + \mu' x^4 + \text{ u. s. w.}$$

Für unsern Zweck wird von den Coëfficienten in diesen Reihen nur der eine $\lambda$ erforderlich sein, wofür sich aus der im 9 Art. für $\log m$ gegebenen Formel verbunden mit den Entwicklungen des 13 Art. leicht folgender Ausdruck ableiten lässt:

$$\lambda = -\frac{2ee\cos P\sin P\sin\chi\cos\chi^2}{\cos\varphi\cos\theta}$$

in welcher $e$, $P$, $\varphi$, $\theta$ ihre oben erklärten Bedeutungen behalten, und für $\chi$ das in dem Punkte $H$ Statt findende Azimuth des Bogens $N$ zu setzen ist.

Werden obige Reihen bei der Integration der Gleichungen

$$\mathrm{d}.\frac{\operatorname{tang}\psi}{m} = -\frac{l\,\mathrm{d}x}{m}$$
$$\mathrm{d}u = \operatorname{tang}\psi\,.\,\mathrm{d}x$$

angewandt, so ergibt sich

$$\operatorname{tang}\psi = \mathfrak{A}(1+\mu x^3+\mu' x^4+\text{ u.s.w.})-\tfrac{1}{3}\lambda x^3-\tfrac{1}{4}\lambda' x^4-\text{u.s.w.}$$
$$u = \mathfrak{B}+\mathfrak{A}(x+\tfrac{1}{4}\mu x^4+\tfrac{1}{5}\mu' x^5+\text{ u.s.w.})-\tfrac{1}{12}\lambda x^4-\tfrac{1}{20}\lambda' x^5-\text{ u.s.w.}$$

Die durch die Integration eingeführten Constanten, $\mathfrak{A}$, $\mathfrak{B}$, lassen sich durch die Bedingung bestimmen, dass $u=0$ werden muss für die beiden Werthe von $x$, welche den Punkten $F$, $G$ entsprechen. Es seien diese Werthe $x=-\frac{1}{2}(h-\delta)$ und $x=+\frac{1}{2}(h+\delta)$, wo $\delta$ den Werth von $2x$ in dem mitten zwischen $F$ und $G$ liegenden Punkte ausdrückt, und allgemein zu reden eine Grösse von derselben Ordnung wie $h$ ist, oder von einer höhern, wenn $H$ dieser Mitte sehr nahe liegt. Man leitet hieraus leicht folgenden auf die Ordnung $h^3$ (einschl.) genauen Ausdruck für $\mathfrak{A}$ ab

$$\mathfrak{A} = \frac{\lambda((h+\delta)^4-(h-\delta)^4)}{192h} = \tfrac{1}{24}\lambda\delta(hh+\delta\delta)$$

Substituirt man diesen in der Reihe für $\operatorname{tang}\psi$, und legt dann der Veränderlichen $x$ die bestimmten Werthe $-\frac{1}{2}(h-\delta)$, $+\frac{1}{2}(h+\delta)$ bei, so ergibt sich, gleichfalls auf die dritte Ordnung genau,

$$\operatorname{tang}\psi^0 = \tfrac{1}{24}\lambda h(hh-2h\delta+3\delta\delta)$$
$$\operatorname{tang}\psi' = -\tfrac{1}{24}\lambda h(hh-2h\delta+3\delta\delta)$$

In dem speciellen Fall der in der Folge zu entwickelnden Untersuchung kommt übrigens zu der oben bezeichneten Bedingung noch der Umstand hinzu, dass der Normalparallelkreis mitten inne liegt zwischen den beiden Parallelkreisen, auf welchen sich die Punkte $F$, $G$ befinden, und in Folge dieses Umstandes werden schon die abgekürzten Ausdrücke

$$\operatorname{tang}\psi^0 = \tfrac{1}{24}\lambda h^3$$
$$\operatorname{tang}\psi' = -\tfrac{1}{24}\lambda h^3$$

auf die dritte Ordnung genau sein, wie sich leicht auf folgende Art zeigen lässt. Bezeichnet man die Breite von $F$ mit $Q+q$, die von $G$ mit $Q-q$, so geben die sphaerischen Dreiecke $F$, $H$, Pol und $G$, $H$, Pol die Gleichungen

$$\sin(Q+q) = \sin Q \cos\tfrac{1}{2}(h-\delta) + \cos Q \sin\tfrac{1}{2}(h-\delta)\cos\chi$$
$$\sin(Q-q) = \sin Q \cos\tfrac{1}{2}(h+\delta) - \cos Q \sin\tfrac{1}{2}(h+\delta)\cos\chi$$

und ihre Summe mit $2\cos Q$ dividirt

$$\operatorname{tang} Q.(\cos q - \cos\tfrac{1}{2}h.\cos\tfrac{1}{2}\delta) = -\cos\tfrac{1}{2}h \sin\tfrac{1}{2}\delta \cos\chi$$

Da nun offenbar $\cos q - \cos\frac{1}{2}h.\cos\frac{1}{2}\delta$ eine Grösse zweiter Ordnung ist, so wird auch $\sin\frac{1}{2}\delta\cos\chi$, und $\delta\cos\chi$ von dieser Ordnung sein, mithin, da $\lambda$ den Factor $\cos\chi^2$ implicirt, $\lambda hh\delta$ von der vierten, und $\lambda h\delta\delta$ von der fünften Ordnung; hiedurch ist also die Weglassung dieser Glieder gerechtfertigt.

Das Endresultat dieser Entwickelung ist demnach, unter der angegebenen Voraussetzung, in folgenden Formeln enthalten, wo anstatt der Tangenten von $\psi^0$, $\psi'$ die Bögen selbst geschrieben sind:

$$\psi^0 = -\frac{ee\cos P \sin P \sin\chi \cos\chi^2 h^3}{12\cos\varphi \cos\theta}$$
$$\psi' = +\frac{ee\cos P \sin P \sin\chi \cos\chi^2 h^3}{12\cos\varphi \cos\theta}$$

16.

Die Berechnung des Dreieckssystems auf der Kugel zerfällt in drei Hauptstücke:

1) die Ausgleichung der Winkel nach allen den Bedingungsgleichungen, welche die Beschaffenheit des Systems darbietet.
2) die Berechnung der sämmtlichen Dreiecksseiten.
3) die Bestimmung der Längen und Breiten der Dreieckspunkte, in Verbindung mit der Orientirung der von jedem derselben ausgehenden Dreiecksseiten.

Die Verwandlung der Längen und Breiten auf der Kugel in die wahren Längen und Breiten auf dem Sphaeroid geschieht dann für die Längen durch die Division mit dem constanten Divisor $\alpha$, für die Breiten vermittelst der hier beigefügten Hülfstafel, oder einer andern auf ähnliche Weise besonders construirten, wenn man einen andern Normal-Parallelkreis zu wählen Ursache hat.

Mit Übergehung der beiden ersten auf bekannten Gründen beruhenden Geschäfte füge ich hier noch einiges in Beziehung auf das dritte bei, welches sich auf die Auflösung der Aufgabe reducirt*): aus der in Bogentheilen ausgedrückten

*) Da diese Aufgabe hier wie eine für sich bestehende betrachtet wird, so können ohne Nachtheil einige Buchstaben hier in anderer Bedeutung als oben gebraucht werden.

Grösse einer Dreiecksseite $r$, ihrem Azimuthe $T$ an dem Anfangspunkte, und der Breite dieses Anfangspunkts $S$, abzuleiten das Azimuth der Seite an dem andern Endpunkte $T' + 180^0$, die Breite desselben $S'$ und den Längenunterschied beider Punkte $\lambda$. Da dies nichts weiter ist als die Auflösung eines sphärischen Dreiecks, so verdient diese Aufgabe nur deshalb hier einen Platz, weil die gewöhnlich gebrauchten Formeln hier einiger Umformung bedürfen, wenn man in den Resultaten (nach der Bemerkung im 10 Art.) dieselbe Genauigkeit erreichen will, in welcher $r$ gegeben ist, ohne mehrzifrige Logarithmen zu Hülfe zu nehmen. Um unter den verschiedenen Auflösungsarten nach jedesmaligem Bedürfniss wählen zu können, setze ich zuvörderst diejenigen hieher, die auf den bekannten elementaren Formeln der sphärischen Trigonometrie beruhen.

Erste Methode

$$\begin{aligned}
\operatorname{tang} s &= \cos T \operatorname{tang} r \\
\operatorname{tang} \lambda &= \frac{\operatorname{tang} T \sin s}{\cos(S-s)} \\
\operatorname{tang} S' &= \cos\lambda \operatorname{tang}(S-s) \\
\sin T' &= \frac{\sin T \cos S}{\cos S'}
\end{aligned}$$

Zweite Methode

$$\begin{aligned}
\operatorname{tang} R &= \frac{\operatorname{tang} S}{\cos T} \\
\operatorname{tang} T' &= \frac{\operatorname{tang} T \cos R}{\cos(R-r)} \\
\operatorname{tang} S' &= \cos T' \operatorname{tang}(R-r) \\
\sin\lambda &= \frac{\sin r \sin T}{\cos S'} = \frac{\sin r \sin T'}{\cos S}
\end{aligned}$$

Dritte Methode

$$\begin{aligned}
\sin(45^0+\tfrac{1}{2}S')\sin\tfrac{1}{2}(T'+\lambda) &= \sin(45^0+\tfrac{1}{2}(S+r))\sin\tfrac{1}{2}T \\
\sin(45^0+\tfrac{1}{2}S')\cos\tfrac{1}{2}(T'+\lambda) &= \sin(45^0+\tfrac{1}{2}(S-r))\cos\tfrac{1}{2}T \\
\cos(45^0+\tfrac{1}{2}S')\sin\tfrac{1}{2}(T'-\lambda) &= \cos(45^0+\tfrac{1}{2}(S+r))\sin\tfrac{1}{2}T \\
\cos(45^0+\tfrac{1}{2}S')\cos\tfrac{1}{2}(T'-\lambda) &= \cos(45^0+\tfrac{1}{2}(S-r))\cos\tfrac{1}{2}T
\end{aligned}$$

In Beziehung auf die Kürze der Rechnung hat die dritte Methode einigen Vorzug vor den beiden andern, während diese im Allgemeinen die Resultate ein wenig schärfer geben können, namentlich $\lambda$ immer mit völlig genügender Schärfe: $T'$ wird aber, wenn es einem rechten Winkel nahe kommt, durch die erste Methode vergleichungsweise nur ungenau bestimmt. Verlangt man aber alle drei Resultate mit gleichmässiger und, aus dem Gesichtspunkte des 10 Art. betrachtet, zureichender Schärfe, so ist zu einer directen strengen Auflösung folgende Umformung am vortheilhaftesten, wobei die beiden ersten Formeln dieselben bleiben wie in der ersten Methode.

Vierte Methode

$$\begin{aligned}
\operatorname{tang} s &= \cos T \operatorname{tang} r \\
\operatorname{tang} \lambda &= \frac{\operatorname{tang} T \sin s}{\cos(S-s)} \\
\operatorname{tang} t &= \sin T \sin r \operatorname{tang}(S-s) \\
\sin \tau &= \sin T \operatorname{tang} \tfrac{1}{2} r \sin s \\
\sin \sigma &= \operatorname{tang} t \operatorname{tang} \tfrac{1}{2} \lambda \cos(S-s) \\
S' &= S-s-\sigma \\
T' &= T-t-\tau
\end{aligned}$$

Diese vierte Methode lässt für die Schärfe nichts zu wünschen übrig; aber die unmittelbar in dieser Form geführte Rechnung erfordert ein etwas beschwerliches Interpoliren bei Bestimmung der kleinen Bögen durch die Logarithmen der Tangenten oder Sinus; man kann jedoch diesem Übelstande leicht ausweichen, indem man die trigonometrischen Functionen in Reihen entwickelt, wodurch man in den Stand gesetzt wird, ohne Nachtheil für die Schärfe, die Rechnungen vermittelst der Logarithmen der Zahlen zu führen. Es wird zureichend sein, von dieser Verwandlung nur die Hauptmomente hieher zu setzen.

Es sei

$$\begin{aligned}
r \cos T &= s^0 \\
r \sin T &= v
\end{aligned}$$

Es wird dann, wenn zur Abkürzung die Grösse des Bogens von einer Secunde in Theilen des Halbmessers oder der Bruch $\frac{\pi}{648000}$ durch $\rho$ bezeichnet und $r$ wie eine Grösse erster Ordnung betrachtet wird, bis auf Grössen fünfter Ordnung (ausschliesslich) genau

$$s = s^0(1+\tfrac{1}{3}\rho\rho rr - \tfrac{1}{3}\rho\rho s^0 s^0) = s^0(1+\tfrac{1}{3}\rho\rho vv)$$

Setzt man dann ferner

$$\begin{aligned}
v \operatorname{tang}(S-s) &= t^0 \\
\frac{v}{\cos(S-s)} &= \lambda^0
\end{aligned}$$

so wird

$$
\begin{aligned}
t &= t^0(1 - \tfrac{1}{6}\rho\rho rr - \tfrac{1}{3}\rho\rho t^0 t^0) \\
\lambda &= \lambda^0(1 - \tfrac{1}{6}\rho\rho s^0 s^0 - \tfrac{1}{3}\rho\rho t^0 t^0) \\
\sigma &= \tfrac{1}{2}\rho v t^0(1 - \tfrac{1}{12}\rho\rho rr - \tfrac{1}{4}\rho\rho s^0 s^0 - \tfrac{1}{4}\rho\rho t^0 t^0) \\
\tau &= \tfrac{1}{2}\rho v s^0(1 + \tfrac{5}{12}\rho\rho rr - \tfrac{1}{2}\rho\rho s^0 s^0)
\end{aligned}
$$

für $t$ und $\lambda$ auf die fünfte, für $\sigma$ und $\tau$ auf die sechste Ordnung (ausschl.) genau. Noch bequemer und eben so genau ist es, hiebei sogleich die Logarithmen zu gebrauchen, wodurch die Formeln, wenn man zur Abkürzung das Product der Grösse $\frac{1}{12}\rho\rho$ in den Modulus der briggischen Logarithmen mit $\mu$ bezeichnet, folgende Gestalt erhalten:

$$
\begin{aligned}
\log s &= \log s^0 + 4\mu rr - 4\mu s^0 s^0 \\
\log t &= \log t^0 - 2\mu rr - 4\mu t^0 t^0 \\
\log \lambda &= \log \lambda^0 - 2\mu s^0 s^0 - 4\mu t^0 t^0 \\
\log \sigma &= \log \tfrac{1}{2}\rho v t^0 - \mu rr - 3\mu s^0 s^0 - 3\mu t^0 t^0 \\
\log \tau &= \log \tfrac{1}{2}\rho v s^0 + 5\mu rr - 6\mu s^0 s^0
\end{aligned}
$$

Diese fünf Formeln in Verbindung mit den vorhergehenden für $s^0$, $t^0$, $\lambda^0$ bilden eine fünfte Auflösungsart, deren eigenthümliches es ist, dass genäherte Werthe der Grössen $s$, $t$, $\lambda$, $\sigma$, $\tau$ durch kleine sehr leicht zu berechnende an den Logarithmen anzubringende Correctionen zu scharfen erhoben werden. Die hiebei vorkommenden constanten Logarithmen sind

$$
\begin{aligned}
\log \rho &= 4{,}6855748668 \quad (-10) \\
\log \tfrac{1}{2}\rho &= 4{,}3845448712 \quad (-10) \\
\log \mu &= 7{,}9297527989 \quad (-20)
\end{aligned}
$$

oder wenn jene Correctionen sofort als Einheiten der siebenten Decimale erscheinen sollen

$$\log \mu = 4{,}9297527989 \quad (-10)$$

von welchen Logarithmen jedoch hier nur die ersten Ziffern zur Anwendung kommen.

17.

Viel einfacher lassen sich aber die Relationen zwischen den Grossen $r$, $S$, $S'$, $T$, $T'$, $\lambda$ ausdrücken, wenn man von dem Mittel der beiden Breiten und der beiden Azimuthe ausgeht. Schreiben wir

$$\tfrac{1}{2}(S+S') = B, \quad \tfrac{1}{2}(T+T') = A, \quad S-S' = b, \quad T-T' = a$$

so haben wir zuvörderst die Formeln

$$\begin{aligned}
\sin\tfrac{1}{2}r\,\sin A &= \sin\tfrac{1}{2}\lambda\,\cos B\\
\sin\tfrac{1}{2}r\,\cos A &= \cos\tfrac{1}{2}\lambda\,\sin\tfrac{1}{2}b\\
\cos\tfrac{1}{2}r\,\sin\tfrac{1}{2}a &= \sin\tfrac{1}{2}\lambda\,\sin B\\
\cos\tfrac{1}{2}r\,\cos\tfrac{1}{2}a &= \cos\tfrac{1}{2}\lambda\,\cos\tfrac{1}{2}b
\end{aligned}$$

wonach man also, wenn $A$, $B$, $r$ als gegeben betrachtet werden, $a$ und $\lambda$ durch die Formeln

$$\begin{aligned}
\sin A\,\mathrm{tang}\,B\,\mathrm{tang}\,\tfrac{1}{2}r &= \sin\tfrac{1}{2}a\\
\frac{\sin A\,\sin\tfrac{1}{2}r}{\cos B} &= \sin\tfrac{1}{2}\lambda
\end{aligned}$$

und sodann $b$ aus

$$\frac{\cos A\,\mathrm{tang}\,\tfrac{1}{2}r}{\cos\tfrac{1}{2}a} = \mathrm{tang}\,\tfrac{1}{2}b$$

oder

$$\frac{\cos A\,\sin\tfrac{1}{2}r}{\cos\tfrac{1}{2}\lambda} = \sin\tfrac{1}{2}b$$

bestimmt. Anstatt dieser Formeln wird man aber, wegen der Kleinheit von $r$, $a$, $\lambda$, $b$, lieber die folgenden anwenden, welche viel bequemer, und bis auf die fünfte Ordnung (ausschl.) genau sind:

$$\begin{aligned}
a^0 &= r\sin A\,\mathrm{tang}\,B\\
\lambda^0 &= \frac{r\sin A}{\cos B}\\
b^0 &= r\cos A\\
\log a &= \log a^0 + \mu rr + \tfrac{1}{2}\mu a^0 a^0\\
\log\lambda &= \log\lambda^0 - \tfrac{1}{2}\mu rr + \tfrac{1}{2}\mu\lambda^0\lambda^0\\
\log b &= \log b^0 + \tfrac{1}{2}\mu a^0 a^0 + \mu\lambda^0\lambda^0
\end{aligned}$$

wo, wie man sieht, die dritte Correction der Summe der ersten und der doppelten zweiten gleich ist.

Für unsere Aufgabe geben zwar diese Formeln keine directe Auflösung: indessen kann man sie als Controlle oder als concentrirte übersichtliche Inhaltswiederholung der directen Auflösung gebrauchen. Wer aber in numerischen Rechnungen einige Gewandtheit besitzt, wird sie auch leicht zu einer indirecten Auflösung benutzen können, und dieser, zumal wo anderer Zwecke wegen eine grob genäherte schon vorangegangen ist, wegen ihrer Bequemlichkeit und Schärfe vor allen andern Auflösungen den Vorzug geben.

---

# TAFELN.

| $Q+q$ | $P+p$ | $\log m$ + | $k$ | $Q+q$ | $P+p$ | $\log m$ + | $k$ |
|---|---|---|---|---|---|---|---|
| 46° 40′ | 46° 41′ 24″74900 | 10559 | 7″141 | 47° 30′ | 47° 31′ 31″34250 | 6759 | 5″313 |
| 41 | 42 24.88515 | 10472 | 7.101 | 31 | 32 31.46992 | 6694 | 5.279 |
| 42 | 43 25.02112 | 10385 | 7.062 | 32 | 33 31.59717 | 6630 | 5.245 |
| 43 | 44 25.15692 | 10299 | 7.024 | 33 | 34 31.72424 | 6566 | 5.211 |
| 44 | 45 25.29255 | 10213 | 6.985 | 34 | 35 31.85113 | 6502 | 5.178 |
| 45 | 46 25.42799 | 10128 | 6.946 | 35 | 36 31.97785 | 6439 | 5.144 |
| 46 | 47 25.56327 | 10043 | 6.907 | 36 | 37 32.10440 | 6376 | 5.111 |
| 47 | 48 25.69837 | 9959 | 6.869 | 37 | 38 32.23077 | 6314 | 5.078 |
| 48 | 49 25.83330 | 9875 | 6.830 | 38 | 39 32.35696 | 6252 | 5.045 |
| 49 | 50 25.96805 | 9792 | 6.792 | 39 | 40 32.48299 | 6190 | 5.012 |
| 50 | 51 26.10262 | 9709 | 6.754 | 40 | 41 32.60883 | 6129 | 4.979 |
| 51 | 52 26.23702 | 9626 | 6.716 | 41 | 42 32.73451 | 6068 | 4.946 |
| 52 | 53 26.37125 | 9544 | 6.678 | 42 | 43 32.86001 | 6008 | 4.913 |
| 53 | 54 26.50530 | 9462 | 6.640 | 43 | 44 32.98533 | 5948 | 4.880 |
| 54 | 55 26.63918 | 9381 | 6.602 | 44 | 45 33.11048 | 5888 | 4.848 |
| 55 | 56 26.77288 | 9301 | 6.565 | 45 | 46 33.23546 | 5829 | 4.816 |
| 56 | 57 26.90641 | 9221 | 6.527 | 46 | 47 33.36026 | 5770 | 4.783 |
| 57 | 58 27.03977 | 9141 | 6.490 | 47 | 48 33.48488 | 5712 | 4.751 |
| 58 | 59 27.17295 | 9062 | 6.452 | 48 | 49 33.60934 | 5654 | 4.719 |
| 59 | 47 0 27.30595 | 8983 | 6.415 | 49 | 50 33.73361 | 5596 | 4.687 |
| 47 0 | 1 27.43878 | 8904 | 6.378 | 50 | 51 33.85772 | 5539 | 4.655 |
| 1 | 2 27.57144 | 8826 | 6.341 | 51 | 52 33.98165 | 5482 | 4.624 |
| 2 | 3 27.70392 | 8749 | 6.304 | 52 | 53 34.10540 | 5426 | 4.592 |
| 3 | 4 27.83622 | 8672 | 6.267 | 53 | 54 34.22898 | 5370 | 4.560 |
| 4 | 5 27.96836 | 8595 | 6.230 | 54 | 55 34.35239 | 5314 | 4.529 |
| 5 | 6 28.10031 | 8519 | 6.194 | 55 | 56 34.47562 | 5259 | 4.498 |
| 6 | 7 28.23210 | 8444 | 6.157 | 56 | 57 34.59867 | 5204 | 4.466 |
| 7 | 8 28.36370 | 8369 | 6.121 | 57 | 58 34.72156 | 5149 | 4.435 |
| 8 | 9 28.49514 | 8294 | 6.084 | 58 | 59 34.84426 | 5095 | 4.404 |
| 9 | 10 28.62640 | 8219 | 6.048 | 59 | 48 0 34.96680 | 5042 | 4.373 |
| 10 | 11 28.75748 | 8146 | 6.012 | 48° 0 | 1 35.08916 | 4988 | 4.343 |
| 11 | 12 28.88839 | 8072 | 5.976 | 1 | 2 35.21134 | 4935 | 4.312 |
| 12 | 13 29.01913 | 7999 | 5.940 | 2 | 3 35.33335 | 4883 | 4.281 |
| 13 | 14 29.14969 | 7927 | 5.904 | 3 | 4 35.45519 | 4830 | 4.251 |
| 14 | 15 29.28007 | 7855 | 5.869 | 4 | 5 35.57685 | 4778 | 4.221 |
| 15 | 16 29.41028 | 7783 | 5.833 | 5 | 6 35.69834 | 4727 | 4.190 |
| 16 | 17 29.54032 | 7712 | 5.798 | 6 | 7 35.81965 | 4676 | 4.160 |
| 17 | 18 29.67018 | 7641 | 5.762 | 7 | 8 35.94079 | 4625 | 4.130 |
| 18 | 19 29.79987 | 7570 | 5.727 | 8 | 9 36.06175 | 4575 | 4.100 |
| 19 | 20 29.92938 | 7501 | 5.692 | 9 | 10 36.18254 | 4525 | 4.070 |
| 20 | 21 30.05872 | 7431 | 5.657 | 10 | 11 36.30316 | 4475 | 4.041 |
| 21 | 22 30.18788 | 7362 | 5.622 | 11 | 12 36.42360 | 4426 | 4.011 |
| 22 | 23 30.31687 | 7293 | 5.587 | 12 | 13 36.54387 | 4377 | 3.982 |
| 23 | 24 30.44569 | 7225 | 5.553 | 13 | 14 36.66396 | 4328 | 3.952 |
| 24 | 25 30.57433 | 7157 | 5.518 | 14 | 15 36.78388 | 4280 | 3.923 |
| 25 | 26 30.70279 | 7090 | 5.483 | 15 | 16 36.90362 | 4232 | 3.894 |
| 26 | 27 30.83108 | 7023 | 5.449 | 16 | 17 37.02319 | 4184 | 3.865 |
| 27 | 28 30.95920 | 6956 | 5.415 | 17 | 18 37.14259 | 4137 | 3.836 |
| 28 | 29 31.08714 | 6890 | 5.381 | 18 | 19 37.26181 | 4090 | 3.807 |
| 29 | 30 31.21491 | 6825 | 5.346 | 19 | 20 37.38086 | 4044 | 3.778 |
| 30 | 31 31.34250 | 6759 | 5.313 | 20 | 21 37.49973 | 3998 | 3.749 |

| $Q+q$ | $P+p$ | $\log m$ + | $k$ | $Q+q$ | $P+p$ | $\log m$ + | $k$ |
|---|---|---|---|---|---|---|---|
| 48° 20′ | 48° 21′ 37″49973 | 3998 | 3″749 | 49° 10′ | 49° 11′ 43″22141 | 2112 | 2″454 |
| 21 | 22 37.61843 | 3952 | 3.721 | 11 | 12 43.33141 | 2082 | 2.431 |
| 22 | 23 37.73695 | 3907 | 3.692 | 12 | 13 43.44123 | 2052 | 2.408 |
| 23 | 24 37.85530 | 3862 | 3.664 | 13 | 14 43.55088 | 2023 | 2.385 |
| 24 | 25 37.97348 | 3817 | 3.636 | 14 | 15 43.66036 | 1994 | 2.362 |
| 25 | 26 38.09148 | 3773 | 3.608 | 15 | 16 43.76967 | 1965 | 2.339 |
| 26 | 27 38.20931 | 3729 | 3.580 | 16 | 17 43.87880 | 1937 | 2.317 |
| 27 | 28 38.32696 | 3685 | 3.552 | 17 | 18 43.98775 | 1908 | 2.294 |
| 28 | 29 38.44444 | 3641 | 3.524 | 18 | 19 44.09653 | 1880 | 2.272 |
| 29 | 30 38.56175 | 3598 | 3.496 | 19 | 20 44.20514 | 1853 | 2.250 |
| 30 | 31 38.67888 | 3556 | 3.469 | 20 | 21 44.31358 | 1825 | 2.227 |
| 31 | 32 38.79583 | 3514 | 3.441 | 21 | 22 44.42184 | 1798 | 2.205 |
| 32 | 33 38.91262 | 3472 | 3.414 | 22 | 23 44.52993 | 1771 | 2.183 |
| 33 | 34 39.02923 | 3430 | 3.387 | 23 | 24 44.63784 | 1745 | 2.162 |
| 34 | 35 39.14566 | 3389 | 3.360 | 24 | 25 44.74558 | 1718 | 2.140 |
| 35 | 36 39.26192 | 3348 | 3.333 | 25 | 26 44.85315 | 1692 | 2.118 |
| 36 | 37 39.37801 | 3307 | 3.306 | 26 | 27 44.96054 | 1666 | 2.097 |
| 37 | 38 39.49392 | 3267 | 3.279 | 27 | 28 45.06777 | 1641 | 2.075 |
| 38 | 39 39.60966 | 3227 | 3.252 | 28 | 29 45.17481 | 1615 | 2.054 |
| 39 | 40 39.72522 | 3187 | 3.226 | 29 | 30 45.28169 | 1590 | 2.033 |
| 40 | 41 39.84061 | 3148 | 3.199 | 30 | 31 45.38838 | 1566 | 2.012 |
| 41 | 42 39.95583 | 3109 | 3.173 | 31 | 32 45.49491 | 1541 | 1.991 |
| 42 | 43 40.07087 | 3070 | 3.146 | 32 | 33 45.60126 | 1517 | 1.970 |
| 43 | 44 40.18574 | 3031 | 3.120 | 33 | 34 45.70744 | 1493 | 1.949 |
| 44 | 45 40.30043 | 2993 | 3.094 | 34 | 35 45.81345 | 1469 | 1.928 |
| 45 | 46 40.41495 | 2956 | 3.068 | 35 | 36 45.91928 | 1446 | 1.908 |
| 46 | 47 40.52929 | 2918 | 3.042 | 36 | 37 46.02494 | 1422 | 1.887 |
| 47 | 48 40.64347 | 2881 | 3.017 | 37 | 38 46.13043 | 1399 | 1.867 |
| 48 | 49 40.75746 | 2844 | 2.991 | 38 | 39 46.23574 | 1377 | 1.847 |
| 49 | 50 40.87129 | 2808 | 2.965 | 39 | 40 46.34088 | 1354 | 1.827 |
| 50 | 51 40.98494 | 2772 | 2.940 | 40 | 41 46.44584 | 1332 | 1.807 |
| 51 | 52 41.09841 | 2736 | 2.915 | 41 | 42 46.55063 | 1310 | 1.787 |
| 52 | 53 41.21171 | 2700 | 2.889 | 42 | 43 46.65525 | 1288 | 1.767 |
| 53 | 54 41.32484 | 2665 | 2.864 | 43 | 44 46.75970 | 1267 | 1.747 |
| 54 | 55 41.43780 | 2630 | 2.839 | 44 | 45 46.86397 | 1245 | 1.728 |
| 55 | 56 41.55058 | 2595 | 2.814 | 45 | 46 46.96807 | 1224 | 1.708 |
| 56 | 57 41.66318 | 2561 | 2.790 | 46 | 47 47.07199 | 1203 | 1.689 |
| 57 | 58 41.77561 | 2527 | 2.765 | 47 | 48 47.17574 | 1183 | 1.670 |
| 58 | 59 41.88787 | 2493 | 2.740 | 48 | 49 47.27932 | 1163 | 1.651 |
| 59 | 49 0 41.99996 | 2460 | 2.716 | 49 | 50 47.38273 | 1142 | 1.632 |
| 49° 0 | 1 42.11187 | 2427 | 2.692 | 50 | 51 47.48596 | 1123 | 1.613 |
| 1 | 2 42.22360 | 2394 | 2.667 | 51 | 52 47.58902 | 1103 | 1.594 |
| 2 | 3 42.33517 | 2362 | 2.643 | 52 | 53 47.69191 | 1084 | 1.575 |
| 3 | 4 42.44655 | 2329 | 2.619 | 53 | 54 47.79462 | 1064 | 1.556 |
| 4 | 5 42.55777 | 2297 | 2.595 | 54 | 55 47.89716 | 1045 | 1.538 |
| 5 | 6 42.66881 | 2266 | 2.572 | 55 | 56 47.99952 | 1027 | 1.520 |
| 6 | 7 42.77968 | 2234 | 2.548 | 56 | 57 48.10172 | 1008 | 1.501 |
| 7 | 8 42.89037 | 2203 | 2.524 | 57 | 58 48.20374 | 990 | 1.483 |
| 8 | 9 43.00089 | 2172 | 2.501 | 58 | 59 48.30559 | 972 | 1.465 |
| 9 | 10 43.11124 | 2142 | 2.477 | 59 | 50 0 48.40726 | 954 | 1.447 |
| 10 | 11 43.22141 | 2112 | 2.454 | 50 0 | 1 48.50876 | 936 | 1.429 |

| $Q+q$ | $P+p$ | $\log m$ + | $k$ | $Q+q$ | $P+p$ | $\log m$ + | $k$ |
|---|---|---|---|---|---|---|---|
| 50° 0′ | 50° 1′ 48″50876 | 936 | 1″429 | 50° 50′ | 50° 51′ 53″36348 | 305 | 0″678 |
| 1 | 2 48.61009 | 919 | 1.412 | 51 | 52 53.45618 | 297 | 0.666 |
| 2 | 3 48.71124 | 902 | 1.394 | 52 | 53 53.54870 | 289 | 0.654 |
| 3 | 4 48.81222 | 885 | 1.377 | 53 | 54 53.64105 | 281 | 0.642 |
| 4 | 5 48.91303 | 868 | 1.359 | 54 | 55 53.73323 | 273 | 0.630 |
| 5 | 6 49.01367 | 852 | 1.342 | 55 | 56 53.82524 | 265 | 0.618 |
| 6 | 7 49.11413 | 835 | 1.325 | 56 | 57 53.91708 | 258 | 0.606 |
| 7 | 8 49.21442 | 819 | 1.308 | 57 | 58 54.00874 | 251 | 0.595 |
| 8 | 9 49.31454 | 803 | 1.291 | 58 | 59 54.10023 | 243 | 0.583 |
| 9 | 10 49.41448 | 787 | 1.274 | 59 | 51 0 54.19155 | 236 | 0.572 |
| 10 | 11 49.51425 | 772 | 1.257 | 51 0 | 1 54.28270 | 229 | 0.561 |
| 11 | 12 49.61385 | 757 | 1.241 | 1 | 2 54.37367 | 223 | 0.550 |
| 12 | 13 49.71327 | 742 | 1.224 | 2 | 3 54.46447 | 216 | 0.539 |
| 13 | 14 49.81253 | 727 | 1.208 | 3 | 4 54.55511 | 209 | 0.528 |
| 14 | 15 49.91161 | 712 | 1.191 | 4 | 5 54.64556 | 203 | 0.517 |
| 15 | 16 50.01051 | 697 | 1.175 | 5 | 6 54.73585 | 197 | 0.506 |
| 16 | 17 50.10925 | 683 | 1.159 | 6 | 7 54.82597 | 191 | 0.496 |
| 17 | 18 50.20781 | 669 | 1.143 | 7 | 8 54.91591 | 185 | 0.485 |
| 18 | 19 50.30619 | 655 | 1.127 | 8 | 9 55.00568 | 179 | 0.475 |
| 19 | 20 50.40441 | 641 | 1.112 | 9 | 10 55.09528 | 173 | 0.465 |
| 20 | 21 50.50245 | 628 | 1.096 | 10 | 11 55.18471 | 167 | 0.454 |
| 21 | 22 50.60032 | 615 | 1.080 | 11 | 12 55.27397 | 162 | 0.444 |
| 22 | 23 50.69802 | 601 | 1.065 | 12 | 13 55.36305 | 156 | 0.435 |
| 23 | 24 50.79554 | 589 | 1.050 | 13 | 14 55.45196 | 151 | 0.425 |
| 24 | 25 50.89290 | 576 | 1.034 | 14 | 15 55.54070 | 146 | 0.415 |
| 25 | 26 50.99007 | 563 | 1.019 | 15 | 16 55.62927 | 141 | 0.405 |
| 26 | 27 51.08708 | 551 | 1.004 | 16 | 17 55.71767 | 136 | 0.396 |
| 27 | 28 51.18391 | 539 | 0.990 | 17 | 18 55.80590 | 131 | 0.387 |
| 28 | 29 51.28058 | 527 | 0.975 | 18 | 19 55.89395 | 127 | 0.377 |
| 29 | 30 51.37706 | 515 | 0.960 | 19 | 20 55.98183 | 122 | 0.368 |
| 30 | 31 51.47338 | 503 | 0.946 | 20 | 21 56.06955 | 118 | 0.359 |
| 31 | 32 51.56952 | 492 | 0.931 | 21 | 22 56.15709 | 113 | 0.350 |
| 32 | 33 51.66549 | 480 | 0.917 | 22 | 23 56.24445 | 109 | 0.342 |
| 33 | 34 51.76129 | 469 | 0.903 | 23 | 24 56.33165 | 105 | 0.333 |
| 34 | 35 51.85692 | 458 | 0.889 | 24 | 25 56.41867 | 101 | 0.324 |
| 35 | 36 51.95237 | 447 | 0.875 | 25 | 26 56.50553 | 97 | 0.316 |
| 36 | 37 52.04765 | 437 | 0.861 | 26 | 27 56.59221 | 93 | 0.308 |
| 37 | 38 52.14276 | 426 | 0.847 | 27 | 28 56.67872 | 89 | 0.299 |
| 38 | 39 52.23770 | 416 | 0.833 | 28 | 29 56.76506 | 86 | 0.291 |
| 39 | 40 52.33246 | 406 | 0.820 | 29 | 30 56.85123 | 82 | 0.283 |
| 40 | 41 52.42705 | 396 | 0.806 | 30 | 31 56.93722 | 79 | 0.275 |
| 41 | 42 52.52147 | 386 | 0.793 | 31 | 32 57.02305 | 75 | 0.267 |
| 42 | 43 52.61572 | 376 | 0.780 | 32 | 33 57.10870 | 72 | 0.260 |
| 43 | 44 52.70979 | 367 | 0.767 | 33 | 34 57.19418 | 69 | 0.252 |
| 44 | 45 52.80369 | 358 | 0.754 | 34 | 35 57.27950 | 66 | 0.245 |
| 45 | 46 52.89742 | 348 | 0.741 | 35 | 36 57.36464 | 63 | 0.237 |
| 46 | 47 52.99098 | 339 | 0.728 | 36 | 37 57.44960 | 60 | 0.230 |
| 47 | 48 53.08436 | 331 | 0.715 | 37 | 38 57.53440 | 57 | 0.223 |
| 48 | 49 53.17757 | 322 | 0.703 | 38 | 39 57.61903 | 55 | 0.216 |
| 49 | 50 53.27062 | 313 | 0.690 | 39 | 40 57.70348 | 52 | 0.209 |
| 50 | 51 53.36348 | 305 | 0.678 | 40 | 41 57.78777 | 50 | 0.202 |

| $Q+q$ | $P+p$ | $\log m$ + | $k$ | $Q+q$ | $P+p$ | $\log m$ + | $k$ |
|---|---|---|---|---|---|---|---|
| 51° 40′ | 51° 41′ 57″78777 | 50 | 0″202 | 52° 30′ | 52° 32′ 1″78428 | 0 | 0″006 |
| 41 | 42 57.87188 | 47 | 0.196 | 31 | 33 1.85986 | | 0.005 |
| 42 | 43 57.95582 | 45 | 0.189 | 32 | 34 1.93528 | | 0.004 |
| 43 | 44 58.03959 | 43 | 0.183 | 33 | 35 2.01053 | | 0.003 |
| 44 | 45 58.12319 | 40 | 0.176 | 34 | 36 2.08561 | | 0.002 |
| 45 | 46 58.20662 | 38 | 0.170 | 35 | 37 2.16052 | | 0.001 |
| 46 | 47 58.28988 | 36 | 0.164 | 36 | 38 2.23526 | | 0.001 |
| 47 | 48 58.37296 | 34 | 0.158 | 37 | 39 2.30982 | | 0.001 |
| 48 | 49 58.45588 | 32 | 0.152 | 38 | 40 2.38422 | | 0.000 |
| 49 | 50 58.53862 | 31 | 0.146 | 39 | 41 2.45845 | | 0.000 |
| 50 | 51 58.62120 | 29 | 0.141 | 40 | 42 2.53251 | | 0.000 |
| 51 | 52 58.70360 | 27 | 0.135 | 41 | 43 2.60640 | | 0.000 |
| 52 | 53 58.78583 | 25 | 0.130 | 42 | 44 2.68013 | | 0.000 |
| 53 | 54 58.86789 | 24 | 0.124 | 43 | 45 2.75368 | | 0.001 |
| 54 | 55 58.94978 | 22 | 0.119 | 44 | 46 2.82706 | | 0.001 |
| 55 | 56 59.03150 | 21 | 0.114 | 45 | 47 2.90027 | | 0.001 |
| 56 | 57 59.11305 | 20 | 0.109 | 46 | 48 2.97331 | | 0.002 |
| 57 | 58 59.19443 | 18 | 0.104 | 47 | 49 3.04619 | | 0.003 |
| 58 | 59 59.27563 | 17 | 0.099 | 48 | 50 3.11889 | | 0.004 |
| 59 | 52 0 59.35667 | 16 | 0.095 | 49 | 51 3.19143 | | 0.005 |
| 52 0 | 1 59.43754 | 15 | 0.090 | 50 | 52 3.26379 | | 0.006 |
| 1 | 2 59.51823 | 14 | 0.086 | 51 | 53 3.33599 | | 0.007 |
| 2 | 3 59.59876 | 13 | 0.081 | 52 | 54 3.40802 | 0 | 0.008 |
| 3 | 4 59.67911 | 12 | 0.077 | 53 | 55 3.47987 | 1 | 0.010 |
| 4 | 5 59.75929 | 11 | 0.073 | 54 | 56 3.55156 | 1 | 0.011 |
| 5 | 6 59.83931 | 10 | 0.069 | 55 | 57 3.62308 | 1 | 0.013 |
| 6 | 7 59.91915 | 9 | 0.065 | 56 | 58 3.69443 | 1 | 0.014 |
| 7 | 8 59.99882 | 8 | 0.061 | 57 | 59 3.76561 | 1 | 0.016 |
| 8 | 10 0.07832 | 8 | 0.058 | 58 | 53 0 3.83662 | 1 | 0.018 |
| 9 | 11 0.15765 | 7 | 0.054 | 59 | 1 3.90747 | 2 | 0.020 |
| 10 | 12 0.23681 | 6 | 0.051 | 53 0 | 2 3.97814 | 2 | 0.023 |
| 11 | 13 0.31580 | 6 | 0.047 | 1 | 3 4.04864 | 2 | 0.025 |
| 12 | 14 0.39462 | 5 | 0.044 | 2 | 4 4.11898 | 2 | 0.027 |
| 13 | 15 0.47327 | 5 | 0.041 | 3 | 5 4.18915 | 3 | 0.030 |
| 14 | 16 0.55175 | 4 | 0.038 | 4 | 6 4.25914 | 3 | 0.033 |
| 15 | 17 0.63006 | 4 | 0.035 | 5 | 7 4.32897 | 4 | 0.036 |
| 16 | 18 0.70820 | 3 | 0.032 | 6 | 8 4.39863 | 4 | 0.038 |
| 17 | 19 0.78617 | 3 | 0.030 | 7 | 9 4.46813 | 5 | 0.041 |
| 18 | 20 0.86397 | 2 | 0.027 | 8 | 10 4.53745 | 5 | 0.044 |
| 19 | 21 0.94159 | 2 | 0.025 | 9 | 11 4.60660 | 6 | 0.048 |
| 20 | 22 1.01905 | 2 | 0.023 | 10 | 12 4.67559 | 6 | 0.051 |
| 21 | 23 1.09634 | 2 | 0.020 | 11 | 13 4.74440 | 7 | 0.054 |
| 22 | 24 1.17346 | 1 | 0.018 | 12 | 14 4.81305 | 8 | 0.058 |
| 23 | 25 1.25040 | 1 | 0.016 | 13 | 15 4.88153 | 8 | 0.062 |
| 24 | 26 1.32718 | 1 | 0.014 | 14 | 16 4.94984 | 9 | 0.065 |
| 25 | 27 1.40379 | 1 | 0.013 | 15 | 17 5.01798 | 10 | 0.069 |
| 26 | 28 1.48023 | 1 | 0.011 | 16 | 18 5.08595 | 11 | 0.073 |
| 27 | 29 1.55649 | 1 | 0.010 | 17 | 19 5.15376 | 12 | 0.078 |
| 28 | 30 1.63259 | 0 | 0.008 | 18 | 20 5.22139 | 14 | 0.082 |
| 29 | 31 1.70852 | | 0.007 | 19 | 21 5.28886 | 14 | 0.086 |
| 30 | 32 1.78428 | 0 | 0.006 | 20 | 22 5.35616 | 15 | 0.091 |

| $Q+q$ | $P+p$ | $\overline{\log m}$ | $k$ | $Q+q$ | $P+p$ | $\overline{\log m}$ | $k$ |
|---|---|---|---|---|---|---|---|
| 53° 20′ | 53° 22′ 5″35616 | 15 | 0″091 | 54° 10′ | 54° 12′ 8″50704 | 169 | 0″460 |
| 21 | 23 5.42329 | 16 | 0.095 | 11 | 13 8.56579 | 175 | 0.471 |
| 22 | 24 5.49025 | 17 | 0.100 | 12 | 14 8.62438 | 180 | 0.481 |
| 23 | 25 5.55705 | 18 | 0.105 | 13 | 15 8.68279 | 186 | 0.492 |
| 24 | 26 5.62367 | 20 | 0.110 | 14 | 16 8.74104 | 192 | 0.502 |
| 25 | 27 5.69013 | 21 | 0.115 | 15 | 17 8.79913 | 199 | 0.513 |
| 26 | 28 5.75642 | 22 | 0.120 | 16 | 18 8.85705 | 205 | 0.524 |
| 27 | 29 5.82254 | 24 | 0.125 | 17 | 19 8.91480 | 212 | 0.535 |
| 28 | 30 5.88849 | 26 | 0.131 | 18 | 20 8.97238 | 218 | 0.546 |
| 29 | 31 5.95428 | 27 | 0.136 | 19 | 21 9.02980 | 225 | 0.557 |
| 30 | 32 6.01989 | 29 | 0.142 | 20 | 22 9.08705 | 232 | 0.569 |
| 31 | 33 6.08534 | 31 | 0.147 | 21 | 23 9.14413 | 239 | 0.580 |
| 32 | 34 6.15062 | 33 | 0.153 | 22 | 24 9.20105 | 246 | 0.592 |
| 33 | 35 6.21573 | 34 | 0.159 | 23 | 25 9.25781 | 253 | 0.604 |
| 34 | 36 6.28068 | 36 | 0.165 | 24 | 26 9.31439 | 261 | 0.615 |
| 35 | 37 6.34545 | 38 | 0.171 | 25 | 27 9.37081 | 268 | 0.627 |
| 36 | 38 6.41006 | 41 | 0.178 | 26 | 28 9.42706 | 276 | 0.639 |
| 37 | 39 6.47450 | 43 | 0.184 | 27 | 29 9.48315 | 284 | 0.652 |
| 38 | 40 6.53877 | 45 | 0.191 | 28 | 30 9.53907 | 292 | 0.664 |
| 39 | 41 6.60288 | 47 | 0.197 | 29 | 31 9.59483 | 300 | 0.676 |
| 40 | 42 6.66681 | 50 | 0.204 | 30 | 32 9.65042 | 309 | 0.689 |
| 41 | 43 6.73058 | 53 | 0.211 | 31 | 33 9.70584 | 317 | 0.701 |
| 42 | 44 6.79418 | 55 | 0.218 | 32 | 34 9.76110 | 326 | 0.714 |
| 43 | 45 6.85762 | 58 | 0.225 | 33 | 35 9.81619 | 335 | 0.727 |
| 44 | 46 6.92088 | 61 | 0.232 | 34 | 36 9.87111 | 344 | 0.740 |
| 45 | 47 6.98398 | 64 | 0.240 | 35 | 37 9.92587 | 353 | 0.753 |
| 46 | 48 7.04691 | 67 | 0.247 | 36 | 38 9.98046 | 362 | 0.766 |
| 47 | 49 7.10967 | 70 | 0.255 | 37 | 39 10.03489 | 372 | 0.780 |
| 48 | 50 7.17227 | 73 | 0.262 | 38 | 40 10.08915 | 381 | 0.793 |
| 49 | 51 7.23470 | 76 | 0.270 | 39 | 41 10.14325 | 391 | 0.807 |
| 50 | 52 7.29696 | 79 | 0.278 | 40 | 42 10.19718 | 401 | 0.820 |
| 51 | 53 7.35905 | 83 | 0.286 | 41 | 43 10.25094 | 411 | 0.834 |
| 52 | 54 7.42098 | 86 | 0.294 | 42 | 44 10.30454 | 421 | 0.848 |
| 53 | 55 7.48273 | 90 | 0.303 | 43 | 45 10.35797 | 432 | 0.862 |
| 54 | 56 7.54432 | 94 | 0.311 | 44 | 46 10.41124 | 443 | 0.876 |
| 55 | 57 7.60575 | 98 | 0.319 | 45 | 47 10.46434 | 453 | 0.890 |
| 56 | 58 7.66700 | 102 | 0.328 | 46 | 48 10.51727 | 464 | 0.905 |
| 57 | 59 7.72809 | 106 | 0.337 | 47 | 49 10.57004 | 476 | 0.919 |
| 58 | 54 0 7.78901 | 110 | 0.345 | 48 | 50 10.62265 | 487 | 0.934 |
| 59 | 1 7.84977 | 114 | 0.354 | 49 | 51 10.67509 | 498 | 0.949 |
| 54 0 | 2 7.91036 | 119 | 0.363 | 50 | 52 10.72736 | 510 | 0.964 |
| 1 | 3 7.97078 | 123 | 0.373 | 51 | 53 10.77947 | 522 | 0.978 |
| 2 | 4 8.03103 | 128 | 0.382 | 52 | 54 10.83142 | 534 | 0.994 |
| 3 | 5 8.09111 | 132 | 0.391 | 53 | 55 10.88320 | 546 | 1.009 |
| 4 | 6 8.15103 | 137 | 0.401 | 54 | 56 10.93481 | 559 | 1.024 |
| 5 | 7 8.21079 | 142 | 0.411 | 55 | 57 10.98626 | 571 | 1.039 |
| 6 | 8 8.27037 | 147 | 0.420 | 56 | 58 11.03754 | 584 | 1.055 |
| 7 | 9 8.32979 | 153 | 0.430 | 57 | 59 11.08866 | 597 | 1.071 |
| 8 | 10 8.38904 | 158 | 0.440 | 58 | 55 0 11.13961 | 611 | 1.086 |
| 9 | 11 8.44812 | 163 | 0.450 | 59 | 1 11.19040 | 624 | 1.102 |
| 10 | 12 8.50704 | 169 | 0.460 | 55 0 | 2 11.24102 | 638 | 1.118 |

| $Q+q$ | $P+p$ | $\log m$ | $k$ | $Q+q$ | $P+p$ | $\log m$ | $k$ |
|---|---|---|---|---|---|---|---|
| 55° 0′ | 55° 2′ 11″24102 | 638 | 1″118 | 55° 50′ | 55° 52′ 13″56267 | 1598 | 2″068 |
| 1 | 3 11.29148 | 651 | 1.134 | 51 | 53 13.60493 | 1624 | 2.090 |
| 2 | 4 11.34177 | 665 | 1.151 | 52 | 54 13.64703 | 1650 | 2.112 |
| 3 | 5 11.39190 | 680 | 1.167 | 53 | 55 13.68896 | 1676 | 2.134 |
| 4 | 6 11.44186 | 694 | 1.184 | 54 | 56 13.73074 | 1702 | 2.157 |
| 5 | 7 11.49166 | 709 | 1.200 | 55 | 57 13.77235 | 1728 | 2.179 |
| 6 | 8 11.54129 | 723 | 1.217 | 56 | 58 13.81379 | 1755 | 2.202 |
| 7 | 9 11.59076 | 738 | 1.234 | 57 | 59 13.85508 | 1782 | 2.225 |
| 8 | 10 11.64007 | 754 | 1.251 | 58 | 56 0 13.89620 | 1810 | 2.247 |
| 9 | 11 11.68921 | 769 | 1.268 | 59 | 1 13.93716 | 1837 | 2.270 |
| 10 | 12 11.73818 | 785 | 1.285 | 56 0 | 2 13.97795 | 1865 | 2.293 |
| 11 | 13 11.78699 | 800 | 1.302 | 1 | 3 14.01859 | 1894 | 2.317 |
| 12 | 14 11.83564 | 817 | 1.320 | 2 | 4 14.05906 | 1922 | 2.340 |
| 13 | 15 11.88412 | 833 | 1.337 | 3 | 5 14.09937 | 1951 | 2.363 |
| 14 | 16 11.93244 | 849 | 1.355 | 4 | 6 14.13952 | 1980 | 2.387 |
| 15 | 17 11.98059 | 866 | 1.372 | 5 | 7 14.17950 | 2009 | 2.411 |
| 16 | 18 12.02858 | 883 | 1.390 | 6 | 8 14.21932 | 2039 | 2.434 |
| 17 | 19 12.07640 | 900 | 1.408 | 7 | 9 14.25898 | 2069 | 2.458 |
| 18 | 20 12.12406 | 917 | 1.426 | 8 | 10 14.29848 | 2099 | 2.482 |
| 19 | 21 12.17156 | 935 | 1.445 | 9 | 11 14.33782 | 2130 | 2.506 |
| 20 | 22 12.21889 | 953 | 1.463 | 10 | 12 14.37699 | 2161 | 2.531 |
| 21 | 23 12.26605 | 971 | 1.481 | 11 | 13 14.41600 | 2192 | 2.555 |
| 22 | 24 12.31306 | 989 | 1.500 | 12 | 14 14.45485 | 2223 | 2.579 |
| 23 | 25 12.35990 | 1008 | 1.519 | 13 | 15 14.49354 | 2255 | 2.604 |
| 24 | 26 12.40657 | 1026 | 1.538 | 14 | 16 14.53206 | 2287 | 2.629 |
| 25 | 27 12.45308 | 1045 | 1.557 | 15 | 17 14.57043 | 2319 | 2.654 |
| 26 | 28 12.49943 | 1064 | 1.576 | 16 | 18 14.60863 | 2352 | 2.679 |
| 27 | 29 12.54561 | 1084 | 1.595 | 17 | 19 14.64667 | 2385 | 2.704 |
| 28 | 30 12.59163 | 1104 | 1.614 | 18 | 20 14.68455 | 2418 | 2.729 |
| 29 | 31 12.63749 | 1123 | 1.633 | 19 | 21 14.72226 | 2452 | 2.754 |
| 30 | 32 12.68318 | 1144 | 1.653 | 20 | 22 14.75982 | 2486 | 2.780 |
| 31 | 33 12.72870 | 1164 | 1.673 | 21 | 23 14.79721 | 2520 | 2.805 |
| 32 | 34 12.77407 | 1185 | 1.692 | 22 | 24 14.83444 | 2555 | 2.831 |
| 33 | 35 12.81927 | 1205 | 1.712 | 23 | 25 14.87151 | 2589 | 2.857 |
| 34 | 36 12.86430 | 1226 | 1.732 | 24 | 26 14.90842 | 2625 | 2.883 |
| 35 | 37 12.90918 | 1248 | 1.752 | 25 | 27 14.94517 | 2660 | 2.909 |
| 36 | 38 12.95389 | 1269 | 1.773 | 26 | 28 14.98175 | 2696 | 2.935 |
| 37 | 39 12.99843 | 1291 | 1.793 | 27 | 29 15.01818 | 2732 | 2.961 |
| 38 | 40 13.04282 | 1313 | 1.813 | 28 | 30 15.05444 | 2768 | 2.988 |
| 39 | 41 13.08703 | 1336 | 1.834 | 29 | 31 15.09054 | 2805 | 3.014 |
| 40 | 42 13.13109 | 1358 | 1.855 | 30 | 32 15.12648 | 2842 | 3.041 |
| 41 | 43 13.17498 | 1381 | 1.875 | 31 | 33 15.16226 | 2880 | 3.067 |
| 42 | 44 13.21871 | 1404 | 1.896 | 32 | 34 15.19788 | 2917 | 3.094 |
| 43 | 45 13.26228 | 1428 | 1.917 | 33 | 35 15.23334 | 2955 | 3.121 |
| 44 | 46 13.30568 | 1451 | 1.939 | 34 | 36 15.26863 | 2994 | 3.148 |
| 45 | 47 13.34892 | 1475 | 1.960 | 35 | 37 15.30377 | 3033 | 3.176 |
| 46 | 48 13.39199 | 1499 | 1.981 | 36 | 38 15.33874 | 3072 | 3.203 |
| 47 | 49 13.43491 | 1524 | 2.003 | 37 | 39 15.37356 | 3111 | 3.230 |
| 48 | 50 13.47766 | 1548 | 2.024 | 38 | 40 15.40821 | 3151 | 3.258 |
| 49 | 51 13.52024 | 1573 | 2.046 | 39 | 41 15.44270 | 3191 | 3.286 |
| 50 | 52 13.56267 | 1598 | 2.068 | 40 | 42 15.47703 | 3231 | 3.314 |

| $Q+q$ | $P+p$ | $\log m$ | $k$ | $Q+q$ | $P+p$ | $\log m$ | $k$ |
|---|---|---|---|---|---|---|---|
| 56° 40′ | 56° 42′ 15″47703 | 3231 | 3″314 | 57° 30′ | 57° 32′ 16″98962 | 5719 | 4″859 |
| 41 | 43 15.51120 | 3272 | 3.342 | 31 | 33 17.01581 | 5778 | 4.893 |
| 42 | 44 15.54521 | 3313 | 3.370 | 32 | 34 17.04185 | 5839 | 4.927 |
| 43 | 45 15.57906 | 3355 | 3.398 | 33 | 35 17.06772 | 5899 | 4.962 |
| 44 | 46 15.61275 | 3396 | 3.426 | 34 | 36 17.09344 | 5960 | 4.996 |
| 45 | 47 15.64627 | 3439 | 3.455 | 35 | 37 17.11900 | 6021 | 5.030 |
| 46 | 48 15.67964 | 3481 | 3.483 | 36 | 38 17.14441 | 6083 | 5.065 |
| 47 | 49 15.71285 | 3524 | 3.512 | 37 | 39 17.16965 | 6146 | 5.100 |
| 48 | 50 15.74589 | 3567 | 3.541 | 38 | 40 17.19474 | 6208 | 5.135 |
| 49 | 51 15.77878 | 3611 | 3.570 | 39 | 41 17.21967 | 6271 | 5.170 |
| 50 | 52 15.81150 | 3654 | 3.599 | 40 | 42 17.24444 | 6335 | 5.205 |
| 51 | 53 15.84407 | 3699 | 3.628 | 41 | 43 17.26905 | 6399 | 5.240 |
| 52 | 54 15.87647 | 3743 | 3.657 | 42 | 44 17.29351 | 6463 | 5.275 |
| 53 | 55 15.90872 | 3788 | 3.686 | 43 | 45 17.31780 | 6528 | 5.311 |
| 54 | 56 15.94080 | 3834 | 3.716 | 44 | 46 17.34194 | 6593 | 5.346 |
| 55 | 57 15.97273 | 3879 | 3.746 | 45 | 47 17.36593 | 6659 | 5.382 |
| 56 | 58 16.00449 | 3925 | 3.775 | 46 | 48 17.38975 | 6725 | 5.418 |
| 57 | 59 16.03610 | 3972 | 3.805 | 47 | 49 17.41342 | 6792 | 5.454 |
| 58 | 57 0 16.06754 | 4019 | 3.835 | 48 | 50 17.43693 | 6859 | 5.490 |
| 59 | 1 16.09883 | 4066 | 3.865 | 49 | 51 17.46028 | 6926 | 5.526 |
| 57 0 | 2 16.12995 | 4113 | 3.896 | 50 | 52 17.48348 | 6994 | 5.563 |
| 1 | 3 16.16092 | 4161 | 3.926 | 51 | 53 17.50652 | 7063 | 5.599 |
| 2 | 4 16.19172 | 4210 | 3.956 | 52 | 54 17.52940 | 7131 | 5.636 |
| 3 | 5 16.22237 | 4258 | 3.987 | 53 | 55 17.55212 | 7201 | 5.672 |
| 4 | 6 16.25286 | 4307 | 4.018 | 54 | 56 17.57468 | 7270 | 5.709 |
| 5 | 7 16.28318 | 4357 | 4.049 | 55 | 57 17.59709 | 7341 | 5.746 |
| 6 | 8 16.31335 | 4406 | 4.080 | 56 | 58 17.61935 | 7411 | 5.783 |
| 7 | 9 16.34336 | 4457 | 4.111 | 57 | 59 17.64144 | 7482 | 5.820 |
| 8 | 10 16.37320 | 4507 | 4.142 | 58 | 58 0 17.66338 | 7554 | 5.858 |
| 9 | 11 16.40289 | 4558 | 4.173 | 59 | 1 17.68516 | 7626 | 5.895 |
| 10 | 12 16.43242 | 4609 | 4.205 | 58 0 | 2 17.70678 | 7698 | 5.933 |
| 11 | 13 16.46179 | 4661 | 4.236 | 1 | 3 17.72825 | 7771 | 5.970 |
| 12 | 14 16.49100 | 4713 | 4.268 | 2 | 4 17.74956 | 7844 | 6.008 |
| 13 | 15 16.52005 | 4766 | 4.300 | 3 | 5 17.77072 | 7918 | 6.046 |
| 14 | 16 16.54895 | 4818 | 4.332 | 4 | 6 17.79171 | 7993 | 6.084 |
| 15 | 17 16.57768 | 4872 | 4.364 | 5 | 7 17.81255 | 8067 | 6.122 |
| 16 | 18 16.60625 | 4925 | 4.396 | 6 | 8 17.83324 | 8143 | 6.160 |
| 17 | 19 16.63467 | 4979 | 4.428 | 7 | 9 17.85376 | 8218 | 6.199 |
| 18 | 20 16.66293 | 5034 | 4.461 | 8 | 10 17.87414 | 8294 | 6.237 |
| 19 | 21 16.69102 | 5089 | 4.493 | 9 | 11 17.89435 | 8371 | 6.276 |
| 20 | 22 16.71896 | 5144 | 4.526 | 10 | 12 17.91441 | 8448 | 6.315 |
| 21 | 23 16.74674 | 5200 | 4.559 | 11 | 13 17.93431 | 8526 | 6.354 |
| 22 | 24 16.77436 | 5256 | 4.592 | 12 | 14 17.95406 | 8604 | 6.393 |
| 23 | 25 16.80182 | 5312 | 4.625 | 13 | 15 17.97365 | 8682 | 6.432 |
| 24 | 26 16.82913 | 5369 | 4.658 | 14 | 16 17.99308 | 8761 | 6.471 |
| 25 | 27 16.85627 | 5426 | 4.691 | 15 | 17 18.01236 | 8841 | 6.511 |
| 26 | 28 16.88326 | 5484 | 4.724 | 16 | 18 18.03148 | 8921 | 6.550 |
| 27 | 29 16.91008 | 5542 | 4.758 | 17 | 19 18.05045 | 9001 | 6.590 |
| 28 | 30 16.93675 | 5600 | 4.792 | 18 | 20 18.06925 | 9082 | 6.630 |
| 29 | 31 16.96326 | 5659 | 4.825 | 19 | 21 18.08791 | 9164 | 6.670 |
| 30 | 32 16.98962 | 5719 | 4.859 | 20 | 22 18.10641 | 9246 | 6.710 |

| $Q+q$ | $P+p$ | $\underline{\log m}$ | $k$ | $Q+q$ | $P+p$ | $\underline{\log m}$ | $k$ |
|---|---|---|---|---|---|---|---|
| 58° 20′ | 58° 22′ 18″10641 | 9246 | 6″710 | 58° 30′ | 58° 32′ 18″28283 | 10092 | 7″117 |
| 21 | 23 18. 12475 | 9328 | 6. 750 | 31 | 33 18. 29962 | 10180 | 7. 158 |
| 22 | 24 18. 14293 | 9411 | 6. 790 | 32 | 34 18. 31625 | 10268 | 7. 200 |
| 23 | 25 18. 16097 | 9495 | 6. 830 | 33 | 35 18. 33272 | 10356 | 7. 241 |
| 24 | 26 18. 17884 | 9578 | 6. 871 | 34 | 36 18. 34905 | 10445 | 7. 283 |
| 25 | 27 18. 19656 | 9663 | 6. 912 | 35 | 37 18. 36521 | 10535 | 7. 325 |
| 26 | 28 18. 21412 | 9748 | 6. 952 | 36 | 38 18. 38123 | 10625 | 7. 367 |
| 27 | 29 18. 23153 | 9833 | 6. 993 | 37 | 39 18. 39708 | 10715 | 7. 409 |
| 28 | 30 18. 24879 | 9919 | 7. 034 | 38 | 40 18. 41279 | 10806 | 7. 451 |
| 29 | 31 18. 26588 | 10006 | 7. 075 | 39 | 41 18. 42833 | 10898 | 7. 484 |
| 30 | 32 18. 28283 | 10092 | 7. 117 | 40 | 42 18. 44373 | 10990 | 7. 536 |

# UNTERSUCHUNGEN

ÜBER

# GEGENSTÄNDE DER HÖHERN GEODAESIE

ZWEITE ABHANDLUNG

VON

CARL FRIEDRICH GAUSS

DER KÖNIGL. SOCIETÄT ÜBERREICHT MDCCCXLVI SEPT. I.

Abhandlungen der Königl. Gesellschaft der Wissenschaften zu Göttingen. Band III.
Göttingen 1847.

UNTERSUCHUNGEN

ÜBER

# GEGENSTÄNDE DER HÖHERN GEODAESIE.

---

Die Aufgabe, aus der Grösse der Seite eines Dreiecks auf der Erdoberfläche, dem Azimuthe an dem einen Endpunkte, und der geographischen Breite dieses Endpunkts abzuleiten das Azimuth an dem andern Endpunkte, dessen Breite und den Längenunterschied beider Punkte, gehört zu den Hauptgeschäften der höhern Geodäsie. Für den Fall der Kugelfläche ist der Zusammenhang zwischen jenen sechs Grössen am Schluss der ersten Abhandlung in der einfachsten und zur schärfsten Rechnung geeigneten Form aufgestellt, welche auch leicht zu einer bequemen Auflösung der Aufgabe selbst benutzt werden kann. Es wird dadurch das Verlangen nach dem Besitz einer analogen unmittelbar für die Ellipsoidfläche gültigen Auflösungsart erweckt, und der Zweck der gegenwärtigen Abhandlung ist, eine solche zu entwickeln. Vorher soll jedoch erst die Auflösung für den Fall der Kugelfläche in ein noch helleres Licht gestellt werden. Des bequemern Zurückweisens wegen lasse ich die Zahlenbezeichnung der Artikel sich an die erste Abhandlung anschliessen.

18.

Um den Grad der Genauigkeit, welcher durch die Formeln des 17. Art. erreicht wird, besser beurtheilen zu können, werden noch die Glieder der nächstfolgenden Ordnung entwickelt werden müssen; es ist jedoch wohl der Mühe werth, das Verfahren anzugeben, nach welchem diese Entwicklung beliebig weit getrieben werden kann.

Ich erlaube mir an den dort gebrauchten Bezeichnungen einige Abänderungen, theils des bequemern Drucks wegen, theils um den verschiedenen Bezeichnungen in den einzelnen Theilen der gegenwärtigen Abhandlung etwas mehr Symmetrie geben zu können. Zunächst bedeute hier

$r$ die Entfernung der beiden Punkte von einander, den Halbmesser der Kugel als Einheit angenommen.

$B+\frac{1}{2}b$ und $B-\frac{1}{2}b$ die Breite am ersten und zweiten Endpunkte von $r$.

$T+\frac{1}{2}t$ und $T-\frac{1}{2}t\pm 180^0$ das Azimuth des zweiten und ersten Endpunkts resp. vom ersten und zweiten aus.

$l$ den Längenunterschied.

Es wird angenommen, dass das Azimuth von Süden nach Westen zu gezählt und $l$ als positiv betrachtet wird, wenn der zweite Punkt westlicher liegt als der erste.

Es soll ferner gesetzt werden

$$\begin{aligned} \beta &= r\cos T \\ \tau &= r\sin T.\operatorname{tang} B \\ \lambda &= \frac{r\sin T}{\cos B} \end{aligned}$$

welche Grössen dasselbe ausdrücken, was im 17. Art. mit $b^0$, $a^0$, $\lambda^0$ bezeichnet war, nemlich die bis auf die dritte Ordnung (ausschliesslich) genauen Werthe von $b$, $t$, $l$, und zwischen denen die Gleichung

$$rr+\tau\tau = \beta\beta+\lambda\lambda$$

Statt findet. Die Ordnungen werden hier immer so verstanden, dass $r$ wie eine Grösse erster Ordnung betrachtet wird.

Zur Abkürzung wird noch geschrieben

$$\begin{aligned} \frac{2\operatorname{tang}\frac{1}{2}r}{r} &= m \\ \frac{2\sin\frac{1}{2}r}{r} &= n \end{aligned}$$

Zu der beabsichtigten Entwicklung gelangen wir am leichtesten durch Benutzung der Umwandlung der Formel

$$x = \sin y$$

in die Reihe

$$\log y = \log x + \tfrac{1}{6}xx + \tfrac{11}{180}x^4 + \tfrac{191}{5670}x^6 + \tfrac{2497}{113400}x^8 + \text{u. s. w.}$$

welche man leicht aus der bekannten

$$y = x(1 + \tfrac{1}{6}xx + \tfrac{3}{40}x^4 + \tfrac{5}{112}x^6 + \tfrac{35}{1152}x^8 + \text{u. s. w.})$$

ableitet. Wendet man dieselbe zuvörderst an auf die Gleichung

$$\operatorname{tang} B . \sin T . \operatorname{tang} \tfrac{1}{2}r = \sin \tfrac{1}{2}t$$

oder

$$\tfrac{1}{2}m\tau = \sin \tfrac{1}{2}t$$

indem man $x = \frac{1}{2}m\tau$, $y = \frac{1}{2}t$ setzt, so wird (I)

$$\log t = \log \tau + \log m + \tfrac{1}{24}mm\tau\tau + \tfrac{11}{2880}m^4\tau^4 + \tfrac{191}{362880}m^6\tau^6 + \tfrac{2497}{29030400}m^8\tau^8 + \text{u.s.w.}$$

Eben so, aus der Anwendung auf die Gleichung

$$\frac{\sin T' \sin \frac{1}{2}r}{\cos B} = \sin \tfrac{1}{2}l$$

oder

$$\tfrac{1}{2}n\lambda = \sin \tfrac{1}{2}l$$

ergibt sich (II)

$$\log l = \log \lambda + \log n + \tfrac{1}{24}nn\lambda\lambda + \tfrac{11}{2880}n^4\lambda^4 + \tfrac{191}{362880}n^6\lambda^6 + \tfrac{2497}{29030400}n^8\lambda^8 + \text{u.s.w.}$$

Die dritte Anwendung wird gemacht auf die Gleichung

$$\frac{\cos B \operatorname{tang} \frac{1}{2}l}{\operatorname{tang} T} = \sin \tfrac{1}{2}b$$

nachdem derselben vermöge der Substitutionen

$$\operatorname{tang} \tfrac{1}{2}l = \frac{n\lambda}{2\sqrt{(1 - \frac{1}{4}nn\lambda\lambda)}}$$

$$\frac{\cos B}{\operatorname{tang} T} = \frac{6}{\lambda}$$

folgende Gestalt gegeben ist

$$\frac{n6}{2\sqrt{(1 - \frac{1}{4}nn\lambda\lambda)}} = \sin \tfrac{1}{2}b$$

Es ergibt sich dann (III)

$$
\begin{aligned}
\log b = {} & \log \beta + \log n + \tfrac{1}{8} nn\lambda\lambda + \tfrac{1}{64} n^4\lambda^4 + \tfrac{1}{384} n^6\lambda^6 + \tfrac{1}{2048} n^8\lambda^8 + \text{u.s.w.} \\
& + \tfrac{1}{24}\, \beta\beta (nn + \tfrac{1}{4} n^4\lambda\lambda + \tfrac{1}{16} n^6\lambda^4 + \tfrac{1}{64} n^8\lambda^6 + \text{u.s.w.}) \\
& + \tfrac{11}{2880}\, \beta^4 (n^4 + \tfrac{1}{2} n^6\lambda\lambda + \tfrac{3}{16} n^8\lambda^4 + \text{u.s.w.}) \\
& + \tfrac{191}{362880}\, \beta^6 (n^6 + \tfrac{3}{4} n^8\lambda\lambda + \text{u.s.w.}) \\
& + \tfrac{2497}{29030400}\, \beta^8 (n^8 + \text{u.s.w.}) \\
& + \text{u.s.w.}
\end{aligned}
$$

oder, indem man die Glieder gleicher Ordnung zusammenfasst,

$$
\begin{aligned}
\log b = {} & \log \beta + \log n \\
& + \tfrac{1}{24}\, nn (\beta\beta + 3\lambda\lambda) \\
& + \tfrac{1}{2880}\, n^4 (11\beta^4 + 30\beta\beta\lambda\lambda + 45\lambda^4) \\
& + \tfrac{1}{362880}\, n^6 (191\beta^6 + 693\beta^4\lambda\lambda + 945\beta\beta\lambda^4 + 945\lambda^6) \\
& + \tfrac{1}{29030400}\, n^8 (2497\beta^8 + 11460\beta^6\lambda\lambda + 20790\beta^4\lambda^4 + 18900\beta\beta\lambda^6 \\
& \qquad + 14175\lambda^8) \\
& + \text{u.s.w.}
\end{aligned}
$$

Um die Gleichungen I, II, III in eine ganz entwickelte Gestalt zu bringen, wird man in denselben noch substituiren

$$
\begin{aligned}
\log m &= \tfrac{1}{12} rr + \tfrac{7}{1440} r^4 + \tfrac{31}{90720} r^6 + \tfrac{127}{4838400} r^8 + \text{u.s.w.} \\
mm &= 1 + \tfrac{1}{6} rr + \tfrac{17}{720} r^4 + \tfrac{31}{10080} r^6 + \text{u.s.w.} \\
m^4 &= 1 + \tfrac{1}{3} rr + \tfrac{3}{40} r^4 + \text{u.s.w.} \\
m^6 &= 1 + \tfrac{1}{2} rr + \text{u.s.w.} \\
& \text{u.s.w.} \\
\log n &= -\tfrac{1}{24} rr - \tfrac{1}{2880} r^4 - \tfrac{1}{181440} r^6 - \tfrac{1}{9676800} r^8 - \text{u.s.w.} \\
nn &= 1 - \tfrac{1}{12} rr + \tfrac{1}{360} r^4 - \tfrac{1}{20160} r^6 + \text{u.s.w.} \\
n^4 &= 1 - \tfrac{1}{6} rr + \tfrac{1}{80} r^4 - \text{u.s.w.} \\
n^6 &= 1 - \tfrac{1}{4} rr + \text{u.s.w.} \\
& \text{u.s.w.}
\end{aligned}
$$

Wir erhalten demnach für die Logarithmen von $t$, $l$, $b$, oder vielmehr für die Unterschiede dieser Logarithmen von den genäherten Werthen $\log\tau$, $\log\lambda$, $\log\beta$, zusammengesetzte Reihen, welche fortschreiten

für $\log t$ nach den geraden Potenzen von $\tau$ und $r$, und deren Producten

für $\log l$ eben so nach $\lambda$ und $r$,

für $\log b$ nach $\beta$, $\lambda$ und $r$,

und die beigebrachten Zahlen enthalten diese Entwicklung bis zu den Grössen der achten Ordnung (einschl.), daher $t$, $l$, $b$ selbst dadurch bis zu den Grössen der neunten Ordnung einschliesslich, oder der eilften Ordnung ausschliesslich bestimmt werden.

Die Entwicklung von $\log b$ kann auch auf eine andere Art, nemlich nach den Potenzen von $\sigma$, $\tau$ und $r$ geschehen. Setzt man

$$z = \operatorname{tang} y$$

so wird

$$y = z - \tfrac{1}{3}z^3 + \tfrac{1}{5}z^5 - \tfrac{1}{7}z^7 + \tfrac{1}{9}z^9 - \text{ u. s. w.}$$

und hieraus

$$\log y = \log z - \tfrac{1}{3}zz + \tfrac{13}{90}z^4 - \tfrac{251}{2835}z^6 + \tfrac{3551}{56700}z^8 - \text{ u. s. w.}$$

Wendet man diese Reihe an auf die Gleichung

$$\operatorname{tang}\tfrac{1}{2}b = \frac{\operatorname{tang}\frac{1}{2}t}{\operatorname{tang}B . \operatorname{tang}T}$$

nachdem man derselben vermöge der Substitutionen

$$\operatorname{tang}B . \operatorname{tang}T = \frac{\tau}{\sigma}$$

$$\operatorname{tang}\tfrac{1}{2}t = \frac{m\tau}{2\sqrt{(1-\frac{1}{4}mm\tau\tau)}}$$

folgende Gestalt gegeben hat

$$\frac{\sigma m}{2\sqrt{(1-\frac{1}{4}mm\tau\tau)}} = \operatorname{tang}\tfrac{1}{2}b$$

so ergibt sich

$$\begin{aligned}
\log b = \log\sigma + \log m &+ \tfrac{1}{8}mm\tau\tau + \tfrac{1}{64}m^4\tau^4 + \tfrac{1}{384}m^6\tau^6 + \tfrac{1}{2048}m^8\tau^8 + \text{ u. s. w.} \\
&- \tfrac{1}{12}\ \sigma\sigma(mm + \tfrac{1}{4}m^4\tau\tau + \tfrac{1}{16}m^6\tau^4 + \tfrac{1}{64}m^8\tau^6 + \text{ u. s. w.}) \\
&+ \tfrac{13}{1440}\ \sigma^4(m^4 + \tfrac{1}{2}m^6\tau\tau + \tfrac{3}{16}m^8\tau^4 + \text{ u. s. w.}) \\
&- \tfrac{251}{181440}\ \sigma^6(m^6 + \tfrac{3}{4}m^8\tau\tau + \text{ u. s. w.}) \\
&+ \tfrac{3551}{14515200}\sigma^8(m^8 + \text{ u. s. w.}) \\
&+ \text{ u. s. w.}
\end{aligned}$$

oder, indem man die Glieder gleicher Ordnung zusammenfasst,

$$
\begin{aligned}
\log b = \log\beta + \log m & \\
& - \tfrac{1}{24}\, mm(2\beta\beta - 3\tau\tau) \\
& + \tfrac{1}{2880}\, m^4(26\beta^4 - 60\beta\beta\tau\tau \quad + 45\tau^4) \\
& - \tfrac{1}{362880}\, m^6(502\beta^6 - 1638\beta^4\tau\tau + 1890\beta\beta\tau^4 - 945\tau^6) \\
& + \tfrac{1}{29030400}\, m^8(7102\beta^8 - 30120\beta^6\tau\tau + 49140\beta^4\tau^4 - 37800\beta\beta\tau^6 \\
& \qquad + 14175\tau^8) \\
& - \text{u.s.w.}
\end{aligned}
$$

Durch Substitution der oben gegebenen Werthe von $\log m$, $mm$, $m^4$ u.s.w. erhält man hieraus die gesuchte Reihe, welche sich übrigens auch aus der erstern nach $\beta, \lambda, r$ fortschreitenden unmittelbar ableiten lässt, indem man $rr - \beta\beta - \tau\tau$ für $\lambda\lambda$ substituirt.

19.

Für unsern Zweck reicht es hin, die Formeln nur bis zur vierten Ordnung (einschl.) genau aufzustellen, nemlich

$$
\begin{aligned}
\log t &= \log\tau + \tfrac{1}{24}(2rr + \tau\tau) + \tfrac{1}{2880}(14r^4 + 20rr\tau\tau + 11\tau^4) \\
\log l &= \log\lambda - \tfrac{1}{24}(rr - \lambda\lambda) - \tfrac{1}{2880}(r^4 + 10rr\lambda\lambda - 11\lambda^4) \\
\log b &= \log\beta - \tfrac{1}{24}(rr - \beta\beta - 3\lambda\lambda) - \tfrac{1}{2880}(r^4 + 10rr\beta\beta + 30rr\lambda\lambda - 11\beta^4 \\
&\qquad - 30\beta\beta\lambda\lambda - 45\lambda^4)
\end{aligned}
$$

Anstatt der letzten Formel kann man auch eine der folgenden gebrauchen:

$$
\begin{aligned}
\log b &= \log\beta + \tfrac{1}{24}(2rr - 2\beta\beta + 3\tau\tau) + \tfrac{1}{2880}(14r^4 - 40rr\beta\beta + 60rr\tau\tau + 26\beta^4 \\
&\qquad - 60\beta\beta\tau\tau + 45\tau^4) \\
\log b &= \log\beta + \tfrac{1}{24}(2\lambda\lambda + \tau\tau) - \tfrac{1}{2880}(12\beta\beta\lambda\lambda - 12\beta\beta\tau\tau - 14\lambda^4 - 32\lambda\lambda\tau\tau + \tau^4) \\
\log b &= \log\beta + \tfrac{1}{24}(2\lambda\lambda + \tau\tau) - \tfrac{1}{2880}(12rr\lambda\lambda - 12rr\tau\tau - 26\lambda^4 - 8\lambda\lambda\tau\tau - 11\tau^4)
\end{aligned}
$$

In allen diesen Formeln sind $r$, $\beta$, $\lambda$, $\tau$, $b$, $l$, $t$ als in Theilen des Halbmessers ausgedrückt und die Logarithmen als hyperbolische zu verstehen. Sollen dagegen jene sieben Grössen in Bogensecunden ausgedrückt und die Logarithmen die briggischen sein, so erleiden die Formeln weiter keine Veränderung, als dass der gemeinschaftliche Zahlencoëfficient der Glieder zweiter Ordnung $\frac{1}{24}$ in $\frac{1}{2}\mu$, und der gemeinschaftliche Zahlencoëfficient der Glieder vierter Ordnung $\frac{1}{2880}$ in $\nu$ verwandelt werden muss, wo $\mu$, $\nu$ die Producte der Grössen $\frac{1}{12}\rho\rho$ und $\frac{1}{2880}\rho^4$

in den Modulus der briggischen Logarithmen bezeichnen, $\rho$ in der im Art. 16 angegebenen Bedeutung genommen (und damit auch $\mu$). Man hat für diese constanten Factoren

$$\log \mu = 7.9297527989(-20)$$
$$\log \nu = 4.9206912908(-30)$$

Bis zu den Gliedern zweiter Ordnung stimmen diese Resultate mit den im 17. Art. gegebenen überein. Der Zweck der vorstehenden weitern Entwicklung war nur, klar hervortreten zu lassen, dass selbst zur schärfsten Rechnung die Glieder zweiter Ordnung völlig zureichen: in der That kommt in dem ganzen Hannoverschen Dreieckssysteme kein Fall vor, wo die Glieder vierter Ordnung den Betrag von zwei Einheiten der zehnten Decimale erreichten, und nur ein Paar Fälle, wo sie *Eine* Einheit der zehnten Decimale überschreiten.

20.

Wenn unsere Formeln, welche nicht von der Breite und dem Azimuth an dem einen Orte, sondern von dem Mittelwerthe dieser Grössen an den beiden Örtern ausgehen, zur Auflösung der zu Anfang dieser Abhandlung aufgeführten Aufgabe benutzt werden sollen, so wird diess auf eine indirecte Art, oder richtiger durch stufenweise beliebig weit getriebene Annäherung geschehen müssen. Der Gang der Arbeit besteht darin, dass man von irgend einem genäherten Werthe von $T$ ausgeht (wofür man in Ermangelung aller anderweitigen Kenntniss oder Schätzung zuerst das gegebene Azimuth an dem ersten Orte annehmen kann) und daraus einen viel schärfern ableitet; mit diesem dann dieselbe Rechnung wiederholt, und damit so lange fortfährt, bis man zu stehenden Resultaten gelangt. Man hat dabei zu beachten, dass bei den ersten Rechnungen nur 4 oder 5 Zifern der Logarithmen berücksichtigt zu werden brauchen, und dabei $\mathfrak{b}$ und $\tau$ anstatt der corrigirten $b$ und $t$ angewandt werden dürfen, daher man auch, bei diesen ersten Rechnungen, sich um $\lambda$ und $l$ noch nicht zu bekümmern braucht. Die Formeln sind so, wenn für den ersten Ort die Breite mit $B^0$, das Azimuth mit $T^0$ bezeichnet wird, der Reihe nach folgende:

$$\mathfrak{b} = r \cos T$$
$$B = B^0 - \tfrac{1}{2}\mathfrak{b}$$
$$\tau = r \sin T \operatorname{tang} B$$
$$T = T^0 - \tfrac{1}{2}\tau$$

Nachdem man dahin gelangt ist, dass bei dem Gebrauch von fünfzifrigen Logarithmen der Werth von $T$ sich nicht mehr ändert, berechnet man $\lambda$ nach der Formel

$$\lambda = r \sin T \sec B$$

und führt dann eine neue Rechnung mit sieben Decimalen, wobei man die logarithmischen Correctionen vermittelst der Formeln

$$\log b = \log \mathfrak{b} + \mu\lambda\lambda + \tfrac{1}{2}\mu\tau\tau$$
$$\log t = \log \tau + \mu r r + \tfrac{1}{2}\mu\tau\tau$$

zuzieht und $B = B^0 - \frac{1}{2}b$, $T = T^0 - \frac{1}{2}t$ setzt. Eine nochmalige Wiederholung wird in der Regel dieselben, oder kaum merklich geänderte Resultate wiedergeben, und dann erst wird auch noch die Berechnung von $l$ nach der Formel

$$\log l = \log \lambda - \tfrac{1}{2}\mu r r + \tfrac{1}{2}\mu\lambda\lambda$$

beigefügt. Um die Schnelligkeit der Annäherung (die hauptsächlich von der Kleinheit von $r$ abhängt), an einem Beispiele zu zeigen, setze ich die Hauptmomente der Rechnung für den Übergang von dem Dreieckspunkte Brocken zu dem Punkte Inselsberg hieher. Es ist diess die grösste Dreiecksseite in dem Hannoverschen Dreieckssystem, viel grösser, als sonst bei trigonometrischen Operationen vorzukommen pflegen.

Bei der nach den Grundlagen der ersten Abhandlung bearbeiteten conformen Darstellung auf der Kugelfläche ist die Breite des Brockens $B^0 = 51^0 46' 3'' 6345$; das Azimuth der Seite Brocken-Inselsberg $T^0 = 5^0 42' 21'' 7704$; der Logarithm dieser Seite in Toisen $= 4{,}7353929$ oder in Theilen des Halbmessers $= 8{,}22018543$, oder in Bogensecunden, wie bei unsern Formeln vorausgesetzt ist, $\log r = 3{,}5346106$. Setzt man zuerst $T = 5^0 42'$, so wird

$$\mathfrak{b} = 3408''$$
$$B = 51^0 17' 40''$$
$$\tau = 424''$$

und folglich ein genäherterer Werth

$$T = 5^0 38' 50''$$

Die hiemit wiederholte Rechnung ergibt

$$\mathfrak{b} = 3407''\,9$$
$$B = 51^0\ 17'\ 39''\ 7$$
$$\tau = 420''\ 55$$
$$T = 5^0\ 38'\ 51''\ 5$$

Mit diesem Werthe von $T$ wird nun die schärfere Rechnung angefangen und dabei zugleich die logarithmische Correction mit zugezogen. Es findet sich, in Einheiten der siebenten Decimale,

$$\mu rr = 99.76$$
$$\mu\lambda\lambda = 2.47$$
$$\mu\tau\tau = 1.50$$

folglich

$$\mu\lambda\lambda + \tfrac{1}{2}\mu\tau\tau = +3$$
$$\mu rr + \tfrac{1}{2}\mu\tau\tau = +101$$
$$-\tfrac{1}{2}\mu rr + \tfrac{1}{2}\mu\lambda\lambda = -49$$

und

$$\log\mathfrak{b} = 3.5324974$$
$$\log b = 3.5324977$$
$$b = 3407''9852$$
$$B = 51^0\ 17'\ 39''\ 6419$$
$$\log\tau = 2.6238492$$
$$\log t = 2.6238593$$
$$t = 420''\ 5904$$
$$T = 5^0\ 38'\ 51''\ 4752$$

Eine nochmalige Wiederholung der Rechnung mit diesem Werthe von $T$ bringt bei $b$ gar keine Änderung hervor, und $t$ verwandelt sich in $420''5898$. Man erhält daher

Breite des Punkts Inselsberg

$$B^0 - \mathfrak{b} = 50^0\ 49'\ 15''\ 6493$$

Azimuth der Dreiecksseite Inselsberg-Brocken

$$T^0 - \tau + 180^0 = 185^0\ 35'\ 21''\ 1806$$

Endlich findet sich

$$\log\lambda = 2.7315487$$
$$\log l = 2.7315438$$
$$l = 538''\,9442 = 0^0\;8'\;58''9442.$$

Die Bequemlichkeit dieses Verfahrens wird allerdings erst dann in ihrer vollen Grösse fühlbar, wenn man sich die Hülfen des kleinen Mechanismus bei Handhabung derartiger Methoden zu eigen gemacht hat, wozu eine Anweisung hier nicht an ihrem Platze sein würde. Ich begnüge mich hier nur anzudeuten, dass, was in obigem Beispiele wie eine viermalige Rechnung erscheint, nicht in der Form von vier getrennten Rechnungen, sondern wie eine einzige geschrieben werden soll, indem man bei jeder neuen Überarbeitung nur die letzten Zifern ergänzt oder verbessert. Jedenfalls braucht man immer nur die letzte Rechnung aufzubewahren, und gerade darin besteht ein grosser Vortheil, zumal bei Messungen von bedeutendem Umfange, dass man dann den ganzen wesentlichen Kern der Berechnung für alle Dreiecksseiten im möglich kleinsten Raume und in der übersichtlichsten zu beliebiger Prüfung der Richtigkeit geeignetsten Form besitzt.

21.

Ich gehe jetzt zu der Hauptaufgabe selbst über, welche für die Ellipsoidfläche eine ähnliche Methode fordert, wie für die Kugelfläche im Vorhergehenden gegeben ist. Die Auflösung dieser allerdings etwas verwickelten Aufgabe soll hier auf zwei ganz von einander verschiedenen Wegen abgeleitet werden. Da die eine Ableitung, mit welcher der Anfang gemacht werden wird, sich auf diejenige conforme Übertragung der Ellipsoidfläche auf die Kugelfläche gründet, deren Theorie in der ersten Abhandlung entwickelt ist, so kann die Auffindung dieser Auflösung wie die *erste mittelbare* Benutzung dieser Theorie für die Zwecke der höhern Geodaesie betrachtet werden. (Vergl. Art. 11).

Es mögen demnach jetzt durch $B+\frac{1}{2}b$ und $B-\frac{1}{2}b$ die Breiten zweier Punkte auf der Ellipsoidfläche bezeichnet werden; ihr Längenunterschied durch $l$; das zwischen ihnen enthaltene Stück einer geodaetischen Linie (und zwar hier nach beliebiger Einheit gemessen) durch $r$; die Azimuthe der Linie am ersten und zweiten Endpunkte durch $T+\frac{1}{2}t$ und $T-\frac{1}{2}t\pm 180^0$. Es handelt sich also darum, $b$, $l$ und $t$ aus $r$, $B$ und $T$ zu finden durch Formeln, welche den oben für die Kugelfläche gegebenen analog sind, und in dieselben übergehen, wenn man die Excentricität $= 0$, oder die beiden Halbachsen der erzeugenden Ellipse unter sich gleich und $= 1$ setzt.

Die Breite des der conformen Übertragung auf die Kugelfläche zum Grunde liegenden Normalparallelkreises bezeichne ich (wie oben Art. 3) mit $P$ für die Ellipsoidfläche, und mit $Q$ für die Kugelfläche; zugleich nehme ich an, dieser Normalparallelkreis sei so gewählt, dass $Q$ dem arithmetischen Mittel der Breiten der beiden betreffenden Punkte auf der Kugelfläche gleich wird: diese Breiten selbst seien $Q+\frac{1}{2}q$ und $Q-\frac{1}{2}q$. Es sollen ferner $a, A, \alpha, e, \varphi, \theta$ dieselben Bedeutungen behalten, wie in der ersten Abhandlung, Art. 2. 3. 4 ff.; es bedeuten nemlich

$a$ die halbe grosse Achse des Ellipsoids, oder den Halbmesser des Äquators,

$A$ den Halbmesser der Kugel,

$1:\alpha$ das constante Verhältniss der Längenunterschiede auf dem Ellipsoid zu den entsprechenden auf der Kugel,

$e = \sin\varphi$ die Excentricität der erzeugenden Ellipse,

$\sin\theta = e\sin P$.

Den zwischen den beiden Punkten auf der Kugelfläche enthaltenen Grösstekreisbogen bezeichne ich mit $s$; die Azimuthe dieses Bogens am ersten und zweiten Endpunkte mit $U+\frac{1}{2}u$ und $U-\frac{1}{2}u\pm 180^0$. Erwägt man nun noch, dass der Längenunterschied zwischen beiden Punkten $= \alpha l$ ist, so findet man zunächst die vier strengen Formeln

$$\begin{aligned} \sin\tfrac{1}{2}s.\cos U &= \cos\tfrac{1}{2}\alpha l.\sin\tfrac{1}{2}q \\ \sin\tfrac{1}{2}s.\sin U &= \sin\tfrac{1}{2}\alpha l.\cos Q \\ \cos\tfrac{1}{2}s.\cos\tfrac{1}{2}u &= \cos\tfrac{1}{2}\alpha l.\cos\tfrac{1}{2}q \\ \cos\tfrac{1}{2}s.\sin\tfrac{1}{2}u &= \sin\tfrac{1}{2}\alpha l.\sin Q \end{aligned}$$

und hieraus die näherungsweise richtigen

$$q = s.\cos U(1+\tfrac{1}{24}qq-\tfrac{1}{24}ss+\tfrac{1}{8}\alpha\alpha ll) \quad \ldots\ldots\ldots \quad (1)$$

$$\alpha l = s.\frac{\sin U}{\cos Q}(1-\tfrac{1}{24}ss+\tfrac{1}{24}\alpha\alpha ll) \quad \ldots\ldots\ldots\ldots \quad (2)$$

$$u = s.\sin U.\operatorname{tang} Q(1+\tfrac{1}{12}ss+\tfrac{1}{24}uu) \quad \ldots\ldots\ldots \quad (3)$$

Es ist unnöthig zu erinnern, dass in diesen drei Gleichungen $l, q, s, u$ in Theilen des Halbmessers ausgedrückt verstanden werden. Man sieht leicht, dass sie bis auf die fünfte Ordnung (ausschl.) richtig sind, indem $s$ wie eine Grösse erster Ordnung betrachtet wird, und dass man, ohne den Grad der Schärfe zu vermindern, in den eingeklammerten Gliedern rechter Hand statt $q$, $\alpha l$ und $u$ auch $s.\cos U$, $s.\frac{\sin U}{\cos Q}$, $s.\sin U.\text{tang}\, Q$ substituiren darf.

## 22.

Es müssen nun zuvörderst die Grössen $B$, $b$, $T$, $t$, $r$, welche auf der Ellipsoidfläche ihre Bedeutung haben, mit ihren Correlaten auf der Kugelfläche $Q$, $q$, $U$, $u$, $As$ verglichen werden. Alle dafür hier aufzustellenden Gleichungen werden bis wenigstens auf die dritte Ordnung (einschl.) genau sein, und, dass dieser Bedingung genügt werde, wird sich aus der Entwicklung selbst leicht erkennen lassen.

Wendet man die im 8. Art. gegebene Reihe auf unsere beiden Punkte an, so müssen die dort allgemein mit $p$ und $q$ bezeichneten Grössen nach unserer jetzigen Bezeichnung ausgedrückt werden

für den ersten Punkt durch $B+\frac{1}{2}b-P$ und $\frac{1}{2}q$
für den zweiten Punkt durch $B-\frac{1}{2}b-P$ und $-\frac{1}{2}q$

und wir haben demnach die beiden Gleichungen

$$B+\tfrac{1}{2}b = P+\frac{\cos\theta}{2\cos\varphi}.q-\frac{3ee}{8\cos\varphi^2}.\cos P.\sin P.qq$$
$$+\frac{ee}{16\cos\varphi^3\cos\theta}(-\cos P^2+\sin P^2+ee(5\cos P^2.\sin P^2-\sin P^4))q^3$$
$$B-\tfrac{1}{2}b = P-\frac{\cos\theta}{2\cos\varphi}.q-\frac{3ee}{8\cos\varphi^2}.\cos P.\sin P.qq$$
$$-\frac{ee}{16\cos\varphi^3\cos\theta}(-\cos P^2+\sin P^2+ee(5\cos P^2.\sin P^2-\sin P^4))q^3$$

Durch Addition und Subtraction ergibt sich also

$$B = P-\frac{3ee}{8\cos\varphi^2}.\cos P.\sin P.qq \quad \ldots\ldots \quad (4)$$
$$b = \frac{\cos\theta}{\cos\varphi}.q+\frac{ee}{8\cos\varphi^3\cos\theta}(-\cos P^2+\sin P^2+ee(5\cos P^2.\sin P^2-\sin P^4))q^3 \quad (5)$$

Man sieht übrigens leicht, dass die Gleichung (4) um Grössen vierter, die Gleichung (5) hingegen nur um Grössen fünfter Ordnung ungenau ist.

Um $T$ und $t$ mit $U$ und $u$ zu vergleichen, werden die am Schluss des 15. Art. entwickelten Formeln benutzt werden müssen, denen eine Voraussetzung zum Grunde lag, welcher in der gegenwärtigen Untersuchung genügt ist. Man hat dabei nur zu erwägen, dass die dortigen $\psi^0$ und $\psi'$ nichts anderes sind, als hier $T+\frac{1}{2}t-(U+\frac{1}{2}u)$ und $T-\frac{1}{2}t-(U-\frac{1}{2}u)$; ferner das dortige $h$ dasselbe was hier $s$; endlich dass das dortige $\chi$ von der hier mit $U$ bezeichneten Grösse im Allgemeinen nur um eine Grösse zweiter Ordnung verschieden sein kann, jedenfalls aber der Unterschied wenigstens von der ersten Ordnung ist. Es ergibt sich so, auf die dritte Ordnung einschl. genau

$$T+\tfrac{1}{2}t = U+\tfrac{1}{2}u-\frac{ee\cos P.\sin P.\sin U.\cos U^2}{12\cos\varphi\cos\theta}.s^3$$
$$T-\tfrac{1}{2}t = U-\tfrac{1}{2}u+\frac{ee\cos P.\sin P.\sin U.\cos U^2}{12\cos\varphi\cos\theta}.s^3$$

und folglich, eben so genau,

$$T = U \quad \ldots\ldots\ldots\ldots\ldots\ldots \quad (6)$$
$$t = u-\frac{ee\cos P.\sin P.\sin U.\cos U^2}{6\cos\varphi\cos\theta}.s^3 \quad \ldots\ldots\ldots\ldots \quad (7)$$

Die Vergleichung der Länge der geodaetischen Linie auf dem Ellipsoid mit dem Grösstekreisbogen auf der Kugel ist zwar in Art. 15 für den in Rede stehenden Fall nicht besonders entwickelt: es ist jedoch sehr leicht, diess zu ergänzen. Es ist nemlich in den dortigen Bezeichnungen die Länge des geodaetischen Bogens

$$= A\int\frac{\cos y}{m\cos\psi}.\,\mathrm{d}x$$

welche Integration von $x = -\frac{1}{2}(h-\delta)$ bis $x = +\frac{1}{2}(h+\delta)$ auszudehnen ist. Da $y$ und $\psi$ nur Grössen von der dritten Ordnung sind, so sieht man leicht, dass die Weglassung des Factors $\frac{\cos y}{\cos\psi}$ in dem Werthe des Integrals nur einen Fehler der siebenten Ordnung hervorbringen kann. Jene Länge ist also, bis auf die fünfte Ordnung einschl. genau,

$$= A\int\frac{\mathrm{d}x}{m} = A\int\mathrm{d}x(1-\mu x^3-\mu' x^4)$$
$$= A(x-\tfrac{1}{4}\mu x^4-\tfrac{1}{5}\mu' x^5)+\text{Const.}$$
$$= A\{h-\tfrac{1}{8}(h^3\delta+h\delta^3)\mu-\tfrac{1}{80}(h^5+10h^3\delta\delta+5h\delta^4)\mu'\}$$

Die Coëfficienten $\mu$, $\mu'$ lassen sich angeben, wenn man in der Reihe

$$m = 1-\frac{2ee\cos P.\sin P}{3\cos\varphi\cos\theta}q^3-\frac{ee\cos P^2}{6\cos\varphi^2\cos\theta^2}(1-7ee\sin P^2)q^4 \ldots.$$

(welche von selbst aus der Art 9 gegebenen folgt) für $q$ die Substitution macht

$$q = -\cos\chi . x - \tfrac{1}{2}\operatorname{tang} Q . \sin\chi^2 xx \ \ldots$$

(deren leichte Ableitung hier weggelassen werden kann), und das Resultat mit der Reihe

$$m = 1 + \mu x^3 + \mu' x^4 \ \ldots$$

zusammenhält. Für unsern gegenwärtigen Zweck ist jedoch mehr nicht nöthig, als nachzuweisen, dass die gesuchte Länge des geodaetischen Bogens von $Ah$ nicht mehr als um eine Grösse fünfter Ordnung abweicht. Da nun ersichtlich $h^5 + 10h^3\delta\delta + 5h\delta^4$ eine solche Grösse ist, so braucht der entwickelte Werth von $\mu'$ nicht hiehergesetzt zu werden. Für $\mu$ aber ergibt sich der Werth

$$\mu = \frac{2ee\cos P . \sin P}{3\cos\varphi\cos\theta} . \cos\chi^3$$

und da $\delta\cos\chi$ nach Art. 15 eine Grösse zweiter Ordnung ist, so wird offenbar auch $(h^3\delta + h\delta^3)\mu$ eine Grösse fünfter Ordnung.

Wir haben demnach, da $h$ dasselbe bedeutet, was jetzt mit $s$ bezeichnet ist, bis auf die fünfte Ordnung ausschliesslich genau

$$s = \frac{r}{A} \ \ldots\ldots\ldots\ldots \quad (8)$$

Endlich, damit alles für die weitere Entwicklung erforderliche hier beisammen sei, setze ich noch folgende schon in der ersten Abhandlung (Art. 4, 6 und 3) gebrauchte strenge richtige Gleichungen hieher:

$$A = \frac{a\cos\varphi}{\cos\theta^2} \ \ldots\ldots\ldots\ldots \quad (9)$$

$$\cos Q = \frac{\cos\theta\cos P}{\alpha\cos\varphi} \ \ldots\ldots\ldots\ldots \quad (10)$$

$$\sin Q = \frac{\sin P}{\alpha}$$

und die aus der Verbindung dieser beiden hervorgehende

$$\operatorname{tang} Q = \frac{\cos\varphi \operatorname{tang} P}{\cos\theta} \ \ldots\ldots\ldots\ldots \quad (11)$$

## 23.

Zur Erreichung unsers Zwecks brauchen nun bloss diese Gleichungen gehörig combinirt zu werden.

Zuvörderst ergibt sich aus der Verbindung der Gleichungen (1), (2), (3), dass $qq+\alpha\alpha ll-uu-ss$ eine Grösse vierter Ordnung ist, daher man anstatt (2) auch schreiben kann

$$l=\frac{s\,.\sin U}{\alpha\,.\cos Q}(1-\tfrac{1}{24}qq+\tfrac{1}{24}uu)$$

oder wenn man nach (8), (9) und (10)

$$s=\frac{r\cos\theta^2}{a\cos\varphi},\qquad \alpha\cos Q=\frac{\cos\theta\cos P}{\cos\varphi}$$

schreibt,

$$l=\frac{r\cos\theta\sin U}{a\cos P}(1-\tfrac{1}{24}qq+\tfrac{1}{24}uu)$$

Es wird ferner $\frac{\cos\theta}{\cos P}=\frac{\sqrt{(1-ee\sin P^2)}}{\cos P}$ vermittelst der Gleichung (4) und durch eine leichte Rechnung entwickelt in

$$\frac{\cos\theta}{\cos P}=\frac{\sqrt{(1-ee\sin B^2)}}{\cos B}(1+\frac{3\,ee\sin P^2}{8\,(1-ee\sin P^2)}\cdot qq)$$

was bis auf die vierte Ordnung ausschl. genau ist. Wir haben daher, wenn zugleich $T$ für $U$ geschrieben wird, gemäss der Gleichung (6),

$$l=\frac{r\sqrt{(1-ee\sin B^2)}.\sin T}{a\cos B}(1-\frac{1-10\,ee\sin P^2}{24\,(1-ee\sin P^2)}\cdot qq+\tfrac{1}{24}uu)$$

Nachdem in dem eingeklammerten Theile noch substituirt ist $\frac{\cos\varphi}{\sqrt{(1-ee\sin P^2)}}.b$ für $q$, sodann $t$ für $u$ und endlich $B$ für $P$, was alles, nach Gleichung (5), (7), (4), wie man leicht sieht, geschehen kann, ohne den Grad der Genauigkeit zu vermindern, und wenn wir ausserdem, zur Abkürzung,

$$\sqrt{(1-ee\sin B^2)}=k$$

schreiben, so erhalten wir (I)

$$l=\frac{kr\sin T}{a\cos B}(1-\frac{(1-10\,ee\sin B^2)\cos\varphi^2}{24k^4}.bb+\tfrac{1}{24}tt)$$

## 24.

Auf ähnliche Weise verwandelt sich Gleichung (1) in

$$q=s\cos U(1-\tfrac{1}{12}qq+\tfrac{1}{12}ss+\tfrac{1}{8}uu)$$

und daher Gleichung (5) in

$$b = \frac{r\cos\theta^3 \cos U}{a\cos\varphi^2}\{1-[\tfrac{1}{12}+\frac{ee}{8\cos\varphi^2\cos\theta^2}(\cos P^2-\sin P^2-ee(5\cos P^2\sin P^2-\sin P^4))]qq$$
$$+\tfrac{1}{12}ss+\tfrac{1}{8}uu\}$$

Für $\cos\theta^3 = (1-ee\sin P^2)^{\frac{3}{2}}$ findet man leicht die vermittelst (4) so weit, wie hier nöthig ist, geführte Entwickelung

$$\cos\theta^3 = (1-ee\sin B^2)^{\frac{3}{2}}(1-\frac{9e^4\cos P^2\sin P^2}{8\cos\varphi^2(1-ee\sin P^2)}.qq)$$

wodurch die vorhergehende Gleichung sich verwandelt in

$$b = \frac{r(1-ee\sin B^2)^{\frac{3}{2}}\cos U}{a\cos\varphi^2}\{1-[\tfrac{1}{12}+\frac{ee}{8\cos\varphi^2(1-ee\sin P^2)}(\cos P^2-\sin P^2$$
$$+ee(4\cos P^2\sin P^2+\sin P^4))]qq+\tfrac{1}{12}ss+\tfrac{1}{8}uu\}$$

oder in einer etwas veränderten Form

$$b = \frac{rk^3\cos U}{a\cos\varphi^2}\{1-\frac{1}{24\cos\varphi^2(1-ee\sin P^2)}(2+ee-(8ee-14e^4)\sin P^2-9e^4\sin P^4)qq$$
$$+\tfrac{1}{12}ss+\tfrac{1}{8}uu\}$$

Schreibt man nun noch hierin

$\frac{\cos\varphi . b}{\sqrt{(1-ee\sin P^2)}}$ anstatt $q$, wegen (5)

$\frac{rr(1-ee\sin P^2)^2}{aa\cos\varphi^2}$ anstatt $ss$, wegen (8) und (9)

$T$ und $t$ anstatt $U$ und $u$, wegen (6) und (7)

und zuletzt

$B$ für $P$ wegen (4).,

was alles, ohne Nachtheil für die Genauigkeit geschehen kann, so erhält man (II)

$$b = \frac{rk^3}{a\cos\varphi^2}.\cos T\{1-\frac{1}{24k^4}(2+ee-(8ee-14e^4)\sin B^2-9e^4\sin B^4).bb$$
$$+\frac{k^4}{12aa\cos\varphi^2}.rr+\tfrac{1}{8}tt\}$$

25.

Aus den Gleichungen (1) und (3) erhellet, dass $qqu$ von $s^3\cos U^2\sin U\tang Q$, oder nach (11), von $\frac{s^3\cos\varphi\cos U^2\sin U.\tang P}{\cos\theta}$ nur um eine Grösse fünfter Ordnung verschieden ist: es ist daher verstattet, die Gleichung (7) auch so zu schreiben

$$t = u(1-\frac{ee\cos P^2}{6\cos\varphi^2}qq)$$

oder wenn man für $u$ den Werth aus (3) substituirt, und nach (8), (9), (11),

$$s = \frac{r\cos\theta^2}{a\cos\varphi} = \frac{r\cos\theta\,\mathrm{tang}\,P}{a\,\mathrm{tang}\,Q}$$

setzt

$$t = \frac{r\cos\theta\,\mathrm{tang}\,P\,.\sin U}{a}(1+\tfrac{1}{24}uu+\tfrac{1}{12}ss-\frac{ee\cos P^2}{6\cos\varphi^2}\,.\,qq)$$

Für $\cos\theta.\,\mathrm{tang}\,P = \sqrt{(1-ee\sin P^2)}\,.\,\mathrm{tang}\,P$ findet man nach (4) den so weit wie hier nöthig ist entwickelten Werth

$$\sqrt{(1-ee\sin B^2)}\,.\,\mathrm{tang}\,B(1+\frac{3ee-6e^4\sin P^2+3e^4\sin P^4}{8\cos\varphi^2(1-ee\sin P^2)}\,.\,qq)$$

und folglich

$$t = \frac{rk\,\mathrm{tang}\,B\sin U}{a}(1+\frac{5ee+(4ee-14e^4)\sin P^2+5e^4\sin P^4}{24\cos\varphi^2(1-ee\sin P^2)}\,.\,qq+\tfrac{1}{12}ss+\tfrac{1}{24}uu)$$

Macht man nun noch hierin dieselben Substitutionen, wie im vorhergehenden Art., so erhält man als Endresultat (III)

$$t = \frac{rk\,\mathrm{tang}\,B\,.\sin T}{a}(1+\frac{5ee+(4ee-14e^4)\sin B^2+5e^4\sin B^4}{24k^4}\,.\,bb+\frac{k^4}{12aa\cos\varphi^2}\,.\,rr+\tfrac{1}{24}tt)$$

Die drei Formeln I, II, III enthalten im Wesentlichen die Auflösung unsrer Aufgabe. Dass sie bis zur dritten Ordnung einschliesslich genau sind, steht durch ihre Ableitung unmittelbar fest. Dass aber in der Wirklichkeit ihre Genauigkeit noch eine Ordnung weiter reicht, oder dass der Fehler jeder der Formeln von der fünften Ordnung ist, würde sich leicht durch einige ergänzende Zwischenentwicklungen, oder auch dadurch darthun lassen, dass in den Ausdrücken ihrer Natur nach keine Grössen gerader Ordnung Statt finden können: ich halte mich jedoch dabei nicht auf, da die *zweite* in den folgenden Artikeln (26—32) auszuführende Ableitung der Formeln dasselbe Resultat von selbst in sich begreift.

## 26.

Diese Untersuchung ist wie eine selbstständige von allem vorhergehenden unabhängige zu betrachten, und es sollen daher zur Bequemlichkeit und zur Verhütung von Ungewissheiten alle dabei zu verwendenden Bezeichnungen so wie sie auftreten erst erklärt werden. Meistens werden diejenigen Buchstaben, welche schon in der ersten Ableitung gebraucht sind, ihre dortige Bedeutung behalten, doch werden ein Paar derselben ($u$ und $s$), da sie dort bloss Hülfsgrössen vorstellen, die in den Resultaten nicht mehr erscheinen, hier ohne Übelstand zu anderm Zweck benutzt werden dürfen.

Durch die zwei Punkte der Ellipsoidfläche, auf welche die Aufgabe sich bezieht, werde eine geodaetische Linie, zunächst von unbestimmter Ausdehnung, geführt, und auf derselben ein beliebiger Anfangspunkt gewählt. Das Stück jener Linie von dem Anfangspunkte bis zu einem unbestimmten Punkte werde durch $u$ bezeichnet; der Winkel, welchen, an letzterm Punkte, die geodaetische Linie mit dem Meridian macht, jene in dem Sinne wachsender $u$, diesen von Norden nach Süden genommen, durch $X$; Breite und Länge des unbestimmten Punktes durch $Y$ und $Z$. Ich nehme an, dass die Längen von Westen nach Osten, die Azimuthe $X$ in dem Sinn von Süden nach Westen zu wachsen. Werden nun noch, wie immer bisher, halbe grosse Achse und Excentricität der erzeugenden Ellipse durch $a$ und $e$ bezeichnet, so hat man, aus bekannten Gründen

$$\frac{\mathrm{d}Y}{\mathrm{d}u} = -\frac{\cos X(1-ee\sin Y^2)^{\frac{3}{2}}}{(1-ee)a} \quad \ldots\ldots\ldots\ldots (1)$$

$$\frac{\mathrm{d}Z}{\mathrm{d}u} = -\frac{\sin X\,(1-ee\sin Y^2)^{\frac{1}{2}}}{a\cos Y} \quad \ldots\ldots\ldots\ldots (2)$$

Es ist ferner, nach einem bekannten Lehrsatze die Grösse

$$\frac{\sin X\cos Y}{\sqrt{(1-ee\sin Y^2)}}$$

für alle Punkte derselben geodaetischen Linie constant, und hieraus, wenn man logarithmisch differentiirt

$$\operatorname{cotang} X\,\mathrm{d}X = (\operatorname{tang} Y - \frac{ee\cos Y\sin Y}{1-ee\sin Y^2})\,\mathrm{d}Y = \frac{(1-ee)\operatorname{tang} Y}{1-ee\sin Y^2}\,.\,\mathrm{d}Y$$

folglich, aus der Verbindung mit (1),

$$\frac{\mathrm{d}X}{\mathrm{d}u} = -\frac{\sin X\operatorname{tang} Y(1-ee\sin Y^2)^{\frac{1}{2}}}{a} \quad \ldots\ldots\ldots\ldots (3)$$

Wir wollen jedoch unsere Aufgabe allgemeiner fassen, und

$$\frac{\mathrm{d}X}{\mathrm{d}u} = x, \quad \frac{\mathrm{d}Y}{\mathrm{d}u} = y, \quad \frac{\mathrm{d}Z}{\mathrm{d}u} = z$$

setzen, indem wir zunächst nur voraussetzen, dass $x, y, z$ irgendwelche gegebene Functionen der beiden Veränderlichen $X$ und $Y$ sind. Es entstehe ferner durch neue Differentiation

$$\begin{aligned} dx &= x'dX + x''dY \\ dy &= y'dX + y''dY \\ dz &= z'dX + z''dY \end{aligned}$$

und dann durch nochmalige Differentiation

$$\begin{aligned} dx' &= x'''dX + x''''dY, \qquad & dx'' &= x''''dX + x^{\text{v}}dY \\ dy' &= y'''dX + y''''dY, & dy'' &= y''''dX + y^{\text{v}}dY \\ dz' &= z'''dX + z''''dY, & dz'' &= z''''dX + z^{\text{v}}dY \end{aligned}$$

Es wird demnach, insofern $Z$, implicite, nur eine Function von $u$ ist,

$$\begin{aligned} \frac{dZ}{du} &= z \\ \frac{ddZ}{du^2} &= xz' + yz'' \\ \frac{d^3Z}{du^3} &= xx'z' + xy'z'' + x''yz' + yy''z'' + xxz''' + 2xyz'''' + yyz^{\text{v}} \end{aligned}$$

Die successiven Differentialquotienten von $X$ und $Y$ lassen sich auf dieselbe Art entwickeln, oder unmittelbar aus denen von $Z$ ableiten, wenn man nur darin für $z$ ohne und mit Accenten beziehungsweise $x$ und $y$ ebenso accentuirt substituirt.

27.

Es seien nun die *bestimmten* Werthe, welche die vier Grössen $u$, $X$, $Y$, $Z$ in den beiden Punkten annehmen, auf welche unsre Aufgabe sich bezieht, der Reihe nach,

für den ersten Punkt $R - \frac{1}{2}r$, $T + \frac{1}{2}t$, $B + \frac{1}{2}b$, $L + \frac{1}{2}l$
für den zweiten Punkt $R + \frac{1}{2}r$, $T - \frac{1}{2}t$, $B - \frac{1}{2}b$, $L - \frac{1}{2}l$

und eben so, für denjenigen Punkt der geodaetischen Linie, welcher zwischen jenen in der Mitte liegt, beziehungsweise $R$, T, B, L, wo demnach die Cursivtypen $T$, $B$, $L$ von den Antiqua T, B, L wohl unterschieden werden müssen.

Es mögen ferner die in der Gestalt von Functionen von $X$ und $Y$ erscheinenden achtzehn unbestimmten Grössen

$$\begin{matrix} x, & x', & x'', & x''', & x'''', & x^{\text{v}} \\ y, & y', & y'', & y''', & y'''', & y^{\text{v}} \\ z, & z', & z'', & z''', & z'''', & z^{\text{v}} \end{matrix}$$

durch die Substitution $X = T$, $Y = B$ die bestimmten Werthe

$$\begin{matrix} f, & f', & f'', & f''', & f'''', & f^{\text{v}} \\ g, & g', & g'', & g''', & g'''', & g^{\text{v}} \\ h, & h', & h'', & h''', & h'''', & h^{\text{v}} \end{matrix}$$

annehmen; hingegen durch die Substitution $X = \mathrm{T}$, $Y = \mathrm{B}$ folgende

$$\begin{matrix} \mathrm{f}, & \mathrm{f}', & \mathrm{f}'', & \mathrm{f}''', & \mathrm{f}'''', & \mathrm{f}^{\text{v}} \\ \mathrm{g}, & \mathrm{g}', & \mathrm{g}'', & \mathrm{g}''', & \mathrm{g}'''', & \mathrm{g}^{\text{v}} \\ \mathrm{h}, & \mathrm{h}', & \mathrm{h}'', & \mathrm{h}''', & \mathrm{h}'''', & \mathrm{h}^{\text{v}} \end{matrix}$$

Durch den TAYLORschen Lehrsatz wird der Werth von $Z$ für $u = R - \frac{1}{2}r$ in die Reihe

$$\mathrm{L} - \tfrac{1}{2}r \cdot \frac{\mathrm{d}Z}{\mathrm{d}u} + \tfrac{1}{8}rr \cdot \frac{\mathrm{dd}Z}{\mathrm{d}u^2} - \tfrac{1}{48}r^3 \cdot \frac{\mathrm{d}^3Z}{\mathrm{d}u^3} + \text{u.s w.}$$

entwickelt, und der für $u = R + \frac{1}{2}r$ in

$$\mathrm{L} + \tfrac{1}{2}r \cdot \frac{\mathrm{d}Z}{\mathrm{d}u} + \tfrac{1}{8}rr \cdot \frac{\mathrm{dd}Z}{\mathrm{d}u^2} + \tfrac{1}{48}r^3\, \frac{\mathrm{d}^3Z}{\mathrm{d}u^3} + \text{u.s.w.}$$

wo für die Differentialquotienten diejenigen bestimmten Werthe gesetzt werden müssen, welche dem Werthe $u = R$ entsprechen, also

$$\frac{\mathrm{d}Z}{\mathrm{d}u} = \mathrm{h}$$

$$\frac{\mathrm{dd}Z}{\mathrm{d}u^2} = \mathrm{fh}' + \mathrm{gh}''$$

$$\frac{\mathrm{d}^3Z}{\mathrm{d}u^3} = \mathrm{ff}'\mathrm{h}' + \mathrm{fg}'\mathrm{h}'' + \mathrm{f}''\mathrm{gh}' + \mathrm{gg}''\mathrm{h}'' + \mathrm{ffh}''' + 2\mathrm{fgh}'''' + \mathrm{ggh}^{\text{v}}$$

Da nun jene beiden Werthe von $Z$ beziehungsweise $= L + \frac{1}{2}l$ und $L - \frac{1}{2}l$ sind, so erhält man

$$L = \mathrm{L} + \tfrac{1}{8}(\mathrm{fh}' + \mathrm{gh}'')rr \quad \ldots \ldots \quad (4)$$

$$l = -\mathrm{h}r - \tfrac{1}{24}(\mathrm{ff}'\mathrm{h}' + \mathrm{fg}'\mathrm{h}'' + \mathrm{f}''\mathrm{gh}' + \mathrm{gg}''\mathrm{h}'' + \mathrm{ffh}''' + 2\mathrm{fgh}'''' + \mathrm{ggh}^{\text{v}})r^3 \quad \ldots \quad (5)$$

wo die erstere Gleichung bis auf Grössen der vierten, die andere bis auf Grössen der fünften Ordnung ausschl. genau ist*).

*) Die Bemessung der Ordnungen geschieht so, dass $\frac{r}{a}$ wie eine Grösse erster Ordnung betrachtet wird. Man erkennt leicht, dass die Coëfficienten von $r$, $rr$, $r^3$ u.s.w. die Divisoren $a$, $aa$, $a^3$ u.s.w. impliciren.

Wenn man erwägt, dass in der obigen Entwicklung in Beziehung auf $Z$ nichts weiter vorausgesetzt ist, als dass es eine von $u$ abhängige veränderliche Grösse ist, deren Differentialquotient $\frac{dZ}{du} = z$ durch irgend eine Function von $X$ und $Y$ ausgedrückt werde, so kann man die gefundenen Resultate auch unmittelbar auf jede andere in gleichem Falle sich befindende veränderliche Grösse. namentlich auf $X$ oder $Y$ selbst, übertragen, wenn man nur anstatt $L$, L, $l$, und der verschieden accentuirten h beziehungsweise $T$, T, $t$ und die verschiedenen f, oder $B$, B, $b$, und die verschiedenen g einschiebt. Zunächst gibt uns demnach die Gleichung (4), von welcher hier sonst kein directer Gebrauch gemacht wird, folgende beiden, gleichfalls bis zur vierten Ordnung ausschl. genauen:

$$T = \mathrm{T} + \tfrac{1}{8}(\mathrm{ff}' + \mathrm{f}''\mathrm{g})rr$$
$$B = \mathrm{B} + \tfrac{1}{8}(\mathrm{fg}' + \mathrm{gg}'')rr$$

Man schliesst hieraus zuvörderst, dass $h$ und h, als die Werthe von $z$, je nachdem man $T$ und $B$, oder T und B für $X$ und $Y$ substituirt, von einander um eine Grösse zweiter Ordnung verschieden sind, und zwar wird dieser Unterschied, bis auf die vierte Ordnung ausschl. genau, bestimmt durch die Formel

$$h = \mathrm{h} + \tfrac{1}{8}(\mathrm{ff}' + \mathrm{f}''\mathrm{g})rr.\left(\frac{\mathrm{d}z}{\mathrm{d}X}\right) + \tfrac{1}{8}(\mathrm{fg}' + \mathrm{gg}'')rr\left(\frac{\mathrm{d}z}{\mathrm{d}Y}\right)$$

wo für die partiellen Differentialquotienten $\left(\frac{\mathrm{d}z}{\mathrm{d}X}\right)$ und $\left(\frac{\mathrm{d}z}{\mathrm{d}Y}\right)$, oder $z'$, $z''$ ihre bestimmten Werthe bei $X = \mathrm{T}$, $Y = \mathrm{B}$ anzunehmen sind, nemlich h′ und h″. Es ist also, bis auf die vierte Ordnung genau,

$$\mathrm{h} = h - \tfrac{1}{8}(\mathrm{ff}'\mathrm{h}' + \mathrm{fg}'\mathrm{h}'' + \mathrm{f}''\mathrm{gh}' + \mathrm{gg}''\mathrm{h}'')rr$$

und vermöge der Substitution dieses Werths in der Gleichung (5) wird bis auf die fünfte Ordnung ausschl. genau

$$l = -hr + \tfrac{1}{24}(2\mathrm{ff}'\mathrm{h}' + 2\mathrm{fg}'\mathrm{h}'' + 2\mathrm{f}''\mathrm{gh}' + 2\mathrm{gg}''\mathrm{h}'' - \mathrm{ffh}''' - 2\mathrm{fgh}'''' - \mathrm{ggh}^{\mathrm{v}})r^3$$

Aus gleichen Gründen wie h von $h$, werden auch f, f′, f″ u. s. w. g, g′, g″ u. s. w. h′, h″ u. s. w. von $f$, $f'$, $f''$ u. s. w. $g$, $g'$. $g''$ u. s. w. $h'$, $h''$ u. s. w. beziehungsweise um Grössen zweiter Ordnung verschieden sein, und man kann daher in dem eben gegebenen Ausdruck für $l$ anstatt jener Grössen die letztern ohne Verminderung des Grades der Genauigkeit substituiren. Es ist also gleichfalls bis auf die fünfte Ordnung ausschl. genau

$$l = -hr + \tfrac{1}{24}(2ff'h' + 2f''gh' + 2fg'h'' + 2gg''h'' - ffh''' - 2fgh'''' - ggh^{V})r^3 \ldots (6)$$

Der obigen Bemerkung zufolge darf man nun auch in dieser Gleichung $l$ mit $t$ oder mit $b$ vertauschen, wenn man nur

anstatt $h,\ h',\ h'',\ h''',\ h'''',\ h^{V}$
im erstern Falle $f,\ f',\ f'',\ f''',\ f'''',\ f^{V}$
und im andern $g,\ g',\ g'',\ g''',\ g'''',\ g^{V}$

setzt, so dass man hat

$$t = -fr + \tfrac{1}{24}(2ff'f' + 2f'f''g + 2ff''g' + 2f''gg' - fff''' - 2ff''''g - f^{V}gg)r^3 \ldots (7)$$
$$b = -gr + \tfrac{1}{24}(2ff'g' + 2f''gg' + 2fg'g'' + 2gg''g' - ffg''' - 2fgg'''' - ggg^{V})r^3 \ldots (8)$$

28.

Die drei Formeln (6), (7), (8) enthalten bereits das Wesentliche zur Auflösung unsrer Aufgabe, so dass zu ihrer Vervollständigung nur noch eine mechanische Rechnung, nemlich die Entwicklung der Werthe der verschiedenen Differentialquotienten und deren Substitution übrig bleibt. Jene Entwicklung gibt, indem wir sofort anstatt der unbestimmten Werthe $x$, $x'$ u. s. w. $y$ u. s. w. die zu $X = T$, $Y = B$ gehörigen bestimmten $f, f'$ u. s. w., $g$ u. s. w. schreiben, und zur Abkürzung noch setzen

$$\cos B = c$$
$$\sin B = s$$
$$\sqrt{(1 - ee\sin B^2)} = k$$

folgende achtzehn Werthe:

$$f = -\frac{k\sin T}{ac}\cdot s$$
$$f' = -\frac{k\cos T}{ac}\cdot s$$
$$f'' = -\frac{\sin T}{akcc}\cdot(1 - 2eess + ees^4)$$
$$f''' = +\frac{k\sin T}{ac}\cdot s$$
$$f'''' = -\frac{\cos T}{akcc}\cdot(1 - 2eess + ees^4)$$
$$f^{V} = -\frac{\sin T}{ak^3c^3}\cdot((2 - 3ee)s + (ee + 2e^4)s^3 - (2ee + e^4)s^5 + e^4s^7)$$

$$g = -\frac{k^3 \cos T}{a(1-ee)}$$
$$g' = +\frac{k^3 \sin T}{a(1-ee)}$$
$$g'' = +\frac{3kee \cos T}{a(1-ee)} . cs$$
$$g''' = +\frac{k^3 \cos T}{a(1-ee)}$$
$$g'''' = -\frac{3kee \sin T}{a(1-ee)} . cs$$
$$g^{\mathrm{v}} = +\frac{3ee \cos T}{a(1-ee)k} . (1-(2+2ee)ss+3ees^4)$$
$$h = -\frac{k \sin T}{ac}$$
$$h' = -\frac{k \cos T}{ac}$$
$$h'' = -\frac{\sin T}{acck} . (1-ee)s$$
$$h''' = +\frac{k \sin T}{ac}$$
$$h'''' = -\frac{\cos T}{acck} . (1-ee)s$$
$$h^{\mathrm{v}} = -\frac{(1-ee)\sin T}{ac^3k^3} . (1+ss-2ees^4)$$

29.

Wir wollen nun die drei Gleichungen (7), (8), (6) in folgende Form setzen

$$t = -fr(1+Frr)$$
$$b = -gr(1+Grr)$$
$$l = -hr(1+Hrr)$$

wo

$$-fr = \frac{k \sin T . \operatorname{tang} B}{a} . r$$
$$-gr = \frac{k^3 \cos T}{a(1-ee)} . r$$
$$-hr = \frac{k \sin T}{a \cos B} . r$$

beziehungsweise die genäherten und bis auf die dritte Ordnung ausschl. genauen Werthe von $t$, $b$, $l$ sind, die zur Abkürzung mit $\tau$, $\beta$, $\lambda$ bezeichnet werden sollen. Jede der Grössen $F$, $G$, $H$ ist das Aggregat von sieben Theilen, nemlich

$$F = -\tfrac{1}{12}f'f' - \frac{f'f''g}{12f} - \tfrac{1}{12}f''g' - \frac{f''gg''}{12f} + \tfrac{1}{24}ff''' + \tfrac{1}{12}f''''g + \frac{f^{\mathrm{V}}gg}{24f}$$
$$G = -\frac{ff'g'}{12g} - \tfrac{1}{12}f''g' - \frac{fg'g''}{12g} - \tfrac{1}{12}g''g'' + \frac{ffg'''}{24g} + \tfrac{1}{12}fg'''' + \tfrac{1}{24}gg^{\mathrm{V}}$$
$$H = -\frac{ff'h'}{12h} - \frac{f''gh'}{12h} - \frac{fg'h''}{12h} - \frac{gg''h''}{12h} + \frac{ffh'''}{24h} + \frac{fgh''''}{12h} + \frac{ggh^{\mathrm{V}}}{24h}$$

## 30.

Die Werthe der sieben Bestandtheile von $F$ ergeben sich der Reihe nach

1) $-\dfrac{kk\cos T^2}{12aacc}.ss$

2) $-\dfrac{kk\cos T^2}{12aa(1-ee)cc}.(1-2eess+ees^4)$

3) $+\dfrac{kk\sin T^2}{12aa(1-ee)cc}.(1-2eess+ees^4)$

4) $+\dfrac{eekk\cos T^2}{4aa(1-ee)^2}.(1-2eess+ees^4)$

5) $-\dfrac{kk\sin T^2}{24aacc}.ss$

6) $+\dfrac{kk\cos T^2}{12aa(1-ee)cc}\,(1-2eess+ees^4)$

7) $+\dfrac{kk\cos T^2}{24aa(1-ee)^2cc}.(2-3ee+(ee+2e^4)ss-(2ee+e^4)s^4)$

Hier destruiren die Bestandtheile 2 und 6 einander; 1, 4 und 7 vereinigen sich zu

$$+\frac{kk\cos T^2}{24aa(1-ee)^2}.(2+3ee+(2ee-12e^4)ss+5e^4s^4)$$

die Bestandtheile 3 und 5 hingegen zu

$$+\frac{kk\sin T^2}{24aa(1-ee)cc}.(2-(1+3ee)ss+2ees^4)$$

oder, da $2-(1+3ee)ss+2ees^4$ identisch ist mit $2cckk+(1-ee)ss$, zu

$$+\frac{k^4\sin T^2}{12aa(1-ee)}+\frac{kk\sin T^2}{24aacc}.ss$$

Indem man nun noch $\dfrac{k^4\sin T^2}{12aa(1-ee)}$ in

$$\frac{k^4}{12aa(1-ee)}-\frac{k^4\sin T^2}{12aa(1-ee)}$$

verwandelt, und alles vereinigt, erhält man

$$F=\frac{k^4}{12aa(1-ee)}+\frac{kk\sin T^2\operatorname{tang}B^2}{24aa}+\frac{kk\cos T^2}{24aa(1-ee)^2}.(5ee+(4ee-14e^4)ss+5e^4s^4)$$

und hieraus, in Gemässheit von $t = \tau(1+Frr)$,

$$t = \tau\{1+\frac{k^4}{12aa(1-ee)}.rr+\tfrac{1}{24}\tau\tau+\frac{1}{24k^4}(5ee+(4ee-14e^4)ss+5e^4s^4)\sigma\sigma\}\,.\,.\quad(9)$$

31.

Für die sieben Bestandtheile von $G$ ergeben sich folgende Werthe:

$$1)\quad +\frac{kk\sin T^2}{12aacc}.ss$$

$$2)\quad +\frac{kk\sin T^2}{12aa(1-ee)cc}.(1-2eess+ees^4)$$

$$3)\quad -\frac{eekk\sin T^2}{4aa(1-ee)}.ss$$

$$4)\quad -\frac{3e^4kk\cos T^2}{4aa(1-ee)^2}.ccss$$

$$5)\quad -\frac{kk\sin T^2}{24aacc}.ss$$

$$6)\quad +\frac{eekk\sin T^2}{4aa(1-ee)}.ss$$

$$7)\quad -\frac{eekk\cos T^2}{8aa(1-ee)^2}.(1-(2+2ee)ss+3ees^4)$$

Hier destruiren die Theile 3 und 6 einander; die übrigen vereinigen sich, indem man einerseits 1, 2 und 5, andererseits 4 und 7 zusammenfasst, in

$$+\frac{kk\sin T^2}{24aa(1-ee)cc}.(2+(1-5ee)ss+2ees^4)$$
$$-\frac{eekk\cos T^2}{8aa(1-ee)^2}.(1-(2-4ee)ss-3ees^4)$$

Das erste Glied verwandelt sich, da $2+(1-5ee)ss+2ees^4$ mit $2cckk+3(1-ee)ss$ identisch ist, in

$$\frac{k^4\sin T^2}{12aa(1-ee)}+\frac{kk\sin T^2}{8aacc}.ss$$

Lösen wir hier $\frac{k^4\sin T^2}{12aa(1-ee)}$ in $\frac{k^4}{12aa(1-ee)}-\frac{kk\cos T^2}{12aa(1-ee)}.(1-eess)$ auf, so gibt die Vereinigung aller Theile

$$G = \frac{k^4}{12aa(1-ee)}+\frac{kk\sin T^2\operatorname{tang} B^2}{8aa}-\frac{kk\cos T^2}{24aa(1-ee)^2}.(2+ee-(8ee-14e^4)ss-9e^4s^4)$$

und hieraus, in Gemässheit von $b = \mathfrak{b}(1+Grr)$,

$$b = \mathfrak{b}\{1+\frac{k^4}{12aa(1-ee)}.rr+\tfrac{1}{8}\tau\tau-\frac{1}{24k^4}.(2+ee-(8ee-14e^4)ss-9e^4s^4)\sigma\sigma\}\,.\,.(10)$$

32.

Endlich ergeben sich die Werthe der sieben Bestandtheile von $H$ folgendermaassen:

$$1)\quad -\frac{kk\cos T'^2}{aacc}.ss$$
$$2)\quad -\frac{kk\cos T'^2}{12aa(1-ee)cc}.(1-2eess+ees^4)$$
$$3)\quad +\frac{kk\sin T'^2}{12aacc}.ss$$
$$4)\quad +\frac{eekk\cos T'^2}{4aa(1-ee)}.ss$$
$$5)\quad -\frac{kk\sin T'^2}{24aacc}.ss$$
$$6)\quad +\frac{kk\cos T'^2}{12aacc}.ss$$
$$7)\quad +\frac{kk\cos T'^2}{24aa(1-ee)cc}.(1+ss-2ees^4)$$

Die Glieder 1 und 6 destruiren einander; die übrigen ergeben durch ihre Vereinigung

$$H=\frac{kk\sin T'^2}{24aacc}.ss-\frac{kk\cos T'^2}{24aa(1-ee)}.(1-10eess)$$

woraus, in Gemässheit von $l=\lambda(1+Hrr)$ hervorgeht

$$l=\lambda(1+\tfrac{1}{24}\tau\tau-\frac{1-ee}{24k^4}.(1-10eess)\mathfrak{b}\mathfrak{b})\quad\ldots\ldots\quad(11)$$

Die Formeln 9, 10, 11, welche die Auflösung unsrer Aufgabe in sich fassen, unterscheiden sich von den Formeln III, II, I, (Artt. 25, 24, 23) bloss darin, dass jene innerhalb der Parenthesen da $\tau$ und $\mathfrak{b}$ haben, wo in diesen $t$ und $b$ steht, was, wie man leicht sieht, in den Endresultaten nur Unterschiede fünfter Ordnung hervorbringt: da nun jene, wie aus ihrer Ableitung erhellet, bis zur fünften Ordnung ausschl. genau sind, so ist bewiesen, dass auch die nach der ersten Methode gefundenen Formeln I, II, III (Art. 23—25) dieselbe Genauigkeit besitzen.

33.

Zur numerischen Berechnung wird man die Formeln 9, 10, 11 lieber in folgende logarithmische Form bringen, bei welcher offenbar der Grad der Genauigkeit unverändert bleibt; $M$ bezeichnet darin den Modulus des gewählten Logarithmensystems:

$$\log t = \log\tau + \frac{Mk^4}{12aa(1-ee)}.rr + \tfrac{1}{24}M\tau\tau + \frac{M}{24k^4}(5ee+(4ee-14e^4)ss+5e^4s^4)\sigma\sigma$$
$$\log b = \log\sigma + \frac{Mk^4}{12aa(1-ee)}.rr + \tfrac{1}{8}M\tau\tau - \frac{M}{24k^4}(2+ee-(8ee-14e^4)ss-9e^4s^4)\sigma\sigma$$
$$\log l = \log\lambda + \tfrac{1}{24}M\tau\tau - \frac{(1-ee)M}{24k^4}(1-10eess)\sigma\sigma$$

Da, wie man leicht sieht, in allen bisher entwickelten Formeln die Grössen $t$, $\tau$, $b$, $\sigma$, $l$, $\lambda$ als in Theilen des Halbmessers ausgedrückt angenommen sind, so wird man, wenn jene in Secunden ausgedrückt und dieselben Bezeichnungen für sie beibehalten werden sollen, den Formeln für $\tau$, $\sigma$, $\lambda$ (Art. 29) noch den Factor $\frac{1}{\rho}$ beifügen müssen; in den Gleichungen 9, 10, 11 hingegen, so wie in den daraus abgeleiteten logarithmischen, muss den Gliedern, die $\tau\tau$ oder $\sigma\sigma$ enthalten, noch der Factor $\rho\rho$ zugesetzt werden, wo $\rho$ (eben so wie oben Art. 16 und 19) die Grösse des Bogens von einer Secunde in Theilen des Halbmessers bedeutet. Behält man nun auch noch $\mu$ in der oben gebrauchten Bedeutung bei, nemlich

$$\mu = \tfrac{1}{12}M\rho\rho$$

und schreibt zur Abkürzung

$$(1) = \frac{k}{a\rho}$$
$$(2) = \frac{k^3}{a(1-ee)\rho}$$
$$(3) = \frac{Mk^4}{12aa(1-ee)}$$
$$(4) = \frac{\mu}{2k^4}(5ee+(4ee-14e^4)ss+5e^4s^4)$$
$$(5) = \frac{\mu}{2k^4}(2+ee-(8ee-14e^4)ss-9e^4s^4)$$
$$(6) = \frac{(1-ee)\mu}{2k^4}(1-10eess)$$
$$(7) = \tfrac{1}{2}\mu$$

so ist unsre Auflösung in folgenden sechs Formeln enthalten:

$$\tau = (1)r\sin T\operatorname{tang}B$$
$$\sigma = (2)r\cos T$$
$$\lambda = (1)r\sin T\sec B$$
$$\log t = \log\tau + (3)rr + (4)\sigma\sigma + (7)\tau\tau$$
$$\log b = \log\sigma + (3)rr - (5)\sigma\sigma + 3(7)\tau\tau$$
$$\log l = \log\lambda - (6)\sigma\sigma + (7)\tau\tau$$

34.

Von den sieben Coëfficienten (1), (2) u. s. w. ist der letzte constant, nemlich

$$\log\ (7) = 7{,}6287228032(-20)$$

und

$$\log 3\,(7) = 8{,}1058440580(-20)$$

die übrigen werden, sobald bestimmte Werthe für die Dimensionen des Ellipsoids gewählt sind, Functionen der Breite $B$, und lassen sich also in eine Tafel bringen, deren Argument $B$ ist. Steht eine solche Tafel zu Gebote, so ist die Rechnung nach dieser Methode für das Ellipsoid eben so bequem, wie die Rechnung für die Kugel.

Ich füge am Schlusse dieser Abhandlung eine solche Tafel für die Zone von $51^0$ bis $54^0$ bei, in welcher die Werthe von $B$ von Minute zu Minute fortschreiten, und bemerke dazu folgendes.

Von den Ellipsoidelementen ist die Tafel nur in so fern abhängig, als darin eine bestimmte Abplattung oder ein bestimmter Werth von $e$ zum Grunde gelegt ist, derjenige nemlich, welchen die letzte von Bessel ausgeführte Rechnung ergeben hat, und der auch der der ersten Abhandlung beigefügten Tafel zum Grunde liegt (s. Art. 5). Damit der Zahlenwerth von $a$ bloss von der Abplattung abhängig werde, ist als Einheit nicht die Toise oder ein sonstiges willkürliches Maass angenommen, sondern der zehnmillionste Theil des Erdmeridians, wonach also $a$ unmittelbar durch $e$ vermittelst der Gleichung

$$\pi a\left(1-\frac{1}{4}ee-\frac{1.3}{4.16}e^4-\frac{1.3.15}{4.16.36}e^6-\frac{1.3.15.35}{4.16.36.64}e^8-\frac{1.3.15.35.63}{4.16.36.64.100}e^{10}-\text{u. s. w.}\right)$$
$$= 20000000$$

deren Gesetz offenbar ist, gefunden werden kann, oder vermittelst der ihr gleichgeltenden

$$a = \frac{20000000}{\pi}\left(1+\frac{1}{4}ee+\frac{7}{64}e^4+\frac{15}{256}e^6+\frac{579}{16384}e^8+\frac{1515}{65536}e^{10}+\text{u. s. w.}\right)$$

Man findet so, mit jenem Werthe von $e$,

$$a = 6376851{,}447$$
$$\log a = 6{,}8046062999$$

Es versteht sich, dass bei Anwendung unsrer Tafel auch $r$ erst in derselben Einheit ausgedrückt sein muss; um dies zu erreichen, wird man (gemäss dem von

Bessel in Toisen angegebenen Werthe von $a$, Art. 5), wenn $r$ ursprünglich in Toisen ausgedrückt war, zu dem Logarithmen hinzuzusetzen haben

$$0{,}2897827662$$

oder, wenn $r$ ursprünglich in französischen gesetzlichen Metern gegeben war, wird von dem Logarithmen subtrahirt werden müssen

$$0{,}0000371638$$

Die Glieder, welche die Factoren (3), (4) u. s. w. enthalten, können als Correctionen betrachtet werden, durch welche die genäherten Logarithmen $\log\tau$, $\log\sigma$, $\log\lambda$ in die berichtigten $\log t$, $\log b$, $\log l$ verwandelt werden. Diese Correctionen sind in allen Fällen, für welche unsere Methode angewandt werden soll, nur sehr kleine Decimalbrüche, und da jene Logarithmen in der Regel siebenzifrig gerechnet werden, so ist es bequem, auch jene Correctionen sofort in Einheiten der siebenten Decimale ausgedrückt zu erhalten. Dies geschieht, indem man den Coëfficienten (3), (4) u. s. w. anstatt der im vorhergehenden Art. angegebenen Werthe zehnmillionenmal grössere beilegt, oder ihre Logarithmen um sieben Einheiten vergrössert. Auf diese Weise sind sie in unserer Tafel angesetzt, und so wird denn auch

$$\log\ (7) = 4{,}62872\ (-10)$$
$$\log 3(7) = 5{,}10584\ (-10)$$

gesetzt werden. Übrigens sind auch so noch (3), (4), (5), (6), eben so wie (1) und (2) ächte Brüche, oder ihre Logarithmen an sich negativ: in der Tafel stehen sie aber nach üblicher Art, indem sämmtlichen Logarithmen 10 Einheiten geborgt sind.

35.

Von der Benutzung unsrer Formeln zur Auflösung der zu Anfang dieser Abhandlung aufgestellten Aufgabe gilt nun alles, was oben (Art. 20) in Beziehung auf dieselbe Aufgabe für die Kugelfläche gesagt ist, fast unverändert und unter geringen Modificationen. Bezeichnet man die wirklich gegebenen Grössen, nemlich die Breite und das Azimuth an dem ersten Orte mit $B^0$ und $T^0$, so wird man zuerst, von einem genäherten Werthe von $T$ ausgehend (wofür man in Ermangelung aller andern Kenntniss $T^0$ annehmen mag), die vier Formeln berechnen

$$\begin{aligned} \mathfrak{b} &= (2) r \cos T \\ B &= B^0 - \tfrac{1}{2}\mathfrak{b} \\ \tau &= (1) r \sin T \operatorname{tang} B \\ T &= T^0 - \tfrac{1}{2}\tau \end{aligned}$$

und zwar wird man den Werth von (2), der aus der Tafel mit dem Argument $B$ entnommen werden sollte, das erstemal mit dem Argument $B^0$ entnehmen können, wenn man nicht durch Schätzung einen schon mehr genäherten Werth von $B$ anticipiren zu können glaubt; den Werth von (1) nimmt man aus der Tafel mit dem eben gefundenen Werthe von $B$.

Dieselbe Rechnung wiederholt man mit dem durch die vierte Gleichung gefundenen Werthe von $T$, indem man (1) und (2) mit dem schon verbesserten $B$ aus der Tafel entlehnt; und so macht man nöthigenfalls eine abermalige Wiederholung, bis das Resultat zum Stehen kommt, d. i. bis man durch die vierte Formel denselben Werth von $T$ wiedererhält, von dem man zuletzt ausgegangen war. Zu allen diesen Rechnungen wird man nur fünfzifrige Logarithmen verwenden.

Bei den weitern Wiederholungen wird man die Rechnung mit siebenzifrigen Logarithmen führen, die logarithmischen Correctionen von $\log\tau$ und $\log\mathfrak{b}$ mit zuziehen, und $B = B^0 - \frac{1}{2}b$, $T = T^0 - \frac{1}{2}t$ setzen. Erst wenn auch diese Rechnung stehende Resultate gegeben hat, wird man auch $\lambda$ und $l$ nach den am Schluss des 33. Art. gegebenen Formeln berechnen. Zur Erläuterung dieser Vorschriften mögen hier die Hauptmomente eines Beispiels stehen, welches eben so wie oben Art. 20 bei der sphärischen Rechnung von der Dreiecksseite Brocken-Inselsberg hergenommen ist.

Bei der ellipsoidischen Rechnung ist die Breite des Brockens

$$= 51^0\ 48'\ 1''\ 9294 = B^0$$

das Azimuth der Seite Brocken-Inselsberg

$$= 5^0\ 42'\ 21''\ 7699 = T^0$$

Der Logarithm der Dreiecksseite in Toisen ist bis auf die siebente Decimale derselbe wie in der conformen Darstellung auf der Kugelfläche, nemlich $= 4{,}7353929$, folglich in der unsrer Hülfstafel zum Grunde liegenden Einheit $\log r = 5{,}0251757$.

Wenn man, Behuf der ersten Annäherung, $T = 5^0\ 42'\ 22''$, und aus der Tafel mit Argument $51^0\ 48'$ den Logarithmen von $(2) = 8{,}51004$ setzt, so findet sich $\mathfrak{b} = 3412''$, $B = 51^0 19' 36''$; und, wenn man hiemit $\log(1) = 8{,}50893$ setzt, $\tau = 425$ und $T = 5^0\ 38'\ 49''$. Eine neue Rechnung mit diesem Werthe, wobei man (mit dem vorher gefundenen Werthe von $B$) $\log(2) = 8{,}51007$ setzt, ergibt

$$\mathfrak{b} = 3413'', \quad B = 51^0\ 19'\ 35'', \quad \tau = 420''\ 5, \quad T = 5^0\ 38'\ 51''\ 5$$

Mit dem gefundenen Werthe von $B$ entlehnt man aus der Tafel

$$\begin{aligned} \log(1) &= 8{,}5089337 \\ \log(2) &= 8{,}5100716 \\ \log(3) &= 1{,}94876 \\ \log(4) &= 3{,}32553 \\ \log(5) &= 4{,}92770 \\ \log(6) &= 4{,}61132 \end{aligned}$$

Mit $T = 5^0\ 38'\ 51''\ 5$ findet sich zuvörderst $\log \mathfrak{b} = 3{,}5331341$, oder $\mathfrak{b} = 3412''\ 983$, und indem man hier noch einmal $\mathfrak{b}$ anstatt $b$ anwendet, $B = 51^0\ 19'\ 35''\ 4379$. Hiemit ferner $\log\tau = 2{,}6238475$. Hiernächst findet man, in Einheiten der siebenten Decimale

$$\begin{aligned} (3)rr &= 99{,}80 \\ (4)\mathfrak{b}\mathfrak{b} &= 2{,}46 \\ (5)\mathfrak{b}\mathfrak{b} &= 98{,}62 \\ (6)\mathfrak{b}\mathfrak{b} &= 47{,}60 \\ 3(7)\tau\tau &= 2{,}26 \\ (7)\tau\tau &= 0{,}75 \end{aligned}$$

und hiemit die logarithmischen Correctionen

$$\begin{aligned} \text{von } \log\mathfrak{b} \ \ldots\ldots &\ +3 \\ \log\tau \ \ldots\ldots &\ +103 \\ \log\lambda \ \ldots\ldots &\ -47 \end{aligned}$$

Man hätte diese Rechnung auch schon mit den frühern Werthen von $\log\mathfrak{b}$ und $\log\tau$ machen können, ohne ein anderes Resultat zu erhalten; es würde dann sogleich mit $\log b = 3{,}5331344$ der Werth von $b = 3412''\ 985$, und $B = 51^0\ 19'\ 35''\ 4369$

sich ergeben haben. Auf $\log\tau$ hat dies keinen ändernden Einfluss; wir haben mithin $\log t = 2{,}6238578$, $t = 420''\,5889$, $T = 5^0\,38'\,51''\,4755$. Wollte man mit diesem Werthe von $T$ die Rechnung noch einmal durchgehen, so würde $B$ keine Änderung erleiden; für $\log\tau$ würde man finden $2{,}6238470$, also $\log t = 2{,}6238573$, $t = 420''\,5884$, mithin $T = 5^0\,38'\,51''\,4757$. Eine nochmalige Rechnung mit diesem Werthe würde gar keine Änderung hervorbringen, und offenbar hätte man auch bei dem vorhergehenden Resultate schon stehen bleiben können, da bei der Anwendung siebenzifriger Logarithmen die vierte Decimale der Secunde um eine oder einige Einheiten schwankend bleiben kann. Das Endresultat ist also

$$\text{Breite von Inselsberg} = B^0 - b = 50^0\,51'\,8''\,9444$$
$$\text{Azimuth der Seite Inselsberg-Brocken} = 180^0 + T^0 - t$$
$$= 185^0\,35'\,21''\,1815$$

Endlich findet sich für den Längenunterschied

$$\log\lambda = 2{,}7313519$$
$$\log l = 2{,}7313472$$
$$l = 538''\,7002 = 0^0\,8'\,58''\,7002$$

Es ist übrigens nicht nöthig, hier die am Schluss des Art. 20 gemachten Bemerkungen zu wiederholen, welche auch hier ihre vollkommene Geltung behalten.

# T A F E L.

| B | log(1) | log(2) | log(3) | log(4) | log(5) | log(6) |
|---|---|---|---|---|---|---|
| 51° 0′ | 8.5089417 | 8.5100959 | 1.94879 | 3.32421 | 4.92773 | 4.61145 |
| 1 | 13 | 47 | 79 | 27 | 73 | 45 |
| 2 | 09 | 34 | 79. | 34 | 73 | 44 |
| 3 | 05 | 22 | 79 | 41 | 72 | 43 |
| 4 | 8.5089401 | 8.5100909 | 78 | 48 | 72 | 43 |
| 5 | 8.5089397 | 8.5100897 | 78 | 55 | 72 | 42 |
| 6 | 93 | 85 | 78 | 61 | 72 | 41 |
| 7 | 88 | 72 | 78 | 68 | 72 | 41 |
| 8 | 84 | 60 | 78 | 75 | 72 | 40 |
| 9 | 80 | 47 | 78 | 82 | 71 | 39 |
| 10 | 8.5089376 | 8.5100835 | 1.94877 | 3.32488 | 4.92771 | 4.61138 |
| 11 | 72 | 23 | 77 | 3.32495 | 71 | 38 |
| 12 | 68 | 8.5100810 | 77 | 3.32502 | 71 | 37 |
| 13 | 64 | 8.5100798 | 77 | 09 | 71 | 36 |
| 14 | 59 | 85 | 77 | 15 | 71 | 36 |
| 15 | 55 | 73 | 77 | 22 | 70 | 35 |
| 16 | 51 | 61 | 76 | 29 | 70 | 34 |
| 17 | 47 | 48 | 76 | 36 | 70 | 34 |
| 18 | 43 | 36 | 76 | 42 | 70 | 33 |
| 19 | 39 | 23 | 76 | 49 | 70 | 32 |
| 20 | 8.5089335 | 8.5100711 | 1.94876 | 3.32556 | 4.92770 | 4.61132 |
| 21 | 31 | 8.5100699 | 76 | 63 | 69 | 31 |
| 22 | 26 | 86 | 75 | 69 | 69 | 30 |
| 23 | 22 | 74 | 75 | 76 | 69 | 29 |
| 24 | 18 | 61 | 75 | 83 | 69 | 29 |
| 25 | 14 | 49 | 75 | 90 | 69 | 28 |
| 26 | 10 | 37 | 75 | 3.32596 | 69 | 27 |
| 27 | 06 | 24 | 75 | 3.32603 | 68 | 27 |
| 28 | 8.5089302 | 12 | 74 | 10 | 68 | 26 |
| 29 | 8.5089298 | 8.5100600 | 74 | 17 | 68 | 25 |
| 30 | 8.5089293 | 8.5100587 | 1.94874 | 3.32623 | 4.92768 | 4.61125 |
| 31 | 89 | 75 | 74 | 30 | 68 | 24 |
| 32 | 85 | 62 | 74 | 37 | 68. | 23 |
| 33 | 81 | 50 | 74 | 44 | 67 | 23 |
| 34 | 77 | 38 | 73 | 50 | 67 | 22 |
| 35 | 73 | 25 | 73 | 57 | 67 | 21 |
| 36 | 69 | 13 | 73 | 64 | 67 | 20 |
| 37 | 65 | 8.5100501 | 72 | 70 | 67 | 20 |
| 38 | 60 | 8.5100488 | 73 | 77 | 67 | 19 |
| 39 | 56 | 76 | 73 | 84 | 66 | 18 |
| 40 | 8.5089252 | 8.5100463 | 1.94872 | 3.32691 | 4.92766 | 4.61118 |
| 41 | 48 | 51 | 72 | 3.32697 | 66 | 17 |
| 42 | 44 | 39 | 72 | 3.32704 | 66 | 16 |
| 43 | 40 | 26 | 72 | 11 | 66 | 16 |
| 44 | 36 | 14 | 72 | 17 | 66 | 15 |
| 45 | 32 | 0.5100402 | 72 | 24 | 65 | 14 |
| 46 | 27 | 8.5100389 | 71 | 31 | 65 | 14 |
| 47 | 23 | 77 | 71 | 37 | 65 | 13 |
| 48 | 19 | 65 | 71 | 44 | 65 | 12 |
| 49 | 15 | 52 | 71 | 51 | 65 | 11 |
| 50 | 8.5089211 | 8.5100340 | 1.94871 | 3.32757 | 4.92765 | 4.61111 |

| $B$ | log (1) | log (2) | log (3) | log (4) | log (5) | log (6) |
|---|---|---|---|---|---|---|
| 51° 50′ | 8.5089211 | 8.5100340 | 1.94871 | 3.32757 | 4.92765 | 4.61111 |
| 51 | 07 | 28 | 71 | 64 | 64 | 10 |
| 52 | 8.5089203 | 15 | 70 | 71 | 64 | 09 |
| 53 | 8.5089199 | 8.5100303 | 70 | 78 | 64 | 09 |
| 54 | 95 | 8.5100291 | 70 | 84 | 64 | 08 |
| 55 | 90 | 78 | 70 | 91 | 64 | 07 |
| 56 | 86 | 66 | 70 | 3.32798 | 64 | 07 |
| 57 | 82 | 54 | 70 | 3.32804 | 63 | 06 |
| 58 | 78 | 41 | 69 | 11 | 63 | 05 |
| 59 | 74 | 29 | 69 | 18 | 63 | 05 |
| 52 0 | 8.5089170 | 8.5100217 | 1.94869 | 3.32824 | 4.92763 | 4.61104 |
| 1 | 66 | 8.5100204 | 69 | 31 | 63 | 03 |
| 2 | 62 | 8.5100192 | 69 | 38 | 63 | 02 |
| 3 | 58 | 80 | 69 | 44 | 62 | 02 |
| 4 | 53 | 67 | 68 | 51 | 62 | 01 |
| 5 | 49 | 55 | 68 | 58 | 62 | 00 |
| 6 | 45 | 43 | 68 | 64 | 62 | 4.61100 |
| 7 | 41 | 30 | 68 | 71 | 62 | 4.61099 |
| 8 | 37 | 18 | 68 | 78 | 62 | 98 |
| 9 | 33 | 8.5100106 | 68 | 84 | 61 | 98 |
| 10 | 8.5089129 | 8.5100094 | 1.94868 | 3.32891 | 4.92761 | 4.61097 |
| 11 | 25 | 81 | 67 | 3.32898 | 61 | 96 |
| 12 | 21 | 69 | 67 | 3.32904 | 61 | 96 |
| 13 | 17 | 57 | 67 | 11 | 61 | 95 |
| 14 | 12 | 44 | 67 | 17 | 61 | 94 |
| 15 | 08 | 32 | 67 | 24 | 60 | 94 |
| 16 | 04 | 20 | 67 | 31 | 60 | 93 |
| 17 | 8.5089100 | 8.5100007 | 66 | 37 | 60 | 92 |
| 18 | 8.5089096 | 8.5099995 | 66 | 44 | 60 | 91 |
| 19 | 92 | 83 | 66 | 51 | 60 | 91 |
| 20 | 8.5089088 | 8.5099971 | 1.94866 | 3.32957 | 4.92760 | 4.61090 |
| 21 | 84 | 58 | 66 | 64 | 59 | 89 |
| 22 | 80 | 46 | 66 | 71 | 59 | 89 |
| 23 | 76 | 34 | 65 | 77 | 59 | 88 |
| 24 | 71 | 21 | 65 | 84 | 59 | 87 |
| 25 | 67 | 8.5099909 | 65 | 90 | 59 | 87 |
| 26 | 63 | 8.5099897 | 65 | 3.32997 | 59 | 86 |
| 27 | 59 | 85 | 65 | 3.33004 | 58 | 85 |
| 28 | 55 | 72 | 65 | 10 | 58 | 85 |
| 29 | 51 | 60 | 64 | 17 | 58 | 84 |
| 30 | 8.5089047 | 8.5099848 | 1.94864 | 3.33024 | 4.92758 | 4.61083 |
| 31 | 43 | 36 | 64 | 30 | 58 | 83 |
| 32 | 39 | 23 | 64 | 37 | 58 | 82 |
| 33 | 35 | 8.5099811 | 64 | 43 | 57 | 81 |
| 34 | 31 | 8.5099799 | 64 | 50 | 57 | 80 |
| 35 | 27 | 86 | 63 | 57 | 57 | 80 |
| 36 | 22 | 74 | 63 | 63 | 57 | 79 |
| 37 | 18 | 62 | 63 | 70 | 57 | 78 |
| 38 | 14 | 50 | 63 | 76 | 57 | 78 |
| 39 | 10 | 37 | 63 | 83 | 56 | 77 |
| 40 | 8.5089006 | 8.5099725 | 1.94863 | 3.33090 | 4.92756 | 4.61076 |

| B | log (1) | log (2) | log (3) | log (4) | log (5) | log (6) |
|---|---|---|---|---|---|---|
| 52° 40′ | 8.5089006 | 8.5099725 | 1.94863 | 3.33090 | 4.92756 | 4.61076 |
| 41 | 8.5089002 | 13 | 62 | 3.33096 | 56 | 76 |
| 42 | 8.5088998 | 8.5099701 | 62 | 3.33103 | 56 | 75 |
| 43 | 94 | 8.5099688 | 62 | 09 | 56 | 74 |
| 44 | 90 | 76 | 62 | 16 | 56 | 74 |
| 45 | 86 | 64 | 62 | 22 | 55 | 73 |
| 46 | 82 | 52 | 62 | 29 | 55 | 72 |
| 47 | 78 | 40 | 61 | 36 | 55 | 72 |
| 48 | 73 | 27 | 61 | 42 | 55 | 71 |
| 49 | 69 | 15 | 61 | 49 | 55 | 70 |
| 50 | 8.5088965 | 8.5099603 | 1.94861 | 3.33155 | 4.92755 | 4.61070 |
| 51 | 61 | 8.5099591 | 61 | 62 | 54 | 69 |
| 52 | 57 | 78 | 61 | 69 | 54 | 68 |
| 53 | 53 | 66 | 60 | 75 | 54 | 67 |
| 54 | 49 | 54 | 60 | 82 | 54 | 67 |
| 55 | 45 | 42 | 60 | 88 | 54 | 66 |
| 56 | 41 | 29 | 60 | 3.33195 | 54 | 65 |
| 57 | 37 | 17 | 60 | 3.33201 | 53 | 65 |
| 58 | 33 | 8.5099505 | 60 | 08 | 53 | 64 |
| 59 | 29 | 8.5099493 | 59 | 14 | 53 | 63 |
| 53 0 | 8.5088925 | 8.5099481 | 1.94859 | 3.33221 | 4.92753 | 4.61063 |
| 1 | 20 | 68 | 59 | 28 | 53 | 62 |
| 2 | 16 | 56 | 59 | 34 | 53 | 61 |
| 3 | 12 | 44 | 59 | 41 | 52 | 61 |
| 4 | 08 | 32 | 59 | 47 | 52 | 60 |
| 5 | 04 | 20 | 59 | 54 | 52 | 59 |
| 6 | 8.5088900 | 8.5099407 | 58 | 60 | 52 | 59 |
| 7 | 8.5088896 | 8.5099395 | 58 | 67 | 52 | 58 |
| 8 | 92 | 83 | 58 | 73 | 52 | 57 |
| 9 | 88 | 71 | 58 | 80 | 51 | 57 |
| 10 | 8.5088884 | 8.5099359 | 1.94858 | 3.33286 | 4.92751 | 4.61056 |
| 11 | 80 | 46 | 58 | 93 | 51 | 55 |
| 12 | 76 | 34 | 57 | 3.33299 | 51 | 54 |
| 13 | 72 | 22 | 57 | 3.33306 | 51 | 54 |
| 14 | 68 | 8.5099310 | 57 | 13 | 51 | 53 |
| 15 | 64 | 8.5099298 | 57 | 19 | 51 | 52 |
| 16 | 60 | 86 | 57 | 26 | 50 | 52 |
| 17 | 55 | 73 | 57 | 32 | 50 | 51 |
| 18 | 51 | 61 | 56 | 39 | 50 | 50 |
| 19 | 47 | 49 | 56 | 45 | 50 | 50 |
| 20 | 8.5088843 | 8.5099237 | 1.94856 | 3.33352 | 4.92750 | 4.61049 |
| 21 | 39 | 25 | 56 | 58 | 50 | 48 |
| 22 | 35 | 13 | 56 | 65 | 49 | 48 |
| 23 | 31 | 8.5099200 | 56 | 71 | 49 | 47 |
| 24 | 27 | 8.5099188 | 55 | 78 | 49 | 46 |
| 25 | 23 | 76 | 55 | 84 | 49 | 46 |
| 26 | 19 | 64 | 55 | 91 | 49 | 45 |
| 27 | 15 | 52 | 55 | 3.33397 | 49 | 44 |
| 28 | 11 | 40 | 55 | 3.33404 | 48 | 44 |
| 29 | 07 | 07 | 55 | 10 | 48 | 43 |
| 30 | 8.5088803 | 8.5099115 | 1.94854 | 3.33417 | 4.92748 | 4.61042 |

| $B$ | log(1) | log(2) | log(3) | log(4) | log(5) | log(6) |
|---|---|---|---|---|---|---|
| 53° 30′ | 8.5088803 | 8.5099115 | 1.94854 | 3.33417 | 4.92748 | 4.61042 |
| 31 | 8.5088799 | 8.5099103 | 54 | 23 | 48 | 42 |
| 32 | 95 | 8.5099091 | 54 | 30 | 48 | 41 |
| 33 | 91 | 79 | 54 | 36 | 48 | 40 |
| 34 | 87 | 67 | 54 | 43 | 47 | 39 |
| 35 | 83 | 55 | 54 | 49 | 47 | 39 |
| 36 | 78 | 42 | 53 | 56 | 47 | 38 |
| 37 | 74 | 30 | 53 | 62 | 47 | 37 |
| 38 | 70 | 18 | 53 | 69 | 47 | 37 |
| 39 | 66 | 8.5099006 | 53 | 75 | 47 | 36 |
| 40 | 8.5088762 | 8.5098994 | 1.94853 | 3.33481 | 4.92746 | 4.61035 |
| 41 | 58 | 82 | 53 | 88 | 46 | 35 |
| 42 | 54 | 70 | 53 | 3.33494 | 46 | 34 |
| 43 | 50 | 58 | 52 | 3.33501 | 46 | 33 |
| 44 | 46 | 45 | 52 | 07 | 46 | 33 |
| 45 | 42 | 33 | 52 | 14 | 46 | 32 |
| 46 | 38 | 21 | 52 | 20 | 45 | 31 |
| 47 | 34 | 8.5098909 | 52 | 27 | 45 | 31 |
| 48 | 30 | 8.5098897 | 52 | 33 | 45 | 30 |
| 49 | 26 | 85 | 51 | 40 | 45 | 29 |
| 50 | 8.5088722 | 8.5098873 | 1.94851 | 3.33546 | 4.92745 | 4.61029 |
| 51 | 18 | 61 | 51 | 53 | 45 | 28 |
| 52 | 14 | 49 | 51 | 59 | 44 | 27 |
| 53 | 10 | 36 | 51 | 65 | 44 | 27 |
| 54 | 06 | 24 | 51 | 72 | 44 | 26 |
| 55 | 8.5088702 | 12 | 50 | 78 | 44 | 25 |
| 56 | 8.5088698 | 8.5098800 | 50 | 85 | 44 | 25 |
| 57 | 94 | 8.5098788 | 50 | 91 | 44 | 24 |
| 58 | 90 | 76 | 50 | 3.33598 | 43 | 23 |
| 59 | 86 | 64 | 50 | 3.33604 | 43 | 23 |
| 54° 0 | 8.5088682 | 8.5098752 | 1.94850 | 3.33611 | 4.92743 | 4.61022 |

# ANZEIGEN.

Göttingische gelehrte Anzeigen. 1827 November 5.

Am 8. October überreichte Hr. Hofr. GAUSS der Königl. Societät eine Vorlesung:

*Disquisitiones generales circa superficies curvas.*

Obgleich die Geometer sich viel mit allgemeinen Untersuchungen über die krummen Flächen beschäftigt haben, und ihre Resultate einen bedeutenden Theil des Gebiets der höhern Geometrie ausmachen, so ist doch dieser Gegenstand noch so weit davon entfernt, erschöpft zu sein, dass man vielmehr behaupten kann, es sei bisher nur erst ein kleiner Theil eines höchst fruchtbaren Feldes angebauet. Der Verf. hat schon vor einigen Jahren durch die Auflösung der Aufgabe, alle Darstellungen einer gegebenen Fläche auf einer andern zu finden, bei welchen die kleinsten Theile ähnlich bleiben, dieser Lehre eine neue Seite abzugewinnen gesucht: der Zweck der gegenwärtigen Abhandlung ist, abermals andere neue Gesichtspunkte zu eröffnen, und einen Theil der neuen Wahrheiten, die dadurch zugänglich werden, zu entwickeln. Wir werden davon hier anzeigen, was ohne zu grosse Weitläuftigkeit verständlich gemacht werden kann, müssen aber dabei im Voraus bemerken, dass sowohl die neuen Begriffsbildungen, als die Theoreme, wenn die grösste Allgemeinheit umfasst werden soll, zum Theil noch einiger Beschränkungen oder nähern Bestimmungen bedürfen, welche hier übergangen werden müssen.

Bei Untersuchungen, wo eine Mannigfaltigkeit von Richtungen gerader Linien im Raume ins Spiel kommt, ist es vortheilhaft, diese Richtungen durch diejenigen Punkte auf der Oberfläche einer festen Kugel zu bezeichnen, welche die Endpunkte der mit jenen parallel gezogenen Radien sind: Mittelpunkt und Halbmesser dieser *Hülfskugel* sind hierbei ganz willkürlich; für letztern mag die Lineareinheit gewählt werden. Diess Verfahren kommt im Grunde mit demjenigen überein, welches in der Astronomie in stetem Gebrauch ist, wo man alle Richtungen auf eine fingirte Himmelskugel von unendlich grosem Halbmesser bezieht. Die sphärische Trigonometrie, und einige andere Lehrsätze, welchen der Verf. noch einen neuen von häufiger Anwendbarkeit beigefügt hat, dienen dann zur Auflösung der Aufgaben, welche die Vergleichung der verschiedenen vorkommenden Richtungen darbieten kann.

Wenn man die Richtung der an jedem Punkt einer krummen Fläche auf diese errichteten Normale durch den nach dem angedeuteten Verfahren entsprechenden Punkt der Kugelfläche bezeichnet, also jedem Punkt der krummen Fläche in dieser Beziehung einen Punkt der Oberfläche der Hülfskugel entsprechen lässt, so wird, allgemein zu reden, jeder Linie auf der krummen Fläche eine Linie auf der Oberfläche der Hülfskugel, und jedem Flächenstück von jener ein Flächenstück von dieser entsprechen. Je geringer die Abweichung jenes Stücks von der Ebene ist, desto kleiner wird der entsprechende Theil der Kugelfläche sein, und es ist mithin ein sehr natürlicher Gedanke zum Maassstabe der Totalkrümmung, welche einem Stück der krummen Fläche beizulegen ist, den Inhalt des entsprechenden Stücks der Kugelfläche zu gebrauchen. Der Verf. nennt daher diesen Inhalt die *ganze Krümmung* des entsprechenden Stücks der krummen Fläche. Ausser der Grösse kommt aber zugleich noch die *Lage* der Theile in Betracht, die, ganz abgesehen von dem Grössenverhältniss, in den beiden Stücken entweder eine ähnliche, oder eine verkehrte sein kann: diese beiden Fälle werden durch das der Totalkrümmung vorzusetzende positive oder negative Zeichen unterschieden werden können. Diese Unterscheidung hat jedoch nur insofern eine bestimmte Bedeutung, als die Figuren auf bestimmten Seiten der beiden Flächen gedacht werden: der Verf. nimmt sie bei der Kugelfläche auf der äussern und bei der krummen Fläche auf derjenigen Seite, wo man sich die Normale errichtet denkt, und es folgt dann, dass das positive Zeichen bei convex-convexen oder concav-concaven Flächen (die nicht wesentlich verschieden sind), und das negative bei concav-convexen Statt hat. Wenn das in Rede stehende Stück der krummen Fläche in dieser Beziehung aus Theilen ungleicher Art besteht, so werden noch nähere Bestimmungen nothwendig, die hier übergangen werden müssen.

Die Vergleichung des Inhalts zweier einander correspondirender Stücke der krummen Fläche und der Oberfläche der Hülfskugel führt nun (auf dieselbe Art wie z. B. aus der Vergleichung von Volumen und Masse der Begriff von Dichtigkeit hervorgeht) zu einem neuen Begriffe. Der Verf. nennt nämlich *Krümmungsmaass* in einem Punkt der krummen Fläche den Werth des Bruches, dessen Nenner der Inhalt eines unendlich kleinen Stücks der krummen Fläche in diesem Punkt, und der Zähler der Inhalt des entsprechenden Stücks der Fläche der Hülfskugel, oder die ganze Krümmung jenes Elements ist. Man sieht, dass, in dem Sinn des Verf., ganze Krümmung und Krümmungsmaass bei krummen Flächen dem analog ist, was bei krummen Linien resp. Amplitudo und schlechthin Krümmung genannt wird; er fand Bedenken, die letztern mehr durch Gewohnheit als wegen Angemessenheit recipirten Ausdrücke auf die krummen Flächen zu übertragen. Uebrigens liegt weniger an den Benennungen selbst, als daran, dass ihre Einführung durch prägnante Sätze gerechtfertigt wird.

Die Auflösung der Aufgabe, das Krümmungsmaass in jedem Punkt einer krummen Fläche zu finden, erscheint in verschiedener Gestalt, nach Maassgabe der Art, wie die Natur der krummen Fläche gegeben ist. Die einfachste Art ist, indem die Punkte im Raum allgemein durch drei rechtwinklige Coordinaten $x, y, z$ unterschieden werden, eine Coordinate als Function der beiden andern darzustellen: dabei erhält man den einfachsten Ausdruck für das Krümmungsmaass. Zugleich ergibt sich aber ein merkwürdiger Zusammenhang zwischen diesem Krümmungsmaass und den Krümmungen derjenigen Curven, die durch den Schnitt der krummen Fläche mit Ebenen senkrecht auf dieselbe, hervorgehen. Bekanntlich hat EULER zuerst gezeigt, dass zwei dieser schneidenden Ebenen, die einander gleichfalls unter einem rechten Winkel schneiden, die Eigenschaft haben, dass in der einen der grösste, in der andern der kleinste Krümmungshalbmesser Statt findet, oder richtiger, dass in ihnen die beiden äussersten Krümmungen vorkommen. Hier ergibt sich nun aus dem erwähnten Ausdruck für das Krümmungsmaass, dass dieses einem Bruche gleich wird, dessen Zähler die Einheit, der Nenner das Product der beiden äussersten Krümmungshalbmesser wird. — Weniger einfach wird der Ausdruck für das Krümmungsmaas, wenn die Natur der krummen Fläche durch eine Gleichung zwischen $x, y, z$, bestimmt ist, und noch zusammengesetzter wird jener, wenn die Natur der krummen Fläche dadurch gegeben ist, dass $x, y, z$ in der Gestalt von Functionen zweier neuen veränderlichen Grössen $p, q$ dargestellt sind. Im letzten Fall enthält der Ausdruck funfzehn Elemente, nemlich die partiellen Differentialquotienten der ersten und zweiten Ordnung von $x, y, z$ nach $p$ und $q$: allein er ist weniger wichtig an sich, als weil er den Übergang zu einem andern bahnt, der zu den merkwürdigsten Sätzen in dieser Lehre gerechnet werden muss. Bei jener Art, die Natur der krummen Fläche darzustellen, hat der allgemeine Ausdruck für irgend ein Linearelement auf derselben,

oder für $\sqrt{(\mathrm{d}x^2+\mathrm{d}y^2+\mathrm{d}z^2)}$, die Form $\sqrt{(E\mathrm{d}x^2+2F\mathrm{d}x.\mathrm{d}y+G\mathrm{d}y^2)}$

wo $E, F, G$ wiederum Functionen von $p$ und $q$ werden, der erwähnte neue Ausdruck für das Krümmungsmaass enthält nun bloss diese Grössen, und ihre partiellen Differentialquotienten der ersten und zweiten Ordnung. Man sieht also, dass zur Bestimmung des Krümmungsmaasses bloss die Kenntniss des allgemeinen Ausdrucks eines Linearelements erforderlich ist, ohne dass es der Ausdrücke für die Coordinaten $x, y, z$ selbst bedarf. Eine unmittelbare Folge davon ist der merkwürdige Lehrsatz: Wenn eine krumme Fläche, oder ein Stück derselben auf eine andere Fläche abgewickelt werden kann, so bleibt nach der Abwickelung das Krümmungsmaass in jedem Punkt ungeändert. Als specieller Fall folgt hieraus ferner: In einer krummen Fläche, die in eine Ebene abgewickelt werden kann, ist das Krümmungsmaass überall $= 0$. Man leitet daraus sofort die characteristische Gleichung der in eine Ebene abwickelungsfähigen Flächen ab, nemlich, in so fern $z$ als Function von $x$ und $y$ betrachtet wird,

$$\frac{\mathrm{dd}z}{\mathrm{d}x^2}\cdot\frac{\mathrm{dd}z}{\mathrm{d}y^2}-\left(\frac{\mathrm{dd}z}{\mathrm{d}x.\mathrm{d}y}\right)^2=0$$

eine Gleichung, die zwar längst bekannt, aber nach des Verf. Urtheil bisher nicht mit der erforderlichen Strenge bewiesen war.

Diese Sätze führen dahin, die Theorie der krummen Flächen aus einem neuen Gesichtspunkte zu betrachten, wo sich der Untersuchung ein weites noch ganz unangebautes Feld öffnet. Wenn man die Flächen nicht als Grenzen von Körpern, sondern als Körper, deren eine Dimension verschwindet, und zugleich als biegsam, aber nicht als dehnbar betrachtet, so begreift man, dass zweierlei wesentlich verschiedene Relationen zu unterscheiden sind, theils nemlich solche, die eine bestimmte Form der Fläche im Raume voraussetzen, theils solche, welche von den verschiedenen Formen, die die Fläche annehmen kann, unabhängig sind. Die letztern sind es, wovon hier die Rede ist: nach dem was vorhin bemerkt ist, gehört dazu das Krümmungsmaass; man sieht aber leicht, dass eben dahin die Betrachtung der auf der Fläche construirten Figuren, ihrer Winkel, ihres Flächeninhalts und ihrer Totalkrümmung, die Verbindung der Punkte durch kürzeste Linien u. dgl. gehört. Alle solche Untersuchungen müssen davon ausgehen, dass die Natur der krummen Fläche an sich durch den Ausdruck eines unbestimmten Linearelements in der Form $\sqrt{(E\mathrm{d}p^2 + 2F\mathrm{d}p.\mathrm{d}q + G\mathrm{d}q^2)}$ gegeben ist. Der Verf. hat gegenwärtiger Abhandlung einen Theil seiner seit mehreren Jahren auf diesem Felde angestellten Untersuchuneen einverleibt, indem er sich auf solche einschränkte, die von dem ersten Eintritt nicht zu entfernt liegen und zum Theil als allgemeine Hülfsmittel zu vielfachen weitern Untersuchungen dienen können. Bei unsrer Anzeige müssen wir uns noch mehr beschränken, und uns begnügen, nur einiges als Probe anzuführen. Als solche mögen folgende Lehrsätze dienen.

Wenn auf einer krummen Fläche von Einem Anfangspunkte ein System unendlich vieler kürzester Linien von gleicher Länge ausläuft, so schneidet die durch ihre Endpunkte gehende Linie jede derselben unter rechten Winkeln. Wenn an jedem Punkte einer beliebigen Linie auf einer krummen Fläche kürzeste Linien von gleicher Länge senkrecht gegen jene Linie gezogen sind, so sind diese alle auch senkrecht gegen diejenige Linie, welche ihre andern Endpunkte verbindet. Diese beiden Lehrsätze, wovon der zweite als eine Generalisirung des ersten betrachtet werden kann, werden sowohl analytisch, als durch einfache geometrische Betrachtungen bewiesen. *Der Überschuss der Summe der Winkel eines aus kürzesten Linien gebildeten Dreiecks über zwei Rechte ist der Totalkrümmung des Dreiecks gleich.* Es wird hiebei angenommen, dass für die Winkel derjenige, dem ein dem Halbmesser gleicher Bogen entspricht, $(57^0\,17'\,45'')$, und für die ganze Krümmung, als Stück der Fläche der Hülfskugel, der Inhalt eines Quadrats, dessen Seite der Halbmesser der Hülfskugel ist, als Einheit zum Grunde liegt. Offenbar kann man diess wichtige Theorem auch so ausdrücken: der Überschuss der Winkel eines aus kürzesten Linien gebildeten Dreiecks über zwei Rechte verhält sich zu acht Rechten, wie das Stück der Oberfläche der Hülfskugel, welches jenem als ganze Krümmung entspricht, zu der ganzen Oberfläche der Hülfskugel. Allgemein wird der Überschuss der Winkel eines Polygons von $n$ Seiten, wenn diese kürzeste Linien sind, über $2n-4$ Rechte, der ganzen Krümmung des Polygons gleich sein.

Die allgemeinen in der Abhandlung entwickelten Untersuchungen werden am Schluss derselben noch auf die Theorie der durch kürzeste Linien gebildeten Dreiecke angewandt, wovon wir hier nur ein paar Haupttheoreme anführen. Sind $a, b, c$ die Seiten eines solchen Dreiecks (die als Grössen der ersten Ordnung betrachtet werden); $A, B, C$ die gegenüberstehenden Winkel; $\alpha, \beta, \gamma$ die Krümmungsmaasse in den Winkelpunkten; $\sigma$ der Flächeninhalt des Dreiecks, so ist, bis auf Grössen der vierten Ordnung, $\frac{1}{3}(\alpha+\beta+\gamma)\sigma$ der Überschuss der Summe $A+B+C$ über zwei Rechte. Ferner sind, mit derselben Genauigkeit, die Winkel eines ebenen geradlinigen Dreiecks, dessen Seiten $a, b, c$ sind, der Ordnung nach

$$A-\tfrac{1}{12}(2\alpha+\beta+\gamma)\sigma$$
$$B-\tfrac{1}{12}(\alpha+2\beta+\gamma)\sigma$$
$$C-\tfrac{1}{12}(\alpha+\beta+2\gamma)\sigma$$

Man sieht sogleich, dass das letzte Theorem eine Generalisirung des bekannten von LEGENDRE zuerst aufgestellten ist, nach welchem man, bis auf Grössen der vierten Ordnung, die Winkel des geradlinigen Dreiecks erhält, wenn man die Winkel des sphärischen jeden um den dritten Theil des sphärischen Excesses vermindert. Auf einer nichtsphärischen Fläche muss man also den Winkeln ungleiche Reductionen beifügen, und die Ungleichheit ist allgemein zu reden eine Grösse der dritten Ordnung; wenn jedoch die ganze Fläche nur wenig von der Kugelgestalt abweicht, so involvirt jene noch ausserdem einen Factor von der Ordnung der Abweichung von der Kugelgestalt. Es ist unstreitig für die höhere Geodaesie wichtig, dass man im Stande ist, die Ungleichheiten jener Reductionen zu berechnen, und dadurch die volle Ueberzeugung zu erhalten, dass sie für alle messbaren Dreiecke auf der Oberfläche der Erde als ganz unmerklich zu betrachten sind. So finden sich z. B. in dem grössten Dreiecke der von dem Verf. ausgeführten Triangulirung, dessen grösste Seite fast 15 geographische Meilen lang ist, und in welchem der Ueberschuss der Summe der drei Winkel über zwei Rechte fast 15 Secunden beträgt, die drei Reductionen der Winkel auf die Winkel eines geradlinigen Dreiecks 4″95113, 4″95104, 4″95131. Übrigens hat der Verf. auch die in den obigen Ausdrücken fehlenden Glieder der vierten Ordnung entwickelt, die für die Kugelfläche eine sehr einfache Form erhalten; bei messbaren Dreiecken auf der Oberfläche der Erde sind sie aber ganz unmerklich, und in dem angeführten Beispiel würden sie die erste Reduction nur um zwei Einheiten der fünften Decimale vermindert und die dritte eben so viel vergrössert haben.

---

Göttingische gelehrte Anzeigen. 1843 November 6.

---

Der königlichen Societät ist am 23. October von dem Hofrath Gauss eine Vorlesung überreicht, mit der Überschrift:

*Untersuchungen über Gegenstände der höheren Geodaesie*,

von welcher hier ein kurzer Bericht gegeben werden soll.

Bei dem trigonometrishen Theile der von dem Verf. in den Jahren 1821—1827 ausgeführten Gradmessung, und bei den spätern damit zusammenhängenden und über das ganze Königreich Hannover sich erstreckenden trigonometrischen Vermessungen sind, sowohl in Beziehung auf die Art, wie die Messungen angestellt wurden, als noch mehr in Beziehung auf ihre nachherige mathematische Behandlung und ihre Verarbeitung zu Resultaten, Wege eingeschlagen, die von den sonst betretenen abweichen. Manches von diesen dem Hofr. Gauss eigenthümlichen Methoden ist zwar bereits zur Öffentlichkeit gebracht, theils von ihm selbst in verschiedenen vorlängst erschienenen Aufsätzen, theils durch andere, welche nach mündlichen oder brieflichen Mittheilungen bei ihren eigenen trigonometrischen Messungen Anwendungen davon gemacht hatten. Allein der erheblichere Theil jener Methoden, diejenigen, welche sich am meisten von den sonst gebräuchlichen unterscheiden, und deren Verständniss eine tiefere mathematische Begründung erfordert, ist bisher noch nicht dargestellt. Des Verf. frühern Vorsatz, nach völliger Beendigung der Messungen diese selbst nebst allen von ihm angewandten Verfahrungsarten in einem besondern Werke darzulegen, haben Umstände, deren Auseinandersetzung nicht hieher gehört, zur Zeit noch procrastinirt, und er hat deshalb das Auskunftsmittel gewählt, das im theoretischen Theile ihm eigenthümliche in einer Reihe von einzelnen Abhandlungen bekannt zu machen. Es wird dadurch noch der Vortheil gewonnen, dass auf diese Art manche ein selbstständiges Interesse darbietende Untersuchungen, welche mit den übrigen in enger Verwandtschaft stehen, sie vorbereiten und in ein helleres Licht setzen, auch wenn von denselben bei den in Rede stehenden Messungen selbst keine unmittelbare Anwendung gemacht ist, doch mit grösserer Ausführlichkeit entwickelt werden können, als bei dem frühern Plane mit einer gleichmässigen Behandlung der Gegenstände verträglich sein würde.

In die Klasse solcher Untersuchungen gehört namentlich diejenige, welche den Gegenstand der vorliegenden *ersten* Abhandlung ausmacht. Den Hauptinhalt derselben bildet eine Methode, nach welcher ein System von Dreiecken auf der Oberfläche eines Umdrehungs-Ellipsoids ohne etwas von der Schärfe aufzuopfern, so berechnet werden kann, als wenn es auf einer Kugelfläche sich befände. Diese Methode findet ihre Grundlage in der Auflösung eines viel umfassendern Problems, welche der Verf. in einer 1822 geschriebenen und von Herrn Conferenzrath SCHUMACHER im dritten Heft der Astronomischen Abhandlungen zum Druck beförderten Denkschrift gegeben hat, unter dem Titel: *Allgemeine Auflösung der Aufgabe, die Theile einer gegebenen Fläche auf einer anderen gegebenen Fläche so abzubilden, dass die Abbildung dem Abgebildeten in den kleinsten Theilen ähnlich wird.* Der Verf hat diejenigen Darstellungen einer Fläche auf einer andern, welche der angegebenen Bedingung Genüge leisten, zur Abkürzung des Vortrags und weil sie überhaupt als eine sehr reiche Hülfsquelle für die Rechnungen der höhern Geodaesie eine besondere Benennung wohl verdienen, mit dem Namen *conforme Darstellungen* belegt, welches sonst vage Beiwort also hier immer in einer präcis bestimmten Bedeutung zu verstehen ist. MERCATORS und die stereographische Projection sind bekannte Beispiele conformer Darstellungen der Kugelfläche auf der Ebene.

Es ist kaum nöthig zu bemerken, dass die Aehnlichkeit in den kleinsten (unendlich kleinen) Theilen wohl unterschieden werden muss von der Ähnlichkeit in allen endlichen Theilen. Die letztere ist nur in speciellen Fällen zu erreichen möglich, wenn nemlich die erste Fläche entweder auf die zweite selbst oder auf eine ihr ähnliche abgewickelt werden kann; im Allgemeinen aber, wo die Conformität *nur* in der Ähnlichkeit der kleinsten Theile besteht, ist das *Vergrösserungsverhältniss*, d. i. das Verhältniss in welchem die auf beiden Flächen einander entsprechenden unendlich kleinen Linien zu einander stehen, eine nach Verschiedenheit der Stellen in den Flächen veränderliche Zahl. In MERCATORS Projection z. B. ist die Vergrösserungszahl desto grösser, je entfernter vom Äquator, in der stereographischen Projection, je entfernter vom Augenpunkte die betreffenden Stellen sind.

Von jeder gegebenen Fläche sind auf einer andern gegebenen Fläche unendlich viele conforme Darstellungen möglich; die allgemeine Auflösung umfasst sie sämmtlich, indem sie eine arbiträre Function enthält, welche nach Gefallen oder den jedesmaligen Zwecken gemäss bestimmt werden kann. Wenn nur ein Theil der einen Fläche übertragen werden soll, ist es in der Regel am vortheilhaftesten, eine solche conforme Darstellung zu wählen, bei welcher innerhalb der darzustellenden Fläche die Ungleichheiten des Vergrösserungsverhältnisses in den möglich engsten Grenzen bleiben.

Die Aufgabe der conformen Übertragung der Ellipsoidfläche auf die Kugelfläche ist in der angeführten Schrift unter den Beispielen besonders abgehandelt, und der allgemeinen Auflösung sind zwei specielle beigefügt, wovon die eine vorzugsweise für die Darstellung der ganzen Ellipsoidfläche geeignet, die andere hingegen weit zweckmässiger ist, wenn (wie es immer bei bestimmten Anwendungen auf die Geodaesie der Fall ist) nur ein mässiger Theil der als ellipsoidisch betrachteten Erdfläche auf eine Kugelfläche conform übertragen werden soll. In wie hohem Grade diese zweite Darstellungsart der oben ausgesprochenen Forderung genügt, ist aus einem a. a. O. aufgestellten Beispiele abzunehmen, wo die Veränderlichkeit des Vergrösserungsverhältnisses innerhalb einer Zone von fünf Breitengraden nur $\frac{1}{530000}$ beträgt. Es sind ferner daselbst die Hauptzüge der Methode, wie überhaupt eine conforme Übertragung zur Berechnung eines Dreieckssystems benutzt werden kann, im Allgemeinen angedeutet, die eigentliche Ausführung aber, und die Anwendung auf diese bestimmte Übertragungsart einer späteren Bearbeitung vorbehalten.

Die gegenwärtige Abhandlung ist nun dazu bestimmt, diese Verpflichtung auszulösen, obwohl nicht ganz in derselben Art, wie sie eingegangen war: es wird nemlich darin nicht die eben erwähnte sondern eine davon verschiedene dritte specielle Auflösung der Aufgabe zum Grunde gelegt, durch welche der beabsichtigte Zweck noch vollkommener erreicht wird. In diesen Blättern müssen wir uns damit begnügen, nur im Allgemeinen einen Begriff davon zu geben.

Ein System von Dreiecken auf dem Sphäroid, dessen Seiten sogenannte geodaetische Linien sind, wird bei einer conformen Übertragung auf die Kugelfläche durch ein analoges Dreieckssystem dargestellt, worin die Winkel, wie schon aus dem Begriffe der Conformität von selbst folgt, den entsprechenden Winkeln des erstern Systems *genau* gleich sind, während die Seiten zwar nicht in mathematischer Schärfe Bögen von grössten Kreisen werden, aber doch davon nur sehr wenig abweichen. Kann man nun bewirken, dass diese Abweichungen in dem ganzen Umfange des Systems nach Massgabe der in die Berechnung zu legenden Genauigkeit wie ganz verschwindend betrachtet werden dürfen, so ist klar, dass nachdem eine Seite des sphäroidischen Systems auf die Kugelfläche übertragen ist, man ohne weiteres das ganze System wie eines von gewöhnlichen sphärischen Dreiecken berechnen darf, und nur am Schluss von den Längen und Breiten auf der Kugelfläche auf die Längen und Breiten auf dem Sphäroid zurückzugehen braucht, insofern man die Endresultate der Messung in dieser Form verlangt. Dieser Übergang wird entweder vermittelst der Formeln, welche die gewählte Übertragungsart darbietet, geschehen können, oder vermittelst einer im Voraus berechneten Hülfstafel. In den Fällen hingegen, wo jene Abweichung merklich genug wird, um eine Berücksichtigung zu verdienen, wird jeder aus den Messungen hervorgegangene Winkel vor der scharfen Berechnung auf der Kugel erst einer kleinen Reduction bedürfen, und die Arbeit wird dadurch nur unbedeutend vergrössert werden, wenn die Zahlwerthe der Reductionen sich mit Leichtigkeit berechnen lassen.

Die in der vorliegenden Abhandlung entwickelte Übertragungsart ist so beschaffen, dass die Abweichung derjenigen Curve, durch welche ein geodaetischer Bogen auf der Kugelfläche dargestellt wird, von Grösstenkreisbogen zwischen denselben Endpunkten, immer wie ganz verschwindend zu betrachten ist in der Nähe eines bestimmten Parallelkreises (Normal-Parallelkreises), welchen man nach Gefallen wählen kann, und, wenn man die ganze Rechnungsanlage von vorne her für ein bestimmtes Dreieckssystem selbst ausführt, am schicklichsten ungefähr durch die Mitte des ganzen Systems legen mag. Je weiter man sich von diesem Normal-Parallelkreise nach Norden oder Süden entfernt, desto grösser können jene Abweichungen werden, die übrigens daneben zugleich von der Grösse der Dreiecksseiten und von ihrer Lage gegen den Meridian abhängig sind; immer aber bleiben sie, selbst bei sehr beträchtlicher Entfernung von dem Normal-Parallelkreise, noch so geringfügig, dass man ihre Berücksichtigung bei den meisten Messungen kaum der wenn auch leichten Mühe werth halten wird.

In der Abhandlung ist die Theorie aller dieser und anderer damit zusammenhängenden Rechnungen vollständig entwickelt, an einer durchgehenden Musterrechnung erläutert, und mit einer Hülfstafel begleitet, die allerdings zunächst für diejenige Zone bestimmt ist, in welcher das Hannoversche Dreieckssystem liegt, aber auch ohne weiteres für Messungen benutzt werden kann, die diese Zone weit überschreiten: sie erstreckt sich nemlich über eine Zone von zwölf Breitengraden, in deren Mitte der gewählte Normal-Parallelkreis von $52^0 40'$ Breite liegt. Diese Tafel ist mit einer Schärfe berechnet, die ausreicht selbst wenn ein Dreieckssystem mit zehnzifrigen Logarithmen berechnet werden soll, also mit einer viel grösseren Schärfe, als man in den meisten Fällen beibehalten wird: indessen schien die kleine Raumersparniss, die durch Weglassung von ein paar Decimalen gewonnen sein würde, zu unerheblich, um beim Abdruck etwas davon zu unterdrücken.

Merklich und unmerklich sind bei Rechnungsoperationen relative Begriffe, und es ist also wohl der Mühe werth, sie nach ein paar aus der Abhandlung entlehnten Beispielen auf ein bestimmtes Maass zurückzuführen.

In dem Hannoverschen Dreieckssysteme ist das grösste Dreieck, welches auch zugleich am weitesten von dem Normal-Parallelkreise abliegt, dasjenige, welches zwischen den Punkten Brocken, Hohehagen, Inselsberg gebildet wird. In diesem kommen daher auch die grössten Werthe der Richtungsreductionen vor und zwar bei der Seite Hohehagen-Inselsberg, wo die Reduction des Azimuths an dem erstern Endpunkte $-0''00332$, am andern $+0''00428$ beträgt. In dem ganzen Systeme kommen nur noch zwei andere Dreiecksseiten vor, wo die Reductionen $0''001$ übersteigen, bei allen übrigen bleiben sie unter dieser Grösse.

Das grösste Hauptdreieck der trigonometrischen Vermessungen der Schweiz ist das zwischen den Punkten Chasseral, Suchet, Berra enthaltene; es berührt eben die südliche Grenze, bis zu welcher die Hülfstafel sich erstreckt, so dass die Richtungsreductionen sich noch vermittelst derselben berechnen lassen. Die grösste Reduction ist die, welche das Azimuth von Chasseral in Suchet trifft, und beträgt $+0''06221$.

Es ist hieraus ersichtlich, dass in der ganzen Zone, worin das Hannoversche Dreieckssystem liegt, die Reduction ganz wegfällt, wenn die Rechnung auf

Hunderttheile der Secunde geführt wird, und dass man sogar in der ganzen Zone von zwölf Graden, welche die Hülfstafel umfasst, die Berücksichtigung der Reductionen unterlassen kann, wenn man in der Rechnung nur Zehntel der Secunde notirt.

Nachrichten von der K. Gesellschaft der Wissenschaften zu Göttingen. 1846 September 28.

Am 1sten September wurde von dem geh. Hofrath GAUSS der Königlichen Gesellschaft der Wissenschaften eine Vorlesung überreicht mit der Überschrift:

*Untersuchungen über Gegenstände der höhern Geodaesie, zweite Abhandlung,*

über deren Inhalt und Zusammenhang mit der ersten Abhandlung ein kurzer Bericht hier zu geben ist.

In der ersten Abhandlung war eine neue Methode, die geodaetischen Messungen zu behandeln, vorgetragen, deren Haupteigenthümlichkeit darin besteht, dass die meisten Rechnungen ganz oder fast ganz eben so geführt werden, als befände sich das Dreieckssystem nicht auf einer sphäroidischen, sondern auf einer Kugelfläche, und zwar ohne allen Abbruch für die äusserste Schärfe der Resultate. Eine der Hauptaufgaben im Gebiete der geodaetischen Rechnungen, nemlich aus der Grösse einer als geodaetische Linie auftretenden Dreiecksseite, der Breite des einen Endpunkts, und dem Azimuthe, unter welchem daselbst der andere Endpunkt erscheint, abzuleiten die Breite dieses andern Endpunkts, das dortige Azimuth der Dreiecksseite, und den Längenunterschied der beiden Punkte, reducirt sich bei jener Behandlungsweise auf die blosse Auflösung eines sphärischen Dreiecks. Ein Paar Seiten sind gleichwohl dieser Aufgabe in der erwähnten Abhandlung aus dem Grunde gewidmet, weil die gewöhnlichen Formeln der sphärischen Trigonometrie, wenn man nicht zu mehrzifrigen Logarithmen greifen will, nicht immer ausreichen würden, den Resultaten eine ganz genügende Schärfe zu geben, und deshalb gewisse Umformungen jener Formeln nothwendig werden. Ausserdem aber verstattet der Umstand, dass die Seiten solcher Dreiecke, deren Winkel wirklich gemessen werden, immer in Vergleich zu den Dimensionen des ganzen Erdkörpers nur kleine Grössen sein können, solche Umwandlungen der Formeln, welche die Geschmeidigkeit und Bequemlichkeit derselben sehr vergrössern; ja, wenn gleich diese Umwandlungen eigentlich nur Näherungsformeln sind, so können sie doch nicht bloss eben so grosse, sondern selbst grössere Schärfe gewähren, als die absolut strengen Formeln, was man nicht paradox finden wird, wenn man erwägt, dass die letztern doch immer vermittelst der trigonometrischen Tafeln zur Ausübung kommen müssen, deren Schärfe keine absolute, sondern durch die Anzahl der Decimalzifern begrenzt ist. Unter den verschiedenen in der ersten Abhandlung mitgetheilten für den angedeuteten Zweck bestimmten Formeln zeichnet sich nun besonders die am Schluss derselben aufgeführte Combination dadurch aus, dass sie den Zusammenhang jener sechs Quantitäten in der zur Rechnung möglich bequemsten Gestalt aufstellt, und eine Schärfe gewährt, die auch bei den grössten wirklich messbaren Dreiecken überflüssig ausreicht. Es musste dadurch das Verlangen nach dem Besitz analoger unmittelbar für die Ellipsoidfläche geltender Formeln erweckt werden, und die Entwicklung derselben bildet den Hauptinhalt der gegenwärtigen *zweiten* Abhandlung.

Während die Auffindung der erwähnten für die Kugelfläche gültigen Formeln auf ganz elementarischen Sätzen beruhete, erfordert hingegen die Ermittlung ihrer Gegenstücke auf der Ellipsoidfläche eine Reihe ziemlich verwickelter Operationen, und es muss daher ohne Zweifel angenehm sein, wenn mehr als Ein Weg zu demselben Ziele zu gelangen nachgewiesen wird. Der Verf., welcher alle diese Untersuchungen schon vor mehr als dreissig Jahren zu seinem Privatgebrauch durchgeführt, und nur bisher zur Veröffentlichung noch keine besondere Veranlassung gefunden hatte, theilt nun in der vorliegenden Abhandlung *zwei* unter sich durchaus verschiedene, aber zuletzt zu ganz gleichen Resultaten führende Ableitungsarten mit, von denen eine in der Theorie der conformen Übertragung der Ellipsoidfläche auf die Kugelfläche wurzelt. In dieser Beziehung schliesst sich die zweite Abhandlung auch an die erste an, obwohl übrigens beide insofern als gänzlich unabhängig von einander zu betrachten sind, als man freie Wahl behält, die geodaetischen Rechnungen entweder bloss nach der in der ersten Abhandlung, oder bloss nach der in der zweiten Abhandlung gelehrten Methode zu führen.

Die Aufgabe, von der geographischen Lage eines Punkts auf der Spharoidfläche zu der eines andern Punktes überzugehen, der mit jenem durch eine geodaetische Linie von bekannter Grösse und Richtung verbunden ist, ist schon seit langer Zeit vielfältig behandelt, und um unter verschiedenen Methoden zu seinem Gebrauch passend zu wählen, muss man allerdings mancherlei Umstände berücksichtigen. Es ist z. B. erheblich dabei, ob man die Aufgabe nur für Einen oder einige wenige concrete Fälle aufzulösen hat, oder für sehr viele. In der letztern Voraussetzung wird es von Wichtigkeit sein, dass die Methode jedesmal die möglich grösste Bequemlichkeit und Übersichtlichkeit der Definitivrechnung gewähre, wenn auch die Anwendbarkeit der Methode vielleicht erst gewisse allgemeine Vorbereitungsarbeiten erfordern sollte. Eben so wichtig ist der Umstand, ob man die Resultate einer ausgedehnten trigonometrischen Vermessung alle in der Form von geographischer Länge und Breite und zwar ausschliesslich *nur* in *dieser* Form verlange, oder ob daneben die Resultate für die Lage sämmtlicher Punkte auch noch in einer andern Form, z. B. der der rechtwinkligen Coordinaten, aufgestellt werden: im letztern Fall wird es weniger nothwendig sein, die geographische Lage mit der alleräussersten Schärfe anzugeben.

Die von Dusejour, Legendre, Delambre u. A. gegebenen Formeln berücksichtigen nur die erste Potenz der Abplattung, was allerdings in practischer Hinsicht von nicht grosser Erheblichkeit sein wird, da einmal die Abplattung des Erdsphäroids nur ein kleiner Bruch ist. Es ist daher auch nicht die Meinung, es als einen in practischer Beziehung wichtigen Vorzug geltend zu machen, dass die neue Methode von der Kleinheit der Abplattung ganz unabhängig ist. Die bessern unter jenen Methoden mögen allerdings eine in den meisten Fällen zureichende Schärfe gewähren, obwohl man einen in mathematischer Beziehung genügenden Nachweis dafür vermisst. Dagegen darf man behaupten, dass die neue Methode, wenn die nöthigen Erfordernisse bereit sind, eine bequemere und nach ihrem wesentlichen Inhalt in einem bedeutend kleinern Raum zu concentrirende Rechnung ergibt. Bessels im Jahre 1825 gegebene Auflösung trägt das Gepräge einer grossen mathematischen Vollendung, und ist auch gar nicht abhängig von der Voraussetzung, dass die Entfernung der beiden Punkte von einander im Vergleich zu den Dimensionen des ganzen Erdsphäroids klein sei. In theoretischer Rücksicht ist dies ohne Zweifel ein Vorzug dieser Methode; bei Beurtheilung des practischen Werthes hat man aber folgende Umstände in Betracht zu ziehen. Die Methode macht gar keinen Unterschied zwischen dem Fall grosser und dem Fall kleinerer Entfernungen, sondern erfordert für alle Fälle gleich lange Rechnungen, verzichtet also auf die Vortheile, die man in dem letztern in der Ausübung ungleich häufiger vorkommenden Falle bei dem Gebrauch anderer Methoden von diesem Umstande ziehen kann. Der nützliche Gebrauch der Besselschen Methode wird sich also auf den Fall beschränken, wo die beiden Punkte nicht unmittelbar durch die Seite eines wirklich gemessenen Dreiecks zusammenhängen, sondern wo der Zusammenhang durch eine grössere Reihe von Dreiecken vermittelt ist. Allein dann muss man mit Recht fragen, wie denn die *Data* zu der Aufgabe erlangt werden sollen, nemlich die wirkliche Länge der die beiden Punkte verbindenden geodaetischen Linie, und der Winkel, welchen sie an dem einen Endpunkte mit dem Meridian macht? Diese Bestimmung durch eine bloss *sphärische* Berechnung der Übergangsdreiecke zu machen (wie Bessel bei der wenig ausgedehnten preussischen Gradmessung gethan hat), würde bei einer viel grössern Entfernung nicht mehr zulässig bleiben: soll aber dieser Übergang sphäroidisch gerechnet werden, so wird dies schon für sich allein eben so viel Arbeit erfordern, als wenn man gleich von jedem folgenden Punkt Breite, Länge und das rückwärts geltende Azimuth bestimmt. Übrigens gelten diese Bemerkungen auch von Ivory's Auflösungsmethode, die mit der von Bessel viele Ähnlichkeit hat, aber das eigentliche practische Bedürfniss wenig berücksichtigt.

Über die in der vorliegenden Abhandlung gegebene Methode möge hier noch Folgendes bemerkt werden.

Die Formeln geben unmittelbar die *Differenzen* zwischen den beiden Breiten und den beiden Azimuthen, so wie den Längenunterschied, und eben hierauf beruht, bei der Kleinheit dieser Differenzen (insofern rücksichtlich der Azimuthe das eine von der Südseite, das andere von der Nordseite des Meridians gezählt wird) die Schärfe der Rechnung. ohne mehrstellige Logarithmen zu erfordern. Die Symmetrie und Einfachheit der Formeln hingegen beruhet darauf, dass sie zunächst nicht von der Breite und dem Azimuthe an dem einen Endpunkte, sondern von dem Mittel der beiden Breiten und dem Mittel der beiden Azimuthe abhängen. Es folgt daraus, dass die Formeln, zur Auflösung der Aufgabe, wie sie oben ausgesprochen ist, nur vermöge eines indirecten Verfahrens oder einer successiven Annäherung benutzt werden können. Geübte und mit den Hülfen des kleinen Mechanismus derartiger Operationen vertraute Rechner werden in diesem Umstande kaum eine Unbequemlichkeit finden, zumal da man annehmen kann, dass fast immer zu der Zeit, wo die scharfe Ausführung der Rechnung vorgenommen werden soll, sehr genäherte Werthe der zu bestimmenden Grössen schon vorliegen. Genau genommen haben übrigens auch alle andern Auflösungsarten des Problems, namentlich auch die BESSELsche, theilweise diesen Charakter indirecter Operationen. Der wesentlichste Umstand bleibt aber der, dass von den wiederholten Annäherungen nur die letzte die den ganzen Kern der Rechnung vollständig enthält, aufbewahrt zu werden braucht, und dass diese eine Kürze und Übersichtlichkeit hat, wie keine andere Methode.

Die Formeln für die Auflösung der Aufgabe auf der Sphäroidfläche unterscheiden sich von denen für die Kugelfläche lediglich dadurch, dass gewisse Zwischengrössen, die bei diesen constant sind, bei jenen von der Breite abhängig werden; diese lassen sich folglich in eine Hülfstafel bringen, deren Argument die Breite bildet. Steht eine solche Hülfstafel zu Gebote, so wird in jedem concreten Falle die Rechnung auf der Sphäroidfläche ganz eben so leicht, wie auf der Kugelfläche. Für die Zone von 51—54 Grad Breite, welche für das Hannoversche Dreieckssystem ausreicht, ist eine solche Hülfstafel am Schlusse der Abhandlung beigefügt, und zwar nach demjenigen Werthe der Abplattung, welchen BESSEL aus allen bisherigen Gradmessungen abgeleitet hat, und der auch schon in der ersten Abhandlung zum Grunde gelegt war. Wer dieselbe Methode auf ein ausserhalb dieser Zone liegendes Dreieckssystem anwenden wollte, würde damit anfangen müssen, jene Hülfstafel für seinen Zweck weiter auszudehnen, oder, falls er eine andere Abplattung zum Grunde legen wollte, sich erst eine neue Hülfstafel zu construiren. Wo es die Bearbeitung eines grossen Dreieckssystems gilt, kommt eine solche vorgängige Hülfsarbeit gar nicht in Betracht, und die darauf gewandte Mühe wird durch die Bequemlichkeit der Benutzung reichlich ersetzt. Für den Fall hingegen, wo man nur eine oder ein paar concrete Auflösungen der in Rede stehenden Aufgabe suchen soll, hat die Methode nicht vorzugsweise bestimmt sein sollen.

Göttingische gelehrte Anzeigen. 1808 Januar 9.

Archimedes gründete bekanntlich in seiner Schrift, *Circuli dimensio*, seine Bestimmung der Grenzen für den Umfang des Kreises darauf, dass er denselben zwischen den Umfang eines umgeschriebenen und eines eingeschriebenen 96 Ecks einschloss. Die Berechnung dieser Zahlen, oder vielmehr die Bestimmung einer grössern Zahl, als jener, und einer kleinern, als dieser, verrichtet er durch stufenweises Fortschreiten vom Sechseck zum Zwölfeck, von diesem zum 24 Eck u. s. f. Für beide 96 Ecke geht er daher, nach unserer Art zu reden, von einem genäherten Werthe der Irrationalgrösse $\sqrt{3}$ aus, wovon der eine, nemlich $\frac{265}{153}$, etwas zu klein, der andere, $\frac{1351}{780}$, etwas zu gross ist; jener wird bei den umschriebenen, dieser bei den eingeschriebenen Vielecken gebraucht. Bei genauerer Ansicht findet man, dass diese genäherten Werthe in der Reihe $\frac{2}{1}$, $\frac{5}{3}$, $\frac{7}{4}$, $\frac{19}{11}$, $\frac{26}{15}$ u. s. f., deren Glieder abwechselnd grösser und kleiner sind als $\sqrt{3}$, und jedes weniger davon verschieden, als irgend ein andrer, durch kleinere Zahlen ausgedrückter, Bruch, — mit vorkommen; der Bruch $\frac{265}{153}$ ist nemlich das achte, und $\frac{1351}{780}$ das eilfte Glied der Reihe. Es scheint demnach, dass Archimed diese genäherten Werthe nicht durch Zufall, sondern methodisch gefunden habe; da er selbst sich aber über die Art, wie er dazu gekommen ist, gar nicht erklärt, und man übrigens nicht findet, dass unsre Methoden dergleichen Aufgaben aufzulösen, den Alten bekannt gewesen wären, so bietet sich hier ein Gegenstand zu Conjecturen dar. Hr. Prof. Mollweide in Halle hat in einer kürzlich an die Königl. Societät, deren Correspondent er ist, eingeschickten kleinen Abhandlung, welche

*De methodo ab Archimede adhibita ad rationem, in qua inter se sunt latus trianguli aequilateri et radius circuli circumscripti, numeris veritati proxime exprimendam*

überschrieben ist, eine Untersuchung angestellt, und ein Verfahren angegeben, das dem Zustande der Arithmetik der Alten angemessen ist, und also vielleicht das von Archimed gebrauchte selbst sein könnte. Hr. M. leitet nemlich, indem er die Seite des Dreiecks durch $AC$, und den Halbmesser des umschriebenen

Kreises durch $AB$, ferner eine Linie $= AC - AB$ durch $CF$ bezeichnet, durch Schlüsse in der bei den alten Geometern üblichen Form folgende Proportionen ab:

$$\begin{aligned} AC:AB &= 5AB + 2CF : 3AB + CF = 19AB + 7CF : 11AB + 4CF \\ &= 71AB + 26CF : 41AB + 15CF = 265AB + 97CF : 153AB + 56CF \\ &= 989AB + 362CF : 571AB + 209CF \end{aligned}$$

Aus der vorletzten folgt dann leicht $AC:AB > 265:153$, so wie aus der letzten, wenn man eine Linie $BD = 2AB - AC = AB - CF$ einführt,

$$AC:AB = 1351AB - 362BD : 780AB - 209BD < 1351:780$$

Dass Hr. M., welcher sich mit der bei den alten Geometern üblichen Einkleidung arithmetischer Schlüsse sehr vertraut gemacht hat, Archimed's Ideengang wirklich errathen haben könne, wollen wir gern zugeben; entscheiden wird sich aber hierüber um so weniger etwas lassen, da dergleichen Untersuchungen auf sehr mannigfaltige Art angegriffen werden können, und überdies auch sonst Spuren vorhanden sind, dass der grosse Grieche im Besitz mancher nichts weniger als gemeiner Wahrheiten und Kunstgriffe, selbst aus der höhern Arithmetik, gewesen sein muss.

Eine Frage bleibt übrigens hier noch übrig, warum nemlich Archimed, wenn er seine genäherten Werthe methodisch gefunden hat, bei den grössern bis zum eilften Gliede gegangen ist, da er doch bei den kleinern nur bis zum achten ging; man sollte glauben, er würde bei jenen sich mit dem neunten Gliede $\frac{362}{209}$ begnügt haben, welches immer zur Ausmittelung der untern Grenze $3\frac{10}{71}$ hinreichend gewesen wäre, und könnte vielleicht verleitet werden, hieraus die Folge zu ziehen, dass Archimed doch den Bruch $\frac{1351}{780}$ durch eine Art von glücklichem Zufall gefunden habe, und der einfachere $\frac{362}{209}$ ihm entgangen sei. Hr. M. glaubt, Archimed habe jenen Bruch desswegen gewählt, weil er der einfachste von denen sei, deren Zähler zu der Ordnung der Tausender gehören, so wie er den Bruch $\frac{265}{153}$ als den einfachsten aus der Ordnung der Hunderter gewählt habe: allein dieser Grund scheint uns nicht befriedigend. Wir finden es vielmehr wahrscheinlicher, dass er den Bruch $\frac{1351}{780}$ desswegen vorzog, weil er fand, dass derselbe zufälliger Weise beim weitern Fortgange der Rechnung eine bequeme Vereinfachung darbietet, so dass sich beim 24 Eck für dasjenige Verhältniss, welches, nach unsrer Art zu reden, $1 : \text{cotang}\, 7^0 30'$ ist, eine äusserst nahe Grenze sehr einfach durch 240:1823 vorstellen liess; diesen Vortheil hätte er entbehren müssen, wäre er ursprünglich von dem Bruche $\frac{362}{209}$ ausgegangen.

Am Schlusse der Abhandlung macht Hr. M. noch die Bemerkung, dass auch COLUMELLA *de re rustica* V, 2 von einem der genäherten Werthe von $\sqrt{3}$ (nemlich von $\frac{26}{15}$) Gebrauch gemacht hat, indem er für den Inhalt des gleichseitigen Dreiecks die Summe des dritten und des zehnten Theils des auf seiner Seite beschriebenen Quadrats annimmt.

---

Göttingische gelehrte Anzeigen. 1813 Juli 31.

---

*Géométrie descriptive par* GASPARD MONGE, *de l'institut des sciences etc. Nouvelle édition. Avec un supplément par* M. HACHETTE, *instituteur à l'école impériale polytechnique etc.* Paris, bei J. KLOSTERMANN dem jüngern. 162 und 118 Seiten in Quart.

Die Geometrie, deren Gegenstand die Raumverhältnisse sind, zerfällt in zwei grosse Abtheilungen, je nachdem der Raum nur nach zwei Dimensionen betrachtet wird (in der Ebene), oder nach allen drei Dimensionen zugleich. Man begreift leicht, dass der andere Theil seiner Natur nach von einem viel grössern Umfange sein, und eine viel grössere Mannigfaltigkeit von Fragen und Untersuchungen darbieten müsse, als der erste. Wenn daher schon von unserer Elementar-Geometrie die Planimetrie einen grössern Theil ausmacht, als die Stereometrie, so rührt dies nur daher, dass letztere verhältnissmässig viel weniger entwickelt und ausgebildet ist. In der That hat man vorzüglich die Untersuchungen der letztern Art in neuern Zeiten lieber mit Hülfe der Analyse behandelt, und sie so gleichsam der Geometrie entzogen, welche sich nur der unmittelbaren Anschauung bedient. Es ist auch nicht zu läugnen, dass die Vorzüge der analytischen Behandlung vor der geometrischen, ihre Kürze, Einfachheit, ihr gleichförmiger Gang, und besonders ihre Allgemeinheit, sich gewöhnlich um so entschiedener zeigen, je schwieriger und verwickelter die Untersuchungen sind. Inzwischen ist es doch immer von hoher Wichtigkeit, dass auch die geometrische Methode fortwährend cultivirt werde. Abgesehen davon, dass sie doch in manchen einzelnen

Fällen unmittelbarer und kürzer zum Ziele führt, als die Analyse, besonders wenn diese nicht mit Gewandtheit gehandhabt wird, dass jene dann eine ihr eigenthümliche Eleganz hat, wird sie auch besonders in formeller Hinsicht und beim frühern jugendlichen Studium unentbehrlich bleiben, um Einseitigkeit zu verhüten, den Sinn für Strenge und Klarheit zu schärfen, und den Einsichten eine Lebendigkeit und Unmittelbarkeit zu geben, welche durch die analytischen Methoden weit weniger befördert, mitunter eher gefährdet werden. Aus diesen Gründen sieht man mit Vergnügen, dass einige Französische Geometer in den letzten Jahrzehnten angefangen haben, den Theil der Geometrie, welcher sich mit den Verhältnissen von Punkten und Linien, die nicht in Einer Ebene liegen, von verschiedenen Ebenen gegen einander, mit Linien von doppelter Krümmung und mit krummen Flächen beschäftigt, mit besonderer Sorgfalt, und, in so fern dabei bloss geometrische Methoden angewandt werden, als eine besondere Disciplin unter dem Namen der *Géométrie descriptive* zu cultiviren. Dem vorliegenden Werke über diese Wissenschaft müssen wir insbesondere das Lob einer grossen Klarheit und Concision im Vortrage, eines wohlgeordneten Überganges vom Leichtern zum Schwerern, und der Reichhaltigkeit an neuen Ansichten und gelungenen Ausführungen beilegen, und daher das Studium desselben als eine kräftige Geistesnahrung empfehlen, wodurch unstreitig zur Belebung und Erhaltung des echten, in der Mathematik der Neuern sonst manchmal vermissten, geometrischen Geistes viel mit beigetragen werden kann. Ausser dieser rein wissenschaftlichen Seite dieser Untersuchungen kommt auch noch der mannigfaltige Nutzen in Betracht, welchen sie in den Künsten haben, die sich auf Raumverhältnisse beziehen, namentlich in der Zeichenkunst, der Feldmesskunst, der Baukunst, der Befestigungskunst. Auch in dieser Hinsicht hat der Verfasser seine Schrift durch mancherlei Anwendungen interessanter zu machen gewusst, wenn er gleich meistens nur mehr auf sie hingedeutet, als sie wirklich ausgeführt hat.

Göttingische gelehrte Anzeigen. 1814 Februar 14.

*Philosophical Transactions of the Royal Society of London for the Year* 1813. IV und 304 Seiten. 26 S. *Meteorological Journal* und 8 S. *Index* in Quart.

*Mathematische und astronomische Abhandlungen. — Über eine merkwürdige Anwendung des* COTES*ischen Lehrsatzes, von* J. F. W. HERSCHEL (Sohn des Astronomen). Es sei $n$ eine beliebige ganze Zahl, $n\omega = 360^0$ und $N$ irgend ein Winkel. Unter diesen Voraussetzungen gibt der COTESische Lehrsatz das Product aus allen Radiis Vectoribus, denen in einem Kegelschnitt, nach astronomischer Art zu reden, die wahren Anomalien $N$, $N+\omega$, $N+2\omega$, $N+3\omega \ldots . N+(n-1)\omega$ entsprechen, durch einen einfachen Ausdruck. Wenn gleich diese und andere ähnliche Entwickelungen, welche den Gegenstand des Aufsatzes ausmachen, an sich keine besondere Schwierigkeiten haben, so liest man diesen doch mit Vergnügen wegen der Art der Behandlung. Was der Verf. über die Bezeichnung $\cos^2 A$ sagt, welches einige neuere mathematische Schriftsteller für das Quadrat von $\cos A$, ganz gegen alle Analogie, gebrauchen, da es dieser zufolge den Cosinus eines Bogens $= \cos A$ bedeuten sollte, hat ganz unsern Beifall.

Göttingische gelehrte Anzeigen. 1814 Mai 2.

*Commentationes mathematico-philologicae tres, sistentes explicationem duorum locorum difficilium, alterius* VIRGILII, *alterius* PLATONIS, *itemque examinationem duorum mensurarum praeceptorum* COLUMELLAE. *Adjecta est epistola ad v. cl.* J. G. SCHNEIDER *de excerptis geometricis* EPAPHRODITI *et* VITRUVII RUFI *scripta ab auctore harum commentationum* CAROLO BRANDANO MOLLWEIDE, *astron. in acad. Lipsiensi professore.* Leipzig 1813. 122 Seiten in Octav, nebst einer Kupfertafel.

[Die Anzeige der ersten Abhandlung ist in dem Bande für Astronomie der Werke von GAUSS abgedruckt.]

Die zweite Abhandlung, über eine dunkle Stelle in PLATO's Menon, war schon im Jahre 1805 der hiesigen Königl. Soc. der Wissenschaften handschriftlich vorgelegt, und ein kurzer Auszug daraus schon damals in unsern Blättern mitgetheilt (1805 St. 124). Wir bemerken also hier nur, dass dies diejenige Stelle ist, wo Socrates durch ein Beispiel aus der Geometrie anschaulich machen will, wie man sich zur Auflösung einer Aufgabe vorher durch Annahme gewisser näherer Bestimmungen vorzubereiten hat. Die geometrische Aufgabe, welche Socrates hierzu wählt, ist die Frage über die Möglichkeit, ein gegebenes Dreieck in einen gegebenen Kreis einzutragen, aber die Worte, wodurch er erst gewisse Einsckränkungen über die Art des Dreiecks festsetzen will, haben den Auslegern viel zu schaffen gemacht. Herr Mollweide führt mit vielem gelehrten Scharfsinn hier aus, dass die dadurch bezeichnete Eigenschaft keine andere ist, als die Zerlegbarkeit des Dreiecks in zwei andere dem Ganzen ähnliche, welches denn freilich im Grunde nichts anders als eine pretiöse Umschreibung des *rechtwinkligen* Dreiecks ist. Die Art wie Hr. M. beweist, dass jene Eigenschaft nur dem rechtwinkligen Dreiecke zukommen kann, ist viel künstlicher und weitläufiger als hier eben nöthig gewesen wäre, da dies gleich unmittelbar aus der Gleichheit der drei Winkel $ABC$, $ADB$, $BDC$ folgt (S. 46).

Die dritte Abhandlung war gleichfalls schon früher unserer Societät handschriftlich vorgelegt, und ein Bericht darüber in unsern gel. Anz. (1807 St. 74) gegeben; sie erscheint hier mit bedeutenden Vermehrungen. Es werden darin zwei von Columella gelehrte Näherungsmethoden erläutert, die Fläche des gleichseitigen Dreiecks und die Fläche eines Kreissegments zu berechnen. Eine kleine Übereilung findet sich S. 71, wo behauptet wird, dass kein anderer Bruch, dessen Zähler und Nenner unter 100 sei, dem wahren Verhältnisse des gleichseitigen Dreiecks zum Quadrate über derselben Seite so nahe kommen könne, als $\frac{13}{30}$; in der That sind die beiden Brüche $\frac{29}{67}$ und $\frac{42}{97}$ genauer.

Der Brief an den verdienten Prof. Schneider in Breslau enthält einige Anmerkungen zu den von Hase in Bredows *Epistolae Parisienses* mitgetheilten Stücken von den freilich sehr unbedeutenden mathematischen Schriften des Vitruvius Rufus und Epaphroditus.

Göttingische gelehrte Anzeigen. 1814 Juni 13.

*Lehrbuch der mathematischen Geographie von* FRIEDRICH KRIES, Professor am Gymnasium zu Gotha. Mit sieben Kupfertafeln. 236 Seiten in Octav. Leipzig, bei G. J. GÖSCHEN.

Der Plan des Verfassers bei Abfassung dieses Lehrbuchs für eine Wissenschaft, welche für jeden Gebildeten ein so vielseitiges Interesse hat, ging dahin, zwischen den dürftigen und oberflächlichen Abrissen derselben, die den Lehrbüchern der politischen Erdbeschreibung vorangeschickt zu werden pflegen, und sich nur auf die Aufzählung von Hauptresultaten beschränken, ohne sie durch mathematische Behandlung zu begründen oder zu erläutern, — und den grössern Werken, welche feinere, weniger allgemein verbreitete Kenntnisse der höhern Mathematik voraussetzen, eine schickliche Mittelstrasse zu treffen. In einem solchen Werke erwartet man nicht neue Aufklärungen, die die Wissenschaft selbst weiter bringen, sondern nur, dass eine zweckmässige Auswahl aus dem Bekannten mit Ordnung, Gründlichkeit und Klarheit dargestellt werde, und dieses Ziel hat der Verf. in der That erreicht. Er handelt in zehn Abschnitten von der Gestalt des Erdkörpers im Allgemeinen; von der mathematischen Eintheilung der Erdkugel und ihrer Grösse; von der Umdrehung derselben um ihre Axe und den damit zusammenhängenden Erscheinungen; von den Mitteln, die geographische Breite eines Orts zu bestimmen, und eine Mittagslinie zu ziehen; von der Bewegung der Erde um die Sonne; von der Eintheilung der Himmels- und der Erdkugel in Beziehung auf die Bewegung der Erde um die Sonne, und den Erscheinungen, die auf der Erde aus dieser Bewegung entstehen; von der Zeitbestimmung und den Mitteln zur Bestimmung der geographischen Länge; von der sphäroidischen Gestalt der Erde; von der Verfertigung künstlicher Erdkugeln und der Landkarten; vom Gebrauch der künstlichen Erdkugel zur Auflösung mathematisch geographischer Aufgaben. Wir können nicht anders, als dieser Anordnung und Auswahl im Allgemeinen unsern Beifall geben, wenn gleich unsrer Ansicht nach hie und da noch einige Gegenstände, die nicht berührt sind, hätten aufgenommen, und dagegen andere z. B. die verschiedenen Projectionsarten der Karten allenfalls etwas kürzer hätten abgehandelt werden können. So hätten wir unter andern einige Anleitung gewünscht, die Oberfläche einzelner Länder, wenn auch nur bei der Kugelgestalt der Erde, und den Abstand einzelner Punkte auf der Erdfläche von einander zu berechnen, so wie überhaupt, dass der Gebrauch der sphärischen Trigonometrie nicht so ganz ausgeschlossen wäre. Auch bei der sphäroidischen Gestalt der Erde hätte wohl *bestimmter* herausgehoben werden können, wie der Begriff der geographischen Breite anders modificirt werden müsse als auf der Kugel, und wie von dieser Breite die relative Lage gegen den Erdäquator, die Erdaxe und den Erdmittelpunkt abhängt. Doch diess sind Kleinigkeiten, die dem allgemeinen Werthe des Buchs keinen Abbruch thun, und auf die der Verfasser, wenn vielleicht eine neue Auflage erforderlich sein sollte, zu welcher ein für den Unterricht sehr empfehlenswerthes Buch wohl gelangen kann, leicht wird Rücksicht nehmen können.

---

Göttingische gelehrte Anzeigen. 1816 April 20.

---

*Commentatio in primum elementorum* EUCLIDIS *librum, qua veritatem geometriae principiis ontologicis niti evincitur, omnesque propositiones, axiomatum geometricorum loco habitae, demonstrantur. Auctore* J. C. SCHWAB, *Regi Württembergiae a consiliis aulicis secretioribus, academiae scientiarum Petropolitanae, Berolinensis et Harlemensis Sodali.* (65 Seiten in Octav.) Stuttgart 1814. Typis J. F. STEINKOPF.

*Vollständige Theorie der Parallel-Linien. Nebst einem Anhange, in welchem der erste Grundsatz zur Technik der geraden Linie angegeben wird. Herausgegeben von* MATTHIAS METTERNICH, *Doctor der Philosophie, Professor der Mathematik, Mitglied der gelehrten Gesellschaft nützlicher Wissenschaften zu Erfurt.* 44 Seiten in Octav. Mainz 1815. Auf Kosten des Verfassers in Commission bei FLORIAN KUPFERBERG.

Es wird wenige Gegenstände im Gebiete der Mathematik geben, über welche so viel geschrieben wäre, wie über die Lücke im Anfange der Geometrie bei Begründung der Theorie der Parallel-Linien. Selten vergeht ein Jahr, wo nicht irgend ein neuer Versuch zum Vorschein käme, diese Lücke auszufüllen, ohne dass wir doch, wenn wir ehrlich und offen reden wollen, sagen könnten, dass wir im Wesentlichen irgend weiter gekommen wären, als EUKLIDES vor 2000 Jahren war. Ein solches aufrichtiges und unumwundenes Geständniss scheint uns der Würde der Wissenschaft angemessener, als das eitele Bemühen, die Lücke, die man nicht ausfüllen kann, durch ein unhaltbares Gewebe von Scheinbeweisen zu verbergen.

Der Verfasser der erstern Schrift hatte bereits vor 15 Jahren in einer kleinen Abhandlung: *Tentamen novae parallelarum theoriae notione situs fundatae* einen ähnlichen Versuch gemacht, indem er Alles auf den Begriff von Identität der Lage zu stützen suchte. Er definirt Parallel-Linien als solche gerade Linien, die einerlei Lage haben, und schliesst daraus, dass solche Linien von jeder dritten geraden Linie nothwendig unter gleichen Winkeln geschnitten werden müssen, weil diese Winkel nichts anders seien, als das Maass der Verschiedenheit der Lage dieser dritten Linie von den Lagen der beiden Parallel-Linien. Diese Beweisart ist in der vorliegenden neuen Schrift wiederholt, ohne dass wir sagen könnten, dass sie durch die eingewebten philosophischen Betrachtungen an Stärke gewonnen hätte. Der Behauptung S. 24: Notionem situs e geometria adeo non excludi posse, ut potius notionibus eius fundamentalibus annumeranda sit, *dudum omnes agnovere geometrae* muss in dem Sinne, in welchem der Verf. den Begriff Lage in seinem Beweise gebraucht, jeder Geometer widersprechen. Wenn wir von des Verfassers Definition: Situs est modus, quo plura coëxistunt vel iuxta se existunt in spatio ausgehen, so ist Lage ein blosser Verhältniss-Begriff, und man kann wohl sagen, dass zwei gerade Linien $A, B$ eine gewisse Lage gegen einander haben, die mit der gegenseitigen Lage zweier andern $C, D$ einerlei ist. Aber der Verf. gebraucht das Wort Lage in seinem Beweise als absoluten Begriff, indem er von Identität der Lage zweier nicht coincidirenden geraden Linien spricht. Diese Bedeutung ist offenbar so lange leer und ohne Haltung, bis wir wissen, was wir uns bei einer solchen Identität denken und woran wir dieselbe erkennen sollen. Soll sie an der Gleichheit der Winkel mit *einer* dritten geraden Linie erkannt werden, so wissen wir ohne vorangegangenen Beweis noch nicht, ob eben dieselbe Gleichheit auch bei den Winkeln mit einer vierten geraden Linie Statt haben werde: soll die Gleichheit der Winkel mit *jeder* andern geraden Linie das Criterium sein, so wissen wir wiederum nicht, ob gleiche Lage ohne Coincidenz möglich ist. Wir stehen mithin *nach* des Verf. Beweise noch gerade auf demselben Punkte, wo wir *vor* demselben standen.

Ein grosser Theil der Schrift dreht sich um die Behauptung gegen Kant, dass die Gewissheit der Geometrie sich nicht auf Anschauung sondern auf Definitionen und auf das Principium identitatis und das Principium contradictionis gründe. Dass von diesen logischen Hülfsmitteln zur Einkleidung und Verkettung der Wahrheiten in der Geometrie fort und fort Gebrauch gemacht werde, hat wohl KANT nicht läugnen wollen: aber dass dieselben für sich nichts zu leisten vermögen, und nur taube Blüthen treiben, wenn nicht die befruchtende lebendige Anschauung des Gegenstandes überall waltet, kann wohl niemand verkennen, der mit dem Wesen der Geometrie vertraut ist. Hrn. SCHWAB's Widerspruch scheint übrigens zum Theil nur auf Missverständniss zu beruhen: wenigstens scheint uns, nach dem 16. Paragraph seiner Schrift, welcher von Anfang bis zu Ende gerade das Anschauungsvermögen in Anspruch nimmt, und am Ende beweisen soll, postulata EUCLIDIS in generaliora resolvi posse, non sensu et *intuitione* sed *intellectu* fundata, dass Hr. SCHWAB sich bei diesen Benennungen verschiedener Zweige des Erkenntnissvermögens etwas anderes gedacht haben müsse, als der Königsberger Philosoph.

Obgleich der Verfasser der zweiten Schrift seinen Gegenstand auf eine ganz andere und wirklich mathematische Art behandelt hat, so können wir doch über das Resultat derselben nicht günstiger urtheilen. Wir haben nicht die Absicht, hier den ganzen Gang seines versuchten Beweises darzulegen, sondern begnügen uns, dasjenige hier herauszuheben, worauf im Grunde alles ankommt. Man denke sich zwei im Punkte $N$ unter rechten Winkeln einander schneidende gerade Linien, und fälle von einem Punkte $S$, der ausserhalb dieser geraden Linien aber in derselben Ebne liegt, senkrechte auf dieselben $ST$ und $SM$. Es kommt nun darauf an zu beweisen, dass $MST$ ein rechter Winkel wird. Der Verf. sucht dies apagogisch zu beweisen; zuvörderst nimmt er an, $MST$ sei spitz, fällt von $T$ auf $MS$ das Perpendikel $Tp$, und beweist, dass $p$ zwischen $S$ und $M$ fallen muss. Hierauf fällt er wieder aus $p$ auf $NT$ das Perpendikel $pq$, wo $q$ zwischen $T$ und $N$ fallen wird. Dann fällt er abermals aus $q$ auf $MS$ das Perpendikel $qp'$, wo $p'$ zwischen $p$ und $M$ liegen wird. Sodann abermals aus $p'$ auf $NT$ das Perpendikel $p'q'$ u. s. w. Diese Operationen lassen sich ohne Aufhören fortsetzen, und so werden von der Linie $MS$ nach und nach die Stücke $Sp$, $pp'$ u. s. w. abgeschnitten, die jedes eine angebliche Grösse haben, und deren Zahl unbegrenzt ist. Der Verfasser meint nun, dass dies widersprechend sei. weil auf diese Weise nothwendig $MS$ zuletzt erschöpft werden müsste.

Es ist kaum begreiflich, wie er sich auf eine solche Weise selbst täuschen konnte. Er macht sich sogar selbst den Einwurf, dass die Summe der Stücke $Sp$, $pp'$ u. s. w., wenn die Stücke immer kleiner und kleiner werden, doch, ungeachtet ihre Anzahl ohne Aufhören zunehme, nicht über eine gewisse Grenze hinauswachsen könnte, und meint diesen Einwurf damit zu heben, dass jene Stücke auch wenn sie immer kleiner und kleiner werden, doch immer grösser bleiben, als *eine angebliche Grösse*; nemlich jene Stücke sind Katheten von rechtwinkligen Dreiecken, und folglich immer grösser als der Unterschied zwischen Hypotenuse und der andern Kathete. Fast scheint es, dass eine grammatische Zweideutigkeit den Verf. irre geleitet hat, nemlich der zwiefache Sinn des Artikels *eine* angebliche Grösse. Der Schluss des Verf. würde nur dann richtig sein, wenn sich zeigen liesse, dass die Stücke $Sp$. $pp'$ u.s.w. immer grösser bleiben. als *eine bestimmte* angebliche Grösse, z. B. als der Unterschied zwischen der Hypotenuse $pT$ und der Kathete $ST$. Aber das lässt sich nicht beweisen, sondern nur, dass jedes Stück immer grösser bleibt, als eine angebliche Grösse, die aber selbst für jedes Stück eine andere ist, nemlich $Sp$ grösser als der Unterschied zwischen $pT$ und $ST$, ferner $pp'$ grösser als der Unterschied zwischen $qp'$ und $qp$ u. s. w. Hiemit verschwindet nun aber die ganze Kraft des Beweises.

Auf dieselbe Art, wie er seinen Beweis führen zu können geglaubt hat, könnte er auch beweisen, dass in einem ebnen Dreiecke $ABC$, worin $B$ ein rechter Winkel ist, $C$ nicht spitz sein könne; er brauchte nur aus $B$ ein Perpendikel $BD$ auf die Hypotenuse $AC$ zu fällen, dann wieder das Perpendikel $DE$ auf $AB$ und so ohne Aufhören die Perpendikel $EF$, $FG$, $GH$ u. s. w. wechselsweise auf $AC$ und $AB$. Die Stücke $CD$, $DF$, $FH$ u. s. w. sind immer grösser als der angebliche Unterschied zwischenHypotenuse und einer Kathete *desjenigen* rechtwinkligen Dreiecks, worin jede der Reihe nach die andere Kathete ist, demungeachtet erschöpft ihre Summe offenbar die Hypotenuse $AC$ nie, so gross auch ihre Anzahl genommen wird.

Wir müssten fast bedauern, bei so bekannten und leichten Dingen so lange verweilt zu haben, wenn nicht diese Schrift, deren Verf. es übrigens wirklich um Wahrheit zu thun zu sein scheint, durch die Art wie sie schon vor ihrer Erscheinung in öffentlichen Blättern angekündigt wurde, eine mehr als gewöhnliche Aufmerksamkeit auf sich gezogen hätte. Wir bemerken daher hier nur noch, dass der Verf. nachher auf eine ganz ähnliche, und daher eben so nichtige Art beweisen will, dass der Winkel $MST$ nicht stumpf sein kann: allein hierbei ist doch ein wesentlicher Unterschied, weil in der That die Unmöglichkeit dieses Falles in aller Strenge bewiesen werden kann welches weiter auszuführen aber hier nicht der Ort ist.

---

Göttingische gelehrte Anzeigen. 1822 October 28.

---

*Theorie der Parallelen, von* Carl Reinhard Müller, *Doctor der Philosophie, ausserordentlichem Professor der Mathematik u. s. w.* 40 S. in 4. Marburg 1822.

Rec. hat bereits vor sechs Jahren in diesen Blättern seine Überzeugung ausgesprochen, dass alle bisherigen Versuche, die Theorie der Parallellinien streng zu beweisen, oder die Lücke in der Euklidischen Geometrie auszufüllen, uns diesem Ziele nicht näher gebracht haben, und kann nicht anders, als dies Urtheil auch auf alle späteren ihm bekannt gewordenen Versuche ausdehnen. Inzwischen bleiben doch manche solche Versuche, obgleich der eigentliche Hauptzweck verfehlt ist, wegen des darin bewiesenen Scharfsinns den Freunden der Geometrie lesenswerth, und. Rec. glaubt in dieser Rücksicht die vorliegende bei Gelegenheit einer Schulprüfung bekannt gemachte kleine Schrift besonders auszeichnen zu müssen. Den ganzen sinnreichen Ideengang des Verf. hier ausführlich darzulegen, wäre für unsere Blätter zu weitläuftig und auch überflüssig, da die Schrift selbst gelesen zu werden verdient: aber sie hat ihre schwache Stelle, wie alle übrigen Versuche, und diese herauszuheben, ist der Zweck dieser Anzeige. Wir finden diese schwache Stelle S. 15 in dem Beweise des Lehrsatzes des 15. Artikels. Dieser Lehrsatz ist der wahre Nerv der ganzen Theorie, welche fällt, sobald jener nicht streng bewiesen werden kann. Wir führen daher zuvörderst diesen Lehrsatz hier auf; die dazu gehörige Figur wird jeder leicht selbst zeichnen können.

Wenn jeder Winkel an der Grundlinie $ON$ eines gleichschenkligen Dreiecks grösser ist, als der Winkel an der Spitze $A$, und man setzt in $O$ an die Seite $OA$ einen Winkel von der Grösse des Winkels $A$, dessen anderer Schenkel $OL$ die $AN$ in dem Punkte $L$ zwischen $A$ und $N$ trifft, schneidet alsdann von $AO$ ein Stück $OM = NL$ ab und zieht $ML$; wenn man ferner in $M$ an $MA$ abermals einen Winkel von der Grösse des Winkels $A$ setzt, dessen anderer Schenkel $MC$ die $AN$ in dem Punkte $C$ zwischen $A$ und $L$ trifft, hierauf von $AM$ ein Stück $MB = LC$ abschneidet und $BC$ ziehet, und sodann diese Construction auf ähnliche Art fortsetzt, so dass auf der Linie $OA$ die Punkte $O, M, B, E, G, K$ u. s. w., auf der Linie $NA$ hingegen die Punkte $N, L, C, D, F, H$ u. s. w. liegen, so wird behauptet, dass die Stücke $OM$, $MB$, $BE$, $EG$, $GK$ u.s.w. oder die ihnen resp. gleichen $NL$, $LC$, $CD$, $DF$, $FH$ u. s. w. eine abweichende Progression bilden.

Den Beweis dieses Lehrsatzes sucht der Verf. apagogisch so zu führen, dass er die übrigen möglichen Fälle, wenn der Lehrsatz nicht wahr wäre, aufzählt, und die Unstatthaftigkeit eines jeden zu erweisen versucht. Der Verf. behauptet nemlich, dass unter jener Voraussetzung einer von folgenden fünf Fällen Statt finden müsste. Die auf einander folgenden Stücke, von $OM$ an gerechnet, wären

1) alle einander gleich, oder

2) jedes nachfolgende grösser als das vorhergehende, oder

3) einige einander gleich und das darauf folgende grösser oder kleiner, oder

4) einige auf einander folgende nähmen fortschreitend ab, und die darauf folgenden fortschreitend zu oder

5) sie würden abwechselnd grösser und kleiner.

In dieser Aufzählung ist der mögliche Fall übergangen, dass die Stücke anfangs fortschreitend zu und dann fortschreitend abnähmen, und nach Rec. eigener Überzeugung (deren tiefer liegende Gründe hier aber nicht angeführt werden können) wäre dessen Erledigung gerade die Hauptsache und die eigentliche Auflösung des Gordischen Knotens. Inzwischen kann man zugeben, dass diese Auslassung hier in so fern wenig auf sich hat, als die Beweisart des Verf. für die Unstatthaftigkeit des dritten Falles, wenn sie zulässig wäre, auch auf diesen Fall von selbst erstreckt werden könnte. Allein eben diesem angeblichen Beweise der Unstatthaftigkeit des dritten Falls können wir keine Gültigkeit zugestehen. Der Verf. stellt die Sache so vor. Wenn z. B. in dem dritten Falle angenommen wird, die beiden ersten Stücke seien gleich, das dritte aber grösser, so wäre $DC$ also grösser als $CL$. Da nun aber $AML$ gleichfalls ein gleichschenkliges Dreieck ist, dem dieselbe Grundbedingung zukommt, wie dem ursprünglichen Dreieck $AON$, so müsste, wenn jener dritte Fall mit seiner angenommenen Unterabtheilung der gültige wäre, $DC = CL$ sein, in Widerspruch mit den vorher gefundenen. Wir haben, wie wir glauben, bei diesem Moment des Beweises, das worauf es ankommt, noch etwas klarer und bestimmter nach der Ansicht des Verf. angedeutet, als er es selbst gethan hat, wodurch dann aber auch die Schwäche desselben, wie uns scheint, leichter erkannt wird. Denn offenbar ist hier ganz willkürlich angenommen, dass bei allen gleichschenkligen Dreiecken mit dem Winkel $A$ an der Spitze und grössern Winkel an der Basis, wenn mit ihnen die im Lehrsatz angezeigte Construction vorgenommen wird, die Folge der abgeschnittenen Stücke in Rücksicht auf ihr Gleichbleiben, Grösser oder Kleinerwerden, allemal, unabhängig von der Grösse der Seiten, nothwendig dieselbe sein müsse, eine Annahme, die doch unmöglich als von selbst evident betrachtet werden darf. Da sich nun aber hierauf allein der versuchte Beweis der Unstatthaftigkeit des dritten (wie auch vierten und fünften) Falls stützt, und der ganze Artikel auch keine andere Ressourcen zum Beweise der Unstatthaftigkeit des übergangenen Falls darbietet, so glauben wir hierdurch das oben ausgesprochene Urtheil hinlänglich gerechtfertigt zu haben, wobei wir aber gern der ganzen übrigen sinnreichen Durchführung in den folgenden Artikeln volle Gerechtigkeit widerfahren lassen.

---

Göttingische gelehrte Anzeigen. 1830 Februar 27.

---

*Opérations géodésiques et astronomiques pour la mesure d'un arc du parallèle moyen, exécutées en Piémont et en Savoie par une commission composée d'officiers de l'état major général et d'astronomes Piémontais et Autrichiens en* 1821, 1822, 1823. *Milan, de l'imprimerie impériale et royale: Tome premier* 1825. 238 S. *Tome second* 1827. 412 S. in 4. Nebst einem Heft mit Figuren, Karten und sechs Rundsichten.

Die Idee der grossen Längengradmessung, von welcher die im vorliegenden Werke bekannt gemachten Operationen einen Hauptbestandtheil ausmachen, ist ursprünglich von LAPLACE ausgegangen. Seit dem Jahre 1802 waren in Oberitalien ausgedehnte Dreiecksmessungen, zunächst für topographisch-militärische

Zwecke, durch französische Ingenieurs ausgeführt. Um das Jahr 1811 war ein Dreiecksnetz von Fiume bis Turin vollendet, welches mithin in der Richtung eines Parallelkreises des 45sten Breitengrades sich über sieben Längengrade erstreckte. Um diese Arbeiten auch in höherer wissenschaftlicher Beziehung für die Kenntniss der Gestalt der Erde nützlich zu machen, beschloss das damalige französische Gouvernement, auf LAPLACE's Antrag, dieses Dreiecksnetz im Westen bis zum atlantischen Meere erweitern und die zu einer Längengradmessung erforderlichen Operationen damit verbinden zu lassen. Die sofort mit Eifer angefangene, nachher durch die Zeitereignisse eine Zeitlang unterbrochene, bald aber wieder mit gleicher Thätigkeit fortgesetzte Arbeit war im J. 1818 so weit gediehen, dass das Dreiecksnetz über das französische Gebiet vom atlantischen Meere bei Bordeaux bis an die Grenze von Savoyen gemessen war. Es fehlte also, zur Vollendung des geodaetischen Theils, nur noch das in den Staaten des Königs von Sardinien liegende Stück. Das dortige und das Oesterreichische Gouvernement, beide die wissenschaftliche Wichtigkeit dieser grossartigen Unternehmung lebhaft anerkennend, beschlossen, durch eine aus Astronomen und Officieren beider Staaten zusammengesetzte Commission sowohl die noch fehlenden geodaetischen, als die in Italien erforderlichen astronomischen Operationen ausführen zu lassen. Diese Arbeiten machen den Inhalt des vorliegenden, wie es scheint von den Astronomen CARLINI und PLANA gemeinschaftlich redigirten Werks aus.

Der erste Theil ist ausschliesslich den geodaetischen Operationen gewidmet. Die beiden östlichen Endpunkte des Dreiecksnetzes in Frankreich, der Mont Colombier und der Mont Granier (unweit Chambery) bilden die Seite, von welcher die neue Messung ausgehen und bis zur westlichsten Seite des Netzes in der Lombardei, Massé — Superga (bei Turin) fortgeführt werden musste. Man hätte erwarten sollen, dass in diesem Terrain, wo sich die höchsten Gebirge von Europa befinden, die Bildung grossartiger Dreiecke leicht, und eine sehr kleine Anzahl von Zwischenpunkten — die Entfernung des Mont Granier von Superga beträgt nur 150000 Meter. — zur Verbindung hinreichend gewesen wäre. Allein gerade umgekehrt hatte man auf dieser mässigen Strecke mit den grössten Schwierigkeiten zu kämpfen, insofern die Spitzen der höheren Berge gar nicht oder schwer zugänglich sind, die Baumaterialien für die Signale nur mit grösster Anstrengung hinaufgeschafft werden können, und die heftigen Stürme sowohl diese Signale bedrohen, als die Beobachtungen selbst in hohem Grade erschweren. Man fand sich durch diese Umstände bewogen, eine verhältnissmässig grosse Anzahl ziemlich kleiner Dreiecke zu bilden: es sind sechszehn, und die kleinste Verbindungsseite ist nur 18671 Meter lang. Wir dürfen jedoch nicht unbemerkt lassen, dass die Heliotrope, welche alle Signale ganz entbehrlich, und die Messung der Winkel in den allergrössten Dreiecken eben so leicht und scharf, wie bei den kleinsten, machen, damals in Italien noch nicht bekannt waren.

Zur Messung der Winkel dienten achtzollige Theodolithen von Reichenbach. Die Piemontesischen und Oesterreichischen Officiere theilten sich nicht in die Arbeit, sondern jene und diese bestimmten sämmtliche Winkel des Systems unabhängig für sich. Man erhielt also von jedem einzelnen Winkel zwei Bestimmungen, aus denen nach Massgabe der Anzahl der Serien, die dazu concurrirt hatten, das Mittel als Definitivwerth angenommen wurde. Meistens beruhen die Resultate der Piemontesischen Officiere auf sechs Serien, jede zu 10 Repetitionen; die der Oesterreichischen grösstentheils auf zwei, einige auf drei oder vier Serien. Alle Messungen sind im grössten Detail abgedruckt, doch ohne Nennung der Beobachter, von denen jede einzeln herrührt.

Bei einer so ausgedehnten Operation hat die Kenntniss der bei den Winkelbestimmungen erreichten Genauigkeit ein grosses Interesse. Die Winkelsummen in den einzelnen Dreiecken bieten ein Mittel dazu dar, welches freilich nach Umständen etwas trüglich sein kann. Darf man die vorliegenden danach beurtheilen, so haben sie allerdings eine bewunderungswürdige Genauigkeit. Der grösste Fehler der Winkelsumme bei den 16 Dreiecken ist nur 1″16; der mittlere Fehler findet sich 0″70, und der mittlere Fehler einzelner Winkel würde folglich nur 0″40 sein. Prüfungsmittel durch Diagonalrichtungen oder Polygonbildungen sind gar nicht vorhanden. Allein die Vergleichung der doppelten Bestimmungen der 48 Winkel unter sich deutet ganz entschieden auf eine bei weitem grössere Ungenauigkeit der Resultate hin; wir finden hier 13 wo der Unterschied über 3″, und darunter 5 wo er über 5″ steigt, ja bei einer, gleich in dem ersten Dreiecke, weicht die auf 80 Repetitionen gegründete Bestimmung der Piemontesischen Officiere von der auf 48 Repetitionen beruhenden der Oesterreichischen um 9″2 ab. Bei so grossen Differenzen kann man sich der Vermuthung nicht erwehren, dass die richtige Würdigung der eigentlichen Genauigkeit der Messungen noch von Nebenumständen abhängt, von welchen das Werk uns keine Kenntniss gibt.

Noch ein paar Bemerkungen glauben wir beifügen zu müssen. Wir finden bei sämmtlichen Messungen, dass man beim Anfange jeder Serie immer den Index auf 0 zurückbrachte, ein Verfahren, welches wir nicht billigen können, weil dadurch, wie sehr man auch die Anzahl der Serien vervielfältigt, immer derselbe vom Theilungsfehler abhängige constante Fehler im Resultate zurückbleiben muss. — Bei den Messungen der Piemontesischen Officiere ist jedesmal der Zustand der Luft angezeigt. Unter 414 Messungsreihen zählen wir 320, wo Windstille, und 94, wo Wind angezeigt ist: ein so günstiges Verhältniss hätte man an so hochliegenden Standpunkten (die Höhe des höchsten über der Meeresfläche beträgt 3534 Meter) kaum erwartet.

Der zweite Band enthält in zehn Abschnitten die Arbeiten der Astronomen. In den beiden ersten Abschnitten finden wir die auf die Längengradmessung Beziehung habenden Bestimmungen von Längenunterschieden durch Pulversignale. Die ersten Versuche dieser Art wurden im September 1821 gemacht; die Pulversignale wurden auf der Rocca Melone gegeben, und auf der 170,000 Meter entfernten Sternwarte von Mailand und auf dem nahen Mont Cenis beobachtet. Für die Zeitbestimmung an letzterm Platze war in dem Garten des Hospizes eine kleine Sternwarte errichtet und ein Mittagsfernrohr von Fortin darin aufgestellt, welches jedoch nicht von ausgezeichneter Güte gewesen zu sein scheint, wie in Beziehung auf die Zapfen, einen wesentlichen Theil, ausdrücklich bemerkt wird. Die Rocca Melone war hier nicht sichtbar; man musste sich, um die Signale zu sehen, an eine etwas entfernte Stelle begeben, wohin man die Zeit mit einem Chronometer von Earnshaw übertrug. Auch die Beobachtungen am Mittagsfernrohre wurden meistens an diesem Chronometer notirt, aber nicht vom Beobachter selbst, sondern nach einem von diesem gegebenen Zeichen, durch einen Gehülfen. Alle diese Umstände vereinigen sich freilich, das Zutrauen zu der Genauigkeit des Endresultats zu verringern, wenn gleich die drei partiellen Resultate von den drei Beobachtungstagen sehr gut übereinstimmen. Es kommt dazu, dass man hier die Zeitbestimmung aus Sternen, in Mailand aus Sonnendurchgängen erhielt und endlich, dass, wie es scheint, die Rechtwinkligkeit der optischen Axe des Fortinschen Mittagsfernrohrs zu dessen Drehungsaxe gar nicht berichtigt wurde, wenigstens wird dieses wichtigen Umstandes bei diesen Beobachtungen gar nicht erwähnt.

Bei den Operationen ähnlicher Art im Jahr 1822 ging man in jeder Beziehung mit mehr Vorsicht zu Werke. Sie dienten, durch Pulversignale auf dem Mont Tabor den Mont Cenis mit dem Mont Colombier, und durch Pulversignale auf dem Berge Pierre sur autre den Mont Colombier mit dem französischen Dreieckspunkte Puy d'Usson zu verbinden; zugleich wurden noch auf dem Mont Colombier selbst Signale gegeben, die zur Verknüpfung dieses Platzes mit der Sternwarte von Genf dienten. Die Zeitbestimmung auf dem Mont Cenis und dem Mont-Colombier war auf Beobachtungen an Mittagsfernröhren von LENOIR*) und GRINDEL, die für den französischen Standpunkt auf absolute mit einem Repetitionskreise gemessene Sternhöhen gegründet (vgl. *Conn. des tems* 1829 und unsere Anz. 1828 Jan. 10). Auf dem Mont Cenis war man genöthigt, sich drei Stunden Weges von dem Hospiz jedesmal zu entfernen, um die Signale sehen zu können. Endlich finden wir hier noch die Bestimmung des Längenunterschiedes zwischen den Sternwarten von Turin und Mailand durch Pulversignale auf dem S. Bernardo di Fenera zu drei verschiedenen Zeiten 1823...1824, wobei alle Umstände so günstig waren, wie sie nur bei Operationen dieser Art sein können.

Der dritte Abschnitt enthält die Breitenbestimmungen der Sternwarten auf dem Mont Cenis, dem Mont Colombier und in Turin, die beiden ersteren mit Repetitionskreisen von TROUGHTON und REICHENBACH, die letzte mit dem REICHENBACHschen Meridiankreise. Die letztern Beobachtungen zeigen nicht ganz den Grad von Uebereinstimmung, an welchen man sonst bei diesen Instrumenten gewöhnt ist. Die Verf. haben dies selbst bemerklich gemacht. und lassen es auf sich beruhen, ob solche Anomalien Realität haben, oder von irgend einem Fehler in der Behandlung des Instruments abhangen, der sich in Zukunft aufklären lassen werde. Ref. bescheidet sich, dass bei der Mannigfaltigkeit der Aufmerksamkeiten, welche dieses Instrument erfordert, niemand, ohne an Ort und Stelle zu sein, auch nur eine plausible Vermuthung darüber aufstellen könne, findet aber in der Art, wie die Verf. sich über jene Anomalien geäussert haben, eine Aufforderung, aus seiner eigenen Erfahrung ein Beispiel anzuführen, wie geringfügige Umstände zuweilen den Beobachtungen nachtheilig werden können. Während einer Reihe von Jahren war die schöne Harmonie in den Beobachtungen an einem dem Turiner ganz gleichen Meridiankreise nur ein einzigesmal eine Zeit-

---

*) Nach einigen Umständen zu schliessen, scheint 1821 und 1822 dasselbe Mittagsfernrohr auf dem Mont Cenis gebraucht zu sein, obgleich hier ein anderer Verfertiger genannt ist.

lang gestört, und eine vorher *nie* vorgekommene bedeutende Wandelbarkeit des Collimationsfehlers bemerklich. Die Quelle davon fand sich, nachdem sie vorher vergeblich in mancherlei andern Umständen gesucht war, in einem Knötchen des Fadens, welcher um die den Verschluss der Libelle sichernde Blasenhaut gebunden war, und, ein klein wenig zu dick, die innere Fläche der Hülse berührte: nachdem dieses Knötchen weggeschnitten war, so dass die Glasröhre bloss die nur wenig vortretenden Schraubenspitzen berührte, war die Beständigkeit des Collimationsfehlers, und die frühere schöne Harmonie aller Beobachtungen sogleich wieder hergestellt. Auch bei den in Frage stehenden Turiner Beobachtungen bemerken wir bedeutende Wandelbarkeit in dem Collimationsfehler, wir meinen nicht die grösseren Veränderungen von mehreren Minuten, die ohne Zweifel ihren guten dem Astronomen bekannten, obwohl bei den Beobachtungen nicht angeführten Grund gehabt haben, sondern die kleinern, welche zufällig scheinen. Gegenwärtig, wo man ein so vortreffliches Mittel hat, den Collimationsfehler jeden Augenblick ohne Umlegen zu bestimmen, wird die Auffindung der Ursache von ähnlichen Anomalien um so mehr erleichtert.

Im vierten Abschnitt wird der Anschluss des Mont Cenis an das Dreieckssystem vermittelst einer besondern Triangulirung und einer kleinen auf dem Plateau des Berges gemessenen Grundlinie, wie auch die astronomische Bestimmung des Azimuths der Verbindungslinie Mont Cenis — Bellecombe mitgetheilt. Letztere ist zweimal gemacht; die Resultate der Jahre 1821, 1822, mit Repetitionskreisen von Throughton und Reichenbach, weichen 8″6 von einander ab, und man nahm, obgleich die spätere Bestimmung bei weitem zuverlässiger scheint, aus beiden das Mittel.

Eben so enthalten die beiden folgenden Abschnitte die astronomischen Bestimmungen der Azimuthe der Richtungslinien Mont Colombier — Mont Granier und Turin neue Sternwarte — Superga. In allen drei Fällen dienten die Meridianzeichen der resp. Mittagsfernröhre zur Grundlage dieser Bestimmungen. Endlich finden sich noch im sechsten Abschnitt die Operationen, durch welche eine früher von Oriani auf der Mailänder Sternwarte gemachte astronomische Azimuthalbestimmung auf die Orientirung der Seite in dem französischen Dreieckssystem Mailand Domthurm — Busto übertragen wurde.

Im siebenten Abschnitte werden nun aus diesen ausgedehnten Operationen die Resultate für die Längengradmessung abgeleitet. Man bezog die Messungen auf den Parallelkreis, in welchem der Krümmungshalbmesser des Meridians dem Halbmesser eines Kreises gleich ist, dessen Umfang dem ganzen elliptischen Meridian gleich wird: die Breite dieses Parallelkreises findet sich, für die zum Grunde gelegte Abplattung 0,00324, $45^0 3' 29'' 2$. Die geodaetischen Messungen ergeben den ganzen Bogen dieses Parallelkreises zwischen den Meridianen von Mailand (Sternwarte) und von Usson zu 475121,06 Meter, während die Beobachtungen der Pulversignale für den Längenunterschied $6^0 1' 41'' 7$ gegeben haben. Man kann diese Zahlen als das Hauptresultat der Messungen betrachten. Die Vergleichung eines solchen Längengradbogens mit dem Resultat einer Breitengradmessung kann, theoretisch genommen, die Bestimmung der Erdabplattung geben: die Verf finden aus einer solchen Vergleichung ihres Resultats mit dem Bogen von Greenwich bis Formentera die Abplattung $\frac{1}{241}$ Wie wenig Zuverlässigkeit aber auf diese Weise erreicht werden kann, zeigt sich am auffallendsten, wenn man anstatt des ganzen Bogens die einzelnen Stücke auf ähnliche Art behandelt. Ref. findet so aus der Vergleichung desselben Meridianbogens mit dem Stück d'Usson — Colombier die Abplattung $\frac{1}{169}$, mit dem zweiten Stück Colombier — Mont Cenis $\frac{1}{226}$, mit dem vierten Turin — Mailand $\frac{1}{110}$, mit dem dritten Stück Mont Cenis — Turin hingegen eine Allongation $\frac{1}{82}$. In dieser Beziehung ist also hiervon für die schärfere Bestimmung der Erddimensionen wenig zu erwarten: allein desto wichtiger sind die Resultate, indem sie eine neue Bestätigung der Unregelmässigkeit der Erdfigur liefern, die sich gerade in Oberitalien im grössten Massstabe zeigt. Am deutlichsten treten diese Unregelmässigkeiten hervor, wenn man die astronomisch bestimmten Längenunterschiede mit den aus den geodaetischen Messungen, nach einer plausibeln Hypothese über die Erdfigur im Grossen, berechneten vergleicht. Die Verf. haben diese Rechnung mit der Abplattung 0,00324 und dem Aequatorshalbmesser 6376986 Meter geführt: auf diese Weise ergeben sich die westlichen Längenunterschiede mit Mailand in Zeit

| | astronomisch | geodaetisch | Unterschied |
|---|---|---|---|
| Turin | 5′ 58″ 85 | 6′ 0″ 93 | — 2″ 08 |
| Mont Cenis | 9 0, 20 | 8 59, 49 | + 0, 71 |
| Colombier | 13 44, 23 | 13 43, 84 | + 0, 39 |
| D'Usson | 24 6, 78 | 24 8, 02 | — 1, 24 |

Je weniger sich hier der anomalische Gang verkennen lässt, desto interessanter wird die Frage, ob die astronomisch bestimmten Azimuthe der Dreiecksseiten ähnliche Anomalien zeigen. In der That steht, nach einem von LAPLACE zwar unter speciellen Beschränkungen aufgestellten, aber einer grossen Generalisirung fähigen Theorem, die Convergenz der Meridiane in einem nothwendigen und von der Gestalt der Erde unabhängigen Zusammenhange mit dem Längenunterschiede, so dass die Ungleichförmigkeiten der einen sich aus denen der andern, beim Fortschreiten in einer Kette von geodaetischen Linien, *a priori* berechnen lassen. Da, wie wir berichtet haben, die astronomischen Azimuthalbestimmungen an den vier Hauptplätzen, Mailand, Turin, Mont Cenis und Colombier mit vieler Sorgfalt gemacht waren, so haben die Verf. mit diesen Orientirungen an den drei letzten Plätzen diejenigen verglichen, welche die Übertragung der Orientirung in Mailand vermittelst der geodaetischen Messungen ergibt, und dabei dieselben vorhin angezeigten Dimensionen des Erdsphäroids zum Grunde gelegt. Die Differenzen sind

| | |
|---|---|
| für Turin | — 5″ 5 |
| Mont Cenis | — 51, 2 |
| Colombier | — 25, 2 |

Auch hier erkennt man also ungemein grosse Anomalien. Allein wenn man nach dem erwähnten Theorem daraus die Anomalien der Längenunterschiede berechnet (was durch Division mit dem funfzehnfachen Sinus der Breite von Mailand und Veränderung des Zeichens geschieht), so ergeben sich Werthe, die von den unmittelbar gefundenen ganz verschieden sind, nemlich

| | berechnete Anomalie | Unterschied von der beobacht. Anomalie |
|---|---|---|
| Turin | + 0″ 52 | + 2″ 60 |
| Mont Cenis | + 4, 81 | + 4, 11 |
| Colombier | + 2, 34 | + 1, 95 |

Die Verf. bemerken über *diese* Unterschiede bloss, dass sie zu gross seien, um der Anhäufung der Fehler bei den Winkelmessungen zur Last gelegt werden zu können, und lassen uns also im Dunkeln darüber, was wir von ihnen denken sollen. Nach unserer Ansicht sind diese drei Zahlen insofern von grösster Wichtigkeit, als sie uns einen nicht zurückweisbaren Maassstab für die Genauigkeit der Operationen selbst geben, da sie (Rechnungsfehler bei Seite gesetzt bis auf unmerkliche Kleinigkeiten nichts anderes sein können, als die Aggregate der Fehler, die bei den astronomischen Längenbestimmungen, den Azimuthalbestimmungen, und den Messungen der Winkel im Dreiecksnetze begangen sind. Man kann freilich diese Einflüsse nicht trennen, allein das Dasein des Gesammtfehlers, unabhängig von den Irregularitäten der Erdfigur, ist eine unleugbare Thatsache, wenn auch die Meinung, die man sonst wohl von der *absoluten*, bei allen drei Geschäften erreichten Genauigkeit gehabt hat, merklich herabgestimmt werden muss. Vermuthlich hat jedes seinen Antheil beigetragen, obwohl wir geneigt sind, die grössere Hälfte den gemessenen Dreieckswinkeln zuzuschreiben. Die meisten Operationen, welche Bestandtheile dieser Vergleichungen sind, finden wir zwar in diesem Werke, aber die Winkelmessungen zwischen Mailand und Superga, die in frühern Jahren von französischen Ingenieurs ausgeführt waren, nur in abgekürzter Form, und schon ausgeglichen, so dass man über den Grad ihrer Genauigkeit gar nicht urtheilen kann; inzwischen finden wir in der *Connaissance des tems* 1829 S. 288, dass Fehler in den Winkelsummen bis zu 6″8 dabei vorkommen. Auch das bei Verbindung der Sternwarten von Mailand nach Turin, in Beziehung auf die Übertragung der Orientirung sehr wesentliche Dreieck, Superga, alte und neue Sternwarte von Turin (S. 254) scheint nicht ganz mit der erforderlichen Genauigkeit gemessen zu sein. Es wäre sehr zu wünschen, dass zur Aufklärung dieses so wichtigen Gegenstandes, wenigstens so weit von den beiden Sternwarten die Rede ist, eine neue geodaetische Verbindung derselben von den dortigen Astronomen ausgeführt werden möchte, was unter Anwendung von zwei Heliotropen und Benutzung des von beiden Sternwarten sichtbaren Platzes S. Bernardo di Fenera äusserst leicht sein würde; insofern dort, wie wohl nicht zu zweifeln ist, auch nur einer der übrigen frühern Zwischenpunkte sichtbar ist, würde die ganze Arbeit bloss die Messung von vier Winkeln nöthig machen.

Eine sehr interessante und verdienstliche Arbeit erhalten wir im achten Abschnitt, eine vollständige Wiederholung der von Beccaria 1762...1764 ausgeführten Breitengradmessung. Bekanntlich liess sich das Resultat dieser Messung mit den in andern Ländern gemessenen Graden gar nicht in Übereinstimmung bringen; die Krümmung des Bogens zwischen den Endpunkten Mondovi und Andrate war viel geringer, als sie bei regelmässig vorausgesetzter Erdfigur sein sollte. Die neue Messung hat gezeigt, dass Beccaria bei der astronomischen Bestimmung dieser Krümmung allerdings einen Fehler von 13″41 begangen hat (der bei der Unvollkommenheit seiner Instrumente sehr verzeihlich ist); allein das Zeichen dieses Fehlers ist das entgegengesetzte von dem vermutheten, und die Anomalie wird also noch um so viel vergrössert. Die nach obigen Elementen aus den geodaetischen Messungen berechnete Amplitudo ist nemlich (auf Beccarias Endpunkte reducirt) 1° 8′ 18″91; die aus Beccarias astronomischen Beobachtungen sich ergebende 1°7′44″30, und die neue Bestimmung 1°7′31″07. Die neue Messung ist mit so guten Hülfsmitteln und mit so ausgezeichneter Sorgfalt ausgeführt, dass man gezwungen ist, diesen grossen Unterschied von 47″84 fast ganz als eine Unregelmässigkeit der Erdfigur zu betrachten, die merkwürdigste Thatsache dieser Art, die bisher in den Annalen der höhern Geodaesie vorgekommen ist. Höchst wahrscheinlich ist die Attraction der diese Messung in Norden und Süden begrenzenden Alpenketten eine Hauptursache dieses Phänomens, allein eben so wahrscheinlich hat die ungleiche Dichtigkeit der untern Erdschichten, vielleicht bis zu grosser Tiefe hinab, nicht minder Antheil daran. Wenigstens lassen sich ähnliche bei ganz in der Ebene liegenden Punkten vorgekommene Unterschiede von sehr bedeutender Grösse (z. B. eine Anomalie von 21″9 zwischen Mailand und Parma) nicht wohl anders erklären. Wir setzen hinzu, dass je mehr die sorgfältig ausgeführten Gradmessungen vervielfältigt werden, desto mehr die Ueberzeugung Platz gewinnt, dass solche Abweichungen nur in Rücksicht auf ihre Grösse, aber nicht an sich als Ausnahmen betrachtet werden dürfen, und dass sich solche nach grösserm oder kleinerm Massstabe überall zeigen. Die Verf. haben eine interessante vergleichende Übersicht der durch astronomische Beobachtungen bestimmten und der durch geodaetische Messungen berechneten Polhöhen von 34 über halb Europa zerstreueten und durch Dreiecke unter sich verbundenen Punkten gegeben. Freilich hat man dieselbe nur wie einen unvollkommenen Versuch zu betrachten, da sie grossentheils nur auf unbeglaubigten fragmentarischen Notizen von den Resultaten der geodaetische Messungen beruht: denn leider sind die meisten dieser Messungen in Frankreich, Italien, Oesterreich und Baiern noch immer nicht bekannt gemacht.

Derselbe Abschnitt enthält ausserdem noch die neue Messung einer kleinen Grundlinie bei Turin, wodurch einige Umstände, welche die von Hrn. von

ZACH im Jahre 1809 dort ausgeführte Triangulirung betreffen, noch mehr ins Licht gesetzt werden.

Im folgenden Abschnitt findet man verschiedene mit dem Zustande der Atmosphäre im Zusammenhange stehende interessante Beobachtungen und Untersuchungen, nemlich gleichzeitige meteorologische Beobachtungen im Hospiz des Mont Cenis und in Mailand; barometrische Höhenbestimmung des ersteren Punktes und des Mont Colombier; trigonometrische Höhenbestimmung des Montblanc (4802,7 Meter) und des Monte Rosa (4619,6 Meter); endlich Untersuchungen über die terrestrische Refraction. Letztere wird aus den an drei Punkten (Mailand, Turin, Mondovi) beobachteten Elevationen dreier Berge Rocca Melone, Monte Viso und Monte Rosa bestimmt, wobei die absoluten Höhen der drei Standpunkte vorausgesetzt, und die Höhen der beobachteten Punkte eliminirt werden, ein Verfahren, welches wenig Sicherheit geben kann, und wie eine genauere Prüfung zeigt, auch wenig Übereinstimmung gegeben hat. Wir möchten also auf das Endresultat für das Verhältniss der Erdkrümmung zur *ganzen* Refraction (5,28 zu 1) wenig Gewicht legen: die Berechnung von sechs Paaren reciproker Zenithdistanzen zwischen Hauptdreieckspunkten gibt uns dieses Verhältniss im Mittel weit kleiner, nemlich 1 zu 0,1235, sehr nahe übereinstimmend mit den bei der Hannoverschen und Liefländischen Gradmessung gefundenen Resultaten.

Der zehnte Abschnitt beschäftigt sich mit der vielbehandelten Aufgabe, aus der Breite eines Endpunktes einer gegebenen Dreiecksseite und deren Azimuth in jenem Endpunkte, dieselben Dinge für den andern Endpunkt, und den Längenunterschied auf dem elliptischen Sphäroid zu finden. Die Entwickelung enthält nur eine Umformung der LEGENDREschen Formeln, um anstatt der sogenannten reducirten Breite die wahre einzuführen. Die Formeln sind bis zu den Grössen der dritten Ordnung genau, insofern man die Abplattung und die Dreiecksseite (den Erdradius als Einheit angenommen) wie Grössen der ersten Ordnung betrachtet. Bei der Anwendung auf die gegenwärtigen Messungen hat man die Grössen der dritten Ordnung weggelassen, weil diess für die Ausübung genau genug sei. Diess ist jedoch nur insofern zuzugeben, als man die Resultate bloss zur Vergleichung mit den astonomischen Bestimmungen gebrauchen will, wo es allerdings unnöthig ist, in die Berechnung von jenen eine viel grössere Schärfe zu legen, als diese zulassen. Geht man aber von einem andern Gesichtspunkte aus, nemlich die geodaetischen Resultate so genau zu berechnen wie es die Messungen selbst verstatten, so dass man rückwärts aus jenen (den geodaetischen Längen und Breiten) die Winkelmessungen wieder wenigstens mit derselben Genauigkeit soll berechnen können, mit der sie angestellt sind, so sind jene abgekürzten Formeln bei weitem nicht zureichend, und bei sehr grossen Dreiecken muss man dann sogar wünschen, auch noch die Glieder der vierten Ordnung berücksichtigen zu können. Bei einer andern Form der Rechnung lässt sich diess durch sehr geschmeidige Methoden erreichen: es kann hier aber nicht der Ort sein, diess weiter zu entwickeln, und wir begnügen uns, diess Bedürfniss der höheren Geodaesie hier angedeutet zu haben. Das Werk selbst bietet verschiedene Fälle dar, wo die grossen Vortheile einer solchen Behandlungsweise fühlbar werden: so sind z. B. die auf der Turiner Sternwarte bei Gelegenheit der Azimuthalbestimmungen gemachten Einschneidungen der Dreieckspunkte Masse, Monte Soglio und Rocca Melone gar nicht benutzt, die unter jener Voraussetzung eine sehr schätzbare Controlle und Vergrösserung der Genauigkeit mit Leichtigkeit gegeben haben würden.

---

Göttingische gelehrte Anzeigen. 1830 April 29.

---

*Mémorial du dépôt général de la guerre, imprimé par ordre du ministre.* T. I, 1829 (für 1802—1803), 696 S. T. III, 1826 (für 1825), 466 S. T. IV, 1828 (für 1826), 494 S. T. V, 1829 (für 1827—1828), 490 S. in 4. Nebst vielen Karten und Planen. Paris bei Picquet.

Die militärische Zeitschrift unter obigem Titel nahm im Jahre 1802, auf Veranlassung des Generals Andreossy, damaligen Directors des Depot, ihren Anfang. Man wollte nach und nach einen Theil der Schätze dieses grossartigen, während der Revolutionskriege ins unermessliche bereicherten Instituts, für die Kriegswissenschaft und die Hülfskenntnisse, Geschichte, Topographie, Geodaesie, Statistik u. s. w. gemeinnützig machen, und dazu die Musse des damals eingetretenen Friedens benutzen. So erschienen rasch nach einander die ersten Nummern dieser Zeitschrift; als jedoch der Krieg bald wieder ausbrach, gerieth der Fortgang derselben allmählich wieder ins Stocken, und mit der siebenten

Nummer (1810) hörte sie ganz auf. Von dem General Guilleminot, welcher im Jahr 1822 die Direction des Depot übernahm, wurde zuerst die Idee einer regelmässigen Fortsetzung der Zeitschrift gefasst, und von dessen interimistischem Stellvertreter, dem General Delachasse de Verigny zur Reife gebracht. Man beschloss zugleich einige Abänderung in der Form eintreten, und in dem für die Fortsetzung gewählten Quartformat auch die sieben ältern Stücke, wovon die Exemplare vergriffen waren, von neuem abdrucken zu lassen. Zu diesem neuen Abdruck der früheren Stücke sind die beiden ersten Bände der neuen Ausgabe bestimmt, wovon der erste nebst drei Bänden der Fortsetzung vor uns liegt; der zweite soll nächstens nachgeliefert werden.

Das *Dépôt de la guerre* wurde zuerst 1688 unter Ludwig XIV. Regierung durch den Minister Louvois gestiftet: es war jedoch Anfangs nur ein Archiv, in welchem die gesammte officielle Armee-Correspondenz hinterlegt wurde. Zu seiner gegenwärtigen Einrichtung ist es erst nach und nach durch Erweiterung seines Umfangs und Consolidirung seiner Organisation gelangt, und seinen eigenthümlich grossartigen Character hat es erst erhalten, seitdem es der Mittelpunkt geworden ist, wo sich alle Früchte der Arbeiten eines selbstständigen Corps, der Ingenieurs-Geographen, vereinigen. Einen Begriff von dem Umfange der Thätigkeit des Instituts gibt der Umstand, dass die jährlichen Kosten im Jahr 1801 auf 110000 Franken angeschlagen wurden, worin die Gehalte des Personals nicht mit begriffen waren; letztere betrugen 1793 die Summe von 231100 Franken.

An eine Zeitschrift, welche aus einer so überschwenglich reichen Quelle schöpfen kann, darf man grosse Ansprüche machen, und diese werden um so vollkommner befriedigt werden, je mehr die Herausgeber ihr Hauptaugenmerk auf die Bekanntmachung wichtiger, dem Publicum bisher verschlossener Materialien richten, und dasjenige, wodurch die Wissenschaft nicht weiter gebracht wird, ausschliessen werden.

Von diesem Ideal finden wir die ältern Artikel viel weiter entfernt, als die neuere Fortsetzung. In der That sind die Artikel des ersten Bandes, wenn wir einen Aufsatz über die Hydrographie eines Theils von Frankreich und eine Notiz über die Geschichte des *Dépôt de la guerre* ausnehmen, von der Art, dass sie eben so gut hätten geschrieben werden können, wenn auch das *Dépôt* gar nicht vorhanden gewesen wäre, und ohne das Interesse zu leugnen, welches mehrere Aufsätze vor dreissig Jahren haben konnten und zum Theil noch jetzt haben, kann man doch einen grossen Theil des Inhalts nur für Dissertationen erkennen, in denen elementarische Gegenstände mit mehr Breite als Tiefe abgehandelt werden. Es würde jedoch unpassend sein, diese Arbeiten, die einer längst vergangenen Zeit angehören, jetzt noch einer speciellen Kritik zu unterwerfen.

Weit gehaltvoller erscheint dagegen die neue Fortsetzung, worin der Militär, der Geschichtsforscher, der Geograph reichen Stoff zur Belehrung antreffen. Wir nennen hier nur die Darstellung der Schlacht bei Marengo die Geschichte des Feldzugs in Deutschland im Jahre 1800 (welche beinahe den ganzen fünften Band ausfüllt), die militärische Beschreibung des Flussgebiets der Donau, alles durch eine grosse Menge von Karten und Planen erläutert; die Verhandlungen einer besonders dazu niedergesetzten Commission über die zweckmässigste Art der Terraindarstellung, worin dieser Gegenstand vielseitig erwogen und durch eine beträchtliche Anzahl von Probezeichnungen nach verschiedenen Methoden versinnlicht wird. Nicht ohne Interresse wird man in der Correspondenz des Grafen de Gisors mit seinem Vater dem Herzog de Belle-Isle die Unterredungen lesen, welche ersterer mit Friedrich dem Zweiten ein Jahr vor dem Ausbruche des siebenjährigen Krieges über militärische Gegenstände hatte; imgleichen eine Reihe von bisher ungedruckten zum Theil eigenhändigen, auch mit einem Facsimile begleiteten Briefen Ludwig XIV., wenn gleich nicht alle Leser sie von dem Standpunkt betrachten können, auf welchen die Herausgeber die französischen Leser stellen wollen, indem sie in der Einleitung dazu bemerken: Montesquieu *regarde comme le devoir de tout écrivain homme de bien de contribuer, autant qu'il est en lui, à donner a ses concitoyens des raisons d'aimer ceux à qui ils doivent obéir. Rien n'entre mieux dans cette noble pensée de* Montesquieu, *que la publication de ces lettres et de celles qui pourront les suivre, et tout le monde reconnoîtra dans les successeurs du grand roi tout ce que son coeur avait de paternel et son âme d'héroïque.* Endlich dürfen wir nicht mit Stillschweigen übergehen die Nachrichten, welche im 3. und 4. Bande über die neue grosse Karte von Frankreich gegeben werden, deren Ausführung durch eine königliche Ordonnanz vom 6. August 1817 befohlen wurde. Man wollte Anfangs die Aufnahme in dem Maassstabe von 1 zu 10000 und den Stich in dem Maassstabe von 1 zu 50000 ausführen, wobei die Anzahl aller Blätter auf 611, jedes 800 Millimeter breit und 500 Millimeter hoch, angeschlagen wurde, und glaubte die ganze Arbeit in 20 Jahren vollenden zu können. Man liess jedoch diesen Plan bald fahren, und beschränkte den Maassstab für die Aufnahme auf das Verhältniss 1 zu 40000, und für den Stich auf das Verhältniss 1 zu 80000 wonach die Anzahl der Blätter (von derselben Grösse wie oben) auf 208, die erforderliche Zeit auf 15 Jahr, die Kosten für die Arbeit, den Stich und den Abdruck von 3000 Exemplaren auf 4232000 Franken, endlich der Verkaufspreis jedes Blattes auf 7 Franken 50 Centimen, oder der ganzen Karte auf 1560 Franken veranschlagt werden. Die ganze Arbeit gehört zum Ressort des Depot, allein es ist dabei auf die Mitwirkung des Katasters gerechnet, obwohl aus dem Bericht nicht recht klar ist, in welchem Maasse: wie es scheint wird von dieser (von einem andern Ministerium abhängigen) Behörde das ganze Detail erwartet, so dass den Ingenieurs-Geographen bei der Aufnahme nur die trigonometrischen Arbeiten und die Höhenbestimmungen anheim fallen. Diese Abhängigkeit von einer andern Behörde, mit welcher kein recht harmonisches Zusammenwirken Statt zu finden scheint, (der nicht hinlänglichen Unterstützung von Seiten des Katasters wird das Fehlschlagen des ersten Plans beigemessen), könnte vielleicht dem gehofften raschen Fortgange dieser grossartigen Unternehmung sehr nachtheilig werden. Nach Vollendung der Arbeit soll noch ein grosses Repertorium geliefert werden, worin nicht bloss die numerischen Resultate für die Lage und Höhe der trigonometrischen Punkte, sondern auch alle Messungen auf welchen jene beruhen, bekannt gemacht werden sollen. Dadurch werden dann freilich alle Wünsche erfüllt werden. Allein so wie theils zu besorgen ist, dass dieser Zeitpunkt noch sehr weit entfernt sein möchte, theils auch in höhern wissenschaftlichen Beziehungen hauptsächlich nur die Dreiecke und Dreieckspunkte erster Ordnung das grösste Interesse darbieten, so können wir den lebhaften Wunsch nicht unterdrücken, dass man mit der vollständigen Bekanntmachung der Dreiecke erster Ordnung (welche bereits jetzt alle gemessen sind) nicht so lange zögern, sondern diese zum Besten der Wissenschaft sogleich liefern möchte. Die Freunde der höhern Geodaesie würden es um so dankbarer erkennen, wenn die künftigen Bände des Memorial diese Wünsche erfüllten, als sie, bei den bisher erschienenen Bänden, die in anderer Beziehung so gehaltreich sind, am wenigsten berücksichtigt worden sind, und in den wenigen theoretischen Dissertationen und Hülfstabellen keine Entschädigung für den Mangel an *Thatsachen* finden, welche doch das Depot in so reichem Maasse zu geben im Stande wäre.

---

# VERSCHIEDENE AUFSÄTZE.

v. Zach. Monatliche Correspondenz für Erd- und Himmelskunde. 1810 August.

## BESTIMMUNG DER GRÖSSTEN ELLIPSE

### WELCHE DIE VIER SEITEN EINES GEGEBENEN VIERECKS BERÜHRT.

Die Lage aller Punkte in der Ebne, in welcher das Viereck liegt, bestimme ich durch Abscissen und Ordinaten, indem ich vorerst die Abscissen-Linie und den Anfangspunkt der Abscissen ganz nach Willkür annehme. Das Viereck bestimme ich nicht durch die Winkelpunkte, sondern durch die Punkte, wo jenes Seiten von den aus dem Anfangspunkte der Abscissen auf diese gefällten Perpendikeln geschnitten werden. Diese Perpendikel seien $a$, $a'$, $a''$, $a'''$, und ihre Neigungen gegen die Abscissen-Linie $A$, $A'$, $A''$, $A'''$, folglich die Coordinaten der erwähnten vier Durchschnittspunkte

$$\begin{array}{ll} a\cos A, & a\sin A \\ a'\cos A', & a'\sin A' \\ a''\cos A'', & a''\sin A'' \\ a'''\cos A''', & a'''\sin A''' \end{array}$$

Es sei ferner $r$ der Abstand des Mittelpunkts der gesuchten Ellipse von dem Anfangspunkte der Abscissen, und $\varphi$ die Neigung der von letzterm zu erstern gezogenen geraden Linie gegen die Abscissen-Linie, oder $r\cos\varphi$, $r\sin\varphi$ die Coordinaten des Mittelpunkts der Ellipse. Man findet hieraus leicht, dass das Perpendikel von diesem Mittelpunkte auf die erste Seite des Vierecks

$$= a - r\cos(A - \varphi)$$

sein werde; auf ähnliche Art werden die Perpendikel auf die drei andern Seiten ausgedrückt.

Bezeichnet man die halbe grosse Axe der Ellipse mit $\alpha$, die halbe kleine Axe mit $\beta$, die Neigung der letztern gegen die Abscissen-Linie mit $\psi$, so ist offenbar $A - \psi$ die Neigung des Perpendikels aus dem Mittelpunkte auf die erste Seite des Vierecks gegen die kleine Axe, welches, wenn jene die Ellipse berühren soll, nach bekannten Gründen durch

$$\sqrt{[\alpha\alpha\sin(A-\psi)^2 + \beta\beta\cos(A-\psi)^2]}$$

ausgedrückt wird. Man hat also die Gleichung

$$a - r\cos(A-\varphi) = \sqrt{[\alpha\alpha\sin(A-\psi)^2 + \beta\beta\cos(A-\psi)^2]}$$

und eben so drei andere ganz ähnliche, wenn man statt $a$ und $A$ die sich auf die andern Seiten beziehenden Zeichen substituirt. Schafft man also die Irrationalität weg, und setzt Kürze halber

$$\begin{aligned} rr - \alpha\alpha - \beta\beta &= t \\ \alpha\alpha - \beta\beta &= u \end{aligned}$$

so sind unsere vier Gleichungen

$$\begin{array}{ll} \text{I.} & 2aa + t - 4ar\cos(A-\varphi) + rr\cos 2(A-\varphi) - u\cos 2(A-\psi) = 0 \\ \text{II.} & 2a'a' + t - 4a'r\cos(A'-\varphi) + rr\cos 2(A'-\varphi) - u\cos 2(A'-\psi) = 0 \\ \text{III.} & 2a''a'' + t - 4a''r\cos(A''-\varphi) + rr\cos 2(A''-\varphi) - u\cos 2(A''-\psi) = 0 \\ \text{IV.} & 2a'''a''' + t - 4a'''r\cos(A'''-\varphi) + rr\cos 2(A'''-\varphi) - u\cos 2(A'''-\psi) = 0 \end{array}$$

Multiplicirt man die erste Gleichung mit $\sin 2(A''-A')$, die zweite mit $\sin 2(A-A'')$, die dritte mit $\sin 2(A'-A)$, und addirt die Producte, so wird (m. s. Art. 78 meiner *Theoria motus corporum coelestium*)

$$\text{V.}\quad \begin{aligned} & 2aa\sin 2(A''-A')+2a'a'\sin 2(A-A'')+2a''a''\sin 2(A'-A) \\ & +t[\sin 2(A''-A')+\sin 2(A-A'')+\sin 2(A'-A)] \\ & -4ar\cos(A-\varphi)\sin 2(A''-A') \\ & -4a'r\cos(A'-\varphi)\sin 2(A-A'') \\ & -4a''r\cos(A''-\varphi)\sin 2(A'-A)=0 \end{aligned}$$

Das Aggregat, worin hier $t$ multiplicirt erscheint, kann auch durch

$$4\sin(A''-A')\sin(A''-A)\sin(A'-A)$$

ausgedrückt werden.

Behandelt man auf eine ähnliche Art die Gleichungen I, II, IV, so bekommt man eine ähnliche Gleichung VI, die sich von V nur durch die Vertauschung der Buchstaben $a''$, $A''$ gegen $a'''$, $A'''$ unterscheidet. Eliminirt man aus den beiden Gleichungen V und VI die Grösse $t$, so sieht man leicht, dass daraus eine Gleichung von der Form

$$\text{VII.}\qquad B+Cr\cos\varphi+Dr\sin\varphi=0$$

hervorgehen wird, wo $B$, $C$, $D$ bekannte Grössen bedeuten. Man kann ihre Werthe leicht darstellen, wir werden indess bald zeigen, wie man dieser Entwickelung überhoben sein kann. Aus der Gleichung VII ist klar, dass der Mittelpunkt jeder die vier Seiten unsers Vierecks berührenden Ellipse in einer geraden Linie liegt, welche gegen die Abscissen-Linie unter einem Winkel, dessen Tangente $=-\frac{C}{D}$, geneigt ist, und dass der Durchschnitts-Punkt die Abscisse $-\frac{B}{C}$ hat. Die Lage dieser geraden Linie kann man aber viel leichter durch folgende Betrachtungen bestimmen. Eine Diagonale des Vierecks kann als eine verschwindende, die Seiten des Vierecks berührende Ellipse betrachtet werden, deren Mittelpunkt dann offenbar in der Mitte der Diagonale liegt. Hieraus folgt leicht, dass die obige gerade Linie, welche der geometrische Ort der Mittelpunkte aller die vier Seiten des Vierecks berührenden Ellipsen ist, keine andere sein könne, als die, welche die Halbirungspunkte der beiden Diagonalen verbindet, und welche demnach leicht gefunden werden kann. Hierüber füge ich noch zwei Bemerkungen hinzu:

1) Fielen beide Halbirungs-Punkte in Einen zusammen (in welchem Falle das Viereck ein Parallelogramm sein wird), so fällt freilich diese Bestimmung der

geraden Linie weg; allein in diesem Fall ist leicht zu zeigen, dass nothwendig dieser gemeinschaftliche Halbirungspunkt zugleich der Mittelpunkt der Ellipse selbst sein wird.

2) Verlängert man zwei einander gegenüber liegende Seiten des Vierecks bis zu ihrem Durchschnitt und eben so die beiden andern, so darf man auch die zwischen diesen beiden Durchschnitts-Punkten enthaltene gerade Linie, als eine verschwindende die vier Seiten des Vierecks berührende Ellipse ansehen. Der Halbirungspunkt derselben muss also in eben der geraden Linie liegen, welche die Halbirungspunkte der beiden Diagonalen verbindet. Diese allgemeine Eigenschaft eines jeden Vierecks ist meines Wissens bisher noch nicht bemerkt; ich werde davon unten einen einfachen directen Beweis geben.

Um die Rechnungen noch mehr abzukürzen, will ich jetzt annehmen, dass man diese gerade Linie selbst zur Abscissen-Linie gewählt habe, und folglich $\varphi = 0$ sei. Der Anfangspunkt der Abscissen bleibt wie vorher willkürlich. Eben diese Bestimmung $\varphi = 0$ macht nun eine der vier Fundamental-Gleichungen entbehrlich, und wir haben also zur Bestimmung der vier unbekannten Grössen $t, u, r, \psi$ theils die drei Gleichungen

$$\begin{aligned}
2aa + t - 4ar\cos A + rr\cos 2A - u\cos 2(A-\psi) &= 0\\
2a'a' + t - 4a'r\cos A' + rr\cos 2A' - u\cos 2(A'-\psi) &= 0\\
2a''a'' + t - 4a''r\cos A'' + rr\cos 2A'' - u\cos 2(A''-\psi) &= 0
\end{aligned}$$

theils die Bedingung, dass der Inhalt der Ellipse, welchem offenbar das Product $\alpha\beta$ proportional ist, und folglich auch $4\alpha\alpha\beta\beta$ oder $(rr-t)^2 - uu$ ein Maximum sein soll

Setzt man Kürze halber $rr - t = \theta$ und

$$\begin{aligned}
b &= 2(a - r\cos A)^2\\
b' &= 2(a' - r\cos A')^2\\
b'' &= 2(a'' - r\cos A'')^2
\end{aligned}$$

so werden obige Gleichungen

$$\begin{aligned}
\theta + u\cos 2(A-\psi) &= b\\
\theta + u\cos 2(A'-\psi) &= b'\\
\theta + u\cos 2(A''-\psi) &= b''
\end{aligned}$$

woraus nach den gehörigen Entwickelungen leicht folgt

$$4\,\theta \sin(A''-A')\sin(A-A'')\sin(A'-A)$$
$$= b\sin 2(A''-A') + b'\sin 2(A-A'') + b''\sin 2(A'-A)$$

$$4\,uu\sin(A''-A')^2\sin(A-A'')^2\sin(A'-A)^2$$
$$\begin{aligned} = \; & bb\sin(A''-A')^2 \\ & + b'b'\sin(A-A'')^2 \\ & + b''b''\sin(A'-A)^2 \\ & + 2\,b'b''\cos(A''-A')\sin(A-A'')\sin(A'-A) \\ & + 2\,bb''\sin(A''-A')\cos(A-A'')\sin(A'-A) \\ & + 2\,bb'\sin(A''-A')\sin(A-A'')\cos(A'-A) \end{aligned}$$

und hieraus

$$4(\theta\theta-uu)\sin(A''-A')^2\sin(A-A'')^2\sin(A'-A)^2$$
$$\begin{aligned} = & -bb\sin(A''-A')^4 \\ & - b'b'\sin(A-A'')^4 \\ & - b''b''\sin(A'-A)^4 \\ & + 2\,b'b''\sin(A-A'')^2\sin(A'-A)^2 \\ & + 2\,bb''\sin(A''-A')^2\sin(A'-A)^2 \\ & + 2\,bb'\sin(A''-A')^2\sin(A''-A)^2 \end{aligned}$$

Ich habe diese Formeln hierher gesetzt, weil sie auch in andern Fällen zuweilen mit Nutzen zu gebrauchen sind. Man sieht leicht, dass das, was auf der rechten Seite steht, das Product aus den vier Factoren sei.

$$\begin{aligned} & +\sqrt{b}.\sin(A''-A') + \sqrt{b'}.\sin(A-A'') + \sqrt{b''}.\sin(A'-A) \\ & -\sqrt{b}.\sin(A''-A') + \sqrt{b'}.\sin(A-A'') + \sqrt{b''}.\sin(A'-A) \\ & +\sqrt{b}.\sin(A''-A') - \sqrt{b'}.\sin(A-A'') + \sqrt{b''}.\sin(A'-A) \\ & +\sqrt{b}.\sin(A''-A') + \sqrt{b'}.\sin(A-A'') - \sqrt{b''}.\sin(A'-A) \end{aligned}$$

Substituirt man hier für $b$, $b'$, $b''$ ihre Werthe und setzt Kürze halber

$$a\sin(A''-A') + a'\sin(A-A'') + a''\sin(A'-A) = M$$

so wird

$$(\theta\theta-uu)\sin(A''-A')^2\sin(A-A'')^2\sin(A'-A)^2$$

gleich dem Producte aus den vier Factoren

$$M$$
$$M - 2(a - r\cos A)\sin(A'' - A')$$
$$M - 2(a' - r\cos A')\sin(A - A'')$$
$$M - 2(a'' - r\cos A'')\sin(A' - A)$$

Man hat also offenbar eine Gleichung von der Form

$$\gamma + \delta r + \varepsilon rr + \zeta r^3 = \theta\theta - uu = 4\alpha\alpha\beta\beta$$

wo $\gamma$, $\delta$, $\varepsilon$, $\zeta$ gegebene Grössen sind, und dann wird $r$ durch die Bedingung des Maximums offenbar aus folgender quadratischen Gleichung zu bestimmen sein

$$\delta + 2\varepsilon r + 3\zeta rr = 0$$

Noch leichter findet man die Coëfficienten dieser Gleichung durch folgende Betrachtung. Da das vierfache Product aus den Quadraten der halben grossen und der halben kleinen Axe einer jeden Ellipse, welche die vier Seiten des Vierecks berührt und deren Mittelpunkt zur Abscisse $r$ hat, allgemein

$$= \gamma + \delta r + \varepsilon rr + \zeta r^3$$

wird, so muss dieser Ausdruck nothwendig $= 0$ werden, wenn man für $r$ einen Werth substituirt, welcher einer der drei oben betrachteten verschwindenden Ellipsen entspricht. Diese drei Werthe sind die Abstände der beiden Halbirungspunkte der Diagonalen des Vierecks und des Halbirungspunktes der geraden Linie, welche die Durchschnitte der beiden Seiten-Paare des Vierecks verbinden, von dem Anfangspunkte der Abscissen. Ich bezeichne diese drei Punkte durch $C$, $D$, $E$, und ihre Abscissen durch $c$, $d$, $e$, so muss offenbar

$$r^3 + \frac{\varepsilon}{\zeta} rr + \frac{\delta}{\zeta} r + \frac{\gamma}{\zeta}$$

mit dem Producte $(r - c)(r - d)(r - e)$ identisch sein; folglich ist die obige quadratische Gleichung

$$3rr - 2r(c + d + e) + cd + ce + de = 0$$

deren Wurzeln

$$\frac{c+d+e}{3} + \tfrac{1}{3}\sqrt{(cc + dd + ee + cd + ce + de)}$$

und

$$\frac{c+d+e}{3}-\tfrac{1}{3}\sqrt{(cc+dd+ee+cd+ce+de)}$$

sind.

Die Wurzelgrösse $\sqrt{(cc+dd+ee+cd+ce+de)}$ lässt sich auch in die Form setzen

$$\sqrt{[(d-c)^2+(d-c)(e-d)+(e-d)^2]}$$

sie ist folglich die dritte Seite eines Dreiecks, in welchem zwei Seiten $d-c$ und $e-d$ sind, und der eingeschlossene Winkel $=120^0$. Beschreibt man also über $CD$ ein gleichseitiges Dreieck, dessen Spitze $F$, so ist $EF$ jener Wurzelgrösse gleich, wonach sich also die beiden Werthe von $r$ leicht construiren lassen. Man kann leicht zeigen, dass der eine dieser Werthe zwischen $c$ und $d$, der andere zwischen $d$ und $e$ fallen muss, und dass nur dem erstern der Mittelpunkt der grössten Ellipse wirklich entspricht; für den andern wird nemlich

$$\gamma+\delta r+\varepsilon rr+\zeta r^3$$

nicht ein grösstes, sondern ein kleinstes werden, oder vielmehr den grössten *negativen* Werth erhalten, dem also nur ein imaginärer Werth von $\alpha\beta$ entsprechen kann. Man sieht leicht, dass dieser sich auf eine Hyperbel beziehen muss.

Sobald übrigens der Mittelpunkt der verlangten Ellipse gefunden ist, hat die Bestimmung der übrigen unbekannten Grössen keine Schwierigkeit. Aus $\theta$ und $r$ findet man $t$; aus $t$ und $u$ dann ferner $\alpha$ und $\beta$, und dann aus einer oder einigen der obigen Gleichungen $\psi$. Dadurch sind also sowohl die Dimensionen der Ellipse, als ihre Lage vollkommen bestimmt.

Ich muss übrigens noch bemerken, dass das hier aufgelöste Problem mit dem neulich in der *Monatl. Corresp.* aufgegebenen nicht ganz einerlei ist. Es gibt nemlich Fälle, wo die grösste *innerhalb* eines Vierecks zu beschreibende Ellipse eine der vier Seiten des Vierecks nicht berührt. Die nähere Betrachtung dieser Fälle gehört aber hier nicht zu meiner Absicht.

*Directer Beweis des obigen Theorems die Vierecke betreffend.*

Es seien $A$, $B$, $C$, $D$ die vier Winkelpunkte des Vierecks; $E$ der Durchschnitt von $AB$ und $DC$; $F$ der Durchschnitt von $BC$ und $AD$; $G$, $H$ und $I$

in der Mitte von $AC$, $BD$ und $EF$ Die Coordinaten dieser neun Punkte, Abscissen-Linie und Anfangspunkt ganz willkürlich gewählt, bezeichne ich mit $a, a'$ $b, b'$ $c, c'$ $d, d'$ u. s. w. Da nun die drei Punkte $A, B, E$ in einer geraden Linie liegen, so findet zwischen ihren Coordinaten folgende Bedingungsgleichung statt:

$$a(e'-b')+b(a'-e')+e(b'-a') = 0$$

und eben so hat man, da $ADF$, $BCF$, $DCE$ gerade Linien sind

$$a(f'-d')+d(a'-f')+f(d'-a') = 0$$
$$b(c'-f')+c(f'-b')+f(b'-c') = 0$$
$$c(e'-d')+d(c'-e')+e(d'-e') = 0$$

Addirt man diese vier Gleichungen zusammen, so erhält man

$$(a+c)(e'+f'-b'-d')+(b+d)(a'+c'-e'-f')+(e+f)(b'+d'-a'-c') = 0$$

oder da offenbar

$$\tfrac{1}{2}(a+c) = g, \quad \tfrac{1}{2}(b+d) = h, \quad \tfrac{1}{2}(e+f) = i$$
$$\tfrac{1}{2}(a'+c') = g', \quad \tfrac{1}{2}(b'+d') = h', \quad \tfrac{1}{2}(e'+f') = i'$$

ist,

$$g(i'-h')+h(g'-i')+i(h'-g') = 0$$

welches die Bedingungs-Gleichung ist, dass $G, H, I$ in Einer geraden Linie liegen.

---

# ZUSÄTZE.

## ZUR GEOMETRIE DER STELLUNG VON CARNOT

ÜBERSETZT VON SCHUMACHER. 1810.

---

I.

{Folgende analytische Behandlung der merkwürdigen Punkte eines Dreiecks verdanke ich der Güte des Herrn Professor GAUSS. SCHUMACHER.}

Es seien $A$, $A'$, $A''$ die drei Winkelpunkte eines Dreiecks und deren Coordinaten respective

$$\begin{array}{ll} x, & y \\ x', & y' \\ x'' & y'' \end{array}$$

Die Coordinaten der Punkte $B$, $B'$, $B''$, welche die Seiten $A'A''$, $A''A$, $AA'$ halbiren, werden offenbar sein

$$\begin{array}{ll} \frac{1}{2}(x'+x''), & \frac{1}{2}(y'+y'') \\ \frac{1}{2}(x''+x), & \frac{1}{2}(y''+y) \\ \frac{1}{2}(x+x'), & \frac{1}{2}(y+y') \end{array}$$

Man nehme auf den Linien $AB$, $A'B'$, $A''B''$ (vorwärts oder rückwärts verlängert, wenn es nöthig ist), von $A$, $A'$, $A''$ ab gezählt, Stücke, welche jenen respective proportional sind, und sich dazu wie $n:1$ verhalten. Falls man die Stücke rückwärts nimmt, hat man $n$ als negativ anzusehen. Dieser Stücke Endpunkte heissen $C$, $C'$, $C''$, so sind ihre Coordinaten

$$x+n\tfrac{1}{2}(x'+x''-2x),\quad y+n\tfrac{1}{2}(y'+y''-2y)$$
$$x'+n\tfrac{1}{2}(x''+x-2x'),\quad y'+n\tfrac{1}{2}(y''+y-2y')$$
$$x''+n\tfrac{1}{2}(x+x'-2x''),\quad y''+n\tfrac{1}{2}(y+y'-2y'')$$

oder wenn man

$$1-n=\alpha$$
$$\tfrac{1}{2}n=\beta$$

setzt

$$\alpha x+\beta(x'+x''),\quad \alpha y+\beta(y'+y'')$$
$$\alpha x'+\beta(x''+x),\quad \alpha y'+\beta(y''+y)$$
$$\alpha x''+\beta(x+x'),\quad \alpha y''+\beta(y+y')$$

Von den Punkten $C, C', C''$ werden Perpendikel auf $A'A'', A''A, AA'$, gefällt, man sucht die Lage der drei Durchschnittspunkte dieser Perpendikel. Es seien die Coordinaten des Durchschnittspunktes der beiden letzten Perpendikel

$$\xi,\quad \eta$$

welche man mit Hülfe des folgenden Lehrsatzes bestimmen wird.

Wenn

$$a,\quad b$$
$$a',\quad b'$$
$$a'',\quad b''$$
$$a''',\quad b'''$$

die Coordinaten von vier Punkten sind, und die graden Linien durch den ersten und zweiten Punkt auf der Linie durch den dritten und vierten senkrecht sind, so hat man

$\frac{b'-b}{a'-a}$ = tang. der Neigung der ersten Linie gegen die Abscissenlinie

$\frac{b'''-b''}{a'''-a''}$ = tang. der Neigung der zweiten Linie gegen die Abscissenlinie

und folglich, da die eine Neigung um $90^0$ grösser ist als die andere, das Product der beiden Tangenten $=-1$, also

$$\frac{b'-b}{a'-a}\cdot\frac{b'''-b''}{a'''-a''}=-1$$

In unserm Falle hat man also

$$\frac{\alpha y'+\beta(y''+y)-\eta}{\alpha x'+\beta(x''+x)-\xi}\cdot\frac{y''-y}{x''-x}=-1$$

$$\frac{\alpha y''+\beta(y+y')-\eta}{\alpha x''+\beta(x+x')-\xi}\cdot\frac{y-y'}{x-x'}=-1$$

Hieraus folgt leicht durch Elimination

$$\begin{aligned}\xi = & \frac{(y-y')(y'-y'')(y''-y)(\alpha-\beta)}{y(x''-x')+y'(x-x'')+y''(x'-x)} \\ & +\alpha\,.\,\frac{xy(x''-x')+x'y'(x-x'')+x'y''(x'-x)}{y(x''-x')+y'(x-x'')+y''(x'-x)} \\ & +\beta\,.\,\frac{y(x''x''-x'x')+y'(xx-x''x'')+y''(x'x'-xx)}{y(x''-x')+y'(x-x'')+y''(x'-x)}\end{aligned}$$

Der Werth von $\eta$ folgt aus dem Werthe von $\xi$, wenn man in diesem alle $x, x', x''$ mit den entsprechenden $y, y', y''$ vertauscht, wie man auch a priori leicht voraus sehen kann.

Die Coordinaten des Durchschnitts des ersten und letzten Perpendikels folgen, wie man leicht sieht, aus $\xi$ und $\eta$, wenn man $x$ mit $x'$, und $y$ mit $y'$ vertauscht, da aber dadurch $\xi$ und $\eta$ ihre Werthe nicht ändern, indem in beiden offenbar die Coordinaten der Punkte $A, A', A''$ auf gleiche Art entriren, so ist klar, dass dieser zweite Durchschnittspunkt mit dem ersten zusammenfällt, und eben deshalb fällt der dritte Durchschnittspunkt mit den beiden ersten von selbst gleichfalls zusammen.

Für den Schwerpunkt ist übrigens offenbar

$$n=\tfrac{2}{3}$$

also

$$\alpha=\beta=\tfrac{1}{3}$$

und daher

$$\xi=\tfrac{1}{3}(x+x'+x'')$$
$$\eta=\tfrac{1}{3}(y+y'+y'')$$

Für den Mittelpunkt des umschriebenen Kreises ist

$$n=1$$

also

$$\alpha=0,\quad \beta=\tfrac{1}{2}$$

Für den Durchschnittspunkt des Perpendikels aus $A$ u. s. w. selbst ist

$$n=0$$

oder

$$\alpha = 1, \quad \beta = 0$$

Der Nenner in dem Werthe von $\xi$, $\eta$ ist der doppelte Inhalt des Dreiecks.

## II.

Dass die Perpendikel in einem Dreiecke, aus den Spitzen auf die gegenüberstehenden Seiten sich in einem Punkte schneiden, kann man sehr einfach so zeigen.

Das gegebene Dreieck sei $BDF$, und die erwähnten Perpendikel $\overline{BI}$, $\overline{DG}$, $\overline{FH}$.

Man ziehe durch jeden Scheitelpunkt des Dreiecks Parallelen mit der gegenüberstehenden Seite, die sich in den Punkten $A$, $C$, $E$, schneiden, es steht folglich $\overline{FH}$ auch auf $\overline{AE}$, $\overline{GD}$ auf $\overline{CE}$, $\overline{BI}$ auf $\overline{AC}$ senkrecht, und zwar ist

$$\begin{aligned}\overline{AB} &= \overline{BC}\\ \overline{ED} &= \overline{DC}\\ \overline{AF} &= \overline{FE}\end{aligned}$$

Beschreibt man nun um das Dreieck $ACE$ einen Kreis, so liegt sein Mittelpunkt sowohl in $\overline{BI}$, als in $\overline{DG}$, als in $\overline{FH}$, diese drei Linien müssen sich also in einem Punkte schneiden.

Puissant gibt in seinem Recueil des propositions de Géométrie einen zierlichen analytischen Beweis, und fügt einen geometrischen bei, der nicht dasselbe Verdienst hat.

[*Erste handschriftliche Bemerkung.*]

Sind $\alpha$, $\beta$, $\gamma$ die complexen Zahlen, die sich in natürlicher Ordnung auf die drei Winkelpunkte eines Dreiecks beziehen; $A$, $B$, $C$ die drei Winkel, $u$ die complexe Zahl für den Mittelpunkt des [umschriebenen] Kreises, so hat man

$$\begin{aligned}2u = \alpha + \beta + (\beta - \alpha)\operatorname{cotg} C . i &= \alpha(1 - i\operatorname{cotg} C) + \beta(1 + i\operatorname{cotg} C)\\ &= \beta(1 - i\operatorname{cotg} A) + \gamma(1 + i\operatorname{cotg} A)\\ &= \gamma(1 - i\operatorname{cotg} B) + \alpha(1 + i\operatorname{cotg} B)\end{aligned}$$

Ist $t$ die complexe Zahl für den Schwerpunkt, so ist $3t = \alpha + \beta + \gamma$, also

$$\begin{aligned} 3t - 2u &= \alpha + (\beta - \gamma)\operatorname{cotg} A \,.\, i \\ &= \beta + (\gamma - \alpha)\operatorname{cotg} B \,.\, i \\ &= \gamma + (\alpha - \beta)\operatorname{cotg} C \,.\, i \end{aligned}$$

Dies $3t - 2u$ ist die complexe Zahl für den Punkt, wo die drei Perpendikel aus den Winkelpunkten auf die gegenüber liegenden Seiten einander schneiden.

Daraus also durch Subtraction

$$\begin{aligned} 0 &= \alpha - \beta + \{\alpha \operatorname{cotg} B + \beta \operatorname{cotg} A - \gamma(\operatorname{cotg} A + \operatorname{cotg} B)\} \,.\, i \\ 0 &= \beta - \gamma + \{\beta \operatorname{cotg} C + \gamma \operatorname{cotg} B - \alpha(\operatorname{cotg} B + \operatorname{cotg} C)\} \,.\, i \\ 0 &= \gamma - \alpha + \{\gamma \operatorname{cotg} A + \alpha \operatorname{cotg} C - \beta(\operatorname{cotg} C + \operatorname{cotg} A)\} \,.\, i \end{aligned}$$

[*Zweite handschriftliche Bemerkung.*]

Sind $a, b, c, d$ vier Punkte im Umfange eines Kreises vom Halbmesser 1, und zugleich die complexen Zahlen, die diesen Punkten entsprechen [wobei die dem Mittelpunkte entsprechende complexe Zahl gleich 0 angenommen wird], $p, q, r$ die Durchschnittspunkte der Geraden $\frac{ab}{cd}, \frac{ac}{bd}, \frac{ad}{bc}$, endlich $p^*$ die Mitte der Kreissehne, an deren Endpunkten Tangenten sich in $p$ schneiden, und ebenso $q^*, r^*$, so hat man, indem accentuirte Buchstaben sich immer auf die resp. Adjuncten beziehen,

$$\begin{aligned} p &= \frac{abc + abd - acd - bcd}{ab - cd} = a - \frac{b(a-c)(a-d)}{ab - cd} \\ q &= \frac{abc + acd - abd - bcd}{ac - bd} = a - \frac{c(a-b)(a-d)}{ac - bd} \\ r &= \frac{acd + abd - abc - bcd}{ad - bc} = a - \frac{d(a-b)(a-c)}{ad - bc} \end{aligned}$$

$$\begin{aligned} p - q &= (a-d)(b-c)\frac{abd + acd - abc - bcd}{(ab-cd)(ac-bd)} = \frac{(a-d)(b-c)(ad-bc)r}{(ab-cd)(ac-bd} \\ p^* &= \frac{1}{p'} = \frac{ab-cd}{a+b-c-d} = a - \frac{(a-c)(a-d)}{a+b-c-d} \\ p^* - q &= \frac{(a-d)(b-c)(ad-bc)}{(ac-bd)(a+b-c-d)} = p^* \frac{(a-d)(b-c)(ad-bc)}{(ab-cd)(ac-bd)} = p^* \frac{p-q}{r} \end{aligned}$$

oder $p^*(q + r - p) = qr$, ebenso $q^*(p + r - q) = pr$, und $r^*(p + q - r) = pq$

$$\left.\begin{aligned}\frac{r-q}{p^*-q} &= \frac{(a-b)(d-c)(ab-cd)^2}{(a-d)(b-c)(ad-bc)^2}\cdot pp' \\ \frac{r-q}{p^*-r} &= \frac{(a-b)(d-c)(ab-cd)^2}{(a-c)(b-d)(ac-bd)^2}\cdot pp' \\ \frac{p^*-r}{p^*-q} &= \frac{(a-c)(b-d)(ac-bd)^2}{(a-d)(b-c)(ad-bc)^2}\end{aligned}\right\}\text{ sind reelle Zahlen}$$

oder $p^*, q, r$ liegen in einer geraden Linie normal gegen $0p^*p$

## V.

{In einem gegebenen Kreise ein Vieleck zu beschreiben, dessen Seiten durch eben so viel gegebene Punkte gehen. SCHUMACHER.}

Es sei der Halbmesser des Kreises, $r$, die Coordinaten der Winkelpunkte des Polygons

$$\begin{matrix} r\cos\varphi, & r\cos\varphi', & r\cos\varphi'' \text{ etc.} \\ r\sin\varphi, & r\sin\varphi', & r\sin\varphi'' \text{ etc.}\end{matrix}$$

endlich die Coordinaten der gegebnen Punkte, durch welche die verlängerten Seiten des Polygons gehn, (welche respective den ersten und zweiten Winkelpunkt, den zweiten und dritten u. s. w. verbinden)

$$\begin{matrix} a\cos A, & a'\cos A', & a''\cos A'' \text{ etc.} \\ a\sin A, & a'\sin A', & a''\sin A'' \text{ etc.}\end{matrix}$$

Dann ist nach dem Grundsatze, dass, wenn drei Punkte, deren Coordinaten $x, y;\ x', y';\ x'', y''$ sind, in einer geraden Linie liegen, die Bedingungsgleichung

$$xy' + x'y'' + x''y - x'y - x''y' - xy'' = 0$$

Statt hat,

$$\left.\begin{aligned} rr\cos\varphi\sin\varphi' + ra\cos\varphi'\sin A + ar\cos A\sin\varphi \\ -rr\cos\varphi'\sin\varphi - ar\cos A\sin\varphi' - ra\cos\varphi\sin A\end{aligned}\right\} = 0$$

oder

$$r\sin(\varphi'-\varphi) - a\sin(\varphi'-A) + a\sin(\varphi - A) = 0$$

oder

$$r\cos\tfrac{1}{2}(\varphi'-\varphi) = a\cos\tfrac{1}{2}(\varphi'+\varphi-2A)$$

Entwickelt man diese beiden Cosinus, dividirt dann mit $\cos\frac{1}{2}\varphi\cos\frac{1}{2}\varphi'$, und bezeichnet $\tang\frac{1}{2}\varphi$ mit $t$, $\tang\frac{1}{2}\varphi'$ mit $t'$,

und $\frac{a\sin A}{r-a\cos A}=\alpha$, $\frac{r+a\cos A}{r-a\cos A}=\beta$, so wird

I. $$t=\frac{1-\alpha t'}{\alpha-\beta t'}$$

Ganz auf ähnliche Art wird, wenn man

$$\tang\tfrac{1}{2}\varphi''=t'' \quad \frac{a'\sin A'}{r'-a'\cos A'}=\alpha', \quad \frac{r+a'\cos A'}{r-a'\cos A'}=\beta'$$

setzt,

II. $$t'=\frac{1-\alpha' t''}{\alpha'-\beta' t''} \text{ u. s. w.}$$

Man sieht hieraus, dass man so viele Gleichungen erhält, als das Polygon Seiten hat, und dass man durch Verbindung derselben zuletzt auf eine quadratische Gleichung für $t$ kommt.

## VI.

Aufgabe. Es sind drei Kreise der Lage und Grösse nach gegeben, man soll einen vierten beschreiben, der sie alle berührt.

*Auflösung.* Man lege durch den Mittelpunkt des einen Kreises die senkrechten Axen, und nenne die Abstände von diesen Linien

des Mittelpunkts des zweiten Kreises . . . . . $a$, $b$
des dritten Kreises . . . . . $a'$, $b'$
des gesuchten . . . . . $x$, $y$

Die Entfernung des Mittelpunkts des ersten Kreises, vom Mittelpunkte des gesuchten heisse $=z$, so ist

$z-c$ die Entfernung des Mittelpunkts des zweiten vom Mittelpunkte des gesuchten,

$z-c'$ die Entfernung des Mittelpunkts des dritten vom Mittelpunkte des gesuchten;

wo $c$ den Unterschied der Halbmesser des ersten und zweiten, und $c'$ den Unterschied der Halbmesser des ersten und dritten Kreises bedeutet.

Wir haben folgende Gleichungen:

$$xx + yy = zz$$
$$(x-a)^2 + (y-b)^2 = (z-c)^2$$
$$(x-a')^2 + (y-b')^2 = (z-c')^2$$

Setzt man

$$x = z\cos\varphi$$
$$y = z\sin\varphi$$

so erhält man aus den vorigen Gleichungen

$$aa + bb - cc = 2az\cos\varphi + 2bz\sin\varphi - 2cz$$
$$a'a' + b'b' - c'c' = 2a'z\cos\varphi + 2b'z\sin\varphi - 2c'z$$

Dividirt man die erste Gleichung mit $a\cos\varphi + b\sin\varphi - c$, die zweite mit $a'\cos\varphi + b'\sin\varphi - c'$, und zieht sie dann von einander ab, so erhält man

$$\frac{a'a' + b'b' - c'c'}{a'\cos\varphi + b'\sin\varphi - c'} - \frac{aa + bb - cc}{a\cos\varphi + b\sin\varphi - c} = 0$$

oder wenn wir bezeichnen

$$a'a' + b'b' - c'c' = A'$$
$$aa + bb - cc = A$$
$$(A'a - Aa')\cos\varphi + (A'b - Ab')\sin\varphi = A'c - Ac'$$

Setzen wir nun

$$A'a - Aa' = R\cos M$$
$$A'b - Ab' = R\sin M$$
$$A'c - Ac' = N$$

so verwandelt sich unsere Gleichung in

$$R\cos(\varphi - M) = N$$

worin ausser $\varphi$ alles gegeben ist. Man erhält daraus zwei Werthe für $\varphi$, unter denen man nach der Art, wie der gesuchte Kreis berühren soll, zu wählen hat.

## VII.

*Entwickelung der Grundformeln der sphärischen Trigonometrie.*

Sind $a, b, c$ die Seiten: $A, B, C$ die gegenüberstehenden Winkel eines sphärischen Dreiecks, so ist

$$\cos a = \cos b . \cos c + \sin b . \sin c . \cos A$$

wie Lagrange für den Fall, dass sowohl $b$ als $c$ kleiner wie $90^0$, elegant bewiesen hat. Indessen lässt sich der Beweis leicht auf alle andere Fälle ausdehnen.

Es können folgende Fälle eintreten·

I. . . . . . . . . $b < 90^0, \quad c < 90^0$

Hier gilt der Beweis unmittelbar.

II. . . . . . . . . $b > 90^0, \quad c > 90^0$

Man verlängere die Seiten $b$ und $c$ über die Punkte $B$ und $C$ hinaus bis zum Durchschnitte $A'$, und bestimme den Werth von $a$ aus der Betrachtung des Dreiecks $A'BC$.

III. . . . . . . . . $b > 90^0, \quad c < 90^0$

Man verlängere die Seiten $b$ und $a$ über die Punkte $A$ und $B$ hinaus bis zum Durchschnitte $C'$, in dem Dreieck $C'AB$ ist sodann aus Fall I

$$\cos(180^0 - a) = \cos c . \cos(180^0 - b) + \sin c . \sin(180^0 - b) . \cos(180^0 - A)$$

welches mit der Grundformel identisch ist.

Mit diesem Falle ist $b < 90^0$ und $c > 90^0$ wesentlich einerlei.

IV. . . . . . . . . $b = 90^0, \quad A = 90^0$

Hier ist $C$ der Pol von $AB$, also nothwendig auch $a = 90^0$. Folglich ist die Formel

$$\cos a = \cos b . \cos c + \sin b . \sin c . \cos A$$

von selbst evident. Mit diesem Falle ist $c = 90^0$, $A = 90^0$ wesentlich einerlei.

V. . . . . . . . . . $b = 90^0, \quad A \gtrless 90^0$

1) $c = 90^0$. Dann wird $A$ der Pol von $c$, also $b = 90^0$, und $a = A$. Die Gleichung

$$\cos a = \cos b \cdot \cos c + \sin b \cdot \sin c \cdot \cos A$$

ist von selbst evident.

2) $c < 90^0$. Hier wird $c$ über $B$ hinaus bis zur Länge von $90^0$ fortgesetzt. Aus der Betrachtung des Dreiecks folgt dann

$$\cos a = \cos(90^0 - c) \cdot \cos A + \sin(90^0 - c) \cdot \sin A \cdot \cos 90^0$$

oder

$$\cos a = \sin c \cdot \cos A$$

daher die Formel auch in diesem Falle richtig ist.

3) $c > 90^0$. Hier wird von $c$ der Bogen $90^0$ in dem Punkte $R$ abgeschnitten, dann folgt aus Betrachtung des Dreiecks $BRC$

$$\cos a = \cos(c - 90^0) \cdot \cos A + \sin(c - 90^0) \cdot \sin A \cdot \cos 90^0$$

oder

$$\cos a = \sin c \cdot \cos A$$

wie im vorigen Fall.

Die Fälle, wo $b < 90^0$ oder $b > 90^0$, und zugleich $c = 90^0$, sind mit den beiden vorigen wesentlich einerlei.

Zählt man also alle möglichen Fälle auf, so folgt der Beweis, wenn

| | |
|---|---|
| Beide Seiten kleiner als $90^0$ | aus I |
| Beide Seiten grösser als $90^0$ | aus II |
| Eine grösser, die andere kleiner als $90^0$ | aus III |
| Beide $= 90^0$ | aus IV und V. 1. |
| Eine $= 90^0$, die andere kleiner | aus IV und V. 2. |
| Eine $= 90^0$, die andere grösser | aus IV und V. 3. |

Wir können also allgemein annehmen:

(A) . . . . . $\cos a = \cos b \cdot \cos c + \sin b \cdot \sin c \cdot \cos A$

und ebenso

(2) . . . . . . $\cos b = \cos a . \cos c + \sin a . \sin c . \cos B$

dividirt man (A) mit $\sin c$, und multiplicirt (2) mit $\operatorname{cotg} c$, und addirt, so erhält man

$$\frac{\cos a}{\sin c} = \frac{\cos a \cos c^2}{\sin c} + \sin b . \cos A + \sin a . \cos c . \cos B$$

also

(3) . . . $\cos a . \sin c = \sin b . \cos A + \sin a . \cos c . \cos B$

ebenso

(4) . . . $\cos c . \sin a = \sin b . \cos C + \sin c . \cos a . \cos B$

Multiplicirt man (4) mit $\cos B$, und addirt (3)

(5) . . $\cos a . \sin c . \sin B^2 = \sin b . \cos A + \sin b . \cos B . \cos C$

ebenso

(6) . . $\cos a . \sin b . \sin C^2 = \sin c . \cos A + \sin c . \cos B . \cos C$

Multiplicirt man (5) mit $\frac{\sin c}{\cos a}$ und zieht davon (6) mit $\frac{\sin b}{\cos a}$ multiplicirt ab, so erhalten wir

(7) . . . . . . $\sin c^2 . \sin B^2 - \sin b^2 . \sin C^2 = 0$

oder

(B) . . . . . . . $\sin c . \sin B = \sin b . \sin C$

und wenn man (A, 5) mit $\sin b$ dividirt, und davon (B) mit $\frac{\cos a \sin B}{\sin b}$ multiplicirt abzieht

(C) . . . . . $\cos A = -\cos B . \cos C + \sin B . \sin C . \cos a$

endlich wenn man (A, 4) mit $\sin c$ dividirt, und (B) mit $\frac{\operatorname{cotg} C}{\sin c}$ multiplicirt davon abzieht

(D) . . . . . $\operatorname{cotg} c . \sin a - \operatorname{cotg} C . \sin B = \cos a . \cos B$

Aus diesen vier Grundformeln folgen die sogenannten NEPERschen Analogien, und die Abkürzungen, welche durch die Bedingung, dass das sphärische Dreieck rechtwinklig sein soll, angebracht werden können, von selbst.

{Man vergleiche mit dieser Entwickelung die von LAGRANGE im sechsten Heft des *Journal de l'Ecole Polytechnique.*}

[Handschriftliche Bemerkung über die Zurückführung der Relationen zwischen den Elementen eines sphärischen Dreieckes auf die Relationen zwischen den Elementen ebener Dreiecke:]

*Sphärisches Dreieck*

| Winkel | Seiten |
|---|---|
| $A$ | $a$ |
| $B$ | $b$ |
| $C$ | $c$ |

*Ebene Dreiecke*

| | |
|---|---|
| $A$ | $\sin\frac{1}{2}a$ |
| $90^0-\frac{1}{2}A+\frac{1}{2}B-\frac{1}{2}C$ | $\sin\frac{1}{2}b\cos\frac{1}{2}c$ |
| $90^0-\frac{1}{2}A-\frac{1}{2}B+\frac{1}{2}C$ | $\sin\frac{1}{2}c\cos\frac{1}{2}b$ |
| $180^0-A$ | $\cos\frac{1}{2}a$ |
| $\frac{1}{2}A+\frac{1}{2}B+\frac{1}{2}C-90^0$ | $\sin\frac{1}{2}b\sin\frac{1}{2}c$ |
| $90^0+\frac{1}{2}A-\frac{1}{2}B-\frac{1}{2}C$ | $\cos\frac{1}{2}b\cos\frac{1}{2}c$ |
| $B$ | $\sin\frac{1}{2}b$ |
| $90^0-\frac{1}{2}A-\frac{1}{2}B+\frac{1}{2}C$ | $\sin\frac{1}{2}c\cos\frac{1}{2}a$ |
| $90^0+\frac{1}{2}A-\frac{1}{2}B-\frac{1}{2}C$ | $\sin\frac{1}{2}a\cos\frac{1}{2}c$ |
| $180^0-B$ | $\cos\frac{1}{2}b$ |
| $\frac{1}{2}A+\frac{1}{2}B+\frac{1}{2}C-90^0$ | $\sin\frac{1}{2}a\sin\frac{1}{2}c$ |
| $90^0-\frac{1}{2}A+\frac{1}{2}B-\frac{1}{2}C$ | $\cos\frac{1}{2}a\cos\frac{1}{2}c$ |
| $C$ | $\sin\frac{1}{2}c$ |
| $90^0-\frac{1}{2}A+\frac{1}{2}B-\frac{1}{2}C$ | $\sin\frac{1}{2}b\cos\frac{1}{2}a$ |
| $90^0+\frac{1}{2}A-\frac{1}{2}B-\frac{1}{2}C$ | $\sin\frac{1}{2}a\cos\frac{1}{2}b$ |
| $180^0-C$ | $\cos\frac{1}{2}c$ |
| $\frac{1}{2}A+\frac{1}{2}B+\frac{1}{2}C-90^0$ | $\sin\frac{1}{2}a\sin\frac{1}{2}b$ |
| $90^0-\frac{1}{2}A-\frac{1}{2}B+\frac{1}{2}C$ | $\cos\frac{1}{2}a\cos\frac{1}{2}b$ |

Man kann dieses auch durch folgende sechs Gleichungen ausdrücken:

$$\frac{\sin A}{\sin a} = \frac{\sin B}{\sin b} = \frac{\sin C}{\sin c} = -\frac{\cos\frac{1}{2}(A+B+C)}{2\sin\frac{1}{2}a\,.\sin\frac{1}{2}b\,.\sin\frac{1}{2}c}$$
$$= \frac{\cos\frac{1}{2}(-A+B+C)}{2\sin\frac{1}{2}a\,.\cos\frac{1}{2}b\,.\cos\frac{1}{2}c} = \frac{\cos\frac{1}{2}(A-B+C)}{2\cos\frac{1}{2}a\,.\sin\frac{1}{2}b\,.\cos\frac{1}{2}c} = \frac{\cos\frac{1}{2}(A+B-C)}{2\cos\frac{1}{2}a\,.\cos\frac{1}{2}b\,.\sin\frac{1}{2}c}$$

oder durch folgende

$$\begin{aligned} \sin A \sin b \sin c = \sin B \sin a \sin c &= \sin C \sin a \sin b \\ &= -4\cos\tfrac{1}{2}(+A+B+C)\,.\cos\tfrac{1}{2}a\,.\cos\tfrac{1}{2}b\,.\cos\tfrac{1}{2}c \\ &= \phantom{-}4\cos\tfrac{1}{2}(-A+B+C)\,.\cos\tfrac{1}{2}a\,.\sin\tfrac{1}{2}b\,.\sin\tfrac{1}{2}c \\ &= \phantom{-}4\cos\tfrac{1}{2}(+A-B+C)\,.\sin\tfrac{1}{2}a\,.\cos\tfrac{1}{2}b\,.\sin\tfrac{1}{2}c \\ &= \phantom{-}4\cos\tfrac{1}{2}(+A+B-C)\,.\sin\tfrac{1}{2}a\,.\sin\tfrac{1}{2}b\,.\cos\tfrac{1}{2}c \end{aligned}$$

Diese Grösse bedeutet den sechsfachen Inhalt der Pyramide, deren Ecken die drei Winkelpunkte des sphärischen Dreiecks und der Mittelpunkt der Kugel bilden, Halbmesser der Kugel $= 1$ gesetzt. Ferner ist diese Grösse

$$= 4\,\mathrm{cotang}\,r\,.\sin\tfrac{1}{2}a\,.\sin\tfrac{1}{2}b\,.\sin\tfrac{1}{2}c$$

wo $r$ den sphärischen Halbmesser des um das Dreieck beschriebenen Kreises bedeutet. Auch ist dieselbe

$$= 4\cos r\,.\sin\alpha\,.\sin\tfrac{1}{2}b\,.\sin\tfrac{1}{2}c$$

wo [$2\alpha$, $2\beta$, $2\gamma$ die Winkel bedeuten, welche zwischen je zwei der nach den Eckpunkten $A$, $B$, $C$ gezogenen sphärischen Halbmesser und gegenüber den Seiten $a$, $b$, $c$ liegen, oder] $\alpha$, $\beta$, $\gamma$ die Winkel des ebenen Dreiecks $ABC$ sind, weil $2\sin\frac{1}{2}a$, $2\sin\frac{1}{2}b$, $2\sin\frac{1}{2}c$ dessen Seiten, mithin $4\sin\alpha.\sin\frac{1}{2}b.\sin\frac{1}{2}c$ dessen doppelter Inhalt; während dasselbe zugleich als Grundfläche obiger Pyramide mit Höhe $\cos r$ betrachtet werden kann, woraus die Richtigkeit von selbst erhellt. [Aus der obigen sechsfachen Gleichung leitet Gauss an einer andern Stelle die von ihm so vielfach angewandten Formeln her:]

$$\begin{aligned} \cos\tfrac{1}{2}A\,.\sin\tfrac{1}{2}(b-c) &= \sin\tfrac{1}{2}(B-C)\,.\sin\tfrac{1}{2}a \\ \sin\tfrac{1}{2}A\,.\sin\tfrac{1}{2}(b+c) &= \cos\tfrac{1}{2}(B-C)\,.\sin\tfrac{1}{2}a \\ \cos\tfrac{1}{2}A\,.\cos\tfrac{1}{2}(b-c) &= \sin\tfrac{1}{2}(B+C)\,.\cos\tfrac{1}{2}a \\ \sin\tfrac{1}{2}A\,.\cos\tfrac{1}{2}(b+c) &= \cos\tfrac{1}{2}(B+C)\,.\cos\tfrac{1}{2}a \end{aligned}$$

Astronomische Nachrichten. Nr. 42. 1823 November.

*Auflösung einer geometrischen Aufgabe.*

{In des Herrn Professors Möbius Beschreibung der Leipziger Sternwarte kommt S. 61 eine kleine geometrische Aufgabe vor, nemlich:

Beliebige 5 Punkte $A, B, C, D, E$ einer Ebene sind, je zwei, durch gerade Linien verbunden. Man kennt die somit entstehenden 5 Dreiecke $EAB, ABC, BCD, CDE, DEA$ ihrem Inhalte nach, und verlangt daraus den Inhalt des Fünfecks $ABCDE$.

Herr Hofrath Gauss, der einige Wochen diesen Sommer bei mir verlebte, schrieb, wie er das Buch sah, folgende Auflösung hinein:

Man bezeichne die 5 Punkte mit 1, 2 3, 4, 5, die

| | | | |
|---|---|---|---|
| Winkel | 213 | mit | $p$ |
| | 214 | — | $q$ |
| | 215 | — | $r$ |
| Seiten | 12 | — | $t$ |
| | 13 | — | $u$ |
| | 14 | — | $v$ |
| | 15 | — | $w$ |
| Dreiecke | 123 | — | $a$ |
| | 234 | — | $b$ |
| | 345 | — | $c$ |
| | 451 | — | $d$ |
| | 512 | — | $e$ |
| | 124 | — | $x$ |
| | 134 | — | $y$ |
| | 135 | — | $z$ |
| Fünfeck | 12345 | — | $\omega$ |

So hat man folgende Relationen

$$\left.\begin{array}{l} tu.\sin p = 2a \\ tv.\sin q = 2x \\ tw.\sin r = 2e \\ vw.\sin(r-q) = 2d \\ uw.\sin(r-p) = 2z \\ uv.\sin(q-p) = 2y \end{array}\right\}$$

daraus vermittelst des Lemma der *Th.M.C.C.*

$$ad - xz + ey = 0 \qquad \text{(I)}$$

$$\left.\begin{array}{l} b+d+x = \omega \\ a+d+y = \omega \\ a+c+z = \omega \end{array}\right\}$$

die Werthe von $x, y, z$ hieraus in (I) substituirt geben

$$ad - (\omega - b - d)(\omega - a - c) + e(\omega - a - d) = 0$$

oder entwickelt

$$\omega\omega - (a+b+c+d+e)\omega + (ab+bc+cd+de+ea) = 0$$

SCHUMACHER.}

---

Handbuch der Schiffahrtskunde von C. RÜMKER. 1850. Seite 76.

---

*Auflösung einer geometrischen Aufgabe.*

An drei Punkten (1), (2), (3), welche in einer geraden Linie (I) und in bekannten Abständen von einander, $A$ von (1) nach (2), $B$ von (2) nach (3), liegen, sind die Winkel $\vartheta$, $\vartheta'$, $\vartheta''$ zwischen zwei andern Punkten (4), (5), deren gegenseitiger Abstand $= 2c$ ebenfalls bekannt ist, gemessen; man verlangt die Lage der drei ersteren Punkte gegen die beiden letzteren. Um nichts unbestimmt zu lassen, setze ich voraus, dass die drei Winkel alle von (4) nach (5) in einerlei Sinn wachsend gemessen sind, dass auf der Linie (I) die Abstände in einem bestimmten Sinne positiv gezählt werden (so dass, wenn man aus irgend welchem Grunde nicht den zwischen den beiden andern liegenden Punkt mit (2) bezeichnete, $A$ und $B$ ungleiche Zeichen erhalten würden) und $c$ positiv genommen werden soll.

Ich wähle zur Abscissen-Linie die Gerade (II), welche (4),(5) in ihrer Mitte (6) unter rechten Winkeln schneidet, und zähle die Abscissen von (6) an positiv, auf der Seite von (4),(5), wo der Winkel von (4) nach (5) unter $180^0$ erscheint, d. i. auf der rechten, wenn man die Winkel von der Linken nach der Rechten wachsen lässt; die Ordinaten mögen in dem Sinne von (6) nach (5) positiv gezählt werden. Auf (II) bezeichne ich die Punkte, deren Abscissen

$$c.\text{cotang}\,\vartheta = n - a, \quad c.\text{cotang}\,\vartheta' = n, \quad c.\text{cotang}\,\vartheta'' = n + b$$

sind, mit (1*), (2*), (3*); sie sind die Mittelpunkte der drei Kreise, welche beziehungsweise durch (1), (2), (3) und zugleich alle durch (4) und (5) gehen. Die Halbmesser dieser Kreise sind

$$\frac{c}{\sin\vartheta} = \sqrt{(cc + (n-a)^2)}, \quad \frac{c}{\sin\vartheta'} = \sqrt{(cc + nn)}, \quad \frac{c}{\sin\vartheta''} = \sqrt{(cc + (n+b)^2)}$$

oder wenn man $\frac{c}{\sin\vartheta'} = r$ setzt, so werden die beiden andern $\sqrt{(rr - 2an + aa)}$, $\sqrt{(rr + 2bn + bb)}$. Endlich sei (7) der Durchschnittspunkt von (I) und (II), $T$ und $t$ die Abstände der Punkte (2) und (2*) von (7), $\varphi$ der Winkel zwischen gleichnamigen Armen jener Linien, und zwar von (I) nach (II) in dem gewählten Sinn positiv gemessen. Es ist also die Abscisse von (7) $= n - t$, und folglich sind die Coordinaten der drei Beobachtungsplätze

$$\begin{array}{lll} (1) \ldots\ldots & n - t + (T-A).\cos\varphi, & (T-A).\sin\varphi \\ (2) \ldots\ldots & n - t + T.\cos\varphi, & T.\sin\varphi \\ (3) \ldots\ldots & n - t + (T+B)\cos\varphi, & (T+B).\sin\varphi \end{array}$$

Die drei unbekannten Grössen $t$, $T$, $\varphi$ werden aber aus folgenden Gleichungen zu bestimmen sein, wenn zur Abkürzung $x$ für $\cos\varphi$ geschrieben ist:

$$\begin{array}{rl} tt + TT - 2tTx = rr & \ldots\ldots\ldots [1] \\ (t-a)^2 + (T-A)^2 - 2(t-a)(T-A)x = rr - 2an + aa & \\ (t+b)^2 + (T+B)^2 - 2(t+b)(T+B)x = rr + 2bn + bb & \end{array}$$

Anstatt der beiden letzteren gebrauche ich die folgenden, die aus ihrer Subtraction von der ersten hervorgehen

$$2at + 2AT - 2an - AA = (2At + 2aT - 2aA)x \quad \ldots [2]$$
$$2bt + 2BT - 2bn + BB = (2Bt + 2bT + 2bB)x \quad \ldots [3]$$

aus $-\frac{1}{2}b[2]+\frac{1}{2}a[3]$ und $\frac{1}{2}B[2]-\frac{1}{2}A[3]$ folgt, wenn man zur Abkürzung

$$aB-bA=\lambda,\quad ab(A+B)=f,\quad \tfrac{1}{2}AB(A+B)+\lambda n=g$$
$$AB(a+b)=F,\quad \tfrac{1}{2}aBB+\tfrac{1}{2}bAA=G$$

schreibt

$$\lambda T+G=\lambda(t+f)x,\quad \lambda t-g=(\lambda T-F)x \text{ oder } \lambda(t-Tx)=g-Fx$$

und folglich

$$\lambda t=\frac{+g-(F+G)x+fxx}{1-xx} \quad \ldots\ldots\ldots\ldots [4]$$
$$\lambda T=\frac{-G+(f+g)x-Fxx}{1-xx} \quad \ldots\ldots\ldots\ldots [5]$$

Die Gleichung [1] in der Form $(t-Tx)^2+TT(1-xx)=rr$ gibt

$$\lambda\lambda rr-(g-Fx)^2=\lambda\lambda TT(1-xx) \quad \ldots\ldots\ldots [6]$$

Substituirt man darin den Werth von $\lambda T$ aus [5], so erhält man die cubische Gleichung

$$2fFx^3-(ff+2fg+FF+2FG+\lambda\lambda rr)xx$$
$$+(2fG+2gF+2gG)x+\lambda\lambda rr-gg-GG=0 \quad \ldots [7]$$

Nachdem dadurch $x$ bestimmt ist, findet man die Coordinaten des Punktes (2) aus obigen Ausdrücken, die, wenn man darin für $t-Tx$ und $T$ die vorhin gegebenen Werthe substituirt, folgende Gestalt annehmen

$$n-\frac{g-Fx}{\lambda},\qquad \frac{-G+(f+g)x-Fxx}{\lambda\sqrt{(1-xx)}}$$

und die beiden anderen Punkte (1) und (3), indem man zu diesen Werthen $-Ax$, $-A\sqrt{(1-xx)}$ und $+Bx$, $+B\sqrt{(1-xx)}$ beziehungsweise hinzufügt.

Da jedem Cosinus zwei Werthe des Winkels angehören, oder was dasselbe ist, da die Radical-Grösse $\sqrt{(1-xx)}$ sowol positiv wie negativ genommen werden kann, so gibt jede zulässige Wurzel der Gleichung zwei Auflösungen; nemlich zwei gegen die Linie (II) symmetrische Lagen der Punkte (1), (2), (3), was auch schon für sich klar ist. Für den Fall, dass $+1$ oder $-1$ eine Wurzel der Gleichung [7] wird, ist übrigens die obige Formel für die Ordinate nicht brauchbar, weil dann Zähler und Nenner null werden, und man muss anstatt derselben folgende anwenden nach [6]

$$\sqrt{\{rr-(\tfrac{g\mp F}{\lambda})^2\}}$$

Wir haben also auch hier zu einer Wurzel zwei Auflösungen, nemlich durch die symmetrischen Lagen der Punkte (1), (2), (3) von (II) auf entgegengesetzten Seiten gleich weit abstehend; für $x=+1$ ist der Sinn der positiven Richtung in (I) derselbe wie in (II), für $x=-1$ verkehrt. Nur der einzige Fall, wo ohne Rücksicht auf das Zeichen $\lambda r = g-F$ (für $x=+1$) oder $=g+F$ (für $x=-1$) ist, muss ausgenommen werden, indem dann beide symmetrische Lagen von (I) in Eine, nemlich mit der Linie (II) selbst, zusammenfallen.

Auszuschliessen sind offenbar von den Wurzeln der Gleichung [7] nicht blos die imaginären, sondern auch die ausserhalb der Grenzen $-1$ und $+1$ liegenden reellen, und die Wurzel $+1$ oder $-1$ selbst, wenn $\lambda r$ ohne Rücksicht auf das Zeichen beziehungsweise kleiner ist als $g-F$ oder $g+F$. Es lässt sich übrigens beweisen, dass allemal, wenigstens eine der drei Wurzeln in die Kategorie der auszuschliessenden gehört, und also überhaupt niemals mehr als vier verschiedene Auflösungen durch reelle Coordinaten statt haben können. Genau genommen, bildet zwar *ein ganz singulärer* Fall in so fern eine Ausnahme des ersteren Satzes, als dabei keine Wurzel ausgeschlossen wird. Der singuläre Fall ist nemlich der schon oben erwähnte, wo für $x=\pm 1$ die Ordinate $=0$ wird, und wo (wie sich leicht beweisen lässt) die betreffende Wurzel zweimal gilt, d. i. wo das Glied linkerseits des Gleichheitszeichens in der Gleichung [7] den Factor $(x\mp 1)^2$ enthält; die Gleichung hat dann also nur zwei ungleiche Wurzeln, von denen die zweite allerdings auch eine zulässige sein kann. Der Schlussfolge selbst thut demnach dieser Ausnahmefall keinen Eintrag.

Endlich muss noch bemerkt werden, dass auch unter den Auflösungen in reellen Zahlen physisch unzulässige sein können. Es ist nemlich nicht der ganze Kreis, welcher aus dem Mittelpunkte (1) durch (4) und (5) beschrieben ist, der geometrische Ort des Punktes (1), sondern nur der auf der positiven Seite von (4), (5) liegende Bogen, wenn $\vartheta$ unter $180^0$, und der auf der negativen Seite liegende, wenn $\vartheta$ überstumpf ist; dasselbe gilt von den beiden anderen Kreisen. Diese physische Bedingung ist aber in unserer Auflösung noch nicht berücksichtigt. Unter den verschiedenen, in reellen Zahlen gefundenen Auflösungen sind also nur diejenigen zulässig, wo die für die Abscissen der drei Punkte (1), (2), (3) sich ergebenden Werthe alle dieselben Zeichen haben, wie respective die Sinus von $\vartheta$, $\vartheta'$, $\vartheta''$.

Mit Stillschweigen darf ich auch nicht übergehen, dass die gegebene allgemeine Auflösung der Aufgabe in singulären Fällen entweder ihre Anwendbarkeit ganz verliert, oder doch einiger Modification bedarf, beschränke mich hier aber nur auf eine Andeutung der erheblichsten Punkte:

I. Ist einer der beobachteten Winkel gleich $= 0$ oder $= 180^0$, so ist vortheilhaft, den betreffenden Beobachtungsplatz, auch wenn er zwischen den beiden andern liegen sollte, als (1) oder (3) anzunehmen. Wählet man das Letztere, so bleiben alle Theile der allgemeinen Auflösung gültig, indem man nur $b$ als unendlich gross betrachtet, und als Zeichen in den Rechnungen beibehält, welches hernach in allen Resultaten aber von selbst wegfällt. An mehr als Einem Punkte darf aber offenbar der Winkel nicht 0 oder $180^0$ sein, weil dies nur stattfindet, wenn alle drei in der Linie (4), (5) liegen, wo die Aufgabe unbestimmt wäre.

II. Sind unter den beobachteten Winkeln zwei gleiche, so fallen von den Punkten (1*), (2*), (3*) zwei zusammen, oder eine der Grössen $a$, $b$, $a+b$ wird $= 0$, daher auch $fF = 0$; in diesem Falle geht demnach die cubische Gleichung in eine quadratische über. Übrigens sieht man leicht, dass das Verschwinden des ersten Coëfficienten der cubischen Gleichung *nur* in dem Falle der Gleichheit zweier Winkel eintritt.

III. Die gegebene Auflösung ist nicht anzuwenden, wenn die Grössen $A$, $B$ den $a$, $b$ proportional sind, also $\lambda = 0$ wird. In diesem Falle ist die cubische Gleichung mit Unrecht herangezogen und enthält eine der Sache fremde Wurzel, die richtige aber zweimal. Es ist nemlich klar, dass dann die beiden Combinationen, durch welche aus [2] und [3] die Gleichungen [4] und [5] abgeleitet wurden, *nicht verschieden* sind; diese Gleichungen werden daher identisch, und jede für sich gibt $x = \frac{A}{2a} = \frac{B}{2b}$. Offenbar muss dann aber eine der beiden Gleichungen [2], [3] noch ferner gebraucht werden, aus deren Combination mit [1] sich leicht ergibt: $cx = (t-n)\sqrt{(1-xx)}$. Es erhellt daraus, dass die Linie (I) entweder durch den Punkt (4) oder durch (5) geht, und es gibt in der That für den in Rede stehenden singulären Fall immer vier Auflösungen, indem man entweder durch (4) oder durch (5) eine der beiden geraden Linien legt, deren Winkel mit der Abscissen-Linie die Grösse $\frac{A}{2a} = \frac{B}{2b}$ zum Cosinus hat. Die Realität dieser Auflösungen hängt davon ab, dass diese Grösse nicht grösser als 1 ist, für welchen Werth selbst die vier Auflösungen sich auf zwei reduciren.

---

# ALLGEMEINES

# COORDINATEN-VERZEICHNISS

ZUSAMMENGETRAGEN

## AUS FOLGENDEN PARTIELLEN VERZEICHNISSEN

Nr. 1) Generalverzeichniss von 1828. [Gradmessung 1821. 1822. 1823 und deren Fortsetzung bis Jever 1824. 1825 ausgeführt von C. F. GAUSS.]

2) Eichsfeld 1828. [Messungen des Hauptmann MÜLLER und des Lieutenant GAUSS.]

3) Hildesheim 1828. [Messungen des Lieutenant HARTMANN.]

4) Hildesheim 1829. [Messungen des Lieutenant HARTMANN.]

5) Westphalen 1829. Messungen des Lieutenant GAUSS und Lieutenant HARTMANN.]

6) Westphalen 1830. [Messungen des Lieutenant HARTMANN.]

6*) HARTMANNS Messungen von 1831, so weit sie nicht durch 12 ersetzt werden.

7) Lüneburg. [Messungen des Hauptmann MÜLLER im Jahre 1830 und des Lieutenant GAUSS in den Jahren 1830 und 1831.]

8) Harz 1833. [Messungen des Lieutenant HARTMANN.]

9) Mittelweser 1833. 1834. [Messungen des Hauptmann MÜLLER und des Lieutenant GAUSS.]

10) Oberweser (Göttingen) 1836. Messungen des Hauptmann MÜLLER.]

11) Aller 1838. Messungen des Hauptmann MÜLLER.]

12) Ostfriesland 1841. [Messungen des Hauptmann MÜLLER.]

13) Bremen 1839. [Messungen des Hauptmann MÜLLER.]

14) Bremen 1843. 1844. [Messungen des Lieutenant GAUSS.]

1844. Dec. 13.

# [NACHLASS.]

## COORDINATEN-VERZEICHNISS.

| + südlich | + westlich | | Nr. |
|---|---|---|---|
| + 75241.297 | − 36876.103 | Inselsberg Haus | 1 |
| + 75233.714 | − 36849.867 | *Inselsberg hessischer Dreieckspunkt* | 1 |
| + 65882.780 | − 55230.212 | Seeberg, Passagein-strument | 1 |
| + 56432.370 | − 92153.140 | Ettersberg | 1 |
| + 34030.275 | − 25362.271 | Struth | 1 |
| + 33664.655 | + 6065.145 | *Meisner* | 1 |
| + 22702.9 | + 46588.2 | Burghasungen | 10 |
| + 21058.1 | + 182.1 | Hanstein | 10 (2) |
| + 20806.6 | + 5987.8 | Witzenhausen Rath-haus | 10 |
| + 20730.1 | − 63790.8 | Posse | 2 |
| + 20708.0 | − 63788.8 | Posse | 8 |
| + 20708.0 | + 5903.4 | Witzenhausen Kirch-thurm | 10 |
| + 19447.5 | + 24390.4 | Landwehrhagen | 10 |
| + 18580.578 | −169314.554 | Leipzig Sternwarte | |
| + 17783.447 | + 17094.498 | Steinberg, Signal | 10 |
| + 17782.597 | + 17095.067 | *Steinberg Postam.* | 10 |
| + 17414.8 | + 22655.4 | Lutternberg Thurm | 10 |
| + 16676.9 | − 15519.4 | Dünwarte | 2 |
| + 16609.262 | + 22268.678 | *Lutternberg* | 10 |
| + 16108.813 | + 23881.506 | Lutternberg Neben-platz | 10 |
| + 15842.6 | − 4326.7 | Rusteberg | 10 (2) |
| + 15550.9 | + 12308.9 | Hedemünden | 10 |
| + 15180.2 | − 59183.8 | Gross Furra | 8 |
| + 15062.887 | + 17995.559 | *Cattenbühl* 1. | 10 |
| + 15061.0 | − 1120.1 | Brennerei, Schorstein | 10 |
| + 14871.104 | + 18863.402 | *Cattenbühl* 2. | 10 |
| + 14744.0 | + 7691.2 | Berlepsch | 10 |
| + 13800.5 | + 5748.8 | Hermanrode | 10 |
| + 13324.4 | + 6941.7 | Mollenfelde | 10 |
| + 12713.539 | + 5002.747 | Gieseberg Signal | 10 |
| + 12712.662 | + 5002.234 | *Gieseberg Postam.* | 10 |
| + 12398.0 | + 14962.4 | Lippoldshausen | 10 |
| + 12396.1 | + 20306.9 | Münden | 10 |
| + 12134.6 | + 8961.05 | Atzenhausen | 10 |
| + 12103.347 | + 16773.704 | *Wiershausen* 1. | 10 |
| + 12068.459 | + 16758.233 | *Wiershausen* 3 | 10 |
| + 11821.6 | − 15595.1 | Günderode | 2 |
| + 11820.9 | + 5521.9 | Deiderode | 10 |
| + 11590.2 | + 15845.9 | Wiershausen Thurm | 10 |
| + 11413.4 | − 10545.5 | Bischhagen | 2 |
| + 10799.4 | − 20605.6 | Mittlerer Baum | 2 |
| + 10678.2 | − 9297.0 | Vogelsang | 2 |
| + 10622.194 | + 16288.698 | Wiershausen Signal | 10 |
| + 10621.837 | + 16288.015 | *Wiershausen 2. Theo-dolithplatz* | 10 |
| + 10104.7 | + 1077.3 | Gross Schneen | 10 (2) |
| + 10009.2 | − 12965.2 | Weissenborn | 2 |
| + 9737.9 | − 43660.25 | Bleicherode | 8 |
| + 9709.8 | + 12690.1 | Meensen | 10 |
| + 9382.441 | + 13339.153 | *Meenserberg* | 10 |
| + 9127.086 | − 31527.867 | Kälberberg Pfahl | 2 |
| + 9126.7 | − 31527.0 | *Kälberberg Theodo-lithplatz* | 2 |
| + 9081,9 | − 9731.4 | Bischhausen | 2 |
| + 8761.9 | − 17298.7 | Neuendorf Wind-mühle | 2 |
| + 8524.6 | − 64937.3 | Hospital bei Heringen | 8 |
| + 8195.3 | − 475.7 | Ballenhausen | 10 |
| + 8180.3 | − 27784.2 | Schloss Bodenstein | 2 |
| + 8135.6 | + 4189.4 | Dramfeld | 10 |
| + 7661.8 | − 7491.9 | *Eschenberg Theodo-lithplatz* | 2 |
| + 7661.406 | − 7492.385 | Eschenberg Pfahl | 2 |
| + 7635.8 | + 767.7 | Stockhausen | 10 |
| + 7602.2 | − 9112.4 | Sennikerode Südl. Schorstein | 2 |
| + 7439.1 | + 1937.1 | Oberjesa | 10 (3) |
| + 7247.0 | + 9924.8 | Jühnde | 10 |
| + 7242.3 | + 15746.3 | Dankelhausen | 10 |
| + 7213.7 | − 28707.3 | *Bornberg Theodolith-platz* | 2 |

| + südlich | + westlich | | Nr. |
|---|---|---|---|
| + 7213.2 | − 28706.8 | Bornberg Pfahl | 2 |
| + 6851.3 | − 12087.0 | Beinrode | 2 |
| + 6770.2 | − 2812.9 | Reinhausen | 10 |
| + 6769.4 | + 6054.2 | Volkerode | 10 |
| + 6484.7 | − 6756.1 | *Nordl. Gleiche Theodolithplatz von 1828* | 2 |
| + 6475.621 | − 6768.874 | Nordl. Gleiche Pfahl | 2 |
| + 6475.564 | − 6770.088 | *Nordl. Gleiche Theodolithplatz von 1829* | 2 |
| + 6468.0 | + 3812.8 | Sieboldshausen | 10 (1) |
| + 6197.2 | − 11333.9 | Kerstlingerode | 2 |
| + 6060.027 | + 12447.725 | *Hohehagen Platz von 1836* | 10 |
| + 6059.878 | + 12447.746 | *Hohehagen Platz von 1821* | 1 |
| + 5904.1 | − 25567.9 | Tastunger Warte | 2 |
| + 5820.8 | + 1140.3 | Niederjesa | 10 (1) |
| + 5734.2 | − 10280.4 | *Bei Ritmarshausen* | 2 |
| + 5680.2 | − 18048.2 | Besekendorf | 2 |
| + 5246.2 | − 22325.7 | Teistungenburg | 2 |
| + 5188.0 | − 11168.3 | Ritmarshausen | 2 |
| + 5162.993 | + 13692.525 | *Schottsberg* | 10 |
| + 5091.0 | − 25558.5 | Wehnde | 2 |
| + 4929.0 | + 5482.0 | Lembshausen | 10 |
| + 4909.4 | − 29872.7 | Brehmer Ohmberg | 2 |
| + 4869.4 | − 14817.6 | Nesselroder Warte | 2 |
| + 4866.8 | + 18318.0 | Bühren | 10 |
| + 4472.0 | − 7627.8 | Benniehausen | 2 |
| + 4365.3 | − 21020.8 | Pferdbergs Warte | 2 |
| + 4363.6 | − 20999.9 | Theodolithplatz daneben | 2 |
| + 4308.2 | − 20065.5 | Immingerode | 2 |
| + 4298.6 | − 23474.4 | Lindenberg | 2 |
| + 4284.7 | + 10584.4 | Bördel | 10 |
| + 4236.4 | + 5292.2 | Mengershausen | 10 (2) |
| + 3861.2 | − 1806.9 | Dimarder Warte | 10 |
| + 3839.7 | − 28927.3 | Brehme | 2 |
| + 3795.5 | − 51853.6 | Gross Wechsungen | 8 |
| + 3755.3 | − 22105.6 | Gerblingerode | 2 |
| + 3655.3 | − 16722.7 | Nesselrode | 2 |
| + 3564.3 | − 25042.7 | Wehnder Warte | 2 |
| + 3385.9 | − 34674.3 | Bischofsrode | 2 |
| + 3331.220 | − 30683.287 | Sonnenstein Pfahl | 2 |
| + 3330.905 | − 30681.570 | *Sonnenstein Pfahl von 1833* | 8 |
| + 3330.629 | − 30682.728 | *Sonnenstein Theodolithplatz von 1828* | 2 |
| + 3297.2 | − 8468.3 | Amt Niedeck | 2 |
| + 3246.483 | + 10733.915 | *Sesebühl* | 10 |
| + 3177.2 | − 20769.5 | Tiftlingerode | 2 |
| + 2943.1 | + 15861.4 | Varlosen | 10 |
| + 2786.6 | + 3050.0 | Rossdorf | 10 (1) |
| + 2783.8 | − 59292.1 | Nordhausen | 8 |
| + 2780.7 | + 12736.4 | DransfeldKirchthurm vor dem Brande | 10 |
| + 2701.3 | − 44976.6 | Gratzungen | 8 |
| + 2662.8 | − 10874.5 | Sattenhausen | 2 |
| + 2627.3 | − 25513.8 | Ecklingerode | 2 |
| + 2586.105 | − 19037.483 | Euzenberg Pfahl | 2 |
| + 2585.7 | − 19036.8 | *Euzenberg Theodolithplatz* | 2 |
| + 2287.0 | − 59387.6 | Nordhausen Doppelthurm | 2 |
| + 2208.65 | − 42014.98 | Trebra | 8 |
| + 2150.7 | − 13816.3 | Himmigerode Giebel | 2 |
| + 1986.5 | − 933.4 | Geismar | 10 |
| + 1811.6 | − 6268.5 | Gross Lengden | 2 |
| + 1771.9 | − 21830.3 | Duderstadt Untere Kirche | 2 |
| + 1726.2 | − 39601.8 | Epschenrode | 8 |
| + 1719.5 | − 22257.6 | Duderstadt O. Kirche | 2 |
| + 1644.4 | − 21749.3 | Duderstadt W. Thurm | 2 |
| + 1508.400 | − 9266.532 | Jacobsberg Pahl | 2 |
| + 1507.5 | − 9266.3 | *Jacobsberg Theodolithplatz* | 2 |
| + 1397.1 | − 16937.0 | Werkshausen | 2 |
| + 891.318 | − 25971.380 | Rothe Warte, Centrum des Thurms | 2 |
| + 890.3 | + 5429.2 | Ellershausen | 10 |
| + 884.3 | − 25983.8 | Rothe Warte N. O. Eckpfeiler | 2 |
| + 883.804 | − 25984.408 | *Rothe Warte, Theodolithplatz* | 2 |
| + 862.8 | − 10867.1 | Falkenhagen | 2 |
| + 852.6 | + 16470.8 | Lewenhagen | 10 |
| + 780.8 | + 14919.8 | Imssen | 10 |
| + 670.2 | + 1977.5 | Backhaus Pavillon | 1 |
| + 549.8 | − 20958.7 | Sülberg Warte | 2 |
| + 461.4 | − 47059.9 | Pützlingen | 8 |
| + 371.1 | − 16590.7 | Desingerode | 2 |
| + 220.895 | − 1883.547 | *Kleper* | 10 |
| + 167.7 | − 25721.8 | Herbigshagen Pfahl | 2 |
| + 167.657 | − 25721.050 | *Herbigshagen Theodolithplatz* | 2 |
| + 2.998 | − 6.528 | *Sternwarte, Platz auf dem Dache von 1836* | 10 |
| + 0 | 0 | *Sternwarte Mitte der Achse des Reichenbachschen Meridian-Kreises* | |
| − 5.507 | 0 | *Sternwarte Theodolith 1823* | 1 |
| − 186.9 | − 8461.4 | Mackenrode | 2 |
| − 427.8 | + 5813.5 | Hetgershausen | 10 |
| − 442.17 | + 902.34 | Göttingen Mariae | 10 |
| − 469.5 | + 553.8 | Göttingen Rathhaus | 10 |
| − 486.2 | + 645.5 | Göttingen Johannis Südlicher Th. | 10 |
| − 500.8 | + 644.9 | Göttingen Johannis Nordlicher Th. | 10 (2) |
| − 556.5 | + 127.95 | Göttingen Albanus | 10 |
| − 710.702 | + 500.493 | Göttingen Jacobi | 10 (2) |
| − 753.3 | + 3357.9 | Gronde | 10 (2) |
| − 766.5 | − 38848.7 | Stöckei | 8 |
| − 823.029 | − 26665.059 | S. Antonio di Padova | 2 |
| − 823.8 | − 26664.7 | *S. Antonio di Padova Theodolithplatz* | 2 |
| − 908.0 | + 14147.9 | Güntersen | 10 |

| + südlich | + westlich | | Nr. |
|---|---|---|---|
| −1173.3 | −11317.5 | Landolfshausen | 2 |
| −1198.9 | −26411.9 | Langenhagen Schorstein | 2 |
| −1483.1 | −13249.8 | Seulingerwarte | 2 |
| −1503.6 | −15101.7 | Seulingen | 2 |
| −1550.8 | −45839.7 | Holbach | 8 |
| −1621.8 | −27467.7 | *Apfelbaum Theodolithplatz* | 2 |
| −1622.846 | −27469.008 | Apfelbaum bei Langenhagen | 2 |
| −2047.2 | −23897.4 | Breitenberg | 2 |
| −2160.609 | −26487.321 | Buche bei Hilkerode | 2 |
| −2164.4 | −26486.9 | *Buche Theodolithplatz* | 2 |
| −2358.5 | +11641.1 | Barterode | 10 |
| −2649.0 | +4982.8 | Elliehausen | 10 (2) |
| −2885.9 | −23406.8 | Hübenthal Tanne | 2 |
| −2923.7 | −32820.3 | Ellerburg | 2 |
| −2953.262 | +2228.054 | Kleine Hagen | 2 |
| −3053.0 | −20148.8 | Obernfelde | 2 |
| −3283.0 | −68056.6 | Jagdschloss | 2 |
| −3314.2 | −4406.2 | Roringen | 10 |
| −3497.0 | +355.8 | Weende | 10 (2) |
| −3667.8 | −2418.5 | Clausberg | 10 (2) |
| −3746.65 | +3698.7 | Holtensen | 10 |
| −3868.9 | −14409.4 | Seeburg | 2 |
| −3908.9 | −42364.4 | Tettenborn | 8 (2) |
| −3976.3 | −17301.0 | Germershausen | 2 |
| −3991.8 | −74780.3 | Schwende | 2 |
| −4031.6 | +6818.9 | Esebeck | 10 |
| −4047.715 | +11071.465 | *Kuhberg Nebenplatz* 1. | 10 |
| −4244.7 | +35922.1 | Trendelburg runder Thurm | 9 |
| −4263.0 | −16091.7 | Berenshausen | 2 |
| −4356.782 | +11845.836 | *Kuhberg* | 10 |
| −4807.8 | −11445.6 | Ebergötzen | 2 |
| −5019.756 | −0.133 | *Meridianzeichen* | 1(10) |
| −5085.8 | −21007.9 | *Hellberg* | 2 |
| −5156.8 | +36185.5 | Trendelburg Laternenthurm | 9 |
| −5267.1 | −18643.7 | Rollshagen | 2 |
| −5444.0 | +13449.9 | Adelepsen Schloss | 10 |
| −5452.7 | +13468.7 | Adelepsen Burg | 10 |
| −5556.2 | +13380.9 | Adelepsen Kirchthurm | 10 |
| −5630.5 | −7399.5 | Baum am Hünenstollen | 2 |
| −5634.099 | −7421.465 | Hünenstollen Pfahl | 2 |
| −5634.100 | −7420.4 | *Hünenstollen Theodolithplatz* | 2 |
| −5898.6 | −22821.3 | Rüdershausen | 2 |
| −6069.2 | +5072.2 | Lenglern | 10 (2) |
| −6106.5 | −24538.0 | Ruhmspringe | 2 |
| −6116.3 | −6993.1 | Nebenplatz am Hünenstollen | 2 |
| −6284.6 | −46874.3 | Walkenried | 8 |
| −6316.5 | −73679.7 | Auersberg | 8 |
| −6334.675 | −9698.349 | Lauseberg Pfahl | 2 |
| −6335.1 | −9699.0 | *Lauseberg Theodolithplatz* | 2 |
| −6418.7 | −15025.4 | Wollbrandshausen | 2 |
| −6551.6 | −7374.4 | Mäusethurm | 2 |
| −6610.8 | −12471.1 | Krebeck | 2 |
| −6753.8 | +1541.0 | Bovenden | 10 (2) |
| −6982.3 | −61156.9 | Poppenberg | 8 |
| −7052.9 | −20631.6 | Nebenplatz bei Hellberg | 2 |
| −7101.5 | −37370.8 | Osterhagen | 8 |
| −7184.6 | +18436.6 | Offensen | 10 |
| −7349.7 | −8399.8 | Holzerode, Struthkrug | 2 |
| −7527.3 | −21764.2 | Wollershausen | 2 |
| −7577.8 | +11101.0 | Lödingen | 10 |
| −7579.7 | −8321.9 | Holzerode Thurm | 2 |
| −7624.725 | +2249.419 | Baum bei Bovenden | 2 |
| −7625.9 | +2248.2 | *Baum Theodolithplatz* | 2 |
| −7661.845 | −35709.258 | Bartholfelde | 8 |
| −7666.8 | −1552.2 | Plesse, dünner Thurm | 10 (2) |
| −7696.8 | −1607.4 | Plesse dicker Thurm | 10 (2) |
| −8033.6 | +5838.1 | Harste | 10 (2) |
| −8396.7 | −11175.3 | Renshausen | 2 |
| −8481.6 | −13192.9 | Bodensee | 2 |
| −8619.776 | +11952.497 | *Kuhberg Nebenplatz* 2 | 10 |
| −8716.1 | −38640.44 | Ahrensberg | 8 |
| −8718.8 | −10248.1 | Nebenplatz 2 bei Renshausen | 2 |
| −8854.7 | −10279.4 | Nebenplatz 1 bei Renshausen | 2 |
| −8920.1 | −6956.8 | Spanbeck | 2 |
| −9113.6 | −18782.4 | Gieboldehausen | 2 |
| −9267.916 | +224.426 | *Grebenberg* | 10 (2) |
| −9472.301 | −139301.772 | Petersberg | 1 |
| −9474.2 | −25369.7 | Pöhlde | 2 |
| −9485.0 | +18999.8 | Vorliehausen | 10 |
| −9541.1 | −33228.2 | Barbis | 8 |
| −9594.5 | +20334.8 | Albershausen | 10 |
| −9629.4 | −31666.9 | Barbiswarte | 2 |
| −9678.5 | +2664.5 | Parensen | 10 |
| −9691.6 | +10691.8 | Hettensen | 10 |
| −9887.2 | +614.0 | Angerstein | 10 (2) |
| −9949.5 | −10974.6 | Tuerhausen | 2 |
| −10181.6 | +6326.6 | Gladebeck | 10 (2) |
| −10456.3 | −66018.4 | Harzhöhe | 8 |
| −10471.3 | −40403.046 | Rabenskopf | 8 |
| −10857.9 | +780.9 | Kloster Stein | 10 (2) |
| −11136.0 | −15774.7 | Bilshäuser Clus | 2 |
| −11214.148 | −30285.81 | Scharzfeld Kirchth. | 8 |
| −11226.089 | −37531.015 | Scholm, Signal im Baume | 8 |
| −11328.0 | +19573.2 | Schoningen | 10 |
| −11451.4 | −23219.3 | Aukrug | 2 |
| −11507.5 | +9501.8 | Elligerode | 10 |
| −11526.0 | −14953.1 | Bilshausen | 2 |
| −11532.556 | −36038.443 | Hausberg | 8 |
| −11559.2 | +4026.5 | Wollbrechtshausen | 10 (2) |
| −11672.502 | −66284.731 | *Schallliethe* | 8 |

| + südlich | + westlich | | Nr. |
|---|---|---|---|
| — 11765.0 | + 440.2 | Nörten | 10 (2) |
| — 11977.187 | — 41915.437 | Stephansecke | 8 |
| — 12107.5 | — 13210.7 | Nebenplatz 2 bei Bilshausen | 2 |
| — 12183.213 | + 7792.143 | *Gladeberg Theodolithplatz* | 10 |
| — 12183.453 | + 7792.303 | Gladeberg Signal | 10 |
| — 12233.8 | — 13196.8 | Nebenplatz 1 bei Bilshausen | 2 |
| — 12241.1 | — 82626.5 | Dampfmaschine Albertine | 8 |
| — 12279.2 | + 4922.8 | Hevensen | 10 (2) |
| — 12372.2 | — 15199.4 | Strohkrug | 2 |
| — 12493.537 | + 18762.239 | *Sommerling* | 10 |
| — 12591.1 | — 5442.4 | Nebenplatz bei Sudershausen | 2 |
| — 12650.61 | — 36537.55 | Kummel, Signal im Baume | 8 |
| — 12979.832 | — 30778.248 | Gretchenradsbleek | 8 |
| — 13244.4 | — 83102.8 | Harzgerode | 8 |
| — 13647.0 | + 7916.8 | Hardegsen Kirchthurm | 10 |
| — 13708.0 | + 8031.1 | Hardegsen Magazin | 10 |
| — 13808.354 | + 20900.304 | *Eichhagen* | 10 |
| — 13870.8 | + 18170.0 | Bollensen | 10 |
| — 13888.6 | — 20309.2 | Hattorf | 2 |
| — 13900.994 | — 32337.378 | Liethberg | 8 |
| — 13963.3 | — 12586.3 | Lindau | 2 |
| — 14085.7 | — 27493.7 | Herzberg Kirchthurm | 2 |
| — 14174.9 | — 41419.9 | Jagdkopf Signal im Baume | 8 |
| — 14206.620 | + 7328.687 | *Weper Nebenplatz* 1 | 10 |
| — 14207.2 | — 26902.1 | Herzberg Schloss | 8 (2) |
| — 14230.1 | + 2749.4 | Behrensen | 10 |
| — 14271.2 | + 16565.0 | Gierswald | 10 |
| — 14397.360 | — 42340.224 | *Langeecke* | 8 |
| — 14470.678 | + 21426.920 | Uslar Kirchthurm | 10 |
| — 14514.420 | + 19919.692 | *Galgenfeld* | 10 |
| — 14544.393 | + 21329.106 | Uslar Rathhaus | 10 |
| — 14684.3 | — 31271.2 | Eickelnkopf | 8 |
| — 14833.9 | + 6614.7 | Lutterhausen | 10 (2) |
| — 14939.2 | — 4064.9 | *Tockenberg* | 2 |
| — 15108.4 | — 15990.2 | Wulften Thurm | 2 |
| — 15186.429 | — 50327.104 | Hohegeiss | 8 |
| — 15203.3 | + 18294.4 | Dinkelhausen | 10 |
| — 15242.6 | — 4102.7 | Nebenplatz auf Wieterberg | 2 |
| — 15348.043 | + 7590.451 | *Weper* | 10 |
| — 15496.8 | + 5211.5 | Thüdinghausen | 10 |
| — 15543.9 | — 33697.6 | Grosse Knollen Signal im Baum | 8 |
| — 15548.4 | — 33734.0 | Grosse Knollen Baumspitze | 8 |
| — 15686.5 | + 2375.8 | Grossenrode | 10 |
| — 15720.0 | — 53780.9 | Bennekenstein | 8 |
| — 15741.3 | — 2238.6 | Sudheim | 2 |
| — 15751.5 | — 65456.5 | Stiege | 8 |
| — 15855.3 | — 31164.2 | Rothe Soole | 8 |
| — 15910.2 | — 16381.6 | Nebenplatz b Wulften | 2 |

| + südlich | + westlich | | Nr. |
|---|---|---|---|
| — 16187.933 | + 19596.646 | Fahle | 10 |
| — 16284.1 | + 48876.2 | Bruchhausen | 9 |
| — 16338.1 | + 22516.0 | Forsthaus am Knobben | 10 |
| — 16442.670 | — 46910.145 | *Eversberg* | 8 |
| — 16530.3 | + 21220.4 | Eschershausen | 10 |
| — 16553.8 | — 10882.7 | Catlenburg | 2 |
| — 16714.5 | + 8914.2 | Trögen | 10 |
| — 16756.059 | + 22338.780 | *Knobben Nebenplatz* | 10 |
| — 16826.3 | — 9622.7 | Nebenplatz bei Suterode | 2 |
| — 16833.7 | — 16382.2 | *Wulften Theodolithplatz* | 2 |
| — 16834.496 | — 16381.887 | Wulften Pfahl | 2 |
| — 16887.185 | + 22136.990 | *Knobben* | 10 |
| — 17039.1 | — 18756.6 | Schwiegershausen | 2 |
| — 17500.2 | — 740.0 | Hillersen | 2 |
| — 17584.8 | — 11553.2 | Berka | 2 |
| — 17854.543 | — 37470.334 | Kobalt-thals-Kopf | 8 |
| — 17869.8 | + 26462.7 | Schönhagen | 10 |
| — 17950.6 | + 8564.0 | *Weper Nebenplatz* 2 | 10 |
| — 18169.1 | — 78903.0 | Victorshöhe | 8 |
| — 18366.7 | — 75666.7 | Friedrichsbrunnen | 8 |
| — 18415.3 | — 63048.0 | Hasselfelde | 8 |
| — 18501.058 | + 19090.605 | *Fahlerstollen Postament* | 10 |
| — 18502.084 | + 19091.158 | Fahlerstollen Brett | 10 |
| — 18577.6 | — 7565.2 | Hammenstedt | 2 |
| — 18903.3 | + 4992.5 | Moringen | 10 |
| — 19091.4 | + 10983.2 | Espol | 10 |
| — 19102.1 | — 53807.7 | Tanne | 8 |
| — 19107.0 | — 10845.4 | Nebenplatz 2 bei Elvershausen | 2 |
| — 19192.8 | — 1527.1 | Höckelheim | 2 |
| — 19217.9 | — 14471.6 | Dorste | 2 |
| — 19246.1 | — 10506.5 | Nebenplatz 1 bei Elvershausen | 2 |
| — 19268.640 | + 19054.094 | Wolfsstrang | 10 |
| — 19282.0 | + 5767.3 | Ober Moringen | 10 |
| — 19421.288 | — 189500.165 | Wurzelberg | 1 |
| — 19653.2 | — 4143.2 | Nordheim Kirchthurm | 10 (3) |
| — 19704.9 | — 3980.6 | Nordheim Rathhaus | 3 |
| — 19866.0 | — 10604.9 | Elvershausen | 2 |
| — 19930.7 | — 22824.1 | bei der niedrigen Warte | 8 |
| — 20001.826 | — 34250.040 | Lilienberg | 8 |
| — 20014.9 | — 39500.2 | Glockenhaus | 8 |
| — 20019.3 | — 39483.2 | Thürmchen bei Andreasberg | 8 |
| — 20287.2 | — 39835.3 | Andreasberg Kirche | 8 |
| — 20351.449 | — 53682.875 | Eiserne Pfähle, Pfahl | 8 |
| — 20693.3 | — 51001.6 | Wiedfeld Haus | 8 |
| — 20738.34 | — 28075.2 | Bärengarten | 8 |
| — 21016.2 | — 50929.1 | Wiedfeld Signal | 8 |
| — 21026.8 | — 55141.4 | Hösekenhay Stange 2 | 8 |
| — 21045.7 | — 25360.7 | Katzenkopf | 8 |
| — 21057.088 | — 53876.002 | Eiserne Pfähle, Signalstange | 8 |

| + südlich | + westlich | | Nr. |
|---|---|---|---|
| — 21436.6 | — 12958.9 | Nebenplatz bei Marke | 2 |
| — 21446.2 | — 27159.5 | Schindelnkopf | 8 |
| — 21467.0 | — 30088.7 | bei dem Haspelkopf | 8 |
| — 21487.255 | — 29438.938 | Haspelkopf | 8 |
| — 21534.8 | — 20728.9 | Warte bei Osterode | 2 |
| — 21537.2 | — 20720.6 | Nebenplatz 1 bei Osterode | 2 |
| — 21538.6 | — 20743.6 | Nebenplatz bei der Warte 1833 | 8 |
| — 21614.1 | — 40090.8 | Sandhügel bei Andreasberg | 8 |
| — 21738.138 | — 56148.803 | Hösekenhay Stange 1 | 8 |
| — 21804.2 | — 21514.0 | Osterode Schloss | 8 (2) |
| — 21807.0 | — 20391.5 | Zehentscheuer | 8 |
| — 21950.38 | — 52542.6 | Signal im Baume | 8 |
| — 22209.5 | — 21367.6 | Osterode Marktthurm | 8 |
| — 22217.1 | — 20924.0 | Osterode Vorstadtkirche | 8 (2) |
| — 22267.8 | — 48562.7 | Signal bei Braunlage | 8 |
| — 22351.9 | — 21613.1 | Osterode Todtenthurm | 2 |
| — 22503.363 | — 32044.871 | Hanskuhnenburg | 8 |
| — 22524.3 | — 23825.0 | Scherenberg | 2 |
| — 22550.6 | — 19836.4 | Nebenplatz 2 bei Osterode von 1828 | 2 |
| — 22605.8 | — 26260.6 | Steilewand | 8 |
| — 22640.7 | — 27593.1 | Wienthalskopf | 8 |
| — 22691.6 | + 37649.0 | Fürstenberg | 9 |
| — 22715.6 | — 8861.6 | Brunsteinbaum | 2 |
| — 22785.3 | — 31101.2 | Grosse Breitenberg | 8 |
| — 22901.256 | — 19526.96 | bei Lasfelde | 8 |
| — 22946.5 | — 1554.3 | Edesheimer Warte | 2 |
| — 23019.5 | — 32589.4 | Bösenberg | 8 |
| — 23036.6 | — 25706.1 | Sösekopf | 8 |
| — 23212.68 | — 52488.6 | Lindlah (d) | 8 |
| — 23389.7 | — 47.5 | Hollenstedt | 2 |
| — 23399.9 | — 24580.7 | Scherenberg Signal | 8 |
| — 23509.8 | + 4232.7 | Iber | 3 |
| — 23645.0 | — 53068.2 | Lindlah (c) | 8 |
| — 23682.4 | — 40910.3 | Rehberg | 8 |
| — 23793.9 | — 55008.0 | Lindlah (a) | 8 |
| — 23912.6 | — 54784.2 | Lindlah (b) | 8 |
| — 24059.9 | — 29922.9 | Eichelnberg | 8 |
| — 24185.2 | — 15415.6 | Nienstedt | 8 |
| — 24364.6 | + 38569.7 | Bofzen | 9 |
| — 24371.9 | — 40343.5 | kl. Sonnenberg | 8 |
| — 24430.8 | — 58729.7 | Susenberg | 8 |
| — 24483.0 | + 984.7 | Stöckheim | 2 |
| — 24504.3 | + 27468.0 | Moosberg Haus | 9 |
| — 24520.3 | — 57702.9 | Wegweiser auf Katzenberg | 8 |
| — 24591.2 | — 59083.9 | Eiche | 8 |
| — 24747.3 | — 40318.4 | Sonnenberg Signal im Baume | 8 |
| — 24787.7 | — 52751.8 | Entfernter Wegweiser (s. g.) | 8 |
| — 24852.5 | — 2126.5 | Edesheim | 2 |
| — 25052.1 | — 59107.2 | Kleinschmidtskopf | 8 |
| — 25124.2 | — 55200.3 | Bastekopf | 8 |

| + südlich | + westlich | | Nr. |
|---|---|---|---|
| — 25131.8 | — 25230.0 | Schönenberg | 8 |
| — 25141.1 | — 28710 4 | Steinberg | 8 |
| — 25237.9 | — 27192.9 | Blockköthenkopf | 8 |
| — 25293.9 | — 50288.8 | Bahrenberg | 8 |
| — 25315.1 | — 51071.3 | Feuersteine bei Elend | 8 |
| — 25406.0 | — 39407.3 | Sonnenberg Pfahl | 8 |
| — 25497.0 | — 32422.8 | Allerberg | 8 |
| — 25509.2 | — 47772.1 | Kleiner Winterberg | 8 |
| — 25523.68 | — 57785.67 | Wegweiser zur Rothenhütte | 8 |
| — 25570.5 | — 46684.7 | Wormberg Pfahl | 8 |
| — 25572.7 | — 46676.1 | Wormberg Stange | 8 |
| — 25707.2 | — 57185.4 | Grosses Horn | 8 |
| — 25748.408 | — 55691.076 | Wegweiser vor dem Steinbach | 8 |
| — 25842.5 | + 41741.0 | Knillwarte | 9 |
| — 26023.7 | — 43251.5 | Achtermannshöhe | 8 |
| — 26033.4 | — 23968.7 | Schieferecke | 8 |
| — 26141.1 | — 1069.6 | Hohnstedt | 2 |
| — 26153.8 | + 3791.5 | Strothagen | 3 |
| — 26260.757 | — 26436.710 | Clausberg Signal | 8 |
| — 26275.3 | + 8678.3 | Grubenhagen Centrum | 3 |
| — 26277.0 | + 8675.9 | Grubenhagen Theodolith | 3 |
| — 26283.4 | + 19034.8 | Friedrichshausen | 3 |
| — 26533.8 | — 25212.9 | Heiligenstock | 8 |
| — 26619.9 | — 12689.5 | Lauenberge | 3 |
| — 26655.422 | — 58616.108 | Kleines Horn | 8 |
| — 26678.2 | — 35849.5 | Hochliegende Signalstange | 8 |
| — 26723.3 | + 19516.9 | Sievershausen | 3 |
| — 26745.8 | + 131327.7 | Beckum | 5 |
| — 26759.6 | — 39586.3 | Sonnenkopf | 8 |
| — 26775.350 | — 62257.835 | Kalte Thal | 8 |
| — 26804.02 | — 22196.66 | Bornsberg | 8 |
| — 26866.9 | — 26983.3 | Grube Neue Weinschenke | 8 |
| — 26872.3 | — 35052.9 | Vosshay | 8 |
| — 26908.304 | — 58162.233 | Wegweiser vor dem Westerwinkel | 8 |
| — 26920.6 | + 7989.1 | Rotenkirchen | 3 |
| — 26995.932 | — 58042.166 | Westerwinkel Signal | 8 |
| — 27005.5 | — 33630.55 | Ifenkopf | 8 |
| — 27019.5 | — 18323.64 | Badenhausen | 8 |
| — 27067.1 | + 1656.7 | Sülbeck grosser Thurm | 3 |
| — 27181.8 | — 66452.7 | Hüttenrode | 8 |
| — 27189.9 | + 1725.6 | Sülbeck kleiner Thurm | 3 |
| — 27291.1 | + 15328.3 | Hilwartshausen | 3 |
| — 27297.1 | — 59313.6 | Elbingerode | 8 |
| — 27298.1 | — 36646.3 | Stieglitzecke | 8 |
| — 27476.7 | + 38638.9 | Höxter Kilian erster Thurm | 9 |
| — 27489.2 | + 38641.2 | Höxter Kilian zweiter Thurm | 9 |
| — 27500.8 | — 60001.43 | Wegweiser nach Blankenburg | 8 |

| + südlich | + westlich | | Nr. |
|---|---|---|---|
| —27568.1 | +38760.7 | Höxter katholische Kirche | 9 |
| —27609.1 | —60324.4 | Galgenberg | 8 |
| —27636.3 | —56840.4 | Prinzenhay | 8 |
| —27784.3 | —43350.1 | Düstern Tannen | 8 |
| —27874.3 | +43094.4 | Obenhausen Capelle | 9 |
| —27943.6 | —33069.9 | Sperberdamm | 8 |
| —27978.34 | —58850.1 | Ortberg Signal | 8 |
| —28050.1 | —35780.0 | auf dem Brande | 8 |
| —28096.9 | +15931.5 | Scharfenberg | 3 |
| —28128.4 | —51950.7 | Hohneklippe | 8 |
| —28381.7 | + 9615.1 | Dassensen | 3 |
| —28438.2 | —37961.9 | auf dem Kurstberge | 8 |
| —28486.5 | —31040.7 | Schwarzenberg | 8 |
| —28491.1 | + 4954.3 | Odagsen | 2 |
| —28602.6 | —61396.1 | Hühnerbleek | 8 |
| —28641.9 | —43718.2 | Oderhay | 8 |
| —28670.5 | —18560.6 | Windhausen | 8 |
| —28677.3 | —16073.1 | bei Gittelde | 8 |
| —28695.9 | —22014.8 | Knöppelweg | 8 |
| —28714.4 | —42441.7 | Schwarzen Tannen | 8 |
| —28733.5 | — 1225.8 | Kreieberg | 3 |
| —28782.6 | —39792.5 | auf dem kleinen Bruchberge | 8 |
| —28861.224 | —59292.409 | Ortberg Signal im Baume | 8 |
| —28862.3 | —31289.8 | Nebenplatz bei Schwarzenberg | 8 |
| —28933.4 | —34606.2 | unten am Brande | 8 |
| —28943.9 | —59778.56 | Unort | 8 |
| —29254.4 | —29987.8 | Harterweg | 8 |
| —29262.584 | —38649.072 | Wolfswarte Tanne | 8 |
| —29284.1 | —32063.6 | Münsterhay | 8 |
| —29335.9 | —45028.0 | Hirschhörner | 8 |
| —29336.8 | —42925.6 | Alte Stange auf einer Klippe | 8 |
| —29363.4 | +11147.3 | Wellersen | 3 |
| —29385.5 | —26451.1 | Signal bei Clausthal | 8 |
| —29411.7 | —31335.5 | Polsterberg | 8 |
| —29653.157 | +38611.900 | *Reuschenberge* | 9 |
| —29864.9 | + 2056.6 | Salzderhelden | 3 |
| —29911.4 | —16822.4 | Gittelde untere Kirche | 8 |
| —29947.3 | —28915.4 | Grube Dorothea Zechenhaus | 8 |
| —30010.4 | —43147.3 | Tanne auf einer Klippe | 8 |
| —30021.3 | —26733.1 | Clausthal, Schützenhaus | 8 |
| —30179.2 | —24914.2 | bei Frankenscharner Hütte | 8 |
| —30232.4 | —16451.0 | Gittelde obere Kirche | 8 |
| —30310.087 | —46418.626 | *Brocken* | 1 (8) |
| —30394.3 | +17244.1 | Dassel Thurm auf der Stadtmauer | 3 |
| —30424.7 | +17444.1 | Dassel Kirchthurm | 3 |
| —30557.8 | —35413.4 | kleiner Okerkopf | 8 |
| —30578.7 | +13848.1 | Ellensen | 3 |
| —30727.2 | —26965.7 | Clausthal Marktkirche | 8 |
| —30737.4 | + 16561.1 | Bierberg | 3 |
| —30836.54 | — 45248.0 | Signal zwischen Steinen | 8 |
| —30872.0 | — 27169.6 | Clausthal Gottesackerkirche | 8 |
| —31079.692 | — 26761.621 | Clausthal | 8 |
| —31235.6 | — 18838.3 | Signal nahe bei Grund | 8 |
| —31283.0 | — 40839.0 | Lerchenköpfe | 8 |
| —31326.2 | + 11840.2 | Markoldendorf kleine Spitze | 3 |
| —31362.2 | + 8258.5 | Hullersen | 3 |
| —31381.2 | + 14447.8 | Eilensen | 3 |
| —31381.3 | + 9767.6 | Holtensen | 3 |
| —31606.7 | + 11899.6 | Markoldendorf spitzer Thurm | 3 |
| —31948.1 | — 16192.9 | Amt Staufenburg | 8 |
| —32076.5 | — 27141.3 | Zellerfeld | 8 |
| —32126.4 | — 21899.1 | Hasenberg | 8 |
| —32248.3 | + 5276.3 | Eimbeck | 3 |
| —32408.8 | — 14610.0 | Fahrenberg Nebenplatz 1 | 8 |
| —32503.262 | — 14534.999 | *Fahrenberg* | 8 |
| —32537.3 | + 19194.3 | Mackensen | 3 |
| —32589.8 | — 15441.8 | Staufenburg spitze Ruine | 8 |
| —32714.6 | + 37313.1 | Albaxen | 9 |
| —32748.3 | + 15485.8 | Erichsburg | 3 |
| —32766.035 | — 15103.932 | Staufenburg Baum | 8 (2) |
| —32778.515 | — 25216.839 | Grube Johannis Zechenhaus | 8 |
| —32831.3 | — 14033.0 | Holenberg | 8 |
| —33174.936 | — 23876.236 | Platz in der Nähe der Prinzenlaube | 8 |
| —33177.01 | — 23842.8 | in der Prinzenlaube | 8 |
| —33213.4 | — 20112.3 | Winterberg Spitze der Hütte | 8 |
| —33221.3 | — 20120.7 | Winterberg Signal | 8 |
| —33262.469 | — 23435.154 | Wildemann | 8 |
| —33365.9 | + 20396.7 | Heukenberg | 3 |
| —33441.2 | — 21369.1 | Teufelsthalerberg | 8 |
| —33516.8 | + 34313.1 | Holzminden | 9 |
| —33618.2 | — 18745.7 | Heinrichsberg | 8 |
| —33636.2 | + 42917.5 | Fürstenau | 9 |
| —33968.9 | + 10021.1 | Vardeilsen | 3 |
| —33987.1 | + 12545.6 | Amelsen | 3 |
| —34107.5 | — 58533.0 | Wernigerode Schloss | 4 (3) |
| —34176.05 | + 35383.0 | Stael | 9 |
| —34719.2 | — 23217.9 | Adlerberg | 8 |
| —34949.4 | — 37179.2 | Ahrensberg | 8 |
| —35177.8 | + 45816.1 | Löwendorf | 9 |
| —35209.5 | — 29438.9 | Kahleberg | 8 |
| —35386.9 | + 15183.5 | Lüthorst | 3 |
| —35393.25 | — 23500.0 | Wöhlerberg | 8 |
| —35442.5 | — 20390.3 | Gross Wulpke | 8 |
| —35463.6 | — 38611.7 | Wildenplatz | 8 |
| —35582.3 | + 10650.7 | Avendshausen | 3 |
| —35648.9 | + 42010.7 | Telegraph 29 | 9 |
| —35820.004 | — 30231.679 | Krohnsfeld | 8 |
| —35935.0 | +132291.5 | Ennigerloh | 5 |

| + südlich | + westlich | | Nr. |
|---|---|---|---|
| —36173.4 | —31157.4 | Riesenbachskopf | 8 |
| —36182.0 | +10275.4 | Stukenberg | 3 |
| —36450.0 | —14412.4 | Kirchberg | 4 |
| —36529.559 | +42629.094 | *Kötersberg* | 9 |
| —36612.665 | —28544.522 | Bocksberg | 8 |
| —36669.0 | +30947.5 | Bevern | 9 |
| —36750.1 | +20434.226 | Telegraph 27 | 9 |
| —37067.2 | +24317.6 | Deensen | 9 |
| —37682.0 | +25587.3 | Aroldissen | 9 |
| —37795.3 | —24596.4 | Schulberg | 8 |
| —37855.6 | —23849.1 | Lautenthal | 8 |
| —38316.3 | —21672.75 | Schieferklippe | 8 |
| —38472.6 | —11779.0 | *Kleie* | 4 |
| —38643.0 | +13677.8 | Telegraph 26 | 9 |
| —38821.8 | —13118.3 | Engelade | 4 |
| —38836.6 | +28936.5 | Telegraph 28 | 9 |
| —38921.443 | —28423.139 | Langeweth | 8 |
| —38937.704 | +37708.540 | *Wilmeroderberg* | 9 |
| —39091.25 | +17589.50 | Wangelstedt | 9 |
| —39123.9 | + 3238.5 | Naensen | 3 |
| —39348.37 | —24895.578 | Riesberg | 8 |
| —39370.6 | — 4329.0 | *Bei Clausberg* | 4 |
| —39477.2 | — 4516.9 | Kloster Clausberg | 4 |
| —39538.3 | —20909.1 | Teufelsberg | 8 |
| —39808.5 : : | +14728.7 : : | Vorwohle | 9 |
| —39824.5 | — 5689.5 | *Bei Brunshausen* | 4 |
| —40094.968 | —33653.130 | Rammelsberg | 8 |
| —40136.4 | —41619.4 | Büntheim Kirche | 4 |
| —40171.0 | —16074.1 | Seesen Jacobsschule | 4 |
| —40291.8 | —41618.2 | Büntheim Amt | 4 |
| —40437.7 | +43816.8 | Falkenhagen | 9 |
| —40460.151 | —23896.671 | *Ecksberg* | 8 |
| —40471.2 | —33166.2 | Thurm am Rammelsberge | 4 (3) |
| —40484.7 | —12638.7 | Bilderlah | 4 |
| —40518.2 | —15896.1 | Seesen Obere Kirche | 4 |
| —40755.3 | —40484.6 | Schlevecke (ungewiss) | 4 |
| —40860.2 | +24002.5 | Amelunxborn | 9 |
| —40952.298 | + 7668.304 | *Hils* | 1 (9) |
| —40961.9 | + 2611.4 | Telegraph 25 | 9 |
| —41340.6 | +27206.3 | Golmbach | 9 |
| —41354.0 | — 4578.1 | Dankelsheim | 4 |
| —41482.47 | +37007.07 | Polle | 9 |
| —41560.526 | +20679.775 | *Homburg* | 9 |
| —41700.4 | —32963.2 | Goslar Thurm am Clausthor | 4 (3) |
| —41753.7 | —33728.7 | Goslar Zwinger | 4 (3) |
| —41774.464 | —32709.047 | Goslar Frankenberg Centrum | 4 (3) |
| —41795.8 | —42636.3 | Westerode | 4 |
| —41904.75 | —15435.32 | Schildberg | 8 (4) |
| —41999.1 | — 6948.9 | Alt Gandersheim | 4 |
| —42000.1 | —50062.7 | Stapelnburg (ungewiss) | 4 |
| —42017.3 | + 3278.6 | *Selter* | 4 |
| —42038.8 | —33357.5 | Goslar Marktthurm | 4 (3) |
| —42271.8 | — 7821.4 | Gremsheim | 4 |
| —42288.2 | —33753.3 | Goslar Stephani | 4 (3) |
| —42322.1 | — 1703.5 | Wetteborn | 4 |

| + südlich | + westlich | | Nr. |
|---|---|---|---|
| —42333.8 | —33274.9 | Goslar Jacobi südl. Thurm | 4 (3) |
| —42344.8 | —33275.3 | Goslar Jacobi nordl. Thurm | 4 (3) |
| —42433.4 | —25894.0 | Wolfshagen | 8 |
| —42445.890 | +37150.338 | *Eckberg* | 9 |
| —42476.2 | —33194.2 | Goslar Neuwerk südl. Thurm | 4 (3) |
| —42487.8 | —33188.0 | Goslar Neuwerk nordl. Thurm | 4 (3) |
| —42538.2 | —33509.2 | Goslar Hagelthurm | 4 (3) |
| —42610.7 | —39621.7 | Harlingerode | 4 |
| —42824.6 | +35484.0 | Brevörde | 9 |
| —42874.1 | +33080.4 | Grave | 9 |
| —42879.0 | —34246.0 | Goslar Siechhof | 4 (3) |
| —43001.8 | —21234.5 | Gegenthalskopf | 8 |
| —43104.5 | —43342.5 | Bettingerode | 4 |
| —43133.392 | —36105.680 | Sutmerthurm Centrum | 4 (1.3) |
| —43140.770 | —36108.955 | Sutmerthurm Pfahl daneben | 4 |
| —43218.8 | —14430.0 | Bornhausen | 4 |
| —43230.3 | + 2402.7 | Esbeck nordlicher Schorstein | 4 |
| —43304.8 | —11540.1 | Mechtshausen | 4 |
| —43317.2 | +19181.0 | Wickensen | 9 |
| —43830.4 | +41410.9 | Vahlbruch | 9 |
| —43880.7 | — 2308.4 | Eierhausen | 4 |
| —44074.1 | + 2715.9 | Klein Freden | 4 |
| —44352.6 | +21060.1 | Eschershausen | 9 |
| —44538.8 | + 3446.2 | Gross Freden | 4 |
| —44584.7 | +29846.9 | Ruhle | 9 |
| —44627.1 | +25920.0 | Vogler | 9 |
| —44867.0 | —47036.3 | Abbenrode (unsicher) | 4 (3) |
| —44868.1 | —45050.4 | Lochtum | 4 (3) |
| —45036.8 | — 4902.4 | Gernrode | 4 |
| —45191.1 | +18957.0 | Holtensen | 9 |
| —45416.800 | +18137.985 | *Gretberg* | 9 |
| —45616.2 | +21332.1 | Scharf. Oldendorf | 9 |
| —45642.9 | —34760.2 | Grauhof | 4 (3) |
| —45950.9 | —12735.3 | Gross Rüden | 4 |
| —46048.1 | —26833.3 | Langelsheim | 4 (3) |
| —46456.6 | +36528.0 | Ottenstein | 9 |
| —46802.6 | —42699.6 | Vienenburg Ruine | 4 (3) |
| —46803.1 | —42801.1 | Vienenburg lutherische Kirche | 4 (3) |
| —46959.2 | +40990.4 | Neersen Thurm | 9 |
| —46998.9 | —42597.9 | Vienenburg katholische Kirche (ungewiss) | 3 |
| —47176.402 | +19533.384 | *Ith, Südlicher Punkt* | 9 |
| —47188.3 | —42913.2 | Vienenburg katholische Kirche (ungewiss) | 4 |
| —47203.9 | —30238.6 | Jerstedt | 4 |
| —47217.7 | +32923.1 | Höhe | 9 |
| —47224.6 | +21812.7 | Lüerdissen | 9 |
| —47566.0 | — 5201.9 | *Heber Platz 1.* | 4 (3) |
| —47659.9 | — 5206.0 | *Heber Platz 2.* | 4 (3) |

| + südlich | + westlich | | Nr. |
|---|---|---|---|
| —47769.2 | + 42689.4 | Neersen Windmühle | 9 |
| —47826.5 | — 33624.9 | Hahndorf | 4 |
| —48016.7 | — 1626.2 | Hornsen | 4 |
| —48067.7 | — 44430.4 | Wiedelah Kirche | 4 |
| —48095.5 | — 44646.1 | Wiedelah Amt | 4 |
| —48103.8 | — 40955.5 | Wöltingerode | 4 (3) |
| —48128.6 | — 37208.8 | Immenrode | 4 (3) |
| —48362.8 | + 7079.1 | Förste | 4 |
| —48370.1 | — 4943.7 | Lamspringe Klosterkirche | 4 |
| —48403.7 | — 10569.0 | Woldenhausen | 4 |
| —48498.8 | + 9674.6 | Gerzen | 4 |
| —48547.071 | + 16779.146 | Blosse Zelle | 9 |
| —48573.4 | — 4766.6 | Lamspringe Thurm am Berge | 4 |
| —48642.5 | — 4974.3 | Lamspringe lutherische Kirche | 4 (3) |
| —48664.1 | + 25224.7 | Kirchbrack | 9 |
| —48753.781 | — 42307.428 | *Harly's Berg* | 4 |
| —49062.4 | — 49733.1 | Steterlingenburg | 4 |
| —49150.9 | — 2822.2 | Graste | 4 (3) |
| —49181.8 | — 15102.2 | Jerse | 4 |
| —49293.1 | + 41425.2 | Hohe Linde | 9 |
| —49359.7 | + 7171.1 | Rollinghausen | 4 |
| —49479.9 | — 13202.2 | Wilhelmshütte | 4 |
| —49517.9 | + 29870.0 | Hoppenberg | 9 |
| —49541.8 | — 28321.2 | Bredelem | 4 (3) |
| —49558.8 | — 1071.4 | Woltershausen | 4 |
| —49603.4 | +118017.6 | Harsewinkel | 5 |
| —49733.0 | — 37495.5 | Weddige | 4 |
| —49734.4 | + 8252.1 | *Schlehberg* | 4 |
| —49830.3 | — 31334.9 | Dörnten | 4 (3) |
| —49957.6 | + 29386.8 | Bodenwerder Kirchthurm | 9 |
| —49998.1 | + 1122.6 | *Armenseul* | 4 (3) |
| —50073.5 | + 29388.8 | Bodenwerder runder Thurm | 9 |
| —50113.3 | — 10449.1 | *Knick* | 4 |
| —50159.7 | + 9321.6 | *Wahrberg* | 4 |
| —50222.2 | — 2097.2 | Netze | 4 (3) |
| —50296.2 | + 29206.3 | Bodenwerder viereckiger Thurm | 9 |
| —50389.3 | — 44889.4 | Wülperode | 4 |
| —50450.6 | — 11838.7 | Dalum | 4 |
| —50560.3 | + 9038.3 | Alfeld Armenkirche | 4 |
| —50696.0 | + 256.5 | Armenseul Thurm | 4 |
| —50715.9 | + 29383.0 | Kemnade | 9 |
| —50725.6 | — 41980.6 | Lengde | 4 |
| —50747.86 | + 39169.659 | Lüntorf | 9 |
| —50766.9 | — 15319.2 | Ortshausen | 4 |
| —50781.5 | + 32529.775 | Hehlen westlicher Kirchthurm | 9 |
| —50791.7 | + 32515.9 | Hehlen östl. Kirchth. | 9 |
| —50855.063 | +159064.091 | Münster | 5 |
| —50911.176 | + 28904.677 | Eckberg | 9 |
| —50939.0 | — 39645.2 | Beuchtum | 4 |
| —50939.2 | + 8057.8 | Alfeld | 4 (1) |
| —51150.0 | + 32145.1 | Hehlen östlicher Schlossthurm | 9 |
| —51158.2 | + 32206.4 | Hehlen westlicher Schlossthurm | 9 |
| —51173.3 | — 13141.8 | Königsthurm | 4 |
| —51229.7 | + 5857.6 | *Menteberg* | 4 |
| —51503.2 | +123649.4 | Greffen | 5 |
| —51553.3 | — 1177.8 | Harbarnsen | 4 (3) |
| —51769.1 | + 6445.3 | Langenholzen | 4 |
| —51960.2 | — 34878.3 | Klein Dören | 4 |
| —52060.0 | — 31557.2 | Heissum (ungenau) | 4 |
| —52187.8 | + 15224.8 | Rot | 1 |
| —52288.6 | + 638.1 | Adenstedt | 4 |
| —52296.4 | + 9671.7 | Limmer | 4 |
| —52304.2 | + 5060.8 | Zum Sack Thurm | 4 |
| —52421.9 | — 28787.7 | Haringen | 4 (3) |
| —52452.9 | + 34732.065 | Hajen | 9 |
| —52457.4 | + 6845.1 | *Rehberg* | 4 |
| —52790.1 | — 15459.7 | Malum | 4 |
| —53002.6 | — 37980.0 | Wehre | 4 (3) |
| —53034.4 | + 4705.5 | Schulenkirche | 4 |
| —53072.2 | — 44028.6 | Gödekenrode | 4 |
| —53114.4 | — 10275.6 | Hary | 4 |
| —53239.3 | — 27479.6 | Upen | 4 (3) |
| —53261.3 | — 4170.5 | Evensen | 4 (1.3) |
| —53277.2 | + 16845.5 | Duingen Thurm | 9 |
| —53371.549 | + 30204.3 | Heyen | 9 |
| —53383.4 | — 12752.5 | Bokenem lutherische Kirche | 4 (1.3) |
| —53391.2 | + 16676.2 | Duingen Windmühle | 9 |
| —53392.8 | — 30827.7 | Otfresen | 4 (3) |
| —53518.6 | — 12758.9 | Bokenem Rathhaus | 4 |
| —53585.6 | — 9671.3 | Story | 4 (1.3) |
| —53621.6 | — 6861.4 | Gross Ilde | 4 (3) |
| —53633.127 | + 32830.430 | Eichberg | 9 |
| —53745.6 | — 2148.0 | Sehlen | 4 (1.3) |
| —54031.1 | + 611.2 | Sellenstedt | 4 (1.3) |
| —54272.0 | + 9602.2 | Wettensen | 4 (1) |
| —54304.7 | — 11177.6 | Bönnien | 4 (1.3) |
| —54382.754 | + 34051.433 | Frenke | 9 |
| —54420.9 | + 22112.6 | Wallensen | 9 |
| —54498.3 | — 14332.2 | Völkersheim spitzer Thurm | 4 (1.3) |
| —54603.6 | — 14310.1 | Völkersheim kuppelförmiger Thurm | 4 (3) |
| —54626.4 | + 35758.4 | Grohnde | 9 |
| —54658.6 | — 24846.9 | Alten Walmoden | 4 (3) |
| —54671.013 | — 31192.351 | Bärenkopf | 4 (1.3) |
| —54726.2 | + 3431.7 | Wernershöhe Platz 2 | 4 (1) |
| —54742.2 | — 32917.3 | Liebenburg Thurm | 4 (1.3) |
| —54859.8 | — 32898.4 | Liebenburg Ruine | 4 (1.3) |
| —54957.7 | — 8325.2 | Bültum | 4 (1.3) |
| —55074.5 | + 3284.5 | Vorwerk Wernershöhe | 1 |
| —55093.9 | +100890.6 | Hünenburg | 5 |
| —55121.7 | + 2657.3 | Wernershöhe Platz 1 | 4 (1) |
| —55127.9 | — 40846.8 | Schladen Kirche | 4 |
| —55271.3 | — 41011.8 | Schladen Amt | 4 |
| —55428.4 | — 4181.7 | Bodenburg Kirche | 4 (1.3) |
| —55430.8 | — 4477.6 | Bodenburg Schloss | 4 (1.3) |
| —55553.2 | + 29534.0 | Esperde | 9 |

| + südlich | + westlich | | Nr. |
|---|---|---|---|
| — 55694.2 | — 4561.0 | Bodenburg Kirche zum Schattenberg | 4 |
| — 55731.6 | + 96851.0 | Bielefeld | 5 |
| — 55758.9 | + 41102.1 | Hämelscheburg | 9 |
| — 55819.2 | + 33319.4 | Niederbörrie | 9 |
| — 55883.5 | — 2989.7 | Breinum | 4 (3) |
| — 56063.4 | — 45480.9 | Horneburg | 4 (3) |
| — 56068.4 | — 4030.6 | Ostrum | 4 (3) |
| — 56068.8 | — 1399.2 | Almenstedt | 4 (3) |
| — 56197.3 | + 32850.9 | Oberbörrie | 9 |
| — 56201.070 | — 40982.761 | Hoheweg | 4 |
| — 56231.4 | + 17636.2 | Marienhagen | 1 |
| — 56249.8 | + 35150.8 | Latferde | 9 |
| — 56319.0 | — 8759.5 | Upstedt | 4 (3) |
| — 56378.1 | + 8627.8 | Tafel | 4 |
| — 56404.9 | — 173.8 | Segeste | 4 (3) |
| — 56412.5 | — 25279.5 | Ringelheim katholische Kirche | 4 (3) |
| — 56515.3 | — 37775.5 | Gielde | 4 |
| — 56538.5 | — 25298.6 | Ringelheim lutherische Kirche | 4 (3) |
| — 56569.6 | — 27942.8 | Gitter am Berge | 4 (3) |
| — 56666.2 | — 11906.9 | Werder | 4 (3) |
| - 56676.2 | — 9653.2 | Nette | 4 (3) |
| — 56928.3 | — 21974.3 | Sehlde | 4 (3) |
| — 57007.3 | — 13372.3 | Schlevecke | 4 |
| — 57013.7 | + 11128.4 | Brüggen | 1 |
| — 57032.7 | — 33717.7 | Klein Mahnert | 4 |
| — 57257.0 | — 4718.9 | Wehrstedt | 4 (3) |
| — 57833.8 | — 29489.8 | Salzgitter | 4 |
| — 57941.7 | + 37790.9 | Kirchohsen | 9 |
| — 58010.0 | + 14565.5 | Külf erster Nebenplatz | 1 |
| — 58036.6 | + 46588.0 | Aerzen | 9 |
| — 58142.4 | — 31973.0 | Gross Mahnert | 4 |
| — 58161.666 | + 40610.158 | Bassberg | 9 |
| — 58253.9 | — 40620.1 | Burgdorf | 4 (3) |
| — 58318.6 | + 37637.7 | Hagenohsen | 9 |
| — 58353.4 | — 18376.7 | Haus am Heinberg | 4 |
| — 58363.5 | — 29691.1 | Kniestedt | 4 |
| — 58496.7 | + 2888.7 | Sibbesen | 1 |
| — 58573.4 | + 811.1 | Petze | 4 (3) |
| — 58576.7 | + 14960.0 | Külf Hauptplatz | 1 |
| — 58603.0 | — 26502.8 | Haberlah | 4 (3) |
| — 58771.4 | — 5677.7 | Söhlberg | 4 |
| — 58844.7 | + 10524.8 | Reden | 1 |
| — 58907.4 | — 14418.3 | Südlicher Platz bei Woldenberg | 4 |
| — 58911.7 | — 14419.1 | Südlicher Platz bei Woldenberg | 3 |
| — 58960.9 | — 14464.9 | Woldenberg Ruine | 1 |
| — 59022.6 | — 14440.3 | Woldenberg Thurm | 4 (1) |
| — 59176.7 | — 45800.8 | Achim | 4 |
| — 59317.9 | + 17830.3 | Deilmissen | 1 |
| — 59418.6 | — 34645.4 | Ohlendorf | 4 |
| — 59543.810 | + 40418.580 | Ohr | 9 |
| — 59589.702 | — 28419.915 | *Humberg* | 4 |
| — 59669.5 | + 131127.8 | Füchtrup | 5 |
| — 59694.730 | — 233408.667 | Golmberg | 1 |
| — 59708.0 | + 38678.4 | Tündern | 9 |
| — 59753.9 | + 15672.5 | Külf zweiter Nebenplatz | 1 |
| — 59808.1 | + 24123.8 | Salzhemmendorf | 9 |
| — 59831.9 | + 12802.1 | Banteln | 1 |
| — 59847.8 | + 8110.9 | Heinen | 1 |
| — 59862.6 | — 20977.6 | Gross Heerte | 4 (3) |
| — 59877.6 | + 43380.1 | Gross Berkel | 9 |
| — 59890.5 | + 9865.2 | Wallenstedt | 1 |
| — 60028.3 | + 20412.9 | Ahrenfelde | 1 |
| — 60261.3 | — 20484.1 | Klein Heerte | 3 |
| — 60506.3 | + 169915.8 | Altenbergen | 5 |
| — 60557.2 | + 34200.3 | Vorenberg | 9 |
| — 60573.9 | — 42033.0 | Kloster Heiningen | 4(1.3) |
| — 60755.7 | — 32297.5 | Beinum | 4(1.3) |
| — 60777.093 | — 8729.738 | Beinberg | 1 |
| — 60872.9 | — 41100.0 | Pavillon b. Heiningen | 4 |
| — 60883.4 | — 8347.3 | Platz des vormaligen Söderthurms | 4 |
| — 60909.3 | — 11221.0 | Hakenstedt | 3 |
| — 60928.3 | — 26286.7 | Steindlah | 4 (3) |
| — 61048.7 | + 14967.0 | Eime | 1 |
| — 61053.0 | — 37325.2 | Klein Flöthe | 4 (3) |
| — 61067.9 | — 21897.3 | Klein Elbe | 4 (3) |
| — 61082.8 | — 14064.5 | Sottrum lutherische Kirche | 4 (3) |
| — 61117.7 | + 36057.9 | Hastenbeck | 9 |
| — 61199.0 | — 13766.4 | Sottrum katholische Kirche | 4 (3) |
| — 61258.4 | + 6473.3 | Eizum | 1 |
| — 61380.5 | + 9380.7 | Dötzum | 1 |
| — 61575.9 | + 34231.2 | Ofensburg Pavillon | 9 |
| — 61592.1 | + 104841.6 | Werther | 5 |
| — 61687.3 | + 17974.3 | Esbeck | 1 |
| — 61731.305 | — 38866.591 | *Rolandsberg* | 4 |
| — 61768.6 | — 19693.5 | Badekenstedt | 4 (3) |
| — 61785.6 | + 23361.8 | Hemmendorf | 1 |
| — 61787.1 | + 11347.0 | Gronau kleiner Thurm | 1 |
| — 61797.8 | — 26777.2 | Hakelberg | 3 |
| — 61855.6 | + 11443.3 | Gronau grosser Thurm | 1 |
| — 61911.2 | — 17242.5 | Binder Dehne | 3 |
| — 62088.6 | — 33994.6 | Flach Stöckhein kleiner Thurm | 4 |
| — 62111.1 | + 30320.5 | Bisperode | 9 |
| — 62177.3 | — 34259.3 | Flach Stöckheim spitzer Thurm | 4 |
| — 62218.2 | — 36220.6 | Gross Flöthe | 4 (3) |
| — 62260.5 | — 14582.6 | Holle | 3 |
| — 62272.8 | — 2634.0 | Röderhof | 3 |
| — 62289.9 | + 12451.0 | Leyherkirche | 1 |
| — 62382.969 | + 108965.145 | *Lange Egge Theodolithplatz* | 5 |
| — 62383.022 | + 108964.367 | Lange Egge Pfahl | 5 |
| — 62446.5 | + 20938.1 | Oldendorf | 1 |
| — 62529.3 | — 6081.0 | Mordmühle | 3 |
| — 62534.0 | — 22261.1 | Gross Elbe | 4 (3) |
| — 62541.4 | + 8067.9 | Barfelde | 1 |
| — 62576.3 | — 44676.9 | Bornum | 4 |
| — 62646.2 | — 29059.9 | Calbechte | 4 |

| + südlich | + westlich | | Nr. |
|---|---|---|---|
| — 62658.220 | + 28828.762 | *Ith Nordlicher Platz* | 9 |
| — 62755.7 | + 19998.3 | Bentsdorf | 1 |
| — 62840.320 | — 47391.248 | *Vorberg* | 4 |
| — 62893.6 | — 17160.7 | Binder spitzer Thurm | 3 (1) |
| — 62946.7 | — 42560.1 | Dorstedt Dorf | 4 |
| — 62960.0 | +112787.1 | Ravensberg | 5 |
| — 63012.9 | — 17264.2 | Binder kleiner Thurm | 4 (3) |
| — 63014.3 | — 5264.7 | Gross Düngen | 3 (1) |
| — 63014.7 | — 24571.0 | Gustedt | 4 (3) |
| — 63021.6 | — 18221.4 | Rehne | 4 (3) |
| — 63026.2 | — 6335.4 | Klein Düngen | 3 (1) |
| — 63096.3 | — 13004.7 | Derneburg | 4 (1) |
| — 63127.2 | — 18875.4 | Rehner Höhe | 3 |
| — 63179.059 | + 41387.660 | *Klütberg* | 9 |
| — 63280.2 | + 16935.5 | Sehlde | 1 |
| — 63304.0 | +133025.7 | Glandorf | 5 |
| — 63487.8 | — 42662.8 | Kloster Dorstedt | 4 |
| — 63505.0 | — 33074.3 | Lobmachtersen | 4 |
| — 63510.9 | + 1305.0 | Dickholzen | 3 (1) |
| — 63515.1 | — 6581.9 | Heinde | 3 (1) |
| — 63521.0 | — 43593.6 | Pavillon bei Hedwigsburg | 4 |
| — 63645.5 | — 20731.2 | Oelper | 3 |
| — 63696.4 | — 1056.8 | Söhre | 3 (1) |
| — 63709.7 | + 32908.6 | Diedersen | 9 |
| — 63753.0 | — 8611.7 | Listringen | 3 (1) |
| — 63785.3 | — 3505.4 | Eggerstedt | 3 |
| — 63924.3 | + 40307.0 | Hameln Bonifacius Laternenthurm | 9 |
| — 63926.0 | + 40338.1 | Hameln Bonifacius Stumpferthurm | 9 |
| — 64001.3 | + 30216.1 | Bessingen | 9 |
| — 64019.5 | + 36536.8 | Afferde | 9 |
| — 64039.0 | + 24368.3 | Voldagsen | 9 (1) |
| — 64098.0 | + 97372.4 | Jöllenbeck | 5 |
| — 64211.9 | — 15621.6 | Ohberg bei Grastorf | 3 |
| — 64273.2 | — 28493.1 | Gebhardshagen | 4(1.3) |
| — 64289.1 | + 40155.0 | Hameln Marktthurm | 9 |
| — 64297.7 | — 17106.5 | Wartgenstedt | 4 (3) |
| — 64431.5 | — 14829.3 | Grastorf grosser Thurm | 4 (3) |
| — 64499.3 | — 4791.3 | Walshausen | 3 |
| — 64501.064 | + 36102.471 | Deutberg | 9 |
| — 64657.2 | — 44716.0 | Kissenbrück | 4 |
| — 64664.6 | + 53918.0 | Goldbeck | 9 |
| — 64747.8 | + 31668.3 | Behrensen | 9 |
| — 64830.5 | — 3690.4 | Itsum | 3 (1) |
| — 64920.0 | + 10223.6 | Betheln | 1 |
| — 64952.9 | + 36266.7 | Rohrsen | 9 |
| — 64990.6 | — 50246.1 | Remlingen | 4 (3) |
| — 65136.0 | + 1879.3 | Marienrode | 3 (1) |
| — 65168.2 | — 34325.9 | Cramme | 4 (3) |
| — 65178.9 | — 674.8 | Barienrode | 3 (1) |
| — 65183.1 | — 2690.1 | Marienburg | 3 |
| — 65212.2 | — 5728.3 | Leckstedt Schornstein 1 | 3 (1) |
| — 65218.2 | — 5695.1 | Leckstedt Schornstein 2 | 3 |
| — 65317.8 | +159791.6 | Gräven | 5 |
| — 65327.7 | + 16995.5 | Mehle | 1 |
| — 65377.5 | + 8361.1 | Kloster Escherde | 1 |
| — 65480.191 | +127023.635 | Laer | 5 |
| — 65697.0 | + 14113.3 | Elze | 1 |
| — 65920.3 | + 27054.3 | Coppenbrügge 1833 | 9 |
| — 65925.2 | — 42597.1 | Ohrum | 4 |
| — 65936.0 | + 27080.0 | Coppenbrügge 1827 | 1 |
| — 66001.353 | — 23458.424 | *Lichtenberg* | 1 |
| — 66018.2 | — 32659.0 | Bahrum Windfahne | 4 (3) |
| — 66025.568 | — 23659.472 | Lichtenberg Ruine | 1 |
| — 66095.5 | — 19335.6 | Westerlinde | 3 |
| — 66176.4 | + 86918.3 | Herford | 5 |
| — 66343.1 | — 23396.4 | Stuksberg | 1 |
| — 66358.1 | + 1635.0 | Neuhof | 3 |
| — 66434.2 | + 34550.7 | Hilligsfeld | 9 |
| — 66543.5 | — 30524.8 | Gross Heerte | 4(1.3) |
| — 66568.8 | — 16417.3 | Luttern | 4 (3) |
| — 66602.2 | +119089.8 | Dissen | 5 |
| — 66604.2 | — 301.5 | Ochtersum | 3 (1) |
| — 66676.5 | — 23571.3 | Lichtenberg Kirchth. | 1 |
| — 66688.3 | — 5867.4 | Uppner Berg Oestl. Platz | 3 |
| — 66731.8 | + 43750.4 | Wehrbergen | 9 |
| — 66769.684 | + 22564.898 | *Osterwald* | 9 |
| — 66906.0 | — 20982.7 | Osterlinde | 3 |
| — 66977.7 | — 4822.0 | Uppner Berg | 1 |
| — 67012.4 | + 47787.8 | Hehmeringen | 9 |
| — 67136.4 | — 41847.1 | Bungenstedter Thurm | 4 |
| — 67141.5 | — 8490.9 | Wendhausen | 3 |
| — 67485.3 | — 34410.9 | Leinde | 4 |
| — 67550.4 | + 2723.0 | Finkenberg | 1 |
| — 67586.4 | — 27092.2 | Salder kleiner spitzer Thurm auf Schieferdach | 3 |
| — 67615.8 | — 3295.4 | Spitzhut | 1 |
| — 67641.6 | — 27004.2 | Salder Kuppelthurm | 3 |
| — 67696.536 | —115828.581 | Magdeburg | 1 |
| — 67865.0 | + 15055.6 | Sorsum | 1 |
| — 67883.7 | + 100.8 | Lucienvörde | 1 |
| — 67897.1 | — 26971.0 | Salder Ziegelthurm | 3 (1) |
| — 68007.2 | — 25392.6 | Bruchmachtersen | 3 |
| — 68045.838 | + 28422.105 | Ruhbrink | 9 |
| — 68105.7 | + 7570.0 | Escherderberg | 1 |
| — 68152.2 | + 45829.7 | Lachem | 9 |
| — 68155.3 | — 9886.9 | Otbergen Platz 3 | 1 |
| — 68200.3 | + 19023.7 | Wülfinghausen | 1 |
| — 68312.3 | + 11399.4 | Burgstemmen | 1 |
| — 68422.8 | — 9950.0 | Otbergen Platz 2 | 1 |
| — 68444.5 | — 9734.8 | Otbergen Capelle | 1 |
| — 68450.8 | + 33079.173 | Hasperde | 9 |
| — 68463.0 | — 9717.4 | Otbergen Platz 1 | 1 |
| — 68479.3 | + 44196.1 | Fischbeck | 9 |
| — 68538.7 | — 18551.7 | Burgdorf kleiner Thurm | 3 |
| — 68572.7 | — 35471.8 | Adersheim | 4 (3) |
| — 68576.3 | + 31562.9 | Hohnsen | 9 |
| — 68607.5 | — 18815.5 | Burgdorf grosser Thurm | 3 |
| — 68618.2 | + 38863.4 | Holtensen | 9 |
| — 68634.7 | — 447.3 | Hildesheim Godehard 1 | 1 |

| + südlich | + westlich | | Nr. |
|---|---|---|---|
| — 68644.0 | — 494.6 | Hildesheim Godehard 2 | 1 |
| — 68648.5 | — 448.2 | Hildesheim Godehard 3 | 1 |
| — 68662.5 | + 33900.6 | Quatrebras | 9 |
| — 68764.2 | — 12674.6 | Wöhle | 1 |
| — 68818.7 | + 1112.5 | Moritzberg | 1 |
| — 68825.9 | + 4268.8 | Sorsum | 1 |
| — 68864.5 | — 787.1 | Hildesheim Lamberti | 1 |
| — 68891.2 | +106297.2 | Neuenkirchen | 5 |
| — 68904.4 | + 11958.0 | Poppenburg | 1 |
| — 68975.2 | + 15396.4 | Vinie | 1 |
| — 68978.6 | — 31830.4 | Watenstedt | 4(1.3) |
| — 68991.6 | + 94604.5 | Enger | 5 |
| — 69022.0 | + 28142.9 | Brüningshausen | 9 |
| — 69025.9 | — 4386.6 | Achtum | 1 |
| — 69206.0 | + 10006.5 | Malerten | 1 |
| — 69299.4 | — 9741.9 | Otbergen | 3 |
| — 69319.1 | — 502.6 | Hildesheim Andreas | 1 |
| — 69320.0 | — 17099.6 | Nordassel | 3 |
| — 69375.1 | + 13581.3 | Wülfingen | 1 |
| — 69406.494 | — 47208.618 | *Festberg* | 4 |
| — 69462.9 | — 66.7 | Hildesheim Michael | 1 |
| — 69545.7 | — 560.2 | Hildesheim Jacobi | 1 |
| — 69579.1 | + 99906.853 | Spenge | 5 |
| — 69624.5 | + 48111.4 | Fuhlen | 9 |
| — 69750.5 | + 6568.4 | Gross Escherde | 1 |
| — 69850.5 | — 29933.2 | Hallendorf | 4(1.3) |
| — 70004.9 | + 34665.5 | Flegessen | 9 |
| — 70068.0 | + 11399.9 | Nordstemmen | 1 |
| — 70143.8 | +102592.2 | Wallenbrück | 5 |
| — 70311.1 | + 7275.9 | Klein Escherde | 1 |
| — 70311.7 | + 2132.4 | Himmelthür grosser Thurm | 1 |
| — 70358.3 | — 14639.4 | Nettlingen | 3 (1) |
| — 70426.7 | + 44936.0 | Weibeck | 9 |
| — 70458.7 | — 21600.1 | Lesse | 3 |
| — 70471.967 | +129345.908 | Glane | 5 |
| — 70627.8 | — 40664.7 | Wolfenbüttel Laternenthurm | 4(1.3) |
| — 70637.2 | — 40707.5 | Wolfenbüttel kleiner Thurm | 3 |
| — 70638.570 | + 37482.488 | Süntel | 9 |
| — 70644.1 | + 31814.77 | Hachmühlen | 9 |
| — 70665.6 | — 8437.1 | Dinklar | 1 |
| — 70670.5 | — 37106.7 | Fümmelse | 4 (3) |
| — 70691.8 | — 4876.9 | Einum | 1 |
| — 70713.3 | — 40211.8 | Wolfenbüttel Schlossthurm | 3 |
| — 70727.0 | + 16163.6 | Alferde | 1 |
| — 70824.1 | + 1792.2 | Himmelsthür kleiner Thurm | 1 |
| — 70850.1 | + 4930.8 | Emmerke | 1 |
| — 70875.110 | + 27508.768 | *Altenhagen* | 9 |
| — 70927.3 | — 18659.0 | Berne | 3 (1) |
| — 71007.740 | —176238.296 | Hagelsberg | 1 |
| — 71111.7 | — 10184.5 | Farmsen | 1 |
| — 71236.2 | — 17510.0 | Berelberg | 3 |
| — 71266.8 | + 1103.7 | Steuerwald kl. Thurm | 1 |
| — 71279.6 | + 1032.7 | Steuerwald grosser Thurm | 1 |
| — 71364.9 | + 45842.4 | Krückeberg | 9 |
| — 71399.9 | + 47510.5 | Oldendorf | 9 |
| — 71450.4 | +114740.7 | Wellingholthausen | 5 |
| — 71490.4 | + 19358.6 | Eldagsen | 1 |
| — 71527.4 | + 62146.3 | Möllenbeck südl. | 9 |
| — 71533.6 | — 28339.2 | Engelnstedt | 3 (1) |
| — 71544.7 | + 62143.7 | Möllenbeck westl. | 9 |
| — 71581.3 | — 6608.2 | Betmar | 1 |
| — 71591.122 | +129889.158 | Iburg Kirche | 5 |
| — 71642.9 | + 3292.1 | Osterberg | 1 |
| — 71710.706 | +130051.530 | Iburg Schloss spitzer Thurm | 5 |
| — 71717.4 | — 12878.5 | Dingelbe grosser Thurm | 1 |
| — 71727.826 | +130090.647 | Iburg Schloss stumpfer Thurm | 5 |
| — 71770.1 | — 3220.0 | Bavenstedt | 1 |
| — 71779.4 | + 90749.0 | Hiddenhausen | 5 |
| — 71814.7 | +100875.6 | Kirchhogel | 5 |
| — 71933.0 | — 24984.3 | Repner | 1 |
| — 71937.9 | + 51314.3 | Wieden | 9 |
| — 72001.5 | — 10821.0 | Kleiner Thurm auf langem Gebäude | 1 |
| — 72027.3 | + 65446.9 | Varenholz | 9 |
| — 72028.6 | + 54104.1 | Hohenrode | 9 |
| — 72040.7 | — 39288.3 | Gross Stöckheim | 3 |
| — 72059.9 | — 13064.5 | Dingelbe kleiner Thurm | 1 |
| — 72143.7 | + 57680.2 | Exten | 9 |
| — 72190.3 | — 31646.3 | Blekenstedt | 4(1.3) |
| — 72207.4 | + 14602.0 | Adensen | 1 |
| — 72218.9 | — 15442.4 | Bettrum | 3 (1) |
| — 72520.6 | — 20148.7 | bei der Söhlder Windmühle | 3 |
| — 72626.9 | — 8966.8 | Kemme | 1 |
| — 72752.2 | — 10839.0 | Schellerten | 1 |
| — 72840.4 | + 8997.4 | Rössing | 1 |
| — 72905.5 | — 16896.7 | Klein Himstedt | 3 (1) |
| — 73024.7 | — 32599.2 | Beddingen | 3 (1) |
| — 73198.6 | — 4226.2 | Hönersum | 1 |
| — 73276.6 | — 19840.1 | Sehlde | 1 |
| — 73288.8 | — 23308.4 | Barbke | 3 (1) |
| — 73412.7 | — 17524.9 | Gross Himstedt | 3 (1) |
| — 73509.5 | + 47103.8 | Segelhorst | 9 |
| — 73513.5 | — 26150.2 | Broistedt | 3 |
| — 73622.6 | + 58910.7 | Rinteln | 9 |
| — 73683.667 | +129245.777 | *Dörenberg Centrum* | 6 (5) |
| — 73683.735 | +129245.868 | *Dörenberg Platz* 1 *Junius* 1829 | 6 (5) |
| — 73683.920 | +129245.965 | *Dörenberg Platz* 2 *August* 1829 | 6 (5) |
| — 73706.736 | +104419.963 | Riemsloh | 5 |
| — 73811.4 | — 32115.8 | Sauingen | 4(1.3) |
| — 73906.356 | +129809.92 | Dörnberg Nebenplatz | 5 |
| — 73999.8 | + 11179.7 | Schulenburg | 1 |
| — 74050.2 | — 1752.6 | Asel | 1 |
| — 74079.0 | — 6110.4 | Machtsum | 1 |

| + südlich | + westlich | | Nr. |
|---|---|---|---|
| —74122.9 | — 36281.0 | Steterburg | 3 |
| —74290.8 | + 2584.3 | Klein Giesen | 1 |
| —74309.5 | + 1716.4 | Hasede | 1 |
| —74531.8 | + 32780.3 | Münder | 9 |
| —74544.2 | + 3330.0 | Gross Giesen | 1 |
| —74665.8 | — 13855.2 | Feldbergen | 1 |
| —74984.3 | — 31993.5 | Ufingen | 3 (1) |
| —75025.8 | — 24882.1 | Lengde | 3 (1) |
| —75041.7 | + 8600.0 | Barnte | 1 |
| —75092.2 | + 50649.4 | Schaumburg südl. | 9 |
| —75103.4 | +120233.1 | Borgloh | 5 |
| —75178.3 | + 50685.5 | Schaumburg nordl. | 9 |
| —75255.0 | — 11535.5 | Garmsen | 1 |
| —75270.2 | + 53063.4 | Deckbergen | 9 |
| —75312.4 | + 93099.9 | Bünde | 5 |
| —75340.6 | + 56192.1 | Steinbergen | 9 |
| —75408.9 | + 89021.5 | Kirchlehningen | 5 |
| —75416.8 | — 15522.4 | Platz bei Hoheneggelsen | 3 |
| —75417.2 | — 4706.6 | Borsum | 1 |
| —75427.470 | + 50454.707 | *Pagenburg* | 9 |
| —75428.8 | — 22854.8 | Woltwiese | 1 |
| —75431.0 | — 1420.7 | Harsum | 1 |
| —75445.3 | — 50970.1 | Lucklum | 4 (3) |
| —75491.9 | + 2273.7 | Gross Förste | 1 |
| —75613.5 | + 26544.0 | Springe | 1 |
| —75654.5 | — 15818.4 | Hoheneggelsen | 1 |
| —75928.6 | + 37830.6 | Backede | 9 |
| —75965.7 | — 35812.0 | Geitelde | 3 (1) |
| —76057.0 | — 8663.2 | Adlum | 1 |
| —76187.6 | +109702.4 | Melle lutherische Kirche langer Thurm | 5 |
| —76213.1 | +109793.9 | Melle katholische Kirche dicker Thurm | 5 |
| —76333.0 | + 7489.8 | Giften | 1 |
| —76336.5 | + 10274.3 | Jeinsen | 1 |
| —76356.0 | + 1082.2 | Klein Förste | 1 |
| —76400.8 | +125081.1 | Kloster Oesede | 5 |
| —76416.4 | + 16239.4 | Gestorf | 1 |
| —76487.6 | — 18838.8 | Steinbrück | 1 |
| —76532.6 | — 28880.8 | Fallstedt | 3 (1) |
| —76591.4 | + 33402.2 | Nettelrode | 9 |
| —76817.2 | — 52489.6 | Pavillon bei Lucklum | 4(1.3) |
| —76942.0 | + 5079.5 | Ahrbergen | 1 |
| —76979.0 | — 6210.1 | Rutenberg | 1 |
| —77114.3 | — 23977.8 | Klein Lafferde | 3 (1) |
| —77119.2 | +128344.5 | Oesede | 5 |
| —77199.9 | +114167.6 | Gesmold | 5 |
| —77337.4 | + 61028.8 | Luhdener Klippe Baum 1 | 9 |
| —77402.1 | + 61163.8 | Luhdener Klippe Baum 2 | 9 |
| —77442.6 | — 20680.3 | Gross Lafferde | 1 |
| —77495.9 | + 38437.5 | Beber | 9 |
| —77498.1 | — 38360.4 | Rüningen | 3 |
| —77621.8 | — 12508.5 | Oedlum | 1 |
| —77629.4 | +131491.2 | Weisser Thurm | 5 |
| —77699.9 | — 35174.0 | Stidium | 3 (1) |
| —77818.2 | — 26843.0 | Boenstedt | 3 (1) |
| —78080.8 | — 52065.0 | Heinkenrode | 3 |
| —78237.8 | +101244.2 | Westkilver | 5 |
| —78374.7 | + 6059.1 | Sarstedt | 1 |
| —78478.377 | + 23444.173 | *Deister* 1822 | 1 |
| —78519.4 | + 35493.5 | Einbeckhausen | 9 |
| —78594.4 | +120057.5 | Holte | 5 |
| —78688.3 | — 36631.0 | Broizen | 3 (1) |
| —78737.6 | + 20872.0 | Deister Glashütte | 1 |
| —78810.5 | + 8400.7 | Schliekum | 1 |
| —78897.0 | + 18699.9 | Bennigsen | 1 |
| —78928.0 | + 45201.3 | Hattendorf | 9 |
| —78939.5 | + 50270.6 | Katharinenhagen | 9 |
| —79006.5 | — 31898.1 | Sonnenberg | 3 (1) |
| —79068.1 | — 34799.2 | Timmerlah | 3 (1) |
| —79075.6 | +145546.5 | Teklenburg | 5 |
| —79354.0 | + 5113.8 | Kiphut | 1 |
| —79388.5 | — 7926.3 | Sosmar | 1 |
| —79402.1 | +188264.2 | Ochtrup | 5 |
| —79471.5 | + 14310.3 | Hüpeden | 1 |
| —79525.6 | — 11756.4 | Bierbergen | 1 |
| —79600.0 | — 26916.1 | Liedingen | 3 (1) |
| —79724.4 | — 18939.4 | Gadenstedt | 3 (1) |
| —79963.2 | + 7359.7 | Ruthe | 1 |
| —79993.584 | + 29649.753 | *Deister* 1833 | 9 |
| —80024.9 | + 89777.5 | Quernheim | 5 |
| —80042.7 | — 59652.8 | Königslutter Schloss | 7 |
| —80080.3 | — 5621.0 | Clauen | 1 |
| —80083.2 | — 59506.0 | Königslutter 1827 | 3 |
| —80338.3 | — 48418.2 | Kremling | 3 |
| —80357.482 | + 71876.003 | *Wittekindstein* | 9 |
| —80360.0 | + 71875.0 | *Wittekindstein* 1829 | 5 |
| —80405.7 | — 53445.6 | Appenrode | 4 (3) |
| —80415.0 | — 1392.6 | Klein Algermissen | 1 |
| —80431.6 | — 6510.3 | Windmühle bei Clauen Platz 1 | 1 |
| —80479.4 | + 39776.1 | Hülsede | 9 |
| —80577.8 | — 15195.8 | Adenstedt | 1 |
| —80637.5 | — 1956.1 | Algermissen | 1 |
| —80664.547 | + 18507.396 | Lüdersen | 1 |
| —80750.7 | — 21069.1 | Obergen' | 1 |
| —80865.6 | — 19680.2 | Galgenberg | 3 |
| —80937.4 | — 32015.3 | Denstorf | 1 |
| —80950.1 | — 7668.9 | Platz 2 bei Hohenhameln | 1 |
| —80986.3 | + 2472.9 | Hotteln | 1 |
| —81012.2 | — 22595.6 | Münstedt | 3 (1) |
| —81083.9 | + 6292.4 | Heisede | 1 |
| —81121.3 | +105180.1 | Buer | 5 |
| —81158.3 | — 8221.1 | Hohenhameln | 1 |
| —81304.9 | — 26382.0 | Betmar | 1 |
| —81514.5 | — 39768.2 | Braunschweig Aegidius | 1 |
| —81586.7 | — 29565.3 | Vechelde schwarzer Thurm | 1 |
| —81595.9 | — 39052.6 | Braunschweig Michaelis | 3 |
| —81636.3 | — 29831.0 | Vechelde Laternenthurm | 1 |
| —81647.4 | — 18219.3 | Oelsburg | 3 |

| + südlith | + westlich | | Nr. |
|---|---|---|---|
| — 81803.1 | + 60752.0 | Bückeburg | 9 |
| — 81812.0 | — 39145.0 | Braunschweig Martini 1 | 1 |
| — 81824.8 | — 39143.0 | Braunschweig Martini 2 | 1 |
| — 81825.4 | + 12533.0 | Pattensen | 1 |
| — 81832.8 | +100040.9 | Rödingshausen | 5 |
| — 81851.4 | — 16840.6 | Gross Bülten | 3 |
| — 81870.8 | — 21510.1 | Lohberg | 3 |
| — 81919.0 | + 21111.8 | Potholtensen | 1 |
| — 81938.1 | — 18039.3 | Gerstenfeld bei Oelsburg | 3 |
| — 82076.3 | — 18849.0 | Gross Ilsede | 3 |
| — 82211.9 | — 15671.1 | Haskamp | 3 |
| — 82215.981 | — 39117.112 | Braunschweig Petrus | 1 |
| — 82382.0 | — 7328.8 | Harber | 1 |
| — 82417.632 | — 39390.457 | Braunschweig Andreas | 1 |
| — 82496.9 | + 7053.5 | Gleidingen | 1 |
| — 82535.5 | — 11497.1 | Stedum | 3 |
| - 82546.0 | — 13556.5 | Klein Solschen | 3 |
| — 82554.6 | — 28639.3 | Wahle | 1 |
| — 82595.9 | — 14369.2 | Gross Solschen | 1 |
| — 82597.1 | — 36956.1 | Lehndorf | 1 |
| — 82615.339 | + 99921.177 | *Nonnenstein* | 6 (5) |
| — 82621.8 | — 4869.0 | Gross Lopke | 1 |
| — 82626.0 | + 1181.3 | Bledelem | 1 |
| — 82730.6 | +175586.4 | Neuenkirchen | 5 |
| — 82746.4 | — 554.5 | Lühnde | 1 |
| — 82750.3 | — 33919.6 | Lamme | 1 |
| — 82786.3 | — 26685.2 | Sierse | 3 (1) |
| — 82793.8 | + 55670.0 | Obernkirchen | 9 |
| — 82944.2 | + 79792.3 | Bergkirchen | 5 |
| — 82985.2 | — 32038.9 | Weddenstedt | 3 (1) |
| — 83017.4 | + 25179.6 | Wennigsen | 1 |
| — 83186.7 | — 23525.9 | Schmedenstedt | 1 |
| — 83246.4 | — 17457.4 | Klein Bülten | 3 |
| — 83393.4 | + 2002.9 | Platz bei Ingeln | 1 |
| — 83521.1 | — 20103.4 | Vossberg | 3 |
| — 83632.7 | + 3991.8 | Oesselse | 1 |
| — 83649.6 | + 15744.6 | Hiddesdorf | 1 |
| — 83830.6 | — 2231.0 | Ummeln | 1 |
| — 84179.9 | — 19476.6 | Klein Ilsede | 3 |
| — 84238.9 | +129108.8 | Osnabrück Johannis | 5 |
| — 84552.3 | +129709.0 | Osnabrück Katharinen | 5 |
| — 84625.2 | + 1005.7 | Wehminger Berg | 1 |
| — 84729.7 | + 54059.9 | Sülbeck | 9 |
| — 84771.8 | + 90602.2 | Wurzelbrink | 5 |
| — 84861.9 | +138359.0 | Lotte | 5 |
| — 85026.4 | +129567.5 | Osnabrück Dom | 5 |
| — 85044.4 | + 2367.6 | Müllingen | 1 |
| — 85048.1 | — 11756.5 | Equord | 1 |
| — 85067.2 | +129758.2 | Osnabrück Mariae | 5 |
| — 85153.3 | — 18280.8 | Handorf | 3 |
| — 85194.0 | + 116015.6 | Schledehausen | 6 |
| — 85201.8 | — 287.9 | Bolzum | 1 |
| — 85303.7 | — 31488.8 | Bortfeld | 1 |
| — 85421.6 | +161316.8 | Bevergen | 5 |

| + südlich | + westlich | | Nr. |
|---|---|---|---|
| — 85503.8 | — 22421.1 | Dungelbeck | 1 |
| — 85525.1 | + 70103.9 | Minden | 5 |
| — 85564.5 | + 556.7 | Wehmingen | 1 |
| — 85567.9 | + 1777.3 | Wirringen | 1 |
| — 85621.5 | +144720.3 | Schorstein einer Dampfmaschine | 5 |
| — 85687.0 | +129343.8 | Gertrudenberg | 5 |
| — 85880.6 | + 9721.0 | Grasdorf | 1 |
| — 85962.8 | — 15524.2 | Rosenthal | 1 |
| — 86036.960 | —264506.541 | Colberg | 1 |
| — 86289.0 | — 10338.8 | Mehrum | 1 |
| — 86457.3 | — 25306.1 | Woltorf | 1 |
| — 86488.8 | +170928.6 | Rheina | 5 |
| — 86564.7 | — 7114.4 | Haimar | 1 |
| — 86794.2 | — 14401.6 | Schwichelde | 3 (1) |
| — 86842.6 | + 90366.3 | Lübke | 5 |
| — 87015.4 | — 1583.3 | Sehnde | 1 |
| — 87078.8 | +183693.5 | Ohne | 5 |
| — 87124.5 | + 93829.7 | Blasheim | 5 |
| — 87322.8 | + 12504.0 | Wilkenburg | 1 |
| — 87342.4 | — 4116.2 | Rethmar | 1 |
| — 87354.1 | + 23312.7 | Gehrden | 1 |
| — 87374.0 | + 39912.0 | Rodenberg | 9 |
| — 87519.4 | +122985.4 | Bellm lutherische Kirche | 6 |
| — 87558.4 | + 10757.3 | Latzen | 1 |
| — 87636.3 | +122963.0 | Bellm katholische Kirche | 6 |
| — 87763.5 | +103055.1 | Lintorf | 5 |
| — 87808.9 | + 19509.2 | Rönneberg | 1 |
| — 87920.9 | + 775.4 | Wassel | 1 |
| — 87974.4 | — 7335.4 | Dolgen | 1 |
| — 88208.7 | — 47086.3 | Wendhausen | 3 |
| — 88319.0 | — 11995.3 | Buchholz | 3 |
| — 88324.2 | — 19387.3 | Peine lutherische Kirche | 1 |
| — 88335.6 | +115538.9 | Osheide | 6 |
| — 88401.2 | +117923.9 | Wulfter Berg | 6 |
| — 88438.3 | — 19316.8 | Peine Rathhaus | 3 |
| — 88587.5 | — 19035.8 | Peine katholische Kirche | 3 |
| — 88684.7 | — 14146.7 | Dickensberg | 3 |
| — 88701.6 | + 50209.35 | Stadthagen Kirchthurm | 9 |
| — 88763.229 | +193445.746 | Gildehaus | 5 |
| — 88944.9 | — 30816.2 | Wendeburg | 3 |
| — 88994.9 | + 50365.2 | Stadthagen Stadtmauer niedriger Thurm | 9 |
| — 89015.8 | + 50408.6 | Stadthagen Stadtmauer höherer Thurm | 9 |
| — 89033.5 | + 17105.6 | Wetbergen | 1 |
| — 89156.2 | + 6431.9 | Wulferode | 1 |
| — 89285.0 | +109381.8 | Essen | 5 |
| — 89322.2 | +136471.6 | Werse | 5 |
| — 89329.0 | +106969.1 | Witlage | 5 |
| — 89371.6 | — 22803.5 | Essinghausen | 3 |
| — 89459.7 | +140914.9 | Westercappeln | 5 |

| + südlich | + westlich | | Nr. |
|---|---|---|---|
| —89560.728 | +131365.875 | *Piesberg Pfahl* | 5 |
| —89560.758 | +131366.444 | Piesberg Theodolithplatz | 5 |
| —89573.9 | +189980.8 | Bentheim Kirche | 5 |
| —89583.9 | — 25303.0 | Platz bei Meerdorf | 3 |
| —89734.722 | +190107.058 | Bentheim südlicher Schlossthurm | 6 (5) |
| —89755.454 | +190018.902 | Bentheim Theodolithplatz 2 | 6 (5) |
| —89755.621 | +190021.633 | Bentheim Theodolithplatz 3 | 6 (5) |
| —89758.066 | +190025.198 | *Bentheim Signal Centrum* | 6 (5) |
| —89763.306 | +190019.671 | Bentheim Theodolithplatz 1 | 6 (5) |
| —89811.6 | +189988.9 | Bentheim nordlicher Schlossthurm | 6 (5) |
| —89839.9 | — 19418.3 | Herzberg | 3 |
| —89907.5 | + 38565.3 | Nenndorf | 9 |
| —90033.3 | — 6732.5 | Leyerberg | 3 |
| —90476.4 | +112820.6 | Stirperberg | 6 |
| —90570.0 | — 16536.4 | Vöhrum | 3 |
| —90719.5 | — 21797.9 | Platz bei der Stedderdorfer Windmühle | 3 |
| —90751.9 | + 54131.5 | Meerbeck | 9 |
| —90770.5 | — 11833.9 | Springberg | 3 |
| —90834.6 | + 94445.1 | Alswede | 5 |
| —90854.3 | — 24139.6 | Duddenstedt | 1 |
| —90917.3 | + 939.4 | Ilten | 1 |
| —90952.8 | — 18646.9 | Zwergberg | 3 |
| —91051.3 | — 28114.2 | Rieper | 3 |
| —91194.8 | — 25638.5 | Meerdorf | 1 |
| —91211.7 | + 6027.7 | Kronsberg Platz 1 | 1 |
| —91354.7 | — 20878.4 | Stedderdorf | 1 |
| —91375.9 | — 28149.6 | Rieperberg | 3 |
| —91426.2 | + 3339.5 | Höver | 1 |
| —91493.725 | +205560.580 | Oldenzaal | 5 |
| —91497.1 | +128772.0 | Kloster Rulle niedriger Thurm | 6 |
| —91508.2 | +128779.6 | Kloster Rulle | 5 |
| —91610.2 | +176906.5 | Salzbergen | 5 |
| —91690.9 | +185452.3 | Schüttorf | 5 |
| —91789.2 | — 33477.2 | Gross Schwülper | 3 |
| —92129.800 | —216004.904 | Eichberg | 1 |
| —92192.7 | +117077.0 | Ostercappeln | 5 |
| —92367.3 | + 7938.8 | Kirchrode | 1 |
| —92401.7 | +166096.0 | Dreierwolde | 5 |
| —92684.430 | +117034.929 | bei der Capelle Theodolithplatz 1829 | 5 (6) |
| —92713.7 | +117196.2 | Capelle bei Ostercappeln | 5 |
| —92792.6 | + 2272.4 | Ahlten | 1 |
| —92877.0 | + 44892.1 | Lindhorst | 9 |
| —93159.9 | +131350.6 | Wallenhorst Capelle | 6 |
| —93255.9 | + 14658.0 | Waterloosäule | 11 |
| —93393.9 | + 25593.3 | Kirchwehren | 1 |
| —93577.384 | + 13880.010 | Hannover Aegidius | 1(11) |
| —93657.5 | — 2691.4 | Lehrte | 1 |
| —93670.2 | +120495.3 | Drihauser Berg | 6 |

| + südlich | + westlich | | Nr. |
|---|---|---|---|
| —93762.8 | +131269.9 | Wallenhorst Kirche | 6 |
| —93770.025 | + 14616.897 | Hannover Neustädter Thurm | 1 |
| —93783.9 | + 38874.1 | Hohenhorst | 9 |
| —93838.358 | + 14154.248 | Hannover Marktthurm | 1 |
| —93898.7 | +121129.9 | Vennerberg | 6 |
| —94018.633 | + 14332.268 | Hannover Kreuzthurm | 1 |
| —94120.8 | — 12790.4 | Sievershausen | 3 |
| —94207.7 | +134923.0 | Weisse Windmühle | 6 |
| —94296.4 | — 36718.9 | Rethen | 3 |
| —94571.2 | — 16069.7 | Abbensen Thurm am Wohnhause | 3 |
| —94595.3 | +111022.8 | Bohmte | 5 |
| —94597.4 | — 16141.5 | Abbensen Taubenhaus | 3 |
| —94622.2 | — 16075.8 | Abbensen Thurm mit Glocke | 3 |
| —94734.9 | — 34536.1 | Adenbüttel | 3 |
| —94952.9 | — 16228.5 | Abbensen Dorfthurm | 3 |
| —95053.5 | — 40950.4 | Meine | 3 |
| —95122.8 | — 32089.9 | Katzberg | 3 |
| —95163.7 | +101402.6 | Levern | 5 |
| —95325.2 | — 10703.8 | Arpke | 3 |
| —95422.9 | + 56073.5 | Wiedensahl | 9 |
| —95438.3 | — 15651.4 | Oehlerse | 3 |
| —95460.3 | — 5673.3 | Immenser Berg | 3 |
| —95548.8 | — 21728.5 | Edemissen | 1 |
| —95671.7 | +129586.2 | Lange Egge I | 6 |
| —95776.6 | +151488.3 | Recke stumpfer Thurm | 5 |
| —95866.8 | +130369.2 | Lange Egge II | 6 |
| —95922.7 | +151559.6 | Recke spitzer Thurm | 5 |
| —96115.9 | — 13753.8 | Flietsheide | 3 |
| —96230.6 | +131346.2 | Lange Egge III | 6 |
| —96357.4 | — 8225.2 | Immensen | 3 |
| —96454.2 | — 18057.7 | Viesenberg Platz 1 | 3 |
| —96486.7 | + 46075.7 | Sachsenhagen Schloss | 9 |
| —96572.5 | — 12228.2 | Einzelne Eiche | 3 |
| —96668.3 | — 18005.6 | Viesenberg Platz 2 | 3 |
| —96669.0 | — 17989.2 | Viesenberg Platz 3 | 3 |
| —96744.0 | + 23593.5 | Seelze | 1 |
| —96753.2 | + 46136.9 | Sachsenhagen Kirche | 9 |
| —96818.7 | +120838.5 | Venne | 6 |
| —97173.8 | +128066.4 | Engter | 5 |
| —97660.1 | — 16530.8 | Dolbergen | 3 |
| —97665.0 | +159219.1 | Hopsten | 5 |
| —97870.6 | — 2911.6 | Steinwedel | 1 |
| —98062.3 | +124221.4 | Kalkrieserberg | 6 |
| —98222.0 | —200023.2 | Denenkamp | 5 |
| —98425.7 | + 9814.5 | Bothfeld | 1 |
| —98437.8 | — 31192.1 | Hillerse | 3 |
| —98583.0 | — 50666.8 | Sülfeld | 7 |
| —98620.8 | — 19098.7 | Eddesse | 3 |
| —98624.3 | + 46562.2 | Bergkirchen Thurm 1838 | 11 |
| —98626.2 | + 46562.4 | Bergkirchen Thurm 1833 | 9 |

| + südlich | + westlich | | Nr. |
|---|---|---|---|
| — 99062.546 | + 47441.676 | *Bergkirchen Signal* | 9 |
| — 99127.7 | + 46129.0 | ? | 1 |
| — 99166.3 | — 39800.9 | Rötgersbüttel | 7 |
| — 99203.760 | — 52682.662 | Fallersleben | 7 |
| — 99272.1 | + 63557.7 | Windheim | 9 |
| — 99336.399 | + 39355.304 | Tienberg | 9 |
| — 99656.6 | +162281.3 | Schapen katholische Kirche | 5 |
| — 99660.1 | +133576.0 | Bramsche | 5 |
| — 99998.7 | + 34951.7 | Wunstorf Marktthurm | 11 |
| —100048.3 | + 34811.0 | Wunstorf Stift 1833 | 9 |
| —100048.5 | + 34812.4 | Wunstorf Stift 1838 | 11 (1) |
| —100351.4 | + 29672.6 | Ricklingen | 1 |
| —100464.0 | +192185.1 | Brandlecht | 5 |
| —100618.4 | — 38484.4 | Ribbesbüttel | 7 |
| —100725.3 | +162716.4 | Schapen reformirte Kirche | 5 |
| —101006.6 | +123681.4 | Barenau | 6 |
| —101202.8 | — 43147.3 | Isenbüttel | 7 |
| —101343.6 | +143187.8 | Neuenkirchen im Hülsen | 5 |
| —101351.8 | — 33666.8 | Leiferde | 3 |
| —101384.6 | + 40669.5 | Altenhagen | 9 |
| —101450.4 | — 490.5 | Moormühle | 11 |
| —101480.6 | + 90408.0 | Rahden | 5 |
| —101678.5 | — 58253.3 | Wolfsburg | 7 |
| —101738.8 | + 27639.0 | Horst | 11 |
| —101954.2 | + 2978.1 | Kirchhorst | 1 |
| —102104.6 | — 4332.3 | Burgdorf | 1 |
| —102166.2 | +207252.6 | Otmarsum | 5 |
| —102212.7 | + 19578.6 | Engelbostel | 11 (1) |
| —102255.3 | + 13763.9 | Langenhagen | 1 |
| —102492.4 | +113348.0 | Hunteburg stumpfer Thurm | 5 |
| —102582.8 | +149435.1 | Voltlage | 5 |
| —102714.0 | +113399.3 | Hunteburg spitzer Thurm | 5 |
| —102753.219 | — 31555.355 | WolenbergPostament | 7 |
| —102753.813 | — 31556.860 | Wolenberg Signal | 7 |
| —102905.0 | +108592.0 | Dielingen | 5 |
| —103064.8 | + 53850.25 | Loccum | 9 (5) |
| [illegible] | — 5274.8 | Windmühle bei Sorgensen | 11 |
| —103557.4 | +130591.7 | Malgarten | 5 |
| —103611.0 | +113231.8 | Streithorst | 5 |
| —103663.5 | + 24623.0 | Osterwald | 11 |
| —103699.4 | + 8605.2 | Isernhagen | 11 (1) |
| —103803.9 | +166240.6 | Beesten | 5 |
| —103865.3 | + 74367.9 | Warmsen | 5 |
| —104219.7 | — 17797.0 | Ütze | 11 (1) |
| —104378.5 | +140567.9 | Uffeln | 5 |
| —104479.2 | + 69998.1 | Jenhorst Pfahl | 5 |
| —105070.3 | +195226.0 | Nordhorn | 5 |
| —105174.0 | + 3839.7 | Windmühle | 11 |
| —105525.0 | + 48535.9 | Rehburg | 9 (5) |
| —105604.9 | — [illegible]7591.3 | Meinersen Th. C. | 7 (1) |
| —105685.7 | +106390.9 | Lemförde | 5 |
| —105773.5 | +126636.7 | Bernhardshöhe | 6 |
| —106282.5 | + 70773.9 | Uchterhöfen Pfahl | 5 |
| —106335.1 | +175209.6 | Bramsche bei Freren | 5 |
| —106517.9 | +125871.9 | Vörden Windmühle | 6 |
| —106620.6 | + 71759.2 | Helsinghausen Pfahl | 5 |
| —106929.212 | —234192.162 | Mariendorf | 1 |
| —106956.534 | — 40946.784 | Gifhorn Kirchthurm Centrum | 7 |
| —107044.0 | +197350.3 | Frenswegen | 5 |
| —107079.1 | — 41091.9 | Gifhorn Schlossthurm | 7 |
| —107147.6 | + 5943.9 | Burgwedel | 11 (1) |
| —107211.3 | +125571.1 | Vörden Thurm | 6(5?) |
| —107346.6 | +168606.0 | Messingen | 5 |
| —107384.3 | — 24703.2 | Paese | 7 (3) |
| —107575.0 | +143528.2 | Merzen | 5 |
| —108425.9 | + 70005.7 | Uchter Lohmühle | 5 |
| —108641.3 | + 64996.5 | Nenndorf | 5 |
| —108666.4 | + 32689.2 | Neustadt am Rübenberge 1838 | 11 (1) |
| —108667.3 | + 32687.5 | Neustadt am Rübenberge 1833 | 9 |
| —108981.6 | + 56320.3 | Leese | 5 |
| —109129.937 | + 639.143 | *Osterberg* | 11 |
| —109281.9 | + 1419.5 | Wetmar | 11 |
| —109406.9 | +162971.8 | Freren | 5 |
| —109488.0 | +130175.8 | Lage kleiner Thurm 1830 | 6 |
| —109488.0 | +130153.4 | Lage 1829 | 5 |
| —109583.8 | — 563.5 | Windmühle | 11 |
| —109658.6 | + 59114.8 | Stolzenau | 9 (5) |
| —109868.1 | + 1267.6 | Windmühle bei Wetmar | 11 |
| —109966.5 | +135172.2 | Alfhausen | 5 |
| —109980.4 | + 70149.0 | Richteberg | 5 |
| —110141.0 | +106188.5 | Burlage | 5 |
| —110253.6 | — 28958.4 | Diekhorst | 7 |
| —110778.3 | + 12605.7 | Bissendorf | 11(1?) |
| —110788.347 | +125065.975 | *Pavillon bei Neuenkirchen Theodolith* | 5 |
| —110790.531 | +125062.329 | Pavillon Centrum | 5 |
| —110936.1 | +166534.3 | Thuine | 5 |
| —110950.9 | +127330.1 | Neuenkirchen bei Vörden | 5 |
| —111020.199 | — 56285.434 | Barwede Postament | 7 |
| —111021.385 | — 56285.345 | Barwede Signal | 7 |
| —111023.7 | — 28207.8 | Müden | 7 |
| —111397.0 | + 78122.2 | Eikloh Pfahl | 5 |
| —111666.5 | + 78793.6 | Eikloh Baum-Bräutigam | 5 |
| —111870.8 | +118455.6 | Damme | 5 |
| —111987.0 | +207468.6 | Ülsen | 5 |
| —112069.6 | +202119.3 | Neuenhaus | 5 |
| —112271.8 | + 69441.2 | Holloh bei Mensinghausen Pfahl | 5 |
| —112289.2 | +154098.0 | Fürstenau | 5 |
| —112459.9 | +179737.3 | Schepsdorf | 5 |
| —112526.435 | + 15232.945 | *Nebenplatz* 1838 | 11 |
| —112875.0 | + 79503.0 | Hesploh Birke | 5 |
| —112944.089 | +165495.831 | *Windmühlenberg Signal* | 5 |

| + südlich | + westlich | | Nr. |
|---|---|---|---|
| — 112944.658 | +165497.349 | *Windmühlenberg Theodolithplatz* | 5 |
| — 113202.8 | + 14277.4 | Mellendorf | 11 |
| — 113371.593 | + 72293.738 | Rauhbuschberg | 5 |
| — 113697.2 | +200133.9 | Velthausen | 5 |
| — 113738.3 | +190625.1 | Wietmarschen | 5 |
| — 113758.1 | + 29750.8 | Basse | 11(1?) |
| — 113844.2 | +178279.1 | Lingen Rathhaus | 5 |
| — 113896.884 | + 14817.4 | *Kakelberg* | 11 |
| — 113953.1 | +178321.0 | Lingen lutherische Kirche | 5 |
| — 114112.108 | + 37726.256 | *Eckberg* | 11 |
| — 114187.5 | + 17719.4 | Brelingen | 11(1?) |
| — 114422.0 | — 23437.1 | Langlingen | 7 |
| — 114471.910 | —234565.453 | Berlin Jerusalemskirche | 1 |
| — 114573.8 | + 92176.4 | Wagenfeld | 5 |
| — 114710.274 | +148300.732 | *Quekenberg Standpunkt* | 6 (5) |
| — 114710.411 | +148300.682 | *Quekenberg Signal Centrum* | 6 (5) |
| — 114734.3 | + 30933.7 | Mariensee | 11 (1) |
| — 114774.280 | —137851.779 | Tangermünde | 1 |
| — 114870.1 | +140665.7 | Ancum | 5 |
| — 114958.2 | + 77001.8 | Stelloh bei Holthusen | 5 |
| — 114972.020 | + 39208.036 | *Heimberg* | 9 |
| — 114993.0 | + 55863.0 | Landesbergen | 5 |
| — 115363.335 | +117156.496 | *Mordkuhlenberg Signal* | 6 (5) |
| — 115363.486 | +117156.525 | *Mordkuhlenberg Standpunkt* | 6 (5) |
| — 115384.4 | + 69641.2 | Woltringhausen | 5 |
| — 115709.8 | + 46866.2 | Husum | 9 |
| — 115788.555 | —234068.597 | Berlin Sternwarte (alte) | 1 |
| — 116012.317 | —235099.772 | Berlin Marienthurm | 1 |
| — 116093.9 | +135147.9 | Berssenbrück | 5 |
| — 116165.4 | +148860.4 | Steinberg | 6 |
| — 116248.1 | + 61415.6 | Steierberg | 5 |
| — 116274.663 | + 17860.071 | *Brelingerberg* | 11 (1) |
| — 116299.3 | + 73054.7 | Kuppendorfer Windmühle | 5 |
| — 116759.7 | +163445.5 | Lengerich | 5 |
| — 117084.074 | — 16442.932 | Wienhausen | 1 |
| — 117243.1 | + 78712.2 | Allerhoop | 5 |
| — 117302.184 | + 73520.620 | *Knickberg* | 6(5.9) |
| — 117350.668 | —221325.375 | Spandau | 1 |
| — 117860.3 | + 24295.2 | Helstorf | 11 |
| — 118100.286 | + 94291.582 | *Quellenberg Standpunkt* | 5 |
| — 118100.868 | + 94291.879 | *Quellenberg Stange* | 5 |
| — 118225.6 | — 29027.0 | Hohne | 7 |
| — 118338.5 | + 54390.6 | Eistorf | 5 |
| — 118438.6 | +131259.0 | Gehrde | 5 |
| — 118975.9 | — 91853.1 | Zichtow Signal | 7 |
| — 119128.9 | +117004.3 | Steinfeld | 5 |
| — 119260.438 | + 25180.496 | Mandelsloh | 11 (1) |
| — 119335.9 | — 5685.5 | Anderten's Hof | 11 |
| — 119422.5 | +149468.3 | Bippen | 6 |
| — 119462.0 | + 75173.1 | Kirchdorf | 5 |
| — 119785.5 | + 57340.1 | Liebenau | 5 |
| — 120088.8 | + 76790.4 | Hollenberg | 5 |
| — 120451.184 | + 63256.754 | Heidenberg | 5 |
| — 120809.4 | +106406.6 | Diepholz Schlossthurm | 5 |
| — 120952.7 | +106484.9 | Diepholz Laternenthurm | 5 |
| — 121643.4 | + 54685.5 | Bünnen | 5 |
| — 121672.3 | — 42142.2 | Wahrenholz Windmühle | 7 |
| — 121842.246 | — 9118.245 | Celle Schloss, südwestliche Kuppel | 11 (1) |
| — 121853.269 | — 9165.563 | Celle Schloss, südöstlicher Pavillon | 11 |
| — 121866.539 | — 9114.015 | Celle Schloss, Uhrthurm Spitze | 11 (1) |
| — 121866.604 | — 9114.015 | Celle Schloss, Uhrthurm Theodolithplatz | 11 |
| — 121888.346 | — 9101.063 | Celle Schloss, nordöstliche Kuppel | 11 (1) |
| — 121931.288 | — 9338.799 | *Celle Stadtkirche Spitze* | 11 (1) |
| — 121931.352 | — 9338.549 | *Celle Stadtkirche Theodolithplatz* | 11 |
| — 122056.953 | + 46754.342 | *Osterberg* | 9 |
| — 122078.4 | +106494.8 | Diepholz Capelle | 5 |
| — 122169.3 | + 77470.2 | Barenburg | 5 |
| — 122213.5 | +171338.7 | Bawinkel | 5 |
| — 122252.7 | + 82040.4 | Varrel | 5 |
| — 122452.576 | — 9363.002 | Celle Garnisonkirche, südl. Giebelkreuz | 11 |
| — 122556.576 | — 9106.274 | vor Celle, Nebenplatz bei BierwirthsGart. | 11 |
| — 123486.1 | — 35602.8 | Meilenstein | 7 |
| — 123768.4 | + 49854.1 | Nienburg Kirche | 9 |
| — 123769.8 | + 49930.9 | Nienburg Rathhaus | 9 |
| — 123872.0 | +148960.8 | Bergen | 5 |
| — 123920.531 | + 24709.702 | Stöcken | 11 |
| — 124122.1 | — 35394.9 | bei Gross Oesingen Standpunkt 2 | 7 |
| — 124338.5 | — 35798.1 | bei Gross Oesingen Standpunkt 1 | 7 |
| — 124543.320 | — 35373.452 | Gross Oesingen | 7 |
| — 124752.258 | +132781.895 | Badbergen | 5 |
| — 125440.866 | +183267.112 | *Kirchhesepe Standpunkt 2* | 6 (5) |
| — 125441.463 | +183265.532 | *Kirchhesepe Standpunkt 1* | 6 (5) |
| — 125441.942 | +183265.833 | *Kirchhesepe Centrum* | 6 (5) |
| — 125612.2 | +151156.2 | Kreuzberg | 6 |
| — 125703.0 | + 37431.8 | Steimke | 11 |
| — 125867.420 | — 13888.769 | *Garssen* | 1 |
| — 125937.4 | +102721.1 | Jacobi Drebber | 5 |
| — 126372.9 | +103583.2 | Marien Drebber | 5 |
| — 127098.552 | +195226.376 | Twist | 5 |
| — 127311.0 | + 53251.1 | Loh | 9 |
| — 127382.4 | + 65744.4 | Börstel | 5 |

| + südlich | + westlich | | Nr. |
|---|---|---|---|
| — 127527.9 | +123102.8 | Dinklage | 5 |
| — 127862.5 | +115390.8 | Lohne | 5 |
| — 127886.8 | + 48387.5 | Holtorf | 9 |
| — 128072.979 | + 22156.433 | Schwarmstedt | 11 |
| — 128078.6 | + 28439.9 | Süderbruch | 11 |
| — 128135.0 | + 2493.4 | Winsen | 11 (1) |
| — 128258.6 | — 51494.0 | Knesebeck Kirche | 7 |
| — 128417.5 | — 51666.6 | Knesebeck Amthaus | 7 |
| — 128980.2 | + 77257.8 | Sulingen | 5 |
| — 129050.9 | + 49462.6 | Drakenburg | 9 |
| — 129501.2 | +134280.1 | Quackenbrück katholische Kirche | 5 |
| — 129661.5 | +134435.0 | Quackenbrück grosser Thurm | 5 |
| — 129720.4 | — 43737.3 | Oerrel | 7 |
| — 129770.4 | +143796.4 | Menslage | 5 |
| — 130116.7 | + 23248.9 | Bothmer | 11 |
| — 130120.7 | +166212.7 | Haselünne | 5 |
| — 130451.3 | — 58528.0 | Ohrdorf | 7 |
| — 130909.840 | + 25089.202 | Gilten | 11 |
| — 131397.6 | + 76666.8 | Sulinger Windmühle | 5 |
| — 131597.5 | + 70706.7 | Mellinghausen | 5 |
| — 132435.3 | +179253.3 | Meppen Pfarrkirche | 5 |
| — 132604.4 | + 97312.2 | Barnstorf | 5 |
| — 132622.0 | +179154.5 | Meppen Residenzkirche | 5 |
| — 132638.2 | + 51158.4 | Balge | 9 |
| — 133050.4 | +175527.1 | Bokeloh | 5 |
| — 133168.0 | — 43050.1 | Nebenplatz bei Hankensbüttel | 7 |
| — 133210.7 | + 65071.2 | Staffhorst | 5 |
| — 133361.111 | — 43253.191 | *Hankensbüttel Postament* | 7 |
| — 133362.067 | — 43250.955 | Hankensbüttel Signal, von Norden her bestimmt | 7 |
| — 133362.197 | — 43252.547 | Hankensbüttel Signal, von Süden her bestimmt | 7 |
| — 133392.348 | — 21418.103 | *Scharnhorst* | 1 |
| — 133417.9 | — 45711.2 | Isenhagen | 7 |
| — 133531.7 | — 44087.7 | Hankensbüttel Nebenplatz 2 | 7 |
| — 133809.5 | — 53913.8 | Wittingen | 7 |
| — 134002.5 | — 20105.7 | Eschede | 1 |
| — 134009.5 | — 44575.6 | HankensbüttelThurm | 7 |
| — 134143.5 | +135340.7 | Essen | 5 |
| — 134237.4 | — 51296.0 | Darrigsdorf | 7 |
| — 134561.7 | +111861.7 | Vechta Franciskanerkirche | 5 |
| — 134654.4 | +111995.9 | Vechta Pfarrkirche | 5 |
| — 135103.7 | + 75072.9 | Schwaförden | 5 |
| — 135521.4 | + 79406.6 | Scholen | 5 |
| — 135594.2 | — 87863.9 | Winterfeld | 7 |
| — 135791.5 | + 84234.0 | Schmalförden | 5 |
| — 136070.8 | +110090.6 | Oyte | 5 |
| — 136140.4 | — 43894.9 | Platz bei Wittendorf | 7 |
| — 136234.0 | +147503.7 | Löningen | 5 |
| — 136603.0 | — 63040.0 | Diesdorf | 7 |
| — 136653.613 | + 5682.298 | Hingstberg | 11 |
| — 136749.2 | + 23814.3 | Hudemühlen | 11 |
| — 137062.062 | + 26133.232 | Ahlden | 11 |
| — 137124.2 | — 92783.1 | Zierau | 7 |
| — 137743.9 | — 91493.6 | Jeggeleben | 7 |
| — 137821.1 | — 37030.6 | Sprakensehl | 7 |
| — 138455.3 | — 97085.1 | Kleiner Laternenthurm (Luge?) | 7 |
| — 138674.292 | + 63178.094 | *Asendorf, Standpunkt* | 6 (5) |
| — 138674.919 | + 63178.041 | *Asendorf Centrum* | 6(1.5) |
| — 138745.1 | + 14940.3 | Ostenholz | 11 |
| — 139008.0 | + 49637.8 | Eistrup | 9 |
| — 139127.1 | + 94008.9 | Heiligenloh | 5 |
| — 139169.6 | + 82568.5 | Goddern | 5 |
| — 139288.4 | + 80585.1 | Neuenkirchen | 5 |
| — 139538.230 | + 54838.901 | Bücken | 5 (1) |
| — 139631.194 | + 35777.254 | Kirchwahlingen | 11 |
| — 140097.4 | + 37734.2 | Rethem | 11 |
| — 140099.4 | +184210.6 | Wesuwe | 6 (5) |
| — 140581.9 | + 85860.3 | Hünenburg | 5 |
| — 140883.1 | + 80247.9 | Spradau | 5 |
| — 141030.9 | — 94266.0 | Ladekathe | 7 |
| — 141150.5 | +113921.0 | Langfarden | 5 |
| — 141179.6 | +166337.7 | Berssen Windmühle | 5 |
| — 141372.5 | + 79302.4 | Nienstedt | 5 |
| — 141579.6 | + 74287.3 | Südwalde | 5 |
| — 141758.3 | + 11938.4 | Hambergbaum | 11 |
| — 141799.8 | — 97503.5 | Callehne | 7 |
| — 142250.951 | + 87900.139 | *Twistringen Standpunkt* | 6 (5) |
| — 142251.446 | + 87900.521 | *Twistringen Centrum* | 6(1.5) |
| — 142357.7 | + 84411.9 | Stelle | 5 |
| — 142478.4 | — 1315.1 | Bergen | 11 (1) |
| — 142623.827 | + 18675.853 | *Hingstberg* 2 | 11 |
| — 142706.2 | —105830.3 | Kleinau | 7 |
| — 142917.8 | — 48974.7 | Lüder | 7 |
| — 142958.4 | +140203.3 | Lastrup | 5 |
| — 143156.4 | + 76410.2 | Halstedt | 5 |
| — 143265.4 | — 77260.7 | Everdorf | 7 |
| — 143795.2 | + 79320.0 | Waldheide | 5 |
| — 143807.3 | — 60641.2 | Bonsee | 7 |
| — 143891.2 | + 80758.3 | Apelstedt | 5 |
| — 144424.386 | + 18945.766 | Nebenplatz bei Bockhorn | 11 |
| — 144611.129 | — 21548.543 | *Breithorn* | 1 |
| — 144632.316 | + 30452.982 | Kirchboizen | 11 |
| — 144703.8 | + 83724.1 | Klüvenhausen | 5 |
| — 144857.8 | — 92652.4 | Klein Garz | 7 |
| — 144879.110 | +169311.034 | Höhe bei Stavern Theodolithplatz | 5 |
| — 144883.0 | + 21046.4 | Düshorn | 11 |
| — 145283.5 | — 83212.1 | Krichelsdorf | 7 |
| — 145332.2 | + 86061.3 | Gross Ringmer | 5 |
| — 145344.5 | — 49740.4 | Bodenteich | 7 |
| — 145528.8 | — 97756.9 | Schernikau | 7 |
| — 145961.9 | — 71875.1 | Osterwohle | 7 |
| — 146621.040 | + 5142.567 | *Falkenberg Postament* 1822. 1824 | 1 |

| + südlich | + westlich | | Nr. |
|---|---|---|---|
| — 146621.055 | + 5142.634 | Falkenberg Theodolithplatz von 1838 | 11 |
| — 146621.421 | + 5141.523 | Falkenberg Signal von 1838 | 11 |
| — 146633.3 | + 84126.3 | Hafte | 5 |
| — 146706.1 | + 55229.2 | Wechold | 1 |
| — 146795.5 | +110046.3 | Visbeck | 5 |
| — 147170.3 | + 82144.8 | Bassum | 5 |
| — 147226.7 | —113724.4 | Bretsche | 7 |
| — 147248.0 | + 78395.6 | Osterbinde | 5 |
| — 147616.9 | + 88544.9 | Klein Ringmer | 5 |
| — 147657.9 | — 81255.2 | Salzwedel Marienthurm | 7 |
| — 147723.0 | — 81423.4 | Salzwedel Altstädter Thurm | 7 |
| — 147737.1 | + 79242.9 | Karrenbrock | 5 |
| — 147893.3 | — 81553.7 | Salzwedel Rathhaus | 7 |
| — 147940.521 | +128491.392 | Krapendorf | 6 (5) |
| — 148006.374 | — 16239.866 | *Hauselberg* | 1 |
| — 148039.910 | — 58241.686 | Puglatz Signal | 7 |
| — 148054.6 | — 81577.2 | Salzwedel Mönchsthurm | 7 |
| — 148305.1 | + 23350.4 | Walsrode | 11 |
| — 148350.5 | — 81697.2 | Salzwedel Neustadt | 7 |
| — 148418.6 | — 86820.8 | Gross Chüden | 7 |
| — 148661.0 | — 89731.0 | Riebau | 7 |
| — 148667.0 | — 44235.6 | Steinberg | 7 |
| — 148689.2 | +145591.0 | Lindern | 5 |
| — 148774.5 | +163222.4 | Sögel Thurm | 6 (5) |
| — 149153.5 | + 85003.5 | Gross Henstedt | 5 |
| — 149270.4 | + 81854.8 | Chausséehaus Schornstein | 5 |
| — 149287.153 | — 46456.701 | *Wieren Signal* | 7 |
| — 149298.6 | + 4863.9 | Erhöheter Baum im Becklinger Holz | 1 |
| — 149868.4 | + 54132.9 | Eizendorf | 1 |
| — 149888.0 | +163268.7 | Sögel Windmühle | 5 |
| — 149942.1 | —109714.1 | Leppin | 7 |
| — 149994.0 | + 52007.2 | Magelsen | 1 |
| — 150002.0 | +136138.0 | Mollbergen | 5 |
| — 150075.6 | + 82077.5 | Hassel | 5 |
| — 150184.6 | + 58949.2 | Mattfeld | 1 |
| — 150244.0 | — 94546.5 | Mechau | 7 |
| — 150365.580 | — 36550.624 | Holxerberg Signal | 7 |
| — 150366.695 | — 36550.632 | Holxerberg Postament | 7 |
| — 150567.1 | — 75728.1 | Cheine | 7 |
| — 150663.6 | — 43170.1 | Nettelkamp | 7 |
| — 150829.3 | + 72072.6 | Heiligenfelde | 5 (1) |
| — 151122.8 | — 48047.8 | Wieren Thurm | 7 |
| — 151514.8 | — 97572.0 | Kaulitz | 7 |
| — 151583.4 | +177183.0 | Lathen Thurm | 5 |
| — 151598.0 | —103361.1 | Arendsee Ruine | 7 |
| — 151608.4 | —103285.1 | Arendsee (abg. Th.) | 7 |
| — 151806.0 | —103333.7 | Arendsee stumpfer Thurm | 7 |
| — 151997.4 | — 34286.2 | Suderburg | 7 |
| — 152014.4 | +175885.6 | Lathen Windmühle | 5 |
| — 152019.9 | — 68345.2 | Bergen | 7 |

| + südlich | + westlich | | Nr. |
|---|---|---|---|
| — 152120.7 | — 64019.0 | Schnega kleiner Laternenthurm | 7 |
| — 152137.5 | — 63940.7 | Schnega Kirchthurm | 7 |
| — 152971.4 | — 42221.1 | Wrestedt | 7 |
| — 153023.0 | —121879.0 | Seehausen | 7 |
| — 153045.029 | +162445.515 | *Windberg* 1830 | 6 (5) |
| — 153182.0 | — 33859.3 | bei Suderburg | 7 |
| — 153182.2 | +146170.3 | Vrees | 6 |
| — 153246.5 | — 91732.4 | Prezier | 7 |
| — 153630.2 | + 81986.5 | Stuhren | 5 |
| — 153786.5 | — 90111.8 | Hohekirche | 7 |
| — 153792.7 | +193070.4 | Ter Apel | 6 |
| — 153809.5 | + 81259.8 | Nordwohlde | 5 |
| — 153933.0 | — 48756.7 | Emern | 7 |
| — 154619.9 | — 3725.3 | Wiezendorf | 1 |
| — 154643.1 | — 38736.7 | Holdenstedt | 7 |
| — 154729.249 | + 48060.476 | Verden Dom | 1 |
| — 155251.3 | — 93572.8 | Schmarsau | 7 |
| — 155352.245 | + 48081.208 | Verden Johannis | 1 |
| — 155779.6 | — 84957.3 | Rebensdorf | 7 |
| — 155861.301 | — 64312.030 | Starrel Signal | 7 |
| — 155886.5 | — 55638.5 | Suhlenburg | 7 |
| — 155886.832 | + 54287.893 | Blender | 1 |
| — 156016.2 | — 79192.2 | Wustrow | 7 |
| — 156293.6 | — 72744.5 | Bühlitz | 7 |
| — 156371.9 | — 74373.7 | Luckau | 7 |
| — 156769.3 | — 68039.3 | Clenze | 7 |
| — 157842.5 | — 68848.7 | Büssauer Berg | 7 |
| — 157849.9 | +154836.3 | Lorup | 6 |
| — 157911.4 | — 87935.2 | bei Lichtenberg | 7 |
| — 157950.2 | — 41887.1 | Königsberg | 7 |
| — 157956.9 | — 83784.4 | Bösel | 7 |
| — 158152.2 | — 71933.3 | Zeetze | 7 |
| — 158177.3 | — 64888.7 | Klamitzberg | 7 |
| — 158532.4 | — 86746.9 | Woltersdorf | 7 |
| — 158590.5 | +177559.7 | Steinbild | 6 (5) |
| — 158592.2 | — 97830.9 | Lohmitz | 7 |
| — 158679.057 | — 88083.451 | Thürow Postament | 7 |
| — 158679.355 | — 88086.373 | Thürow Signal | 7 |
| — 158946.0 | + 54120.0 | Intschede | 1 |
| — 158996.9 | — 40304.0 | Veerssen | 7 |
| — 159173.4 | — 44515.4 | Gross Liedern | 7 |
| — 159188.5 | — 48704.5 | Hanstedt | 7 |
| — 159365.3 | — 77426.7 | Satemin | 7 |
| — 159397.3 | — 70206.6 | Büssau | 7 |
| — 159757.3 | — 75508.7 | Meuchefitz | 7 |
| — 159975.7 | — 41413.6 | Uelzen | 7 |
| — 160072.9 | — 93521.4 | Lanze | 7 |
| — 160215.7 | — 31969.9 | Gerdau | 7 |
| — 160535.3 | — 98094.0 | Prezelle | 7 |
| — 160568.6 | + 60149.8 | Lunsen | 1 |
| — 160630.8 | — 81488.0 | Lüchow Schloss | 7 |
| — 160662.6 | — 81583.7 | Lüchow Kirchthurm | 7 |
| — 160720.2 | — 84088.0 | Colborn | 7 |
| — 160772.6 | — 81481.2 | Lüchow Rathhaus | 7 |
| — 160811.9 | — 43488.4 | Oldenstadt | 7 |
| — 161305.0 | — 49037.5 | Retzlingen | 7 |
| — 161691.7 | — 75396.6 | Küsten | 7 |
| — 162065.3 | — 10127.5 | Munster | 1 |

| + südlich | + westlich | | Nr. |
|---|---|---|---|
| — 162237.2 | — 80222.3 | Plate | 7 |
| — 162474.5 | — 54415.7 | Rosche | 7 |
| — 163054.915 | + 20595.877 | *Elmhorst* | 1 |
| — 163482.0 | — 71534.2 | Zebelin | 7 |
| — 163542 9 | — 67123.1 | Dommatz Windmühle | 7 |
| — 163594.034 | + 44884.912 | *Steinberg* | 1 |
| — 163595.7 | + 71527.7 | Kirchweihe | 1 |
| — 163790.2 | — 47574.7 | Riestedt | 7 |
| — 163833.7 | — 107635.7 | Böhmenzien | 7 |
| — 164100.1 | — 92239.0 | Trebell | 7 |
| — 164151.3 | — 39667.3 | Kirchweihe | 7 |
| — 164191.3 | — 111647.9 | Gross Wanzer | 7 |
| — 164225.4 | — 109812.2 | Aulosen | 7 |
| — 164475.3 | — 44682.2 | Molzen | 7 |
| — 165412.1 | + 61262.7 | Achim | 1 |
| — 165663.3 | — 74069.0 | Crumasel | 7 |
| — 166240.369 | + 36851.244 | Kirchwalsede | 1 |
| — 167135.5 | — 106443.9 | Capern | 7 |
| — 167200.4 | — 31497.4 | Ebstorf | 7 |
| — 167365.3 | — 23864.3 | Wriedel | 7 |
| — 167487.6 | — 102223.1 | Gartow | 7 |
| — 167488.1 | + 177677.1 | Heede | 6 |
| — 168070.6 | + 139838.8 | Frisoythe | 6 |
| — 168158.341 | + 44014.670 | *Bottel* | 1 |
| — 168285.6 | + 93686.8 | Ganderkesee | 1 |
| — 168491.9 | + 68805.6 | Arbergen | 1 |
| — 168498.6 | — 105154.0 | Holtorf | 7 |
| — 168674.2 | — 75038.6 | Breselenz | 7 |
| — 169092.114 | — 64845.685 | *Spranze Signal* | 7 |
| — 169117.0 | — 108832.7 | Schnakenburg | 7 |
| — 169149.5 | + 138712.4 | Oldenoythe | 6 |
| — 169497.677 | — 35760.051 | Hohenbunstorf Signal | 7 |
| — 169504.1 | — 38435.9 | Barum | 7 |
| — 169626.902 | — 40177.793 | Tätendorf Signal | 7 |
| — 169632.2 | — 75984.9 | Meetschow | 7 |
| — 169672.9 | — 62645.2 | Gülden | 7 |
| — 169998.3 | — 94982.9 | Gorleben | 7 |
| — 170075.2 | — 58462.8 | bei Hohen Zethen | 7 |
| — 170111.8 | + 87995.1 | Delmenhorst | 1 |
| — 170322.2 | — 76994.0 | Breese im Bruch | 7 |
| — 170809.0 | — 62566.0 | bei Timmeitz | 7 |
| — 170871.1 | + 42239.2 | Ahausen | 1 |
| — 171065.097 | + 194444.687 | *Onstwedde* | 6 |
| — 171114.8 | — 40822.7 | am Lohnholz | 7 |
| — 171376.5 | — 39978.2 | Mollenberg | 7 |
| — 171465.593 | — 19895.232 | *Wulfsode* | 1 |
| — 171624.4 | — 39571.1 | Chausséehaus | 7 |
| — 171657.3 | — 99622.5 | Höbeck Nebenplatz | 7 |
| — 172227.9 | — 36817.7 | Freitagsberg | 7 |
| — 172394.8 | + 175161.9 | Aschendorf Klosterkirche | 6 (5) |
| — 172480.450 | + 75732.652 | Bremen Zwinger | 1 |
| — 172512.986 | — 100488.736 | *Höbeck Signal* | 7 |
| — 172534.738 | + 76039.777 | Bremen katholische Kirche | 1 |
| — 172542.5 | — 93137.5 | Kiez | 7 |
| — 172680.233 | + 75884.090 | Ulbers Observationszimmer | 1 |
| — 172684.7 | — 70301.9 | Spitzberg | 7 |
| — 172704.0 | + 175090.0 | Aschendorf Pfarrkirche | 6 (5) |
| — 172708.766 | + 76313.195 | Bremen Martini | 1 |
| — 172752.009 | + 76017.343 | Bremen Domkirche Thurm | 1 |
| — 172815.860 | + 75931.494 | Bremen Domshof | 1 |
| — 172855.1 | — 42776.2 | Bevensen | 7 |
| — 172863.7 | — 35028:6 | Natendorf | 7 |
| — 172867.813 | + 76090.644 | Bremen, Unsrer lieben Frauen | 1 |
| — 172976.849 | + 76016.811 | Bremen Gymnasium | 1 |
| — 173058.7 | + 75387.8 | Bremen Remberti | 1 |
| — 173074.743 | + 76350.938 | *Bremen Ansgarius Dreieckspunkt* | 1 |
| — 173074.764 | + 76350.909 | *Bremen Ansgarius Wahres Centrum des Knopfes* | 1 |
| — 173252.563 | + 76112.469 | Bremen Wall am Heerdenthore | 1 |
| — 173340.866 | + 76992.613 | Bremen Stephani | 1 |
| — 173475.5 | + 178854.0 | Rhede | 6 (5) |
| — 173522.5 | — 98147.1 | Möthlich | 7 |
| — 173834.4 | — 122394.2 | Dergentin | 7 |
| — 173993.439 | — 85935.124 | Gusborn Postament | 7 |
| — 173993.513 | — 85935.834 | Gusborn Signal | 7 |
| — 174006.6 | — 128564.7 | Perleberg | 7 |
| — 174109.0 | — 41722.1 | Kl. Medingen | 7 |
| — 174224.6 | — 124648.1 | Sückow | 7 |
| — 174269.5 | — 63129.6 | Ribrau | 7 |
| — 174313.872 | + 27991.260 | Brokel | 1 |
| — 174400.4 | — 52652.4 | Himbergen | 7 |
| — 174729.5 | + 167611.9 | Papenburg obere Kirche | 6 |
| — 174861.6 | — 102794.0 | Lenzen stumpfer Thurm | 7 |
| — 174938.7 | — 102667.2 | Lenzen spitzer Thurm | 7 |
| — 175051.9 | — 76789.1 | Dannenberg Cap. 2 | 7 |
| — 175410.2 | — 77374.9 | Dannenberg Amtsthurm | 7 |
| — 175436.3 | — 77265.1 | Dannenberg Kirchth. | 7 |
| — 175533.6 | + 170901.4 | Papenburg Pfarrkirche | 6 |
| — 175721.5 | — 112325.8 | Lanz | 7 |
| — 175788.2 | — 77813.5 | Dannenberg Cap. | 7 |
| — 175915.5 | — 87883.2 | Langendorf | 7 |
| — 176027.296 | + 35985.340 | Rotenburg | 1 |
| — 176384.4 | — 83887.2 | Quickborn | 7 |
| — 176526.0 | — 70563.1 | Parpar | 7 |
| — 176641.9 | — 125646.1 | Quitzow | 7 |
| — 176735.2 | — 99305.8 | Seedorf | 7 |
| — 176769.703 | + 10407.337 | Schneverdingen | 1 |
| — 176948.6 | + 47782.9 | Sottrum | 1 |
| — 177194.8 | — 100120.3 | Eldenburg | 7 |
| — 177253.420 | — 21852.221 | *Timpenberg* | 1 |
| — 177907.2 | — 119210.2 | Laaslich | 7 |
| — 178518.2 | — 43974.4 | Alt Medingen (spitzes Dach?) | 7 (1) |
| — 178519.1 | — 43989.1 | Alt Medingen stumpfes Dach | 1 |

| + südlich | + westlich | | Nr. |
|---|---|---|---|
| — 178756.4 | —120322.1 | Nebelin | 7 |
| — 178917.9 | +171303.2 | Völlen | 6 |
| — 179141.3 | — 24772.1 | Bäzendorf | 1 |
| — 179671.9 | — 36683.8 | Bienenbüttel | 7 |
| — 179971.2 | + 69027.4 | Lilienthal | 1 |
| — 180028.8 | +152321.4 | Strucklingen | 6 |
| — 180162.361 | — 22894.019 | *Nindorf* | 1 |
| — 180316.0 | — 87433.1 | Dömitz Kirchthurm | 7 |
| — 180373.2 | — 87225.7 | Dömitz Festungsthurm | 7 |
| — 180462.083 | +115530.100 | Oldenburg | 1 |
| — 181197.5 | — 74000.6 | Hitzacker | 7 |
| — 181489.1 | — 73380.3 | Meesenberg | 7 |
| — 181531.2 | +158028.2 | Westerraudervehn | 6 |
| — 181819.664 | + 35400.829 | *Bullerberg* | 1 |
| — 181953.6 | +175396.6 | Stapelmoor | 6 |
| — 182381.889 | + 210.397 | *Wilsede* | 1 |
| — 182572.1 | +167190.0 | Gross Wolde | 6 |
| — 182691.539 | + 30807.000 | Schessel | 1 |
| — 183229.8 | — 14628.0 | Raven | 1 |
| — 183472.0 | — 58227.0 | Nahrendorf | 7 |
| — 183545.1 | — 26743.8 | Embsen | 7 |
| — 183835.9 | + 88347.4 | Vegesack | 1 |
| — 184279.0 | +161500.0 | Collinghorst | 6 |
| — 184718.6 | — 77834.7 | Tribbekau | 7 |
| — 184789.7 | — 53422.1 | Dahlenburg | 7 |
| — 184829.394 | +147139.369 | Bassel | 6 |
| — 185194.0 | + 97965.2 | Berne | 1 |
| — 185285.2 | +166441.4 | Irhove | 6 |
| — 185288.0 | +173018.7 | Weener gross. Thurm | 6 |
| — 185297.5 | +173099.4 | Weener klein. Thurm | 6 |
| — 185484.9 | — 47867.5 | Sommerbeck | 7 |
| — 185490.8 | —101402.9 | Gorlosen | 7 |
| — 185815.824 | + 56897.921 | Wilstedt | 1 |
| — 185885.2 | — 73562.4 | Caarssen | 7 |
| — 186092.8 | +170057.9 | Grotegaste | 6 |
| — 186376.4 | +129542.6 | Zwischenahn | 6 |
| — 186959.0 | +190275.3 | de Beerte | 6 |
| — 187333.0 | +161793.4 | Bakemoor | 6 |
| — 187641.574 | — 65399.907 | *Glienitz Signal* | 7 |
| — 187657.5 | +178860.2 | Bunde | 6 |
| — 187713.3 | +198633.4 | Schemda | 6 |
| — 188383.7 | +168666.3 | Gross Driver | 6 |
| — 188766.844 | + 68138.613 | Worpswede | 1 |
| — 188883.5 | — 15151.8 | Salzhausen | 1 |
| — 189022.6 | +169632.8 | Kirchborgum | 6 |
| — 189300.6 | + 75524.1 | Osterholz | 1 |
| — 189340.9 | +174238.0 | Wenigermohr | 6 |
| — 189452.7 | +189864.1 | Finserwolde | 6 |
| — 189484.5 | — 92805.4 | Conow | 7 |
| — 189680.1 | — 47770.6 | Thomasburg | 7 |
| — 189917.9 | — 42015.8 | Reinstorf | 7 |
| — 190124.4 | +142734.8 | Apen | 6 |
| — 190130.0 | — 99139.6 | Eldena | 7 |
| — 190137.3 | +167107.1 | Esklum | 6 |
| — 190306.1 | +160911.7 | Amdorp | 6 |
| — 190464.3 | +153594.7 | Stickhausen | 6 |
| — 190748.6 | +112008.5 | Loyerberg Windmühle | 1 |

| + südlich | + westlich | | Nr. |
|---|---|---|---|
| — 190821.497 | + 95395.259 | Neuenkirchen | 1 |
| — 191086.7 | — 56225.6 | Barskamp | 7 |
| — 191173.034 | — 30682.457 | Lüneburg Lamberti | 1 |
| — 191229.471 | — 30851.899 | Lüneburg Heiliger Geist | 1 |
| — 191379.0 | — 49592.7 | Bargmoor | 7 |
| — 191406.221 | — 31356.505 | Lüneburg Johannis | 1 |
| — 191498.1 | +168950.8 | Bingum | 6 |
| — 191511.038 | — 30282.895 | Lüneburg Kalkberg Platz von 1823 | 1 |
| — 191531.9 | — 30298.3 | Lüneburg Kalkberg Platz von 1830 | 7 |
| — 191597.289 | — 30574.411 | *Lüneburg Michaelis* | 1 (7) |
| — 191686.464 | — 31027.825 | Lüneburg Rathhaus | 1 |
| — 191823.370 | +166412.554 | Leer Waage | 6 |
| — 191845.443 | — 31169.785 | Lüneburg Nicolai | 1 |
| — 191882.273 | — 30367.793 | Lüneburg Platz vor dem Thore | 1 |
| — 191946.373 | +166653.435 | Leer luther. Kirche | 6 |
| — 192026.320 | +166570.987 | Leer kathol. Kirche | 6 |
| — 192086.847 | +166481.076 | *Leer reform. Kirche* | 6 |
| — 192096.210 | +166594.099 | Leer Gymnasium | 6 |
| — 192292.9 | — 81854.4 | Jabel | 7 |
| — 192325.3 | — 67853.0 | Stapel | 7 |
| — 192345.9 | +163573.9 | Loga | 6 |
| — 192362.1 | +179758.7 | Landschaftspolder | 6 |
| — 192428.324 | +116347.889 | Rastede | 1 |
| — 192568.5 | +172211.0 | Holtgast | 6 |
| — 192668.865 | — 37170.020 | Steinhöhe | 7 |
| — 192808.2 | — 31987.4 | Lüne | 1 |
| — 192896.0 | +174460.9 | Bohmerwold | 6 |
| — 192933.8 | — 65345.8 | Haar | 7 |
| — 192995.9 | — 24951.2 | Mechtersen | 7 |
| — 193260.212 | — 49872.299 | *Bretze Signal* | 7 |
| — 193340.040 | + 45266.609 | *Brüttendorf* | 1 |
| — 193527.1 | — 45281.1 | Netze | 7 |
| — 193865.912 | + 81845.072 | *Garlste* | 1 |
| — 194278.3 | +208753.4 | Kolham | 6 |
| — 194284.445 | +134466.866 | *Westerstede* | 6 |
| — 194428.857 | +108898.647 | Grossen Meer | 1 |
| — 194489.330 | + 29167.094 | Sittensen | 1 |
| — 194984.5 | +198240.6 | Nordbrock | 6 |
| — 195288.541 | + 15609.156 | Tostedt | 1 |
| — 195336.6 | +175356.5 | Mariencoer | 6 |
| — 195460.0 | +167396.7 | Nuttermoor | 6 |
| — 195718.6 | +205474.3 | Slochtersen | 6 |
| — 195776.4 | — 65911.8 | Neuhaus | 7 |
| — 196210.609 | + 44369.050 | Zeven Platz vor dem Flecken | 1 |
| — 196281.2 | — 30242.0 | Rother Thurm? | 1 |
| — 196392.0 | — 31089.4 | Vrestorf | 7 |
| — 196504.2 | — 37868.5 | Scharnebeck | 7 |
| — 196711.9 | — 52497.4 | Bleckede | 7 |
| — 196816.805 | + 44512.505 | Zeven Platz im Garten des Posthauses | 1 |
| — 196973.309 | + 44130.578 | *Zeven Dreieckspunkt* | 1 |
| — 196974.329 | + 44130.289 | Zeven Thurmknopf | 1 |
| — 197203.85 | — 29767.06 | Bardewyk Südlicher Thurm | 1 |

| + südlich | + westlich | | Nr. |
|---|---|---|---|
| — 197218.0 | — 29765.92 | Bardewyk Nordlicher Thurm | 1 |
| — 197359.5 | — 60720.1 | Krusendorf | 7 |
| — 197989.7 | — 76044.5 | Lübtheene | 7 |
| — 198168.2 | + 194521.8 | Nienwolde | 6 |
| — 198179.4 | + 166095.6 | Thedinga Pavillon | 6 |
| — 198500.6 | + 171409.0 | KleinMidlum Grosser Thurm | 6* |
| — 198522.0 | + 171416.1 | KleinMidlum kleiner spitzer Thurm | 6* |
| — 198743.1 | + 97098.0 | Hammelwarden | 1 |
| — 198860.746 | + 74451.604 | Hambergen | 1 |
| — 198913.2 | + 91148.0 | Uthlede | 1 |
| — 198986.1 | + 165916.3 | Veenhusen | 6 |
| — 199535.3 | — 42014.0 | Lüdersburg | 7 |
| — 199648.0 | + 71848.0 | Jacobsberg | 1 |
| — 200747.1 | + 166739.0 | Neermoor | 6 |
| — 200913.8 | — 33325.2 | Brietlingen | 7 |
| — 201084.6 | — 30273.1 | St. Dionys | 7 |
| — 201285.9 | + 173882.5 | Hatzum | 6* |
| — 201426.4 | — 39229.1 | Echem [abgebr. 1870] | 7 |
| — 202108.6 | + 177456.4 | Ditzum | 6* |
| — 202146.0 | — 52150.2 | Radegast | 7 |
| — 202233.0 | — 43052.7 | Hitbergen | 7 |
| — 202408.1 | + 196313.8 | Opmieden | 6 |
| — 202573.2 | + 172447.1 | Rorichum | 6* |
| — 202968.9 | + 175265.9 | Gandersum | 6 |
| — 202983.5 | — 48542.0 | Garlstorf | 7 |
| — 202987.1 | + 113500.1 | Jahde | 1 |
| — 203523 477 | + 173477.408 | Oldersum | 12 (6) |
| — 203554.6 | — 59055.7 | Blücher | 7 |
| — 203906.2 | + 98420.6 | Golzwarden | 1 |
| — 203943.733 | + 200863.897 | Appingdam | 12 (6) |
| — 204177.657 | — 17424.519 | Winsen | 1 |
| — 204193.7 | + 177799.7 | Petkum Nadel | 6* |
| — 204209.1 | + 177827.3 | Petkum starker Th. | 6* |
| — 204520.1 | + 179389.2 | Jarssum | 6* |
| — 204710.173 | + 94432.948 | Sandstedt | 13 (1) |
| — 204811.3 | + 61824.0 | Platz beiGnarrenburg | 13 |
| — 204951.8 | + 181022.5 | Gross Borssum | 6* |
| — 205232.4 | + 83146.8 | Bramstedt | 13 (1) |
| — 205234.429 | — 40976.028 | Lauenburg Zenith Sector | 1 |
| — 205266.638 | — 40813.884 | Lauenburg Amtsthurm | 1 |
| — 205386.5 | + 181027.5 | Klein Borsum kleine Spitze | 6* |
| — 205389.1 | + 181032.2 | Klein Borsum grauer dicker Thurm | 6* |
| — 205558.573 | + 48542.994 | Selsingen | 14(13) |
| — 205784.4 | — 51939.9 | Boizenburg | 7 |
| — 206040.602 | — 41045.727 | *Lauenburg Signal* 1823 | 1 (7) |
| — 206152.8 | + 164951.4 | Hatshusen | 6* |
| — 206502.6 | — 63107.4 | Banzien | 7 |
| — 206518.9 | — 80274.3 | Warlitz | 7 |
| — 206649.8 | — 75905.8 | Prizier Schloss | 7 |
| — 206866.630 | + 21895.743 | *Litberg* 1823. 1824 | 1 |
| — 206867.045 | + 21896.054 | *Litberg* 1844 | 14 |
| — 206892.831 | + 188583.951 | Wibelsum | 12 |

| + südlich | + westlich | | Nr. |
|---|---|---|---|
| — 207814.1 | — 57538.8 | Brezien | 7 |
| — 207905.712 | + 204521.436 | Holwierda | 12 (6) |
| — 207926.4 | + 182424.4 | Emden reformirte Kirche | 6 |
| — 207983.1 | + 185911.0 | Larrelt | 6* |
| — 208039.9 | + 182054.9 | Emden Gasthauskirche | 6 |
| — 208050.292 | + 182119.813 | *Emden Rathhausthurm (Dreieckspunkt* | 6 |
| — 208096.3 | + 169299.6 | Simonswolde II. | 6 |
| — 208107.6 | + 169267.7 | Simonswolde I. | 6 |
| — 208112.862 | + 181615.631 | Emden neue Kirche | 6 |
| — 208287.9 | — 52202.1 | Gresse sehr zweifehaft | 7 |
| — 208342.6 | + 180329.0 | Wolthusen | 6* |
| — 208657.600 | + 187011.702 | Twixlum | 12 (6) |
| — 209016.5 | + 178921.0 | Uphusen | 6* |
| — 209101.471 | + 120055.577 | Varel, Lacroix' Haus, 3ˢ Fenster | 1 |
| — 209157.9 | + 32511.3 | Ahlerstedt | 1 |
| — 209430.5 | + 99192.0 | Rotenkirchen | 1 |
| — 209473.921 | + 120151.600 | *Varel Dreieckspunkt* | 1 |
| — 209474.103 | + 120151.596 | Varel Thurmknopf | 1 |
| — 209480.851 | + 120118.579 | Varel Nebenthurm | 1 |
| — 209812.3 | + 105532.5 | Schwey | 1 |
| — 209914.681 | + 193447.306 | Rysum | 12 (6) |
| — 209920.394 | + 63160.149 | *Brillit* | 1 |
| — 210325.8 | — 16949.2 | Kirchwerder | 1 |
| — 210398.6 | — 21859.7 | Drenhausen | 1 |
| — 210966.9 | — 2138.3 | Sinsdorf | 1 |
| — 210968.7 | + 10237.7 | Elsdorf | 1 |
| — 211070.6 | + 172189.2 | Riepe | 6* |
| — 211079.8 | + 192770.6 | Loquard | 12 (6) |
| — 211132.3 | + 178850.3 | Marienwehr | 6* |
| — 211294.613 | — 3850.827 | Rönneburg Theodolithplatz | 1 |
| — 211295.104 | — 3852.968 | Rönneburg Pfahl | 1 |
| — 211592.9 | — 21734.5 | Altengamme | 1 |
| — 211715.0 | — 28464.0 | Gesthacht | 1 |
| — 212134.808 | + 192306.784 | Campen spitz. Thurm | 12 (6) |
| — 212147.788 | + 192324.041 | Campen stumpfer Th. | 12 (6) |
| — 212153.498 | + 21880.543 | Apensen | 1 |
| — 212213.1 | + 93052 3 | Büttel | 13 |
| — 212281.416 | + 2963.815 | Varendorf | 1 |
| — 212374.0 | — 40002.2 | Lüttau | 1 |
| — 212611.3 | + 131050.4 | Zetel | 1 |
| — 212705.3 | — 82917.8 | Hagenow | 7 |
| — 212737.671 | + 16.168 | Meridianpfahl der Altonaer Sternwarte | 1 |
| — 213005.8 | + 185169.5 | Gross Midlum | 6* |
| — 213171.8 | — 36490.5 | Gülzow | 1 |
| — 213197.7 | + 183662.1 | Westerhusen | 6* |
| — 213207.335 | + 180812.493 | Suiderhusen | 12 (6) |
| — 213240.5 | — 3043.3 | Wilsdorf | 1 |
| — 213296.0 | — 18515.5 | Neuengamme | 1 |
| — 213307.446 | + 189621.205 | Wolzeden | 12 (6) |
| 213311.982 | + 63346.939 | Basdahl Signal von 1844 | 14(13) |
| — 213313.852 | + 63343.996 | *Basdahl Postament* | 14(13) |

| + südlich | + westlich | | Nr. |
|---|---|---|---|
| — 213494.8 | + 169067.8 | Ochtelbuhr | 6* |
| — 213579.6 | + 182700.5 | Hinte | 6 |
| — 213693 339 | + 61201.936 | Oese | 13 |
| — 213721.8 | — 74448.8 | Körchow | 7 |
| — 213737.237 | — 18911.784 | Kurslak | 1 |
| — 214043.583 | + 214980.396 | Uithuizer Medem | 12 |
| — 214170.1 | — 31847.3 | Johannwarden | 1 |
| — 214187.1 | + 95782.1 | Dedesdorf | 1 |
| — 214237.022 | + 31036.188 | Kortkamp | 14 |
| — 214306.492 | + 29258.444 | Harsefeld | 14 |
| — 214388.315 | + 180200.045 | Loppersum | 12 (6) |
| — 214396.5 | + 175488.4 | Blaukarken | 6* |
| — 214520.078 | + 28565.172 | Paaschberg | 14 |
| — 214613.820 | + 192611.870 | Upleward | 12 (6) |
| — 214771.6 | + 89292.6 | Stotel | 1 |
| — 214805.1 | + 99852.4 | Esensham | 1 |
| — 214858.2 | + 188047.8 | Canum | 6* |
| — 214983.291 | + 32905.642 | Bargstedt | 14 |
| — 215021.8 | + 121663.5 | Dangast Conversationshaus | 1 |
| — 215161.3 | + 121605.3 | Dangast Badehaus | 1 |
| — 215236.334 | — 2485.277 | Harburg Kirchthurm | 1 |
| — 215478.35 | + 192170.9 | Hamswehrum | 12 (6) |
| — 215503.7 | + 189998.9 | Woquard | 12 |
| — 215567.2 | — 2731.5 | Harburg Rathhaus | 1 |
| — 215634.7 | + 174905.3 | Bedekaspel | 6* |
| — 215805.0 | + 105267.3 | Seefeld | 1 |
| — 215843.146 | + 30596.657 | Signal bei Ohrensen | 14 |
| — 215943.064 | + 189164.432 | Pewsum | 12 (6) |
| — 215989.0 | + 184150.7 | Cirkwerum | 6* |
| — 215997.6 | — 2828.6 | Harburg Schloss | 1 |
| — 216198.731 | + 191261.429 | Grothusen | 12 (6) |
| — 216388.842 | + 29899.180 | Richtplatz | 14 |
| — 216533.2 | + 181603.6 | Canhusen | 6* |
| — 216538.7 | — 22816.1 | Börnsen | 1 |
| — 216684.030 | + 16238.653 | Buxtehude kleiner Thurm | 14 |
| — 216705.6 | — 9434.1 | Ochsenwerder | 1 |
| — 216781.593 | — 28139.131 | *Hohenhorn* | 1 |
| — 216845.040 | + 86020.335 | Loxstedt aus den Schnitten von 1825 | 1 |
| — 216846.436 | + 86021.259 | Loxstedt (13 auf 14 reducirt) | 14 |
| — 216859.962 | + 86846.490 | Windmühle | 13 |
| — 216868.501 | + 16083.719 | Buxtehude grosser Thurm | 14 (1) |
| — 216940.6 | — 44155.1 | Pötrau? | 7 |
| — 217254.243 | + 60404.251 | Barchel Windmühle | 14 |
| — 217342.336 | + 24861.094 | Bliedersdorf | 14 |
| — 217388.937 | + 58876.873 | Oerel | 13 |
| — 217391.8 | — 46187.2 | Büchen | 7 |
| - 217507.288 | + 20578.783 | Neukloster | 14 |
| — 217677.206 | + 185218.517 | Uttum | 12 (6) |
| — 217963.5 | — 4853.9 | Wilhelmsburg | 1 |
| — 218140.4 | + 195.4 | Moorburg | 1 |
| — 218196.365 | — 17800.045 | Bergedorf | 1 |
| — 218206.270 | + 52883.253 | Bremervörde | 13 |
| — 218579.500 | + 191311.705 | Manschlagt (dicker?) Thurm | 12 (6) |
| — 218611.4 | + 191337.6 | Manschlagt (spitzer?) Thurm | 6 |
| — 218660.449 | + 163683.325 | Aurich Schlossthurm | 12 (6) |
| — 218682.8 | + 100057.6 | Abbehausen | 1 |
| — 218704.1 | + 129798.1 | Neustadt Gödens Laternenthurm | 1 |
| — 218740.7 | + 129682.7 | Lutherische Kirche in Neustadt Gödens | 1 |
| — 218810.520 | + 163544.715 | *Aurich* | 6* |
| — 218831.616 | + 29712.362 | Grefenkreuz | 14 |
| — 218956.7 | + 186650.1 | Jennelt | 6* |
| — 219023.6 | + 83056.1 | Bexhövede | 13 (1) |
| — 219096.579 | — 23511.744 | Schragenberg | 14 |
| — 219440.5 | + 1900.1 | Altenwerder | 1 |
| — 219560.3 | + 131289.3 | Schloss Gödens | 1 |
| — 219666.783 | — 188833.500 | Visquard | 12 (6) |
| — 219868.1 | + 97707.4 | Atens | 13 (1) |
| — 219994.759 | + 186076.923 | Visquard | 12 (6) |
| — 220063.4 | + 1667.9 | Altenwerder | 1 |
| — 220341.7 | + 88944.9 | Wulstorf | 13 (1) |
| — 220411.666 | + 23705.030 | Horneburg | 14 |
| — 220430.386 | + 59142.456 | Stallberg | 13 |
| — 220461.0 | + 181732.2 | Wirdum dicker Thurm rothe Spitze | 6* |
| — 220466.841 | + 184003.878 | Grimmersum | 12 (6) |
| — 220472.5 | + 181708.9 | Wirdum spitzer Thurm | 6* |
| — 220530.913 | + 14210.933 | Estebrügge | 14 (1) |
| — 220667.3 | — 9251.8 | Moorfleth | 1 |
| — 220926.883 | + 42601.869 | Mulsum | 14 (1, 13) |
| — 220933.0 | — 12183.4 | Billwerder | 1 |
| — 221036.7 | — 16043.8 | Rizerberg | 1 |
| — 221251.0 | + 174327.6 | Engerhave | 6* |
| — 221353.466 | + 191168.272 | *Pilsum* | 12 (6) |
| — 221364.1 | + 128124.0 | Sande | 1 |
| — 221695.930 | + 8765.989 | Neuenfelde | 14 |
| — 222066.510 | + 104931.790 | Stolham | 13 (1) |
| — 222072.631 | + 22300.781 | Neuenkirchen | 14 |
| — 222577.1 | + 128052.8 | Marienhausen | 1 |
| — 222791.7 | — 12264.6 | Steinbeck | 1 |
| — 222863.3 | + 74448.2 | Alt Lunenberg | 13 (1:) |
| — 222951.304 | + 17377.129 | Jork | 14 (1, 13) |
| — 223006.3 | + 31264.2 | Helmste | 13 |
| — 223221.516 | + 189023.250 | Gretsiel Glockenthurm | 12 (6) |
| — 223231.918 | + 189034.103 | Gretsiel spitzer Thurm | 12 (6) |
| — 223492.6 | + 89632.8 | Gestendorf | 13 (1) |
| — 223586.087 | + 16792.911 | Borstel | 14 (1, 13) |
| — 223590.9 | + 85820.5 | Windmühle | 13 |
| — 223631.7 | + 89237.2 | Windmühle | 13 |
| — 223785.6 | — 22328.1 | Ohe | 1 |
| — 223809.5 | + 93277.2 | Blexum | 13 (1) |
| — 223843.6 | + 85384.9 | Schiffdorf | 13 (1) |
| — 224032.8 | + 26448.5 | Dollern | 13 |
| — 224202.934 | + 21604.243 | Mittelnkirchen | 14 (1) |
| — 224339.3 | — 2482.3 | Hamburg Rose's Thurm | 1 |
| — 224452.314 | + 14.054 | Altona, Meridiankreis | 1 |

| + südlich | + westlich | | Nr. |
|---|---|---|---|
| —224462.4 | +110939.0 | Eckwarden | 1 |
| —224495.328 | + 16.354 | *Altona Brett* | 1 |
| —224498.476 | — 3397.338 | Hamburg Catharinenthurm | 1 |
| —224512.1 | +122832.8 | Niende | 1 |
| —224608.034 | + 670.322 | Ottensen | 1 |
| —224643.8 | — 17.8 | Altona Armenkirche | 1 |
| —224709.6 | — 3090.6 | Hamburg Nicolaikirche | 1 |
| —224765.173 | — 2369.933 | *Hamburg Michaelis* | 1 (14) |
| —224772.190 | — 494.487 | Altona Stadtkirche | 1 |
| —224790.8 | +143262.4 | Lerhave | 6* |
| —224890.9 | — 684.7 | Altona Rathhaus | 1 |
| —224980.3 | — 3382.3 | Hamburg kleiner Thurm auf grossem Gebäude | 1 |
| —224984.9 | — 3553.3 | Hamburg Petri | 1 |
| —224987.4 | — 3818.5 | Hamburg Jacobi | 1 |
| —225108.574 | + 6643.094 | Nienstedten | 14 (1) |
| —225158.1 | + 32214.8 | Hagen | 13 |
| —225219.492 | +177118.852 | Marienhave | 12 (6) |
| —225272.8 | +177037.6 | Marienhave Laternen oder Kuppelthurm | 6* |
| —225297.1 | + 37553.8 | Schwinge | 13 |
| —225545.8 | + 31878.0 | Mürksberg | 13 |
| —225602.7 | — 7544.5 | Ham | 1 |
| —225624.2 | + 8381.6 | Baurs chinesischer Thurm | 1 |
| —225655.3 | — 4315.9 | Hamburg St. Georg | 1 |
| —225699.5 | +149405.4 | Ardorf Kirche westlicher Giebel | 12 |
| —225704.0 | + 8594.0 | Baurs Warte | 1 |
| —225721.3 | +149384.9 | Ardorf Glockenthurm | 12 |
| —225854.6 | + 33366.7 | Bösenmoor | 13 |
| —225900.7 | + 82313.7 | Brameln | 1 |
| —225924.4 | +128018.3 | Accum | 1 |
| —225971.0 | +153895.6 | Middels | 12 |
| —226031.893 | + 9413.473 | Kösterberg | 14 |
| —226158.332 | + 22212.149 | Steinkirchen | 14 (1, 13) |
| —226323.2 | + 27032.8 | Agathenburg | 13 (1) |
| —226357.3 | +151238.9 | Hilgensteiner Windmühle | 12 |
| —226384.016 | +177606.005 | Osteel | 12 (6) |
| —226566.5 | + 72494.6 | Ringstedt | 13 (1) |
| —226596.380 | + 10387.618 | Telegraph 6 | 14 (13) |
| —226684.7 | +125272.8 | Kniphausen | 1 |
| —226742.888 | + 10302.910 | Baursberg Postament | 1 |
| —227363.697 | + 22279.575 | Grünendeich | 14 (1. 13) |
| —227522.1 | — 8529.2 | Wandsbeck | 1 |
| —227663.375 | + 89453.894 | Bremerlehe Dreieckspunkt von 1825 | 1(13.14) |
| —227663.471 | + 89453.766 | Bremerlehe Thurmknopf | 1 (13) |
| —227890.1 | + 31183.1 | Riensförde | 13 |
| —227893.828 | + 28695.134 | Ottenbeck | 13 |
| —228015.7 | + 32798.7 | Thun | 13 |
| —2280[illegible].4 | + [illegible] | Windmühle bei Haymühlen | 13 |
| —228831.117 | + 16189.770 | Wedel | 14 (1. 13) |
| —228839.250 | + 67813.678 | Wüstewohlde | 14 (13) |
| —228893.4 | + 78683.7 | Hartmanns Platz 1 bei Elmloh 1825 | 1 |
| —228909.0 | + 29456.7 | Camper Kirchhof | 13 |
| —228928.2 | + 78380.6 | Hartmanns Platz 2 bei Elmloh 1825 | 1 |
| —228940.921 | +135590.623 | Platz auf dem Felde bei Jever 1825 | 1 |
| —229055.6 | +104710.2 | Burhave | 13 (1) |
| —229064.0 | + 24462.7 | Bachenbruch | 13 |
| —229101.8 | +135859.2 | Windmühle mit sechs Flügeln | 1 |
| —229344.966 | +135141.823 | *Jever Dreieckspunkt 1825* | 1 |
| —229345.570 | +135138.149 | *Jever Dreieckspunkt 1831* | 6* |
| —229346.226 | +135135.171 | Jever Centrum 1825 | 1 |
| —229346.316 | +135135.135 | Jever Knopf | 1 |
| —229381.561 | + 35153.354 | Lohberg | 13 |
| —229392.658 | + 30815.096 | Neuewerk | 13 |
| —229525.455 | +135282.234 | Jever Stadtkirche | 1 |
| —229559.661 | + 25482.061 | Hollern | 14(1.13) |
| —229672.7 | — 3334.5 | Eppendorf | 1 |
| —229675.022 | + 45730.111 | Oldendorf | 14(1.13) |
| —230044.065 | +143131.280 | Witmund | 12 |
| —230098.884 | — 20737.025 | Basis südl. Endpunkt | 1 |
| —230160.2 | — 13754.1 | Rahlstedt | 1 |
| —230297.756 | + 32787.350 | Schwarzenberg | 13 |
| —230660.608 | + 30777.067 | Stade Wilhadi | 13 (1) |
| —230768.6 | + 37799.7 | Mittelsdorf | 13 |
| —230769.6 | + 30892.7 | Stade Rathhaus | 13 |
| —230811.570 | + 30884.599 | *Stade Centrum des Thurmknopfes* | 14(1.13) |
| —230811.734 | + 30884.678 | Stade Theodolithplatz (1843. 1844) | 14 (13) |
| —230813.787 | + 30882.249 | Stade Platz auf der Brüstung (1843) | 14 |
| —230833.4 | + 32581.1 | Telegraph 5 | 13 |
| —230903.920 | + 25813.308 | Twilenfleth | 14(1.13) |
| —230997.1 | + 27599.1 | Kronhelm westlicher Schorstein | 13 |
| —231094.3 | + 30827.8 | Stade kleiner Thurm (Nicolai?) | 13(1) |
| —231213.792 | + 56230.888 | *Dolosenberg* | 14 |
| —231432.6 | +125628.5 | Sengwarden | 1 |
| —231703.600 | +152222.553 | Radiborsberg | 12 |
| —231855.7 | + 32000.3 | Hohewedel Wache | 13 |
| —232009.8 | + 28504.5 | Melau Pappel | 13 |
| —232096.849 | +107887.366 | Platz d bei Langwarden | 1 |
| —232175.570 | +108215.234 | Langwarden Knopf | 1 |
| —232175.707 | +108215.212 | *Langwarden Dreieckspunkt* | 1 |
| —232211.499 | +108352.939 | Langwarden Thürmchen auf Loh's Hause Centrum | 1 |
| —[illegible] | + [illegible] | Hörne | 13 |
| —232310.0 | + 42233.0 | Himmelpforten | 13 |
| —232370.697 | + 16771.527 | Holm | 13 (1) |

| + südlich | + westlich | | Nr. |
|---|---|---|---|
| —232386.0 | +164529.0 | Westerholt Kirche westlicher Giebel | 12 |
| —232389.0 | +164501.5 | Westerholt Kirche östlicher Giebel | 12 |
| —232396.9 | +164530.5 | Westerholt Glockenthurm | 12 |
| —232425.941 | — 432.587 | Niendorf | 1 |
| —232443.6 | + 93122.4 | W. M. bei Düngen | 13 |
| —232500.879 | +152082.613 | Norddunum | 12 |
| —232546.3 | + 88348.1 | Hartmann's Platz bei Langen | 1 |
| —232636.2 | +145710.0 | Blerssum Kirche östl. Giebel Wetterstange | 12 |
| —232730.593 | +108463.473 | Platz a auf d. Deiche bei Langwarden | 1 |
| —232748.957 | +148006.262 | Burhave | 12 |
| —232757.493 | +107614.700 | Platz c auf dem Seedeiche | 1 |
| —232761.592 | +108032.475 | Platz e auf dem Seedeiche | 1 |
| —232762.207 | +107990.147 | Platz b auf dem Seedeiche | 1 |
| —232806.443 | + 83230.289 | *Haye* | 14 |
| —232922.0 | + 31870.7 | Scholisch | 13 |
| —232965.2 | + 83308.3 | Hartmann's Platz 1 bei Weden | 1 |
| —233076.0 | + 27272.2 | Stader Sand | 13 |
| —233112.323 | + 94327.415 | Imsum | 13 (1) |
| —233145.0 | + 28559.7 | Brunshauser Zoll | 13 |
| —233154.5 | +180027.9 | Bargerbuhr | 12 (6) |
| —233347.9 | + 35320.9 | Klein Villah | 13 |
| —233369.169 | + 72936.603 | *Bederkesa* 2 | 14 (13) |
| —233400.0 | +181238.4 | Norden Thürmchen | 12 (6) |
| —233419.4 | +181420.4 | Norden Thürmchen | 12 (6) |
| —233448.8 | + 73276.1 | Hartmann's Platz 2 bei Bederkesa | 1 |
| —233449.968 | +181327.254 | Norden Glockenth. | 12 (6) |
| —233461.2 | + 73045.3 | Windmühle | 13 |
| —233462.4 | + 73040.4 | Hartmanns Platz 3 bei Bederkesa | 1 |
| —233491.171 | +181317.78 | Norden Thürmchen auf hoher Kirche | 12 (6) |
| —233551.1 | + 28038.2 | Brunshäuser Grell | 13 |
| —233572.583 | + 86148.671 | Depstedt | 13 (1) |
| —233813.344 | + 72910.119 | Bederkesa Glockenthurm | 13 (1) |
| —233817.091 | + 72884.200 | Bederkesa Kirchthurm | 13 (1) |
| —233913.8 | + 86384.1 | Windmühle | 13 |
| —234046.8 | + 73957.2 | Hartmann's Platz 1 bei Bederkesa | 1 |
| —234054.937 | +176016.221 | *Hage* | 12 |
| —234080.187 | + 73882.941 | *Bederkesa* 1 | 14 (13) |
| —234139.343 | +216659.508 | *Borkum Leuchtthurm* | 12 |
| —234264.369 | +217262.393 | Kape | 12 |
| —234271.2 | +161168.3 | Ochtersum Glockenthurm | 12 |

| + südlich | + westlich | | Nr. |
|---|---|---|---|
| —234288.3 | +161116.6 | Ochtersum Kirche östlicher Giebel | 12 |
| —234294.7 | +161152.5 | Ochtersum Kirche westlicher Giebel | 12 |
| —234367.057 | — 23454.204 | *Syk* | 1 |
| —234495.2 | + 37263.3 | Gross Villah | 13 |
| —234514.029 | + 49518.027 | Telegraph 4 | 13 |
| —234520.543 | + 49520.888 | *Bülteberg* | 14 (13) |
| —234575.767 | +168839.877 | Arle | 12 (6) |
| —234608.0 | + 30559.4 | Götzdorf | 13 |
| —234783.8 | + 55979.1 | Lamstedt | 13 (1) |
| —234800.952 | +158204.294 | Barkholtberg | 12 |
| —234845.002 | +217017.372 | Kape | 12 |
| —234945.5 | +131447.3 | Waddewarden | 1 |
| —235123.955 | — 17692.547 | Basis Nordlicher Endpunkt | 1 |
| —235148.8 | + 43957.0 | Horst | 13 |
| —235151.224 | + 46413.555 | Hechthausen | 13 |
| —235178.744 | +146747.585 | Buttförde Glockenthurm | 12 |
| —235184.0 | +146716.7 | Buttförde Kirche Giebel Wetterstange Oestlich | 12 |
| —235189.4 | +146745.0 | Buttförde Kirche Westlicher Giebel | 12 |
| —235802.482 | +150846.216 | Stedesdorf | 12 |
| —235808.403 | +140825.428 | Berdum | 12 |
| —235852.395 | +210459.555 | Kape | 12 |
| —235908.2 | + 33366.4 | Butzflether Moor | 13 |
| —235934 639 | +210468.292 | Kape | 12 |
| —235948.512 | + 7503.605 | Rellingen | 14 (1) |
| —236082.7 | +142664.1 | Funnix | 12 |
| —236377.9 | +138883.5 | Meddoog | 12 (1) |
| —236489.4 | + 94849.6 | Windmühle | 13 |
| —236647.8 | + 58650.6 | Windmühle bei Mittelstenahe | 13 |
| —236653.779 | + 30626.039 | Butzfleth | 14 (1.13) |
| —236759.5 | +136359.2 | Tettens | 12 |
| —236767.8 | +162544.8 | Roggenstede Kirche östlicher Giebel | 12 |
| —236775.2 | +162568.5 | Roggenstede Kirche westlicher Giebel | 12 |
| —236780.8 | +162533.4 | Roggenstede Glockenthurm östlicher Giebel | 12 |
| —236782.7 | +162539.4 | Roggenstede Glockenthurm westlicher Giebel | 12 |
| —236848.7 | +159870.5 | Fulkum Kirche östlicher Giebel | 12 |
| —236856.0 | +159897.7 | Fulkum Kirche westlicher Giebel | 12 |
| —236866.2 | +159899.0 | Fulkum Glockenthurm | 12 |
| —236871.6 | + 88580.6 | Windmühle bei Süvern | 13 |
| —236993.9 | + 94836.0 | Wremen | 13 (1) |
| —237223.9 | +153899.9 | W. M. Hedlefs | 12 |
| —237298.1 | + 9661.6 | Pinneberg Landdrost. | 1 |

| + südlich | + westlich | | Nr. |
|---|---|---|---|
| —237446.049 | + 21231.716 | Haselau | 14(1.13) |
| —237639.3 | +165905.0 | Resterhave | 12 |
| —238292.0 | + 75254.5 | Flögeln | 13 (1) |
| —238321.766 | +154076.826 | *Esens* | 12 |
| —238565.0 | — 12121.8 | Bergstedt | 1 |
| —238583.664 | +166282.907 | Dornum Dorfkirchthurm | 12 |
| —238587.5 | —154095.3 | W. M. Reinders Witwe | 12 |
| —238755.8 | +154931.0 | W. M. | 12 |
| —238842.3 | +154167.3 | Simons Pellmühle | 12 |
| —238850.8 | +165389.7 | W. M. | 12 |
| —238863.643 | +166209.810 | *Dornum* | 12 |
| —238880.8 | +166355.8 | W. M. | 12 |
| —238946.7 | +165277.5 | West Accum Östlicher Kirchengiebel | 12 |
| —238951.6 | +165305.9 | West Accum Westlicher Kirchengiebel | 12 |
| —239039.311 | + 92300.142 | Mulsum | 13 (1) |
| —239045.137 | + 54835.447 | Kikeberg Signal | 14 |
| —239045.378 | + 54834.803 | *Kikeberg Theodolith* | 14 (13) |
| —239222.8 | — 19663.9 | Woldehorn | 1 |
| —239229.9 | + 19634.5 | Uetersen Sägemühle | 1 |
| —239400.0 | +170012.8 | W. M. | 12 |
| —239403.8 | +133938.6 | Hohenkirchen | 12 (1) |
| —239439.888 | +147305.874 | Werdum | 12 (1) |
| —239576.4 | +169377.7 | Nesse | 12 |
| —239581.220 | + 45317.897 | Gross Wöhrden | 14 (13) |
| —239585.808 | + 87017.163 | *Holssel* | 14 (13) |
| —239656.475 | + 18902.788 | Uetersen Kirchthurm | 14(1.13) |
| —239690.9 | + 82682.9 | Neuenwalde Klosteruhr | 13 |
| —239696.204 | + 81358.560 | Neuenwalde Platz 1 | 13 |
| —239713.7 | + 82681.1 | Neuenwalde Thurm | 13 |
| —239717.041 | + 81379.558 | Neuenwalde Platz 2 | 13 |
| —239721.305 | +161848.239 | Westerbuhr Westlicher Giebel Wetterhahn | 12 |
| —239818.8 | + 94336.4 | Misselwarden | 13 |
| —239989.5 | + 83529.4 | W. M. | 13 |
| —240123.579 | +161774.952 | W. M. | 12 |
| —240192.7 | + 50118.9 | Basbeck | 13 |
| —240251.9 | + 69871.0 | Steinau | 13 (1) |
| —240296.0 | + 19080.5 | Uetersen Klostermühle | 1 |
| —240378.3 | + 87704.7 | W. M. | 13 |
| —240814.7 | + 17757.6 | Lang's Mühle | 1 |
| —240832.833 | + 33505.591 | Assel | 14 (13) |
| —241020.9 | +177368.4 | W. M. im Lütetsburger Polder | 12 |
| —241032.042 | +175725.602 | Hilgenrieder Siel Haus | 12 |
| —241116.590 | +175793.929 | Hilgenrieder Siel Signal | 12 |
| —241159.9 | + 87490.1 | Holssel Kirche | 13 |
| —241247.212 | + 49946.267 | Osten | 14 (13) |
| —241248.8 | + 90755.5 | Dorum Kirche | 13 |
| —241250.3 | + 90799.6 | Dorum Thurm | 13 (1) |
| —241349.999 | +156433.149 | Bensersiel | 12 |

| + südlich | + westlich | | Nr. |
|---|---|---|---|
| —241353.634 | +156450.037 | Ede Ments Ubben Witwe; Östlicher Hausgiebel | 12 |
| —241354.573 | +156429.686 | Ortspfahl | 12 |
| —241369.953 | —156424.861 | Hafenmeister Heise Wilms Abken; Schorstein Westlicher Giebel | 12 |
| —241442.3 | +163181.1 | W. M. | 12 |
| —241521.9 | + 69275.1 | W. M. | 13 |
| —241557.452 | +162827.479 | Accumer Siel | 12 |
| —241686.9 | +164133.3 | Wilhelminenhof | 12 |
| —241738.5 | + 65998.5 | Odisheim | 13 |
| —241758.680 | +170913.034 | Nesmersiel Signal | 12 |
| —242005.548 | +167300.469 | Dreihausen Signal | 12 |
| —242341.542 | +148434.888 | Windmühle | 12 |
| —242411.745 | +153585.338 | Herro Eils Heijen Witwe, Hausgiebelknopf | 12 |
| —242478.1 | + 93498.4 | Padingbüttel | 13 (1) |
| —242678.058 | +200512.047 | *Grosse Bill Pfahl* | 12 |
| —242734.436 | +153645.405 | Benser Schaudeich | 12 |
| —242774.750 | + 36827.105 | Drochtersen | 14(1.13) |
| —242855.9 | +141530.7 | Carolinensiel Glockenthurm | 12 |
| —242915.3 | +141817.1 | W. M. bei Carolinensiel | 12 |
| —242943.8 | +141957.9 | W. M. bei Carolinensiel | 12 |
| —243131.890 | +194462.450 | Juist, Voigts Flaggenstock | 12 |
| —243177.2 | +194597.1 | Juist, Kirche | 12 |
| —243448.055 | +194665.145 | *Juist* | 12 |
| —243680.0 | + 22825.2 | Seste Kirche | 1 |
| —244006.301 | +147824.031 | Neuharlingersiel Schule | 12 |
| —244200.869 | + 80932.188 | *Krempel* | 14 (13) |
| —244319.6 | +112197.5 | Bremer Bake | 1 |
| —244679.036 | + 29946.078 | Dampfmaschine bei Colmar | 14 |
| —244717.4 | + 18596.2 | Lieth Signal | 1 |
| —244786.4 | + 12589.6 | Ellerhoop Signal | 1 |
| —244844.3 | + 55819.4 | W. M. bei Dobrock | 13 |
| —245288.1 | + 89104.3 | W. M. | 13 |
| —245307.475 | + 58481.723 | *Silberberg* | 14 (13) |
| —245325.120 | +175796.184 | Tonnenbake | 12 |
| —245432.318 | + 29726.974 | Colmar | 14(1.13) |
| —245465.9 | + 17978.5 | Lith Windmühle | 1 |
| —245551.6 | + 90762.4 | Cappeln | 13 (1) |
| —245582.1 | + 62820.1 | Oppeln | 13 |
| —245674.259 | +184698.529 | Nordernei Logirhaus Flaggenstange | 12 |
| —245769.196 | +184747.501 | Nordernei Conversationshaus | 12 |
| —245775.9 | + 87628.5 | Midlum | 13 (1) |
| —245823.419 | + 24600.808 | Neuendorf | 14(1.13) |
| [illegible] | [illegible] | Tonne auf der Wingst | 13 |
| —245979.2 | +184887.3 | Nordernei Kirche niedriger östl Giebel | 12 |

| + südlich | + westlich | | Nr. |
|---|---|---|---|
| —246044.7 | + 67744.3 | W. M. | 13 |
| —246167.305 | +180740.759 | *Nordernei Postament* | 12 |
| —246507.708 | +177516.504 | Wichter Ee Signal | 12 |
| —246534.1 | + 67703.9 | Oster Ilienworth | 13 (1) |
| —246677.342 | + 57188.051 | *Fahlberg* | 14 (13) |
| —246689.143 | + 57186.863 | Telegraph 3 | 13 |
| —246892.5 | + 76613.5 | Wanna | 13 (1) |
| —247448.3 | + 63634.7 | Bülkau | 13 (1) |
| —247472.040 | +168579.668 | Baltrum Schorstein 1 | 12 |
| —247483.410 | +168608.003 | — — 2 | 12 |
| —247486.659 | +168537.575 | — — 3 | 12 |
| —247492.045 | +168608.928 | — — 4 (auf demselb. Hause wo 2) | 12 |
| —247511.460 | +168374.597 | Baltrum Signal 2 | 12 |
| —247515.5 | +168563.9 | Baltrum Schorstein eines Hauses (unsichere Combination) | 12 |
| —247563.2 | + 74450.0 | W. M. | 13 |
| —247604.1 | + 19135.4 | Elmshorn Kirche | 1 |
| —247703.2 | + 36751.8 | Krautsand | 13 (1) |
| —247779.5 | + 52534.4 | Oberndorf | 13 |
| —247783.213 | +170529.605 | *Baltrum Postament* | 12 |
| —247791.340 | +169902.443 | Baltrum Voigt Tiarks Ulrichs Haus; Schorstein Mitte | 12 |
| —247811.045 | +169983.550 | Baltrum Kirchengiebel Mitte | 12 |
| —247818.608 | +169986.297 | Baltrum Pfarrhaus Mitte der Schorsteine | 12 |
| —248357.044 | +169671.428 | Baltrum Signal 1 | 12 |
| —249186.4 | + 73030.4 | Nordleda | 13 |
| —249240.91 | +162260.300 | Langeoog Signal 1 | 12 |
| —29451.1727 | +162280.007 | Langeoog F. J. Pauls Haus, Östlicher Giebelstock | 12 |
| —249538.599 | +162128.496 | Langeoog Westende, Guckaus auf Ulrich Tiarks Hause | 12 |
| —249637.562 | +162168.551 | Langeoog Schulhaus S. S. O. Giebel. | 12 |
| —249638.027 | +162168.677 | Langeoog Schulhaus Schorstein | 12 |
| —249647.083 | +162174.297 | Langeoog Schulhaus N. N. W. Giebel | 12 |
| —249744 732 | +162701.816 | *Langeoog Postament* | 12 |
| —249754.2 | +154899.857 | Langeoog Ostende, Nebenhaus Schorstein | 12 |
| —249759.2 | +154928.6 | Langeoog Ostende, Belvedere Haus S. W. Giebel | 12 |
| —249763.4 | +154924.6 | Langeoog Ostende, Belvedere selbst | 12 |
| —249769.3 | +154919.1 | Langeoog Ostende, Belvedere Haus N. O. Giebel | 12 |
| —250029.0 | +158955.9 | Signal 3 auf Melkhörn | 12 |
| —250044.9 | + 58410.6 | Cadenberge | 13 |
| —250104.6 | +157206.0 | b Ostende Signal 4 | 12 |
| —250390.8 | +161865.6 | Langeoog Signal 2 | 12 |
| —250723.2 | + 69101.5 | Neuenkirchen | 13 (1) |
| —250742.7 | +150281.5 | Kape | 12 |
| —250784.0 | + 65964.3 | Osterbruch | 13 (1) |
| —250916.4 | +150408.7 | Kape | 12 |
| —251166.2 | + 35188.6 | Glückstadt Castellthurm | 1 |
| —251211.1 | + 34297.5 | Glückstadt Zuchthausthurm | 1 |
| —251300.5 | + 34086.1 | Windmühle a | 1 |
| —251343.659 | + 34553.986 | Glückstadt kleiner Thurm (Dänische Station) | 14(1.13) |
| —251402.091 | + 30138.873 | Herzhorn | 14 (1) |
| —251427.1 | + 33346.2 | Glückstadt Windmühle b | 1 |
| —251446.2 | + 63264.2 | Kehdingbruch | 13 |
| —251523.118 | + 11053.062 | Barmstedt | 14 (1) |
| —251575.260 | + 34125.468 | Glückstadt Kirchthurm | 14(1.13) |
| —251598.266 | +146754.114 | Spikeroog Signal Pfahl 2 | 12 |
| —251716.915 | +148137.541 | Spikeroog Nebenplatz | 12 |
| —251799.057 | +148177.894 | Spikeroog Kirchengiebel Mitte | 12 |
| —251970.5 | +149288.5 | Spikeroog weisse Dune oder Signal 1 | 12 |
| +252022.819 | +147127.531 | *Spikeroog Postament* | 12 |
| —252146.823 | + 40745.670 | Hamelwohrden | 14(1.13) |
| —252481.9 | + 85236.9 | Hartmanns Platz 2 bei Altenwalde | 1 |
| —253260.7 | + 27251.3 | Dücker Mühle | 1 |
| —253330.680 | + 78044.072 | Lüdingworth | 13 (1) |
| —253341.2 | + 59778.5 | Neuhaus | 13 |
| —253466.645 | + 46405.255 | Oederquast | 14 (13) |
| —253760.458 | +137890.159 | Wangeroog Kirchthurm 1841 | 12 |
| —253761.219 | +137885.395 | Wangeroog Kirchthurm 1825 | 1 |
| —253993.570 | +137447.340 | Wangeroog Leuchtthurm | 12 |
| —254111.467 | + 21379.258 | Horst | 14(1.13) |
| —254116.4 | + 68776.7 | Otterndorf Telegr. 2 | 13 (1) |
| —255132.382 | + 28321.378 | Süderau | 14(1.13) |
| —255140.044 | + 62458 968 | Belum | 13 (1) |
| —255213.4 | + 83122.2 | Franzburg | 13 (1) |
| —255672.7 | + 84565.7 | W. M. | 13 |
| —255854.879 | + 43048.694 | Freiburg | 14(1.13) |
| —255909.831 | + 33800.275 | Borsfleth | 14(1.13) |
| —256053.9 | + 77127.1 | Altenbruch Glockenthurm | 13 |
| —256057.755 | + 84520.796 | *Altenwalde Dreieckspunkt* | 14 (13) |
| —256062.412 | + 84104.710 | Altenwalde Thurm | 14 (1) |
| —256062.6 | + 84523.8 | Hartmanns Platz 1 bei Altenwalde | 13 (1) |

| + südlich | + westlich | | Nr. |
|---|---|---|---|
| —256068.452 | + 77121.280 | Altenbruch Spitze 1 | 13 (1) |
| —256074.948 | + 77120.520 | Altenbruch Spitze 2 | 13 (1) |
| —256475.570 | + 48300.484 | Krummendeich | 14 (13) |
| —256590.239 | + 53477.274 | Balje | 14 (13) |
| —256864.392 | + 29737.939 | Krempe Kirchthurm Theodolithplatz | 14 |
| —256869.594 | + 29734.704 | *Krempe Kirchthurm Knopfmitte* | 14 |
| —256894.943 | + 29816.213 | Krempe Rathhaus | 14(1.13) |
| —257722.645 | + 21033.196 | Hohenfelde | 14 (1) |
| —257779.043 | + 35720.649 | Wevelsfleth | 14(1.13) |
| —257996.3 | + 80031.5 | Groden | 13 (1) |
| —258999.430 | + 15611.901 | Hönerkirchen | 14 (1) |
| —259523.098 | + 26919.270 | Neuenbrook | 13 (1) |
| —259779.969 | + 40369.766 | Brockdorf | 14(1.13) |
| —259850.1 | + 81879.8 | Ritzebüttel Giebelstange 1 | 13 (1) |
| —259856.6 | + 81874.9 | Ritzebüttel Giebelstange 2 | 13 |
| —260087.395 | + 33836.146 | Neuenkirchen | 14 (1) |
| —261165.6 | + 81311.2 | Telegraph 1 | 13 |
| —261493.6 | + 81196.0 | Cuxhaven Leuchtthurm | 13 (1) |
| —261726.308 | + 34724.581 | Beyenfleth | 14(1.13) |
| —262754.9 | + 83557.9 | Döse | 13 (1) |
| —263106.2 | + 45160.4 | St. Margareth | 13 (1) |
| —263709.405 | + 55146.302 | Brunsbüttel | 13 |
| —263735.4 | + 82527.1 | Kugelbake | 13 |
| —263938.8 | + 28538.6 | Nordo Monument | 1 |
| —266194.2 | + 28106.7 | Itzehoe Capellenthurm | 1 |
| —266552.254 | + 37340.507 | Wilster | 14(1.13) |
| —266570.905 | + 95074.316 | Neuwerk Leuchtthurm | 13 (1) |
| —266608.3 | + 27915.9 | Itzehoe Lorenzthurm | 1 |
| —266676.4 | + 20206.5 | Breitenberg | 1 |
| —266783.7 | + 27515.2 | Itzehoe St. Jürgen | 1 |
| —269378.932 | + 14704.306 | Kellinghusen | 14 (1) |
| —270229.076 | + 61139.508 | Marne | 13 (1) |
| —274829.139 | + 44465.415 | Burg | 14 |
| —285459.2 | + 56996.5 | Meldorf Kirche | 13 |
| —285462.1 | + 57029.9 | Meldorf Thurm | 13 |
| —289999.9 | + 70694.3 | St. Clemens? | 13 |

Nach Herrn Spehr.

| + südlich | + westlich | |
|---|---|---|
| — 29169.22 | — 69845.92 | Blankenburg kl. Thurm des Schlosses |
| — 48597.65 | — 72765.42 | Huyseburg südl. Thurm |
| — 48601.51 | — 72801.72 | Huyseburg Dreieckspunkt |
| — 58263.74 | — 68692.30 | Pabstorf |
| — 68389.41 | — 69421.67 | Schöningen Lorenz kl. N. Th. |
| — 68922.15 | — 57009.42 | Schöppenstedt |
| — 70834.36 | — 40232.84 | Wolfenbüttel Bibliothek |
| — 73051.43 | — 37142.88 | Thiede |
| — 74558 42 | — 44006.13 | Salzdahlum |
| — 81595.86 | — 39052.44 | Braunschweig Michael |
| — 82012.85 | — 39646.19 | Braunschweig Burg Thurm Südl. Sp. |
| — 82374 46 | — 39742.76 | Braunschweig Cathar. |
| — 80043.61 | — 59654.03 | Königslutter |
| — 90573.98 | — 24624.61 | Duttenstedt |

## [COORDINATEN IN DEN PARTIELLEN VERZEICHNISSEN.]

| + südlich | + westlich | | Nr. |
|---|---|---|---|
| + 21058.0 | + 181.7 | Hanstein | (2) |
| + 15841.8 | — 4334.3 | Rusteberg | (2) |
| + 10104.9 | + 1077.5 | Gross Schneen | (2) |
| + 7439.2 | + 1937.1 | Oberjesa | (3) |
| + 6467.9 | + 3812.6 | Sieboldshausen | (1) |
| + 5820.7 | + 1140.3 | Niederjesa | (1) |
| + 4235.9 | + 5291.5 | Mengershausen | (2) |
| + 2786.2 | + 3649.9 | Rossdorf | (1) |
| — 500.4 | + 644.9 | Göttingen Johannis Nordlicher Th. | (2) |
| — 710.822 | + 500.527 | Göttingen Jacobi Th. | (2) |
| — 755.1 | + 3356.5 | Gronde | (2) |
| — 2649.3 | + 4982.9 | Elliehausen | (2) |
| — 3496.6 | + 355.6 | Weende | (2) |
| — 3668.0 | — 2418.3 | Nicolausberg | (2) |
| — 3920.7 | — 42384.3 | Tettenborn | (2) |
| — 5019.756 | — 0 | *Meridianzeichen* | (10) |
| — 6069.3 | + 5071.8 | Lenglern | (2) |
| — 6753.6 | + 1540.9 | Bovenden | (2) |
| — 7666.3 | — 1552.1 | Plesse dünner Thurm | (2) |
| — 7694.6 | — 1607.7 | Plesse dicker Thurm | (2) |
| — 8034.0 | + 5837.8 | Harste | (2) |
| — 9267.0 | + 224.2 | *Bei Angerstein Theod.* | (2) |
| — 9886.6 | + 614.0 | Angerstein | (2) |
| — 10182.2 | + 6325.9 | Gladebeck | (2) |
| — 10857.1 | + 780.9 | Kloster-Stein | (2) |
| — 11558.5 | + 4025.7 | Wolbrechtshausen | (2) |
| — 11763.8 | + 440.1 | Nörten | (2) |
| — 12278.5 | + 4922.3 | Hevensen | (2) |
| — 14206.8 | — 26903.1 | Herzberg Schlossth. | (2) |
| — 14833.7 | + 6613.7 | Lutterhausen | (2) |
| — 19653.2 | — 4143.6 | Nordheim Kirchthurm | (3) |
| — 21803.6 | — 21516.2 | Osterode Schlossth. | (2) |
| — 22212.1 | — 21372.5 | Osterode Marienth. | (2) |
| — 22216.8 | — 20925.6 | Osterode Vorstadt | (2) |
| — 30310.087 | — 46418.626 | *Brocken* | (8) |
| — 32767.4 | — 15105.6 | Baum bei Gittelde | (2) |
| — 34108.1 | — 58534.7 | Wernigerode Schloss | (3) |
| — 40469.4 | — 33167.5 | Thurm am Rammelsberge | (3) |
| — 40952.298 | + 7668.304 | *Hils* | (9) |

| + südlich | + westlich | | Nr. |
|---|---|---|---|
| — 41699.4 | — 32964.0 | Goslar Thurm am Clausthor | (3) |
| — 41752.3 | — 33730.4 | Gosla Zwinger | (3) |
| — 41773.226 | — 32710.553 | Goslar Frankenberg Centrum | (3) |
| — 41904.0 | — 15435.7 | Schildberg | (4) |
| — 42037.6 | — 33359.0 | Goslar Marktthurm | (3) |
| — 42285.8 | — 33752.4 | Goslar Stephani | (3) |
| — 42332.7 | — 33276.5 | Goslar Jacobi südlicher Thurm | (3) |
| — 42343.7 | — 33276.9 | Goslar Jacobi nordlicher Thurm | (3) |
| — 42474.7 | — 33195.3 | Goslar Neuwerk südlicher Thurm | (3) |
| — 42486.3 | — 33189.2 | Goslar Neuwerk nordlicher Thurm | (3) |
| — 42537.7 | — 33511.4 | Goslar Hagelthurm | (3) |
| — 42878.1 | — 34247.7 | Goslar Siechhof | (3) |
| — 43132.6 | — 36107.9 | Sutmerthurm Centrum | (1) |
| — 43132.6 | — 36107.9 | Sutmerthurm Centr. | (3) |
| — 44865.8 | — 47033.0 | Abbenrode unsicher | (3) |
| — 44867.4 | — 45052.1 | Lochtum | (3) |
| — 45643.0 | — 34761.3 | Kloster Grauhof | (3) |
| — 46047.1 | — 26834.7 | Langelsheim | (3) |
| — 46801.7 | — 42704.8 | Vienenburg Ruine | (3) |
| — 46802.4 | — 42802.3 | Vienenburg lutherische Kirche | (3) |
| — 47204.1 | — 30239.0 | Jerstedt | (3) |
| — 47566.6 | — 5200.2 | Heber Platz 1 | (3) |
| — 47666.9 | — 5204.6 | Heber Platz 2 | (3) |
| — 47827.3 | — 33626.1 | Hahndorf | (3) |
| — 48105.0 | — 40959.2 | Wöltingerode | (3) |
| — 48129.0 | — 37210.0 | Immenrode | (3) |
| — 48643.1 | — 4735.2 | Lamspringe lutherische Kirche | (3) |
| — 49145.9 | — 2823.5 | Graste | (3) |
| — 49541.6 | — 28322.2 | Bredelem | (3) |
| — 49830.9 | — 31335.7 | Dörnten | (3) |
| — 49995.0 | + 1129.2 | Platz bei Armenseul | (3) |
| — 50219.5 | — 2096.7 | Netze | (3) |
| — 50933.2 | + 8054.0 | Alfeld | (1) |
| — 51957.7 | — 1773.7 | Harbarnsen | (3) |
| — 52421.2 | — 28789.2 | Haringen | (3) |
| — 53061.2 | — 37993.1 | Wehre | (3) |
| — 53238.0 | — 27480.6 | Upen | (3) |
| — 53240.6 | — 4227.8 | Evensen | (1) |
| — 53260.0 | — 4173.6 | Evensen | (3) |
| — 53362.7 | — 12891.3 | Bokenem lutherische Kirche | (1) |
| — 53382.5 | — 12751.9 | Bokenem lutherische Kirche | (3) |
| — 53390.6 | — 30828.1 | Otfresen | (3) |
| — 53567.2 | — 9781.1 | Story | (1) |
| — 53585.0 | — 9667.7 | Story | (3) |
| — 53639.6 | — 6884.5 | Gross Ilde | (3) |
| — 53732.2 | — 2179.3 | Sehlen | (1) |
| — 53746.0 | — 2144.8 | Sehlen | (3) |
| — 54018.7 | + 598.5 | Sellenstedt | (1) |

| + südlich | + westlich | | Nr. |
|---|---|---|---|
| — 54032.9 | + 617.7 | Sellenstedt | (3) |
| — 54303.9 | — 11174.7 | Bönnien | (3) |
| — 54369.7 | — 9981.4 | Bönnien | (1) |
| — 54439.9 | + 9812.0 | Wettensen | (1) |
| — 54488.2 | — 14463.3 | Volkersheim spitzer Thurm | (1) |
| — 54497.2 | — 14333.1 | Volkersheim spitzer Thurm | (3) |
| — 54602.5 | — 14310.9 | Volkersheim Kuppel Thurm | (3) |
| — 54640.5 | — 31246.0 | Bärenkopf Baum | (1) |
| — 54657.2 | — 24846.6 | Alten Walmoden | (3) |
| — 54669.9 | — 31193.3 | Bärenkopf | (3) |
| — 54717.4 | + 3431.4 | Wernershöhe Platz 2 | (1) |
| — 54740.3 | — 32918.7 | Liebenburg Kirchth. | (3) |
| — 54828.3 | — 32940.0 | Liebenburg Kirchth. | (1) |
| — 54859.2 | — 32902.5 | Liebenburg Ruine | (3) |
| — 54954.3 | — 8318.3 | Bültum | (3) |
| — 54955.3 | — 8319.8 | Bültum | (1) |
| — 55054.5 | — 32948.2 | Liebenburg Ruine | (1) |
| — 55114.3 | + 2655.5 | Wernershöhe Platz 1 | (1) |
| — 55424.3 | — 4234.8 | Bodenburg Kirchth. | (1) |
| — 55427.3 | — 4171.1 | Bodenburg Kirchth. | (3) |
| — 55427.6 | — 4539.8 | Bodenburg Schloss | (1) |
| — 55430.7 | — 4477.5 | Bodenburg Schloss | (3) |
| — 55882.7 | — 2985.1 | Breinum | (3) |
| — 56062.5 | — 45482.7 | Horneburg? | (3) |
| — 56067.5 | — 1393.8 | Almenstedt | (3) |
| — 56067.5 | — 4026.2 | Ostrum | (3) |
| — 56333.4 | — 8782.0 | Upstedt | (3) |
| — 56402.7 | — 167.8 | Segeste | (3) |
| — 56411.3 | — 25280.6 | Ringelheim katholische Kirche | (3) |
| — 56537.1 | — 25300.0 | Ringelheim lutherische Kirche | (3) |
| — 56568.6 | — 27943.5 | Gitter am Berge | (3) |
| — 56671.9 | — 11909.2 | Werder | (3) |
| — 56690.2 | — 9674.1 | Nette | (3) |
| — 56927.1 | — 21973.9 | Sehlde | (3) |
| — 57255.3 | — 4713.7 | Wehrstedt | (3) |
| — 58253.2 | — 40621.3 | Burgdorf | (3) |
| — 58564.4 | + 818.1 | Petze | (3) |
| — 58603.8 | — 26502.7 | Haberloh | (3) |
| — 59021.8 | — 14440.7 | Woldenberg Thurm | (1) |
| — 59861.6 | — 20977.6 | Gross Heerte | (3) |
| — 60571.3 | — 42034.0 | Kloster Heiningen | (1) |
| — 60571.3 | — 42034.0 | Kloster Heiningen | (3) |
| — 60758.5 | — 32298.7 | Beinum | (3) |
| — 60762.0 | — 32299.8 | Beinum | (1) |
| — 60928.1 | — 26286.0 | Steinlah | (3) |
| — 61054.9 | — 37327.7 | Klein Flöthe | (3) |
| — 61066.8 | — 21898.9 | Klein Elbe | (3) |
| — 61082.3 | — 14064.5 | Sottrum lutherische Kirche | (3) |
| — 61198.7 | — 13766.6 | Sottrum katholische Kirche | (3) |
| — 61767.9 | — 19694.3 | Badekenstedt | (3) |
| — 62222.1 | — 36223.4 | Gross Flöthe | (3) |
| — 62534.0 | — 22261.0 | Gross Elbe | (3) |

| + südlich | + westlich | | Nr. |
|---|---|---|---|
| — 62528.0 | — 16343.6 | Binder | (1) |
| — 63011.8 | — 17263.8 | Binder kleiner Thurm | (3) |
| — 63013.2 | — 5266.4 | Gross Düngen | (1) |
| — 63015.0 | — 24570.0 | Gustedt | (3) |
| — 63019.7 | — 18220.8 | Rehne | (3) |
| — 63027.0 | — 6336.1 | Klein Düngen | (1) |
| — 63096.6 | — 13005.2 | Derneburg gut | (1) |
| — 63499.8 | + 1315.0 | Dickholzen | (1) |
| — 63516.0 | — 6583.4 | Heinde | (1) |
| — 63695.0 | — 1058.0 | Söhre | (1) |
| — 63751.5 | — 8614.6 | Listringen | (1) |
| — 64030.2 | + 24351.6 | Voldagsen | (1) |
| — 64297.6 | — 17106.2 | Wartgenstedt | (3) |
| — 64308.8 | — 28515.1 | Gebhardshagen | (3) |
| — 64312.7 | — 28516.7 | Gebhardshagen | (1) |
| — 64430.5 | — 14829.2 | Grastorf gross. Thurm | (3) |
| — 64830.7 | — 3690.4 | Itsum | (1) |
| — 64990.4 | — 50246.9 | Mönch-Vahlberg | (3) |
| — 65135.0 | + 1877.8 | Marienrode | (1) |
| — 65153.2 | — 5760.0 | Leckstedt Schorstein 1 | (1) |
| — 65178.0 | — 675.6 | Barienrode | (1) |
| — 65181.9 | — 2692.6 | Marienburg | (1) |
| — 65190.1 | — 34333.0 | Cramme | (3) |
| — 66025.3 | — 32661.5 | Bahrum | (3) |
| — 66528.7 | — 30515.8 | Gross Heerte | (1) |
| — 66543.7 | — 30524.7 | Gross Heerte | (3) |
| — 66568.8 | — 16417.2 | Luttern | (3) |
| — 66603.1 | — 303.0 | Ochtersum | (1) |
| — 67897.2 | — 26969.6 | Salder | (1) |
| — 68562.7 | — 35469.0 | Adersheim | (3) |
| — 68966.8 | — 31834.4 | Watenstedt | (1) |
| — 68979.8 | — 31830.8 | Watenstedt | (3) |
| — 69838.7 | — 29923.5 | Hallendorf | (1) |
| — 69851.0 | — 29933.5 | Hallendorf | (3) |
| — 70359.7 | — 14634.4 | Nettlingen | (1) |
| — 70629.7 | — 40664.2 | Wolfenbüttel | (1) |
| — 70626.8 | — 40664.6 | Wolfenbüttel Laternenthurm | (3) |
| — 70666.5 | — 37105.8 | Fümmelse | (3) |
| — 70927.3 | — 18659.0 | Berne | (1) |
| — 71536.6 | — 28341.7 | Engelnstedt | (1) |
| — 72190.7 | — 31646.5 | Bleckenstedt | (3) |
| — 72193.3 | — 31648.2 | Bleckenstedt | (1) |
| — 72218.9 | — 15442.7 | Bettrum | (1) |
| — 72906.3 | — 16898.0 | Klein Himstedt | (1) |
| — 73016.5 | — 32592.7 | Beddingen | (1) |
| — 73285.4 | — 23302.2 | Barbeke | (1) |
| — 73413.1 | — 17525.6 | Gross Himstedt | (1) |
| — 73683.671 | +129245.647 | *Dörenberg Centrum* | (5) |
| — 73683.739 | +129245.738 | *Dörenberg Platz 1 Junius* 1829 | (5) |
| — 73683.924 | +129245.835 | *Dörenberg Platz 2 August.* 1829 | (5) |
| — 73803.0 | — 32108.1 | Sauingen | (1) |
| — 73811.9 | — 32116.1 | Sauingen | (3) |
| — 74958.7 | — 31985.6 | Ufingen | (1) |
| — 75026.2 | — 24884.0 | Lengde | (1) |
| — 75445.3 | — 50970.0 | Lucklum | (3) |
| — 76053.0 | — 35874.5 | Geitelde | (1)? |

| + südlich | + westlich | | Nr. |
|---|---|---|---|
| — 76525.1 | — 28866.9 | Fallstedt | (1) |
| — 76812.8 | — 52482.0 | Pavillon bei Lucklum | (1) |
| — 76817.1 | — 52490.0 | Pavillon bei Elm | (3) |
| — 77112.3 | — 23967.8 | Klein Lafferde | (1) |
| — 77695.7 | — 35171.7 | Stiddium | (1) |
| — 77816.2 | — 26837.7 | Bodenstedt | (1) |
| — 78686.0 | — 36629.4 | Broizen | (1) |
| — 79005.9 | — 31896.2 | Sonnenberg | (1) |
| — 79071.4 | — 34802.2 | Timmerlah | (1) |
| — 79599.2 | — 26912.0 | Liedingen | (1) |
| — 79724.4 | — 18939.4 | Gadenstedt | (1) |
| — 80410.0 | — 53423.3 | Appenrode | (3) |
| — 81012.7 | — 22595.7 | Münstedt | (1) |
| — 82615.333 | + 99921.162 | *Nonnenstein* | (5) |
| — 82786.0 | — 26689.6 | Sierse | (1) |
| — 82985.4 | — 32037.8 | Weddenstedt | (1) |
| — 86698.2 | — 14338.9 | Schwicheld | (1) |
| — 89734.515 | +190107.268 | Bentheim südlicher Schlossthurm | (5) |
| — 89755.247 | +190019.118 | *Bentheim Theodol.* 2. | (5) |
| — 89755.414 | +190021.843 | *Bentheim Theodol.* 3. | (5) |
| — 89757.859 | +190025.408 | *Bentheim Signal Centrum* | (5) |
| — 89763.099 | +190019.881 | *Bentheim Theodol.* 1. | (5) |
| — 89811.4 | +189989.1 | Bentheim nordlicher Schlossthurm | (5) |
| — 92684.6 | +117037.0 | Theodolithplatz bei der Capelle 1829 | (6) |
| — 93577.384 | + 13880.010 | Hannover Aegidius | (11) |
| —100049.4 | + 34813.9 | Wunstorf | (1) |
| —102215.3 | + 19580.1 | Engelbostel | (1) |
| —103066.4 | + 53849.6 | Loccum | (5) |
| —103698.860 | + 8604.931 | Isernhagen | (1) |
| —104220.2 | — 17796.2 | Ütze | (1) |
| —105528.0 | + 48539.7 | Rehburg | (5) |
| —105604.0 | — 27592.4 | Meinersen | (1) |
| —107147.6 | + 5943.9 | Burgwedel | (1) |
| —107381.6 | — 24705.0 | Paese | (3) |
| —108665.633 | + 32691.117 | Neustadt am Rübenberge 1838 | (1) |
| —109383.6 | +126847.6 | Vörden Thurm | (5)? |
| —109660.2 | + 59116.3 | Stolzenau | (5) |
| —110930.1 | + 12606.1 | Bissendorf | (1)? |
| —113777.4 | + 29665.5 | Basse | (1)? |
| —114556.0 | + 17713.2 | Brelingen | (1)? |
| —114710.292 | +148300.629 | *Quekenburg Standpunkt* | (5) |
| —114710.429 | +148300.579 | *Quekenbury Signal Centrum* | (5) |
| —114804.6 | + 30929.1 | Mariensee | (1)? |
| —115363.340 | +117156.488 | *Mordkuhlenberg Sign.* | (5) |
| —115363.491 | +117156.517 | *Mordkuhlenberg Standpunkt* | (5) |
| —116269.8 | + 17858.3 | Brelingerberg | (1)? |
| —117302.183 | + 73520.611 | *Knickberg* | (5) |
| —117302.185 | + 73520.620 | *Knickberg* | (9) |
| —119261.3 | + 25180.8 | Mandelsloh | (1) |
| —121842.577 | — 9118.469 | Celle Schloss, südwestliche Kuppel | (1) |

| + südlich | + westlich | | Nr. |
|---|---|---|---|
| —121866.633 | — 9113.977 | Celle Schloss, Uhrthurm Spitze | (1) |
| —121888.429 | — 9101.020 | Celle Schloss, nordöstliche Kuppel | (1) |
| —121931.269 | — 9338.801 | Celle Stadtkirche Spitze | (1) |
| —125440.662 | +183267.411 | *Kirchhesepe Standpunkt 2* | (5) |
| —125441.259 | +183265.831 | *Kirchhesepe Standpunkt 1* | (5) |
| —125441.738 | +183266.132 | *Kirchhesepe Centrum* | (5) |
| —128135.472 | + 2493.312 | Winsen | (1) |
| —138674.136 | + 63178.061 | Asendorf, Centrum | (1) |
| —138674.291 | + 63178.094 | *Asendorf, Standpunkt* | (5) |
| —138674.918 | + 63178.041 | *Asendorf, Centrum* | (5) |
| —139536.775 | + 54838.140 | Bücken | (1) |
| —140098.1 | +184209.9 | Wesuwe | (5) |
| —142250.437 | + 87901.043 | Twistringen Centrum | (1) |
| —142250.952 | + 87900.139 | *Twistringen Standpunkt* | (5) |
| —142251.447 | + 87900.521 | *Twistringen Centrum* | (5) |
| —142478.0 | — 1313.4 | Bergen | (1) |
| —147939.4 | +128491.0 | Cloppenburg | (5) |
| —148776.5 | +163222.1 | Sögel Thurm | (5) |
| —150829.966 | + 72072.608 | Heiligenfelde | (1) |
| —153042.9 | +162456.4 | Windberg Th. pl. | (5) |
| —158606.9 | +177634.4 | Steinbild | (5) |
| —172369.3 | +175166.1 | Aschendorf Klosterkirche | (5) |
| —172679.7 | +175093.5 | Aschendorf Pfarrkirche | (5) |
| —175839.7 | +180774.3 | Rhede | (5) |
| —178512.9 | — 43974.2 | Alt Medingen (spitzes Dach ?) | (1) |
| —191597.289 | — 30574.411 | Lüneburg Michaelis | (7) |
| —203523.9 | +173477.5 | Oldersum | (6) |
| —203944.1 | +200867.7 | Appingdam | (6) |
| —204710.099 | + 94432.229 | Sandstedt | (1) |
| —205232.0 | + 83145.8 | Bramstedt | (1) |
| —206040.464 | — 41045.627 | Lauenburg Sign. | (7) |
| —207906 2 | +204523.4 | Holwierda | (6) |
| —208657.1 | +187002.0 | Twixlum | (6) |
| —209915.8 | +193450.4 | Rysum | (6) |
| —211092.4 | +192812.4 | Loquard | (6) |
| —212135.7 | +192308.7 | Campen spitz. Thurm | (6) |
| —212159.1 | +192352.5 | Campen stumpfer Th. | (6) |
| —213208.1 | +180812.3 | Suiderhusen | (6) |
| —213316.0 | +189633.7 | Wollzeden | (6) |
| —214389.0 | +180200.0 | Loppersum | (6) |
| —214618.7 | +192619.7 | Upleward | (6) |
| —215500.5 | +192201.1 | Hamswehrum | (6) |
| —215948.5 | +189168.5 | Pewsum | (6) |
| —216200.5 | +191262.7 | Groothusen | (6) |
| —216868.066 | + 16083.566 | Buxtehude grosser Thurm | (1) |
| —217680.1 | +185219.1 | Uttum | (6) |
| —218583.1 | +191324.9 | Manschlagt (dicker ?) Thurm | (6) |
| —218660.7 | +163683.7 | Aurich Schlossthurm | (6) |

| + südlich | + westlich | | Nr. |
|---|---|---|---|
| —219023.1 | + 83055.8 | Bexhövede | (1) |
| —219666.3 | —188832.6 | Visquard | (6) |
| —219867.3 | + 97705.9 | Atens | (1) |
| —219996.8 | +186077.8 | Eilsum | (6) |
| —220341.1 | + 88944.3 | Wulstorf | (1) |
| —220468.4 | +184004.0 | Grimmersum | (6) |
| —220530.4 | + 14211.8 | Estebrügge | (1) |
| —220921.4 | + 42609.8 | Mulsum | (1) |
| —221353.6 | +191167.7 | Pilsum | (6) |
| —222065.850 | +104932.032 | Stolham | (1) |
| —222932.2 | + 74270.1 | Alt Luneburg | (1 :) |
| —222950.8 | + 17379.0 | Jork | (1) |
| —223245.1 | +189040.5 | Gretsiel spitzer Th. | (6) : : |
| —223264.4 | +189042.5 | Gretsiel dicker Th. | (6) : : |
| —223492.5 | + 89632.7 | Gestendorf | (1) |
| —223585.7 | + 16792.9 | Borstel | (1) |
| —223808.9 | + 93277.5 | Blexen | (1) |
| —223843.0 | + 85384.3 | Schiffdorf | (1) |
| —224202.6 | + 21604.7 | Mittelnkirchen | (1) |
| —225108.2 | + 6643.6 | Nienstedten | (1) |
| —225218.6 | +177119.8 | Marienhave | (6) |
| —226157.1 | + 22211.8 | Steinkirchen | (1) |
| —226323.5 | + 27033.0 | Agathenburg | (1) |
| —226384.6 | +177604.9 | Osteel | (6) |
| —226566.6 | + 72494.0 | Ringstedt | (1) |
| —227362.9 | + 22280.4 | Grünendeich | (1) |
| —228832.5 | + 16189.0 | Wedel | (1) |
| —229055.0 | +104710.2 | Burhave | (1) |
| —229558.8 | + 25482.2 | Hollern | (1) |
| —229673.9 | + 45730.5 | Oldendorf | (1) |
| —230661.4 | + 30777.7 | Stade Wilhadi | (1) |
| —230810.8 | + 30884.9 | Stade Cosmae | (1) |
| —230903.0 | + 25813.6 | Twilenfleth | (1) |
| —231094.9 | + 30827.7 | Stade Rathhaus | (1) |
| —232371.3 | + 16772.0 | Holm Centr. | (1) |
| —233112.0 | + 94327.0 | Jmsum | (1) |
| —233254.2 | +180010.6 | Bargerbuhr ? | (6) |
| —233438.0 | +180795.1 | Norden Sp. | (6) |
| —233480.1 | +181420.0 | Norden Sp. | (6) |
| —233526.5 | +181326.0 | Norden st. Th. | (6) |
| —233556.5 | +181316.4 | Norden feine Sp. | (6) |
| —233572.7 | + 86148.7 | Depstedt | (1) |
| —233812.0 | + 72909.9 | BederkesaGlockenth. | (1) |
| —233820.0 | + 72881.9 | Bederkesa Uhrthurm | (1) |
| —234492.9 | +168882.5 | Arle | (6) |
| —234786.9 | + 55986.6 | Lamstedt | (1) |
| —235947.5 | + 7503.2 | Rellingen | (1) |
| —236415.8 | +138899.5 | Meddoog | (1) |
| —236652.7 | + 30626.0 | Butzfleth | (1) |
| —236993.6 | + 94835.3 | Wremen | (1) |
| —237444.3 | + 21232.1 | Haselau | (1) |
| —238299.4 | + 75255.3 | Flogeln | (1) |
| —239038.7 | + 92300.6 | Mulsum | (1) |
| —239374.2 | +133939.0 | Hohenkirchen | (1) |
| —239384.5 | +147232.8 | Werdum | (1) |
| —239655.6 | + 18902.1 | Uetersen Kirchthurm | (1) |
| —240245.8 | + 69873.7 | Steinau | (1) |
| —241249.7 | + 90799.8 | Dorum | (1) |
| —242476.6 | + 93498.9 | Padingbüttel | (1) |

| + südlich | + westlich | | Nr. |
|---|---|---|---|
| —242773.3 | + 36827.3 | Drochtersen | (1) |
| —235431.6 | + 29726.7 | Colmar | (1) |
| —245551.2 | + 90763.0 | Cappeln | (1) |
| —245775.5 | + 87628.9 | Midlum | (1) |
| —245821.6 | + 24600.1 | Neuendorf | (1) |
| —246532.7 | + 67702.1 | Oster Ilienworth | (1) |
| —246892.5 | + 76614.2 | Wanna | (1) |
| —247388.5 | + 63676.7 | Bülkau | (1) |
| —247703.2 | + 36752.9 | Krautsand | (1) |
| —250722.6 | + 69097.6 | Neuenkirchen | (1) |
| —250784.2 | + 65963.9 | Osterbruch | (1) |
| —251343.0 | + 34554.1 | Glückstadt kleiner Thurm (Dänische Station) | (1) |
| —251399.8 | + 30139.2 | Herzhorn | (1) |
| —251523.1 | + 11052.9 | Barmstedt | (1) |
| —251573.4 | + 34126.7 | Glückstadt Kirchthurm | (1) |
| —252146.1 | + 40748.4 | Hammelvörden | (1) |
| —253330.1 | + 78043.0 | Lüdingworth | (1) |
| —254110.4 | + 21378.6 | Horst | (1) |
| —254115.7 | + 68778.6 | Otterndorf | (1) |
| —255131.8 | + 28321.4 | Süderau | (1) |
| —255141.2 | + 62459.0 | Belum | (1) |
| —255213.6 | + 83123.0 | Franzenburg | (1) |
| —255856.6 | + 43050.3 | Freiburg | (1) |
| —255908.9 | + 33800.4 | Borsfleth | (1) |
| —256062.6 | + 84523.8 | Hartmanns Platz 1 bei Altenwalde | (1) |
| —256062.7 | + 84104.8 | Altenwalde | (1) |
| —256069.1 | + 77120.7 | Altenbruch Spitze 1. | (1) |
| —256075.2 | + 77119.1 | Altenbruch Spitze 2. | (1) |
| —256894.2 | + 29816.6 | Crempe | (1) |
| —257722.7 | + 21032.0 | Hohenfelde | (1) |
| —257778.1 | + 35721.5 | Wevelsfleth | (1) |
| —257996.5 | + 80031.2 | Groden | (1) |
| —258998.8 | + 15610.9 | Hörnerkirchen | (1) |
| —259523.9 | + 26920.1 | Neuenbrook | (1) |
| —259779.2 | + 40370.0 | Brockdorf | (1) |
| —259854.2 | + 81878.1 | Ritzebüttel Giebelstange 1 | (1) |
| —260086.9 | + 33836.4 | Neuenkirchen | (1) |
| —261494.4 | + 81196.7 | Cuxhaven Leuchtthurm | (1) |
| —261725.0 | + 34726.2 | Beienfleth | (1) |
| —262754.7 | + 83558.8 | Döse | (1) |
| —263108.1 | + 45161.9 | St. Margareth | (1) |
| —266552.1 | + 37341.8 | Wilster | (1) |
| —266569.396 | + 95074.242 | Neuwerk Leuchtthurm Cent. | (1) |
| —269380.6 | + 14702.3 | Kellinghusen | (1) |
| —270223.4 | + 61150.8 | Marne | (1) |

Zur Erläuterung der Bedeutung der Coordinaten ist folgendes zu bemerken.

Will man sich nur im Allgemeinen einen Begriff davon machen, so kann man dieselben so ansehen, dass die erste Zahl anzeigt, wie viel der betreffende Ort südlich (beim + Zeichen), oder nordlich (beim — Zeichen) von der Göttinger Sternwarte liegt, die zweite Zahl hingegen, wie viel westlich (bei +) oder östlich (bei —).

Es ist aber dabei schon die Krümmung der Erdoberfläche dergestalt berücksichtigt, dass bei Auftragung dieser Coordinaten auf eine ebene Fläche das Bild ein *conformes*, d. i. in den kleinsten Theilen ähnliches wird. Das Nähere darüber enthalten meine geodätischen Abhandlungen zum Theil schon jetzt, und spätere Abhandlungen werden dies noch ausführlicher entwickeln.

Der genaue Anfangspunkt der Coordinaten in der Sternwarte ist übrigens der Mittelpunkt der Achse des Reichenbachschen Meridiankreises.

Als Einheit der Coordinaten ist diejenige Lineargrösse gewählt, die nach der besten im Jahr 1821 vorhandenen Kenntniss als der zehnmillionste Theil des Quadranten des Erdmeridians gelten konnte, nemlich die Länge von 443,307885 pariser Linien, was etwas, obwohl nur sehr wenig, von dem sogenannten legalen französichen Meter verschieden ist. Dies letztere war nemlich bekanntlich festgesetzt zu 443,296 pariser Linien. Obgleich in späterer Zeit (seit 1821) noch neuere Bestimmungen des zehnmillionten Theils des Erdmeridianquadranten gewonnen sind und zwar immer entschieden grösser als das eben angeführte gesetzliche Meter), so habe ich doch vorgezogen, bei der einmal von mir gewählten Einheit zu bleiben, da man jede einzelne Zahl leicht in jede beliebige andere Einheit umsetzen kann, zu welcher das Verhältniss einmal bekannt ist.

# BEMERKUNGEN.

Der Einheit der Coordinaten so wie den verschiedenen Reductionen der Messung sollten vermuthlich die von WALBECK gefundenen Endimensionen zu Grunde gelegt werden.

WALBECK et BRUMMER. De forma et magnitudine telluris. Aboae 1819 pag. 16: 'Gradus medius seu $\frac{1}{90}$ pars Quadrantis Meridiani $= 57009^t,76$. Ellipticitas $= \frac{1}{302,78}$' [Handschriftliche Bemerkung von GAUSS: mittlere Meridiangrad] $=$ '$57009^t,7584$. Der Meter also $= 443^l,307885$, Verhältniss $= 37299:37300$ Logarithm $= 0,00001164$.'

GAUSS. Bestimmung des Breitenunterschiedes zwischen den Sternwarten von Göttingen und Altona. Göttingen 1828. Art. 20. — 'Wenn man meine Dreiecke als auf der Oberfläche eines elliptischen Sphaeroids liegend, dessen Dimensionen die von WALBECK aus der Gesammtheit der bisherigen Gradmessungen abgeleiteten sind, und welches nach unsrer besten gegenwärtigen Kenntniss sich am vollkommensten an die wirkliche Gestalt *im Ganzen* anschliesst (Abplattung $\frac{1}{302,76}$, der dreihundertsechzigste Theil des Erdmeridians $= 57009,746$ Toisen) berechnet, und dabei von der Polhöhe von Göttingen $= 51° 31' 37''85$ ausgeht'..

Hienach scheint GAUSS mehrfach mit der Abplattung $\frac{1}{302,76}$ statt mit der WALBECKschen $\frac{1}{302,78}$ gerechnet zu haben und in der That liegt auch mehren der noch im handschriftliche Nachlass vorhandenen Hülfstafeln die erstere Zahl zu Grunde.

GAUSS an SCHUMACHER. Göttingen 1830 April 18 'Zweite Hülfstafel, Anmerkung: 'Bei früher von mir mitgetheilten Coordinaten ist die Einheit $\frac{1}{10000000}$ des Erdquadranten nach WALBECK's Dimensionen; um jene also in solche zu verwandeln, bei denen die Einheit $\frac{1}{10000000}$ des Erdquadranten nach SCHMIDT's neuesten zum Grunde liegt, müssen jene erst mit $\frac{57009758}{57008551}$ oder mit $1+\frac{1}{47245}$ multiplicirt werden.'

GAUSS. Bestimmung des Breitenunterschiedes zwischen Göttingen und Altona Art. 19. 'Nach der trigonometrischen Verbindung der Sternwarten von Göttingen und Altona liegt letztere 115163,725 Toisen nordlich, 7,211 Toisen westlich von jener. Diese Zahlen beziehen sich auf die Plätze der Meridiankreise; sie gründen sich auf den Werth der Dreiecksseite Hamburg-Hohenhorn 13841,815 Toisen, und diese auf die von Hrn. Prof. SCHUMACHER in Holstein im Jahre 1820 gemessenen Basis. Da jedoch die Vergleichung der dabei gebrauchten Messstangen mit der Normaltoise noch nicht *definitiv* vollendet ist, so wird obige Entfernung in Zukunft noch in demselben Verhältniss abzuändern sein, wie die Basis selbst, welche Veränderung aber jedenfalls nur sehr gering sein kann.'

Herr Geheimer Etatsrath ANDRAE in Copenhagen bemerkt über die Revision der Basis in einem Schreiben vom 5 März 1865 abgedruckt im Generalbericht über die mitteleuropäische Gradmessung für das Jahr 1864 Seite J. 7. Die von SCHUMACHER angegebene Länge der *Braacker Basis*: 3014,5799 Toisen, welche bei den fruheren Berechnungen sowohl der Dänischen als auch der Hannöverschen unter der Leitung von GAUSS ausgeführten Triangulationen angewendet wurde, konnte nur als ein vorläufiges Resultat der Basismessung angesehen werden, da die Reduction auf den Meeresspiegel und mehrere andere Correctionen noch nicht berücksichtigt waren. Da diese Reductionen an Grösse beträchtlich die Unsicherheiten der Messungen selbst, die mit grosser Sorgfalt ausgeführt sind, übersteigen, war eine neue Bestimmung nothwendig und Herr Professor Dr. PETERS in Altona hat auch die Güte gehabt, eine ausführliche, mit der grössten Genauigkeit durchgeführte Berechnung sämmtlicher Correctionen vorzunehmen, durch welche die Länge der Basis sich nun stellt wie folgt:

| | | |
|---|---|---|
| *a.* | Die Länge von 1505 Messstangen ohne Correction . . . . . . . . . | 3010,00000 Toisen |
| *b.* | Summe der mit den Glaskeilen gemessenen Intervalle und der in Betracht kommenden ganzen und halben Durchmesser der Ablöthungs-Cylinder . | + 3,58389 T. |
| *c.* | Länge der Ergänzungsstange . . . . . . . . . . . . . . . . | + 1,22106 T. |
| *d.* | Correction wegen Neigung der Ablöthungs-Cylinder gegen die Lothlinie . | — 0,00008 T. |
| *e.* | Correction wegen Abweichung der Stangen vom Alignement . . . . . | — 0,00051 T. |
| *f.* | Correction wegen fehlerhafter Längen der Messstangen . . . . . . . | — 0,10245 T. |
| *g.* | Correction wegen Abweichung der Temperatur der Messstangen von 13° R. | — 0,19906 T. |
| *h.* | Reduction auf die Oberfläche des Meeres . . . . . . . . . . . | — 0,02264 T. |
| | Länge der Braacker-Basis nach der neuen Berechnung . . . . . | = 3014,48021 Toisen |

Es findet sich aber auch in dieser Berechnung ein schwacher Punkt, nemlich die sub *g* angeführte Correction wegen der Temperatur der Messstangen. Eine mit Abbildungen versehene Beschreibung des bei der Basismessung angewandten Apparats hat SCHUMACHER in der Schrift: 'Schreiben an Dr. OLBERS in Bremen etc. etc., Altona 1821' veröffentlicht, und man wird daraus ersehen, dass die Temperaturen nicht durch Metallthermometer, sondern durch gewöhnliche, eingelegte Thermometer bestimmt sind. Dies ist nun an und für sich ein misslicher Umstand, aber viel schlimmer stellt sich die Sache, da die Ausdehnbarkeit der Stangen nur aus einigen im Felde vorgenommenen Messungen der Stangenlängen am Abend und am Morgen abgeleitet wird. Es kann aber diesem Uebel abgeholfen werden. Im Jahre 1853 wurde nemlich die Stange No. IV. des SCHUMACHERschen Basisapparats nach Pulkowa gebracht, um direct mit den dort gesammelten Etalons verglichen zu werden. Bei dieser Gelegenheit wurde nun auch die Ausdehnung dieser Stange für 100° erhalten, und wenn man den von STRUVE (Siehe 'Arc du méridien entre le Danube et la mer glaciale' pag. 51) angegebenen Werth der Ausdehnungscoefficienten berechnet, dann erhält man für die Correction sub *g*: — 0,22812 statt — 0,19906.

Mit dieser Berichtigung, welche auch von Professor PETERS adoptirt wird, findet man dann die Länge der *Braacker Basis*:

= 3014,451 Toisen,

und dieser Werth muss als der *definitive* betrachtet werden. Ich füge nun hinzu, dass die Angabe dieser Toisen auf der Vergleichung mit der Pulkowaer FORTIN beruhe; da diese aber mit der BESSEL'schen Toise bis auf eine verschwindende Kleinigkeit übereinstimmt, kann die Länge auch füglich als in BESSEL-schen Toisen ausgedrückt angesehen werden.'

Obiges Coordinaten-Verzeichniss ergibt für die Länge der Basis 5875,3614 der dort angewandten Einheiten oder 3014,5757 Toisen bei einem Erdmeridian von $360 \times 57009{,}746$ Toisen.

EDUARD SCHMIDT. GAUSS an SCHUMACHER: Göttingen 1830 April 30. 'Um Ihr Vertrauen zu SCHMIDT's Rechnung zu vergrössern, bemerke ich, dass er die zwei Hauptelemente der Erddimensionen viermal berechnet hat, — — Das Resultat (IV) ist mir von ihm handschriftlich mitgetheilt und dasselbe was meinen neuen Hülfstafeln zum Grunde liegt, nemlich Abplattung $\frac{1}{297{,}732}$; $\frac{\text{Erd-Quadrant}}{90} = 57008{}^{T}551$.'

BESSEL. Ueber einen Fehler in der Berechnung der französischen Gradmessung und seinen Einfluss auf die Bestimmung der Figur der Erde.' Astronomische Nachrichten Nr. 438 Band 19. Seite 116. 1841 December 2. 'Mittlere Grad des Meridians = 57013,109 Toisen, halbe grosse Axe $a = 3272077{,}14$ Toisen, halbe kleine Axe $b = 3261139{,}33$ Toisen, $a:b = 299{,}1528:298{,}1528$'

Bei der Anwendung der in obigen Verzeichnissen angegebenen Coordinaten hat man diese also vorläufig, ehe die Basis und die Verbindungsdreiecke bis *Hamburg — Hohenhorn* von Neuem gemessen sind, mit folgendem Correctionsfactor zu multipliciren:

$\frac{3014,48021}{3014,5757} = \text{num}(\log = -0,00001376)$ für die Basislänge nach PETERS und für die von GAUSS in der 'Breitenbestimmung' wie oben angegebenen Erddimensionen,

$\frac{3014,451}{3014,5757} = \text{num}(\log = -0,00001797)$ für die Basislänge nach PETERS und ANDRAE und für die von GAUSS in der 'Breitenbestimmung' wie oben angegebenen Erddimensionen,

$\frac{3014,48021}{3014,5757} \cdot \frac{57009,746}{57009,7584} = \text{num}(\log = -0,00001386)$ für die Basislänge nach PETERS und für WALBECK's Erd dimensionen,

$\frac{3014,451}{3014,5757} \cdot \frac{57009,746}{57009,7584} = \text{num}(\log = -0,00001806)$ für die Basislänge nach PETERS und ANDRAE und für WALBECK's Erddimensionen,

$\frac{3014,48021}{3014,5757} \cdot \frac{57009,746}{57008,551} = \text{num}(\log = -0,00000466)$ für die Basislänge nach PETERS und für SCHMIDT's IV. Erddimensionen,

$\frac{3014,451}{3014,5757} \cdot \frac{57009,746}{57008,551} = \text{num}(\log = -0,00000887)$ für die Basislänge nach PETERS und ANDRAE und für SCHMIDT's IV. Erddimensionen

$\frac{3014,48021}{3014,5757} \cdot \frac{57009,746}{57013,109} = \text{num}(\log = -0,00003938)$ für die Basislänge nach PETERS und für BESSEL's Erddimensionen,

$\frac{3014,451}{3014,5757} \cdot \frac{57009,746}{57013,109} = \text{num}(\log = -0,00004359)$ für die Basislänge nach PETERS und ANDRAE und für BESSEL's Erddimensionen.

Die von SCHMIDT und die von BESSEL berechneten Erddimensionen setzen die Längenangabe von SCHUMACHER über dessen Braacker Basis voraus, eine neue Berechnung der von ihnen in Betracht gezogenen Gradmessungen würde bei dieser berichtigten Basislänge etwas abweichende Zahlen für die Erddimensionen ergeben, die aber durch die bald zu erwartende Beendigung mehrer neuen Gradmessungen auch in kurzer Zeit durch bessere Bestimmungen ersetzt werden müssen.

Die hier im Abdruck aus den Partial-Verzeichnissen noch besonders aufgenommenen Coordinaten, sind entweder dieselben wie im General-Verzeichniss oder beruhen auf weniger genauen Bestimmungen, können aber zur Erläuterung der nachfolgenden 'Abrisse' dienen. In GAUSS Nachlass befinden sich von den Partial-Verzeichnissen nur Nro. 1 bis 11. Eine neue Vergleichung ergab mir die Berichtigungen:

im General-Verzeichniss steht: — 26619,9 — 12689,5 Lauenberge
im Partial-Verzeichniss (3) steht: — 26619,9 + 12689,5 Lauenberge

— 233491,171 + 181317,782 Norden Thürmchen auf hoher Kirche. Nr. 12.
— 249451,172 + 162280,007 Langeoog F. J. PAULS Haus östlicher Giebelstock. Nr. 12.

Zur leichtern Wiedererkennung der in dem Coordinaten-Verzeichniss angegebenen Punkte kann man die auf diese Vermessung gegründete 'PAPEN'sche Karte vom Königreich Hannover' mit Vortheil benutzen.

Die Überschriften + südlich und + westlich habe ich, um den Rechner ein Missverstehen der Zeichen sicherer vermeiden zu lassen, hinzugefügt.

SCHERING.

# ABRISSE

## DER AUF DEN VERSCHIEDENEN STATIONEN DER GRADMESSUNG 1821. 1822. 1823 UND DEREN FORTSETZUNG BIS JEVER 1824. 1825 FESTGELEGTEN RICHTUNGEN.

### STERNWARTE

| | | |
|---|---|---|
| —5.242 | +0.005 | Theodolithplatz 1821 |
| —5.507 | 0 | Theodolithplatz 1823 |

Die Richtungen sind alle auf den Platz von 1823 reducirt.

| | | | |
|---|---|---|---|
| 0° | 0′ | 2″614 | Südliches Meridianzeichen |
| 10 | 12 | 42.475 | Meisner Heliotrop |
| 64 | 1 | 18.020 | Hohehagen (Platz von 1823) |
| 180 | 0 | 0.000 | Nordliches Meridianzeichen |

### NORDLICHES MERIDIANZEICHEN

—5019.756 —0.133

| | | | |
|---|---|---|---|
| 0° | 0′ | 5″772 | *Sternwarte, Meridianspalt* |
| 0 | 23 | 54.606 | Hanstein |
| 1 | 38 | 36.606 | Göttingen, Albani |
| 11 | 9 | 10.606 | Göttingen, Mariae |
| 13 | 9 | 0.606 | Weende |
| 18 | 9 | 22.606 | Klein Schneen |
| 18 | 21 | 36.606 | Siboldshausen |
| 19 | 9 | 56.606 | Backhaus Pavillon |
| 21 | 20 | 26.606 | Rosdorf |
| 27 | 11 | 1.606 | Volkerode |
| 29 | 45 | 32.372 | Mengershausen |
| 35 | 13 | 4.606 | Baum bei Mengershausen |
| 38 | 12 | 9.606 | Gronde |
| 43 | 23 | 33.272 | Baum |
| 48 | 6 | 29.272 | Baum an der Mündner Chaussée |
| 48 | 19 | 41.527 | *Hohehagen Postament* (1821) |
| 51 | 41 | 52.606 | Hetgershausen, Kanten des Thurms |
| 51 | 42 | 54.606 | |
| 64 | 33 | 26.606 | Elliehausen |
| 101 | 41 | 24.606 | Lenglern |
| 138 | 22 | 10.606 | Bovenden |
| 145 | 51 | 24.606 | Hevensen |
| 148 | 22 | 51.606 | Wolbrechtshausen |
| 150° | 13′ | 56″606 | Parensen |
| 150 | 22 | 31.606 | Baum auf der Weper |
| 158 | 10 | 54.606 | Häuschen oberhalb Bovenden |
| 160 | 13 | 18.606 | Moringen |
| 167 | 26 | 38.606 | Grossenrode |
| 167 | 57 | 11.021 | *Hils, Postament* |
| 358 | 30 | 30.606 | Kanten des Thibautschen Gartenhauses |
| 358 | 32 | 36.606 | |
| 358 | 42 | 5.606 | |

### HOHEHAGEN

| | | |
|---|---|---|
| +6059.889 | +12447.734 | Hauptplatz von 1821 (1) |
| +6059.493 | +12448.193 | Nebenplatz von 1821 (2) |
| +6059.878 | +12447.746 | Platz von 1823 (3) |

Die beigefügten Zahlen (1), (2), (3) bezeichnen die Standpunkte, von wo aus die Schnitte gemacht sind, die mit Cursivbuchstaben bezeichneten Richtungen sind am Platz (3) gemachte oder darauf reducirte Schnitte.

| | | | |
|---|---|---|---|
| 3° | 47′ | 52″920 | Meensen (3) |
| 55 | 59 | 40.490 | *Hercules* |
| 64 | 0 | 39.064 | Burghasungen (1) |
| 41 | 43 | 53.800 | Landwehrhagen (1) |
| 41 | 57 | 7.800 | Lutternberg (1) |
| 165 | 22 | 49.800 | Wolfstrang (1) |
| 185 | 48 | 16.262 | *Hils* |
| 186 | 37 | 13.800 | Hube, Durchschnitt (1) |
| 193 | 32 | 13.161 | Ochsenberg (3) |
| 197 | 34 | 49.298 | *Beinberg* (1) |
| 211 | 2 | 6.155 | Echte (?) (2) |
| 212 | 19 | 44.155 | Nordheim, kleiner Thurm (2) |
| 212 | 31 | 26.155 | Nordheim, Rathhaus (2) |
| 212 | 50 | 7.155 | Nordheim, Kirchthurm (2) |
| 225 | 33 | 53.612 | Plesse dünner Thurm (1 u. 3) |
| 225 | 37 | 14.064 | Hetgershausen, Kanten des Thurms (1) |
| 225 | 38 | 26.064 | |
| 225 | 38 | 14.161 | Hetgershausen, Fahnenstange (3) |
| 226 | 40 | 18.392 | Windmühle bei Clausthal (1) |

| 228° | 20′ | 0″312 | *Meridianzeichen.* |
|---|---|---|---|
| 229 | 13 | 52.161 | Hägerhof (3) |
| 231 | 40 | 52.064 | Weende (1) |
| 233 | 8 | 35.064 | Gronde (1) |
| 234 | 6 | 21.800 | Warte hinter Clausberg (1) |
| 236 | 48 | 3.612 | Clausberg (1. 3) |
| 238 | 17 | 27.103 | *Brocken* |
| 240 | 3 | 5.078 | Achtermannshöhe (3) |
| 240 | 18 | 53.161 | Baum (3) |
| 240 | 27 | 32.064 | Göttingen Jacobi (1) |
| 240 | 36 | 48.064 | Göttingen Mariae (1) |
| 240 | 54 | 56.064 | Roringen (1) |
| 240 | 55 | 54.161 | Göttingen Johannis, nordl. Th. (3) |
| 240 | 59 | 3.064 | Göttingen Johannis, südl. Th. (1) |
| 241 | 14 | 5.064 | Göttingen Rathhausthurm (1) |
| 241 | 45 | 43.064 | Göttingen Albani (1) |
| 241 | 57 | 35.064 | Kanten des Thibautschen Gartenhauses (1) |
| 241 | 59 | 51.064 | |
| 242 | 0 | 31.064 | |
| 242 | 13 | 38.064 | Oesterley's Hinterhaus (1) |
| 242 | 45 | 48.064 | Backhaus Pavillon (1) |
| 243 | 1 | 18.161 | Kauten von Reitemeyer's Gartenhaus (3) |
| 243 | 2 | 37.161 | |
| 243 | 3 | 11.161 | |
| 243 | 48 | 5.064 | Jägers Gartenhaus (1) |
| 244 | 1 | 20.682 | *Sternwarte* (*Platz von* 1821) |
| 244 | 19 | 3.161 | Schorsteine des deutschen Hauses (3) |
| 244 | 21 | 25.161 | |
| 248 | 6 | 54.800 | Baum bei Mengershausen (1) |
| 250 | 47 | 44.612 | Rosdorf (1. 3) |
| 251 | 0 | 9.362 | Dreckwarte (1. 3) |
| 252 | 0 | 51.161 | Landwehrschenke, Südöstl.Kante(3) |
| 253 | 4 | 16.064 | Geismar (1) |
| 261 | 13 | 47.800 | Dimarder Warte (1) |
| 266 | 11 | 15.800 | Wehnder Warte (bei Duderstadt)(1) |
| 268 | 47 | 18.112 | Niederjesa (1. 3) |
| 272 | 16 | 46.160 | Südliche Gleiche (3) |
| 272 | 19 | 24.064 | Südliche Gleiche Spitze Ruine (1) |
| 272 | 30 | 1.800 | Reinhausen, Amtshaus, mittelstes Fenster (1) |
| 272 | 42 | 18.800 | Siboldshausen (1) |
| 279 | 22 | 54.932 | Ballenhausen? (1) |
| 284 | 6 | 34.064 | Dramfelde (1) |
| 290 | 47 | 16.235 | Dünwarte (1. 3) |
| 293 | 17 | 36.800 | Chaussee jenseits Heiligenstadt (1) |
| 295 | 11 | 38.064 | Jühnde (1) |
| 322 | 50 | 21.480 | Helmshausen (1. 3) |
| 324 | 30 | 25.453 | *Inselsberg* (*Enckes Platz* 1821) (1) |
| 324 | 31 | 25.536 | *Inselsberg* (*Gerlings Platz* 1823) |
| 337 | 36 | 45.155 | Boineburg Steinhaufen (1) |
| 337 | 38 | 30.470 | Boineburg Erhöhung (1) |
| 346 | 58 | 52.387 | *Meisner, Hessischer Dreieckspunkt* |
| 348 | 10 | 48.920 | Bäume auf dem Meisner (3) |
| 348 | 27 | 46.920 | |

HILS

— 40952.298 + 7668.304

| 5° | 48′ | 19″302 | *Hohehagen* |
|---|---|---|---|
| 27 | 42 | 9.969 | Wolfsstrang |
| 43 | 37 | 6.741 | Erichsburg |
| 143 | 19 | 39.741 | Hohenbüchen |
| 157 | 11 | 52.373 | *Deister* |
| 157 | 12 | 48.510 | Baum am Deister |
| 157 | 14 | 58.510 | Zweiter Baum daselbst |
| 164 | 43 | 59.452 | *Lüderssen* |
| 165 | 24 | 4.510 | Elze |
| 165 | 46 | 56.510 | Thurm |
| 167 | 50 | 32.510 | Brüggen |
| 169 | 59 | 13.510 | Limmer? |
| 172 | 17 | 37.155 | *Brelingerberg* |
| 172 | 30 | 16.581 | Hannover Neustädter Thurm |
| 172 | 50 | 28.581 | Hannover Kreuzthurm |
| 173 | 0 | 28.140 | *Hannover Marktthurm* |
| 173 | 16 | 6.890 | *Hannover Aegidii* |
| 219 | 35 | 45.128 | Beinberg Signal |
| 230 | 44 | 21.636 | Wohlenberg |
| 231 | 10 | 29.578 | *Lichtenberg* |
| 231 | 19 | 41.608 | Lichtenberg Ruine |
| 239 | 25 | 15.741 | Warte |
| 281 | 7 | 52.448 | *Brocken* |
| 288 | 8 | 30.741 | Kleines Haus auf einem Harzber |
| 288 | 10 | 36.741 | Grosses Haus ebendaselbst |
| 304 | 2 | 36.065 | Sebexen |
| 304 | 15 | 59.741 | Grosses Haus, Mittelster Schorste |
| 304 | 26 | 4.741 | Neukrug |
| 304 | 36 | 8.741 | Chausséehaus |
| 305 | 8 | 12.521 | Calefeld |
| 307 | 57 | 48.741 | Echte |
| 337 | 5 | 31.302 | Höckelheim |
| 337 | 54 | 44.906 | Stöckheim |
| 338 | 32 | 50.510 | Sudheim |
| 341 | 40 | 3.573 | Heliotropplatz |
| 344 | 24 | 54.741 | Plesse, dicker Thurm |
| 344 | 31 | 1.741 | Plesse dünner Thurm |
| 344 | 38 | 6.144 | *Eimbeck* |
| 347 | 50 | 52.719 | Hügel |
| 347 | 57 | 11.630 | *Meridianzeichen* |
| 348 | 51 | 26.636 | Iber |
| 349 | 54 | 2.015 | *Göttingen Jacobi* |
| 353 | 7 | 1.741 | Hanstein |
| 358 | 36 | 0.573 | Heliotropplatz |

BROCKEN

— 30310.087 — 46418.626

| 4° | 26′ | 26″303 | Thurm |
|---|---|---|---|
| 5 | 9 | 45.560 | Inselsberg Haus |
| 5 | 10 | 37.744 | *Inselsberg* (*Gerlings Platz* 1823) |
| 18 | 7 | 5.391 | *Struth* |
| 39 | 21 | 47.966 | *Meisner* |
| 39 | 31 | 22.866 | Sülberg Warte |
| 42 | 11 | 11.866 | Hanstein |
| 42 | 11 | 53.866 | |
| 42 | 12 | 24.866 | |
| 42 | 12 | 42.866 | |
| 42 | 21 | 36.866 | Rusteberg |
| 49 | 20 | 31.844 | Berenshausen (im Eichsfelde) |
| 57 | 34 | 37.320 | *Herkules* |

| | | | |
|---|---|---|---|
| 58° | 17′ | 23″331 | *Hohehagen Platz von 1821* |
| 58 | 17 | 23.377 | *Hohehagen Platz von 1823* |
| 60 | 18 | 51.891 | Burghasungen |
| 63 | 14 | 33.866 | Plesse dünner Thurm |
| 92 | 27 | 32.104 | Clausthal Windmühle |
| 97 | 8 | 17.798 | Gandersheim? |
| 97 | 10 | 46.798 | |
| 101 | 7 | 54.056 | *Hils* |
| 141 | 9 | 27.688 | Ringelheim luth. Kirche |
| 141 | 11 | 51.021 | Sutmerthurm |
| 141 | 26 | 5.688 | Haringen |
| 141 | 29 | 54.688 | Ringelheim kathol. Kirche |
| 142 | 18 | 33.188 | Dörnten |
| 142 | 45 | 21.910 | Grauhof |
| 145 | 57 | 59.688 | Otfresen |
| 147 | 4 | 8.688 | Steinbrück, Amthaus |
| 147 | 14 | 52.070 | *Lichtenberg* |
| 147 | 29 | 47.213 | Lichtenberg, Ruine |
| 171 | 16 | 3.368 | Wolfenbüttel, Schloss. |
| 171 | 45 | 15.104 | Heiningen |
| 171 | 49 | 44.632 | Braunschweig, Michaelis |
| 171 | 52 | 47.868 | Wolfenbüttel, Neue Kirche |
| 171 | 57 | 46.970 | Braunschweig, Martini |
| 172 | 19 | 11.857 | Braunschweig, Andreae |
| 172 | 26 | 0.705 | Fenster eines Treibhauses? |
| 172 | 41 | 20.632 | Braunschweig, Catharinae |
| 176 | 52 | 52.688 | Spitzer Thurm |
| 235 | 13 | 28.738 | Huyseburg erster Thurm |
| 235 | 14 | 24.688 | Huyseburg zweiter Thurm |
| 241 | 41 | 37.143 | Magdeburg erster Thurm |
| 241 | 42 | 36.143 | Magdeburg zweiter Thurm |
| 249 | 38 | 36.606 | Halberstadt |
| 251 | 50 | 40.303 | Wernigerode Kirchthurm |
| 252 | 35 | 44.303 | Wernigerode Schloss |
| 270 | 53 | 53.021 | Quedlinburg |
| 278 | 52 | 32.152 | Hüttenrode |
| 278 | 53 | 48.329 | Cattenstedt |
| 282 | 38 | 36.420 | Petersberg |
| 294 | 56 | 53.739 | Harzgerode |
| 320 | 51 | 29.920 | Kyffhäuser |
| 327 | 42 | 54.793 | Platz bei Ilfeld |
| 341 | 11 | 46.323 | Posse |
| 356 | 55 | 49.580 | Tettenborn |
| 356 | 57 | 48.907 | Platz auf dem Wurmberg 1821 |
| 356 | 57 | 41.580 | Ein anderer Platz daselbst 1823 |
| 357 | 19 | 20.618 | Haus auf dem Wurmberge |

## INSELSBERG

+ 75233.714 — 36849.867 Hessischer Dreieckspunkt

Die Hessischer Seits ausgeführten Messungen werden hier nur zur Vollständigkeit des Systems beigefügt.

| | | | |
|---|---|---|---|
| 144° | 31′ | 29″825 | *Hohehagen (Platz von 1823)* |
| 185 | 10 | 59.970 | *Brocken* |

## LICHTENBERG

— 66001.353 — 23458.424

| | | | |
|---|---|---|---|
| 51° | 10′ | 28″468 | *Hils* |
| 51 | 56 | 19.085 | Wohldenberg, viereck. Thurm |
| 52 | 15 | 52.859 | Wohldenberg, spitzer Thurm |
| 55 | 57 | 40.468 | Nette |
| 100 | 5 | 30.085 | Capelle bei Otbergen |
| 100 | 18 | 20.085 | Warte |
| 104 | 53 | 48.579 | *Deister* |
| 107 | 41 | 15.085 | Gross Giesen |
| 110 | 14 | 43.085 | Förste |
| 113 | 9 | 56.085 | Harsum |
| 124 | 0 | 29.085 | Bredelem |
| 124 | 12 | 3.524 | Adlum |
| 124 | 14 | 26.804 | Algermissen |
| 124 | 51 | 45.085 | Windmühle |
| 126 | 6 | 13.281 | Hannover Neustädter Thurm |
| 126 | 10 | 15.282 | Lühnde |
| 126 | 26 | 51.052 | Hannover Aegidii |
| 126 | 30 | 18.452 | Hannover Marktkirche Thurm |
| 126 | 33 | 12.478 | Hannover Kreuzkirche Thurm |
| 127 | 47 | 55.304 | Betrum |
| 127 | 48 | 53.524 | Garmsen |
| 128 | 6 | 50.085 | Windmühle |
| 130 | 26 | 20.085 | Ferne Windmühle |
| 130 | 45 | 30.524 | Sosmar |
| 131 | 47 | 56.524 | Gross Lopke |
| 132 | 3 | 26.804 | Feldbergen |
| 134 | 50 | 53.939 | Hohenhameln |
| 135 | 36 | 8.473 | Ilten |
| 141 | 38 | 23.085 | Hoheneggelsen |
| 144 | 27 | 5.965 | Burgwedel |
| 146 | 26 | 40.085 | Neu Steinbrück |
| 147 | 6 | 39.478 | Mehrum |
| 148 | 26 | 0.782 | Equord |
| 150 | 27 | 12.282 | Adenstedt |
| 151 | 17 | 21.282 | Gross Solschen |
| 152 | 5 | 9.478 | Burgdorf |
| 153 | 6 | 8.524 | Nahe Windmühle |
| 153 | 33 | 23.085 | Sehlde |
| 156 | 13 | 7.743 | Schwichelde |
| 156 | 13 | 30.102 | Steinbrück |
| 157 | 20 | 39.743 | Lesse |
| 158 | 19 | 24.468 | Rosenthal |
| 160 | 28 | 4.888 | *Falkenberg* |
| 161 | 32 | 53.478 | Ferner sp. Thurm |
| 161 | 46 | 24.996 | Gadenstedt |
| 165 | 49 | 55.478 | Celle Stadtkirche |
| 166 | 21 | 9.085 | Lafferde |
| 169 | 44 | 37.524 | Stukenberg |
| 170 | 47 | 54.015 | Ottbergen |
| 170 | 55 | 7.869 | *Garssen* |
| 171 | 34 | 24.819 | Ütze |
| 176 | 20 | 12.524 | Woltwiese |
| 194 | 16 | 17.452 | Repner |
| 220 | 57 | 21.452 | Timmerlah |
| 221 | 25 | 9.468 | Engelnstedt |
| 223 | 57 | 30.468 | Bruchmachtersen |
| 224 | 0 | 9.478 | Braunschweig Petri |

| | | | |
|---|---|---|---|
| 224° | 8′ | 33″878 | Braunschweig Andreae |
| 224 | 45 | 41.478 | Braunschweig Martini |
| 224 | 50 | 48.478 | Braunschweig Catharinae |
| 224 | 59 | 57.478 | Braunschweig Michaelis |
| 225 | 46 | 37.452 | Hondelage |
| 226 | 4 | 22.468 | Broizen |
| 226 | 20 | 55.452 | Wendhausen |
| 226 | 26 | 3.478 | Braunschweig Aegidii |
| 226 | 46 | 45.452 | Hügel bei Broizen |
| 244 | 4 | 34.465 | Appenrode? |
| 327 | 14 | 45.541 | *Brocken* |

NEBENPLATZ

— 66001.465 — 23458.558

| | | | |
|---|---|---|---|
| 51° | 10′ | 28″452 | Hils |
| 126 | 30 | 17.706 | Hannover Marktthurm |
| 139 | 7 | 51.513 | Bierbergen |
| 139 | 37 | 0.513 | Isernhagen |
| 143 | 5 | 44.513 | Lehrte |
| 144 | 27 | 1.513 | Burgwedel |
| 148 | 26 | 2.513 | Equord |
| 161 | 46 | 24.513 | Gadenstedt |
| 161 | 59 | 25.513 | Thurm |
| 192 | 27 | 1.513 | Wohlenberg |
| 327 | 14 | 46.382 | Brocken |

DEISTER

— 78478.377 + 23444.173

| | | | |
|---|---|---|---|
| 32° | 4′ | 38″138 | Windmühle |
| 143 | 3 | 4.138 | Altenhagen |
| 145 | 53 | 21.138 | Steinhude |
| 148 | 47 | 18.138 | Gross Goltern |
| 149 | 21 | 32.138 | Colenfelde |
| 152 | 12 | 24.728 | Wunstorf st. Thurm mit Spitze |
| 152 | 47 | 9.164 | Bücken |
| 156 | 29 | 17.138 | Thurm |
| 159 | 4 | 34.138 | Wennigsen |
| 161 | 45 | 56.138 | Redderse |
| 162 | 7 | 21.138 | Leveste |
| 162 | 54 | 40.138 | Thurm |
| 162 | 58 | 6.933 | Neustadt am Rübenberge |
| 164 | 6 | 20.138 | Ricklingen? |
| 165 | 42 | 6 | Ferner Horizont |
| 167 | 8 | 6 | Ferner Horizont |
| 171 | 48 | 3.138 | Kirchwehren |
| 179 | 31 | 54.138 | Seelze |
| 180 | 50 | 55.138 | Gehrden |
| 195 | 1 | 57.789 | *Falkenberg* |
| 202 | 52 | 2.008 | Ronneberg |
| 202 | 52 | 27.872 | *Winsen* |
| 204 | 28 | 0.138 | Hainholz |
| 209 | 59 | 39.008 | Hannover Neustädter Thurm |
| 210 | 23 | 8.586 | Hannover Kreuzkirche Thurm |
| 210 | 28 | 16.008 | Isernhagen |
| 210 | 59 | 4.138 | Wetbergen |
| 211° | 9′ | 56″138 | Hannover Marktkirche, Thurm |
| 211 | 24 | 4.164 | Burgwedel |
| 212 | 21 | 3.583 | Hannover Aegidii |
| 214 | 8 | 0.008 | Potholtensen |
| 217 | 1 | 44.728 | Celle Stadtkirche |
| 218 | 13 | 49.996 | *Garssen* |
| 228 | 8 | 52.510 | Kirchrode |
| 229 | 36 | 44.164 | Burgdorf |
| 231 | 2 | 48.510 | Wilkenburg |
| 232 | 10 | 34.510 | Thurm |
| 236 | 6 | 51.510 | Hiddesdorf |
| 238 | 1 | 47.446 | Ütze |
| 239 | 51 | 14.119 | Lehrte |
| 241 | 4 | 12.510 | Ilten |
| 241 | 39 | 43.510 | Grasdorf |
| 242 | 0 | 29.946 | Meinersen |
| 249 | 17 | 51.164 | Edemissen |
| 251 | 9 | 54.510 | Sehnde |
| 252 | 41 | 54.510 | Müllingen |
| 252 | 56 | 46.510 | Pattensen |
| 254 | 10 | 56.510 | Bolzum |
| 255 | 9 | 34.510 | Oesselse |
| 256 | 13 | 26.510 | Gleidingen |
| 259 | 26 | 48.510 | Bledelem |
| 259 | 54 | 57.164 | Lühnde |
| 261 | 21 | 43.510 | Heisede |
| 261 | 40 | 27.510 | Gross Lopke |
| 263 | 10 | 56.508 | Hotteln |
| 263 | 47 | 8.164 | Gross Solschen |
| 263 | 47 | 40.008 | Hüpeden |
| 264 | 56 | 38.008 | Bennigsen |
| 265 | 8 | 28.164 | Algermissen |
| 265 | 9 | 45.586 | Hohenhameln |
| 266 | 24 | 45.241 | Braunschweig Andreae |
| 266 | 28 | 17.164 | Braunschweig Catharinae |
| 266 | 34 | 45.164 | Braunschweig Petri |
| 266 | 38 | 10.164 | Thurm |
| 266 | 47 | 37.164 | Braunschweiger Dom |
| 266 | 50 | 53.586 | Clauen |
| 266 | 53 | 24.164 | Adenstedt |
| 266 | 56 | 40.164 | Braunschweig Martini |
| 267 | 4 | 39.164 | Obergen |
| 270 | 20 | 30.008 | Sarstedt |
| 272 | 41 | 44.474 | Steinbrück |
| 272 | 53 | 41.241 | Rutenberg |
| 274 | 5 | 9.474 | Lengede |
| 274 | 6 | 55.492 | Hoheneggelsen |
| 274 | 18 | 34.474 | Addlum |
| 274 | 46 | 55.510 | Ahrbergen |
| 276 | 12 | 22.164 | Borsum |
| 276 | 59 | 8.164 | Harsum |
| 277 | 39 | 31.164 | Giften |
| 278 | 1 | 39.164 | Förste |
| 279 | 14 | 14.759 | Jeinsen |
| 279 | 44 | 15.510 | Thurm |
| 282 | 2 | 8.809 | Nettlingen |
| 283 | 46 | 17.474 | |
| 284 | 48 | 32.008 | Lichtenberg Ruine |
| 284 | 53 | 48.908 | *Lichtenberg* |
| 285 | 27 | 42.492 | Weisses Gebäude |
| 285 | 44 | 5.138 | Ruine |

| 285° | 58′ | 17″008 | Gestorf |
|---|---|---|---|
| 286 | 49 | 20.474 | Capelle bei Obergen |
| 290 | 24 | 47.227 | Hildesheim Jacobi |
| 290 | 55 | 50.008 | Hildesheim Andreae |
| 290 | 58 | 48.008 | Hildesheim Michaelis |
| 291 | 19 | 8.510 | Rössing |
| 292 | 23 | 36.510 | Emmerke |
| 293 | 23 | 30.008 | Moritzberg |
| 296 | 43 | 12.510 | Sorsum |
| 297 | 20 | 49.510 | Gross Escherde |
| 298 | 49 | 6.946 | Beinberg |
| 300 | 41 | 23.029 | Ruine Sutmerthurm |
| 304 | 36 | 23.259 | Malersen |
| 305 | 20 | 42.510 | Adersen |
| 309 | 48 | 1.510 | Poppenburg kathol. Kirche |
| 310 | 9 | 56.510 | Burgstemmen |
| 310 | 58 | 36.510 | Kloster Esche |
| 312 | 42 | 22.474 | Wülfingen |
| 314 | 11 | 19.474 | Sibbesen |
| 315 | 43 | 21.474 | Betheln |
| 323 | 52 | 7.474 | Elze |
| 324 | 4 | 0.474 | Gronau kleiner Thurm |
| 324 | 10 | 21.474 | Gronau |
| 329 | 54 | 56.164 | Baum bei Brunstein |
| 330 | 17 | 4.474 | Banteln |
| 330 | 48 | 25.309 | Alfeld |
| 336 | 43 | 34.164 | Wülfinghausen |
| 337 | 11 | 55.404 | *Hils* |

## GARSSEN

— 125867.401 — 13888.808

| 21° | 54′ | 30″049 | Burgdorf |
|---|---|---|---|
| 30 | 54 | 40.988 | Anderten |
| 38 | 6 | 28.638 | Baum am Deister |
| 38 | 9 | 15.638 | Zweiter Baum daselbst |
| 38 | 13 | 51.485 | *Deister* |
| 41 | 12 | 12.030 | Hannover Marktthurm |
| 45 | 25 | 1.507 | *Isernhagen* |
| 46 | 39 | 10.813 | Burgwedel |
| 49 | 8 | 14.843 | Celle Stadtkirche |
| 49 | 50 | 42.049 | Celle Schloss 1. Kuppel |
| 50 | 2 | 26.648 | *Celle Schloss Uhrthurm* |
| 50 | 16 | 16.049 | Celle Schloss 2. Kuppel |
| 50 | 59 | 12.988 | Pyramidenförmiger Baum |
| 97 | 52 | 56.468 | *Winsen* |
| 137 | 28 | 43.690 | *Falkenberg Heliotrop* |
| 137 | 29 | 2.638 | Falkenberg Signal b. |
| 141 | 19 | 40.049 | Becklingerbaum |
| 217 | 23 | 15.049 | Eschede |
| 225 | 0 | 59.981 | *Scharnhorst* |
| 320 | 9 | 42.049 | Langlingen |
| 325 | 55 | 50.049 | Meinersen |
| 329 | 40 | 2.049 | Paese |
| 343 | 47 | 10.638 | Wienhausen |
| 345 | 30 | 7.638 | Edemissen |
| 350 | 43 | 15.205 | Lichtenberg, Ruine |
| 350 | 55 | 2.399 | *Lichtenberg Heliotrop* |

## FALKENBERG

— 146621.040 + 5142.567

| 1° | 9′ | 51″019 | Burgwedel |
|---|---|---|---|
| 4 | 36 | 43.292 | Isernhagen |
| 6 | 26 | 44.238 | Bothfeld? |
| 9 | 21 | 21.019 | Hannover Aegidii |
| 9 | 41 | 18.964 | Hannover Marktkirche Th. |
| 9 | 54 | 36.019 | Hannover Kreuzkirche Th. |
| 10 | 9 | 47.019 | Hannover Neustädterthurm |
| 11 | 45 | 37.439 | Bissendorf |
| 12 | 26 | 21.238 | Windmühle |
| 12 | 32 | 7.238 | Windmühle |
| 15 | 2 | 2.957 | *Deister* |
| 26 | 49 | 8.665 | Pyramidenförmiger Baum |
| 35 | 52 | 18.238 | Ferne Windmühle |
| 35 | 58 | 22.939 | Neustadt am Rübenberge |
| 36 | 13 | 7.439 | Mandelsloh |
| 36 | 49 | 33.223 | Basse |
| 37 | 1 | 47.639 | Thurm |
| 38 | 19 | 36.397 | Ferne Windmühle |
| 40 | 45 | 36.344 | Ahlden |
| 40 | 47 | 40.238 | Bergkirchen |
| 42 | 31 | 47.149 | Grosser Thurm |
| 51 | 12 | 15.814 | Ostenholz |
| 77 | 8 | 49.985 | Rethem |
| 81 | 53 | 12.854 | Bücken |
| 82 | 12 | 9.004 | Asendorf |
| 85 | 30 | 28.004 | Kirchboizen |
| 95 | 17 | 1.905 | Walsrode |
| 136 | 45 | 41.498 | *Elmhorst* |
| 140 | 31 | 48.994 | Grosser Baum |
| 140 | 42 | 17.994 | Kleiner Baum |
| 175 | 42 | 51.4 | Epailly's Signal |
| 180 | 42 | 2 | Signalbaum |
| 185 | 56 | 33.7 | Becklinger Thurm |
| 187 | 51 | 9.388 | *Wilsede Heliotrop* |
| 187 | 52 | 25.360 | Wilsede Signalbaum |
| 225 | 13 | 18.833 | *Wolfsode* |
| 266 | 17 | 35.321 | *Hauselberg* |
| 274 | 18 | 22.785 | *Breithorn* |
| 296 | 28 | 32.700 | *Scharnhorst* |
| 296 | 33 | 18.740 | Eschede |
| 302 | 40 | 37.629 | Bergen |
| 305 | 44 | 20.238 | Sülze |
| 317 | 28 | 43.704 | *Garssen* |
| 320 | 12 | 18.2 | Wohlenberg |
| 323 | 50 | 27.540 | Wienhausen |
| 329 | 36 | 25.155 | *Celle Stadtkirche* |
| 330 | 3 | 44.019 | Celle Schlosskuppel |
| 330 | 4 | 40.019 | Celle Schlosskuppel |
| 331 | 35 | 5.699 | Ütze |
| 339 | 42 | 47.950 | Muggenburg |
| 340 | 28 | 0.699 | *Lichtenberg* |
| 347 | 59 | 3.293 | Burgdorf |
| 351 | 50 | 38.975 | Winsen |

### SCHARNHORST

— 133392.348 — 21418.103

| 45° | 0′ | 59″865 | *Garssen* |
|---|---|---|---|
| 114 | 56 | 0.025 | *Eschede* |
| 116 | 28 | 33.840 | *Falkenberg* |
| 180 | 39 | 58.442 | *Breithorn* |

### BREITHORN

— 144611.129 — 21548.543

| 0° | 39′ | 57″580 | *Scharnhorst* |
|---|---|---|---|
| 94 | 18 | 23.419 | *Falkenberg* |
| 122 | 36 | 5.722 | *Hauselberg* |
| 150 | 3 | 17.767 | *Wilsede* |

### HAUSELBERG

— 148006.363 — 16239.880

| 43° | 18′ | 42″205 | Winsen |
|---|---|---|---|
| 66 | 6 | 1.673 | Hermannsburg |
| 69 | 40 | 35.673 | Bergen |
| 86 | 17 | 34.872 | *Falkenberg* |
| 93 | 30 | 15.423 | Signalbaum im Becklinger Holze |
| 114 | 55 | 17.673 | Müden |
| 154 | 25 | 37.479 | *Wilsede* |
| 156 | 30 | 7.674 | Munster? |
| 188 | 51 | 24.137 | *Wulfsode* |
| 302 | 36 | 5.557 | *Breithorn* |

### WULFSODE

— 171465.593 — 19895.232

| 8° | 51′ | 22″198 | *Hauselberg* |
|---|---|---|---|
| 45 | 13 | 19.156 | *Falkenberg* |
| 118 | 29 | 58.770 | *Wilsede* |
| 198 | 40 | 53.327 | *Timpenberg* |

### WILSEDE

— 182381.889 + 210.397

| 7° | 51′ | 10″095 | *Falkenberg* |
|---|---|---|---|
| 8 | 0 | 22.2 | Erhöheter Baum im Becklinger Holze |
| 19 | 26 | 25.9 | Soltau |
| 21 | 36 | 20.9 | Entfernter Thurm? |
| 46 | 31 | 37.047 | Elmhorst |
| 61 | 10 | 21.1 | Schneverdingen |
| 66 | 13 | 28.845 | Kirchwalsede |
| 67 | 11 | 28.095 | Steinberg |
| 72 | 0 | 40.441 | Bottel |
| 73 | 51 | 50.2 | Brokel |
| 79 | 55 | 40.827 | Rotenburg |
| 89° | 5′ | 4″481 | Bullerberg |
| 90 | 34 | 52.1 | Schessel |
| 103 | 40 | 9.859 | Brüttendorf |
| 108 | 22 | 39.951 | Zeven |
| 112 | 41 | 25.797 | Sittensen |
| 129 | 39 | 24.2 | Alerstedt |
| 129 | 58 | 6.348 | Tostedt |
| 138 | 28 | 9.948 | Litberg |
| 143 | 57 | 4.2 | Apensen |
| 183 | 29 | 1.832 | *Hamburg Michaelis* |
| 183 | 51 | 8.9 | Hamburg kleiner Thurm |
| 183 | 54 | 47.9 | Hamburg kleiner Thurm |
| 184 | 27 | 31.6 | Hamburg Nicolai |
| 184 | 41 | 26.877 | Harburg |
| 184 | 43 | 56.9 | Hamburg kleiner Thurm |
| 184 | 49 | 14.6 | Hamburg kleiner Th. auf breitem Gebäude |
| 184 | 53 | 49.2 | Hamburg Catharinae |
| 185 | 1 | 42.2 | Windmühle |
| 185 | 2 | 55.2 | Hamburg Petri |
| 185 | 24 | 7.2 | Hamburg Jacobi |
| 185 | 58 | 17.6 | Hamburg St. Georg |
| 204 | 28 | 35.103 | Syk |
| 206 | 41 | 46.2 | Bergedorf |
| 219 | 29 | 34.558 | *Hohehorn* |
| 250 | 37 | 50.1 | Egesdorf |
| 253 | 13 | 8.2 | Lüneburg Nicolai |
| 253 | 20 | 6.052 | *Lüneburg Michaelis* |
| 254 | 2 | 44.902 | Lüneburg Johannis |
| 254 | 6 | 55.2 | Lüneburg Lamberti |
| 266 | 43 | 44.2 | Raven |
| 275 | 29 | 13.874 | Nindorf |
| 279 | 31 | 4.2 | Wilsede, Signalbaum |
| 283 | 5 | 9.964 | *Timpenberg* |
| 298 | 29 | 58.591 | *Wulfsode* |
| 311 | 4 | 10.0 | Holxerberg |
| 330 | 3 | 16.463 | *Breithorn* |
| 333 | 1 | 52.2 | Munster |
| 334 | 25 | 35.817 | *Hauselberg* |
| 351 | 55 | 51.9 | Wiezendorf |

### TIMPENBERG

— 177253.420 — 21852.221

| 18° | 40′ | 53″762 | *Wulfsode* |
|---|---|---|---|
| 43 | 42 | 6.195 | Signalbaum im Becklinger Holze |
| 96 | 46 | 8.585 | Amelinghausen |
| 103 | 5 | 9.587 | *Wilsede* |
| 129 | 35 | 56.990 | Raven |
| 150 | 4 | 2.990 | Salzhausen |
| 157 | 42 | 15.068 | *Hamburg Michaelis* |
| 199 | 42 | 16.045 | *Nindorf* |
| 329 | 17 | 42.806 | Ebsdorf? |
| 331 | 22 | 43.990 | Holxerberg |

## NINDORF

— 180162.361 — 22894.019

| | | | |
|---|---|---|---|
| 19° | 42′ | 14″949 | *Timpenberg* |
| 95 | 29 | 14.081 | *Wilsede* |
| 100 | 21 | 32.755 | Raven |
| 138 | 24 | 12.755 | Salzhausen |
| 139 | 30 | 12.611 | Ramelsloh |
| 153 | 20 | 19.755 | Altona Stadtkirche |
| 155 | 17 | 27.774 | *Hamburg Michaelis* |
| 156 | 1 | 57.755 | Hamburg Nicolai |
| 156 | 15 | 50.755 | Hamburg Catharinae |
| 156 | 39 | 36.755 | Hamburg Petri |
| 156 | 56 | 51.755 | Hamburg Jacobi |
| 157 | 12 | 35.611 | Windmühlenflügel |
| 157 | 47 | 12.755 | Hamburg St. Georg |
| 165 | 59 | 58.755 | Steinbeck |
| 180 | 35 | 38.831 | Syk |
| 188 | 9 | 7.269 | *Hohenhorn* |
| 199 | 23 | 15.755 | Grauer Thurm unter dem Horizonte |
| 201 | 56 | 41.678 | Bardowiek |
| 201 | 57 | 52.678 | |
| 207 | 58 | 28.678 | Kreuzen |
| 213 | 53 | 16.487 | *Lüneburg Michaelis* |
| 215 | 2 | 51.915 | Lauenburg Signal |
| 215 | 12 | 53.755 | Lüneburg Rathhaus |
| 215 | 16 | 24.755 | Lüneburg Lamberti |
| 215 | 18 | 40.755 | Lüneburg Nicolai |
| 215 | 31 | 16.755 | Lauenburg Amthausth. |
| 215 | 43 | 4.755 | Lüneburg Heiliger Geist |
| 216 | 57 | 59.712 | Lüneburg Johannis |
| 226 | 44 | 6 | Sehr ferner Bergrücken |
| 228 | 41 | 44.755 | Embsen |
| 274 | 27 | 16.611 | Medingen Th. 1. |
| 274 | 28 | 26.611 | Medingen Th. 2. |
| 283 | 14 | 0 | Hoher kahler ferner Bergrücken |
| 287 | 49 | 22.611 | Kloster Medingen |
| 298 | 31 | 49.683 | Bäzendorf |

## LÜNEBURG

Hauptplatz — 191597.163 — 30574.951

| | | | |
|---|---|---|---|
| 21° | 23′ | 46″9 | Bäume bei Telmar |
| 21 | 26 | 38.9 | |
| 24 | 58 | 22.9 | Bäzendorf |
| 33 | 53 | 22.590 | Nindorf |
| 62 | 18 | 48.9 | Raven |
| 73 | 19 | 30.9 | Wilsede Baum |
| 73 | 20 | 8.188 | *Wilsede Heliotrop* |
| 73 | 34 | 37.682 | Kalkberg |
| 74 | 17 | 54.7 | Egestorf? |
| 79 | 58 | 40.7 | Salzhausen? |
| 114 | 12 | 44.7 | Centrum von 1818 |
| 133 | 43 | 54.3 | Winsen |
| 136 | 34 | 27.9 | Ottensen |
| 137 | 47 | 57.8 | Altona Stadtkirche |
| 137 | 49 | 9.9 | Altona kleiner Thurm |
| 139 | 37 | 24.753 | *Hamburg Michaelis* |
| 139° | 46′ | 33″9 | Hamburg ganz kleiner Thurm |
| 139 | 54 | 17.3 | Ochsenwerder |
| 140 | 18 | 26.3 | Hamburg Nicolai |
| 140 | 26 | 29.8 | Hamburg Catharinen |
| 140 | 35 | 51.9 | Hamburg ganz kleiner Thurm |
| 140 | 50 | 3.8 | Hamburg kleiner Thurm auf breitem Gebäude |
| 141 | 0 | 57.8 | Hamburg Petri |
| 141 | 17 | 35.8 | Hamburg Jacobi |
| 141 | 30 | 51.8 | Kleiner Lat.-Th. jenseit Hamburg |
| 142 | 21 | 59.3 | St. Georg |
| 143 | 33 | 43.9 | Niendorf |
| 143 | 57 | 46.9 | Kirchwerder |
| 144 | 25 | 14.9 | Ferne Spitze |
| 145 | 53 | 29.9 | Ham |
| 148 | 27 | 50.8 | Wandsbeck |
| 149 | 14 | 55.9 | Windmühle |
| 149 | 35 | 12.8 | Steinbeck |
| 150 | 5 | 53.9 | Windmühie |
| 152 | 13 | 13.9 | Korslak |
| 154 | 20 | 43.9 | Bergedorf |
| 171 | 48 | 1.9 | Bardowiek 1. |
| 171 | 48 | 35.9 | Bardowiek 2. |
| 174 | 28 | 33.182 | *Hohenhorn* |
| 181 | 10 | 28.8 | Schumacher's Platz |
| 199 | 44 | 21.9 | Windmühle |
| 215 | 56 | 25.663 | *Lauenburg Signal* |
| 216 | 50 | 5.497 | Lauenburg Amthaus |
| 217 | 19 | 58.454 | Lauenburg Zenith Sector |
| 229 | 23 | 26.9 | Lüne |
| 247 | 20 | 34.9 | Lüneburg Nicolai |
| 283 | 43 | 44.9 | Lüneburg Johannis |
| 323 | 0 | 45.9 | Lüneburg Heilige Geist |
| 365 | 46 | 48.9 | Lüneburg Lamberti |

Platz 2. — 191597.884 — 30575.509

| | | | |
|---|---|---|---|
| 24° | 59′ | 9″7 | Bäzendorf |
| 33 | 53 | 23.449 | Nindorf |
| 37 | 52 | 0.7 | Standpunkt 1. |
| 130 | 4 | 51.149 | Harburg |
| 171 | 47 | 37.7 | Bardowiek 1. |
| 171 | 48 | 9.7 | Bardowiek 2. |
| 175 | 55 | 30.7 | St. Dionys |
| 215 | 56 | 25.375 | Lauenburg Signal |
| 216 | 50 | 5.368 | Lauenburg Amthaus |
| 241 | 53 | 16.2 | Gegenüber dem bezeichnetenCentr. der Laterne |
| 247 | 23 | 2.7 | Lüneburg Nicolai |
| 258 | 23 | 49.7 | Stern auf einem Gartenhause |
| 258 | 55 | 9.7 | Rathhaus |
| 314 | 16 | 36.8 | Alt Medingen breites Dach |
| 314 | 19 | 16.8 | Alt Medingen spitzes Dach |
| 323 | 7 | 20.7 | Lüneburg Heiliger Geist |
| 345 | 52 | 19.7 | Lüneburg Lamberti |

Schumachers Platz — 191600.121 — 30575.017

| | | | |
|---|---|---|---|
| 130° | 4′ | 44″016 | Harburg |
| 139 | 54 | 1.7 | Ochsenwerder |
| 143 | 42 | 23.7 | Platz vor dem Thore |

| | | | |
|---|---|---|---|
| 171° | 47′ | 50″7 | Bardowiek 1. |
| 171 | 48 | 20.7 | Bardowiek 2. |
| 175 | 55 | 41.7 | St. Dionys |
| 174 | 28 | 43.7 | Hohenhorn |
| 204 | 24 | 29.7 | Lüttau |
| 215 | 56 | 45.168 | Lauenburg Signal |
| 216 | 50 | 26.326 | Lauenburg Amthaus |
| 229 | 27 | 28.7 | Lüne |

## LÜNEBURG KALKBERG

—191511.038 —30282.895

| | | | |
|---|---|---|---|
| 33° | 3′ | 45″2 | Nindorf Stein |
| 62 | 7 | 10.2 | Raven |
| 73 | 19 | 25.2 | Wilsede Signalbaum |
| 138 | 9 | 2.2 | Altona |
| 139 | 59 | 27.2 | Hamburg Michaelis |
| 216 | 31 | 52.2 | Lauenburg Signal |
| 217 | 26 | 20.2 | Lauenburg Amthausthurm |
| 232 | 43 | 37.2 | Lüne |
| 249 | 20 | 27.2 | Lüneburg Nicolai |
| 253 | 30 | 46.2 | Lüneburg Michaelis bez. Centr. der Laterne |
| 253 | 31 | 3.40 | Lüneburg Michaelis Knopf |
| 253 | 34 | 10.15 | Lüneburg Michaelis Platz 1 |
| 275 | 34 | 34.2 | Lüneburg Johannis |
| 296 | 19 | 42.2 | Lüneburg Heiliger Geist |
| 310 | 13 | 53.2 | Lüneburg Lamberti |

## LÜNEBURG VOR DEM THORE

—191882.273 —30367.793

| | | | |
|---|---|---|---|
| 272° | 37′ | 45″7 | Nicolai |
| 286 | 31 | 25.7 | Rathhaus |
| 295 | 42 | 36.7 | Johannis |
| 323 | 42 | 23.700 | Schumachers Platz |
| 323 | 59 | 53.600 | Platz 1. |
| 324 | 3 | 28.663 | Knopf |
| 324 | 2 | 7.1 | Bezeichn. Centrum der Laterne |
| 336 | 4 | 19.7 | Lamberti |

## ELMHORST

—163054.915 +20595.877

| | | | |
|---|---|---|---|
| 70° | 18′ | 40″3 | Visselhövede dicker Thurm |
| 76 | 33 | 48.0 | Müllers Nebenplatz |
| 77 | 9 | 56.3 | Visselhövede dünner Thurm |
| 141 | 43 | 37.629 | Bullerberg |
| 178 | 18 | 0.898 | Litberg |
| 201 | 15 | 19.0 | Thurmspitze? |
| 226 | 31 | 35.546 | Wilsede Heliotrop |
| 226 | 32 | 58.011 | Wilsede Signalbaum |
| 301 | 3 | 58.5 | Wegweiser |
| 301 | 19 | 3.5 | |
| 311 | 10 | 2.2 | Signalbaum im Becklinger Holze |
| 316 | 45 | 40.476 | Falkenberg |

## LITBERG

—206866.630 +21895.743

| | | | |
|---|---|---|---|
| 20° | 14′ | 5″596 | Schessel |
| 30 | 25 | 57.5 | Sittensen |
| 59 | 56 | 19.825 | Brüttendorf |
| 66 | 0 | 48.785 | Zeven |
| 88 | 23 | 3.846 | Ausdehnung des Teiches im Tr moor |
| 91 | 7 | 23.596 | |
| 102 | 10 | 47.1 | Alerstedt |
| 141 | 31 | 10 | Spur eines entfernten Horizont |
| 159 | 25 | 25.071 | Stade Cosmae |
| 159 | 31 | 52.5 | Stade Wilhadi |
| 180 | 9 | 51.9 | Apensen |
| 194 | 33 | 46.4 | Wedel |
| 206 | 19 | 46.5 | Rellingen |
| 209 | 21 | 4.3 | Estebrügge |
| 210 | 9 | 44.196 | Buxtehude |
| 215 | 13 | 42.3 | Bauers Warte |
| 215 | 46 | 15.3 | Bauers chinesischer Thurm |
| 230 | 57 | 6.3 | Altona Armenkirche |
| 231 | 21 | 6.3 | Altona Stadtkirche |
| 231 | 23 | 5.3 | Altona Rathhaus |
| 233 | 35 | 14.346 | Hamburg Michaelis |
| 234 | 22 | 11.3 | Hamburg kleiner Thurm |
| 234 | 28 | 11.3 | Hamburg hoher Thurm |
| 234 | 22 | 48.3 | Hamburg kleiner Thurm |
| 234 | 33 | 5.3 | Hamburg Petri |
| 235 | 7 | 14.3 | Hamburg Catharinae |
| 250 | 36 | 52.3 | Elstorf |
| 288 | 7 | 32.2 | Hollenstedt |
| 318 | 28 | 12.193 | Wilsede |
| 331 | 30 | 1.3 | Tostedt |
| 358 | 18 | 3.803 | Elmhorst |

## HAMBURG

Centrum —224765.173 —2369.933

Standpunkt 1. —224764.186 —2370.474

| | | | |
|---|---|---|---|
| 3° | 28′ | 3″6 | Wilsede Baum |
| 3 | 29 | 4.731 | *Wilsede Heliotrop* |
| 16 | 2 | 46 | Grenzen des Fensters |
| 296 | 45 | 36 | |
| 314 | 43 | 22.9 | Kirchwerder |
| 318 | 45 | 45.3 | Ochsenwerder |
| 318 | 49 | 2.9 | Lüneburg Nicolai |
| 319 | 0 | 36.9 | Lüneburg Johannis |
| 319 | 37 | 22.732 | *Lüneburg Michaelis* |
| 319 | 52 | 24.9 | Lüneburg Lamberti |
| 359 | 18 | 35.740 | Harburg |

Standpunkt 2. —224764.090 —2370.385

| | | | |
|---|---|---|---|
| 3° | 27′ | 57″9 | Wilsede Baum |
| 3 | 29 | 4.283 | *Wilsede Heliotrop* |
| 284 | 30 | 4.9 | Hamburg Catharinae |
| 287 | 12 | 41.899 | *Hohenhorn* |
| 291 | 19 | 34.5 | Billwerder |
| 293 | 3 | 19.9 | Bergedorf |

| | | | |
|---|---|---|---|
| 300° | 46′ | 5″1 | Moorfeeth |
| 318 | 45 | 50.0 | Ochsenwerder |
| 318 | 49 | 11.9 | Lüneburg Nicolai |
| 319 | 0 | 43.9 | Lüneburg Johannis |
| 319 | 37 | 22.355 | *Lüneburg Michaelis* |
| 319 | 52 | 28.9 | Lüneburg Lamberti |
| 320 | 31 | 55.1 | Giebelfenster eines grossen Hauses |
| 323 | 49 | 31.1 | Winsen |
| 335 | 17 | 24.687 | Nindorf |
| 337 | 42 | 13.470 | Timpenberg |
| 339 | 56 | 14.7 | Wilhelmsburg |
| 345 | 14 | 19.2 | Thurm in Hamburg |
| 355 | 8 | 21.2 | Thurm auf Hafenhaus |
| 359 | 18 | 33.6 | Harburg |

Standpunkt 3. —224764.064 —2369.712

| | | | |
|---|---|---|---|
| 3° | 29′ | 1″023 | Wilsede |
| 21 | 10 | 14.4 | Moorburg |
| 53 | 35 | 18.538 | Litberg |
| 62 | 31 | 29.212 | Apensen |
| 66 | 20 | 52 | Grenzen des Fensters |
| 253 | 4 | 52 | |
| 359 | 18 | 18.998 | Harburg |

Standpunkt 4. —224764.074 —2369.701

| | | | |
|---|---|---|---|
| 0° | 57′ | 33″0 | Sinsdorf |
| 3 | 29 | 0.970 | Wilsede |
| 21 | 10 | 9.0 | Moorburg |
| 53 | 35 | 18.445 | Litberg |
| 62 | 31 | 29.112 | Apensen |
| 356 | 39 | 11.0 | Wilstedt |
| 359 | 18 | 20.325 | Harburg |

Standpunkt 5. —224764.344 —2369.937

| | | | |
|---|---|---|---|
| 21° | 10′ | 9″9 | Moorburg |
| 42 | 25 | 28.9 | Elsdorf |
| 53 | 35 | 17.916 | Litberg |
| 94 | 17 | 46.9 | Altona Rathhaus |
| 94 | 34 | 21.9 | Bauers chinesischer Thurm |
| 94 | 53 | 54.9 | Bauers Thurm |
| 96 | 9 | 57.9 | Entfernter Horizont |
| 98 | 52 | 25.9 | Bauers Berg, Zelt |
| 100 | 5 | 11.9 | Stade, Wilhardi |
| 100 | 18 | 18.9 | Stade, Cosmae |
| 323 | 49 | 9.9 | Winsen |

Standpunkt 6. —224764.388 —2369.634

| | | | |
|---|---|---|---|
| 3° | 29′ | 0″554 | Wilsede |
| 90 | 14 | 16.9 | Altona Hauptkirche |
| 92 | 11 | 3.9 | Niensteden |
| 98 | 52 | 25.179 | Baursberg Stein |

## BULLERBERG

— 181819.664 + 35400.829

| | | | |
|---|---|---|---|
| 5° | 19′ | 9″719 | Kirchwalsede |
| 5 | 45 | 46.1 | Rotenburg |
| 8° | 25′ | 2″5 | Rotenburg Sprützenstange |
| 11 | 8 | 49.5 | Rotenburg Stein an der Chaussee diesseits |
| 11 | 9 | 46.5 | Rotenburg Stein an der Chaussee jenseits |
| 27 | 49 | 55.004 | Steinberg Signalbaum |
| 31 | 59 | 20.811 | Ahausen |
| 32 | 13 | 58.621 | Bottel |
| 139 | 25 | 25.213 | Brüttendorf |
| 235 | 45 | 35.198 | Tostedt |
| 259 | 15 | 12.587 | Schessel |
| 269 | 5 | 5.148 | Wilsede |
| 281 | 25 | 22.963 | Schneverdingen |
| 306 | 24 | 23.8 | Neuenkirchen |
| 315 | 15 | 18.8 | Brokel |
| 321 | 43 | 39.592 | Elmhorst |
| 322 | 13 | 35.648 | Elmhorst Nebenplatz |

## BRÜTTENDORF

— 193340.040 + 45266.609

| | | | |
|---|---|---|---|
| 56° | 53′ | 54″565 | Bremen Ansgarii Mitte |
| 57 | 6 | 1.628 | Wilstedt |
| 197 | 21 | 45.517 | Zeven Knopf |
| 239 | 56 | 17.690 | Litberg |
| 265 | 54 | 53.3 | Sittensen |
| 283 | 40 | 11.399 | Wilsede |
| 293 | 1 | 4.628 | Elsdorf |
| 306 | 22 | 9.726 | Schessel |
| 319 | 25 | 27.704 | Bullerberg |
| 357 | 9 | 16.378 | Bottel |
| 359 | 16 | 1.240 | Steinberg Signalbaum |

## BOTTEL

— 168158.341 + 44014.670

| | | | |
|---|---|---|---|
| 10° | 47′ | 41″662 | Steinberg |
| 10 | 48 | 49.3 | Steinberg Signalbaum 1. |
| 11 | 51 | 13.3 | Steinberg Signalbaum 2. |
| 58 | 18 | 11.3 | Heiligenfelde |
| 64 | 48 | 33.3 | Lunsen |
| 90 | 46 | 15.3 | Arbergen |
| 97 | 45 | 13.3 | Bremen Zwinger |
| 97 | 46 | 56.3 | Bremen kathol. Kirche |
| 98 | 0 | 46.3 | Bremen Martini |
| 98 | 10 | 8.5 | Bremen Dom |
| 98 | 21 | 8.3 | Bremen Unsrer lieben Frauen |
| 98 | 33 | 49.3 | Bremen Gymnasium |
| 98 | 38 | 40.931 | Bremen Ansgarius |
| 130 | 30 | 21.1 | Worpswede |
| 143 | 53 | 1.7 | Wilstedt |
| 156 | 47 | 43.1 | Sottrum |
| 177 | 9 | 11.071 | Brüttendorf |
| 212 | 13 | 55.566 | Bullerberg |
| 213 | 12 | 11.0 | Ahausen |
| 222 | 15 | 49.801 | Schessel |
| 225 | 34 | 40.026 | Rotenburg |
| 250 | 0 | 39.148 | Wilsede 252°? |
| 252 | 1 | 4.466 | Wilsede Signalbaum |
| 324 | 13 | 37.3 | Wedehof |

## ZEVEN

— 196973.309 + 44130.578

| | | | |
|---|---|---|---|
| 1° | 17′ | 44″058 | Steinberg |
| 17 | 21 | 57.036 | Brüttendorf |
| 53 | 26 | 12.202 | Bremen |
| 67 | 43 | 3.9 | Platz im Garten des Posthauses |
| 124 | 13 | 45.024 | Brillit |
| 152 | 47 | 55.482 | Selsingen |
| 246 | 0 | 47.896 | Litberg |
| 288 | 22 | 41.424 | Wilsede |
| 316 | 59 | 25.036 | Schessel |

## STEINBERG

— 163594.034 + 44884.912

| | | | |
|---|---|---|---|
| 10° | 56′ | 28″8 | Eistrup |
| 11 | 27 | 26.2 | Balge |
| 12 | 13 | 12.2 | Döverden |
| 12 | 59 | 8.2 | Loh |
| 19 | 34 | 6.675 | Verden Nicolai |
| 19 | 42 | 32.2 | Verden Dom |
| 21 | 11 | 50.425 | Verden Johannis |
| 22 | 28 | 46.2 | Bücken |
| 27 | 38 | 29.4 | Magelsen |
| 31 | 29 | 20.2 | Wechold |
| 33 | 58 | 14.2 | Eizendorf |
| 36 | 16 | 58.031 | Asendorf |
| 46 | 21 | 56.2 | Matfeld |
| 50 | 39 | 37.2 | Blender |
| 63 | 17 | 2.2 | Intschede |
| 64 | 51 | 0.2 | Heiligenfelde |
| 78 | 0 | 15.2 | Thedinghausen |
| 78 | 47 | 16.2 | Lunsen |
| 82 | 47 | 39.2 | Heiligenbruch |
| 88 | 49 | 41.2 | Leeste |
| 90 | 0 | 10.2 | Kirchweihe |
| 96 | 20 | 2.2 | Achim |
| 98 | 26 | 30.2 | Thurm |
| 98 | 35 | 50.2 | Delmenhorst |
| 105 | 22 | 50.2 | Ferner Thurm |
| 106 | 0 | 42.726 | Bremen kathol. Kirche |
| 106 | 4 | 12.2 | Bremen Zwinger |
| 106 | 10 | 26.2 | Bremen Martini |
| 106 | 23 | 32.2 | Bremen Dom |
| 106 | 33 | 12.2 | Bremen Unsrer lieben Frauen |
| 106 | 46 | 2.221 | Bremen Ansgarii Heliotrop |
| 106 | 46 | 2.526 | Bremen Ansgarii Knopf |
| 106 | 53 | 10.2 | Bremen Stephani |
| 107 | 14 | 18.2 | Bremen Remberti |
| 111 | 3 | 50.2 | Thurm |
| 112 | 57 | 37.2 | Thurm |
| 161 | 5 | 15.0 | Zweiter Signalbaum, unten |
| 161 | 13 | 57.0 | Zweiter Signalbaum, oben |
| 181 | 17 | 37.150 | Zeven |
| 182 | 51 | 52.2 | Windmühle von Mülmshorn |
| 190 | 47 | 40.064 | Bottel |
| 237 | 31 | 50.2 | Brokel |
| 247° | 11′ | 24″612 | Wilsede |
| 251 | 45 | 57.0 | Kirchwalsede |
| 261 | 18 | 27.0 | Wedehof, linke Ecke des Ziegeldachs |
| 294 | 24 | 31.5 | Baum oder Thurmspitze |
| 335 | 19 | 29.0 | Linteloh |
| 347 | 25 | 19.0 | Lindhop Schorstein |
| 353 | 18 | 25.7 | Westen |

## BREMEN

Hauptplatz von 1824. — 173074.579 + 76350.972

| | | | |
|---|---|---|---|
| 20° | 32′ | 35″325 | Twistringen |
| 74 | 33 | 28.0 | Ganderkesee |
| 75 | 43 | 29.1 | Delmenhorst |
| 99 | 35 | 50.9 | Thurmspitze |
| 100 | 40 | 39.690 | Oldenburg |
| 101 | 26 | 25.208 | Hude |
| 115 | 18 | 22.9 | Thurmspitze unterm Horizont |
| 115 | 27 | 14.9 | Thurmspitze |
| 115 | 38 | 10.9 | Bardewisch |
| 115 | 49 | 16.427 | Rastede |
| 115 | 52 | 57.1 | Rablinghausen |
| 116 | 21 | 53.6 | Windmühle |
| 119 | 12 | 11.9 | Thurmspitze |
| 119 | 16 | 39.5 | Berne |
| 131 | 53 | 33.1 | Vegesack |
| 132 | 58 | 45.390 | Neuenkirchen |
| 199 | 41 | 44.085 | Brillit |
| 231 | 17 | 46.6 | Kirchtimke |
| 233 | 25 | 59.010 | Zeven Heliotrop von 1824 |
| 236 | 46 | 32.995 | Wilstedt |
| 236 | 53 | 48.078 | Brüttendorf |
| 278 | 38 | 42.771 | Bottel |
| 286 | 18 | 9.8 | Bremen Gymnasium |
| 286 | 46 | 2.718 | Steinberg |
| 301 | 16 | 13.8 | Arbergen |
| 302 | 5 | 4.050 | Verden Johannis |
| 302 | 26 | 17.8 | Intschede |
| 302 | 57 | 45.953 | Verden Dom |
| 303 | 4 | 35.9 | Thurm in Verden |
| 307 | 39 | 55.9 | Lunsen |
| 307 | 55 | 6.9 | Blender |
| 308 | 27 | 18.8 | Bremen Unsrer lieben Frauen |
| 323 | 32 | 4.9 | Ride |
| 330 | 2 | 25.9 | Katholische Kirche |
| 333 | 1 | 12.9 | Weihe |
| 349 | 6 | 46.9 | Heiligenfelde |
| 354 | 6 | 27.9 | Martini |
| 355 | 46 | 7.9 | Barrien |

Platz vom 19. Juli 1824 — 173074.923 + 76351.200

| | | | |
|---|---|---|---|
| 12° | 36′ | 27″1 | Bassum |
| 182 | 36 | 38.1 | St. Jürgen |
| 184 | 12 | 42.852 | *Hambergen* |
| 207 | 37 | 37.1 | Worpswede |
| 224 | 1 | 54.1 | Thurm |
| 226 | 43 | 17.1 | Lilienthal |
| 233 | 25 | 59.184 | *Zeven Thurm* |

| 246° | 6′ | 45″1 | Horn |
|---|---|---|---|
| 265 | 49 | 0.617 | *Rotenburg* |
| 286 | 20 | 51.1 | Bremen Gymnasium |
| 286 | 45 | 50.1 | Steinberg Signal |
| 307 | 39 | 56.1 | Lunsen |
| 307 | 55 | 21.1 | Blender |
| 308 | 28 | 44.1 | Bremen Unsrer lieben Frauen |
| 327 | 19 | 23.816 | *Bücken* |
| 330 | 2 | 3.1 | Bremen katholische Kirche |
| 333 | 1 | 16.1 | Weihe |
| 349 | 6 | 50.1 | Heiligenfelde |

Platz vom 22. Juli (Lothplatz) — 173074.521 + 76350.975

| 119° | 16′ | 47″0 | Berne |
|---|---|---|---|
| 176 | 50 | 29.0 | Scharmbeck |
| 180 | 16 | 48.1 | Thurmspitze? |
| 233 | 15 | 32.5 | Platz am Heerdenthore |
| 236 | 46 | 43.0 | Wilstedt |
| 286 | 17 | 34.0 | Bremen Gymnasium |
| 301 | 16 | 23.0 | Arbergen |
| 301 | 39 | 32.0 | Domshof |
| 302 | 5 | 4.486 | Verden Johannis |
| 330 | 2 | 8.0 | Bremen katholische Kirche |
| 354 | 5 | 56.5 | Bremen Martini |

Platz vom 23. Julius — 173074.943 + 76351.052

| 20° | 32′ | 34″056 | *Twistringen* |
|---|---|---|---|
| 132 | 58 | 43.715 | *Neuenkirchen* |
| 207 | 37 | 25.0 | Worpswede |
| 226 | 43 | 20.0 | Lilienthal |
| 265 | 49 | 0.287 | *Rotenburg* |
| 268 | 29 | 47.0 | Brokel |
| 270 | 58 | 0.0 | Bremen Remberti |
| 286 | 21 | 10.0 | Bremen Gymnasium |
| 307 | 40 | 4.0 | Lunsen |
| 313 | 28 | 34.0 | Magelsen |
| 314 | 3 | 36.0 | Bremen Dom |
| 316 | 14 | 54.0 | Eizendorf |
| 333 | 1 | 14.0 | Weihe |
| 339 | 2 | 53.837 | *Asendorf* |
| 349 | 6 | 54.0 | Heiligenfelde |

Platz vom 1. August — 173075.126 + 76351.010

| 296° | 55′ | 32″8 | Achim |
|---|---|---|---|
| 302 | 5 | 6.846 | Verden Johannis |
| 303 | 28 | 41.8 | Ferner Thurm |
| 321 | 18 | 23.8 | Wechold |
| 333 | 1 | 25.8 | Weihe |
| 355 | 46 | 4.8 | Barrien |

Platz von August 13 u. 17, erste Aufstellung — 173075.149 + 76351.413

| 9° | 4′ | 23″0 | Brinkum |
|---|---|---|---|
| 54 | 59 | 10.0 | Huchting |
| 139 | 10 | 33.0 | Gröplingen |
| 141 | 47 | 31.0 | Gramke |
| 143 | 45 | 29.0 | Lessum |
| 165 | 11 | 51.768 | *Garlste* |

| 199° | 41′ | 47″289 | *Brillit* |
|---|---|---|---|
| 232 | 59 | 9.0 | Borgfeld |
| 236 | 53 | 52.084 | *Brüttendorf* |
| 261 | 47 | 40.9 | Oberneuland |
| 262 | 16 | 42.9 | Sottrum |
| 296 | 26 | 47.0 | Badner Windmühle |
| 329 | 22 | 33.0 | Ahrsten |

Platz vom 17. August, zweite Aufstellung — 173074.613 + 76351.066

| 115° | 21′ | 51″6 | Windmühle |
|---|---|---|---|
| 115 | 38 | 14.6 | Bardewisch |
| 115 | 49 | 16.790 | Rastede |
| 119 | 12 | 6.6 | Thurmähnliches Object |
| 120 | 1 | 33.6 | Moorlosen |
| 120 | 7 | 10.6 | Huntebrück |
| 120 | 16 | 13.6 | Seehausen |
| 122 | 32 | 39.6 | Trockne Baumkrone |
| 123 | 16 | 2.285 | *Grossen Meer* |
| 132 | 58 | 45.703 | *Neuenkirchen* |
| 143 | 45 | 20.6 | Lessum |
| 160 | 20 | 0.6 | Ausgewipfelter Baum |
| 165 | 11 | 49.662 | *Garste* |
| 176 | 50 | 24.6 | Scharmbeck |
| 182 | 55 | 3.6 | Osterholz |
| 184 | 12 | 41.603 | *Hambergen* |

## BREMEN DOMSHOF

— 172815.860 + 75931.494

| 53° | 21′ | 34″6 | Dom |
|---|---|---|---|
| 108 | 4 | 31.6 | Unsrer lieben Frauen |
| 121 | 39 | 32.0 | Ansgarius Loth |
| 121 | 41 | 12.958 | Ansgarius Knopf |
| 152 | 4 | 38.6 | Gymnasium |

## BREMEN HEERDENTHORSWALL

— 173252.563 + 76112.469

| 20° | 15′ | 37″0 | Martini |
|---|---|---|---|
| 53 | 15 | 32.5 | Ansgarius Loth |
| 53 | 17 | 19.833 | Ansgarius Knopf |
| 226 | 31 | 16.0 | Lilienthal |
| 340 | 51 | 54.0 | Gymnasium |
| 349 | 14 | 23.0 | Dom |
| 356 | 45 | 12.0 | Unsrer lieben Frauen |

## BRILLIT

— 209920.394 + 63160.149

| 12° | 52′ | 3″9 | Platz unweit des Holzvogt |
|---|---|---|---|
| 13 | 14 | 41.8 | Worpswede |
| 19 | 4 | 50.704 | Bremen Dom |
| 19 | 41 | 56.950 | Bremen Ansgarius Centrum |
| 19 | 41 | 57.037 | Bremen Ansgarius Heliotrop |
| 49 | 19 | 51.594 | Garlste |

| 97° | 1′ | 38″7 | Windmühle |
|---|---|---|---|
| 97 | 8 | 43.7 | Windmühle |
| 97 | 34 | 57.281 | Esensham |
| 106 | 51 | 6.746 | Loxstedt |
| 114 | 55 | 4.669 | Bexhövede |
| 114 | 45 | 19.369 | Blexen |
| 124 | 0 | 37.022 | Bremerlehe Heliotrop |
| 304 | 13 | 50.734 | Zeven Heliotrop |
| 345 | 21 | 11.4 | Platz unweit der Gnarrenburger Windmühle |
| 345 | 26 | 14.9 | Wilstedt |

## GARLSTE

−193865.912 +81845.072

| 9° | 27′ | 5″0 | Ausgewipfelte Tanne |
|---|---|---|---|
| 24 | 50 | 31.2 | Ganderkesee |
| 29 | 19 | 29.0 | Nahe Windmühle |
| 32 | 57 | 20.0 | Vegesack |
| 41 | 26 | 48.2 | Mullerberg |
| 61 | 43 | 21.0 | Berne |
| 77 | 20 | 14.686 | Neuenkirchen |
| 84 | 5 | 59.0 | Windmühle |
| 84 | 32 | 57.711 | Thurm |
| 87 | 36 | 50.371 | Rastede |
| 89 | 6 | 53.0 | Hoher Baum 1. |
| 89 | 7 | 46.0 | Hoher Baum 2. |
| 89 | 9 | 27.0 | Hoher Baum 3. |
| 91 | 11 | 31.4 | Grossenmeer |
| 97 | 17 | 29.0 | Mayenburg |
| 106 | 4 | 24.7 | Jahde |
| 107 | 43 | 54.7 | Hammelworden |
| 112 | 10 | 4.070 | Varel |
| 118 | 28 | 50.356 | Uthlede |
| 121 | 12 | 14.4 | Golzwarden |
| 123 | 56 | 53.0 | Schwey |
| 126 | 56 | 13.0 | Windmühle |
| 130 | 44 | 42.597 | Sandstedt |
| 131 | 53 | 54.7 | Rotenkirchen |
| 133 | 7 | 32.7 | Seefeld |
| 139 | 18 | 14.7 | Esensham |
| 140 | 41 | 27.024 | Stolham |
| 167 | 18 | 37.365 | Bremerlehe |
| 169 | 42 | 0.836 | Loxstedt |
| 173 | 28 | 15.0 | Bramstedt |
| 177 | 14 | 35.0 | Bexhövede |
| 229 | 19 | 45.086 | Brillit |
| 235 | 57 | 28.036 | Hambergen |
| 279 | 21 | 1.0 | Warnungstafel |
| 293 | 6 | 28.0 | Schorstein |
| 345 | 11 | 55.589 | Bremen Ansgarius Mitte |
| 345 | 11 | 58.381 | Bremen Ansgarius Heliotrop |
| 345 | 20 | 43.0 | Bremen Martini |
| 346 | 41 | 59.0 | Bremen Stephani |

## BREMERLEHE

−227663.375 +89453.894

| 2° | 27′ | 14″2 | Gestendorf |
|---|---|---|---|
| 3 | 22 | 18.6 | Uthlede |
| 25 | 9 | 18.2 | Dedesdorf |
| 25 | 50 | 38.2 | Windmühle von Strobhausen |
| 28 | 6 | 34.2 | Rotenkirchen |
| 37 | 47 | 14.2 | Thurmähnliches Object |
| 38 | 57 | 46.9 | Esensham |
| 44 | 46 | 22.2 | Blexen |
| 46 | 37 | 42.0 | Atens |
| 53 | 8 | 5.2 | Seefeld |
| 59 | 21 | 10.455 | Varel |
| 81 | 31 | 34.2 | Eckwarden |
| 82 | 59 | 15.2 | Dicker Thurm |
| 95 | 12 | 50.2 | Burhave |
| 103 | 31 | 22.739 | Langwarden |
| 126 | 13 | 0.2 | Bremer Bake |
| 138 | 11 | 28.2 | Imsum |
| 150 | 1 | 26.2 | Wremen |
| 174 | 20 | 42.2 | Dorum |
| 175 | 48 | 54.2 | Cappel |
| 185 | 45 | 24.2 | Midlum |
| 213 | 43 | 51.3 | Wanna |
| 273 | 42 | 1.2 | Ringstedt |
| 304 | 0 | 45.583 | Brillit |
| 313 | 11 | 25.4 | Schiffdorf |
| 323 | 28 | 46.211 | Bexhövede |
| 342 | 23 | 31.255 | Loxstedt |
| 344 | 17 | 37.2 | Bramstedt |
| 347 | 18 | 53.042 | Garlste |
| 356 | 1 | 10.2 | Wulstorf |
| 359 | 16 | 59.9 | Stotel |

Andrer Platz −227663.588 +89453.739

| 2° | 27′ | 25″2 | Gestendorf |
|---|---|---|---|
| 3 | 22 | 35.2 | Uthlede |
| 12 | 14 | 29.2 | Sandstedt |
| 13 | 6 | 43.2 | Kleiner nicht sehr ferner Thurm |
| 28 | 6 | 35.2 | Rotenkirchen |
| 38 | 57 | 52.2 | Esensham |
| 43 | 14 | 13.2 | Blexumer Windmühle |
| 44 | 46 | 15.2 | Blexum |
| 46 | 37 | 47.2 | Atens |
| 49 | 44 | 24.2 | Abbehausen |
| 53 | 8 | 12.2 | Seefeld |
| 70 | 7 | 9.2 | Stolham |
| 81 | 31 | 25.2 | Eckwarden |
| 82 | 59 | 11.2 | Dicker Thurm |
| 95 | 12 | 43.2 | Burhave |
| 126 | 12 | 51.2 | Bremer Bake |
| 138 | 11 | 16.2 | Imsum |
| 165 | 56 | 59.2 | Mulsum |
| 174 | 20 | 27.2 | Dorum |
| 175 | 48 | 44.2 | Capeln |
| 185 | 45 | 14.2 | Midlum |
| 283 | 52 | 6.2 | Brameln |
| 304 | 0 | 47.293 | Brillit |
| 313 | 11 | 42.2 | Schiffdorf |
| 323 | 28 | 51.032 | Bexhövede |
| 347 | 18 | 54.222 | Garlste |
| 356 | 1 | 16.2 | Wulstorf |
| 359 | 17 | 7.2 | Stotel |

## VAREL

— 209473.921 + 120150.600

| 43° | 18′ | 8″956 | Westerstede |
|---|---|---|---|
| 87 | 38 | 21.9 | Bockhorn spitzer Thurm |
| 87 | 39 | 7.9 | Bockhorn? niedriger Laternenthurm |
| 118 | 26 | 38.1 | Spitzer Thurm |
| 132 | 9 | 42.1 | Schloss Gödens |
| 133 | 44 | 10.1 | Laternenthurm in Neustadt-Gödens |
| 133 | 55 | 16.1 | Thürmchen |
| 134 | 11 | 30.1 | Neustadt-Gödens |
| 142 | 48 | 36.1 | Jever Stadtkirche |
| 142 | 58 | 5.978 | Jever Schlossthurm Dreieckspunkt |
| 142 | 58 | 55.010 | Jever Schlossthurm Centrum |
| 146 | 9 | 32.5 | Sande |
| 163 | 25 | 41.5 | Kniphausen |
| 165 | 39 | 54.5 | Dangast Badehaus |
| 165 | 59 | 34.8 | Sengwarden |
| 169 | 53 | 21.8 | Niende |
| 207 | 25 | 24.5 | Langwarden Loh |
| 207 | 43 | 59.763 | Langwarden Dreieckspunkt |
| 211 | 34 | 32.9 | Eckwarden |
| 218 | 15 | 28.1 | Burhave |
| 220 | 23 | 13.7 | Misselwarden |
| 221 | 59 | 47.7 | Ferner Haubenthurm |
| 222 | 36 | 33.9 | Wremen |
| 223 | 17 | 16.7 | Mulsum |
| 239 | 21 | 1.978 | Bremerlehe |
| 239 | 56 | 30.1 | Thürmchen 1 \| auf einem nahen |
| 240 | 12 | 56.1 | Thürmchen 2 \| Gebäude |
| 241 | 55 | 25.4 | Blexen |
| 243 | 26 | 29.1 | Elmloh |
| 245 | 9 | 16.4 | Atens |
| 245 | 22 | 47.9 | Abbehausen |
| 246 | 57 | 33.4 | Seefeld |
| 250 | 47 | 57.7 | Wulstorf |
| 255 | 17 | 2.7 | Esensham |
| 257 | 48 | 40.7 | Loxstedt |
| 258 | 8 | 53.1 | Nebenthurm der Vareler Kirche |
| 259 | 3 | 12.6 | Dedesdorf |
| 260 | 15 | 29.9 | Stotel |
| 280 | 29 | 38.219 | Sandstedt |
| 284 | 22 | 13.269 | Golzwarden |
| 290 | 0 | 25.2 | Uthlede? |
| 291 | 12 | 3.8 | Spitzer Thurm |
| 292 | 10 | 9.326 | Garlste |
| 294 | 22 | 13.7 | Struckhausen |
| 294 | 57 | 41.7 | Hammelwarden |
| 306 | 59 | 49.819 | Neuenkirchen |
| 345 | 32 | 36.7 | Platz in Lacroix Hause |
| 347 | 25 | 20.473 | Rastede |

Erster Nebenplatz — 209474.119 + 120151.284

| 141° | 19′ | 41″7 | Windmühle mit sechs Flügeln |
|---|---|---|---|
| 142 | 58 | 2.901 | Jever Heliotrop |
| 142 | 58 | 51.933 | Jever Thurm |
| 146 | 9 | 10.7 | Sande |
| 148 | 54 | 20.7 | Marienhausen |
| 154 | 26 | 25.7 | Accum |
| 154° | 52′ | 21″7 | Ferner Thurm |
| 159 | 26 | 50.7 | Ferner kleiner Thurm |
| 163 | 25 | 41.7 | Kniphausen |
| 164 | 46 | 12.7 | Dangast Speisehaus |
| 165 | 59 | 35.7 | Sengwarden |
| 169 | 53 | 17.7 | Niende |
| 198 | 44 | 4.7 | Bremer Bake |
| 207 | 43 | 58.3 | Langwarden |

Zweiter Nebenplatz — 209474.226 + 120151.580

| 106° | 3′ | 20″2 | Zetel |
|---|---|---|---|
| 154 | 26 | 22.2 | Accum |
| 154 | 42 | 20.2 | Thurm |
| 207 | 43 | 59.9 | Langwarden Thurm |
| 227 | 31 | 49.5 | Imsum |
| 230 | 23 | 50.3 | Stolham |
| 258 | 38 | 51.2 | Varel Nebenthurm |
| 268 | 40 | 30.5 | Schwey |
| 270 | 7 | 6.5 | Rotenkirchen |
| 306 | 59 | 51.520 | Neuenkirchen |
| 314 | 17 | 2.5 | Jahde |
| 317 | 34 | 48.3 | Berne |
| 345 | 53 | 25.2 | Fenster in Lacroix Hause |
| 347 | 25 | 21.487 | Rastede |

## LANGWARDEN

— 232175.707 + 108215.212

| 14° | 39′ | 59″5 | Thurmspitze |
|---|---|---|---|
| 19 | 27 | 5.5 | Eckwarden |
| 24 | 17 | 32.2 | Object |
| 27 | 40 | 42.550 | Varel Nebenthurm |
| 27 | 44 | 11.842 | Varel Dreieckspunkt |
| 38 | 7 | 22.8 | Dangast grosses Haus |
| 38 | 10 | 10.8 | Dangast grosses Haus |
| 38 | 12 | 15.8 | Dangast kleines Haus |
| 61 | 19 | 59.5 | Schloss Gödens |
| 61 | 29 | 35.5 | Sande |
| 62 | 19 | 55.5 | Niende |
| 62 | 20 | 13.9 | |
| 64 | 10 | 31.5 | Marienhausen |
| 72 | 9 | 22.269 | Kniphausen |
| 72 | 28 | 55.5 | Fedderwarden |
| 83 | 59 | 55.728 | Jever Dreieckspunkt |
| 83 | 39 | 21.5 | Windmühle |
| 84 | 24 | 31.707 | Jever Stadtkirche |
| 86 | 30 | 37.5 | Witmund |
| 87 | 33 | 21.1 | Sengwarden |
| 92 | 56 | 37.6 | Spitzer Laternenth. auf breitem Geb. |
| 126 | 2 | 4.814 | Wangeroog |
| 155 | 53 | 42.8 | Punkt a auf dem Deich |
| 161 | 50 | 36.214 | Bremer Bake |
| 200 | 54 | 27.044 | Neuwerk |
| 200 | 59 | 38.8 | Punkt b auf dem Deich |
| 225 | 54 | 26.8 | Punkt c auf dem Deich |
| 232 | 31 | 55.5 | Cappeln |
| 266 | 8 | 29.5 | Imsum |
| 266 | 22 | 34.0 | Depstedt |

| 281° | 45′ | 59″5 | Fedderwarden Lootsenz |
|---|---|---|---|
| 283 | 31 | 26.549 | Bremerlehe und Punkt d |
| 287 | 4 | 28.5 | Schiffdorf |
| 295 | 2 | 37.7 | Geestendorf |
| 325 | 21 | 3.5 | Dedesdorf |
| 328 | 50 | 39.5 | Abbehausen |
| 333 | 21 | 4.0 | Sandstedt |
| 334 | 17 | 19.5 | Esensham |
| 338 | 21 | 38.5 | Rotenkirchen |
| 342 | 0 | 34.191 | Stolham |
| 349 | 47 | 36.0 | Seefeld |

Zweite Aufstellung —232175.267 +108215.348

| 24° | 17′ | 42″5 | Object |
|---|---|---|---|
| 27 | 44 | 12.522 | *Varel Heliotrop* |
| 49 | 24 | 49.5 | Zetel |
| 57 | 57 | 45.5 | Neustadt-Gödens |
| 61 | 20 | 17.5 | Gödens kleiner Laternenthurm |
| 61 | 29 | 48.5 | Sande |
| 62 | 20 | 10.5 | Niende |
| 64 | 11 | 6.5 | Marienhausen |
| 92 | 56 | 55.5 | Spitzer Thurm |
| 104 | 16 | 29.5 | Lohe's Thurm |
| 105 | 13 | 51.5 | |
| 197 | 8 | 53.5 | Dreieckspunkt |
| 241 | 9 | 32.5 | Misselwarden |
| 242 | 28 | 41.5 | Dorum |
| 246 | 40 | 14.5 | Mulsum |
| 250 | 11 | 42.5 | Wremen |
| 266 | 8 | 31.5 | Imsum |
| 266 | 22 | 41.5 | Depstedt |
| 295 | 2 | 51.5 | Gestendorf |
| 299 | 15 | 3.5 | Blexen |
| 301 | 33 | 18.5 | Wulstorf |
| 311 | 40 | 47.5 | Burhave |
| 312 | 36 | 27.5 | Stotel |
| 319 | 30 | 26.5 | Atens |

## JEVER

—229344.966 +135141.823

| 0° | 58′ | 52″8 | Etzel |
|---|---|---|---|
| 48 | 0 | 11.6 | Platz auf dem Felde |
| 69 | 39 | 14.936 | Aurich |
| 71 | 15 | 28.4 | Windmühle mit 6 Flügeln |
| 95 | 0 | 39.957 | Witmund |
| 104 | 49 | 52.8 | Burhave |
| 107 | 2 | 25.612 | Dornum |
| 115 | 22 | 26.112 | Esens |
| 129 | 42 | 9.8 | Werdum |
| 132 | 27 | 19.8 | Eggling |
| 132 | 37 | 46.8 | |
| 138 | 41 | 44.8 | Berdum |
| 141 | 53 | 37.8 | Jever Stadtkirche |
| 142 | 34 | 18.8 | |
| 142 | 7 | 8.1 | Jever Stadtkirche Theodolithplatz |
| 142 | 14 | 58.1 | Jever Stadtkirche Knopf |
| 142 | 19 | 43.1 | |
| 152 | 0 | 43.8 | Meddoog |

| 173° | 35′ | 11″123 | Wangeroog |
|---|---|---|---|
| 174 | 31 | 30.1 | Wangeroog Leuchtthurm |
| 257 | 37 | 16.8 | Sengwarden |
| 258 | 10 | 56.4 | Andere Aufstellung |
| 258 | 53 | 40.5 | Centrum |
| 263 | 59 | 54.494 | Langwarden |
| 322 | 58 | 18.310 | Varel |
| 332 | 45 | 36.8 | Neustadt-Gödens |
| 333 | 20 | 12.8 | Neustadt-Gödens |
| 338 | 30 | 31.8 | Schloss Gödens |
| 358 | 53 | 50.1 | Westerstede |

Zweite Aufstellung —229347.545 +135129.495

| 170° | 36′ | 23″3 | Tettens |
|---|---|---|---|
| 173 | 33 | 25.878 | *Wangeroog* |
| 186 | 46 | 17.3 | Hohenkirchen |
| 197 | 54 | 39.3 | Minsen |
| 198 | 28 | 44.3 | Wiarden |
| 220 | 41 | 51.3 | Fischhausen |
| 222 | 30 | 31.3 | Waddewarden |
| 234 | 39 | 14.3 | Hocksiel |
| 231 | 31 | 59.3 | Packens |
| 236 | 51 | 30.3 | Bremer Bake |
| 257 | 37 | 17.3 | Sengwarden |
| 264 | 0 | 4.222 | Langwarden |
| 285 | 6 | 56.3 | Kniphausen |
| 291 | 28 | 3.3 | Niende |
| 295 | 42 | 13.3 | Accum |
| 313 | 43 | 55.3 | Marienhausen |
| 316 | 22 | 12.5 | Dangast, Badehaus |
| 316 | 43 | 56.5 | Conversationshaus |
| 316 | 44 | 44.5 | |
| 318 | 43 | 43.3 | Sande |
| 322 | 59 | 52.764 | *Varel* |

Jever Stadtkirche —229525.455 +135282.234

| 27° | 48′ | 56″9 | Platz auf dem Felde |
|---|---|---|---|
| 93 | 47 | 20.2 | Witmund |
| 104 | 13 | 36.2 | Burhave |
| 129 | 31 | 15.2 | Werdum |
| 134 | 16 | 27.2 | Thurm oder Mühle |
| 138 | 36 | 13.2 | Berdum |
| 152 | 18 | 5.2 | Meddoog |
| 154 | 0 | 5.2 | Carolinenmühle |
| 171 | 33 | 39.2 | Tettens |
| 175 | 51 | 57.2 | Wangeroog |
| 187 | 46 | 0.2 | Hohenkirchen |
| 222 | 2 | 56.2 | Fischhausen |
| 224 | 58 | 3.2 | Waddewarden |
| 258 | 49 | 41.2 | Sengwarden |
| 285 | 20 | 43.2 | Kniphausen |
| 291 | 56 | 20.2 | Niende |
| 296 | 22 | 16.2 | Accum |
| 320 | 36 | 32.7 | Jever Schlossthurm Knopf |
| 320 | 37 | 48.2 | Jever Schlossth. Mitte des Cylinders |
| 322 | 7 | 5.5 | Jever Schlossth. Dreieckspunkt |
| 332 | 33 | 38.2 | Neustadt Gödens luth. Kirche |
| 333 | 7 | 36.2 | Neustadt Gödens Thurm |
| 338 | 9 | 52.2 | Schloss Gödens |

Es werden hier noch diejenigen aus den Dänischen Messungen entlehnten Abrisse beigefügt, die zur Verknüpfung der Hannoverschen und Dänischen Dreiecke, imgleichen zur Festlegung der Altonaer Sternwarte gedient haben.

## HAMBURG

— 224765.173 — 2369.933 (Centrum)

| | | | |
|---|---|---|---|
| 235° | 56′ | 22″184 | Basis nordlicher Endpunkt |
| 245 | 30 | 54.784 | Syk |
| 247 | 31 | 30.894 | Bornbeck |
| 253 | 48 | 24.904 | Basis südlicher Endpunkt |
| 353 | 43 | 34.924 | Rönneberg |

## HOHENHORN

— 216781.593 — 28139.131

| | | | |
|---|---|---|---|
| 5° | 18′ | 44″020 | Bäzendorf (nicht centrirt) |
| 8 | 9 | 2.074 | *Nindorf* |
| 39 | 29 | 31.934 | *Wilsede* |
| 40 | 22 | 4.620 | Winsen |
| 44 | 31 | 54.420 | Drenhausen |
| 50 | 59 | 10.620 | Alten Gamme |
| 60 | 1 | 6.520 | Kirchwerder |
| 67 | 56 | 19.320 | Entfernter hochliegender Th. (n. c.) |
| 70 | 5 | 26.323 | Neuen Gamme |
| 71 | 44 | 26.223 | Korslak |
| 77 | 16 | 11.633 | *Rönneberg* |
| 86 | 33 | 8.673 | Harburg |
| 89 | 46 | 3.723 | Ochsenwerder |
| 90 | 6 | 42.023 | Buxtehude |
| 92 | 47 | 44.023 | Moorburg |
| 92 | 54 | 20.423 | Wilhelmsburg |
| 95 | 3 | 30.223 | Entfernter Thurm (n. c.) |
| 97 | 29 | 25.223 | Hochliegende Mühle (n. c.) |
| 97 | 47 | 27.890 | Bergedorf grösster Thurm |
| 103 | 27 | 48.623 | Nienstedten |
| 103 | 36 | 44.423 | Baur's chinesischer Thurm |
| 103 | 39 | 13.323 | Baur's Warte |
| 105 | 19 | 17.153 | Altona Palmaille |
| 105 | 37 | 10.123 | Altona Armenkirche |
| 106 | 27 | 21.623 | Altona Rathhaus |
| 107 | 12 | 49.223 | *Hamburg Michaelis* |
| 109 | 6 | 35.223 | Spitzer Thurm (n. c.) |
| 110 | 44 | 8.023 | Kirchsteinbeck |
| 117 | 52 | 48.023 | Wandsbeck Schlossthurm |
| 118 | 16 | 10.523 | Rellingen spitzer Thurm |
| 119 | 27 | 8.123 | Niendorf |
| 150 | 56 | 2.463 | Basis südlicher Endpunkt |
| 165 | 4 | 57.393 | *Syk* |
| 174 | 1 | 15.823 | Bornbeck |
| 195 | 22 | 31.820 | Gülzow |
| 309 | 46 | 2.720 | *Lauenburg Signal* |
| 354 | 28 | 34.520 | *Lüneburg* |
| 355 | 14 | 45.520 | Bardewyk |

## LAUENBURG SIGNAL

— 206040.602 — 41045.727

| | | | |
|---|---|---|---|
| 16° | 40′ | 32″488 | Lauenburg Amtsthurm |
| 35 | 56 | 29.438 | *Lüneburg Michael* |
| 47 | 54 | 31.4 | Adendorf |
| 51 | 55 | 17.4 | Bardewyk südl. |
| 51 | 58 | 5.4 | Bardewyk nordl. |
| 120 | 22 | 33.4 | Signal beim Schafstall |
| 129 | 46 | 4.164 | *Hohenhorn* |
| 131 | 28 | 11.4 | Johanniswarden Kirchthurm |
| 140 | 36 | 27.4 | Thurmspitze |
| 143 | 58 | 51.4 | Mühle |
| 147 | 25 | 49.4 | Gülzow |
| 187 | 12 | 0.4 | Niendorfer Mühle |
| 194 | 12 | 17.4 | Büchen Kirchthurm |
| 204 | 22 | 7.4 | Thurm |
| 218 | 3 | 33.4 | Thurm |

## LAUENBURG AMTSTHURM

— 205266.638 — 40813.884

| | | | |
|---|---|---|---|
| 36° | 50′ | 9″208 | Lüneburg |
| 196 | 40 | 32.648 | Lauenburg Signal |
| 281 | 14 | 7.309 | Lauenburg Sector |

## LAUENBURG SECTORPLATZ

— 205234.429 — 40976.028

| | | | |
|---|---|---|---|
| 37° | 20′ | 2″115 | Lüneburg |
| 101 | 14 | 7.315 | Lauenburg Amtsthurm |

## RÖNNEBERG CENTRUM

— 211294.613 — 3850.827

| | | | |
|---|---|---|---|
| 79° | 9′ | 53″458 | Sinsdorf |
| 110 | 27 | 50.421 | Meridianpfahl |
| 137 | 30 | 15.608 | Baursberg |
| 139 | 10 | 57.188 | Baurswarte |
| 139 | 30 | 54.788 | Baurs chinesischer Thurm |
| 142 | 46 | 33.288 | Nienstedten |
| 149 | 24 | 53.548 | Moorburg |
| 157 | 27 | 51.458 | Wilsdorf |
| 160 | 53 | 23.128 | Harburg Kirchthurm |
| 161 | 14 | 34.378 | Ottensen |
| 163 | 40 | 19.958 | Altona. Schumachers Haus. Brett |
| 163 | 58 | 44.788 | Altona. Armenkirche |
| 165 | 19 | 13.458 | Harburg Rathhaus |
| 166 | 0 | 57.708 | Altona Hauptkirche |
| 166 | 53 | 28.538 | Altona Rathhaus |
| 167 | 44 | 14.458 | Harburg Schloss |
| 170 | 48 | 40.508 | Niendorf |
| 173 | 43 | 34.958 | *Hamburg Michaelis* |
| 174 | 0 | 43.258 | Hamburg Rosenthurm |

| | | | |
|---|---|---|---|
| 174° | 55′ | 49″738 | Hamburg kleine Michaeliskirche |
| 174 | 56 | 56.788 | Hamburg Waisenhaus |
| 176 | 45 | 22.538 | Hamburg Nicolai |
| 177 | 40 | 4.128 | Hamburg Rathhaus |
| 178 | 1 | 58.708 | Hamburg Catharinen |
| 178 | 45 | 16.958 | Hamburg Petri |
| 181 | 51 | 27.788 | Hamburg St. Georg |
| 188 | 33 | 10.958 | Wilhelmsburg |
| 194 | 28 | 33.128 | Ham |
| 195 | 58 | 25.038 | Wandsbeck Schlossthurm |
| 196 | 4 | 50.288 | Wandsbeck Kirchthurm |
| 196 | 52 | 20.788 | Bergstedt |
| 201 | 42 | 29.208 | Hoisbüttel Pavillon |
| 209 | 57 | 9.628 | Moorfleth |
| 220 | 21 | 11.458 | *Syk* |
| 220 | 50 | 37.788 | Billwerder |
| 225 | 53 | 55.628 | Ochsenwerder |
| 243 | 40 | 30.038 | Bergedorf, grösster Thurm |
| 254 | 20 | 35 | Pfahlkanten $d = 2^m\ 293$ |
| 260 | 5 | 35 | Pfahlkanten $d = 2,\ 108$ |
| 257 | 5 | 28 | Pfahlmitte |
| 257 | 16 | 12.078 | *Hohenhorn* |
| 260 | 47 | 15.208 | Korslak |
| 262 | 13 | 42.128 | Neuengamme |
| 269 | 1 | 10.128 | Geesthacht |
| 269 | 2 | 39.708 | Altengamme |
| 272 | 50 | 54.038 | Drenhausen |
| 274 | 13 | 48.368 | Kirchwerder |
| 278 | 2 | 25.358 | *Lauenburg Signal* |
| 279 | 15 | 45.738 | Lauenburg Amtsthurm |
| 297 | 40 | 10.538 | Winsen |
| 305 | 26 | 54.958 | Lüneburg Nicolai |
| 305 | 52 | 10.118 | Lüneburg Johannis |
| 306 | 23 | 35.038 | *Lüneburg Michaelis* |
| 306 | 52 | 0.458 | Lüneburg Lamberti |

## ALTONA

vor dem Fenster in H. Conferenzrath Schumachers Wohnung

—224495.328 +16.354

| | | | |
|---|---|---|---|
| 1° | 36′ | 53″450 | Moorburg |
| 13 | 34 | 19.830 | Varendorf |
| 20 | 26 | 15.391 | Altenwerder |
| 60 | 33 | 25.716 | Apensen |
| 64 | 36 | 22.633 | Buxtehude |
| 67 | 15 | 43.383 | Neuenfelde |
| 74 | 23 | 7.466 | Estebrügge |
| 273 | 34 | 23.591 | Roosens Thurm in Hamburg |
| 277 | 53 | 53.591 | Steinbeck |
| 285 | 19 | 17.341 | Hohenhorn |
| 292 | 26 | 29.191 | Moorfleth |
| 299 | 22 | 37.860 | Bankthurm in Altona |
| 299 | 52 | 11.591 | Ferner Thurm |
| 307 | 8 | 44.091 | Dede's Balcon Fahnenstange |
| 309 | 29 | 44.544 | Ochsenwerder |
| 316 | 0 | 42.291 | Lüneburg |
| 316 | 31 | 29.712 | Lüneburg Johannis |
| 317 | 2 | 38.291 | Lüneburg |
| 319 | 21 | 30.991 | Winsen |
| 323 | 17 | 20.541 | Wilhelmsburg |
| 341 | 29 | 28.091 | Harburg Schloss |
| 342 | 53 | 36.091 | Harburg Rathhaus |
| 343 | 39 | 45.759 | Ronneburg Pfahl |
| 343 | 40 | 18.891 | Ronneburg Centrum |
| 344 | 47 | 29.610 | Wilsdorf |
| 344 | 52 | 54.008 | Harburg |
| 350 | 57 | 2.108 | Sinsdorf |
| 354 | 57 | 42.091 | Kehler's Thurm |
| 359 | 59 | 56.610 | Meridianpfahl |

## MERIDIANPFAHL FÜR DIE ALTONAER STERNWARTE

—212737.671 +16.168

| | | | |
|---|---|---|---|
| 191° | 13′ | 14″142 | Hamburg Michaelis |
| 221 | 6 | 38.242 | Harburg Schloss |
| 224 | 9 | 33.442 | Harburg Rathhaus |
| 225 | 2 | 2.982 | Harburg Kirchthurm |
| 260 | 40 | 5.642 | Wilsdorf |
| 290 | 27 | 51.922 | Rönneberg |

# ABRISSE DER VOM HAUPTMANN MÜLLER UND LIEUTENANT GAUSS IM JAHRE 1828 IM EICHSFELDE AUSGEFÜHRTEN TRIGONOMETRISCHEN MESSUNGEN.

[IM AUSZUGE.]

## SONNENSTEIN

Theodol. +3330.629 —30682.728
Pfahl +3331.220 —30683.287

| | | | |
|---|---|---|---|
| 27° | 9′ | 33″155 | Nebenplatz |
| 86 | 22 | 45.054 | Hohehagen |
| 93 | 39 | 28.155 | Euzenberg Pfahl |
| 93 | 39 | 34.523 | Euzenberg Theodolith |
| 114 | 43 | 50.347 | Lauseberg Pfahl |
| 114 | 43 | 56.174 | Lauseberg Theodolith |
| 131 | 1 | 22.648 | Hellberg |
| 144 | 39 | 18.722 | Wulften Thurm |
| 144 | 39 | 20.430 | Wulften Pfahl |
| 205 | 4 | 9.569 | Brocken |
| 316 | 35 | 23 | Pfahl, Entfernung = 0ᵐ813 |

## LAUSEBERG

Theodol. —6335.1 —9699.0
Pfahl —6334.675 —9698.349

| | | | |
|---|---|---|---|
| 57° | 2′ | 17″359 | Pfahl, Entfernung 0ᵐ772 |
| 146 | 47 | 0.043 | Tockenberg |
| 212 | 28 | 38.147 | Wulften Pfahl |
| 212 | 28 | 49.610 | Wulften Theodolith |
| 236 | 51 | 36.734 | Brocken |
| 276 | 17 | 59.351 | Hellberg |
| 294 | 43 | 55.024 | Sonnenstein Theodolith |
| 294 | 43 | 57.727 | Sonnenstein Pfahl |
| 313 | 41 | 30.563 | Euzenberg Pfahl |
| 313 | 41 | 33.427 | Euzenberg Theodolith |

## WULFTEN

Theodol. —16833.7 —16382.2
Pfahl —16834.496 —16381.887

| | | | |
|---|---|---|---|
| 0° | 2′ | 13″194 | Nebenplatz bei Wulften |
| 32 | 28 | 51.964 | Lauseberg Pfahl |
| 32 | 28 | 46.648 | Lauseberg Theodolith |
| 81 | 15 | 20.210 | Tockenberg |
| 143 | 21 | 35.810 | Nebenplatz bei Marke |
| 324 | 39 | 18.177 | Sonnenstein Pfahl |
| 324 | 39 | 19.126 | Sonnenstein Theodolith |
| 352 | 12 | 54.559 | Euzenberg Pfahl |
| 352 | 13 | 1.107 | Euzenberg Theodolith |
| 158 | 30 | 29.394 | Pfahl, Entfernung 0ᵐ855 |

## EUZENBERG

Theodolith +2585.7 —19036.8
Pfahl +2586.105 —19037.483

| | | | |
|---|---|---|---|
| 133° | 41′ | 19″724 | Lauseberg Pfahl |
| 133 | 41 | 32.065 | Lauseberg Theodol. |
| 172 | 12 | 56.879 | Wulften Pfahl |
| 172 | 12 | 58.859 | Wulften Theodol. |
| 194 | 24 | 29.000 | Hellberg |
| 219 | 46 | 31.858 | Brocken |
| 273 | 39 | 38.381 | Sonnensteiu Theodolith |
| 273 | 39 | 47.941 | Sonnenstein Pfahl |
| 300 | 38 | 25.441 | Pfahl, Entfernung 0ᵐ794 |

## TOCKENBERG

—14939.2 —4064.9

| | | | |
|---|---|---|---|
| 38° | 11′ | 2″829 | Hohehagen? |
| 155 | 43 | 20.280 | Hils |
| 250 | 3 | 16.408 | Brocken |
| 261 | 15 | 5.936 | Wulften Pfahl |
| 261 | 15 | 19.741 | Wulften Theodol. |
| 326 | 47 | 0.511 | Lauseberg Theodolith |
| 326 | 47 | 15.996 | Lauseberg Pfahl |

## NEBENPLATZ BEI WULFTEN

—15910.2 —16381.6

| | | | |
|---|---|---|---|
| 26° | 1′ | 9″ | Wulften Thurm |
| 34 | 55 | 9 | Lauseberg Signal |
| 85 | 30 | 19 | Tockenberg Signal |
| 180 | 2 | 19 | Wulften Signal |
| 180 | 2 | 49 | Wulften Theodolith |

## PLATZ BEI HELLBERG

—7052.9 —20631.6

| | | | |
|---|---|---|---|
| 9° | 23′ | 36″ | Euzenberg |
| 86 | 14 | 21 | Lauseberg |
| 132 | 24 | 26 | Hils |
| 156 | 31 | 11 | Wulften Signal |
| 227 | 57 | 46 | Brocken |
| 315 | 56 | 26 | Sonnenstein |
| 349 | 9 | 6 | Hellberg Signal |

# ABRISSE DER VOM LIEUTENANT GAUSS UND LIEUTENANT HARTMANN IM JAHRE 1829 IN WESTFALEN AUSGEFÜHRTEN TRIGONOMETRISCHEN MESSUNGEN.

[IM AUSZUGE.]

## ASENDORF

— 138674.292 + 63178.094

| | | | |
|---|---|---|---|
| 25° | 49′ | 27″255 | *Knickberg* |
| 33 | 14 | 44.755 | Nonnenstein |
| 98 | 13 | 58.820 | *Twistringen* |
| 159 | 2 | 42.088 | *Bremen Knopf* |
| 216 | 16 | 52.932 | *Steinberg* |
| 264 | 5 | 5.757 | *Bücken* |

## NONNENSTEIN

— 82615.339 + 99921.177

| | | | |
|---|---|---|---|
| 2° | 1′ | 10″100 | *Hünenburg* |
| 73 | 3 | 40.106 | *Dörenberg* |
| 152 | 14 | 22.087 | *Mordkuhlenberg* |
| 191 | 23 | 31.393 | Twistringen |
| 213 | 14 | 20.018 | Asendorf |
| 217 | 16 | 22.768 | *Knickberg* |
| 274 | 35 | 55.464 | Wittekindstein |

## DÖRENBERG

Platz 1. — 73683.735 + 129245.868

| | | | |
|---|---|---|---|
| 52° | 33′ | 53″314 | *Münster* |
| 104 | 46 | 18.604 | Bentheim, südlicher Schlossthurm |
| 104 | 52 | 7.354 | Bentheim, nordl. Schlossthurm |
| 108 | 18 | 8.354 | *Tecklenburg* |
| 155 | 5 | 1.730 | *Queckenberg* |
| 177 | 33 | 20.938 | *Osnabrück Catharinen* |
| 196 | 10 | 16.957 | *Mordkuhlenberg* |
| 211 | 4 | 55.730 | Twistringen |
| 228 | 54 | 44.889 | *Schledehausen* |
| 306 | 46 | 9 | Centrum, Abstand $0^{m}1136$ |

## DÖRENBERG

Platz 2. August — 73683.920 + 129245.965

| | | | |
|---|---|---|---|
| 52° | 33′ | 52″186 | *Münster* |
| 104 | 48 | 41.565 | *Bentheim Signal* |
| 111 | 31 | 42.072 | Nebenplatz |
| 155 | 5 | 1.778 | *Queckenberg* |
| 196 | 10 | 17.645 | *Mordkuhlenberg* |
| 211 | 5 | 5.395 | Twistringen |
| 253 | 3 | 35.836 | *Nonnenstein* |
| 303 | 15 | 6.714 | *Hünenberg* |
| 323 | 17 | 46 | Centrum, Abstand $0^{m}315$ |
| 332 | 10 | 39 | Platz vom Juni Abstand $0^{m}2083$ |

Füsse des Signals

| | | |
|---|---|---|
| 1. | + 0.8179 | + 1.3988 |
| 2. | — 1.3212 | + 0.3440 |
| 3. | — 0.3001 | — 1.7650 |
| 4. | + 1.8137 | — 0.7309 |
| Centrum | + 0.2526 | — 0.1883 |

Nebenplatz — 73906.356 + 129809.92

| | | | |
|---|---|---|---|
| 196° | 58′ | 23″860 | Mordkuhlenberg |
| 291 | 32 | 38.443 | Dörnberg |

## QUECKENBERG

— 114710.274 + 148300.732

| | | | |
|---|---|---|---|
| 59° | 7′ | 20″679 | *Bentheim* |
| 107 | 3 | 39.817 | *Kirchhesepe* |
| 199 | 0 | 41.982 | *Molbergen* |
| 268 | 47 | 55.367 | *Mordkuhlenberg* |
| 335 | 5 | 28.167 | *Dörenberg* |
| 200 | 1 | 59.324 | Centrum, Distanz $0^{m}1463$ |

## BENTHEIM

Platz 1. — 89763.306 + 190019.671

| | | | |
|---|---|---|---|
| 46° | 31′ | 27″8 | Centrum, Distanz $7^{m}6164$ |
| 190 | 42 | 50.364 | Kirchhesepe |
| 239 | 7 | 5.849 | Queckenberg |
| 212 | 17 | 37.864 | Bentheim nordl. Schlossthurm |

## BENTHEIM

Platz 2. — 89755.454 + 190018.902

| | | | |
|---|---|---|---|
| 112° | 31′ | 40″8 | Centrum, Distanz $6^{m}8165$ |
| 239 | 6 | 35.572 | Queckenberg |
| 284 | 48 | 53.822 | Dörenberg |
| 348 | 5 | 25.819 | Bentheim, Kirche |

## BENTHEIM

Platz 3. — 89755.621 + 190021.633

| | | | |
|---|---|---|---|
| 76° | 15′ | 14″3 | Bentheim südl. Thurm |
| 124 | 26 | 16.8 | Centrum, Distanz $4^{m}3229$ |
| 190 | 42 | 53.150 | Kirchhesepe |
| 194 | 13 | 11.8 | Platz 1. |
| 274 | 2 | 6.8 | Platz 2. |

### KIRCHHESEPE

Platz 1. — 125441.463 + 183265.532

| | | | |
|---|---|---|---|
| 10° | 41′ | 25″619 | Bentheim nordl. Schlossthurm |
| 10 | 43 | 53.119 | *Bentheim Signal* |
| 10 | 51 | 3.432 | Bentheim südl. Schlossthurm |
| 60 | 55 | 54.115 | *Ulsen* |
| 69 | 18 | 0 | Platz 2. Abstand 1m 689 |
| 147 | 48 | 40 | Centrum, Abstand 0m 5655 |
| 183 | 20 | 46.963 | *Steinbild* |
| 287 | 3 | 44.404 | *Queckenberg* |

### MORDKUHLENBERG

— 115363.309 + 117156.397

| | | | |
|---|---|---|---|
| 16° | 10′ | 41″910 | *Dörenberg* |
| 88 | 47 | 56.842 | *Queckenberg* |
| 144 | 4 | 12 | Nebenplatz. Abstand 0m 218 |
| 160 | 48 | 42.155 | Krapendorf |
| 227 | 24 | 45.823 | *Twistringen* |
| 267 | 27 | 20.832 | *Knickberg* |
| 332 | 14 | 41.904 | *Nonnenstein* |
| 104 | 30 | 0.552 | Centrum, Abstand 0m 1021 |

### NEBENPLATZ

— 115363.486 + 117156.525

| | | | |
|---|---|---|---|
| 88° | 47′ | 55″655 | Queckenberg |
| 227 | 24 | 46.947 | Twistringen |

### TWISTRINGEN

— 142250.951 + 87900.139

| | | | |
|---|---|---|---|
| 11° | 24′ | 3″930 | *Nonnenstein* |
| 47 | 25 | 48.334 | *Mordkuhlenberg* |
| 199 | 19 | 46.504 | Bremen Stephani |
| 200 | 32 | 17.338 | *Bremen Ansgarius Knopf* |
| 200 | 52 | 5.713 | Bremen Martini |
| 201 | 5 | 24.213 | Bremen Liebfrauen |
| 201 | 16 | 59.838 | Bremen Dom |
| 278 | 13 | 51.157 | *Asendorf* |
| 330 | 2 | 38.792 | *Knickberg* |
| 142 | 19 | 56 | Centrum, Abstand 0m 625 |

### WINDBERG

— 153042.9 + 162456.4

| | | | |
|---|---|---|---|
| 37° | 0′ | 41″25 | Kirchhesepe |
| 91 | 22 | 48.125 | Cloiter Ter Appel |
| 119 | 21 | 56.25 | Onstwedde |
| 135 | 50 | 53.75 | Midwolde? |
| 141 | 12 | 46.25 | Rhede |

### KINCKBERG

— 117302.184 + 73520.620

| | | | |
|---|---|---|---|
| 37° | 16′ | 37″688 | *Nonnenstein* |
| 87 | 27 | 21.350 | *Mordkuhlenberg* |
| 150 | 2 | 26.706 | *Twistringen* |
| 205 | 49 | 20.060 | *Asendorf* |
| 297 | 56 | 54.511 | *Stolzenau* |
| 357 | 27 | 5.534 | Wittekindstein |

---

## ABRISSE DER VOM LIEUTENANT HARTMANN IM JAHRE 1830 IN WESTFALEN UND IM JAHRE 1831 IN OSTFRIESLAND AUSGEFÜHRTEN TRIGONOMETRISCHEN MESSUNGEN.

[IM AUSZUGE.]

### WINDBERG

— 153045.029 + 162445.515

| | | | |
|---|---|---|---|
| 37° | 1′ | 46″363 | Kirchhesepe |
| 91 | 23 | 54.555 | Closter Ter Appel |
| 119° | 23′ | 0″944 | Onstwedde |
| 141 | 13 | 47.819 | Rhede |
| 174 | 5 | 38.466 | Leer |
| 214 | 9 | 0.887 | Westerstede |
| 278 | 32 | 59.881 | Krapendorf |
| 339 | 45 | 4.037 | Queckenberg |

## KIRCHHESEPE

Hauptplatz 1830. — 125441.533 + 183265.498

| | | | |
|---|---|---|---|
| 10° | 43′ | 53″102 | Bentheim 1829 |
| | | 53.217 | Bentheim 1830 |
| 160 | 55 | 1.485 | Terappel |
| 166 | 14 | 9.686 | Onstwedde |
| 217 | 1 | 17.275 | Windberg |
| 287 | 3 | 46.653 | Queckenberg 1829 |
| 287 | 3 | 47.095 | Queckenberg 1830 |
| 25 | 51 | 22 | Platz 1 von 1829 |
| 140 | 43 | 5 | Centrum. Abstand $0^m$ 5288 |

NB. Es sind hier auch die neu reducirten Richtungen nach Bentheim, Uelsen, Steinbild, Queckenberg eingeschaltet wie sie sich aus den Messungen des Jahres 1829 ergeben haben.

## QUECKENBERG

— 114710.274 + 148300.732

| | | | |
|---|---|---|---|
| 59° | 7′ | 21″639 | Bentheim |
| 107 | 3 | 41.548 | Kirchhesepe |
| 159 | 44 | 34.456 | Windberg |
| 268 | 47 | 55.635 | Mordkuhlenberg |

## KRAPENDORF.

— 147940.545 + 128941.591

| | | | |
|---|---|---|---|
| 0° | 35′ | 16″292 | Dörenberg |
| 30 | 48 | 12.070 | Queckenberg |
| 98 | 32 | 56.522 | Windberg |
| 172 | 38 | 55.852 | Westerstede |
| 201 | 43 | 32.919 | Oldenburg |
| 258 | 20 | 6.197 | Wildeshausen |
| 277 | 58 | 55.934 | Twistringen |
| 340 | 49 | 2.985 | Mordkuhlenberg |
| 276 | 53 | 26 | Centrum, Abstand $200^{mm}$ 0 |
| | | | Noch einfach |
| 139 | 16 | 52.2 | Leer |
| 244 | 15 | 40.2 | Bremen Ansgar. Thurm |
| 244 | 33 | 17.7 | Bremen Liebfrauen Thurm |

Nebenplatz — 147940.542 + 128491.882

| | | | |
|---|---|---|---|
| 294° | 59′ | 15″355 | Langfarden |
| 340 | 49 | 1.337 | Mordkuhlenberg |
| 272 | 30 | | Centrum, Abstand $0^m$ 490 |
| | | | Ohne Repetition |
| 30 | 48 | 5.4 | Queckenberg |

## LEER REFORMIRTE KIRCHE

Hauptplatz — 192086.840 + 166481.565

| | | | |
|---|---|---|---|
| 50° | 43′ | 16″784 | Leer luther. Kirche |
| 53 | 4 | 4.322 | Onstwedde |
| 55 | 54 | 38.659 | Leer kathol. Kirche |
| 134 | 48 | 45.508 | Emden reform. Kirche |
| 135 | 35 | 15.508 | Emden Rathhausthurm |
| 135 | 41 | 13.633 | Emden Nadelspitze |
| 139 | 50 | 56.758 | Pilsum |
| 186 | 16 | 7.292 | Aurich |
| 266 | 4 | 22.766 | Westerstede |
| 354 | 6 | 8.850 | Windberg |
| 269 | 12 | 2.1 | Centrum, Abstand $0^m$ 489 |

Centrum des Thurmes

— 192086.847 + 166481.076

## LEER LUTHERISCHE KIRCHE

Platz 1. — 191948.019 + 166652.853

| | | | |
|---|---|---|---|
| 186° | 35′ | 48″847 | Aurich |
| 201 | 37 | 39 | Leer Gymnasium |
| 226 | 16 | 29 | Leer kathol. Kirche |
| 231 | 2 | 9 | Leer reform. Kirche |

Platz 2. — 191944.651 + 166652.609

Platz 3. — 191945.714 + 166655.147

## ONSTWEDDE

— 171064.885 + 194444.509

| | | | |
|---|---|---|---|
| 198° | 25′ | 29″038 | Emden |
| 233 | 3 | 46.007 | Leer ref. Kirche |
| 233 | 4 | 46.507 | Leer luth. Kirche |
| 299 | 23 | 15.837 | Windberg |
| 346 | 14 | 55.976 | Kirchhesepe |
| 355 | 27 | 19.341 | Kl. ter Appel |
| 140 | 0 | 36 | Centrum, Abstand $0^m$ 277 |

## EMDEN RATHHAUSTHURM

— 208050.068 + 182119.457

| | | | |
|---|---|---|---|
| 18° | 26′ | 17″755 | Onstwedde |
| 145 | 46 | 34.609 | Pilsum |
| 193 | 12 | 13.826 | Hage |
| 239 | 54 | 49.147 | Aurich |
| 315 | 35 | 27.276 | Leer |
| 122 | 11 | 50 | Centrum, Abstand $0^m$ 4202 |

### EMDEN NEUE KIRCHE

Platz 1. —208112.946 +181614.276

| | | | |
|---|---|---|---|
| 239° | 22′ | 19″ | Aurich |
| 316 | 38 | 29 | Leer reform. Kirche |
| 316 | 50 | 19 | Leer Gymnasium |
| 316 | 55 | 19 | Leer kathol. Kirche |
| 316 | 58 | 49 | Leer Wage |
| 317 | 13 | 19 | Leer luther Kirche |
| 84 | 56 | 30 | Centrum, Entfernung 1$^{m}$ 360 |

### WESTERSTEDE

—194284.694 +134467.455

| | | | |
|---|---|---|---|
| 34° | 9′ | 29″275 | Windberg |
| 85 | 50 | 40.098 | Leer luther. Kirche |
| 86 | 4 | 21.973 | Leer reform. Kirche |
| 130 | 8 | 39.060 | Aurich |
| 178 | 54 | 3.102 | Jever |
| 223 | 17 | 55.049 | Varel |
| 223 | 21 | 10.049 | Varel Nebenthurm |
| 306 | 7 | 45.969 | Oldenburg |
| 352 | 39 | 23.890 | Krapendorf |
| 293 | 38 | 50 | Centrum, Abstand 0$^{m}$ 6211 |

### TWISTRINGEN 1830

—142251.445 +87901.331

| | | | |
|---|---|---|---|
| 47° | 24′ | 58″835 | Mordkuhlenberg |
| 87 | 34 | 27.587 | Langfarden |
| 97 | 58 | 57.587 | Krapendorf |
| 269 | 56 | 29 | Centrnm, Entfernung 0$^{m}$ 810 |

---

### AURICH

Platz 1. —218808.844 —163542.859

| | | | |
|---|---|---|---|
| 6° | 16′ | 39″773 | Leer reform. Kirche |
| 43 | 25 | 40 | Aurich Schlossthurm |
| 59 | 55 | 27.012 | Emden Rathhausthurm |
| 205 | 52 | 38.975 | Esens |
| 249 | 38 | 49.801 | Jever Schlossthurm |
| 310 | 8 | 56.005 | Westerstede |
| 132 | 4 | 40 | Centrum, Abstand 2$^{m}$ 500 |

### AURICH

Platz 2. —218812.200 +163546.772

| | | | |
|---|---|---|---|
| 6° | 16′ | 7″150 | Leer |
| 39 | [illegible] | 10.661 | Emden neue Kirche |
| 59 | 48 | 0.264 | Emden Gasthofskirche |
| 59 | 54 | 40.264 | Emden Rathhausthurm |
| 60 | 1 | 55.264 | Emden reform. Kirche |

| | | | |
|---|---|---|---|
| 95° | 15′ | 34″264 | Pilsum |
| 140 | 42 | 55.326 | Hage |
| 172 | 7 | 10.326 | Dornum Dorf |
| 172 | 25 | 59.284 | Dornum |
| 205 | 53 | 26.388 | Esens |
| 205 | 55 | 40.388 | (Esens?) goldner Knopf |
| 249 | 39 | 18.534 | Jever |
| 309 | 14 | 6 | Centrum, Abstand 2$^{m}$ 655 |

### DORNUM

Platz 1. —238863.423 +166209.448

| | | | |
|---|---|---|---|
| 14° | 42′ | 20″1 | Dornum Dorfkirche |
| 63 | 53 | 0.436 | Hage |
| 242 | 15 | 12.019 | Wangeroog |
| 272 | 33 | 29.394 | Esens |
| 273 | 31 | 22.894 | Esens Thurm a. Haus |
| 287 | 1 | 59.353 | Jever |
| 352 | 26 | 0.436 | Aurich |
| 352 | 52 | 35.436 | Aurich Schloss |
| 121 | 18 | 40.1 | Centrum, Abstand 0$^{m}$ 424 |

### DORNUM

Platz 2. —238863.454 +166210.318

| | | | |
|---|---|---|---|
| 63° | 52′ | 48″826 | Hage |
| 67 | 33 | 13.826 | Kl. Laternenthurm |
| 272 | 10 | 53 | Platz 1. Entfernung 0$^{m}$ 870 |
| 352 | 25 | 56.326 | Aurich |

### JEVER

Platz 1. —229345.683 +135137.833

| | | | |
|---|---|---|---|
| 69° | 39′ | 9″565 | Aurich |
| 358 | 54 | 25.503 | Westerstede |
| 70 | 19 | 57.4 | Centrum, Entfernung 0$^{m}$ 335 |
| 80 | 45 | 5.4 | Platz 2. Entfernung 3$^{m}$ 455 |

### JEVER

Platz 2. —229345.127 +135141.244

| | | | |
|---|---|---|---|
| 69° | 28′ | 42″ | Aurich Schlossthurm |
| 69 | 39 | 5.402 | Aurich |
| 106 | 31 | 42 | Dornum Kirchthurm |
| 107 | 2 | 2.902 | Dornum |
| 115 | 22 | 12 | Esens |
| 141 | 27 | 2 | Jever Stadtkirche |
| 261 | 51 | 16 | Centrum, Abstand 3$^{m}$ 1265 |

### JEVER

Platz 3. —229344.047 +135144.737

| | | | |
|---|---|---|---|
| 69° | 39′ | 1″393 | Aurich |
| 107 | 2 | 13.843 | Dornum |
| 142 | 17 | 53.887 | Jever, Stadtkirche |

| | | | |
|---|---|---|---|
| 150° | 2′ | 53″9 | Grad-Messungs-Centrum, Abstand 0m 200 |
| 236 | 35 | 43.9 | Neuer Versicherungs-Punkt, Abstand 1m 453 |
| 256 | 58 | 58.4 | Centrum des Thurms, Abstand 6m 7602 |
| 322 | 58 | 2.424 | Varel |
| 358 | 53 | 53.987 | Westerstede |

### ESENS

Platz 1. —238321.458 +154076.788

| | | | |
|---|---|---|---|
| 25° | 53′ | 14″335 | Aurich |
| 26 | 2 | 36.835 | Aurich Schlossthurm |
| 295 | 5 | 21.8 | Jever Stadtkirche |
| 295 | 21 | 41.835 | Jever Schloss |
| 172 | 57 | 1.8 | Centrum Abstand 0m 310 |

### ESENS

Platz 2. —238321.579 +154077.316

| | | | |
|---|---|---|---|
| 25° | 53′ | 15″150 | Aurich |
| 26 | 2 | 25.15 | Aurich Schloss |
| 78° | 59′ | 50″15 | Hage |
| 91 | 13 | 55.15 | Dornum Dorf |
| 92 | 33 | 35.150 | Dornum Schlosskirche |
| 249 | 7 | 15.15 | Centrum, Abstand 0m 524 |

### ESENS

Platz 3. —238322.085 +154076.203

| | | | |
|---|---|---|---|
| 62° | 34′ | 15″525 | Centrum Abstand 0m 7002 |
| 226 | 21 | 15.525 | Wangeroog Kirche |
| 226 | 41 | 45.525 | Wangeroog Leuchtthurm |
| 295 | 21 | 45.525 | Jever Schlossthurm |

### VAREL

—209474.540 +120153.185

| | | | |
|---|---|---|---|
| 43° | 17′ | 59″438 | Westerstede |
| 142 | 58 | 41.271 | Jever |
| 43 | 17 | 59 | Centrum, Abstand 0m 056 |

---

## ABRISSE DER VOM HAUPTMANN MÜLLER IM JAHRE 1831, UND VOM LIEUTENANT GAUSS IN DEN JAHREN 1831 UND 1832 IM LÜNERURGISCHEN AUSGEFÜHRTEN TRIGONOMETRISCHEN MESSUNGEN.

[IM AUSZUGE.]

### LÜNEBURG

—191597.782 —30574.270

| | | | |
|---|---|---|---|
| 174° | 28′ | 39″022 | Hohenhorn |
| 215 | 56 | 36.728 | Lauenburg Signal |
| 216 | 50 | 17.389 | Amtsthurm |
| 265 | 4 | 34.857 | Bretze |
| 336 | 23 | 20.685 | Tötendorf |
| 344 | 1 | 56. | Centrum, Abstand 0m 5133 |

### LAUENBURG

—206040.464 —41045.627

| | | | |
|---|---|---|---|
| 16° | 40′ | 21″938 | Lauenburg Amtsthurm |
| 35 | 56 | 29.438 | Lüneburg |
| 47 | 54 | 35.063 | St. Nicolai |
| 129 | 46 | 6.234 | Hohenhorn |
| 325 | 22 | 8.317 | Bretze |

### BRETZE

—193260.212 —49872.299

| | | | |
|---|---|---|---|
| 22° | 18′ | 11″087 | Tätendorf |
| 85 | 4 | 29.900 | Lüneburg |
| 142 | 58 | 1.351 | Lauenburg Amtsthurm |
| 145 | 22 | 9.474 | Lauenburg Signal |
| 289 | 53 | 32.394 | Glienitz |

### TAETENDORF

—169626.902 —40177.793

| | | | |
|---|---|---|---|
| 10° | 39′ | 51″042 | Holxerberg |
| 156 | 23 | 25.068 | Luneburg |
| 202 | 18 | 15.323 | Bretze |
| 234 | 27 | 52.827 | Glienitz |
| 271 | 14 | 30.886 | Hohen Mechthin |
| 320 | 4 | 36.788 | Pugelatz |
| 342 | 50 | 37.618 | Wieren |

## GLIENITZ

— 187641.574 — 65399.907

| | | | |
|---|---|---|---|
| 1° | 42′ | 37″651 | Hohen Mechthin |
| 54 | 27 | 47.923 | Tätendorf |
| 109 | 53 | 34.153 | Bretze |
| 120 | 29 | 51.028 | Hamburg |
| 127 | 4 | 20.403 | Lauenburg |
| 128 | 1 | 43.841 | Hohenhorn |
| 293 | 19 | 21.436 | Höbeck |

## HOHEN MECHTHIN

Hauptplatz — 169092.114 — 64845.685

| | | | |
|---|---|---|---|
| 17° | 24′ | 55″661 | Pugelatz |
| 42 | 52 | 33.591 | Wieren |
| 56 | 30 | 7.091 | Holxerberg |
| 91 | 14 | 30.670 | Tätendorf |
| 181 | 42 | 44.220 | Glienitz |
| 264 | 31 | 4.451 | Höbeck |

## HOHEN MECHTHIN

Andere Aufstellung — 169092.446 — 64846.770

| | | | |
|---|---|---|---|
| 181° | 42′ | 32″276 | Glienitz |
| 264 | 31 | 5.755 | Höbeck |
| 73 | 0 | 27.276 | Centrum, Abstand 1^m 1345 |

## HÖBECK

— 172512.986 — 100488.736

| | | | |
|---|---|---|---|
| 59° | 40′ | 56″079 | Pugelatz |
| 84 | 31 | 2.991 | Hohen Mechthin |
| 113 | 19 | 27.366 | Glienitz |

## PUGELATZ

— 148039.910 — 58241.686

| | | | |
|---|---|---|---|
| 45° | 36′ | 13″142 | Hankensbüttel |
| 96 | 2 | 28.994 | Wieren Signal |
| 106 | 49 | 34.994 | Wieren Thurm |
| 140 | 4 | 42.739 | Tätendorf |
| 197 | 25 | 2.144 | Hohen Mechthin |
| 239 | 55 | 5.463 | Höbeck |

## WIEREN

[illegible] — [illegible]

| | | | |
|---|---|---|---|
| 11° | 22′ | 52″133 | Hankensbüttel |
| 96 | 12 | 46.622 | Holxerberg |
| 160° | 16′ | 42″878 | Lüneburg Johannis |
| 162 | 50 | 42.128 | Tätendorf |
| 220 | 55 | 6.558 | Wieren Kirchthurm |
| 222 | 52 | 39.610 | Hohen Mechthin |
| 276 | 2 | 28.308 | Pugelatz |
| 252 | 50 | 42.128 | Centrum, Abstand 0^m 030 |

## HOLXERBERG

— 150366.695 — 36550.632

| | | | |
|---|---|---|---|
| 190° | 39′ | 57″544 | Tätendorf |
| 236 | 30 | 14.586 | Hohen Mechthin |
| 276 | 13 | 15.378 | Wieren |
| 0 | 20 | 33.003 | Centrum, Abstand 1^m 315 |

## HANKENSBÜTTEL

— 133361.111 — 43253.191

| | | | |
|---|---|---|---|
| 20° | 54′ | 38″765 | Wolenberg |
| 46 | 28 | 22.999 | Nebenplatz |
| 191 | 22 | 25.663 | Wieren |
| 225 | 35 | 55.008 | Pugelatz |
| 243 | 52 | 44.179 | Hankensbüttel Thurm |
| 358 | 14 | 13.890 | Brocken |
| 113 | 9 | 30.661 | Centrum, Abstand 2^m 432 |

Nebenplatz — 133168.0 — 43050.1

| | | | |
|---|---|---|---|
| 191° | 55′ | 57″000 | Wieren |
| 241 | 6 | 44.500 | Hankensbüttel Thurm |
| 226 | 28 | 32.000 | Hankensbüttel Postament |

## WOLENBERG

— 102753.219 — 31555.355

| | | | |
|---|---|---|---|
| 12° | 7′ | 49″641 | Lichtenberg Ruine |
| 12 | 25 | 25.138 | Lichtenberg |
| 21 | 19 | 1.891 | Woldenberg Ruine |
| 21 | 22 | 26.016 | Woldenberg Thurm |
| 78 | 57 | 49.464 | Hannover Marktthurm |
| 130 | 23 | 20.663 | Celle Schlossthurm 1 |
| 130 | 25 | 11.038 | Celle Uhrthurm |
| 130 | 26 | 9.288 | Celle Schlossthurm 2 |
| 130 | 48 | 4.163 | Celle Kirchthurm |
| 200 | 54 | 38.811 | Hankensbüttel |
| 334 | 51 | 12.997 | Festberg |
| 348 | 24 | 10.944 | Brocken |
| 248 | 27 | 59.647 | Centrum, Abstand 1^m 618. |

---

## STEINBERG

— 148667.0 — 44235.6

| | | | |
|---|---|---|---|
| 3° | 40′ | 46″734 | Hankensbüttel Signal |
| 102 | 27 | 45.807 | Holxerberg |

# ABRISSE DER VOM LIEUTENANT HARTMANN IM JAHRE 1833 IM HARZE AUSGEFÜHRTEN TRIGONOMETRISCHEN MESSUNGEN.

[IM AUSZUGE.]

## 1. BROCKEN.

— 30310.087 — 46418.626

| | | | |
|---|---|---|---|
| 14° | 22′ | 30″694 | Lange Ecke Signal |
| 14 | 26 | 19 652 | Lange Ecke Spitze der Hütte |
| 25 | 4 | 7 472 | Sonnenstein |
| 109 | 25 | 24 027 | Bocksberg |
| 313 | 10 | 17 826 | Schallliethe |
| 357 | 58 | 10 450 | Eversberg |

## 2. SONNENSTEIN

Pfahl + 3330.905 — 30681.570
Theod. + 3330.601 — 30681.085

| | | | |
|---|---|---|---|
| 177° | 8′ | 6″081 | Haspelkopf |
| 177 | 8 | 2.183 | Haspelkopf vom Pfahl aus (reducirt) |
| 205 | 4 | 17.555 | Brocken Signal |
| 205 | 4 | 14.402 | Brocken vom Pfahl |
| 213 | 18 | 10.055 | Langenecke Spitze der Hütte |
| 213 | 19 | 56.463 | Langenecke Signal |
| 213 | 19 | 50.904 | Langenecke vom Pfahl |
| 219 | 22 | 41.335 | Eversberg |
| 219 | 22 | 36.760 | Eversberg vom Pfahl. |
| 247 | 9 | 1.066 | Schallliethe |
| 248 | 8 | 58.566 | Schallliethe vom Pfahl |
| 302 | 6 | 13 | Pfahl, Distanz = 0m572 |

## 3. SCHALLLIETHE

Signal — 11672.502 — 66284.731
Theod. — 11673.639 — 66284.503

| | | | |
|---|---|---|---|
| 67° | 8′ | 48″706 | Sonnenstein |
| 67 | 8 | 54.774 | Sonnenstein auf das Signal reducirt |
| 96 | 29 | 22.854 | Langenecke Signal |
| 96 | 29 | 32.307 | Langenecke vom Signal ab. |
| 103 | 49 | 42.854 | Eversberg Pfahl |
| 103 | 49 | 53.710 | Eversberg vom Signal ab |
| 133 | 10 | 19.729 | Brocken |
| 133 | 10 | 24.831 | Brocken vom Signal ab |
| 348 | 40 | 55 | Pfahl, Distanz = 1m160 |

## 4. EVERSBERG

Signal — 16442.670 — 46910.145
Theod. — 16443.513 — 46910.091

| | | | |
|---|---|---|---|
| 39° | 22′ | 27″119 | Sonnenstein |
| 39 | 22 | 31.771 | Sonnenstein vom Signal ab |
| 65 | 51 | 51.018 | Langenecke Spitze der Hütte |
| 65 | 52 | 32.268 | Langenecke Signal |
| 65 | 53 | 4.892 | Langenecke vom Signal ab |
| 106° | 6′ | 11″524 | Haspelkopf |
| 106 | 6 | 20.542 | Haspelkopf vom Signal ab |
| 177 | 58 | 13.518 | Brocken |
| 177 | 58 | 13.154 | Brocken vom Signal ab |
| 283 | 50 | 1.137 | Schallliethe |
| 283 | 49 | 52.806 | Schallliethe vom Signal ab |
| 356 | 18 | 29 | Pfahl, Distanz = 0m845 |

## 5. LANGENECKE

Pfahl — 14397.360 — 42340.224
Theod. — 14398.231 — 42341.713

| | | | |
|---|---|---|---|
| 33° | 19′ | 55″184 | Sonnenstein |
| 33 | 19 | 47.746 | Sonnenstein vom Pfahl ab |
| 194 | 22 | 17.684 | Brocken Signal |
| 194 | 22 | 33.035 | Brocken vom Pfahl ab |
| 194 | 22 | 20.747 | Brocken Mitte |
| 245 | 53 | 28.934 | Eversberg |
| 245 | 53 | 21.016 | Eversberg vom Pfahl ab |
| 276 | 29 | 41.559 | Schallliethe |
| 276 | 29 | 32.674 | Schallliethe vom Pfahl ab. |
| 59 | 29 | 52 | Signal Distanz 1m725 |

## 6. HASPELKOPF

Pfahl — 21487.255 — 29438.938

| | | | |
|---|---|---|---|
| 126° | 28′ | 9″491 | Fahrenberg |
| 176 | 36 | 58.946 | Bocksberg |
| 286 | 6 | 18.355 | Eversberg |
| 357 | 7 | 59.855 | Sonnenstein |
| 199 | 43 | 0 | Stange 2m42 |

## 7. BOCKSBERG

— 36612.665 — 28544.522

| | | | |
|---|---|---|---|
| 73° | 39′ | 8″008 | Fahrenberg |
| 143 | 16 | 32.383 | Hannover Marktthurm |
| 289 | 25 | 22.591 | Brocken Signal |
| 289 | 25 | 25.508 | Brocken Mitte |
| 354 | 10 | 40.175 | b. d. Haspelkopf |
| 356 | 36 | 38.925 | Haspelkopf Stange |
| 356 | 36 | 55.175 | Haspelkopf Pfahl |

## 8. FAHRENBERG

— 32503.262 — 14534.999

| | | | |
|---|---|---|---|
| 253° | 39′ | 6″657 | Bocksberg |
| 305 | 21 | 29.569 | b. d. Haspelkopf |
| 306 | 27 | 45.438 | Haspelkopf Stange |
| 306 | 28 | 10.063 | Haspelkopf Pfahl |
| 321 | 12 | 53.319 | Fahrenberg Nebenplatz 1. |

## ABRISSE DER VON HERRN HAUPTMANN MÜLLER UND DEM LIEUTENANT GAUSS IM JAHRE 1833 AN DER MITTELWESER AUSGEFÜHRTEN TRIGONOMETRISCHEN MESSUNGEN.

[IM AUSZUGE.]

### KNICKBERG

— 117302.185 + 73520.620

| | | | |
|---|---|---|---|
| 37° | 16′ | 44″275 | Nonnenstein |
| 259 | 55 | 37.641 | Osterberg |
| 357 | 27 | 11.242 | Wittekindstein |

### WITTEKINDSTEIN

— 80356.285 + 71875.835

| | | | |
|---|---|---|---|
| 48° | 57′ | 26″714 | Hünenburg |
| 94 | 36 | 10.892 | Nonnenstein |
| 177 | 26 | 56.302 | Knickberg |
| 211 | [illegible]3 | 48.925 | Osterberg |
| 270 | 29 | 32.770 | Deister |
| 326 | 17 | 7.472 | Köterberg |
| 172 | 1 | 42.4 | Centrum, Abstand 1ᵐ209 |

### OSTERBERG

— 122055.962 + 46755.553

| | | | |
|---|---|---|---|
| 31° | 4′ | 4″784 | Wittekindstein |
| 53 | 30 | 58.811 | Nonnenstein |
| 79 | 55 | 42.725 | Knickberg |
| 337 | 52 | 14.709 | Deister |
| 230 | 43 | 16. | Centrum, Abstand 1ᵐ565 |

### DEISTER

— 79993.559 + 29649.764

| | | | |
|---|---|---|---|
| 16° | 37′ | 40″360 | Kötersberg |
| 90 | 29 | 36.540 | Wittekindstein |
| 157° | 52′ | 6″841 | Osterberg Heliotrop |
| 157 | 52 | 13.634 | Osterberg Signal |
| 203 | 4 | 11.6 | Centrum, Abstand 0ᵐ028 |

### KÖTERBERG

— 36529.559 + 42629.094

| | | | |
|---|---|---|---|
| 12° | 57′ | 58″276 | Desenberg |
| 59 | 31 | 31.844 | Hausheide |
| 107 | 40 | 21.409 | Hünenburg |
| 146 | 16 | 58.740 | Wittekindstein |
| 196 | 37 | 32.259 | Deister |
| 212 | 33 | 47.492 | Osterwald |
| 262 | 47 | 23.520 | Hils |

### OSTERWALD

— 66770.032 + 22566.745

| | | | |
|---|---|---|---|
| 33° | 33′ | 43″727 | Köterberg |
| 151 | 49 | 28.009 | Deister |
| 330 | 0 | 46.043 | Hils |
| 280 | 40 | 39. | Centrum, Abstand 1ᵐ880 |

### HILS

— 40952.298 + 7668.304

| | | | |
|---|---|---|---|
| 82° | 47′ | 24″755 | Köterberg |
| 150 | 0 | 53.262 | Osterwald |
| 281 | 7 | 59.620 | Brocken |

---

## ABRISSE AUS DEN MESSUNGEN DES MAJOR MÜLLER AN DER OBERWESER VOM JAHR 1836.

[IM AUSZUGE.]

### MERIDIANZEICHEN.

— 5019.756 0

| | | | |
|---|---|---|---|
| 0° | 0′ | 1″212 | Sternwarte |
| 1 | 38 | 31.524 | Göttingen, Albani |
| 6 | 37 | 29.868 | Göttingen, Jacobi |
| 6° | 56′ | 20″295 | Göttingen, Rathhaus |
| 8 | 6 | 14.179 | Göttingen, Johannis südl. Thurm |
| 8 | 7 | 16.320 | Göttingen, Johannis nordl. Thurm |
| 11 | 9 | 4.116 | Göttingen, Mariae |
| 15 | 45 | 13.755 | Gieseberg |
| 48 | 19 | 38.241 | Hohehagen |
| 143 | 41 | 13.812 | Weper |

## KLEPER.

+220.895 —1883.547

| ° | ′ | ″ | |
|---|---|---|---|
| 1° | 12′ | 20″382 | Diemarder Warte |
| 5 | 39 | 47.632 | Hanstein |
| 14 | 11 | | Haus Arnstein |
| 16 | 0 | 22.362 | Hevenhausen |
| 16 | 11 | 2.382 | Friedland |
| 16 | 40 | 34.632 | Gross Schneen |
| 19 | 40 | 30.319 | Stockhausen |
| 25 | 30 | 46.132 | Klein Schneen |
| 27 | 53 | 30.007 | Ober Jesa |
| 28 | 16 | 29.107 | Geismar |
| 28 | 22 | 1.819 | Nieder Jesa |
| 28 | 51 | 53.132 | Gieseberg |
| 32 | 33 | 13.257 | Deiderode |
| 42 | 21 | 31.667 | Sieboldshausen |
| 47 | 13 | 14.494 | Steinberg |
| 50 | 28 | 41.305 | Volkerode |
| 56 | 55 | 52.042 | Meensen |
| 57 | 25 | 27.667 | Lembshausen |
| 58 | 57 | 31.977 | Meenserberg |
| 60 | 46 | 7.334 | Mengershausen |
| 62 | 31 | 22.604 | Rossdorf |
| 67 | 49 | 55.917 | Hohehagen |
| 76 | 30 | 54.292 | Sesebühl |
| 77 | 10 | 1.365 | Settmarshausen |
| 78 | 57 | 48.208 | Varmissen |
| 84 | 46 | 11.229 | Ellershausen |
| 94 | 49 | 2.167 | Hetgershausen |
| 96 | 47 | 15.742 | Sternwarte |
| 100 | 31 | 44.542 | Grone |
| 103 | 23 | 16.979 | Göttingen, Mariae |
| 105 | 37 | 19.604 | Göttingen, Johannis südl. Thurm |
| 105 | 48 | 56.104 | Göttingen, Rathhaus |
| 105 | 55 | 35.229 | Göttingen, Johannis nordl. Thurm |
| 108 | 28 | 23.376 | Kuhberg |
| 111 | 7 | 51.855 | Göttingen. Albani |
| 111 | 20 | 37.542 | Göttingen, Jacobi |
| 112 | 41 | 1.917 | Elliehausen |
| 125 | 24 | 9.869 | Holtensen |
| 131 | 45 | 9.333 | Fahlerstollen |
| 132 | 7 | 25.166 | Lenglern |
| 136 | 54 | 36.250 | Harste |
| 141 | 43 | 5.057 | Gladebeck |
| 142 | 2 | 39.982 | Gladeberg Signal |
| 148 | 40 | 42.807 | Weper |
| 148 | 56 | 18.307 | Weende |
| 150 | 33 | 19.857 | Lutterhausen |
| 151 | 25 | 54.463 | Hevensen |
| 153 | 21 | 28.807 | Wolbrechtshausen |
| 153 | 50 | 57.119 | Bovenden |
| 155 | 19 | 26.994 | Parensen |
| 158 | 34 | 49.307 | Moringen, oberes Dorf |
| 160 | 13 | 24.869 | Moringen |
| 177 | 35 | 40.182 | Plesse, dünner Thurm |
| 178 | 0 | 8.057 | Plesse, dicker Thurm |
| 187 | 49 | 56.307 | Clausberg |
| 215 | 30 | 12.932 | Roringen |
| 324 | 13 | | Ruine auf der südlichen Gleiche |
| 329° | 26′ | 23″507 | Einzelnes hohes Haus |
| 351 | 6 | 40.819 | Rusteberg |
| 351 | 55 | 24.382 | Reinhausen, Amthaus |

## HOHEHAGEN

+6060.027 +12447.725

| ° | ′ | ″ | |
|---|---|---|---|
| 21° | 37′ | 18″723 | Steinberg, Signal |
| 21 | 37 | 32.503 | Steinberg, Postament |
| 164 | 51 | 54.492 | Fahlerstollen |
| 240 | 27 | 33.131 | Göttingen, Jacobi |
| 240 | 36 | 44.131 | Göttingen, Mariae |
| 240 | 55 | 55.131 | Göttingen, Johannis nordl, Thurm |
| 241 | 0 | 1.131 | Göttingen, Johannis südl. Thurm |
| 241 | 14 | 9.131 | Göttingen, Rathhaus |
| 241 | 45 | 34.131 | Göttingen, Albani |
| 244 | 3 | 50.717 | Sternwarte |
| 247 | 49 | 54.626 | Kleper |
| 311 | 46 | 53.942 | Gieseberg, Postament |
| 311 | 47 | 11.835 | Gieseberg, Signal |
| 346 | 58 | 53.899 | Meisner |

## GIESEBERG

+12712.662 +5002.234 Postament
+12713.539 +5002.747 Signal

| ° | ′ | ″ | |
|---|---|---|---|
| 67° | 14′ | 59″701 | Steinberg, Signal |
| 67 | 15 | 15.495 | Steinberg, Postament |
| 131 | 46 | 62.528 | Hohehagen |
| 195 | 45 | 11.874 | Meridianzeichen |
| 198 | 14 | 52.204 | Göttingen, Johannis nordl. Thurm |
| 198 | 15 | 54.204 | Göttingen, Johannis südl. Thurm |
| 198 | 32 | 16.204 | Göttingen, Jacobi |
| 200 | 10 | 5.204 | Göttingen, Albani |
| 201 | 30 | 32.637 | Sternwarte |
| 208 | 51 | 52.263 | Kleper |
| 329 | 59 | 25.204 | Weper |

## WEPER

—15348.043 +7590.451

| ° | ′ | ″ | |
|---|---|---|---|
| 12° | 47′ | 0″582 | Hohehagen |
| 272 | 0 | 49.705 | Tockenburg |
| 323 | 41 | 13.840 | Meridianzeichen |
| 328 | 40 | 43.585 | Kleper |
| 333 | 13 | 39.705 | Göttingen, Albani |
| 334 | 9 | 22.510 | Göttingen, Jacobi |
| 334 | 55 | 43.705 | Göttingen, Johannis nordl. Thurm |
| 334 | 57 | 11.705 | Göttingen, Johannis südl. Thurm |
| 347 | 5 | 1.033 | Weper, Nebenplatz 1 |

## STEINBERG

+17782.597 +17095.067 Postament
+17783.447 +17094.498 Signal

| ° | ′ | ″ | |
|---|---|---|---|
| 176° | 51′ | 7″042 | Fahlerstollen |
| 201 | 37 | 30.748 | Hohehagen |

| | | | |
|---|---|---|---|
| 221° | 54′ | 6″841 | Göttingen Jacobi |
| 221 | 58 | 39.841 | Göttingen Johannis nordl. Thurm |
| 221 | 59 | 58.841 | Göttingen Johannis südl. Thurm |
| 222 | 46 | 29.841 | Göttingen Albani |
| 227 | 13 | 14.341 | Kleper |
| 247 | 15 | 13.857 | Gieseberg Postament |

FAHLERSTOLLEN

— 18501.058 + 19090.605 Postament
— 18502.084 + 19091.158 Brett

| | | | |
|---|---|---|---|
| 311° | 45′ | 10″978 | Kleper |
| 344 | 51 | 57.333 | Hohehagen |
| 356 | 51 | 8.659 | Steinberg |

STERNWARTE

Platz auf der südlichen Dachbrüstung

+ 2.998 — 6.528

| | | | |
|---|---|---|---|
| 0° | 1′ | 54″826 | Südliches Meridianzeichen |
| 5 | 47 | 29.576 | Stockhausen |
| 6 | 7 | 29.516 | Gross Schneen |
| 11 | 9 | 7.176 | Niederjesa |
| 14 | 38 | 51.326 | Oberjesa |
| 20 | 34 | 39.751 | Dreckwarte |
| 21 | 30 | 32.411 | Gieseberg Postament |
| 21 | 30 | 34.726 | Gieseberg Signal |
| 30 | 34 | 24.026 | Sieboldshausen |
| 41 | 51 | 3.146 | Volkerode |
| 47 | 40 | 34.209 | Rossdorf |
| 51 | 22 | 34.993 | Mengershausen |
| 64 | 3 | 48.639 | Hohehagen |
| 73 | 11 | 48.776 | Sesebühl |
| 76 | 51 | 6.126 | Jägers Haus |
| 117 | 59 | 30.376 | Elliehausen |
| 126 | 52 | 35 | Johannis südl. Thurm |
| 127 | 40 | 54 | Johannis nordl. Thurm |
| 130 | 8 | 13 | Rathhaus |
| 276 | 37 | 20.176 | Kleper |
| 334 | 57 | 5.516 | Geismar |
| 355 | 49 | 41.001 | Heidelbachs (jetzt Reibsteins) Gartenhaus. |

---

## ABRISSE AUS DEN MESSUNGEN DES MAJOR MÜLLER IN DER ALLERGEGEND VOM JAHR 1838.

[IM AUSZUGE.]

FALKENBERG

— 146621.055 + 5142.634 Theodolithplatz 1838
— 146621.421 + 5141.523 Signal

| | | | |
|---|---|---|---|
| 9° | 21′ | 15″182 | Hannover Aegidius |
| 9 | 41 | 19.303 | Hannover Marktthurm |
| 9 | 54 | 34.553 | Hannover Kreuzthurm |
| 10 | 9 | 50.053 | Hannover Neustädter Thurm |
| 10 | 31 | 42.803 | Hannover Waterloosäule |
| 22 | 44 | 15.130 | Brelingerberg |
| 82 | 12 | 10.312 | Asendorf |
| 176 | 42 | 49.434 | Epailly's Signal, Dist. 3$^{m}$764 |
| 251 | 46 | 19.062 | Signalpfahl, Dist. 1$^{m}$170 |
| 329 | 36 | 26.184 | Celle Stadtkirche |
| 329 | 59 | 9.312 | Celle feine Thurmspitze |
| 330 | 3 | 45.312 | Celle Schlosskuppel 1. |
| 330 | 4 | 46.562 | Celle Schlosskuppel 2. |
| 353 | 9 | 1.592 | Osterberg |
| 353 | 58 | 51.057 | Windmühle unfern des Osterberges |
| 65° | 42′ | 24″889 | Schloss S. O. Pavillon |
| 67 | 58 | 42.305 | Südwestliche Schlosskuppel |
| 73 | 53 | 59.805 | Schlossthurm Spitze |
| 73 | 54 | 51.639 | Schlossthurm Theodolithplatz |
| 78 | 15 | 3.618 | Brelingerberg |
| 149 | 36 | 27.221 | Falkenberg |
| 284 | 18 | 44.611 | Centrum des Thurms, Distanz 0$^{m}$258 |

OSTERBERG

— 109129.937 — 639.143

| | | | |
|---|---|---|---|
| 41° | 28′ | 14″360 | Hannover Marktthurm |
| 40 | 24 | 35.571 | Hannover Aegidius |
| 42 | 10 | 47.360 | Hannover Kreuzthurm |
| 42 | 18 | 16.360 | Hannover Neustädter Kirchthurm |
| 112 | 31 | 58.497 | Brelingerberg |
| 217 | 56 | 0.291 | Celle Stadtkirche |
| 228 | 31 | 39.322 | Kirchendach |

CELLE STADTKIRCHE

— 121931.416 — 9338.299 Theodolithplatz
— 121931.331 — 9338.519 Thurmknopf

| | | | |
|---|---|---|---|
| 37° | 55′ | 58″611 | Osterberg |
| 39 | 54 | 11.361 | Hannover Marktthurm |

HANNOVER AEGIDIUS

— 93577.384 + 13880.010

| | | | |
|---|---|---|---|
| 130° | 43′ | 57″301 | Eckberg |
| 170 | 3 | 13.749 | Brelingerberg |
| 220 | 24 | 35.099 | Osterberg |

BRELINGER BERG

— 116274.663 + 17860.071

| | | | |
|---|---|---|---|
| 83° | 47′ | 14″456 | Eckberg |
| 136 | 0 | 8.276 | Heliotropplatz von 1822. Entfernung = 1ᵐ000 |
| 202 | 44 | 13.455 | Felkenberg |
| 258 | 15 | 4.823 | Celle |
| 292 | 31 | 58.223 | Osterberg |
| 350 | 3 | 15.658 | Hannover Aegidius |
| 350 | 37 | 20.757 | Hannover Marktthurm |
| 350 | 59 | 36.007 | Hannover Kreuzthurm |
| 352 | 4 | 49.846 | Hannover Waterloosäule |

ECKBERG

— 114112.108 + 37726.256

| | | | |
|---|---|---|---|
| 263° | 47′ | 15″851 | Brelingerberg |
| 308° | 34′ | 1″192 | Osterwald |
| 310 | 39 | 34.817 | Hannover Kreuzthurm |
| 310 | 41 | 51.817 | Hannover Marktthurm |
| 310 | 43 | 58.284 | Hannover Aegidiusthurm |
| 311 | 21 | 20.817 | Hannover Neustädterthurm |
| 312 | 7 | 2.692 | Hannover Waterloosäule |

CELLE SCHLOSSTHURM

— 121866.539 — 9114.015 Spitze
— 121866.604 — 9114.015 Theodolithplatz

| | | | |
|---|---|---|---|
| 78° | 18′ | 9″528 | Brelingerberg |
| 149 | 13 | 57.528 | Nordwestliche Schlosskuppel |
| 253 | 54 | 49.028 | Stadtkirche Theodolithplatz |
| 253 | 56 | 44.245 | Stadtkirche Knopf des Thurmes |
| 350 | 9 | 49.528 | Südöstliche Schlosskuppel |

---

## ABRISSE AUS DEN MESSUNGEN DES MAJOR MÜLLER IM JAHRE 1841 IN OSTFRIESLAND AUSGEFÜHRTEN TRIGONOMETRISCHEN MESSUNGEN.

[IM AUSZUGE.]

DORNUM

— 238863.867 + 166209.747 Hauptplatz
— 238864.081 + 166209.734 Platz 2

| | | | |
|---|---|---|---|
| 25° | 51′ | 18″418 | Platz B Entfernung 479ᵐ 104 |
| 63 | 52 | 40.281 | *Hage* |
| 110 | 13 | 11.120 | Nordernei Logierhaus |
| 110 | 25 | 43.979 | Nordernei Conversationshaus |
| 113 | 4 | 29.749 | Platz A. Entfernung 330ᵐ779 |
| 116 | 40 | 59.877 | *Nordernei* |
| 154 | 9 | 25.197 | *Baltrum* |
| 164 | 36 | 24.356 | Baltrum Ostende Schorstein |
| 165 | 56 | 39.123 | Baltrum Signal 2 |
| 197 | 52 | 3.849 | *Langeoog* |
| 197 | 52 | 4.800 | Langeoog aus Platz 2 |
| 213 | 0 | 39.110 | Langeoog Signal 3. Melkhörn |
| 218 | 41 | 36.568 | Langeoog Signal 4. Ostende |
| 225 | 59 | 41.622 | Langeoog, Ostende Belvedere |
| 226 | 4 | 54.955 | Langeoog, Ostende, Nebenhaus Schorstein |
| 235 | 24 | 33.138 | *Spikeroog* |
| 235 | 24 | 34.635 | Spikeroog aus Platz 2. |
| 242 | 15 | 13.747 | Wangeroog |
| 272 | 33 | 29.372 | *Esens* |
| 272 | 33 | 33.006 | Esens aus Platz 2 |
| 287 | 1 | 59.070 | *Jever* |
| 352 | 52 | 25.308 | *Aurich* |
| 14 | 30 | 28. | Mitte der Kuppel. Abstand 0ᵐ 2037 |
| 15° | 44′ | 27″ | Centrum. Abstand 0ᵐ 2326 |
| 16 | 34 | 25 | Knopf. Abstand 0. 2615 |
| 183 | 36 | 44.349 | Platz 2 Abstand 0. 2141 |

Als Centrum ist die Mitte zwischen dem Knopf und der Mitte der Kuppel angenommen.

ESENS

— 238321.641 + 154076.973 Theodolith Hauptplatz
— 238321.918 + 154076.389 Nebenplatz 1
— 238321.638 + 154076.937 Nebenplatz 2

| | | | |
|---|---|---|---|
| 63° | 5′ | 57″896 | *Osteel* |
| 78 | 59 | 43.073 | *Hage* |
| 91 | 13 | 47.729 | Dornum Dorfkirche |
| 92 | 33 | 27.717 | *Dornum* |
| 119 | 54 | 5.254 | *Baltrum* |
| 142 | 56 | 40.263 | *Langeoog* |
| 147 | 9 | 48.626 | Langeoog Signal 2 |
| 199 | 19 | 54.176 | Spikeroog Weisse Düne |
| 203 | 37 | 13.053 | Spikeroog Kirche, westl. Giebel |
| 203 | 39 | 36.918 | Spikeroog Kirche, östl. Giebel |
| 206 | 53 | 35.490 | *Spikeroog* |
| 230 | 49 | 28.490 | Nebenplatz B. Abstand 337ᵐ 504 |
| 275 | 5 | 40.763 | Nebenplatz 2. Abstand 0. 0365 |
| 295 | 21 | 33.361 | *Jever* |
| 301 | 28 | 3.791 | Nebenplatz A. Abstand 314ᵐ 570 |
| 229 | 30 | 43 | Centrum. Abstand 0. 1928 |

Nebenplatz 1.

| 64° | 39′ | 35″675 | Hauptplatz. Abstand $0^{m}646$ |
|---|---|---|---|
| 142 | 56 | 31.143 | Langeoog |
| 165 | 7 | 25.209 | Langeoog. Ostende Signal |
| 206 | 53 | 30.175 | Spikeroog |
| 208 | 52 | 30.779 | Spikeroog Signalpfahl |

Nebenplatz 2.

| 142° | 56′ | 39″848 | Langeoog |
|---|---|---|---|
| 175 | 44 | 22.848 | Langeoog Ostende Belvedere Haus südl. Giebel |
| 175 | 45 | 34.348 | Langeoog Ostende Belvedere |
| 175 | 52 | 53.515 | Langeoog Ostende Nebenh. Schorst. |
| 295 | 21 | 33.485 | Jever |

## SPIKEROOG

−252022.819 +147127.531

| 26° | 53′ | 45″625 | *Esens* |
|---|---|---|---|
| 55 | 24 | 39.465 | *Dornum* |
| 81 | 40 | 43.331 | *Langeroog* |
| 259 | 20 | 47.214 | *Wangeroog* |
| 332 | 8 | 13.990 | *Jever* |

## LANGEOOG

−249744.732 +162701.816

| 0° | 52′ | 49″318 | *Accumersiel* |
|---|---|---|---|
| 17 | 52 | 12.655 | *Dornum* |
| 30 | 43 | 11.403 | *Dreihausen Signal* |
| 40 | 19 | 11.222 | *Hage* |
| 75 | 55 | 57.451 | *Baltrum* |
| 78 | 46 | 55.947 | *Nordernei* |
| 260 | 48 | 21.037 | *Wangeroog* |
| 261 | 40 | 39.437 | *Spikeroog* |
| 322 | 56 | 47.881 | *Esens* |

## BALTRUM

−247783.213 +170529.605

| 21° | 47′ | 10″150 | *Hage* |
|---|---|---|---|
| 81 | 0 | 28.793 | *Nordernei* |
| 236 | 13 | 51.166 | Baltrum Signal I. |
| 255 | 55 | 54.819 | *Langeoog* |
| 277 | 11 | 14.563 | Baltrum Signal II. |
| 299 | 54 | 10.148 | *Esens* |
| 334 | 9 | 35.804 | *Dornum* |

## NORDERNEI

−246167.305 +180740.759

| 22° | 47′ | 50″204 | *Pilsum* |
|---|---|---|---|
| 77 | 49 | 27.078 | Juist Hausgiebel |
| 78° | 57′ | 0″828 | *Juist* |
| 82 | 53 | 56.540 | Logirhaus |
| 87 | 24 | 8.453 | Nordernei Kirche, östl. Giebel |
| 184 | 56 | 25.294 | *Weisse Düne* |
| 258 | 46 | 57.453 | *Langeroog* |
| 261 | 0 | 26.203 | *Baltrum* |
| 286 | 23 | 49.172 | *Esens* |
| 296 | 41 | 10.640 | *Dornum* |
| 338 | 41 | 34.580 | *Hage* |

## HAGE

−234055.117 +176016.098

| 50° | 1′ | 46″479 | *Pilsum* |
|---|---|---|---|
| 50 | 2 | 40.279 | Pilsum Theodolithplatz |
| 116 | 43 | 54.103 | *Juist* |
| 158 | 41 | 20.529 | *Nordernei* |
| 201 | 46 | 56.692 | *Baltrum* |
| 209 | 35 | 22.310 | Baltrum Signal II. |
| 243 | 52 | 42.678 | *Dornum* |
| 245 | 2 | 53.928 | Dornum Dorfkirchthurm |
| 258 | 59 | 39.261 | *Esens* |
| 321 | 18 | 14.656 | *Aurich* |
| 34 | 12 | 12 | Centrum oder grosser Knopf. Abstand $0^{m}2182$ |
| 43 | 24 | 38 | Kleiner Knopf. Abstand $0^{m}2183$ |
| 286 | 43 | 5 | Centrum der Laterne |

## JUIST

−243448.055 +194665.145

| 67° | 3′ | 41″515 | *Borkum* |
|---|---|---|---|
| 82 | 29 | 52.304 | *Grosse Bill* |
| 258 | 56 | 58.802 | *Nordernei* |
| 279 | 9 | 10.304 | *Dornum* |
| 296 | 44 | 5.506 | *Hage* |
| 351 | 0 | 34.287 | *Pilsum* |

## PILSUM

−221356.366 +191172.737

| 72° | 55′ | 33″962 | *Uithuiser Medem* |
|---|---|---|---|
| 116 | 38 | 4.476 | *Borkum* |
| 171 | 0 | 48.975 | *Juist* |
| 194 | 44 | 31.355 | Nordernei Conversationshaus |
| 230 | 2 | 27.355 | *Hage* |
| 349 | 51 | 13.796 | *Wibelsum* |
| 303 | 0 | 39 | Centrum. Abstand $5^{m}3212$ |

## BORKUM

−234136.959 +216657.589

| 45° | 37′ | 58″181 | *Hornhuizen* |
|---|---|---|---|
| 247 | 3 | 7.607 | *Juist* |

249° 58′ 19″274 Nordernei Conversationshaus
270 6 54.479 *Hage*
296 38 11.551 *Pilsum*
355 13 53.888 *Uithuizer Medem*
141 9 52.638 Centrum, Abstand 2^m 4313

BALTRUM

Nebenplatz 2. —247511.594 +168375.439

29° 35′ 21″455 Hage
97 11 10.838 Baltrum
123 6 15.678 Nebenplatz 1
123 7 6.988 Signal 1
302 43 49.371 Esens

345° 56′ 31″938 Dornum
279 2 37.838 Centrum oder Signal 2. Abstand 0^m 8523

BALTRUM

Nebenplatz 1. —248356.833 +169671.862

29° 34′ 27″897 Baltrum Kirche östl. Giebelstange
29 53 4.647 Baltrum Kirche westl. Giebelstange
56 13 37.772 Baltrum Signalpostament
303 5 27.055 Baltrum Signal 2.
339 57 52.089 Dornum
244 4 3.772 Centrum oder Signal, Abstand 0^m 4822

---

## ABRISSE DER VOM HAUPTMANN MÜLLER IM JAHRE 1839 UND VOM LIEUTENANT GAUSS IN DEN JAHREN 1843 UND 1844 IM BREMISCHEN AUSGEFÜHRTEN TRIGONOMETRISCHEN MESSUNGEN.

[IM AUSZUGE.]

BREMERLEHE

—227663.471 +89453.766

103° 31′ 21″124 *Langwarden*
191 33 4.726 *Holssel*
230 25 53.127 *Haye*
298 47 40.909 *Basdahl Heliotrop*
298 47 59.416 Basdahl Nebensignal
315 29 Centrum, Abstand 0^m 0126

HOLSSEL

—239585.808 +87017.163

11° 33′ 9″676 *Lehe*
70 44 0.491 *Langwarden*
162 55 34.661 Holssel Kirche, Giebelstange
163 5 41.942 Holssel Kirche, Giebelstange des
163 26 17.577 hohen Chors cf. Bederkesa 1.
174 21 31.285 *Midlum*
232 49 21.255 *Krempel*
292 44 39.796 *Bederkesa* 1.
333 48 51.928 *Haye*

HAYE

—232806.443 +83230.289

50° 25′ 54″830 *Lehe*
150 48 49.711 *Holssel*
176° 49′ 21″689 *Altenwalde*
191 24 12.026 *Krempel*
243 12 5.053 *Silberberg*
262 14 28.882 *Bederkesa*
314 25 46.973 *Basdahl*

BEDERKESA I

—234080.187 +73882.941

82° 14′ 30″535 *Haye*
112 44 36.581 *Holssel*
145 8 33.533 *Krempel*
233 54 32.924 *Silberberg*

KREMPEL

—244200.869 +80932.188

11° 24′ 15″385 *Haye*
27 15 48.171 *Lehe*
52 49 23.108 *Holssel*
162 25 28.709 Windmühle bei Altenwalde
163 9 45.026 *Altenwalde*
165 1 46.976 Altenwalde
267 10 46.622 *Silberberg*
297 44 9.185 *Dolosenberg*
323 42 32.491 Windmühle bei Bederkesa
325 8 36.473 *Bederkesa* I.

## ILBERBERG

— 245307.475 + 58481.723

| | | | |
|---|---|---|---|
| 8° | 38′ | 38″694 | *Basdahl* |
| 29 | 32 | 25.779 | *Wüstenwohlde* |
| 50 | 26 | 54.420 | *Bederkesa 2.* |
| 50 | 52 | 39.382 | Windmühle bei Bederkesa |
| 53 | 54 | 37.945 | *Bederkesa 1.* |
| 63 | 12 | 8.342 | *Haye* |
| 87 | 10 | 46.075 | *Krempel* |
| 111 | 40 | 22.908 | Windmühle bei Altenwalde |
| 112 | 26 | 2.719 | *Altenwalde* |
| 120 | 9 | 31.284 | Neuwerk |
| 216 | 48 | 37.649 | *St. Margareth* |
| 247 | 59 | 21.158 | Krempe |
| 288 | 39 | 15.908 | Hamburg |
| 297 | 42 | 47.267 | *Stade* |
| 297 | 47 | 10.783 | Stade Rathhaus |
| 297 | 51 | 53.408 | Wilhadi |
| 329 | 47 | 29.960 | *Kikenberg* |
| 350 | 55 | 42.681 | *Dolosenberg* |

## DOLOSENBERG

— 231213.792 + 56230.888

| | | | |
|---|---|---|---|
| 21° | 40′ | 26″755 | *Basdahl* |
| 78 | 24 | 59.774 | *Wüstewohlde* |
| 97 | 21 | 11.117 | *Bederkesa 2.* |
| 98 | 51 | 39.413 | Bederkesa Glockenthurm |
| 98 | 53 | 29.413 | Bederkesa Kirchthurm |
| 117 | 44 | 5.307 | *Krempel* |
| 130 | 48 | 7.596 | Windmühle bei Altenwalde |
| 131 | 17 | 23.474 | *Altenwalde* |
| 131 | 42 | 58.846 | Altenwalde |
| 170 | 55 | 37.372 | *Silberberg* |
| 190 | 6 | 15.638 | *Kikenberg* |
| 270 | 54 | 36.816 | *Stade* |

## BEDERKESA 2.

— 233369.169 + 72936.603

| | | | |
|---|---|---|---|
| 130° | 19′ | 10″147 | Nahe Bederkesaer Windmühle |
| 152 | 27 | 43.147 | Windmühle bei Altenwalde |
| 152 | 57 | 9.453 | *Altenwalde* |
| 153 | 47 | 49.814 | Altenwalde |
| 230 | 26 | 51.049 | *Silberberg* |
| 277 | 21 | 11.722 | *Dolosenberg* |
| 311 | 29 | 4.174 | *Wüstewohlde* |
| 334 | 26 | 24.339 | *Basdahl* |

## ALTENWALDE

— 256057.755 + 84520.796

| | | | |
|---|---|---|---|
| 6° | 45′ | 7″828 | Windmühle von Altenwalde |
| 44 | 46 | 33.111 | *Langwarden* |
| 134° | 53′ | 13″976 | Neuwerk dicker Thurm |
| 135 | 11 | 25.351 | Neuwerk Leuchtthurm |
| 135 | 55 | 38.488 | *Norderbake* |
| 211 | 26 | 51.951 | *Cuxhaven Leuchtthurm* |
| 269 | 20 | 0.244 | Altenwalde |
| 292 | 26 | 7.236 | *Silberberg* |
| 332 | 22 | 59.462 | Bederkesa Kirchthurm |
| 332 | 26 | 20.712 | Bederkesa Glockenthurm |
| 332 | 57 | 17.242 | *Bederkesa 2.* |
| 343 | 9 | 47.686. | *Krempel* |
| 356 | 49 | 34.088 | *Haye* |

## WÜSTENWOHLDE

— 228839.250 + 67813.678

| | | | |
|---|---|---|---|
| 131° | 29′ | 3″658 | *Bederkesa 2.* |
| 209 | 32 | 20.088 | *Silberberg* |
| 258 | 24 | 57.400 | *Dolosenberg* |
| 305 | 27 | 29.652 | *Bremervörde* |
| 343 | 56 | 31.156 | *Basdahl* |
| 343 | 57 | 13.506 | Basdahl Nebensignal |

## BASDAHL

— 213313.852 + 63343.996

| | | | |
|---|---|---|---|
| 118° | 47° | 36″279 | *Lehe* |
| 134 | 25 | 38.700 | *Haye* |
| 154 | 26 | 17.978 | *Bederkesa 2.* |
| 163 | 56 | 25.045 | *Wüstewohlde* |
| 188 | 38 | 29.172 | *Silberberg* |
| 201 | 40 | 21.792 | *Dolosenberg* |
| 241 | 40 | 21.519 | *Stade* |

## STADE

— 230811.995 + 30884.995

| | | | |
|---|---|---|---|
| 90° | 54′ | 34″174 | *Dolosenberg* |
| 117 | 42 | 39.319 | *Silberberg* |
| 165 | 20 | 9.993 | *Assel* |
| 280 | 18 | 26.903 | *Hamburg* |
| 339 | 25 | 45.558 | *Littberg* |
| 43 | 0 | 46. | Centrum, Abstand $0^m$581 |
| 87 | 28 | 13.993 | Nebenplatz, Abstand 3.050 |
| 286 | 46 | 19.993 | Nebenplatz 2. Abstand 2.430 |

## NEUE WERK

— 229392.658 + 30815.096

| | | | |
|---|---|---|---|
| 177° | 11′ | 39″660 | Stade Cosmae |
| 177 | 12 | 49.660 | Stade Cosmae Centrum der Laterne |
| 181 | 43 | 34.160 | Stade Wilhadi |

# ABRISSE AUS DER VEREINIGUNG DER MESSUNGEN VOM JAHRE 1843 UND 1844.

[IM AUSZUGE.]

## LITBERG

— 206867.045 + 21896.054

| | | | |
|---|---|---|---|
| 66° | 0′ | 41″986 | Zeven |
| 159 | 25 | 27.299 | Stade |
| 233 | 35 | 15.882 | Hamburg |

## HAMBURG

— 224765.616 — 2368.668

| | | | |
|---|---|---|---|
| 53° | 35′ | 11″434 | Litberg |
| 100 | 18 | 16.153 | Stade |
| 135 | 0 | 0.840 | Crempe |
| 289 | 18 | 46.153 | Centrum, Abstand $1^m$ 340 |

## STADE

— 230811.734 + 30884.678

| | | | |
|---|---|---|---|
| 61° | 40′ | 19″633 | Basdahl Signal |
| 61 | 40 | 21.032 | Basdahl Postament |
| 90 | 54 | 32.920 | Dolosenberg |
| 117 | 42 | 38.017 | Silberberg |
| 182 | 20 | 46.381 | Crempe Rathhaus |
| 182 | 31 | 35.756 | Crempe |
| 229 | 47 | 35.756 | Nebenplatz, Abstand $3^m$ 180 |
| 280 | 18 | 20.066 | Hamburg |
| 339 | 25 | 28.111 | Litberg |
| 333 | 44 | 10.995 | Centrum, Abstand $0^m$ 1825 |
| 53 | 44 | 51.982 | Nebenplatz 1. |
| 300 | 43 | 25.066 | Nebenplatz 2. |
| 12 | 50 | 5 | Hülfsplatz *D* Abstand $2^m$ 705 |
| 143 | 44 | 5 | Hülfsplatz *E* Abstand 3. 250 |
| 219 | 13 | 5 | Hülfsplatz *C* Abstand 3. 750 |
| 320 | 48 | 5 | Hülfsplatz *E* Abstand 3. 330 |

## CREMPE

— 256864.392 + 29737.939

| | | | |
|---|---|---|---|
| 2° | 31′ | 13″562 | Stade |
| 68 | 5 | 49.269 | Silberberg |
| 111 | 19 | 14.812 | Crempe Rathhaus |
| 111 | 28 | 7.312 | Crempe Rathhaus Theodol. Platz |
| 211 | 52 | 24.718 | Centrum, Abstand $6^m$ 126 |
| 314 | 59 | 34.261 | Hamburg |

## SILBERBERG

— 245307.475 + 58481.723

| | | | |
|---|---|---|---|
| 8° | 38′ | 49″830 | Basdahl Signal |
| 8 | 38 | 33.087 | Basdahl Postament |
| 248 | 5 | 21.779 | Crempe |
| 297 | 42 | 43.920 | Stade |
| 350 | 55 | 36.402 | Dolosenberg |

## BASDAHL

— 213313.852 + 63343.996

| | | | |
|---|---|---|---|
| 57° | 33′ | 18″284 | Signal, Abstand $3^m$ 4874 |
| 188 | 38 | 23.253 | Silberberg |
| 201 | 40 | 16.909 | Dolosenberg |
| 241 | 40 | 18.284 | Stade |

## DOLOSENBERG

— 231213.792 + 56230.888

| | | | |
|---|---|---|---|
| 21° | 40′ | 22″764 | Basdahl Postament |
| 170 | 55 | 33.380 | Silberberg |
| 270 | 54 | 32.824 | Stade |

# [BERICHT ÜBER DIE RESULTATE DER TRIGONOMETRISCHEN MESSUNGEN.]

— — —

Von den Rechnungen, durch die der Übergang von dem rohen Messungs-Material [in den Journalen, welche 35 Hefte in der Reinschrift füllen] zu den Endresultaten [im Coordinaten-Verzeichniss] gemacht ist, habe ich nur einen dem Umfange nach sehr kleinen Theil unter meine jetzigen Vorlagen aufnehmen können.

In der That, wenn es möglich wäre, alle jene Rechnungen in extenso vollständig wieder aufzustellen, so möchten solche leicht vier oder sechsmal so viele Bände füllen [als jetzt die Journale bilden]. Allein theils der Umstand, dass der grössere Theil der Details jener Rechnungen gar nicht aufbewahrt ist, theils die Form, in der sich die noch immer sehr voluminösen Fascikel der aufbewahrten Papiere befinden, haben zur Folge, dass eine vollständige und geordnete Wiederherstellung *aller* Rechnungen fast dasselbe bedeuten würde, wie eine nochmalige Wiederholung meiner ganzen Arbeit. Ich habe mich demnach auf die geordnete Extrahirung desjenigen Theils der Zwischenrechnungen beschränkt, der als der prägnanteste und nützlichste betrachtet werden muss, nemlich auf die tabellarische Zusammenstellung aller an den verschiedenen Beobachtungsplätzen festgelegten und orientirten Richtungswinkel, wobei eine Parallele mit dem Göttinger Meridian den Nullpunkt oder Ausgangspunkt bildet. Diese tabellarischen Darstellungen sind unter der Benennung von *Abrissen* *) in sechs Heften zusammengeordnet, wobei ich von dem Professor Goldschmidt mehrfache Beihülfe erhalten habe, welcher zugleich die Reinschriften grösstentheils selbst gemacht hat. — — —

Zur Entschuldigung der so sehr verspäteten Beendigung dieses Geschäfts muss ich noch bemerken, dass die Verspätung hauptsächlich daher entstanden ist, dass zur Erledigung der sowohl bei den Abschriften als noch mehr bei der Anfertigung der Abrisse aufstossenden zahlreichen Zweifel nicht selten erst langwierige Nachforschungen gemacht werden mussten. — — —

Sowie Zeit, Gesundheit und Kräfte es verstatten, werden meinen beiden ersten auf die geodätischen Probleme bezüglichen Abhandlungen noch ein Paar andere den speciellen Gegenständen noch näher tretend nachfolgen.

Göttingen den 15. März 1848.

C. F. Gauss.

*) Die ganze Anzahl wird etwas über fünftehalbhundert betragen.

## [ENTWURF ZUR GRADMESSUNG.]

— — — Über Gradmessungen überhaupt, und in wie fern sie einen der interessantesten Gegenstände des menschlichen Wissens begründen, darf ich in einem Schreiben an Ew. — — nichts sagen. Allein die grossen Vortheile und neuen Aufklärungen noch dunkler Punkte, welche von der Vervielfältigung solcher Operationen zu erwarten sind, beruhen doch mit auf der Bedingung, dass diese so viel als möglich ins Grosse gehen. Isolirte Gradmessungen in Europa, die nur einen kleinen Umfang umfassen, könnten jetzt, nach den grossen Arbeiten in Frankreich und England, nur einen sehr untergeordneten Werth haben: wogegen noch eine oder ein Paar andere ähnliche Messungen in Europa, von einer bedeutenden Ausdehnung, gewiss für die Kenntniss der Gestalt der Erde ungemein wichtig sein würden.

Ein Blick auf die Karte von Europa, und auf den Culturzustand der verschiedenen Nationen, zeigt dass ausser der grossen Linie von den Balearischen bis zu den Orkneys Inseln, nur noch in zwei Richtungen ähnliche Operationen ausführbar sein werden 1) im Russischen Reiche und 2) durch die Jütische Halbinsel und ganz Deutschland bis zum Mittelländischen Meere. Zur Ausführung einer Messung in erstem Reiche scheinen, mir zugekommenen Nachrichten zufolge, einige Aussichten zu sein. Allein für die andern ist mehr als Aussicht: der erste Hauptschritt ist bereits wirklich geschehen. Die von dem Könige von Dänemark befohlene Gradmessung, von der Nordspitze Jütlands bis Lauenburg ist bereits seit zwei Jahren im Gange; dass dieselbe ganz so wird ausgeführt werden, wie es der heutige Zustand der Wissenschaften und Künste möglich und nothwendig macht, dafür bürgt die Geschicklichkeit und Einsicht des dänischen Astronomen, die Vortrefflichkeit seiner Instrumente, und die Liberalität, womit der König von Dänemark alles, was zur Vollkommenheit der Messung nothwendig oder wünschenswerth gefunden wird, genehmigt.

Die dänische Gradmessung soll, ausser dem erwähnten Meridianbogen, auch noch die Messung des Bogens eines Parallelkreises von der Westküste Jütlands bis Koppenhagen umfassen. Natürlich kann hier nur von dem erstern Theile des Planes die Rede sein. Jener Bogen umfasst für sich schon $4\frac{1}{2}$ Grad, und die Messung ist daher, schon isolirt betrachtet, von einer respectabeln Ausdehnung. Allein ohne Vergleich wichtiger erscheint dieselbe, wenn sie als der Anfang jener grossen Messung betrachtet wird, die einer Ausdehnung bis zur Insel Elba, also bis auf 16°, fähig ist. Dass, früh oder spät, diese Operation in einer solchen Ausdehnung einmal werde ausgeführt werden, ist wohl mehr als eine chimärische Hoffnung, besonders da in einigen dazwischen liegenden Ländern, namentlich in Thüringen und Bayern, bereits manche Vorarbeiten wirklich geschehen sind. Die Fortsetzung der dänischen Messung durch das Königreich Hannover ist aber die erste und wesentlichste Bedingung zur dereinstigen Realisirung jenes Planes. Durch diese Fortsetzung allein würde der Bogen schon um 2 Grad vergrössert werden. Würde dann auch noch die Gothaische Sternwarte durch ein Dreiecksnetz mit der Göttingischen in Verbindung gebracht, was auch in mancher andern Rücksicht sehr wünschenswerth und leicht ausführbar sein würde, so wäre dadurch schon ein Bogen von 7 Graden realisirt.

Nur kurz brauche ich zu berühren, dass die Messung eines Meridianbogens von Hamburg bis Göttingen auch noch in andern Beziehungen, als der reinwissenschaftlichen, von grosser Wichtigkeit sein würde. Das zu diesem Zweck geführte Dreiecksnetz würde, wenn über kurz oder lang eine den heutigen Forderungen entsprechende Vermessung des ganzen Königreichs Hannover beschlossen werden sollte, die sicherste Grundlage abgeben, um die weitern Triangulationen östlich und westlich an dasselbe anzuschliessen. Und falls zu einer solchen Generalvermessung nahe Aussicht sein sollte, könnte durch die Gradmessung noch der Nebenzweck erreicht werden, dass diese mit zur Vorbereitung taugli cher Personen für jenes Geschäft benutzt werden könnte.

Ich habe noch hinzuzufügen, dass ich über diesen Gegenstand bereits vor einem Jahre Sr. — — — ein ausführliches Memoire vorgelegt habe, und dass dieser, die Wichtigkeit der Fortsetzung der dänischen Messungen nicht verkennend, wenigstens sofort die Möglichkeit derselben sicherte, indem er mir den Befehl ertheilte, Lüneburg an die zum Theil in vergänglichen Signalpunkten bestehenden südlichen Punkte jener Messung anzuschliessen. Dies ist im vorigen Herbst geschehen, und dadurch die künftige Fortsetzung von dem Untergang der precären Punkte unabhängig gemacht.

Wenn Ew. — — diesen Ideen Ihren Beifall schenken, und sie würdig halten, für ihre Realisirung zu wirken, so muss ich schon die Beabsichtigung einer möglichst vollkommenen und neben jeder andern ehrenvoll bestehenden Ausführung voraussetzen, und in dieser Hinsicht würde ich mich der Ausführung, wenn sie mir anvertrauet würde, mit Vergnügen unterziehen, und eine vielleicht länger als Einen Sommer dauernde Unterbrechung meiner rein astronomischen Arbeiten für kein Opfer halten.

Was den zur Verlängerung der dänischen Gradmessung durch das Königreich Hannover erforderlichen Kostenaufwand betrifft, so ist es wegen seiner Abhängigkeit von mancherlei nicht vorherzusehenden Umständen freilich unmöglich, denselben mit einiger Genauigkeit im Voraus anzugeben. So hat die Witterung auf die Zeitdauer, und dadurch auf die Kosten einen wesentlichen Einfluss. Ich wüsste nicht, dass von irgend einer Gradmessung die Kosten öffentlich bekannt gemacht wären, und wenn ich gleich von dem Dänischen Astronomen über die bisherigen Kosten seiner Gradmessung Mittheilung erhalten konnte, so würden sich doch daraus die Kosten ähnlicher Operationen im Königreich Hannover, wegen der grossen Verschiedenheit der Localverhältnisse, nur sehr unsicher schätzen lassen. So werden z. B. im Hannöverschen die Kosten für Fuhren Behuf Transports der Personen und Instrumente einen sehr bedeutenden Theil der Gesammtkosten austragen, da jene im Dänischen, wo die Fuhren ex officio in natura geleistet werden, fast ganz aus der Rechnung wegfallen. Doch glaube ich, alles wohl erwogen, dass die Summe von 1500 Pfund Sterling zur Bestreitung aller Kosten hinreichen würde, und versteht sich von selbst, dass darüber demnächst Rechnung abgelegt werden würde.

Der Professor Schumacher hat bei seiner Gradmessung ausser ein Paar Amanuensen, zwei Officiere von Capitains Rang zu Gehülfen, deren Geschäft es ist, die Gegend vorher zu bereisen, schickliche Punkte für Dreiecksstationen auszusuchen, um sie, nach vorläufig daselbst gemachten Messungen dem Prof. S. zur Auswahl vorzuschlagen, hernach auf den ausgewählten Punkten die Errichtung von Signalen, wo es nöthig ist, und andere nöthige Vorkehrungen zu betreiben, mit einem Wort, alle Vorbereitungen zu machen, dass der Astronom überall ohne vielen Zeitverlust zum Beobachten schreiten kann; endlich da, wo es nöthig ist, bei den Beobachtungen die Nebenoporationen zu übernehmen. Die erforderlichen Eigenschaften für solche Gehülfen sind daher, nicht sowohl besonders tiefe mathematische oder astronomische Einsichten, als vielmehr reger Eifer für die Sache, die grösste Pünktlichkeit und Sinn für die grösste Genauigkeit, eine gewisse praktische Anstelligkeit, einige Kenntnisse vom Bauwesen, einige Bekanntschaft mit dem Geschäftsgange in unserm Lande bei denjenigen Behörden, mit welchen in solchen Angelegenheiten Berührungen vorkommen. Ein grösseres Personal als bei der Dänischen Gradmessung würde auch bei der Hannöverschen nicht nöthig sein, und ich würde mir sogleich, sobald eine Resolution gefällt ist, angelegen sein lassen, taugliche Gehülfen selbst auszusuchen. Natürlich würde es aber von Ew. — — Ermessen abhängen, ob vielleicht rathsam erachtet würde, in *der oben erwähnten* Beziehung noch mehrere Personen als Volontairs den Messungen beiwohnen zu lassen, um sich zu feinern geodätischen Arbeiten vorzubereiten. — —

Göttingen den 30. Mai 18[illegible]

Carl Friedrich Gauss.

## [ENTWURF ZUR GRADMESSUNG.]

Durch ein Schreiben des Professors Schumacher bin ich benachrichtigt, dass der Dänische Gesandte in London Graf Bourke, bei Gelegenheit von des erstern Aufenthalt daselbst, mit dem Grafen Münster über den Nutzen der Fortsetzung der Dänischen Gradmessung durch das Königreich Hannover gesprochen, und dass letztrer verlangt habe, dass ich über diesen Gegenstand an ihn schreiben möchte. Wenn ich diese Anzeige wie einen Befehl habe betrachten müssen, so verpflichtet mich das warme Interesse, welches Ew. — — an dieser wissenschaftlichen Angelegenheit genommen, und bereits im vorigen Jahre, durch die die Möglichkeit einer solchen Fortsetzung sichernden Maassregeln bethätigt haben, Ew. — — sofort von diesem Umstande zu benachrichtigen, und bürgt mir für die gütige Aufnahme meiner Bitte, die Sache nach Möglichkeit in London zu unterstützen. Ich darf mich um so weniger scheuen, diese Bitte zu thun, da ich dabei bloss aus reiner Liebe zur Wissenschaft handle, und ohne diese und ohne die lebhafte Überzeugung von der hohen Wichtigkeit einer solchen Operation, nach meiner individuellen Neigung, eine längere Entfernung von den rein astronomischen Arbeiten eher als ein Opfer betrachten würde. Auch der ehrwürdige Sir Joseph Banks hat, wie mir Professor Schumacher schreibt, die Idee der weitern Fortsetzung dieser Gradmessung auf dem Continent, mit grosser Wärme ergriffen, und alle Mitwirkung versprochen.

Der Professor Schumacher wird bei seiner Durchreise durch Hannover Ew. — — selbst gesagt haben, dass der Zweck seiner Reise nach England die Empfangnahme des berühmten grossen Zenithsectors war, welcher bei der englischen Gradmessung gebraucht ist, und ihm für seine astronomischen Beobachtungen geliehen wird. Er wird sogleich nach seiner Zurückkunft, diese Beobachtungen am südlichen Endpunkte seiner Messungen in Lauenburg anfangen. Bei der Aussicht zu einer Fortsetzung der Dänischen Gradmessung durch das Königreich Hannover würde es ohne Zweifel in vielfacher Hinsicht für beide Gradmessungen sehr wünschenswerth sein, wenn ich *diese* Beobachtungen mit ihm gemeinschaftlich machte. *Ohne* diese Vereinigung ist der Fall leicht denkbar, dass in Zukunft diese oder jene Discordanzen oder Zweifel eintreten könnten, die sich dann nur schwer würden aufklären lassen, und denen *durch* dieselbe vorgebeugt werden würde. So sind ja gerade über die astronomischen Beobachtungen, welche am nördlichen Endpunkte der französischen Gradmessung in Dünkirchen angestellt waren, späterhin Bedenklichkeiten entstanden, derentwegen es nöthig gefunden wurde, dass im vorigen Herbst mit dem gedachten Zenithsector neue Beobachtungen durch englische und französische Commissarien gemeinschaftlich, angestellt wurden; und wie ich höre, soll eben dieser Zenithsector, sobald ihn Professor Schumacher wieder abgegeben haben wird, zu einer nochmaligen Wiederholung der Beobachtungen auf den Balearischen Inseln, dahin eingeschifft werden. Nur durch eignes Beobachten an diesem Instrumente, und durch Vergleichung mit den Erfahrungen, die ich an dem Repsoldschen Meridiankreise gemacht habe, und noch mehr mit denen, welche ich mit dem Reichenbachschen Kreise in Zukunft machen werde, würde ich im Stande sein, zu beurtheilen, ob eine künftige Zuziehung eben jenes Zenithsectors für die Beobachtungen im Königreich Hannover nöthig oder vorzüglich wünschenswerth sein wird. Und selbst den Fall angenommen, dass die Fortsetzung der Gradmessung nicht zur Ausführung käme, würden die von mir an dem Zenithsector, einem in seiner Art einzigen Instrumente, gemachten Erfahrungen für meine künftigen Beobachtungen an den Meridian-Instrumenten der hiesigen Sternwarte nicht ohne wesentlichen Nutzen sein. Als einen Beweis, wie wichtig die Beobachtungen in Lauenburg geachtet werden, darf ich noch anführen, dass der Doctor Olbers mir von seiner Absicht geschrieben hat, nach Lauenburg kommen zu wollen, um das Instrument kennen zu lernen und den Beobachtungen beizuwohnen.

Ich gebe Ew. — — unterthänigst anheim, diese Gründe zu prüfen und darüber zu entscheiden, und füge nur noch hinzu, dass freilich diese Abwesenheit mich in Beziehung auf die zwei Collegia, welche ich in diesem Sommer zu halten habe, mich etwas beengen würde, dass ich jedoch bei der kleinen Anzahl der Zuhörer mit diesen ein Arrangement treffen könnte, die ausfallenden Stunden theils vorher theils nachher einzubringen. Und um die Zeit der Abwesenheit nach Möglichkeit zu beschränken, würde ich mit dem Prof. SCHUMACHER (welchen ich jeden Tag hier zurückerwarte) vorläufig mündliche Abrede nehmen, damit er in Lauenburg vorher alle Vorbereitungen treffen und die Beobachtungen unmittelbar nach meiner Ankunft ihren Anfang nehmen können. Da in dieser Jahreszeit das Wetter den Beobachtungen nicht ungünstig zu sein pflegt, so wäre zu erwarten, dass die Zeit meiner Abwesenheit nicht länger zu sein brauchte, als etwa die Badereisen, welche manche meiner Collegen um dieselbe Zeit wohl machen.

Ich benutze diese Gelegenheit, um Ew. — — noch anzuzeigen, dass ich von dem Mechanikus RUMPF verfertigte Maschine zur Umlegung des REICHENBACHschen Mittagsfernrohrs nunmehr in diesen Tagen angeschlagen wird, und dass dann sofort auch an diesem Instrumente die regelmässigen Beobachtungen ihren Anfang nehmen werden.

— — —

Göttingen den 1819.

C. F. GAUSS.

## ANZEIGE DES HOFR. GAUSS, BETREFFEND DIE FORTSETZUNG DER DÄNISCHEN GRADMESSUNGEN DURCH DAS KÖNIGREICH HANNOVER.

— — —

Zenithsectoren wurden bisher auch für die ersten Sternwarten als ein wesentliches Bedürfniss angesehen. Allein gegenwärtig machen die neuconstruirten Meridiankreise, namentlich die REICHENBACHschen, jene Instrumente gewissermassen entbehrlich. Wenigstens leistet, nach meinen bisherigen Erfahrungen der hiesige seit Februar d. J. im Gebrauch befindliche Meridiankreis alles was ein Zenithsector leisten könnte, ebenso vollkommen. Es könnte daher überflüssig scheinen, bei der Gradmessung noch an einen Zenithsector zu denken, wenn nicht folgende zwei wichtige Umstände noch zu berücksichtigen wären.

1) Der Meridiankreis erfordert eine sehr solide Aufstellung, die ihm nur auf einer eigentlichen Sternwarte gegeben werden kann, und ist überhaupt als ein fixes, nicht als ein transportables Instrument zu betrachten. Obgleich nun aber die *wichtigsten* Beobachtungen, wozu ein Zenithsector oder der Meridiankreis in Bezug auf die Gradmessung verwandt werden, die auf der hiesigen Sternwarte anzustellenden sein werden, die in sofern als südlicher Endpunkt betrachtet werden muss, und obgleich diesseitige Beobachtungen der Art am nordlichen Ende deswegen überflüssig sind, oder scheinen können, weil dazu schon die Dänischer Seits in Lauenburg gemachten dienen können, so konnte sich doch beim Verfolg der Arbeit die Nothwendigkeit zeigen, und auf alle Fälle wird es wissenschaftlich interessant sein, dass ähnliche Beobachtungen auf einem Zwischenpunkte des Königreichs Hannover, z. B. in Celle oder Hannover, angestellt wurden, was nur mit Hülfe eines transportabeln Zenithsectors geschehen könnte.

2) Da der Gebrauch, der bei einer Gradmessung von den hier in Rede stehenden Beobachtungen gemacht wird, ganz auf der *Vergleichung* der an den verschiedenen Hauptpunkten gemachten Beobachtungen unter *einander* beruht, und also demnächst die Göttinger und vielleicht Celler oder andere diesseitige Beobachtungen mit denen, die Dänischer Seits in Lauenburg, Lysabbel (auf der Insel Alsen) und

Skagen angestellt sind, werden verglichen werden müssen, so könnte es dem Zutrauen, welches die Resultate für sich fordern sollen, nachtheilich werden, wenn jene Beobachtungen nicht bloss mit verschiedenen, sondern sogar mit ganz verschiedenartigen Instrumenten gewonnen wären. Am besten wird es daher sein, wenn die hiesigen Beobachtungen nicht bloss am Meridiankreise, sondern überdiess noch am Zenithsector, und zwar an dem *nämlichen* Zenithsector, womit an allen andern Orten observirt wurde, angestellt werden.

Der Zenithsector womit die Dänischen Bestimmungen in Lauenburg, Lysabbel und Skagen, auch in Kopenhagen, in den Jahren 1819 und 1820 gemacht sind, ist eben derselbe, womit bei der englischen Gradmessung im Jahre 1802 vom verst. General Mudge beobachtet ist. Mit eben dem Instrumente wurde im Jahre 1818 gemeinschaftlich von englischen und französischen Gelehrten in Dünkirchen als dem nördlichsten Endpunkt der französischen Gradmessung eine Reihe von Beobachtungen gemacht, und nachher dasselbe vom engl. Gouvernement zu der Dänischen Gradmessung auf 2 Jahre geliehen. Alle diese Umstände machen es um so wünschenswerther, dass dieses Instrument auch bei der Hannoverschen Gradmessung gebraucht werde, und es wird dabei besonders wichtig und lehrreich sein, dasselbe mit dem hiesigen Reichenbachschen Meridiankreise vermittelst gleichzeitiger und in Einem Ort gemachten Beobachtungen zu vergleichen.

Es ist nicht zu zweifeln, dass für die Hannoversche Gradmessung dieses Instrument mit derselben Bereitwilligkeit werde hergeliehen werden, wie für die Dänische, — — — Ich füge noch folgende Umstände bei. Dieser von Ramsdon verfertigte Zenithsector gehört dem Board of Ordnance, und steht in letzter Instanz unter dem Herzog von Wellington, mittelbar aber, nach dem vor kurzem erfolgten Tode des General Mudge, unter dem Oberstlieutenant Colby.

Aus vorstehender Darstellung geht hervor, dass die Zeit des Anfangs der grössern zur Gradmessung gehörigen Operationen, die besondere Vorkehrungen erfordern, in diesem Augenblick sich noch nicht bestimmt angeben lässt. Auf alle Fälle aber wird im Laufe des gegenwärtigen Jahres nichts weiter geschehen können, als ein Theil der astronomischen Beobachtungen auf hiesiger Sternwarte (womit ich auch bereits einen Anfang gemacht habe) und höchstens einige Vorarbeiten in hiesiger Umgegend.

Göttingen den 11. August 1820.

C. F. Gauss.

## P. M. BETREFFEND DIE GEGENWART DES HOFR. GAUSS, BEI EINEM THEIL DER OPERATION DER DÄNISCHEN GRADMESSUNG.

Über die in dem königl. Dänischen Gebiete angeordnete und dem Dänischen Astronomen Schumacher übertragene Gradmessung, ihren Zweck, die Vortheile, die man für die Wissenschaften davon zu erwarten berechtigt ist, so wie über die dabei angewandten Hülfsmittel habe ich schon früher die Ehre gehabt, Ew. — — einen unterthänigsten Bericht abzustatten. Es gereicht mir um so mehr zum Vergnügen, dass eben jetzt ein anderer Astronom, der Doctor Olbers. der auch im vorigen Jahre von den Operationen in Lauenburg Augenzeuge gewesen, in der Zeitschrift Allgemeine Geographische Ephemeriden (Bd. 17 Stück 3) mit den meinigen ganz übereinstimmende Ansichten dieser Unternehmung bekannt gemacht hat, da mein eignes Urtheil über die Persönlichkeit des Dänischen Astronomen insofern vielleicht befangen scheinen könnte, weil dieser früher (1809) seine letzte Ausbildung auf hiesiger Universität erhalten hatte.

Im bevorstehenden Sommer wird derselbe zuerst auf der Nordspitze von Jütland die astronomischen Beobachtungen anstellen, und nachher theils in Lauenburg mit neuen Instrumenten die vorigjährigen Messungen wiederholen und die Azimuthalbestimmungen machen, theils bei Hamburg eine Grundlinie, einige Meilen lang, messen. Nur für einen Theil der Operationen in Lauenburg und die Basismessung, nicht aber für die Operationen auf der Nordspitze von Jütland, wird meine Gegenwart gewünscht. Das Dänische Gouvernement, indem es meine Anwesenheit bei diesen delicaten Operationen gewünscht hat, scheint mir von der Ansicht ausgegangen zu sein, dass vereinte Berathung bei diesem lediglich zum Besten der Wissenschaft unternommenen Geschäft, förderlich sein werde, was durch blossen Briefwechsel der Natur der Sache nach nur unvollkommen oder gar nicht erreicht werden könne. Zweitens, da in Zukunft die ganze Gradmessung in extenso in einem eignen Werke der gelehrten Welt bekannt gemacht werden soll, wird die Anwesenheit eines Zeugen bei einigen der wichtigsten Operationen dazu dienen, die Authenticität zu verstärken. So wurden im Jahre 1798 zu der Basismessung bei Paris alle damals mit Frankreich nicht im Krieg begriffene Staaten von Frankreich eingeladen, qualificirte Astronomen abzuschicken, was auch von Dänemark, der Schweiz, Holland, Spanien und andern Staaten geschah. Diese beiden Rücksichten beziehen sich zunächst nur auf die Dänischen Gradmessungen für sich allein genommen. In der Voraussetzung, dass früh oder spät eine weitere Fortsetzung durch das Hannöversche angeordnet werden könnte, scheint es aber noch besonders wichtig zu sein, dass durch einen diesseitigen Astronomen das Vertrauen gehörig gewürdigt werden könne, welches diejenigen Operationen besonders verdienen, an welche eine solche Fortsetzung unmittelbar sich anschliessen müsste.

Nach diesen Betrachtungen bin ich sehr gern bereit, der mir schmeichelhaften Aufforderung Folge zu leisten, und werde ich den Dänischen Astronomen ersuchen, mich von der Zeit, wo jene Operationen werden vorgenommen werden, so früh als möglich zu benachrichtigen, damit ich mich bei meinen anderweitigen Geschäften danach einrichten könne. Mit den Vorlesungen wird dies wol keine Schwierigkeiten haben, da doch jene Operationen erst im Spätsommer anfangen werden. Leid wird es mir zwar thun, aller Wahrscheinlichkeit nach die in ihrer Art einzige am 7. Sept. eintreffende grosse ringförmige Sonnenfinsterniss hier nicht mehr beobachten zu können; allein ich werde mich damit beruhigen, dass theils dieselbe hier doch durch den Prof. Harding wird beobachtet werden können, theils, dass dieselbe auch im Holsteinischen gleichfalls ringförmig erscheinen und es leicht thunlich sein wird, dort gute, wenn auch den hiesigen nicht ganz gleich kommende Hülfsmittel zur Beobachtung dieses merkwürdigen Phänomens herbeizuschaffen. — — —

Göttingen den 27. Februar 1820.

C. F. Gauss.

## P. M. BETREFFEND DIE HANNOVERSCHE GRADMESSUNG.

— — — Ich habe bereits in meinem frühern Bericht das für dieses Geschäft unentbehrliche Bedürfniss mehrerer Hauptinstrumente auseinandergesetzt. Solange es sogar noch ungewiss war, woher dieselben zu erhalten stehen würden, konnte natürlich mit den Operationen selbst noch kein Anfang gemacht werden, einige astronomische Vorarbeiten auf hiesiger Sternwarte, womit ich schon im vorigen Sommer angefangen, abgerechnet. Inzwischen habe ich jene Hauptbedürfnisse, namentlich einen grössern möglichst vollkommenen Theodolithen und ein sogenanntes Universalinstrument bei dem ersten jetzt lebenden Künstler, von Reichenbach in München, bestellt, welcher nicht nur diese Bestellung angenommen, sondern auch diese Instrumente resp. Anfang Mai und im Juli d. J. zu liefern versprochen hat.

Ich habe inzwischen auf mehrern Wegen solche Nachrichten einzuziehen gesucht, die in mehrfacher Beziehung für die Hannoversche Gradmessung wichtig sein werden. So wie diese ihre grössere Wichtigkeit dadurch erhält, dass sie einerseits die Fortsetzung der ausgedehnten Dänischen Messung ist, und andrerseits einer noch viel ausgedehntern Fortsetzung nach Süden fähig ist, gereicht es mir zur Freude, jetzt anführen zu können, dass ein bedeutender Theil der letztern Operationen, die früher nur als möglich und wünschenswerth dargestellt werden konnten, bereits wirklich gemacht ist. Das Königl. Preussische Gouvernement nemlich, welches mehrere Hauptprovinzen der preussischen Monarchie vermessen zu lassen beabsichtigt, und dieser Vermessung, nach den gegenwärtig als allein zulässig anerkannten Grundsätzen zuvörderst eine grosse Triangulation zur Grundlage dienen lässt, hat bereits diejenige Triangulation *wirklich* ausführen lassen, wodurch die preussischen Rheinprovinzen mit den ältern verbunden werden, und die sich durch das Nassau'sche, Kurhessen, Thüringen u.s.w. bis Halle erstreckt. Durch den K. Pr. Generallieutenant von Müffling habe ich diese Triangulation vollständig mitgetheilt erhalten, und mich, nach eigner sorgfältiger Prüfung überzeugt, dass sie mit grosser Sorgfalt und Genauigkeit ausgeführt ist, so dass sie den Triangulationen bei den besten Gradmessungen nicht nur beigestellt werden kann, sondern einige selbst noch übertrifft. Diese Dreiecke gehen nun zum Theil ganz nahe an den südlichen Grenzen des Königr. Hannover vorbei, und wenn daher meine eignen künftigen Messungen gehörig an jene angeschlossen werden, wozu der General-Lieut. von Müffling mir bereits die nöthigsten Renseignements ertheilt hat, so wird die Dänisch-Hannoversche Gradmessung bereits von selbst bis zur Sternwarte Seeberg bei Gotha und bis zum Inselsberge fortgesetzt sein, so wie in S. W. dadurch und durch die Darmstädtschen und Französischen Messungen die Verbindung mit den Sternwarten von Mannheim und Paris erzielt sein wird.

Auch über die während der französischen Occupation in den Jahren 1803—1805 durch den franz. Obersten Epailly im Kurfürstenthum Hannover ausgeführten Messungen, deren vollständige Mittheilung auf diplomatischem Wege zu erhalten, früher vergeblich versucht ist, habe ich auf mehrern Wegen und zum Theil direct von dem Dépot de la guerre, mehrere wichtige wenn gleich unvollständige Nachrichten erhalten, und ich habe noch einige Hoffnung, die *sämmtlichen* Dreiecke mitgetheilt zu bekommen. Sollte in Zukunft einmal eine allgemeine Triangulirung des ganzen Königreichs Hannover beschlossen werden, wozu die Gradmessung von Hamburg bis zur südlichen Grenze des Königreichs die solideste Grundlage liefern wird, so würde unstreitig der Besitz jener Epailly'schen Messungen überaus nützlich werden können: das, was ich davon mitgetheilt erhalten habe, setzt mich zum wenigsten in den Stand, auf eine solche eventuelle Benutzung bei der Anordnung meiner eigenen Dreiecke im Voraus Rücksicht zu nehmen, und solche gewissermassen vorzubereiten. — Unter den Actenstücken, die Epailly'sche Messung betreffend, die mir zu Händen gekommen sind, befindet sich übrigens auch ein Rapport des Obersten Epailly selbst, an den General Samson gerichtet, wodurch ich freilich schon im Voraus mit den grossen durch mancherlei Localumstände besonders im Lüneburgischen entstehenden *Schwierigkeiten* der Triangulationen bekannt geworden bin; Schwierigkeiten, die der Französische Geodät selbst im 'pays conquis' fast unüberwindlich fand, und die ich nur unter kräftiger Unterstützung des Gouvernements und der betreffenden Behörden, zu besiegen hoffen darf.

Auch wegen mannigfaltiger anderer Bedürfnisse für die bevorstehenden Messungen habe ich im Laufe dieses Winters angemessene Vorkehrungen getroffen. Der erwartete grosse Reichenbach'sche Theodolith ist für die definitive allerschärfste Messung der Winkel bestimmt. Allein für die Aufsuchung der Standpunkte, die Recognoscirung der von jedem sichtbaren Punkte und die vorläufigen Messungen ist ein anderer Theodolith erforderlich, der leicht zu transportiren, schnell aufzustellen und zu handhaben ist, nicht zu gedenken, dass das Hauptinstrument auch die grösste Schonung erfordert. Zu jenem Zwecke sind die Theodolithen, wie sie der englische Künstler TROUGHTON verfertigt, am bequemsten und brauchbarsten. Der Prof. SCHUMACHER hat die Gefälligkeit gehabt, mir den seinigen zu diesem Behuf für den Einkaufspreis wieder abzutreten, indem er bis zu der Zeit, wo er selbst wieder in diesem Jahre einen solchen nöthig hat, einen andern aus England zu erhalten hofft. — Manche Winkelmessungen werden sich nicht gut anders, als bei Nacht durch Argandsche Lampen mit parabolischen Reverberes, die auf sehr grosse Weiten sichtbar gemacht werden können, anstellen lassen. Damit es in vorkommenden Fällen daran nicht fehle, habe ich mehrere solche Reverberes bei einem sehr geschickten Künstler, der auch ähnliche Arbeiten für die preussischen Messungen geliefert hat, dem Hof-Mechanikus KÖRNER in Jena, bestellt, der solche auf Ostern zu vollenden versprochen hat. Mehrerer anderer in Voraus besprochener Apparate hier nicht zu gedenken.

Nach allen diesen Vorkehrungen glaube ich nun die Arbeiten im bevorstehenden Frühjahr anfangen zu können. Wenn die Künstler alle ihre Versprechungen gehörig inne halten, wird das Werk dann immer rasch fortschreiten können. Auf alle Fälle aber werden die mannigfaltigen Vorarbeiten, Bereisungen der Gegenden, Aussuchung der Stationen, Erbauungen von Signalthürmen, vorläufige Messungen u. dergl. — (der vorhinerwähnte Theodolith von TROUGHTON ist bereits in meinen Händen) — erst mehrere Monate ausfüllen, und selbst den widrigen Fall angenommen, dass, nachdem die Vorarbeiten so weit vorgeschritten wären, dass die Messungen selbst beginnen könnten, doch der erwartete grössere REICHENBACH'sche Theodolith noch nicht abgeliefert wäre, würde die Arbeit nicht still zu stehen brauchen, da ich im Nothfall mit denjenigen Winkelmessungen anfangen könnte, wozu die anderweitigen Hülfsmittel der Sternwarte zureichen. Ja im allerschlimmsten Fall, der hoffentlich nicht eintreten wird, dass die Ablieferung des Theodolithen *noch* länger verzögert würde, würde ich nur in der Ordnung der Arbeiten die Abänderung eintreten lassen, dass ich den Rest des Sommers zu den astronomischen Arbeiten mit dem Zenithsector hier in Göttingen verwende, die sonst, wenn der ganze Sommer dem Triangulationsgeschäft gewidmet werden kann, einer spätern Zeit vorbehalten bleiben.

Göttingen, den 20. März 1821.

C. F. GAUSS.

---

## DRUCKFEHLER.

Seite 296 statt:

| $Q+q$ | $P+p$ | $\log m$ | $k$ |
|---|---|---|---|
| $52^\circ\ 30'$ | $52^\circ\ 32'\ 1''78428$ | $+$ | $0''006$ |

lies:

| $Q+q$ | $P+p$ | $\log m$ | $k$ |
|---|---|---|---|
| $52^\circ\ 30'$ | $52^\circ\ 32'\ 1''78428$ | $-$ | $0''006$ |

---

I N H A L T.

# GAUSS WERKE BAND IV.

## WAHRSRHEINLICHKEITSRECHNUNG UND GEOMETRIE.

---

### WAHRSCHEINLICHKEITSRECHNUNG.



### GEOMETRIE.

---

GÖTTINGEN,
GEDRUCKT IN DER DIETERICHSCHEN UNIVERSITÄTS-DRUCKEREI
W. FR. KAESTNER.

Printed in the United States
By Bookmasters